U0342979

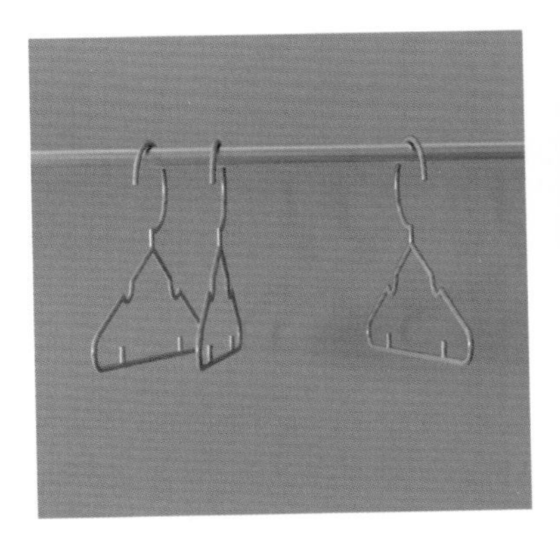

I-AM-A-CAT

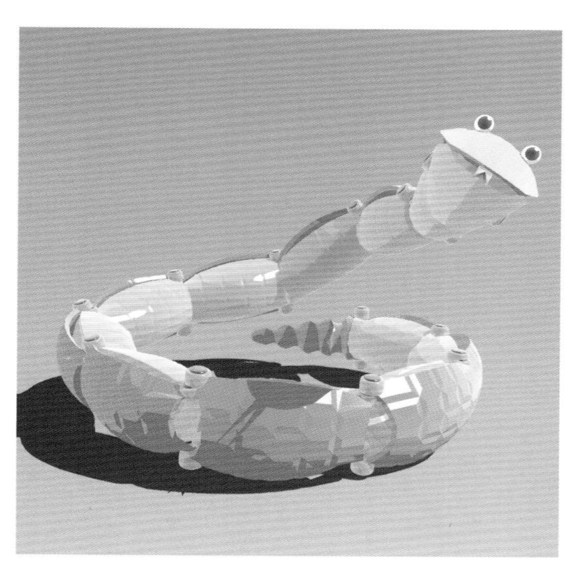

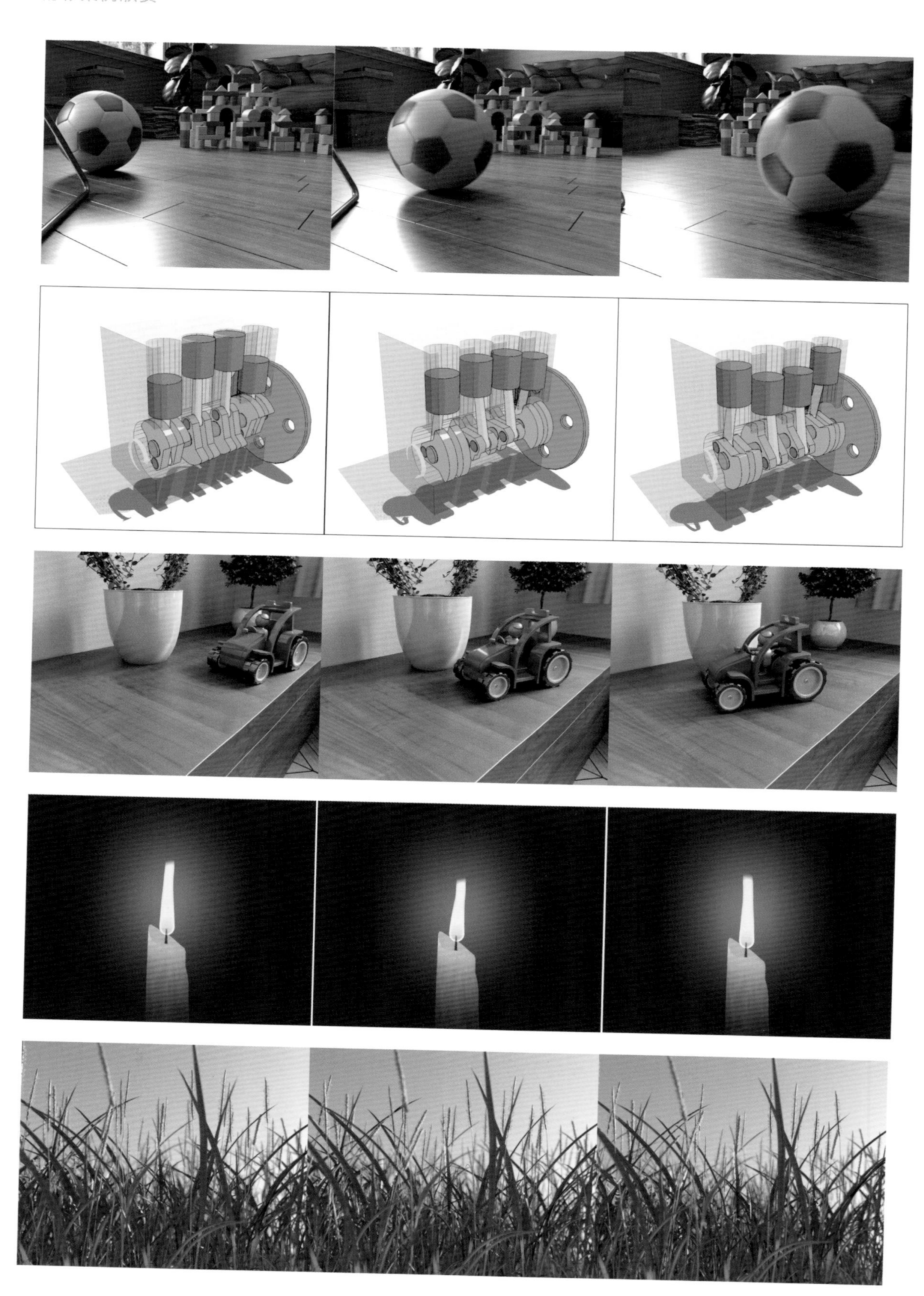

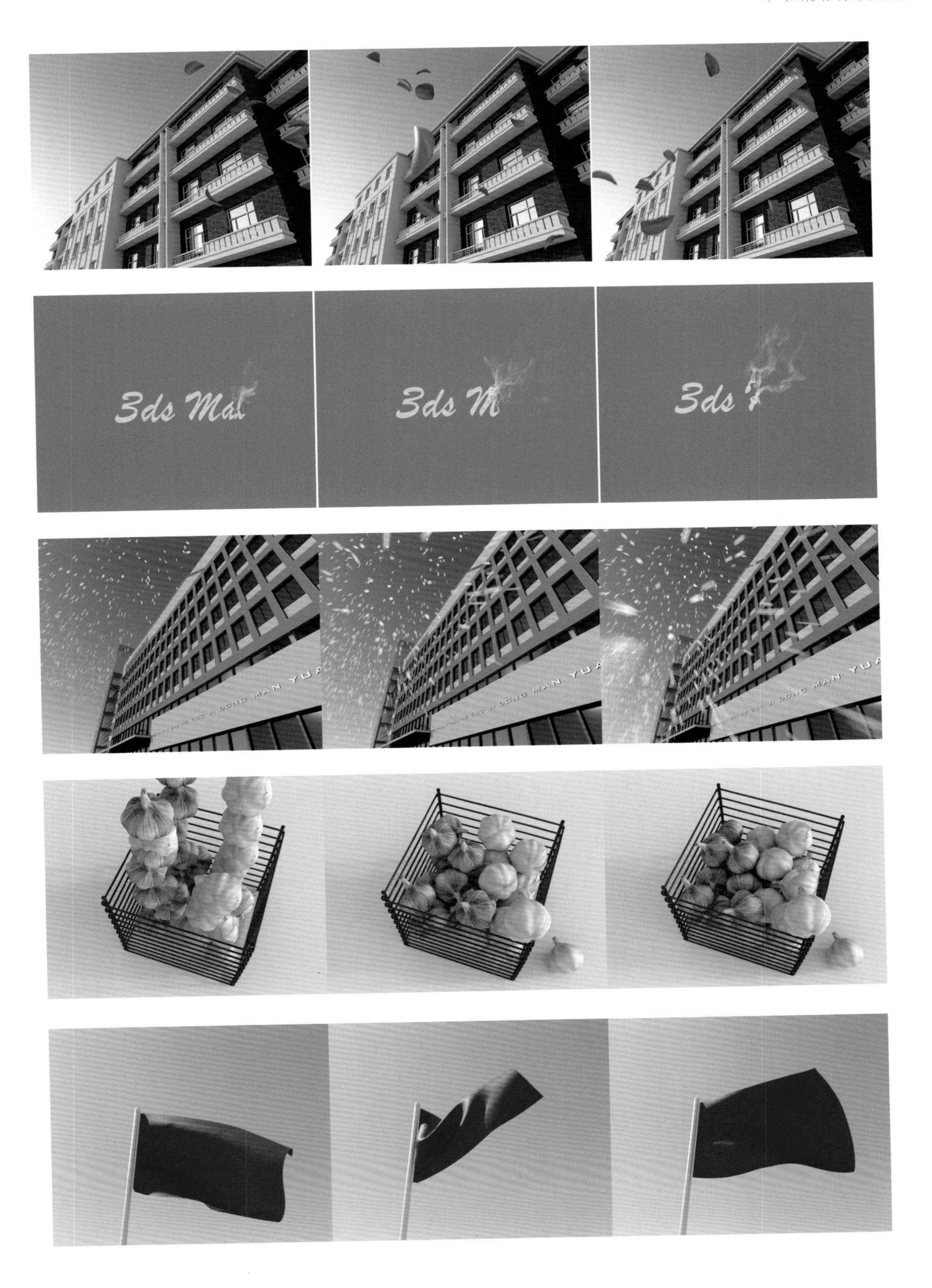
3ds Ma
3ds M
3ds
DONG MAN YUA
DONG MAN YUA
DONG MAN YUA

3ds

3ds Max 2018 超级学习手册

来阳　编著

人 民 邮 电 出 版 社
北 京

图书在版编目（CIP）数据

3ds Max 2018超级学习手册 / 来阳编著. -- 北京 : 人民邮电出版社, 2019.6
ISBN 978-7-115-50679-5

Ⅰ. ①3… Ⅱ. ①来… Ⅲ. ①三维动画软件 Ⅳ. ①TP391.414

中国版本图书馆CIP数据核字(2019)第020502号

内 容 提 要

本书面向零基础读者，通过案例组织知识点，系统地介绍了 3ds Max 2018 的使用方法和三维建模的实战技巧。

全书共 14 章，详细介绍了 3ds Max 2018 的软件安装、操作界面、基本操作、几何体建模、图形建模、高级建模、材质与纹理、灯光技术、摄影机技术、渲染设置、动画技术、粒子系统、毛发系统和动力学系统等，帮助读者轻松掌握相关知识。

本书附赠电子资源，包含配套的素材文件及教学视频，方便读者朋友配合图书进行学习。

本书适合 3ds Max 2018 的初学者自学，也可以作为各类院校相关专业学生的教材或辅导用书。

◆ 编　　著　来　阳
责任编辑　张　翼
责任印制　马振武

◆ 人民邮电出版社出版发行　　北京市丰台区成寿寺路 11 号
邮编　100164　　电子邮件　315@ptpress.com.cn
网址　http://www.ptpress.com.cn
北京瑞禾彩色印刷有限公司印刷

◆ 开本：787×1092　1/16
印张：25.75　　彩插：4
字数：707 千字　　2019 年 6 月第 1 版
印数：1 – 3 000 册　　2019 年 6 月北京第 1 次印刷

定价：119.00 元

读者服务热线：(010)81055410　印装质量热线：(010)81055316
反盗版热线：(010)81055315
广告经营许可证：京东工商广登字 20170147 号

前言
PREFACE

3ds Max是Autodesk公司旗下著名的三维动画渲染和制作软件，它集造型、渲染和动画于一身，广泛应用于广告、影视、工业设计、建筑设计、多媒体制作、游戏、辅助教学以及工程可视化等领域，深受广大从业人员的喜爱。

内容特点

本书以3ds Max 2018中文版本为操作主体，面向零基础读者，通过精选案例组织知识点，系统地介绍了3ds Max 2018的使用方法和三维建模的实战技巧。全书共14章，详细介绍了3ds Max 2018的软件安装、操作界面、基本操作、几何体建模、图形建模、高级建模、材质与纹理、灯光技术、摄影机技术、渲染设置、动画技术、粒子系统、毛发系统和动力学系统等，帮助读者轻松掌握相关知识。

全书汇集了编者多年积累的专业知识、设计经验和教学经验，详细介绍了三维设计的必备知识，并对困扰初学者的重点、难点问题进行了深入的解析，引导广大读者获得举一反三的能力，真正将所学知识灵活应用于实际的设计工作中。

适用对象

本书内容详尽、图文并茂、案例丰富，讲解条理清晰、深入浅出，非常适合入门者自学使用，也可以作为各类院校相关专业学生的教材或辅导用书。

视频教程学习方法

为了方便读者学习，本书提供了视频教程的二维码。读者使用手机上的微信、QQ等聊天工具的“扫一扫”功能扫描二维码，即可通过手机随时观看视频教程。

扩展学习资源下载方法

读者可以使用微信扫描封底二维码，关注“职场研究社”公众号，发送“50679”后，将获得资源下载链接和提取码。将下载链接复制到任何浏览器中并访问下载页面，即可通过提取码下载本书的扩展学习资源。

本书属于吉林省高等教育学会2018年度高教科研一般项目“‘互联网+’背景下艺术设计类专业三维软件制图教学改革研究”(JGJX 2018D263)科研成果。

在本书的编写过程中，作者竭尽所能将实用的知识呈献给广大读者，但书中仍难免有疏漏之处，敬请广大读者不吝指正。读者有任何意见和建议，可发送电子邮件至zhangyi@ptpress.com.cn。

编者

作者简介

Introduction to the author

来阳，Autodesk 3ds Max 产品认证专家，拥有多年的三维设计制作经验。曾在第五映像空间、水晶石等多家业界知名企业担任动画师职务，参与制作大型三维儿童动画片《蔬菜宝宝》和《企鹅部落》及大量地产表现动画项目。现就职于长春科技学院视觉艺术学院，主讲 3ds Max、Maya、Photoshop 等软件应用课程，在三维软件的使用及教学上积累了丰富的实战经验和教学心得。在 3ds Max 三维建模方面，出版了多部畅销图书，获得了市场的广泛认可。

目录

第1章 初识 3ds Max 2018

第2章 3ds Max 2018 界面组成

目录

第3章 3ds Max 2018 基本操作

第4章 几何体建模

第5章

图形建模

第6章

高级建模

第7章

材质与贴图

第8章 灯光技术

第9章 摄影机技术

第10章 渲染设置

第11章 动画技术

第12章

粒子系统与空间扭曲

目录

第13章

毛发系统

第14章

动力学系统

初识 3ds Max 2018

本章要点

- 3ds Max 2018概述
- 3ds Max 2018的应用领域
- 获取正版的3ds Max 2018软件
- 3ds Max 2018的系统安装要求
- 安装3ds Max 2018

1.1　3ds Max 2018概述

随着科技的迅猛发展和硬件的不断升级，三维软件也紧跟时代的脚步逐年更新换代。第一个可以在 Windows 系统上运行的 3D Studio Max 1.0 在 1996 年 4 月诞生，经过 20 多年的不断发展、完善、更改名称，该软件的功能已非常成熟。3ds Max 软件在世界各地拥有大量的忠实用户群体，可以说是当今最受欢迎的高端三维动画软件之一，其卓越的性能和友好的操作界面得到了众多世界知名动画公司及数字艺术家的认可。越来越多的三维艺术作品靠着这一软件飞速地融入到人们的生活中来。随着越来越多的人开始学习数字艺术创作，人们对家用计算机的认识也不再仅限于游戏娱乐，以往只能在高端配置的工作站上才能制作出来的数字媒体产品项目使用三维软件就可以完成。

本书内容以 3ds Max 2018 软件的教学为主，由浅入深地详细讲解该软件的基本操作及中高级技术操作，使读者逐步掌握该软件的使用方法及操作技巧，制作出高品质的效果图作品。图 1-1 所示为 3ds Max 2018 的软件启动界面。

图1-1

1.2　3ds Max 2018的应用领域

3ds Max 2018 是 Autodesk 公司生产的旗舰级别动画软件，该软件为从事数字媒体艺术、风景园林、建筑工程、城市规划、产品设计、室内装潢、三维游戏及电影特效等视觉设计的工作人员提供了一整套全面的 3D 建模、动画、渲染以及合成的解决方案，应用领域非常广泛。下面来列举一些 3ds Max 2018 的主要应用领域。

1.2.1　建筑表现

有人的地方就有建筑。自古以来，建筑就与人类的经济、文化、科技发展息息相关。随着人类艺术设计水平及生态意识的不断提高，人们对自己的周围环境进行持续的设计及改造。全新的建筑风格、更加环保的材质以及更加全面的功能使得建筑文化蓬勃发展。越来越多的人开始追求在保证正常生活的条件下，努力提高居住及工作环境的美感和舒适度，这使得建筑表现设计这一学科越来越受到人们的重视。图 1-2 ~图 1-5 所示均为使用三维软件制作完成的优秀建筑表现设计作品。

图1-2

图1-3

图1-4

图1-5

1.2.2　室内空间

室内空间设计与建筑表现设计联系紧密，不可分割。建筑表现设计是对建筑外观进行设计，室内空间设计则是对建筑内部空间进行规划及功能分区。配合 Autodesk 公司的 AutoCAD 产品，3ds Max 可以更加精准地表现建筑设计师和空间设计师的设计意图。图 1-6 ~图 1-9 所示为国外设计师对室内空间进行设计规划而制作的优秀三维作品。

图1-6

图1-7

图1-8

图1-9

1.2.3　风景园林

园林景观自人类开始农耕劳作时出现，最初以进行农牧生产的圈地为雏形，后来慢慢演变至花草园林的形式。设计师对一定区域的土地进行道路、植被、水文等一系列设施的再建，以达到赏心悦目的目的。使用 3ds Max 软件，风景园林设计师可以轻松完成区域景观的改造设计，极大地节省了项目的完成时间。图 1-10 ~图 1-13 所示为使用三维软件创建完成的园林景观制图作品。

图1-10

图1-11

图1-12

图1-13

1.2.4 产品设计

在进行工业产品设计时，由于3D打印机的出现，三维软件制图已经成为工业产品设计流程中的重要一环。使用3ds Max 2018，设计师可以通过打印出来的产品模型来对比产品的各个设计数据，并且以非常真实的图像质感来表现自己的设计产品。图1-14～图1-17所示为使用3ds Max制作完成的工业产品表现效果图。

图1-14

图1-15

图1-16

图1-17

1.2.5 影视特效

工业光魔公司在 1975 年参与了第一部《星球大战》的特效制作，使得电影特效技术在 20 世纪 70 年代重新得到电影公司的认可。时至今日，工业光魔公司已然成为可以代表当今世界顶尖水准的一流电影特效制作公司，其特效作品《钢铁侠》《变形金刚》《加勒比海盗》等均带给观众无比震撼的视觉效果体验。图 1-18 ~图 1-21 所示均为使用三维动画软件技术制作完成的影视镜头静帧画面。

图1-18

图1-19

图1-20

图1-21

1.2.6 游戏美术

如今，随着移动设备的大量使用，游戏不再像以往那样只能在台式电脑上才可以安装运行。越来越多的游戏公司开始将自己的电脑游戏产品移植到手机或平板电脑上，使玩家可以随时随地享受游戏体验。而好的游戏不仅需要动人的剧情、有趣的关卡设计，更需要华丽的美术视觉效果带给人们以直观的视觉感受。美术视觉效果的呈现离不开 3ds Max 这一三维表现制作平台。图 1-22 ~图 1-25 所示均为使用三维软件制作完成的游戏角色设计。

图1-22

图1-23

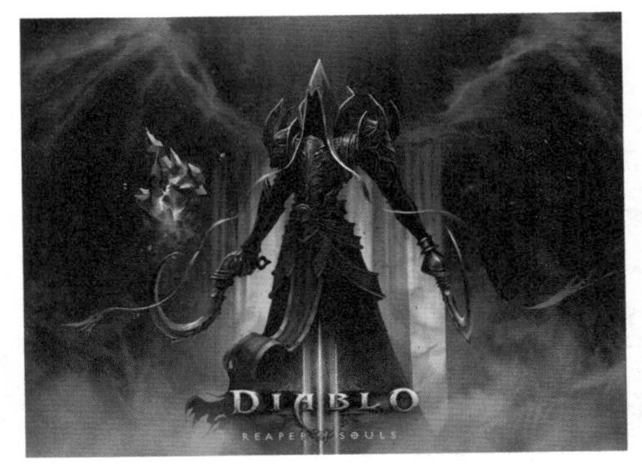

图1-24

图1-25

1.2.7 三维动画

自1995年迪士尼公司出品三维动画电影《玩具总动员》开始，三维动画电影的制作数量有逐渐取代传统二维动画电影的趋势。伴随着三维动画软件的开发，一大批优秀的三维动画电影如雨后春笋般登上了大银幕，深受观众们喜爱，如《冰河世纪》系列、《马达加斯加》系列、《赛车总动员》系列等。如今，一些二维动画电影也在其动画镜头中采用了三维动画技术来追求更高的美术效果。图1-26～图1-29所示分别为使用三维软件进行动画制作的动画电影截图。

图1-26

图1-27

图1-28

图1-29

1.2.8 数字创作

随着数字媒体艺术专业、环境艺术专业、动画专业等艺术专业的开设，三维软件图像技术课程已然成这些专业的必修课，为世界培养了大批的数字艺术创作人才。以数字艺术方式创作出来的图形图像产品也慢慢地得到了传统艺术家们的认可，因此数字艺术在美术创作比赛中也能占有一席之地。图1-30～图1-33所示分别为国内外优秀数字艺术家使用三维软件创作的静帧图像。

图1-30

图1-31

图1-32

图1-33

1.3　获取正版的3ds Max 2018软件

学习 3ds Max 2018 之前，首先应当获取该软件的安装文件。用户可以通过浏览器前往欧特克官网，在主页的上方单击“免费试用版”按钮，如图 1-34 所示。在软件下载页面中单击“3ds Max”图标，如图 1-35 所示，即可进入欧特克公司的 3ds Max 产品页面。

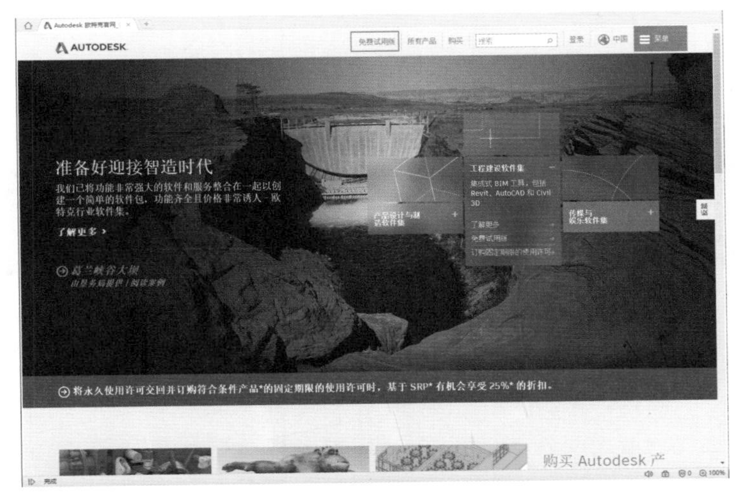

图1-34

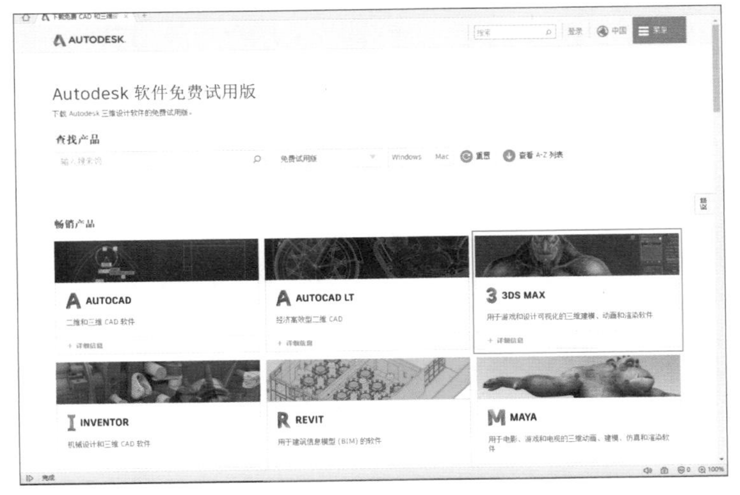

图1-35

单击“下载免费试用版”按钮，如图 1-36 所示。在弹出的 3ds Max 下载页面中，用户可以选择下载试用期为 30 天的正版软件，也可以选择注册账户，下载试用期长达 3 年的免费正版软件进行安装，如图 1-37 所示。

图 1-36

图 1-37

1.4 3ds Max 2018的系统安装要求

3ds Max 是基于微软公司的 Windows 系统开发出来的，所以目前所有版本的 3ds Max 软件都只能安装在 Windows 操作系统上。需要注意的是，本书所采用的版本为 3ds Max 2018，这一版本可以在 64 位的 Windows 7、Windows 8 以及 Windows 10 操作系统里安装使用。

特别需要用户注意的是，如果在 Windows 7 上安装 3ds Max 2018，需要先安装 Service Pack 1 (SP1) 补丁包，将 Windows 7 系统升级为 Windows 7 (SP1)，如图 1-38 所示。

图 1-38

3ds Max 软件的兼容性非常好，用户可以在同一台电脑上安装多个不同版本的 3ds Max 软件，也可以同时打开几个 3ds Max 程序一起进行工作。

1.5　安装3ds Max 2018

3ds Max 2018 的安装包下载完成后，即可双击主安装程序进行软件安装，具体操作步骤如下。

（1）双击主安装程序，程序会自动弹出解压提示框，提示用户先解压安装包，如图 1-39 所示。

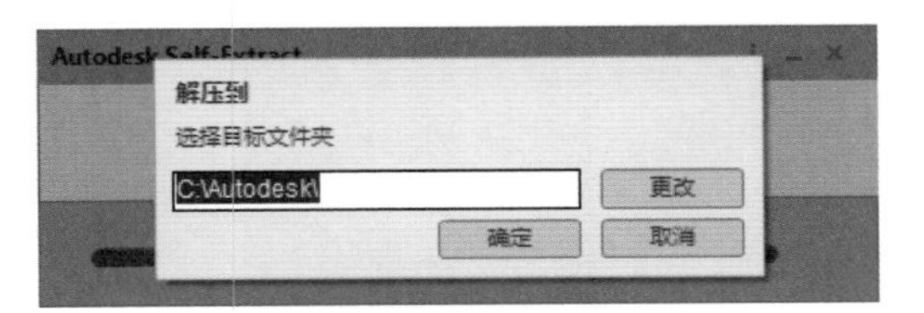

图1-39

（2）解压完成后，系统会自动弹出 3ds Max 2018 的安装操作界面，如图 1-40 所示。

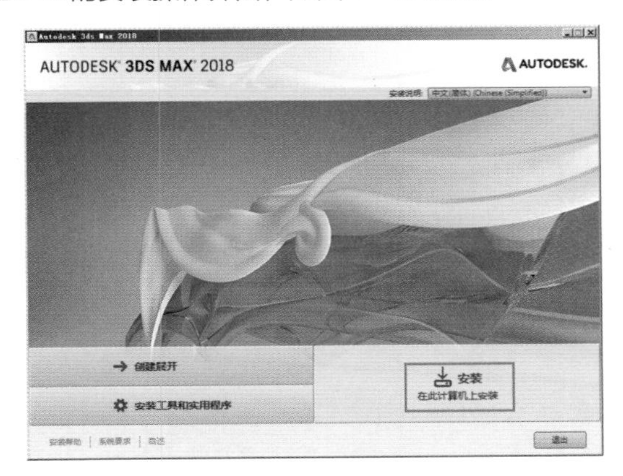

图1-40

（3）如需开始进行软件安装操作，可在 3ds Max 2018 的安装操作界面上，单击“安装”按钮，进入软件的“许可协议”页面，如图 1-41 所示。在该页面下方选择“我接受”选项，单击“下一步”按钮，进入下一个页面。

（4）在系统弹出的“配置安装”页面上，用户可以重新设置软件的安装路径，如图 1-42 所示。

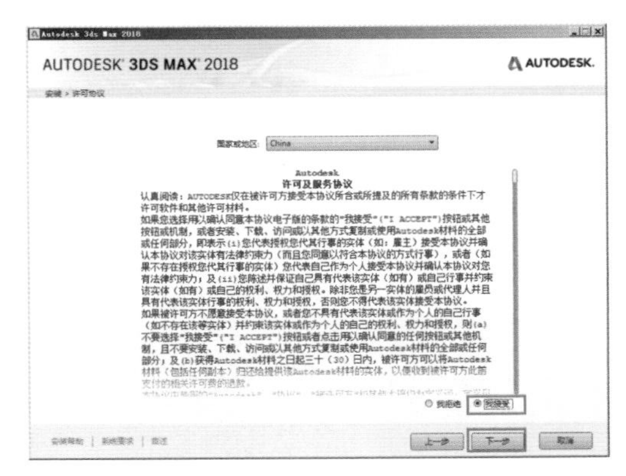

图1-41

（5）设置完成后，单击“安装”按钮，即可开始软件安装，如图 1-42 所示。

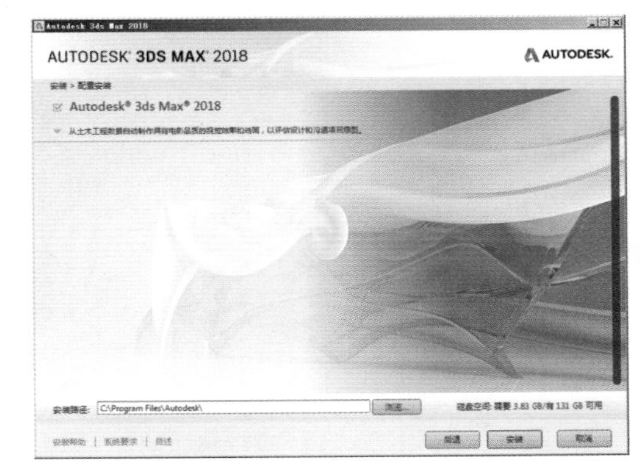

图1-42

（6）经过耐心等待，当软件界面提示用户“您已成功安装选定的产品”后，用户就可以使用 3ds Max 2018 了，如图 1-43 所示。

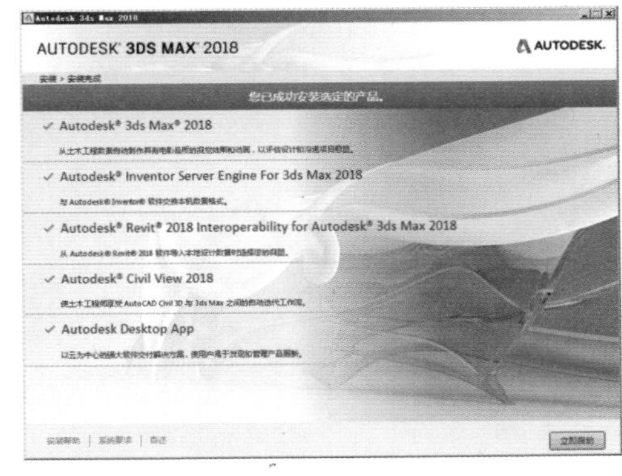

图1-43

3ds Max 2018 界面组成

本章要点

- 3ds Max 2018的工作界面
- 欢迎屏幕
- 菜单栏
- 主工具栏
- 功能区
- 场景资源管理器
- 视口布局
- 命令面板
- 时间滑块和轨迹栏
- 动画播放区及时间控件
- 视口导航
- 技术实例

2.1 3ds Max 2018的工作界面

3ds Max 2018的程序界面设计非常合理。用户在电脑上安装好3ds Max 2018软件后，可以通过双击桌面上的 图标来启动程序。默认状态下，启动的3ds Max 2018程序为英文版。如果希望启动中文版本的3ds Max 2018程序，用户可以执行“开始”菜单的“Autodesk>Autodesk 3ds Max 2018>3ds Max 2018-Simplified Chinese”命令，如图2-1所示。

学习任何一款软件首先都要熟悉该软件的操作界面与布局，为以后的学习和操作打下基础。3ds Max 2018的操作界面主要包括标题栏、菜单栏、主工具栏、视图工作区、命令面板、时间滑块、轨迹栏、动画关键帧控制区、动画播放控制区和MAXscript迷你脚本侦听器等部分。图2-2所示为3ds Max 2018软件打开之后的工作界面截图。

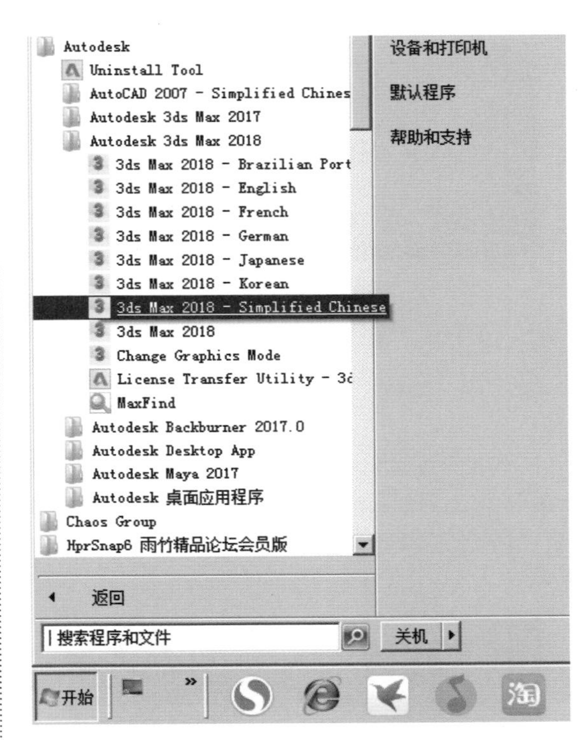

图2-1

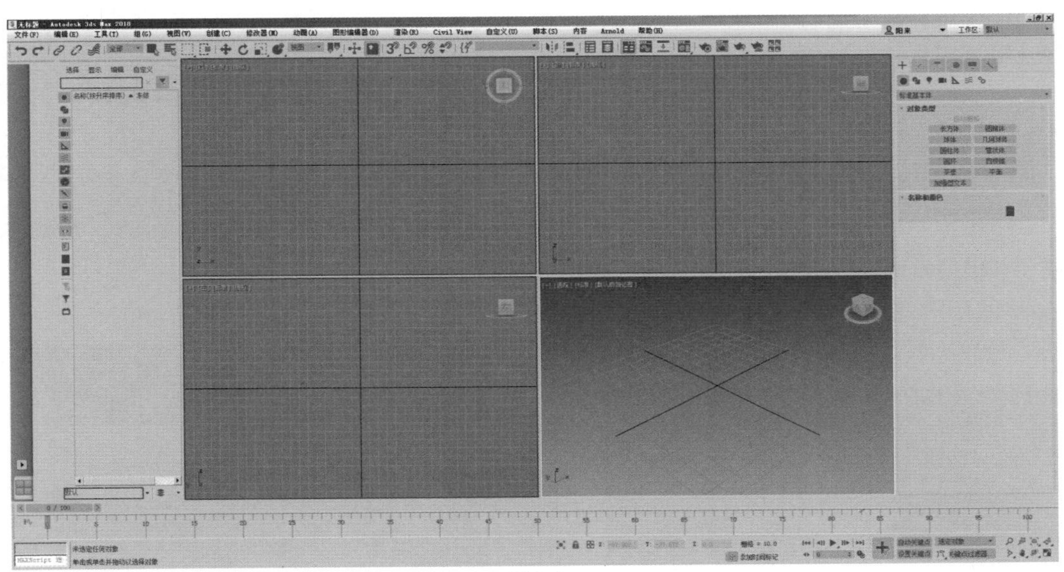

图2-2

2.2 欢迎屏幕

第一次启动3ds Max 2018时，系统会自动弹出“欢迎屏幕”对话框，其中包含“软件概述”“欢迎使用3ds Max”“在视口中导航”“资源库”“3ds Max交互”“后续步骤”等6个选项卡，以帮助新用户更好地了解及使用该软件。

2.2.1 “软件概述”选项卡

在“欢迎屏幕”对话框的第一个选项卡中显示的就是3ds Max的软件概述。其中，在“软件概述”选项卡的右上方可以设置选项卡显示何种语言，如图2-3所示。

图2-3

2.2.2 “欢迎使用3ds Max”选项卡

“欢迎使用 3ds Max”选项卡为用户简单介绍了 3ds Max 的界面组成，如“选择工作区”“命令面板”“场景资源管理器”“时间和导航”等，如图 2-4 所示。

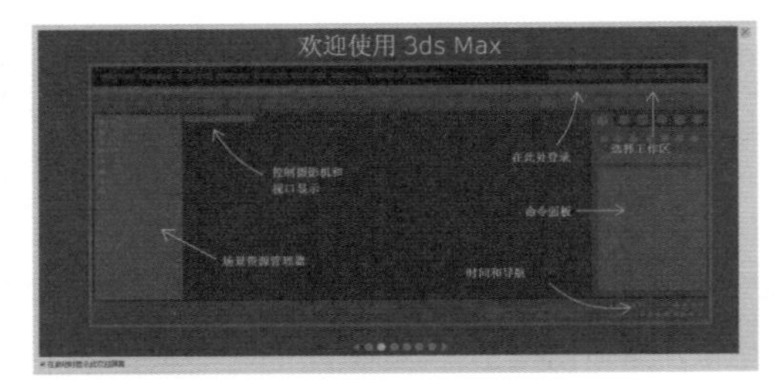

图2-4

2.2.3 “在视口中导航”选项卡

在“在视口中导航”选项卡中提示习惯 Maya 软件操作的用户使用“Maya 模式”来进行 3ds Max 视图操作，如图 2-5 所示。

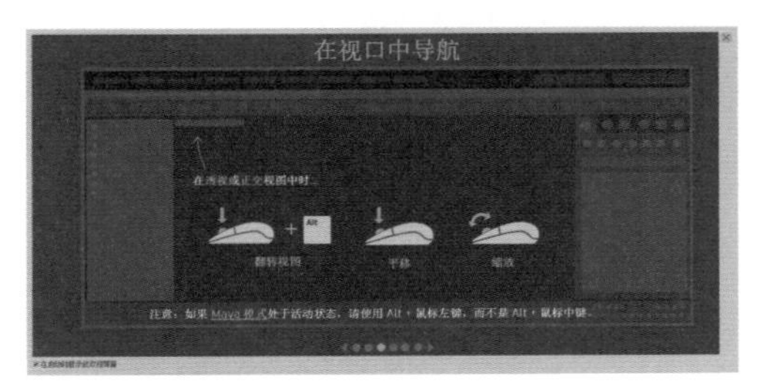

图2-5

启用“Maya 模式”的操作步骤如下。

（1）执行菜单栏“自定义 > 首选项”命令，打开“首选项设置”对话框。

（2）在“首选项设置”对话框中，展开“交互模式”选项卡。在“将鼠标和键盘交互设置到”下拉列表中选择“Maya”选项，如图 2-6 所示。当用户切换至“Maya 模式”后，将使用【Alt】+ 鼠标左键组合键来完成视图的旋转。

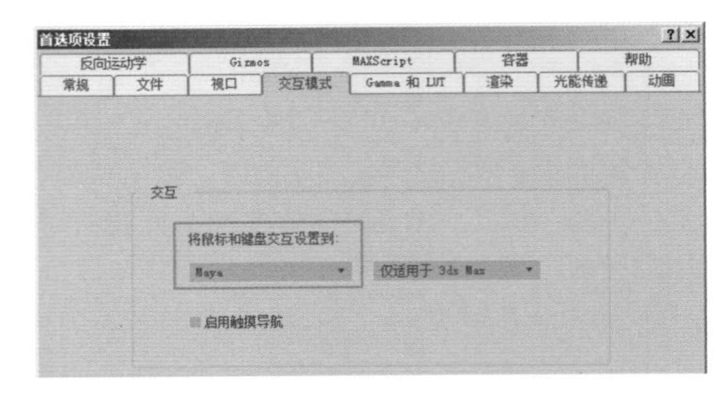

图2-6

2.2.4 “资源库”选项卡

“资源库”选项卡提示用户可以通过网络在线获取一些 3ds Max 文件资源，如图 2-7 所示。执行菜单栏“内容 > 启动 3ds Max 资源库”命令，即可通过浏览器自动链接到 Autodesk App Store，如图 2-8 所示。

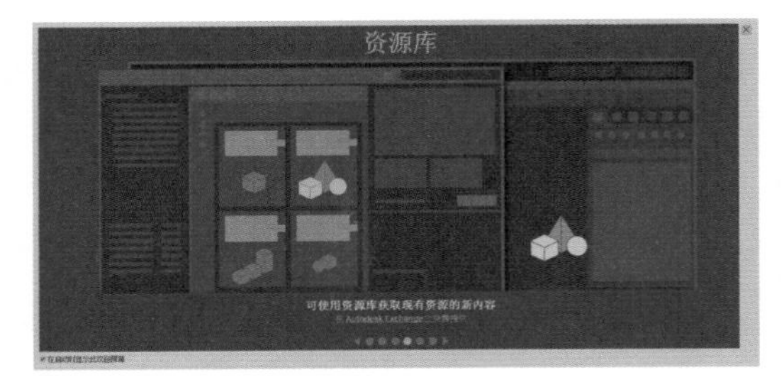

图2-7

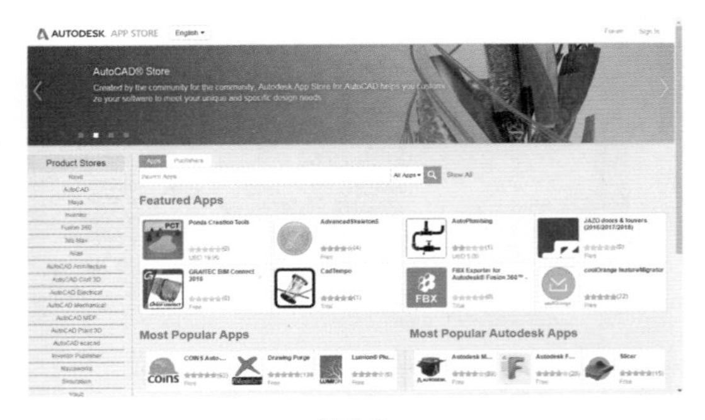

图2-8

2.2.5 “3ds Max 交互”选项卡

“3ds Max 交互”选项卡提示用户可以通过下载并安装 3ds Max Interactive，使用“交互式”菜单将 3ds Max 场景连接到实时引擎，如图 2-9 所示。

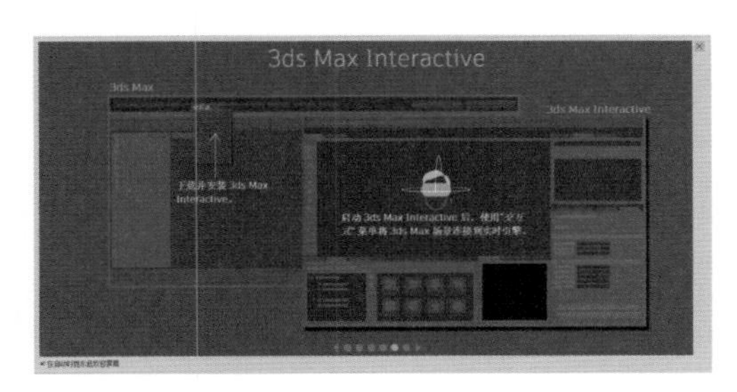

图2-9

2.2.6 “后续步骤”选项卡

“后续步骤”选项卡展示了3ds Max提供的在线帮助、网络教程、样例文件以及1分钟视频等内容，这些内容可以帮助新用户解决3ds Max的基本操作问题，如图2-10所示。需要注意的是，这里的内容需要连接网络才可以使用。

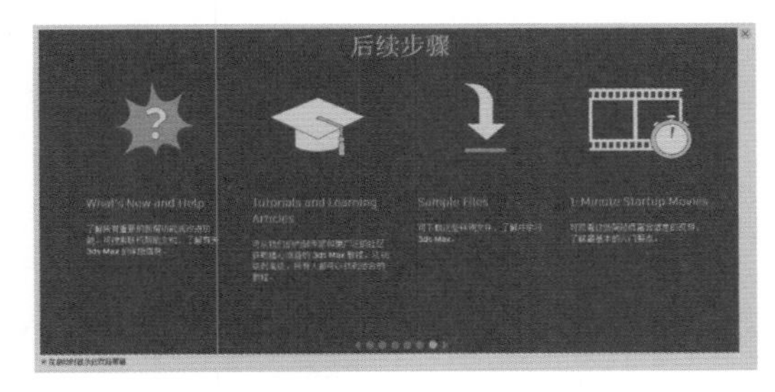

图2-10

关闭“欢迎屏幕”对话框后，还可以通过执行菜单栏“帮助 > 欢迎屏幕”命令再次打开该对话框，如图2-11所示。

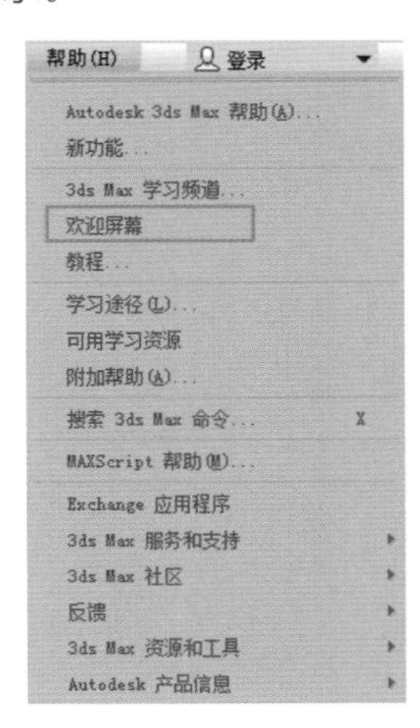

图2-11

2.3 菜单栏

菜单栏位于标题栏的下方，包含3ds Max的大部分命令。菜单栏包含的命令分为“文件”“编辑”“工具”“组”“视图”“创建”“修改器”“动画”“图形编辑器”“渲染”“Civil View”“自定义”“脚本”“内容”“Arnold”“帮助”等分类，如图2-12所示。

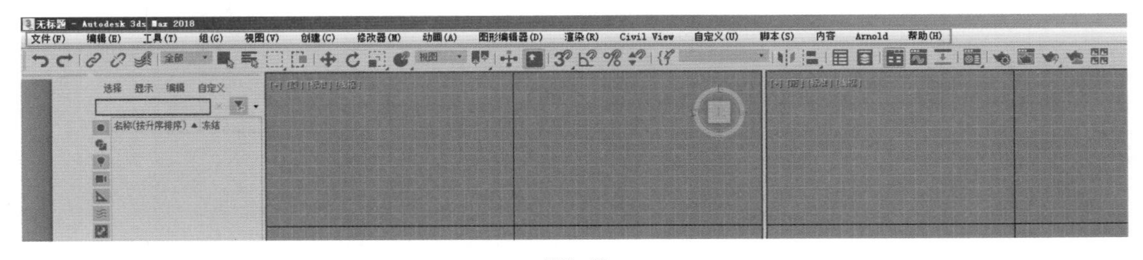

图2-12

3ds Max 2018为用户提供了多种可选择的工作区，有“默认”“Alt菜单和工具栏”“设计标准”“主工具栏-模块”“模块-迷你”5种，如图2-13所示。用户可在此根据自己的需要随时切换自己喜欢的软件界面风格。

2.3.1 菜单命令介绍

“文件”菜单：主要包括3ds Max文件的“新建”“打开”“保存”“导入”“导出”“退出”等功能，如图2-14所示。

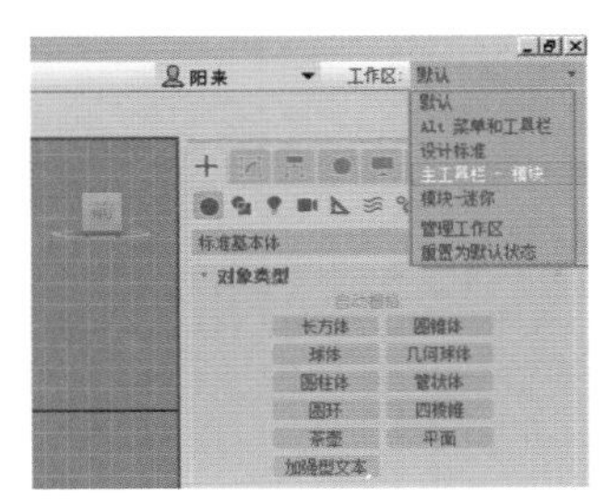

图2-13

“编辑”菜单：主要包括针对场景基本操作所设

计的命令，如“撤销”“重做”“暂存”“取回”“删除”等常用命令，如图 2-15 所示。

“工具”菜单：主要包括管理场景的一些命令及对物体的基础操作命令，如图 2-16 所示。

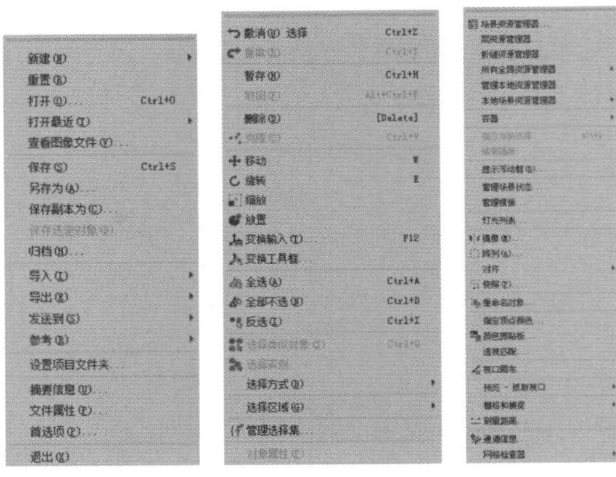

图2-14　　图2-15　　图2-16

“组”菜单：主要为将场景中的物体设置为一个组合，并进行组的编辑的命令，如图 2-17 所示。

“视图”菜单：主要为控制视图的显示方式及视图的相关参数设置的命令，如图 2-18 所示。

“创建”菜单：主要包括在视口中创建各种类型的对象的命令，如图 2-19 所示。

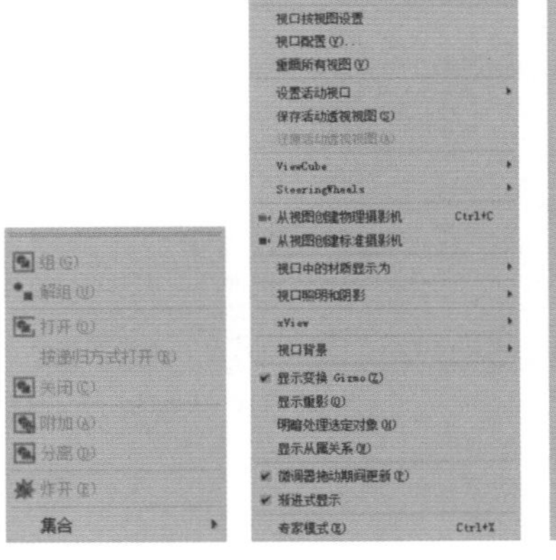

图2-17　　图2-18　　图2-19

“修改器”菜单：包含修改器列表中的所有命令，如图 2-20 所示。

“动画”菜单：主要用来设置动画，其中包括正向动力学、反向动力学及骨骼等设置，如图 2-21 所示。

“图形编辑器”菜单：以图形化视图的方式来表达场景中各个对象之间的关系，如图 2-22 所示。

“渲染”菜单：主要用来设置渲染参数，包括“渲染”“环境”“效果”等命令，如图 2-23 所示。

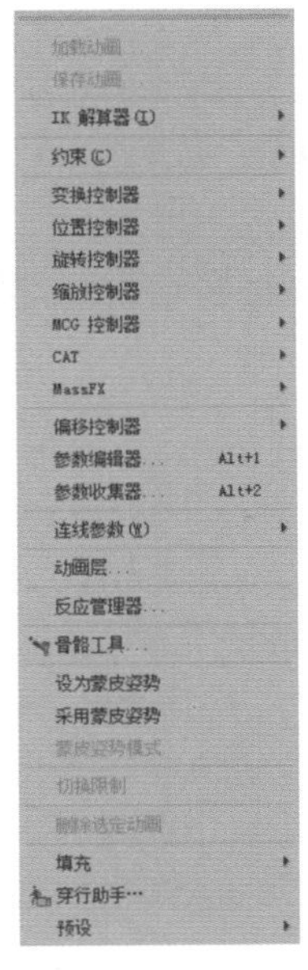

图2-20　　图2-21

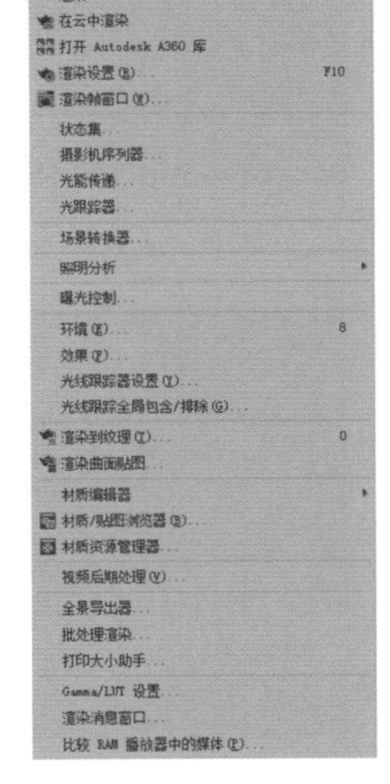

图2-22　　图2-23

“Civil View”菜单：只有初“始化 Civil View”一个命令，如图 2-24 所示。

图2-24

“自定义”菜单：允许用户进行一些自定义设置，这些设置包括制定个人爱好的工作界面及 3ds Max 系统设置，如图 2-25 所示。

“脚本”菜单：提供为程序开发人员工作的环境，在这里可以新建、测试及运行自己编写的脚本语言来辅助工作，如图 2-26 所示。

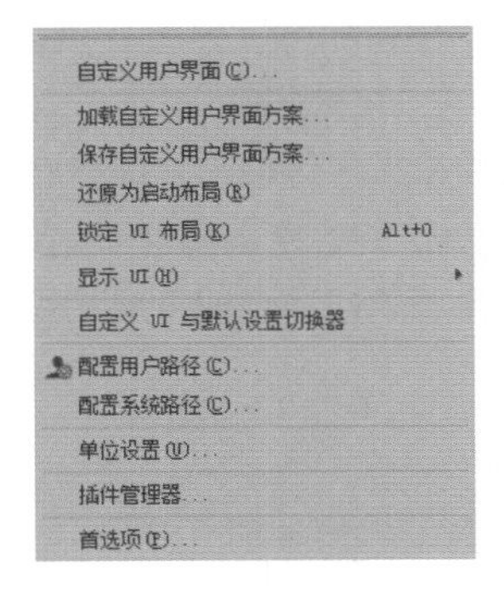

图2-25

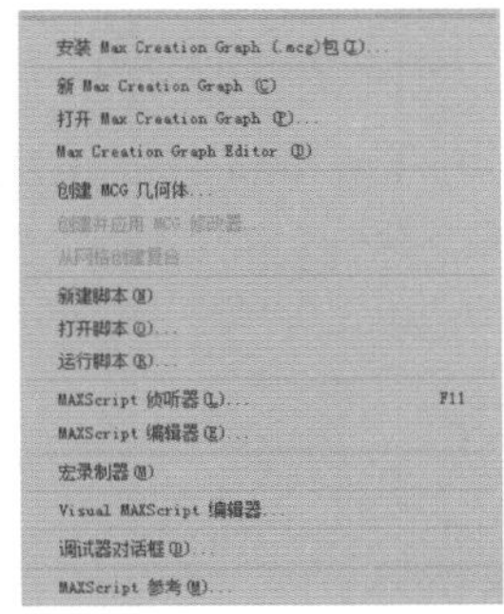

图2-26

“内容”菜单：只有一个“启动 3ds Max 资源库”命令，用于通过浏览器打开在线商店来获取 3ds Max 资源文件，如图 2-27 所示。

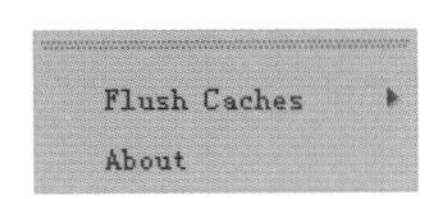

图2-27

“Arnold”菜单：主要提供“刷新缓存”及“关于 Arnold”这两个功能，如图 2-28 所示。

Flush Caches
About

图2-28

“帮助”菜单：主要包括 3ds Max 的一些帮助信息，可以供用户参考学习，如图 2-29 所示。

2.3.2　菜单栏命令的基础知识

在菜单栏上单击命令打开下拉菜单时，可以发现某些命令后面有相应的快捷键提示，如图 2-30 所示。例如，按下【X】键，3ds Max 2018 软件则会启动“搜索 3ds Max 命令”这一功能。

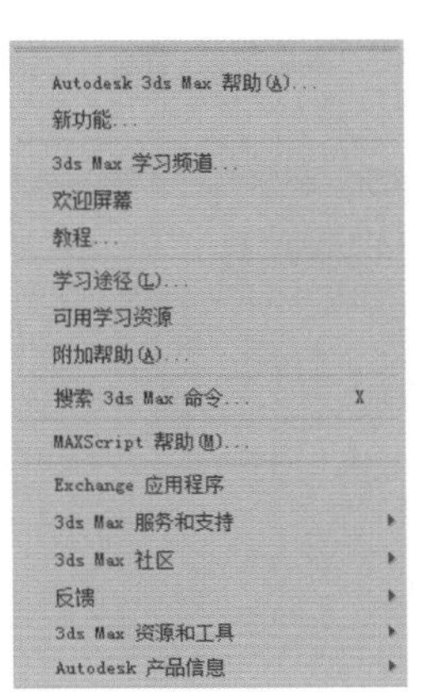

图2-29

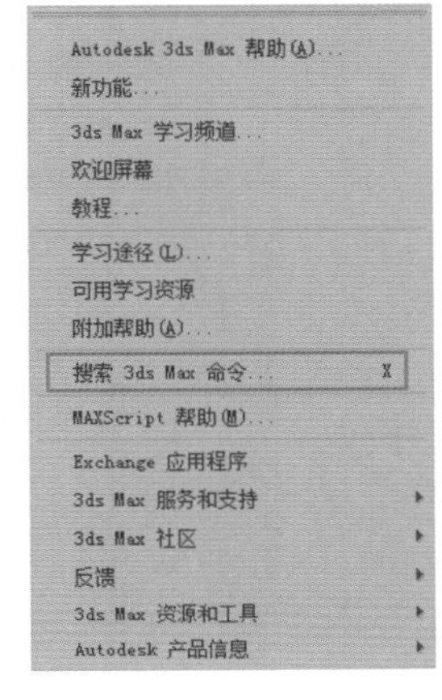

图2-30

下拉菜单的命令后面带有省略号，表示使用该命令会弹出一个独立的对话框，如图 2-31 所示。

下拉菜单的命令后面带有黑色的小三角箭头图标，表示该命令还有子命令可供选择，如图 2-32 所示。

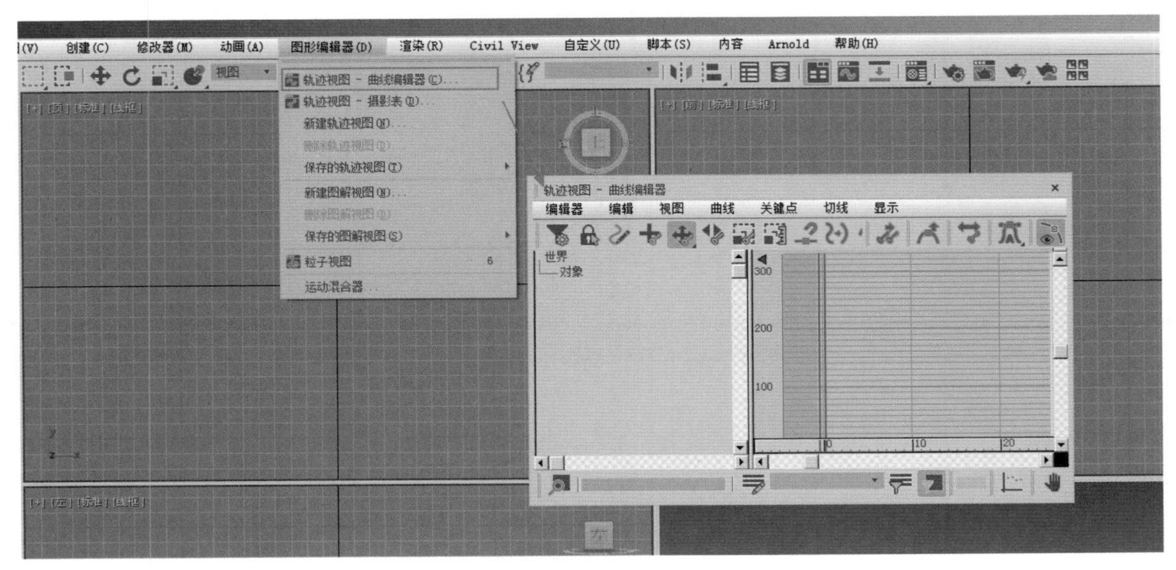

图2-31

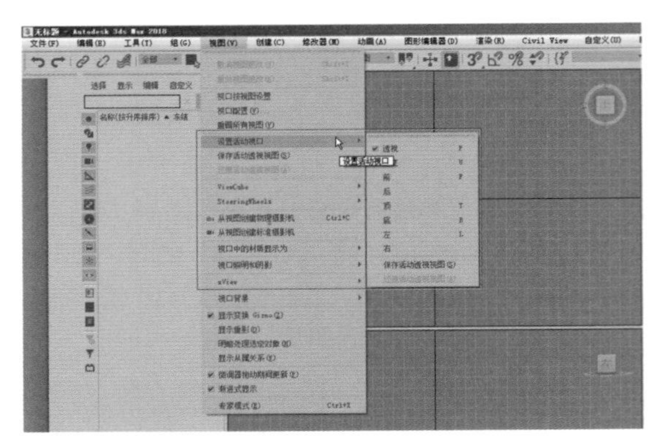

图2-32

下拉菜单中的部分命令为灰色不可使用状态，表示在当前的操作中，没有选择可以使用该命令的对象。比如，场景中没有选择任何对象，就无法激活“修改器”菜单内的任何命令，如图 2-33 所示。

3ds Max 2018 允许用户将菜单栏单独提取出来，这一功能参考了 Maya 软件的菜单提取功能。用户单击菜单栏上方的双排虚线即可提取菜单，如图 2-34 所示。

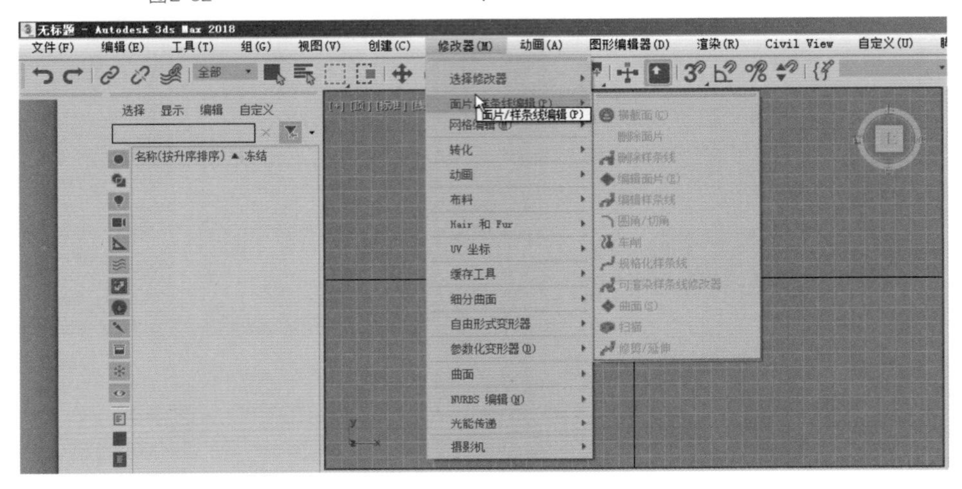

图2-33

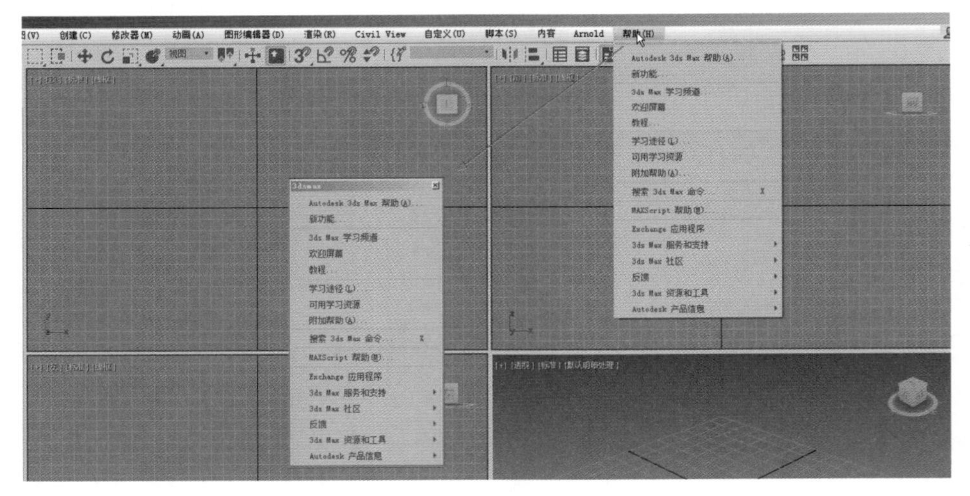

图2-34

2.4 主工具栏

菜单栏的下方就是主工具栏，主工具栏由一系列的图标按钮组成。当用户的显示器分辨率过低时，主工具栏上的图标按钮会显示不全。这时可以将鼠标指针移动至主工具栏上，待鼠标指针变成抓手工具时，即可左右移动主工具栏来查看其他未显示的工具图标。图 2-35 所示为 3ds Max 2018 的主工具栏。

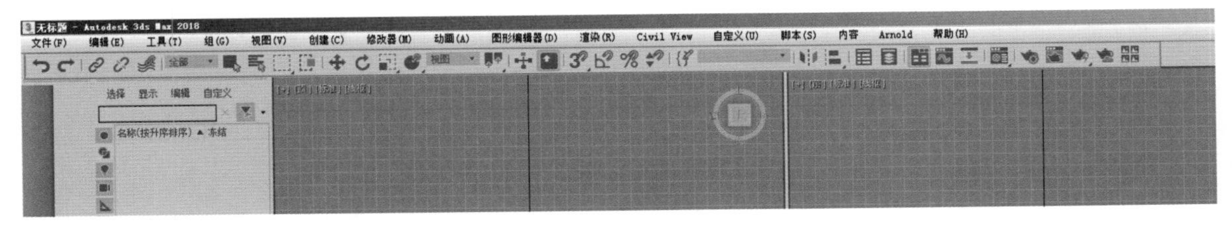

图2-35

仔细观察主工具栏上的图标按钮，可以发现有些图标按钮的右下角有个小三角形的标志，该标志表示当前图标按钮包含多个类似命令。切换其他命令时，长按当前图标按钮，其他命令就会显示出来，如图 2-36 所示。

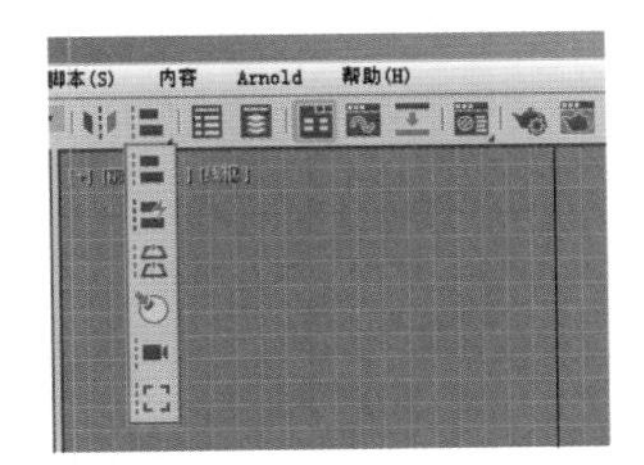

图2-36

工具解析

◇ “撤销”按钮：可取消上一次的操作。
◇ “重做”按钮：可取消上一次的“撤销”操作。
◇ “选择并链接”按钮：用于将两个或多个对象链接成为父子层次关系。
◇ “断开当前选择链接”按钮：用于解除两个对象之间的父子层次关系。
◇ “绑定到空间扭曲”按钮：将当前选择附加到空间扭曲。
◇ “选择过滤器”下拉列表 全部：可以通过此列表来限制选择工具选择的对象类型。
◇ “选择对象”按钮：可用于选择场景中的对象。
◇ “按名称选择”按钮：单击此按钮可打开“从场景选择”对话框，通过对话框中的对象名称来选择对象。
◇ “矩形选择区域”按钮：在矩形选区内选择对象。
◇ “圆形选择区域”按钮：在圆形选区内选择对象。
◇ “围栏选择区域”按钮：在不规则的围栏形状内选择对象。
◇ “套索选择区域”按钮：使用鼠标操作在不规则的区域内选择对象。
◇ “绘制选择区域”按钮：使用鼠标在对象上方以绘制的方式来选择对象。
◇ “窗口 / 交叉”按钮：单击此按钮，可在“窗口”和“交叉”模式之间进行切换。
◇ “选择并移动”按钮：选择并移动所选择的对象。
◇ “选择并旋转”按钮：选择并旋转所选择的对象。
◇ “选择并均匀缩放”按钮：选择并均匀缩放所选择的对象。
◇ “选择并非均匀缩放”按钮：选择并以非均匀的方式缩放所选择的对象。
◇ “选择并挤压”按钮：选择并以挤压的方式来缩放所选择的对象。
◇ “选择并放置”按钮：将对象准确地定位到另一个对象的表面。
◇ “参考坐标系”下拉列表 视图：可以指定变换所用的坐标系。
◇ “使用轴点中心”按钮：可以围绕对象各自的轴点旋转或缩放一个或多个对象。
◇ “使用选择中心”按钮：可以围绕所选择对象共同的几何中心旋转或缩放一个或多个对象。
◇ “使用变换坐标中心”按钮：围绕当前坐标系中心旋转或缩放对象。
◇ “选择并操纵”按钮：在视口中拖动“操纵器”来编辑对象的控制参数。
◇ “键盘快捷键覆盖切换”按钮：单击此按钮可以在“主用户界面”快捷键和组快捷键之间进行切换。
◇ “捕捉开关”按钮：使用此按钮可以提供捕捉处于活动状态位置的 3D 空间的控制范围。
◇ “角度捕捉开关”按钮：单击此按钮可以在设置旋转操作时进行预设角度旋转。
◇ “百分比捕捉开关”按钮：按指定的百分比设置对象的缩放。
◇ “微调器捕捉开关”按钮：用于设置 3ds Max 中微调器每次单击增加或减少值。
◇ “编辑命名选择集”按钮：单击此按钮可以打开“命名选择集”对话框。
◇ “命名选择集”下拉列表 创建选择集：使用此列表可以调用选择集合。
◇ “镜像”按钮：单击此按钮可以打开“镜像”对话框来详细设置镜像场景中的物体。
◇ “对齐”按钮：将当前选择对象与目标对象进行对齐。
◇ “快速对齐”按钮：可立即将当前选择对象的位置与目标对象的位置进行对齐。
◇ “法线对齐”按钮：单击此按钮，打开的“法线对齐”对话框可将物体表面基于另一个物体表面的法线方向进行对齐。

◇ “放置高光”按钮：可将灯光或对象对齐到另一个对象上来精确定位其高光或反射。

◇ “对齐摄影机”按钮：将摄影机与选定的面法线进行对齐。

◇ “对齐到视图”按钮：单击此按钮，打开的“对齐到视图”对话框可将对象或子对象选择的局部轴与当前视口进行对齐。

◇ “切换场景资源管理器”按钮：单击此按钮可打开“场景资源管理器－场景资源管理器”对话框。

◇ “切换层资源管理器”按钮：单击此按钮可打开“场景资源管理器－层资源管理器”对话框。

◇ “切换功能区”按钮：单击此按钮可显示或隐藏Ribbon工具栏。

◇ “曲线编辑器”按钮：单击此按钮可打开“轨迹视图－曲线编辑器”面板。

◇ “图解视图”按钮：单击此按钮可打开“图解视图”面板。

◇ “材质编辑器”按钮：单击此按钮可打开“材质编辑器”面板。

◇ “渲染设置”按钮：单击此按钮可打开“渲染设置”面板。

◇ “渲染帧窗口”按钮：单击此按钮可打开“渲染帧窗口”面板。

◇ “渲染产品”按钮：渲染当前激活的视图。

◇ “在Autodesk A360中渲染”按钮：单击此按钮可弹出“渲染设置：A360云渲染”面板。

◇ “打开Autodesk A360库”按钮：单击此按钮可直接在浏览器中打开Autodesk A360网站页面。

提示 主工具栏可以通过【Alt】+【6】组合键来进行显示与隐藏的切换。

在主工具栏的空白处单击鼠标右键，可以看到3ds Max 2018在默认状态下未显示的其他多个工具栏。除主工具栏外，还有“MassFX工具栏”“动画层”“容器”“层”“捕捉”“渲染快捷方式”“状态集”“笔刷预设”“轴约束”和“附加”这10个工具栏，如图2-37所示。

2.4.1 “MassFX工具栏”工具栏

“MassFX工具栏”工具栏：3ds Max 2018的MassFX提供了用于为项目添加真实物理模拟的工具集，使用此工具栏可以快速访问“MassFX工具”对话框，对场景中的物体设置动画模拟，如图2-38所示。

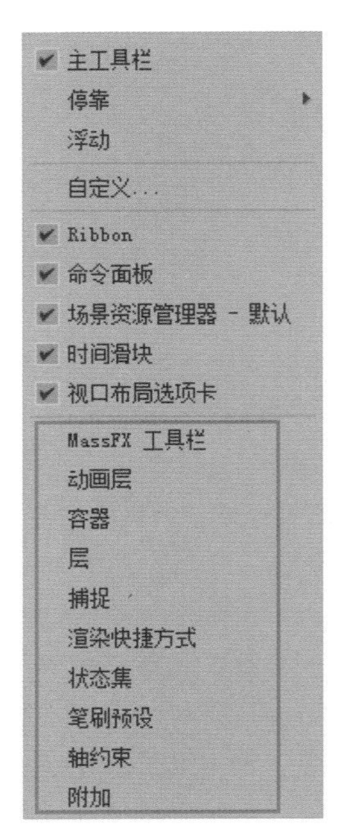

图2-37

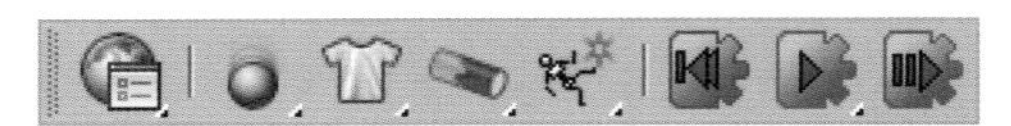

图2-38

工具解析

◇ “世界参数”按钮：打开“MassFX工具”对话框并定位到“世界参数”面板。

◇ “模拟工具”按钮：打开“MassFX工具”对话框并定位到“模拟工具”面板。

◇ “多对象编辑器”按钮：打开“MassFX工具”对话框并定位到“多对象编辑器”面板。

◇ “显示选项”按钮：打开“MassFX工具”对话框并定位到“显示选项”面板。

◇ “将选定项设置为动力学刚体”按钮：将未实例化的MassFX刚体修改器应用到每个选定对象，并将“刚体类型”设置为“动力学”，然后为对象创建单个凸面物理图形。如果选定对象已经具有MassFX刚体修改器，则现有修改器将更改为“动力学”，而不重新应用。

◇ “将选定项设置为运动学刚体”按钮：将未实例化的MassFX刚体修改器应用到每个选定对象，并将“刚体类型”设置为“运动学”，然后为每个对象创建一个凸面物理图形。如果选定对象已经具有MassFX刚体修改器，则现有修改器将更改为“运动学”，而不重新应用。

◇ “将选定项设置为静态刚体”按钮：将未实例化的MassFX刚体修改器应用到每个选定对象，并将“刚体类型”设置为“静态”，然后为对象创建单个凸面物理图形。如果选定对象已经具有 MassFX 刚体修改器，则现有修改器将更改为“静态”，而不重新应用。

◇ “将选定对象设置为 mCloth 对象”按钮：将未实例化的 mCloth 修改器应用到每个选定对象，然后切换到“修改”面板来调整修改器的参数。

◇ “从选定对象中移除 mCloth”按钮：从每个选定对象移除 mCloth 修改器。

◇ “创建刚体约束”按钮：将新 MassFX 约束辅助对象添加到带有适合于刚体约束的设置的项目中。刚体约束使平移、摆动和扭曲全部锁定，尝试在开始模拟时保持两个刚体在相同的相对变换中。

◇ “创建滑块约束”按钮：将新 MassFX 约束辅助对象添加到带有适合于滑动约束的设置的项目中。滑动约束类似于刚体约束，但是启用受限的 Y 变换。

◇ “创建转枢约束”按钮：将新 MassFX 约束辅助对象添加到带有适合于转枢约束的设置的项目中。转枢约束类似于刚体约束，但是“摆动 1”限制为 100°。

◇ “创建扭曲约束”按钮：将新 MassFX 约束辅助对象添加到带有适合于扭曲约束的设置的项目中。扭曲约束类似于刚体约束，但是“扭曲”设置为无限制。

◇ “创建通用约束”按钮：将新 MassFX 约束辅助对象添加到带有适合于通用约束的设置的项目中。通用约束类似于刚体约束，但“摆动 1”和“摆动 2”限制为 45°。

◇ “建立球和套管约束”按钮：将新 MassFX 约束辅助对象添加到带有适合于球和套管约束的设置的项目中。球和套管约束类似于刚体约束，但“摆动 1”和“摆动 2”限制为 80°，且“扭曲”设置为无限制。

◇ “创建动力学碎布玩偶”按钮：设置选定角色作为动力学碎布玩偶。其运动可以影响模拟中的其他对象，同时也受这些对象的影响。

◇ “创建运动学碎布玩偶”按钮：单击此按钮，用户可以设置选定角色作为运动学碎布玩偶。其运动可以影响模拟中的其他对象，但不会受这些对象的影响。

◇ “移除碎布玩偶”按钮：单击此按钮，用户可以通过删除刚体修改器、约束和碎布玩偶辅助对象，从模拟中移除选定的角色。

◇ “将模拟实体重置为其原始状态”按钮：停止模拟，将时间滑块移动到第一帧，并将任意动力学刚体的变换设置为其初始变换。

◇ “开始模拟”按钮：从当前模拟帧运行模拟。默认情况下，该帧是动画的第一帧，它不一定是当前的动画帧。如果模拟正在运行，会使按钮显示为已按下，单击此按钮将在当前模拟帧处暂停模拟。

◇ “开始没有动画的模拟”按钮：与“开始模拟”按钮类似，只是模拟运行时时间滑块不会前进。

◇ “将模拟前进一帧”按钮：运行一个帧的模拟并使时间滑块前进相同量。

2.4.2 “动画层”工具栏

“动画层”工具栏：进行动画层相关设置的工具栏，如图 2-39 所示。

基础层 100.0

图2-39

工具解析

◇ “启用动画层”按钮：单击该按钮可以打开“启用动画层”对话框。

◇ “选择活动层对象”按钮：选择场景中属于活动层的所有对象。

◇ “动画层列表”基础层：为选定对象列出所有现有层。列表中的每个层都含有切换图标，用于启用和禁用层以及从控制器输出轨迹包含或排除层。通过从列表中选择来设置活动层。

◇ “动画层属性”按钮：打开“层属性”对话框，该对话框可为层提供全局选项。

◇ “添加动画层”按钮：打开“创建新动画层”对话框，可以指定与新层相关的设置。执行此操作将为具有层控制器的各个轨迹添加新层。

◇ “删除动画层”按钮：移除活动层以及它所包含的数据。删除前将会弹出提示确认对话框。

◇ “复制动画层”按钮：复制活动层的数据，并启用“粘贴活动动画层”按钮和“粘贴新层”按钮。

◇ “粘贴活动动画层”按钮：使用复制的数据覆盖活动层控制器类型和动画关键点。

◇ “粘贴新层”按钮：使用复制层的控制器类型和动画关键点创建新层。

◇ “塌陷动画层”按钮：只要活动层尚未禁用，则可以将它塌陷至其下一层。如果活动层已禁用，则已塌陷的层将在整个列表中循环，直到找到可用层为止。

◇ “禁用动画层”按钮：从所选对象上移除层控制器。基础层上的动画关键点将还原为原始控制器。

2.4.3 “容器”工具栏

“容器”工具栏：提供处理容器的命令，如图 2-40 所示。

图2-40

工具解析

◇ “继承容器”按钮：将磁盘上存储的源容器加载到场景中。

◇ “利用所选内容创建容器”按钮：创建容器并将选定对象放入其中。

◇ “将选定项添加到容器中”按钮：打开拾取列表，可以从中选择容器，然后将场景中选定手对象添加到该容器。

◇ “从容器中移除选定对象”按钮：将选定的对象从其所属容器中移除。

◇ “加载容器”按钮：将容器定义加载到场景中并显示容器的内容。

◇ “卸载容器”按钮：保存容器并将其内容从场景中移除。

◇ “打开容器”按钮：使容器内容可编辑。

◇ “关闭容器”按钮：将容器保存到磁盘并防止对其内容进行任何进一步编辑或添加操作。

◇ “保存容器”按钮：保存对打开的容器所做的任何编辑。

◇ “更新容器”按钮：从所选容器的 MAXC 源文件中重新加载其内容。

◇ “重新加载容器”按钮：将本地容器重置到最新保存的版本。

◇ “使所有内容唯一”按钮：选中“源定义”框中显示的容器并将其与内部嵌套的任何其他容器转换为唯一容器。

◇ “合并容器源”按钮：将最新保存的源容器版本加载到场景中，但不会打开任何可能嵌套在内部的容器。

◇ “编辑容器”按钮：允许编辑来源于其他用户的容器。

◇ “覆盖对象属性”按钮：忽略容器中各对象的显示设置，并改用容器辅助对象的显示设置。

◇ “覆盖所有锁定”按钮：仅对本地容器“轨迹视图”“层次”列表中的所有轨迹暂时禁用锁定。

2.4.4 “层”工具栏

对当前场景中的对象进行设置层的操作，设置完层后，可以通过选择层名称来快速在场景中选择物体，如图2-41所示。另外，还可以通过“场景资源管理器-层资源管理器”快速对层内的对象进行隐藏、冻结等其他操作，如图2-42所示。

图2-41

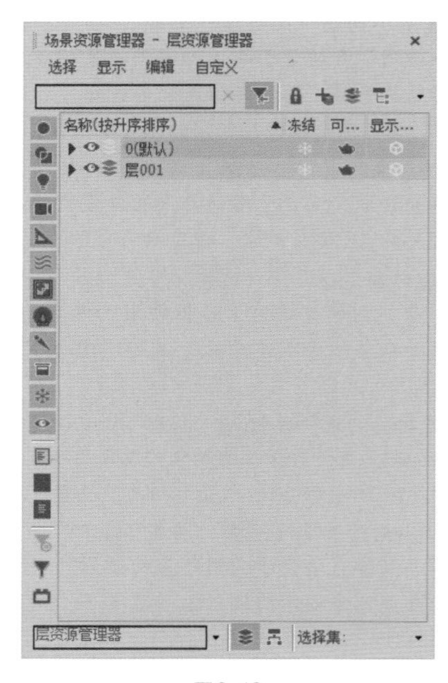

图2-42

工具解析

◇ “层管理器”按钮：单击此按钮，将弹出“场景资源管理器－层资源管理器”对话框。

◇ “图层列表”：可以通过“层”工具栏使用“图层列表”，该列表显示层的名称及其属性。单击属性图标即可控制层的属性。只需从列表中将层选中即可使该层成为当前层。

◇ “新建层”按钮：使用此按钮将创建一个新层，该层包含当前选定的对象。

◇ “将当前选择添加到当前层”按钮：可以将当前对象选择移动至当前层。

◇ “选择当前层中的对象”按钮：单击此按钮，将选择当前层中包含的所有对象。

◇ “设置当前层为选择的层”按钮：可将当前层更改为包含当前选定对象的层。

2.4.5 “捕捉”工具栏

“捕捉”工具栏：可以在此设置精准捕捉的方式，如图2-43所示。

图2-43

工具解析

◇ “捕捉到栅格点切换”按钮：捕捉到栅格交点。默认情况下，此捕捉类型处于启用状态。

◇ “捕捉到轴切换”按钮：允许捕捉对象的轴。

◇ “捕捉到顶点切换”按钮：捕捉到对象的顶点。

◇ “捕捉到端点切换”按钮：捕捉到网格边的端点或样条线的顶点。

◇ “捕捉到中点切换”按钮：捕捉到网格边的中点或样条线分段的中点。

◇ “捕捉到边 / 线段切换”按钮：捕捉沿着边（可见或不可见）或样条线分段的任何位置。

◇ “捕捉到面切换”按钮：在面的曲面上捕捉任何位置。

◇ “捕捉到冻结对象切换”按钮：可以捕捉到冻结对象上。

◇ “在捕捉中启用轴约束切换”按钮：启用此选项并通过“移动 Gizmo”或“轴约束”工具栏使用轴约束移动对象时，系统会将选定的对象约束为仅沿指定的轴或平面移动。

2.4.6 “渲染快捷方式”工具栏

“渲染快捷方式”工具栏：可以进行渲染预设窗口设置，如图 2-44 所示。

图2-44

工具解析

◇ “渲染预设窗口 A”按钮：单击此按钮可以激活预设窗口 A，但需提前将预设指定给该按钮。

◇ “渲染预设窗口 B”按钮：单击此按钮可以激活预设窗口 B，但需提前将预设指定给该按钮。

◇ “渲染预设窗口 C”按钮：单击此按钮可以激活预设窗口 C，但需提前将预设指定给该按钮。

◇ “渲染预设”下拉列表：用于从预设渲染参数集中进行选择，或加载或保存渲染参数设置。

2.4.7 “状态集”工具栏

“状态集”工具栏：提供对“状态集”功能的快速访问，如图 2-45 所示。

图2-45

工具解析

◇ “状态集”按钮：单击此按钮可以弹出“状态集”对话框，如图 2-46 所示。

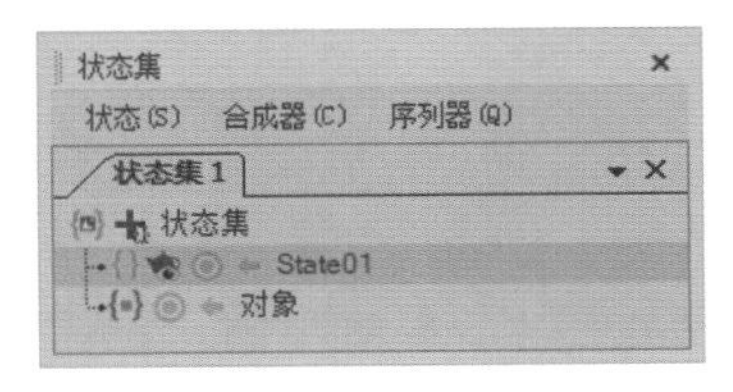

图2-46

◇ “切换状态集的活动状态”按钮：切换状态定义，即更改该状态和所有嵌套其中的状态录制的所有属性。

◇ “切换状态集的可渲染状态”按钮：切换状态的渲染输出。

◇ “切换状态集的记录”按钮：单击该按钮将切换状态集的记录。

◇ “显示或隐藏状态集列表”：此下拉列表将显示与“状态集”对话框相同的层次。使用它可以激活状态，也可以访问其他状态集控件。

◇ “将当前选择导出至合成器链接”按钮：单击此按钮以指定使用 SOF 格式的链接文件的路径和文件名。如果选择现有链接文件，“状态集”将使用现有数据，而不是覆盖该文件。

2.4.8 “笔刷预设”工具栏

“笔刷预设”工具栏：当用户对可编辑多边形进行绘制变形时，即可激活此工具栏来设置笔刷的效果，如图 2-47 所示。

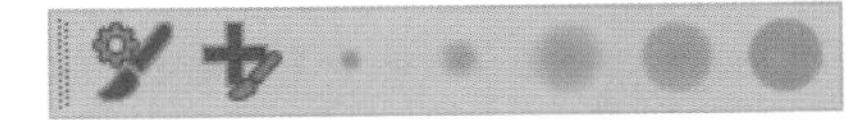

图2-47

工具解析

◇ “笔刷预设管理器”按钮：单击此按钮可打开“笔刷预设管理器”对话框，可从中添加、复制、重命名、删除、保存和加载笔刷预设。

◇ “添加新建预设”按钮：通过当前笔刷设置将新预设添加到工具栏，在第一次添加时系统会提示用户输入笔刷的名称。如果尝试超出笔刷预设的最大数（50），则会弹出警告对话框。该按钮后面提供了默认的 5 种大小不同的笔刷。

2.4.9 “轴约束”工具栏

当鼠标指针状态为移动工具时，可通过该工具栏内的图标命令来设置需要进行操作的坐标轴，如图2-48所示。

图2-48

工具解析

◇ “变换Gizmo X轴约束”按钮：限制到X轴。
◇ “变换Gizmo Y轴约束”按钮：限制到Y轴。
◇ “变换Gizmo Z轴约束”按钮：限制到Z轴。
◇ “变换Gizmo XY平面约束”按钮：限制到XY平面。
◇ “在捕捉中启用轴约束切换”按钮：启用此选项并通过“移动Gizmo”或“轴约束”工具栏使用轴约束移动对象时，系统会将选定的对象约束为仅沿指定的轴或平面移动。禁用此选项后，约束将被忽略，用户可以将捕捉的对象平移任何尺寸。

2.4.10 “附加”工具栏

“附加”工具栏：包含多个用于处理3ds Max场景的工具，如图2-49所示。

图2-49

工具解析

◇ “自动栅格”按钮：开启自动栅格有助于在一个对象上创建另一个对象。
◇ “测量距离”按钮：测量场景中两个对象之间的距离。
◇ “阵列”按钮：单击此按钮将打开“阵列”对话框，使用该对话框可以基于当前选择创建对象阵列。
◇ “快照”按钮：快照会随时间克隆设置了动画的对象。
◇ “间隔”按钮：单击“间隔”按钮，可以基于当前选择沿样条线或一对点定义的路径分布对象。
◇ “克隆并对齐”按钮：单击“克隆并对齐”按钮，可以基于当前选择将源对象分布到目标对象的第二选择上。

2.5 功能区

功能区，也叫“Ribbon”工具栏，主要包含“建模”“自由形式”“选择”“对象绘制”和“填充”五大部分，如图2-50所示。

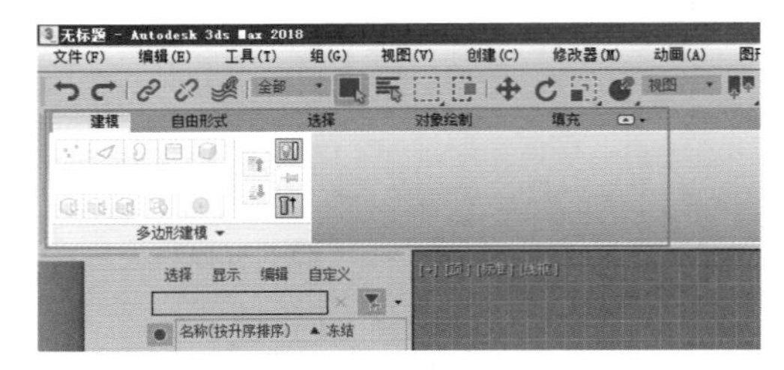

图2-50

2.5.1 建模

单击“显示完整的功能区”图标，可以向下展开Ribbon工具栏。选择“建模”选项卡，可以看到与多边形建模相关的命令，如图2-51所示。当未选择几何体时，该命令区域呈灰色显示。

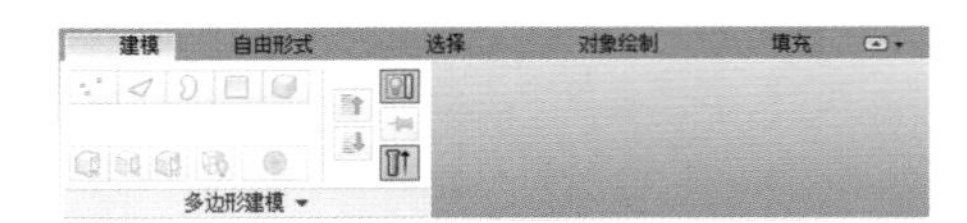

图2-51

当选择几何体时，单击相应图标进入多边形的子层级后，此区域可显示相应子层级内的全部建模命令，并以非常直观的图标形式展现。图2-52所示为多边形“顶点”层级内的命令图标。

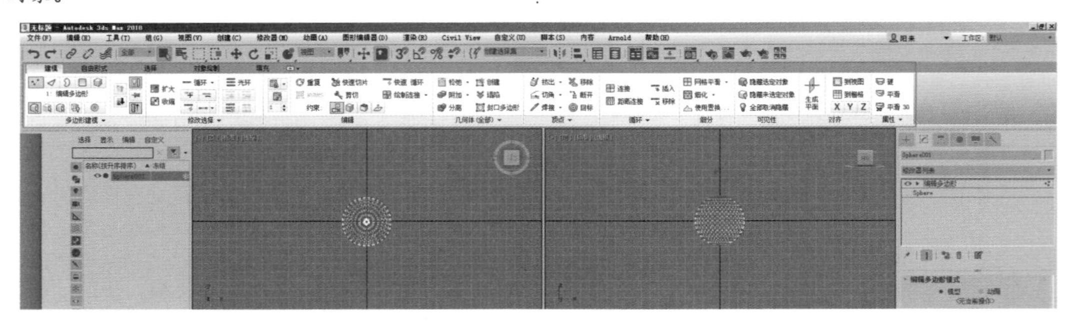

图2-52

2.5.2 自由形式

选择“自由形式”选项卡，其内部的命令图标如图 2-53 所示。用户需选择物体才可激活相应命令图标的显示。通过“自由形式”选项卡内的命令，用户可以用绘制的方式来修改几何形体的形态。

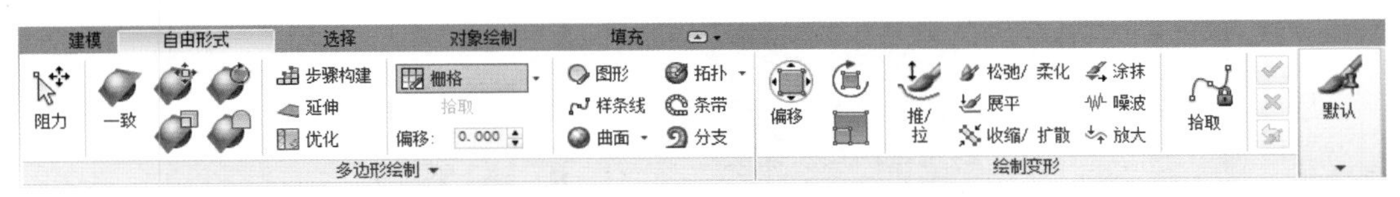

图2-53

2.5.3 选择

选择“选择”选项卡，其内部的命令图标如图 2-54 所示。用户选择多边形物体并进入其子层级后可激活图标显示状态。未选择物体时，此选项卡内部为空。

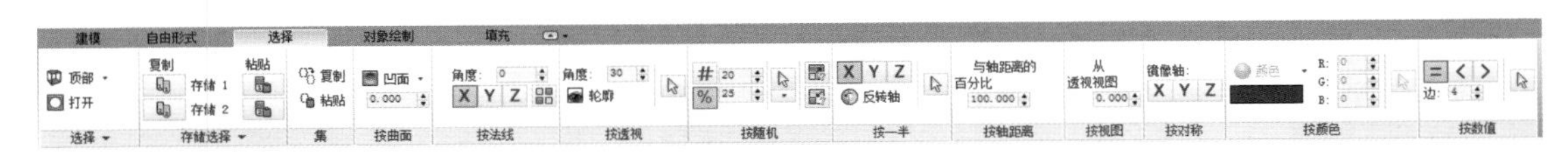

图2-54

2.5.4 对象绘制

选择“对象绘制”选项卡，其内部的命令图标如图 2-55 所示。此区域的命令允许用户为鼠标指针设置一个模型，以绘制的方式在场景中或物体对象表面上进行复制绘制。

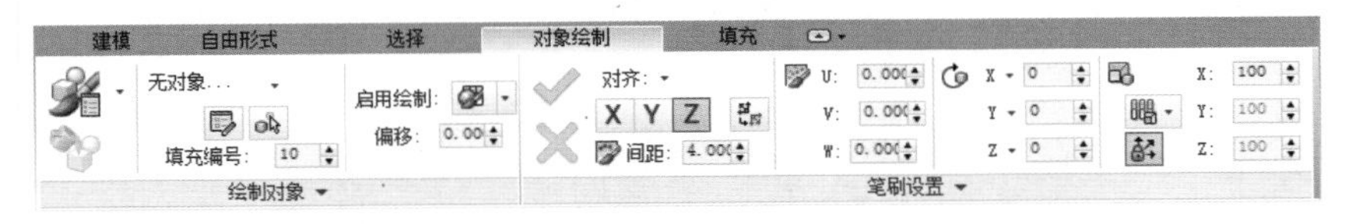

图2-55

2.5.5 填充

利用“填充”选项卡，可以快速地制作大量人群走动和闲聊的场景。尤其是在建筑室内外的动画表现上，更少不了角色这一元素。角色不仅可以为画面添加活泼的生气，还可以作为要表现的建筑尺寸的重要参考依据。其内部命令图标如图 2-56 所示。

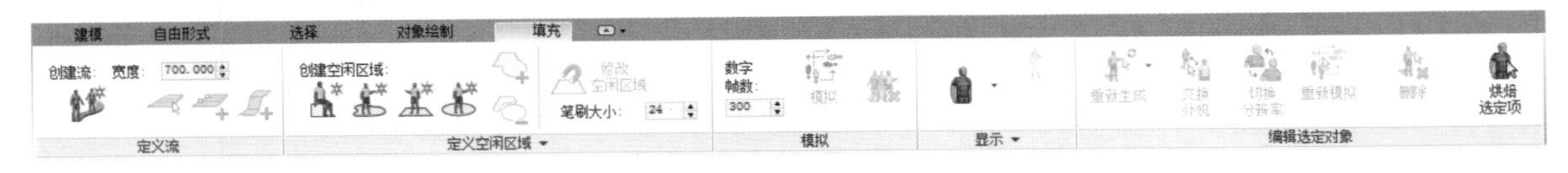

图2-56

2.6 场景资源管理器

通过软件界面左侧的“场景资源管理器”面板，用户可以很方便地查看、排序、过滤和选择场景中的对象，如图 2-57 所示。

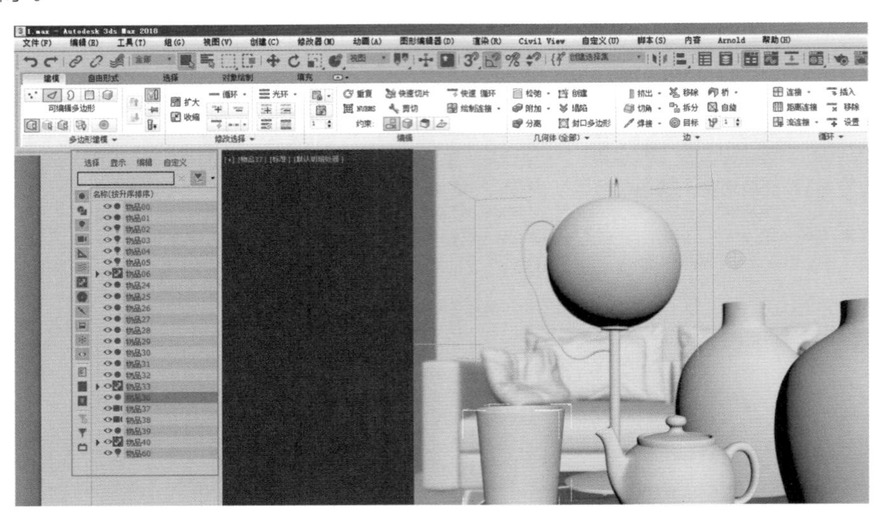

图2-57

2.7 视口布局

2.7.1 工作视图的切换

在 3ds Max 2018 的整个工作界面中，工作视图区域占据了软件的大部分界面空间，有利于工作的进行。默认状态下，工作视图分为顶视图、前视图、左视图和透视视图 4 种，如图 2-58 所示。

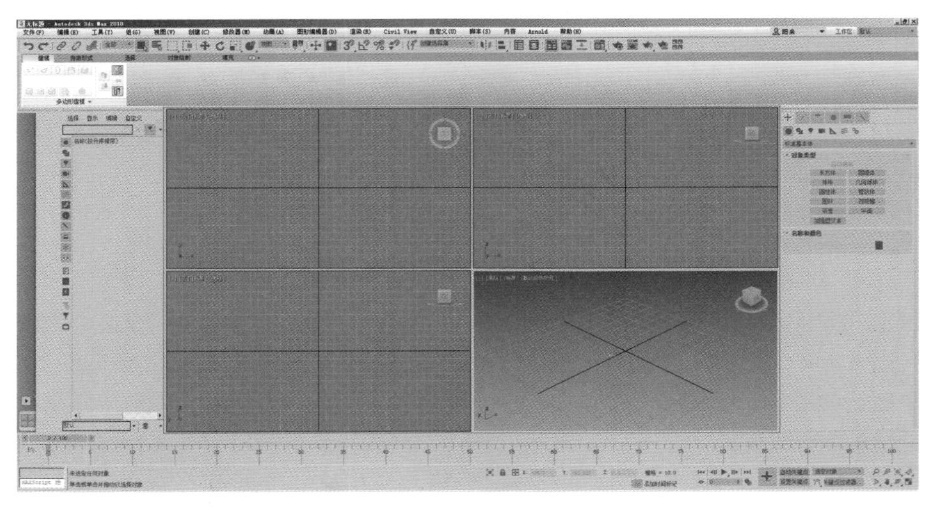

图2-58

默认的四视图显示模式有时候不利于场景的制作，这时用户可以单击软件界面右下角的“最大化视口切换”按钮，将默认的四视口区域切换至一个视口区域显示。当视口区域为一个时，用户还可以通过按下相应的快捷键来进行各个操作视口的切换。按下【T】键可以切换至顶视图；按下【F】键可以切换至前视图；按下【L】键可以切换至左视图；按下【P】键可以切换至透视视图。当用户选择了一个视图时，可按下开始 +【Shift】组合键来切换至下一视图。

将鼠标指针移动至视口的左上方，在相应视口提示的字上单击，可弹出下拉列表，从中也可以选择将要切换的操作视图。从此下拉列表中可以看出，后视图和右视图无快捷键，如图 2-59 所示。

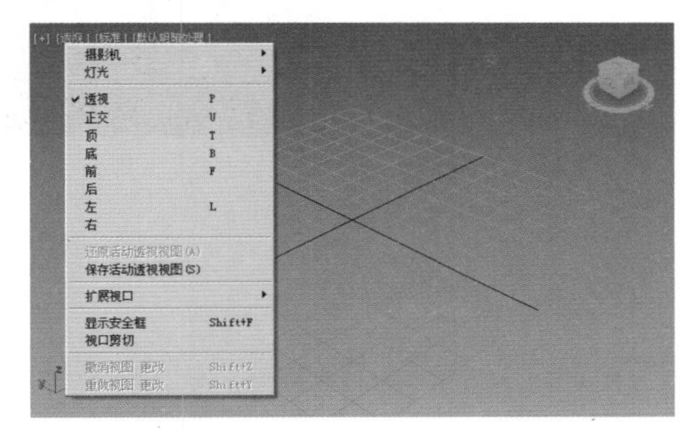

图2-59

单击软件界面左下方的“创建新的视口布局选项卡”按钮▶，可以弹出“标准视口布局”面板，该面板包含 3ds Max 2018 预先设置好的 12 种视口布局方式，如图 2-60 所示。

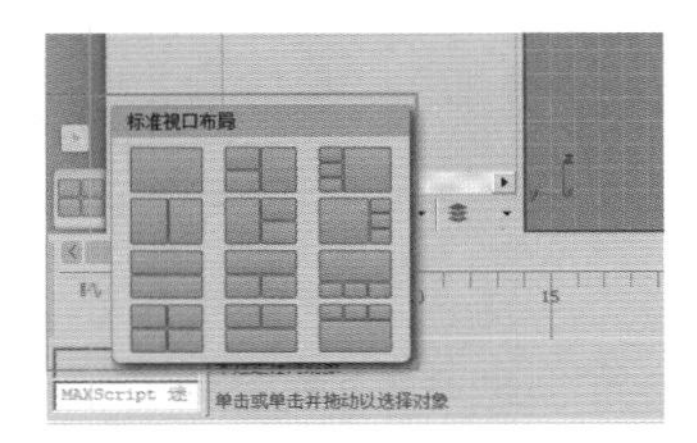

图2-60

2.7.2 工作视图的显示样式

启动 3ds Max 2018 后，单击“摄影机”视图左上角的文字命令将弹出下拉列表，用户可在下拉列表中选择切换。此处文字命令的默认显示样式为“默认明暗处理”。3ds Max 2018 为用户提供了多种不同风格的显示方式，除了“默认明暗处理”及“线框覆盖”这两种最为常用的显示方式以外，还有“面”“边界框”“平面颜色”等其他可视选项供用户选择使用，如图 2-61 所示。

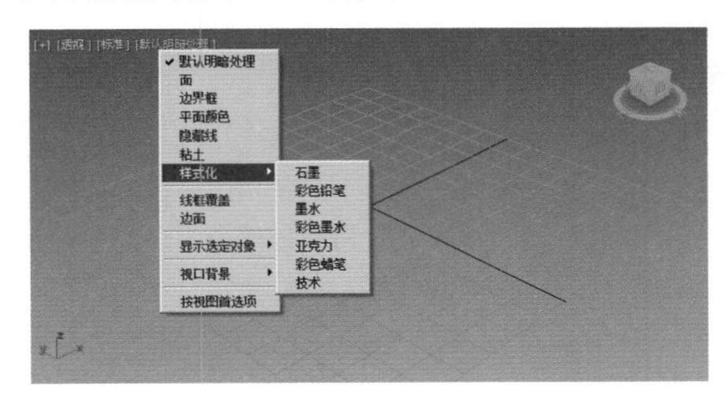

图2-61

提示 按下【F3】键，可以使场景中的物体在“线框覆盖”与“默认明暗处理”等以实体方式显示的模式中相互切换。
按下【F4】键，则可以控制场景中的物体是否进行“边面”显示。

场景中物体以“默认明暗处理”方式显示的视图结果如图 2-62 所示。

场景中物体以“面”方式显示的视图结果如图 2-63 所示。

图2-62

图2-63

场景中物体以“边界框”方式显示的视图结果如图 2-64 所示。

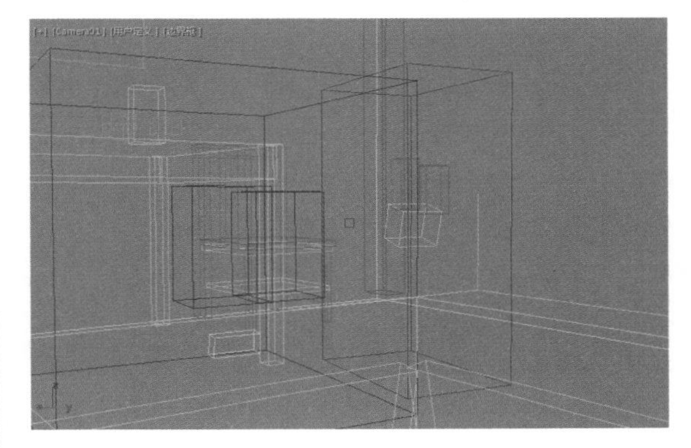

图2-64

场景中物体以“平面颜色”方式显示的视图结果如图 2-65 所示。

场景中物体以“隐藏线”方式显示的视图结果如图 2-66 所示。

图2-65

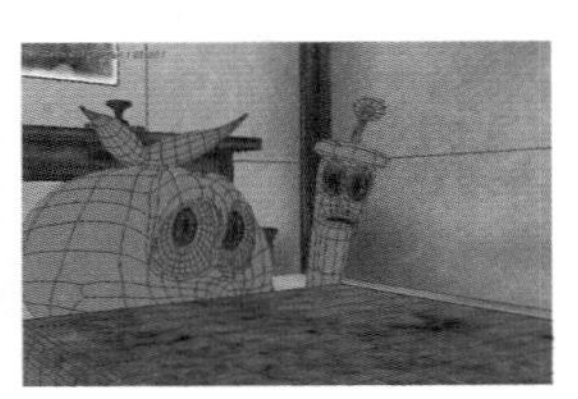

图2-66

场景中物体以“粘土”方式显示的视图结果如图 2-67 所示。

场景中物体以“样式化 > 石墨”方式显示的视

图结果如图 2-68 所示。

图2-67

图2-68

场景中物体以“样式化 > 彩色铅笔”方式显示的视图结果如图 2-69 所示。

场景中物体以“样式化 > 墨水”方式显示的视图结果如图 2-70 所示。

图2-69

图2-70

场景中物体以“样式 > 彩色墨水”方式显示的视图结果如图 2-71 所示。

场景中物体以“样式 > 亚克力”方式显示的视图结果如图 2-72 所示。

图2-71

图2-72

场景中物体以“样式 > 彩色蜡笔”方式显示的视图结果如图 2-73 所示。

场景中物体以“样式 > 技术”方式显示的视图结果如图 2-74 所示。

图2-73

图2-74

场景中物体以“线框覆盖”方式显示的视图结果如图 2-75 所示。

场景中物体以“边面”方式显示的视图结果如图 2-76 所示。

图2-75

图2-76

2.7.3 ViewCube

ViewCube 3D 导航控件提供了视口当前方向的视觉反馈，让用户可以调整视图方向以及在“标准视图”与“等距视图”间进行切换，如图 2-77 所示。

图2-77

提示 控制ViewCube图标显示与隐藏的组合键为【Alt】+【Ctrl】+【V】。

也可以单击工作视图左上角的“+”命令，在弹出的下拉菜单中执行“ViewCube> 显示 ViewCube”命令，控制ViewCube图标的显示与隐藏，如图2-78所示。

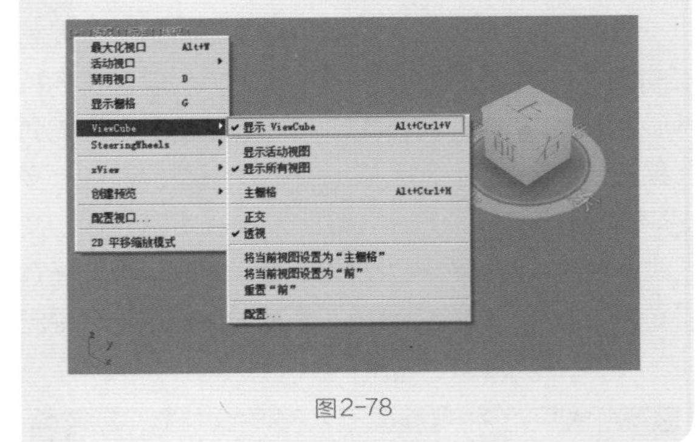

图2-78

2.7.4 SteeringWheels

SteeringWheels 3D 导航控件也可以称为“追踪菜单”，它可以帮助用户从单一的工具访问不同的 2D 和 3D 导航工具。SteeringWheels 可分成多个被称为“楔形体”的部分，轮子上的每个楔形体都代表一种导航工具。使用这些工具可以以不同的方式平移、缩放或操纵场景的当前视图。SteeringWheels 也称作“轮子”，它可以通过将许多公用导航工具组合到单一界面中来节省用户的时间。第一次在“透视”视图中显示 SteeringWheels 时，SteeringWheels 将随着鼠标指针的位置进行移动，如图 2-79 所示。

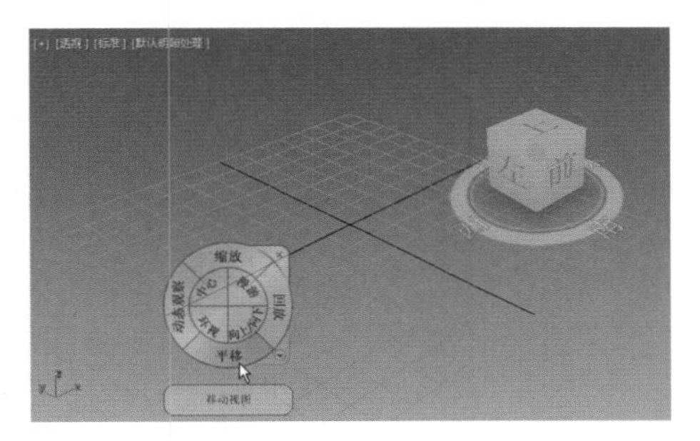

图2-79

单击“透视”视图左上角的“+”命令，在弹出的下拉菜单中执行“SteeringWheels> 配置”命令，即可弹出“视口配置”对话框，如图 2-80 所示。单击“SteeringWheels”选项卡，即可对 SteeringWheels 的属性进行详细设置，如图 2-81 所示。

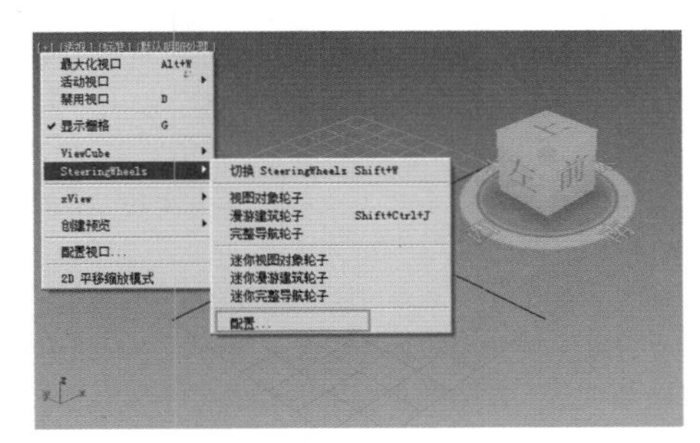

图2-80

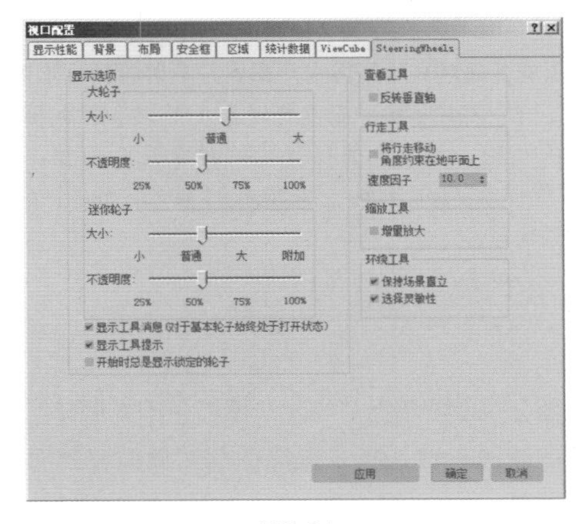

图2-81

3ds Max 2018 为用户提供了多种 Steering Wheels 的显示方式，可帮助不同用户根据自己的工作需要来选择并显示 SteeringWheels。SteeringWheels 的显示方式有 6 种，分别是“视图对象轮子”“漫游建筑轮子”“完整导航轮子”“迷你视图对象轮子”“迷你漫游建筑轮子”和“迷你完整导航轮子”，如图 2-82 ~ 图 2-87 所示。

图2-82

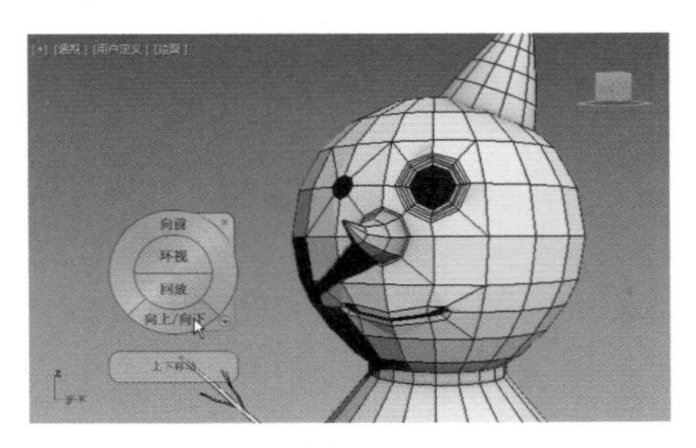

图2-83

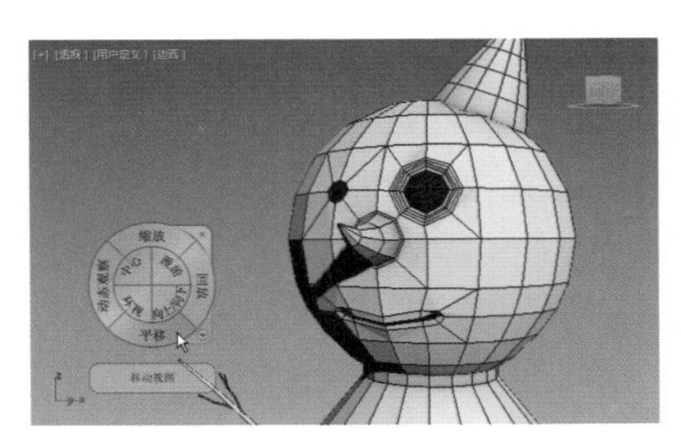

图2-84

图2-85

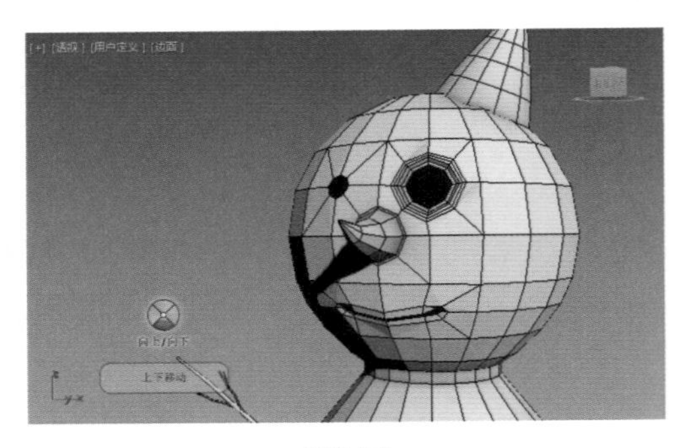

图2-86

图2-87

提示 控制SteeringWheels图标显示与隐藏的组合键为【Shift】+【W】。

也可以单击工作视图左上角的“+”命令，在弹出的下拉菜单中执行“SteeringWheels>切换SteeringWheels”命令，控制SteeringWheels图标的显示与隐藏，如图2-88所示。

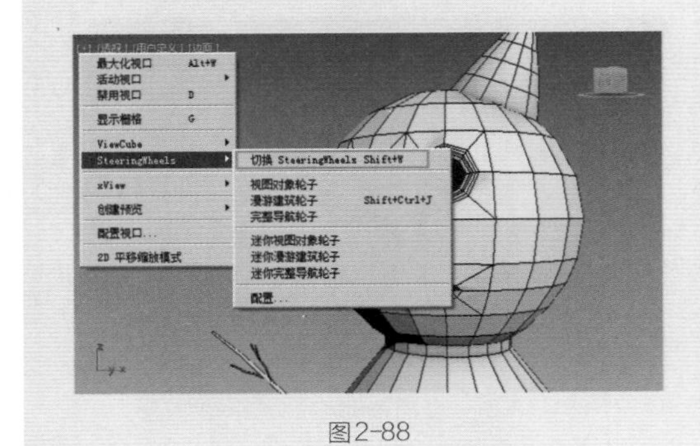

图2-88

2.8 命令面板

3ds Max 2018软件界面的右侧即为命令面板。命令面板由“创建”面板、“修改”面板、“层次”面板、“运动”面板、“显示”面板和“实用程序”面板6个面板组成。

2.8.1 “创建”面板

图2-89所示为“创建”面板，可以创建7种对象，分别是几何体、图形、灯光、摄影机、辅助对象、空间扭曲和系统。

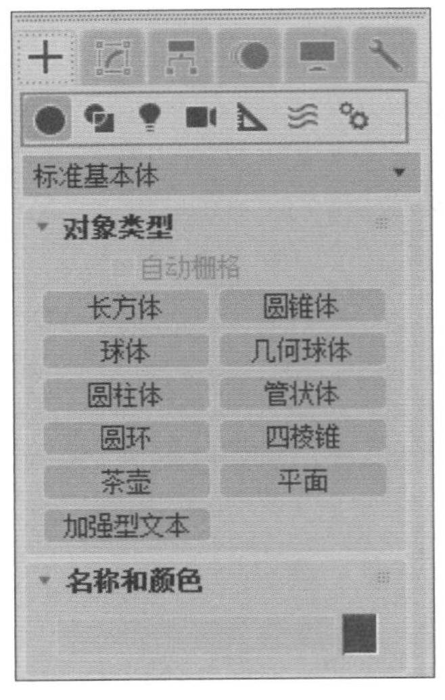

图2-89

工具解析

- “几何体”按钮：不仅可以用来创建长方体、锥体、球体、圆柱体等基本几何体，也可以用来创建一些现成的建筑模型，如门、窗、楼梯、栏杆、植物等模型。
- “图形”按钮：主要用来创建样条线和NURBS曲线。
- “灯光”按钮：主要用来创建场景中的灯光。
- “摄影机”按钮：主要用来创建场景中的摄影机。
- “辅助对象”按钮：主要用来创建有助于场景制作的辅助对象，这些辅助对象可以定位，测量场景中的可渲染几何体，并且可以设置动画。
- “空间扭曲”按钮：使用“空间扭曲”功能可以在围绕其他对象的空间中产生各种不同的扭曲效果。
- “系统”按钮：可以将对象、链接和控制器组合在一起，以生成拥有行为的对象及几何体。包含“骨骼”“环形阵列”“太阳光”“日光”和“Biped”5个按钮。

2.8.2 “修改”面板

图2-90所示为“修改”面板，用来调整所选择对象的修改参数。当未选择任何对象时，此面板里命令为空。

图2-90

2.8.3 “层次”面板

图 2-91 所示为“层次”面板，可以在这里访问调整对象间的层次链接关系，如父子关系。

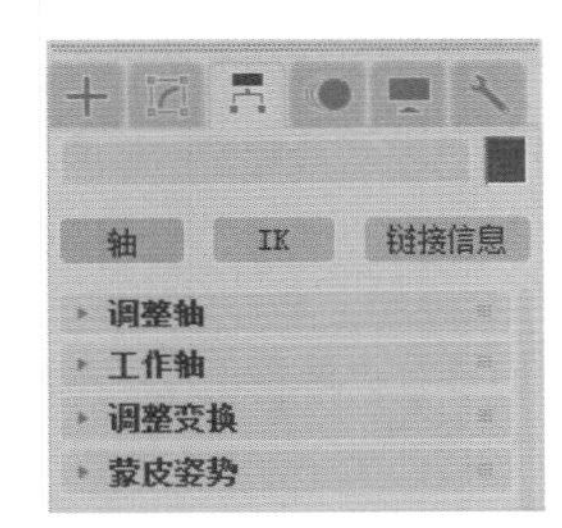

图2-91

工具解析

◇ “轴”按钮：该按钮下的参数主要用来调整对象和修改器中心位置，以及定义对象之间的父子关系和反向动力学 IK 的关节位置等。

◇ “IK”按钮：该按钮下的参数主要用来设置动画的相关属性。

◇ “链接信息”按钮：该按钮下的参数主要用来限制对象在特定轴中的变换关系。

2.8.4 “运动”面板

图 2-92 所示为“运动”面板，主要用来调整选定对象的运动属性。

图2-92

2.8.5 “显示”面板

图 2-93 所示为“显示”面板，可以控制场景中对象的显示、隐藏、冻结等属性。

图2-93

2.8.6 “实用程序”面板

图 2-94 所示为“实用程序”面板，这里包含很多的工具程序。面板里只显示其中的部分命令，其他的程序可以通过单击“更多”按钮来进行查找，如图 2-95 所示。

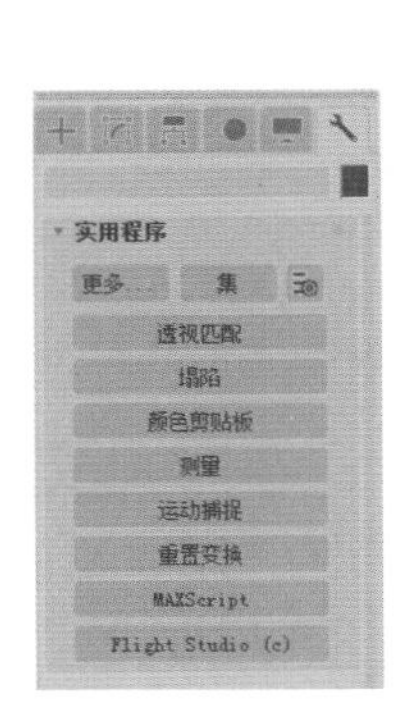

图2-94

实用程序
COM/DCOM 服务器控制
GameExporter
IFL 管理器
MAC 实用程序
MAX 文件查找程序
UVW 移除
笔划
场景效果加载器
多边形计数器
跟随/倾斜
固定环境光
可视 MAXScript
链接继承(选定)
蒙皮实用程序
批处理 ProOptimizer
清理多维材质
曲面近似
全景导出器
摄影机跟踪器
摄影机匹配
实例化重复的贴图
通道信息
图形检查
位图/光度学路径
文件链接管理器
细节级别
照明数据导出
指定顶点颜色
重缩放世界单位
资源收集器
确定　取消

图2-95

提示 个别面板命令过多，显示不全时，可以上下拖动整个命令面板来显示出其他命令，也可以将鼠标指针放置于命令面板的边缘处以拖曳的方式将命令面板的显示更改为显示两排或者更多，如图 2-96 所示。

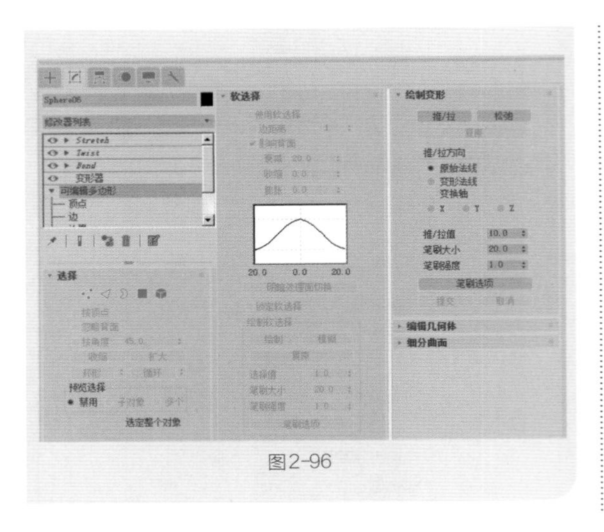
图2-96

2.9 时间滑块和轨迹栏

时间滑块位于视口区域的下方，主要用来拖动以显示不同时间段内场景中物体对象的动画状态。默认状态下，场景中的时间帧数为100帧，帧数值可根据将来的动画制作需要随意更改。按住时间滑块，可以在轨迹栏上迅速拖动以查看动画的设置，在轨迹栏内的动画关键帧可以很方便地进行复制、移动及删除操作，如图2-97所示。

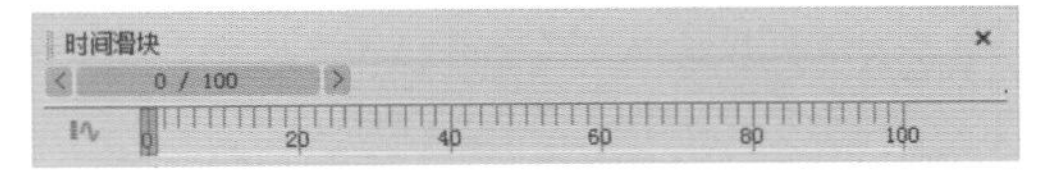

图2-97

提示 按下组合键【Ctrl】+【Alt】+鼠标左键，可以保证时间轨迹右侧的帧位置不变而更改左侧的时间帧位置。

按下组合键【Ctrl】+【Alt】+鼠标中键，可以保证时间轨迹的长度不变而改变两端的时间帧位置。

按下组合键【Ctrl】+【Alt】+鼠标右键，可以保证时间轨迹左侧的帧位置不变而更改右侧的时间帧位置。

2.10 动画播放区及时间控件

动画播放区与时间控件区相邻，分别用于控制场景动画播放以及在视口中进行动画设置。使用这些控件可随时调整场景文件中的时间来播放并观察动画，如图2-98所示。

图2-98

工具解析

◇ ：这一区域用于设置动画的模式，有"自动关键点"动画模式与"设置关键点"动画模式两种可选。

◇ "新建关键点的默认入/出切线"按钮：可设置新建动画关键点的默认内/外切线类型。

◇ "关键点过滤器"按钮：单击此按钮打开"设置关键点过滤器"对话框，可以指定选中物体的哪些属性可以设置关键帧。

◇ "转至开头"按钮：转至动画的初始位置。

◇ "上一帧"按钮：转至动画的上一帧。

◇ "播放动画"按钮：此按钮按下后会变成停止动画的按钮图标。

◇ "下一帧"按钮：转至动画的下一帧。

◇ "转至结尾"按钮：转至动画的结尾。

◇ "帧显示"区域：显示当前动画的时间帧位置。

◇ "时间配置"按钮：单击此按钮弹出"时间配置"对话框，可以进行当前场景内动画帧数的设定等操作，如图2-99所示。

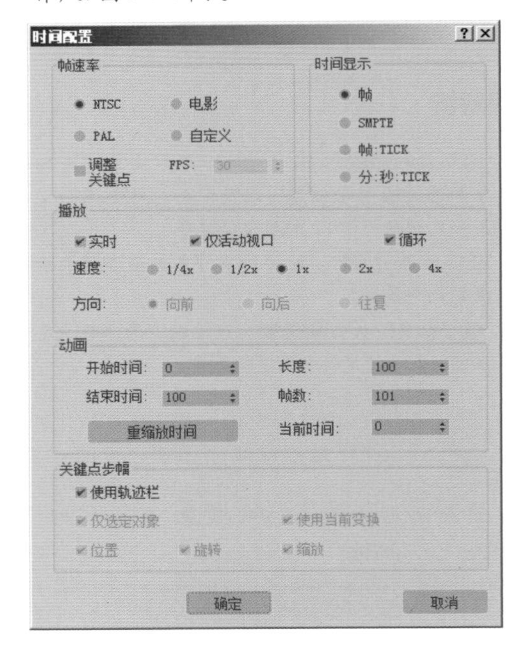

图2-99

2.11 视口导航

视口导航区域位于整个3ds Max界面的右下方，

用户使用该区域的按钮可以在活动的视口中导航场景，如图2-100所示。

图2-100

参数解析

◇ “缩放”按钮：控制视口的缩放。使用该工具可以在透视图或正交视图中通过拖曳鼠标的方式来调整对象的显示比例。
◇ “缩放所有视图”按钮：使用该工具可以同时调整所有视图中对象的显示比例。
◇ “最大化显示选定对象”按钮：最大化显示选定的对象，快捷键为【Z】。
◇ “所有视图最大化显示选定对象”按钮：在所有视口中最大化显示选定的对象。
◇ “视野”按钮：控制在视口中观察的视野。
◇ “平移视图”按钮：平移视图工具，快捷键为鼠标中键。
◇ “环绕子对象”按钮：单击此按钮可以进行环绕视图操作。
◇ “最大化视口切换”按钮：控制一个视口与多个视口的切换。

2.12 技术实例

2.12.1 实例：选择合适的工作区

扫码看视频

本实例主要讲解如何选择适合自己操作的工作区，具体步骤扫码观看视频讲解。

2.12.2 实例：设置系统的单位

扫码看视频

（1）启动中文版3ds Max 2018，在“创建”面板中，单击“球体”按钮，在场景中创建一个球体模型，并在“创建”面板下方的“参数”卷展栏中，设置球体的“半径”为20，如图2-101所示。

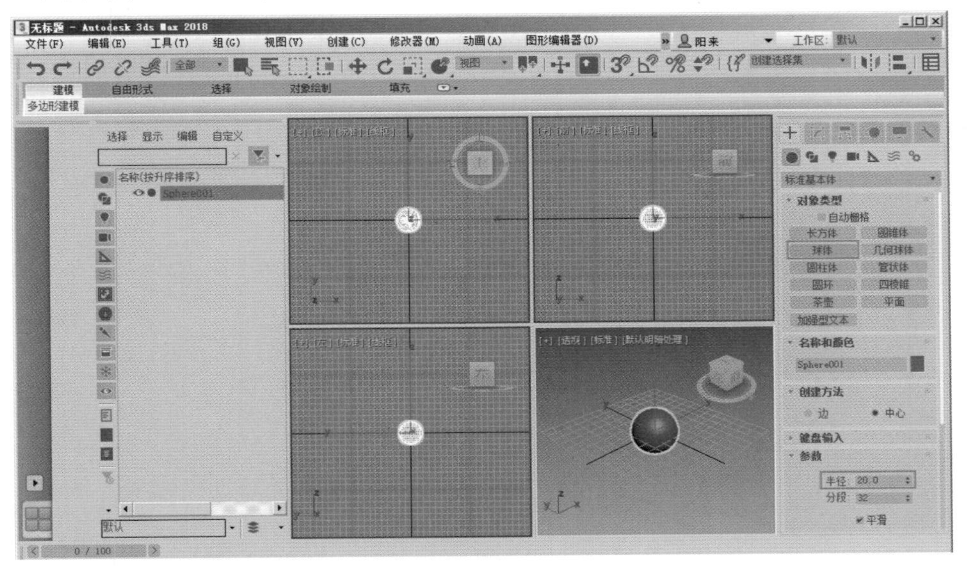

图2-101

（2）执行菜单栏“自定义>单位设置”命令，如图2-102所示。打开“单位设置”对话框，如图2-103所示。

（3）在“单位设置”对话框中，可以看到默认的“显示单位比例”为“通用单位”。现在，重新设置“显示单位比例”为“公制”，并将“公制”的显示单位选择为“毫米”，如图2-103所示。

（4）在“单位设置”对话框中，单击“系统单位设置”按钮，即可弹出“系统单位设置”对话框，如图2-104所示。

（5）在“系统单位设置”对话框中，设置“1单位=1毫米”，如图2-105所示。

（6）设置完成后，单击“系统单位设置”对话框和“单位设置”对话框中的“确定”按钮，关闭这两个对话框，即可在“修改”面板中查看当前所创建球体模型的“半径”实际上为

20mm，如图 2-106 所示。

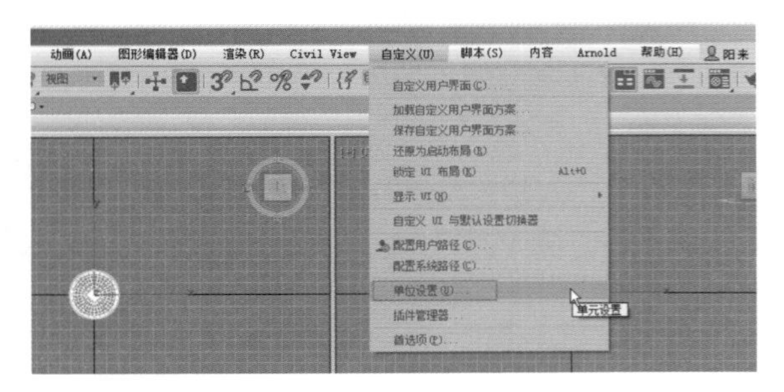

图2-102

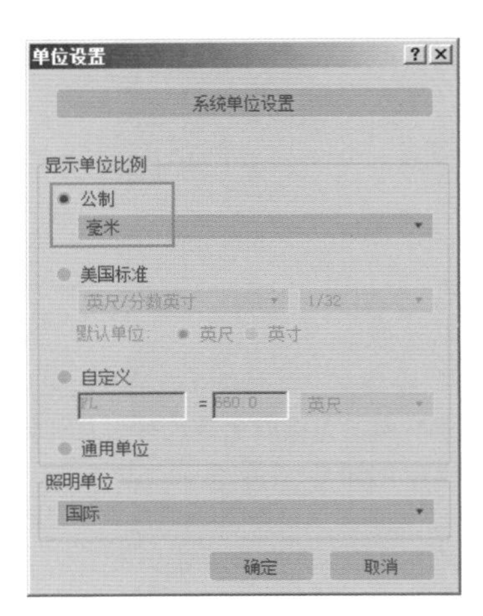

图2-103

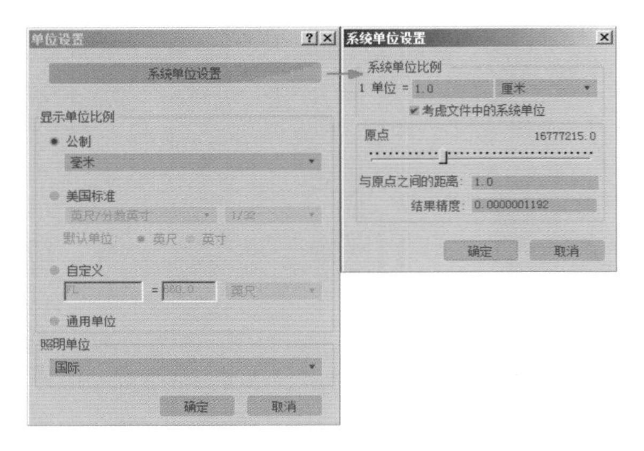

图2-104

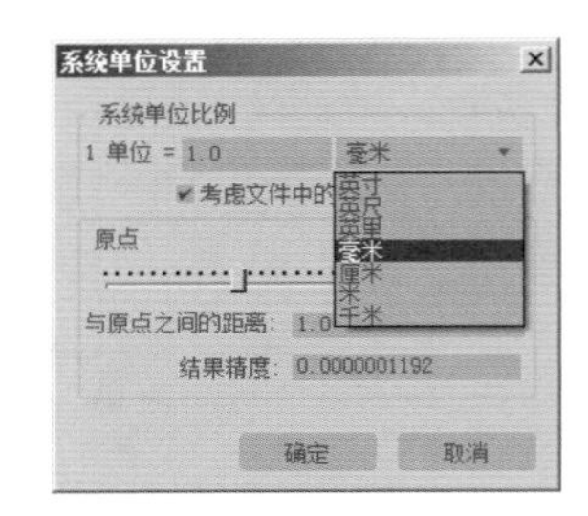

图2-105

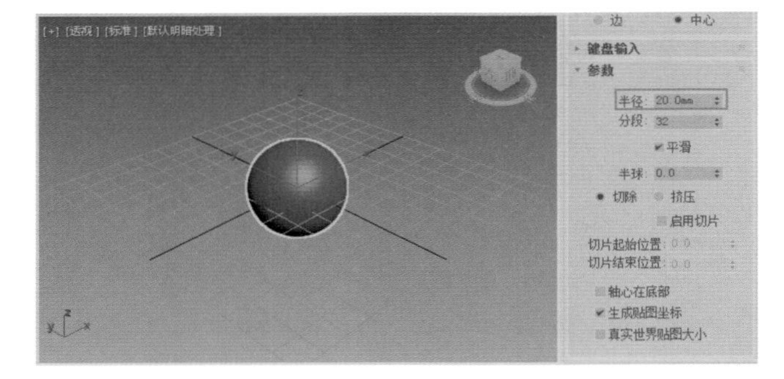

图2-106

2.12.3 实例：使用3ds Max 2018的帮助文档

扫码看视频

3ds Max 2018 为用户提供了一个在线的帮助文档以供用户随时查询相关的命令介绍，具体操作步骤扫码观看视频讲解。

3ds Max 2018 基本操作

本章要点

- 创建文件
- 对象选择
- 变换操作
- 复制对象
- 文件存储
- 技术实例

3.1 创建文件

开展工作的第一步就是创建一个新的场景文件，3ds Max 2018 为用户提供了许多新建场景的方案以供选择。用户执行菜单栏“文件 > 新建”命令，即可看到 3ds Max 2018 提供的多种新建方式选项，包括“新建全部”“保留对象”“保留对象和层次”和“从模板新建”4 种，如图 3-1 所示。当然，最直接的方式就是双击桌面上的 3ds Max 2018 图标来创建一个新的 3ds Max 2018 工程文件，如图 3-2 所示。

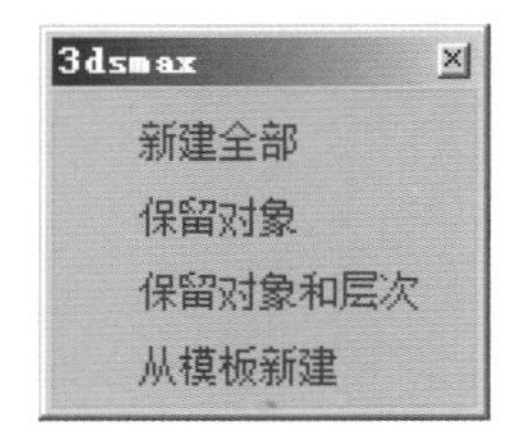

图3-1

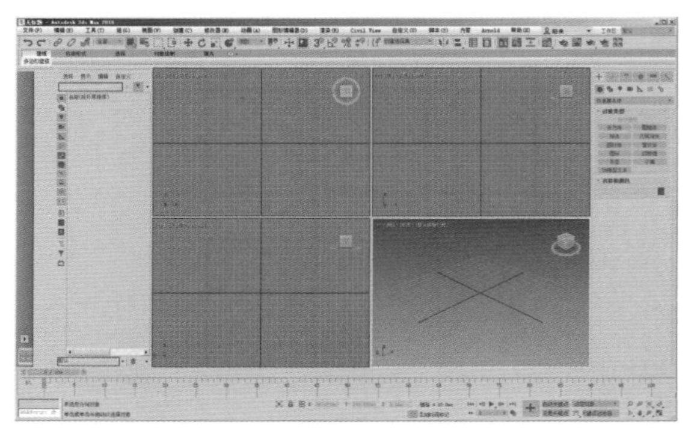

图3-2

3.1.1 新建场景

当用户已经开始使用 3ds Max 2018 制作项目后，如果想要重新创建一个新的场景，则可以使用“新建场景”这一功能来实现。

（1）执行菜单栏“文件 > 新建 > 新建全部”命令，即可创建一个空白的场景文件，如图 3-3 所示。当用户将鼠标指针停留在该命令上时，系统会弹出“新建场景，清除全部”的提示。

（2）执行完成后，系统会自动弹出“Autodesk 3ds Max 2018”对话框，询问用户是否保留之前的场景，如图 3-4 所示。如果之前的场景无需保存，则单击“不保存”按钮，即可创建一个新的场景。

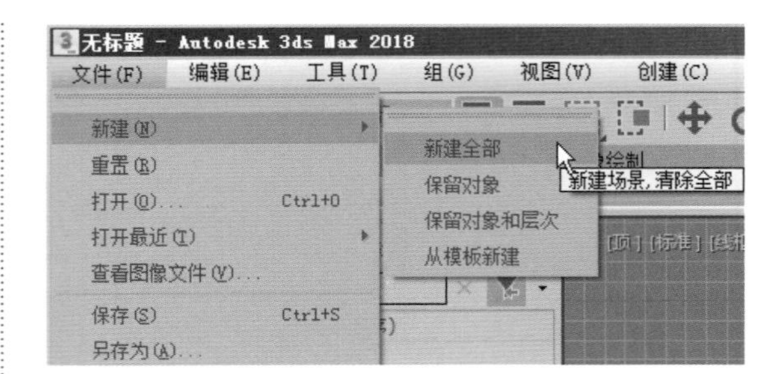

图3-3

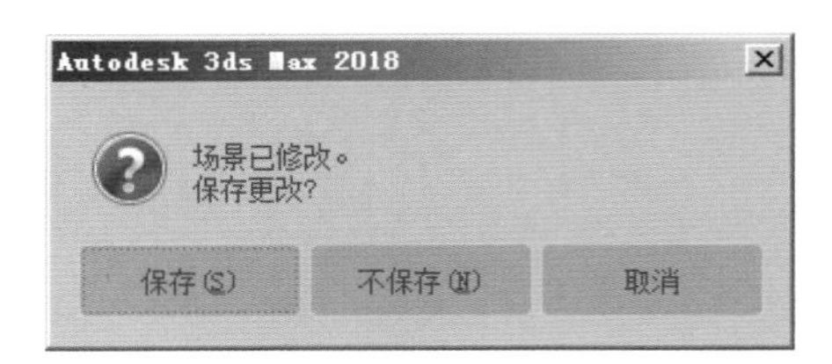

图3-4

3.1.2 保留对象

3ds Max 2018 为用户提供了一种保留当前场景对象并在此基础上重新创建一个新场景的功能，即“保留对象”命令。用户可以通过菜单栏“文件 > 新建 > 保留对象”命令来执行这一操作，如图 3-5 所示。当用户将鼠标指针停留在该命令上时，系统会弹出“新建场景，保留对象”的命令提示。

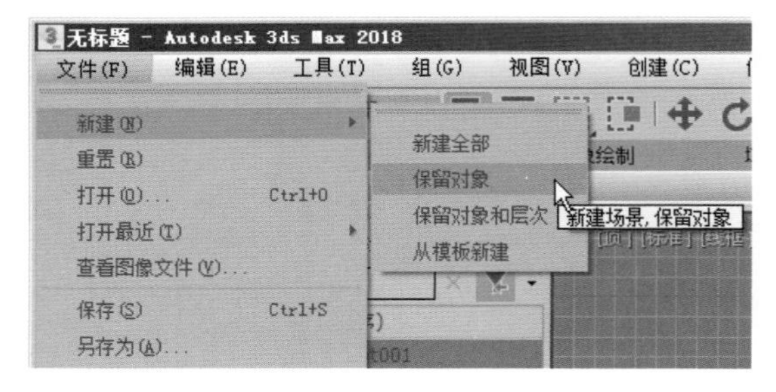

图3-5

3.1.3 保留对象和层次

3ds Max 2018 还为用户提供了一种不仅保留当前场景对象，还保留层次设置，并在此基础上重新创建一个新场景的功能，即“保留对象和层次”命令。用户可以通过菜单栏“文件 > 新建 > 保留对象和层次”命令来执行这一操作，如图 3-6 所示。当用户将鼠标指针停留在该命令上时，系统会弹出“新建场景，保留对象和层次”的命令提示。

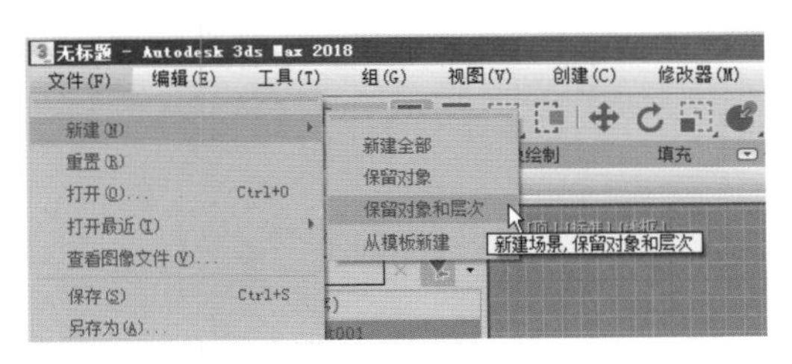

图3-6

3.1.4　从模板创建

3ds Max 2018 还为用户提供了一种根据模板来创建一个新场景的功能，即“从模板新建”命令。用户可以通过菜单栏“文件 > 新建 > 从模板新建”命令来执行这一操作，如图 3-7 所示。当用户将鼠标指针停留在该命令上时，系统会弹出“从模板新建场景”的命令提示。

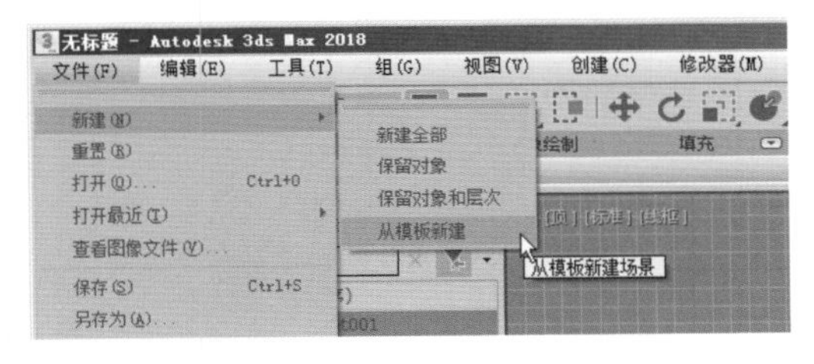

图3-7

执行完该命令后，系统会自动弹出“创建新场景”对话框，如图 3-8 所示。这里有“默认”“示例 - Studio 场景”“示例 -室外 HDRI 庭院”“示例 - 建筑室外 3PM”等选项供用户选择使用。

图3-8

单击“创建新场景”对话框左下角的“打开模板管理器”文字链接，在弹出的“模板管理器”对话框中，用户可以将自己创建的其他工程文件设置为一个新的模板并添加进来，如图 3-9 所示。

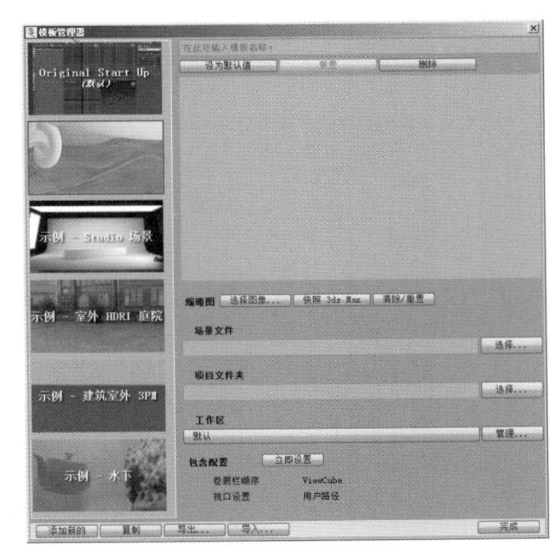

图3-9

3.1.5　重置场景

除了上述有关“新建场景”的功能外，3ds Max 2018 还有一个与之相似的功能，叫作“重置”。这一操作比以上几个命令用到的频率更高，其主要操作步骤如下。

（1）执行菜单栏“文件 > 重置”命令，如图 3-10 所示。

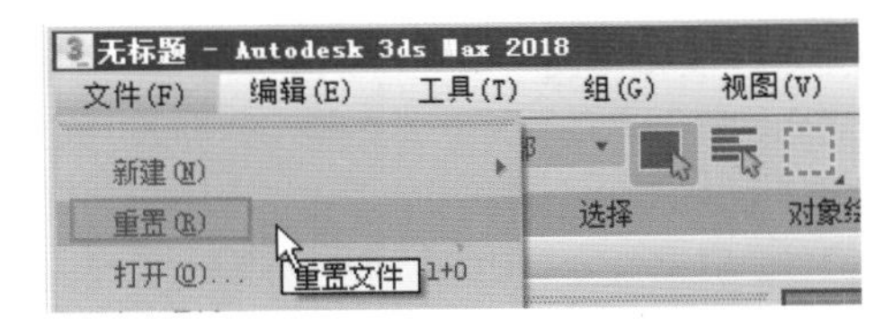

图3-10

（2）系统会自动弹出“Autodesk 3ds Max 2018”对话框，询问用户是否保留之前的场景，如图 3-11 所示。

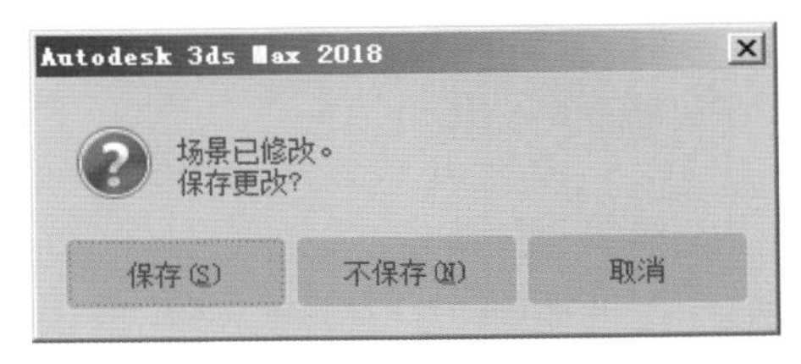

图3-11

（3）如果单击“保存”按钮，系统会先保存好当前文件再重置场景；如果单击“不保存”按钮，系统会自动弹出“3ds Max”对话框，询问用户是否需要重置，如图3-12所示。单击“是”按钮之后，系统才会重置新的场景文件，如图3-13所示。

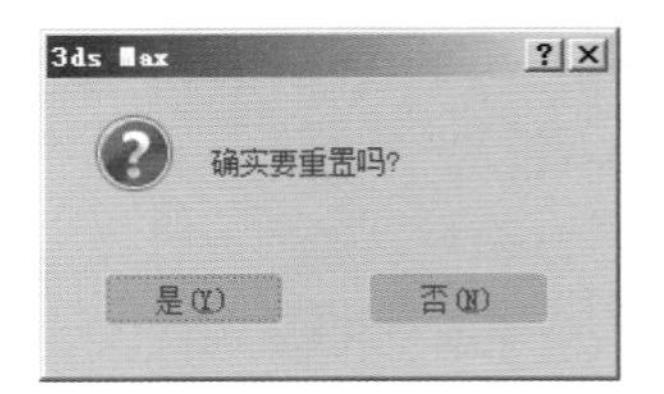

图3-12

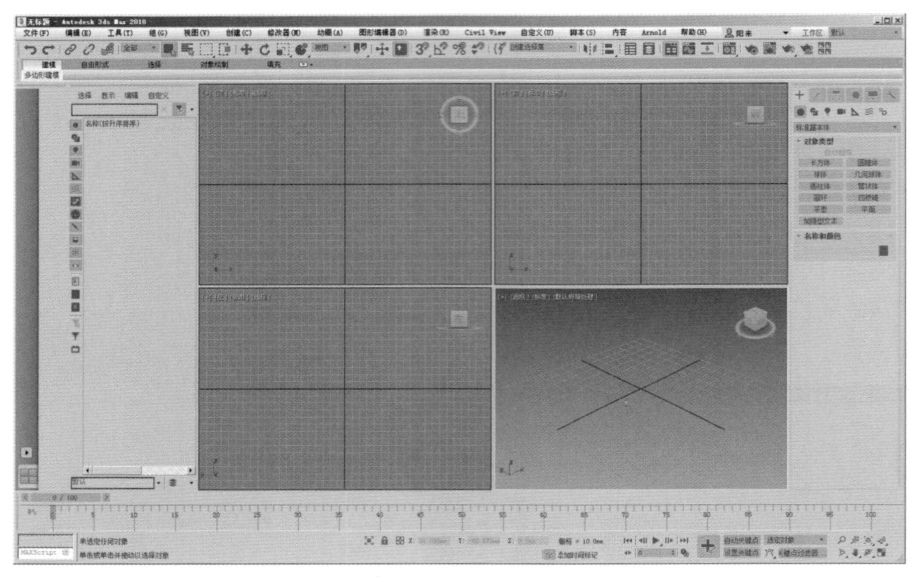

图3-13

3.2 对象选择

在大多数情况下，在对象上执行某个操作或者执行场景中的对象之前，首先要选中它们。因此，选择操作是建模和设置动画过程的基础。3ds Max是一种面向操作对象的程序，这说明3D场景中的每个对象都带有一些指令，这些指令会告诉用户它可以执行的操作。这些指令随对象类型的不同而不同。因为每个对象可以对不同的命令集作出响应，所以应先选择对象再选择命令。这种工作模式类似于“名词—动词”的工作流，先选择对象（名词），然后选择命令（动词）。因此，准确快速地选择对象在整个3ds Max 2018操作中显得尤为重要。

3.2.1 选择对象工具

“选择对象”按钮是3ds Max 2018提供的重要工具之一，方便用户在复杂的场景中选择单一或者多个对象。当要选择一个对象但又不想移动它时，这个工具就是最佳选择。“选择对象”按钮是3ds Max 2018软件打开后的默认工具，其命令图标位于主工具栏上，如图3-14所示。

图3-14

工具解析

◇ “选择对象”按钮：选择场景中的对象。

提示 若要取消选择对象，只需要在视口中的空白区域单击即可，其组合键为【Ctrl】+【D】。

若要选择场景中的所有对象，可以按组合键【Ctrl】+【A】。

加选对象：如果当前选择了一个对象，还想增加选择其他对象，可以按住【Ctrl】键来增加选其他的对象。

减选对象：如果当前选择了多个对象，想要减去某个不想选择的对象，可以按住【Alt】键来减选对象。

反选对象：如果当前选择了某些对象，想要反向选择其他对象，可以按【Ctrl】+【I】组合键来进行反选。

孤立选择对象：这是一种类似于隐藏其他未选择对象的操作方式，使用这一命令，可以将选择的对象单独显示出来，以便对其进行观察操作。其对应组合键为【Alt】+【Q】。

3.2.2 区域选择

3ds Max 2018 提供了多种区域选择的方式，以帮助用户方便快速地选择一个区域内的所有对象。区域选择共有“矩形选择区域”、“圆形选择区域”、“围栏选择区域”、“套索选择区域”和“绘制选择区域”5 种可选类型，如图 3-15 所示。

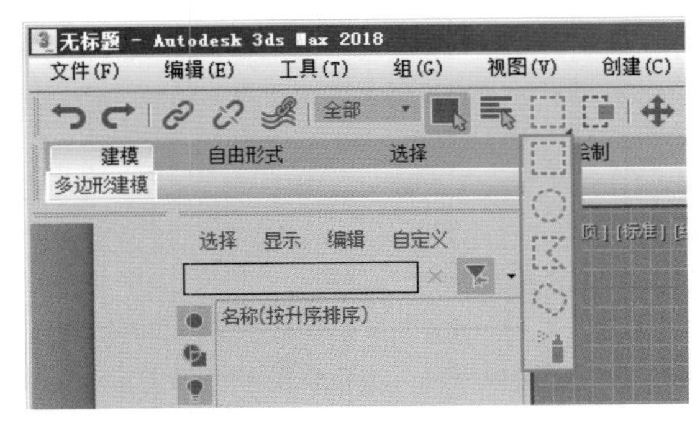

图3-15

工具解析

◇ “矩形选择区域”按钮：拖动鼠标指针以选择矩形区域，如图 3-16 所示。

◇ “圆形选择区域”按钮：拖动鼠标指针以选择圆形区域，如图 3-17 所示。

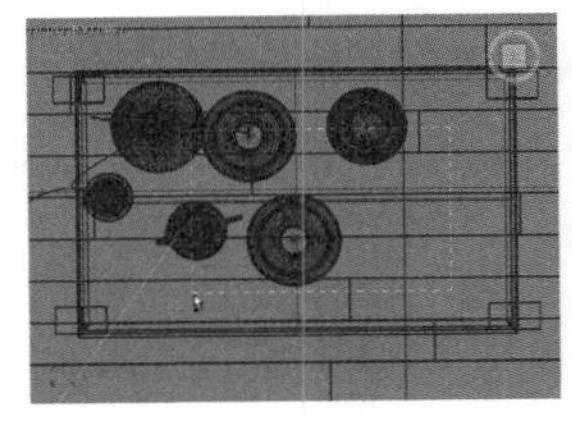

图3-16

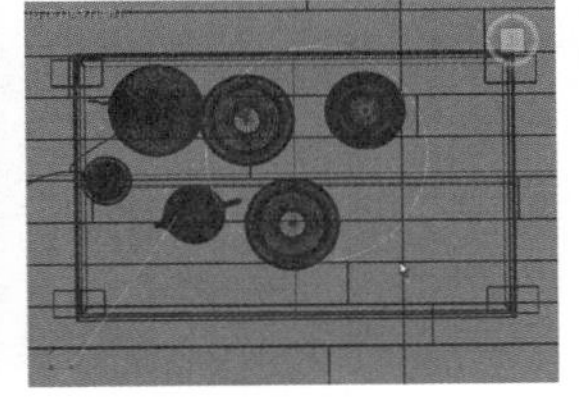

图3-17

◇ “围栏选择区域”按钮：交替使用移动鼠标指针和单击操作，可以画出一个不规则的选择区域轮廓，如图 3-18 所示。

◇ “套索选择区域”按钮：拖动鼠标指针将创建一个不规则的选择区域轮廓，如图 3-19 所示。

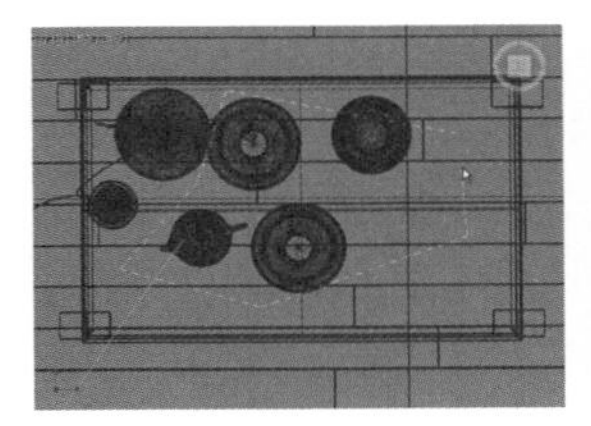

图3-18

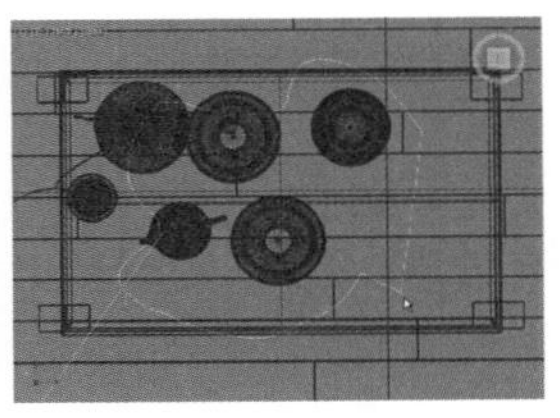

图3-19

◇ “绘制选择区域”按钮：在对象或子对象之上拖动鼠标指针，以便将其纳入到所选范围之内，如图 3-20 所示。

提示　当鼠标指针为变换状态时，第一次按下【Q】键，可以将鼠标指针的状态更改为“选择对象”，再次按下【Q】键，则可以不断更换选择区域的类型。

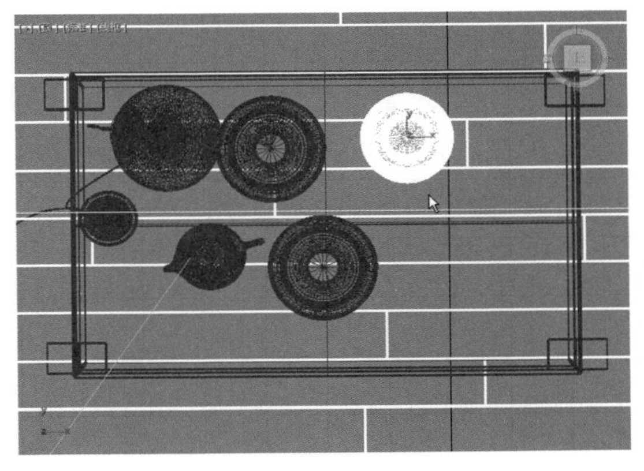

图3-20

3.2.3 窗口与交叉模式选择

在选择多个物体对象时，3ds Max 2018 提供了“窗口”与“交叉”两种模式进行选择。默认状态下为“交叉”选择，在使用“选择对象”按钮绘制选框选择对象时，选框内的所有对象以及与所绘制选框边界相交的任何对象都将被选中。

工具解析

◇ “窗口”按钮：只能选择所选区域内的对象或子对象。

◇ “交叉”按钮：选择区域内的所有对象或子对象，以及与区域边界相交的任何对象或子对象。

除了在“主工具栏”上可以切换“窗口”与“交叉”的选择模式，用户也可以根据鼠标指针的选择方向自动在“窗口”与“交叉”之间进行选择上的切换。

执行菜单栏“自定义 > 首选项”命令，即可打开“首选项设置”对话框，如图 3-21 所示。在“常规”选项卡下的“场景选择”选项组中，启用“按方向自动切换窗口 / 交叉”复选框即可切换选择模式，如图 3-22 所示。

在“首选项设置”面板中，场景选择的默认的状态为“从右至左选择为‘交叉’模式，从左至右选择为‘交叉’模式”，此选项可以按自己的习惯进行设置。

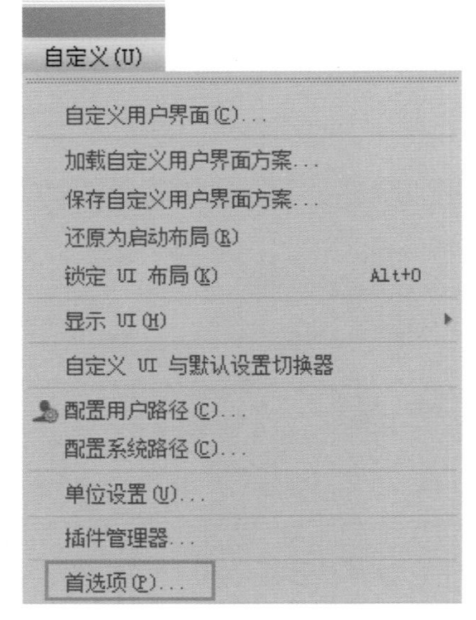

图3-21

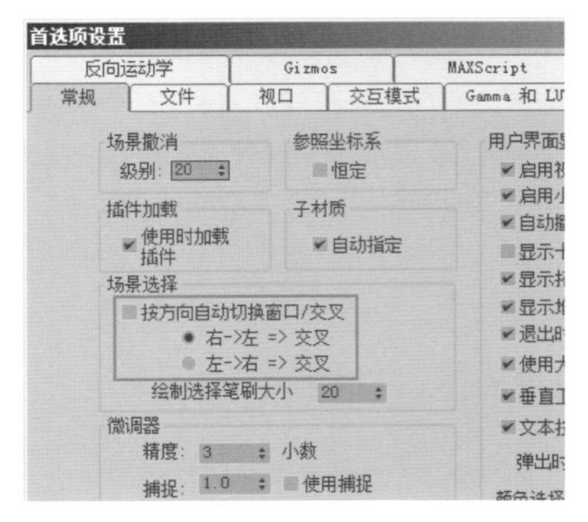

图3-22

3.2.4 按名称选择

在 3ds Max 2018 中可以单击“按名称选择”按钮打开“从场景选择”对话框，使得用户无需单击视口便可以按名称来选择对象，具体操作步骤如下。

（1）在“主工具栏”上单击“按名称选择”按钮来进行对象的选择。这时会打开“从场景选择”对话框，如图 3-23 所示。

（2）在“从场景选择”对话框的文本框中输入所要查找的对象名称，或者使用鼠标单击该对话框

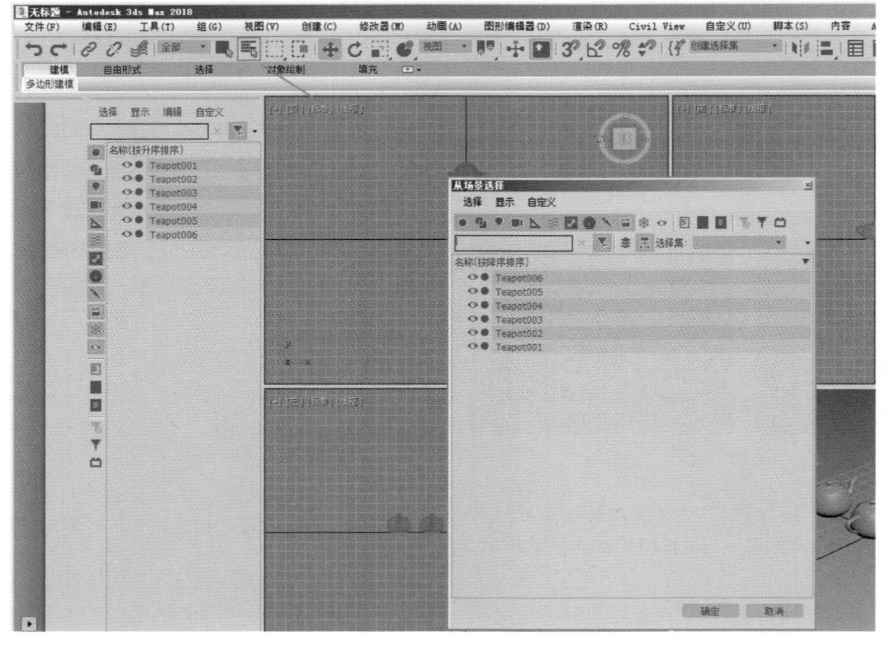

图3-23

内的对象名称均可以在场景中选中该对象，如图3-24所示。

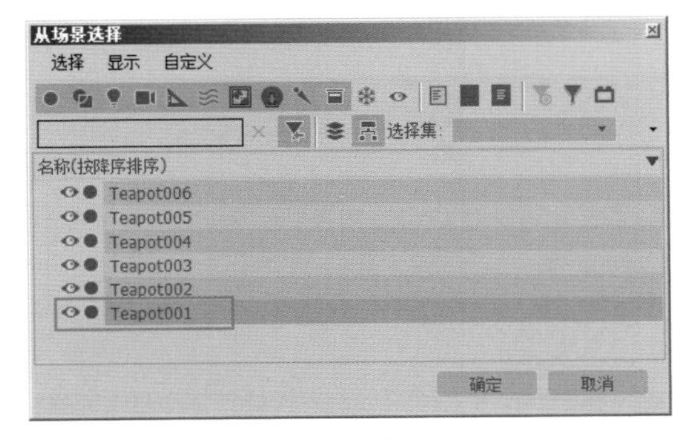

图3-24

（3）在显示对象类型栏中，还可以单击相应图标来隐藏指定的对象类型，如图3-25所示。

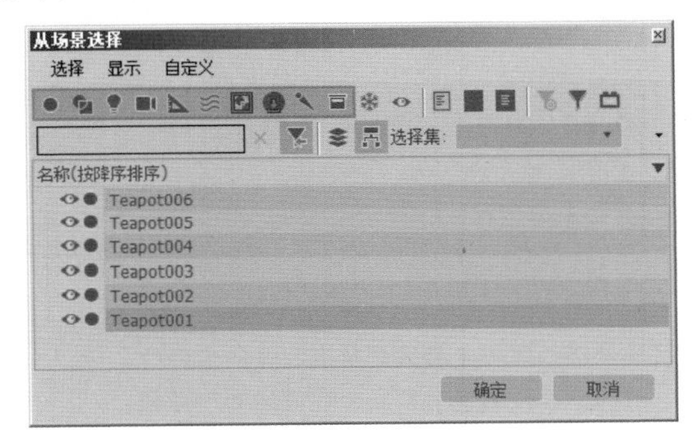

图3-25

工具解析

◇ “显示几何体”按钮：显示场景中的几何体对象名称。

◇ “显示图形”按钮：显示场景中的图形对象名称。

◇ “显示灯光”按钮：显示场景中的灯光对象名称。

◇ “显示摄影机”按钮：显示场景中的摄影机对象名称。

◇ “显示辅助对象”按钮：显示场景中的辅助对象名称。

◇ “显示空间扭曲”按钮：显示场景中的空间扭曲对象名称。

◇ “显示组”按钮：显示场景中的组名称。

◇ “显示对象外部参考”按钮：显示场景中的对象外部参考名称。

◇ “显示骨骼”按钮：显示场景中的骨骼对象名称。

◇ “显示容器”按钮：显示场景中的容器名称。

◇ “显示冻结对象”按钮：显示场景中被冻结的对象名称。

◇ “显示隐藏对象”按钮：显示场景中被隐藏的对象名称。

◇ “显示所有”按钮：显示场景中所有对象的名称。

◇ “不显示”按钮：不显示场景中的对象名称。

◇ “反转显示”按钮：显示当前场景中未显示的对象名称。

◇ “切换显示工具栏”按钮：单击该按钮可以显示/隐藏“从场景选择”对话框内的工具栏。

◇ “按层排序”按钮：单击该按钮，则对象名称切换至以层的方式进行排序显示。

◇ “按层次排序”按钮：单击该按钮，则对象名称切换至以层次的方式进行排序显示。

3.2.5 选择集

3ds Max 2018可以为当前选择的多个对象设置集合，随后从列表中选取其名称可以重新选择这些对象，具体操作如下。

（1）单击主工具栏上的“编辑命名选择集”按钮，打开“命名选择集”对话框，如图3-26所示。

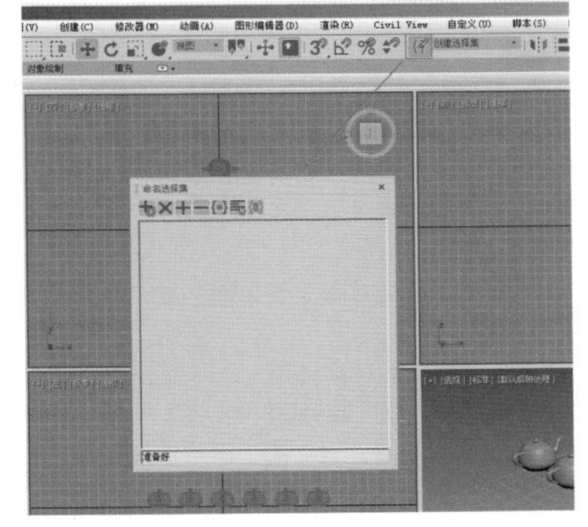

图3-26

（2）选择场景中的物体，单击“创建新集”按钮，然后输入名称即可完成集的创建，如图3-27所示。

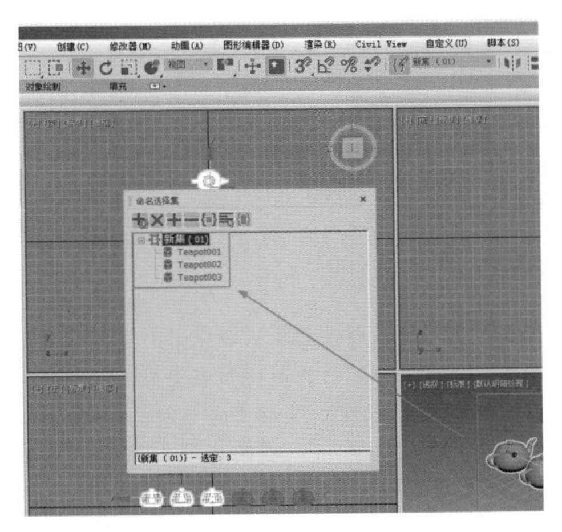

图3-27

（3）在“命名选择集”对话框中，对于已创建的集，还可以单击“删除”按钮来进行删除集的操作，如图3-28所示。

（4）在场景中选择其他物体，单击“添加选定对象”按钮，可以为当前集添加新的物体，如图3-29所示。

（5）与上一步方式类似，单击“减去选定对象”按钮，可以将集中的物体排除于当前集之外，如图3-30所示。

图3-28　图3-29　图3-30

工具解析

◇ “创建新集”按钮：创建新的集合。
◇ “删除集合”按钮：删除现有集合。
◇ “在集中添加选定对象”按钮：可以在集中新添加选定的对象。
◇ “在集中减去选定对象”按钮：可以在集中减去选定的对象。
◇ “选择集内的对象”按钮：选择集合中的对象。
◇ “按名称选择对象”按钮：根据名称来选择对象。
◇ “高亮显示选定对象”按钮：高亮显示出选择的对象。

3.2.6 对物体进行组合

用户在制作具体的工程项目时，如果场景中对象数量过多，不但选择起来非常困难，而且容易出错。这时，可以将一系列同类的模型或者是有关联的模型设置为一个组合。将对象设成组后，可以视其为单个的对象。用户在视口中单击组中的任意一个对象就可以选择整个组，这样大大方便了之后的操作。有关组的命令如图3-31所示。

工具解析

◇ 组：可将对象或组的选择集组成一个组。
◇ 解组：解组命令可将当前组分离为其组件对象或组。
◇ 打开：使用打开命令可以暂时对组进行解组，并访问组内的对象，此时，组的边框呈粉色显示，如图3-32所示。
◇ 关闭：关闭命令可重新组合打开的组。对于嵌套组，

图3-31

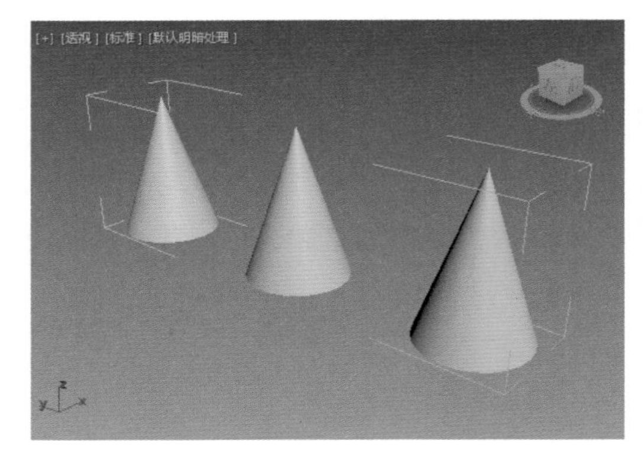

图3-32

关闭最外层的组对象将关闭所有打开的内部组。
◇ 附加：可使选定对象成为现有组的一部分。
◇ 分离：可从对象的组中分离选定对象。
◇ 炸开：可解组组中的所有对象，无论嵌套组的数量如何。这与解组不同，后者只解组一个层级。

3.2.7 选择类似对象

3ds Max 2018为用户提供了一种快速选择场景里复制出来或使用同一命令创建出来的多个物体的功能。这一功能叫做“选择类似对象”，使用起来非常方便，具体操作如下。

（1）启动3ds Max 2018软件，在“创建”面板中单击“球体”按钮，在场景中任意位置处创建几个球体对象，创建完成后，单击鼠标右键取消创建命令，如图3-33所示。

（2）选择场景中任意一个球体对象，单击鼠标右键，在弹出的快捷菜单中，选择并执行“选择类似对象”命令，如图3-34所示。

（3）场景中的其他球体对象将被快速地一并选中。同时，在“创建”面板中会出现提示“选择了6个对象”，如图3-35所示。

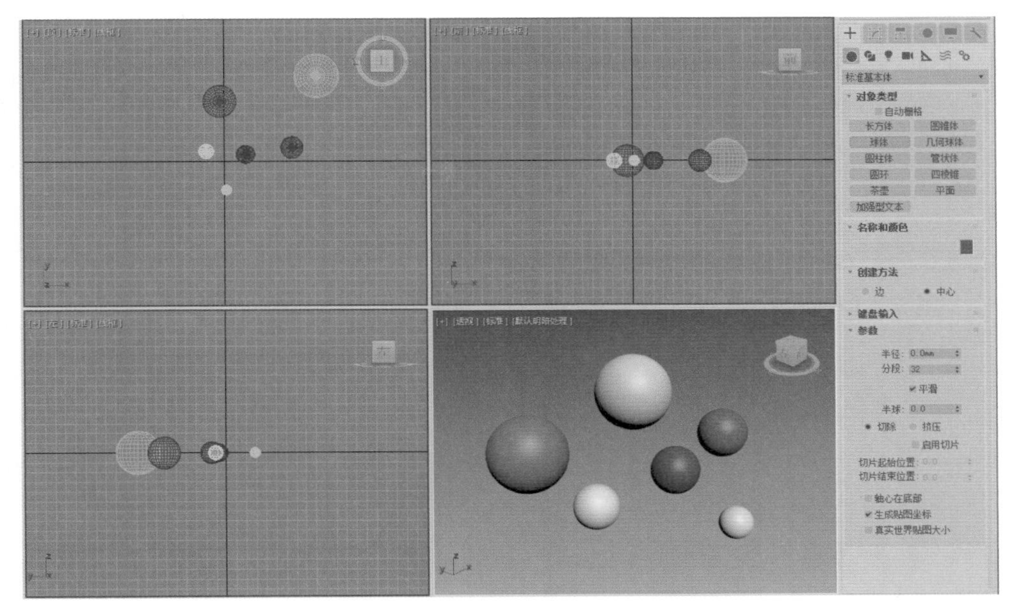

图3-33

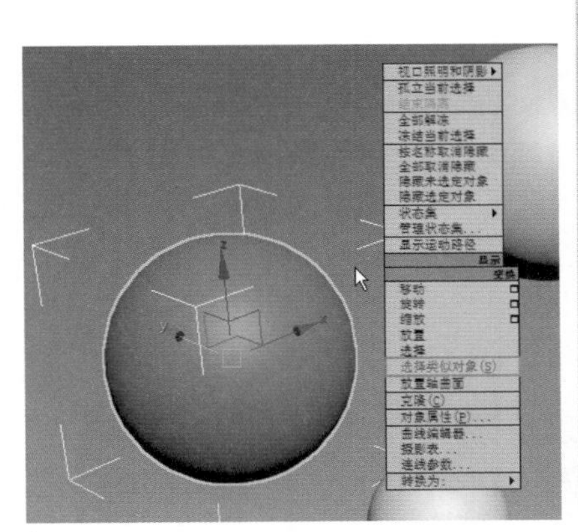

图3-34

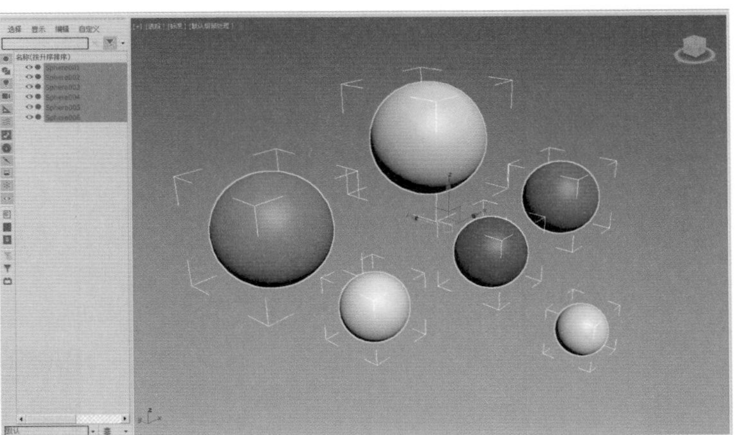

图3-35

3.3 变换操作

3ds Max 2018 为用户提供了多个用于对场景中的对象进行变换操作的按钮，分别为“选择并移动”按钮、“选择并旋转”按钮、“选择并均匀缩放”按钮、“选择并非均匀缩放”按钮、“选择并挤压”按钮、“选择并放置”按钮和“选择并旋转”按钮，如图3-36所示。使用这些工具可以很方便地改变对象在场景中的位置、方向及大小，并且在进行项目工作中，鼠标指针能保持最常用状态。

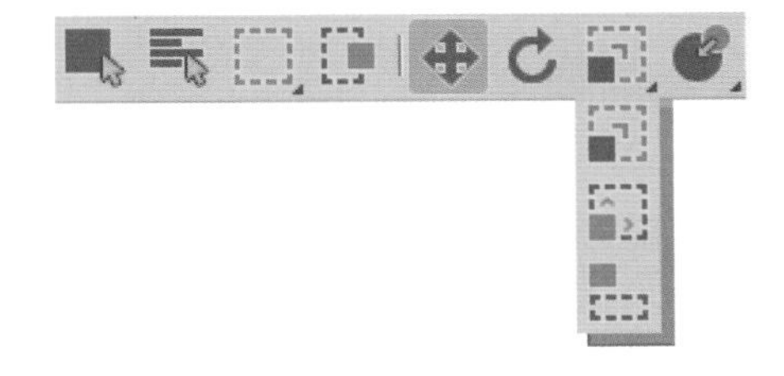

图3-36

3.3.1 切换变换操作命令

3ds Max 2018 为用户提供了多种变换操作的切换方式。

（1）单击“主工具栏”上所对应的按钮就可以直接切换“移动”“旋转”“缩放”“放置”“选择”等变换操作，如图 3-37 所示。

（2）在制作场景时，如果每次切换变换操作都要去单击工具栏上的对应图标会非常麻烦。所以 3ds Max 2018 还提供了另一种方式，用户可以单击鼠标右键，在弹出的四元菜单中选择相应的命令来切换变换操作，这样就大大提高了用户的工作效率，如图 3-38 所示。

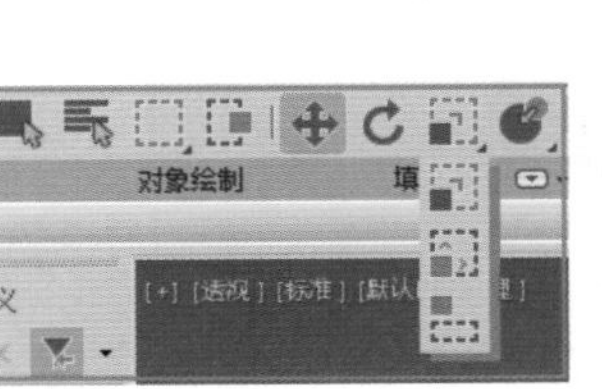

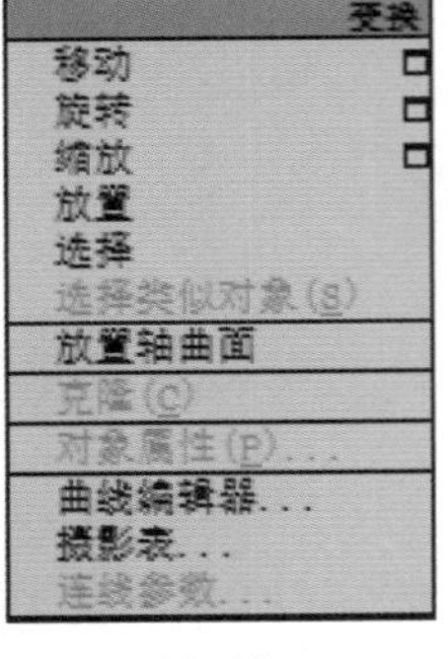

图3-37　　图3-38

（3）3ds Max 2018 为用户提供了相应的快捷键来进行变换操作的切换，使得习惯使用快捷键来进行操作的用户可以非常方便地切换这些命令。“选择并移动”工具的快捷键是【W】键；“选择并旋转”工具的快捷键是【E】键；“选择并缩放”工具的快捷键是【R】键；“选择并放置”工具的快捷键是【Y】键。

3.3.2　变换命令控制柄

在 3ds Max 2018 中，使用不同的变换操作，其变换命令的控制柄显示也都有着明显区别。图 3-39 ~ 图 3-42 所示分别为“移动”“旋转”“缩放”和“放置”变换命令状态下的控制柄显示状态。

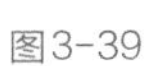

图3-39　　图3-40

当我们对场景中的对象进行变换操作时，可以按下【+】键，来放大变换命令的控制柄显示状态；同样，按下【-】键，可以缩小变换命令的控制柄显示状态，如图 3-43 和图 3-44 所示。

图3-41　　图3-42

图3-43　　图3-44

3.3.3　精确变换操作

不同的项目，其文件的制作要求也不同，比如在制作精密仪器模型时，各个零件的模型位置要求极为苛刻，这时如果再使用变换控制柄来移动对象，则很难将对象精确地放置到所要求的位置上，如图 3-45 所示。幸运的是，3ds Max 2018 为用户提供了一系列的命令用于解决该问题，比如数值输入、对象捕捉等。使用这些命令，用户可以顺利地完成精准模型项目的制作。

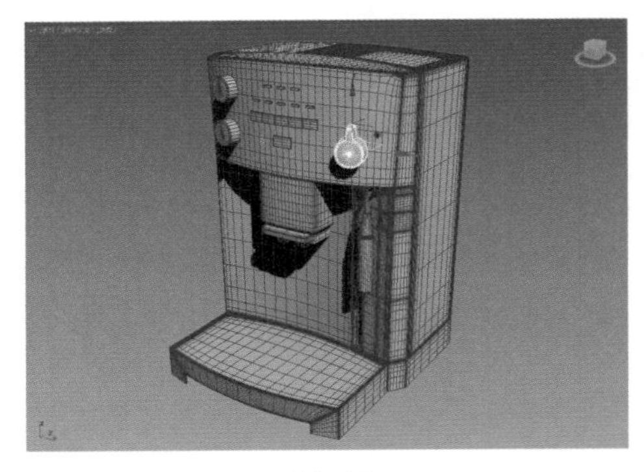

图3-45

1. 数值输入

3ds Max 2018 可以通过数值输入的方式来对场景中的物体进行变换操作，具体操作步骤如下。

（1）启动 3ds Max 2018 软件，在“创建”面板中，单击“茶壶”按钮，在场景中创建一个茶壶的模型，如图 3-46 所示。

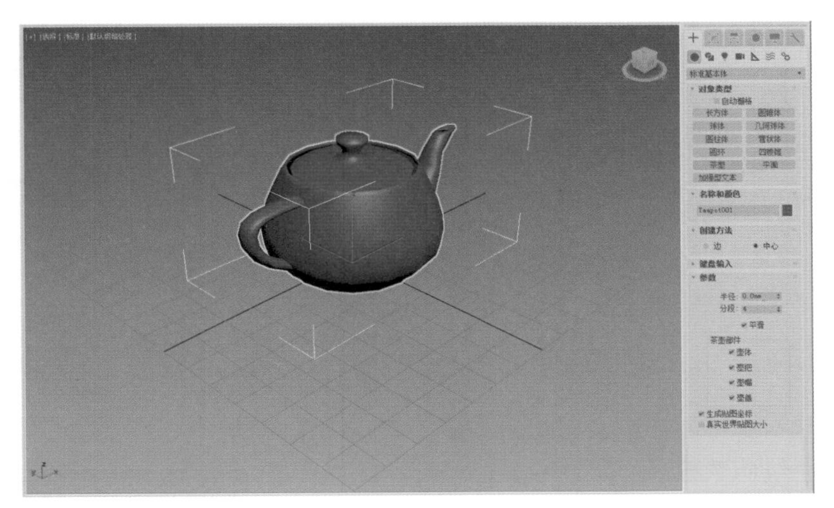

图3-46

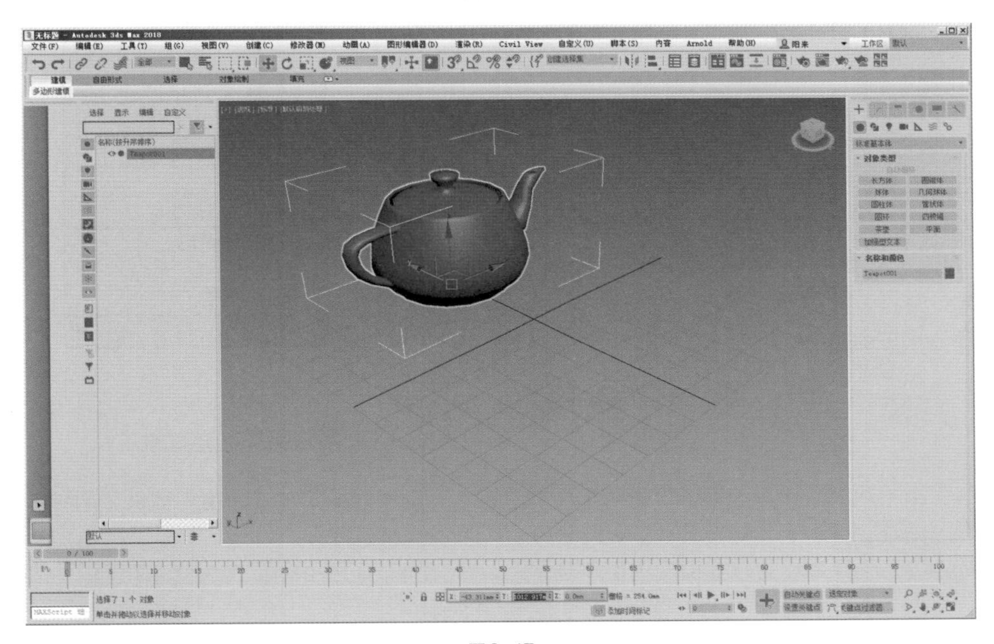

图3-47

（2）创建完成后，按下【W】键，将鼠标指针的命令切换为“选择并移动”命令，这时，可以在软件界面下方的“状态栏”上观察到茶壶模型位于场景中的坐标位置，如图3-47所示。

（3）通过更改“状态栏”后方的坐标数值，即可精确移动当前所选择茶壶对象的位置，如图3-47所示。

2. 对象捕捉

使用“主工具栏”上的“捕捉”系列按钮可以精准控制创建、移动、旋转和缩放对象。使用“捕捉”时，应先单击“捕捉”按钮以激活捕捉命令。3ds Max 2018提供了“2D捕捉”按钮、“2.5D捕捉”按钮、“3D捕捉”按钮、“角度捕捉”按钮、“百分比捕捉”按钮和“微调器捕捉”按钮几个命令，如图3-48所示。

图3-48

工具解析

◇ “2D 捕捉”按钮：以“2D 捕捉”的方式在创建或变换对象期间捕捉现有几何体的特定部分。
◇ “2.5D 捕捉”按钮：以“2.5D 捕捉”的方式在创建或变换对象期间捕捉现有几何体的特定部分。
◇ “3D 捕捉”按钮：以“3D 捕捉”的方式在创建或变换对象期间捕捉现有几何体的特定部分。
◇ “角度捕捉”按钮：设置对象以增量的方式围绕指定轴旋转。
◇ “百分比捕捉”按钮：按指定的百分比增加对象的缩放。
◇ “微调器捕捉”按钮：用于设置 3ds Max 2018 中所有微调器的一次单击时增加或减少的数值。

3.4 复制对象

在进行三维项目的制作时，常常需要一些相同的模型来构成场景，比如说饭店大厅里摆放的桌椅、餐桌上的餐具、公园里的长椅等。在进行建模的时候，重复制作相同的模型费时费力，这就需要用到 3ds Max 的一个常用功能，那就是复制对象操作。在 3ds Max 2018 中，复制对象有多种命令可以实现，下面将一一进行讲解。

3.4.1 克隆

克隆命令用于快速在场景中复制出多个相同的对象，是使用频率非常高的命令之一。3ds Max 2018 提供了以下几种克隆的方式供广大用户选择使用。

1. 使用菜单栏命令克隆对象

在 3ds Max 2018 软件界面上方的菜单栏里，就有“克隆”命令。选择场景中的物体，可执行“编辑 / 克隆”命令。当“克隆”命令呈灰色显示时，说明当前并未选择任何对象，所以系统无法执行该命令，如图 3-49 所示。当选择了物体，正确执行克隆命令后，系统会自动弹出“克隆选项”对话框，即可对所选择的对象进行克隆操作，如图 3-50 所示。

2. 使用四元菜单命令克隆对象

3ds Max 2018 在鼠标右键的四元菜单中同样提供克隆命令以方便用户选择操作。选择场景中的对象，单击鼠标右键可以弹出四元快捷菜单，在“变换”组中，单击“克隆”命令，对选择的对象进行复制操作，如图 3-51 所示。

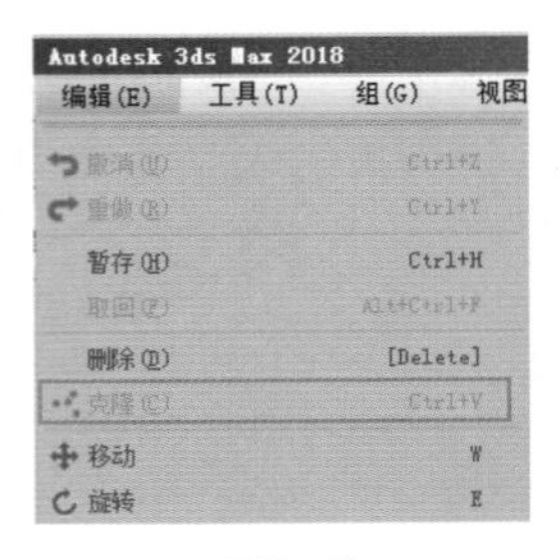

图3-49

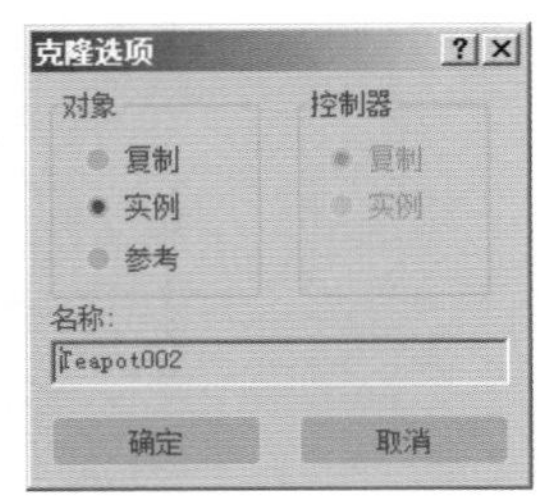

图3-50

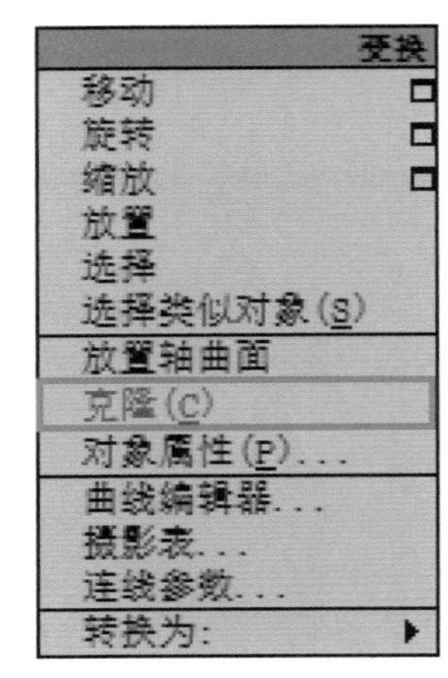

图3-51

3. 使用快捷键克隆对象

3ds Max 2018 为用户提供了两种快捷键的方式来克隆对象。

（1）使用组合键【Ctrl】+【V】，即可原地克隆对象。

（2）按下【Shift】键，配合拖曳、旋转或缩放操作即可克隆对象。需要注意的是，使用这一方式克隆对象，还可以设置克隆对象的数量。

工具解析

◇ 复制：创建一个与原始对象完全无关的克隆对象，修改任意对象时，均不会影响到另外的一个对象。
◇ 实例：创建出与原始对象完全可以交互影响的克隆对象，修改实例对象会直接相应地改变另外的对象。
◇ 参考：克隆对象时，创建与原始对象有关的克隆对象。参考基于原始对象，就像实例一样，但是它们还可以拥有自身特有的修改器。
◇ 副本数：设置对象的克隆数量。

提示　使用这两种方式克隆对象时，系统弹出的“克隆选项”对话框有少许差别，如图3-52所示。

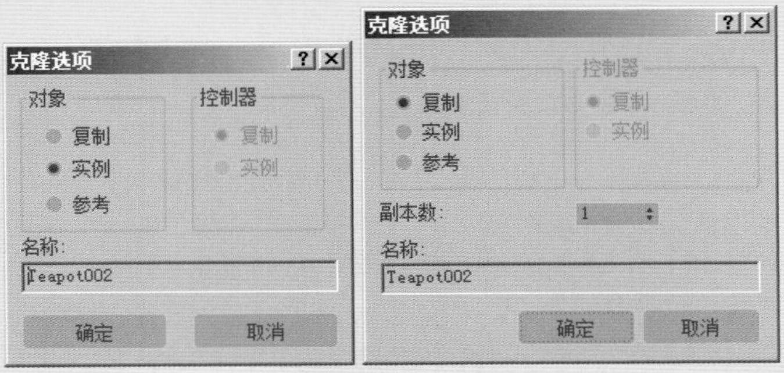

图3-52

3.4.2 快照

快照可以用于在任意时间帧上复制对象，也可以用于沿动画路径根据预先设置的间隔复制对象。执行菜单栏“工具/快照”命令，即可打开“快照”对话框，其命令面板如图3-53所示。

工具解析

①“快照”组

◇ 单一：在当前帧克隆对象的几何体。

◇ 范围：沿着帧的范围上的轨迹克隆对象的几何体。使用“从/到”设置指定范围，并使用“副本”设置指定克隆数。

◇ 从/到：指定帧的范围以沿该轨迹放置克隆对象。

◇ 副本：指定要沿轨迹放置的克隆数。这些克隆对象将均匀地分布在该时间段内，但不一定沿路径跨越空间距离。

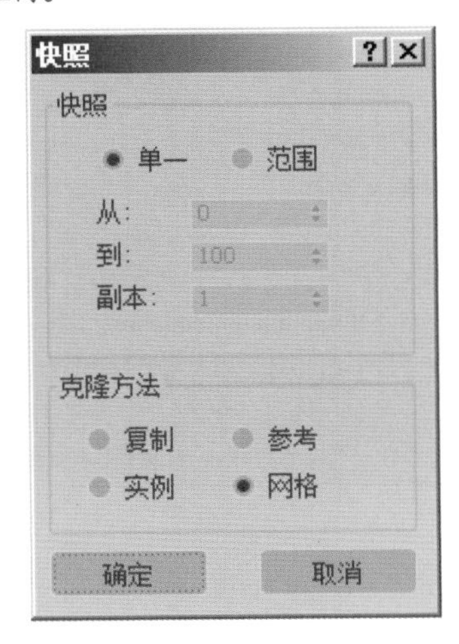

图3-53

②“克隆方法”组

◇ 复制：克隆选定对象的副本。

◇ 实例：克隆选定对象的实例。不适用于粒子系统。

◇ 参考：克隆选定对象的参考。不适用于粒子系统。

◇ 网格：在粒子系统之外创建网格几何体。适用于所有类型的粒子。

3.4.3 镜像

通过镜像命令可以将对象根据任意轴来产生对称的复制，镜像命令还提供了一个叫“不克隆”的选项来进行镜像操作但并不复制。其效果是将对象翻转或移动到新方向。

镜像具有交互式对话框。更改设置时，可以在活动视口中看到效果，也就是说会看到镜像显示的预览，其命令面板如图3-54所示。

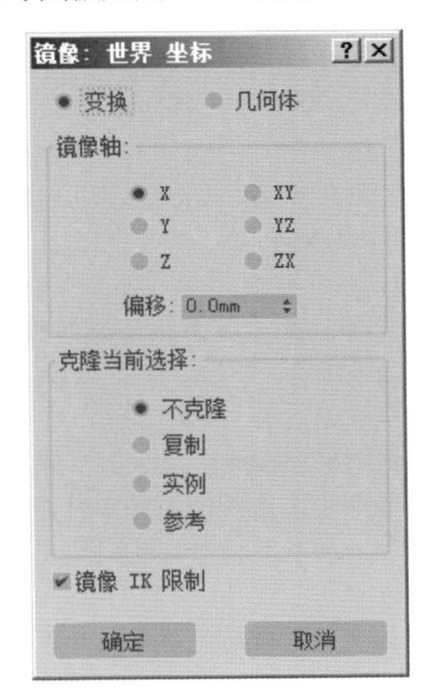

图3-54

工具解析

①“镜像轴”组

◇ X/Y/Z/XY/YZ/ZX：选择其一可指定镜像的方向。

◇ 偏移：指定镜像对象轴点距原始对象轴点之间的距离。

②“克隆当前选择”组

◇ 不克隆：在不制作副本的情况下，镜像选定对象。

◇ 复制：将选定对象的副本镜像到指定位置。

◇ 实例：将选定对象的实例镜像到指定位置。

◇ 参考：将选定对象的参考镜像到指定位置。

3.4.4 阵列

阵列可以在视口中创建出重复的对象，这一工具可以给出所有三个变换和在所有三个维度上的精确控制，包括沿着一个或多个轴缩放的能力，其命令面板如图 3-55 所示。

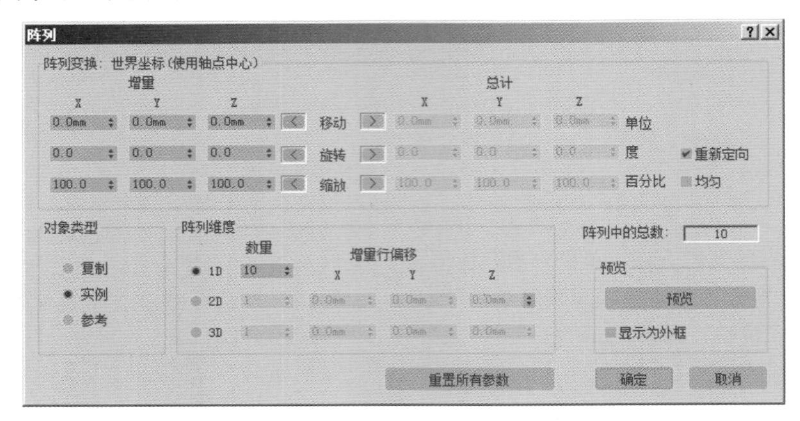

图3-55

工具解析

①“阵列变换：世界坐标（使用轴点中心）”组

◇ 增量 X/Y/Z 微调器：该边上设置的参数可以应用于阵列中的各个对象。

◇ 总计 X/Y/Z 微调器：该边上设置的参数可以应用于阵列中的总距、度数或百分比缩放。

②“对象类型”组

◇ 复制：将选定对象的副本阵列化到指定位置。

◇ 实例：将选定对象的实例阵列化到指定位置。

◇ 参考：将选定对象的参考阵列化到指定位置。

③“阵列维度”组

◇ 1D：根据“阵列变换”组中的设置，创建一维阵列。

◇ 2D：创建二维阵列。

◇ 3D：创建三维阵列。

◇ 阵列中的总数：显示将创建阵列操作的实体总数，包含当前选定对象。

④“预览”组

◇ “预览”按钮 预览 ：启用时，视口将显示当前阵列设置的预览。更改设置将立即更新视口。如果更新减慢拥有大量复杂对象阵列的反馈速度，则启用“显示为外框”。

◇ 显示为外框：将阵列预览对象显示为边界框而不是几何体。

◇ “重置所有参数”按钮 重置所有参数 ：将所有参数重置为默认设置。

3.4.5 间隔工具

间隔工具可以沿着路径进行对象复制，路径可以由样条线或者两个点来进行定义，其命令面板如图 3-56 所示。

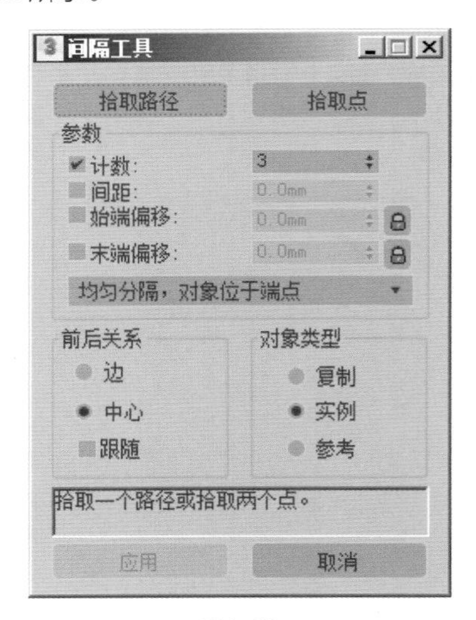

图3-56

工具解析

◇ “拾取路径 ”按钮 拾取路径 ：单击此按钮，然后单击视口中的样条线以作为路径使用。3ds Max 2018 会将此样条线用作分布对象所沿循的路径。

◇ “拾取点 ”按钮 拾取点 ：单击此按钮，然后单击起始点和结束点以在构造栅格上定义路径。也可以使用对象捕捉指定空间中的点。3ds Max 2018 使用这些点创建作为分布对象所沿循的路径的样条线。

①“参数”组

◇ 计数：要分布的对象的数量。

◇ 间距：指定对象之间的间距。

◇ 始端偏移：指定距路径始端偏移的单位数量。

◇ 末端偏移：指定距路径末端偏移的单位数量。

②“前后关系”组

◇ 边：使用此选项指定通过各对象边界框的相对边确定间隔。

◇ 中心：使用此选项指定通过各对象边界框的中心确定间隔。

◇ 跟随：启用此选项可将分布对象的轴点与样条线的切线对齐。

③“对象类型”组

◇ 复制：将选定对象的副本分布到指定位置。

◇ 实例：将选定对象的实例分布到指定位置。

◇ 参考：将选定对象的参考分布到指定位置。

3.5 文件存储

当完成某一个阶段的工作后，最重要的操作就是存储文件。不要小看这一操作，因为用户在存储文件时，会遇到各种各样的问题。比如还未得来及保存文件，3ds Max 程序就突然自动结束任务；比如需要将 3ds Max 工程文件移动至另外一台电脑上进行操作；比如在工作中需要临时存储为一个新的备份以备将来修改等。本小节特讲解 3ds Max 2018 为用户提供的多种保存文件的途径，这些途径可以对应解决以上问题。

3.5.1 文件保存

如果只是单纯地保存工程文件，主要有以下两种方法。

第 1 种：执行菜单栏“文件 / 保存”命令，如图 3-57 所示。

第 2 种：按下【Ctrl】+【S】组合键，也可以完成当前文件的存储。

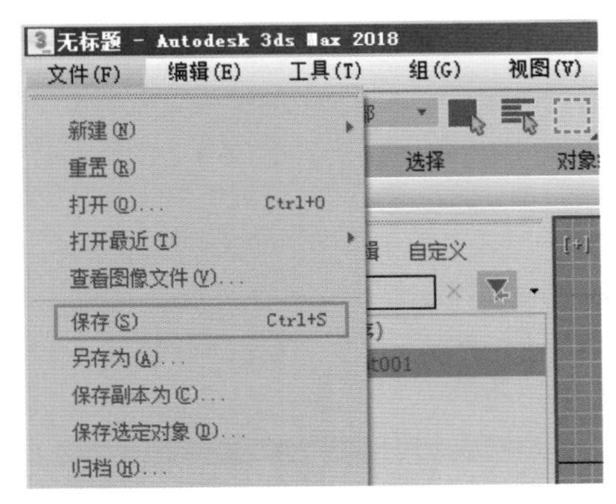

图3-57

3.5.2 另存为文件

另存为文件是 3ds Max 中最常用的存储文件方式之一，使用这一功能，可以在确保不更改原文件的状态下，将新改好的 MAX 文件另存为一份新的文件，以供下次使用。执行菜单栏“文件 / 另存为”命令即可完成操作。

执行“另存为”命令后，3ds Max 2018 会弹出“文件另存为”对话框，如图 3-58 所示。

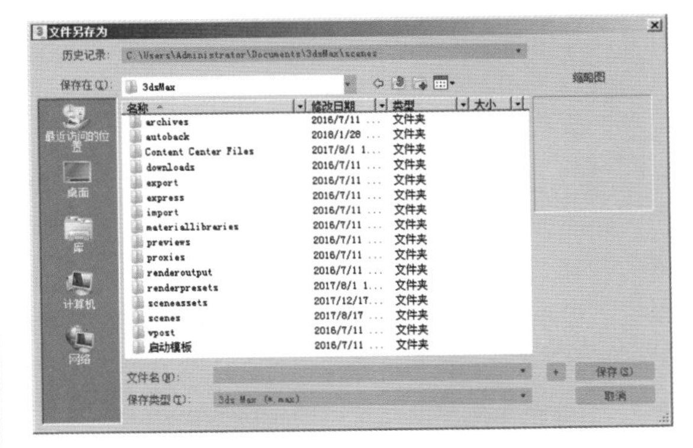

图3-58

在“保存类型”下拉列表中，3ds Max 2018 为用户提供了多种不同的文件保存版本，用户可根据自身需要将 3ds Max 2018 的文件另存为 3ds Max 2015 文件、3ds Max 2016 文件、3ds Max 2017 文件或 3ds Max 角色文件，如图 3-59 所示。

3ds Max (*.max)
3ds Max 2015 (*.max)
3ds Max 2016 (*.max)
3ds Max 2017 (*.max)
3ds Max 角色 (*.chr)

图3-59

3.5.3 保存增量文件

3ds Max 2018 为用户提供了一种叫“保存增量文件”的存储方法，即以当前文件的名称后添加数字后缀的方式不断对工作中的文件进行存储，主要有以下两种使用方式。

第 1 种：执行菜单栏“文件 / 保存副本为”命令，如图 3-60 所示。

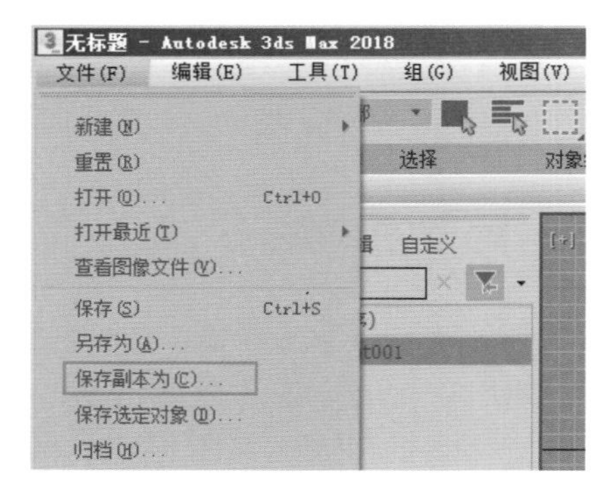

图3-60

第 2 种：将当前工作的文件使用“另存为”的方式存储时，在弹出的“文件另存为”对话框中，单击“保存”按钮左侧的“+ 号”按钮，即可将当前文件保存为增量文件。

3.5.4 保存选定对象

保存选定对象功能可以允许用户将一个复杂场景中的某个模型或者某几个模型单独选择。执行菜单栏“文件 / 保存选定对象”命令，即可将选择的对象单独保存为一个另外的独立文件，如图 3-61 所示。

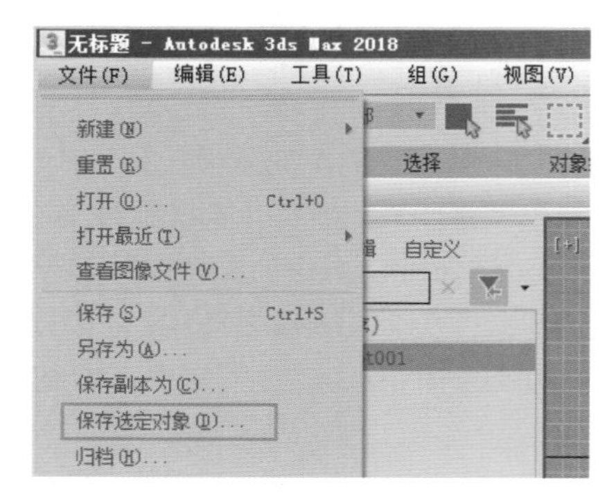

图3-61

提示 “保存选定对象”命令需要在场景中先选择好要单独保存出来的对象，才可激活该命令。

3.5.5 归档

使用归档命令可以将当前文件、文件中所使用的贴图文件及其路径名称整理并保存为一个 ZIP 压缩文件。这种保存文件的方式可以确保用户的文件贴图不会丢失，通常在整理项目文件的时候会使用这一命令，具体操作步骤如下。

（1）在使用“归档”命令前，先保存好场景文件。然后再执行菜单栏“文件 / 归档”命令，如图 3-62 所示。

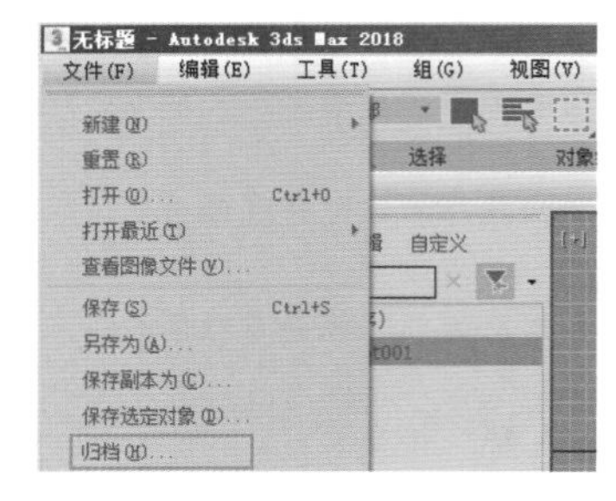

图3-62

（2）在弹出的“文件归档”对话框内，选择好文件的存储位置并为归档文件命名，如图 3-63 所示。

图3-63

（3）在归档处理期间，3ds Max 2018 还会显示出日志窗口，使用外部程序来创建压缩的归档文件，如图 3-64 所示。

图3-64

（4）处理完成后，3ds Max 2018 会将生成的 ZIP 文件存储在指定的路径文件夹内，如图 3-65 所示。

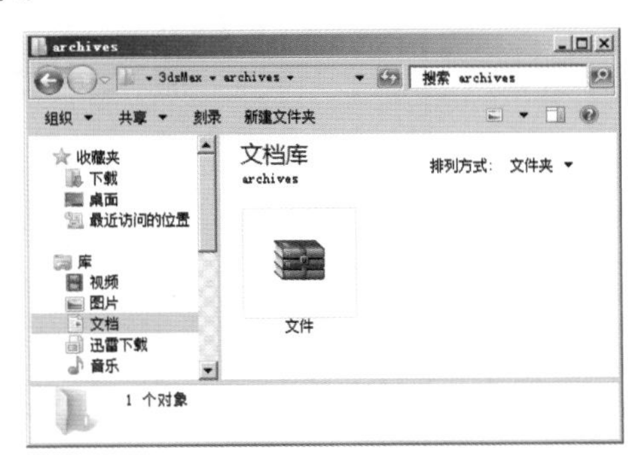

图3-65

3.5.6　自动备份

3ds Max 2018 在默认状态下为用户提供自动备份的文件存储功能，备份文件的时间间隔为 5 分钟，存储的文件为 3 份。当 3ds Max 程序因意外而关闭时，这一功能尤为重要。文件备份可以执行菜单栏“自定义 > 首选项”命令来进行相关设置，如图 3-66 所示。

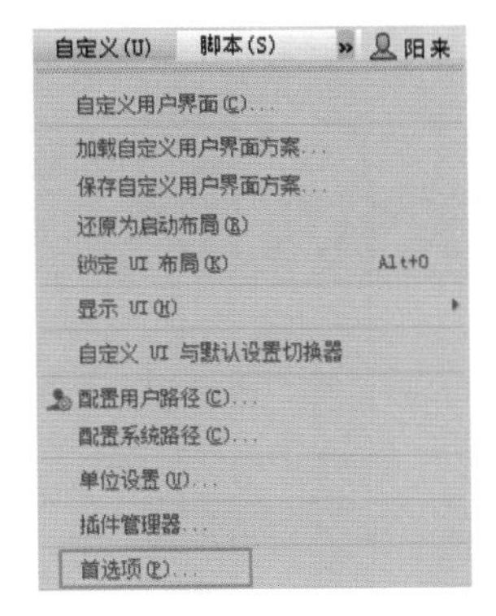

图3-66

打开“首选项设置”对话框，单击“文件”选项卡，在“自动备份”组里即可对自动备份的相关设置进行修改，如图 3-67 所示。

自动备份所保存的文件通常位于“文档 >3dsMax>autoback”文件夹内，如图 3-68 所示。

3.5.7　资源收集器

在制作复杂的场景文件时，常常需要大量的贴图应用于模型上，这些贴图的位置可能在硬盘中极为分散，不易查找。使用 3ds Max 2018 提供的“资源收集器”命令，可以非常方便地将当前文件使用到的所有贴图及 IES 光度学文件以复制或移动的方式放置于指定的文件夹内，如图 3-69 所示。

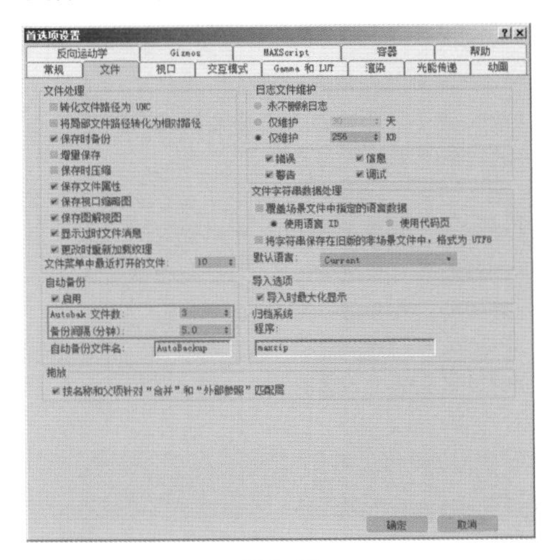

图3-67

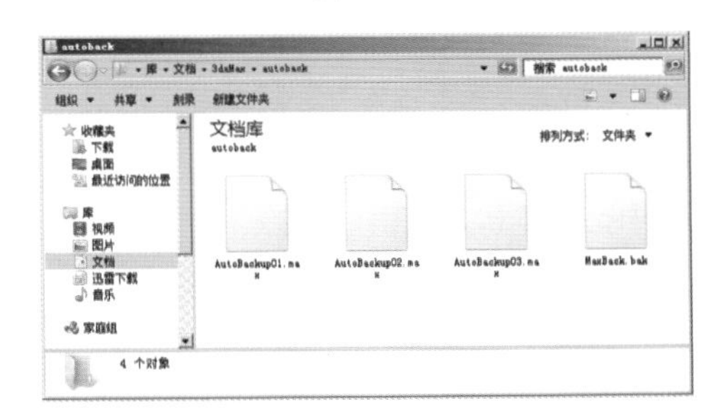

图3-68

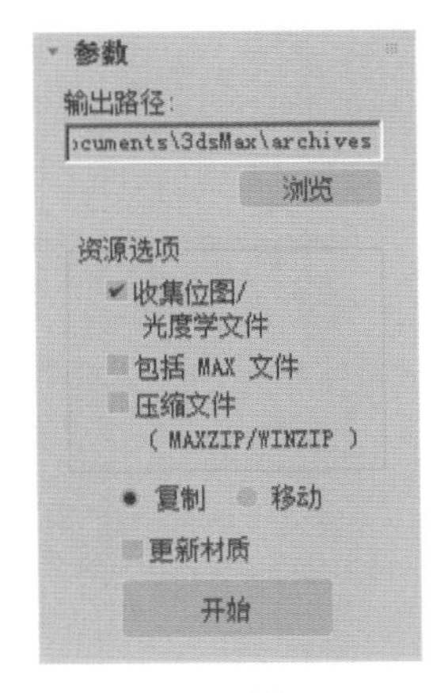

图3-69

工具解析

◇　输出路径：显示当前输出路径。使用“浏览”按钮 浏览 可以更改此选项。

◇　“浏览”按钮 浏览 ：单击此按钮可显示用于选择输

出路径的 Windows 文件对话框。

“资源选项”组

◇ 收集位图 / 光度学文件：打开时，“资源收集器”将场景位图和光度学文件放置到输出目录中。默认设置为启用。

◇ 包括 MAX 文件：打开时，“资源收集器”将场景自身（.max 文件）放置到输出目录中。

◇ 压缩文件：打开时，系统将文件压缩到 ZIP 文件中，并将其保存在输出目录中。

◇ 复制 / 移动：选择“复制”可在输出目录中制作文件的副本。选择“移动”可移动文件（该文件将从保存的原始目录中删除）。默认设置为“复制”。

◇ 更新材质：打开时，更新材质路径。

◇ “开始”按钮 开始：单击此按钮，系统将根据上方的设置收集资源文件。

3.6 技术实例

3.6.1 实例：学习创建对象的方式

在 3ds Max 2018 中进行模型制作之前，用户首先应该熟悉对象的创建方法。本实例以创建长方体为例，为大家讲解创建对象的具体操作方式都有哪些。

扫码看视频

（1）执行菜单栏“创建 / 标准基本体 / 长方体”命令，即可以鼠标绘制的方式在场景中创建一个长方体模型，如图 3-70 所示。

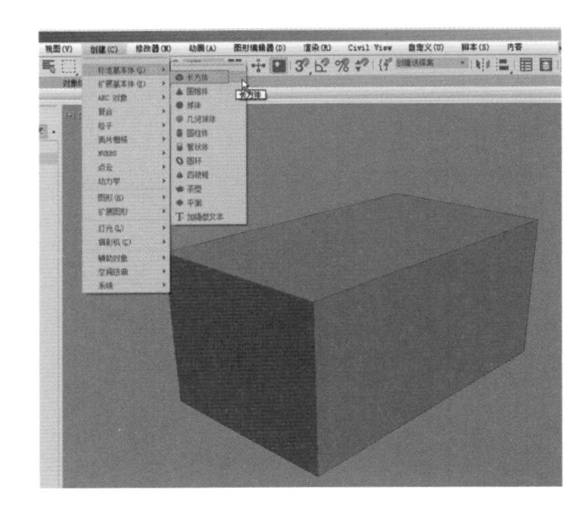

图3-70

（2）在软件界面右侧的“创建”面板中，单击“长方体”按钮，也可以在场景中创建一个长方体模型，如图 3-71 所示，注意这个按钮的效果其实跟菜单栏中“创建 / 标准基本体 / 长方体”的命令效果是一样的。

图3-71

（3）3ds Max 2018 还允许用户通过命令行输入脚本的方式来创建对象。执行菜单栏“脚本 /MAXScript 侦听器”命令，打开“MAXScript 侦听器”对话框，如图 3-72 所示。

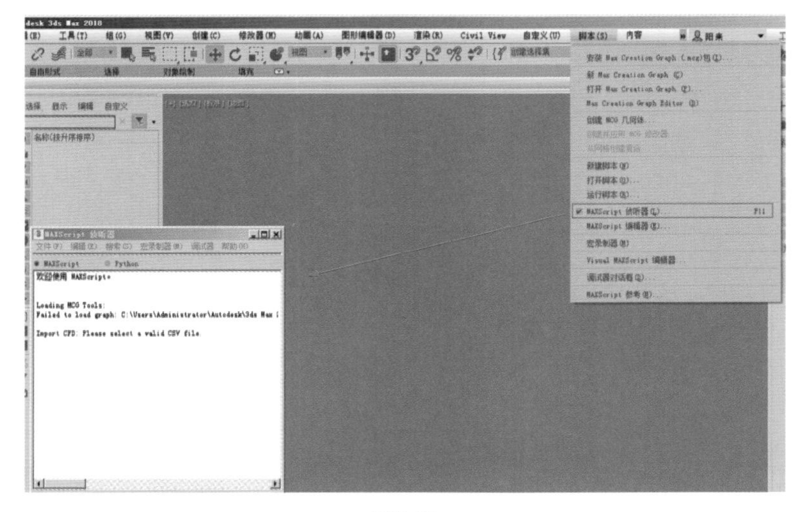

图3-72

（4）在“MAXScript 侦听器”对话框内，输入“box()”，然后按下小键盘上的【Enter】键，执行该语句，即可在场景中创建出一个长方体模型，如图 3-73 所示。

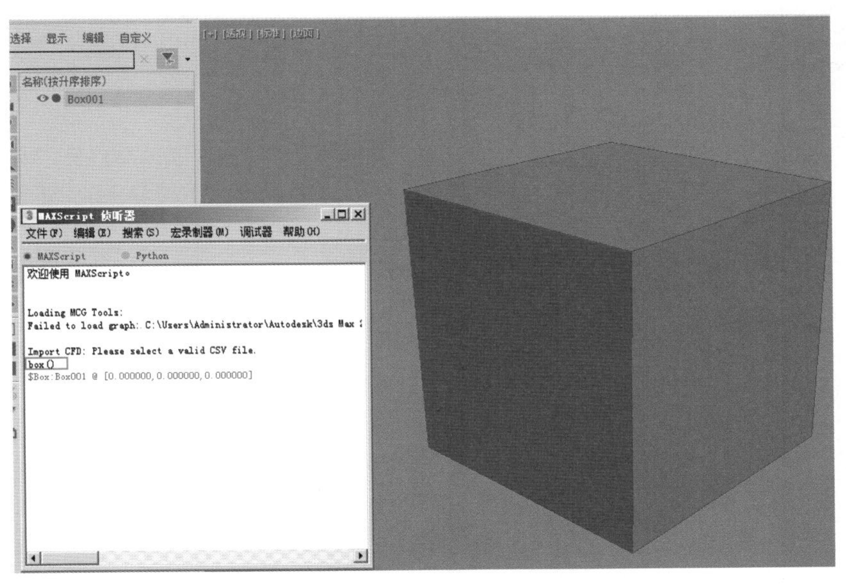

图3-73

3.6.2　实例：对场景中的对象进行选择

扫码看视频

（1）打开本书配套资源中的“茶几.max”文件，可以看到一组茶几模型，如图 3-74 所示。

（2）单击“主工具栏”上的“选择对象”按钮，即可开始在 3ds Max 2018 的透视视图内选择场景中的任意对象。将鼠标指针移动至茶几模型的桌腿模型上，模型会呈现出黄色边缘的高亮显示效果，同时，鼠标指针所在的位置处会出现该对象的名称，如图 3-75 所示。

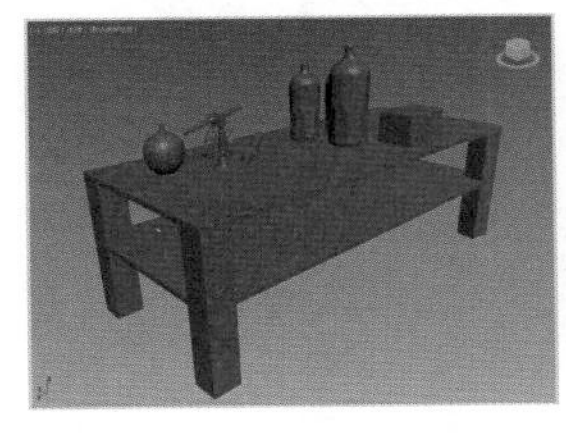
图3-74

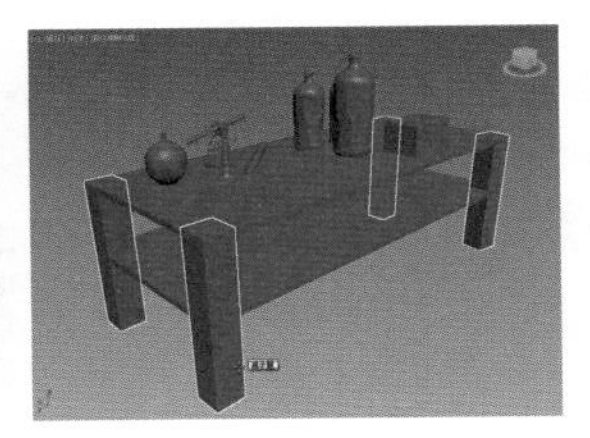
图3-75

（3）在场景中单击选择该对象，对象的边缘则会呈现出蓝色的高亮显示效果，并且模型会显示出白色的边框效果，如图 3-76 所示。

（4）按下【J】键，可以取消显示对象的白色边框，如图 3-77 所示。

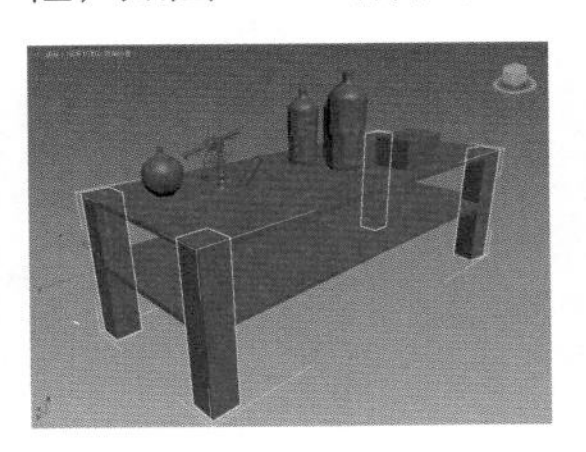
图3-76

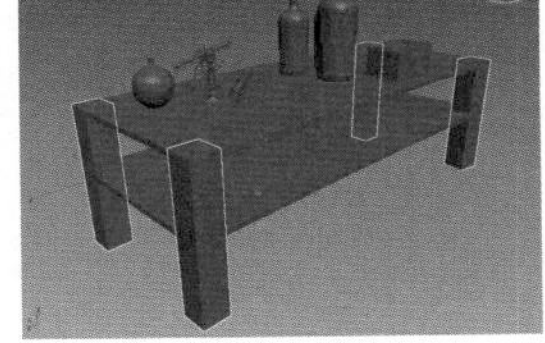
图3-77

3.6.3　实例：如何对场景中的模型进行复制操作

扫码看视频

（1）打开本书配套资源中的“餐桌.max”文件，可以看到一个餐桌和一把餐椅的模型，如图 3-78 所示。

（2）在“场景资源管理器”中可以看到，餐椅模型由椅子模型和坐垫模型两个模型构成，如图 3-79 所示。

（3）单击主工具栏上的“选择并移动”按钮，选择场景中的餐椅模型和餐椅上的坐垫模型，执行菜单栏“组/组”命令，如图 3-80 所示。对其进行成组操作，并设置其名称为“餐椅”，如图3-81所示。

图3-78

图3-79

图3-80

图3-81

（4）成组操作完成后，在“场景资源管理器”中可以看到成组后的模型名称，如图3-82所示。

（5）选择“餐椅”组合，按下【Shift】键，长按鼠标左键将组合拖曳移动至要复制的对象位置，松开鼠标即可打开“克隆选项”对话框，如图3-83所示。单击“确定”按钮，即可复制出一把餐椅模型。

（6）选择场景中的两把餐椅模型，如图3-84所示，单击“主工具栏”上的“镜像”按钮。

（7）在弹出的“镜像：世界坐标”对话框中，将“当前克隆选择”设置为“复制”，即可镜像复制出两把餐椅的模型，如图3-85所示。

（8）镜像操作完成后，对复制出来的两把餐椅

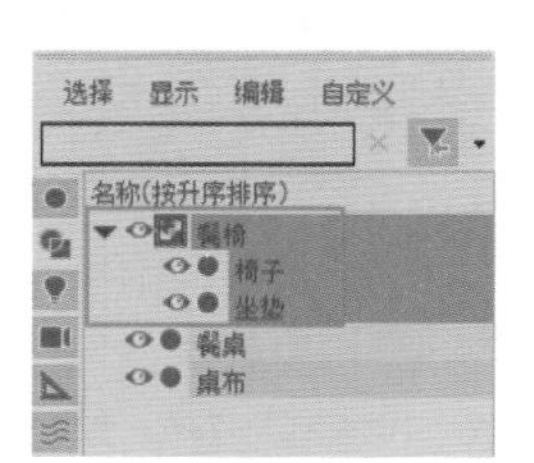

图3-82

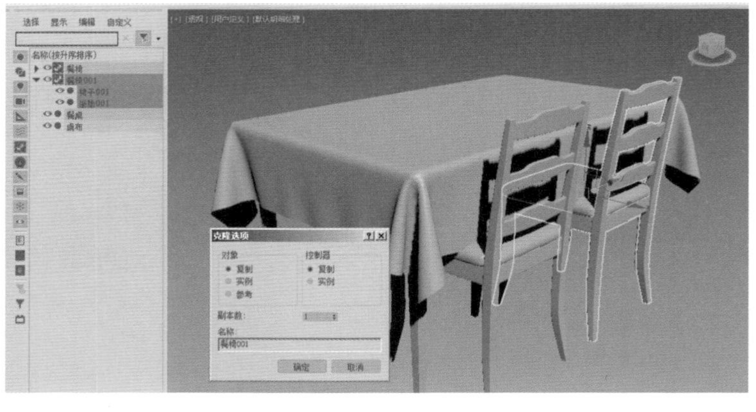

图3-83

图3-84

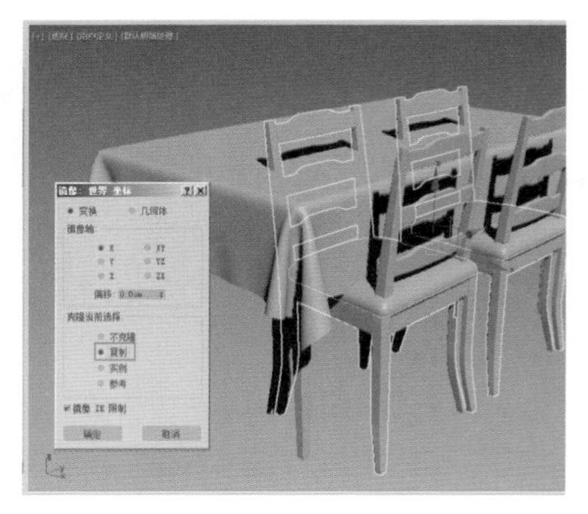

图3-85

调整至图 3-86 所示位置。

（9）本实例的最终模型结果如图 3-87 所示。

图3-86

图3-87

3.6.4 实例：学习间隔工具

（1）打开本书配套资源中的“茶杯 .max”文件，如图 3-88 所示。

扫码看视频

图3-88

（2）在创建“图形”面板中，单击“弧”按钮，在场景中创建一个圆弧图形，如图 3-89 所示。

图3-89

（3）执行菜单栏“工具 / 对齐 / 间隔工具”命令，如图 3-90 所示。随后系统将打开“间隔工具”窗口，如图 3-91 所示。

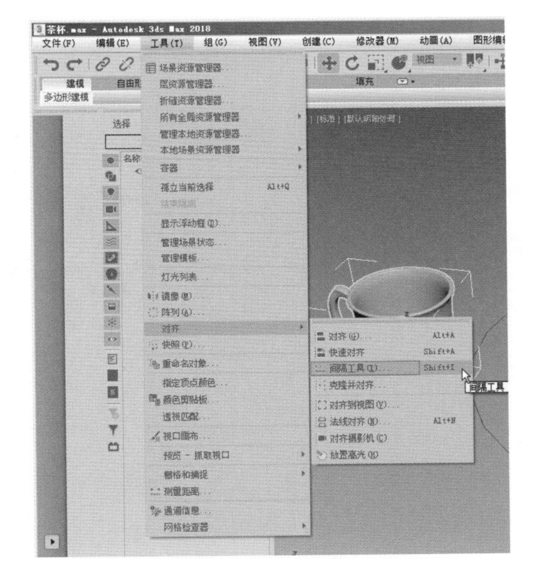

图3-90

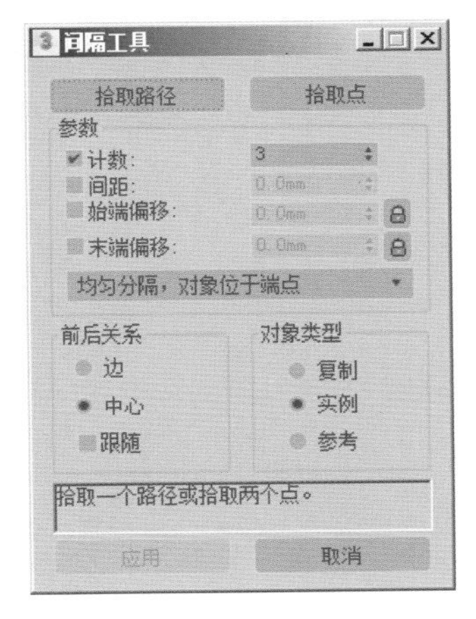

图3-91

（4）选择场景中的茶杯模型，单击“间隔工具”窗口中的“拾取路径”按钮 拾取路径 ，在视口中拾取样条线，即可看到在默认状态下，系统完成了3个茶杯模型的复制，并且茶杯模型使用样条线作为路径进行摆放，如图3-92所示。

图3-92

（5）在“间隔工具”窗口中，设置“参数”组中“计数”的值为“6”，就可以看到茶杯的数量增加到6个，如图3-93所示。

图3-93

（6）在“前后关系”组中勾选“跟随”选项，即可看到复制出的茶杯方向沿着路径而改变，如图2-94所示。

图3-94

（7）设置完成后，单击“间隔工具”窗口下方的“应用”按钮，完成茶杯模型的复制，如图3-95所示。

（8）单击“间隔工具”窗口下方的“关闭”按钮，关闭“间隔工具”窗口，结束“间隔工具”的使用，如图3-96所示。

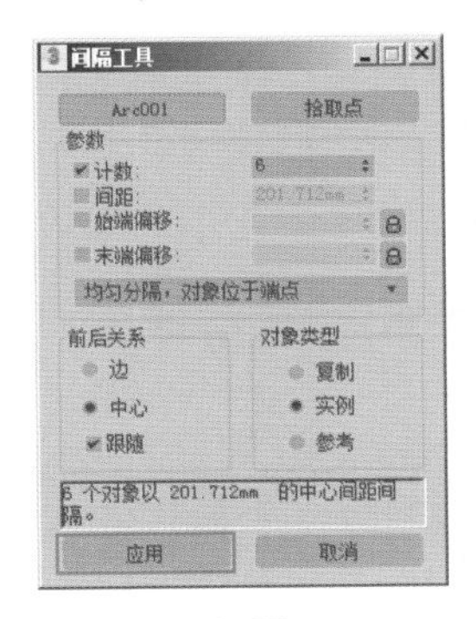

图3-95

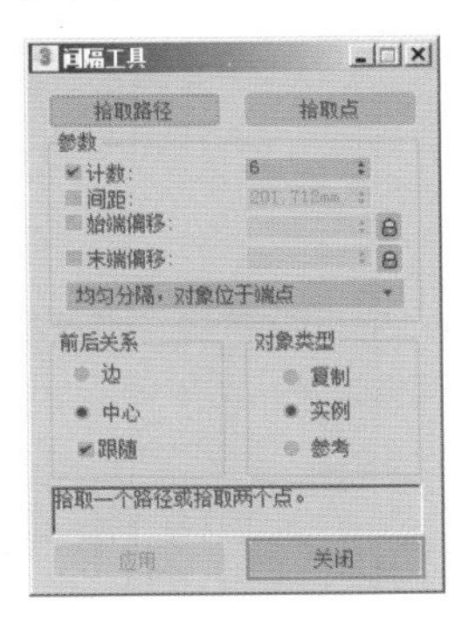

图3-96

（9）此外，“间隔工具”窗口也可以通过单击“附加”工具栏上的“间隔工具”按钮打开，如图3-97所示。

图3-97

（10）如果使用其他的曲线，茶杯还可以通过该工具复制出图3-98所示的结果。

图3-98

3.6.5 实例：使用资源收集器来整理场景文件

（1）打开本书配套资源文件中的“静物.max”文件，可以看到场景中为一组静物造型，如图3-99所示。

扫码看视频

（2）在“命令”面板中，单击“实用程序”按钮，将“命令面板”切换至“实用程序”面板，如图3-100所示。

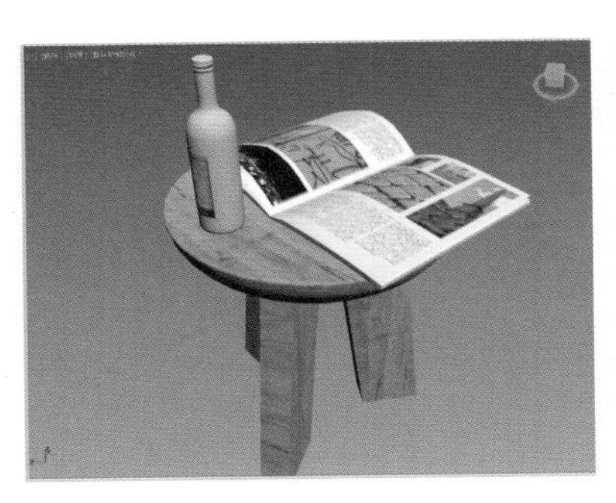

图3-99

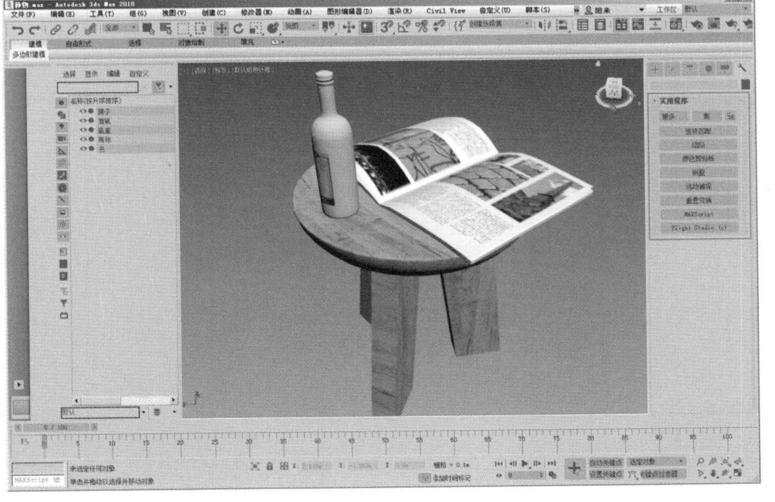

图3-100

（3）单击“更多…”按钮，在弹出的“实用程序”对话框中，选择“资源收集器”命令，并单击“确定”按钮，即可在“实用程序”面板中打开“资源收集器”的“参数”卷展栏，如图3-101所示。

（4）单击“参数”卷展栏内的“浏览”按钮，即可在硬盘中重新为文件的输出路径指定位置。勾选“资源选项”组内的“收集位图/光度学文件”和“包括MAX文件”这两个选项，单击“开始”按钮，即可完成3ds Max 2018对当前文件的整理，如图3-102所示。

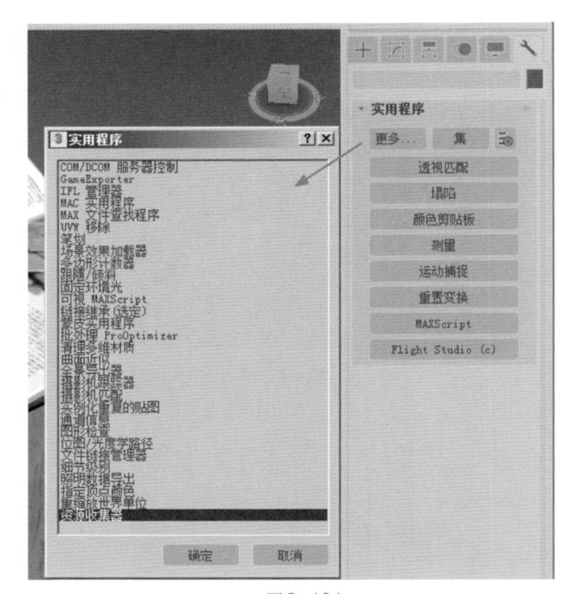

图3-101

（5）整理完成后，找到输出路径，就可以看到整理好的工程文件和该文件所使用到的贴图，如图3-103所示。

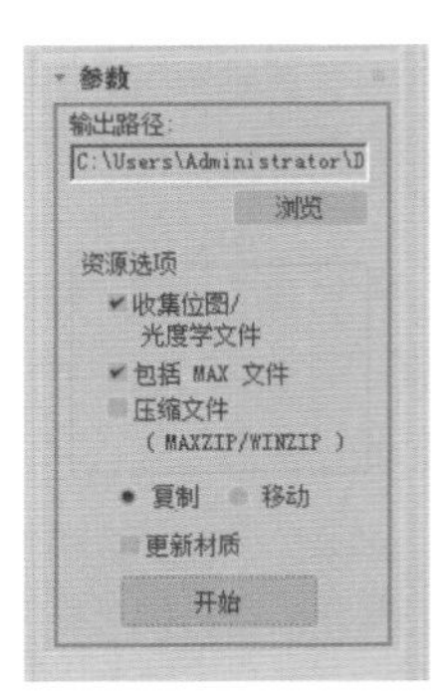

图3-102

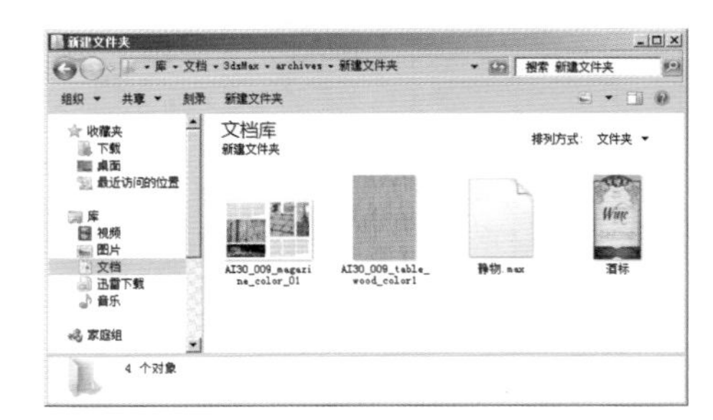

图3-103

几何体建模

本章要点

- 几何体概述
- 标准基本体
- 扩展基本体
- 门
- 窗
- 楼梯
- 技术实例

4.1 几何体概述

3ds Max 2018 在“创建”面板的“几何体”分类中为用户提供了一些简单的几何形体模型，这些标准基本体模型从 3ds Max 的第一个版本就开始出现。历经二十多年，现在这些几何体仍在使用，足以说明它们是多么的经典。这些几何体看起来跟许多人在刚刚接触素描绘画时所画的那些几何体一模一样，但是不要小看了这些简单的模型，因为很多造型复杂的模型就是使用这些最简单的几何体制作出来的，如图 4-1 所示的书桌、床头柜等，图 4-2 所示的杂物架、橱柜等。在刚刚接触建模学习的过程中，应当熟练掌握并使用这些几何体的参数设置。

图4-1

图4-2

“创建”面板内一共有“几何体”按钮、“图形”按钮、“灯光”按钮、“摄影机”按钮、“辅助对象”按钮、“空间扭曲”按钮和“系统”按钮 7 个分类按钮，如图 4-3 所示。本章节重点讲解第一个分类“几何体”。

其中，“几何体”按钮的下拉菜单中内置了不同于“标准基本体”的命令选项，如“扩展基本体”“复合对象”“粒子系统”等。这里面最常用的两个分类就是“标准基本体”和“扩展基本体”。单击“标准基本体”后面的黑色小三角箭头，就可以弹出“几何体”下拉菜单，如图 4-4 所示。

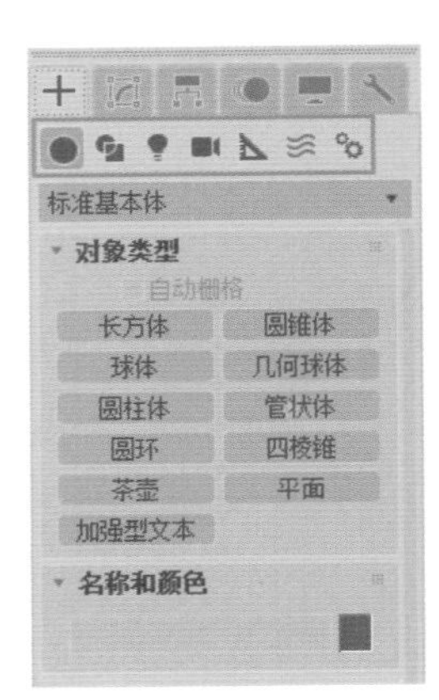

图4-3

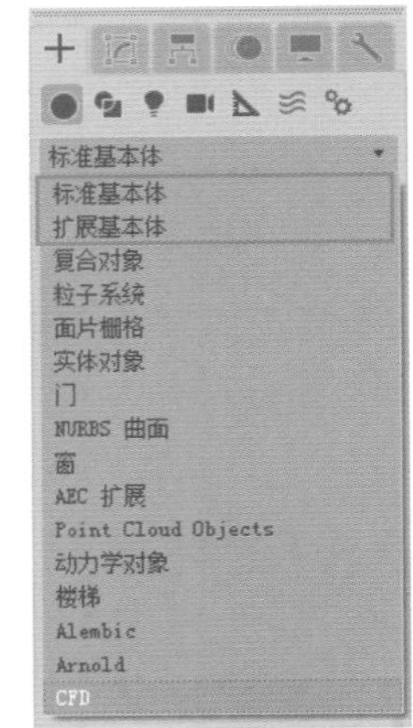

图4-4

4.2 标准基本体

3ds Max 2018 中“创建”面板内的“标准基本体”为用户提供了用于创建 11 种不同对象的按钮，分别为“长方体”按钮 长方体 、“圆锥体”按钮 圆锥体 、“球体”按钮 球体 、“几何球体”按钮 几何球体 、“圆柱体”按钮 圆柱体 、“管状体”按钮 管状体 、“圆环”按钮 圆环 、“四棱锥”按钮 四棱锥 、“茶壶”按钮 茶壶 、“平面”按钮 平面 和“加强型文本”按钮 加强型文本 ，如图 4-5 所示。

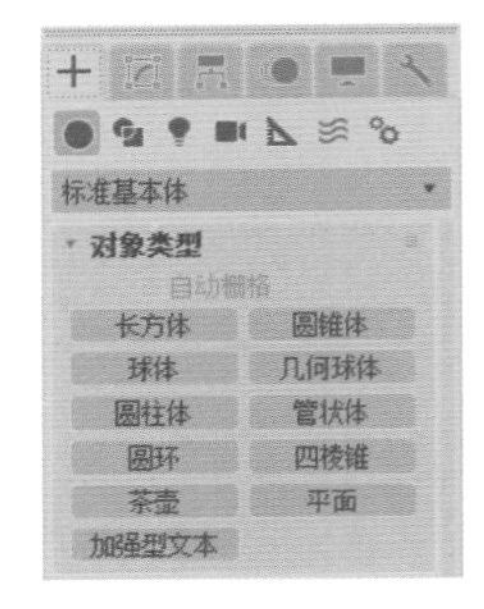

图4-5

4.2.1 长方体

在“创建”面板中，单击“标准基本体”类型中的第一个按钮——“长方体”按钮 长方体 ，即可在场景中以绘制方式创建出长方体对象。使用这一工具可以快速制作出箱子、方盒等造型为长方体的三维模型，创建结果如图 4-6 所示。

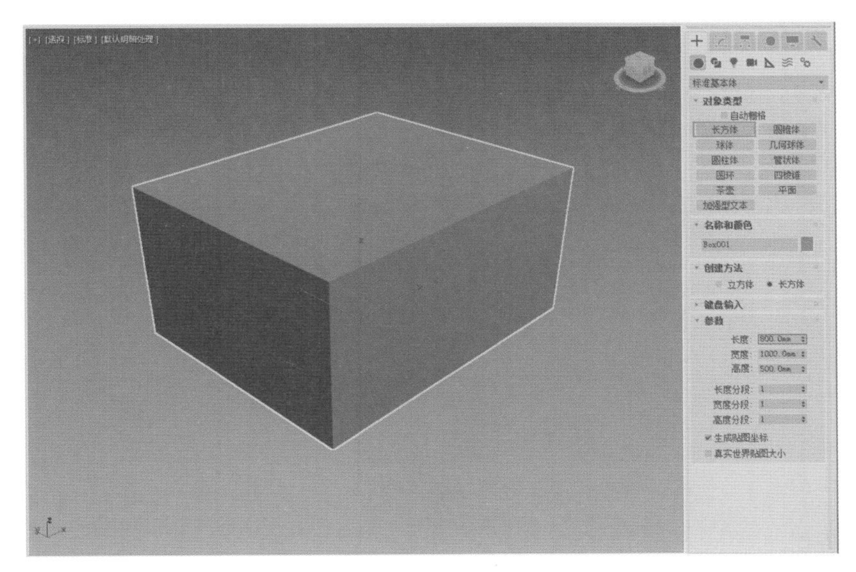

图4-6

在绘制模型前，展开“创建方法”卷展栏，如果选择了“立方体”选项，则可以通过该按钮绘制出一个长度、宽度及高度相等的立方体模型，如图 4-7 所示。

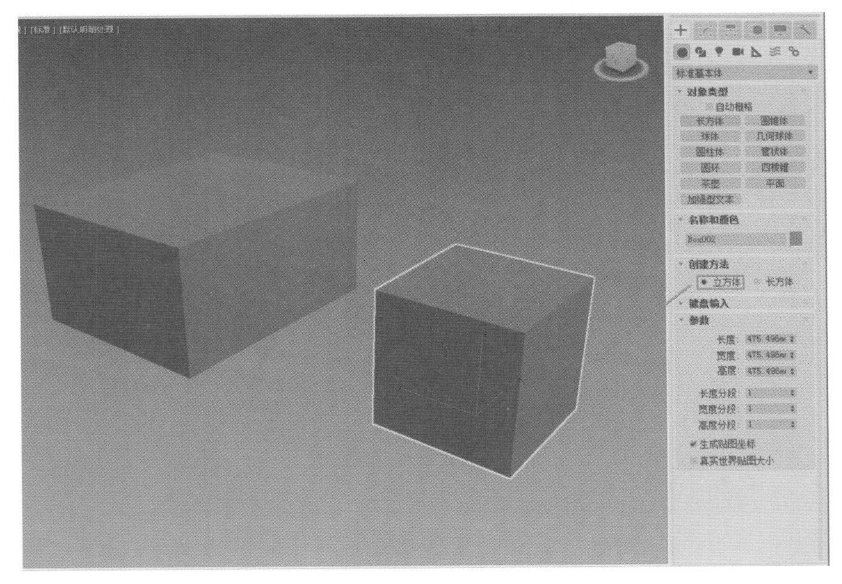

图4-7

展开“键盘输入”卷展栏，如图 4-8 所示。3ds Max 2018 为用户提供了一种通过键盘预先输入数值的方式确定所要创建模型的位置及基本属性的功能。输入相关参数后单击“创建”按钮，即可在场景中的指定位置创建出一个长方体模型。

展开“参数”卷展栏，长方体的参数面板如图 4-9 所示。

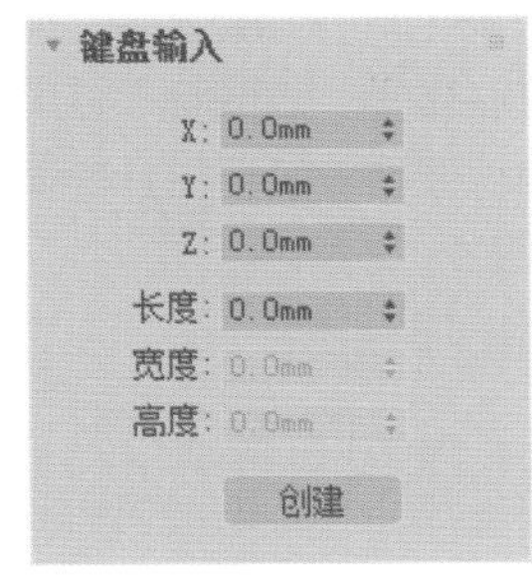

图4-8

图4-9

工具解析

◇ 长度 / 宽度 / 高度：设置长方体对象的长度、宽度和高度。

◇ 长度分段 / 宽度分段 / 高度分段：设置沿着对象每个轴的分段数量。图 4-10 所示分别为“高度分段”是“1”和“5”的模型分段显示效果。

图4-10

4.2.2 圆锥体

在“创建”面板中，单击“圆锥体”按钮 圆锥体 ，即可在场景中以绘制方式创建出圆锥体对象。圆锥体的参数包含有两个半径值，当两个半径值的大小完全一样时，所创建出来的圆锥体即为圆柱体。创建结果如图 4-11 所示。

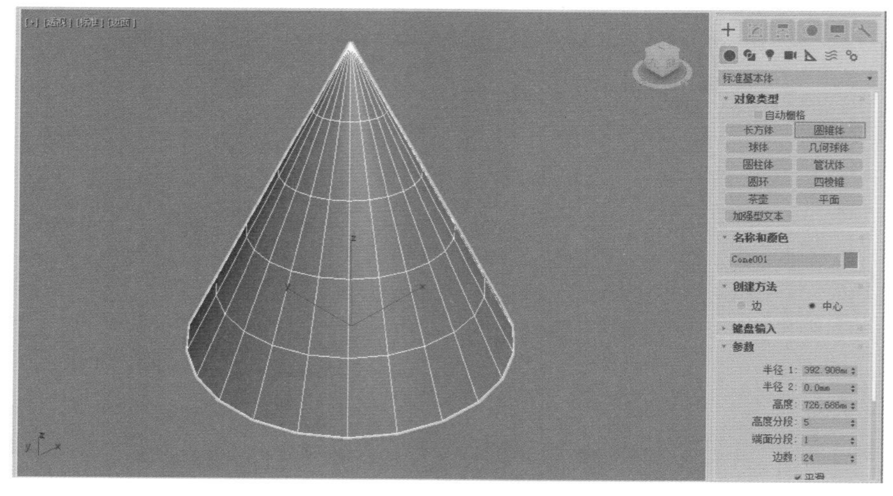

图4-11

创建圆锥体时，在“创建”面板的“创建方法”卷展栏内有“边”和“中心”两种方法可以选择。如果以“中心”为创建方法，则在创建“圆锥体”底面的过程中，其底面的中心点位置随着鼠标指针的移动位置而不断发生改变，如图 4-12 所示。

圆锥体的参数面板如图 4-13 所示。

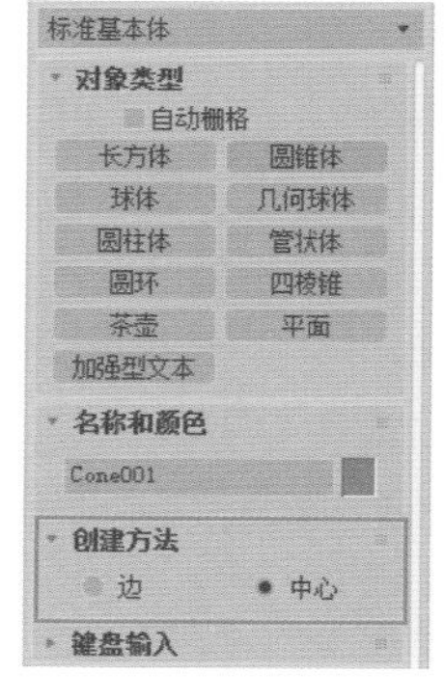

图4-12

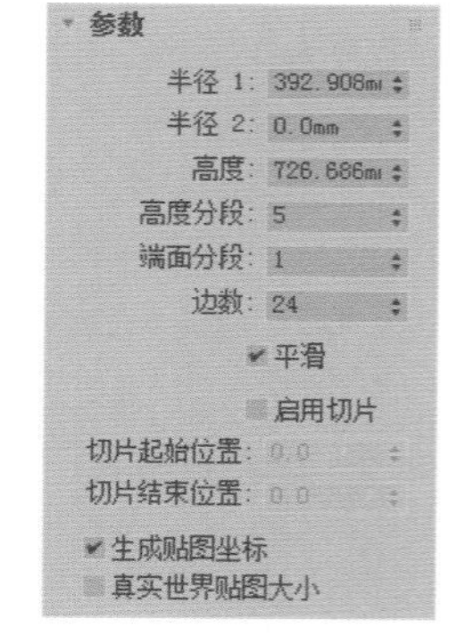

图4-13

工具解析

◇ 半径 1/ 半径 2：设置圆锥体的第 1 个半径和第 2 个

半径。当“半径 2”的值为“0”时，创建出来的模型为圆锥体，如图 4-14 所示。当“半径 2”的值与“半径 1”的值相同时，创建出来的模型为圆柱图，如图 4-15 所示。当“半径 2”的值与“半径 1”的值不同，且不为“0”时，所创建出来的模型为圆台物体，如图 4-16 所示。

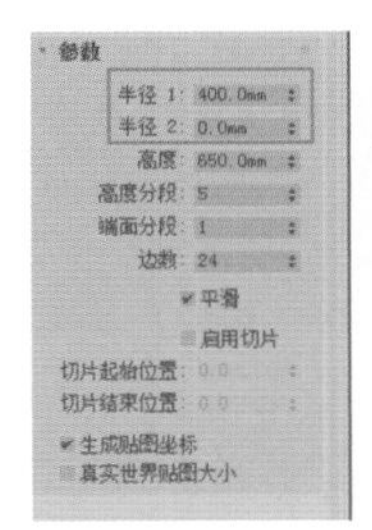

图4-14

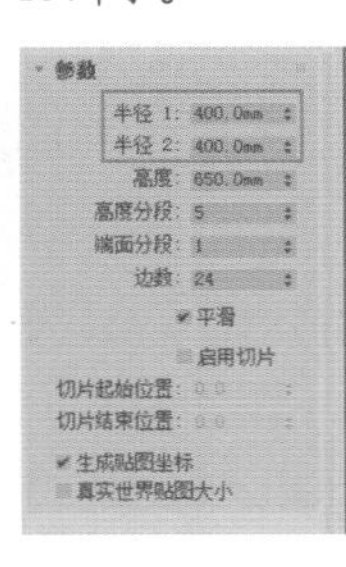

图4-15

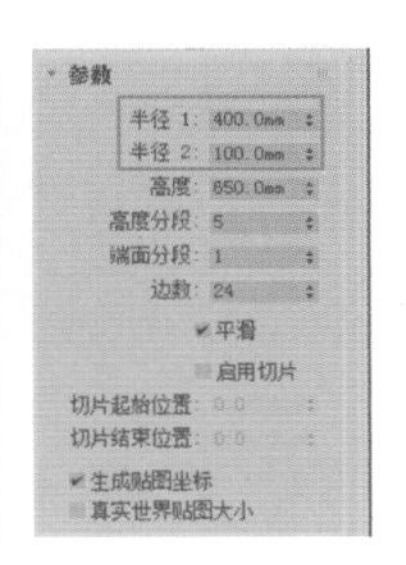

图4-16

◇　高度：设置沿着中心轴的维度。

◇　高度分段：设置沿着圆锥体主轴的分段数。

◇　端面分段：设置围绕圆锥体顶部和底部的中心的同心分段数。图 4-17 所示分别为该值是“1”和“3”的模型线框显示结果对比。

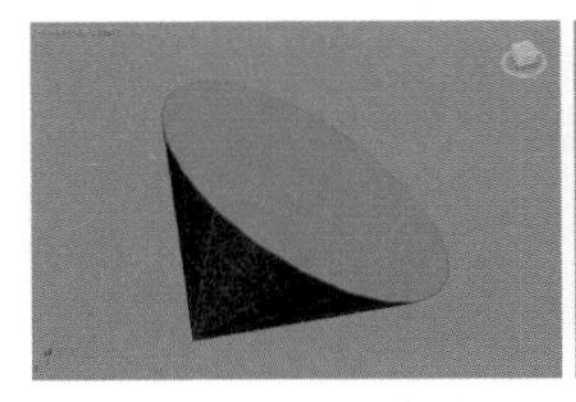
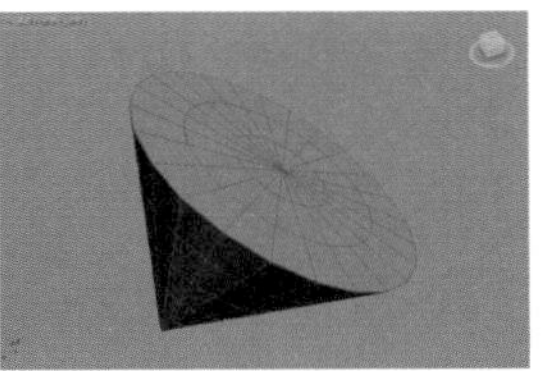

图4-17

◇　边数：设置圆锥体周围边数。如果该值过小，会影响圆锥体的形体表现。图 4-18 所示分别为该值是“24”和“8”的模型显示效果对比。

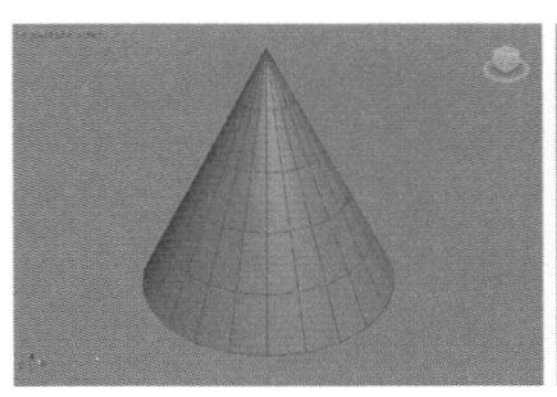
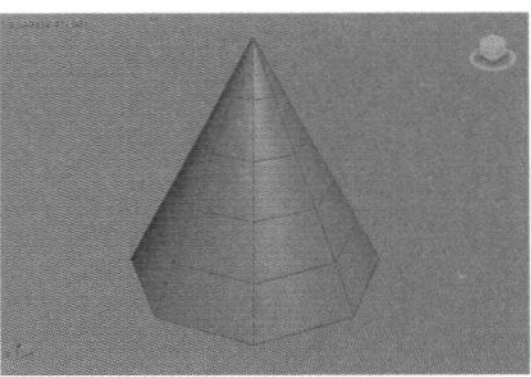

图4-18

◇　启用切片：启用“切片”功能。

◇　切片起始位置 / 切片结束位置：分别用来设置从局部 x 轴的零点开始围绕局部 z 轴的度数。通过设置该值，用户可以得到一个具有局部结构的不完整圆锥体。图 4-19 所示分别为开启“启用切片”功能前后的结果对比。

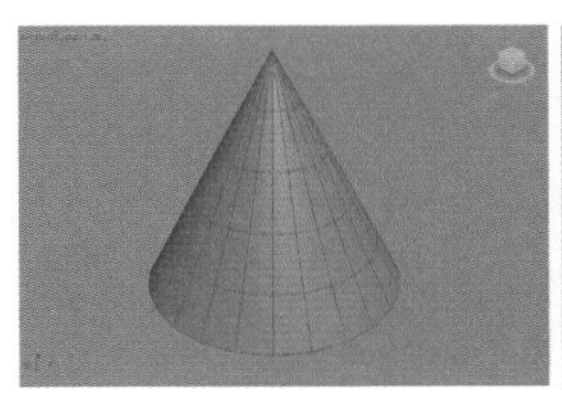
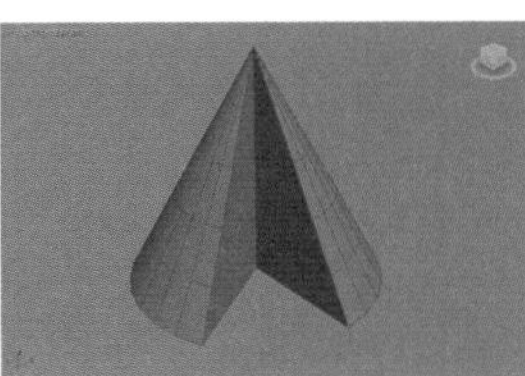

图4-19

4.2.3　球体

在“创建”面板中单击“球体”按钮 球体 ，即可在场景中以绘制方式创建出球体对象。使用这一工具并配合材质纹理贴图可以快速地制作出形体类似于球体的三维模型，如地球、篮球、水晶球等模型。创建结果如图 4-20 所示。

球体的参数面板如图 4-21 所示。

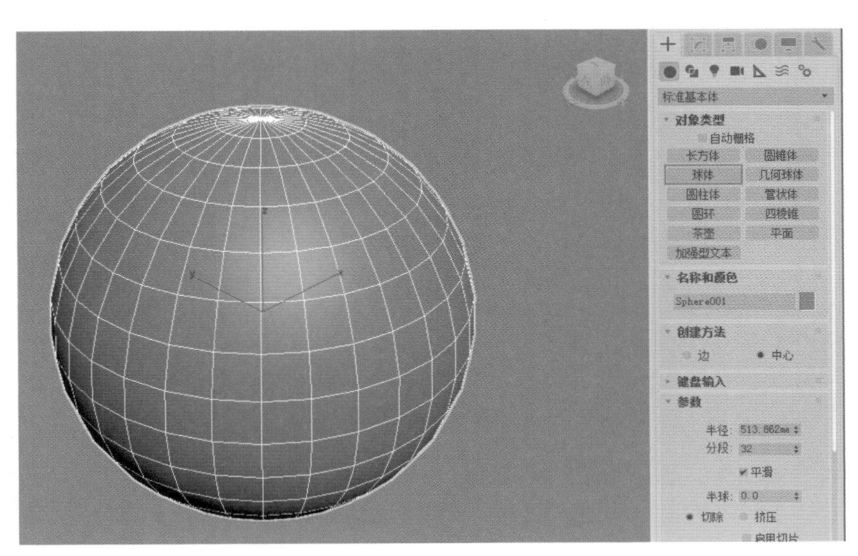

图4-20

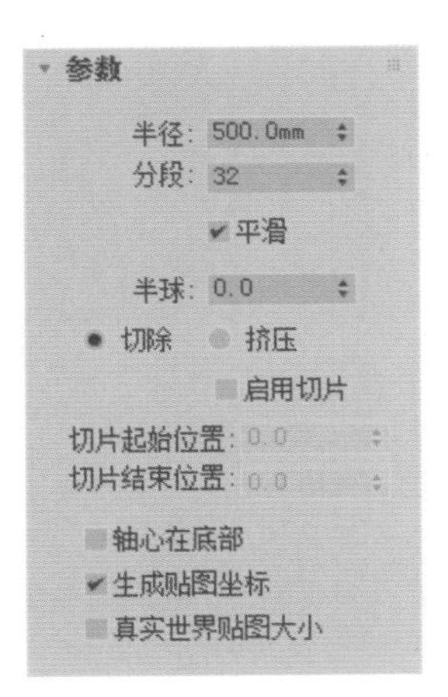

图4-21

工具解析

◇ 半径：指定球体的半径。

◇ 分段：设置球体多边形分段的数目。"分段"值越大，构成"球体"的面数量就越多，"球体"表面看上去就越光滑。图 4-22 所示分别为该值是"8"和"30"的模型显示结果对比。

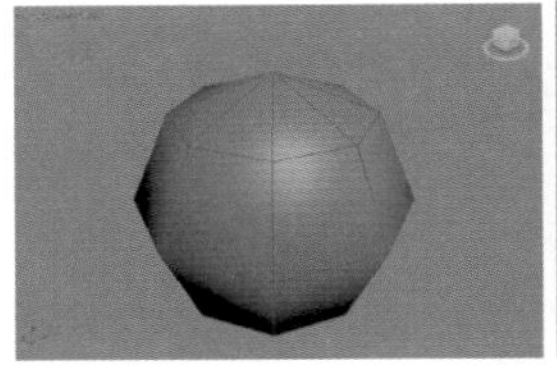

图4-22

提示 "分段"值并不是越大越好。3ds Max 2018 中，场景里的面的数量越多，操作起来就会越慢，当模型及其面数达到一定数量时，软件甚至会出现无法响应的状态。所以，在创建"球体"时，"分段"数值调整到"球体"看起来光滑就好，满足视觉需要即可。另外，当"分段"数值达到一定程度再增大时，"球体"的表面看起来基本上无显著变化。

◇ 平滑：混合球体的面，从而在渲染视图中创建平滑的外观。图 4-23 所示分别为该选项开启前后的模型结果对比。

图4-23

◇ 半球：过分增大该值将切断球体，如果从底部开始，将创建部分球体。值的范围可以从"0"至"1"。默认值为"0"，可以生成完整的球体。设置为"0.5"可以生成半球，设置为"1"会使球体消失。默认值为"0"。图 4-24 所示分别为该值是"0.6"和"0.3"的模型显示结果对比。

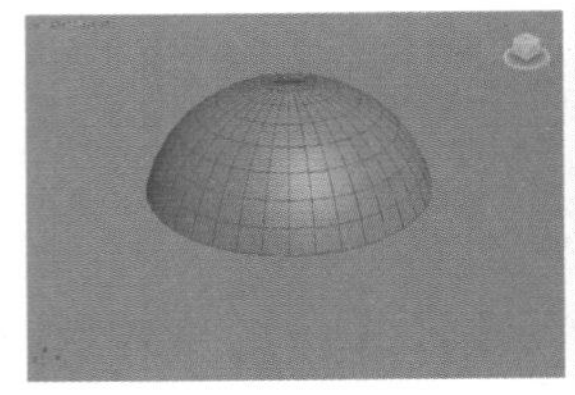

图4-24

◇ 切除：在半球断开时将球体中的顶点和面"切除"来减少它们的数量。默认设置为启用。

◇ 挤压：保持原始球体中的顶点数和面数，将几何体向着球体的顶部"挤压"，直到体积越来越小。

◇ 启用切片：启用"切片"功能。

◇ 切片起始位置 / 切片结束位置：分别用来设置从局部 x 轴的零点开始围绕局部 z 轴的度数。通过设置该值，用户可以得到一个具有局部结构的不完整球体。图 4-25 所示分别为开启"启用切片"功能前后的结果对比。

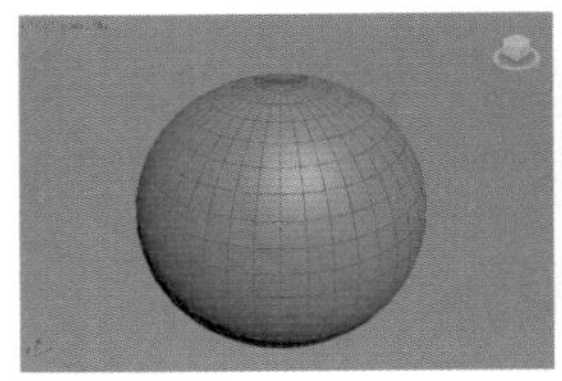
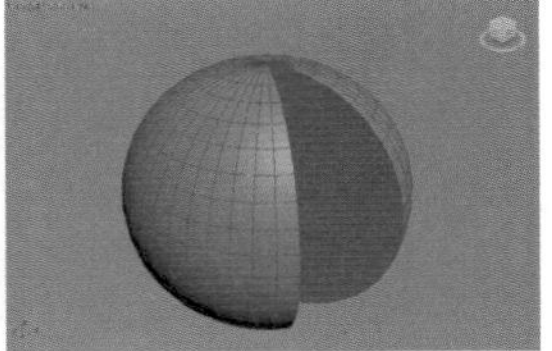

图4-25

◇ 轴心在底部：勾选该选项，则球体的坐标轴轴心设置在球体的底部位置，如图 4-26 所示。

4.2.4 圆柱体

在"创建"面板中单击"圆柱体"按钮 圆柱体 ，即可在场景中以绘制方式创建出圆柱体对象。使用该按钮可以制作出类似圆形桶状结构的模型物体，创建结果如图 4-27 所示。

圆柱体的参数面板如图 4-28 所示。

工具解析

◇ 半径：设置圆柱体的半径。

◇ 高度：设置圆柱体的高度。

◇ 高度分段：设置沿着圆柱体主轴的分段数量。图 4-29 所示分别为"高度分段"是"1"和"5"的模型分段显示效果。

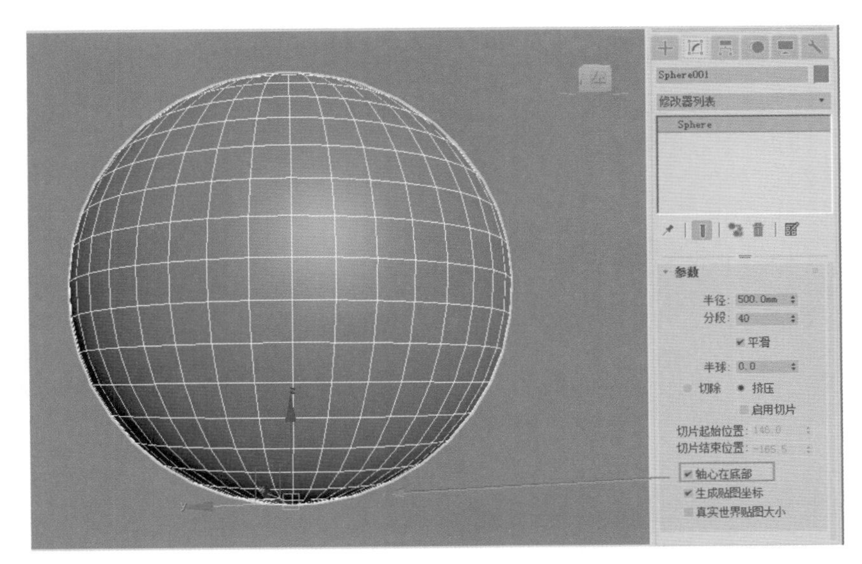

图4-26

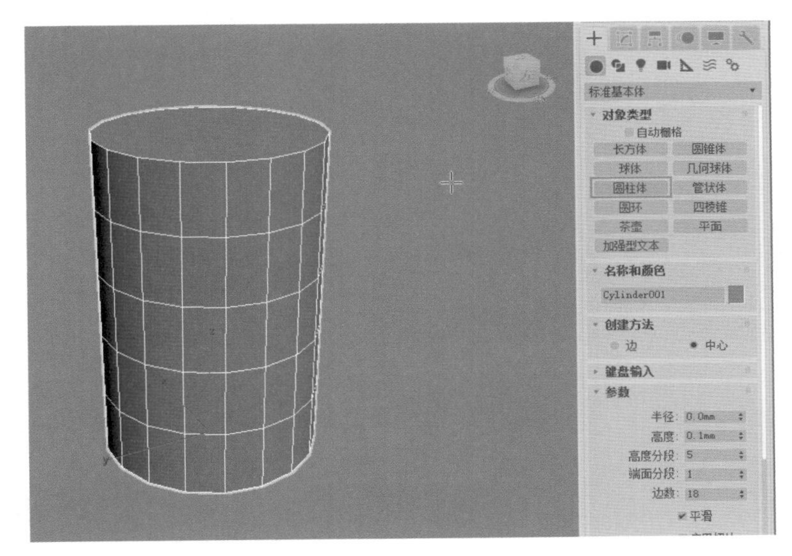

图4-27

参数
半径: 100.0mm
高度: 400.0mm
高度分段: 5
端面分段: 1
边数: 18
平滑
启用切片
切片起始位置: 0.0
切片结束位置: 0.0
生成贴图坐标
真实世界贴图大小

图4-28

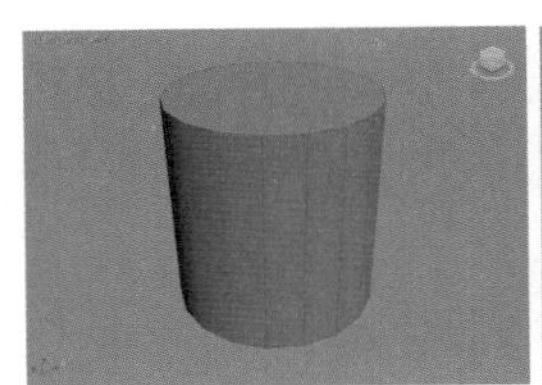
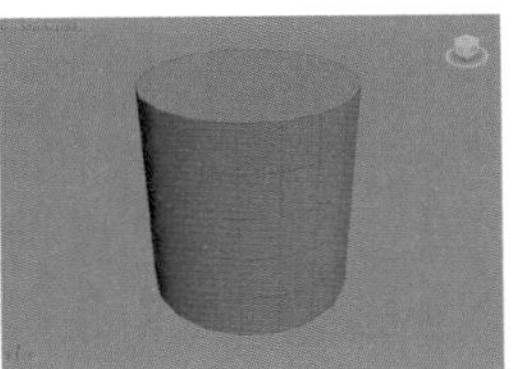

图4-29

◇ 端面分段：设置围绕圆柱体顶部和底部的中心的同心分段数量。图 4-30 所示分别为“端面分段”是“2”和“5”的模型分段显示效果。

◇ 边数：设置圆柱体周围的边数。

◇ 平滑：可以在渲染视图中创建平滑的外观。图 4-31 所示分别为该选项开启前后的模型结果对比。

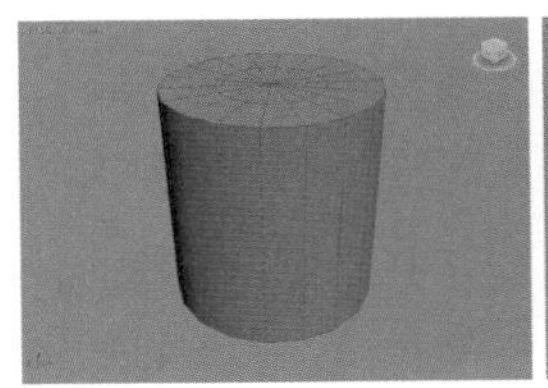
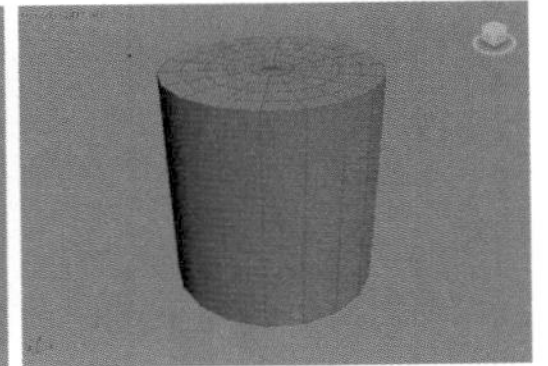

图4-30

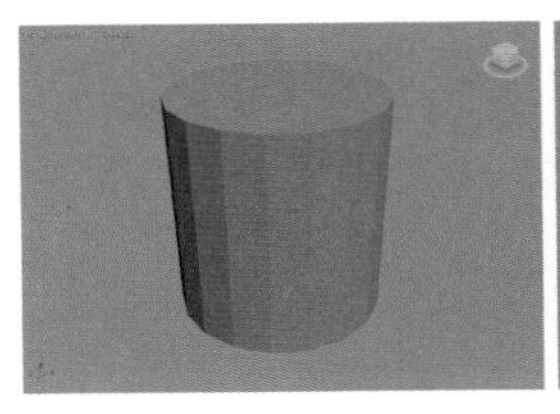
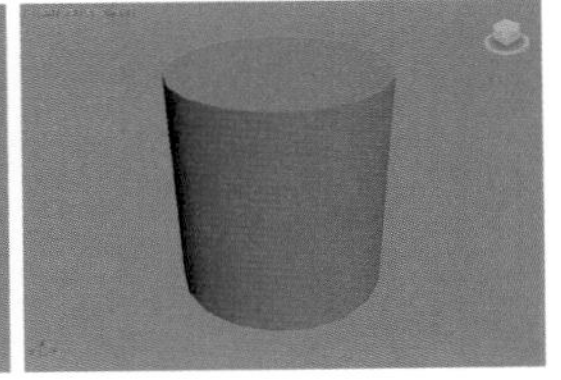

图4-31

◇ 启用切片：启用“切片”功能。

◇ 切片起始位置/切片结束位置：分别用来设置从局部 x 轴的零点开始围绕局部 z 轴的度数。通过设置该值，用户可以得到一个具有局部结构的不完整圆柱体。图 4-32 所示分别为开启“启用切片”功能前后的结果对比。

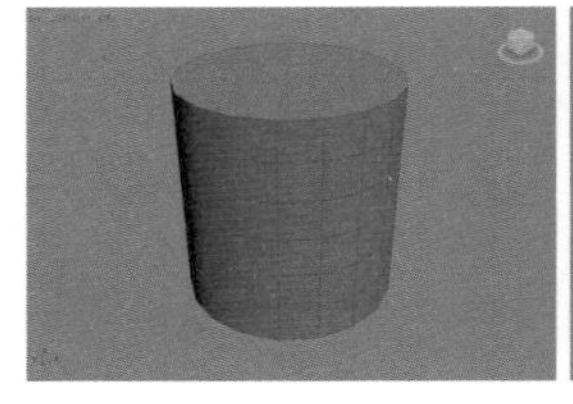
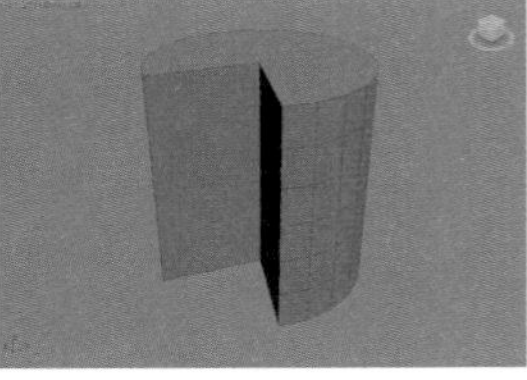

图4-32

4.2.5 圆环

“圆环”按钮可以用来模拟一些诸如游泳圈、面包圈等圆形环状的模型对象。在“创建”面板中单击“圆环”按钮 圆环 ，即可在场景中以绘制方式创建出圆环对象，创建结果如图 4-33 所示。

圆环的参数面板如图 4-34 所示。

工具解析

◇ 半径 1：从环形的中心到横截面圆形的中心的距离，也就是环形的半径。图 4-35 所示分别为不同“半径 1”值的圆环模型结果对比。

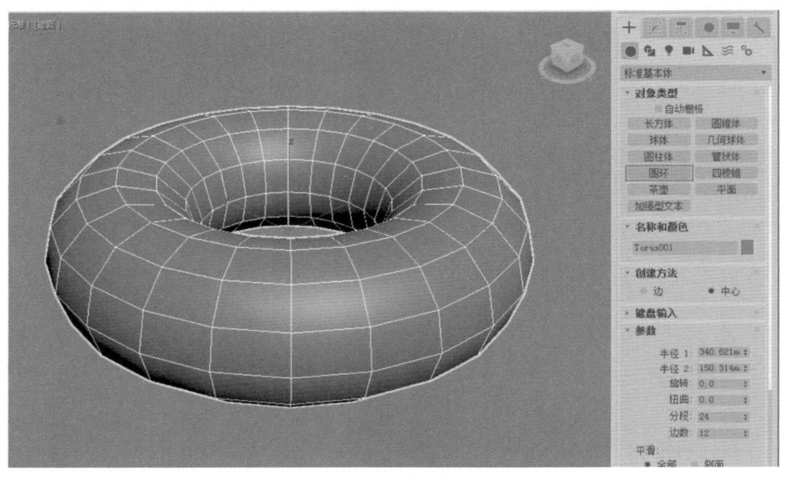

图4-33

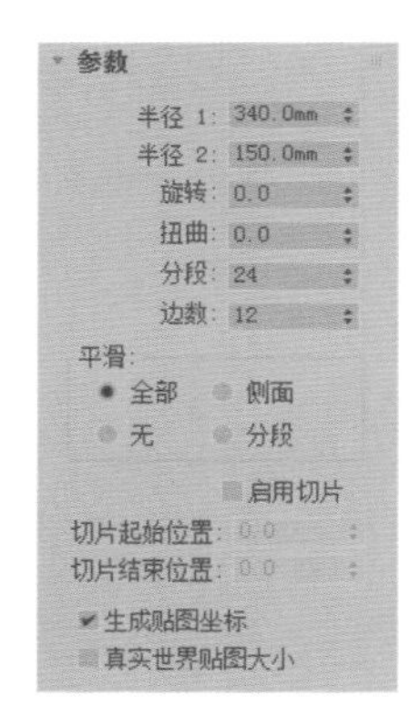

图4-34

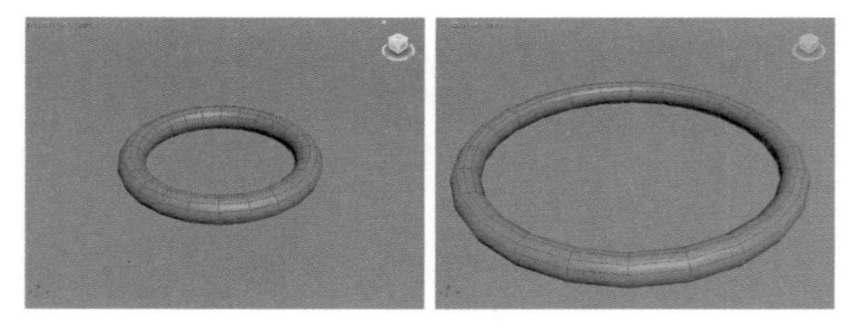

图4-35

◇ 半径 2：横截面圆形的半径。图 4-36 所示分别为不同“半径 2”值的圆环模型结果对比。

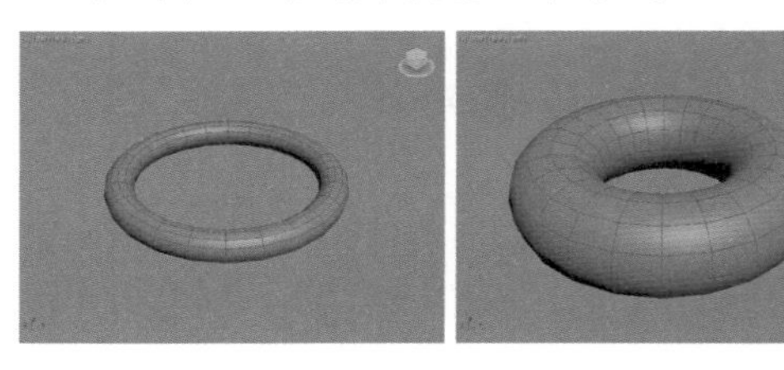

图4-36

◇ 旋转：旋转的度数，顶点将围绕环形中心的圆形非均匀旋转。此设置的正数值和负数值将在环形曲面上的任意方向“滚动”顶点。

◇ 扭曲：扭曲的度数，横截面将围绕环形中心的圆形逐渐旋转。从扭曲开始，每个后续横截面都将旋转，直至最后一个横截面具有指定的度数。图 4-37 所示分别为该值是“0”和“360”的模型线框显示结果对比。

◇ 分段：围绕环形的径向分割数。图 4-38 所示分别为该值是“24”和“100”的模型线框显示结果对比。

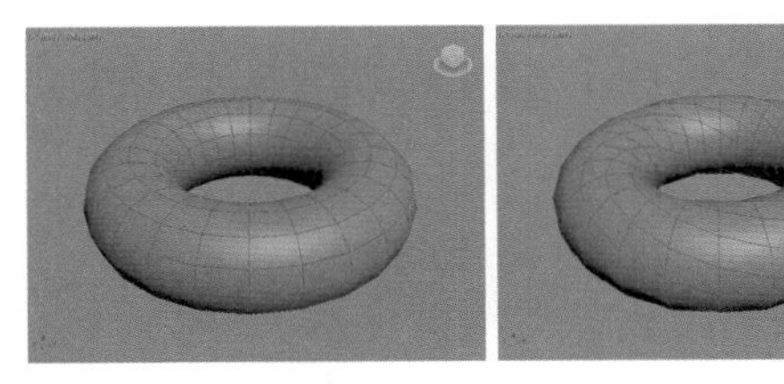

图4-37

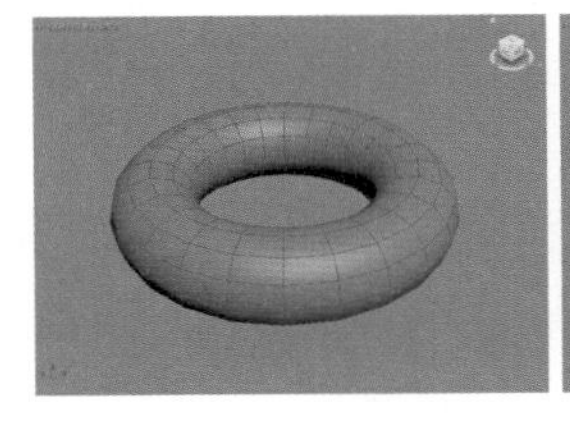
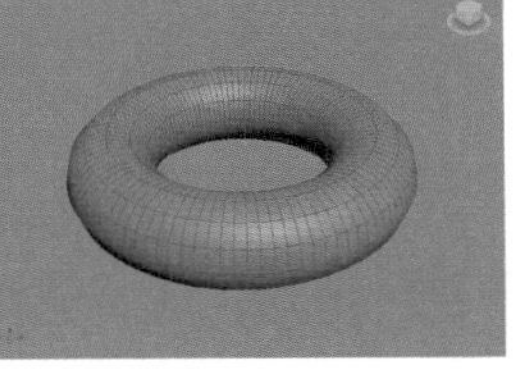

图4-38

◇ 边数：环形横截面圆形的边数。图 4-39 所示分别为该值是“24”和“100”的模型线框显示结果对比。

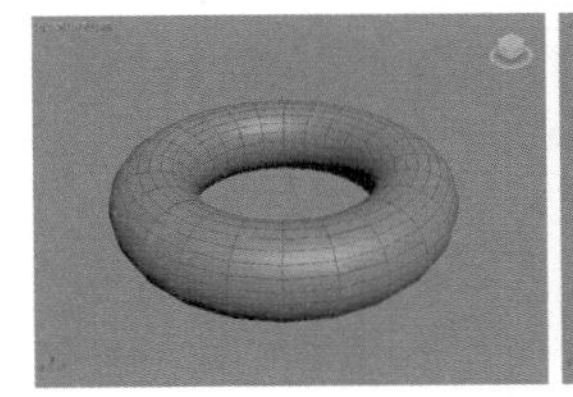
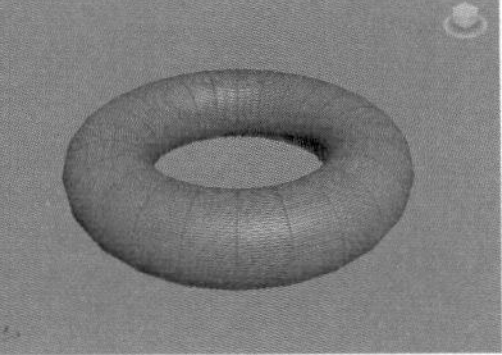

图4-39

“平滑”组

◇ 全部：将在环形的所有曲面上生成完整平滑的面，如图 4-40 所示。

◇ 侧面：平滑相邻分段之间的边，从而生成围绕环形运行的平滑带，如图 4-41 所示。

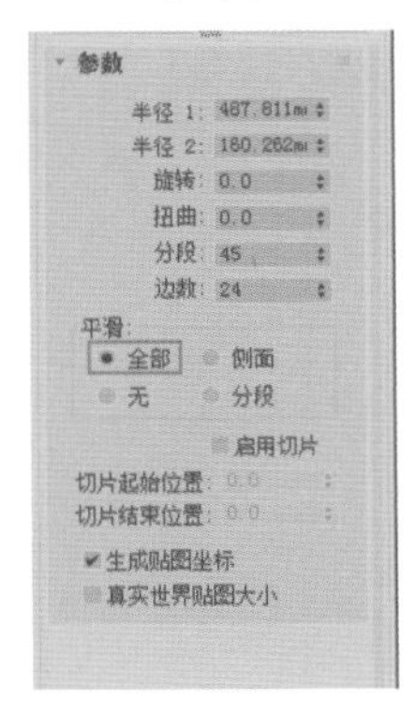

图4-40

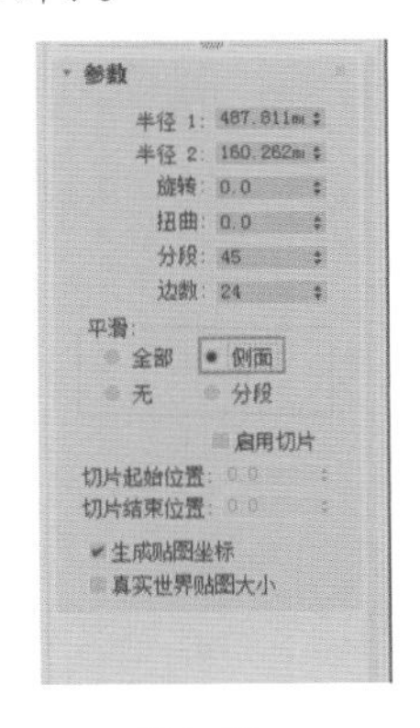

图4-41

◇ 无：完全禁用平滑，从而在环形上生成类似棱锥的面，如图 4-42 所示。

◇ 分段：分别平滑每个分段，从而沿着环形生成类似环的分段，如图 4-43 所示。

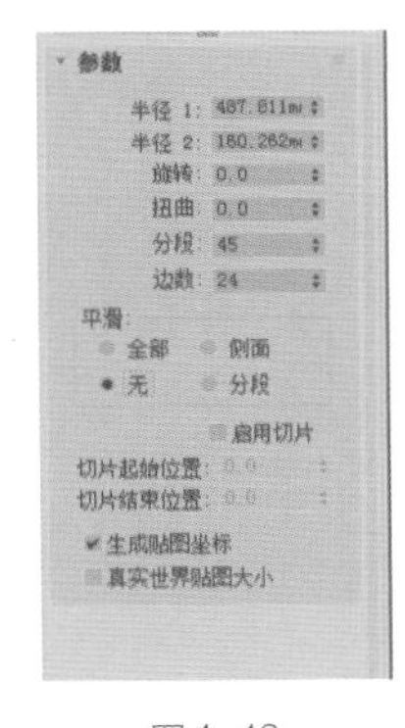

图4-42

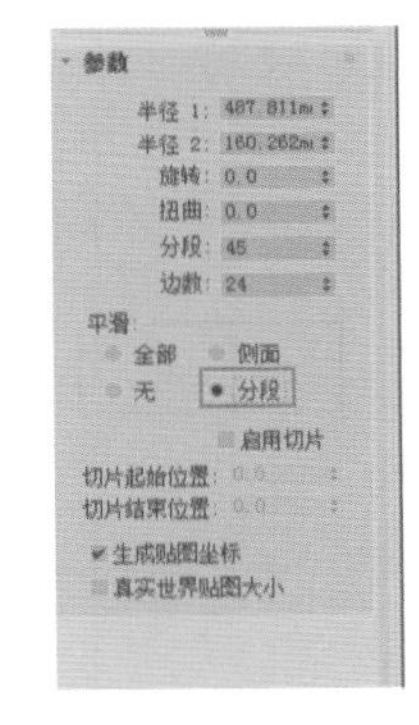

图4-43

4.2.6 茶壶

在“创建”面板中单击“茶壶”按钮 茶壶 ，即可在场景中以绘制方式创建出茶壶对象，创建结果如图 4-44 所示。

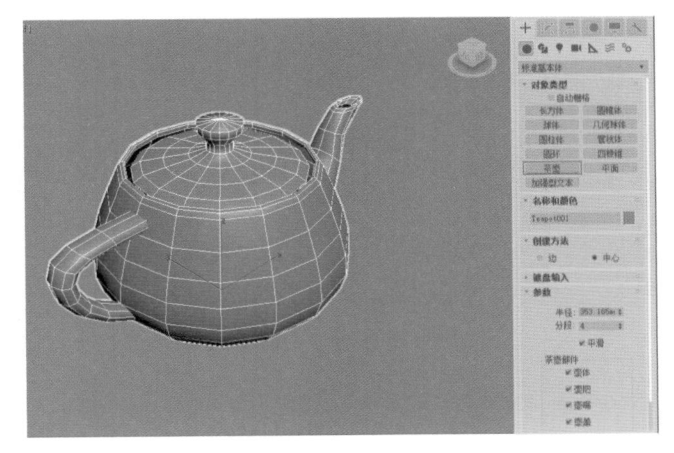

图4-44

茶壶的参数面板如图 4-45 所示。

图4-45

工具解析

◇ 半径：从茶壶的中心到壶身周界的距离，可确定总体大小。

◇ 分段：茶壶零件的分段数。图 4-46 所示分别是该值为“4”和“20”的茶壶模型显示结果对比。

图4-46

◇ 平滑：启用后，混合茶壶的面，从而在渲染视图中创建平滑的外观。

◇ 茶壶部件：用于控制茶壶对象各个结构的有无，包括“壶体”“壶把”“壶嘴”和“壶盖”4 个部分。图 4-47 ~ 图 4-50 所示分别为依次取消勾选这 4 个选项的显示结果。

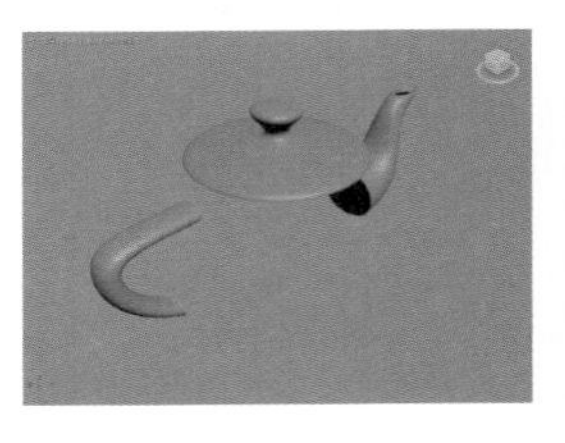

图4-47

图4-48

图4-49

图4-50

4.2.7 加强型文本

加强型文本提供了内置文本对象，可以创建样条线轮廓或实心、挤出、倒角几何体。通过其他选项，用户可以根据每个角色应用不同的字体和样式并添加动画和特殊效果。在“创建”面板中单击“加强型文本”按钮 加强型文本 ，即可在场景中以绘制方式创建出文本对象，创建结果如图 4-51 所示。

加强型文本的参数面板如图 4-52 所示。

图4-51

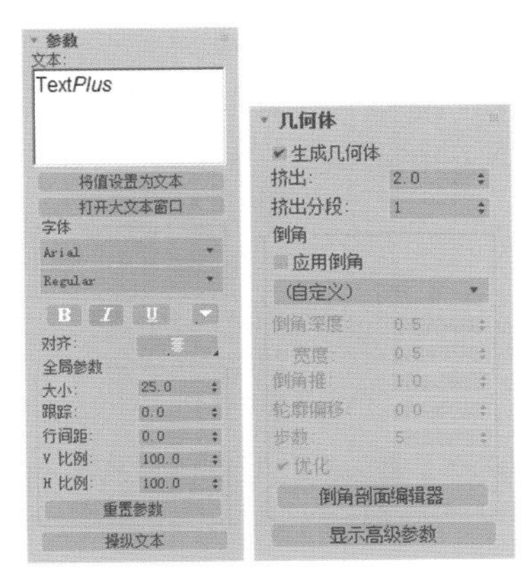

图4-52

工具解析

◇ “文本”框：可以输入多行文本。按【Enter】键开始新的一行。默认文本是“TextPlus”。

◇ “将值设置为文本”按钮 将值设置为文本 ：单击该按钮可以打开“将值编辑为文本”对话框，以将文本链接到要显示的值。该值可以是对象值（如半径），或者可以是从脚本或表达式返回的任何其他值，如图 4-53 所示。

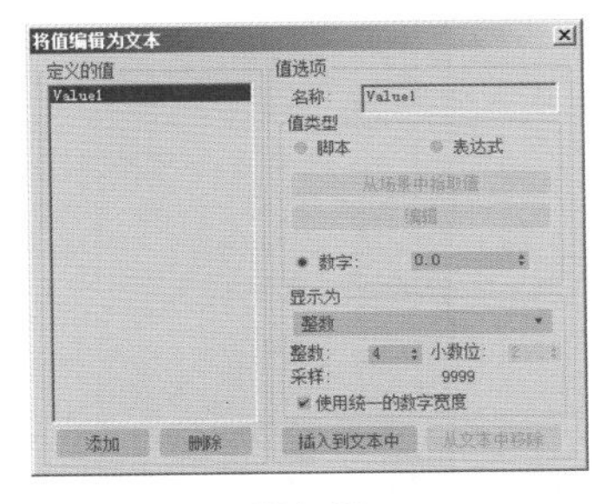

图4-53

◇ “打开大文本窗口”按钮 打开大文本窗口 ：切换大文本窗口，以便更好地查看大量文本，如图 4-54 所示。

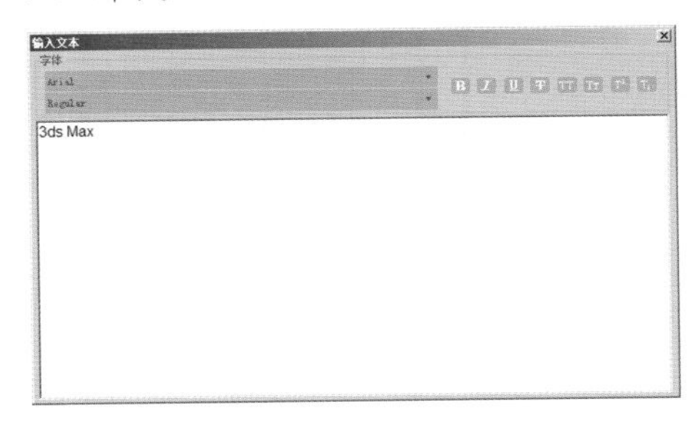

图4-54

① “字体”组

◇ 字体列表 Arial ：从可用字体列表中进行字体选择，如图 4-55 所示。

◇ “字体类型”列表 Regular ：可以将字体设置为“Regular（常规）”“Italic（斜体）”“Bold（粗体）”和“Bold Italic（粗斜体）”字体类型，如图 4-56 所示。

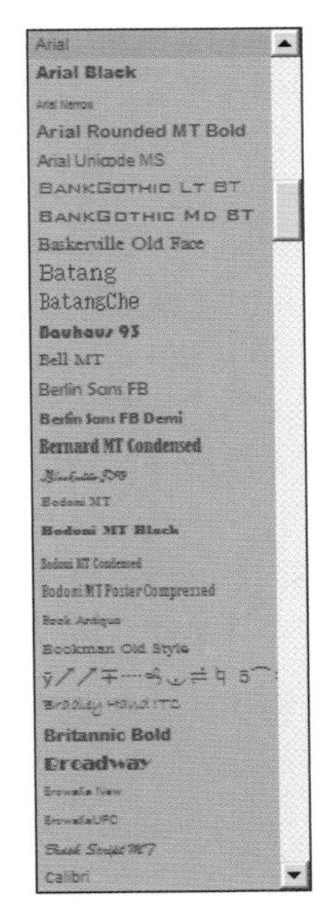

图4-55

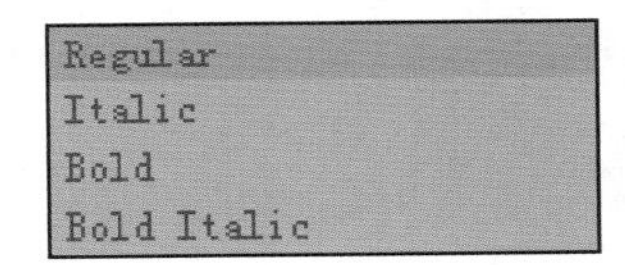

图4-56

◇ “粗体样式”按钮 B ：切换加粗文本。

◇ “斜体样式”按钮 I ：切换斜体文本。

◇ “下划线样式”按钮 U ：切换下划线文本。

◇ “删除线”按钮 T ：切换删除线文本。

◇ “全部大写”按钮 TT ：切换大写文本。

◇ “小写”按钮 Tt ：将使用相同高度和宽度的大写文本切换为小写。

◇ “上标”按钮 T¹ ：切换是否减少字母的高度和粗细并将它们放置在常规文本行的上方。

◇ “下标”按钮 T₁ ：切换是否减少字母的高度和粗细并将它们放置在常规文本行的下方。

◇ 对齐：设置文本对齐方式。对齐选项包括“左对齐”“中心对齐”“右对齐”“最后一个左对齐”“最后一个中心对齐”“最后一个右对齐”和“全部对齐”，如图 4-57 所示。

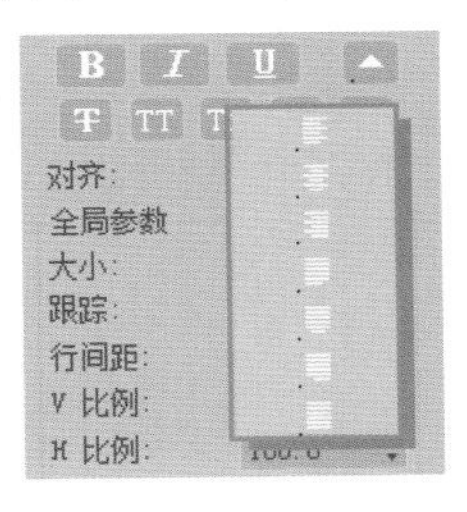

图4-57

②“全局参数”组

◇ 大小：设置文本高度，其中测量方法由活动字体定义。

◇ 跟踪：设置字母间距。

◇ 行间距：设置行间距，需要有多行文本。

◇ V 比例：设置垂直缩放。

◇ H 比例：设置水平缩放。

◇ “重置参数”按钮 重置参数 ：单击该按钮打开“重置文本”对话框，可将选定文本的参数重置为默认值。参数包括“全局V比例”“全局H比例”“跟踪”“行间距”“基线转移”“字间距”“局部V比例”和“局部H比例”，如图4-58所示。

◇ “操纵文本”按钮 操纵文本 ：切换以均匀或非均匀手动操纵文本的功能。可以调整文本大小、字体、追踪、字间距和基线。

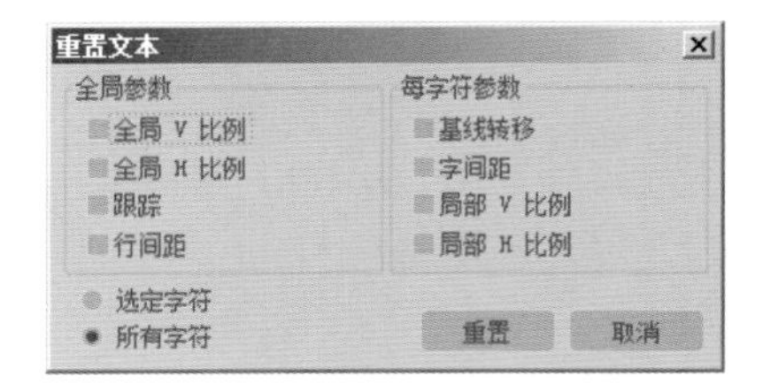

图4-58

◇ 生成几何体：将2D的几何效果切换为3D的几何效果。图4-59、图4-60所示为该选项勾选前后的效果对比。

◇ 挤出：设置几何体挤出深度。图4-61为该值分别是“5”和“30”的模型生成结果对比。

图4-59

图4-60

图4-61

◇ 挤出分段：指定在挤出文本中创建的分段数。

③“倒角”组

◇ 应用倒角：切换对文本执行倒角。图 4-62 所示分别为该选项勾选前后的效果对比。

图4-62

◇ 预设列表：从下拉列表中选择一个预设倒角类型，或选择“自定义”以使用倒角剖面编辑器创建的倒角。预设包括“凹面”“凸面”“凹雕”“半圆”“壁架”“线性”“S 形区域”“三步”和“两步”，如图 4-63 所示。图 4-64 ～图 4-72 所示分别为这 9 种不同预设的文本倒角形态。

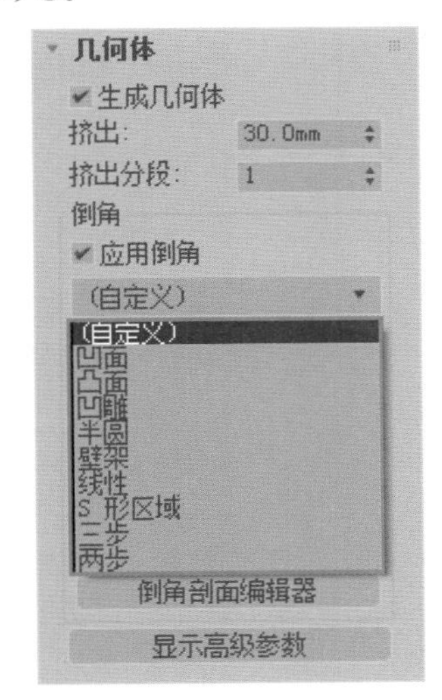

图4-63

图4-64

图4-65

图4-66

图4-67

图4-68

图4-69

图4-70

图4-71

图4-72

◇ 倒角深度：设置倒角区域的深度。图 4-73 所示分别为该值是“2”和“8”的文字模型结果对比。

图4-73

◇ 宽度：该复选框用于切换功能以修改宽度参数。默认设置为未选中状态，并受限于深度参数。选中状态可以从默认值更改宽度，并在宽度字段中输入数量。图 4-74 所示为该值分别是“2”和“10”的文字模型结果对比。

◇ 倒角推力：设置倒角曲线的强度。图 4-75 所示分别为该值是“0.2”和“0.8”的文字模型结果对比。

◇ 轮廓偏移：设置轮廓的偏移距离。

◇ 步数：设置用于分割曲线的顶点数。步数越多，曲线越平滑。

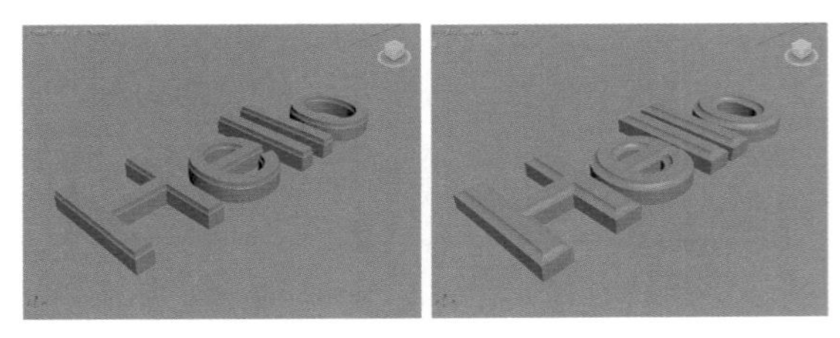

图4-74

图4-75

◇ 优化：从倒角的直线段移除不必要的步数。默认设置为启用。

◇ “倒角剖面编辑器”按钮 倒角剖面编辑器 ：单击该按钮可以打开“倒角剖面编辑器”窗口，使用户可以创建自定义剖面，如图 4-76 所示。

◇ “显示高级参数”按钮 显示高级参数 ：单击该按钮可以切换高级参数的显示。

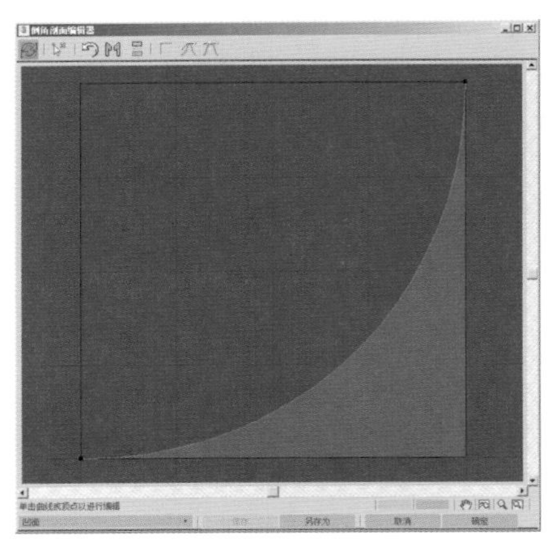

图4-76

4.2.8 其他标准基本体

在“标准基本体”的创建命令中，3ds Max 2018 除了上述讲解的 7 种按钮，还有“几何球体”按钮 几何球体 、“管状体”按钮 管状体 、“四棱锥”按钮 四棱锥 和“平面”按钮 平面 4 个按钮。这些按钮创建对象的方法及参数设置与前面讲述的内容基本相同，故不在此重复讲解。这 4 个按钮所对应的模型形态如图 4-77 ~图 4-80 所示。

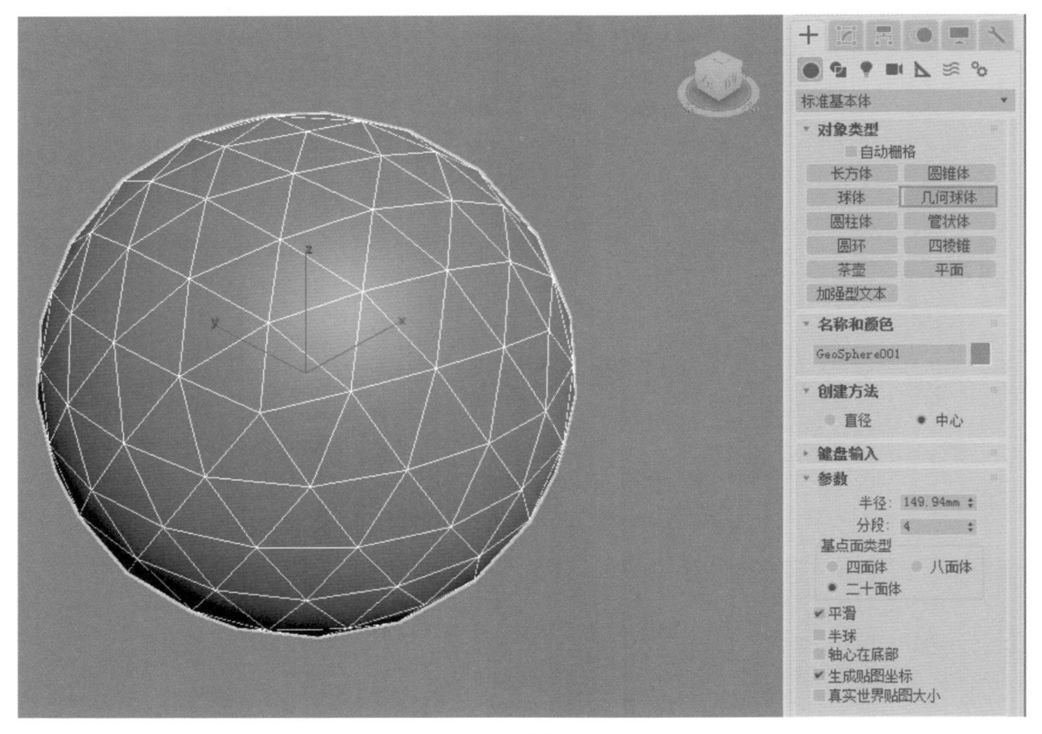

图4-77

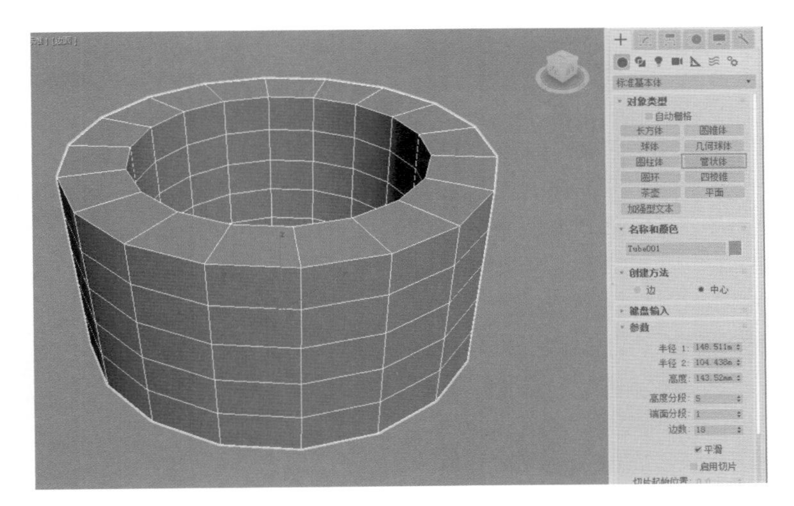

图4-78

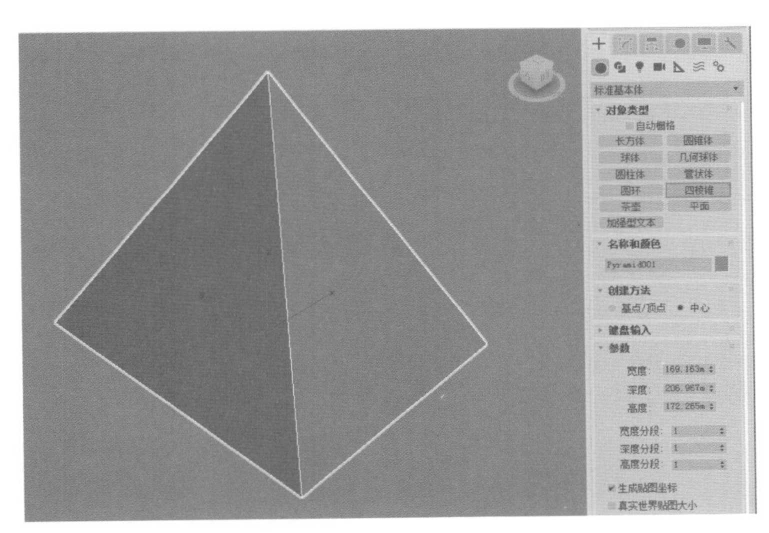

图4-79

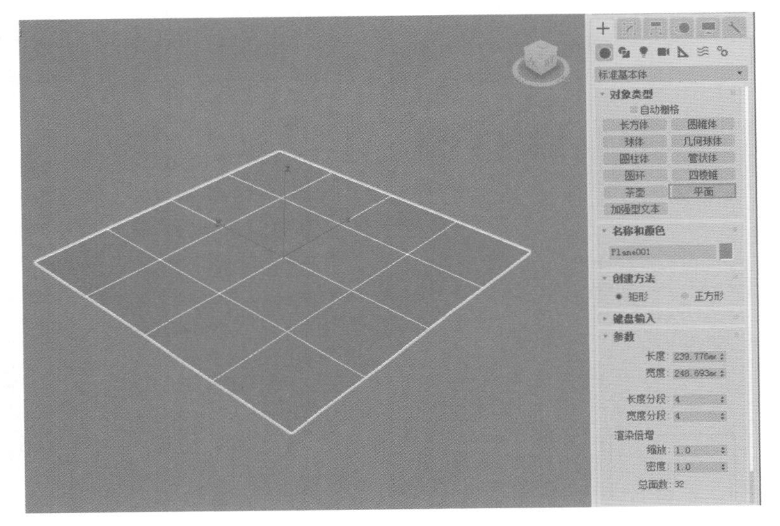

图4-80

4.3 扩展基本体

3ds Max 2018 中“创建”面板内的“扩展基本体”为用户提供了创建 13 种不同对象的按钮。这些按钮的使用频率相较于“标准基本体”内的按钮要略低一些。“扩展基本体”为用户提供了“异面体”按钮 异面体 、“环形结”按钮 环形结 、“切角长方体”按钮 切角长方体 、“切角圆柱体”按钮 切角圆柱体 、“油罐”按钮 油罐 、“胶囊”按钮 胶囊 、“纺锤”按钮 纺锤 、“L-Ext”按钮 L-Ext 、“球棱柱”按钮 球棱柱 、“C-Ext”按钮 C-Ext 、“环形波”按钮 环形波 、“软管”按钮 软管 和“棱柱”按钮 棱柱 ，如图 4-81 所示。

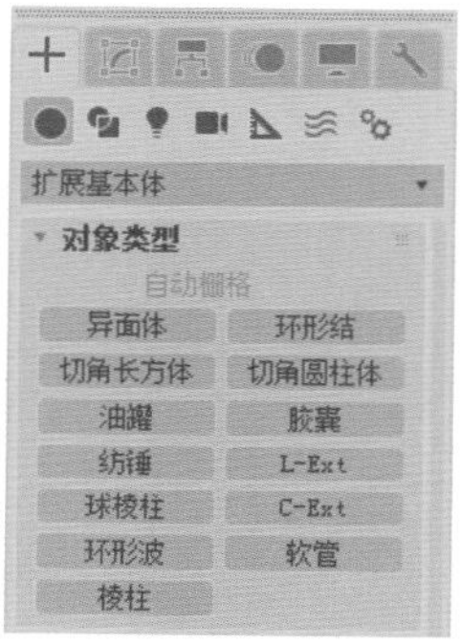

图4-81

4.3.1 异面体

在“创建”面板中单击“异面体”按钮 异面体 ，即可在场景中以绘制方式创建出异面体对象，创建结果如图 4-82 所示。

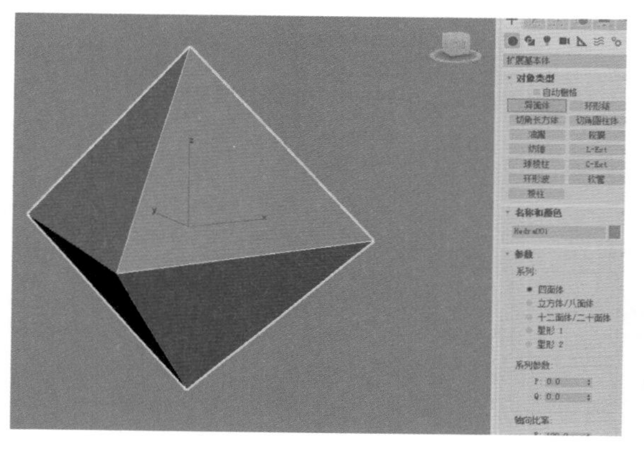

图4-82

在“异面体”的修改面板中，可以通过更改相应参数得到一些结构造型非常特殊的三维形体。其参数面板如图 4-83 所示。

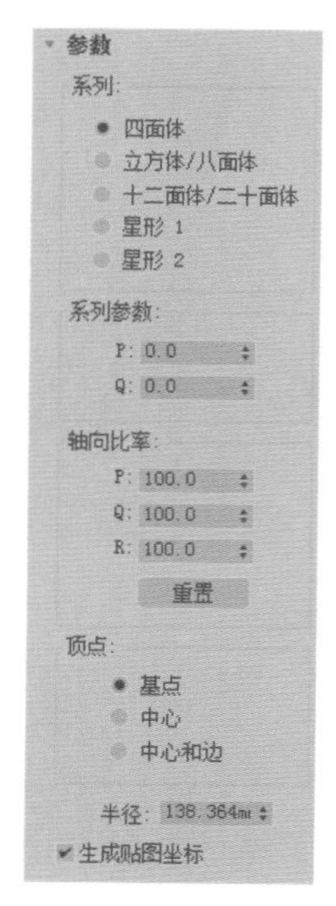

图4-83

工具解析

①“系列”组

◇ 四面体：创建一个四面体，配合“系列参数”中的 P 值和 Q 值调整，可以生成如图 4-84 ~ 图 4-86 所示的异面体模型结果。

图4-84

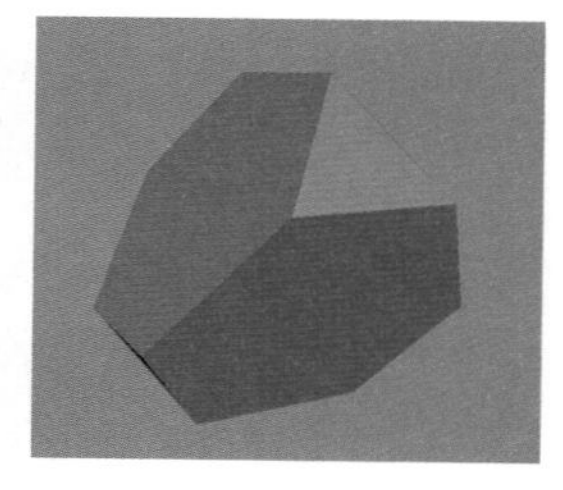

图4-85

◇ 立方体 / 八面体：可以将当前所选择的异面体更改为一个立方体或八面体，配合“系列参数”中的 P 值和 Q 值调整，可以生成如图 4-87 ~ 图 4-89 所示的异面体模型结果。

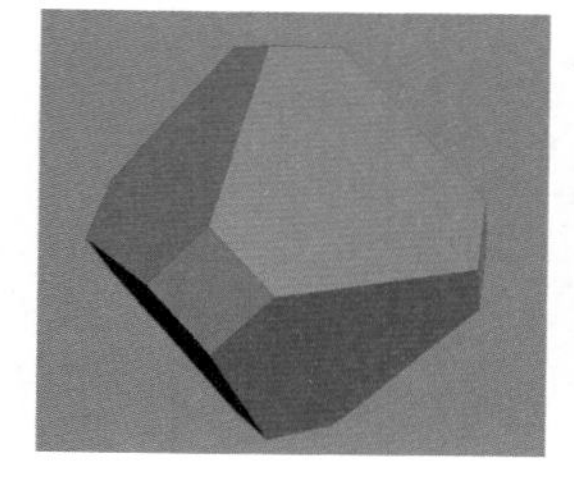

图4-86

图4-87

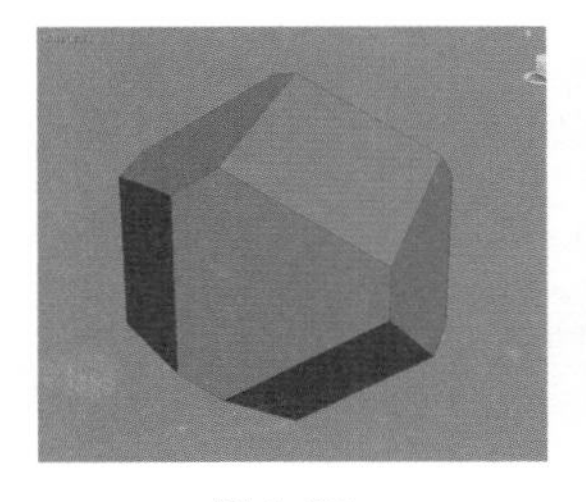

图4-88

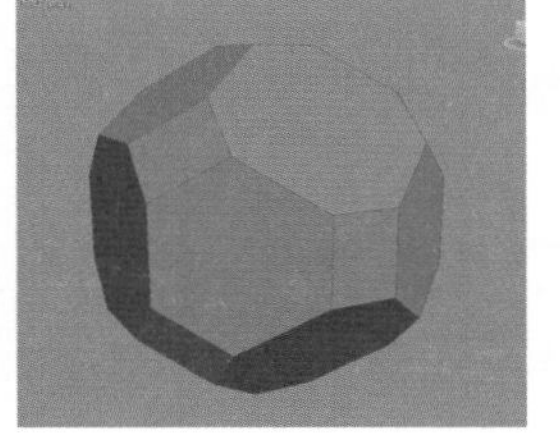

图4-89

◇ 十二面体 / 二十面体：可以将当前所选择的异面体更改为一个十二面体或二十面体，配合“系列参数”中的P值和Q值调整，可以生成如图 4-90 ~ 图 4-92 所示的异面体模型结果。

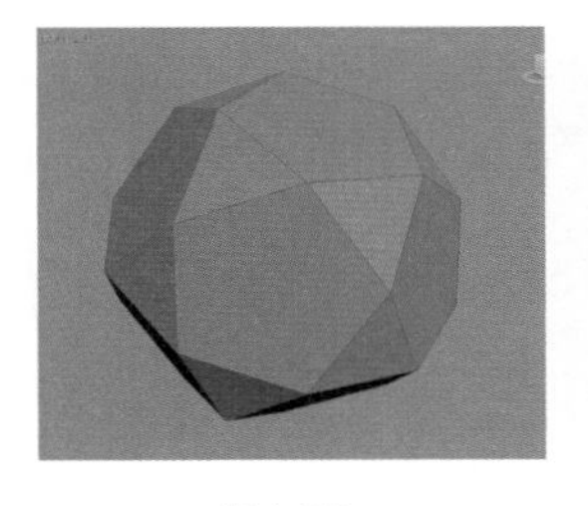

图4-90

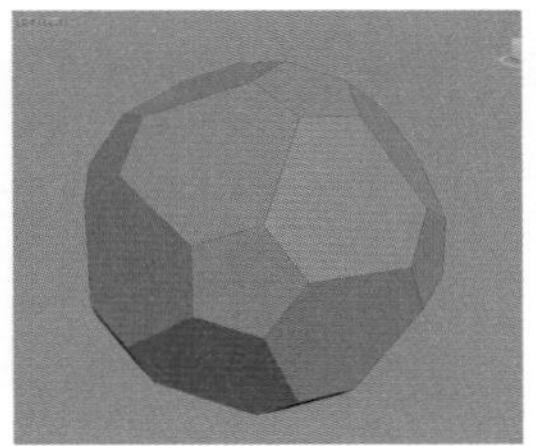

图4-91

◇ 星形 1/ 星形 2：可以将当前所选择的异面体更改为不同的类似星形的多面体，配合“系列参数”中的P值和Q值调整，可以生成如图 4-93 ~ 图 4-97 所示的异面体模型结果。

②“系列参数”组

◇ P/Q：为多面体顶点和面之间提供两种方式变换的关联参数。

③“轴向比率”组

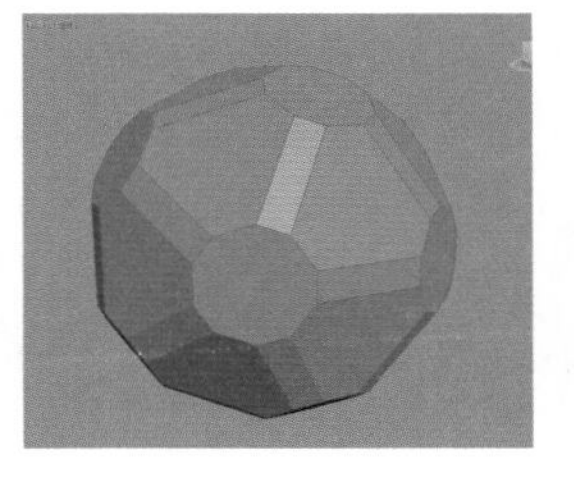

图4-92

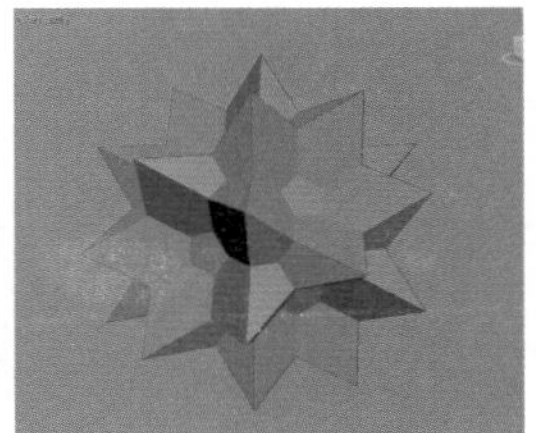

图4-93

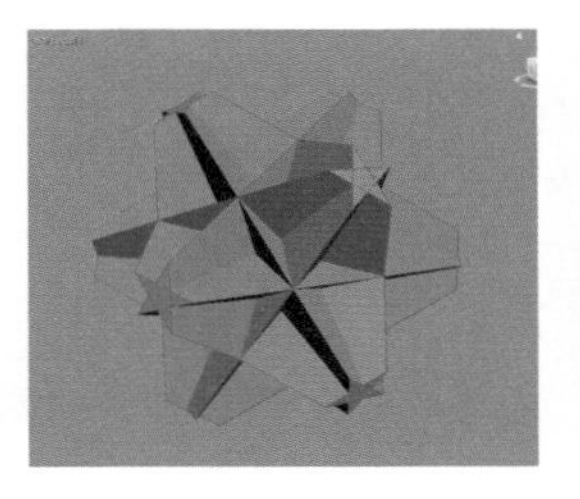

图4-94

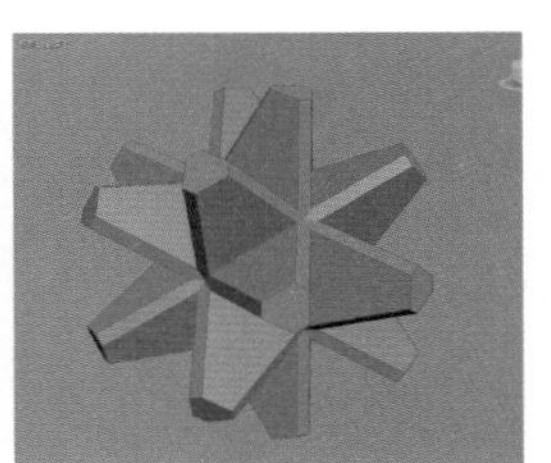

图4-95

图4-96

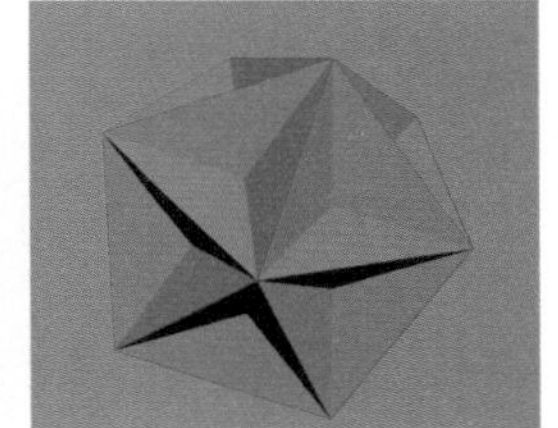

图4-97

◇ P/Q/R：控制多面体一个面突起的程度，更改此数值可以制作出类似武器流星锤般的模型效果，如图 4-98、图 4-99 所示。

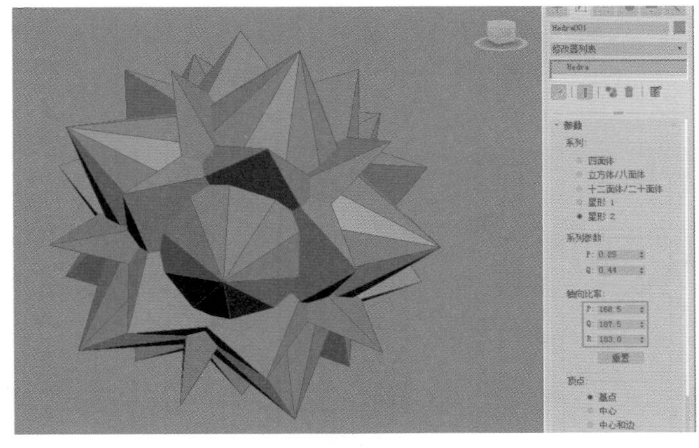

图4-98

◇ “重置”按钮 重置 ：将轴返回为其默认设置，如图 4-100 所示。

4.3.2 环形结

在“创建”面板中单击“环形结”按钮 环形结 ，即可在场景中以绘制方式创建出环形结对象，创建结果如图 4-101 所示。

使用“环形结”按钮创建出来的对象不但可以用来模拟绳子打结的形态，还可以制作出一些有意思的环形摆件，其参数面板如图 4-102 所示。

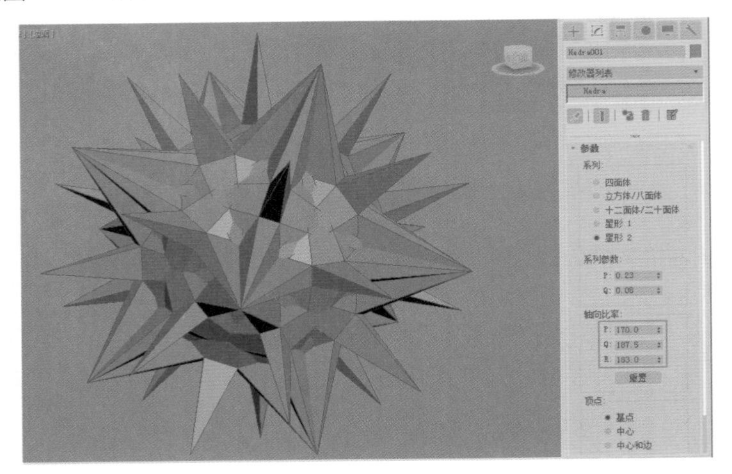

图4-99

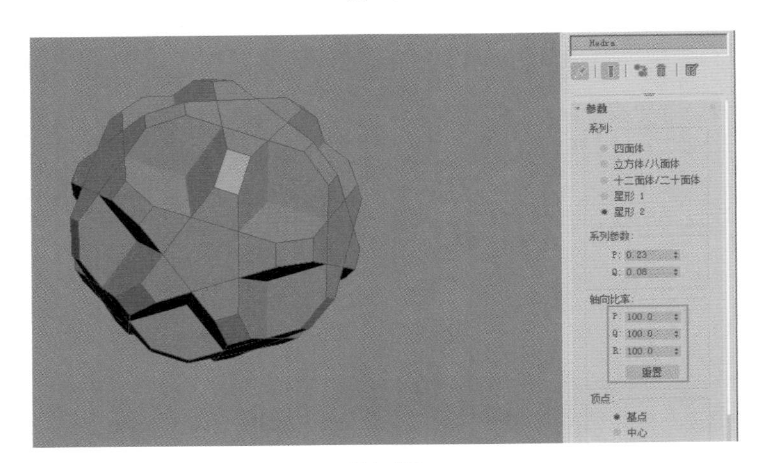

图4-100

图4-101

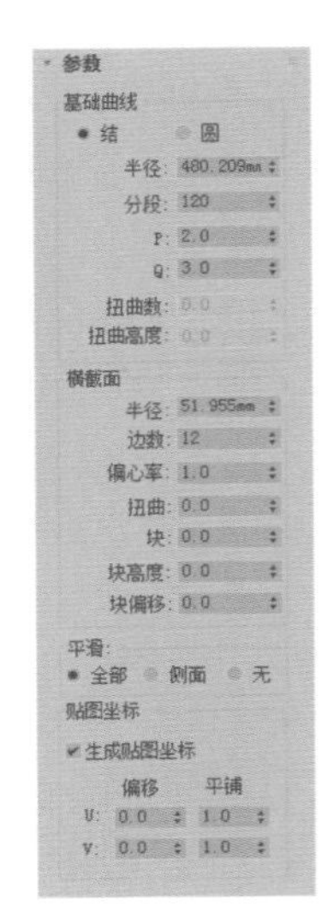

图4-102

工具解析

①“基础曲线”组

◇ 结/圆：使用“结”时，环形将基于其他各种参数自身交织。如果使用“圆”，基础曲线是圆形。如果在其默认设置中保留“扭曲”和“偏心率”这样的参数，则会产生标准环形。通过这两个选项再配合其他参数，用户可以得到完全不同的几何形体，如图 4-103 所示。

◇ 半径：设置基础曲线的半径。

◇ 分段：设置围绕环形周界的分段数。

◇ P/Q：描述上下（P）和围绕中心（Q）的缠绕数值，

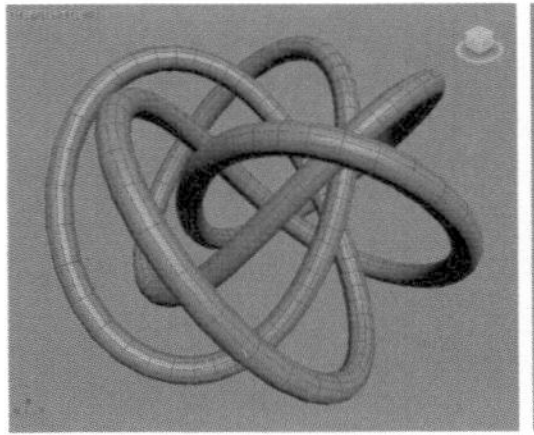
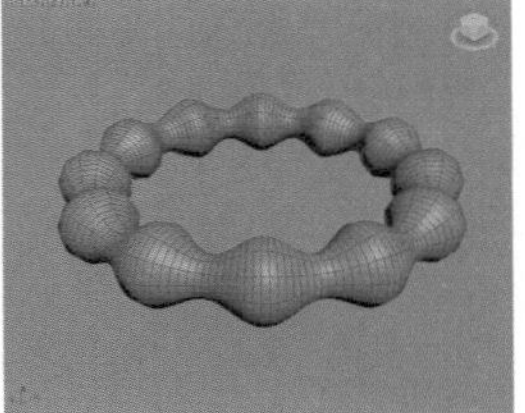

图4-103

不同的数值组合可以得到缠绕数不同的环形结构。图 4-104 所示为 P 值是“11.25”，Q 值是“5”的环形几何形体。

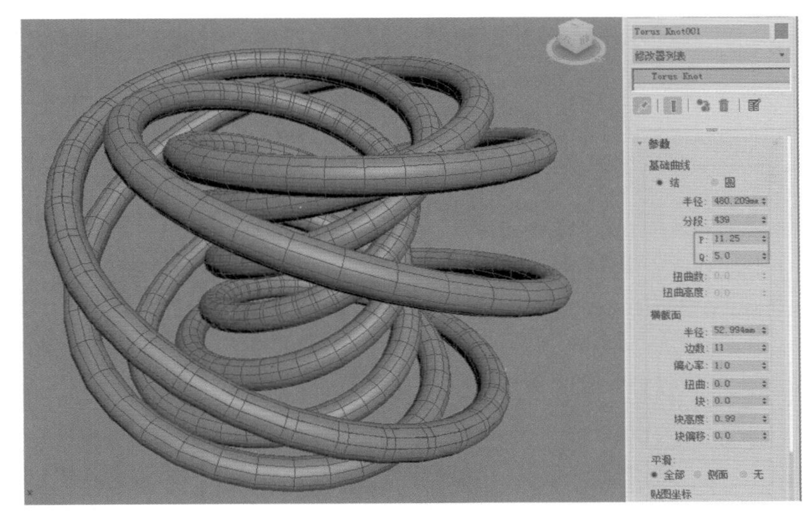

图4-104

◇ 扭曲数：设置曲线周围的星形中的“点”数。图 4-105 所示分别为该值是“3”和“8”的环形结模型结果对比。

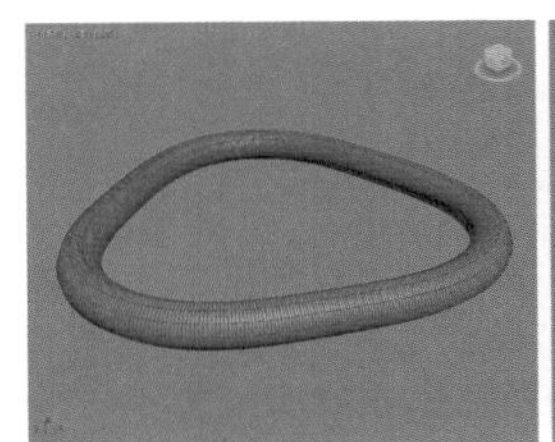
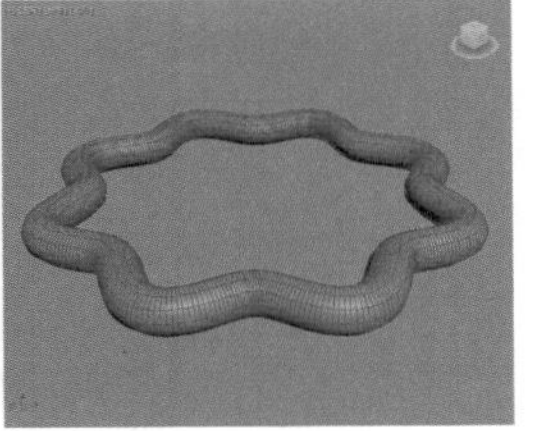

图4-105

◇ 扭曲高度：设置指定为基础曲线半径百分比的“点”的高度。图 4-106 所示分别为该值是“0.2”和“0.6”的环形结模型结果对比。

②“横截面”组

◇ 半径：设置横截面的半径。

◇ 边数：设置横截面周围的边数。

◇ 偏心率：设置横截面主轴与副轴的比率。值为“1”将提供圆形横截面，其他值将创建椭圆形横截面。

图 4-107 所示分别为该值是“1”和“3”的环形结模型结果对比。

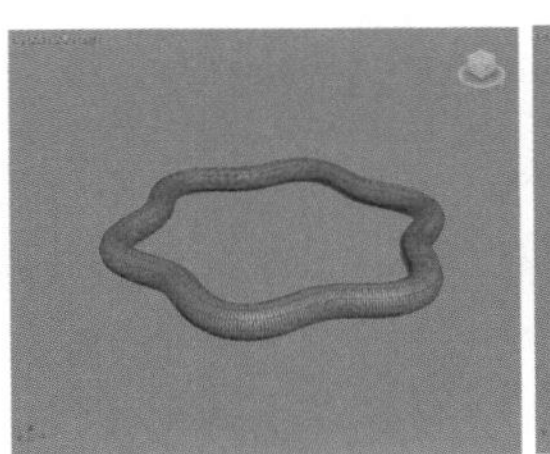
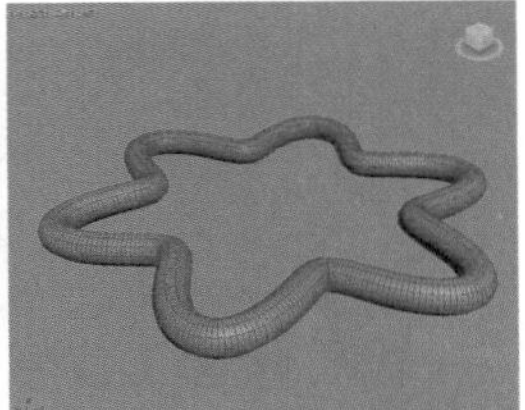

图4-106

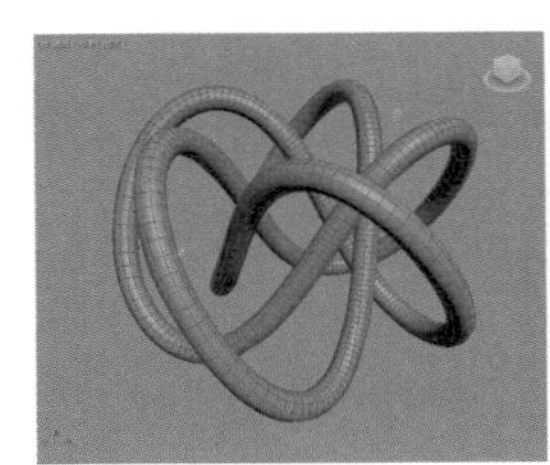
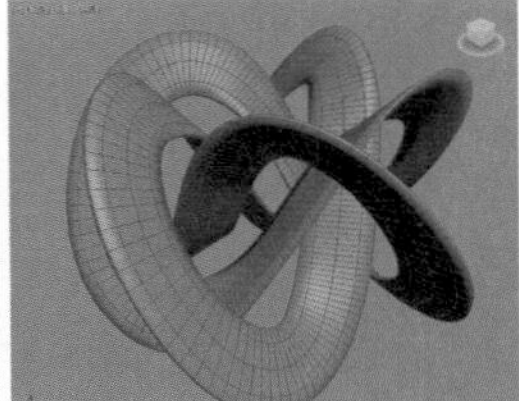

图4-107

◇ 扭曲：设置横截面围绕基础曲线扭曲的次数。图

4-108 所示分别为该值是“0”和“20”的环形结模型结果对比。

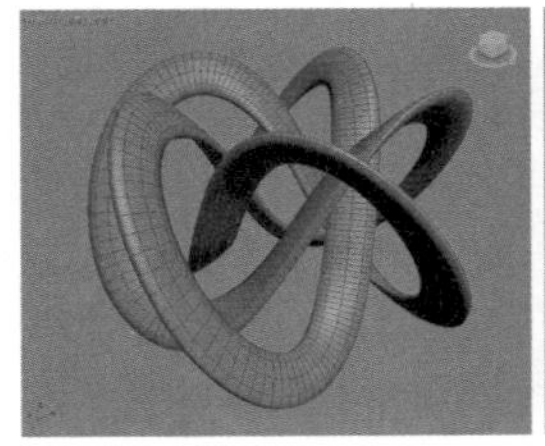
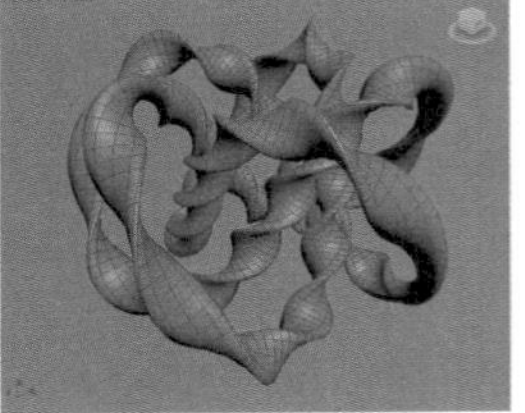

图4-108

◇ 块：设置环形结中的凸出数量。图 4-109 所示分别为该值是“9”和“20”的环形结模型结果对比。

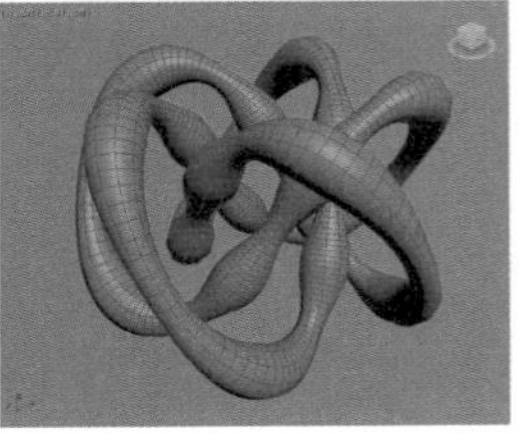

图4-109

◇ 块高度：设置块的高度，作为横截面半径的百分比。

图 4-110 所示分别为该值是“1”和“4”的环形结模型结果对比。

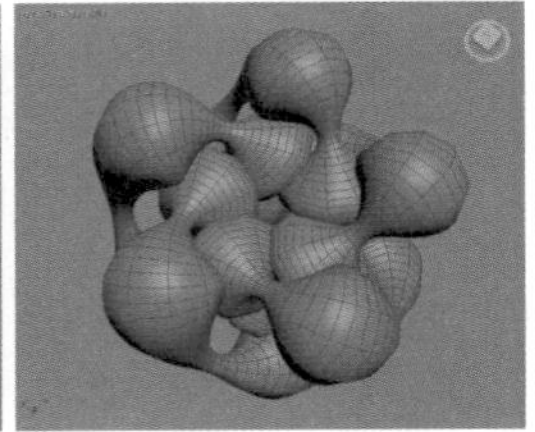

图4-110

◇ 块偏移：设置块起点的偏移，以度数来测量。

4.3.3 切角长方体

在“创建”面板中单击“切角长方体”按钮 切角长方体 ，即可在场景中以绘制方式创建出切角长方体对象，创建结果如图 4-111 所示。

使用“切角长方体”按钮创建出来的对象可以快速制作出具有倒角效果或圆形边的长方体模型。其参数面板如图 4-112 所示。

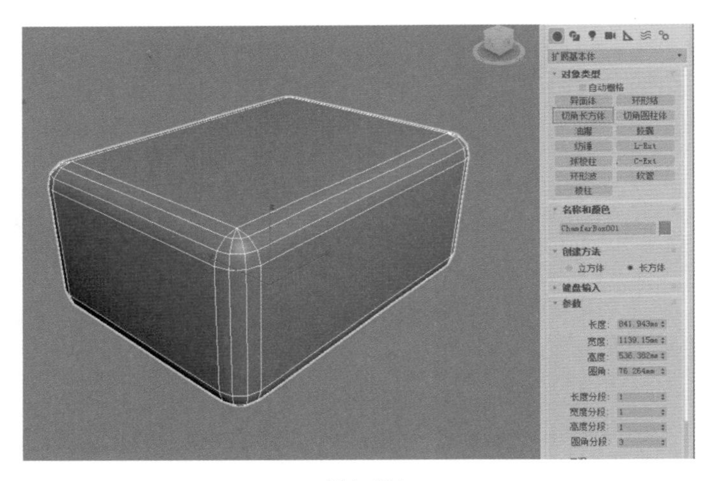

图4-111

图4-112

工具解析

◇ 长度 / 宽度 / 高度：设置切角长方体的相应维度。

◇ 圆角：切开切角长方体的边，值越高切角长方体边上的圆角越精细。

◇ 长度分段 / 宽度分段 / 高度分段：设置沿着相应轴的分段数量。

◇ 圆角分段：设置长方体圆角边时的分段数。添加圆角分段将增加圆形边，使得切角长方体的边缘结构更加光滑。图 4-113 所示分别为该值是“1”和“5”的模型结果对比。

图4-113

◇ 平滑：混合切角长方体的面的显示，从而在渲染视图中创建平滑的外观。图 4-114 所示分别为该选项勾选前后的模型效果对比。

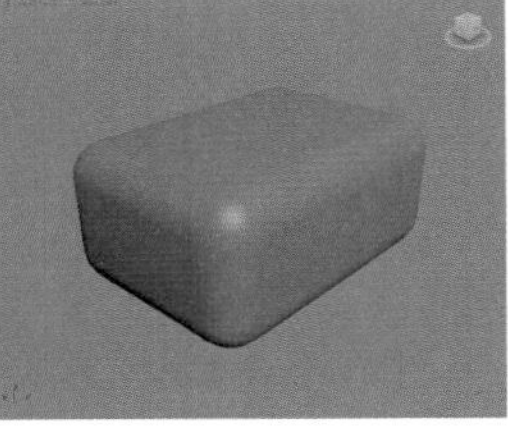

图4-114

4.3.4 胶囊

在“创建”面板中单击“胶囊”按钮 胶囊 ，即可在场景中以绘制方式创建出胶囊对象，创建结果如图 4-115 所示。

使用“胶囊”按钮可以在场景中快速创建出形似胶囊的三维模型。其参数面板如图 4-116 所示。

工具解析

◇ 半径：设置胶囊的半径。

◇ 高度：设置沿着中心轴的高度。负数值将在构造平面下面创建胶囊。

◇ 总体 / 中心：决定“高度”值指定的内容。“总体”指定对象的总体高度，“中心”指定圆柱体中部的高度，不包括其圆顶封口。

◇ 边数：设置胶囊周围的边数。

◇ 高度分段：设置沿着胶囊主轴的分段数量。

◇ 平滑：混合胶囊的面，从而在渲染视图中创建平滑的外观。

◇ 启用切片：启用“切片”功能。

◇ 切片起始位置 / 切片结束位置：设置从局部 x 轴的零点开始围绕局部 z 轴的度数。

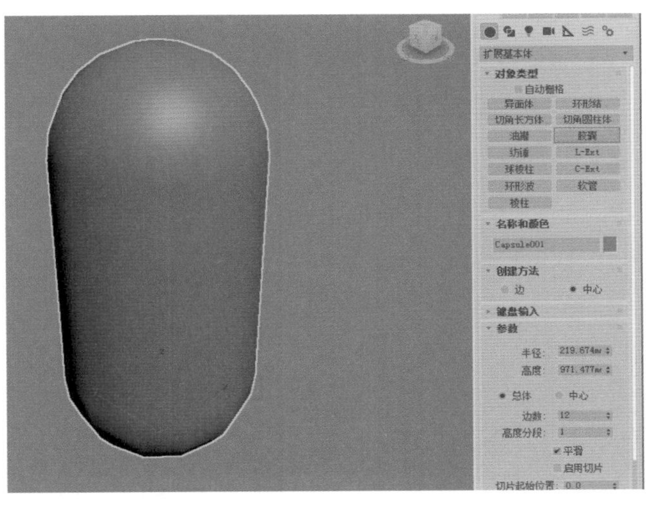

图4-115

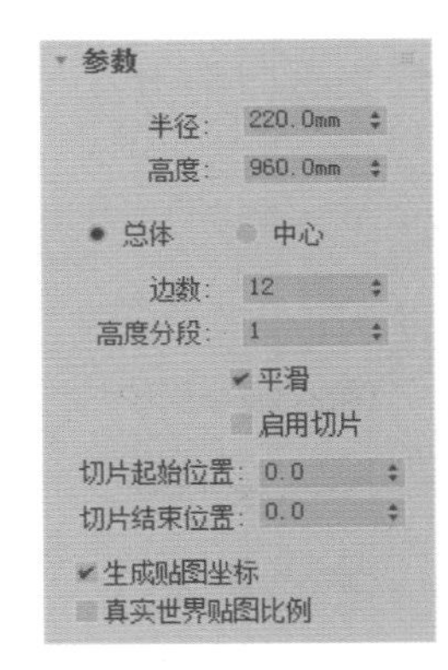

图4-116

4.3.5 纺锤

在“创建”面板中单击“纺锤”按钮 纺锤 ，即可在场景中以绘制方式创建出纺锤对象，创建结果如图 4-117 所示。

使用“纺锤”按钮可以在场景中快速创建出形似纺锤的三维模型。其参数面板如图 4-118 所示。

工具解析

◇ 半径：设置纺锤的半径。

◇ 高度：设置沿着中心轴的维度。负数值将在构造平面下面创建纺锤。

◇ 封口高度：设置圆锥形封口的高度。最小值是 0.1，最大值是“高度”设置绝对值的一半。

◇ 总体 / 中心：决定“高度”值指定的内容。“总体”指定对象的总体高度。“中心”指定圆柱体中部的高度，不包括其圆锥形封口。

◇ 混合：大于 0 时将在纺锤主体与封口的会合处创建圆角。

◇ 边数：设置纺锤周围边数。启用“平滑”时，较大的数值将着色和渲染为真正的圆。禁用“平滑”时，较小的数值将创建规则的多边形对象。

◇ 端面分段：设置沿着纺锤顶部和底部的中心，同心分段的数量。

◇ 高度分段：设置沿着纺锤主轴的分段数量。

◇ 平滑：混合纺锤的面，从而在渲染视图中创建平滑的外观。

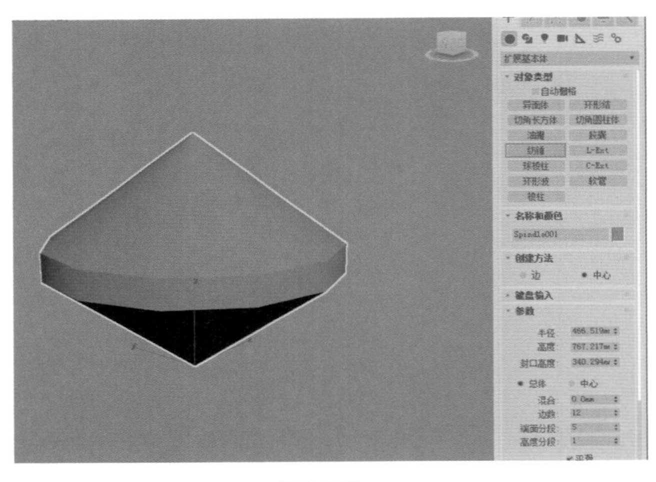

图4-117

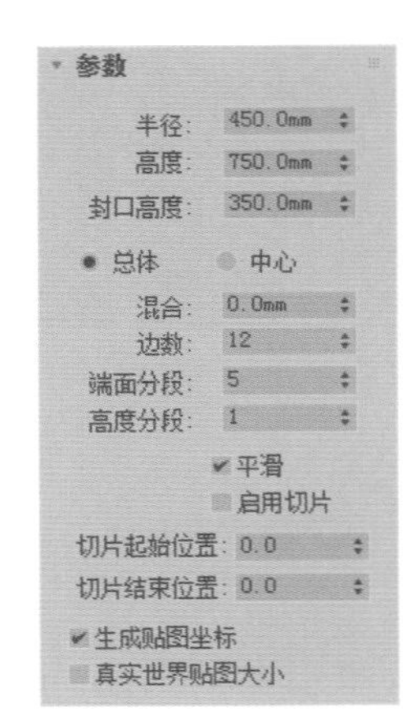

图4-118

4.3.6 软管

在“创建”面板中单击“软管”按钮 软管 ，即可在场景中以绘制方式创建出软管对象，创建结果如图 4-119 所示。

软管的参数面板如图 4-120 所示。

图4-119

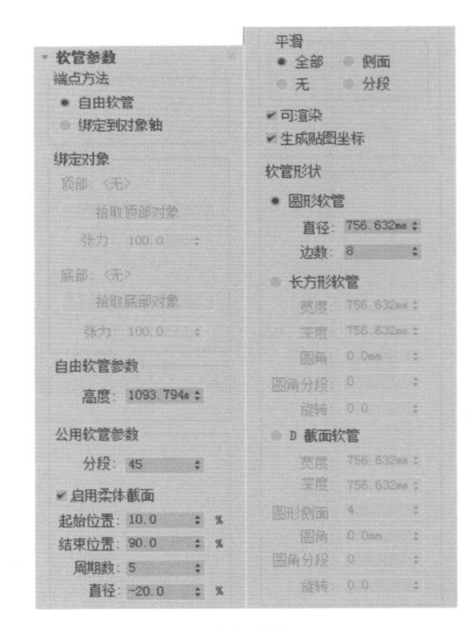

图4-120

工具解析

①“端点方法”组

◇ 自由软管：如果只是将软管用作一个简单的对象，而不绑定到其他对象，则选择此选项。

◇ 绑定到对象轴：如果使用“绑定对象”组中的按钮将软管绑定到两个对象，则选择此选项。

②“绑定对象”组

◇ 顶部：显示“顶”绑定对象的名称。

◇ “拾取顶部对象”按钮 拾取顶部对象 ：单击该按钮，然后选择“顶”对象。

◇ 张力：确定当软管靠近底部对象时顶部对象附近的软管曲线的张力。

◇ 底部：显示“底”绑定对象的名称。

◇ “拾取底部对象”按钮 拾取底部对象 ：单击该按钮，然后选择“底”对象。

◇ 张力：确定当软管靠近顶部对象时底部对象附近的软管曲线的张力。

③“自由软管参数”组

◇ 高度：用于设置软管未绑定时的垂直高度或长度。不一定等于软管的实际长度。仅当选择了“自由软管”时，此选项才可用。

④“公用软管参数”组

◇ 分段：软管长度中的总分段数。当软管弯曲时，增大该选项的值可使曲线更平滑。默认设置为“45”。

◇ 启用柔体截面：如果启用，则可以为软管的中心柔体截面设置以下四个参数。如果禁用，则软管的直径沿软管长度不变。

◇ 起始位置：从软管的始端到柔体截面开始处占软管长度的百分比。默认情况下，软管的始端指对象轴出现的一端。默认设置为“10%”。

◇ 结束位置：从软管的末端到柔体截面结束处占软管长度的百分比。默认情况下，软管的末端指与对象轴出现的一端相反的一端。默认设置为“90%”。

◇ 周期数：柔体截面中的起伏数目。可见周期的数目受限于分段的数目。如果分段值不够大，不足以支持周期数目，则不会显示所有周期。默认设置为“5”。

◇ 直径：周期“外部”的相对宽度。如果设置为负值，周期外部直径比总的软管直径要小。如果设置为正值，周期外部直径比总的软管直径要大。默认设置为“-20%”。范围设置为“-50%”到“500%”。

◇ 平滑：定义要进行平滑处理的几何体。

⑤“软管形状”组

◇ 圆形软管/长方形软管/D截面软管：系统为用户提供3种软件横截面，内置的参数可以分别用来设置软管的横截面形状大小。图4-121～图4-123所示分别为这3种不同类型的软管对象模型对比。

图4-121

图4-122

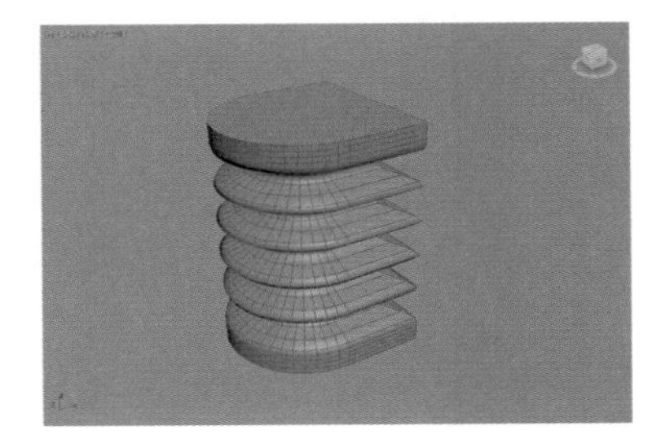

图4-123

4.3.7 其他扩展基本体

在“扩展基本体”的创建命令中，3ds Max 2018除了上述讲解的6种按钮，还有“切角圆柱体”按钮 切角圆柱体 、“油罐”按钮 油罐 、“L-Ext”按钮 L-Ext 、“球棱柱”按钮 球棱柱 、“C-Ext”按钮 C-Ext 、“环形波”按钮 环形波 和“棱柱”按钮 棱柱 7个按钮。这些按钮所创建对象的方法及参数设置与前面所讲述的内容基本相同，故不再讲解它们的创建方式。这7个对象创建完成后的几何形态分别如图4-124～图4-130所示。

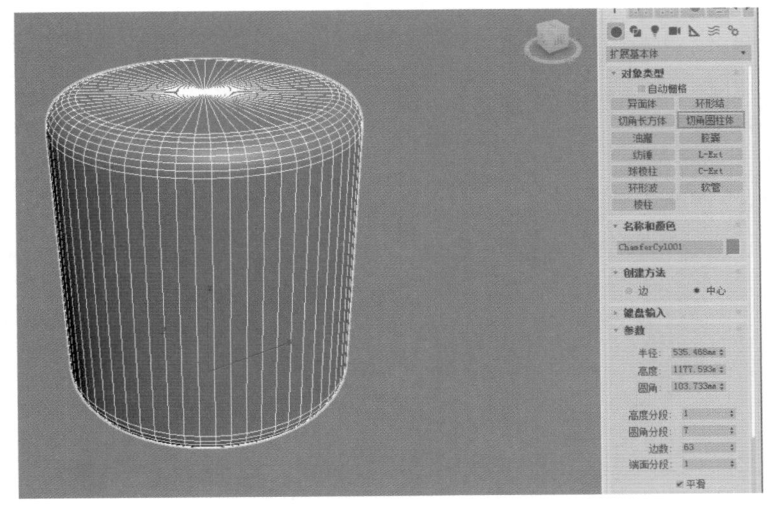

图4-124

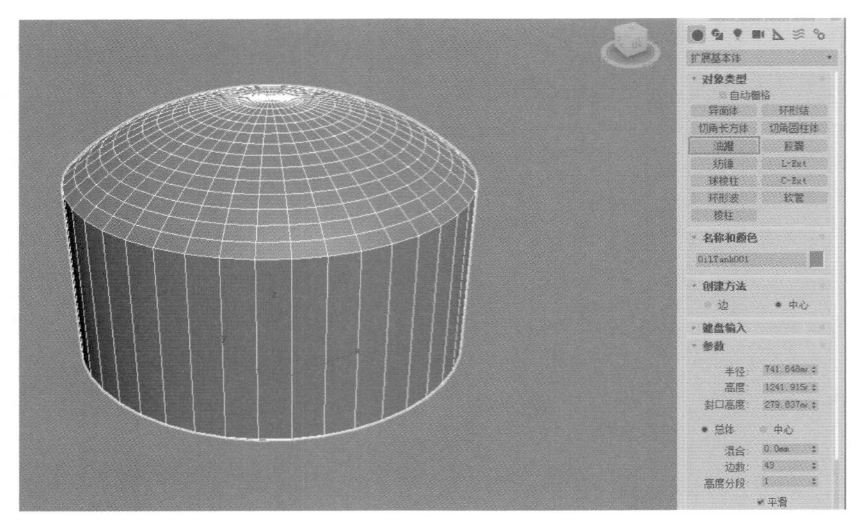

图4-125

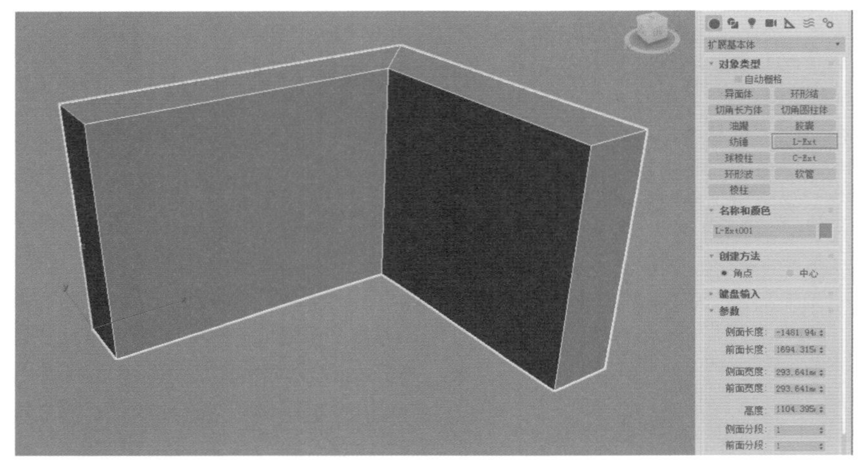

图4-126

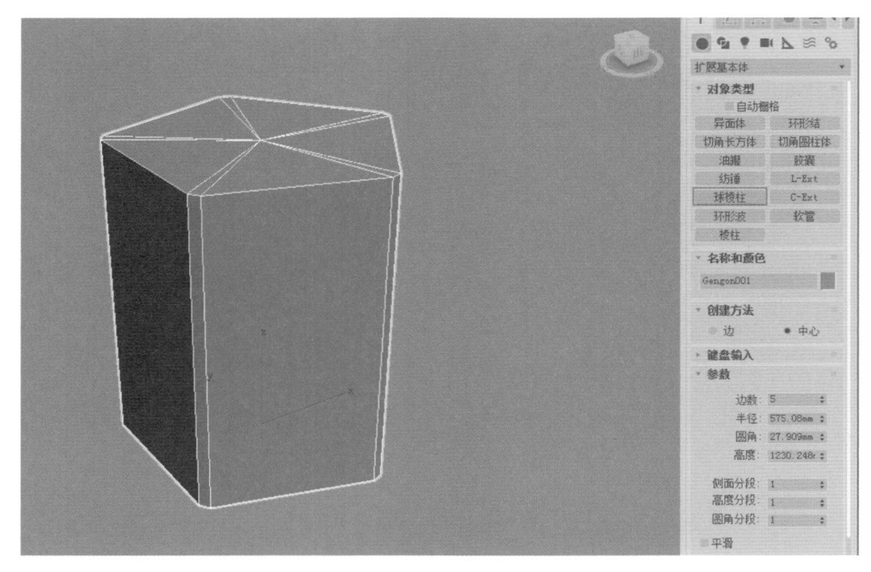

图4-127

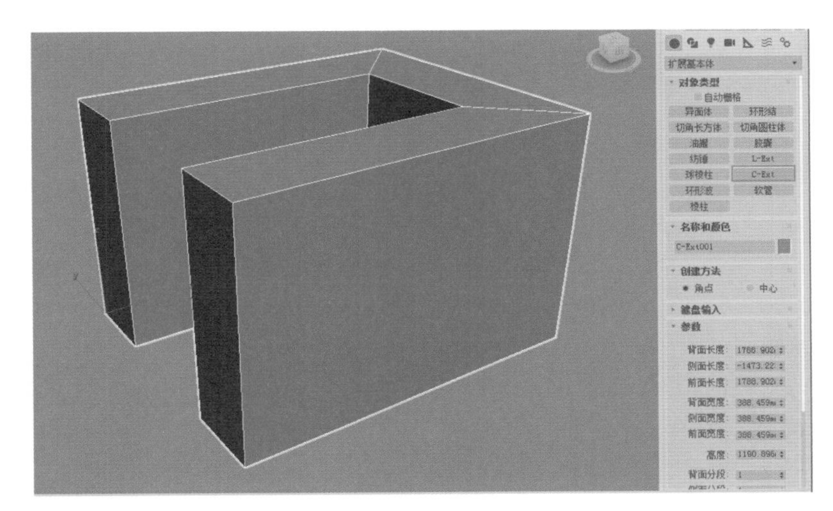

图4-128

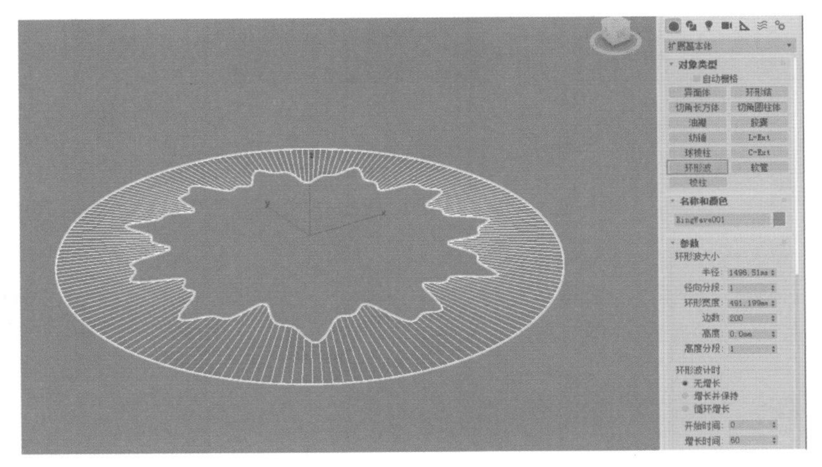

图4-129

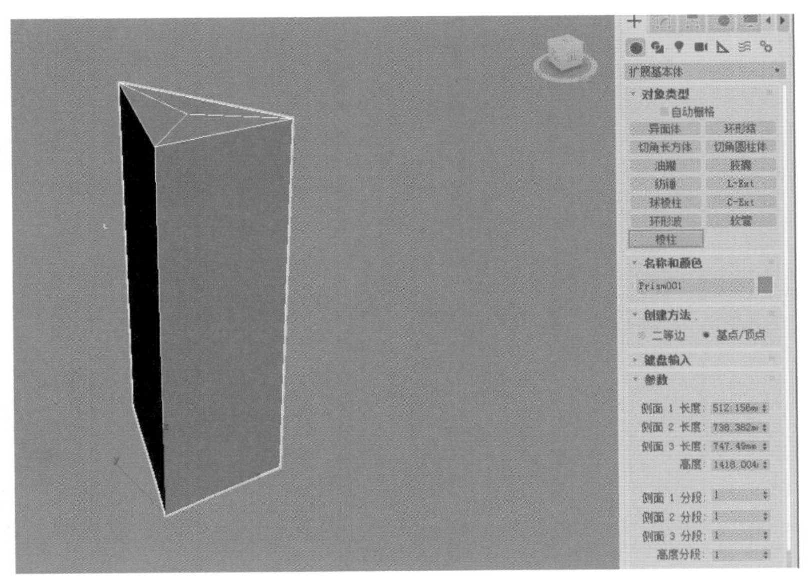

图4-130

4.4 门

3ds Max 2018 除了为用户提供了一些简单的几何形体，还提供了一些用于工程建模的标准建筑模型，比如门、窗户、楼梯、栏杆、墙以及植物模型，使设计师可以通过调节少量的参数即可快速制作出符合行业标准的建筑模型，如图 4-131 ~图 4-132 所示。

3ds Max 2018 提供了“枢轴门” 枢轴门 、“推拉门” 推拉门 和“折叠门” 折叠门 3 个按钮，如图 4-133 所示。

图4-131

图4-132

图4-133

4.4.1 门对象公共参数

3ds Max 2018 为用户提供的这 3 种门模型位于“修改”面板内的参数基本相同，在此以“枢轴门”为例，来讲解门对象的公共参数。参数面板如图 4-134 所示。

打开“参数”卷展栏，如图 4-135 所示。

图4-134

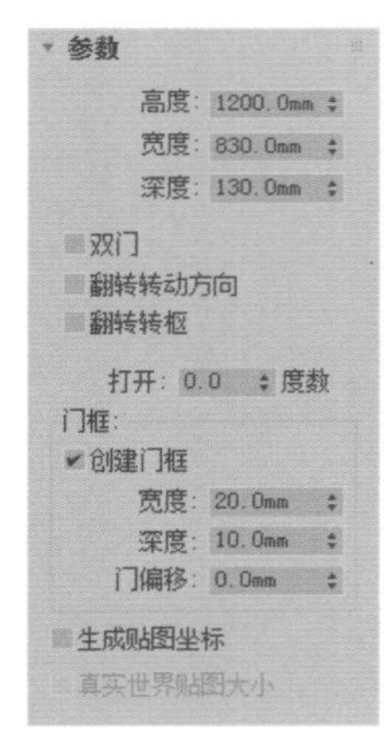

图4-135

工具解析

◇ 高度：设置门装置的总体高度。

◇ 宽度：设置门装置的总体宽度。

◇ 深度：设置门装置的总体深度。

◇ 双门：勾选该选项可以得到一个对开门的模型。图 4-136 所示为勾选该选项前后的门模型结果对比。

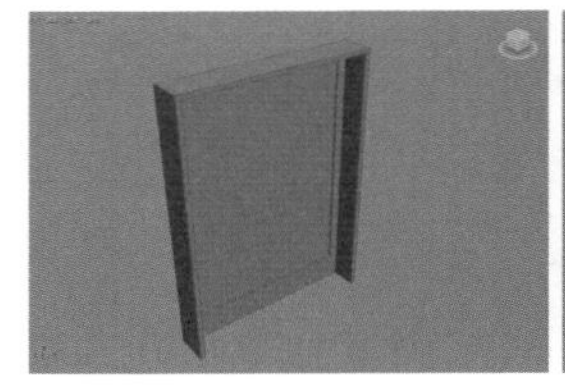

图4-136

◇ 打开：设置门的打开程度。图 4-137 所示分别启用该值前后的门模型结果对比。

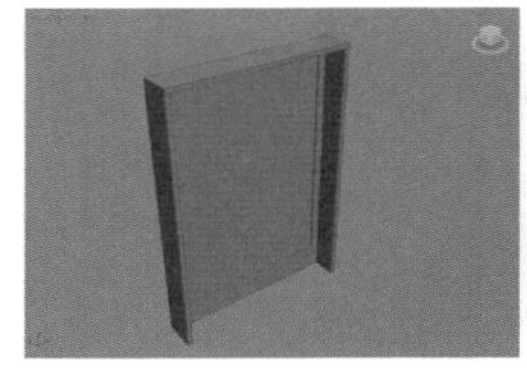

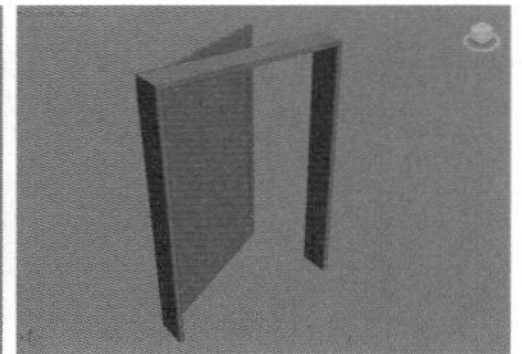

图4-137

◇ 创建门框：这是默认启用的，以显示门框。禁用此选项可以禁用门框的显示。图 4-138 所示为该选项开启前后的结果对比。

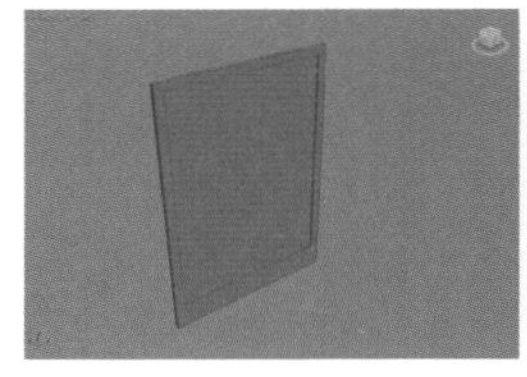

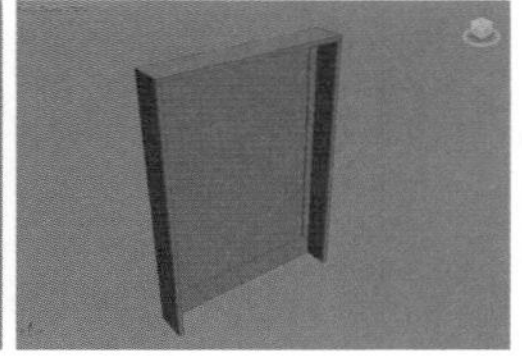

图4-138

◇ 宽度：设置门框与墙平行的宽度。仅当启用了“创建门框”时可用。

◇ 深度：设置门框从墙投影的深度。仅当启用了“创建门框”时可用。

◇ 门偏移：设置门相对于门框的位置。

◇ 生成贴图坐标：为门指定贴图坐标。

◇ 真实世界贴图大小：控制应用于该对象的纹理贴图材质所使用的缩放方法。

“页扇参数”卷展栏展开后如图 4-139 所示。

页扇参数
厚度：20.0mm
门挺/顶梁：40.0mm
底梁：120.0mm
水平窗格数：1
垂直窗格数：1
镶板间距：2.0
镶板：
无
玻璃
厚度：0.25
有倒角
倒角角度：45.0
厚度 1：0.25
厚度 2：0.5
中间厚度：0.25
宽度 1：1.0
宽度 2：0.5

图4-139

工具解析

◇ 厚度：设置门的厚度。

◇ 门挺 / 顶梁：设置顶部和两侧的面板框的宽度。仅当门是面板类型时，才会显示此设置。

◇ 底梁：设置门脚处的面板框的宽度。仅当门是面板类型时，才会显示此设置。

◇ 水平窗格数：设置面板沿水平轴划分的数量，如图 4-140 所示。

◇ 垂直窗格数：设置面板沿垂直轴划分的数量，如图 4-141 所示。

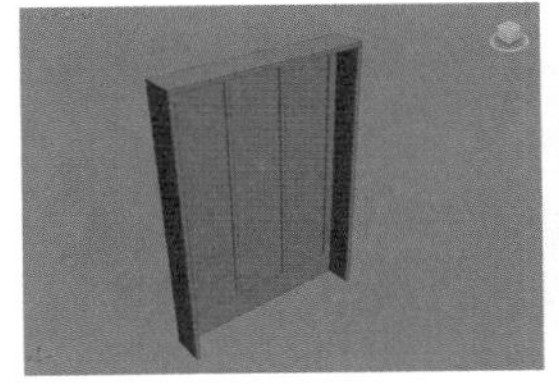

图4-140

图4-141

◇ 镶板间距：设置面板之间的间隔宽度。

“镶板”组

◇ 无：门没有面板。

◇ 玻璃：创建不带倒角的玻璃面板。

◇ 厚度：设置玻璃面板的厚度。

◇ 有倒角：选择此选项可以使面板具有倒角。使用该选项非常适合于制作欧式风格的木门效果，如图 4-142 所示。

图4-142

◇ 倒角角度：指定门的外部平面和面板平面之间的倒角角度。

◇ 厚度 1：设置面板的外部厚度。

◇ 厚度 2：设置倒角从该处开始的厚度。

◇ 中间厚度：设置面板内面部分的厚度。

◇ 宽度 1：设置倒角从该处开始的宽度。

◇ 宽度 2：设置面板的内面部分的宽度。

4.4.2 枢轴门

“枢轴门”非常适合用来模拟住宅里安装在卧室上的门，创建完成后如图 4-143 所示。

枢轴门在“修改”面板中提供了 3 个特定的复选框参数，如图 4-144 所示。

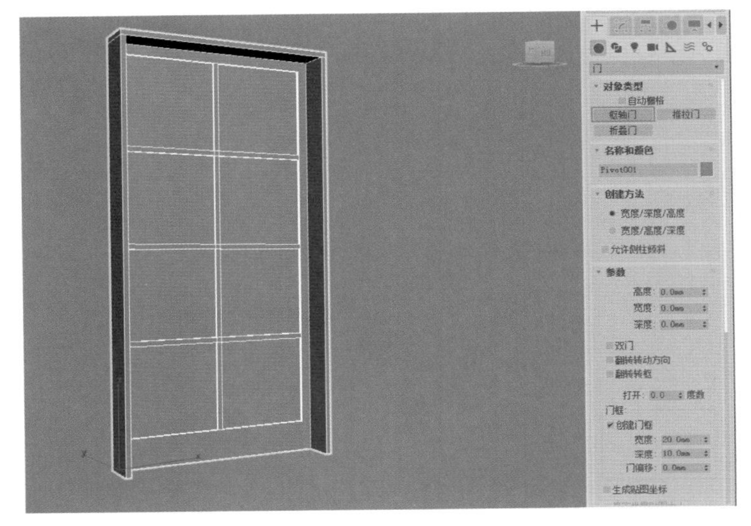

图4-143

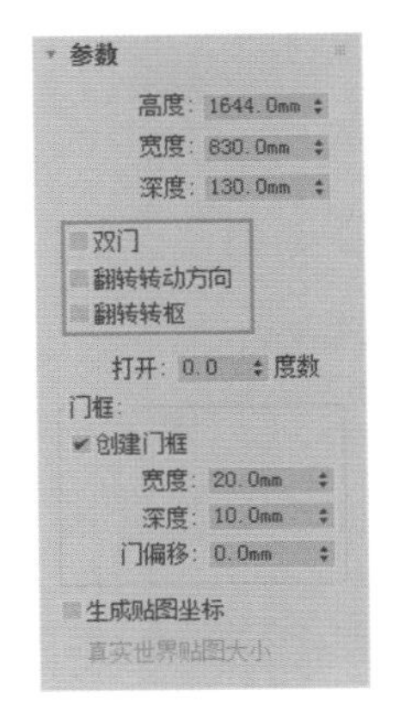

图4-144

工具解析

◇ 双门：制作一个双门。
◇ 翻转转动方向：更改门转动的方向。
◇ 翻转转枢：在与门面相对的位置上放置门转枢。此选项不可用于双门。

4.4.3 推拉门

“推拉门”一般常见于厨房或者阳台上，由两个或两个以上的门页扇组成，门可以在固定的轨道上左右滑动。使用这一按钮可以快速制作出适合项目需要的推拉门，如图 4-145 所示。

推拉门在“修改”面板中提供了两个特定的复选框参数，如图 4-146 所示。

工具解析

◇ 前后翻转：更改哪个元素位于前面，与默认设置相比较而言。
◇ 侧翻：将当前滑动元素更改为固定元素，反之亦然。

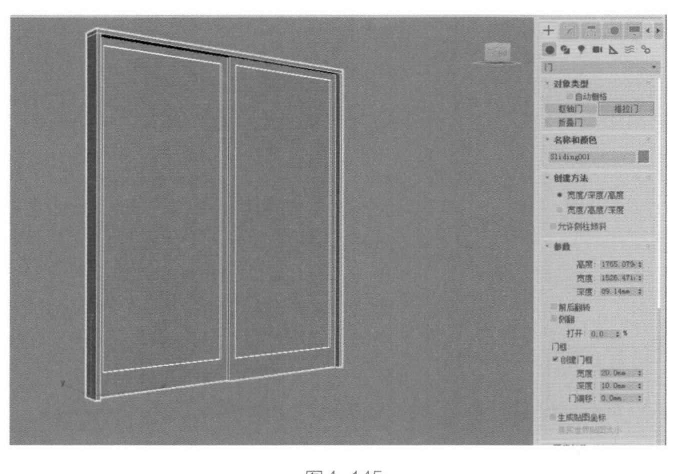
图4-145

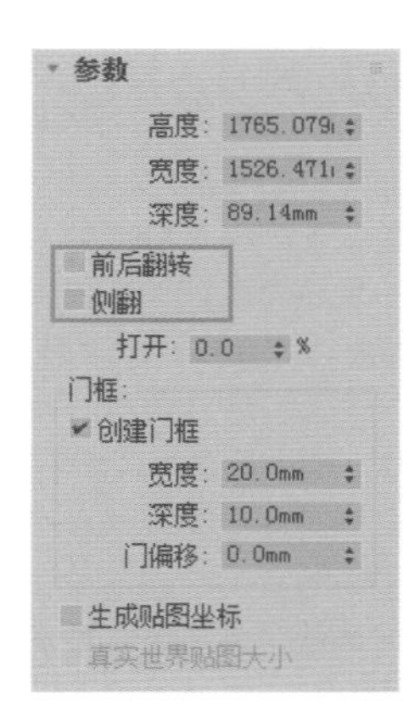

图4-146

4.4.4 折叠门

由于“折叠门”在开启的时候需要的空间较小，所以在家装设计中“折叠门”比较适合用作在卫生间安装的门。该类型的门有两个门页扇，两个门页扇之间设有转枢，用来控制门的折叠，并且可以通过“双门”参数调整“折叠门”为四个门页扇，创建完成后如图 4-147 所示。

折叠门在“修改”面板中提供了 3 个特定的复选框参数，如图 4-148 所示。

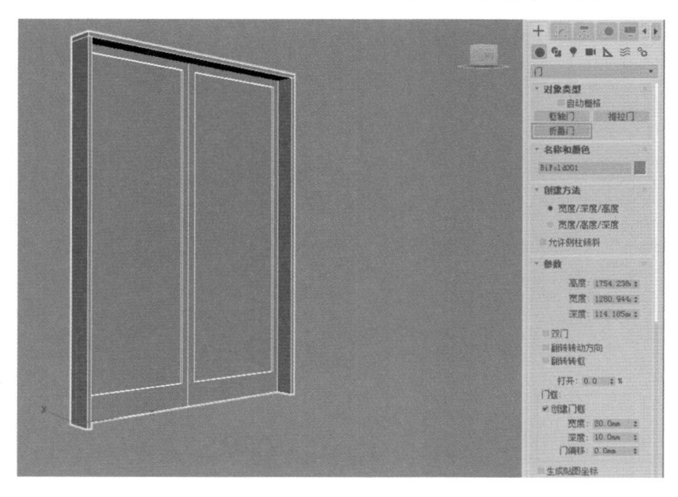
图4-147

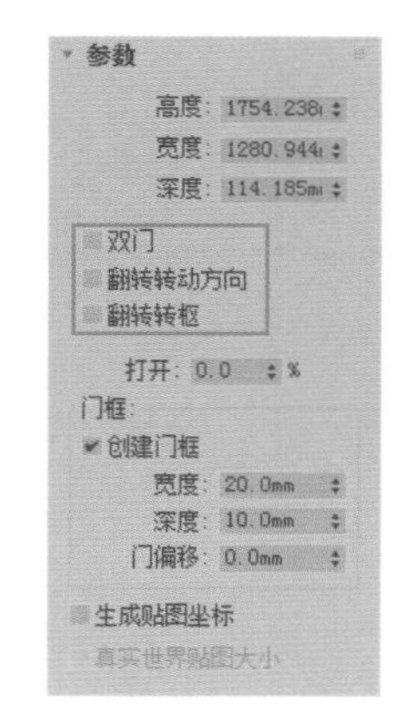

图4-148

工具解析

◇ 双门：将该门制作成有四个门页扇的双门，从而在中心处汇合。
◇ 翻转转动方向：默认情况下，以相反的方向转动门。
◇ 翻转转枢：默认情况下，在相反的侧面转枢门。当“双门”处于启用状态时，“翻转转枢”不可用。

4.5 窗

使用“窗”系列工具可以快速地在场景中创建出具有大量细节的窗户模型，这些窗户模型的主要区别基本在于打开的方式。窗的类型分为“遮篷式窗”“平开窗”“固定窗”“旋开窗”“伸出式窗”和“推拉窗”6种。这6种窗除了“固定窗”无法打开，其他5种类型的窗户均可设置为打开，如图4-149所示。

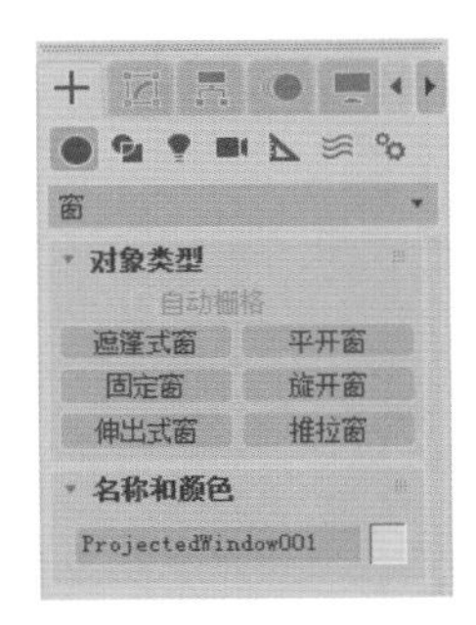

图4-149

4.5.1 遮篷式窗

3ds Max 2018提供的6种窗户对象，其位于修改面板中的参数与门对象大多相同，非常简单。在此以“遮篷式窗”为例，来讲解窗对象的参数。图4-150所示为“遮篷式窗”的参数面板设置。

工具解析

◇ 高度/宽度/深度：分别控制窗户的高度/宽度/深度。
①“窗框”组
◇ 水平宽度：设置窗口框架水平部分的宽度。该设置也会影响窗宽度的玻璃部分。
◇ 垂直宽度：设置窗口框架垂直部分的宽度。该设置也会影响窗高度的玻璃部分。
◇ 厚度：设置框架的厚度。该选项还可以控制窗框中遮篷或栏杆的厚度。

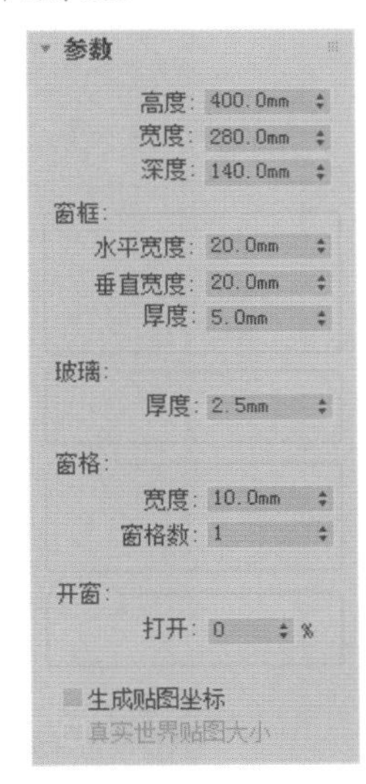

图4-150

②“玻璃”组
◇ 厚度：指定玻璃的厚度。
③“窗格”组
◇ 宽度：设置窗格的宽度。
◇ 窗格数：设置窗格的数量。
④“开窗”组
◇ 打开：设置窗户打开的百分比。图4-151所示分别是“打开”值调整前后的窗户模型结果对比。

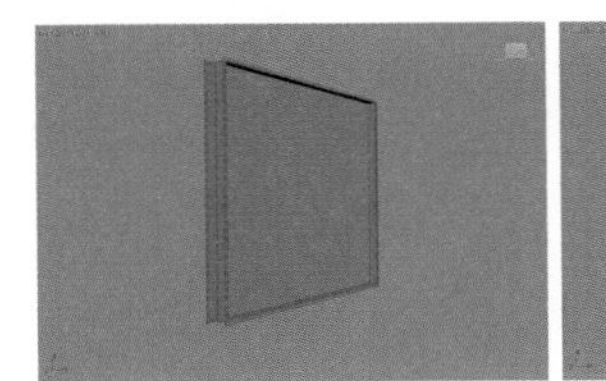
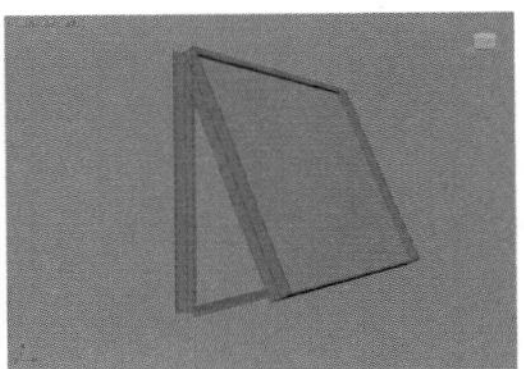

图4-151

◇ 生成贴图坐标：使用已经应用的相应贴图坐标创建对象。
◇ 真实世界贴图大小：控制应用于该对象的纹理贴图材质所使用的缩放方法。

4.5.2 其他窗户介绍

“平开窗”有一到两扇像门一样的窗框，它们可以向内或向外转动。与“遮篷式窗”只有一点不同就是“平开窗”可以设置为对开的两扇窗，创建完成后如图4-152所示。

“固定窗”无法打开。其特点为可以在水平和垂直两个方向上任意设置格数，创建完成后如图4-153所示。

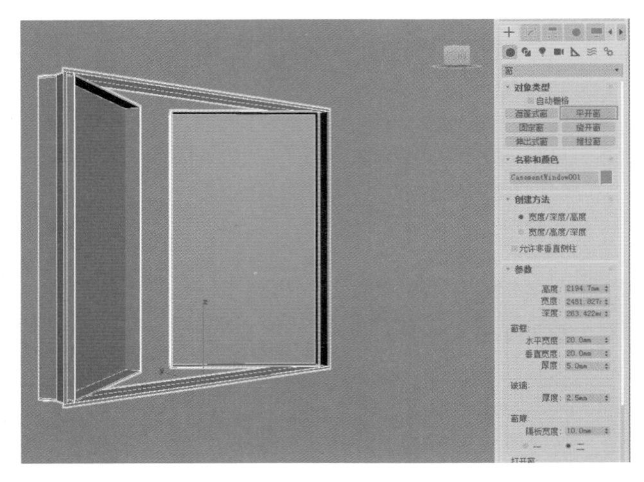

图4-152

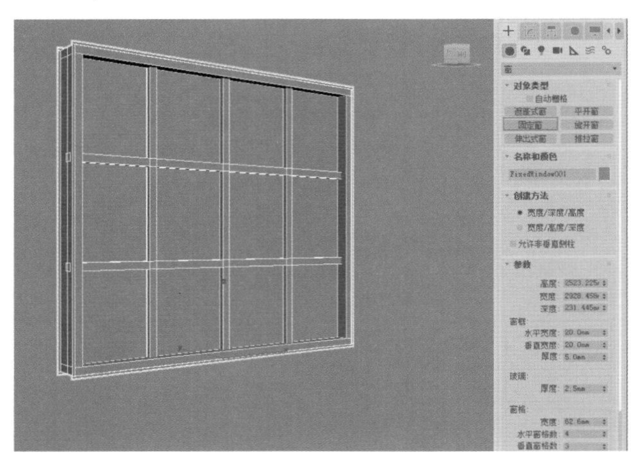

图4-153

“旋开窗”的轴垂直或水平位于其窗框的中心，其特点是无法设置窗格数量，只能设置窗格的宽度及轴的方向，创建完成后如图 4-154 所示。

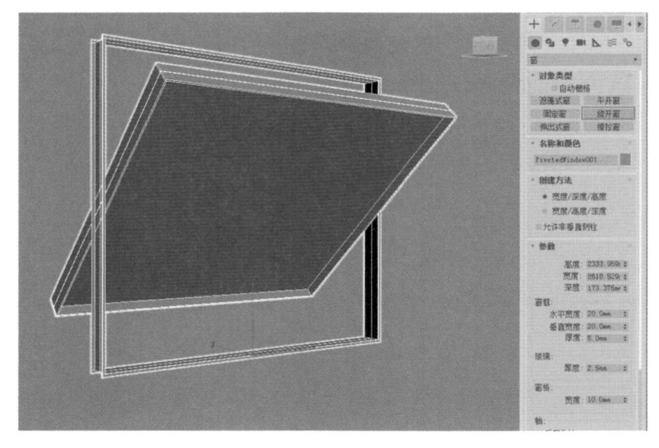

图4-154

“伸出式窗”有三扇窗框，其中两扇窗框打开时像反向的遮蓬，其窗格数无法设置，创建完成后如图 4-155 所示。

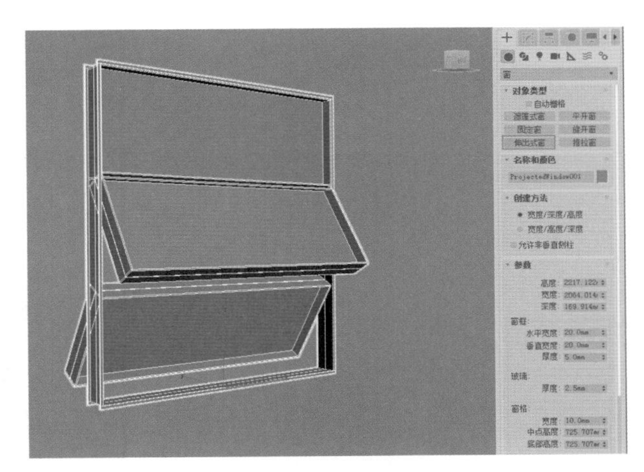

图4-155

“推拉窗”有两扇窗框，其中一扇窗框可以沿着垂直或水平方向滑动，类似于火车上的上下推动打开式窗户。其窗格数允许在水平和垂直两个方向上任意设置数量，创建完成后如图 4-156 所示。

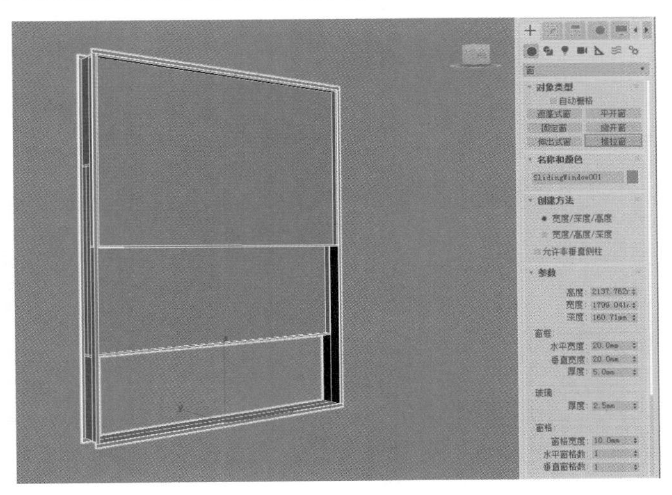

图4-156

4.6　楼梯

3ds Max 2018 可以创建 4 种不同类型的楼梯。将“创建”面板的下拉列表选择为“楼梯”，即可看到软件提供的“直线楼梯”按钮 直线楼梯 、“L 型楼梯”按钮 L 型楼梯 、“U 型楼梯”按钮 U 型楼梯 和“螺旋楼梯”按钮 螺旋楼梯 ，如图 4-157 所示。

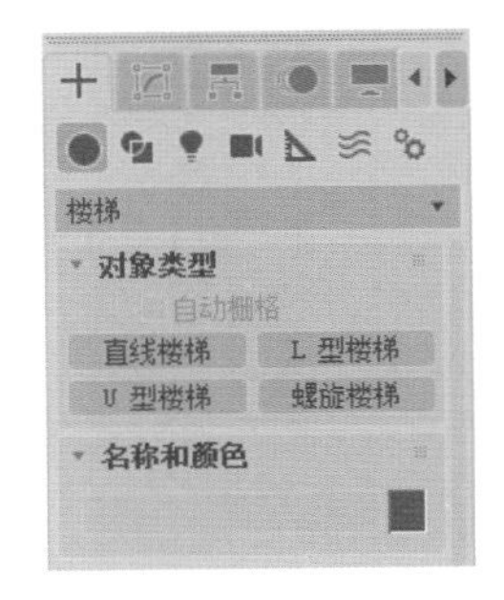

图4-157

4.6.1　L 型楼梯

3ds Max 2018 所提供的 4 种楼梯，其“修改”面板中的参数结构非常相似，并且比较简单。下面以最为常用的“L 型楼梯”为例来为大家详细讲解其参数设置及创建方法。创建完成后，效果如图 4-158 所示。

其参数面板如图 4-159 所示，共有“参数”“支撑梁”“栏杆”和“侧弦”4 个卷展栏。

“参数”卷展栏展开如图 4-160 所示。

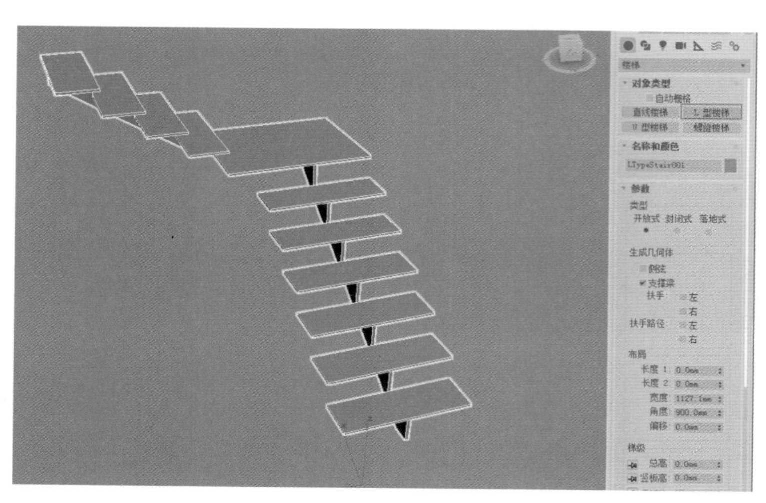

图4-158

图4-159

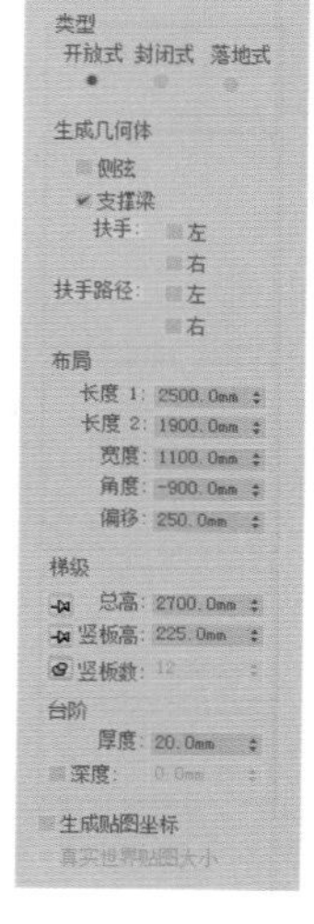

图4-160

工具解析

①“类型”组

◇ 开放式：设置当前楼梯为开放式踏步楼梯，如图 4-161 所示。

◇ 封闭式：设置当前楼梯为封闭式踏步楼梯，如图 4-162 所示。

图4-161

图4-162

◇ 落地式：设置当前楼梯为落地式踏步楼梯，如图 4-163 所示。

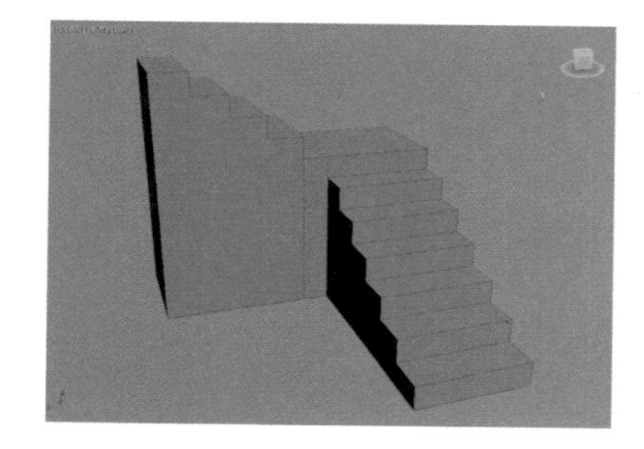

图4-163

②“生成几何体”组

◇ 侧弦：沿着楼梯的梯级的端点创建侧弦。

◇ 支撑梁：在梯级下创建一个倾斜的切口梁，该梁支撑台阶或添加楼梯侧弦之间的支撑。

◇ 扶手：为楼梯创建左扶手和右扶手，勾选该选项前后的模型效果对比如图 4-164 所示。

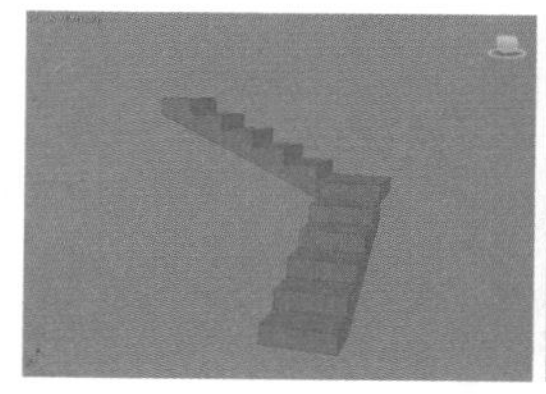

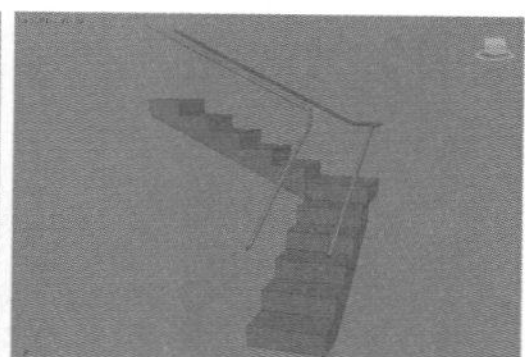

图4-164

◇ 扶手路径：创建楼梯上用于安装栏杆的左路径和右路径，勾选该选项前后的模型效果对比如图 4-165 所示。

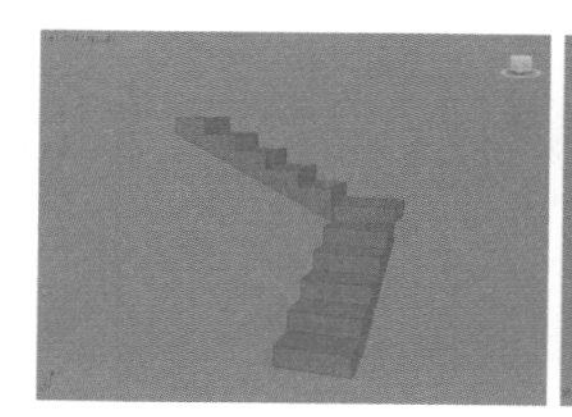

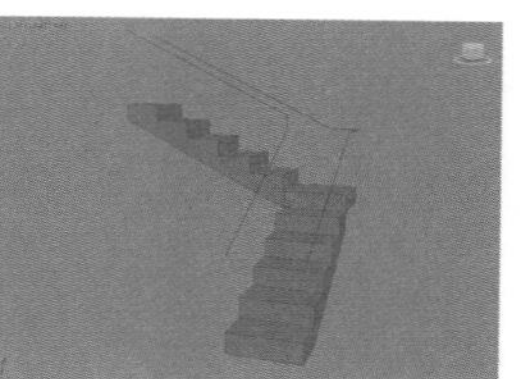

图4-165

③“布局”组

◇ 长度 1：控制第一段楼梯的长度。

◇ 长度 2：控制第二段楼梯的长度。

◇ 宽度：控制楼梯的宽度，包括台阶和平台。

◇ 角度：控制平台与第二段楼梯的角度。范围为“-90° ”至“90° ”。调整该值可以制作出不同转角幅度的楼梯效果，如图 4-166 所示。

◇ 偏移：控制平台与第二段楼梯的距离，相应调整平台的长度。调整该值前后的楼梯模型效果对比如图4-167所示。

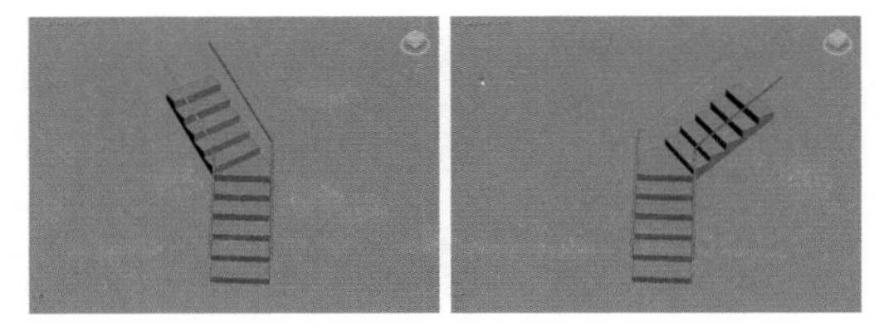

图4-166

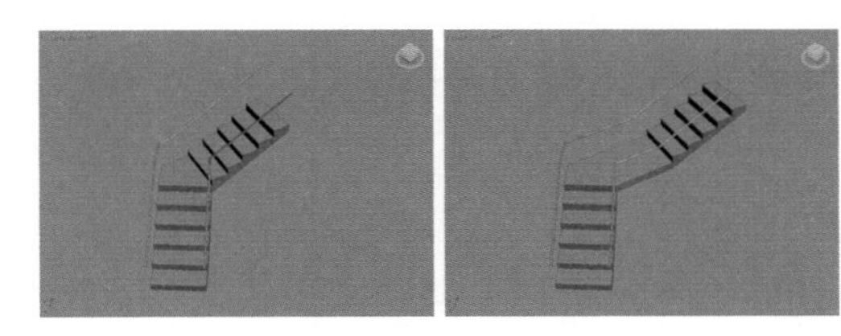

图4-167

④“梯级”组

◇ 总高：控制楼梯段的高度。

◇ 竖板高：控制梯级竖板的高度。

◇ 竖板数：控制梯级竖板数。

⑤“台阶”组

◇ 厚度：控制台阶的厚度。

◇ 深度：控制台阶的深度。

“支撑梁”卷展栏展开如图4-168所示。

图4-168

工具解析

“参数”组

◇ 深度：控制支撑梁离地面的深度。

◇ 宽度：控制支撑梁的宽度。

◇ “支撑梁间距”按钮：单击该按钮，将会显示“支撑梁间距”对话框。该对话框用来设置支撑梁的间距。

◇ 从地面开始：控制支撑梁是否从地面开始。

“栏杆”卷展栏展开如图4-169所示。

工具解析

“参数”组

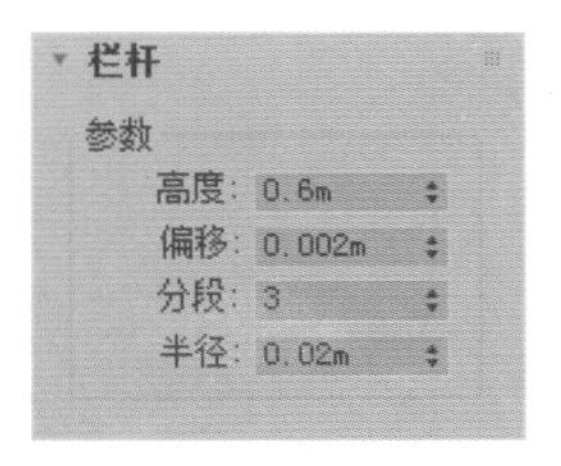

图4-169

◇ 高度：控制栏杆离台阶的高度。

◇ 偏移：控制栏杆离台阶端点的偏移。

◇ 分段：指定栏杆中的分段数目。值越高，栏杆显示得越平滑。

◇ 半径：控制栏杆的厚度。

“侧弦”卷展栏展开如图4-170所示。

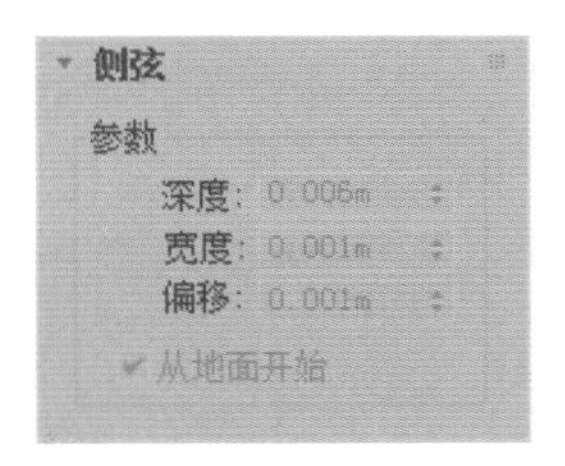

图4-170

工具解析

“参数”组

◇ 深度：设置侧弦离地板的深度。

◇ 宽度：设置侧弦的宽度。

◇ 偏移：设置地板与侧弦的垂直距离。

◇ 从地面开始：设置侧弦是否从地面开始。

4.6.2　其他楼梯介绍

3ds Max 2018除了提供常用的“L型楼梯”之外，还为用户提供了“直线楼梯”“U型楼梯”和“螺旋楼梯”，其他3种楼梯的造型非常简单直观，参数与“L型楼梯”基本相同，用户可以自行尝试创建并使用，创建完成后分别如图4-171～图4-173所示。

4.7　技术实例

4.7.1　实例：制作电视柜模型

本实例讲解了如何使用“扩展基本体”中的“切角长方体”按钮来快速地制作一个电视柜的模型，电视柜模型的渲染效果如图4-174

所示。

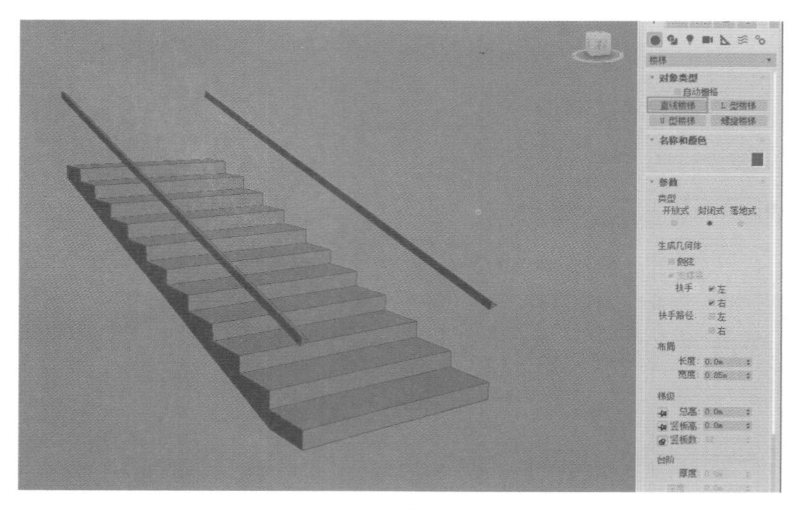

图4-171

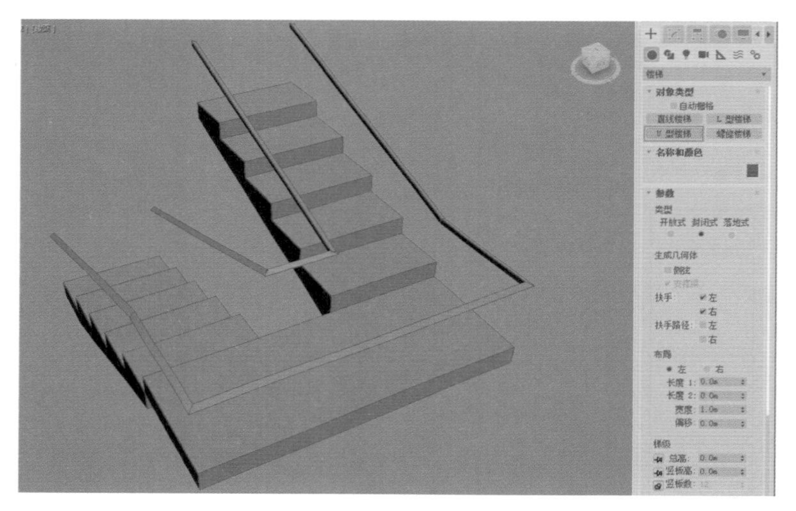

图4-172

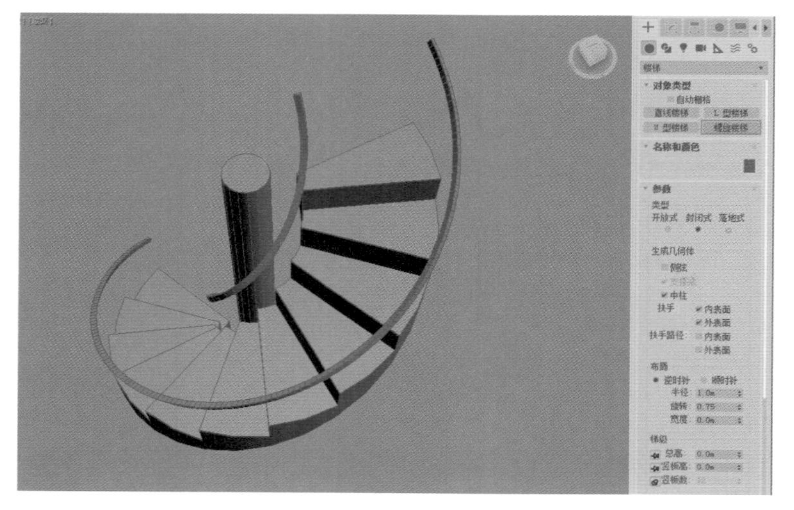

图4-173

图4-174

（1）启动中文版3ds Max 2018软件，单击“创建”面板中的“切角长方体”按钮，在场景中创建一个切角长方体模型，如图4-175所示。

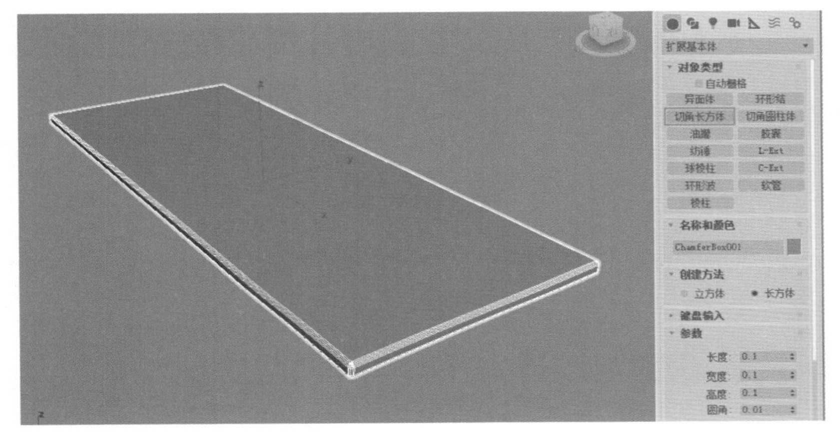

图4-175

（2）选择新建的切角长方体模型，在“修改”面板中，设置其“长度”值为“41”，“宽度”值为“108”，“高度”值为“2”，“圆角”值为“0.5”，“圆角分段”的值为“4”，如图4-176所示。

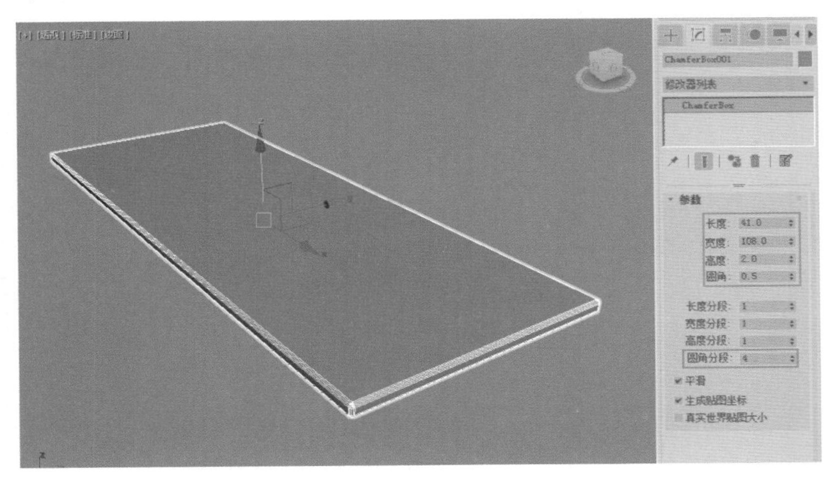

图4-176

（3）选择切角长方体，按住【Shift】键，向上复制出另一个切角长方体，并调整其至图4-177所示位置。

（4）选择创建的第一个切角长方体对象，对其进行旋转复制操作，如图4-178所示。

（5）在“修改”面板中，更改切角长方体的“长度”值为“28”，并调整其至图4-179所示位置。

（6）重复以上操作，将柜子的两侧结构制作完成，如图4-180所示。

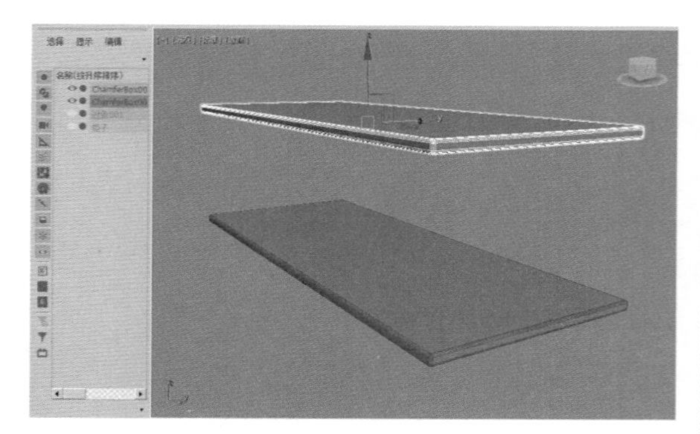

图4-177

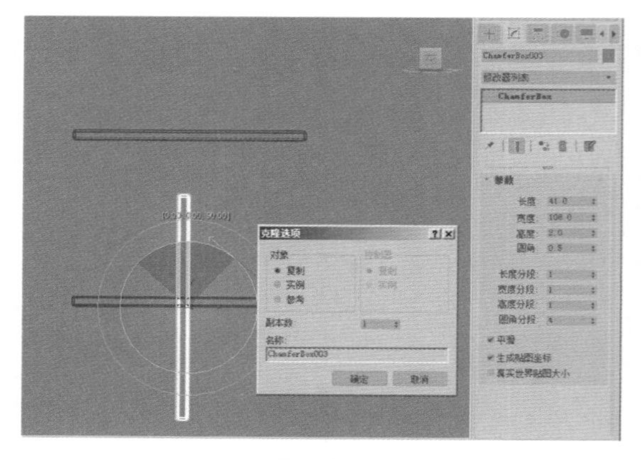

图4-178

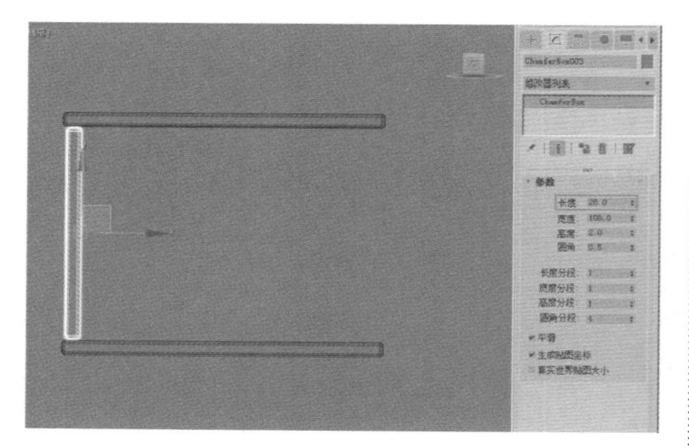

图4-179

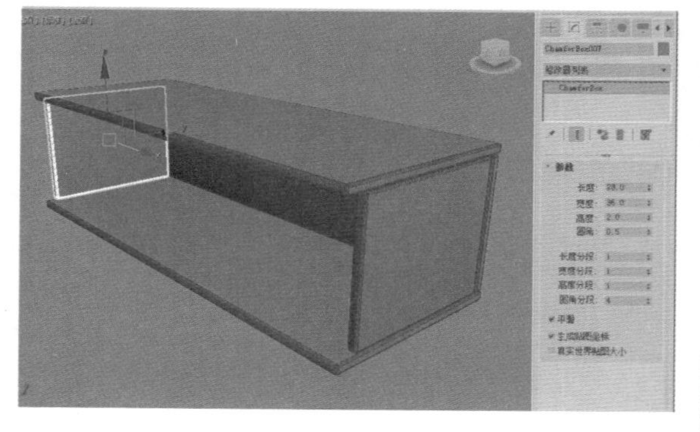

图4-180

（7）将构成柜子背板的切角长方体选中，如图4-181所示。按住【Shift】键，向前方复制出一个切角长方体，用来当作柜子的柜门，如图4-182所示。

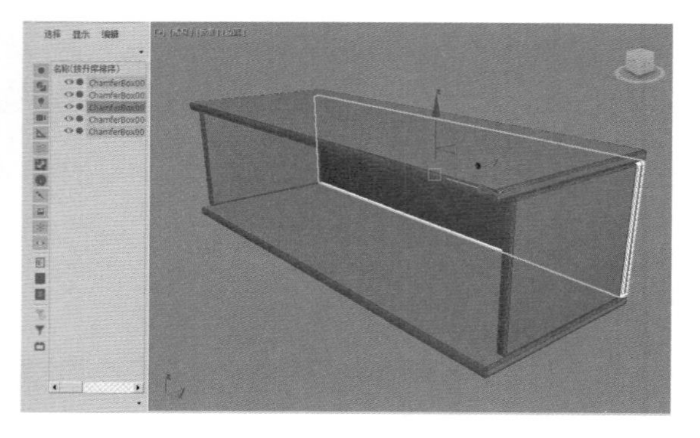

图4-181

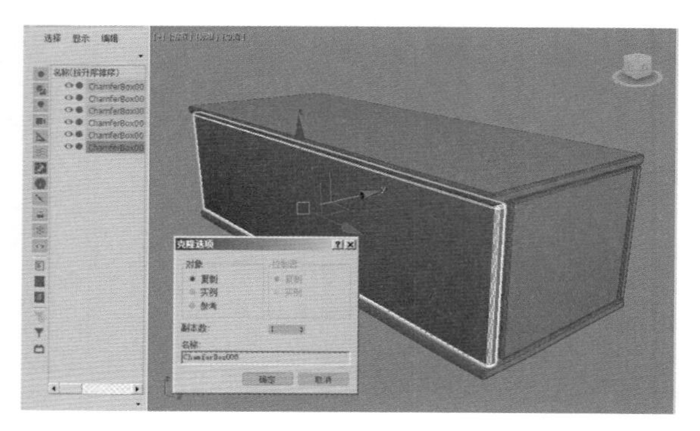

图4-182

（8）在“修改”面板中，更改作为柜门的切角长方体，将其“宽度”值设置为“54”，并调整至图4-183所示位置。

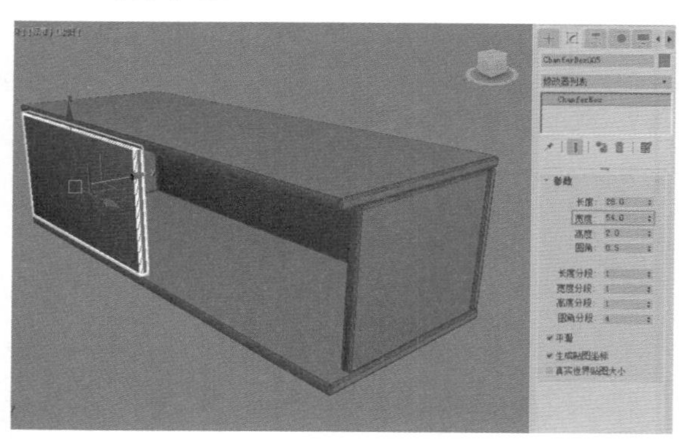

图4-183

（9）按住【Shift】键，复制构成柜门的切角长方体，制作出另一侧的柜门结构，如图4-184所示。

（10）在“创建”面板中，单击“切角长方体”按钮，在场景中绘制出一个新的切角长方体，如图4-185所示。

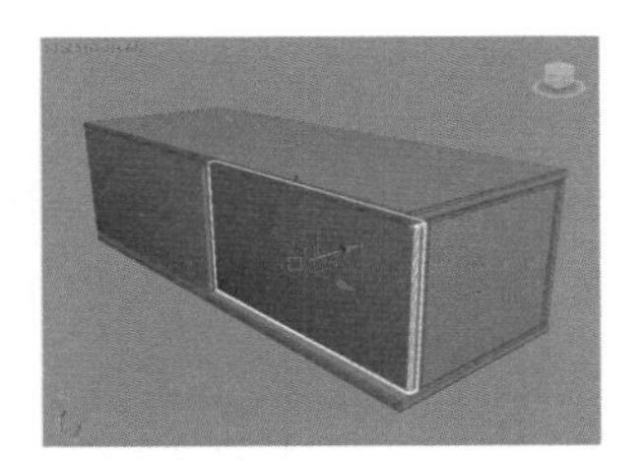

图4-184

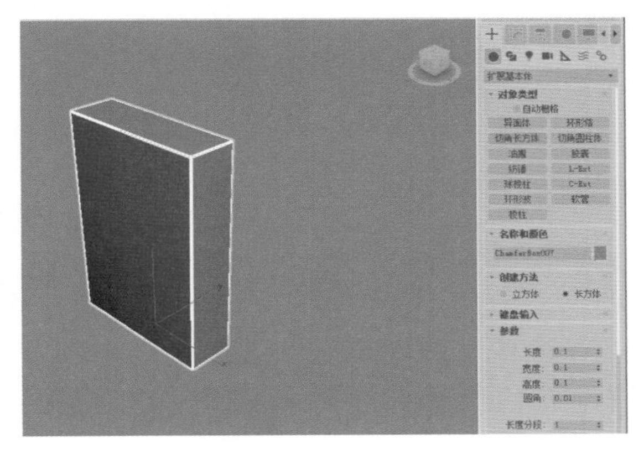

图4-185

（11）在“修改”面板中，设置其“长度”值为“1.3”，“宽度”值为“4”，“高度”值为“5.8”，“圆角”值为“0.05”，“圆角分段”的值为“4”，如图4-186所示。移动切角长方体至图4-187所示位置，制作出柜子的柜脚结构。

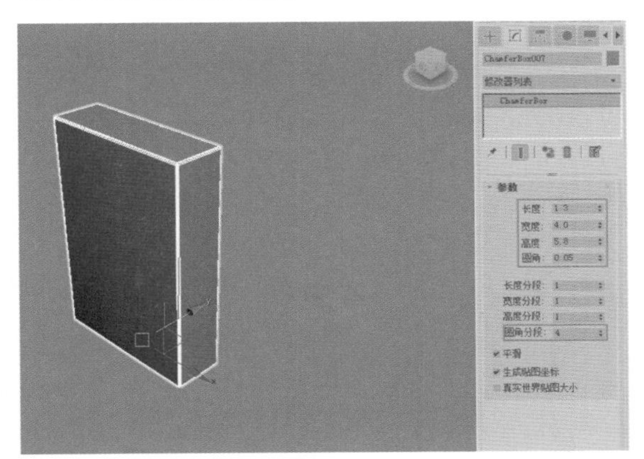

图4-186

（12）选择柜脚模型，以复制的方式制作出其他三处的柜角结构，制作完成后如图4-188所示。

（13）再次在场景中创建一个新的切角长方体，在“修改”面板中，设置其“长度”值为“0.6”，“宽度”值为“2”，“高度”值为“12.5”，“圆角”值为“0.05”，并调整其至图4-189所示位置，制作出柜子的把手结构。

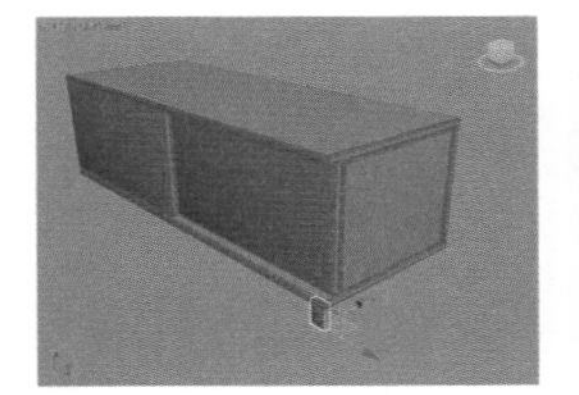

图4-187　图4-188

图4-189

（14）以复制的方式制作出另一个柜门的把手，如图4-190所示。

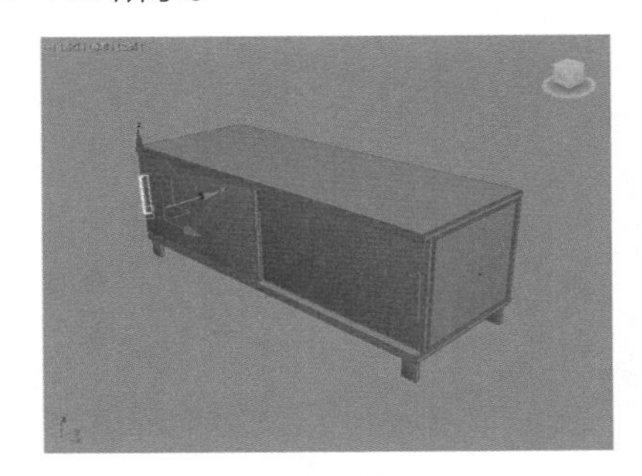

图4-190

（15）本实例的最终模型结果如图4-174所示。

4.7.2　实例：制作小圆凳模型

本实例讲解了如何使用多种几何体快速地制作一个小圆凳的模型，圆凳模型的渲染效果如图4-191所示。

扫码看视频

（1）启动中文版3ds Max 2018软件，在“创建”面板中单击“长方体”按钮，在场景中创建一个长方体模型，如图4-192所示。

（2）在“修改”面板中，调整长方体的“长度”值为“4.5”，“宽度”值为“4.5”，“高度”值为“60”，如图 4-193 所示。

图4-191

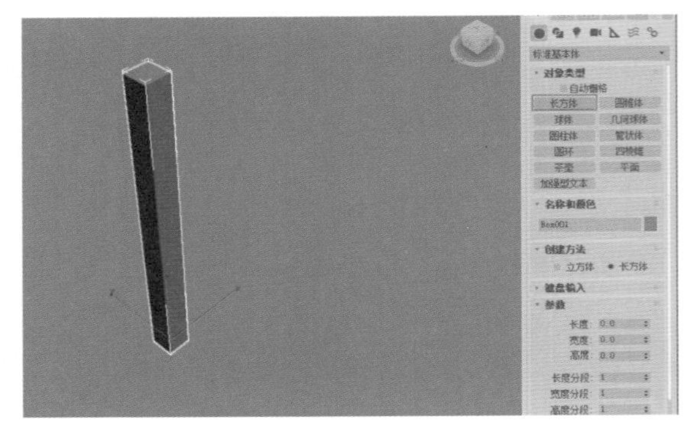

图4-192

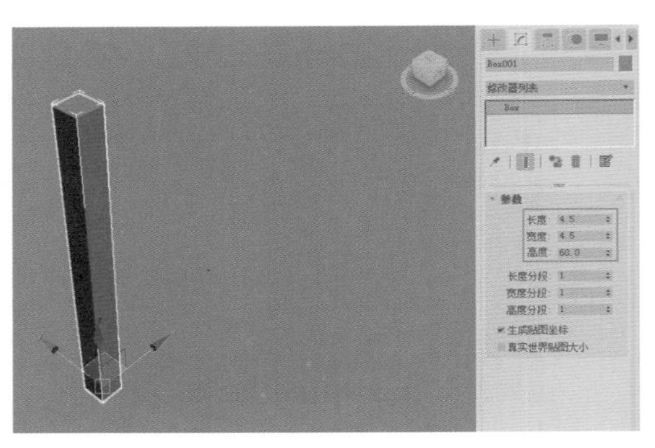

图4-193

（3）按下【Shift】键，以拖曳的方式复制出另一个长方体，并调整至图 4-194 所示位置。

（4）按下【Shift】键，以旋转复制的方式复制出一个长方体，并如图 4-195 所示调整位置和大小，将之前的两个长方体拼接起来。

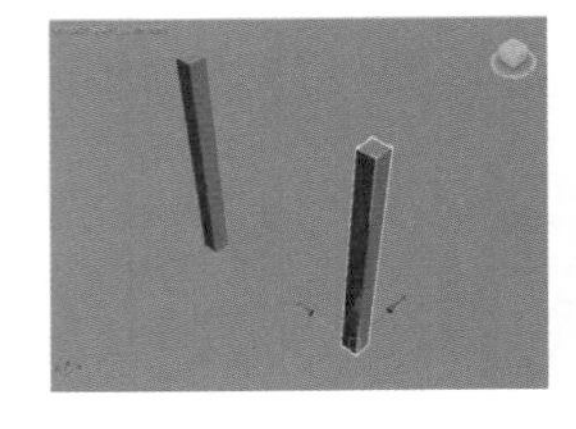

图4-194

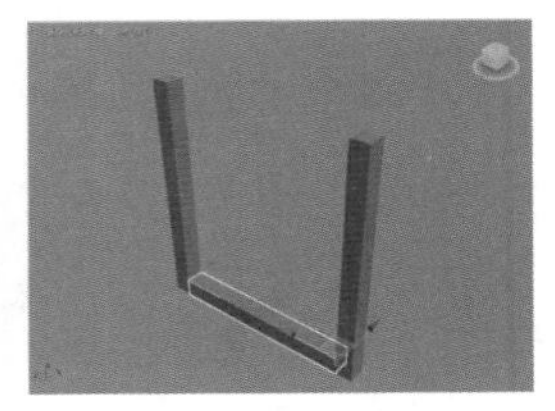

图4-195

（5）使用相同的方法，复制出其他长方体，拼接制作出凳子的整个支撑结构，制作完成后如图 4-196 所示。

（6）将“创建”面板切换至创建“扩展基本体”，单击“切角圆柱体”按钮，在场景中创建出一个切角圆柱体，如图 4-197 所示。

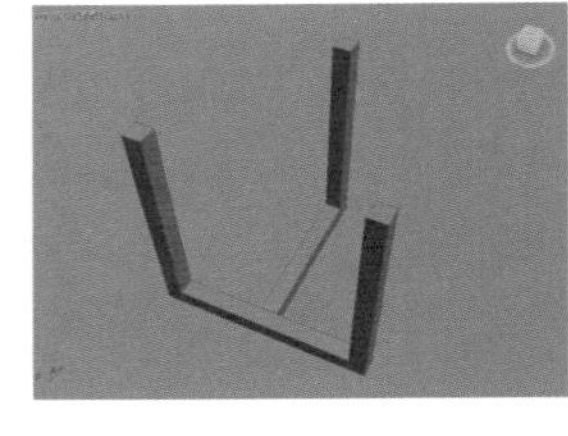

图4-196

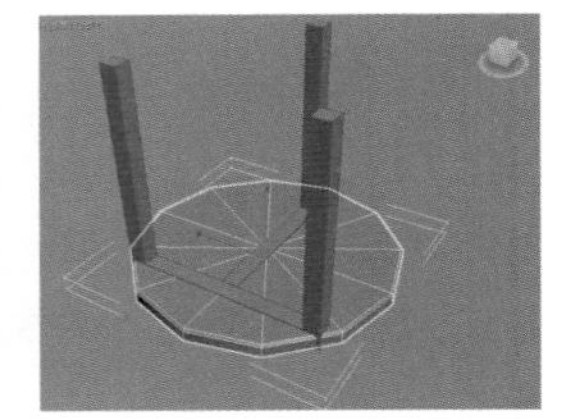

图4-197

（7）在“修改”面板中，设置切角圆柱体的“半径”值为“36.5”，“高度”值为“3.5”，“圆角”值为“0.6”，“高度分段”的值为“1”，“圆角分段”的值为“3”，“边数”的值为“50”，并调整至图 4-198 所示位置，制作出凳子的凳面结构。

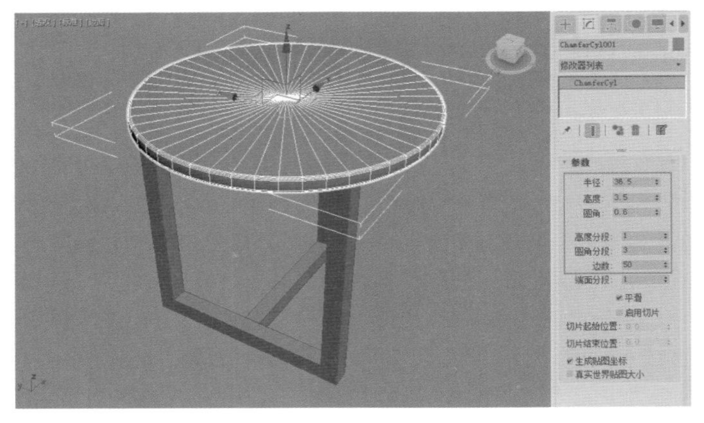

图4-198

（8）本实例的最终模型完成结果如图 4-191 所示。

4.7.3 实例：制作简约圆桌模型

扫码看视频

本实例讲解了如何使用“圆环”按钮来快速地制作一个圆桌模型，圆桌模型的渲染效果如图 4-199 所示。

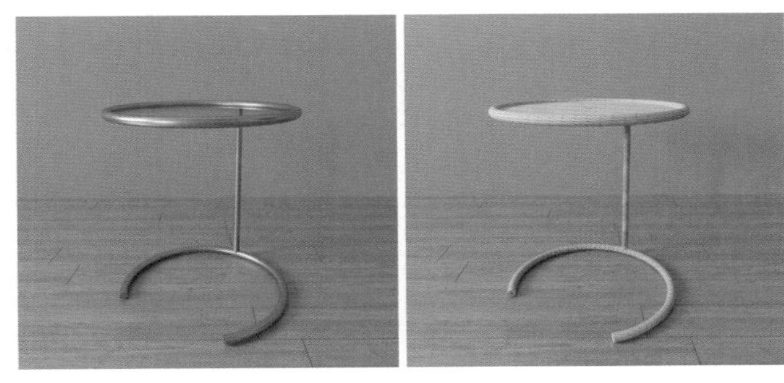

图4-199

（1）启动 3ds Max 2018 软件，在“创建”面板中单击“圆环”按钮，在场景中绘制一个圆环模型，如图 4-200 所示。

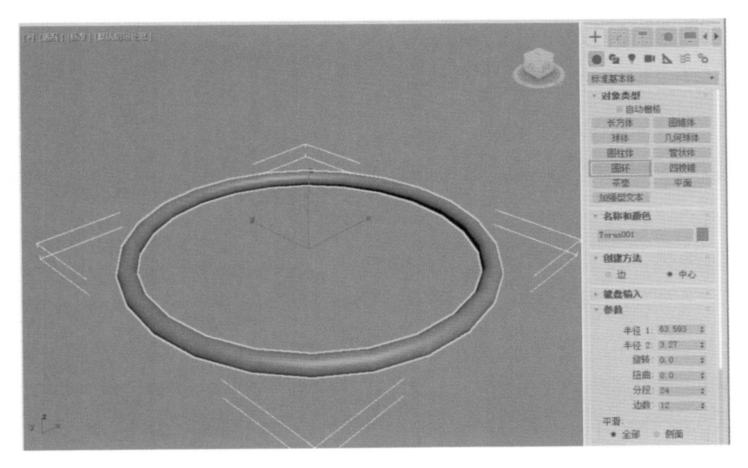

图4-200

（2）在“修改”面板中，调整“半径 1”的值为“46”，“半径 2”的值为“2.3”，“分段”的值为“64”，如图 4-201 所示。

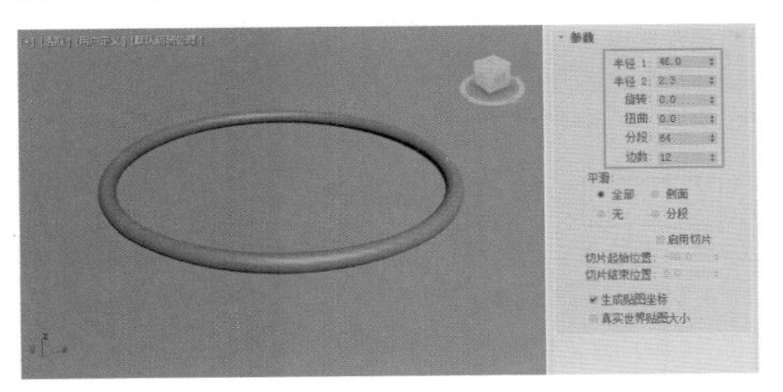

图4-201

（3）勾选“启用切片”选项，调整“切片起始位置”的值为“-90”，“切片结束位置”的值为“0”，如图 4-202 所示。

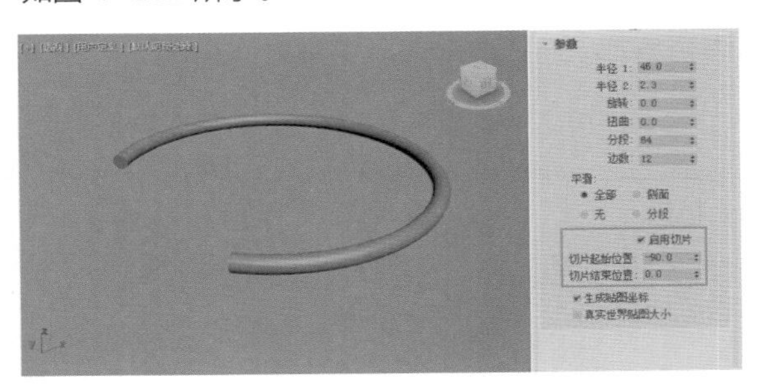

图4-202

（4）按住【Shift】键，向上复制出一个圆环模型，并在其“修改”面板中取消勾选“启用切片”选项，如图 4-203 所示。

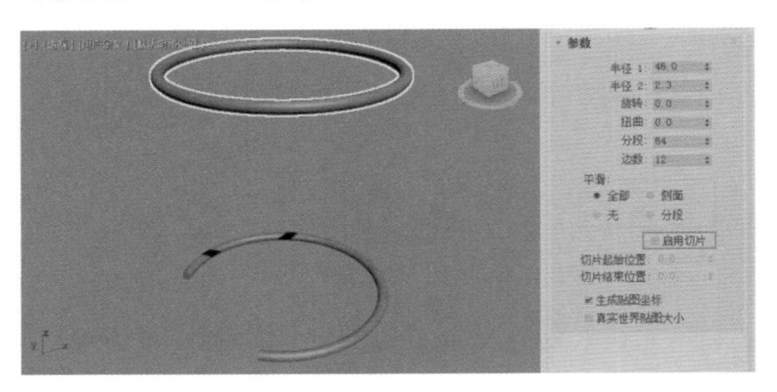

图4-203

（5）在“创建”面板中单击“圆柱体”按钮，在场景中创建一个圆柱体模型用来连接两个圆环模型，并在其“修改”面板中，调整圆柱体的“半径”值为“2”，“高度”值为“102”，如图 4-204 所示。

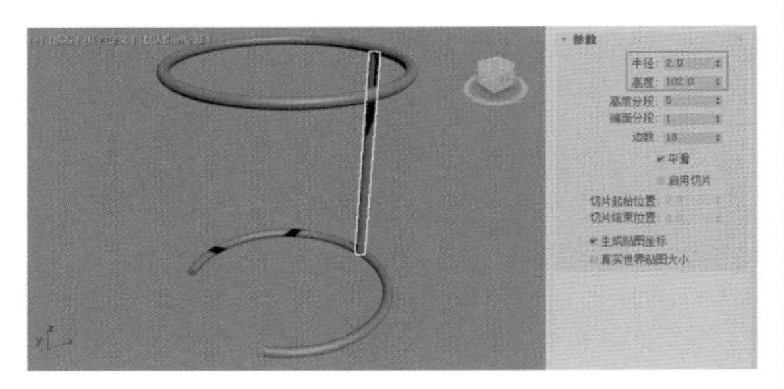

图4-204

（6）再次单击“圆柱体”按钮，在场景中创建一个圆柱体，用来制作出圆桌的桌面结构，如图 4-205 所示。

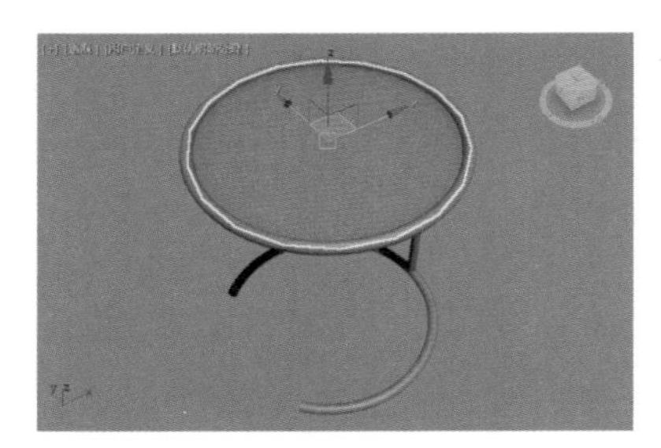

图4-205

（7）本实例的最终模型完成结果如图 4-199 所示。

4.7.4　实例：制作螺旋楼梯模型

本实例讲解了如何使用“楼梯”内所提供的“螺旋楼梯”按钮来快速地制作出螺旋楼梯模型，楼梯模型的渲染效果如图 4-206 所示。

扫码看视频

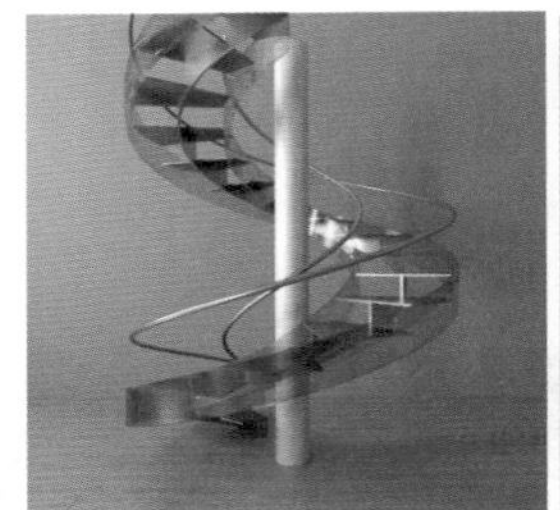

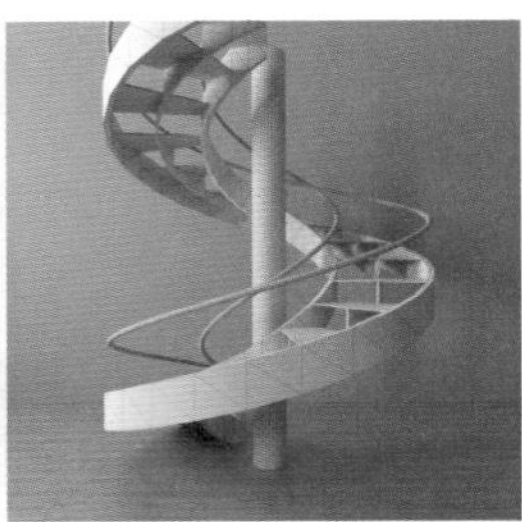

图4-206

（1）启动 3ds Max 2018 软件，在“创建”面板的下拉列表中，切换选择为“楼梯”，并单击“螺旋楼梯”按钮 螺旋楼梯 ，在场景中创建出一段螺旋楼梯的模型，如图 4-207 所示。

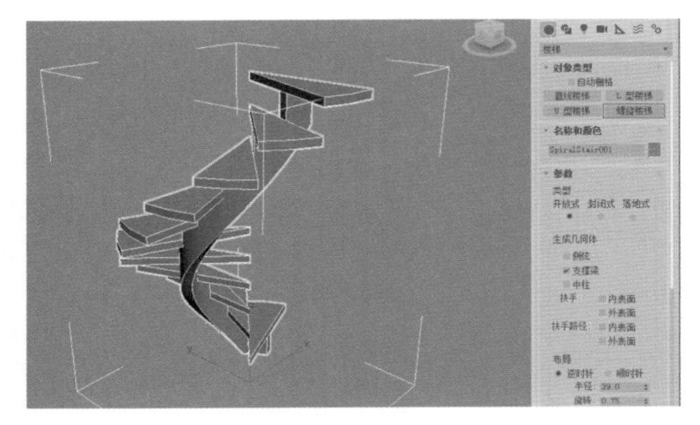

图4-207

（2）在“布局”组中，设置“半径”的值为“180”，设置“旋转”的值为“1.5”，“宽度”的值为“100”。在“梯级”组中，设置楼梯的“总高”值为“500”，提高楼梯的高度，“竖板数”的值为“25”，如图 4-208 所示。

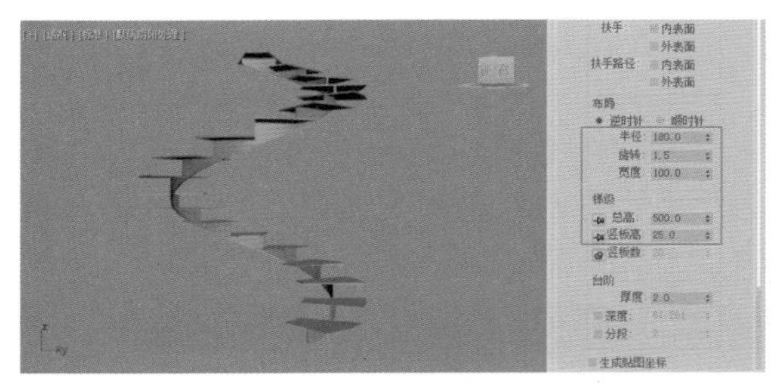

图4-208

（3）在“生成几何体”组中，勾选“侧弦”复选框，可以在“透视”视图中观察到楼梯的侧弦结构，如图 4-209 所示。

（4）展开“侧弦”卷展栏，设置侧弦的“深度”值为“40”，“宽度”值为“6”，“偏移”值为“0”，调整侧弦结构的细节，如图 4-210 所示。

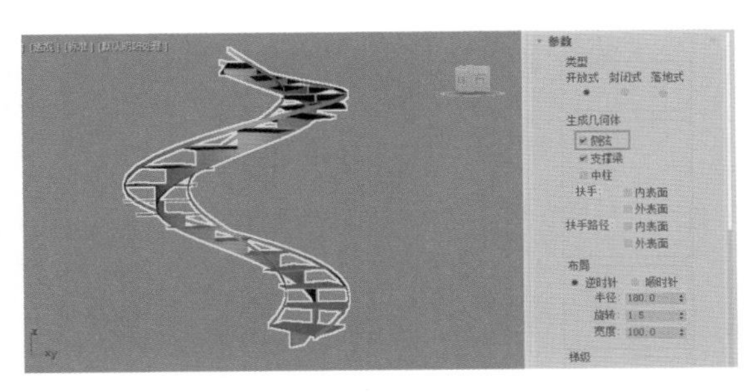

图4-209

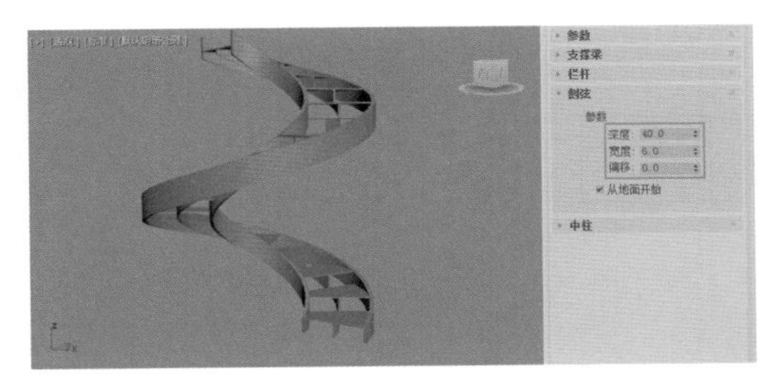

图4-210

（5）展开“参数”卷展栏，在“生成几何体”组中勾选“中柱”复选框，可以看到螺旋楼梯的中心部分会自动生成一根圆柱结构，如图 4-211 所示。

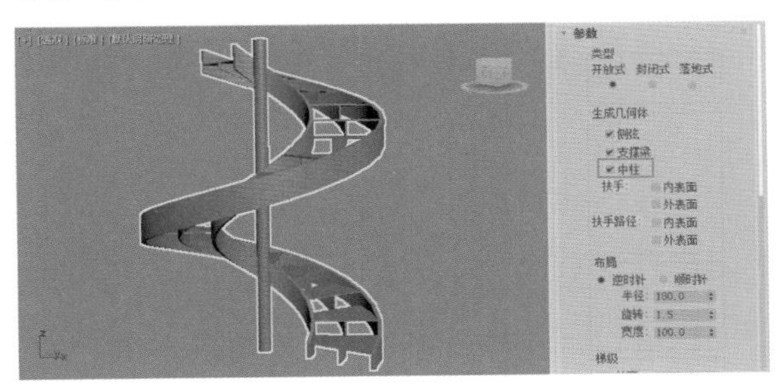

图4-211

（6）展开“中柱”卷展栏，设置中柱的“半径”值为“20”，“分段”值为“30”，如图 4-212 所示。

（7）在“参数”卷展栏中，勾选“生成几何体”组中的“内表现”和“外表面”复选框，这样螺旋楼梯可以生成扶手结构，如图 4-213 所示。

图4-212

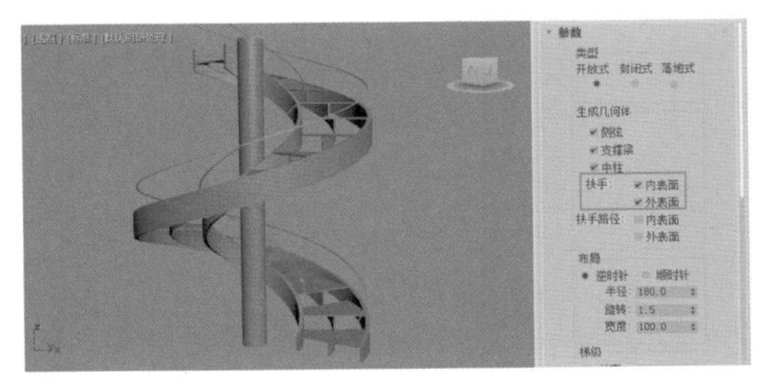

图4-213

（8）展开“栏杆”卷展栏，调整扶手“高度”值为“45”，“偏移”值为“0”，“分段”值为“8”，“半径”值为“2”，如图 4-214 所示。

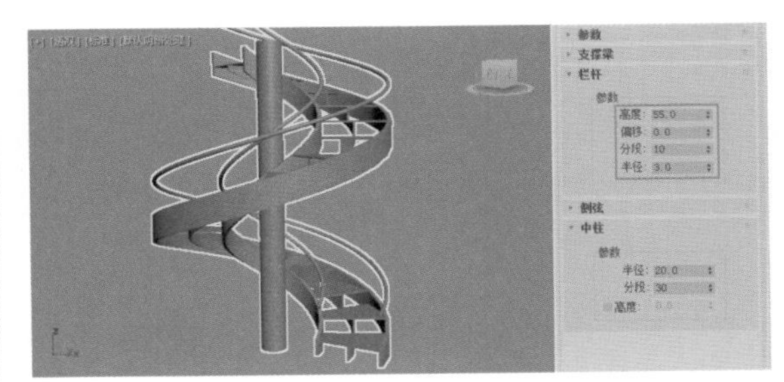

图4-214

（9）调整完成后，本实例的模型最终效果如图 4-206 所示。

图形建模

本章要点

- 图形概述
- 样条线
- 扩展样条线
- 对曲线进行编辑
- 放样
- 技术实例

5.1 图形概述

在 3ds Max 2018 软件中，有一些模型如果使用几何体来进行建模的话会非常麻烦，而且效果也不如人意。如果换一种建模思路，使用二维图形进行建模则会非常容易，并且可以得到造型精美的理想效果，比如精致的餐具、屋顶的吊灯等，如图 5-1、图 5-2 所示。

图5-1

图5-2

3ds Max 2018 为用户提供了多种预先设计好的二维图形按钮，几乎包含了所有常用的图形类型。如果用户觉得在 3ds Max 2018 中绘制曲线比较麻烦，还可以选择使用其他绘图软件如 Illustrator、CorelDraw、AutoCAD 等进行图形创作，这些图形作品全部都可以直接导入到 3ds Max 2018 中进行建模操作使用。

二维图形建模方式与上一章所讲的几何体非常相似，在进行本章内容的学习前，读者可以自行尝试使用这些按钮来创建图形。

5.2 样条线

“创建”面板中第 2 个分类就是“图形”。单击“创建”面板中的“图形”命令按钮，即可打开图形的创建命令面板，如图 5-3 所示。

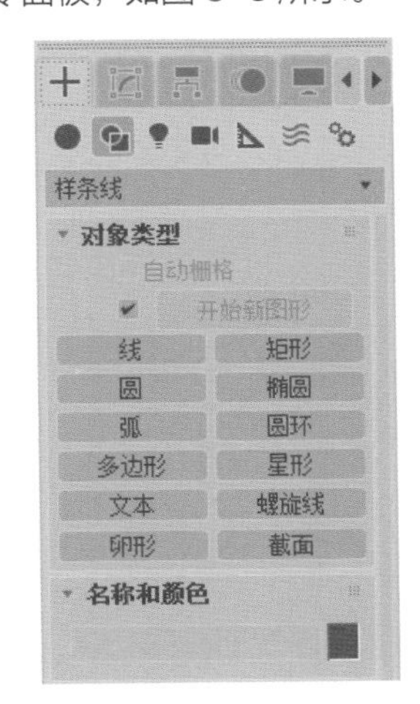

图5-3

“图形”面板内“样条线”类型下可以看到 3ds Max 2018 为用户提供了多达 12 种命令按钮，分别为“线”按钮 线 、“矩形”按钮 矩形 、“圆”按钮 圆 、“椭圆”按钮 椭圆 、“弧”按钮 弧 、“圆环”按钮 圆环 、“多边形”按钮 多边形 、“星形”按钮 星形 、“文本”按钮 文本 、“螺旋线”按钮 螺旋线 、“卵形”按钮 卵形 和“截面”按钮 截面 。单击这些按钮，即可在场景中绘制相应的图形。

5.2.1 线

用户可以使用“线”工具进行任意造型的图形绘制，比如制作 Logo、电线、灯丝等。“线”工具是使用频率最高的二维图形绘制工具。在“创建”面板中单击“线”按钮 线 ，即可在场景中以绘制方式创建出线对象，创建结果如图 5-4 所示。

绘制线时，在“创建方法”卷展栏中可以看到线具有两种创建类型，分别为“初始类型”和“拖动类型”。其中“初始类型”分为“角点”和“平滑”，“拖动类型”分为“角点”“平滑”和“Bezier”，如图 5-5 所示。

工具解析

①“初始类型”组

◇ 角点：使用该选项创建的线将产生一个尖端，且样条线在顶点的任意一边都是线性的。

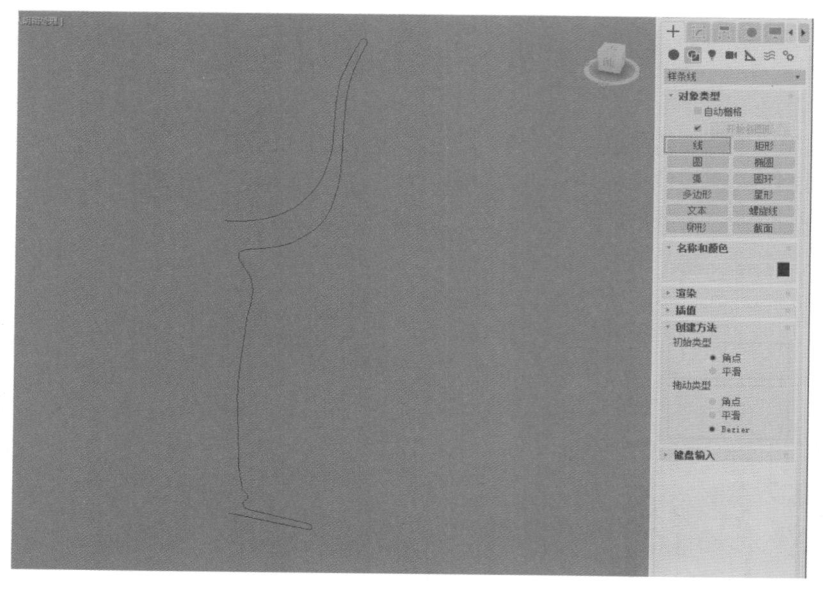

图5-4

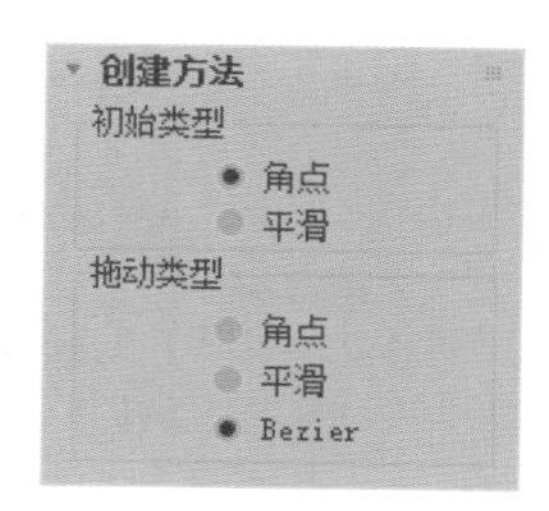

图5-5

◇ 平滑：使用该选项创建的线，其顶点将产生一条平滑、不可调整的曲线，由顶点的间距来设置曲率的数量。

②“拖动类型”组

◇ 角点：使用该选项创建的线将产生一个尖端，且样条线在顶点的任意一边都是线性的。

◇ 平滑：使用该选项创建的线，其顶点将产生一条平滑、不可调整的曲线，由顶点的间距来设置曲率的数量。

◇ Bezier：通过顶点产生一条平滑、可调整的曲线。通过在每个顶点拖动鼠标来设置曲率的值和曲线的方向。

5.2.2 矩形

在“创建”面板中单击“矩形”按钮 矩形 ，即可在场景中以绘制方式创建出矩形样条线对象，创建结果如图5-6所示。

矩形的参数面板如图5-7所示。

工具解析

◇ 长度/宽度：设置矩形对象的长度和宽度。

◇ 角半径：设置矩形对象的圆角效果。

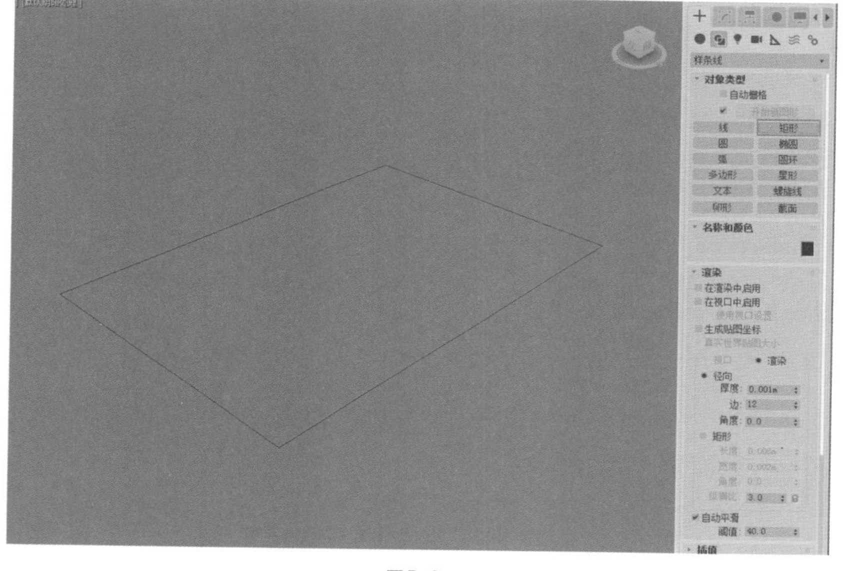

图5-6

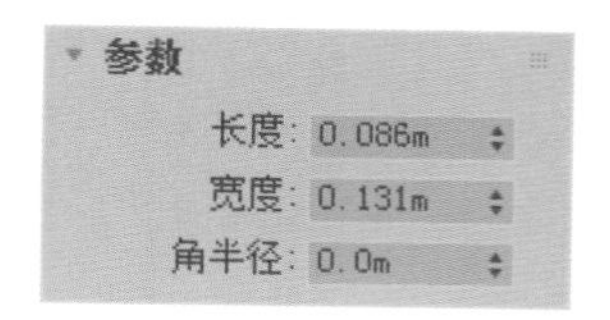

图5-7

5.2.3 圆

在“创建”面板中单击“圆”按钮 圆 ，即可在场景中以绘制方式创建出圆形的样条线对象，创建结果如图 5-8 所示。

圆的参数面板如图 5-9 所示。

工具解析

◇ 半径：设置圆的半径大小。

5.2.4 弧

在“创建”面板中单击“弧”按钮 弧 ，即可在场景中以绘制方式创建出弧形的样条线对象，创建结果如图 5-10 所示。

弧的参数面板如图 5-11 所示。

工具解析

◇ 半径：设置圆弧的半径大小。

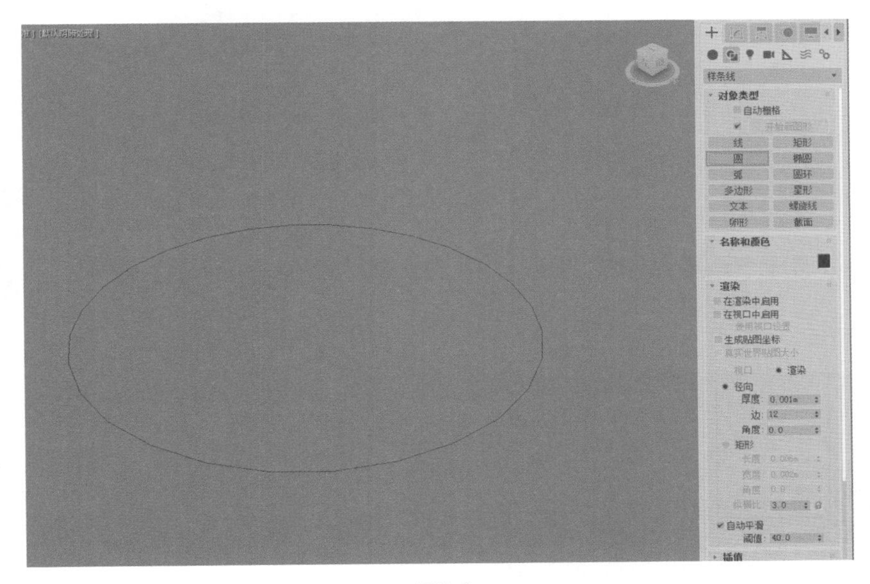

图5-8

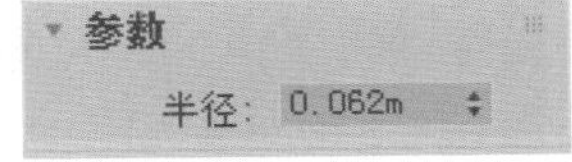

图5-9

图5-10

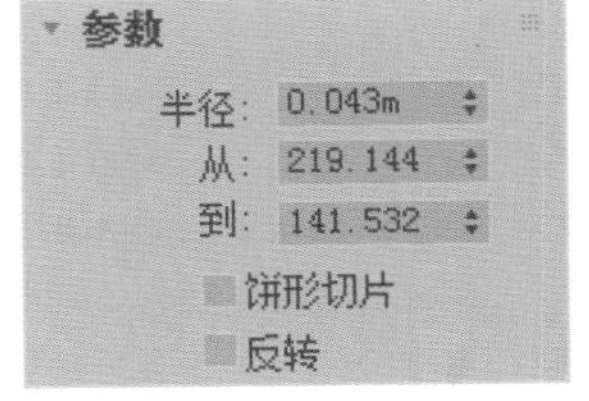

图5-11

◇ 从 / 到：在从局部正 x 轴测量角度时起点 / 结束点的位置。

◇ 饼形切片：启用此选项后，添加从端点到半径圆心的直线段，可创建一个闭合样条线。图 5-12 所示分别为开启“饼形切片”前后的圆弧效果对比。

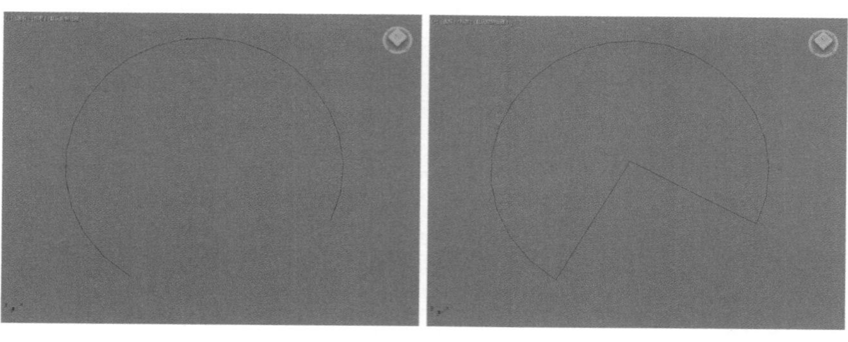

图5-12

◇ 反转：启用此选项后，反转弧形样条线的方向，并将第一个顶点放置在打开弧形的相反末端。

5.2.5 多边形

在“创建”面板中单击“多边形”按钮 多边形 ，即可在场景中以绘制方式创建出多边形的样条线对象，创建结果如图 5-13 所示。

圆的参数面板如图 5-14 所示。

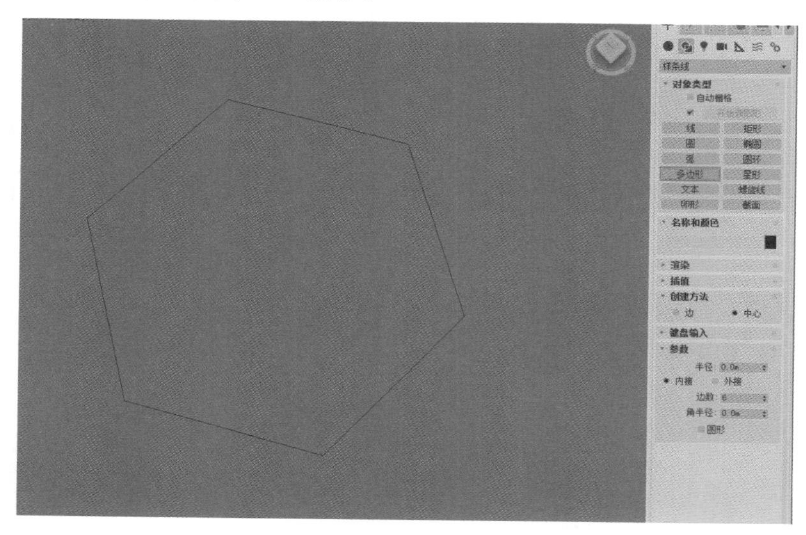

图5-13

参数
半径：0.036m
内接　外接
边数：6
角半径：0.0m
圆形

图5-14

工具解析

◇ 半径：设置多边形径向中心到边的距离。

◇ 内接：径向中心到各角的距离。

◇ 外接：径向中心到各侧边中心的距离。

◇ 边数：设置多边形边的数量。

◇ 角半径：应用于各角的圆角的度数。

◇ 圆形：启用该选项之后，将指定圆形的“多边形”设置。这相当于圆形样条线，但可能顶点数量不同，因为圆形样条线只有四个顶点。

5.2.6 星形

在“创建”面板中单击“星形”按钮 星形 ，即可在场景中以绘制方式创建出星形的样条线对象，创建结果如图 5-15 所示。

星形的参数面板如图 5-16 所示。

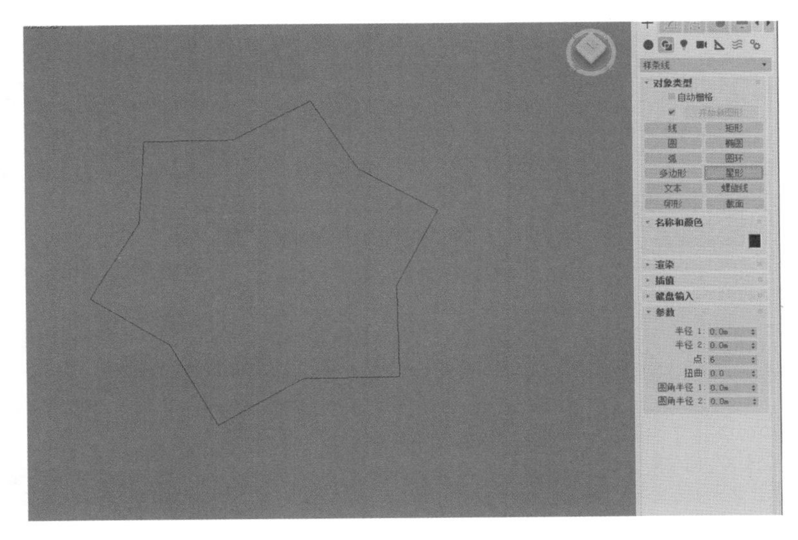

图5-15

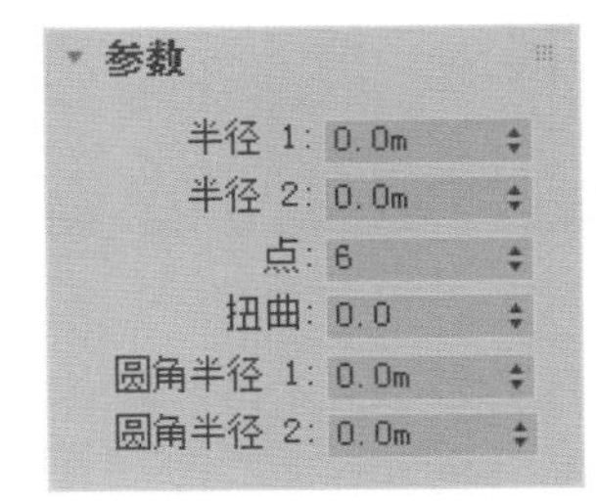

图5-16

工具解析

◇ 半径1/半径2：设置星形的第一/第二组顶点的半径大小。

◇ 点：用于控制星形上的点数。图5-17所示分别为该值是“6”和“10”的图形显示结果对比。

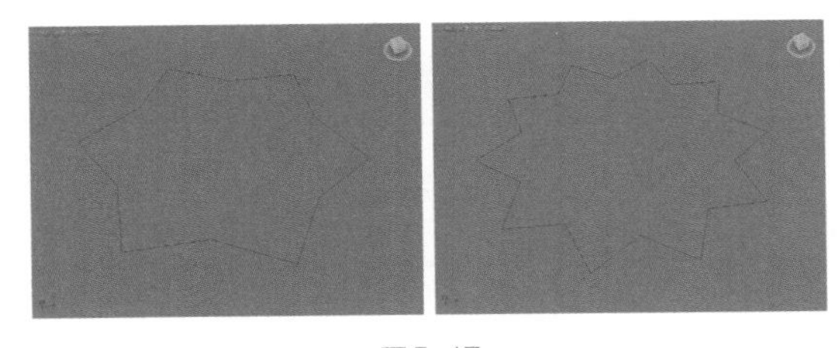

图5-17

◇ 扭曲：围绕星形中心旋转半径2顶点。可以生成锯齿形效果，如图5-18所示。

◇ 圆角半径1/圆角半径2：圆角化第一/第二组顶点。

图5-19所示为添加了圆角半径的效果。

图5-18

图5-19

5.2.7 文本

在“创建”面板中单击“文本”按钮 文本 ，即可在场景中以绘制方式创建出文字效果的样条线对象，创建结果如图5-20所示。

文本的参数面板如图5-21所示。

图5-20

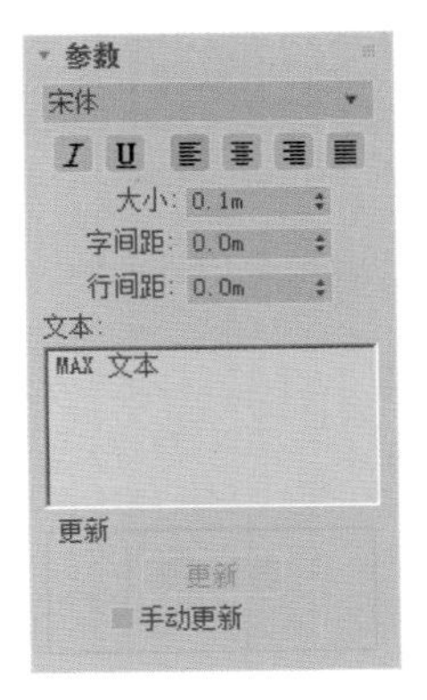

图5-21

工具解析

◇ 字体列表：可以从所有可用字体的列表中进行选择。

◇ “斜体样式”按钮 *I*：切换斜体文本。图 5-22 所示分别为单击该按钮前后的字体效果对比。

图5-22

◇ “下划线样式”按钮 U：切换下划线文本。图 5-23 所示分别为单击该按钮前后的字体效果对比。

图5-23

◇ “左侧对齐”按钮：将文本与边界框左侧对齐。

◇ “居中”按钮：将文本与边界框的中心对齐。

◇ “右侧对齐”按钮：将文本与边界框右侧对齐。

◇ “对正”按钮：分隔所有文本行以填充边界框的范围。

◇ 大小：设置文本高度，其中测量高度的方法由活动字体定义。

◇ 字间距：调整字间距（字母间的距离）。

◇ 行间距：调整行间距（行间的距离）。只有图形中包含多行文本才起作用。

◇ “文本”编辑框：可以输入多行文本。在每行文本后按下【Enter】键可以开始输入下一行。

◇ “更新”按钮 更新 ：更新视口中的文本来匹配编辑框中的当前设置。

◇ 手动更新：启用此选项后，键入编辑框中的文本将未在视口中显示，直到单击“更新”按钮才会显示。

5.2.8 螺旋线

在“创建”面板中单击“螺旋线”按钮 螺旋线 ，即可在场景中以绘制方式创建出螺旋线的样条线对象，创建结果如图 5-24 所示。

圆的参数面板如图 5-25 所示。

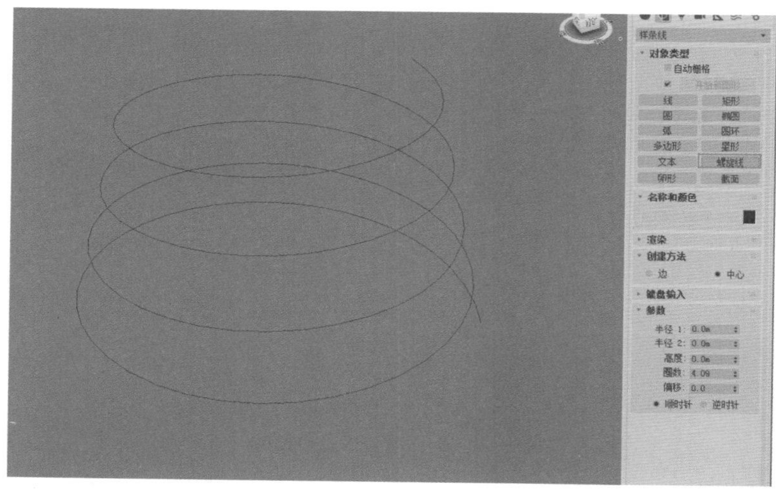

图5-24

图5-25

工具解析

◇ 半径 1/ 半径 2：设置螺旋线起点 / 终点的半径。

◇ 高度：设置螺旋线的高度。

◇ 圈数：指定螺旋线起点和终点之间的圈数。

◇ 偏移：强制在螺旋线的一端累积圈数。图 5-26 所示分别为该值是“0”和“0.6”的螺旋线图形结果对比。

◇ 顺时针 / 逆时针：设置螺旋线的旋转是顺时针（CW）还是逆时针（CCW）。

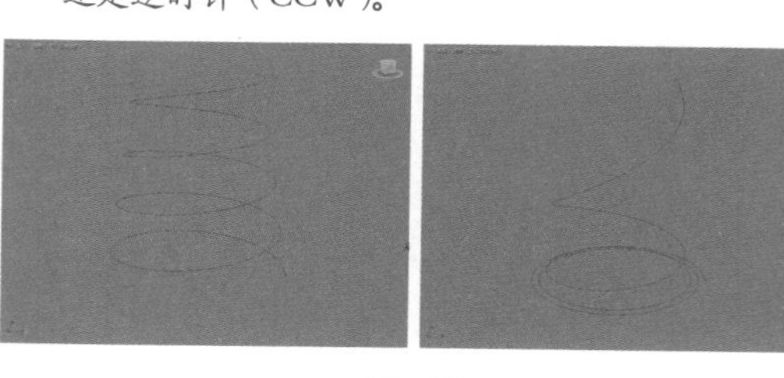

图5-26

5.2.9 截面

在“创建”面板中单击“截面”按钮 截面 ，即可在场景中以绘制方式创建出截面对象，创建结果如图 5-27 所示。需要特别注意的是，截面并不是一个田字格一样的图形，而是对场景中的几何体对象进行横截面计算而产生的图形。

截面的参数面板如图 5-28 所示。

工具解析

◇ “创建图形”按钮 创建图形 ：基于当前显示的相交线创建图形。

①“更新”组

◇ 移动截面时：在移动或调整截面图形时更新相交线。

◇ 选择截面时：在选择截面图形但未移动时，更新相交线。

◇ 手动：仅在单击“更新截面”按钮时更新相交线。

◇ “更新截面”按钮 更新截面 ：单击该按钮更新相交点，以便与截面对象的当前位置匹配。

②“截面范围”组

◇ 无限：截面平面在所有方向上都是无限的，从而使横截面位于其平面中的任意网格几何体上。

◇ 截面边界：仅在截面图形边界内或与其接触的对象中生成横截面。

◇ 禁用：不显示或生成横截面。

图5-27

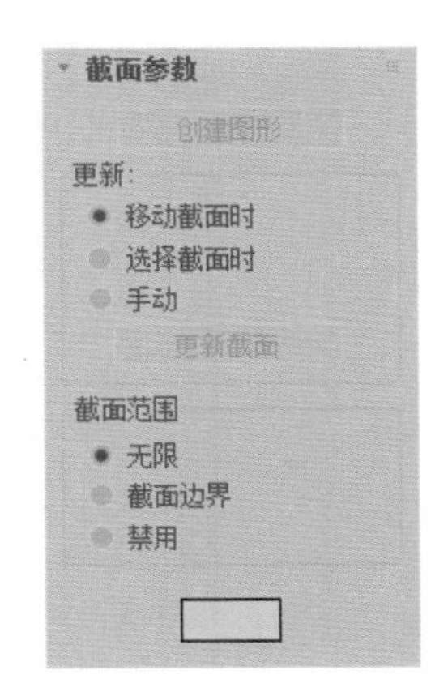

图5-28

5.2.10 其他样条线

在“样条线”的创建命令中，3ds Max 2018 除了上述讲解的 9 种按钮，还有“椭圆”按钮 椭圆 、“圆环”按钮 圆环 和“卵形”按钮 卵形 3 个按钮。这些按钮所创建对象的方法及参数设置与前面所讲述的内容基本相同，故不在此重复讲解。这 3 个按钮所对应的图形形态分别如图 5-29 ~图 5-31 所示。

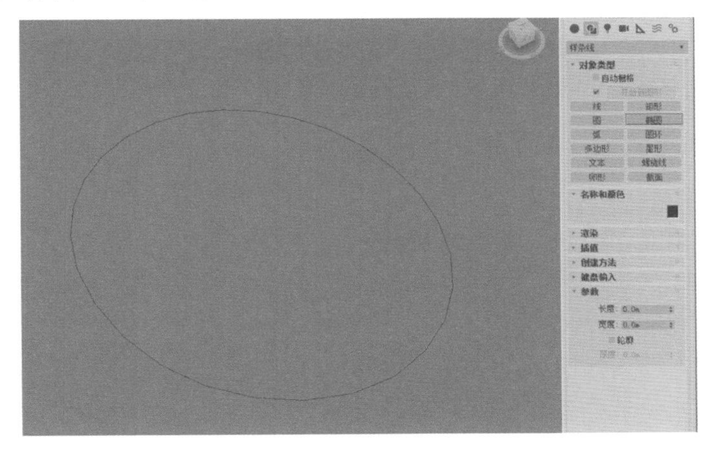

图5-29

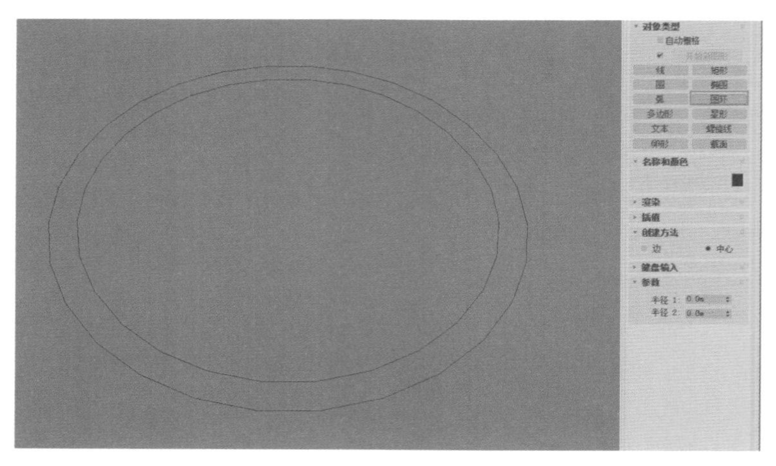

图5-30

图5-31

5.3 扩展样条线

与“几何体”中的“扩展基本体”相似，3ds Max 2018 也在“图形”的下拉列表里为用户提供了一组叫“扩展样条线”的曲线分类。其中有“墙矩形”按钮 墙矩形 、“通道”按钮 通道 、“角度”按钮 角度 、“T 形”按钮 T 形 和“宽法兰”按钮 宽法兰 5 个按钮，如图 5-32 所示。

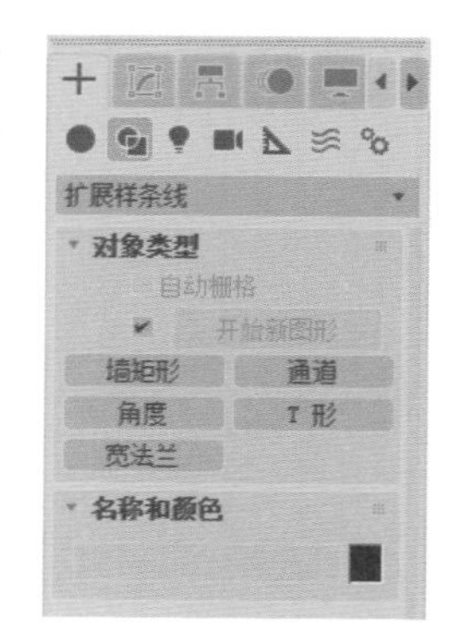

图5-32

5.3.1 墙矩形

在“创建”面板中单击“墙矩形”按钮 墙矩形 ，即可在场景中以绘制方式创建出墙矩形的样条线对象，创建结果如图 5-33 所示。

墙矩形的参数面板如图 5-34 所示。

工具解析

◇ 长度：墙矩形截面的高度。

图5-33

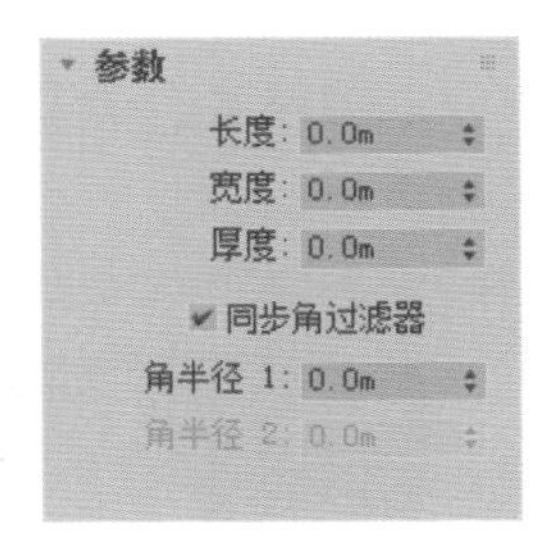

图5-34

◇ 宽度：墙矩形截面的宽度。

◇ 厚度：墙矩形的墙的厚度。

◇ 同步角过滤器：启用该选项后，"角半径 1" 将同时控制墙矩形的内侧角和外侧角的半径。它还保持截面的厚度不变。默认设置为启用。

◇ 角半径 1：截面的所有四个内侧角和外侧角的半径。

◇ 角半径 2：四个内侧角的半径。

5.3.2 通道

在"创建"面板中单击"通道"按钮 ，即可在场景中以绘制方式创建出通道的样条线对象，创建结果如图 5-35 所示。

通道的参数面板如图 5-36 所示。

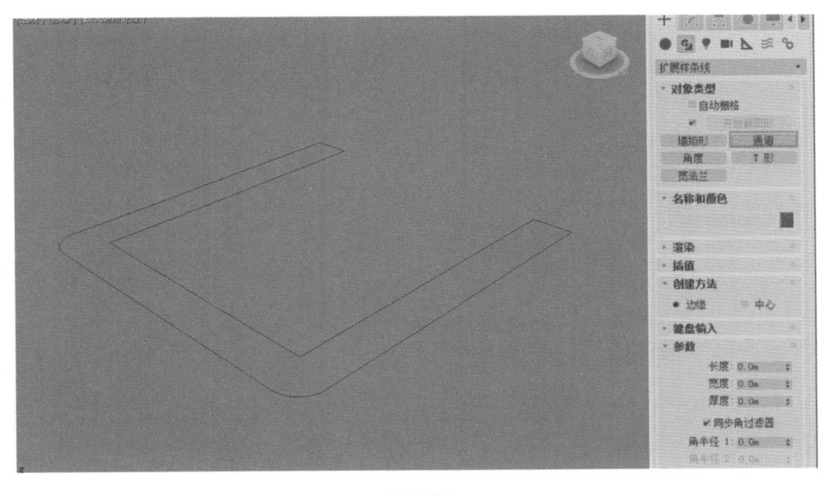

图5-35

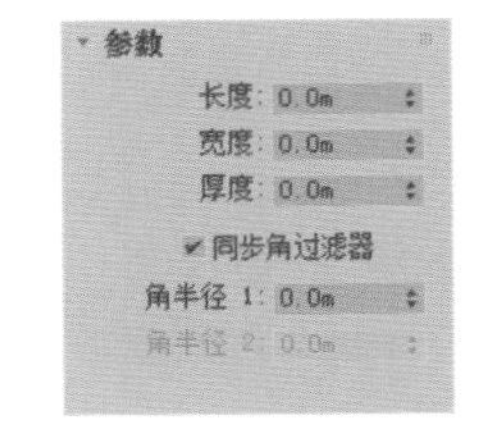

图5-36

工具解析

◇ 长度：通道垂直网的高度。

◇ 宽度：通道顶部和底部水平腿的宽度。

◇ 厚度：角度的两条腿的厚度。

◇ 同步角过滤器：启用后，“角半径 1”控制垂直网和水平腿之间内外角的半径。同时它还保持通道的厚度。默认设置为启用。

◇ 角半径 1：通道垂直网和水平腿之间的外径。

◇ 角半径 2：控制该通道垂直网和水平腿之间的内径。

5.3.3 角度

在“创建”面板中单击“角度”按钮 角度 ，即可在场景中以绘制方式创建出角度的样条线对象，创建结果如图 5-37 所示。

角度的参数面板如图 5-38 所示。

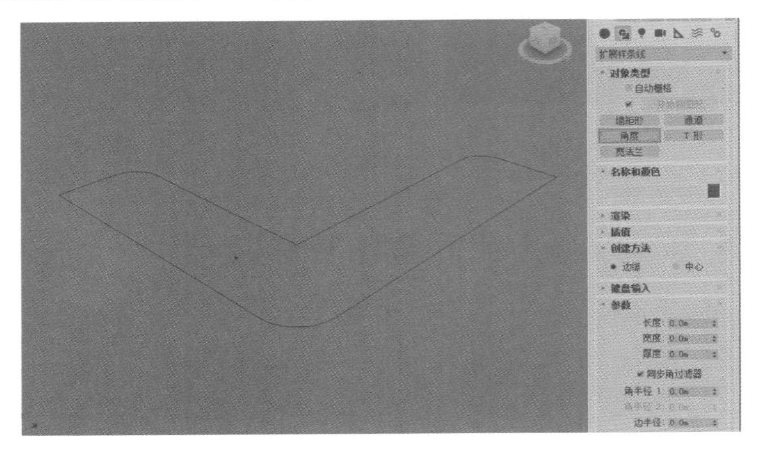

图5-37

图5-38

工具解析

◇ 长度：设置角度的垂直腿的高度。

◇ 宽度：角度的水平腿的宽度。

◇ 厚度：角度的两条腿的厚度。

◇ 同步角过滤器：启用后，“角半径 1”控制垂直腿和水平腿之间内外角的半径。它还保持截面的厚度不变。默认设置为启用。

◇ 角半径 1：角度的垂直腿和水平腿之间的外径。

◇ 角半径 2：角度的垂直腿和水平腿之间的内径。

◇ 边半径：垂直腿和水平腿的最外部边的内径。

5.3.4 T形

在“创建”面板中单击“T 形”按钮 T 形 ，即可在场景中以绘制方式创建出 T 型的样条线对象，创建结果如图 5-39 所示。

T 形的参数面板如图 5-40 所示。

工具解析

◇ 长度：设置 T 型垂直网的高度。

◇ 宽度：T 型交叉法兰的宽度。

◇ 厚度：网和法兰的厚度。

◇ 角半径：该截面垂直网和水平法兰之间两个内部角的半径。

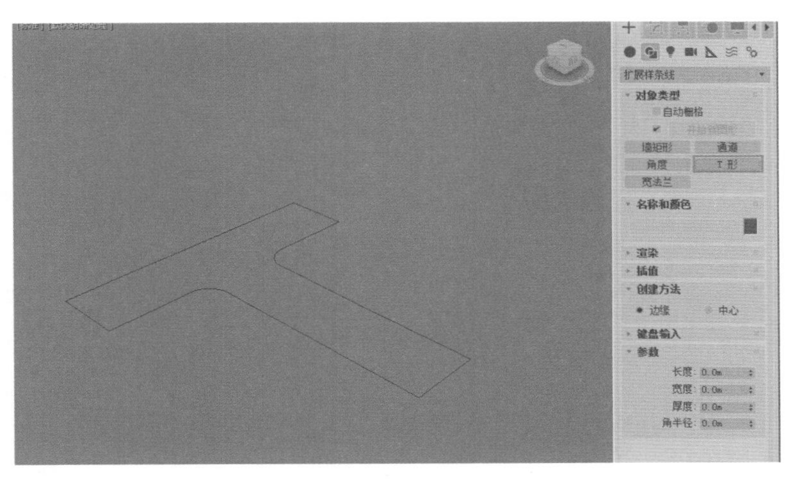

图5-39

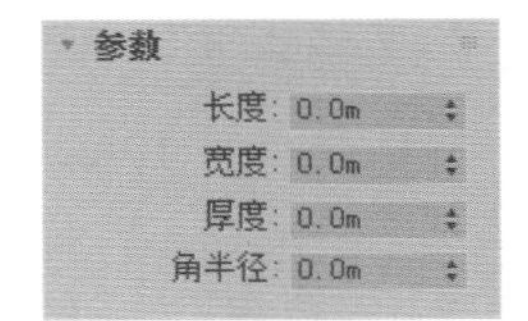

图5-40

5.3.5　宽法兰

在“创建”面板中单击“宽法兰”按钮 宽法兰 ，即可在场景中以绘制方式创建出宽法兰的样条线对象，创建结果如图 5-41 所示。

宽法兰的参数面板如图 5-42 所示。

图5-41

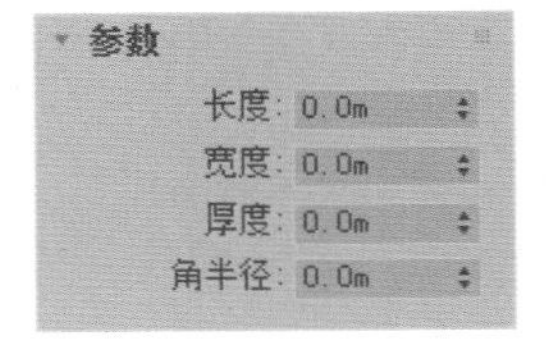

图5-42

工具解析

◇　长度：该宽法兰的垂直网的高度。
◇　宽度：该宽法兰交叉的水平法兰的宽度。
◇　厚度：网和法兰的厚度。
◇　角半径：垂直网和水平法兰之间的四个内部角半径。

5.4　对曲线进行编辑

使用 3ds Max 2018 提供的这些图形按钮创建出来的二维图形都是可以对其进行编辑操作的，比如将几个图形合并到一起，又或是对某一个图形进行形变操作。在默认情况下，只有“线”工具是可以直接进行编辑操作的，在其“修改”面板中，可以看到“线”工具共分为“顶点”“线段”和“样条线”3个子层级，如图5-43所示。而其他图形工具则需要进行一个“转换”操作，将其转换为可编辑的样条线对象才可以进行编辑。

图5-43

5.4.1 转换可编辑样条线

将一个图形转换为可编辑的样条线主要有3种方法。

第1种：选择图形，在任意视图内单击鼠标右键，在弹出的快捷菜单上选择并执行“转换为/转换为可编辑样条线”命令，如图5-44所示。

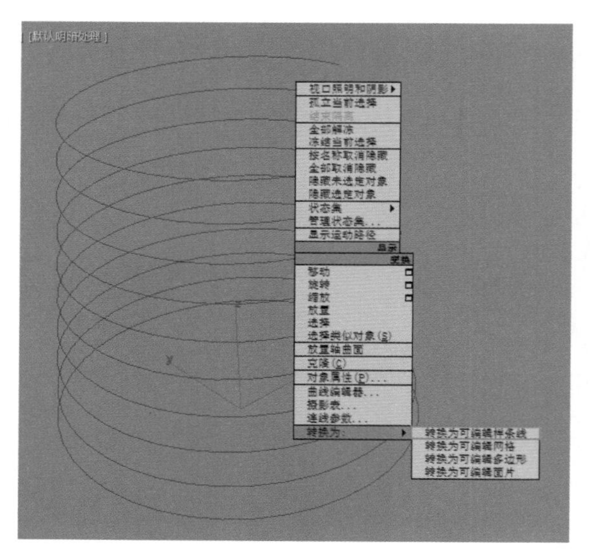

图5-44

第2种：选择图形，在“修改”面板中对其添加“编辑样条线”修改器来进行曲线编辑，如图5-45所示。

第3种：选择图形，直接在“修改”面板中，单击鼠标右键选择对象名称，在弹出的菜单中选择并执行“转换为：可编辑样条线”命令即可，如图5-46所示。

可编辑样条线一共具有5个卷展栏，分别是“渲染”卷展栏、“插值”卷展栏、“选择”卷展栏、“软选择”卷展栏和“几何体”卷展栏，如图5-47所示。

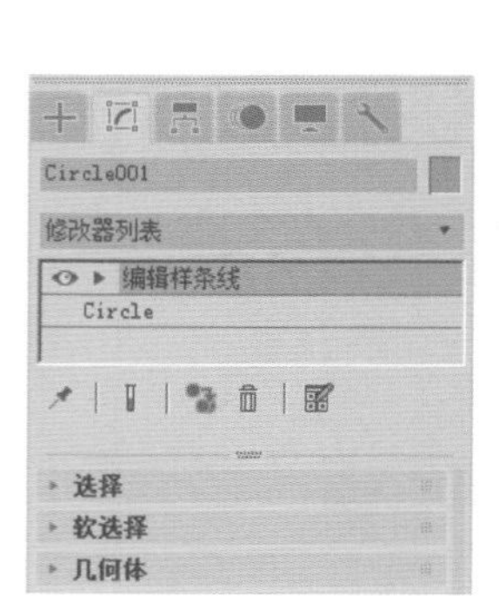

图5-45

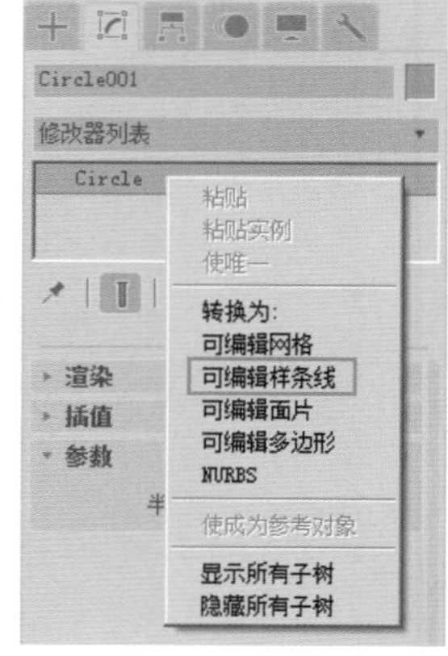

图5-46

5.4.2 “渲染”卷展栏

“渲染”卷展栏展开后如图5-48所示。

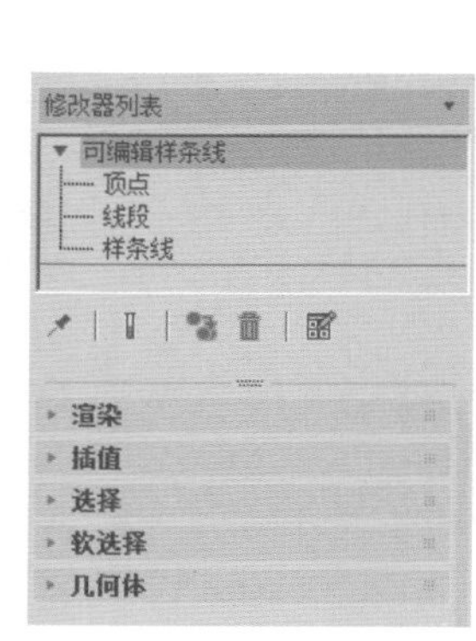

图5-47

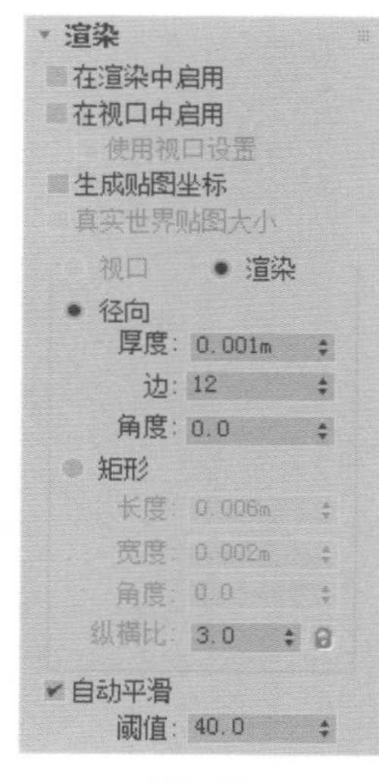

图5-48

工具解析

◇ 在渲染中启用：启用该选项后，使用渲染器设置的径向或矩形参数将图形渲染为3D网格，在该程序以前的版本中，可渲染开关执行相同的操作。

◇ 在视口中启用：启用该选项后，使用渲染器设置的径向或矩形参数将图形作为3D网格显示在视图中，在该程序以前的版本中“显示渲染网格”执行相同的操作。

◇ 使用视口设置：用于设置不同的渲染参数，并显示视图设置所生成的网格，只有勾选“在视图中启用”

复选框时，此选项才可用。

◇ 生成贴图坐标：启用此项可应用贴图坐标。

◇ 真实世界贴图大小：控制应用于该对象的纹理贴图材质所使用的缩放方法，缩放值由位于应用材质的“坐标”卷展栏中的“使用真实世界比例”选项设置控制。

◇ 视口：启用该选项为该图形指定径向或矩形参数。当启用“在视图中启用”时，它将显示在视图中。

◇ 渲染：启用该选项为该图形指定径向或矩形参数。当启用“在视图中启用”时，渲染或查看后它将显示在视图中。

◇ 径向：将3D网格显示为圆柱形对象。

◇ 厚度：指定视图或渲染样条线网格的直径。默认设置为“1”，范围为“0”至“100,000,000”。图5-49所示分别为厚度值是“0.5”和“2.5”的图形显示结果对比。

图5-49

◇ 边：设置样条线网格在视图或渲染器中的边（面）数。图5-50所示分别为边值是“3”和“10”的图形显示结果对比。

图5-50

◇ 角度：调整视图或渲染器中横截面的旋转位置。

◇ 矩形：将样条线网格图形显示为矩形，如图5-51所示。

图5-51

◇ 长度：指定沿着局部 y 轴的横截面大小。

◇ 宽度：指定沿着 x 轴横截面的大小。

◇ 角度：调整视图或渲染器中横截面的旋转位置。

◇ 纵横比：长度到宽度的比率。

◇ “锁定”按钮：可以锁定纵横比，启用“锁定”按钮之后，将宽度锁定为宽度与深度之比，此比值为恒定比率的深度。

◇ 自动平滑：勾选“自动平滑”复选框，可使用“阈值”设置指定的阈值自动平滑样条线。

◇ 阈值：以度数为单位指定阈值角度，如果它们之间的角度小于阈值角度，则可以将任何两个相接的样条线分段放到相同的平滑组中。

5.4.3 “插值”卷展栏

“插值”卷展栏展开后如图5-52所示。

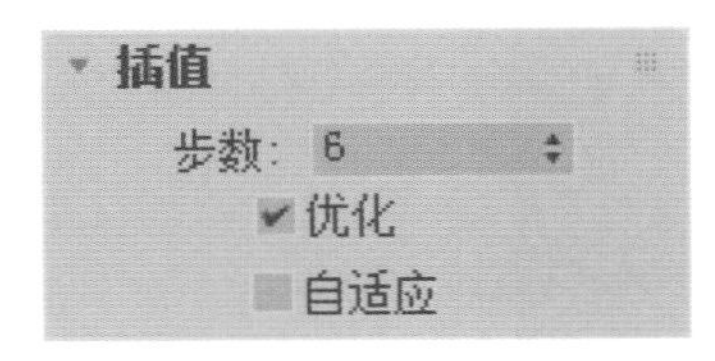

图5-52

工具解析

◇ 步数：用来设置程序在每个顶点之间使用的划分数量，值越大，图形越细致。图5-53所示分别为“步数”值是“0”和“3”的图形显示结果对比。

图5-53

◇ 优化：启用此选项后，可以从样条线的直线线段中删除不需要的步数。

◇ 自适应：可以自动设置每个样条线的步长数，以生成平滑曲线。

5.4.4 “选择”卷展栏

“选择”卷展栏展开后如图5-54所示。

工具解析

◇ “顶点”按钮：定义点的位置。

◇ “线段”按钮：连接两个顶点中间的分段。

◇ “样条线”按钮：一个或多个相连线段的组合。

① “命名选择”组

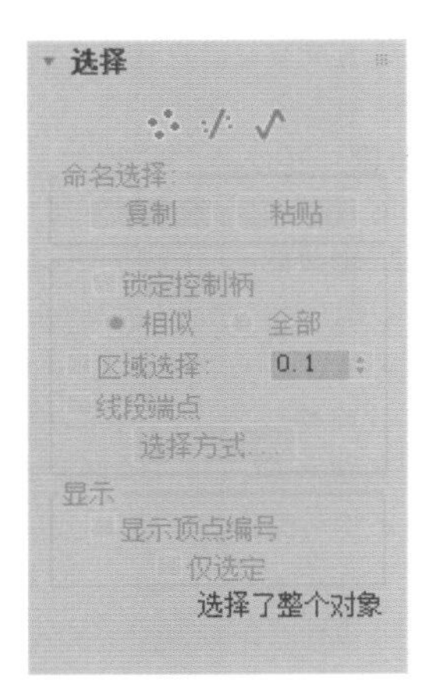

图5-54

◇ “复制”按钮：将命名选择放置到复制缓冲区。
◇ “粘贴”按钮：从复制缓冲区中粘贴命名选择。
◇ 锁定控制柄：通常每次只能变换一个顶点的切线控制柄，使用“锁定控制柄”控件可以同时变换多个Bezier和Bezier角点控制柄。
◇ 相似：拖曳传入向量的控制柄时，所选顶点的所有传入向量将同时移动。同样，移动某个顶点上的传出切线控制柄将移动所有所选顶点的传出切线控制柄。
◇ 全部：移动的任何控制柄将影响选择中的所有控制柄，无论它们是否已断裂。处理单个Bezier角点顶点并且想要移动两个控制柄时，可以使用此选项。
◇ 区域选择：允许用户自动选择所单击顶点的特定半径中的所有顶点。
◇ 线段端点：通过单击线段选择顶点。
◇ “选择方式…”按钮 选择方式... ：选择所选样条线或线段上的顶点。

② “显示”组

◇ 显示顶点编号：启用后，程序将在任何子对象层级的所选样条线的顶点旁边显示顶点编号，如图5-55所示。
◇ 仅选定：启用后，仅在所选顶点旁边显示顶点编号，如图5-56所示。

图5-55

图5-56

5.4.5 “软选择”卷展栏

“软选择”卷展栏展开后如图5-57所示。

工具解析

◇ 使用软选择：在可编辑对象或“编辑”修改器的子对象层级上影响“移动”“旋转”和“缩放”功能的操作。勾选该选项后，选择子对象，将以色彩渐变的方式显示出子对象影像的范围，如图5-58所示。
◇ 边距离：启用该选项后，将软选择限制到指定的面数，该选择在进行选择的区域和软选择的最大范围之间。影响区域根据“边距离”空间沿着曲面进行测量，而不是真实空间。
◇ 衰减：用来定义影像区域的距离，它使用当前单位表示的从中心到球体的“边距离”，值越大，影像的范围就越大。图5-59所示分别为该值是“10”和“100”的区域影像色彩对比。
◇ 收缩：沿着垂直轴提高并降低曲线的顶点。
◇ 膨胀：沿着垂直轴展开和收缩曲线。

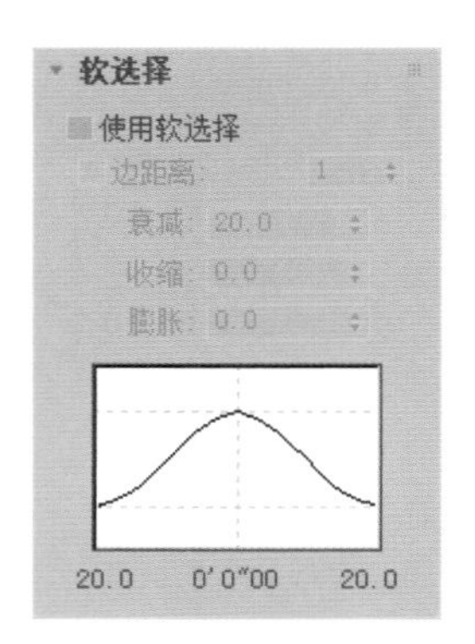

图5-57

图5-58

图5-59

5.4.6 “几何体”卷展栏

“几何体”卷展栏展开后如图 5-60 所示。

图5-60

工具解析

①“新顶点类型”组

◇ 线性：新顶点将具有线性切线。

◇ 平滑：新顶点将具有平滑切线。

◇ Bezier：新顶点将具有 Bezier 切线。

◇ Bezier 角点：新顶点将具有 Bezier 角点切线。

◇ “创建线”按钮 创建线 ：将更多样条线添加到所选样条线。

◇ “断开”按钮 断开 ：在选定的一个或多个顶点拆分样条线。

◇ “附加”按钮 附加 ：允许用户将场景中的另一个样条线附加到所选样条线。

◇ “附加多个”按钮 附加多个 ：单击此按钮可以显示“附加多个”对话框，对话框包含场景中所有其他图形的列表，选择要附加到当前可编辑样条线的形状，然后单击“确定”按钮即可完成操作。

◇ “横截面”按钮 横截面 ：在横截面形状外面创建样条线框架。

②“端点自动焊接”组

◇ 自动焊接：启用“自动焊接”后，会自动焊接在与同一样条线的另一个端点的阈值距离内放置和移动的端点顶点。此功能可以在对象层级和所有子对象层级使用。

◇ 阈值距离：阈值距离微调器是一个近似设置，用于控制在自动焊接顶点之前，顶点可以与另一个顶点接近的程度。默认设置为“6”。

◇ “焊接”按钮 焊接 ：将两个端点顶点或同一样条线中的两个相邻顶点转化为一个顶点。

◇ “连接”按钮 连接 ：连接两个端点顶点以生成一个线性线段，无论端点顶点的切线值是多少。

◇ “插入”按钮 插入 ：插入一个或多个顶点，以创建其他线段。

◇ “设为首顶点”按钮 设为首顶点 ：指定所选形状中的一个顶点为第一个顶点。

◇ “熔合”按钮 熔合 ：将所有选定顶点移至它们的平均中心位置，如图 5-61 所示。

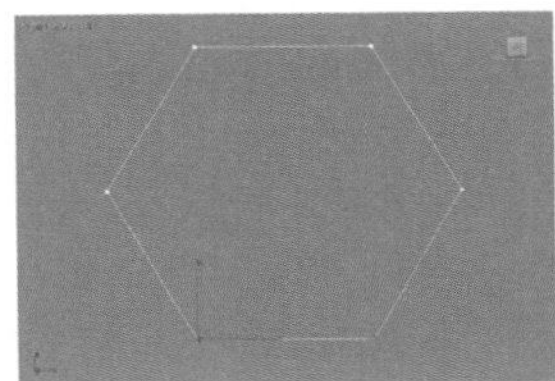
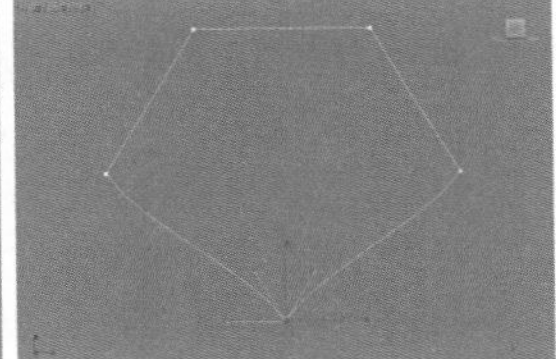

图5-61

◇ “反转”按钮 反转 ：反转所选样条线的方向。如图 5-62 所示反转曲线后，每个点的 ID 发生了变化。

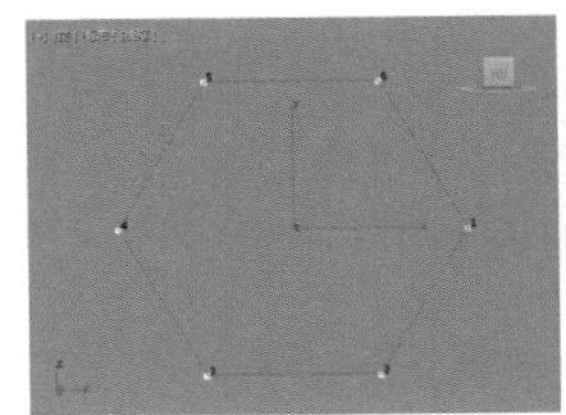
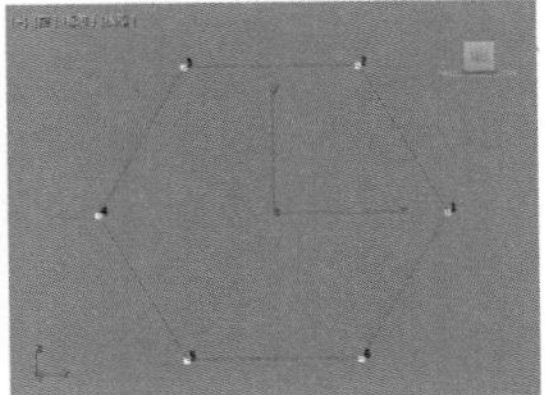

图5-62

◇ “圆角”按钮 圆角 ：在线段会合的地方设置圆角并添加新的控制点，如图 5-63 所示。

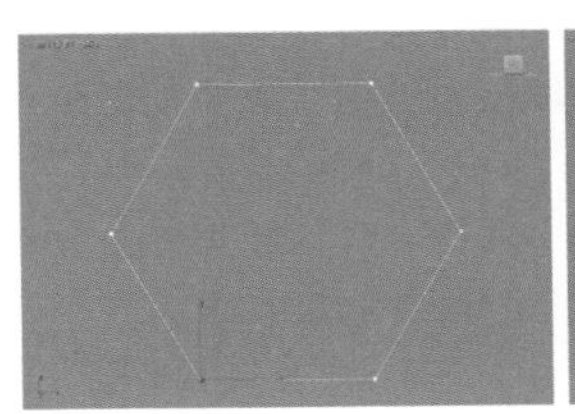
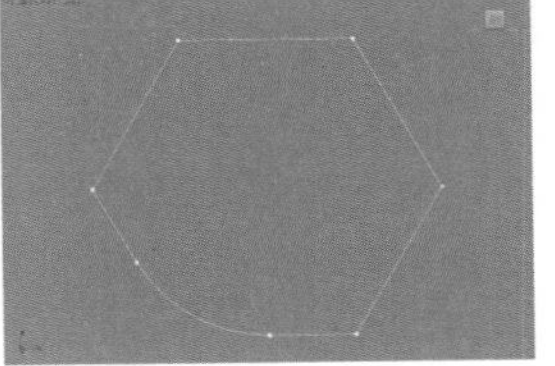

图5-63

◇ “切角”按钮 切角 ：在线段会合的地方设置直角，添加新的控制点，如图 5-64 所示。

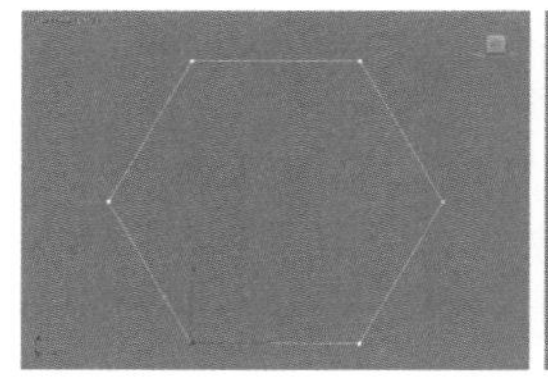
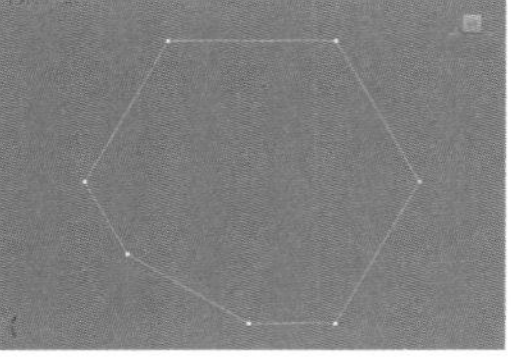

图5-64

◇ “轮廓”按钮 轮廓 ：制作样条线的副本，所有侧边上的距离偏移量由“轮廓宽度”微调器指定，如图5-65所示。

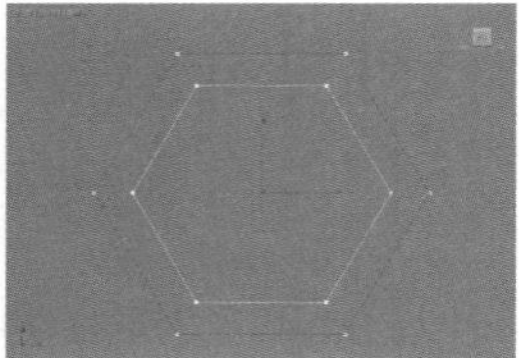

图5-65

◇ “布尔”按钮 布尔 ：通过执行更改用户选择的第1个样条线并删除第2个样条线的2D布尔操作，将两个闭合多边形组合在一起。有“并集”按钮、“交集”按钮和“差集”按钮3种可选。
◇ “镜像”按钮 镜像 ：沿长、宽或对角方向镜像样条线。有“水平镜像”按钮、“垂直镜像”按钮和“双向镜像”按钮3种可选。
◇ “修剪”按钮 修剪 ：清理形状中的重叠部分，使端点接合在一个点上。
◇ “延伸”按钮 延伸 ：清理形状中的开口部分，使端点接合在一个点上。
◇ 无限边界：为了计算相交，启用此选项可将开口样条线视为无穷长。
◇ “隐藏”按钮 隐藏 ：隐藏选定的样条线。
◇ “全部取消隐藏”按钮 全部取消隐藏 ：显示所有隐藏的子对象。
◇ “删除”按钮 删除 ：删除选定的样条线。
◇ “关闭”按钮 关闭 ：将所选样条线的端点，顶点与新线段相连来闭合该样条线。
◇ “拆分”按钮 拆分 ：添加由微调器指定的顶点数来细分所选线段。
◇ “分离”按钮 分离 ：将所选样条线复制到新的样条线对象，并从当前所选样条线中删除复制的样条线。
◇ “炸开”按钮 炸开 ：将每个线段转化为一个独立的样条线或对象来分裂任何所选样条线。

5.5 放样

“放样”命令位于“创建”面板中下拉列表的“复合对象”里。默认状态下，按钮呈灰色显示，不可使用，只有用户选择了场景中的样条线对象时，才可以激活该按钮，如图5-66所示。

“放样”命令起源于古代的造船技术，以船的龙骨为路径，在不同的位置放入大小形状不同的木板来制作船体。如今，三维软件借鉴了类似的原理，以一条线当作路径，通过在路径的不同位置上添加其他作为横截面的曲线来生成模型。“放样”的“参数”面板如图5-67所示，包含“创建方法”卷展栏、“曲面参数”卷展栏、“路径参数”卷展栏、“蒙皮参数”卷展栏和“变形”卷展栏5个部分。

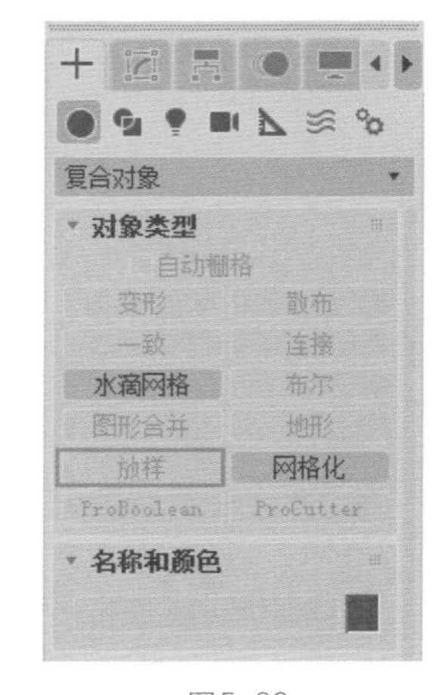

图5-66

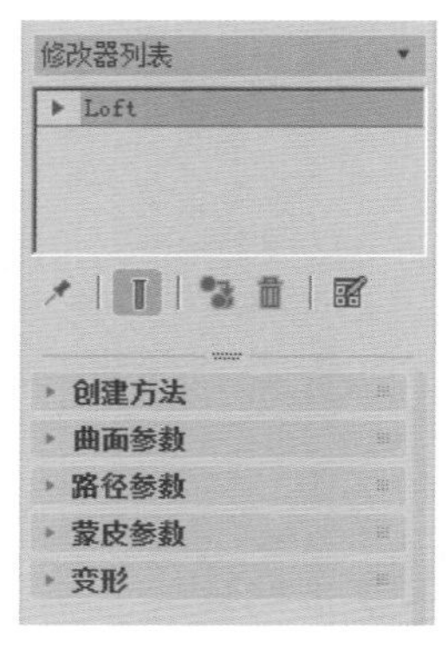

图5-67

5.5.1 “创建方法”卷展栏

“创建方法”卷展栏展开如图5-68所示。

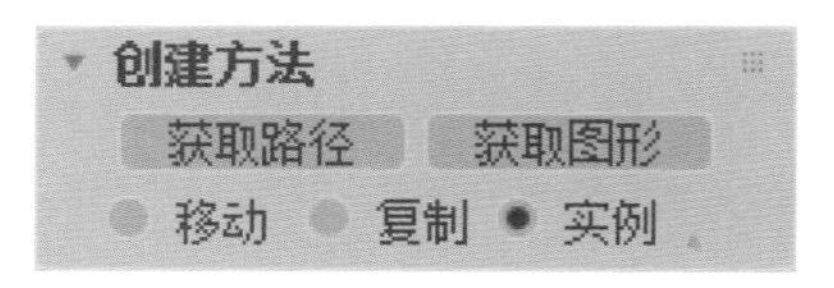

图5-68

工具解析

◇ 获取路径：将路径指定给选定图形或更改当前指定的路径。
◇ 获取图形：将图形指定给选定路径或更改当前指定的图形。
◇ 移动/复制/实例：用于指定路径或图形转换为放样对象的方式。

5.5.2 “曲面参数”卷展栏

“曲面参数”卷展栏展开如图5-69所示。

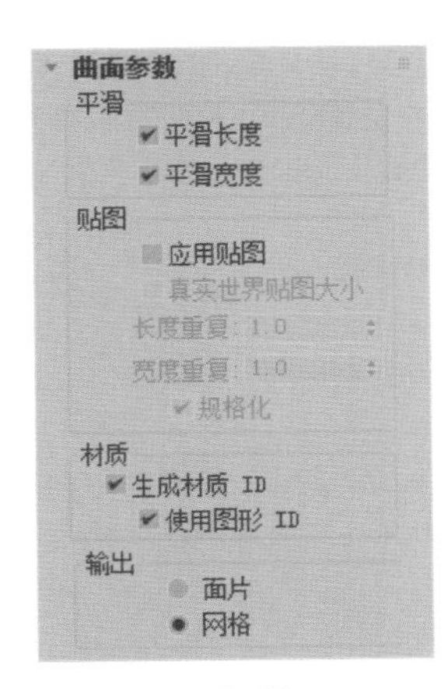

图5-69

工具解析

①“平滑”组

◇ 平滑长度：沿着路径的长度提供平滑曲面。

◇ 平滑宽度：围绕横截面图形的周界提供平滑曲面。

②“贴图”组

◇ 应用贴图：启用和禁用放样贴图坐标，必须启用“应用贴图”才能访问其余的项目。

◇ 真实世界贴图大小：控制应用于该对象的纹理贴图材质所使用的缩放方法。

◇ 长度重复：设置沿着路径的长度重复贴图的次数，贴图的底部放置在路径的第 1 个顶点处。

◇ 宽度重复：设置围绕横截面图形的周界重复贴图的次数，贴图的左边缘将与每个图形的第 1 个顶点对齐。

◇ 规格化：决定沿着路径长度和图形宽度路径顶点间距如何影响贴图。

③“材质”组

◇ 生成材质 ID：在放样期间生成材质 ID。

◇ 使用图形 ID：提供使用样条线材质 ID 来定义材质 ID 的选择。

5.5.3 “路径参数”卷展栏

“路径参数”卷展栏展开如图 5-70 所示。

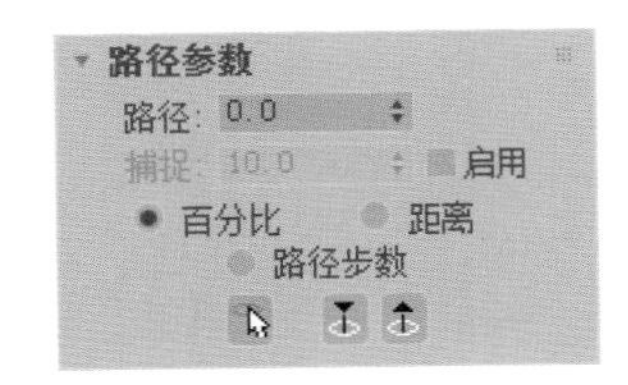

图5-70

工具解析

◇ 路径：通过输入值或拖曳微调器来设置路径的级别。

◇ 捕捉：用于设置沿着路径图形之间的恒定距离。

◇ 启用：启用该选项时，“捕捉”处于活动状态，默认设置为禁用状态。

◇ 百分比：将路径级别表示为路径总长度的百分比。

◇ 距离：将路径级别表示为路径第一个顶点的绝对距离。

◇ 路径步数：将图形置于路径步数和顶点上，而不是作为沿着路径的一个百分比或距离。

◇ “拾取图形”按钮：将路径上的所有图形设置为当前级别。

◇ “上一个图形”按钮：从路径级别的当前位置上沿路径跳至上一个图形上。

◇ “下一个图形”按钮：从路径层级的当前位置上沿路径跳至下一个图形上。

5.5.4 “蒙皮参数”卷展栏

“蒙皮参数”卷展栏展开如图 5-71 所示。

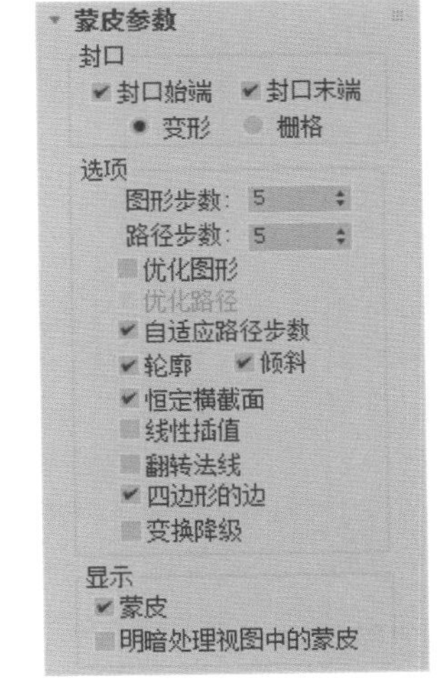

图5-71

工具解析

①“封口”组

◇ 封口始端：如果启用，路径第一个顶点处的放样端将被封口。如果禁用，放样端将为打开或不封口状态。默认设置为启用。

◇ 封口末端：如果启用，路径最后一个顶点处的放样端将被封口。如果禁用，放样端将为打开或不封口状态。默认设置为启用。

◇ 变形：按照创建变形目标所需的可预见且可重复的模式排列封口面。变形封口能产生细长的面，与那些采用栅格封口创建的面一样，这些面也不进行渲染或变形。

◇ 栅格：在图形边界处修剪的矩形栅格中排列封口面。

②“选项”组

◇ 图形步数：设置横截面图形的每个顶点之间的步数。该值会影响围绕放样周界的边的数目。

◇ 路径步数：设置路径的每个主分段之间的步数。该值会影响沿放样长度方向的分段的数目。

◇ 自适应路径步数：如果启用，将自动调整路径上的分段数目，以生成最佳蒙皮。主分段将沿路径出现在路径顶点、图形位置和变形曲线顶点处。如果禁用，主分段将沿路径只出现在路径顶点处。默认设置为启用。

◇ 轮廓：如果启用，每个图形都将遵循路径的曲率。

◇ 倾斜：如果启用，只要路径弯曲并改变其局部 z 轴的高度，图形便围绕路径旋转。

◇ 恒定横截面：如果启用，将在路径中的角处缩放横截面，以保持路径宽度一致。

◇ 线性插值：如果启用，将使用每个图形之间的直边生成放样蒙皮；如果禁用，将使用每个图形之间的平滑曲线生成放样蒙皮。

◇ 翻转法线：如果启用该选项，可以将法线翻转180°，可使用此选项来修正内部外翻的对象。

◇ 四边形的边：如果启用该选项，且放样对象的两部分具有相同数目的边，则两部分缝合到一起的面将显示为四方形。具有不同边数的两部分之间的边将不受影响，仍与三角形连接。

◇ 变换降级：使放样蒙皮在子对象图形/路径变换过程中消失。

5.5.5 “变形”卷展栏

“变形”卷展栏展开如图5-72所示。

图5-72

工具解析

◇ “缩放”按钮 缩放 ：可以从单个图形中放样对象，该图形沿着路径移动时只改变其缩放。

◇ “扭曲”按钮 扭曲 ：使用变形扭曲可以沿着对象的长度创建盘旋或扭曲的对象，“扭曲”将沿着路径指定旋转量。

◇ “倾斜”按钮 倾斜 ：“倾斜”变形围绕局部 x 轴和 y 轴旋转图形。

◇ “倒角”按钮 倒角 ：可以制作出具有倒角效果的对象。

◇ “拟合”按钮 拟合 ：使用拟合变形可以使用两条“拟合”曲线来定义对象的顶部和侧剖面。

5.6 技术实例

5.6.1 实例：制作衣架模型

本实例讲解了如何使用样条线内的命令按钮来快速地制作衣架模型。衣架模型的渲染效果如图5-73所示。

扫码看视频

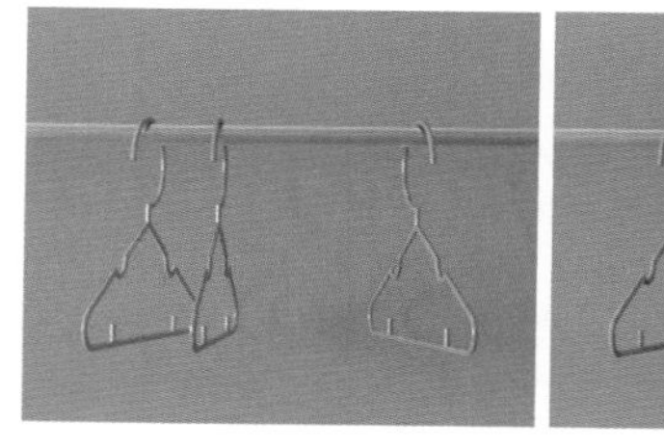
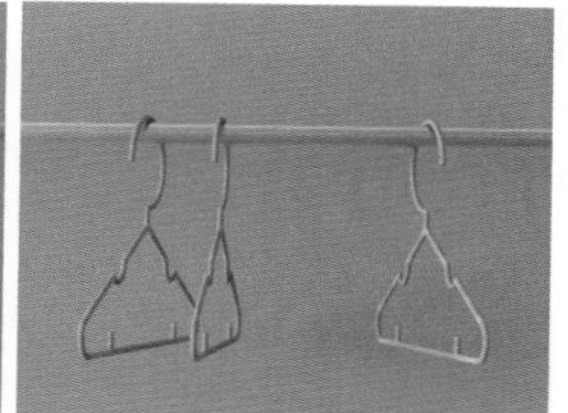

图5-73

（1）启动3ds Max 2018软件，单击“创建”面板中的“圆”按钮，在前视图中创建一个圆形，如图5-74所示。

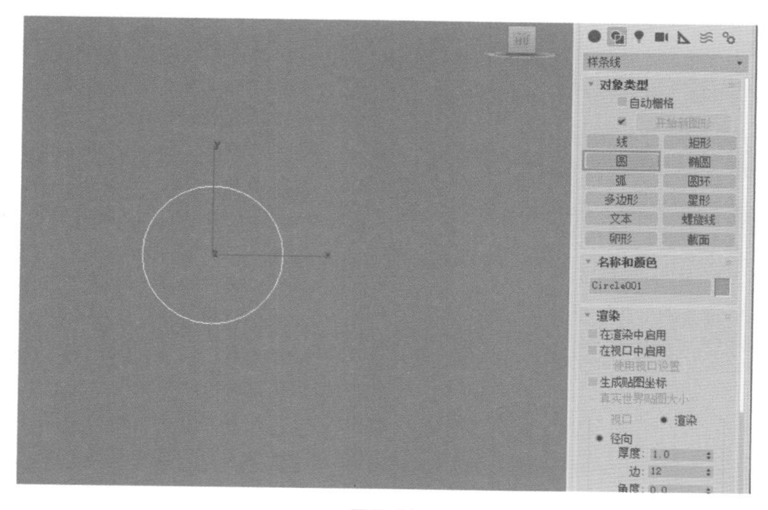

图5-74

（2）单击“创建”面板中的“矩形”按钮，在前视图中创建一个矩形，如图 5-75 所示。

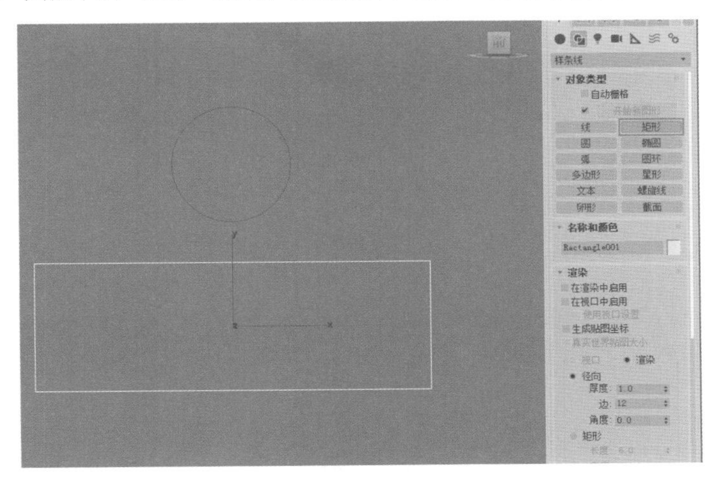

图5-75

（3）单击“创建”面板中的“线”按钮，按住【Shift】键在前视图中创建一根直线，如图 5-76 所示。

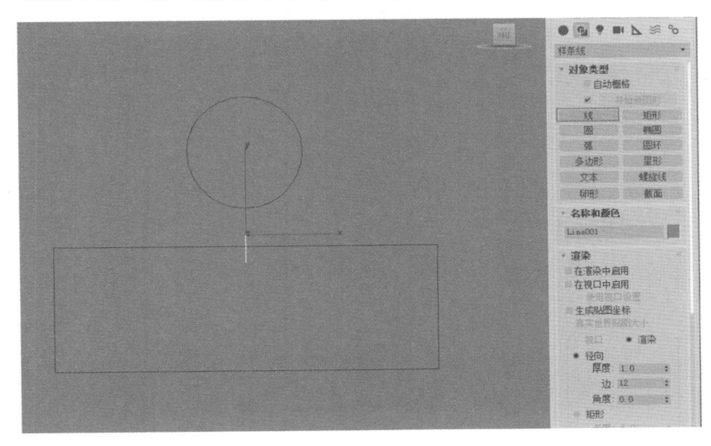

图5-76

（4）选择直线，在“修改”面板中，展开“几何体”卷展栏，单击“附加”按钮，将场景中的矩形和圆形合并为一个图形，如图 5-77 所示。

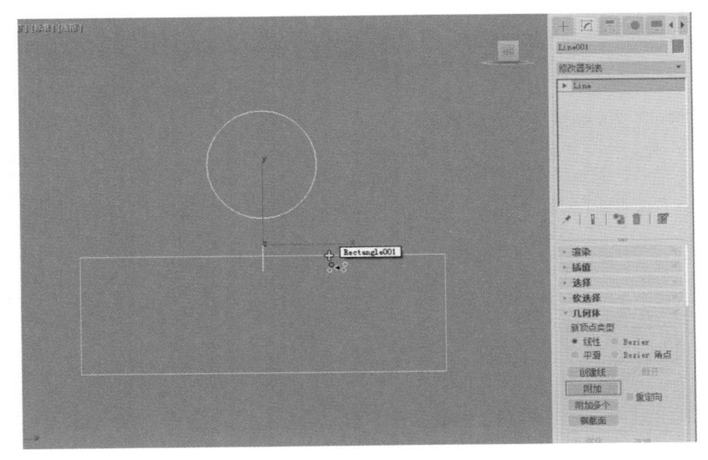

图5-77

（5）选择图5-78所示的两个顶点，单击“熔合”按钮，将这2个顶点的位置熔合为一处，再单击“焊接”按钮，将这两个顶点合并为一个顶点，如图5-79所示。

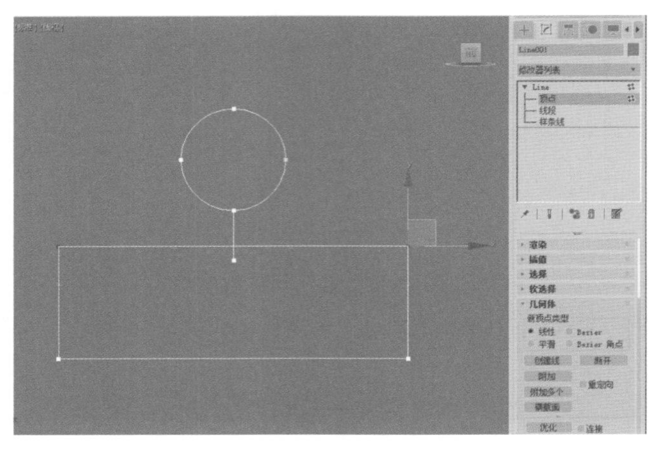

图5-78

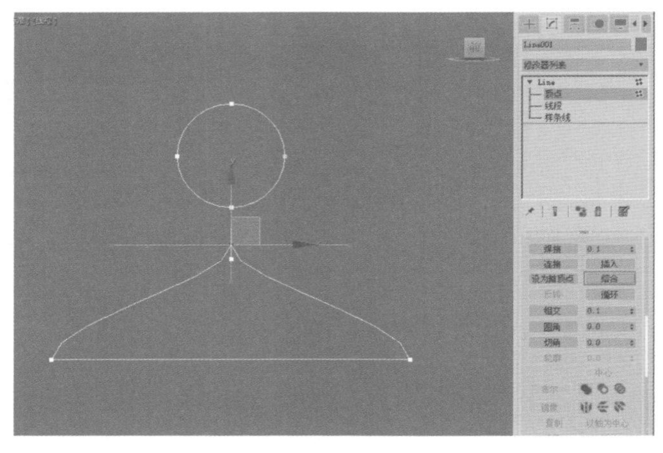

图5-79

（6）选择图5-80所示的顶点，单击鼠标右键，在弹出的快捷菜单中将所选择的顶点设置为“角点”，如图5-81所示。

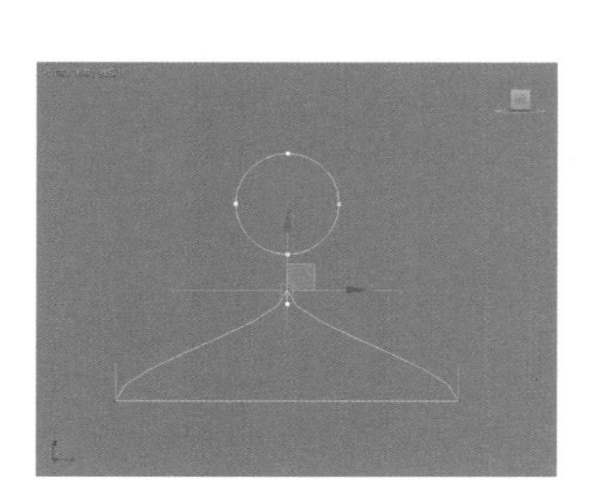

图5-80

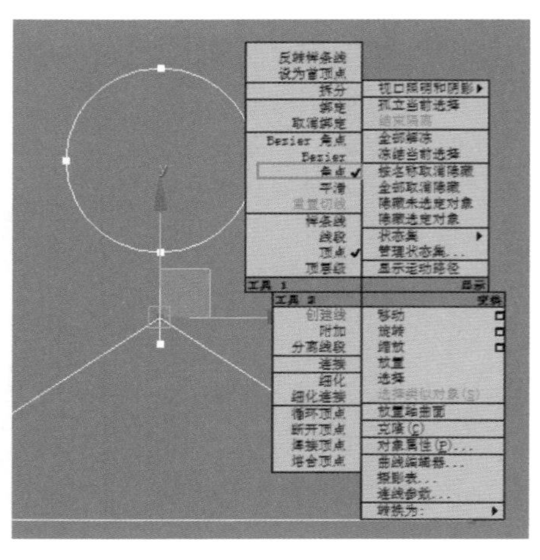

图5-81

（7）在“几何体”卷展栏中，单击“圆角”按钮，对图 5-82 所示的两处顶点进行圆角操作。

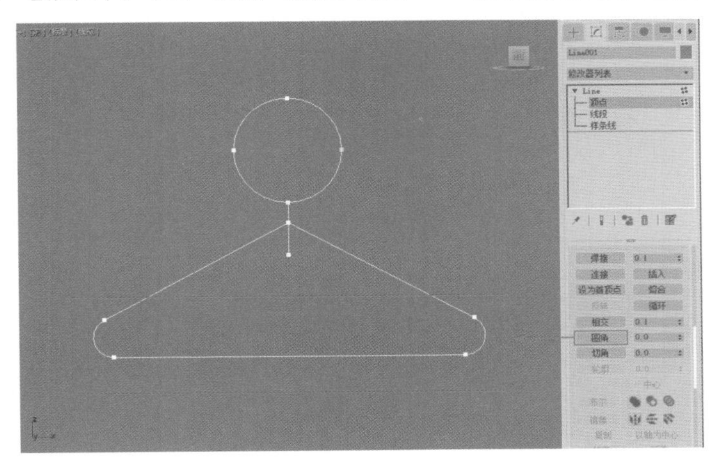

图5-82

（8）在图 5-82 所示位置处，创建两个同等大小的圆图形，如图 5-83 所示。

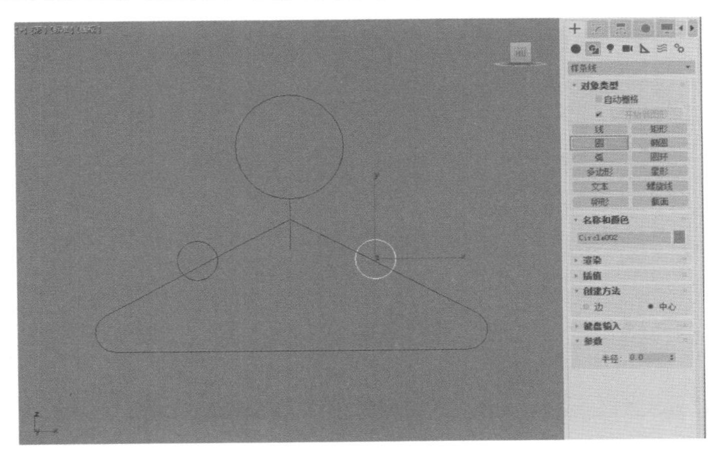

图5-83

（9）在图 5-83 所示位置处，创建两条同等长度的线，如图 5-84 所示。

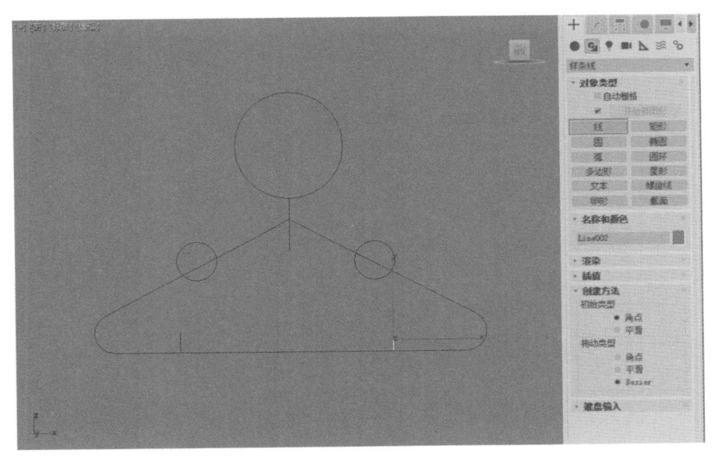

图5-84

（10）将场景中的所有线条进行“附件”操作，使之成为一个整体，如图 5-85 所示。

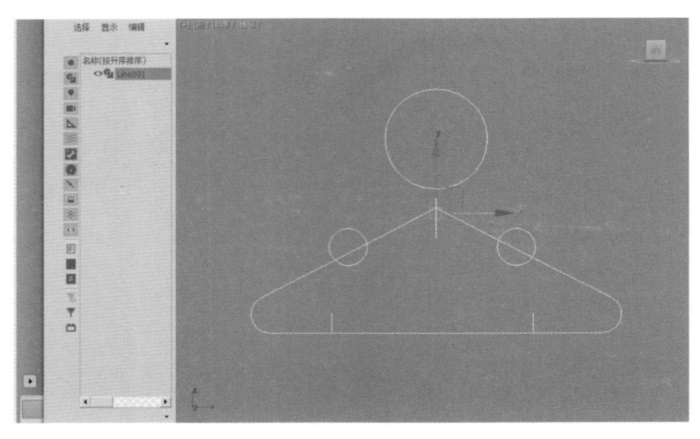

图5-85

（11）在“修改”面板中，进入“样条线”子层级，单击“修剪”按钮，将多余的线段剪掉，如图5-86所示。

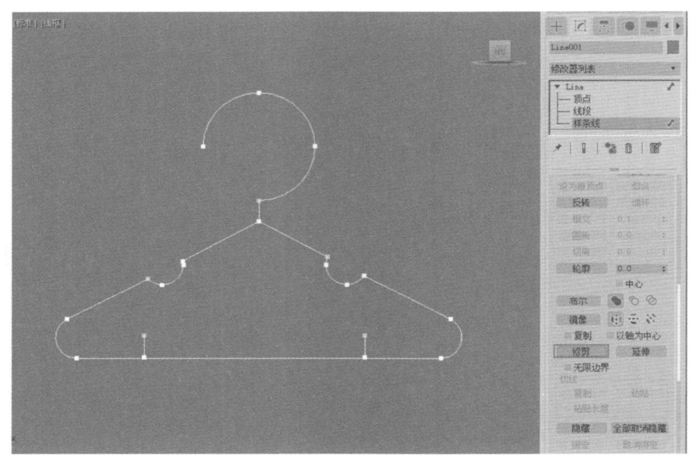

图5-86

（12）展开“渲染”卷展栏，勾选“在渲染中启用”选项和“在视口中启用”选项，并设置“径向”的“厚度”值为“5”，如图5-87所示。

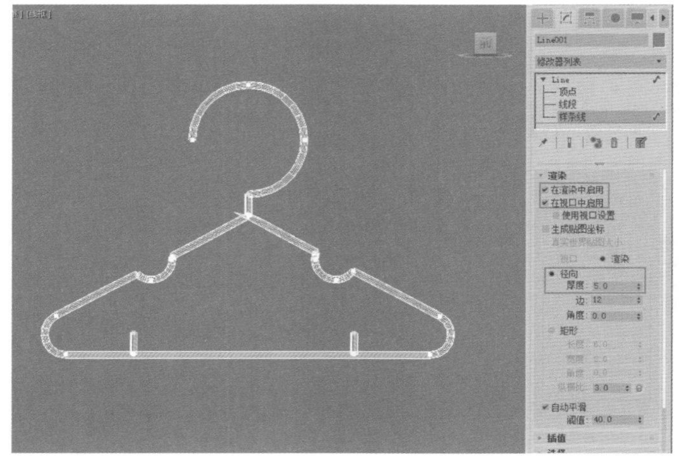

图5-87

（13）在“顶点”子层级中，选择所有顶点，单击“焊接”按钮，如图 5-88 所示。

（14）本实例的衣架模型最终效果如图 5-89 所示。

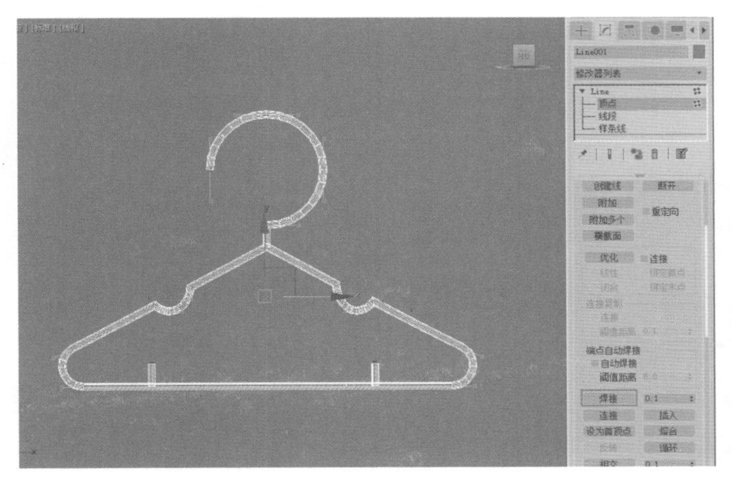

图5-88

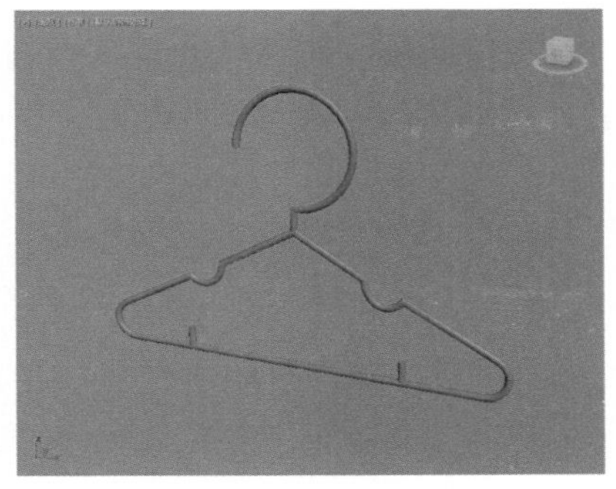

图5-89

5.6.2 实例：制作创意茶壶摆件模型

本实例讲解了如何使用样条线工具来制作一个铁丝材质的创意茶壶摆件模型。创意茶壶模型的渲染效果如图 5-90 所示。

扫码看视频

图5-90

（1）启动 3ds Max 2018 软件，在“创建”面板中单击“茶壶”按钮，在场景中创建一个茶壶模型，如图 5-91 所示。

图5-91

（2）在“修改”面板中，设置茶壶的“半径”值为“30”，“分段”值为“20”，提高茶壶的细节程度，如图 5-92 所示。

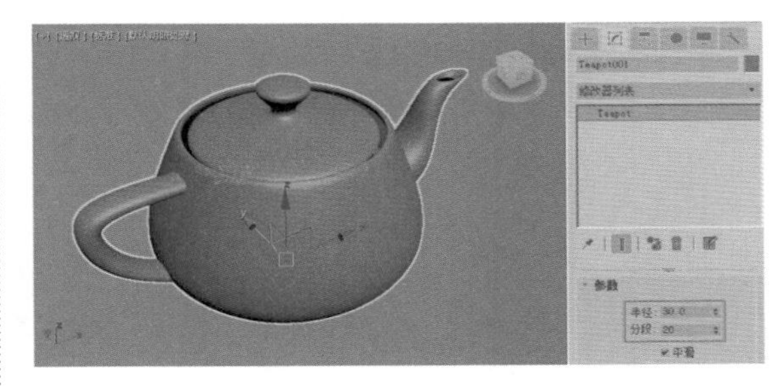

图5-92

（3）将“创建”面板切换至创建“图形”面板，单击“截面”按钮，在场景中创建一个截面对象，如图 5-93 所示。

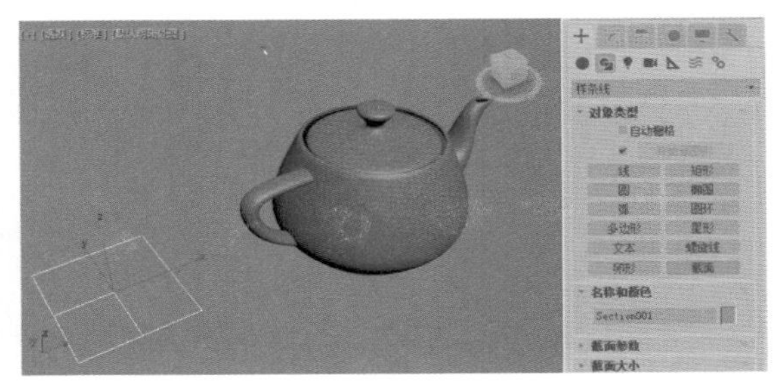

图5-93

（4）按下【A】键，打开“角度捕捉”功能。选择截面对象，沿 y 轴方向旋转30°，如图5-94所示。

（5）在前视图中，移动截面至图 5-95 所示位置，使得截面与茶壶模型相交。

图5-94

图5-95

（6）选择场景中的截面对象，在“修改”面板中，单击“创建图形”按钮，即可在场景中创建一条茶壶的截面曲线，如图 5-96 所示。

图5-96

（7）选择场景中的截面对象，向上移动至图 5-97 所示的位置处，再次单击“创建图形”按钮，在场景中生成第二条茶壶的截面曲线。

图5-97

（8）重复以上操作步骤，连接创建茶壶对象的截面曲线，结果如图 5-98 所示。

（9）以相似的操作得到茶壶对象 x 方向上的一条截面曲线，如图 5-99 所示。

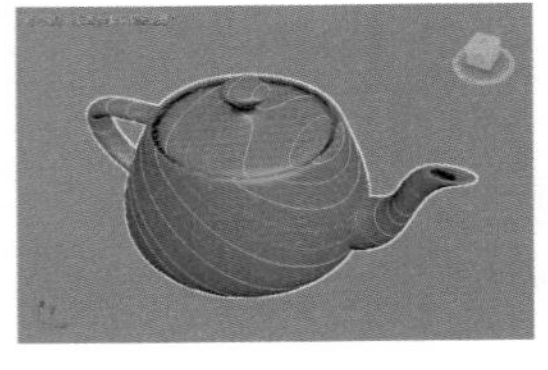

图5-98

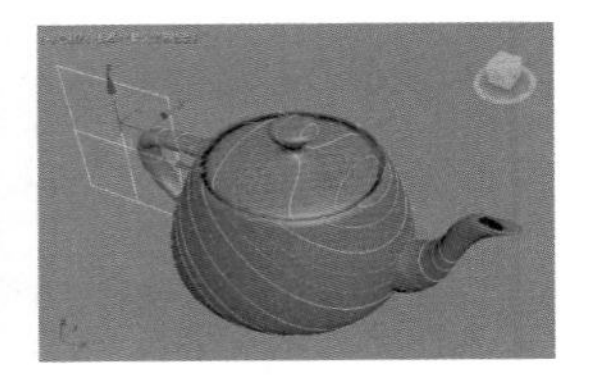

图5-99

（10）截面曲线创建完成后，删除场景中的截面对象和茶壶对象，如图 5-100 所示。

（11）选择场景中任意一条曲线，在“修改”面板中，单击“附加多个”按钮，将场景中的其他曲线全部附加进来，如图 5-101 所示。

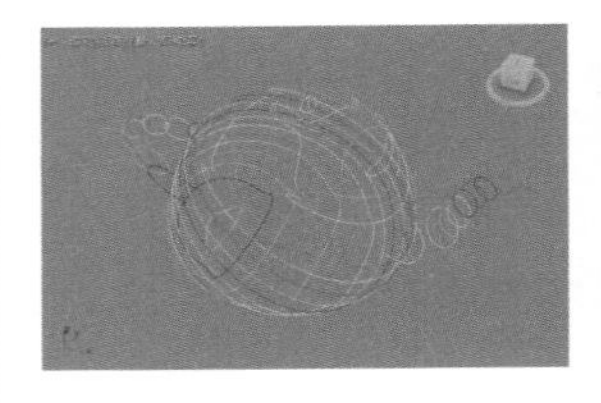

图5-100

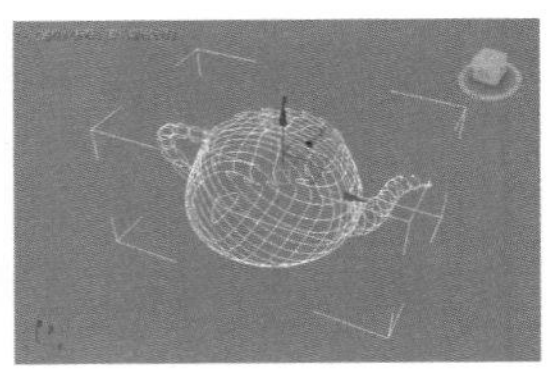

图5-101

（12）展开“渲染”卷展栏，勾选“在渲染中启用”选项和“在视口中启用”选项，并设置曲线的“厚度”值为“1”，为曲线添加厚度效果，如图 5-102 所示。

（13）本实例的最终模型效果如图 5-90 所示。

图5-102

5.6.3 实例：制作花瓶模型

扫码看视频

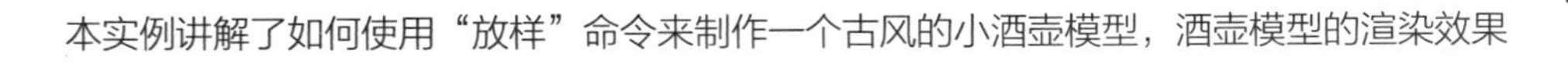

本实例讲解了如何使用“放样”命令来制作一个古风的小酒壶模型，酒壶模型的渲染效果

如图 5-103 所示。

图5-103

（1）启动中文版 3ds Max 2018 软件，将“创建”面板切换至创建“图形”面板，单击“圆”按钮，在场景中分别创建 1 个圆形图形，如图 5-104 所示。

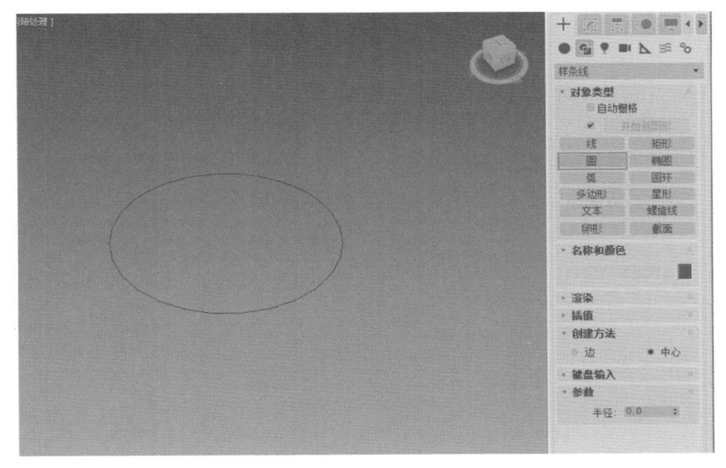

图5-104

（2）选择圆形图形，按住【Shift】键，向上复制出 3 个圆形，并在“修改”面板中分别调整其半径至图 5-105 所示。

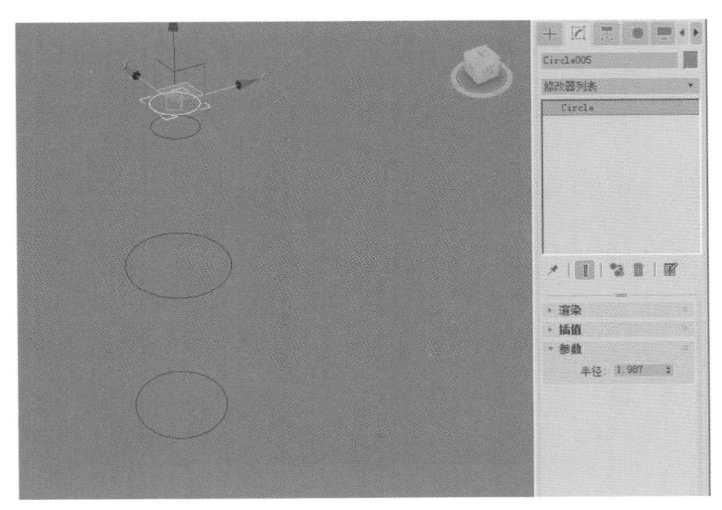

图5-105

（3）单击“线”按钮，在前视图中创建一条直线，如图 5-106 所示。

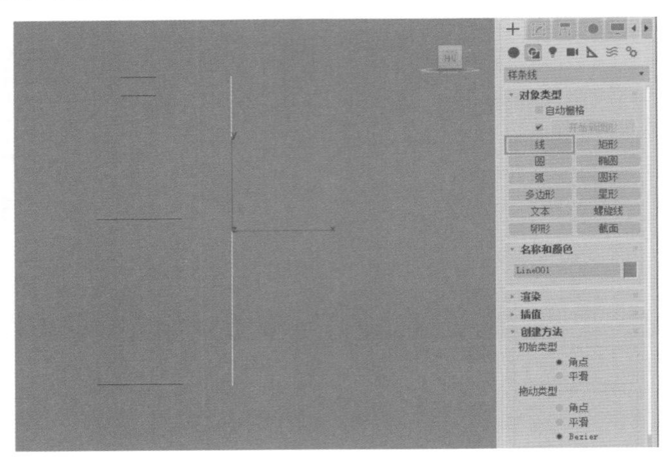

图5-106

（4）单击“星形”按钮，在场景中创建一个星形图形，如图 5-107 所示。

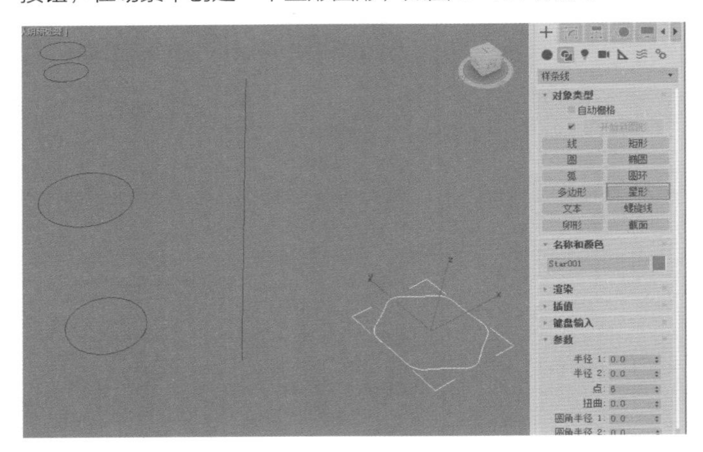

图5-107

（5）将创建“几何体”的下拉列表切换至“复合对象”，如图 5-108 所示。

（6）选择场景中的直线，单击“放样”按钮，在“创建方法”卷展栏中，单击“获取图形”按钮，拾取场景中的圆形，如图 5-109 所示。

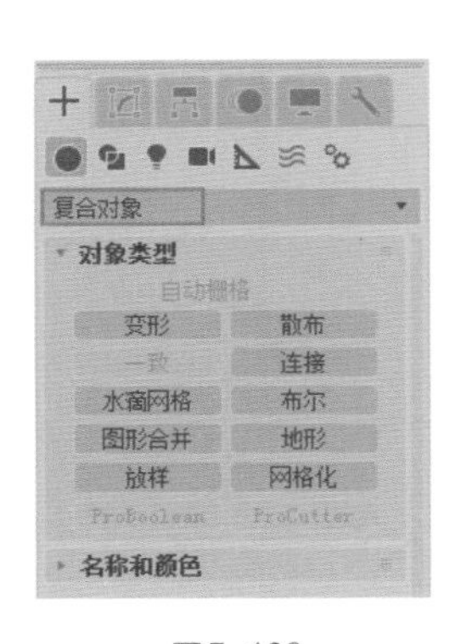

图5-108

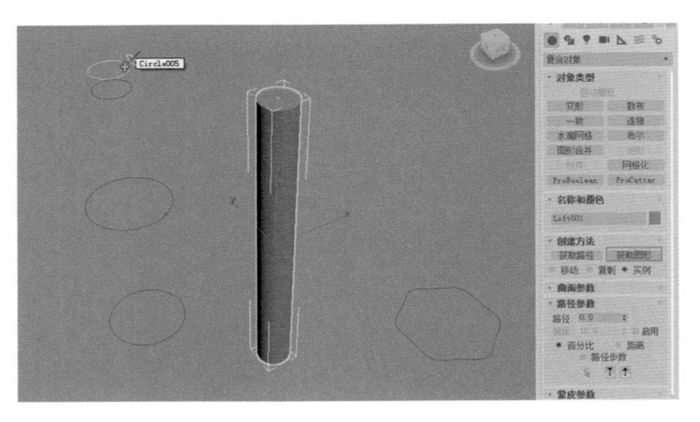

图5-109

（7）在“路径参数”卷展栏中，将“路径”的值设置为“15”，再次单击“获取图形”按钮，拾取场景中的圆形，如图 5-110 所示。

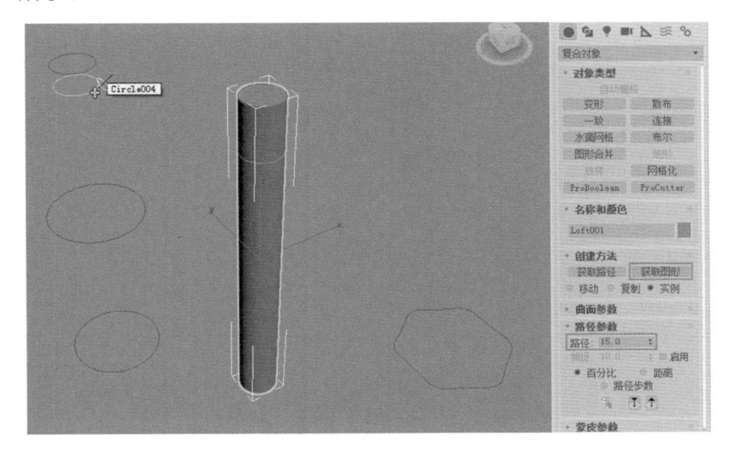

图5-110

（8）在“路径参数”卷展栏中，将“路径”的值设置为“55”，再次单击“获取图形”按钮，拾取场景中的圆形，如图 5-111 所示。

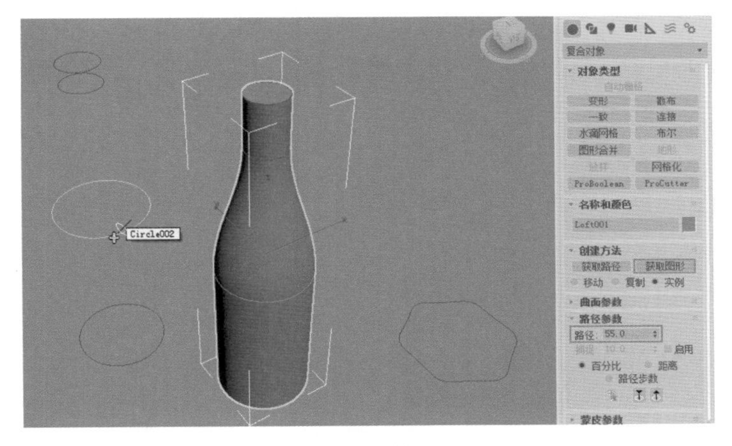

图5-111

（9）在“路径参数”卷展栏中，将“路径”的值设置为“65”，再次单击“获取图形”按钮，拾取场景中的星形，如图 5-112 所示。

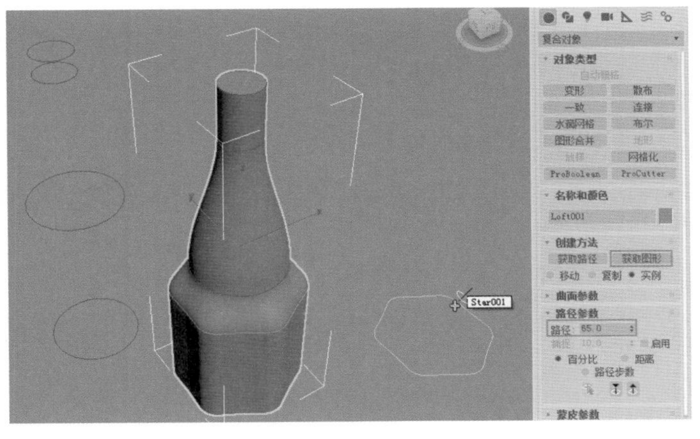

图5-112

（10）在“路径参数”卷展栏中，将“路径”的值设置为“95”，再次单击“获取图形”按钮，拾取场景中的圆形，如图 5-113 所示。

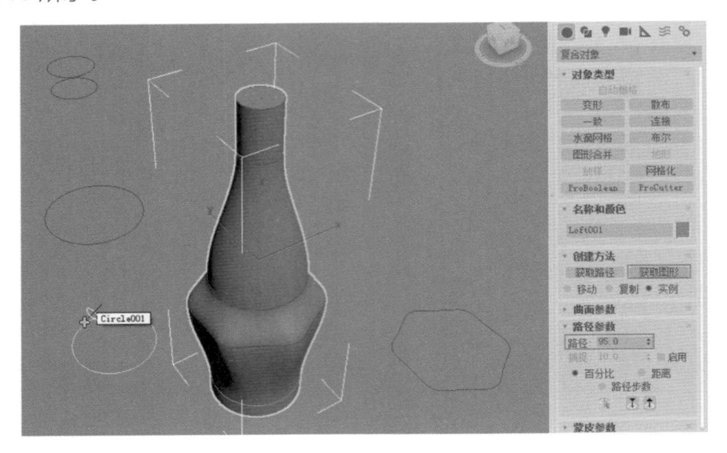

图5-113

（11）在“修改”面板中，展开“蒙皮参数”卷展栏，取消勾选“封口始端”选项，并设置“图形步数”的值为“10”，“路径步数”的值为“10”，提高放样生成对象的分段数，如图 5-114 所示。

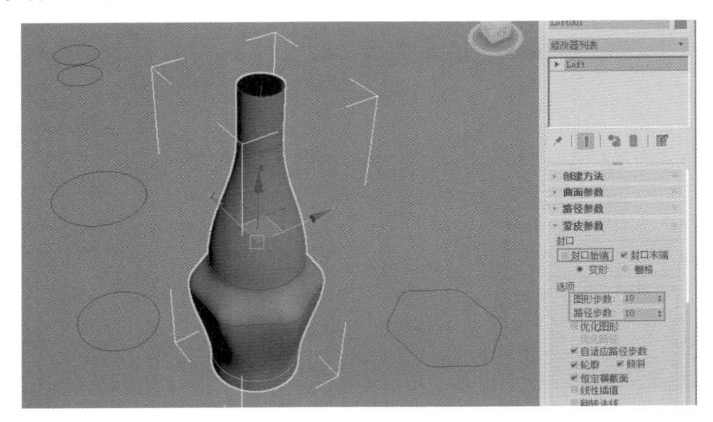

图5-114

（12）展开“变形”卷展栏，单击“缩放”按钮，系统会自动弹出“缩放变形”对话框，如图 5-115 所示。

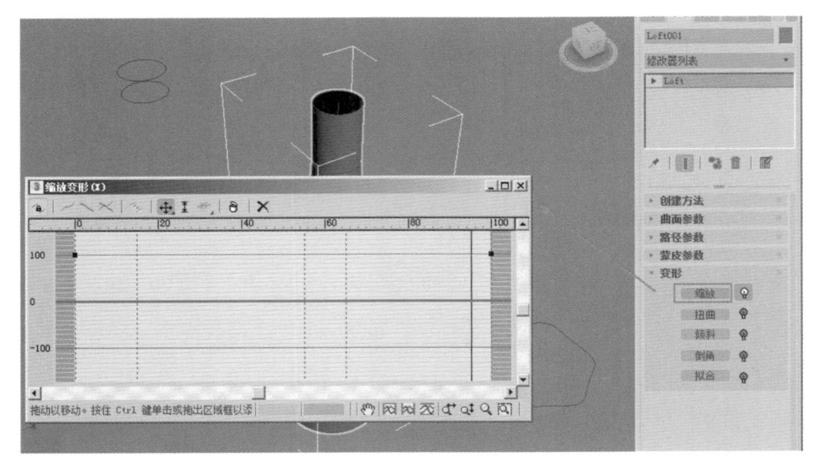

图5-115

（13）在“缩放变形”对话框中，选择图5-116所示的点，单击鼠标右键将其设置为“Bezier-角点”。

（14）设置完成后，调整曲线顶点的手柄，将曲线设置成如图5-117所示。

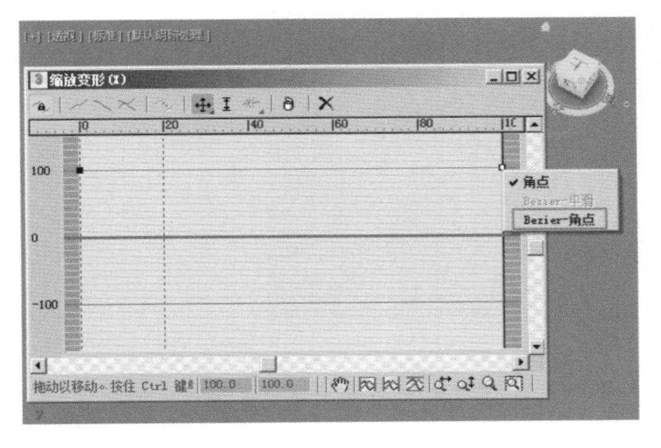

图5-116

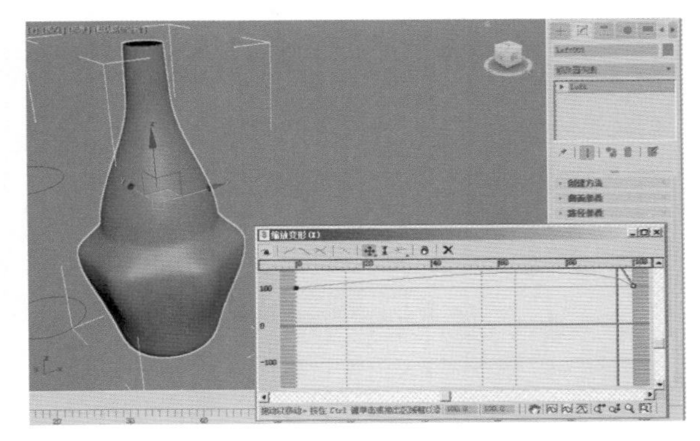

图5-117

（15）在“缩放变形”对话框中，单击“插入角点”按钮，在图5-118所示位置处添加多个角点。添加完成后，调整角点至图5-119所示位置，制作出花瓶的瓶口细节，如图5-120所示。

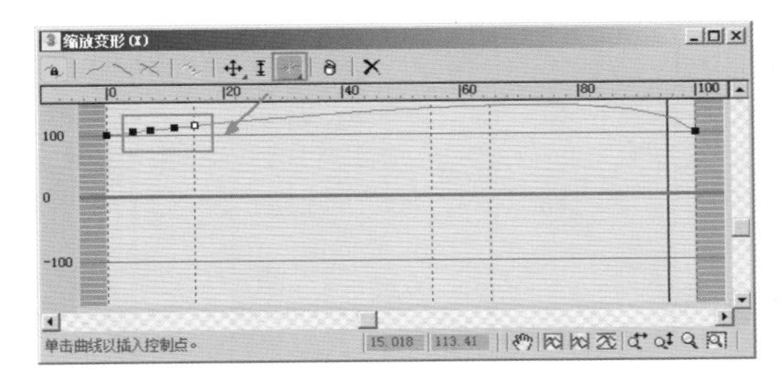

图5-118

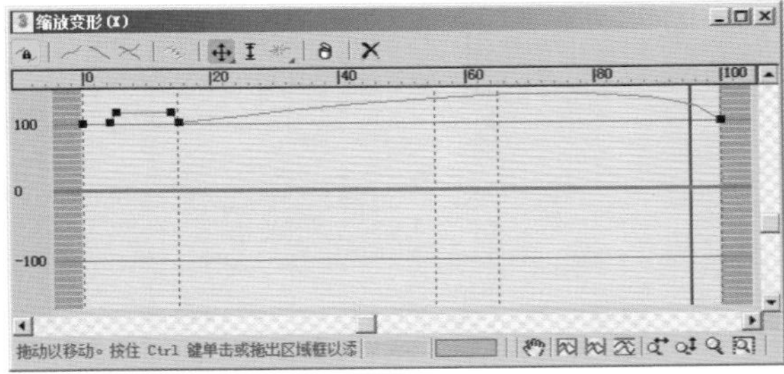

图5-119

（16）选择花瓶，在“修改”面板中，为其添加“壳”修改器，并调整其“外部量”的值为“0.3”，制作出花瓶的厚度，如图5-121所示。

（17）本实例的最终模型效果如图5-103所示。

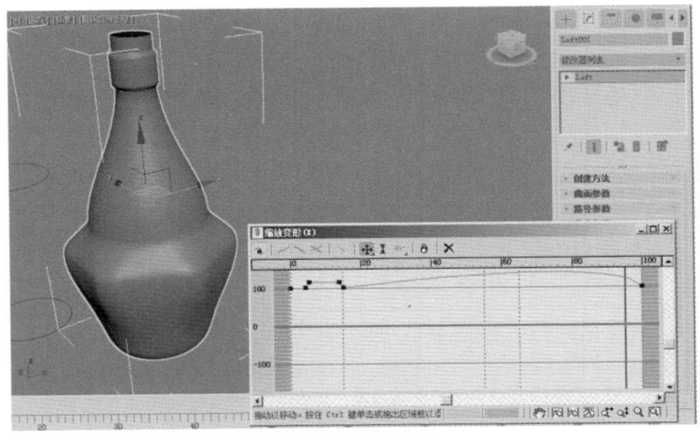

图5-120

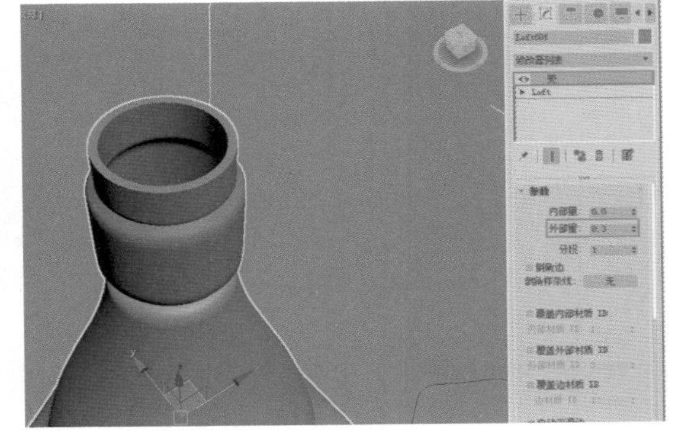

图5-121

5.6.4　实例：制作六角扳手模型

扫码看视频

本实例讲解了使用多个样条线工具来制作一个六角扳手模型的过程，扳手模型的渲染效果如图5-122所示。

图5-122

（1）启动中文版3ds Max 2018软件，单击“线”按钮，在“顶”视图中创建一段样条线，如图5-123所示。

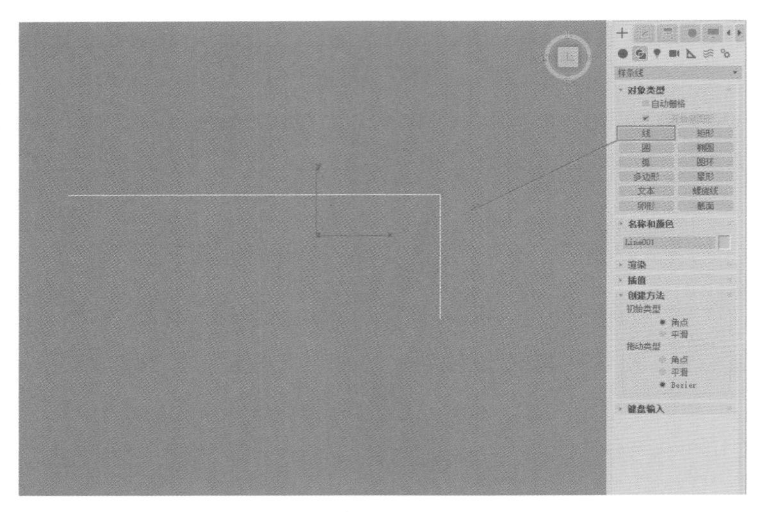

图5-123

（2）在“修改”面板中，进入样条线的“顶点”子层级，选择图5-124所示的顶点。

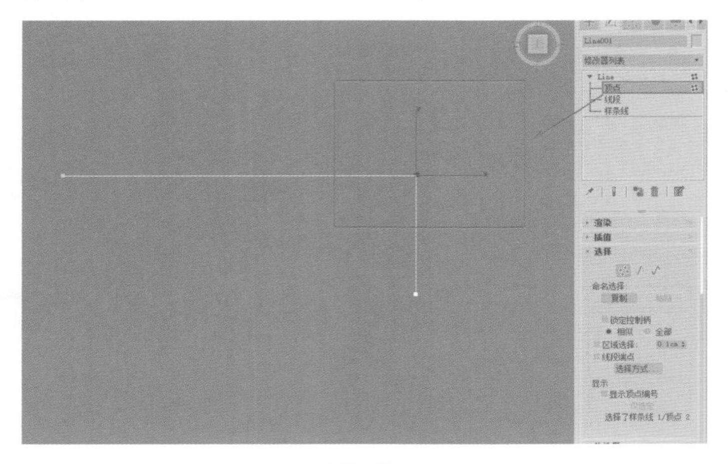

图5-124

（3）在“修改”面板中，单击“圆角”按钮，对所选择的顶点进行圆角操作，如图5-125所示。

（4）单击“多边形”按钮，在场景中任意位置处创建一个多边形，如图5-126所示。

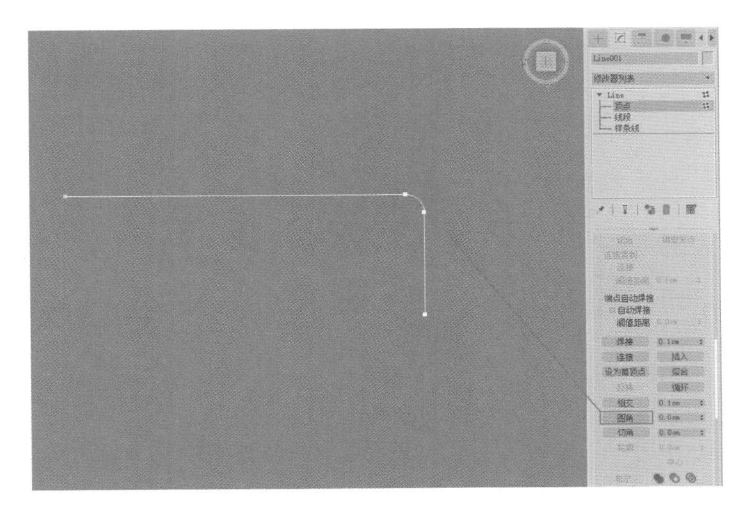

图5-125

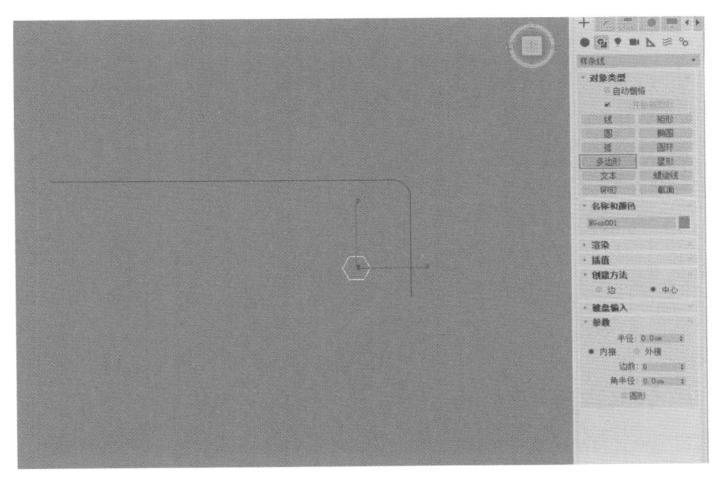

图5-126

（5）将“创建”面板的下拉列表切换至“复合对象”选项，如图 5-127 所示。

（6）选择场景中最开始创建的样条线，单击“放样”按钮，在“创建方法”卷展栏中，单击“获取图形”按钮，然后拾取场景中的多边形，即可看到系统自动生成一个放样模型，如图 5-128 所示。

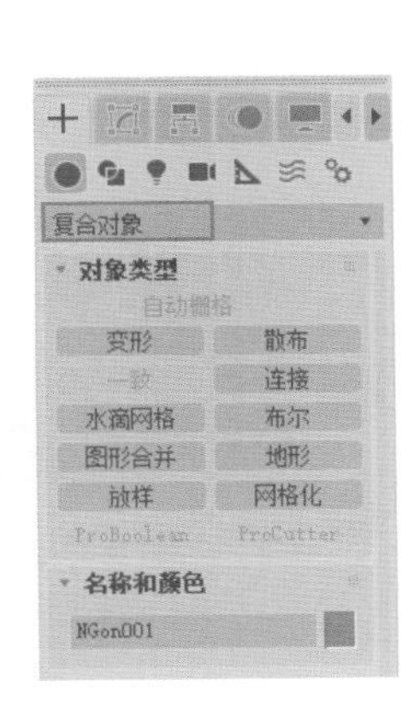

图5-127

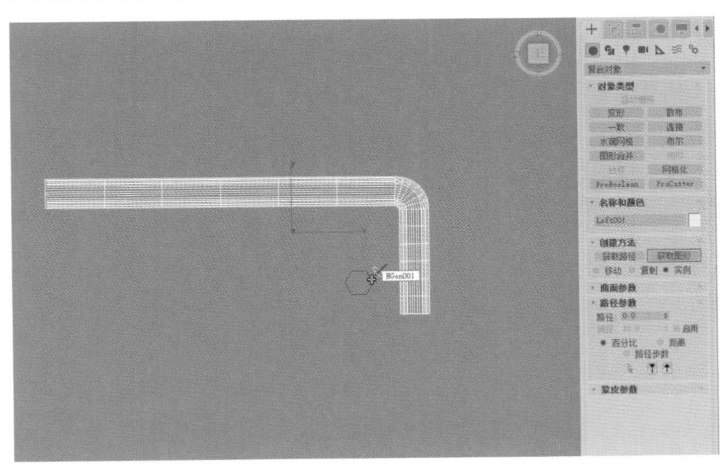

图5-128

（7）在“修改”面板中，进入放样模型的“图形”子层级，选择放样模型上的六边形图形，如图 5-129 所示。对其进行“旋转”操作，调整六角扳手的形态，如图 5-130 所示。

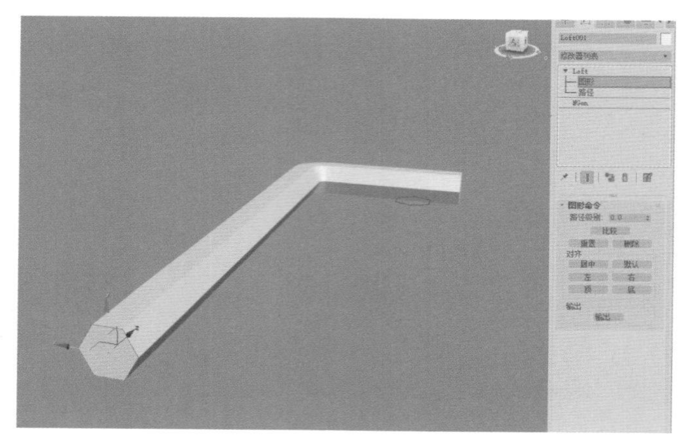

图5-129

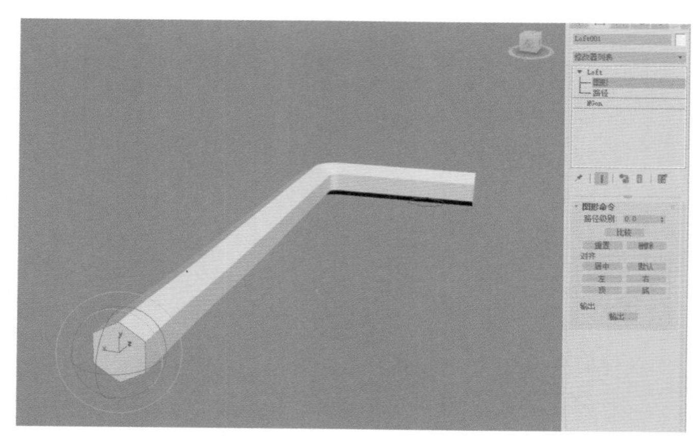

图5-130

（8）展开“蒙皮参数”卷展栏，设置“图形步数”的值为“0”，降低模型的布线，如图 5-131 所示。

（9）选择六角扳手模型，单击鼠标右键，在弹出的四元菜单中，选择并执行“转换为 / 转换为可编辑多边形”命令，将其转换为多边形对象，如图 5-132 所示。

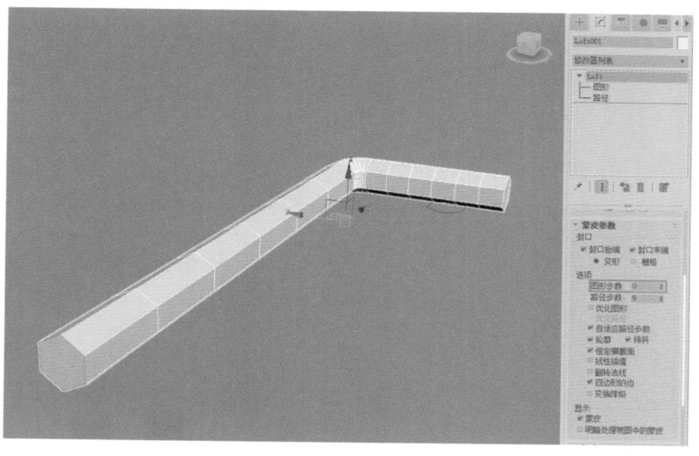

图5-131

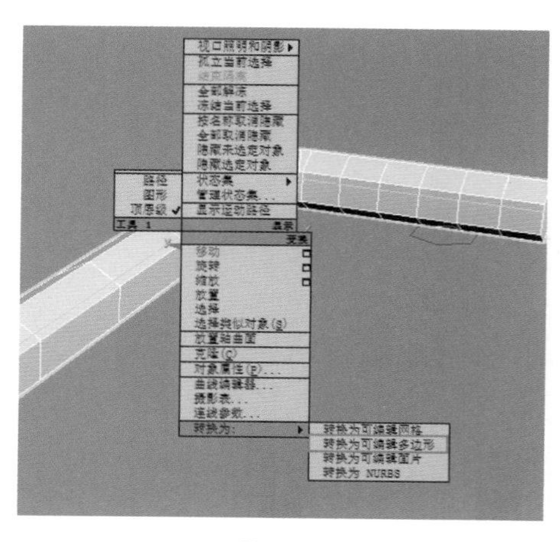

图5-132

（10）在“修改”面板中，进入“多边形”子层级，选择图 5-133 所示的面。单击鼠标右键，选择并执行“转换到边”命令，如图 5-133 所示。这样可以快速选择图 5-134 所示的边。

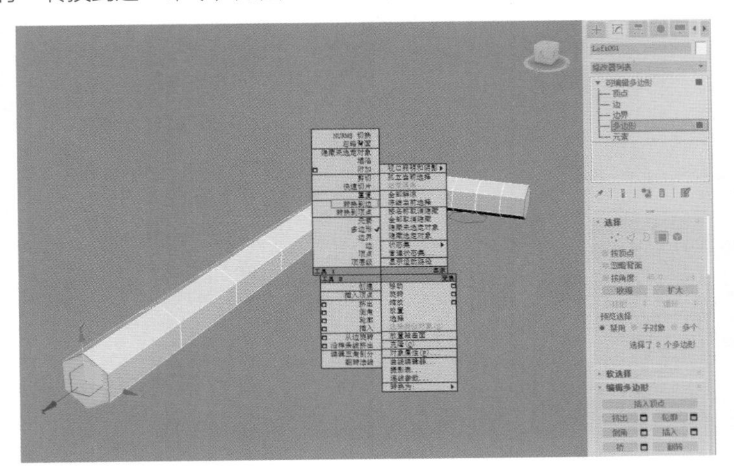

图5-133

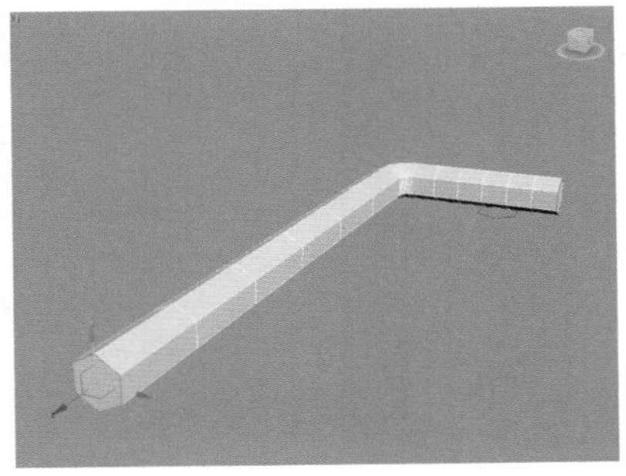

图5-134

（11）单击鼠标右键，对其进行“切角”操作，如图 5-135 所示。制作完成效果如图 5-136 所示。

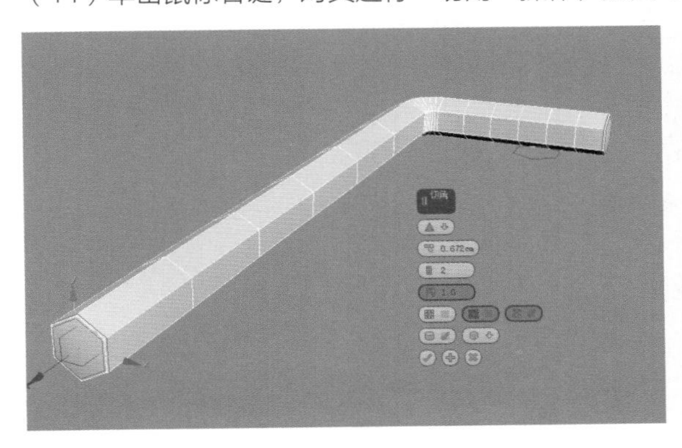

图5-135

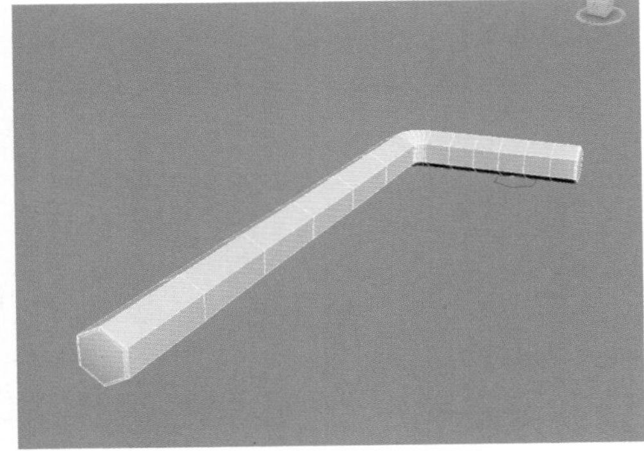

图5-136

（12）选择图 5-137 所示的边，再次对其进行“切角”操作。制作出图 5-138 所示的效果，使得六角扳手的模型边缘处平滑一些。

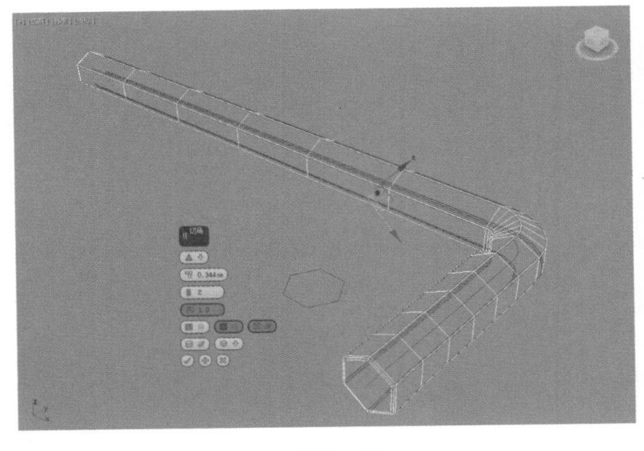

图5-137

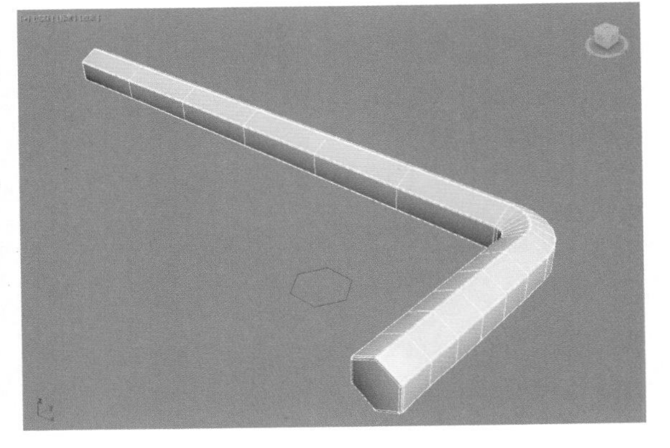

图5-138

（13）在“修改”面板中，为六角扳手模型添加一个“涡轮平滑”修改器，并调整“迭代次数”的值为“2”，使得扳手模型更加平滑，完善扳手的细节，如图 5-139 所示。

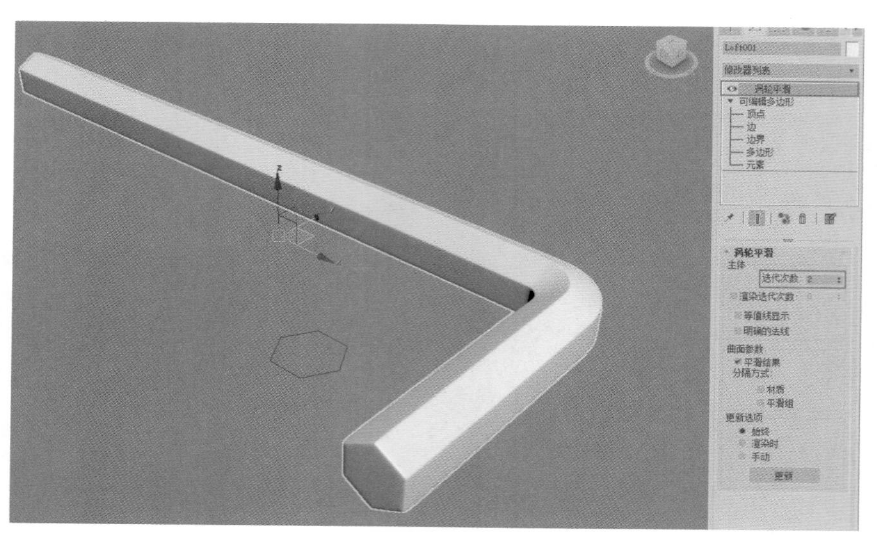

图5-139

（14）本实例的最终模型制作结果如图 5-140 所示。

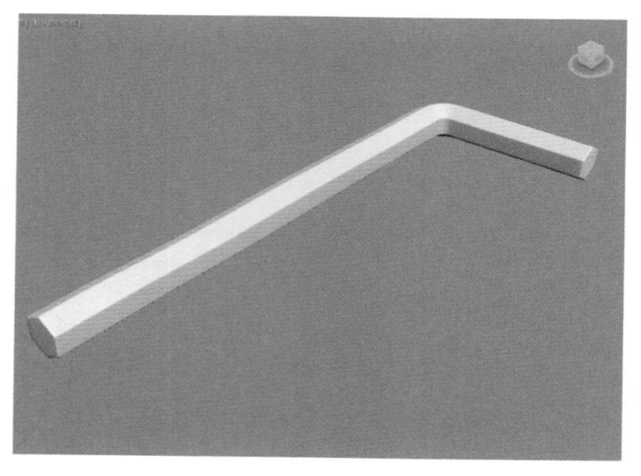

图5-140

高级建模

本章要点

· 高级建模概述
· 修改器概述
· 修改器分类
· 常用修改器
· 多边形建模技术
· 技术实例

6.1 高级建模概述

随着建模技术学习的深入，读者会发现仅仅依靠前两个章节所介绍的几何体建模技术和图形建模技术已经无法制作出形体更加复杂、表面更多细节的三维模型。如图 6-1、图 6-2 所示，这样细节丰富的模型究竟如何制作呢？这就需要读者掌握命令更加繁多的修改器建模技术，如“车削”修改器、“涡轮平滑”修改器、“FFD”修改器、“编辑多边形”修改器等等。我们将在本章为读者详细讲解他们的使用方法和制作技巧。

图6-1

图6-2

6.2 修改器概述

修改器是 3ds Max 为三维设计师提供的一种用于解决对模型进行重新塑形、编辑贴图、添加动画等制作技术问题的命令集合。这些命令集合被放置于“修改”面板中的“修改器列表”里，如图 6-3 所示。用户选择场景中的对象后，“修改”面板被激活，用户在“修改器列表”里选择合适的修改器即可进行下一步的操作。需要注意的是，如果选择了不同类型的操作对象，“修改器列表”里出现的修改器也会不同。

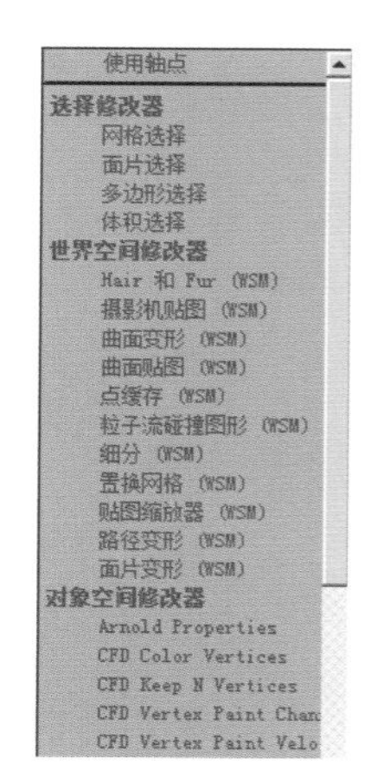

图6-3

6.2.1 修改器堆栈

修改器堆栈是用于管理应用在对象上的所有修改器位置及命令的一个地方。在这里，用户可以查看对象所应用修改器的名称、顺序及参数设置。修改器产生的计算结果跟它们在修改器堆栈中的位置息息相关，如果用户擅自改变了这些修改器叠加的顺序，则可能会产生错误的、无法预料的计算结果。不同的修改器还具有不同数量的子层级，当用户为对象添加了一个修改器后，如果该修改器的名称前方出现了一个黑色的三角符号时，则证明该修改器具有子层级，用户可以单击该三角符号以展开修改器的子层级命令。如图 6-4 所示，“编辑多边形”修改器下设有“顶点”“边”“边界”“多边形”和“元素”这 5 个子层级。如果修改器名称前方没有黑色的三角符号，则证明该修改器没有子层级，如图 6-5 所示，“优化”修改器没有子层级。

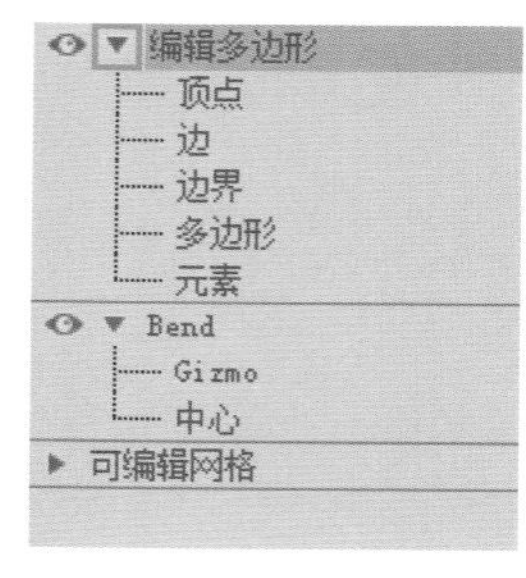

图6-4

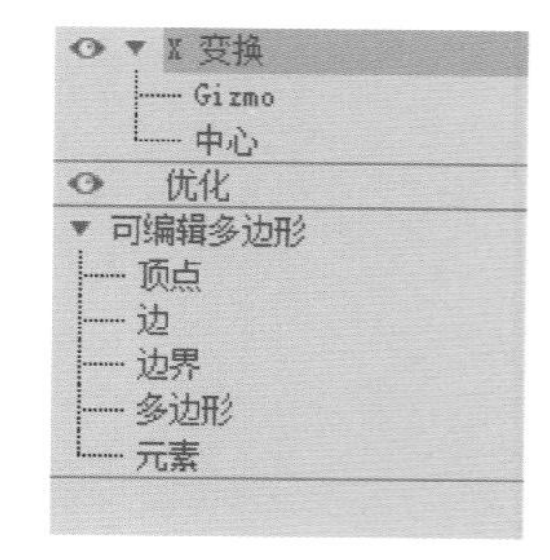

图6-5

提示 所有修改器的子层级数量都不会超过5个，进入每个子层级所对应的快捷键都是数字键:【1】【2】【3】【4】【5】。

每个修改器内的命令数量也差别巨大。比如“属性承载器”修改器里不提供任何命令，因为该修改器内的命令需要由3ds Max高级用户自行编程置入，如图6-6所示。有的修改器内命令较少，比如“波浪”修改器，仅需要调试几个参数就可以改变对象的形态，如图6-7所示。还有的修改器命令较多，比如用于模拟布料动画的“mCloth”修改器，如图6-8所示。

此外，修改器堆栈里的修改器可以在不同的对象上进行复制、剪切和粘贴操作。修改器名称前面的图标可以控制应用或是取消所添加修改器的效果，如图6-9所示。

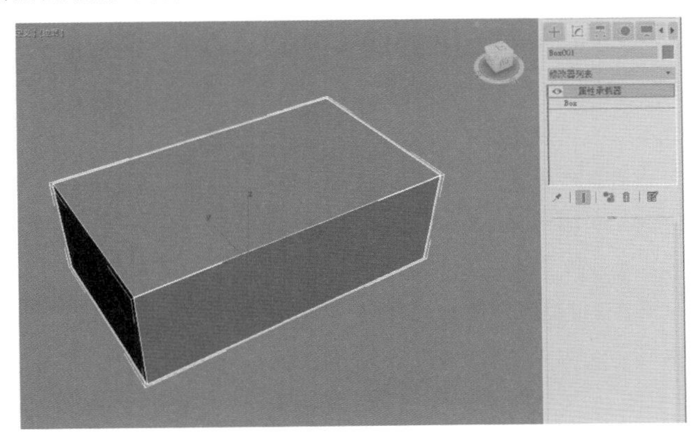

图6-6

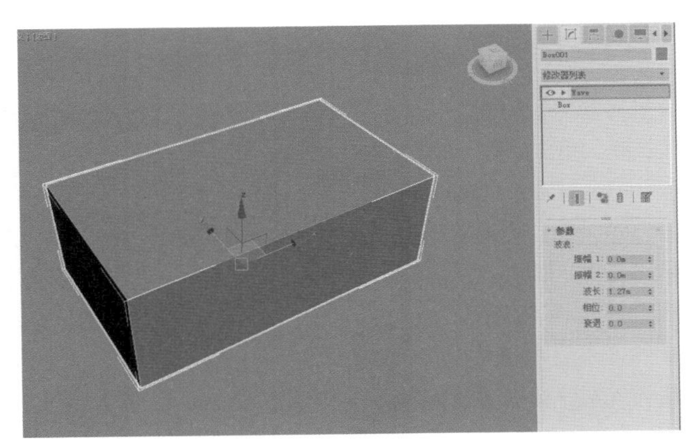

图6-7

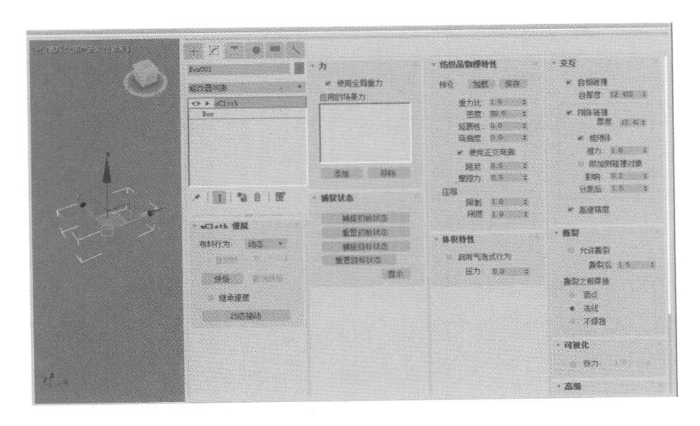

图6-8

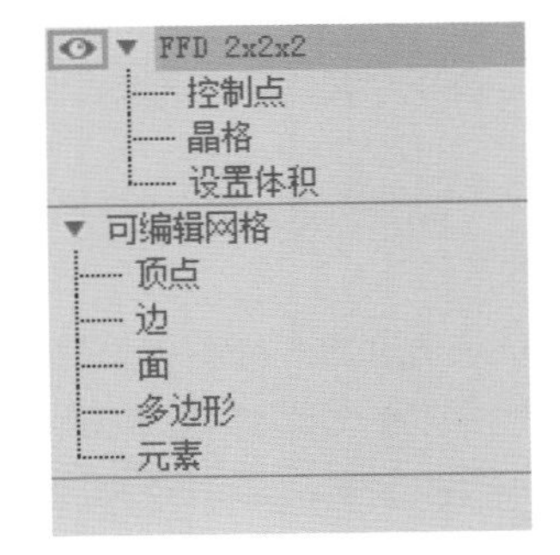

图6-9

工具解析

◇ “锁定堆栈”按钮：用于将堆栈锁定到当前选定的对象，无论之后是否选择该物体对象，或者选择其他对象，修改面板始终显示被锁定对象的修改命令。
◇ “显示最终结果”按钮：当对象应用了多个修改器时，激活显示最终结果后，即使选择的不是最上方的修改器，但是视口中的显示结果仍为应用了所有修改器的最终结果。
◇ “使唯一”按钮：当此按钮为可激活状态时，说明场景中可能至少有一个对象与当前所选择对象为实例化关系，或者场景中至少有一个对象应用了与当前选择对象相同的修改器。
◇ “从堆栈中移除修改器”按钮：删除当前所选择的修改器。
◇ “配置修改器集”按钮：单击可弹出“修改器集”菜单。

提示 删除修改器不可以在选中的修改器名称上按【Delete】键，这样会删除选择的对象本身而不是修改器。正确做法是单击修改器列表下方的“从堆栈中移除修改器”按钮来删除修改器，或者在修改器名称上单击鼠标右键选择“删除”命令，如图6-10所示。

3ds Max允许用户可以对同时选择的多个对象添加统一的修改器命令进行操作。这时，单击选择任意对象，观察其修改面板中的修改器堆栈，发现其命令为斜体字方式显示，如图6-11所示。

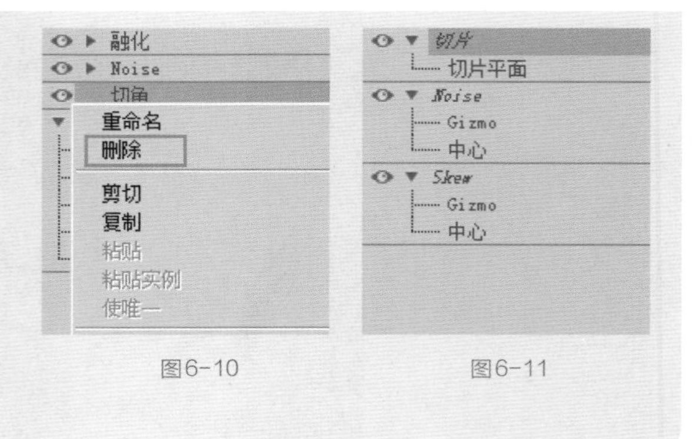

图6-10　图6-11

6.2.2 拓扑

在3ds Max中，应用了某些类型的修改器，会对当前对象产生“拓扑”行为。所谓“拓扑”，即指有的修改器命令会给物体的每个顶点或者面指定一个编号，这个编号是当前修改器内部使用的，这种数值型的结构称作拓扑。当我们单击产生拓扑行为修改器下方的其他修改器时，可能会对物体的顶点数或者面数产生影响，导致物体内部编号的混乱，在最终模型上出现错误的结果。

例如，对一个模型连续添加了两个“编辑多边形”修改器后，当用户使用鼠标单击选择第一次添加的“编辑多边形”修改器时，3ds Max会自动弹出“警告”对话框来提示用户“更改参数可能产生意外的影响”，如图6-12所示。

图6-12

6.2.3 复制及粘贴修改器

3ds Max允许用户对修改器进行复制及粘贴操作，具体操作有以下两种方式。

第1种：在修改器名称上单击鼠标右键，在弹出的菜单中选择“复制”命令，如图6-13所示。然后可以在场景中选择其他物体，在修改面板上单击鼠标右键进行“粘贴”，如图6-14所示。

第2种：直接将修改器拖到视口中的其他对象上即可，如图6-15所示。

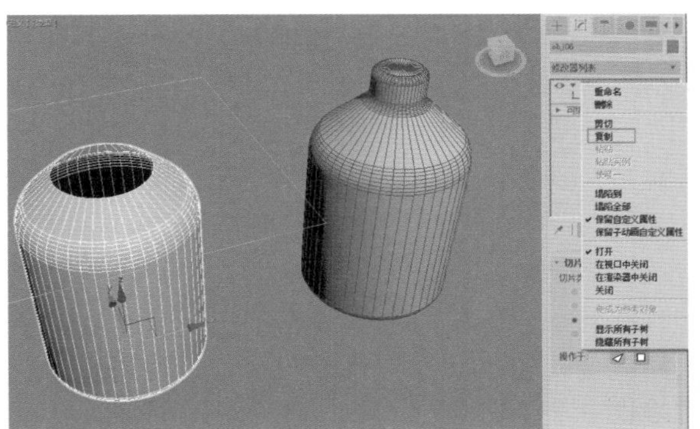

图6-13

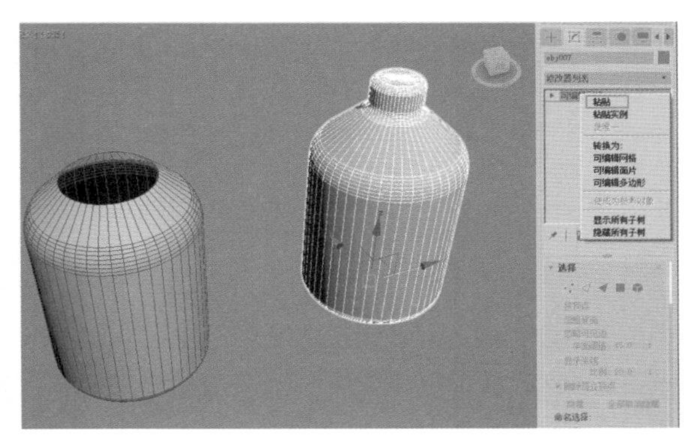

图6-14

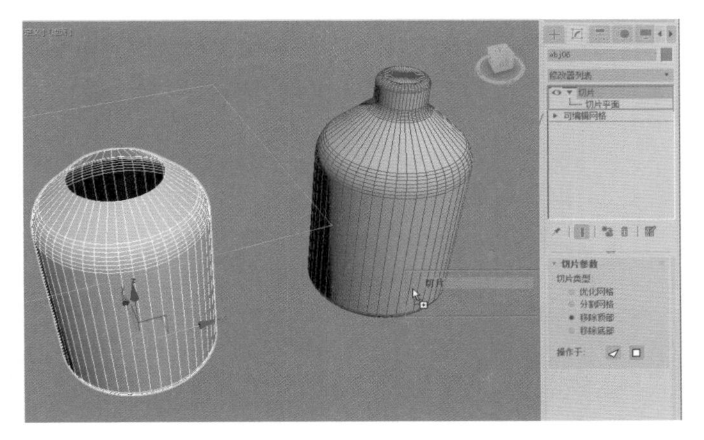

图6-15

提示 在选中物体的某一个修改器时，如果按住【Ctrl】键并将其拖曳到其他对象上，可以将这个修改器粘贴到此对象上；如果按住【Shift】键并将其拖曳到其他对象上，则是将修改器“剪切”过来并粘贴到新的对象上。

6.2.4 可编辑对象

在 3ds Max 2018 中，如果要对长方体、圆柱体、球体等标准基本体进行编辑操作，需要提前将其转换为可编辑的对象。转换完成后，其“修改”面板中原本存在的参数将会被可编辑对象的命令取代。用户可以使用全新的可编辑对象命令进行更加复杂的建模操作。

选择操作对象，单击鼠标右键，在弹出的四元菜单中选择右下方的“转换为”命令，即可进行不同对象类型的转换操作，如图 6-16 所示。

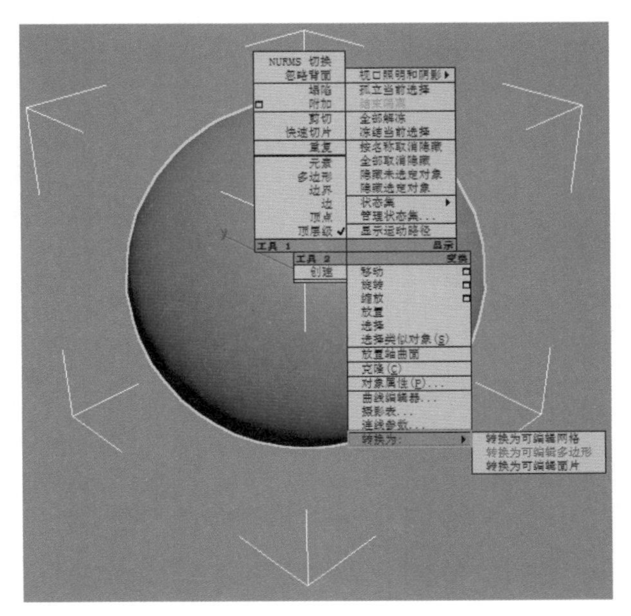

图6-16

当对象类型为可编辑网格时，其“修改”面板中的子对象层级为“顶点”、“边”、“面”、“多边形”和“元素”，如图 6-17 所示。

当对象类型为可编辑多边形时，其“修改”面板中的子对象层级为“顶点”“边”“边界”“多边形”“元素”，如图 6-18 所示。

当对象类型为可编辑面片时，其“修改”面板中的子对象层级为“顶点”“边”“面片”“元素”“控制柄”，如图 6-19 所示。

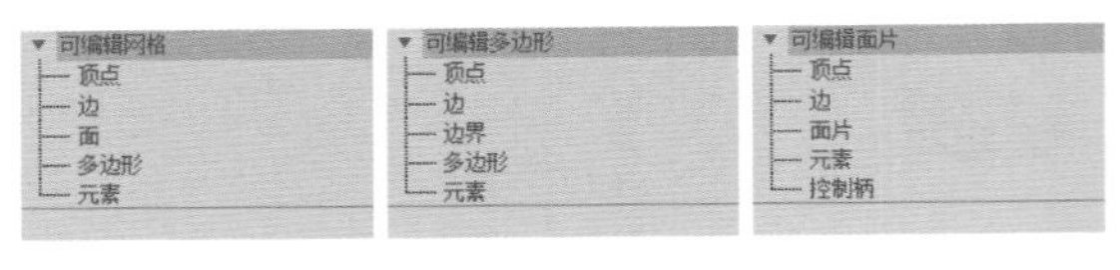

图6-17　　图6-18　　图6-19

当对象类型为可编辑样条线时，其“修改”面板中的子对象层级为“顶点”“线段”“样条线”，如图 6-20 所示。

当对象类型为 NURBS 曲面时，其“修改”面板中的子对象层级为“曲线 CV”和“曲线”，如图 6-21 所示。

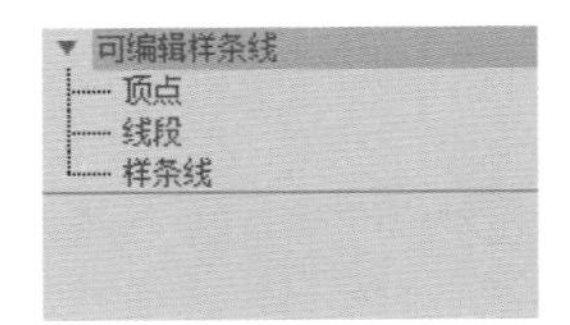

图6-20

NURBS 曲面
曲线 CV
曲线

图6-21

6.2.5 塌陷修改器堆栈

随着修改器堆栈里的修改器命令被添加的越来越多，会使得 3ds Max 软件程序因为计算量过大而开始运行缓慢。另外，过于多的修改器命令也可能会使得模型开始变得不太稳定，从而导致工程文件的损坏。对此，比较理想的解决办法就是对修改器堆栈中的命令进行塌陷。该操作可以清空修改器堆栈中的所有修改器命令，并保留应用了修改器后模型的最终计算结果，简化了模型之前的多余数据，节省了系统的计算资源。

塌陷修改器堆栈有两种方式，分别为“塌陷到”和“塌陷全部”，如图 6-22 所示。

如果只在其众多修改器命令中塌陷某一个命令，则可以在当前修改器上单击鼠标右键，在弹出的下拉列表中选择“塌陷到”命令，这时系统会自动弹出“警告：塌陷到”对话框，如图 6-23 所示。

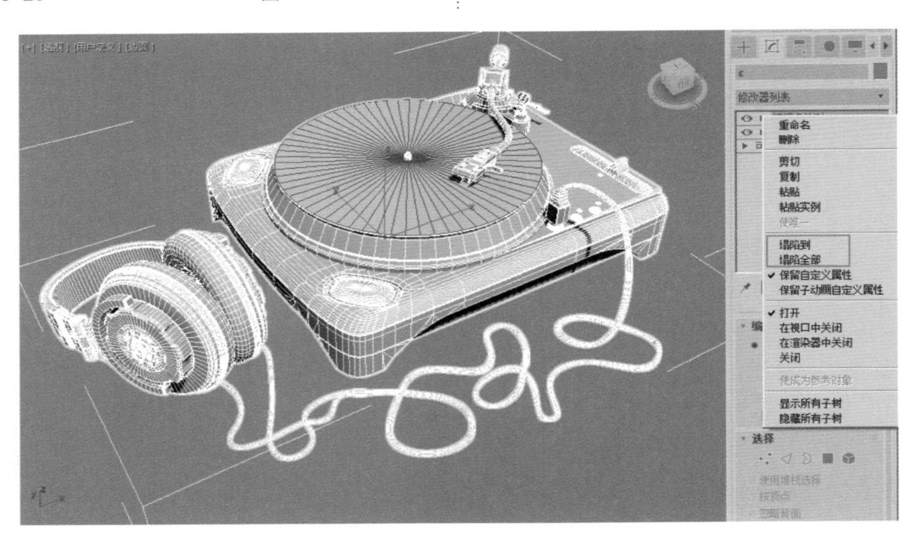

图6-22

如果希望塌陷所有的修改器命令，则可以在修改器名称上单击鼠标右键，在弹出的下拉列表中选择“塌陷全部”命令，这时系统会自动弹出“警告：塌陷全部”对话框，如图 6-24 所示。

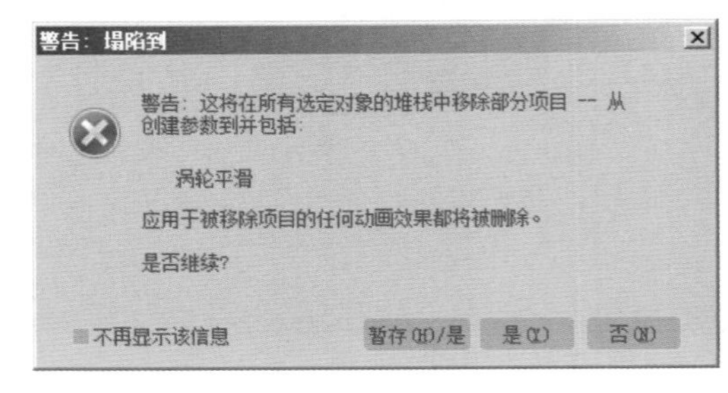

图6-23

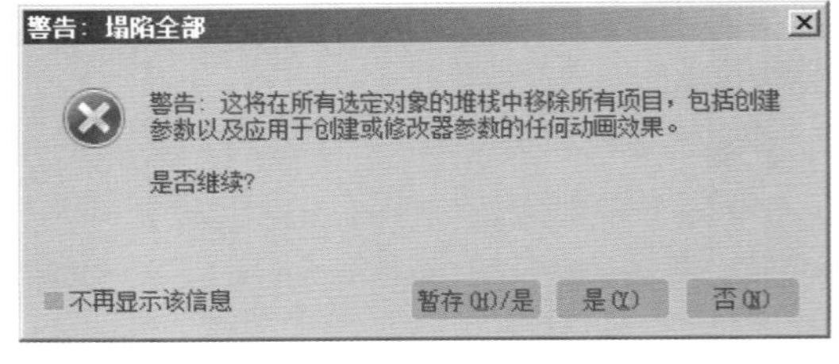

图6-24

6.3 修改器分类

在“修改”面板中的“修改器列表”里，3ds Max 2018 将修改器默认分为“选择修改器”“世界空间修改器”和“对象空间修改器”这 3 大类，如图 6-25 所示。

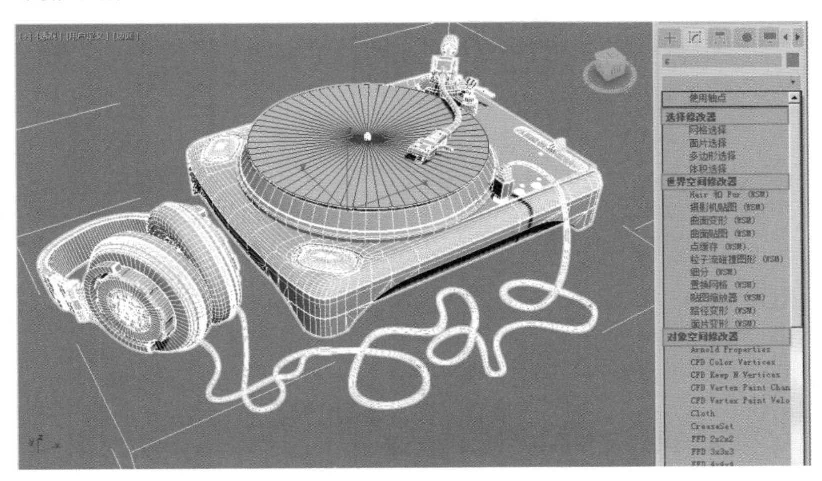

图6-25

6.3.1 选择修改器

“选择修改器”集合中包含有“网格选择”“面片选择”“多边形选择”和“体积选择”这 4 种修改器，如图 6-26 所示。

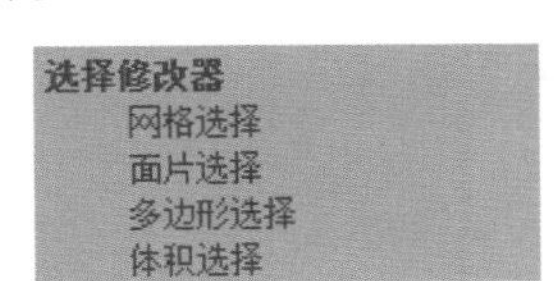

图6-26

工具解析

◇ 网格选择：选择网格物体的子层级对象。
◇ 面片选择：选择面片子对象。
◇ 多边形选择：选择多边形物体的子层级对象。
◇ 体积选择：可以选择一个对象或多个对象体积内的所有子对象。

6.3.2 世界空间修改器

“世界空间修改器”集合中的命令，其行为与特定对象空间扭曲一样。它们携带对象，但像空间扭曲一样对其效果使用世界空间而不使用对象空间。“世界空间修改器”不需要绑定到单独的空间扭曲 Gizmo，使它们便于修改单个对象或选择集，如图 6-27 所示。

图6-27

工具解析

◇ Hair 和 Fur（WSM）：用于为物体添加毛发并编辑，该修改器可应用于要生长毛发的任何对象，既可以应用于网格对象，也可以应用于样条线对象。
◇ 摄影机贴图（WSM）：摄影机将 UVW 贴图坐标应用于对象。
◇ 曲面变形（WSM）：该修改器的工作方式与路径变形（WSM）相似。
◇ 曲面贴图（WSM）：将贴图指定给 NURBS 曲面，并将其投影到修改的对象上。将单个贴图无缝地应用到同一 NURBS 模型内的曲面子对象组时，曲面贴图显得尤其有用。它也可以用于其他类型的几何体。
◇ 点缓存（WSM）：该修改器可以将修改器动画存储到硬盘文件中，然后再次从硬盘中读取播放动画。
◇ 粒子流碰撞图形（WSM）：用于使标准网格对象作为

粒子导向器参与 MassFX 模拟。

◇ 细分（WSM）：提供用于光能传递处理创建网格的一种算法。

◇ 置换网格（WSM）：用于查看置换贴图的效果。

◇ 贴图缩放器（WSM）：用于调整贴图的大小，并保持贴图的比例不变。

◇ 路径变形（WSM）：以图形为路径，几何形体沿所选择的路径产生形变。

◇ 面片变形（WSM）：可以根据面片将对象变形。

6.3.3 对象空间修改器

"对象空间修改器"直接影响对象空间中对象的几何体，如图 6-28 所示。这个集合中的修改器主要应用于单独的对象，使用的是对象的局部坐标系，因此移动对象的时候，修改器也会跟着移动。

对象空间修改器
Arnold Properties
CFD Color Vertices
CFD Keep N Vertices
CFD Vertex Paint Channel
CFD Vertex Paint Velocity
Cloth
CreaseSet
FFD 2x2x2
FFD 3x3x3
FFD 4x4x4
FFD(圆柱体)
FFD(长方体)
Filter Mesh Colors By Hue
HSDS
MassFX RBody
mCloth
MultiRes
OpenSubdiv
Particle Skinner
Physique
STL 检查
UV as Color
UV as HSL Color
UV as HSL Gradient
UV as HSL Gradient With M
UVW 变换
UVW 展开
UVW 贴图
UVW 贴图添加
UVW 贴图清除
X 变换
专业优化
优化
体积选择
保留
倾斜
切片
切角
删除网格
删除面片
变形器
噪波
四边形网格化
壳
多边形选择
对称
属性承载器
平滑
弯曲
影响区域
扭曲
投影
折缝
拉伸
按元素分配材质
按通道选择
挤压
推力
摄影机贴图
数据通道
晶格
曲面变形
替换
材质
松弛
柔体
法线
波浪
涟漪
涡轮平滑
点缓存
焊接
球形化
粒子面创建器
细分
细化
编辑多边形
编辑法线
编辑网格
编辑面片
网格平滑
网格选择
置换
置换近似
蒙皮
蒙皮包裹
蒙皮包裹面片
蒙皮变形
融化
补洞
贴图缩放器
路径变形
转化为多边形
转化为网格
转化为面片
链接变换
锥化
镜像
面挤出
面片变形
面片选择
顶点焊接
顶点绘制

图6-28

6.4 常用修改器

本节主要为读者讲解最常使用的修改器的参数设置。

6.4.1 "车削"修改器

"车削"修改器通过绕轴旋转一个图形或 NURBS 曲线来创建三维模型对象，其参数设置如图 6-29 所示。

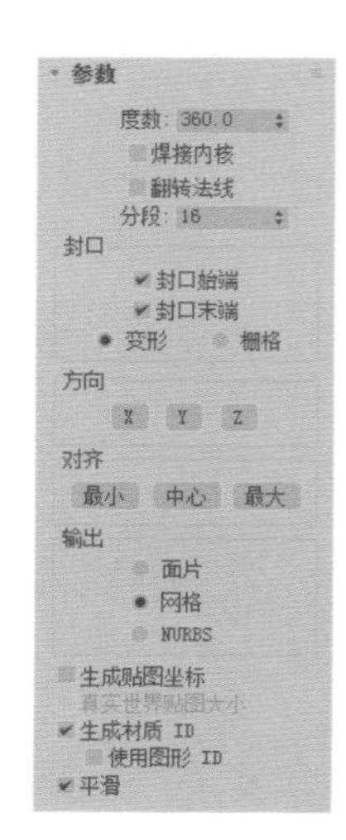

图6-29

工具解析

◇ 度数：确定对象绕轴旋转多少度。默认值为"360"，如果该值小于"360"，则生成一个不完全的旋转对象，如图 6-30 所示分别为度数值是"220"和"360"的模型结果对比。

图6-30

◇ 焊接内核：通过将旋转轴中的顶点焊接来简化网格。

◇ 翻转法线：依赖图形上顶点的方向和旋转方向，旋转对象可能会内部外翻。

◇ 分段：在起始点之间，确定在曲面上创建多少插补线段。值越高，生成的模型越光滑，如图 6-31 所示分别为该值是"5"和"30"的模型结果对比。

图6-31

①"封口"组

◇ 封口始端：封口设置的"度"小于"360"的车削对象的始点，并形成闭合图形。

◇ 封口末端：封口设置的"度"小于"360"的车削的对象终点，并形成闭合图形。

◇ 变形：按照创建变形目标所需的可预见且可重复的方案排列封口面。

◇ 栅格：在图形边界上的方形修剪栅格中排列封口面。

②“方向”组

◇ X/Y/Z：设置曲线沿 X/Y/Z 轴的方向进行旋转。

③“对齐”组

◇ “最小”按钮 最小：将旋转轴与图形的最小范围对齐。

◇ “中心”按钮 中心：将旋转轴与图形的中心范围对齐。

◇ “最大”按钮 最大：将旋转轴与图形的最大范围对齐。

④“输出”组

◇ 面片：生成一个可以塌陷到面片对象的对象。

◇ 网格：生成一个可以塌陷到网格对象的对象。

◇ NURBS：生成一个可以塌陷到 NURBS 曲面的对象。

6.4.2 “倒角”修改器

“倒角”修改器将图形挤出为 3D 对象并在边缘应用平或圆的倒角，常常用来制作立体文字模型，其参数命令如图 6-32 所示，分为“参数”卷展栏和“倒角值”卷展栏这 2 个卷展栏。

图6-32

1. “参数”卷展栏

“参数”卷展栏展开后如图 6-33 所示。

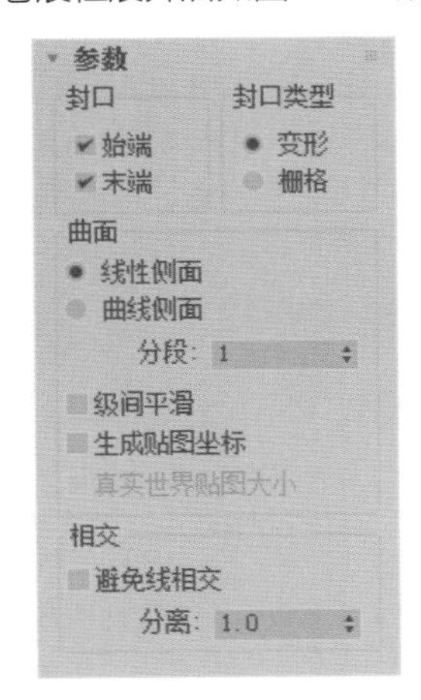

图6-33

工具解析

①“封口”组

◇ 始端：用对象的最低局部 Z 值（底部）对末端进行封口。

◇ 末端：用对象的最高局部 Z 值（底部）对末端进行封口。

②“封口类型”组

◇ 变形：为设置变形动画创建适合的封口面。

◇ 栅格：在栅格图案中创建封口面。

③“曲面”组

◇ 线性侧面：级别之间的分段插值会沿着一条直线。

◇ 曲线侧面：级别之间的分段插值会沿着一条 Bezier 曲线。对于可见曲率，会将多个分段与曲线侧面搭配使用。

◇ 分段：每个级别之间中级分段的数量，如图 6-34 所示分别为该值是“1”和“3”的模型线框结果对比。

图6-34

◇ 级间平滑：控制是否将平滑组应用于倒角对象侧面，如图 6-35 所示分别为该选项勾选前后的模型结果对比。

图6-35

◇ 生成贴图坐标：启用此项时，将贴图坐标应用于倒角对象。

◇ 真实世界贴图大小：为生成的模型设置基于真实世界大小的贴图尺寸。

④“相交”组

◇ 避免线相交：防止轮廓彼此相交。

◇ 分离：设置边之间所保持的距离。

2. “倒角值”卷展栏

“倒角值”卷展栏展开后如图 6-36 所示。

工具解析

◇ 起始轮廓：设置轮廓从原始图形的偏移距离。

◇ 级别1/级别2/级别3：每个级别均包含两个同样的参数，它们表示起始级别的改变。

图6-36

◇ 高度：设置不同对应级别在起始级别之上的距离。
◇ 轮廓：设置不同对应级别的轮廓到起始轮廓的偏移距离。

6.4.3 "扫描"修改器

"扫描"修改器用于沿着基本样条线或NURBS曲线路径挤出横截面，在"修改"面板中，主要分为"截面类型""插值""参数"和"扫描参数"这4个卷展栏，如图6-37所示。

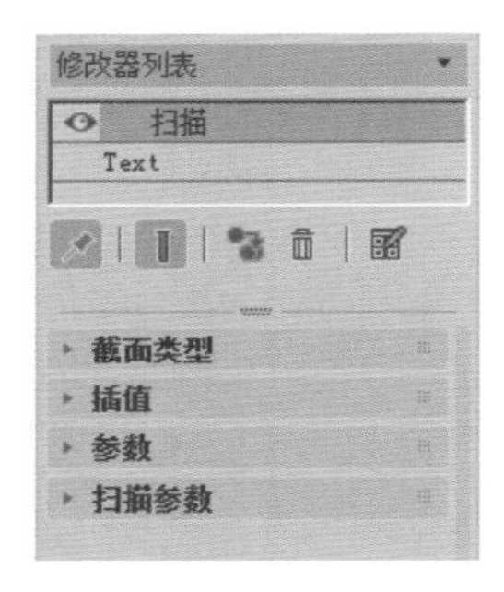

图6-37

1. "截面类型"卷展栏

"截面类型"卷展栏展开后如图6-38所示。

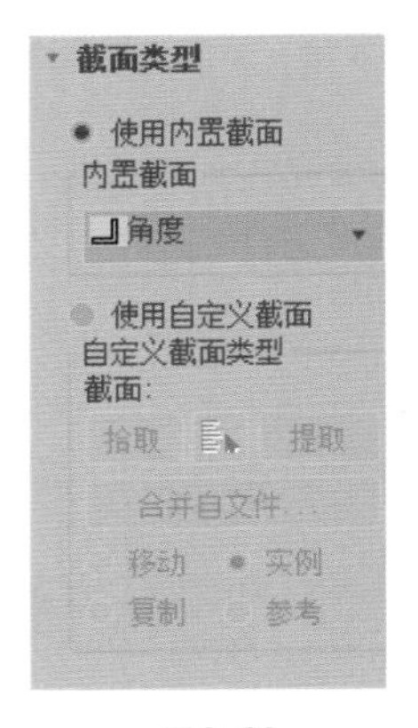

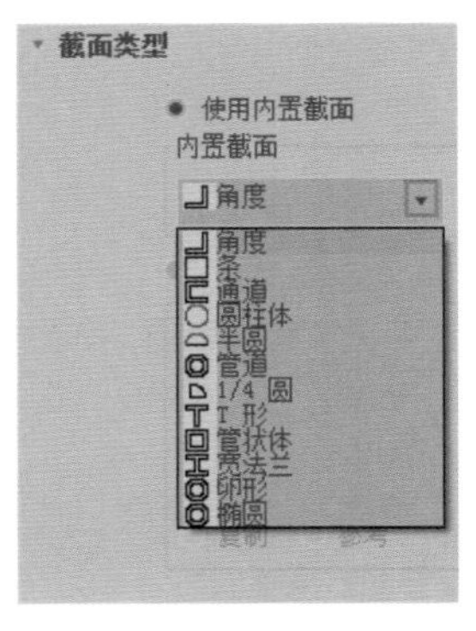

图6-38　图6-39

工具解析

◇ 使用内置截面：选择该选项后可使用一个内置的备用截面。
◇ "内置截面"下拉列表：单击箭头按钮后弹出下拉列表，其中会显示出3ds Max 2018所提供的常用结构截面，如图6-39所示。
◇ 使用自定义截面：允许用户使用自己已经创建了的截面，或者使用当前场景中的另一个图形当作截面。
◇ "拾取"按钮 拾取 ：单击该按钮，然后直接从场景中拾取图形。
◇ "提取"按钮 提取 ：单击该按钮，会在场景中创建一个新图形。
◇ "合并自文件"按钮 合并自文件... ：选择储存在另一个MAX文件中的截面。
◇ 移动：沿着指定的样条线扫描自定义截面。
◇ 实例：沿着指定样条线以实例的方式扫描选定截面。
◇ 复制：沿着指定样条线以复制的方式扫描选定截面。
◇ 参考：沿着指定样条线以参考的方式扫描选定截面。

2. "插值"卷展栏

"插值"卷展栏展开后如图6-40所示。

图6-40

工具解析

◇ 步数：设置3ds Max在每个内置的截面顶点间所使用的分割数。
◇ 优化：启用此选项后，可以从样条线的直线线段中删除不需要的步数。默认设置为启用。
◇ 自适应：启用后，可以自动设置每个样条线的步长数，以生成平滑曲线。

3. "参数"卷展栏

"参数"卷展栏展开后如图6-41所示。

工具解析

◇ 长度：控制该角度截面垂直边的高度。
◇ 宽度：控制该角度截面水平边的宽度。
◇ 厚度：控制该角度的两条边的厚度。

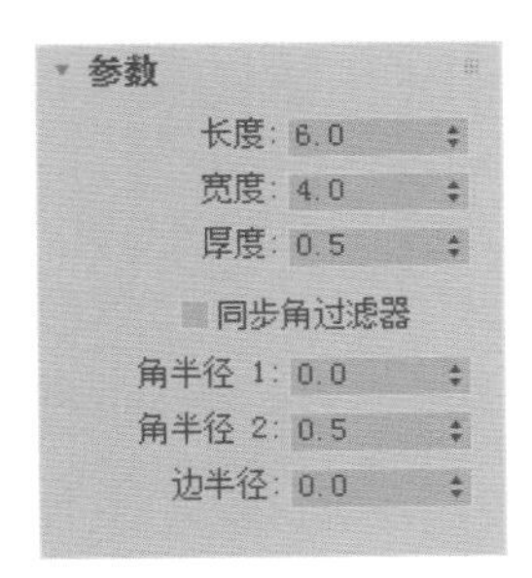

图6-41

◇ 同步角过滤器：启用后，角半径 1 控制垂直边和水平边之间内外角的半径。它还保持截面的厚度不变。

◇ 角半径 1：控制该角度截面垂直边和水平边之间的外径。

◇ 角半径 2：控制该角度截面垂直边和水平边之间的内径。

◇ 边半径：控制垂直边和水平边的最外部边缘的内径。

4. “扫描参数”卷展栏

“扫描参数”卷展栏展开后如图 6-42 所示。

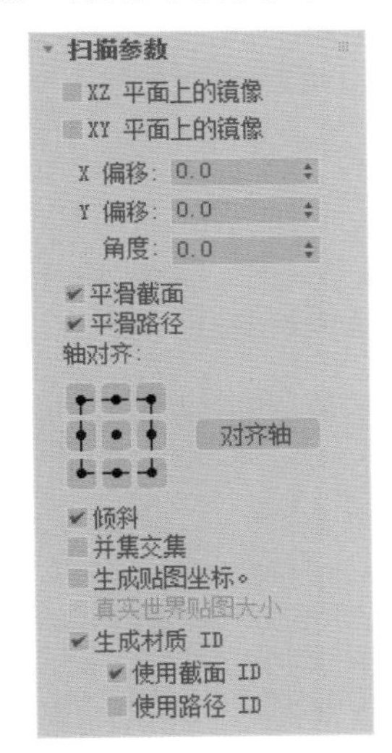

图6-42

工具解析

◇ XZ 平面上的镜像：启用该选项后，截面相对于应用“扫描”修改器的样条线垂直翻转。

◇ XY 平面上的镜像：启用该选项后，截面相对于应用“扫描”修改器的样条线水平翻转。

◇ X 偏移：用于设置截面图形在水平方向上的偏移程度，如图 6-43 所示为调整了该值前后的模型效果对比。

◇ Y 偏移：用于设置截面图形在垂直方向上的偏移程度，如图 6-44 所示为调整了该值前后的模型效果对比。

◇ 角度：用于设置截面图形的旋转角度，如图 6-45 所示为调整了该值前后的模型效果对比。

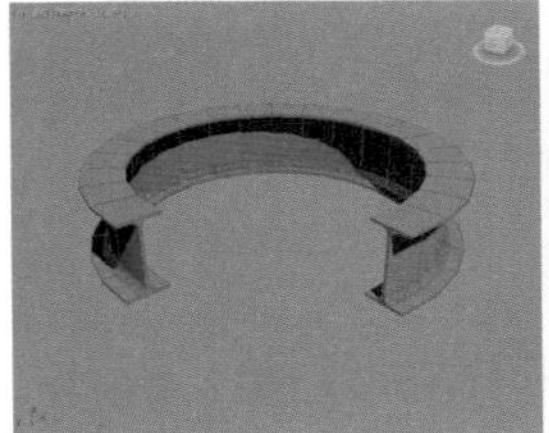
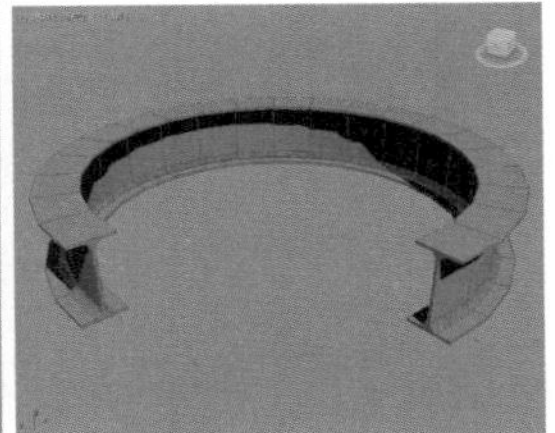

图6-43

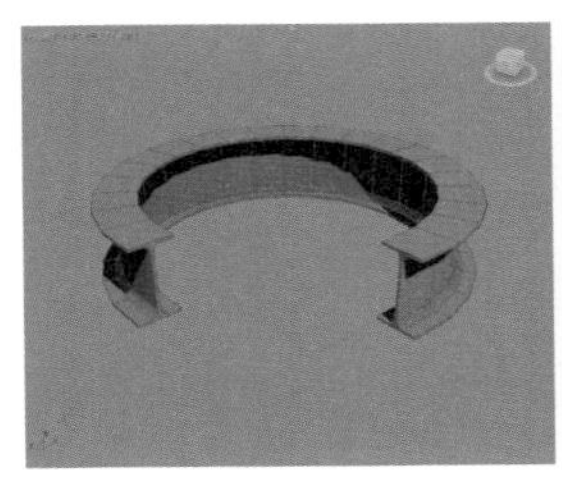
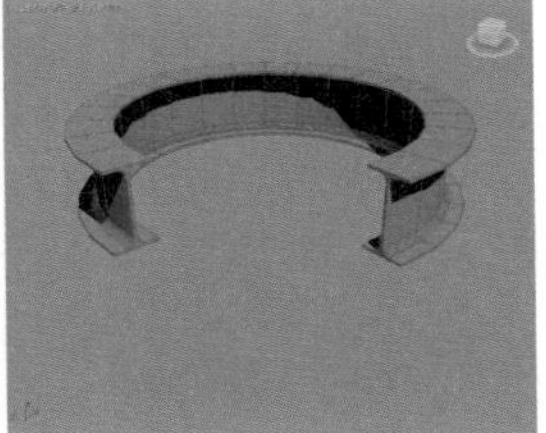

图6-44

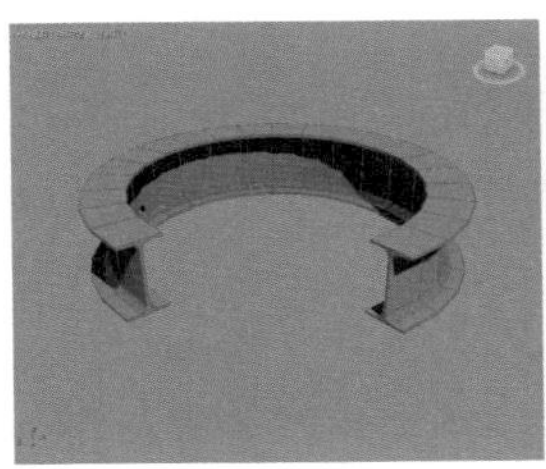
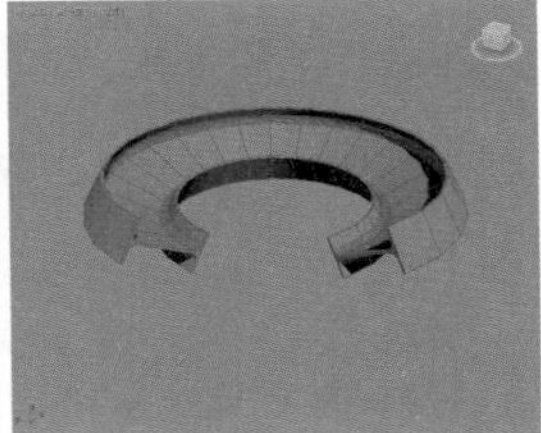

图6-45

◇ 平滑截面：用于对生成的模型进行平滑计算，默认为启用状态。如图 6-46 所示为开启该选项前后的模型显示结果对比。

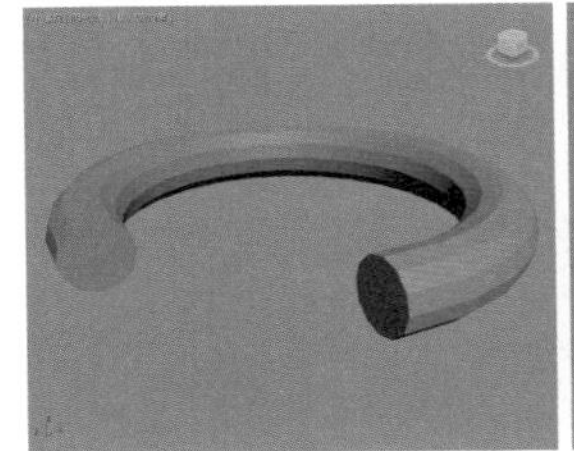
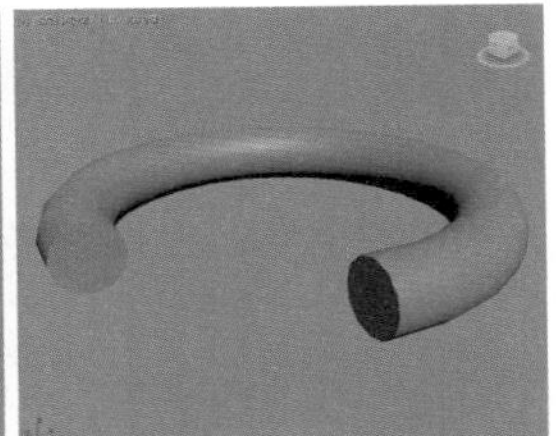

图6-46

◇ 平滑路径：沿着基本样条线的长度提供平滑曲面，对曲线路径这类平滑十分有用，如图 6-47 所示为开启该选项前后的模型显示结果对比。

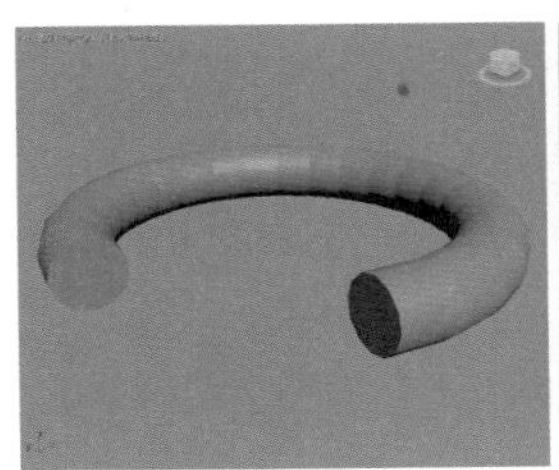
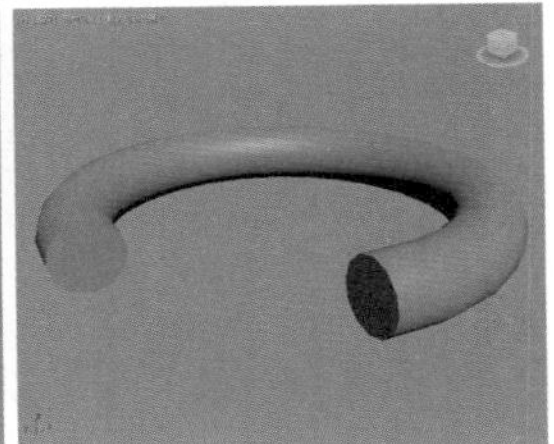

图6-47

◇ 轴对齐：3ds Max 设置了 9 个按钮来供用户选择哪一个作为围绕样条线路径移动截面的轴，如图 6-48 所示。

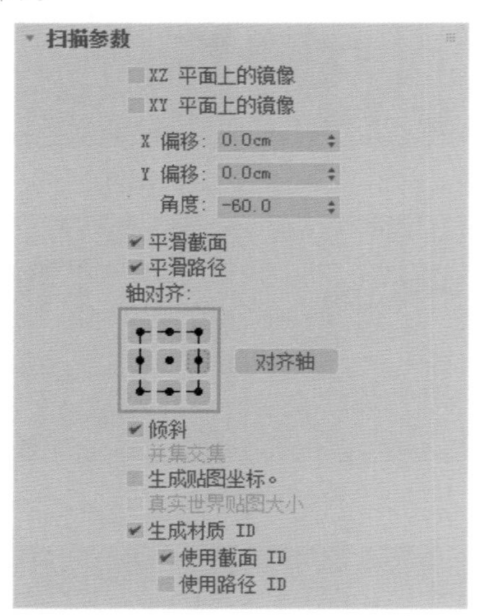

图6-48

◇ “对其轴”按钮 对齐轴 ：选中该选项后，“轴对齐”栅格在视口中以 3D 外观显示，如图 6-49 所示。

◇ 倾斜：启用该选项后，只要路径弯曲并改变其局部 z 轴的高度，截面便围绕样条线路径旋转。

◇ 并集交集：如果使用多个交叉样条线，比如栅格，那么启用该开关后可以生成清晰且更真实的交叉点。

◇ 生成贴图坐标：将贴图坐标应用到挤出对象中。

◇ 真实世界贴图大小：控制应用于对象的纹理贴图材质所使用的缩放方法。

◇ 生成材质 ID：将不同的材质 ID 指定给扫描的侧面与封口。

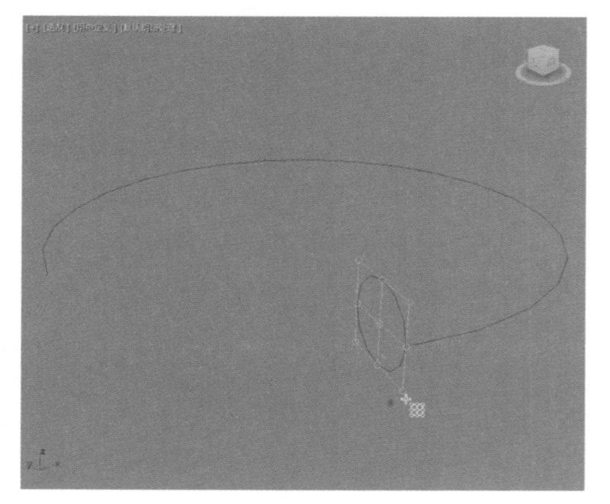

图6-49

◇ 使用截面 ID：使用指定给截面分段的材质 ID 值。

◇ 使用路径 ID：使用指定给基本曲线中基本样条线或曲线子对象分段的材质 ID 值。

6.4.4 “弯曲”修改器

“弯曲”修改器，即是对模型进行弯曲变形的一种修改器。“弯曲”修改器参数设置如图 6-50 所示。

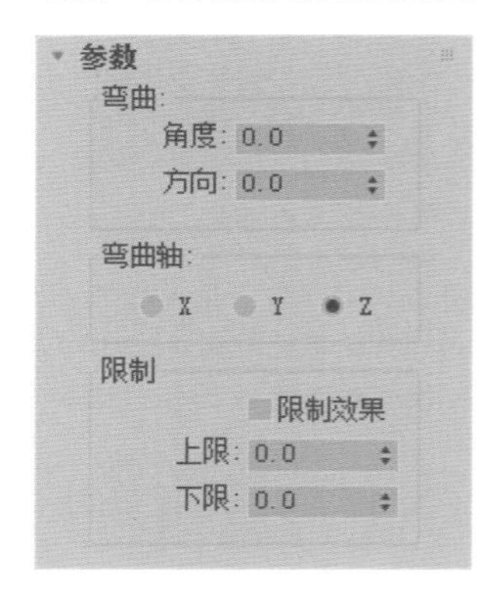

图6-50

工具解析

①“弯曲”组

◇ 角度：从顶点平面设置要弯曲的角度。范围为“-999,999”至“999,999”。

◇ 方向：设置弯曲相对于水平面的方向。范围为“-999,999”至“999,999”。

②“弯曲轴”组

◇ X/Y/Z：指定要弯曲的轴。注意此轴位于弯曲 Gizmo 并与选择项不相关。默认值为 z 轴。

③“限制”组

◇ 限制效果：将限制约束应用于弯曲效果。默认设置为禁用状态。

◇ 上限：以世界单位设置上部边界，此边界位于弯曲中心点上方，超出此边界弯曲不再影响几何体。默认值为“0”。范围为“0”至“999,999.0”。

◇ 下限：以世界单位设置下部边界，此边界位于弯曲中心点下方，超出此边界弯曲不再影响几何体。默认值为“0”。范围为“-999,999.0”至“0”。

6.4.5 “拉伸”修改器

使用“拉伸”修改器可以对模型产生拉伸效果的同时还会对模型产生挤压的效果。“拉伸”修改器参数设置如图 6-51 所示。

工具解析

①“拉伸”组

◇ 拉伸：为对象的三个轴设置基本缩放数值。

◇ 放大：更改应用到副轴的缩放因子。

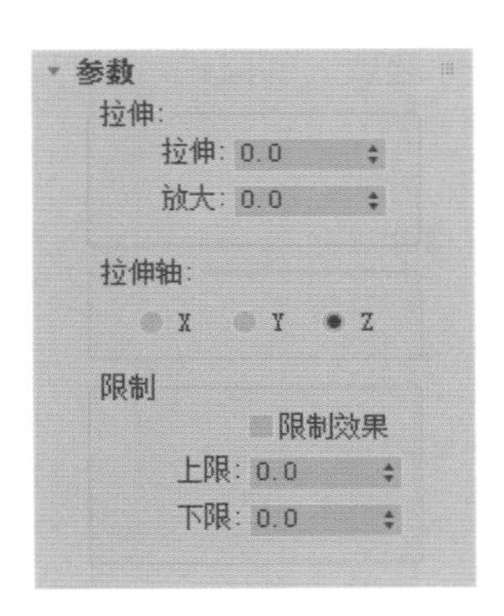

图6-51

② “拉伸轴”组

◇ X/Y/Z：可以使用“参数”卷展栏的“拉伸轴”组中的选项，来选择将哪个对象局部轴作为“拉伸轴”。默认值为 z 轴。

③ “限制”组

◇ 限制效果：限制拉伸效果。在禁用“限制效果”后，“上限”和“下限”中的值会被忽略。

◇ 上限：沿着“拉伸轴”的正向限制拉伸效果的边界。“上限”值可以是“0”，也可以是任意正数。

◇ 下限：沿着“拉伸轴”的负向限制拉伸效果的边界。“下限”值可以是“0”，也可以是任意负数。

提示　从修改器的参数设置上来看，“拉伸”修改器和“弯曲”修改器内的参数非常相似，与这两个修改器参数相似的修改器还有“锥化”修改器、“扭曲”修改器和“倾斜”修改器。读者可以自行学习这几个修改器的使用方法。

6.4.6 “切片”修改器

使用“切片”修改器可以对模型产生剪切效果，常常用于制作表现工业产品的剖面结构。“切片”修改器参数设置如图6-52所示。

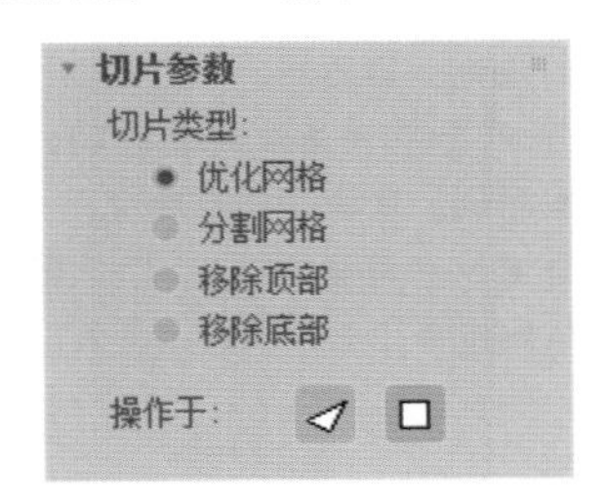

图6-52

工具解析

◇ 优化网格：沿着几何体相交处，使用切片平面添加新的顶点和边。平面切割的面可细分为新的面。

◇ 分割网格：沿着平面边界添加双组顶点和边，产生两个分离的网格，这样可以根据需要进行不同的修改。使用此选项可将网格分为两个。

◇ 移除顶部：删除“切片平面”上所有的面和顶点。

◇ 移除底部：删除“切片平面”下所有的面和顶点。

6.4.7 “专业优化”修改器

“专业优化”修改器可用于选择对象并以交互方式对其进行优化，在减少模型顶点数量的同时保持模型的外观，满足了优化模型的同时减少场景内存的要求，并提高视口显示的速度和缩短渲染的时间。“专业优化”修改器参数设置如图6-53所示，有“优化级别”“优化选项”“对称选项”和“高级选项”4个卷展栏。

图6-53

1. “优化级别”卷展栏

“优化级别”卷展栏展开如图6-54所示。

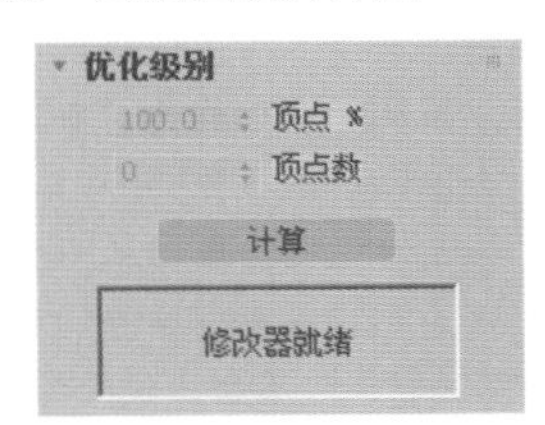

图6-54

工具解析

◇ 顶点%：将优化对象中的顶点数设置为原始对象中顶点数的百分比，默认设置为“100”。单击“计算”按钮之前，此控件不可用。单击“计算”后，以交互方式调整顶点%值。

◇ 顶点数：直接设置优化对象中的顶点数。单击“计算”按钮之前，此控件不可用。单击“计算”按钮后，此值设置为原始对象中的顶点数（因为顶点%默认设置为“100”）。此控件可用后，即可以交互方式调整“顶点数”值。

◇ “计算”按钮 计算 ：单击以应用优化。

◇ “状态”窗口：此文本窗口显示“专业优化”状态。单击“计算”按钮之前，此窗口显示“修改器就绪”。

单击“计算”按钮并调整优化级别后，此窗口显示说明操作效果的统计信息，包括之前和之后的顶点数和面数。

2.“优化选项”卷展栏

“优化选项”卷展栏展开如图 6-55 所示。

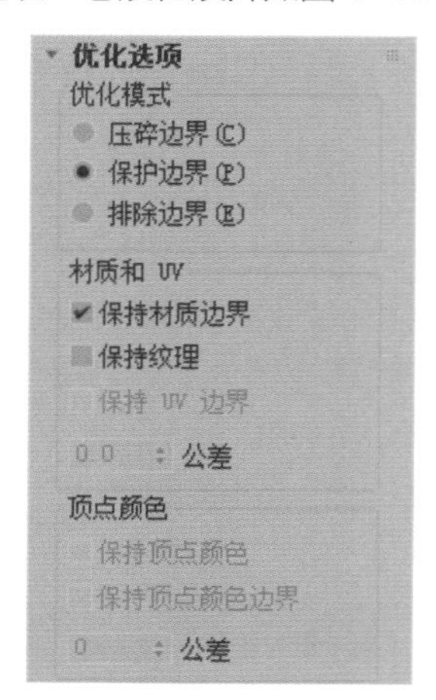

图6-55

工具解析

①“优化模式”组

◇ 压碎边界：在进行优化对象时不考虑边缘或面是否位于边界上。

◇ 保护边界：在进行优化对象时保护那些边缘位于对象边界上的面。不过，高优化级别仍然可能导致边界面被移除。如果对多个相连对象进行优化，这些对象之间可能出现间隙。

◇ 排除边界：在进行优化对象时从不移除在边界边缘的面。这会减少能够从模型移除的面数，但可确保在优化多个互连对象时不会出现间隙。

②“材质和 UV”组

◇ 保持材质边界：启用时，“专业优化”修改器将保留材质之间的边界。属于具有不同材质的面的点将被冻结，并且在优化过程中不会被移除。默认设置为启用。

◇ 保持纹理：启用时，优化过程中将保留纹理贴图坐标。

◇ 保持 UV 边界：仅当启用“保持纹理”时，此控件才可用。启用时，优化过程中将保留 UV 贴图值之间的边界。

③“顶点颜色”组

◇ 保持顶点颜色：启用时，优化将保留顶点颜色数据。

◇ 保持顶点颜色边界：仅当启用“保持顶点颜色”时，此控件才可用。启用时，优化将保留顶点颜色之间的边界。

3.“对称选项”卷展栏

“对称选项”卷展栏展开如图 6-56 所示。

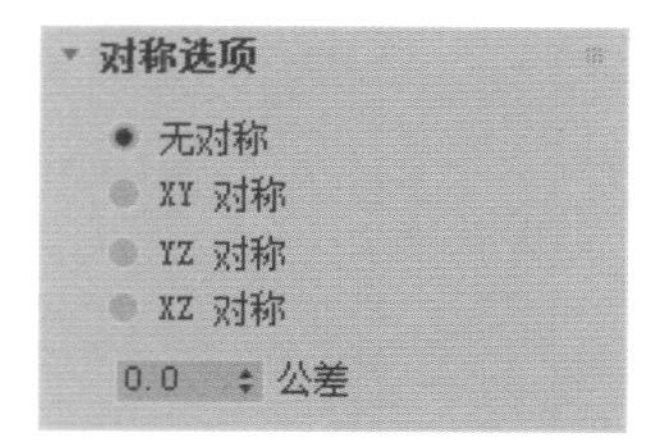

图6-56

工具解析

◇ 无对称：“专业优化”修改器不会尝试进行对称优化。

◇ XY 对称：“专业优化”修改器尝试进行围绕 *xy* 平面对称的优化。

◇ YZ 对称：“专业优化”修改器尝试进行围绕 *yz* 平面对称的优化。

◇ XZ 对称：“专业优化”修改器尝试进行围绕 *xz* 平面对称的优化。

◇ 公差：指定用于检测对称边缘的公差值。

4.“高级选项”卷展栏

“高级选项”卷展栏展开如图 6-57 所示。

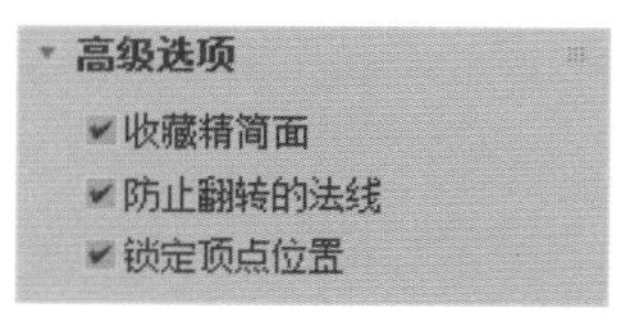

图6-57

工具解析

◇ 收藏精简面：当一个面所形成的三角形是等边三角形或接近等边三角形时，该面就是“精简”的。启用“收藏精简面”时，优化时将验证移除一个不会产生尖锐的面。经过此测试后，所优化的模型会更均匀一致。默认设置为启用。

◇ 防止翻转的法线：启用时，“专业优化”修改器将验证移除一个不会导致面法线翻转的顶点。禁用时，则不执行此测试，默认设置为启用。

◇ 锁定顶点位置：启用该选项后，“专业优化”修改器不会改变从网格移除的顶点的位置。

6.4.8 “噪波”修改器

用户使用“噪波”修改器可以向对象从 3 个不同的轴向来施加强度，使物体对象产生出随机性较强的噪波起伏效果。这一修改器常常用来制作起伏的水面、高山或飘扬的小旗等效果。其命令参数如图 6-58 所示。

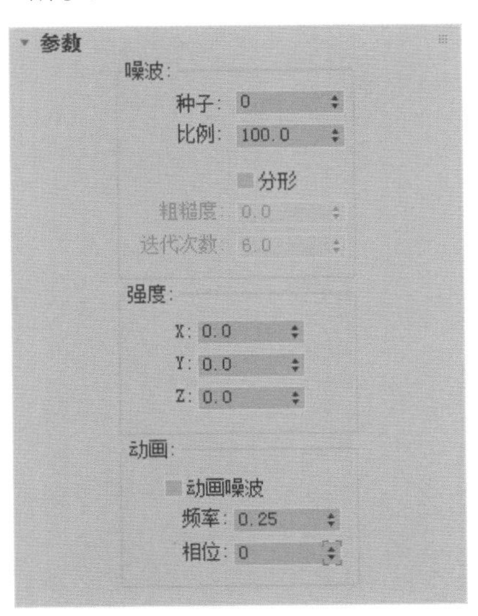

图6-58

工具解析

①“噪波”组

◇　种子：从设置的数中生成一个随机起始点，在创建地形时尤其有用，因为每种设置都可以生成不同的配置，如图 6-59 所示分别为不同“种子”值的地面模型起伏效果对比。

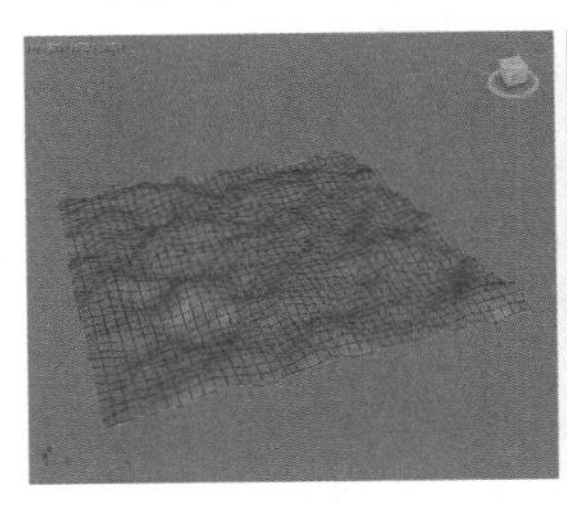
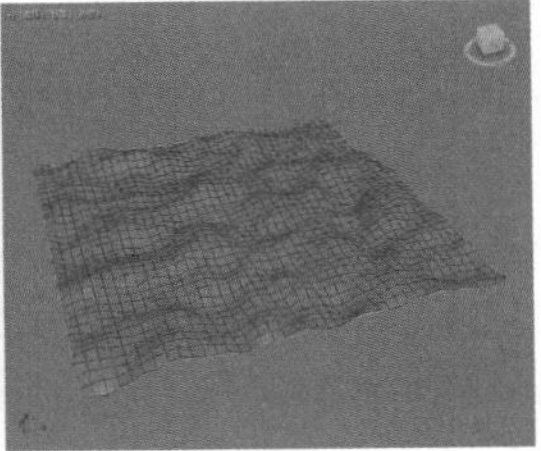

图6-59

◇　比例：设置噪波影响（不是强度）的大小。较大的值产生更为平滑的噪波，较小的值产生锯齿现象更严重的噪波，默认值为“100”，如图 6-60 所示分别是该值是“20”和“50”的模型效果对比。

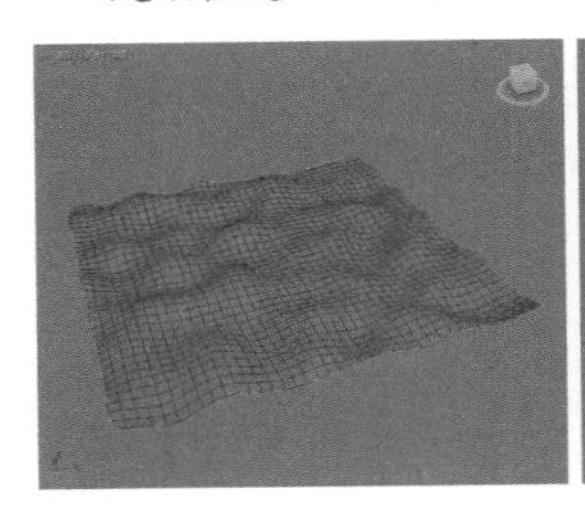
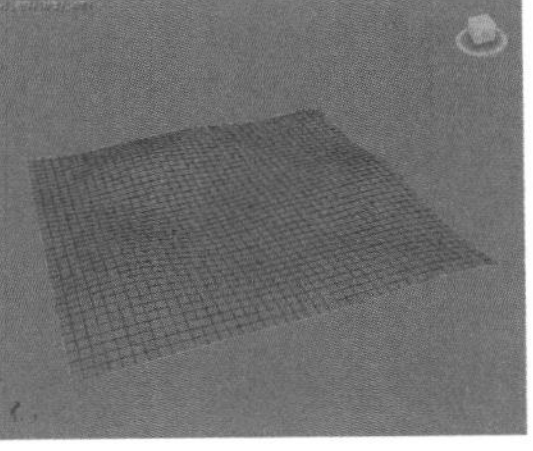

图6-60

◇　分形：根据当前设置产生分形效果，默认设置为禁用，如图 6-61 所示为开启“分形”选项前后的模型效果对比。

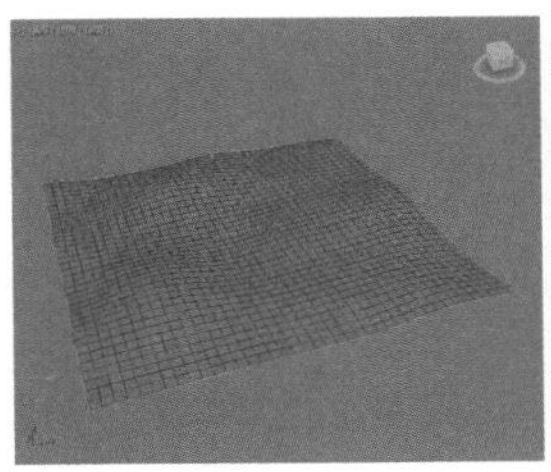
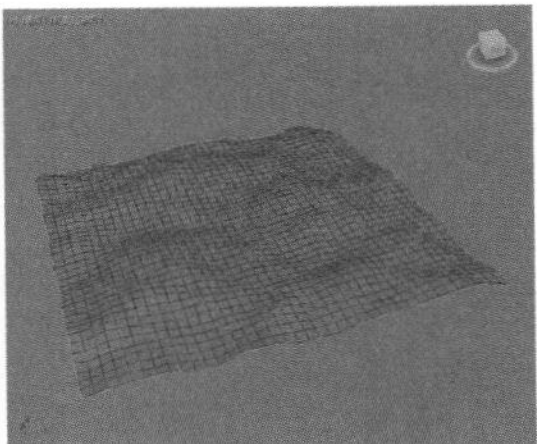

图6-61

◇　粗糙度：决定分形变化的程度，较低的值比较高的值更精细，范围为“0”至“1”，默认值为“0”。

◇　迭代次数：控制分形功能所使用的迭代的数目，较少的迭代次数使用较少的分形能量并生成更平滑的效果。

②“强度”组

◇　X/Y/Z：沿着 X/Y/Z 轴设置噪波效果的强度。

③“动画”组

◇　动画噪波：调节“噪波”和“强度”参数的组合效果。

◇　频率：设置正弦波的周期和调节噪波效果的速度。较高的频率产生的噪波振动的更快，较低的频率产生较为平滑和更温和的噪波。

◇　相位：移动基本波形的开始点和结束点。默认情况下，动画关键点设置在活动帧范围的任意一端，通过在“轨迹视图”中编辑这些位置，可以更清楚地看到“相位”的效果，选择“动画噪波”以启用动画播放。

6.4.9 “对称”修改器

“对称”修改器用来进行构建模型的另一半，其参数面板如图 6-62 所示。

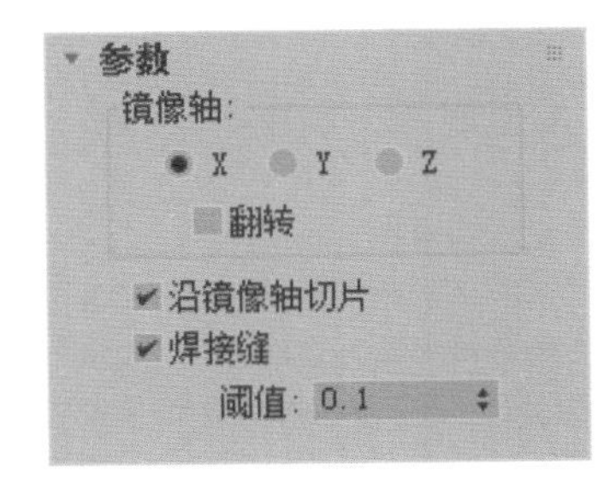

图6-62

工具解析

“镜像轴”组

◇　X/Y/Z：指定执行对称所围绕的轴。可以在选中轴的同时在视口中观察效果。

◇ 翻转：启用后，可实现对称效果。

◇ 沿镜像轴切片：启用“沿镜像轴切片”后，镜像Gizmo在定位于网格边界内部时作为一个切片平面。当Gizmo位于网格边界外部时，对称反射仍然作为原始网格的一部分来处理。如果禁用“沿镜像轴切片”，对称反射会作为原始网格的单独元素来进行处理。默认设置为启用。

◇ 焊接缝：启用“焊接缝”确保沿镜像轴的顶点在阈值以内时会自动焊接。

◇ 阈值：阈值设置的值代表顶点在自动焊接之前的接近程度。默认设置是“0.1”。

6.4.10 “晶格”修改器

使用“晶格”修改器可以将模型的边转化为圆柱形结构，并在顶点上产生可选的关节多面体。使用它可基于网格拓扑创建可渲染的几何体结构，或作为获得线框渲染效果的一种方法，“晶格”修改器参数设置如图6-63所示。

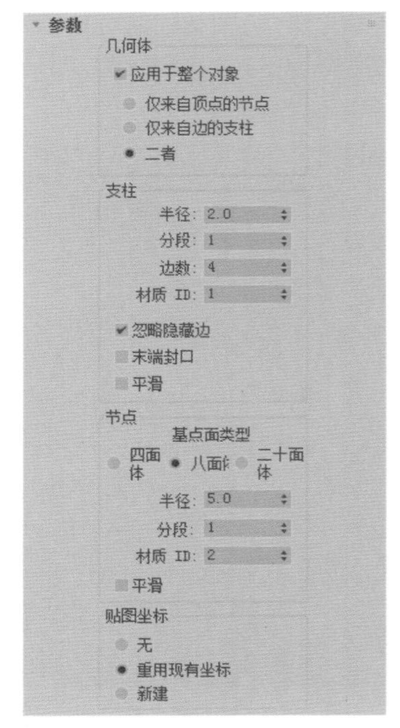

图6-63

工具解析

①“几何体”组

◇ 应用于整个对象：3ds Max为用户提供了“仅来自顶点的节点”“仅来自边的支柱”和“二者”这3个选项，用于控制模型选择哪个结构来生成晶格。如图6-64～图6-66所示分别为这3个选项的模型结果显示对比。

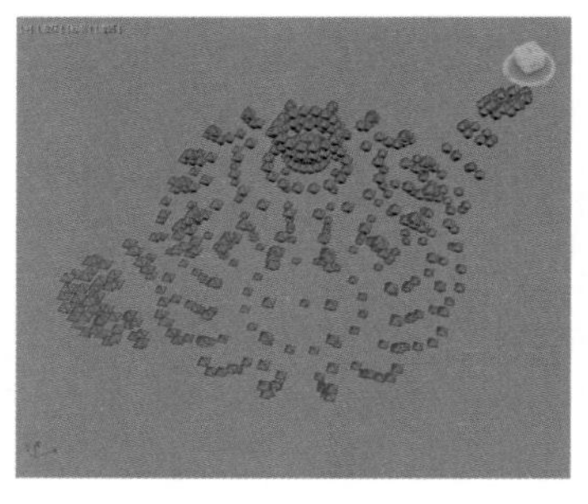

图6-64

图6-65

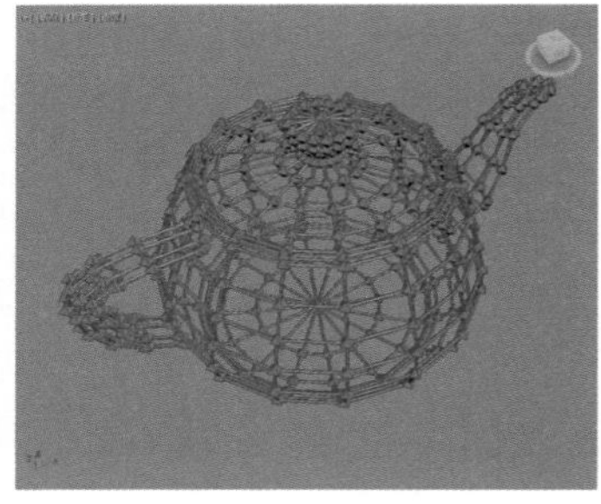

图6-66

②“支柱”组

◇ 半径：指定结构半径。

◇ 分段：指定沿结构的分段数目。当需要使用后续修改器将结构或变形或扭曲时，增加此值。

◇ 边数：指定结构周界的边数目。

◇ 材质ID：指定用于结构的材质ID。结构和关节将具有不同的材质ID。

◇ 忽略隐藏边：仅生成可视边的结构。禁用时，将生成所有边的结构，包括不可见边。默认设置为启用。

◇ 末端封口：将末端封口应用于支柱。

◇ 平滑：将平滑应用于支柱。

③“节点”组

◇ 基点面类型：指定用于关节的多面体类型。

◇ 四面体：使用四面体，如图6-67所示。

◇ 八面体：使用八面体，如图6-68所示。

◇ 二十面体：使用二十面体，如图 6-69 所示。

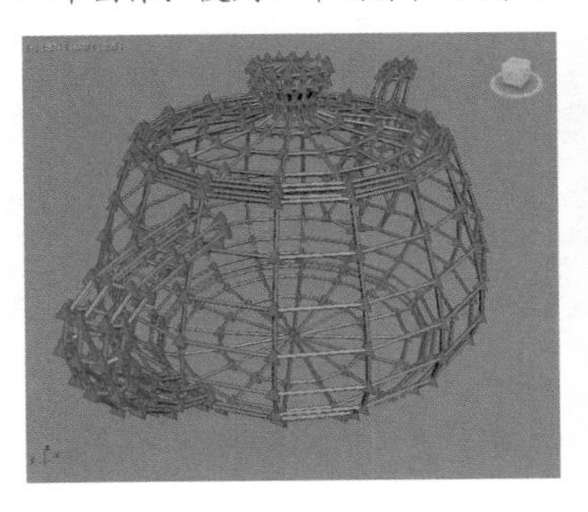
图6-67

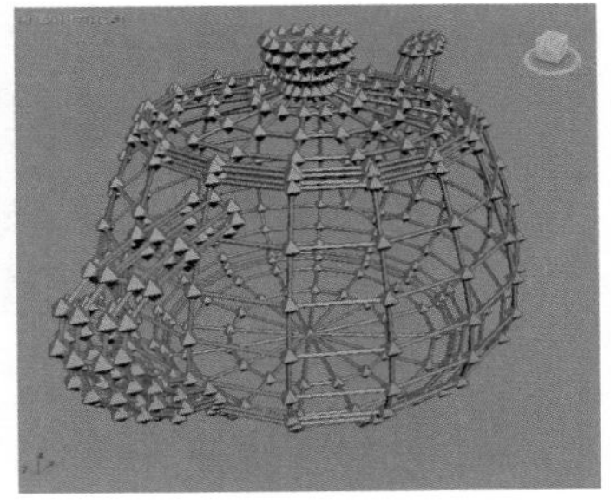
图6-68

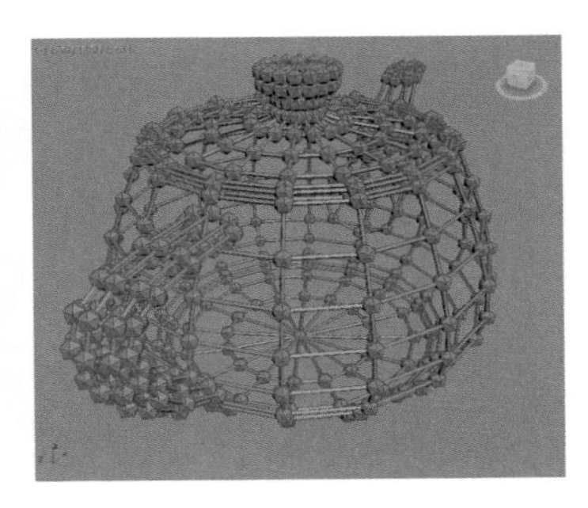
图6-69

◇ 半径：设置关节的半径。

◇ 分段：指定关节中的分段数目。分段越多，关节形状越像球形。

◇ 材质 ID：指定用于结构的材质 ID。

◇ 平滑：将平滑应用于节点。

6.4.11 “涡轮平滑”修改器

“涡轮平滑”修改器允许模型在边角交错时将几何体细分，以添加面数的方式来得到较为光滑的模型效果。其参数面板如图 6-70 所示。

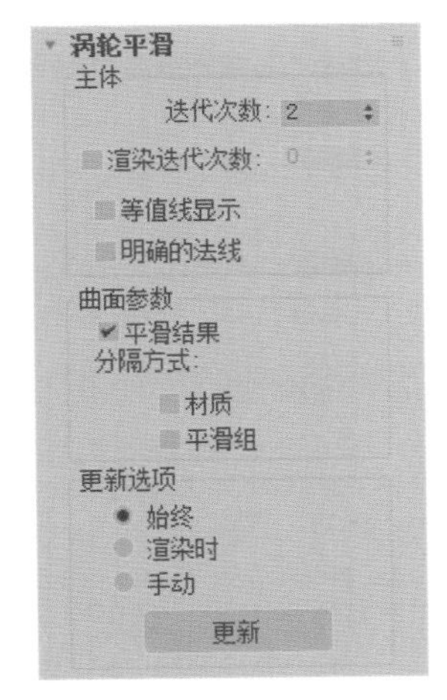

图6-70

工具解析

①“主体”组

◇ 迭代次数：设置网格细分的次数。增加该值时，每次新的迭代会在迭代之前对顶点、边和曲面创建平滑差补顶点来实现细分网格。修改器会细分曲面来使用这些新的顶点。默认值为“1”。范围为“0”至“10”。

◇ 渲染迭代次数：允许在渲染时选择一个不同数量的平滑迭代次数应用于对象。启用该选项，并使用右边的字段来设置渲染迭代次数。

◇ 等值线显示：启用该选项后，3ds Max 仅显示等值线，即对象在进行光滑处理之前的原始边缘。使用此项的好处是减少混乱的显示。

◇ 明确的法线：允许“涡轮平滑”修改器输出计算法线，此方法要比 3ds Max 用于从网格对象的平滑组计算法线的标准方法更快速。

②“曲面参数”组

◇ 平滑结果：对所有曲面应用相同的平滑组。

◇ 材质：防止在不共享材质 ID 的曲面之间的边创建新曲面。

◇ 平滑组：防止在不共享至少一个平滑组的曲面之间的边上创建新曲面。

③“更新选项”组

◇ 始终：更改任意“涡轮平滑”设置时自动更新对象。

◇ 渲染时：只在渲染时更新对象的视口显示。

◇ 手动：仅在单击“更新”后更新对象。

◇ “更新”按钮 更新 ：更新视口中的对象，使其与当前的“网格平滑”设置。仅在选择“渲染”或“手动”时才起作用。

6.4.12 “FFD”修改器

“FFD”修改器可以对模型进行变形修改，以较少的控制点来调整复杂的模型。在 3ds Max 2018 中，“FFD”修改器包含了 5 种类型，分别为“FFD2x2x2”修改器、“FFD3x3x3”修改器、“FFD4x4x4”修改器、“FFD（圆柱体）”修改器和“FFD（长方体）”修改器，如图 6-71 所示。

FFD 2x2x2
FFD 3x3x3
FFD 4x4x4
FFD (圆柱体)
FFD (长方体)

图6-71

“FFD”修改器的基本参数几乎都相同，因此在这里选择“FFD（长方体）”修改器中的参数进行讲解，其参数面板如图 6-72 所示。

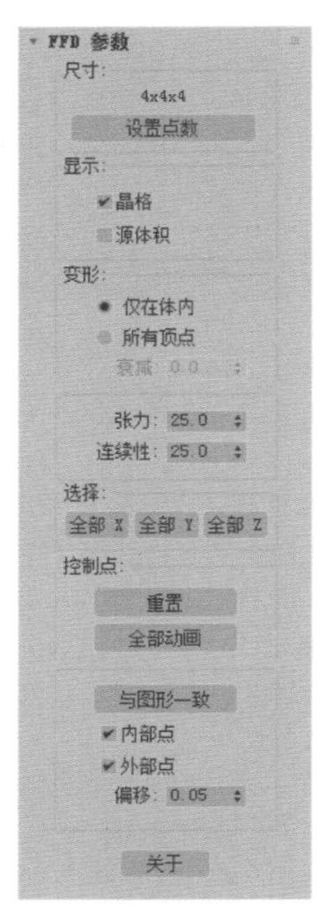

图6-72

工具解析

①“尺寸”组

◇ “设置点数”按钮 设置点数 ：弹出“设置 FFD 尺寸”对话框，其中包含 3 个标为“长度”“宽度”和“高度”的微调器、“确定”按钮和“取消”按钮，如图 6-73 所示。指定晶格中所需控制点数目，然后单击“确定”按钮以进行更改。

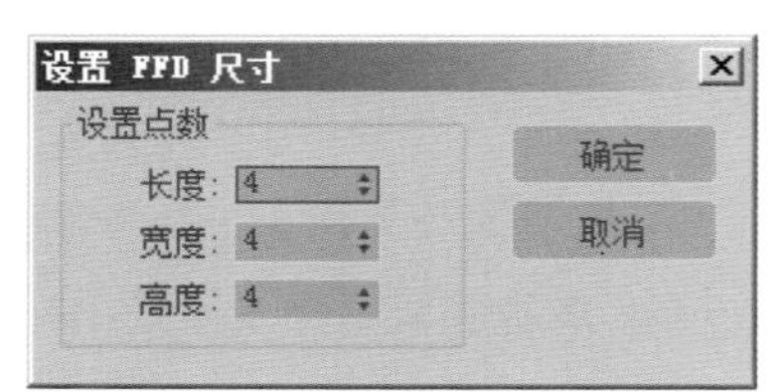

图6-73

②“显示”组

◇ 晶格：将绘制连接控制点的线条形成栅格，如图 6-74 所示分别为勾选该选项前后的模型显示效果对比。

◇ 源体积：控制点和晶格会以未修改的状态显示。

③“变形”组

◇ 仅在体内：只变形位于源体积内的顶点。

◇ 所有顶点：变形所有顶点，不管它们位于源体积的内部还是外部。

◇ 衰减：决定着 FFD 效果减为零时离晶格的距离。

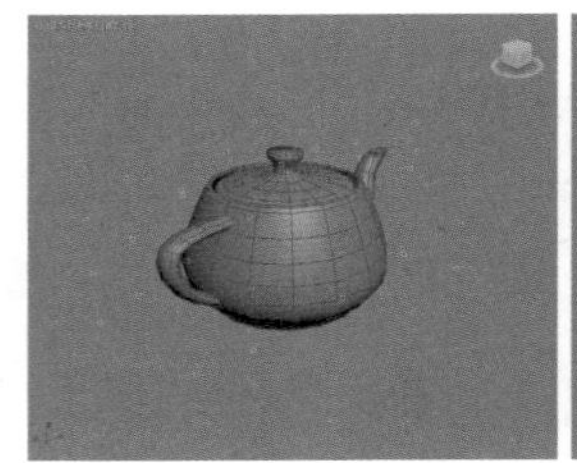

图6-74

◇ 张力 / 连续性：调整变形样条线的张力和连续性。

④“选择”组

◇ “全部 X”按钮 全部 X /“全部 Y”按钮 全部 Y /“全部 Z”按钮 全部 Z ：选中沿着由该按钮指定的局部维度的所有控制点。单击两个按钮，可以选择两个维度中的所有控制点。

⑤“控制点”组

◇ “重置”按钮：将所有控制点返回到它们的原始位置。

◇ “全部动画”按钮：默认情况下，FFD 晶格控制点将不在“轨迹视图”中显示出来，因为没有给它们指定控制器。但是在设置控制点动画时，给它指定了控制器，则它在“轨迹视图”中可见。

◇ “与图形一致”按钮：在对象中心控制点位置之间沿直线延长线，将每一个 FFD 晶格控制点移到修改对象的交叉点上，这将增加一个由“补偿”微调器指定的偏移距离。

◇ 内部点：仅控制受“与图形一致”影响的对象内部点。

◇ 外部点：仅控制受“与图形一致”影响的对象外部点。

◇ 偏移：受“与图形一致”影响的控制点偏移对象曲面的距离。

◇ “关于”按钮 关于 ：单击此按钮后弹出显示版权和许可信息的“About FFD”对话框，如图 6-75 所示。

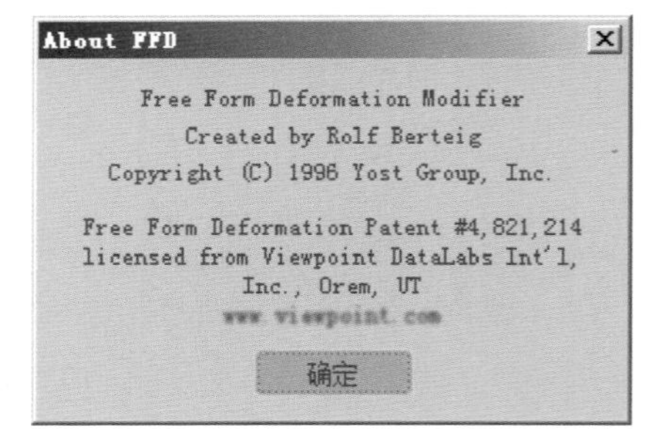

图6-75

6.5 多边形建模技术

多边形建模技术是目前最为流行的三维建模方式，也是 3ds Max 的修改器命令之一。用户只需要为场景中的对象添加“编辑多边形”修改器，即可使用这一技术。使用多边形建模技术可以做出多种模型，比如工业产品模型、建筑景观模型、卡通角色模型等等。如图 6-76 ~图 6-78 所示为使用多边形建模技术制作出来的三维模型。

图6-76

图6-77

图6-78

“编辑多边形”修改器的子层级包含了“顶点”“边”“边界”“多边形”和“元素”这 5 个层级，如图 6-79 所示。并且，在每个子层级中又分别包含不同的针对多边形及子层级的建模修改命令。

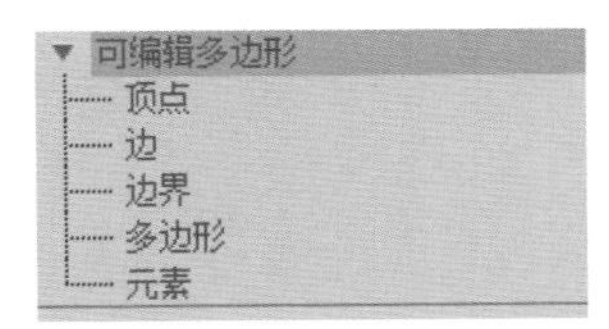

图6-79

6.5.1　多边形对象的创建

多边形对象的创建方法主要有 3 种。第一种是选择要修改的对象直接塌陷转换为“可编辑的多边形”，第二种是在“修改”面板的下拉列表中为对象添加“编辑多边形”修改器命令，第三种是在“修改器列表”中为对象添加“编辑多边形”修改器。具体操作步骤如下。

第 1 种方式：在视图中选择要塌陷的对象，单击鼠标右键并在弹出的快捷菜单上选择“转换为 / 转换为可编辑的多边形”命令，该物体则被快速塌陷为多边形对象，如图 6-80 所示。

第 2 种方式：选择视图中的物体，打开“修改”面板，鼠标移动至修改堆栈的命令上，单击鼠标右键并在弹出的命令列表中选择“可编辑多边形”命令，即可完成塌陷，如图 6-81 所示。

第 3 种方式：单击选择视图中的模型，在“修改器列表”中找到并添加“编辑多边形”修改器，如

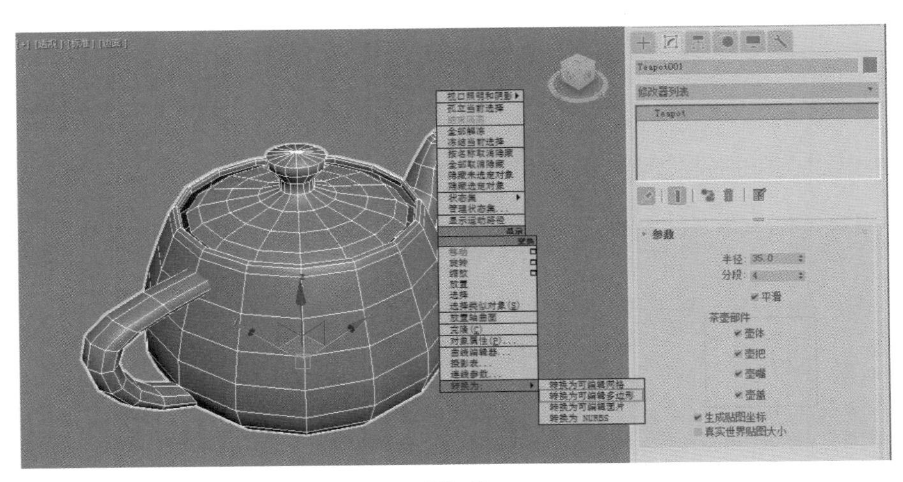

图6-80

图 6-82 所示。

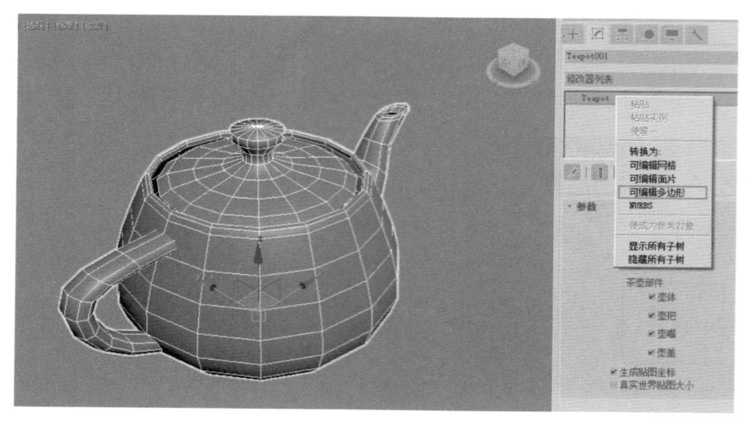

图6-81

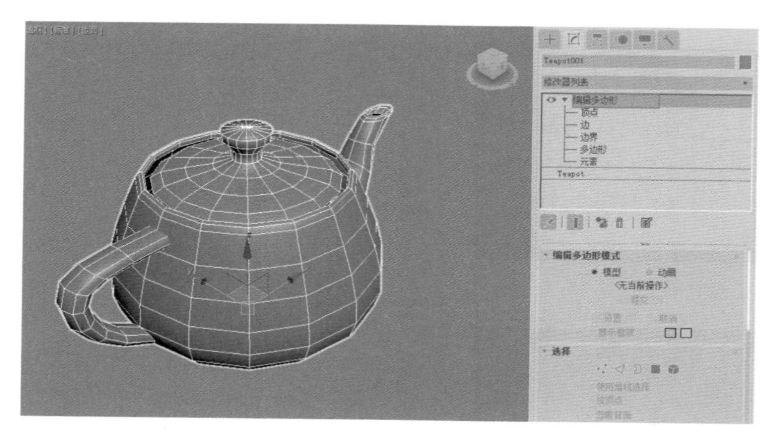

图6-82

可编辑多边形为用户提供了使用子对象的功能，使用不同的子对象，配合子对象内不同的命令可以更加方便、直观地进行模型的修改工作。这使得我们在开始对模型进行修改之前，要先单击选定这些独立的子对象。只有处于一种特定的子对象模式时，才能选择视口中模型的对应子对象。比如，要选择模型上的点来进行操作，就要先进入“顶点”子对象层级才可以。我们将通过下面的章节来为读者详细讲解多边形的五个子对象层级分别对应的卷展栏命令。

6.5.2 “选择”卷展栏

“选择”卷展栏主要用于控制选择多边形的子对象，其命令参数如图 6-83 所示。

工具解析

◇ “顶点”按钮：用于访问“顶点”子对象层级，如图 6-84 所示。
◇ “边”按钮：用于访问“边”子对象层级，如图 6-85 所示。
◇ “边界”按钮：用于访问“边界”子对象层级，如图 6-86 所示。
◇ “多边形”按钮：用于访问“多边形”子对象层级，如图 6-87 所示。
◇ “元素”按钮：用于访问“元素”子对象层级，如图 6-88 所示。
◇ 按顶点：启用时，只有通过选择所用的顶点，才能选择子对象。

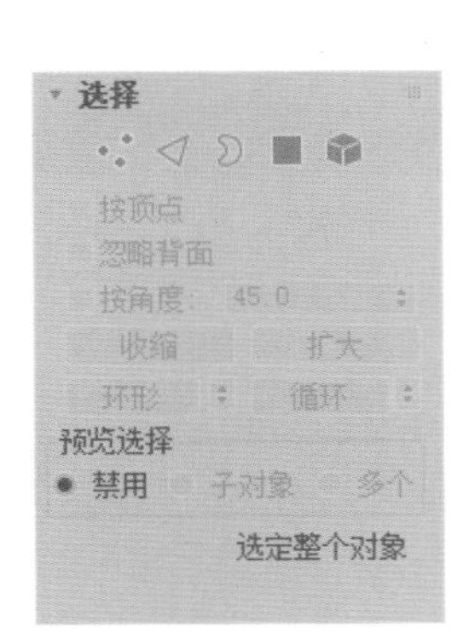

图6-83

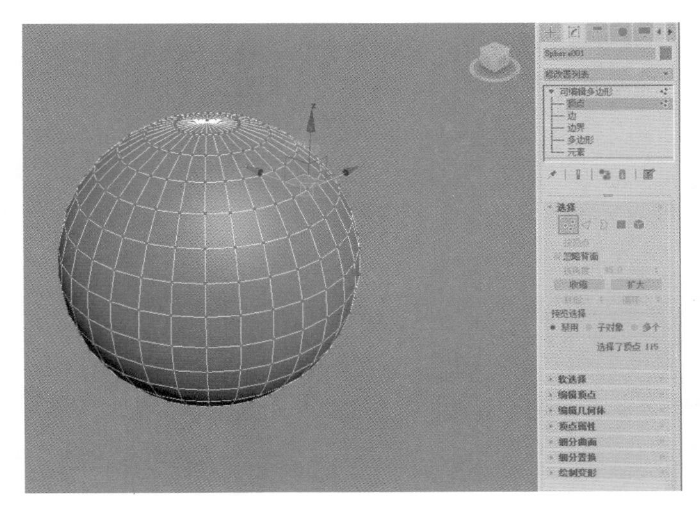

图6-84

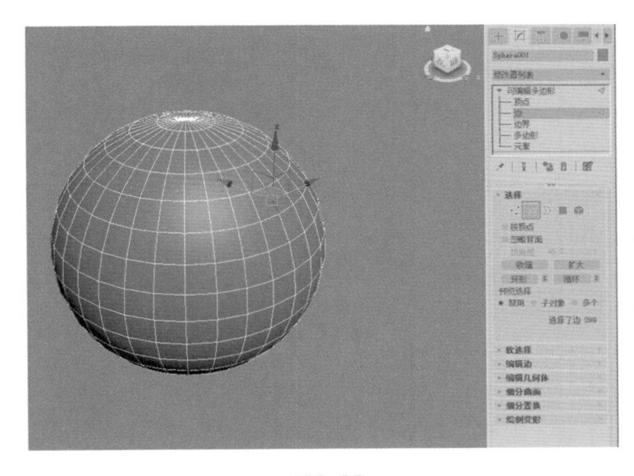

图6-85

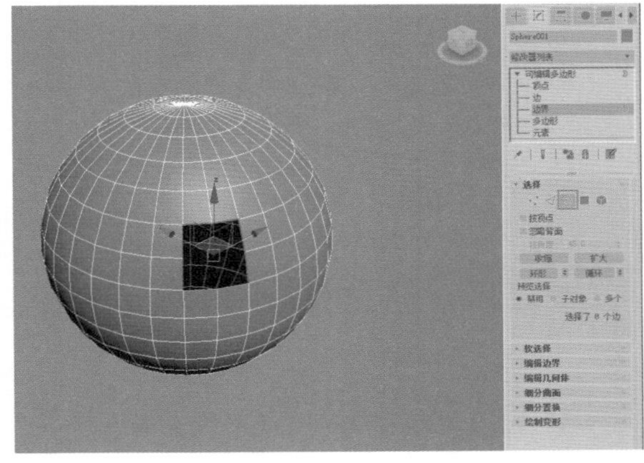

图6-86

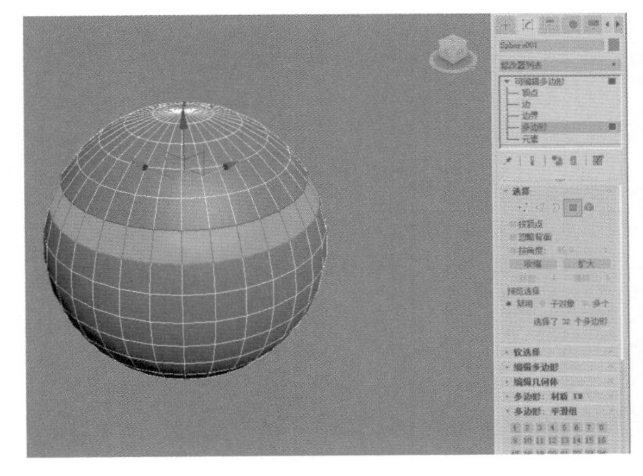

图6-87

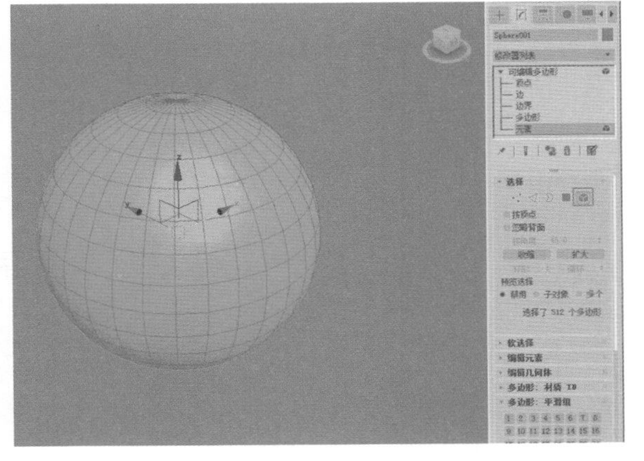

图6-88

◇ 忽略背面：启用后，选择子对象将只影响朝向用户的那些对象，如图 6-89 所示为勾选该选项前后的对比效果。

◇ 按角度：启用时，选择一个多边形也会基于复选框右侧的数字“角度”设置选择相邻多边形。该值可以确定要选择的邻近多边形之间的最大角度。仅在“多边形”子对象层级可用。

◇ “收缩”按钮 收缩 ：通过取消选择最外部的子对象来缩小子对象的选择区域。如果不再减少选择大小，则可以取消选择其余的子对象，如图 6-90 所示。

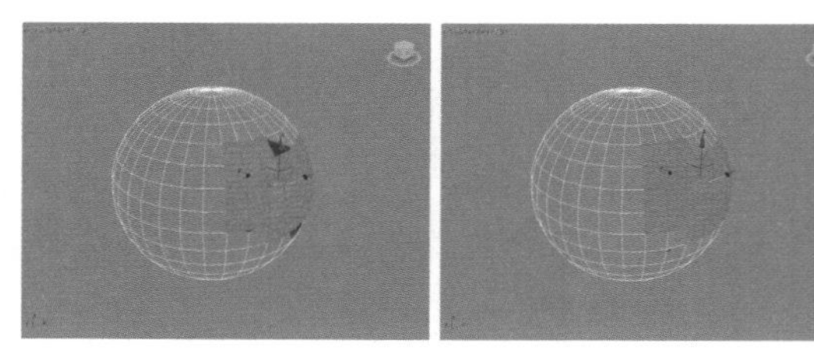

图6-89

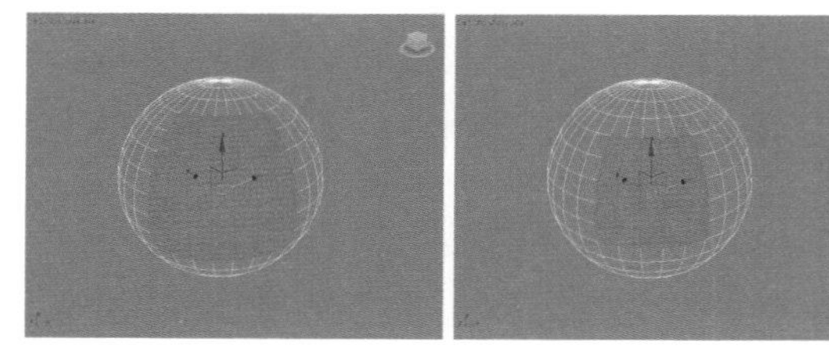

图6-90

◇ “扩大”按钮 扩大 ：朝所有可用方向外侧扩展选择区域，作用与“收缩”按钮正好相反。

◇ “环形”按钮 环形 ：通过选择所有平行于选中边的边来扩展边选择。环形只应用于边和边界选择，如图 6-91 所示。

◇ “循环”按钮 循环 ：自动选择与所选边对齐的扩展边，如图 6-92 所示。

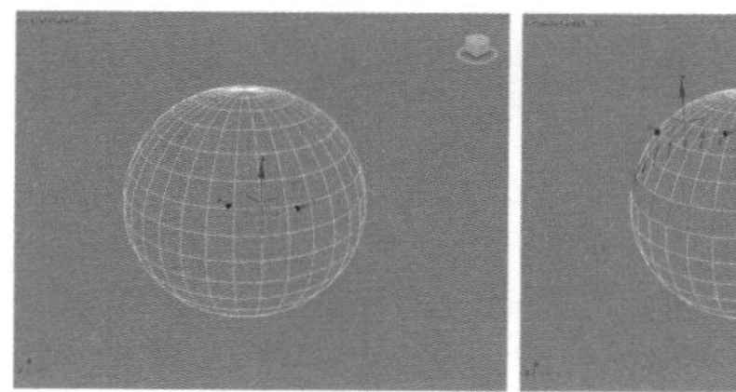

图6-91

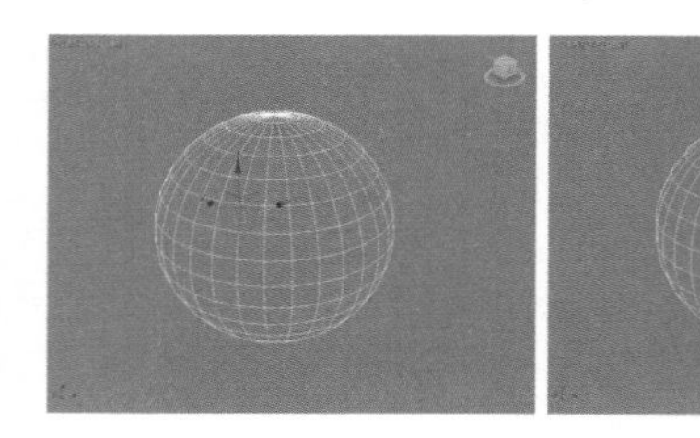

图6-92

6.5.3 “编辑顶点”卷展栏

改变模型的形态，最简单的方式就是调节多边形对象内顶点的位置。顶点是位于相应位置的点，也是构成多边形对象的其他子对象的基本元素。当用户改变顶点的位置时，相应地它们所形成的几何体也会受到影响。顶点可以孤立存在，这些孤立顶点可以用来构建其他几何体，但在渲染时，它们是不可见的。在多边形对象中，每一个顶点均有自己的 ID 号。用户单击模型上的任意点，在“修改”面板中的“选择”卷展栏下方的提示可以观察到 ID 的编号，如图 6-93 所示。

在可编辑多边形的“顶点”子层级中，如果选择了多个顶点，则提示具体选择了多少个顶点，如图 6-94 所示。

此外，当用户进入“可编辑多边形”的“顶点”子层级后，在“修改”面板中会出现“编辑顶点”卷展栏和“顶点属性”卷展栏，如图 6-95 所示。其中，“编辑顶点”卷展栏的命令参数如图 6-96 所示。

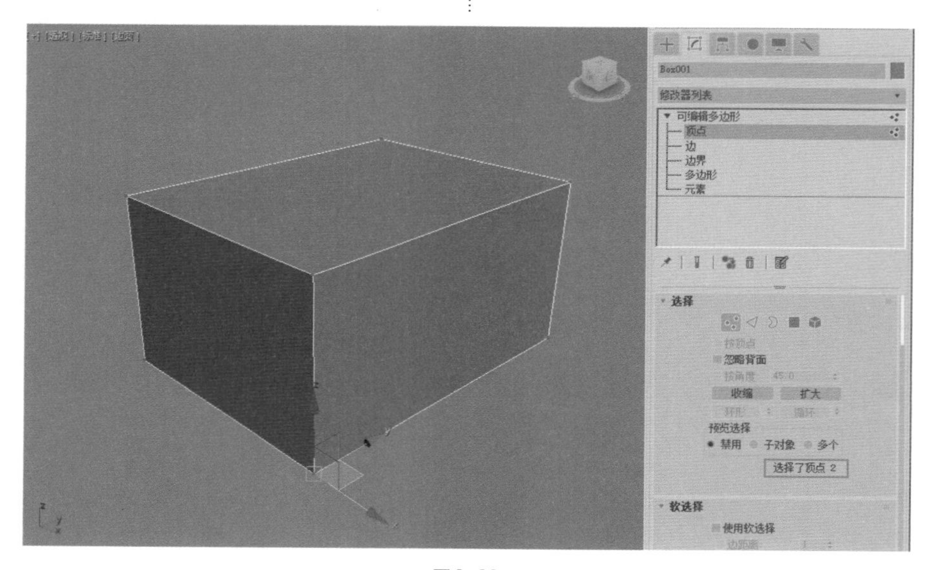

图6-93

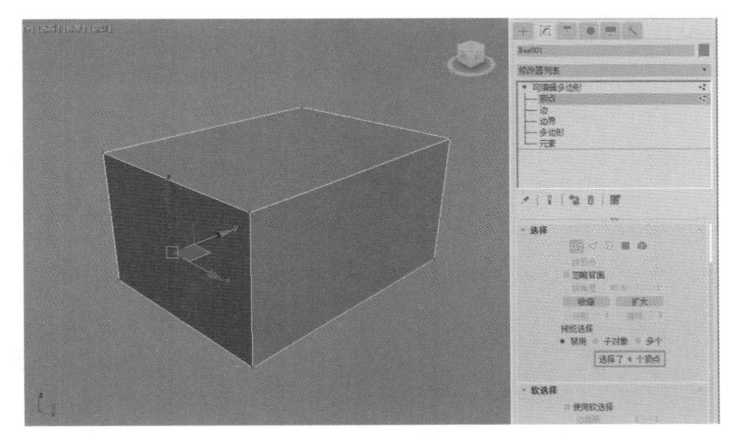

图6-94

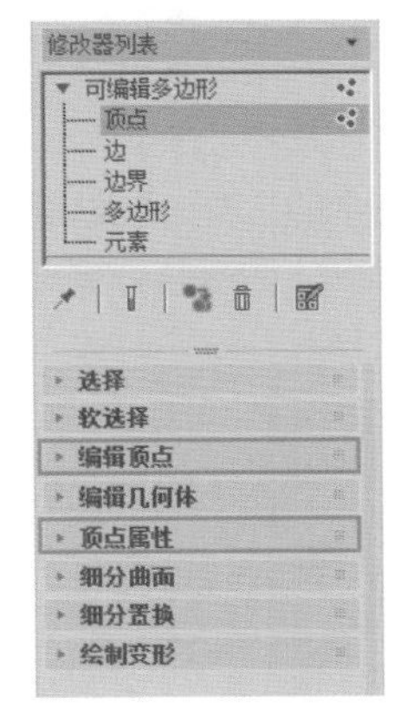

图6-95

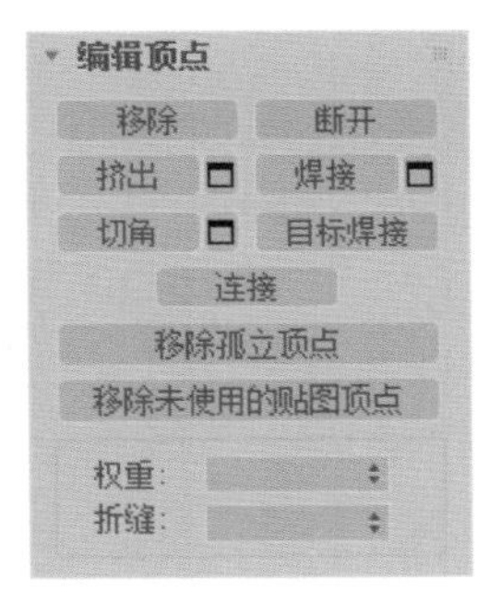

图6-96

工具解析

◇ “移除”按钮 移除 ：删除选中的顶点，并接合起使用它们的多边形，快捷键是【Backspace】键，如图 6–97 所示。

◇ “断开”按钮 断开 ：在与选定顶点相连的每个多边形上，都创建一个新顶点，这可以使多边形的转角相互分开，使它们不再相连于原来的顶点上。如果顶点是孤立的或者只有一个多边形使用，则该顶点不受影响。

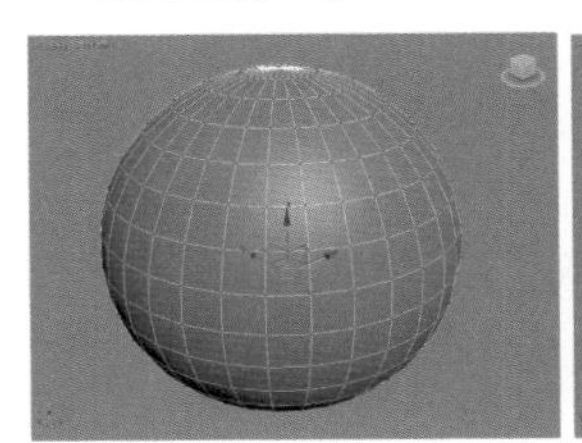

图6-97

◇ “挤出”按钮 挤出 ：可以手动挤出顶点，方法是在视图中直接操作。单击此按钮，然后垂直拖曳到任何顶点上，就可以挤出此顶点。

◇ “焊接”按钮 焊接 ：对“焊接”助手中指定的公差范围内选定的连续顶点进行合并，所有边都会与产生的单个顶点连接，如图 6–98 所示。

图6-98

◇ “切角”按钮 切角 ：单击此按钮，然后在活动对象中拖动顶点。要用数字切角顶点，单击“切角设置”按钮，然后使用“切角量”值，如图 6–99 所示。

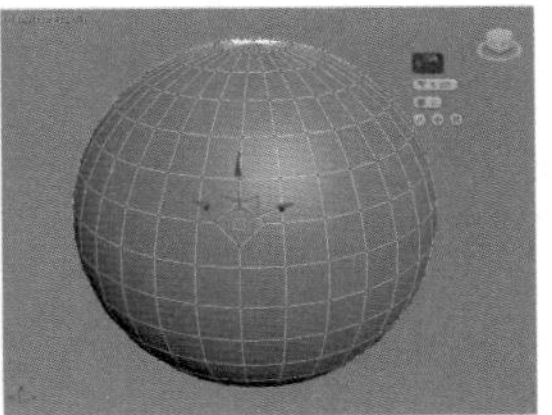

图6-99

◇ “目标焊接”按钮 目标焊接 ：可以选择一个顶点，并将它焊接到相邻目标顶点。目标焊接只焊接成对的连续顶点，即顶点有一个边相连。

◇ “连接”按钮 连接 ：在选中的顶点对之间创建新的边。

◇ “移除孤立顶点”按钮 移除孤立顶点 ：将不属于任何多边形的所有顶点删除。

◇ “移除未使用的贴图顶点”按钮 移除未使用的贴图顶点 ：某些建模操作会留下未使用的（孤立）贴图顶点，它们会显示在“展开 UVW”编辑器中，但是不能用于贴图，可以使用这一按钮，来自动删除这些贴图顶点。

提示 3ds Max为用户提供的Ribbon工具栏中有一个"建模"命令，展开该选项卡，可以看到这里的按钮跟"修改"面板中"可编辑多边形"的命令是一模一样的。如果用户在"修改"面板中激活了"挤出"命令，Ribbon工具栏中相应的图标也会被激活，如图6-100所示。

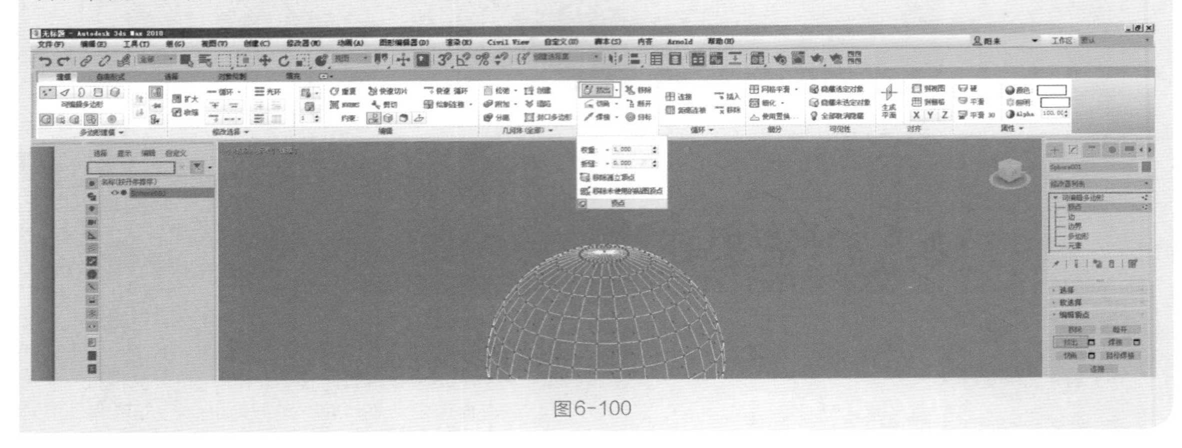

图6-100

6.5.4 "顶点属性"卷展栏

"顶点属性"卷展栏展开后，其中的命令参数如图6-101所示。

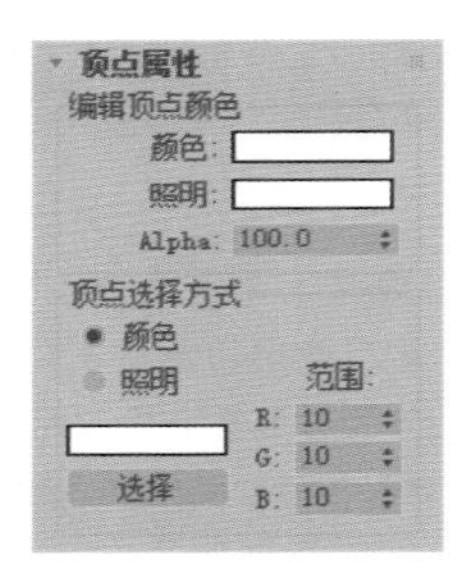

图6-101

工具解析

①"编辑顶点颜色"组

◇ 颜色：单击色样可更改选定顶点的颜色。

◇ 照明：单击色样可更改选定顶点的照明颜色。

◇ Alpha：可以对选中的顶点设置特定的Alpha值。

②"顶点选择方式"组

◇ 颜色/照明：决定是按顶点颜色值还是按顶点照明值选择顶点。

◇ 范围：指定颜色匹配的范围。顶点颜色的RGB值或照明值必须符合"按顶点颜色选择"的"色样"中指定的颜色，或介于"范围"微调器指定的最小值和最大值之间。

6.5.5 "编辑边"卷展栏

"边"是连接两个顶点的直线，它可以形成多边形的边。进入"可编辑多边形"的"边"子层级后，在"修改"面板中会出现"编辑边"卷展栏，展开后命令参数如图6-102所示。

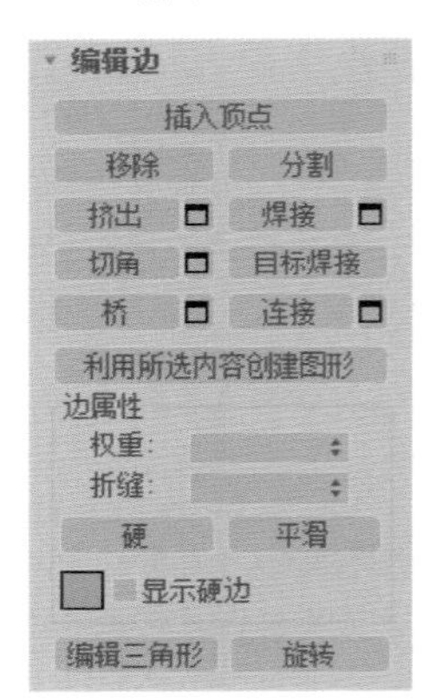

图6-102

工具解析

◇ "插入顶点"按钮 插入顶点 ：用于手动细分可视的边。

◇ "移除"按钮 移除 ：删除选定边并组合使用这些边的多边形。

◇ "分割"按钮 分割 ：沿着选定边分割网格。

◇ "挤出"按钮 挤出 ：在视图中操作时，可以手动挤出边。单击此按钮，然后垂直拖动任何边，以便将其挤出。

◇ "焊接"按钮 焊接 ：将指定的阈值范围内的选定边进行合并。

◇ "切角"按钮 切角 ：边切角可以"砍掉"选定边，从而为每个切角边创建两个或更多新边。它还会创建一个或多个连接新边的多边形，如图6-103所示。

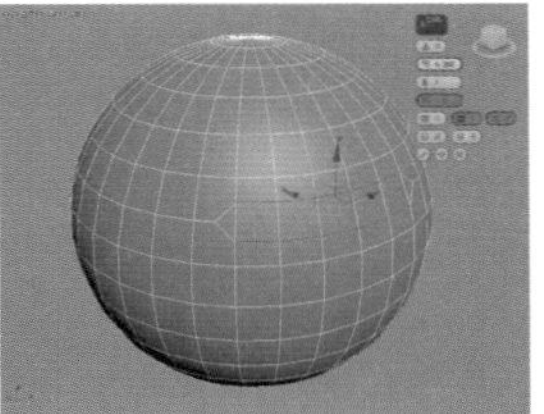

图6-103

◇ “目标焊接”按钮 目标焊接 ：用于选择边并将其焊接到目标边。将光标放在边上时，光标会变为“+”光标。单击并移动鼠标指针会出现一条虚线，虚线的一端是顶点，另一端是箭头光标。将光标放在其他边上，当光标再次显示为“+”形状时，单击鼠标。此时，第 1 条边将会移动到第 2 条边的位置，从而将这两条边焊接在一起，如图 6-104 所示。

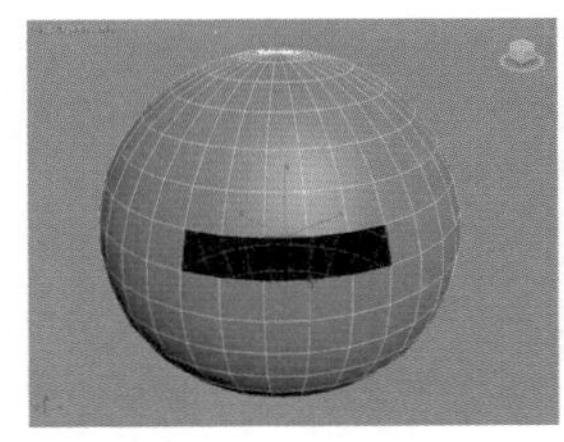
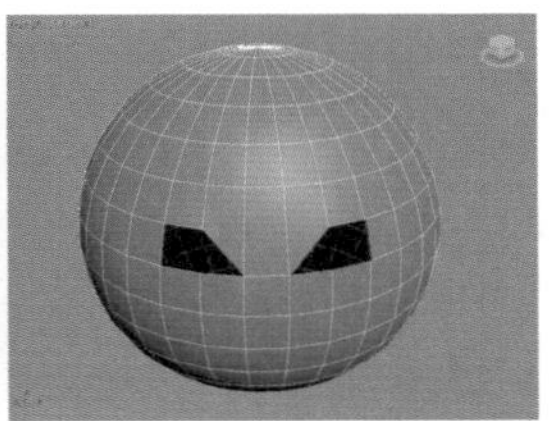

图6-104

◇ “桥”按钮 桥 ：使用多边形的“桥”连接对象的边，桥只连接边界边，即只在一侧有多边形的边。在创建边循环或剖面时，该工具有重要作用，如图 6-105 所示。

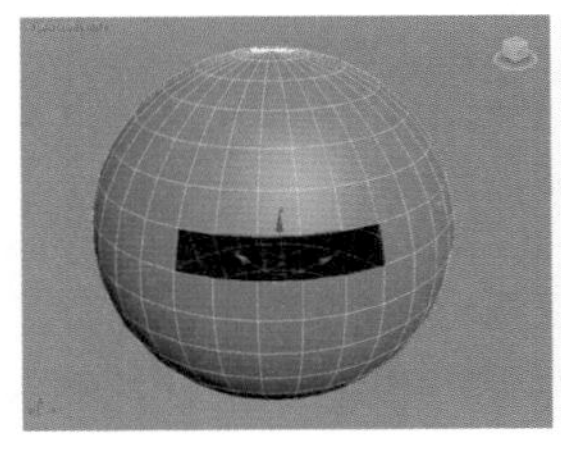
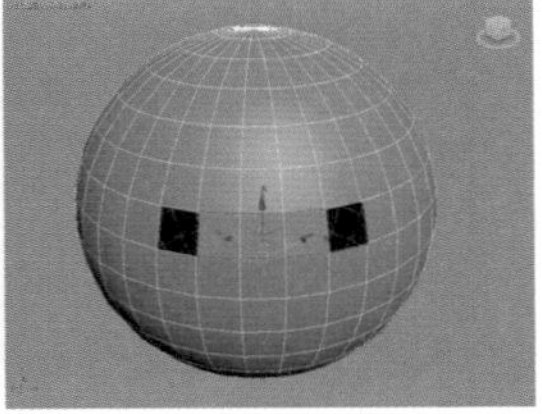

图6-105

◇ “连接”按钮： 连接 使用当前的“连接边”设置在选定边对之间创建新边。“连接”有助于创建或细化边循环，如图 6-106 所示。

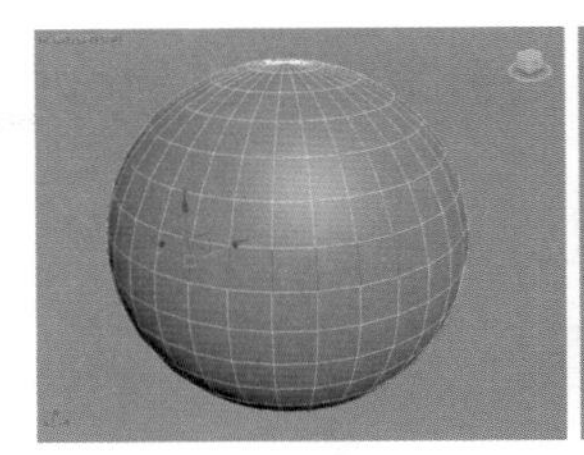
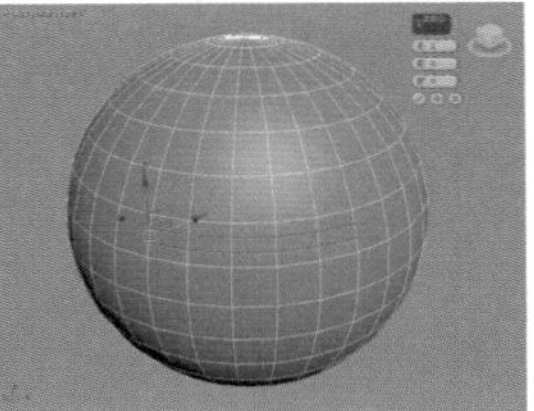

图6-106

◇ “利用所选内容创建图形”按钮 利用所选内容创建图形 ：选择一条或多条边后，单击此按钮，使用“创建图形设置”对话框中的当前设置，创建一个或多个样条线形状。

◇ “编辑三角形”按钮 编辑三角形 ：修改绘制内边或对角线时，单击此按钮可将多边形细分为三角形。

◇ “旋转”按钮 旋转 ：单击此按钮后，对角线在线框和边面视图中显示为虚线，在“旋转”模式下，单击对角线可更改其位置。要退出“旋转”模式，可以在视图中单击鼠标右键或再次单击“旋转”按钮。

6.5.6 “编辑边界”卷展栏

“边界” 是网格的线性部分，通常可以描述为孔洞的边缘。它通常是多边形仅位于一面时的边序列，简单说来边界是一个完整闭合的模型上因缺失了部分的面而产生了开口的地方，所以我们常常使用边界来检查模型是否有破面的情况。进入“可编辑多边形”的“边界”子层级后，在“修改”面板中会出现“编辑边界”卷展栏，其中的命令参数如图 6-107 所示。

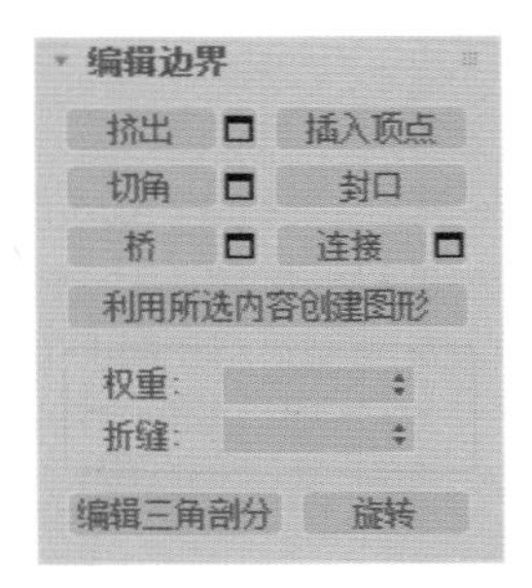

图6-107

工具解析

◇ “挤出”按钮 挤出 ：通过直接在视图中操作对边界进行手动挤出处理。单击此按钮然后垂直拖动任意边界，将其挤出。

◇ “插入顶点”按钮 插入顶点 ：用于手动细分边界边。

◇ “切角”按钮 切角 ：单击该按钮，然后拖动活动对象中的边界。不需要先选中该边界。

◇ “封口”按钮 封口 ：使用单个多边形封住整个边界环，如图 6-108 所示。

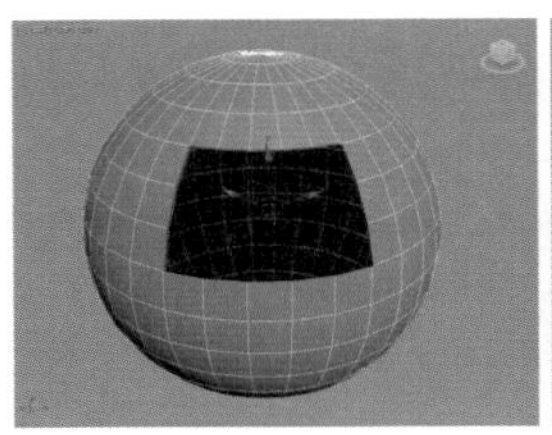

图6-108

◇ “桥”按钮 桥 ：用“桥”多边形连接对象上的边界对，如图6-109所示。

图6-109

◇ “连接”按钮 连接 ：在选定边界边对之间创建新边，这些边可以通过其中点相连。

◇ “利用所选内容创建图形”按钮 利用所选内容创建图形 ：选择一个或多个边界后，单击此按钮，使用“创建图形设置”对话框中的当前设置，创建一个或多个样条线图形。

6.5.7 “编辑多边形”卷展栏

“多边形” 指模型上由3条或3条以上边所构成的面，进入“可编辑多边形”的“多边形”子层级后，在“修改”器面板中会出现“编辑多边形”卷展栏，其命令参数如图6-110所示。

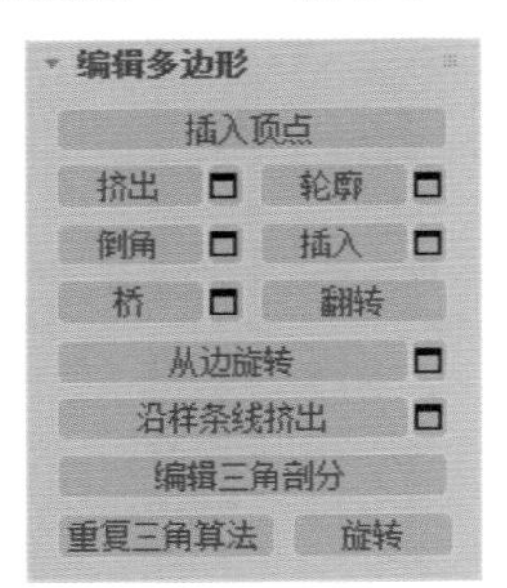

图6-110

工具解析

◇ “插入顶点”按钮 插入顶点 ：用于手动细分多边形。

◇ “挤出”按钮 挤出 ：在视图中操作时，可以执行手动挤出操作。单击此按钮，然后垂直拖动任意多边形，将其挤出。

◇ “轮廓”按钮 轮廓 ：用于增加或减小每组连续的选定多边形的外边。

◇ “倒角”按钮 倒角 ：通过直接在视图中操纵执行手动倒角操作。单击此按钮，然后垂直拖动任何多边形，以便将其挤出。释放鼠标按钮，然后垂直移动鼠标光标，设置挤出轮廓。单击以完成。

◇ “插入”按钮 插入 ：执行没有高度的倒角操作，即在选定多边形的平面内执行该操作。单击此按钮，然后垂直拖动任意多边形，将其插入，如图6-111所示。

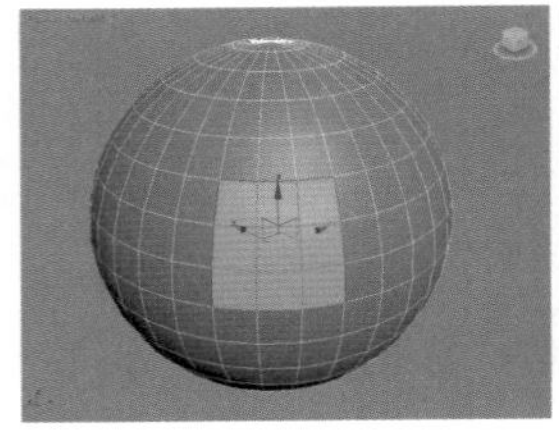
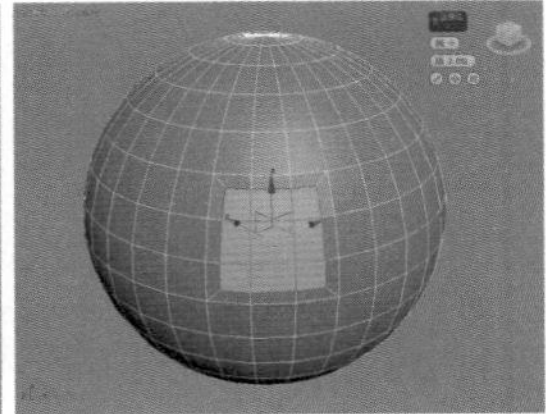

图6-111

◇ “桥”按钮 桥 ：使用多边形的“桥”连接对象上的两个多边形或选定多边形。

◇ “翻转”按钮 翻转 ：反转选定多边形的法线方向。

◇ “从边旋转”按钮 从边旋转 ：在视图中直接执行手动旋转操作。选择多边形，并单击该按钮，然后沿着垂直方向拖动任意边，以便旋转选定多边形，如果鼠标光标在某条边上，将会更改为十字形状。

◇ “沿样条线挤出”按钮：沿样条线挤出当前的选定内容，如图6-112所示。

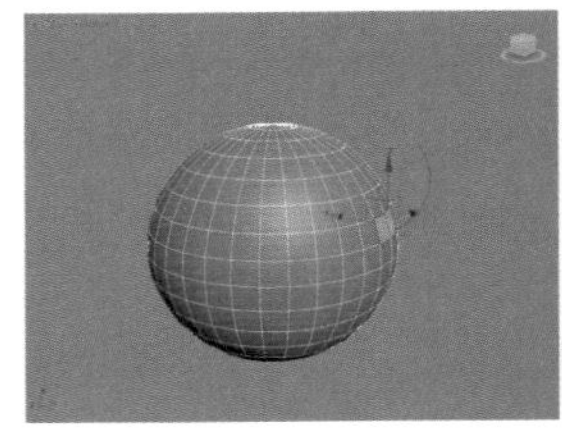
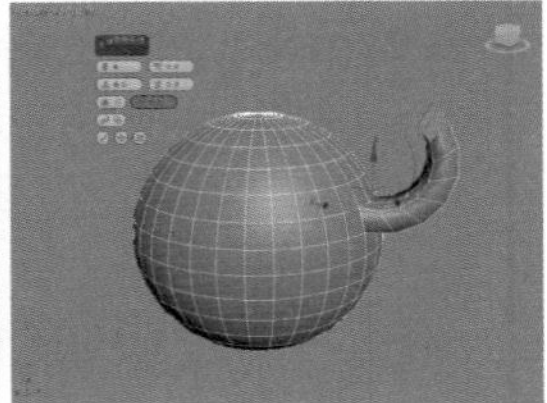

图6-112

◇ “编辑三角剖分”按钮：修改绘制内边时，单击此按钮将多边形细分为三角形的方式。

◇ “重复三角算法”按钮：允许3ds Max对当前选定的多边形自动执行最佳的三角剖分操作。

◇ “旋转”按钮：选定对角线后，单击此按钮可以修改多边形细分为三角形。

6.5.8 “编辑元素”卷展栏

“可编辑多边形”中的“元素” 子层级，可以选定多边形内部整个的几何体。进入“可编辑多边形”的“元素”子层级后，在“修改”面板中会出现“编辑元素”卷展栏，如图6-113所示。

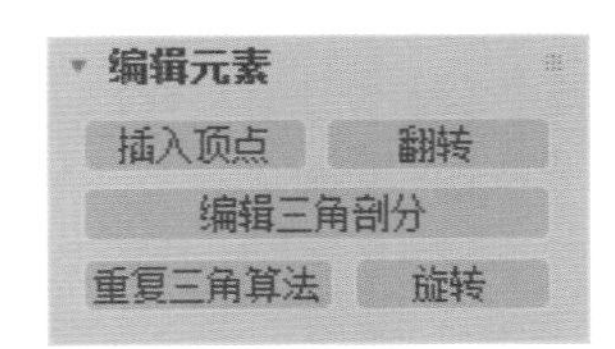

图6-113

工具解析

◇ “插入顶点”按钮：用于手动细分多边形。
◇ “翻转”按钮：反转选定多边形的法线方向。
◇ “编辑三角剖分”按钮：可以通过绘制内边修改多边形细分为三角形的方式。
◇ “重复三角算法”按钮：允许 3ds Max 对当前选定的多边形自动执行最佳的三角剖分操作。
◇ “旋转”按钮：用于通过单击对角线修改多边形细分为三角形的方式。

6.5.9 “编辑几何体”卷展栏

“编辑几何体”卷展栏用于对模型的整体结构进行调整，其命令参数如图 6-114 所示。

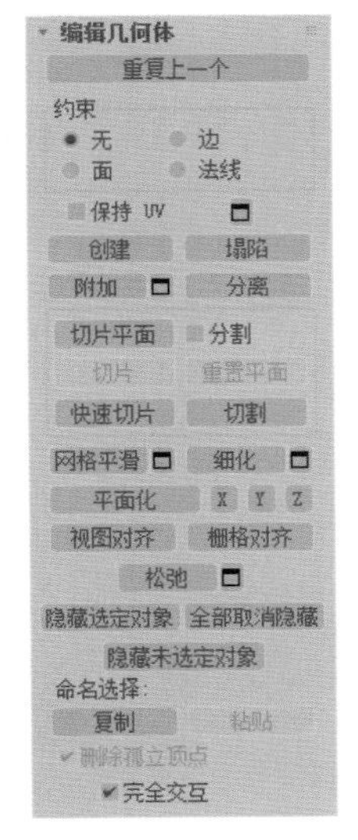

图6-114

工具解析

◇ “重复上一个”按钮 重复上一个 ：重复最近使用的命令。
◇ 约束：可以使用现有的几何体约束子对象的变换，有“无”“边”“面”和“法线”4 个选项可选。
◇ “创建”按钮 创建 ：创建新的几何体。
◇ “塌陷”按钮 塌陷 ：使连续选定子对象的组产生塌陷。
◇ “附加”按钮 附加 ：使场景中的其他对象属于选定的多边形对象。
◇ “分离”按钮 分离 ：将选定的子对象和关联的多边形分隔为新对象或元素。
◇ “切片平面”按钮 切片平面 ：为切片平面创建 Gizmo，可以通过定位和旋转它来指定切片位置，如图 6-115 所示。

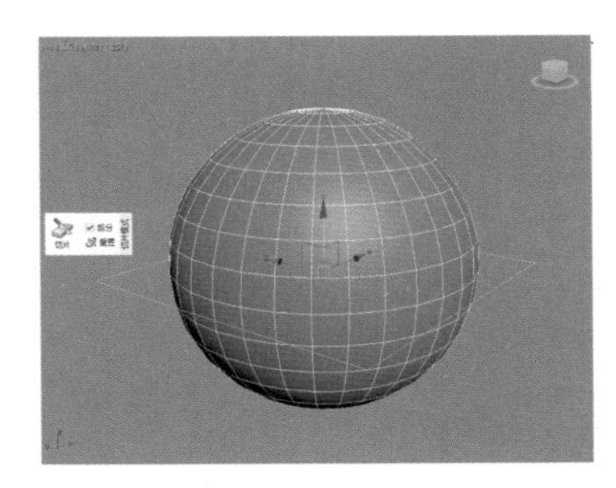

图6-115

◇ “切片”按钮 切片 ：在切片平面位置处执行切片操作。
◇ “重置平面”按钮 重置平面 ：将“切片”平面恢复到其默认位置和方向。
◇ “快速切片”按钮 快速切片 ：可以对选定的面快速切片，而无需操纵 Gizmo，如图 6-116 所示。

图6-116

◇ “切割”按钮 切割 ：用于创建一个多边形到另一个多边形的边。
◇ “网格平滑”按钮 网格平滑 ：对模型进行平滑计算。
◇ “细化”按钮 细化 ：对模型进行增加网格密度的计算。
◇ “平面化”按钮 平面化 ：强制所有选定的子对象成为共面。
◇ “视图对齐”按钮 视图对齐 ：使对象中的所有顶点与活动视口所在的平面对齐。
◇ “栅格对齐”按钮 栅格对齐 ：将选定对象中的所有顶点与当前视图的构造平面对齐，并将其移动到该平面上。
◇ “松弛”按钮 松弛 ：对模型进行规划化网格计算。
◇ “隐藏选定对象”按钮 隐藏选定对象 ：隐藏选定的子对象。
◇ “全部取消隐藏”按钮 全部取消隐藏 ：将隐藏的子对象恢复为可见。
◇ “隐藏未选定对象”按钮 隐藏未选定对象 ：隐藏未选定的子对象。

6.5.10 “绘制变形”卷展栏

“绘制变形”卷展栏主要用于在模型表面以绘制的方式来改变模型的形态，其命令参数如图 6-117 所示。

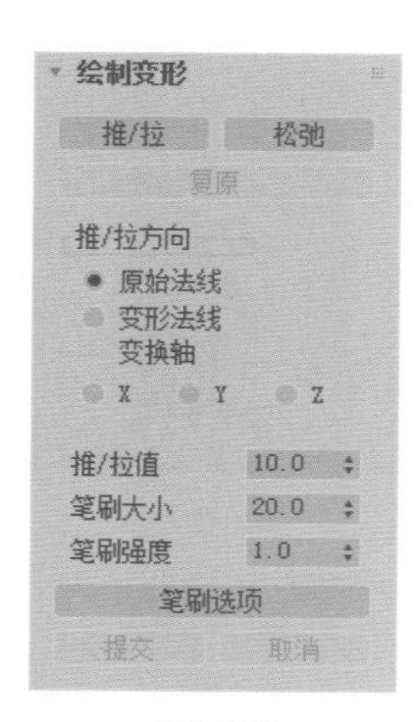

图6-117

工具解析

◇ “推/拉”按钮 推/拉 ：将顶点移入对象曲面内（推）或移出曲面外（拉）。推拉的方向和范围由“推/拉值”决定。单击该按钮后，鼠标指针将变化为笔刷的形态，如图6-118所示。

◇ “松弛”按钮 松弛 ：将每个顶点移到由它的邻近顶点平均位置值所计算出来的位置上，来规格化顶点之间的距离。

◇ “复原”按钮 复原 ：可擦除“推/拉”或“松弛”的效果。

◇ 推/拉方向：设置用以指定对顶点的推或拉是根据曲面法线、原始法线或变形法线进行，还是沿着指定轴进行。

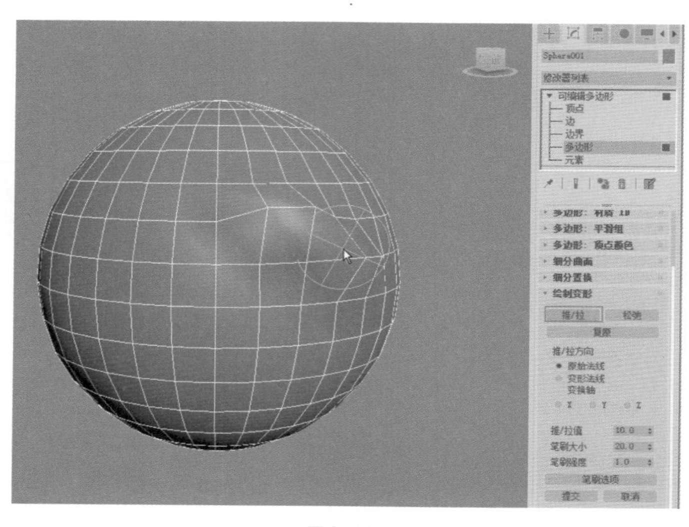

图6-118

◇ 原始法线：选择此选项后，对顶点的推或拉会使顶点以它变形之前的法线方向进行移动。

◇ 变形法线：选择此选项后，对顶点的推或拉会使顶点以它现在的法线方向进行移动。

◇ 变换轴：选择此选项后，对顶点的推或拉会使顶点沿着指定的轴进行移动。

◇ 推/拉值：确定单个推/拉操作应用的方向和最大范围。为正值时将顶点“拉”出对象曲面，而为负值时将顶点“推”入曲面。

◇ 笔刷大小：设置圆形笔刷的半径。只有笔刷圆之内的顶点才可以变形。

◇ 笔刷强度：设置笔刷应用“推/拉”值的速率。

◇ “笔刷选项”按钮 笔刷选项 ：单击此按钮，打开“绘制选项”对话框，在该对话框中可以设置各种笔刷相关的参数。

◇ “提交”按钮 提交 ：使变形的更改永久化，将它们“烘焙”到对象几何体中。在单击“提交”按钮后，就不可以将“复原”功能应用到更改上。

◇ “取消”按钮 取消 ：取消自最初应用“绘制变形”以来的所有更改，或取消最近的“提交”操作。

6.6 技术实例

6.6.1 实例：制作玻璃酒杯模型

本实例讲解了如何使用修改器来制作一个酒杯的三维模型，酒杯模型的渲染效果如图6-119所示。

扫码看视频

（1）启动3ds Max 2018软件，在“创建”面板中单击“线”按钮，在“前”视图中绘制出酒杯的大概轮廓，如图6-120所示。

图6-119

（2）在“修改”面板中，进入“顶点”子层级，选择如图 6-121 所示的顶点，单击鼠标右键，在弹出的四元菜单上选择并执行“平滑”命令，将所选择的点由默认的“角点”转换为“平滑”，转换完成后，这些被选中的顶点构成的线段将会自动形成平滑的弧度，如图 6-122 所示。

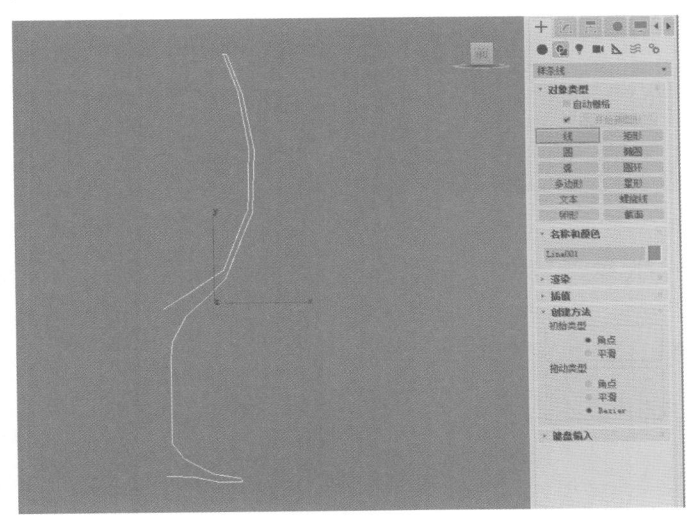

图6-120

（3）仔细调整各个顶点的位置，让酒杯壁上的厚度尽可能均匀且构成酒杯底座部分的线条更加平滑，如图 6-123、图 6-124 所示。

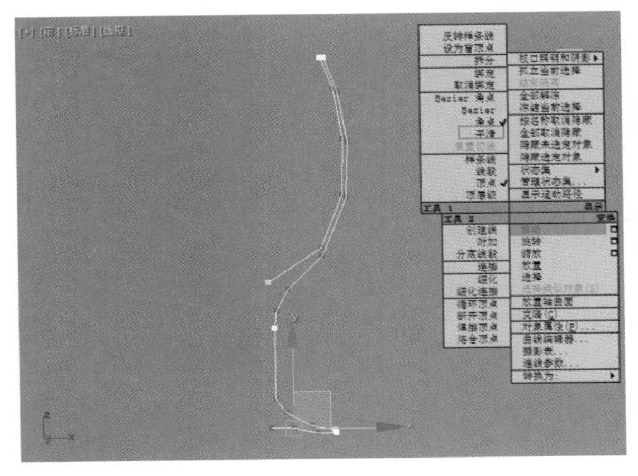

图6-121

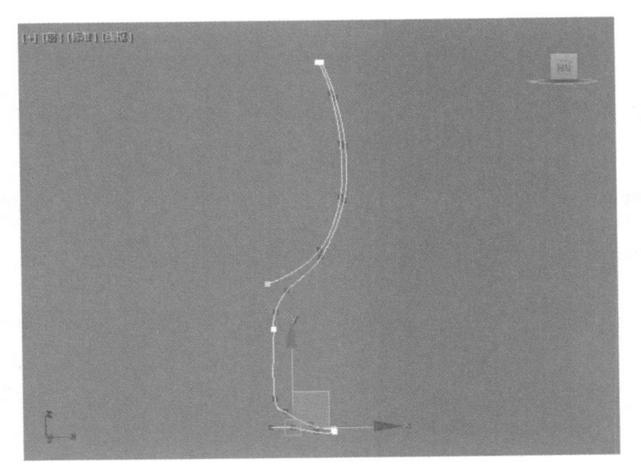

图6-122

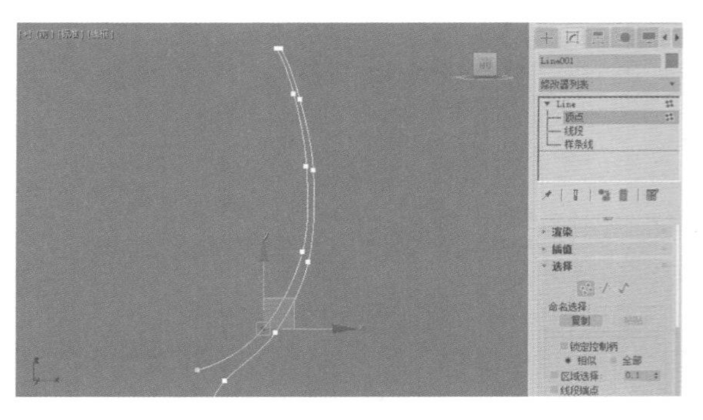

图6-123

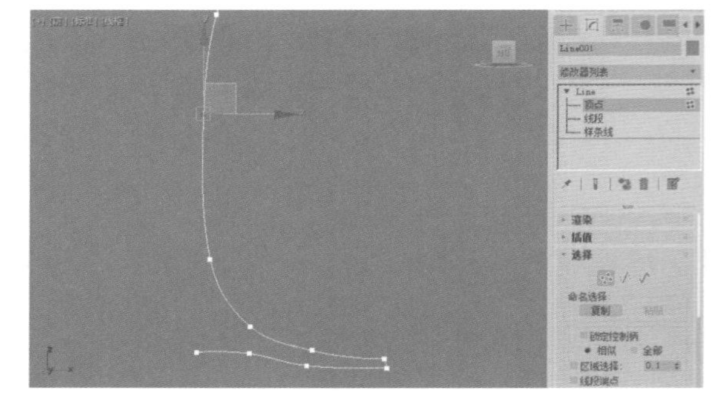

图6-124

（4）调整完成后，退出线的“顶点”子层级，线条的形态如图 6-125 所示。

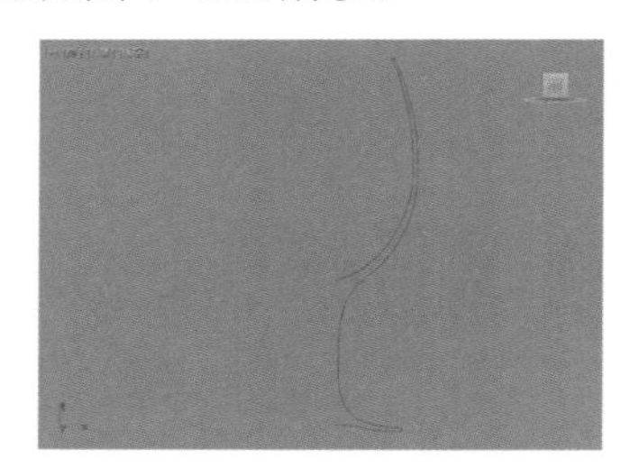

图6-125

（5）选择绘制完成后的曲线，在“修改”面板中，为其添加“车削”修改器，如图 6-126 所示。

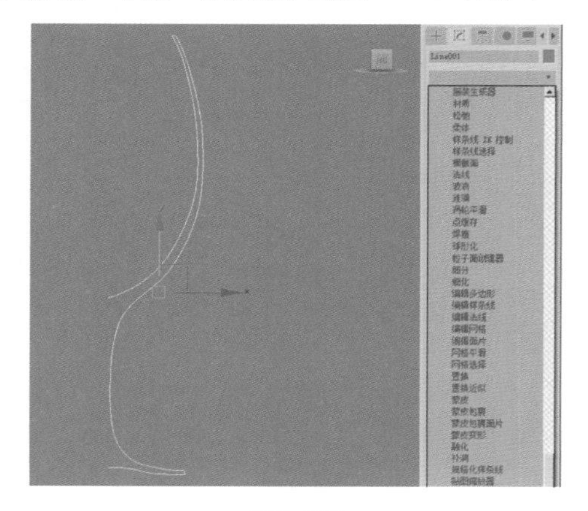

图6-126

（6）添加完成后，默认效果如图 6-127 所示。

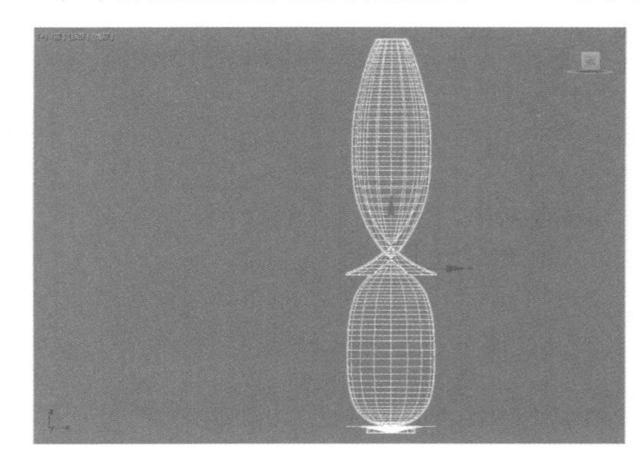

图6-127

（7）在“修改”面板中，展开“参数”卷展栏，将“对齐”的方式设置为“最小”，即可得到一个杯子的三维模型，如图 6-128 所示。

图6-128

（8）在“透视”视图中，观察杯子的模型，发现在默认状态下，模型表面呈黑色状态，这表明模型的法线可能是反的，如图 6-129 所示。

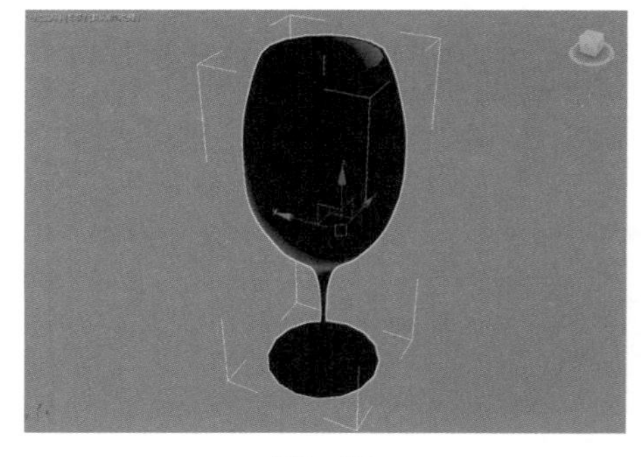

图6-129

（9）在“修改”面板中，勾选“翻转法线”选项，即可更改模型的法线方向，如图 6-130 所示。

图6-130

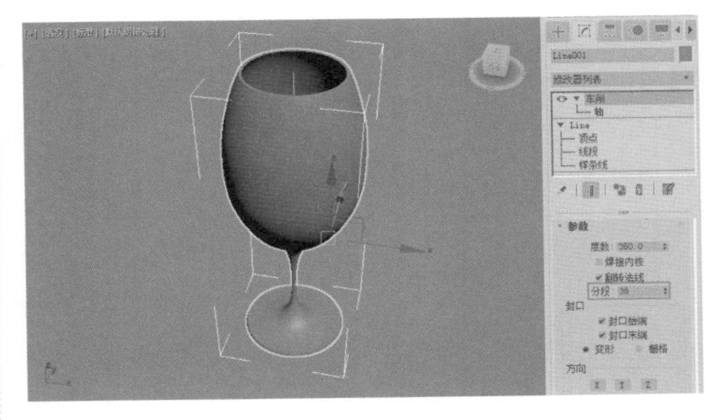

图6-131

（10）设置“分段”的值为“36”，构成模型的面数将会增多，杯子看起来更加光滑，如图 6-131 所示。

（11）仔细观察杯子的内侧，可以看到在模型中心的面会呈现出黑色状态，如图 6-132 所示。这时，可以通过勾选“焊接内核”选项来改善模型的这一问题，如图 6-133 所示。

（12）制作完成后的杯子模型效果如图 6-134 所示。

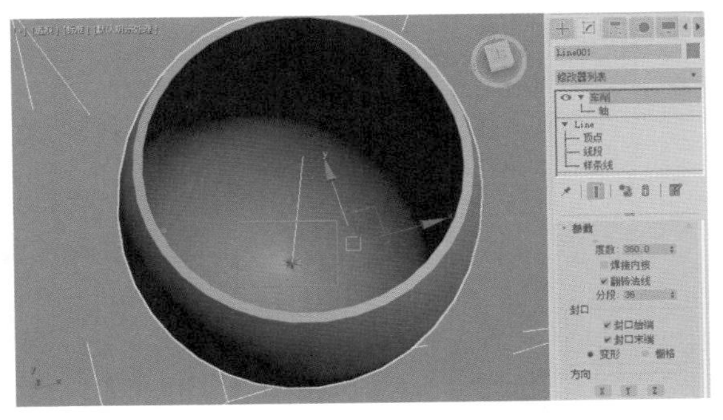

图6-132

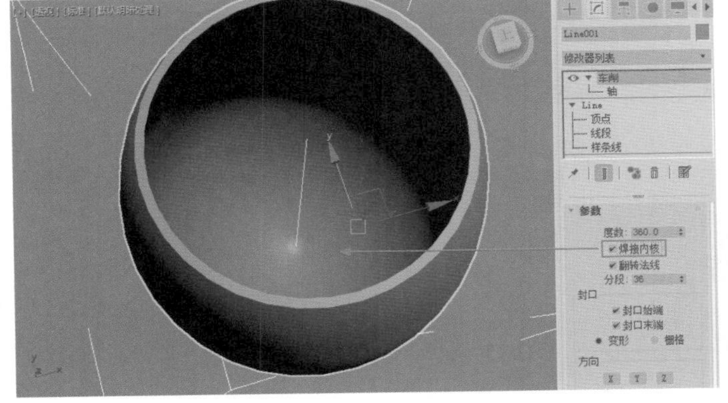

图6-133

图6-134

6.6.2 实例：制作木质茶几模型

扫码看视频

本实例讲解了如何使用多种修改器混合操作来制作一个茶几的三维模型，茶几模型的渲染效果如图 6-135 所示。

（1）启动 3ds Max 2018 软件，在“创建”面板中单击“长方体”按钮，在“透视”视图中绘制出一个长方体模型，如图 6-136 所示。

（2）选择长方体模型，单击鼠标右键，在弹出的快捷菜单上选择并执行“转换为可编辑多边形”命令，将其转换为可编辑的多边形对象，如图 6-137 所示。

图6-135

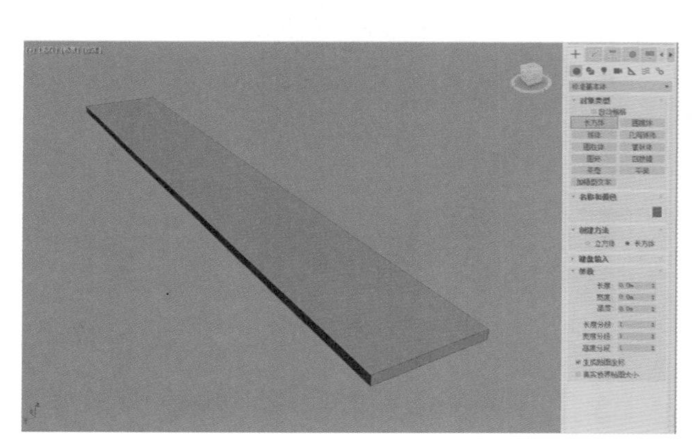

图6-136

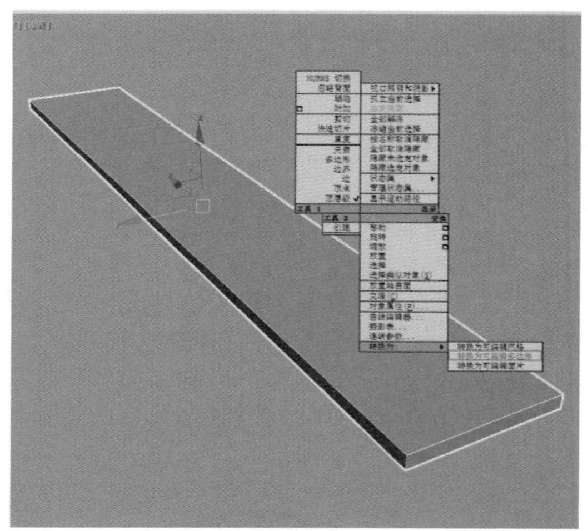

图6-137

（3）选择如图 6-138 所示的边，对其进行“连接”操作，设置“分段”的值为“2”,“收缩”的值为“86”，将新生成的边调整至如图 6-139 所示。

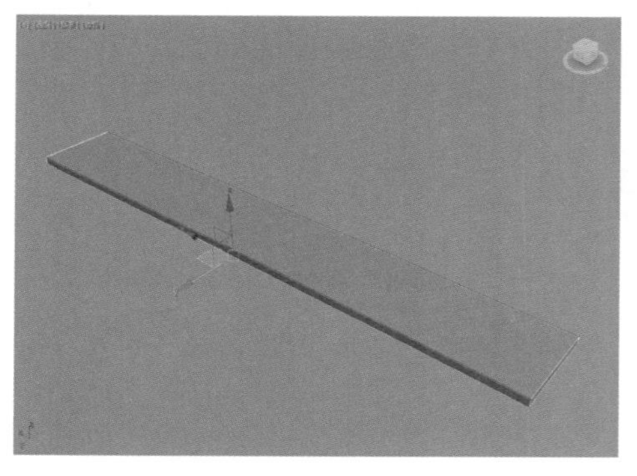

图6-138

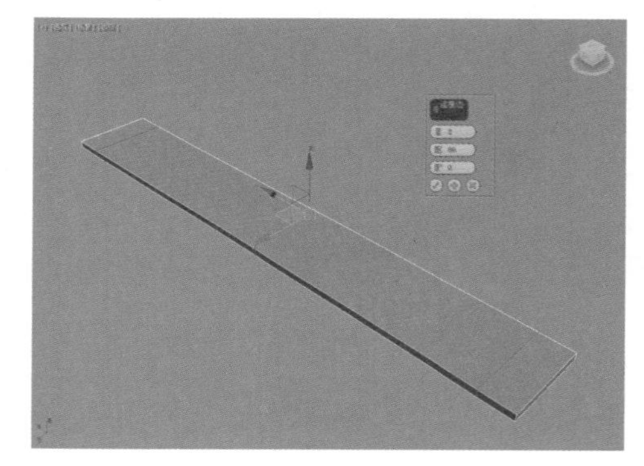

图6-139

（4）选择如图 6-140 所示的面，对其进行“挤出”操作，制作完成后的模型效果如图 6-141 所示。

（5）选择如图 6-142 所示的边线，对其进行“切角”操作，制作出桌子边缘的倒角结构，如图 6-143 所示。

（6）退出模型的子层级，在“修改”面板中，为其添加“对称”修改器，如图 6-144 所示。添加完成后的默认效果如图 6-145 所示。

（7）在“修改”面板中，进入“对称”修改器中的“镜像”子层级，设置“镜像轴”的选项为 Y，并在“透视”视图中，调整镜像轴的位置至如图 6-146 所示，制作出茶几的桌面结构。

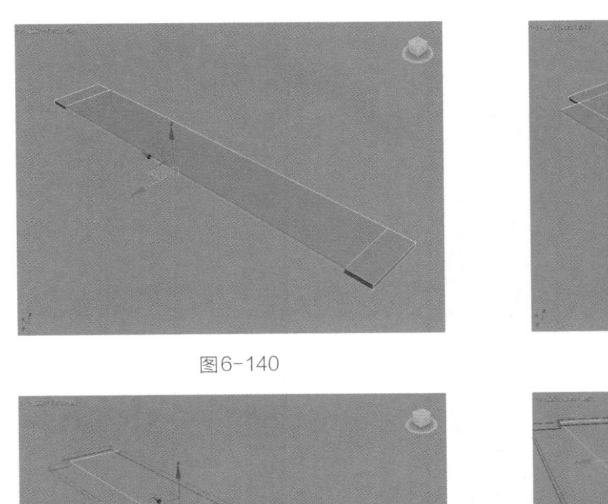

图6-140

图6-141

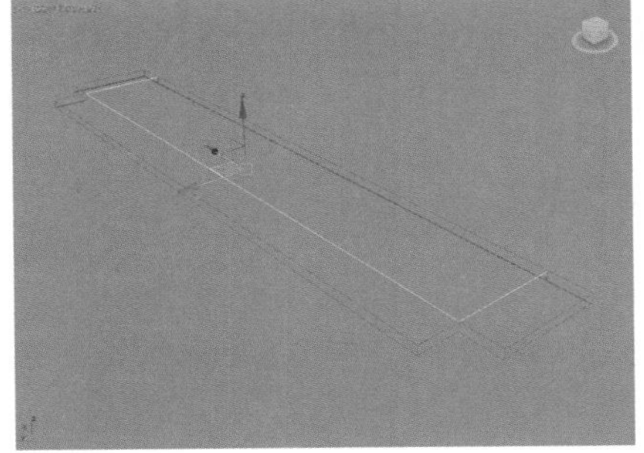

图6-142

图6-143

（8）按住【Shift】键，对桌面进行向下移动，复制出一个新的桌面结构，如图 6-147 所示。

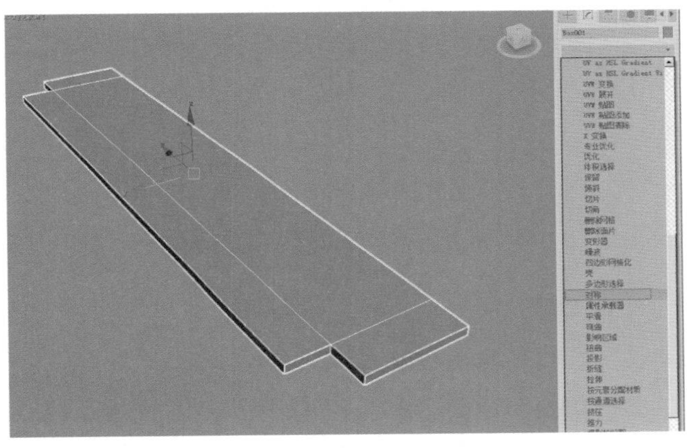

图6-144

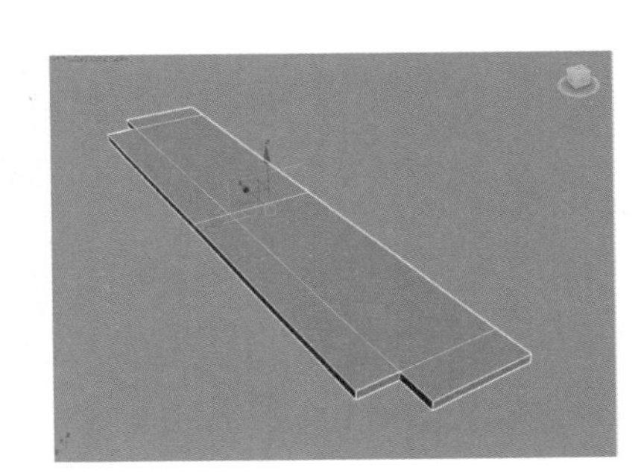

图6-145

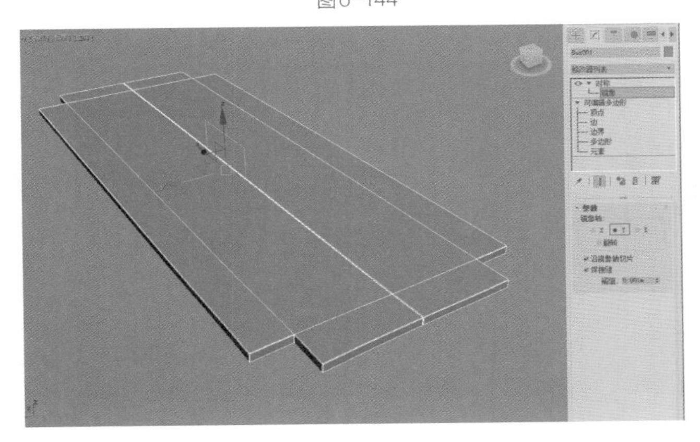

图6-146

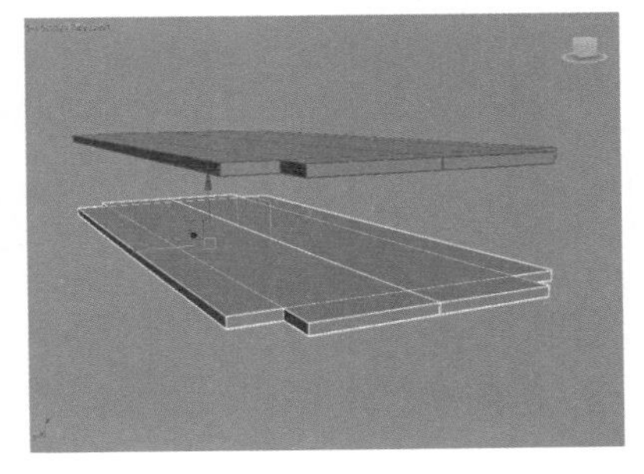

图6-147

（9）在“创建”面板中单击“长方体”按钮，在“透视”视图中绘制出一个长方体模型，制作茶几的桌腿结构，如图 6-148 所示。

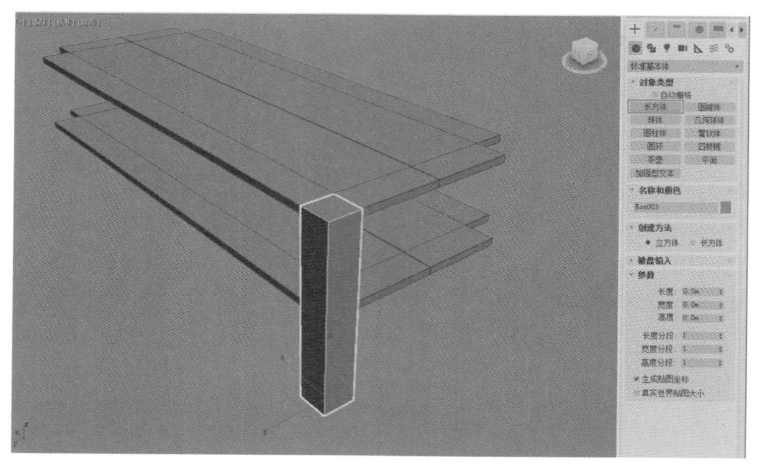

图6-148

（10）选择长方体模型，单击鼠标右键，使用相同的方式将其转换为可编辑的多边形对象，如图 6-149 所示。

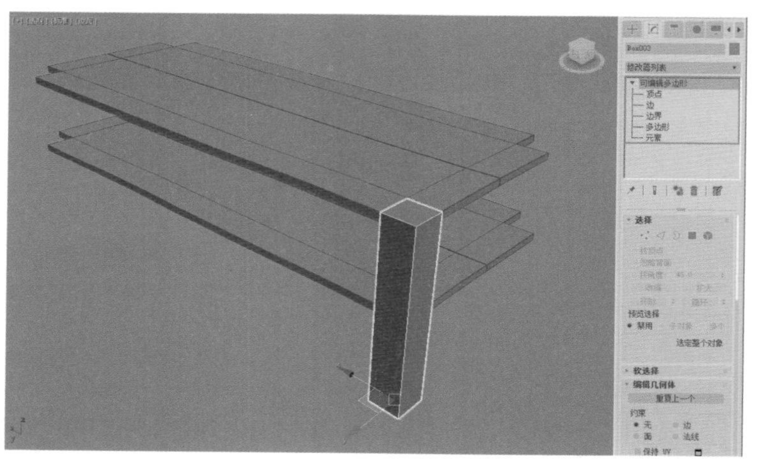

图6-149

（11）进入“边”子层级，选择长方体的所有边，如图 6-150 所示。对其进行“切角”操作，制作出桌腿边缘的倒角结构，如图 6-151 所示。

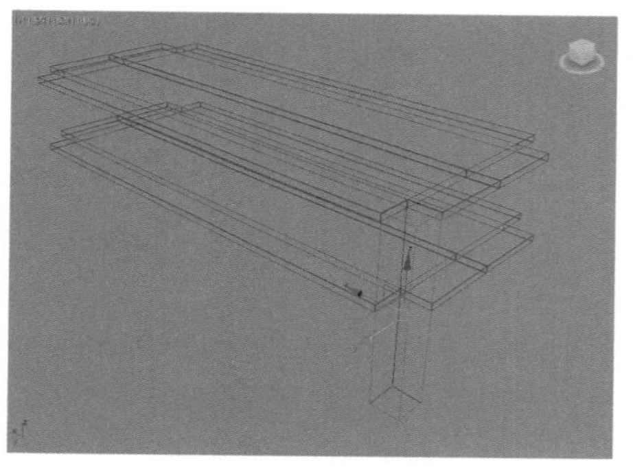

图6-150

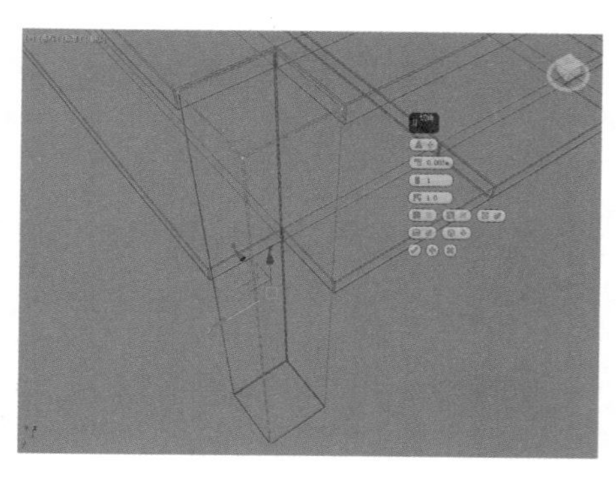

图6-151

（12）制作完成后，退出桌腿模型的子层级，按住【Shift】键，复制出茶几另一侧的桌腿模型，如图 6-152 所示。

（13）重复上一步操作，复制出茶几的另外两条桌腿模型，如图 6-153 所示。

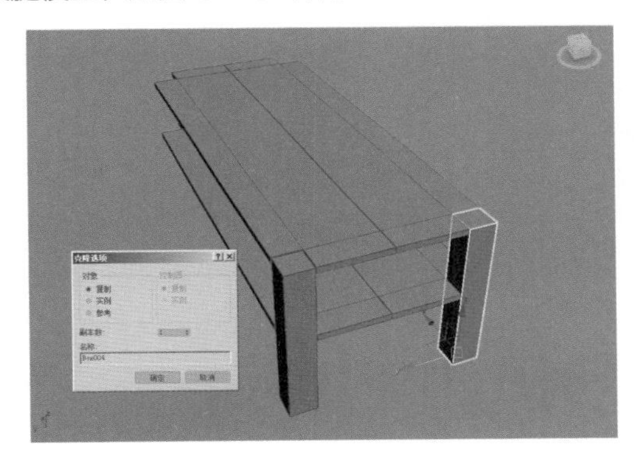

图6-152

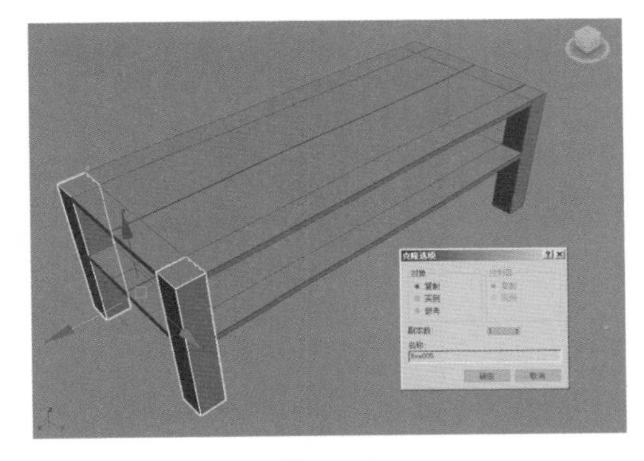

图6-153

（14）制作完成后的茶几模型效果如图 6-135 所示。

6.6.3 实例：制作足球模型

本实例讲解了如何使用多种修改器混合操作来制作一个足球的三维模型，足球模型的渲染效果如图 6-154 所示。

扫码看视频

图6-154

（1）启动 3ds Max 2018 软件，单击“异面体”按钮，在场景中创建一个异面体对象，如图 6-155 所示。

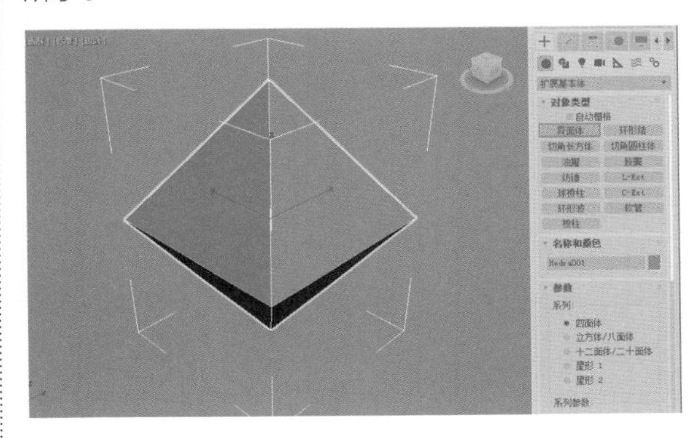

图6-155

（2）在“修改”面板中，设置异面体的“系列”为“十二面体 / 二十面体”，在“系列参数”中，设置 P 值为“0.36”，如图 6-156 所示。

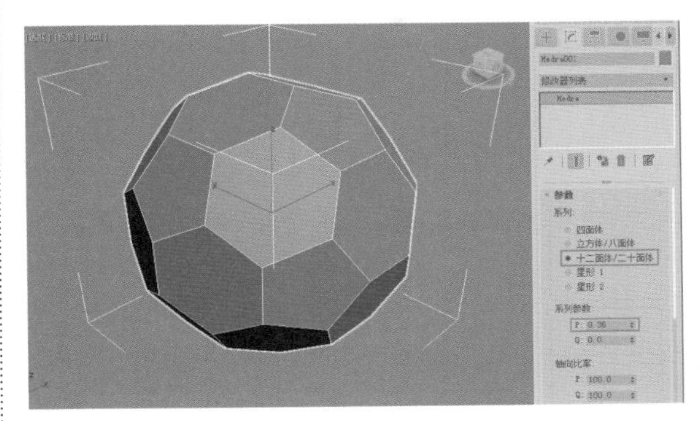

图6-156

（3）单击鼠标右键，在弹出的快捷菜单中选择并执行“转换为 / 转换为可编辑网格”命令，如图 6-157 所示。

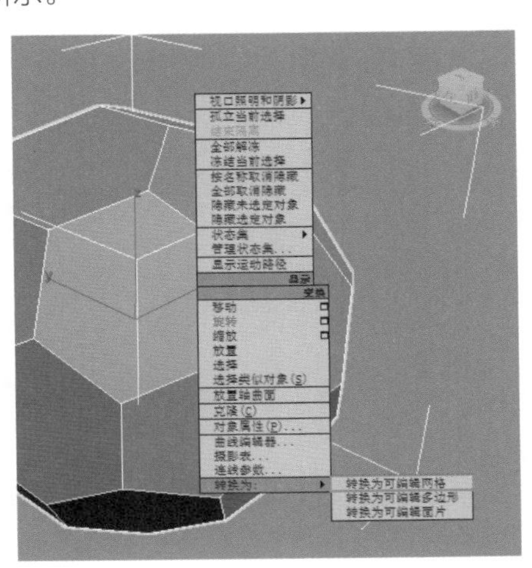

图6-157

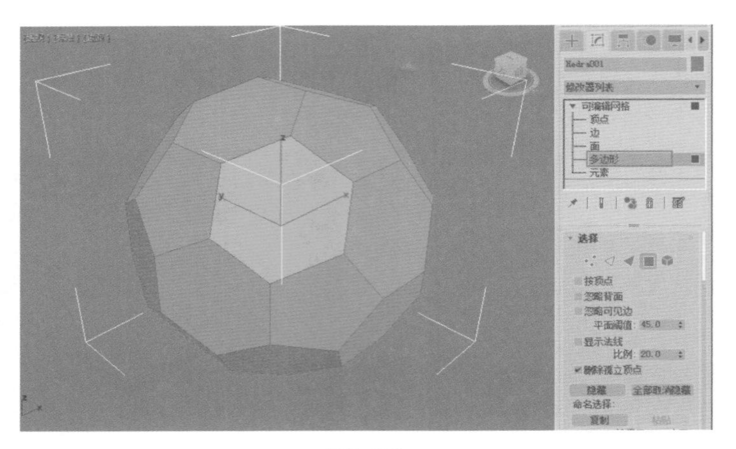

图6-158

（4）在“修改”面板中，进入“多边形”子层级，选择如图 6-158 所示的所有面。单击“炸开”按钮，如图 6-159 所示。

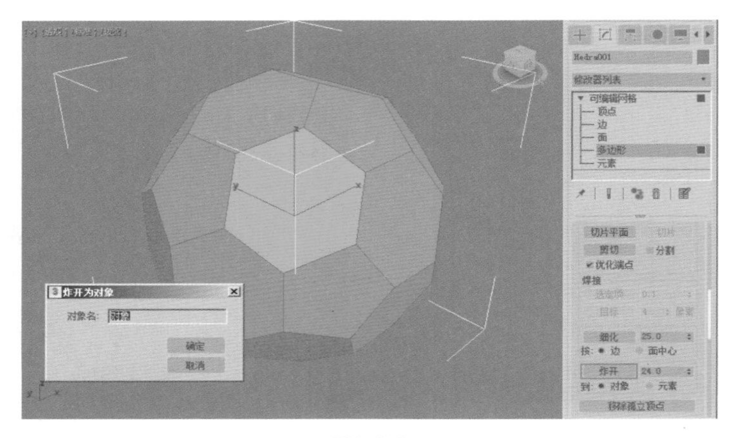

图6-159

（5）退出“多边形”子层级，选择场景中的所有被炸开的模型，添加“涡轮平滑”修改器，并设置“主体”的“迭代次数”值为“2”，如图 6-160 所示。

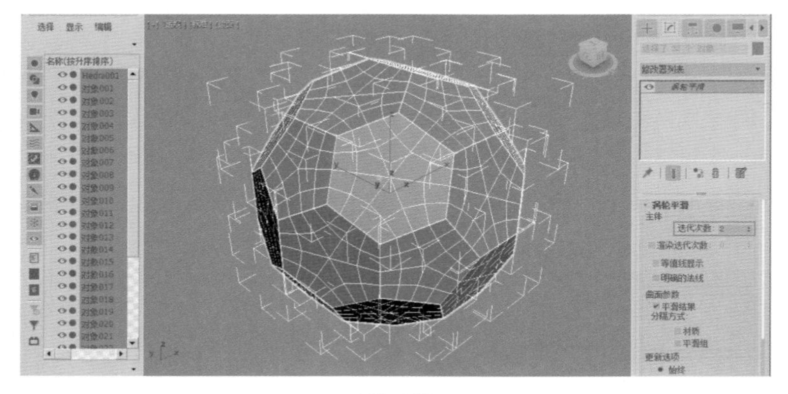

图6-160

（6）在“修改”面板中，为所有选择的对象添加“球形化”修改器，模型看起来就像球体一样光滑，如图 6-161 所示。

（7）在“修改”面板中，为所有选择的对象添加“网格选择”修改器，如图 6-162 所示。

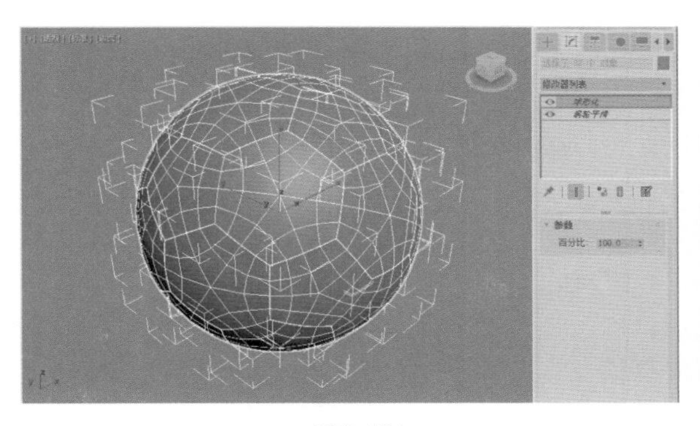

图6-161

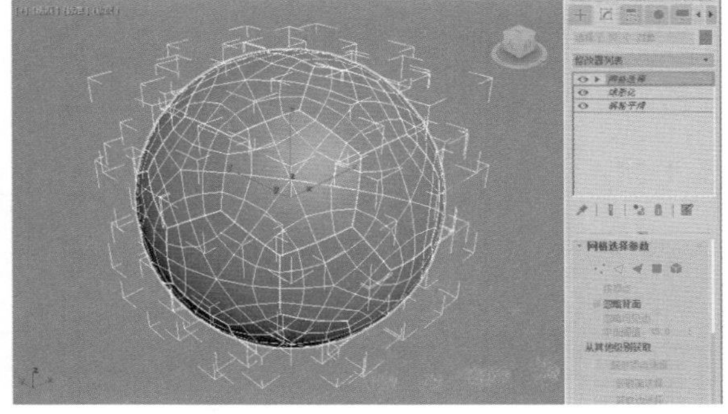

图6-162

（8）进入“网格选择”修改器的“多边形”子层级，按下【Ctrl】+【A】组合键，选择所有的面，如图6-163所示。

（9）在“修改”面板中，为所有选择的对象添加“面挤出”修改器，并调整“数量”的值为“1”，“比例”的值为“95”，如图6-164所示。

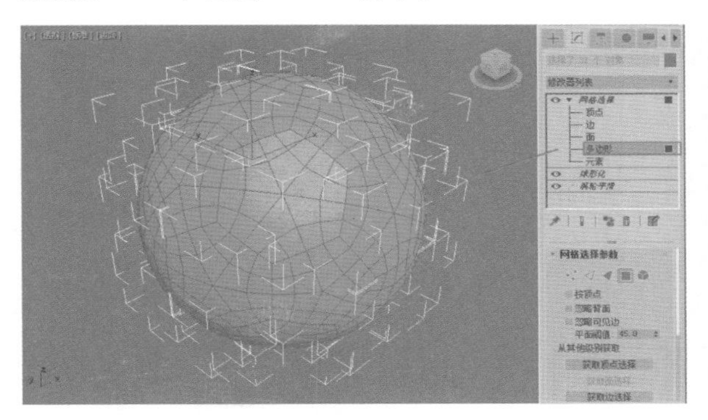

图6-163

图6-164

（10）在“修改”面板中，为所有选择的对象添加“网格平滑”修改器，如图6-165所示。

（11）在“细分方法”卷展栏中，设置“细分方法”的选项为“四边形输出”，在“细分量”卷展栏中，设置“迭代次数”的值为“2”，如图6-166所示。足球模型看起来会更加光滑。

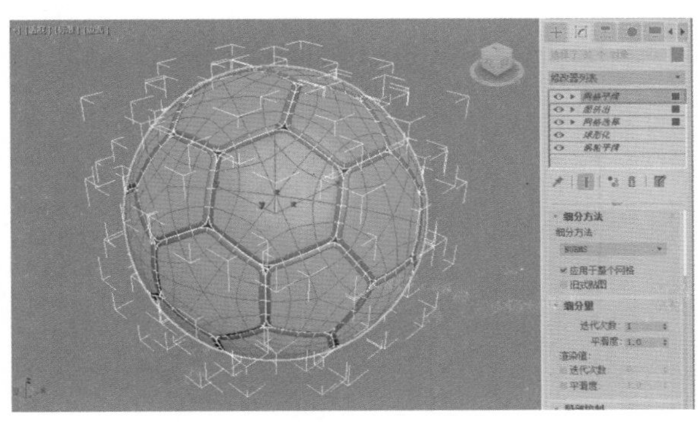

图6-165

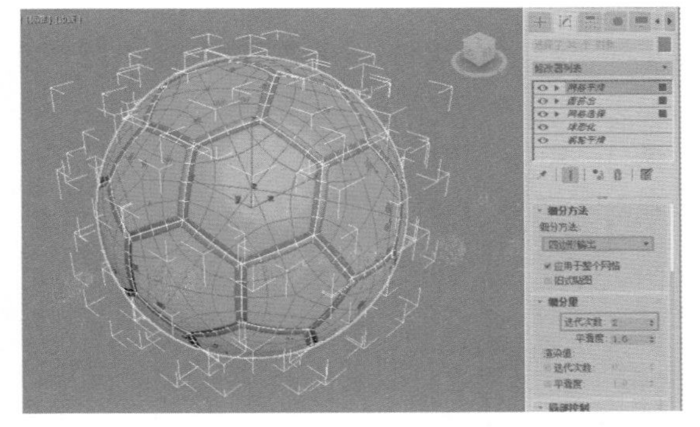

图6-166

（12）制作完成后的足球模型效果如图6-154所示。

6.6.4 实例：制作双人沙发模型

扫码看视频

本实例讲解了如何使用多种修改器混合操作来制作一个双人沙发的三维模型，沙发模型的渲染效果如图 6-167 所示。

图6-167

（1）在“创建”面板中，单击“切角长方体”按钮，在场景中绘制出一个切角长方体的模型，如图 6-168 所示。

（2）在“修改”面板中，设置切角长方体的“长度”值为“20”，“宽度”值为“210”，“高度”值为“55”，“圆角”值为“1.5”，“圆角分段”的值为“3”，如图 6-169 所示。

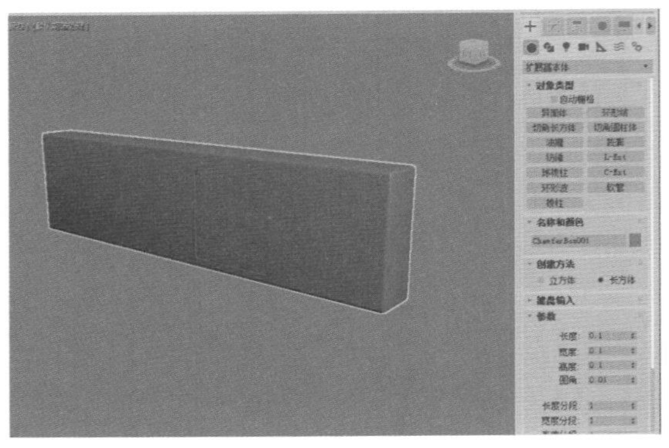

图6-168

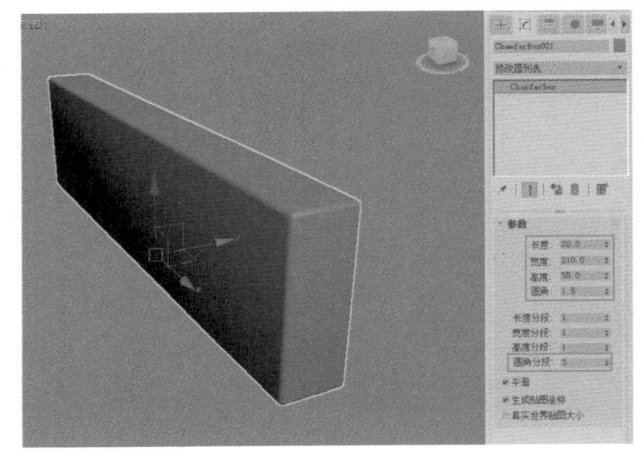

图6-169

（3）单击“长方体”按钮，在场景如图 6-170 所示位置处，创建一个长方体。

（4）在“修改”面板中，设置长方体的“长度”值为“80”，“宽度”值为“20”，“高度”值为“45”，如图 6-171 所示。

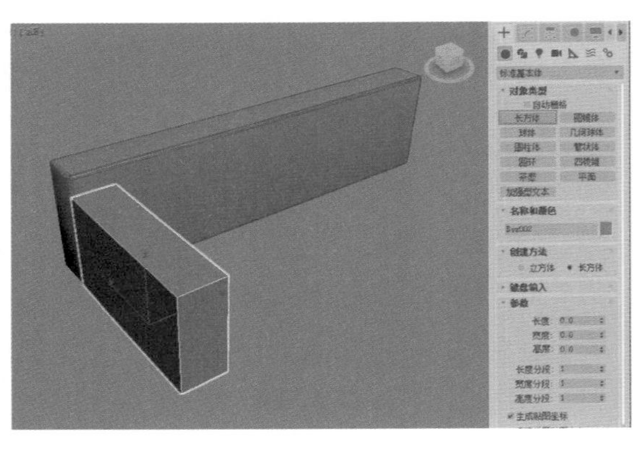

图6-170

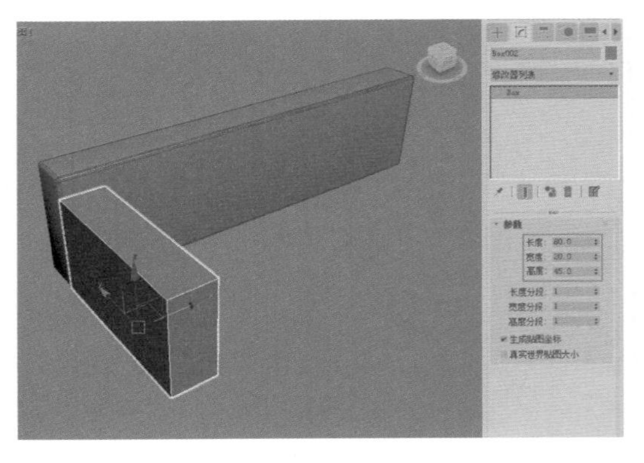

图6-171

（5）单击鼠标右键，在弹出的快捷菜单中选择并执行“转换为 / 转换为可编辑多边形”命令，将长方体转换为可以编辑的多边形对象，进入其“边”子层级。选择如图 6-172 所示的边，对其进行“切角”操作，制作出沙发扶手内侧的圆弧效果，如图 6-173 所示。

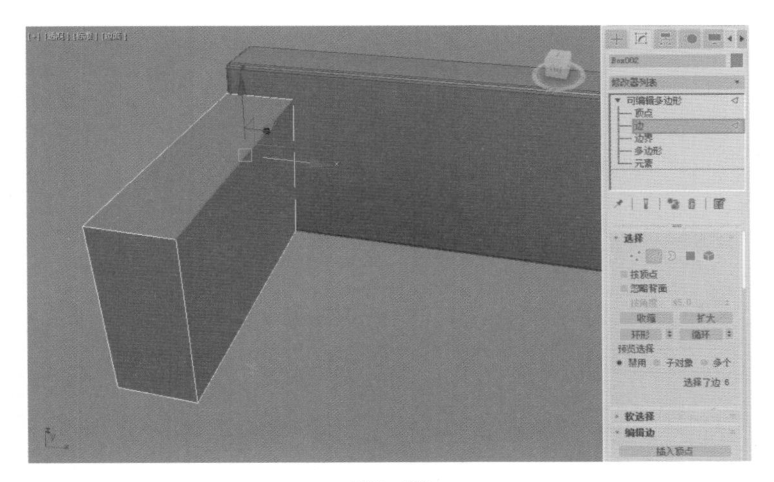

图6-172

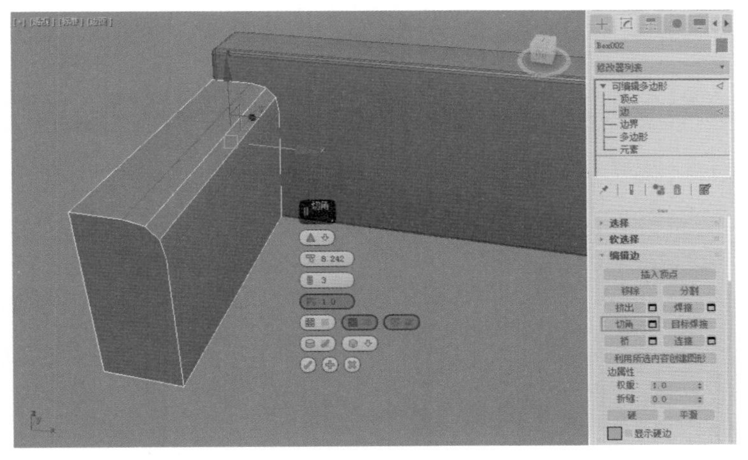

图6-173

（6）选择如图 6-174 所示的边，再次执行“切角”操作，制作出沙发扶手的其他边并进行圆滑处理，如图 6-175 所示。

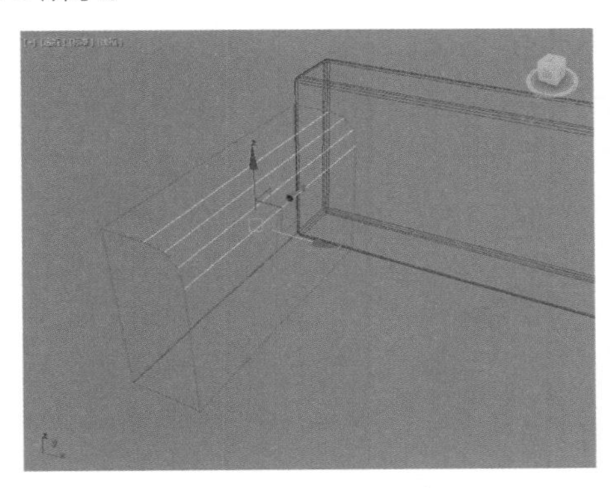

图6-174

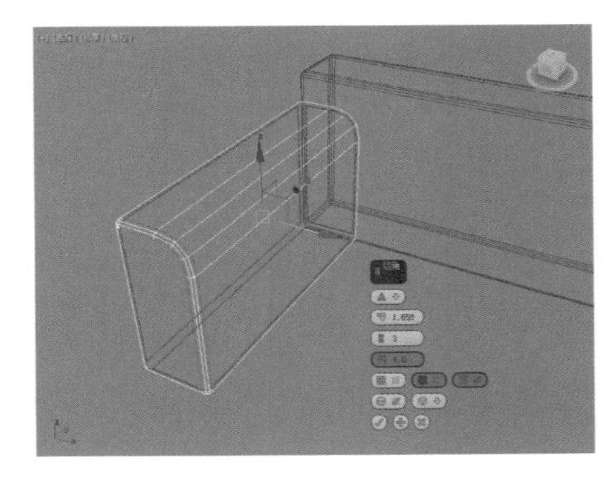

图6-175

（7）为长方体添加“对称”修改器，并调整“镜像”轴的位置，如图 6-176 所示，制作出沙发另一侧的扶手结构。

（8）为长方体添加“涡轮平滑”修改器，设置“迭代次数”的值为“2”，沙发扶手显得更加平滑，如图 6-177 所示。

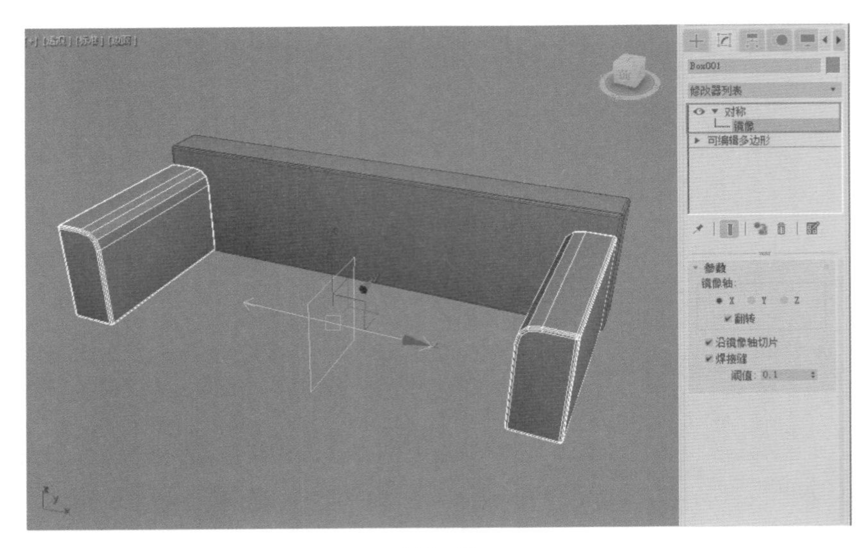

图6-176

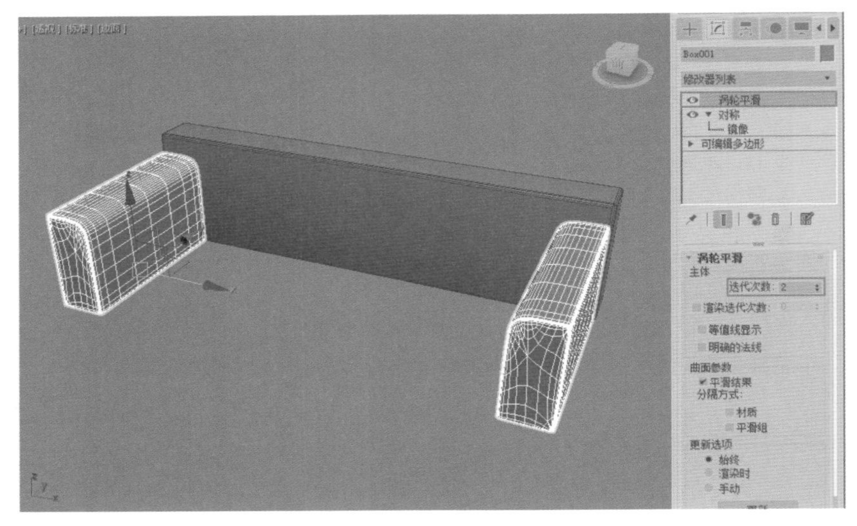

图6-177

（9）在场景中，再次创建一个切角长方体，在“修改”面板中，更改其“长度”值为“80”，“宽度”值为“199”，“高度”值为“18”，“圆角”值为“1.5”，“圆角分段”值为“3”，并调整其至图6-178所示位置，制作出沙发的底座结构。

（10）以相同的方式创建一个切角长方体，在“修改”面板中，更改其“长度”值为“80”，“宽度”值为“84”，“高度”值为“10”，“圆角”值为“1.5”，“长度分段”值为“7”，“宽度分段”值为“7”，“高度分段”值为“4”，“圆角分段”值为“3”，并调整其位置至如图6-179所示，制作出沙发底座上的坐垫。

（11）为坐垫添加“FFD”修改器，如图6-180所示。

（12）进入坐垫的“控制点”子层级，选择如图6-181所示的点，调整其高度，如图6-182所示，以使坐垫的中心更为突出，完善坐垫的细节。

（13）使用相同的方式制作出沙发的靠垫，如图6-183所示。

（14）按住【Shift】键，以拖曳的方式对靠垫模型和坐垫模型进行复制，制作出沙发的主体结构，如图6-184所示。

（15）在“左”视图中，单击“矩形”按钮，在场景中绘制一个矩形图形，如图6-185所示。

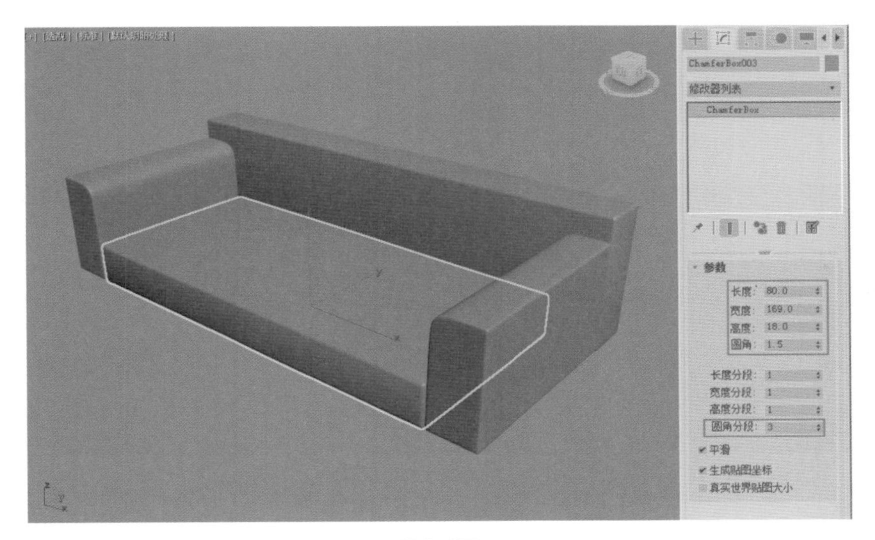

图6-178

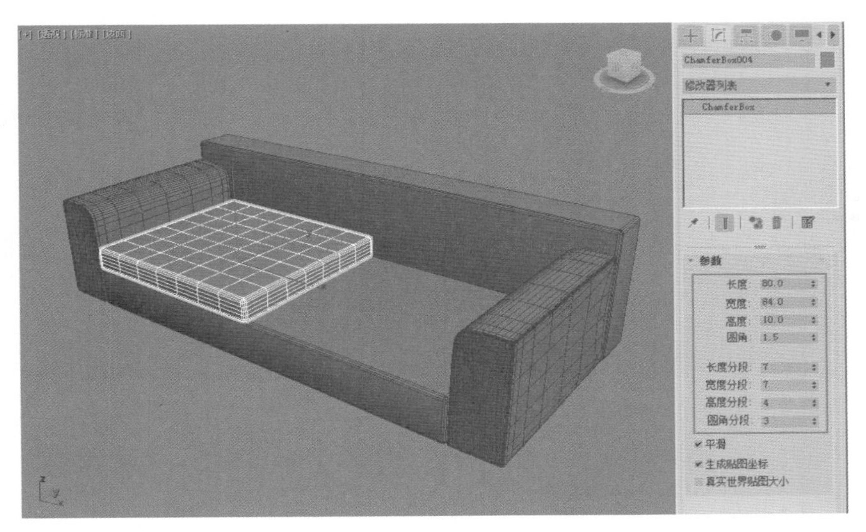

图6-179

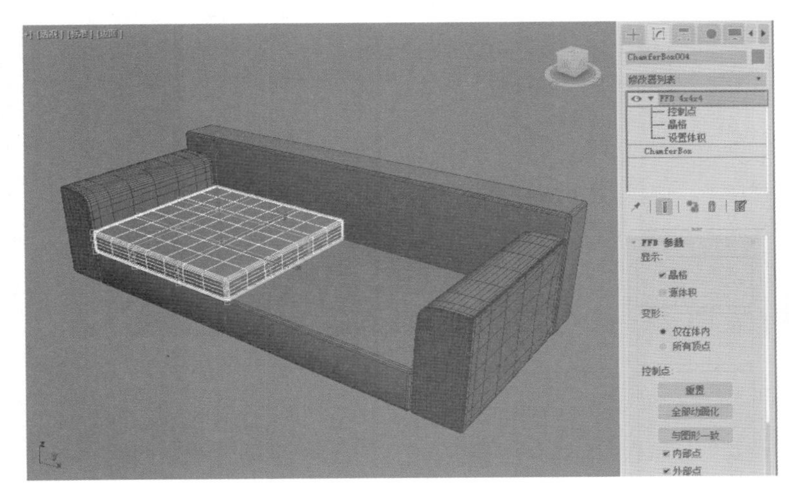

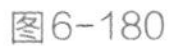
图6-180

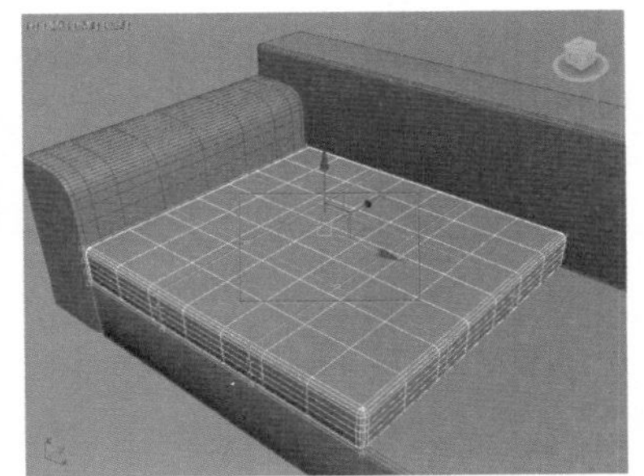

图6-181

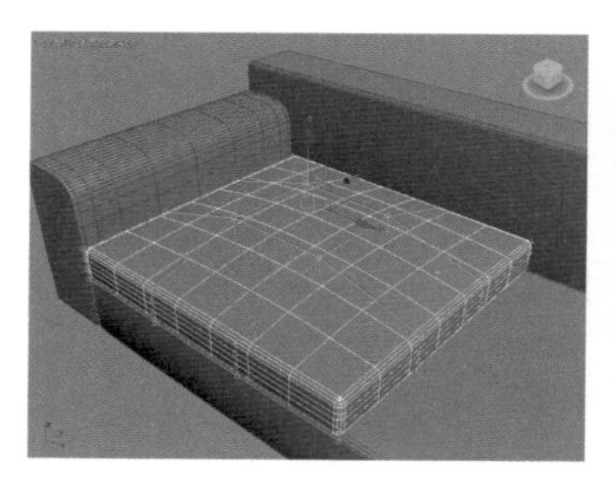

图6-182

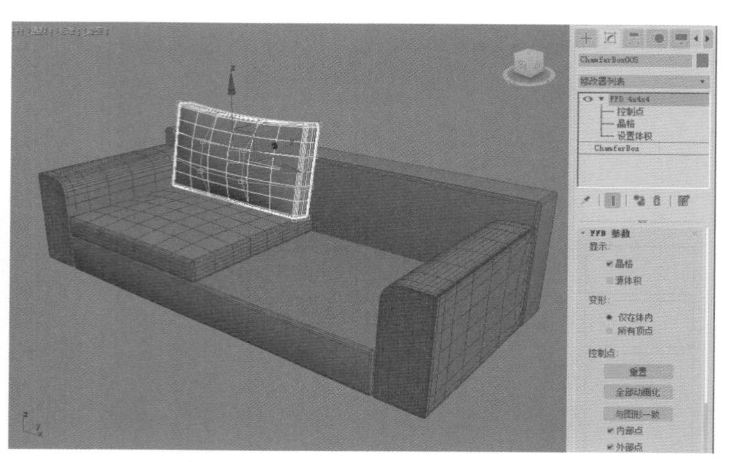

图6-183

图6-184

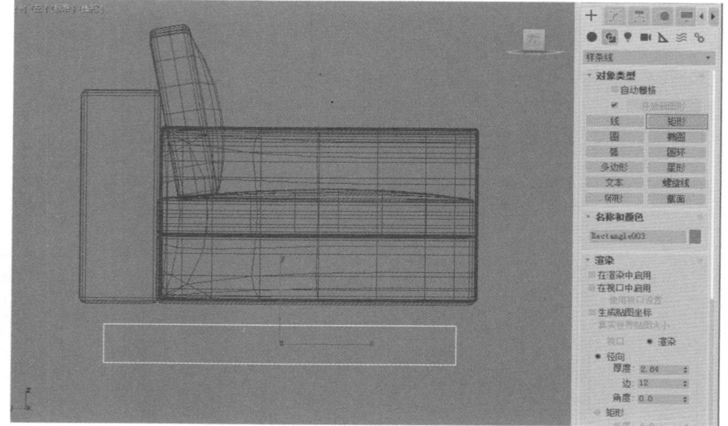

图6-185

（16）将矩形转换为可编辑样条线，进入其“线段”子层级，选择如图6-186所示的线，按下【Delete】键，将其删除，如图6-187所示。

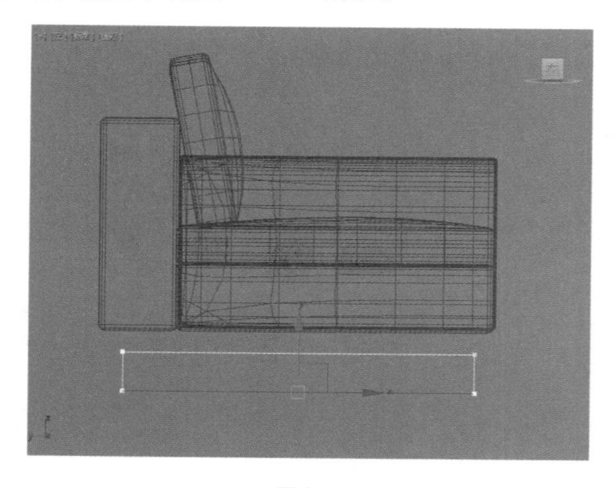

图6-186

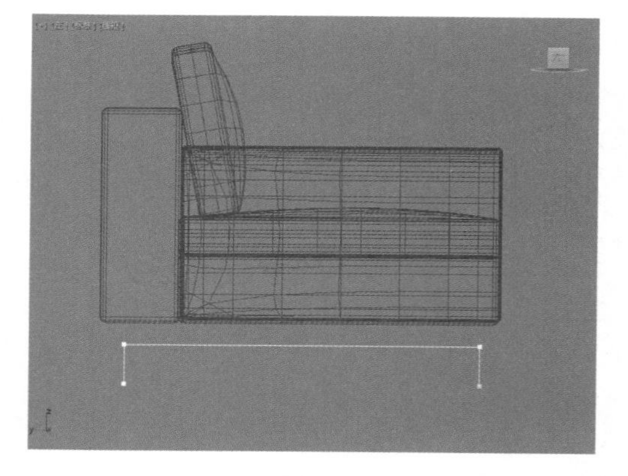

图6-187

（17）选择如图6-188所示的线，按住【Shift】键，对其进行复制，如图6-189所示。

（18）在“修改”面板中，展开“渲染”卷展栏，勾选“在渲染中启用”选项和“在视口中启用”选项，并调整“径向”的“厚度”值为“2.84”，如图6-190所示。

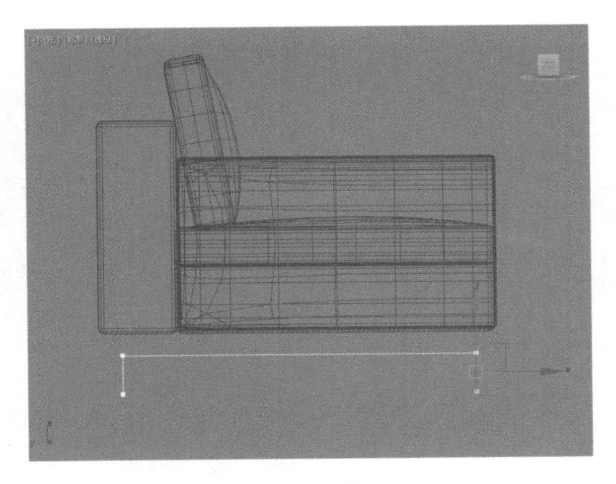

图6-188

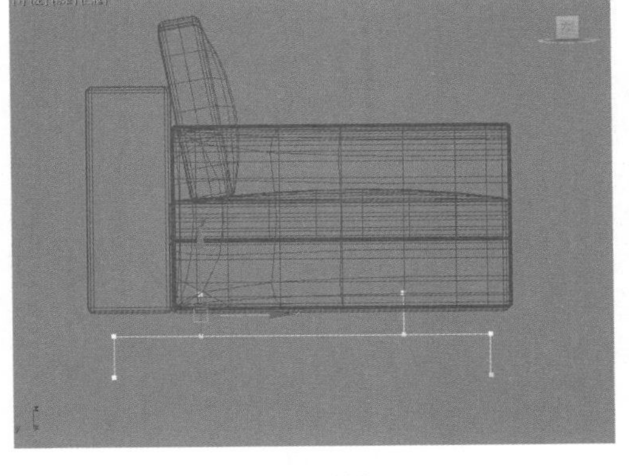

图6-189

（19）选择样条线，单击鼠标右键，在弹出的快捷菜单中选择并执行“转换为/转换为可编辑多边形”命令，将其由样条线对象转换为多边形对象，继续制作模型的细节，如图6-191所示。

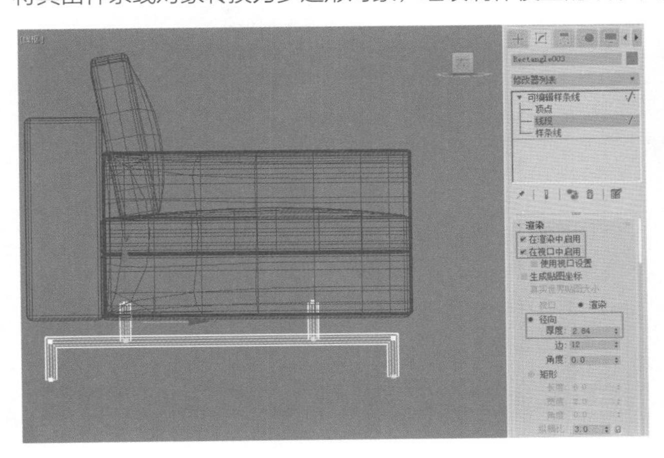

图6-190

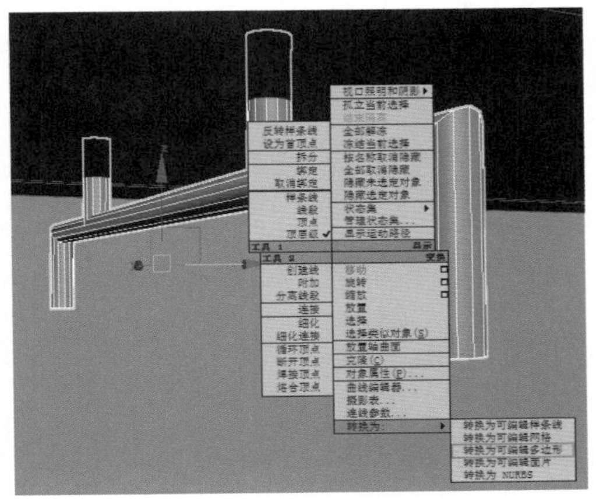

图6-191

（20）进入“多边形”子层级，选择如图6-192所示的面。对其进行“挤出”操作，如图6-193所示，制作出沙发的支撑结构。

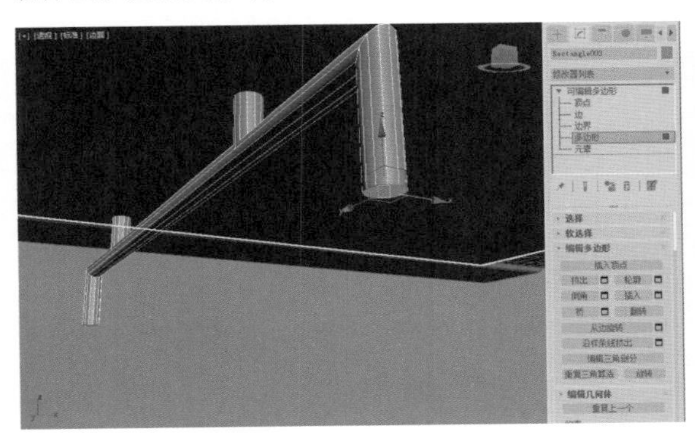

图6-192

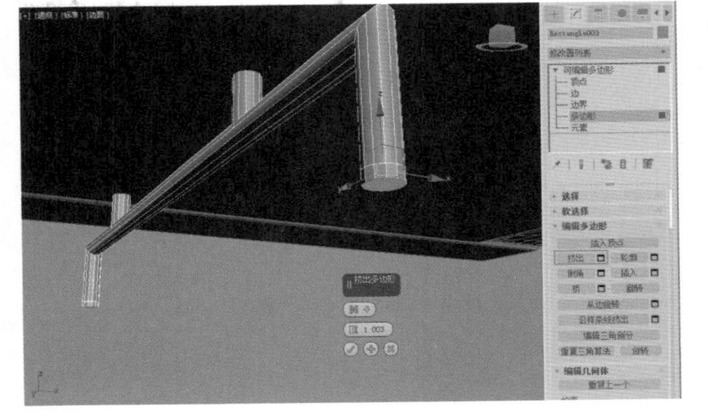

图6-193

（21）选择如图6-194所示的面。再次对其进行“挤出”操作，如图6-195所示，完善沙发的支撑结构。

（22）制作完成后，调整沙发腿模型至如图6-196所示位置处。

（23）按下【Shift】键，以拖曳的方式复制出沙发另一侧的沙发腿结构，完成沙发模型的整体制作，如图6-197所示。

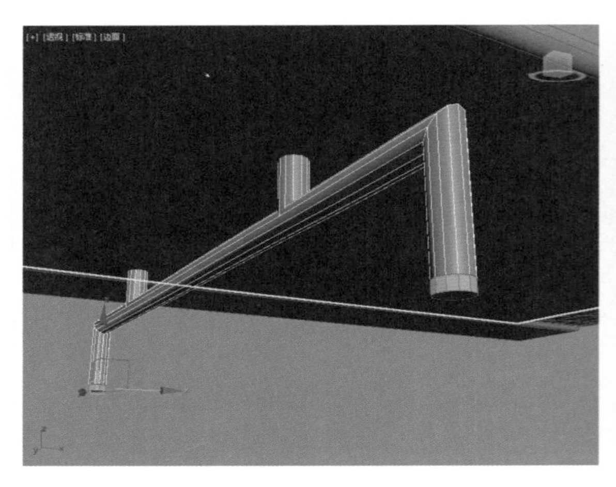

图6-194

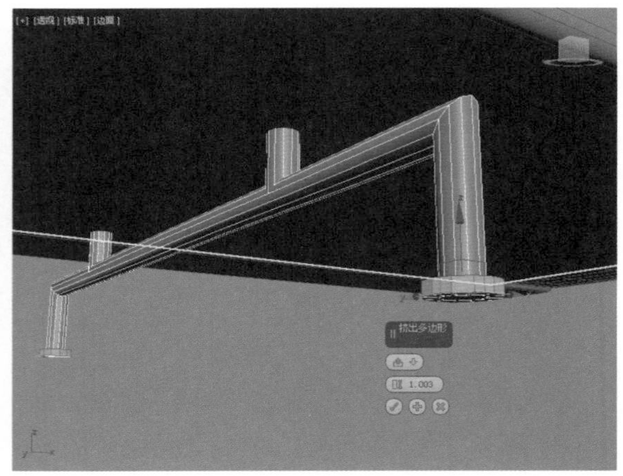

图6-195

图6-196

图6-197

（24）制作完成后的双人沙发模型效果如图 6-167 所示。

材质与贴图

本章要点

- 材质概述
- 材质编辑器
- 材质资源管理器
- 常用材质
- 常用贴图
- 技术实例

7.1 材质概述

3ds Max 2018为用户提供了功能丰富的材质编辑系统，用于模拟自然界所存在的各种各样的物体质感。就像是绘画中的色彩一样，材质可以为我们的三维模型注入生命，使得场景充满活力，渲染出来的作品仿佛原本就是存在于真实的世界之中一样。3ds Max的材质包含了物体的表面纹理、高光、透明度、自发光、反射及折射等多种属性，用户可以通过对这些属性进行合理设置来制作出令人印象深刻的三维作品，如图7-1～图7-4所示。

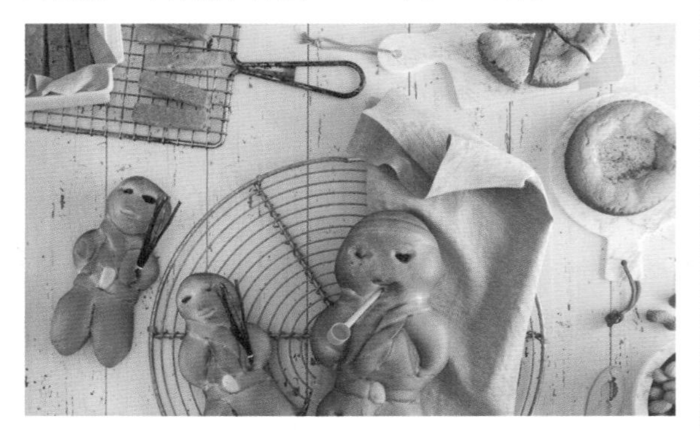

图7-1

图7-2

图7-3

图7-4

7.2 材质编辑器

3ds Max所提供的与材质有关的命令大部分都集中在“材质编辑器”面板里，用户可以在此调试材质球将其赋予三维模型。由于材质直接影响了作品渲染的质量，所以3ds Max将“材质编辑器”这一功能归类于“渲染”命令集合中，用户可以通过执行菜单栏中的“渲染/材质编辑器”命令，找到3ds Max为用户提供的“精简材质编辑器”和“Slate材质编辑器”来打开相对应的材质编辑器面板，如图7-5所示。

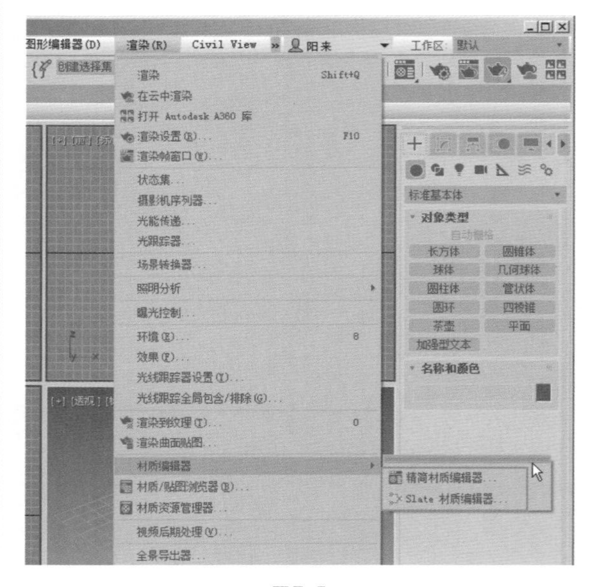

图7-5

用户还可以在主工具栏上找到“精简材质编辑器”和“Slate材质编辑器”的图标，单击这两个图标也可以打开对应类型的材质编辑器面板，如图7-6所示。

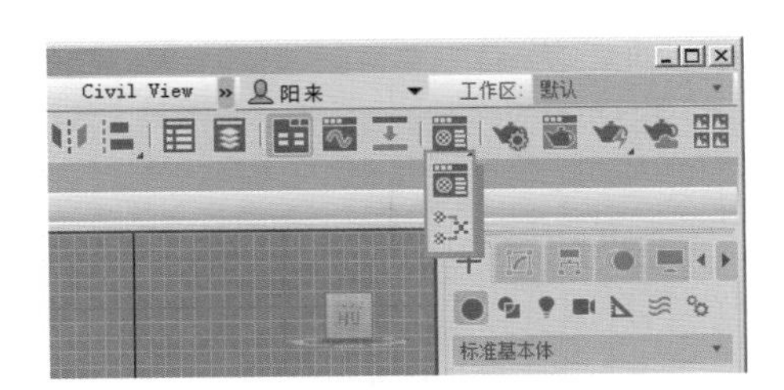

图7-6

打开“材质编辑器”面板是 3ds Max 中的常用操作，使用频率相当频繁，所以 3ds Max 还为用户提供了快捷键来访问这一功能。按下【M】键，就可以快速打开“材质编辑器”面板。

材质编辑器的面板有两种显示方式，一种是传统的被称为“精简材质编辑器”的界面，如图 7-7 所示。另一种是 3ds Max 2011 版本中后增加的被称为“Slate 材质编辑器”的界面，如图 7-8 所示。这两种界面所包含的命令完全一样，用户可以根据自己的喜好选择相应的界面来进行材质调试工作。由于在实际的工作中，精简材质编辑器更为常用，故本书以“精简材质编辑器”来进行讲解。

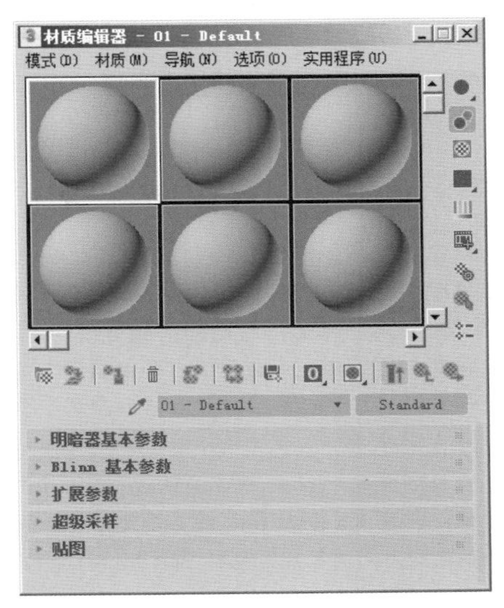

图7-7

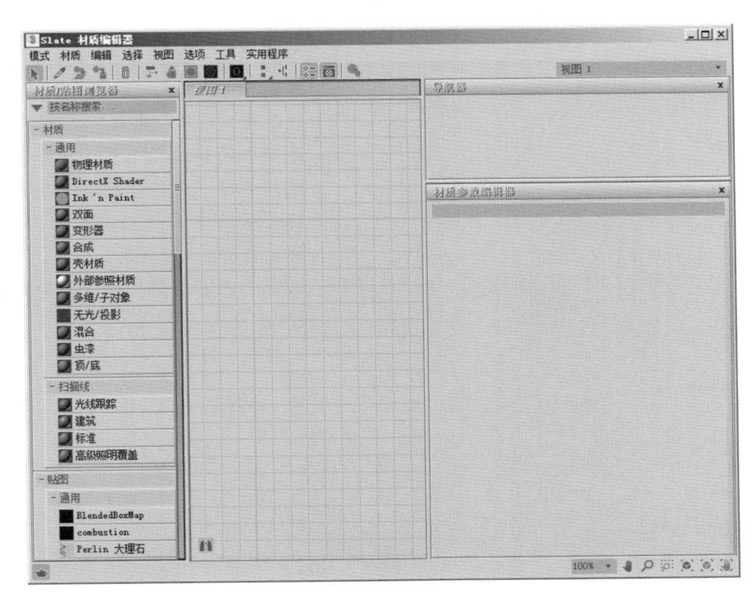

图7-8

7.2.1 菜单栏

“材质编辑器”对话框中的菜单栏中包含“模式”“材质”“导航”“选项”和“实用程序”5 个菜单，如图 7-9 所示。

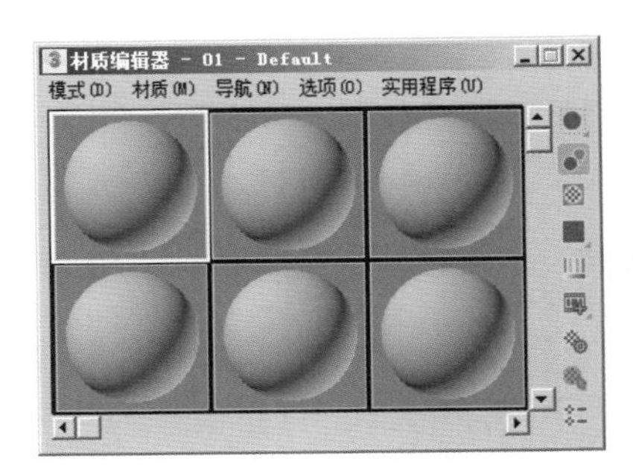

图7-9

1. 模式

“模式”内仅有两个命令，用户可以通过这里来快速切换“Slate 材质编辑器”与“精简材质编辑器”，如图 7-10 所示。

图7-10

工具解析

◇ 精简材质编辑器：如果用户在 3ds Max 2011 发布之前使用过 3ds Max 软件，“精简材质编辑器”应当是用户最为熟悉的界面，它是一个相当小的对话框，可以在里面快速预览各种材质。如果用户要指定已经设计好的材质，那么“精简材质编辑器”会是一个实用的界面。

◇ Slate 材质编辑器：“Slate 材质编辑器”是一个较大的对话框，在其中，材质和贴图显示为可以关联在一起以创建材质树的节点，包括 MetaSL 明暗器产生的现象。如果用户要设计新材质，则“Slate 材质编辑器”尤其有用。它还拥有搜索工具可以帮助用户管理具有大量材质的场景。

2. 材质

“材质”菜单里主要用来获取材质，从对象选取材质等，如图 7-11 所示。

图7-11

工具解析

◇ 获取材质：执行该命令可以打开“材质 / 贴图浏览器”对话框，在该对话框中可以选择材质或者贴图。

◇ 从对象选取：可以从场景中的对象上选择材质。

◇ 按材质选择：根据所选材质球来选择被赋予该材质球的物体。

◇ 在 ATS 对话框中高亮显示资源：如果材质使用的是已跟踪资源的贴图，那么执行该命令可以打开“资源跟踪”对话框，同时资源会高亮显示。

◇ 指定给当前选择：执行该命令可以将当前材质应用于场景中的选定对象。

◇ 放置到场景：在编辑材质完成后，执行该命令可以更新场景中的材质效果。

◇ 放置到库：执行该命令可以将选定的材质添加到材质库中。

◇ 更改材质 / 贴图类型：执行该命令可以更改材质或贴图的类型。

◇ 生成材质副本：通过复制自身的材质来生成一个材质副本以供使用。

◇ 启动放大窗口：将材质实例窗口放大，并在一个单独的窗口中进行显示。

◇ 另存为 .FX 文件：将材质另存为 FX 文件。

◇ 生成预览：使用动画贴图为场景添加运动，并生成预览。

◇ 查看预览：使用动画贴图为场景添加运动，并查看预览。

◇ 保存预览：使用动画贴图为场景添加运动，并保存预览。

◇ 显示最终结果：查看所在级别的材质。

◇ 视图中的材质显示为：选择在视图中显示材质的方式，共有“没有贴图的明暗处理材质”“有贴图的明暗处理材质”“没有贴图的真实材质”和“有贴图的真实材质”4 种可选。

◇ 重置示例窗旋转：使活动的示例窗对象恢复到默认方向。

◇ 更新活动材质：更新示例窗中的活动材质。

3. 导航

“导航”菜单主要用来切换材质或贴图的层级，如图 7-12 所示。

转到父对象(P) 向上键
前进到同级(F) 向右键
后退到同级(B) 向左键

图7-12

工具解析

◇ 转到父对象：在当前材质中向上移动一个层级，快捷键为【↑】键。

◇ 前进到同级：移动到当前材质中的相同层级的下一个贴图或材质，快捷键为【→】键。

◇ 后退到同级：与“前进到同级”类似，只是导航到前一个同级贴图，而不是导航到后一个同级贴图，快捷键为【←】键。

4. 选项

“选项”菜单主要用来更换材质球的显示背景等，如图 7-13 所示。

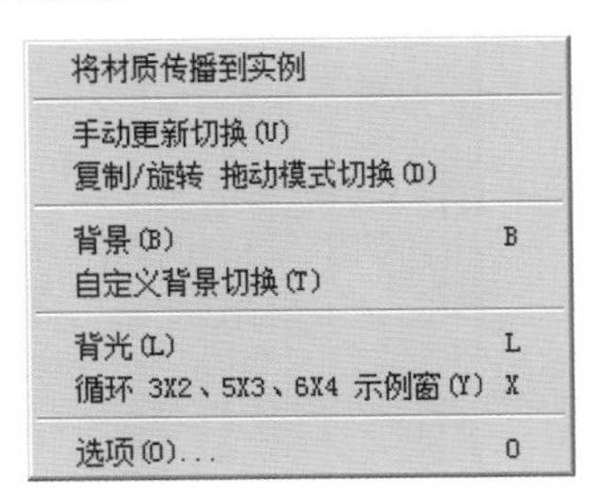

图7-13

工具解析

◇ 将材质传播到实例：将指定的任何材质传播到场景中对象的所有实例。

◇ 手动更新切换：使用手动的方式进行更新切换。

◇ 复制 / 旋转 拖动模式切换：切换复制 / 旋转拖动的模式。

◇ 背景：将多颜色的方格背景添加到活动示例窗中。

◇ 自定义背景切换：如果已经指定了自定义背景，该命令可以用来切换自定义背景的显示效果。

◇ 背光：将背光添加到活动示例窗中。

◇ 循环 3×2、5×3、6×4 示例窗：用来切换材质球的显示方式，连续按下【X】键，可以改变材质编辑器中材质球的显示数量，如图 7-14 ～图 7-16 所示。

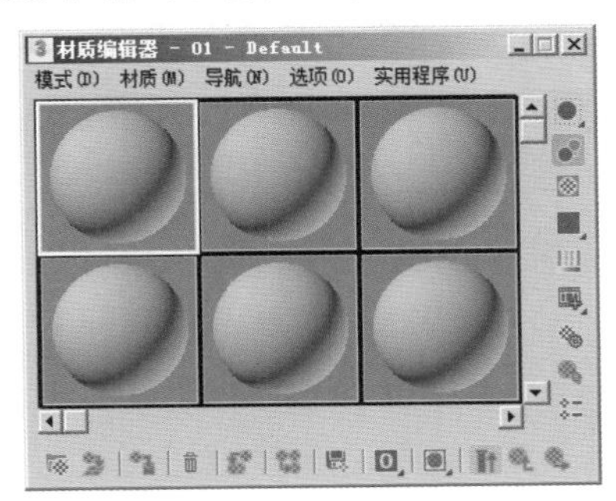

图7-14

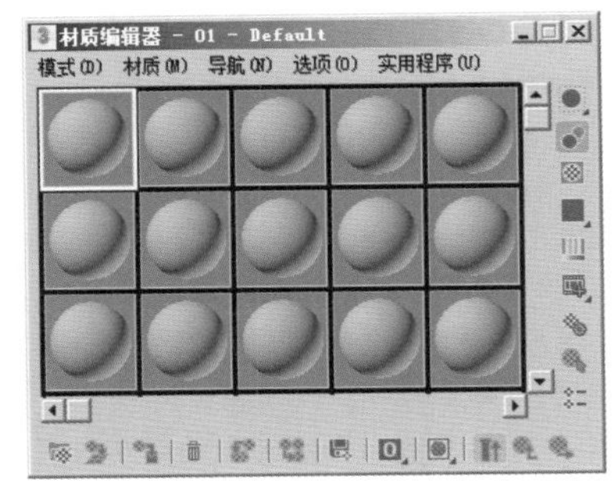

图7-15

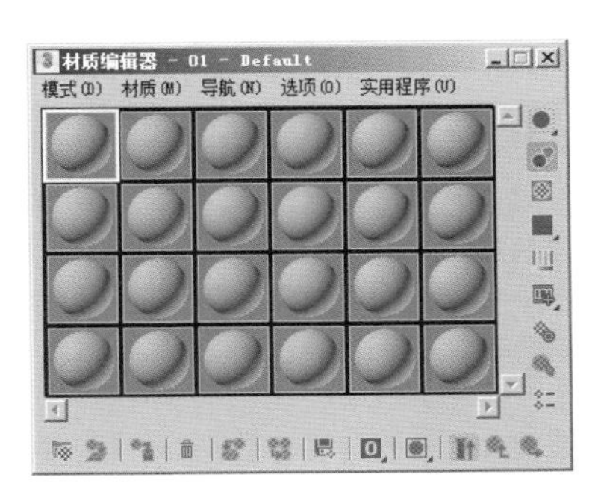

图7-16

◇ 选项：打开“材质编辑器选项”对话框，如图 7-17 所示，在该对话框中可以启用材质动画、加载自定义背景、定义灯光亮度等命令。

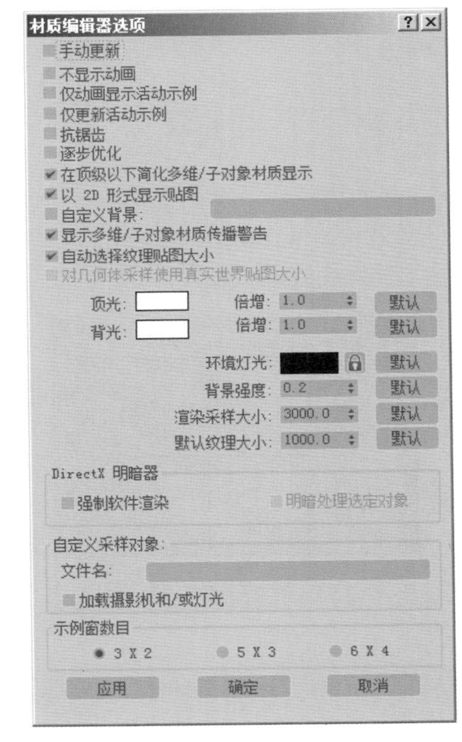

图7-17

5. 实用程序

“实用程序”菜单主要用来执行清理多维材质、重置“材质编辑器”等操作，如图 7-18 所示。

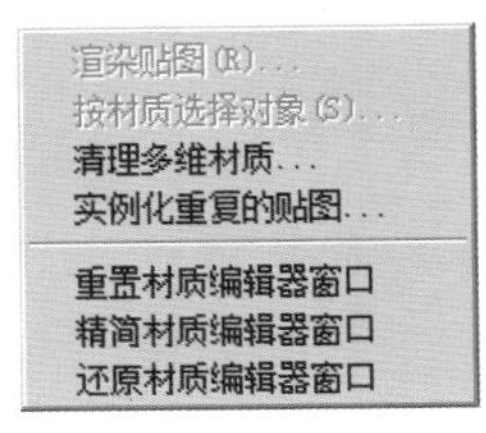

图7-18

工具解析

◇ 渲染贴图：对贴图进行渲染。

◇ 按材质选择对象：可以基于“材质编辑器”对话框中的活动材质来选择对象。

◇ 清理多维材质：对“多维 / 子对象”材质进行分析，然后在场景中显示所有包含未分配任何材质 ID 的材质。

◇ 实例化重复的贴图：在整个场景中查找具有重复位图贴图的材质，并提供将它们实例化的选项。

◇ 重置材质编辑器窗口：用默认的材质类型替换“材质编辑器”中的所有材质球。

◇ 精简材质编辑器窗口：将“材质编辑器”对话框中所有未使用的材质设置为默认类型。

◇ 还原材质编辑器窗口：利用缓冲区的内容还原编辑器的状态。

7.2.2 材质球示例窗口

“材质球示例窗口”主要用来显示材质的预览效果，通过观察示例窗口中的材质球可以查看我们调整相应参数所对材质的影响结果，如图 7-19 所示。

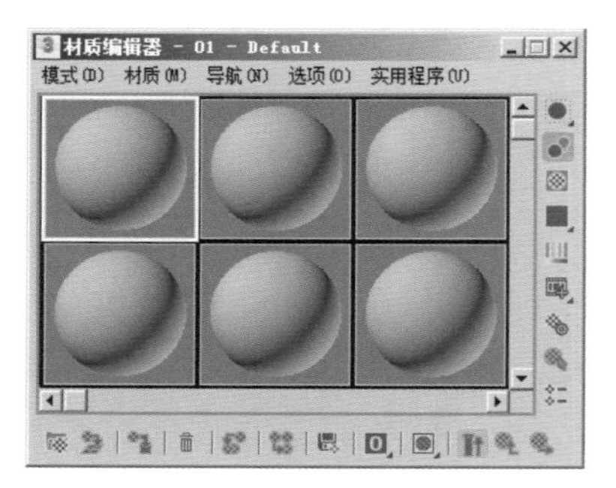

图7-19

在材质球示例窗口中，选择任意材质球，可以通过双击的方式打开独立的材质球显示窗口，并可以随意调整大小以便观察，如图 7-20 所示。

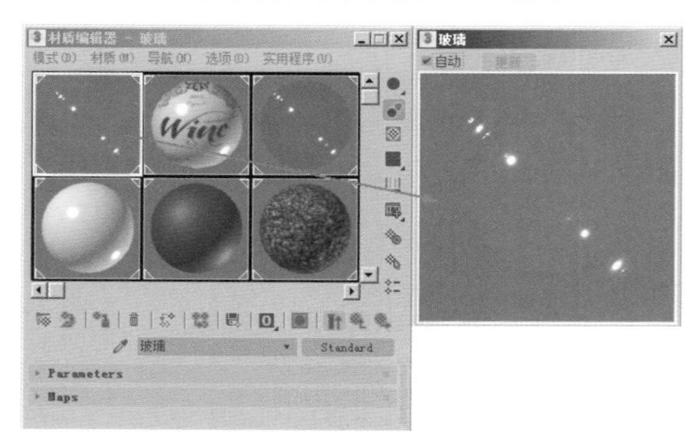

图7-20

提示 在默认情况下，材质球示例窗口内共有12个材质球，通过拖曳滚动条的方式可以显示其他的材质球，除了使用【X】键来改变材质球数量的显示外，也可以通过在材质球上单击鼠标右键来更改材质球的数量显示，如图7-21所示。

图7-21

7.2.3 工具栏

“材质编辑器”对话框中含有两个工具栏，如图 7-22 所示。

图7-22

工具解析

◇ “获取材质”按钮：为选定的材质打开“材质 / 贴图浏览器”对话框。

◇ “将材质放入场景”按钮：在编辑好材质后，单击该按钮可以更新已应用于对象的材质。

◇ “将材质指定给选定对象”按钮：将材质指定给选定的对象。

◇ “重置贴图 / 材质为默认设置”按钮：删除修改的所有属性，将材质属性恢复到默认值。

◇ “生成材质副本”按钮：在选定的示例图中创建当前材质的副本。

◇ “使唯一”按钮：将实例化的材质设置为独立的材质。

◇ “放入库”按钮：重新命名材质并将其保存到当前打开的库中。

◇ “材质ID通道”按钮：为应用后期制作效果设置唯一的ID通道，单击该按钮可弹出ID数字选项，如图7-23所示。

图7-23

◇ “在视图中显示明暗处理材质”按钮：在视图对象上显示2D材质贴图。

◇ “显示最终结果”按钮：在实例图中显示材质以及应用的所有层次。

◇ “转到父对象”按钮：将当前材质上移动一级。

◇ “转到下一个同级项”按钮：选定同一层级的下一贴图或材质。

◇ “采样类型”按钮：控制示例窗显示的对象类型，默认为球型，还有圆柱体和立方体可选，如图7-24所示。

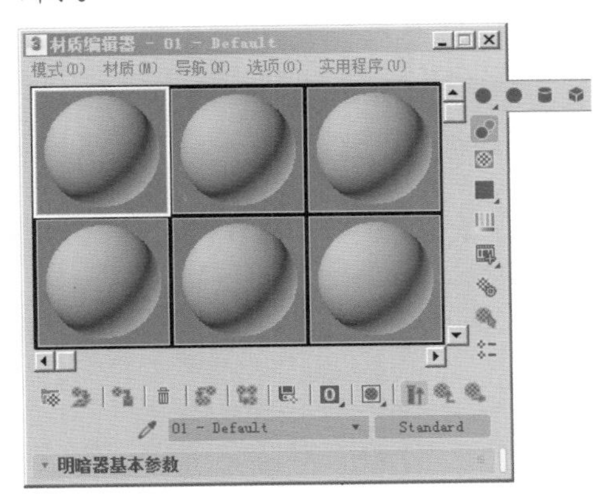

图7-24

◇ “背光”按钮：打开或关闭选定示例窗中的背景灯光。

◇ “背景”按钮：在材质后面显示方格背景图像，在观察具有透明、反射及折射属性材质时非常有用。

◇ “采样UV平铺”按钮：为示例窗中的贴图设置UV平铺显示。

◇ “视频颜色检查”按钮：检查当前材质中NTSC制式和PAL制式的不支持颜色。

◇ “生成预览”按钮：用于生产、浏览和保存材质预览渲染。

◇ “选项”按钮：打开“材质编辑器选项”对话框，在该对话框中可以启用材质动画、加载自定义背景、定义灯光亮度及颜色等选项。

◇ “按材质选择”按钮：选定使用了当前材质的所有对象。

◇ “材质/贴图导航器”按钮：单击此按钮可打开“材质/贴图导航器”对话框，在该对话框中可以显示当前材质的所有层级，如图7-25所示。

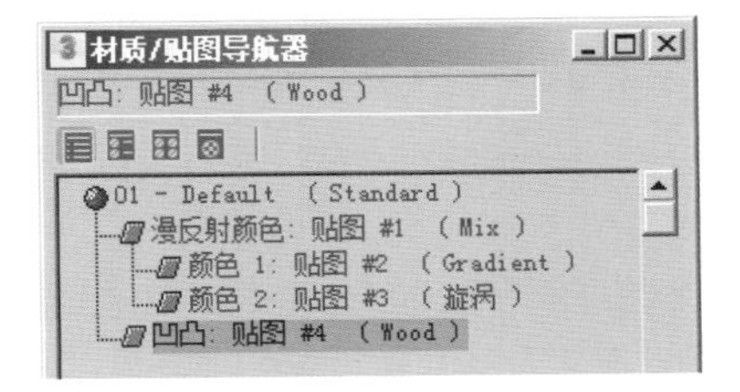

图7-25

7.2.4 参数编辑器

“参数编辑器”用于控制材质的参数，位于“材质编辑器”面板的下方，如图7-26所示。材质参数基本都在这里调节。注意，不同材质的内部参数也不相同。

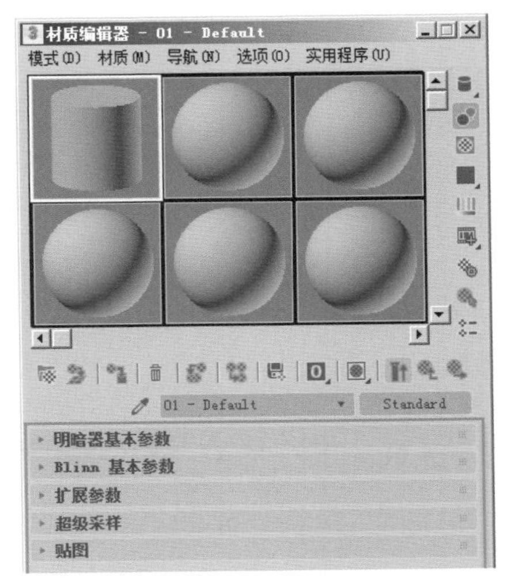

图7-26

7.3 材质管理器

“材质管理器”主要用来浏览和管理场景中的所

有材质。执行“渲染/材质管理器”菜单命令即可打开“材质管理器”窗口，如图7-27所示。

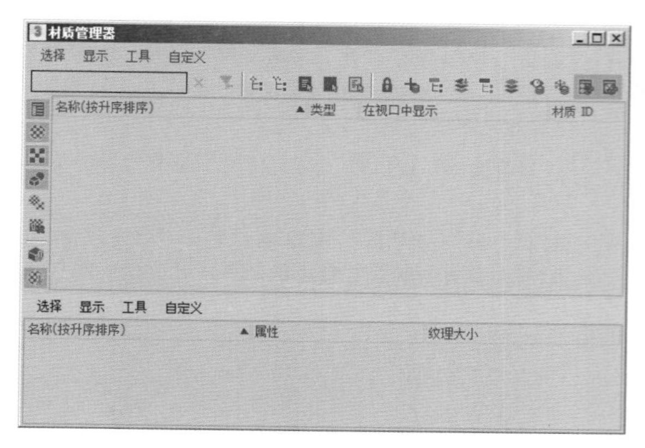

图7-27

“材质管理器”界面包含两个面板，上部为“场景”面板，下部为“材质”面板。“场景”面板类似于场景资源管理器，用户可以在其中浏览和管理场景中的所有材质。而利用“材质”面板可以浏览和管理单个材质的组件。

“材质管理器”窗口非常有用，可以很方便地查看当前场景中所有的材质球类型以及该材质添加到了场景中的那个物体上。当选择“场景”面板中的任意材质球时，下面的“材质”面板会显示出相应的属性以及加载的纹理贴图，如图7-28所示。

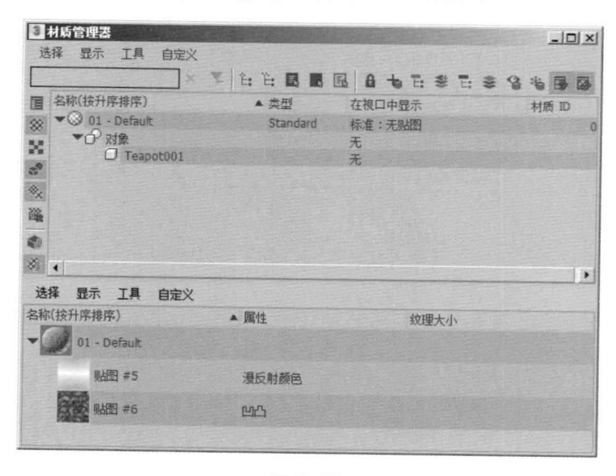

图7-28

7.3.1 “场景”面板

“场景”面板分为菜单栏、工具栏、显示按钮和列4个部分，如图7-29所示。

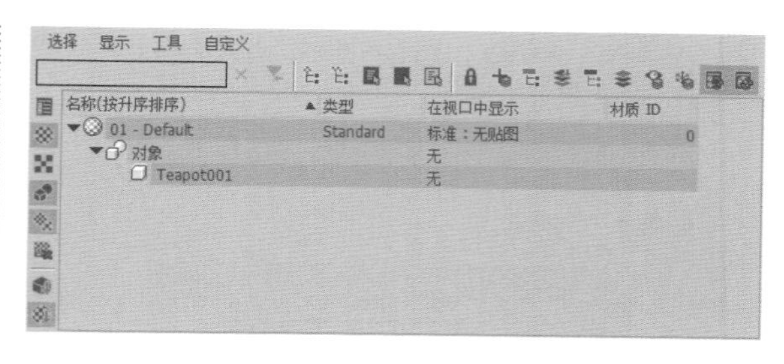

图7-29

1. 菜单栏

“选择”菜单展开后，如图7-30所示。

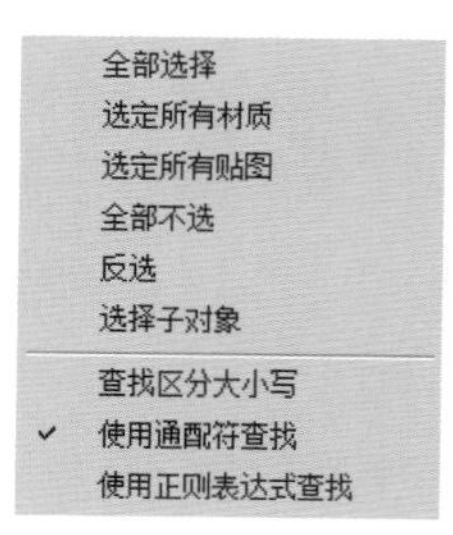

图7-30

工具解析

◇ 全部选择：选择场景中的所有材质和贴图。

◇ 选定所有材质：选择场景中的所有材质。

◇ 选定所有贴图：选择场景中的所有贴图。

◇ 全部不选：取消选择的所有材质和贴图。

◇ 反选：颠倒当前的选择。

◇ 选择子对象：该命令只起到切换作用。

◇ 查找区分大小写：通过搜索字符串的大小写来查处对象。

◇ 使用通配符查找：通过搜索字符串中的字符来查找对象。

◇ 使用正则表达式查找：通过搜索正则表达式的方式来查找对象。

“显示”菜单展开后，如图7-31所示。

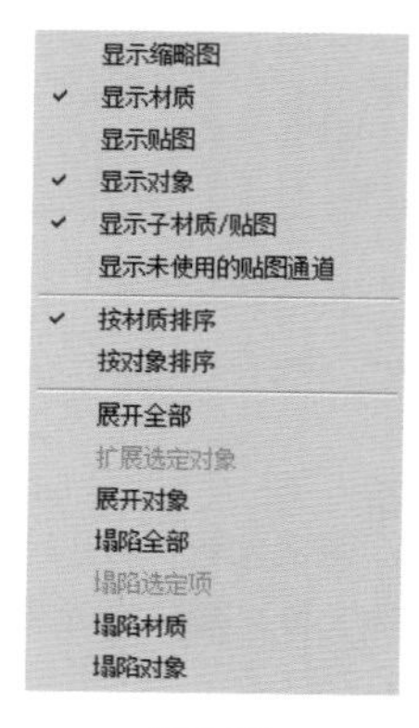

图7-31

工具解析

◇ 显示缩略图：默认为启用该选项以显示“场景”面板中每个材质和贴图的缩略图。
◇ 显示材质：默认为启用该选项以显示出每个对象的材质。
◇ 显示贴图：默认为启用该选项以显示出每个对象的材质所使用到的贴图。
◇ 显示对象：默认为启用该选项以显示出每个材质所应用到的对象。
◇ 显示子材质/贴图：启用该选项后，每个材质的层次下面都会显示用于材质通道的子材质和贴图。
◇ 显示未使用的贴图通道：启用该选项后，每个材质的层次下会显示出未使用的贴图通道。
◇ 按材质排序：启用该选项后，层次按材质名称进行排序。
◇ 按对象排序：启用该选项后，层次将按对象进行排序。
◇ 展开全部：展开层次以显示出所有的条目。
◇ 扩展选定对象：展开包含所选条目的层次。
◇ 展开对象：展开包含所有对象的层次。
◇ 塌陷全部：塌陷整个层次。
◇ 塌陷选定项：塌陷包含所选条目的层次。
◇ 塌陷材质：塌陷包含所有材质的层次。
◇ 塌陷对象：塌陷包含所有对象的层次。

“工具”菜单展开后，如图7-32所示。

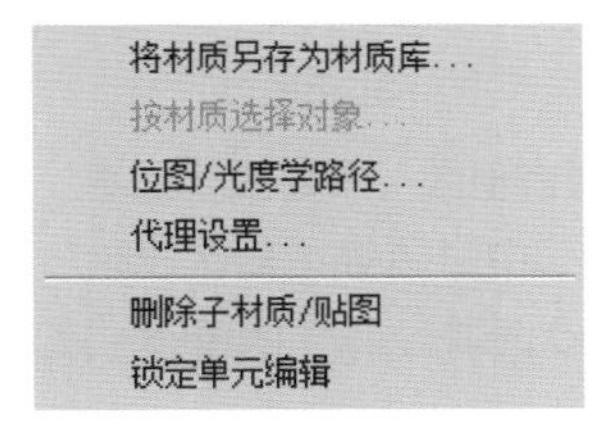

图7-32

工具解析

◇ 将材质另存为材质库：打开一个用于将场景中的材质另存为材质库(.mat)文件的文件对话框。
◇ 按材质选择对象：打开“选择对象”对话框。对象的名称与应用的活动材质一起高亮显示。单击可选择已应用了此材质的对象，如果资源管理器中未选择材质或选择了多种材质，则此选项不可用。
◇ 位图/光度学路径：打开“位图/光度学路径编辑器”对话框，可使用此对话框管理场景中位图的路径，如图7-33所示。
◇ 代理设置：打开“全局设置和位图代理的默认”对话框，可使用此对话框管理3ds Max如何创建和使用并入到材质中的位图的代理版本。此对话框是资源追踪的一项功能，如图7-34所示。

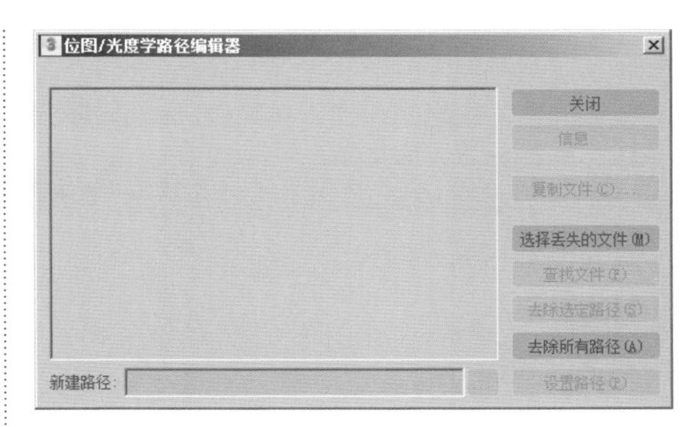

图7-33

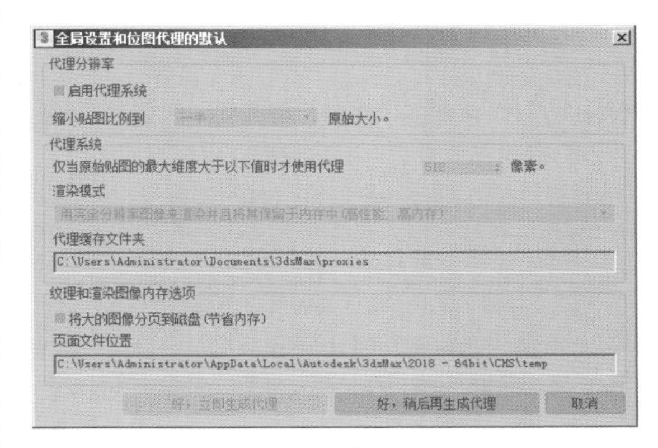

图7-34

◇ 删除子材质/贴图：选择应用于材质的一个或多个子材质或贴图时，删除所选的子材质或贴图。
◇ 锁定单元编辑：启用后，禁止在资源管理器中编辑单元，单击单元不起作用，除非高亮显示并选定它所在的行，默认设置为禁用状态。

“自定义”菜单展开后，如图7-35所示。

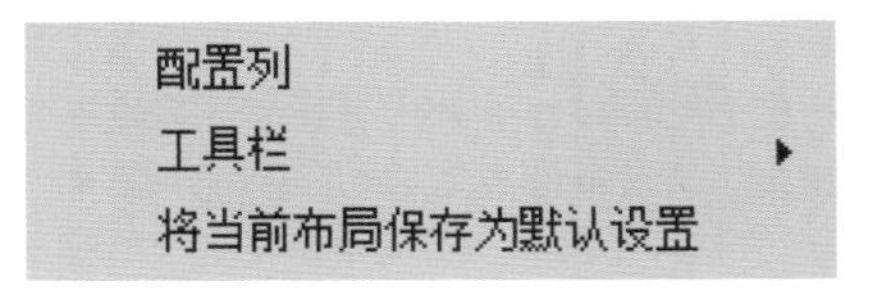

图7-35

工具解析

◇ 配置列：打开“配置列”对话框，以便向“场景”(上部)面板中添加列。
◇ 工具栏：显示一个用于选择要显示哪个“材质资源管理器”工具栏的子菜单。
◇ 查找：用于切换“查找”工具栏的显示。
◇ 选择：用于切换“选择”工具栏的显示。
◇ 工具：用于切换“工具”工具栏的显示。
◇ 将当前布局保存为默认设置：保存当前“材质资源管理器”布局，以便在下次启动3ds Max的会话时使它按当前状态显示。

2. 工具栏

“工具栏”主要包含一些对材质进行基本操作的工具，如图7-36所示。

图7-36

工具解析

◇ 查找：在此字段中输入文本可在“名称”列中搜索该文本。随着用户的键入，“材质资源管理器”会高亮显示名称与搜索字符串匹配的材质或对象。如果启用了同步到材质资源管理器，则“材质”（下部）面板还会显示找到的第一种材质。如果“材质资源管理器”找到的对象不是材质，则“材质”（下部）面板会显示应用于该对象的材质。

◇ 选择所有材质：选择场景中的所有材质。

◇ 选择所有贴图：选择场景中的所有贴图，注意，对于大多数场景而言，除非同时启用了“显示子材质”“贴图”，否则此选项的效果不明显。

◇ 全选：选择场景中的所有条目。

◇ 全部不选：取消选择场景中的所有条目。

◇ 反选：颠倒当前选择，即所有选定的条目都变为未选定，所有未选定的条目都变为选定。

◇ 同步到材质资源管理器：启用后，将“材质”（下部）面板中所做的选择与“场景”（上部）面板同步。禁用后，更改“场景”面板中的选择时不会改变“材质”面板，“材质”面板将继续显示在禁用“同步到材质资源管理器”前选择的最后一种材质，默认设置为启用。

◇ 同步到材质级别：启用该选项之后，“材质”（下部）面板始终显示“场景”（上部）面板中高亮显示的材质的整个层次，即使仅高亮显示材质的某个部分也是如此。禁用该选项之后，“材质”（下部）面板仅显示“场景”（上部）面板中高亮显示的材质的各个部分层次，默认设置为启用。

3. 显示按钮

“显示按钮”主要是用来控制材质和贴图的显示方式，如图7-37所示。

图7-37

工具解析

◇ 显示缩略图：启用后，层次显示缩略图，默认设置为启用。

◇ 显示材质：启用后，层次包含材质，默认设置为启用。

◇ 显示贴图：启用后，层次包含贴图，默认设置为启用。注意对于大多数场景而言，除非同时启用了“显示子材质/贴图”，否则此选项的效果不明显。

◇ 显示对象：启用后，层次包含对象，默认设置为启用。

◇ 显示子材质/贴图：启用后，层次包括应用于材质通道的子材质和贴图，默认设置为禁用。

◇ 显示未使用的贴图通道：启用后，材质包括未使用的贴图通道，默认设置为禁用。

◇ 按对象排序：启用后，“名称”列表按对象排序。

◇ 按材质排序（默认设置）：启用后，“名称”列表按材质名称排序。

4. 列

“列”主要用来显示场景材质的“名称”“类型”“在视图中的显示”方式以及“材质ID”等，如图7-38所示。

名称(按升序排序) ▲	类型	在视口中显示	材质 ID

图7-38

工具解析

◇ 名称：显示材质、对象、贴图和子材质的名称。

◇ 类型：显示材质、贴图或子材质的类型。

◇ 在视图中显示：对于材质和贴图，会显示是否已激活材质的视图显示。

◇ 材质ID：显示材质的ID号。

7.3.2 “材质”面板

“材质”面板分为菜单栏和列两个大部分，如图7-39所示。

选择　显示　工具　自定义

名称(按升序排序) ▲	属性	纹理大小

图7-39

提示 “材质”面板中的命令可以参考“场景”面板中的命令，命令基本相似。

7.4 常用材质

我们在制作材质时，第一个步骤应该是选择合适的材质类型，只有先选择对了合适的材质类型，才能顺利地进行下一步的工作——调节参数。因为不同的材质类型不但用于模拟自然界中的不同材质，其中的命令也是大不相同。在“材质编辑器”面板中，单击“Standard”按钮，在弹出的“材质 / 贴图浏览器”对话框中可以查看 3ds Max 2018 为用户提供的所有可用材质类型选项，有“物理材质”“双面”“变形器”“合成”“混合”等，如图 7-40 所示。

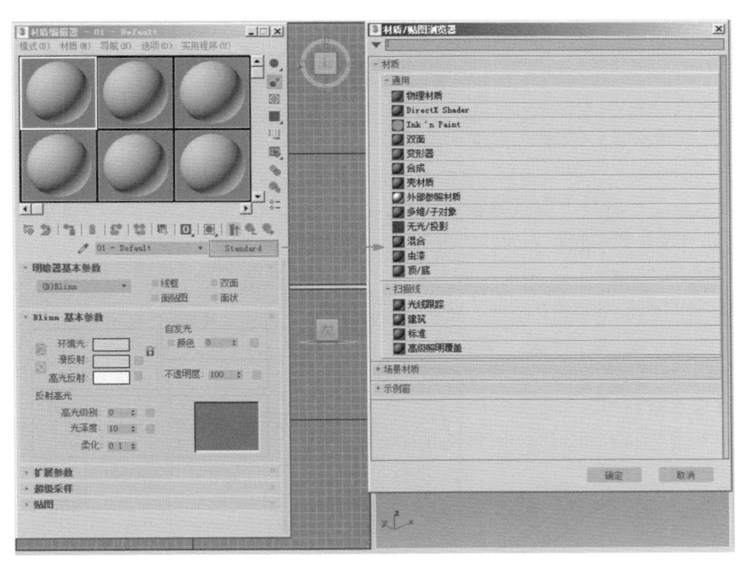

图7-40

7.4.1 标准

“标准”材质类型是 3ds Max 2018 的经典材质类型，也是默认材质。其使用频率极高，备受三维设计师的青睐。调试材质是一个技术活，秘诀在于平时多参考现实世界中的同样的，或是类似的物体对象。在 3ds Max 2018 中，标准材质在默认情况下是一个单一的颜色，如果希望标准材质的表面具有细节丰富的纹理，用户可以考虑使用高清晰度的图片来进行材质制作。

“标准”材质共有“明暗器基本参数”“Blinn 基本参数”“扩展参数”“超级采样”“贴图”这 5 个卷展栏，其参数设置面板如图 7-41 所示。

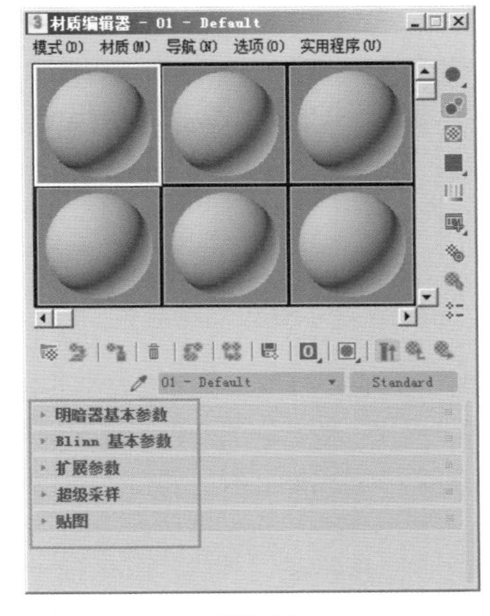

图7-41

1. “明暗器基本参数”卷展栏

在“明暗器基本参数”卷展栏中，可以设置当前材质应用明暗器的类型以及材质是否具有“线框”“双面”“面贴图”“面状”属性，如图 7-42 所示。

图7-42

工具解析

◇ 明暗器列表：共包含8种明暗器类型，可以用来模拟不同质感的对象，如玻璃、金属、陶艺、车漆等，如图7-43所示。

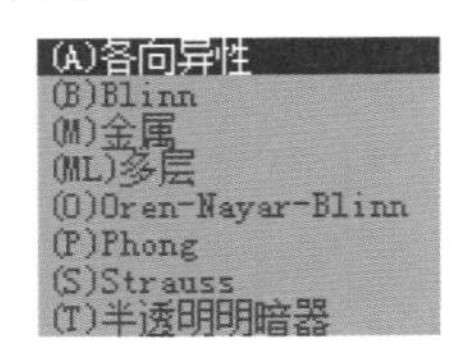

图7-43

◇ 各向异性：适用于椭圆形表面，这种情况有各向异性高光。这些高光适用于头发、玻璃或磨沙金属建模。
◇ Blinn：默认的明暗器类型，适用于圆形物体，这种情况高光要比Phong明暗处理柔和。
◇ 金属：适用于模拟金属表面。
◇ 多层：适用于比各向异性更复杂的高光。
◇ Oren-Nayar-Blinn：用于不光滑表面，如布料或陶土。
◇ Phong：适用于具有强度很高的、圆形高光的表面。
◇ Strauss：适用于金属和非金属表面，Strauss明暗器的界面比其他明暗器的简单。
◇ 半透明明暗器：与Blinn明暗处理类似，“半透明”明暗器也可用于指定半透明，这种情况下光线穿过材质时会散开。
◇ 线框：以线框模式来渲染材质，当勾选此选项时，可以在“扩展参数”卷展栏内控制线框的值来改变渲染线框的粗细。
◇ 双面：使材质成为两个面。
◇ 面贴图：将材质应用到几何体的各面。如果材质是贴图材质，则不需要贴图坐标，贴图会自动应用到对象的每一面。
◇ 面状：就像表面是平面一样，渲染表面的每一面。

2.“Blinn基本参数”卷展栏

“标准”材质的“Blinn基本参数”卷展栏包含一些控件，用来设置材质的颜色、反光度、透明度等，并指定用于材质各种组件的贴图，如图7-44所示。

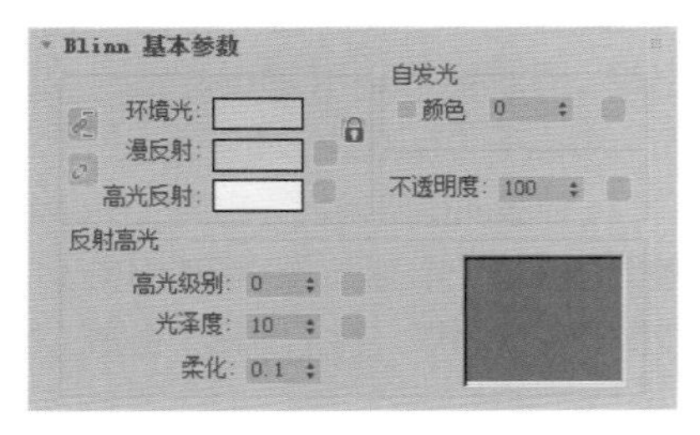

图7-44

工具解析

◇ 环境光：控制环境光颜色，环境光颜色是位于阴影中的颜色（间接灯光）。
◇ 漫反射：控制漫反射颜色，漫反射颜色是位于直射光中的颜色。
◇ 高光反射：控制高光反射颜色，高光反射颜色是发光物体高亮显示的颜色。可以在“反射高光”组中控制高光的大小和形状。
◇ 自发光：自发光使用漫反射颜色替换曲面上的阴影，从而创建白炽效果。当增加自发光时，自发光颜色将取代环境光，当设置的值为“100”时，材质没有阴影区域，但它可以显示反射高光。有两种方法可以指定自发光，即勾选“颜色”复选框，使用自发光颜色，或者禁用“颜色”复选框，然后使用单色微调器，这相当于使用灰度自发光颜色。
◇ 不透明度：控制材质是不透明还是透明。
◇ 高光级别：控制“反射高光”的强度。
◇ 光泽度：控制镜面高亮区域的大小。
◇ 柔化：设置反光区和无反光区衔接的柔和度，当数值为“0”时，表示无柔和效果，而数值为“1”时，柔和效果最强。

3.“贴图”卷展栏

“贴图”卷展栏用于访问并为材质的各个组件指定贴图，如图7-45所示。

贴图

	数量	贴图类型
环境光颜色	100	无贴图
漫反射颜色	100	无贴图
高光颜色	100	无贴图
高光级别	100	无贴图
光泽度	100	无贴图
自发光	100	无贴图
不透明度	100	无贴图
过滤色	100	无贴图
凹凸	30	无贴图
反射	100	无贴图
折射	100	无贴图
置换	100	无贴图

图7-45

7.4.2 Arnold Standard

3ds Max从2018版本开始正式引入了著名的Arnold渲染器，这是一款基于物理算法的电影级别渲染引擎，其便捷的操作模式深受广大三维设计师的青睐。该渲染器为用户提供了全新的材质、灯光及渲染功能，使得3ds Max不必再依赖于其他第三方公司生产的渲染器插件也可以渲染出超现实质感的作品。下面我们来详细讲解该渲染器所提供的标准材质球。

当用户需要使用 Arnold Standard 材质时，需要提前将 3ds Max 的当前渲染器更换为 Arnold 渲染器，更换的方法我们会在后面的章节中为大家讲解。打开材质编辑器，单击“Standard”按钮 Standard ，在弹出的“材质 / 贴图浏览器”对话框中选择并执行“Arnold /Built-in/ Standard”命令，即可将当前材质球类型更改为 Arnold 的标准材质，如图 7-46 所示。

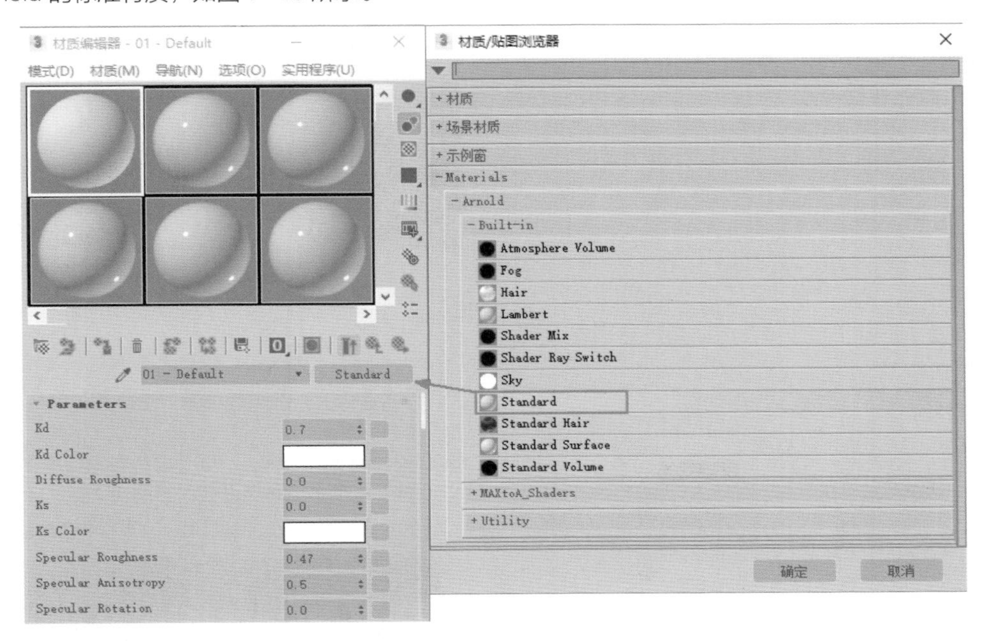

图7-46

提示 Arnold Standard（阿诺德标准）材质球是Arnold 5.0.0.0版本中才有的材质球，读者的3ds Max 2018软件中只有安装了Arnold 5.0.0.0版本，才可以在“材质 / 贴图浏览器”对话框中找到该材质球。用户可以执行菜单栏中的“Arnold / About”命令，在弹出的3dsmax对话框中查看Arnold渲染器版本，如图7-47所示。

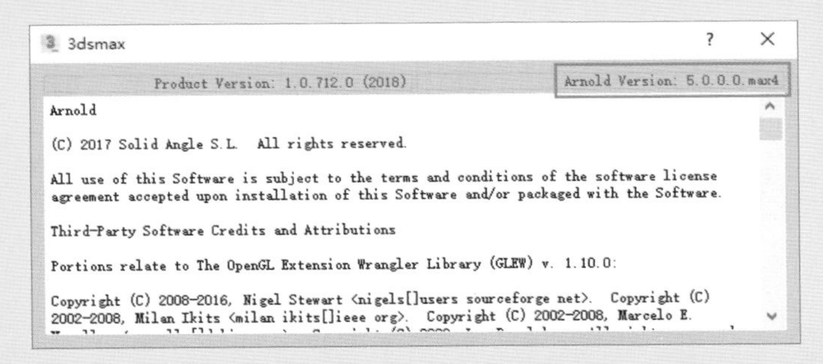

图7-47

由于欧特克公司对中文版3ds Max 2018共进行了4次更新，使得某些读者可能在自己的软件里找不到Arnold Standard材质球。那么读者可以使用本书下一个章节为大家讲解的Standard Surface材质球来进行材质制作。Standard Surface材质球的使用方法与Standard材质球非常相似，大部分参数均可通用。另外，本书中的所有实例在任何版本的Arnold渲染器中均可正常打开及使用。

Arnold Standard 材质球功能强大，其参数设置面板如图 7-48 所示。

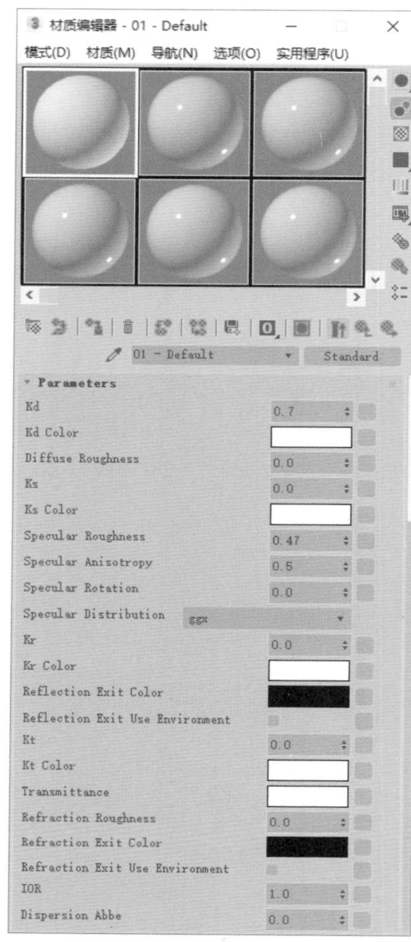

图7-48

工具解析

◇ Kd：用来控制漫发射的权重强度。

◇ Kd Color：设置标准材质的漫反射颜色。

◇ Diffuse Roughness：设置漫反射的粗糙度。

◇ Ks：用来控制标准材质的高光，调节该参数还会为材质添加反射效果，如图7-49所示分别为该值是“0”和“0.2”的渲染效果对比。

图7-49

◇ Ks Color：设置高光的颜色。

◇ Specular Roughness：用于设置高光粗糙度，值越小，高光点越小，反射越清晰；值越大，高光点越大，反射越模糊。

◇ Specular Anisotropy：用于控制高光的各向异性属性，使得用户可以调试出椭圆形的高光点，如图7-50所示分别为该值是“0.2”和“0.8”的渲染结果对比。

图7-50

◇ Specular Rotation：用于控制高光的旋转效果。

◇ Kr：用于控制材质的反射强度。虽然通过之前的Ks值可以为材质添加一定的反射效果，但是如果增加该值，则可以显著提高材质的反射程度。

◇ Kr Color：用于控制反射的颜色。

◇ Reflection Exit Color：用于控制反射退出的颜色。

◇ Reflection Exit Use Environment：用于控制反射退出的使用环境。

◇ Kt：控制材质的折射效果，值为0时，材质为不透明，而当值越大，材质越透明。如果配合IOR（折射率）参数，可以制作出带有一定折射程度的透明效果。

◇ Kt Color：控制透明材质的颜色，如图7-51所示分别为调试了不同颜色的渲染效果对比。

◇ Transmittance：用于控制材质的透光率。与Kt Color的调试结果非常相似，也对控制透明材质的颜色有显著影响。

◇ Refraction Roughness：用于控制材质的反射粗糙度，可以用来模拟磨砂玻璃效果。

图7-51

◇ Refraction Exit Color：用于控制折射退出颜色。

◇ Refraction Exit Use Environment：用于控制折射退出颜色的使用环境。

◇ IOR：设置材质的折射率。制作逼真的材质质感需要用户对常见的如水、玻璃、钻石等的折射率有所了解。

◇ Dispersion Abbe：用来控制光在对象中的散射效果。

◇ Fresnel：勾选该选项可以开启菲涅耳反射计算。

◇ Fresnel Use IOR：勾选该选项，菲涅耳反射受折射率计算影响。

◇ Fresnel Affect Diff：勾选该选项，菲涅耳计算影响物体的漫反射计算。

◇ Emission：用于控制材质放射计算，提高该值可以用于模拟发光材质效果。

◇ Emission Color：用于控制材质发光的颜色。

◇ Direct Diffuse：控制材质漫反射受直接照明的影响。

◇ Indirect Diffuse：控制材质漫反射受间接照明的影响。

◇ Enable Glossy Caustics：勾选该选项可以开启该材质的焦散光学计算。

◇ Enable Reflective Caustics：启用焦散反射计算。

◇ Enable Refractive Caustics：启用焦散折射计算。

◇ Opacity：用于控制材质的不透明程度。默认颜色为白色，代表不透明，颜色越黑，材质越透明。

7.4.3 Arnold Standard Surface

Arnold的Standard Surface材质球功能强大，虽然其中的个别命令参数与Standard材质球不太一样，但是使用方法及材质调整却与Standard材质球非常相似。

提示 所有使用Standard材质球制作出来的材质均可使用Standard Surface材质球调试出来，这一点请读者注意。

Standard Surface材质球的命令参数如图7-52所示。

工具解析

◇ Base：用于设置Base Color的权重强度。

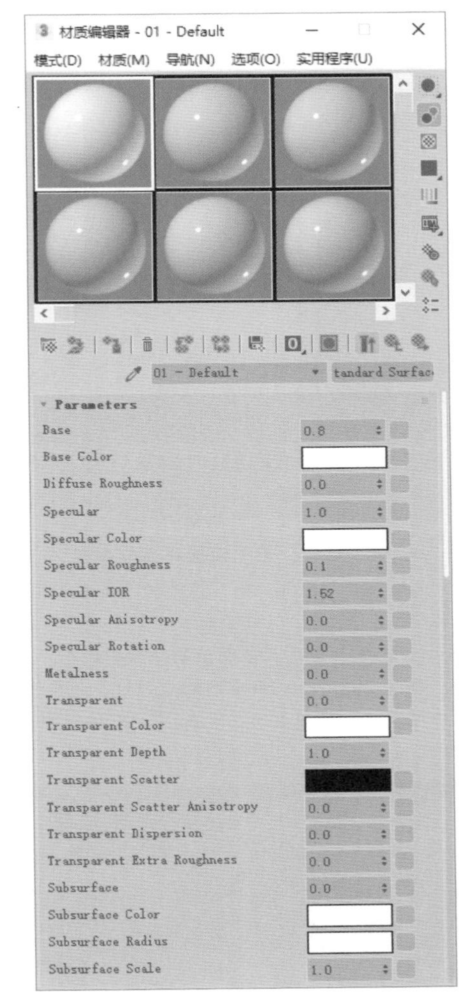

图7-52

◇ Base Color：用于设置材质的基本颜色。

◇ Diffuse Roughness：用于设置漫反射的粗糙度。

◇ Specular：用于设置材质球的高光强度，默认值为“1”，值越小，高光越暗，如图 7-53 所示分别为该值是“1”和“0”的材质球显示结果对比。

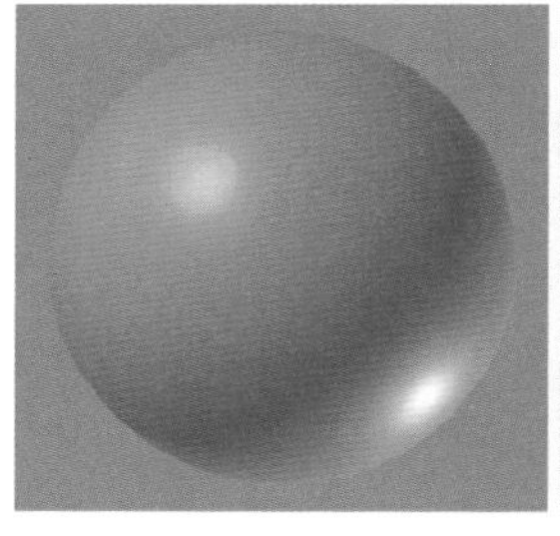

图7-53

◇ Specular Color：用于设置高光的颜色。

◇ Specular Roughness：用于设置高光粗糙度，值越小，高光点越小，反射越清晰；值越大，高光点越大，反射越模糊。

◇ Specular IOR：用于设置材质的镜面折射率。

◇ Specular Anisotropy：用于控制高光的各向异性属性，用户可以调整椭圆形的高光点，如图 7-54 所示分别为该值是“0”和“0.8”的材质球显示结果对比。

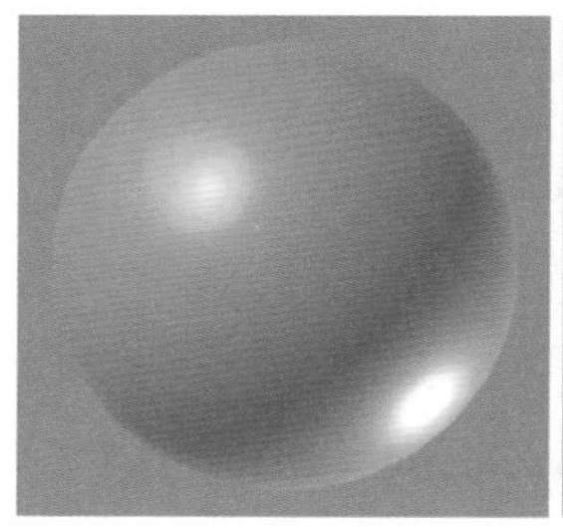

图7-54

◇ Specular Rotation：用于控制高光的旋转效果，如图 7-55 所示分别为该值是“0”和“75”的材质球显示结果对比。

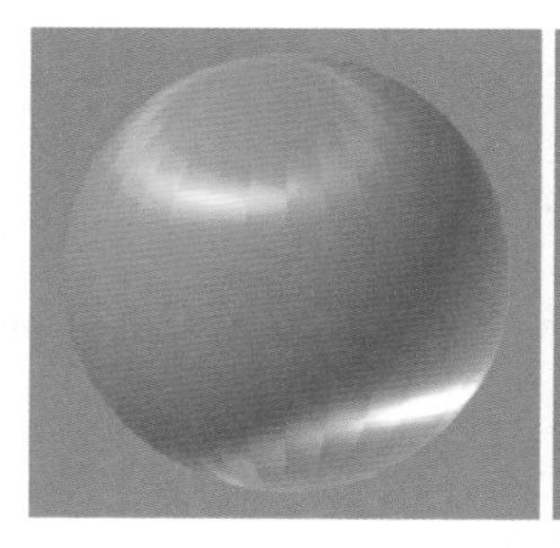
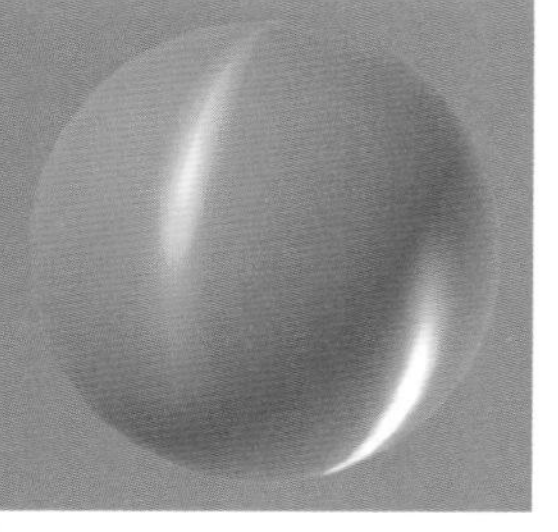

图7-55

◇ Metalness：用于设置材质的金属特性，提高该值可以得到金属材质质感。如图 7-56 所示分别为该值是“0”和“1”的渲染结果对比。

图7-56

◇ Transparent：设置材质的透明程度，如图 7-57 所示分别为该值是“0”和“0.9”的渲染结果对比。

图7-57

◇ Transparent Color：控制透明材质的颜色，如图 7-58 所示分别为该参数调试了不同颜色的渲染结果对比。

图7-58

◇ Transparent Depth：控制材质球的透明深度。

◇ Transparent Scatter：控制材质球的透明散射程度。

◇ Transparent Scatter Anisotropy：控制材质球的透明散射各向异性属性。

◇ Normal：允许用户使用纹理贴图来设置材质的凹凸程度。

◇ Coat：用于设置 Coat Color 与 Base Color 的混合程度。

◇ Coat Color：用于设置材质球的覆盖颜色。

◇ Coat Roughness：设置材质球覆盖颜色的粗糙度。

◇ Emission：用于控制材质放射计算，提高该值可以用于模拟发光材质效果。如图 7-59 所示分别为该值是“0”和“0.8”的材质球显示结果对比。

图7-59

◇ Emission Color：用于控制材质发光的颜色。
◇ Opacity：用于控制材质的不透明程度。默认颜色为白色，代表不透明，而当颜色越黑，材质越透明。
◇ Caustics：勾选该选项开启焦散计算。
◇ Internal Reflections：勾选该选项开启内部反射计算。
◇ Exit To Background：勾选该选项开启退出背景色计算。

7.4.4 Arnold Lambert

同 Maya 软件的默认材质——Lambert 材质类似，阿诺德渲染器为 3ds Max 用户也提供了 Lambert 材质，主要用于模拟没有高光、反射、折射等效果的材质。Arnold Lambert 材质的参数如图 7-60 所示。

工具解析

◇ Kd：用来控制漫反射的权重强度。
◇ Kd Color：设置标准材质的漫反射颜色。
◇ Opacity：用于控制材质的不透明程度。默认颜色为白色，代表不透明，而当颜色越黑，材质越透明。
◇ Normal：以数值的方式控制材质的法线。

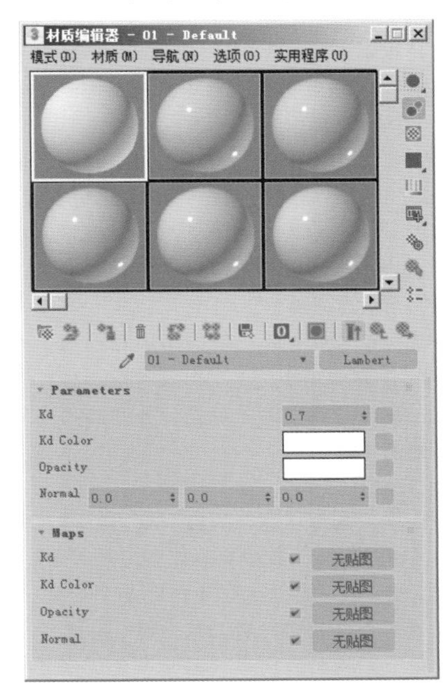

图7-60

7.4.5 混合

混合材质可以在曲面的单个面上将两种材质进行混合。混合具有可设置动画的“混合量”参数，该参数可以用来绘制材质变形功能曲线，以控制随时间混合两个材质的方式。

打开材质编辑器，单击“Standard”按钮 Standard，在弹出的“材质 / 贴图浏览器”对话框中选择并执行“材质 / 通用 / 混合”命令，即可将当前的材质球类型更改为混合材质，如图 7-61 所示。

更换材质类型时，会弹出“替换材质”对话框，询问“丢弃旧材质？”还是“将旧材质保存为子材质？”，默认选择为第 2 项就可以，如图 7-62 所示。

混合材质的参数设置面板如图 7-63 所示。

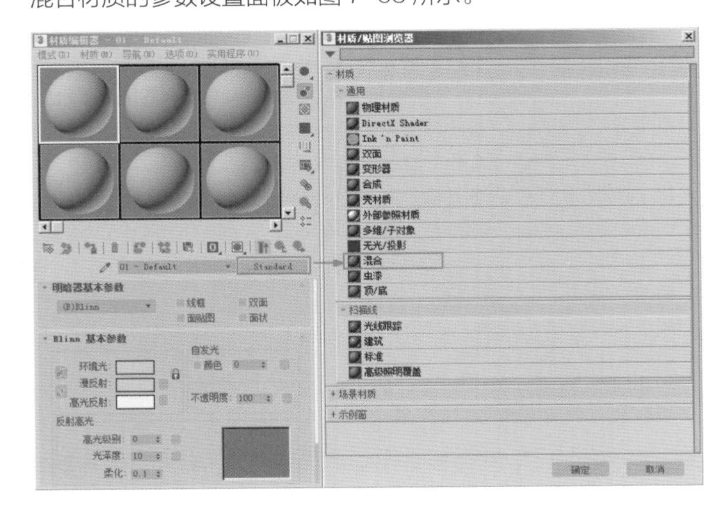

图7-61

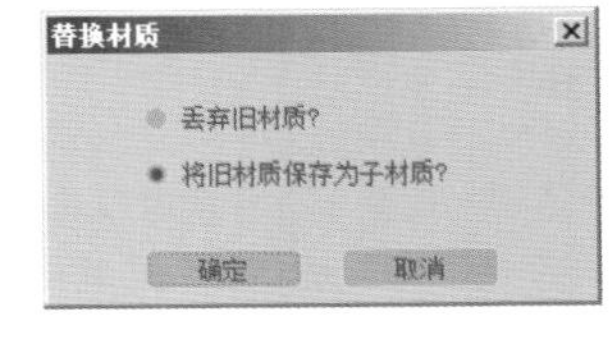

图7-62

图7-63

工具解析

◇ 材质1/材质2：设置两个用以混合的材质，通过勾选复选框来启用材质。

◇ 交互式：选择由交互式渲染器显示在视图中对象曲面上的两种材质。

◇ 遮罩：设置用做遮罩的贴图。两个材质之间的混合度取决于遮罩贴图的强度，遮罩的明亮（较白的）区域显示的主要为“材质1”，而遮罩的黑暗（较黑的）区域显示的主要为“材质2”，使用复选框可启用或禁用该遮罩贴图。

◇ 混合量：确定混合的比例（百分比）。“0”表示只有“材质1”在曲面上可见，“100”表示只有“材质2”可见。如果已指定遮罩贴图，并且启用遮罩的复选框，则不可用。

“混合曲线”组

◇ 使用曲线：确定“混合曲线”是否影响混合。只有指定并激活遮罩，该控件才可用。

◇ 转换区域：这些值调整“上限”和“下限”的级别。如果这两个值相同，那么两个材质会在一个确定的边上接合，较大的区域范围能产生从一个子材质到另一个子材质更为平缓的混合，混合曲线显示更改这些值的效果。

7.4.6 双面

使用双面材质可以向对象的前面和后面指定两个不同的材质。其材质参数设置面板如图7-64所示。

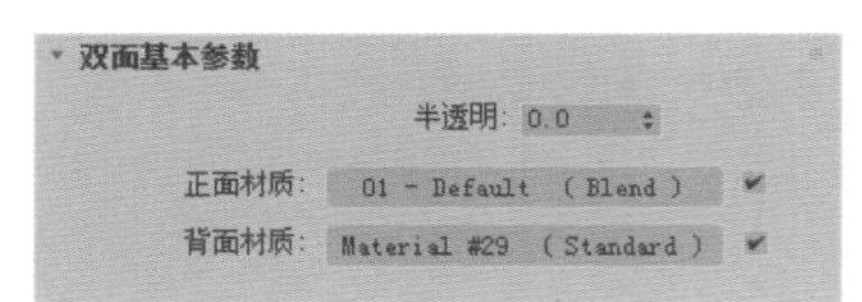

图7-64

工具解析

◇ 半透明：设置一个材质通过其他材质显示的数量。这是范围从“0”到“100”的百分比，设置为“100”时，可以在内部面上显示外部材质，并在外部面上显示内部材质。设置为中间的值时，内部材质指定的百分比将下降，并显示在外部面上，默认设置是“0”。

◇ 正面材质/背面材质：单击此选项可显示“材质/贴图浏览器”并且选择一面或另一面使用的材质，勾选复选框可启用材质。

7.4.7 多维/子对象

使用多维/子对象材质可以采用几何体的子对象级别分配不同的材质。创建多维材质，将其指定给对象并使用网格选择修改器选定面，然后选择多维材质中的子材质指定给选定的面，其材质参数设置面板如图7-65所示。

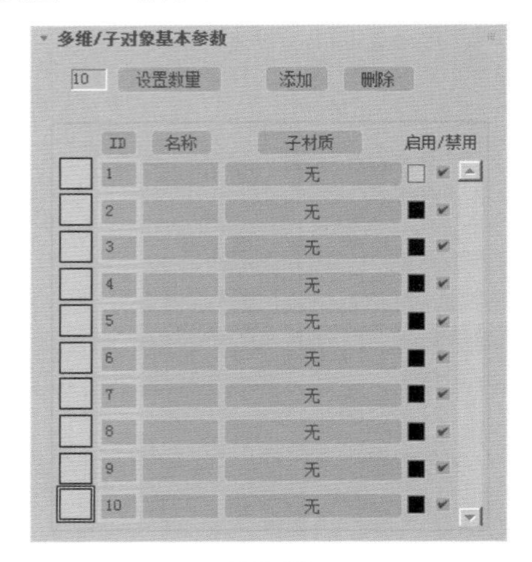

图7-65

工具解析

◇ 数量：此字段显示包含在多维/子对象材质中的子材质的数量。

◇ “设置数量”按钮 设置数量：设置构成材质的子材质的数量。在多维/子对象材质级别上，示例窗的示例对象显示子材质的拼凑。（在编辑子材质时，示例窗的显示取决于在“材质编辑器选项”对话框中的“在顶级下仅显示次级效果”切换。）通过减少子材质的数量来将子材质从列表的末端移除，在使用“设置数量”删除材质时可以撤销。

◇ “添加”按钮 添加：单击此按钮可将新子材质添加到列表中。默认情况下，新的子材质的ID数要大于使用中的ID数的最大值。

◇ “删除”按钮 删除：单击此按钮可从列表中移除当前选中的子材质，删除子材质可以撤销。

◇ ID：将列表排序，其顺序开始于最低材质ID的子材质结束于最高材质ID。

◇ 名称：将通过输入到“名称”列的名称排序。

◇ 子材质：通过显示于“子材质”按钮上的子材质名称排序。

7.4.8 Ink'n Paint

Ink'n Paint材质即卡通材质，用于创建卡通效果，与其他大多数材质提供的三维真实效果不同，卡通材质提供带有“墨水”边界的平面明暗处理，如图7-66所示为使用此材质渲染出来的图像效果。

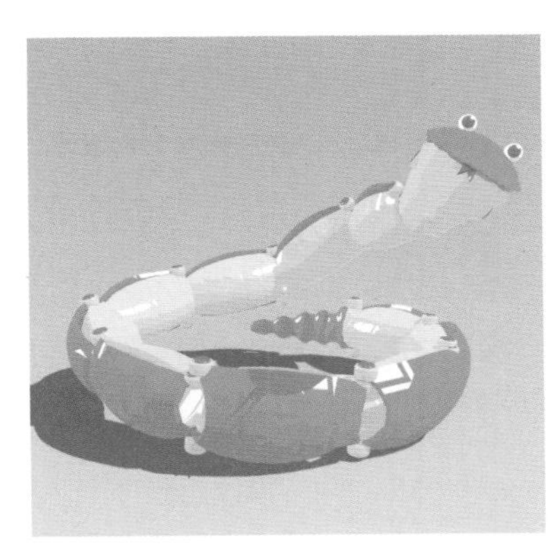

图7-66

其材质参数设置面板分为“基本材质扩展”“绘制控制”“墨水控制”和“超级采样/抗锯齿”4个卷展栏，如图7-67所示。

1. “基本材质扩展”卷展栏

“基本材质扩展”卷展栏展开如图7-68所示。

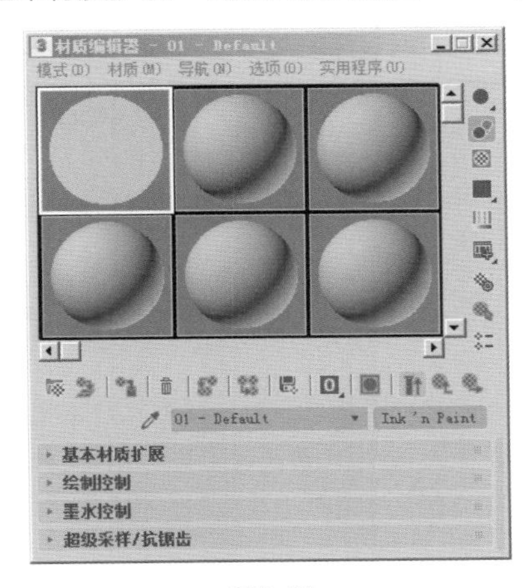

图7-67

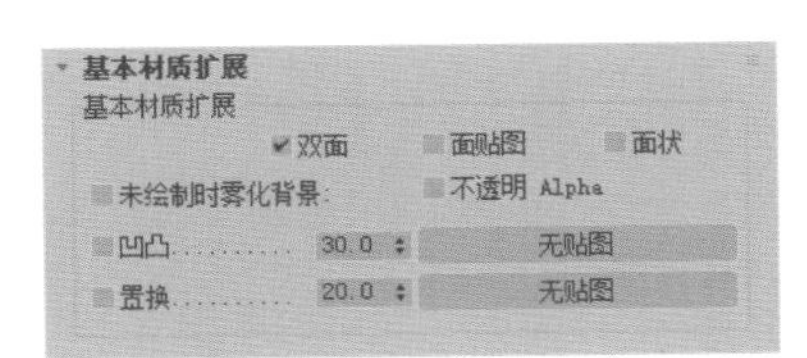

图7-68

工具解析

◇ 双面：使材质成为两面，将材质应用到选定面的双面。

◇ 面贴图：将材质应用到几何体的各面，如果材质是贴图材质，则不需要贴图坐标，贴图会自动应用到对象的每一面。

◇ 面状：就像表面是平面一样，渲染表面的每一面。

◇ 未绘制时雾化背景：禁用绘制时，材质颜色的已绘制区域与背景一致，启用此切换时，绘制区域中的背景将受到摄影机与对象之间的雾的影响，默认设置为禁用状态。

◇ 不透明 Alpha：启用此选项，即使禁用了墨水或绘制，Alpha 通道仍为不透明，默认设置为禁用状态。

◇ 凹凸：将凹凸贴图添加到材质。切换启用此选项后，会启用凹凸贴图，微调器控制凹凸贴图数量，贴图按钮单击此按钮，为凹凸贴图指定贴图。

◇ 置换：将置换贴图添加到材质。切换启用此选项后，会启用位移贴图，微调器控制位移贴图数量，贴图按钮单击此按钮，为位移贴图指定贴图。

2. “绘制控制”卷展栏

“绘制控制”卷展栏展开如图7-69所示。

工具解析

◇ 亮区：对象中亮的一面的填充颜色，默认设置为淡蓝色。

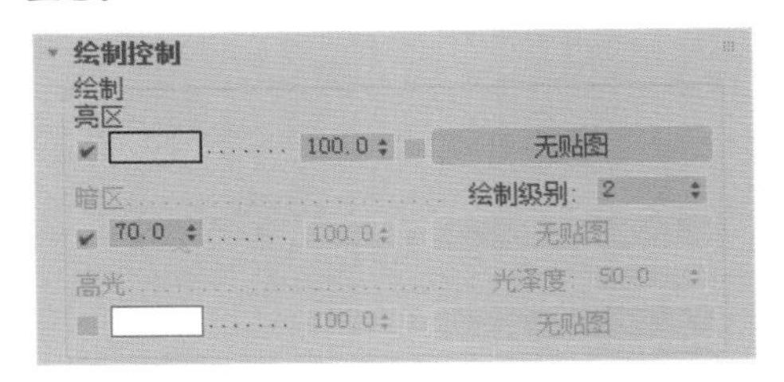

图7-69

◇ 绘制级别：用来调整颜色的色阶。

◇ 暗区：控制材质的明暗度。

◇ 高光：控制材质高光的颜色，如图7-70所示分别为启用高光和禁用高光的渲染结果。

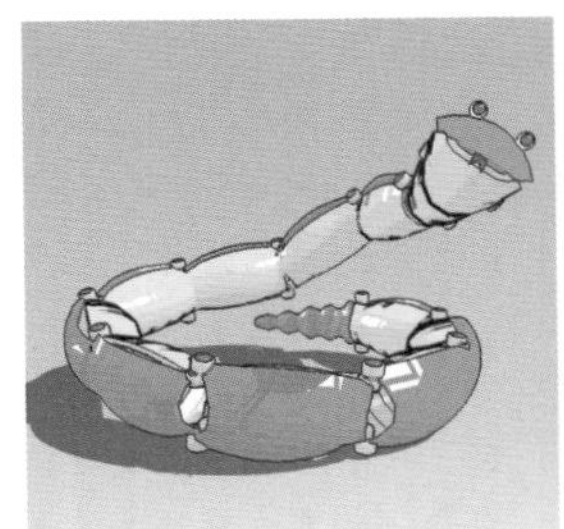
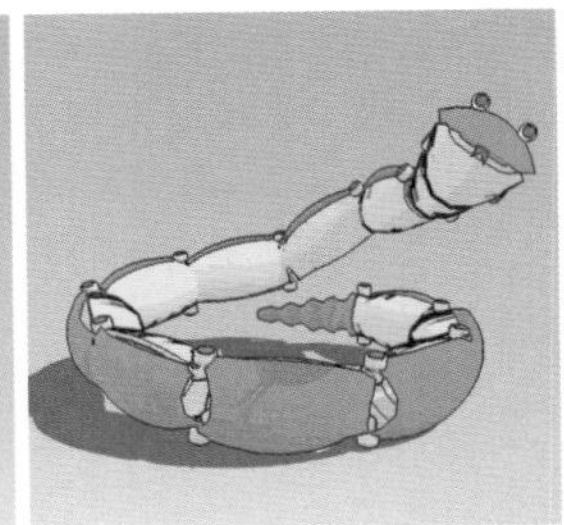

图7-70

3. “墨水控制”卷展栏

“墨水控制”卷展栏展开如图7-71所示。

工具解析

◇ 墨水：启用时，会对渲染施墨，禁用时则不出现墨水线，默认设置为启用，如图 7-72 所示分别为有无墨水效果的渲染结果对比。

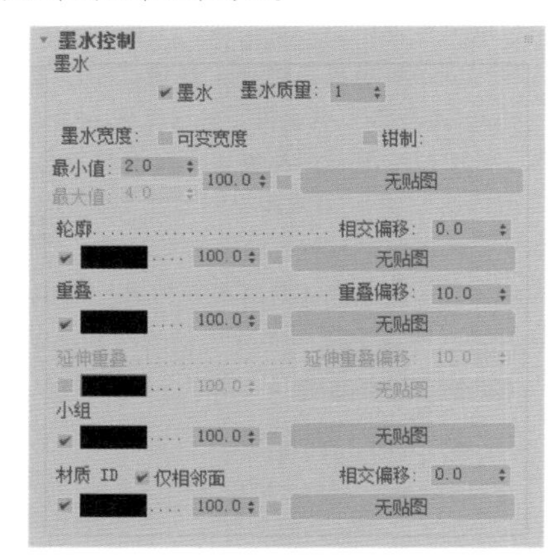

图7-71

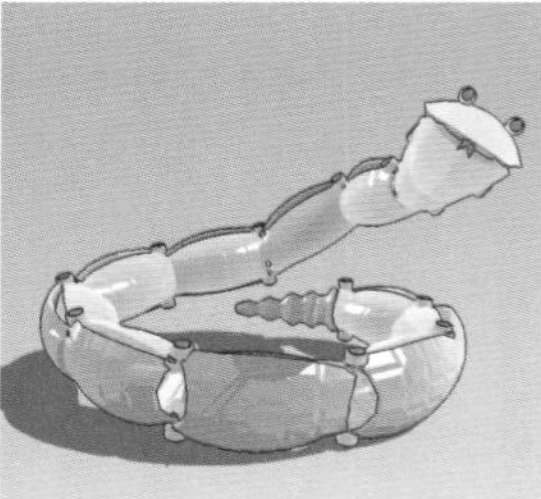

图7-72

◇ 墨水质量：影响画刷的形状及其使用的示例数量。如果“质量”等于“1”，画刷为“+”形状，示例为 5 个像素的区域。如果“质量”等于“2”，画刷为八边形，示例为 9×15 个像素的区域。如果“质量”等于“3”，画刷近似为圆形，示例为 30 个像素的区域。范围从“1”到“3”，默认值为“1”。

◇ 墨水宽度：以像素为单位的墨水宽度。

◇ 可变宽度：启用此选项后，墨水宽度可以在墨水宽度的最大值和最小值之间变化。启用了“可变宽度”的墨水比固定宽度的墨水看起来更加流线化，默认设置为禁用状态。

◇ 钳制：启用了“可变宽度”后，有时场景照明使一些墨水线变得很细，以至于几乎不可见。如果发生这种情况，应启用“限制”，它会强制墨水宽度始终保持在“最大”值和“最小”值之间，而不受照明的影响，默认设置为禁用状态。

◇ 轮廓：对象外边缘处（相对于背景）或其他对象前面的墨水。默认设置为启用。

◇ 重叠：当对象的某部分自身重叠时所使用的墨水。

◇ 延伸重叠：与重叠相似，但将墨水应用到较远的曲面而不是较近的曲面。

◇ 小组：平滑组边界间绘制的墨水。换句话说，它对尚未进行平滑处理的对象的边界施墨，默认设置为启用。

◇ 材质 ID：不同材质 ID 值之间绘制的墨水。

7.4.9 无光/投影

无光/投影材质可以将整个对象转换为显示当前背景色或环境贴图的无光对象，其参数命令如图 7-73 所示。

图7-73

工具解析

①“无光”组

◇ 不透明 Alpha：确定无光材质是否显示在 Alpha 通道中。

②“大气”组

◇ 应用大气：启用或禁用隐藏对象的雾效果。

◇ 以背景深度：扫描线渲染器雾化场景并渲染场景的阴影。

◇ 以对象深度：渲染器先渲染阴影然后雾化场景。因为此操作使 3D 无光曲面上雾的量发生变化，因此生成的无光 /Alpha 通道不能很好的混入背景。

③“阴影”组

◇ 接收阴影：渲染无光曲面上的阴影。

◇ 影响 Alpha：启用此选项后，将投射于无光材质上的阴影应用于 Alpha 通道。

◇ 阴影亮度：设置阴影的亮度。

◇ 颜色：显示颜色选择器允许对阴影的颜色进行选择。默认设置为黑色。

④“反射”组

◇ 数量：控制要使用的反射数量。这是一个范围从“0”到“100”的百分比值。除非指定了贴图，否则此控件不可用。

◇ 贴图：单击以指定反射贴图。除非选择反射 / 折射贴图或平面镜贴图，否则反射与场景的环境贴图无关。

7.4.10 物理材质

物理材质的设置是基于现实世界中的物体自身

物理属性，使用3ds Max 2018所提供的物理材质预设，可以很方便地使用这些预置好参数的材质，如图7-74所示。

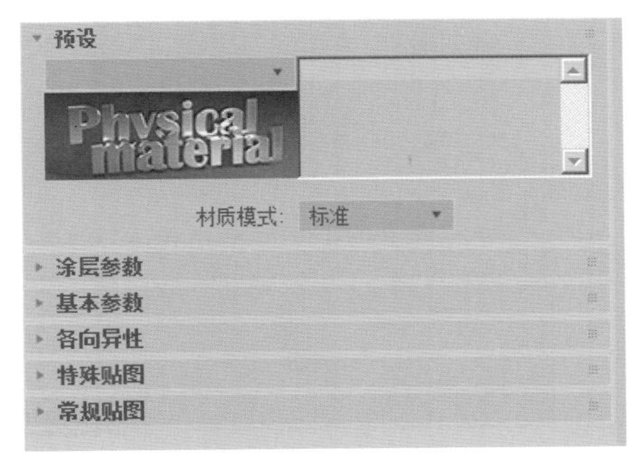

图7-74

建筑材质为用户提供了“油漆”“木材”“玻璃”“金属”等多个模板预设可选，用户可以在只调整少量参数的情况下迅速制作出逼真的材质效果，极大地提高了工作效率。另外，Arnold渲染器也支持物理材质的计算方法，如图7-75所示。

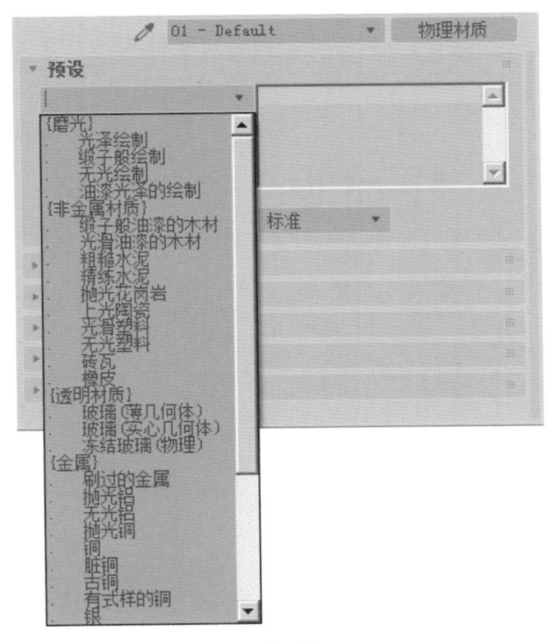

图7-75

7.5 常用贴图

“贴图”用来反映出对象表面的纹理细节，3ds Max 2018为用户提供了大量的程序贴图用来模拟自然界中常见物体表面纹理，如“大理石”“木材”“波浪”“细胞”等，如图7-76～图7-79所示。这些程序贴图是使用计算机编程的方式得到的一些仿自然的纹理，跟真实世界中存在的物体纹理仍然差距很大，所以最有效的方式仍然是使用一张高清晰度的照片来制作纹理，这会得到最真实的效果。

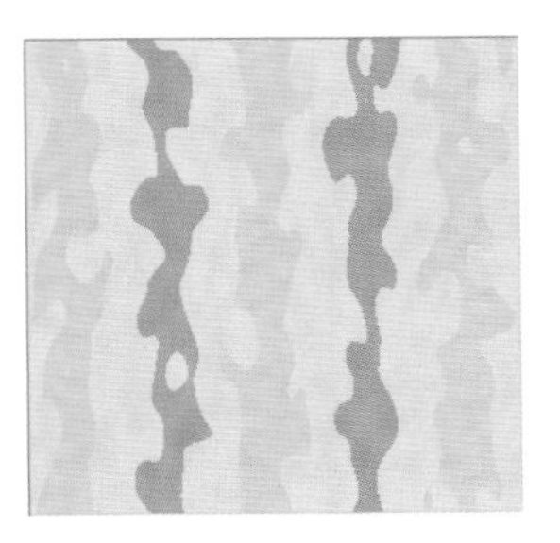

图7-76

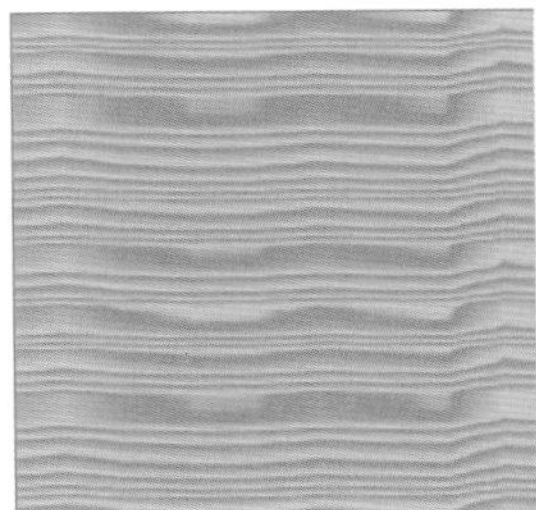

图7-77

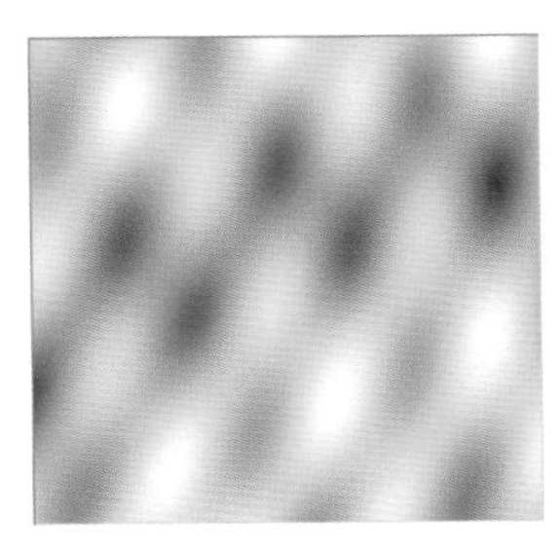

图7-78

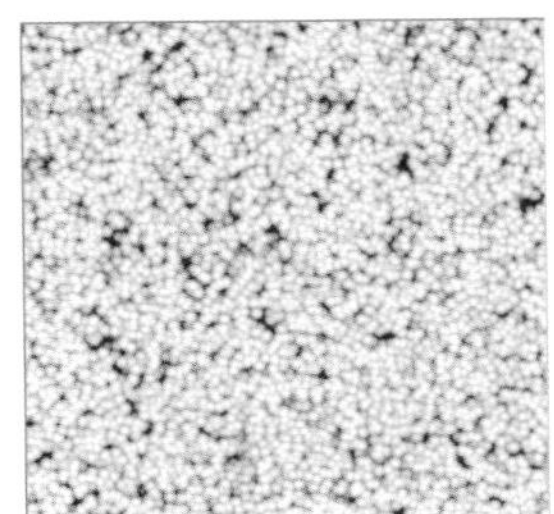

图7-79

“贴图”除了可以直观地表现出物体的表面质感细节，还可以制作出材质的反射、折射、凹凸及透明等效果。对物体应用大量的纹理，使得三维设计师即便是使用简单模型也可以渲染出高细节的图像，如图7-80、图7-81所示。

图7-80

图7-81

打开“材质编辑器”面板，单击任意属性的“贴图通道”按钮即可弹出“材质/贴图浏览器”对话框，在此对话框中可以查看3ds Max 2018为我们提供的多种贴图应用程序，如图7-82所示。

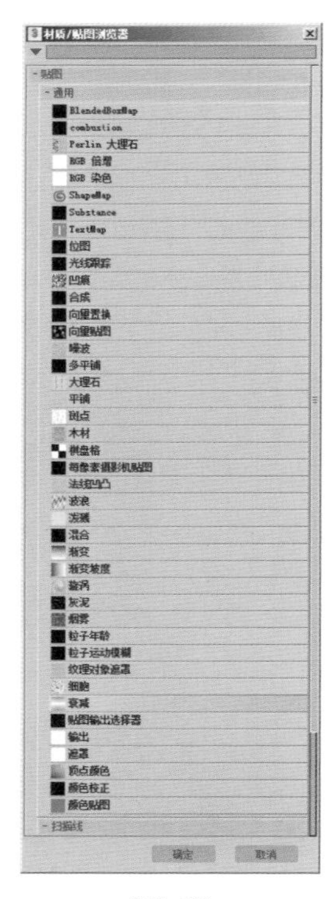

图7-82

7.5.1 位图

“位图”贴图允许用户为贴图通道指定一张硬盘中的图像文件，通常是一张高质量的纹理细节丰富的照片，或是自己精心制作的贴图。当用户指定该程序后，3ds Max 2018 会自动打开“选择位图图像文件”对话框，使用此对话框可将一个文件或序列指定为位图图像，如图 7-83 所示。

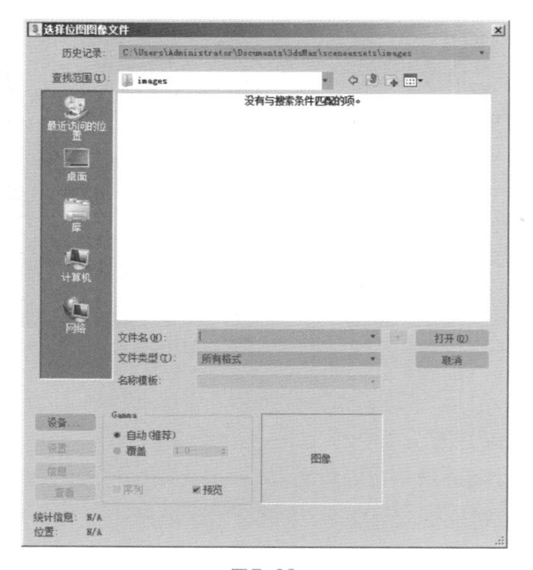

图7-83

3ds Max 2018 支持多种图像格式，在“选择位图图像文件”对话框中的“文件类型”下拉列表中可以选择不同的图像格式，如图 7-84 所示。

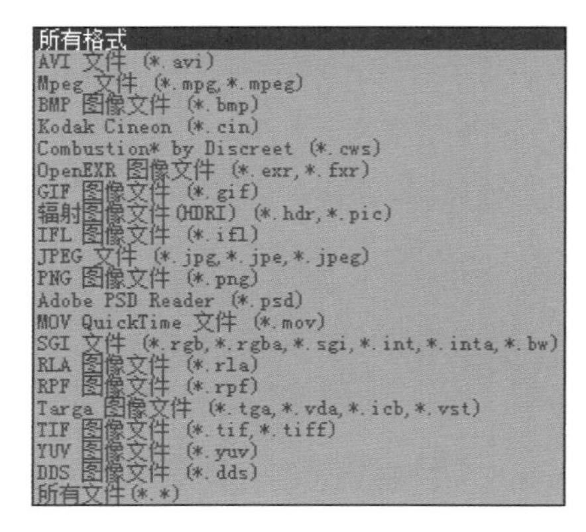

图7-84

“位图”贴图添加完成后，在“材质编辑器”面板中观察，可以看到“位图”贴图包含有“坐标”“噪波”“位图参数”“时间”和“输出”5 个卷展栏，如图 7-85 所示。

图7-85

1. “坐标”卷展栏

“坐标”卷展栏展开后，如图 7-86 所示。

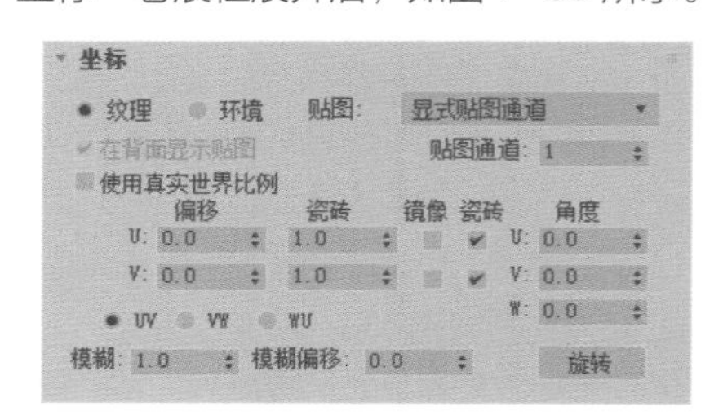

图7-86

工具解析

◇ 贴图类型：根据要使用贴图的方式（是应用于对象的表面还是应用于环境）作出选择，有“纹理”和“环境”两种方式可选。其中，“纹理”指将该贴图作为纹理应用于表面，而“环境”指使用该贴图作为环境贴图。

◇ 贴图：列表条目因选择纹理贴图或环境贴图而异，有“显式贴图通道”“顶点颜色通道”“对象 XYZ 平面”和“世界 XYZ 平面”4 种方式可选，如图 7-87 所示。

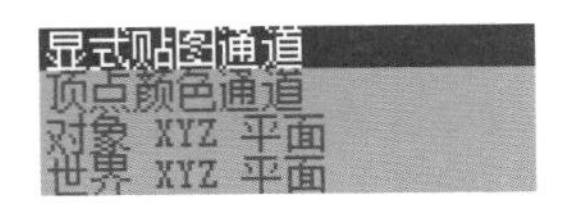

图7-87

◇ 在背面显示贴图：启用此选项后，平面贴图（“对象XYZ”中的平面，或者带有“UVW 贴图”修改器）将被投影到对象的背面，并且能对其进行渲染。禁用此选项后，不能在对象背面对平面贴图进行渲染，默认设置为启用。在两个维度中都禁用“平铺”时，可以使用此切换。只有在渲染场景时，才能看到它产生的效果。

◇ 使用真实世界比例：启用此选项之后，使用真实“宽度”和“高度”值而不是 UV 值将贴图应用于对象。对于 3ds Max，默认设置为禁用状态，对于 3ds Max Design，默认设置为启用状态。

◇ 偏移（UV）：在 UV 坐标中更改贴图的位置，移动贴图以符合它的大小。

◇ 瓷砖：确定“瓷砖”或“镜像”处于启用状态时，沿每个轴重复贴图的次数，如图 7-88 所示分别为“瓷砖”（UV）的值是“1”和“3”的材质球显示结果对比。

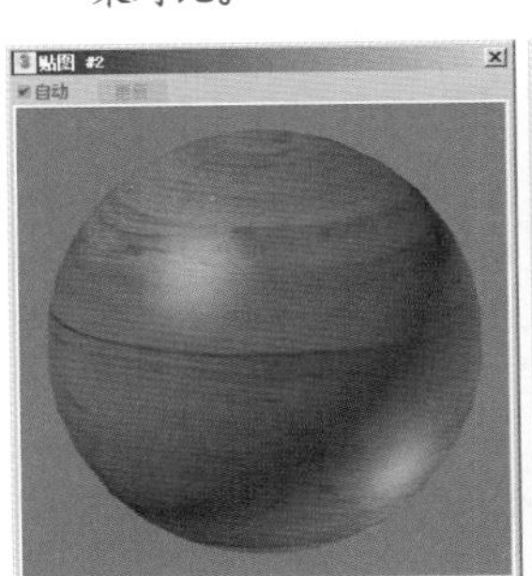
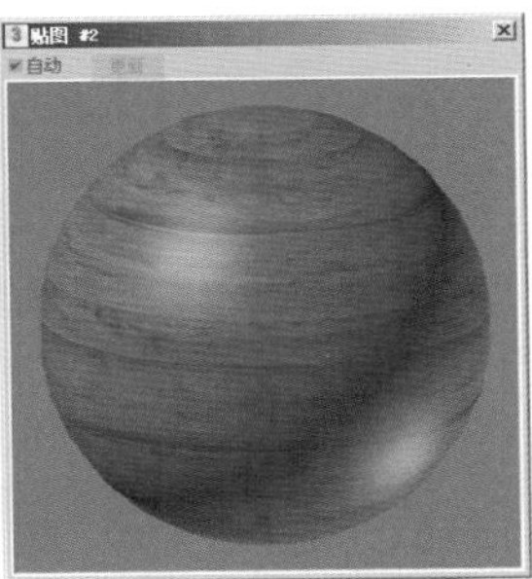

图7-88

◇ U/V/W 角度：绕 u、v 或 w 轴旋转贴图（以度为单位）。

◇ 旋转：显示图解的“旋转贴图坐标”对话框，用于通过在弧形球图上拖动来旋转贴图，如图 7-89 所示。

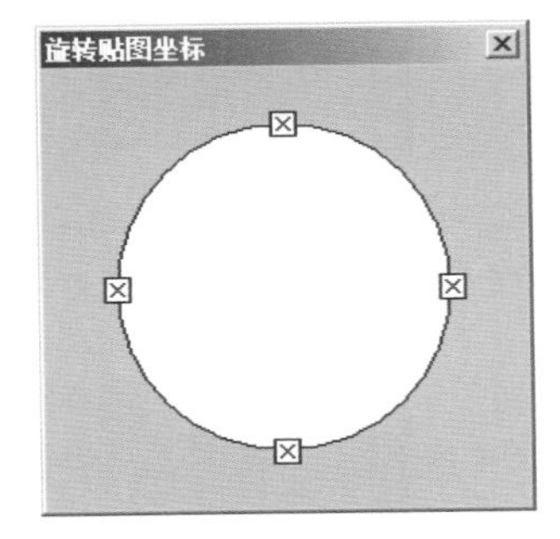

图7-89

◇ 模糊：基于贴图离视图的距离影响贴图的锐度或模糊度。贴图距离越远，模糊就越大，如图 7-90 所示分别为“模糊”值是“1”和“5”的材质球显示结果对比。

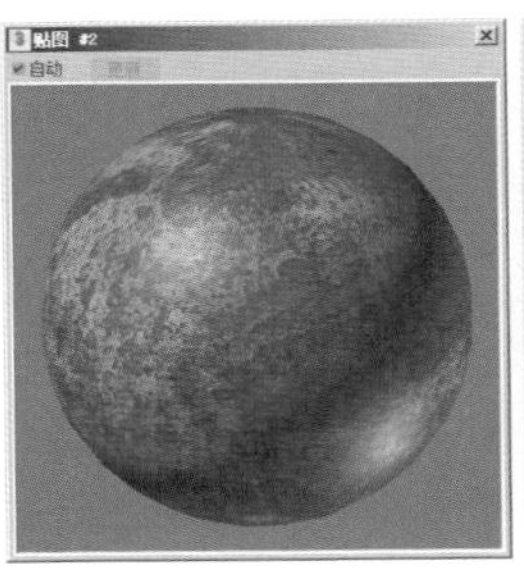
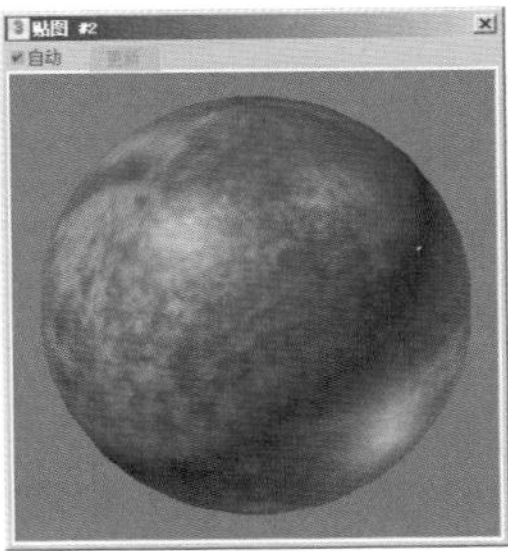

图7-90

◇ 模糊偏移：影响贴图的锐度或模糊度，而与贴图离视图的距离无关。“模糊偏移”指模糊对象空间中自身的图像，如果需要贴图的细节进行软化处理或者散焦处理以达到模糊图像的效果时，使用此选项。

2. “噪波”卷展栏

“噪波”卷展栏展开后，如图 7-91 所示。

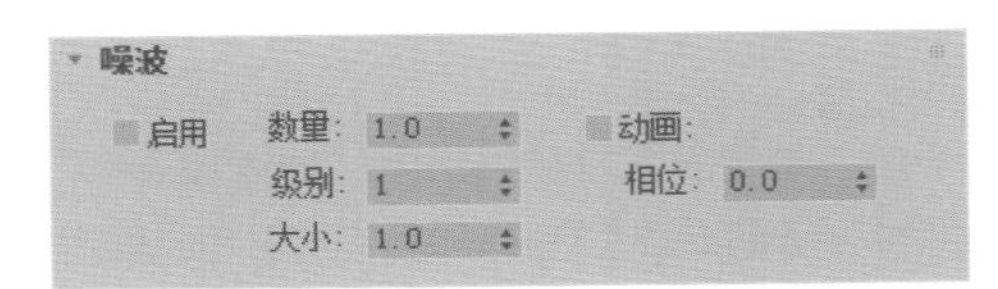

图7-91

工具解析

◇ 启用：决定“噪波”参数是否影响贴图。

◇ 数量：设置分形功能的强度值，以百分比表示。如果数量为“0”，则没有噪波。如果数量为“100”，贴图将变为纯噪波。默认设置为“1”，如图 7-92 所示分别为“数量”值是“1”和“50”的贴图显示结果对比。

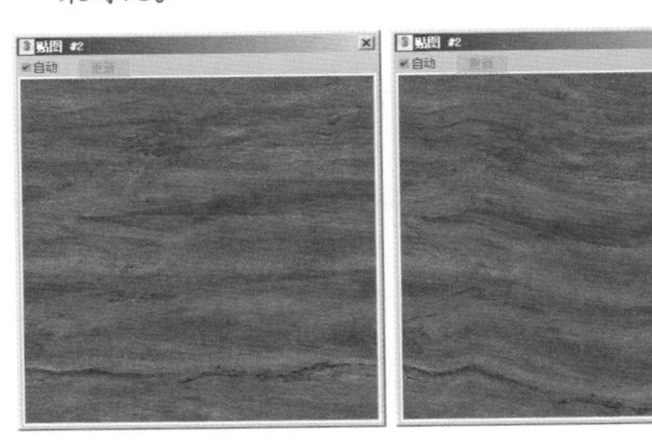

图7-92

◇ 级别：应用函数的次数。数量值决定了层级的效果，数量值越大，增加层级值的效果就越强。范围为“1”至“10”，默认设置为“1”，如图 7-93 所示分别为该值是“1”和“3”的贴图显示结果对比。

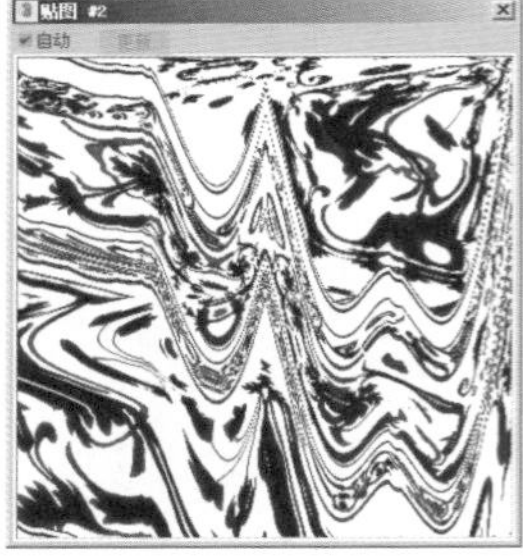

图7-93

◇ 大小：设置噪波函数相对于几何体的比例。如果值很小，那么噪波效果相当于白噪声。如果值很大，噪波尺度可能超出几何体的尺度，如果出现这样的情况，将不会产生效果或者产生的效果不明显。范围为“0.001”至“100”，默认设置为“1”。

◇ 动画：决定动画是否启用噪波效果。如果要将噪波设置为动画，必须启用此参数。

◇ 相位：控制噪波函数的动画速度。

3.“位图参数”卷展栏

“位图参数”卷展栏展开后，如图7-94所示。

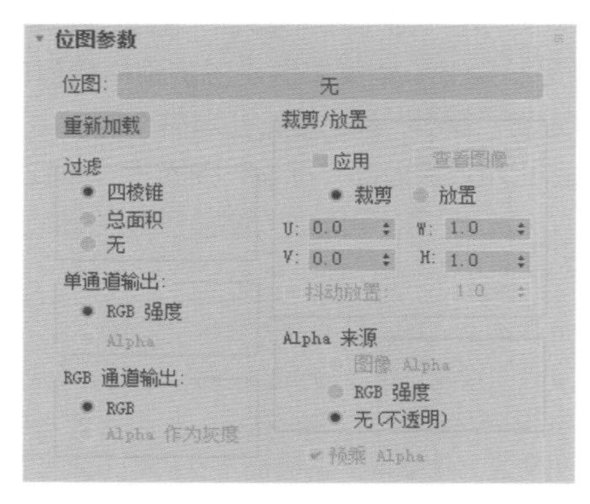

图7-94

工具解析

◇ 位图：使用标准文件浏览器选择位图。选中之后，此按钮上显示完整的路径名称。

◇ “重新加载”按钮 重新加载 ：对使用相同名称和路径的位图文件进行重新加载，在绘图程序中更新位图后，无需使用文件浏览器重新加载该位图。

① “过滤”组

◇ 四棱锥型：需要较少的内存并能满足大多数要求。

◇ 总面积：需要较多内存，但通常能产生更好的效果。

◇ 无：禁用过滤。

② “单通道输出”组

◇ RGB强度：将红、绿、蓝通道的强度用作贴图。忽略像素的颜色，仅使用像素的值或亮度，颜色作为灰度值计算，其范围是“0”(黑色)到“255”(白色)之间。

◇ Alpha：将Alpha通道的强度用作贴图。

③ “RGB通道输出”组

◇ RGB：显示像素的全部颜色值。

◇ Alpha作为灰度：基于Alpha通道级别显示灰度色调。

④ “裁剪/放置”组

◇ 应用：启用此选项可使用裁剪或放置设置。

◇ “查看图像”按钮 查看图像 ：打开的窗口显示由区域轮廓(各边和角上具有控制柄)包围的位图。要更改裁剪区域的大小，拖曳控制柄即可。要移动区域，可将鼠标光标定位在要移动的区域内，然后进行拖动，如图7-95所示。

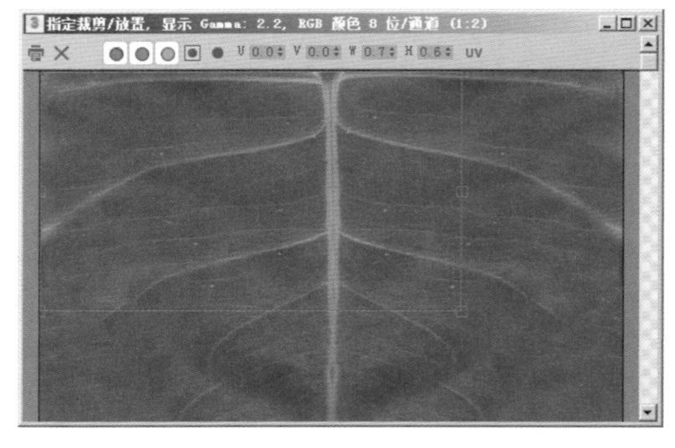

图7-95

◇ U/V：调整位图位置。

◇ W/H：调整位图或裁剪区域的宽度和高度。

◇ 抖动放置：指定随机偏移的量。“0”表示没有随机偏移，范围为“0”至“1”。

⑤ “Alpha来源”组

◇ 图像Alpha：使用图像的Alpha通道(如果图像没有Alpha通道，则禁用)。

◇ RGB强度：将位图中的颜色转化为灰度色调值，并将它们用于透明度。黑色为透明，白色为不透明。

◇ 无(不透明)：不使用透明度。

4.“时间”卷展栏

“时间”卷展栏展开后，如图7-96所示。

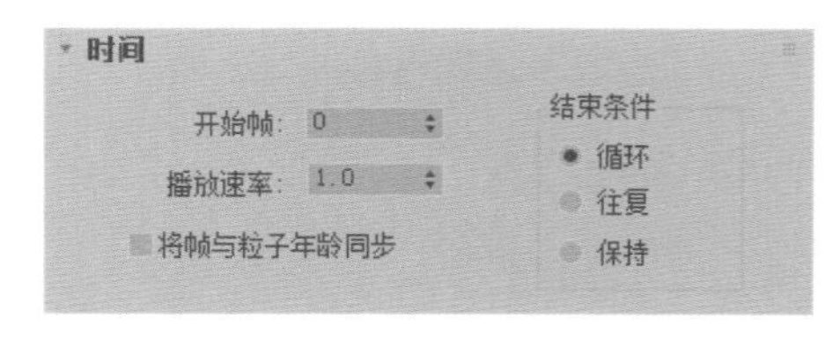

图7-96

工具解析

◇ 开始帧：指定动画贴图开始播放的帧。

◇ 播放速率：允许对应用于贴图的动画速率加速或减速(例如，1.0为正常速度，2.0快两倍，0.333为正常速度的 1/3）。

◇ 将帧与粒子年龄同步：启用此选项后，3ds Max 2018 会将位图序列的帧与贴图应用到的粒子的年龄同步。每个粒子将从出生开始显示该序列，而不是被指定于当前帧。
◇ 结束条件：如果位图动画比场景短，则确定其最后一帧后将发生的情况。
◇ 循环：使动画反复循环播放。
◇ 往复：反复地使动画向前播放，然后向回播放，从而使每个动画序列平滑循环。
◇ 保持：在位图动画的最后一帧冻结。

5.“输出”卷展栏

“输出”卷展栏展开后，如图 7-97 所示。

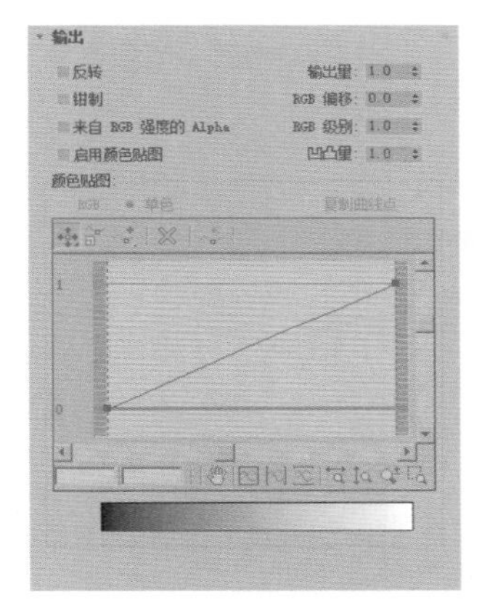

图7-97

工具解析

◇ 反转：反转贴图的色调，使之类似彩色照片的底片。默认设置为禁用状态。
◇ 输出量：控制要混合为合成材质的贴图数量。对贴图中的饱和度和 Alpha 值产生影响，默认设置为“1“，如图 7-98 所示分别为“输出量”是“1”和“4”的材质球显示效果对比。

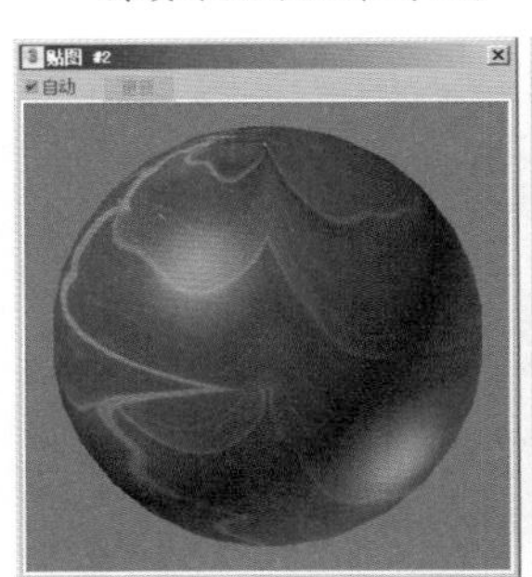
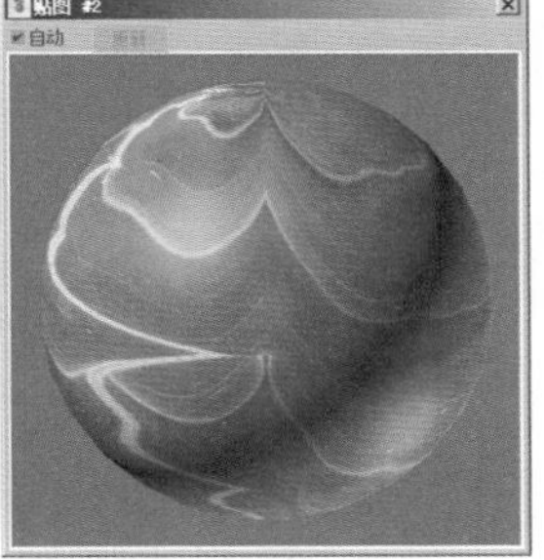

图7-98

◇ 钳制：启用该选项之后，限制比“1”小的颜色值。当增加 RGB 级别时启用此选项，但贴图不会显示出自发光，默认设置为禁用状态。
◇ RGB 偏移：根据微调器所设置的量增加贴图颜色的 RGB 值，此项对色调的值产生影响，最终贴图会变成白色并有自发光效果，降低这个值减少色调使之向黑色转变，默认设置为“0”。
◇ 来自 RGB 强度的 Alpha：启用此选项后，会根据在贴图中 RGB 通道的强度生成一个 Alpha 通道。黑色变得透明而白色变得不透明，中间值根据它们的强度变得半透明，默认设置为禁用状态。
◇ RGB 级别：根据微调器所设置的量使贴图颜色的 RGB 值加倍。此项对颜色的饱和度产生影响，最终贴图会完全饱和并产生自发光效果。降低这个值可以减少饱和度并使贴图的颜色变灰。默认设置为“1”，如图 7-99 所示分别为“RGB 级别”是“1”和“3”的材质球显示效果对比。

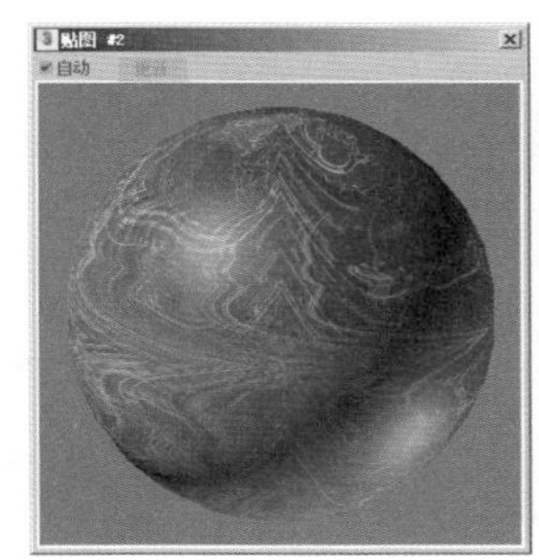
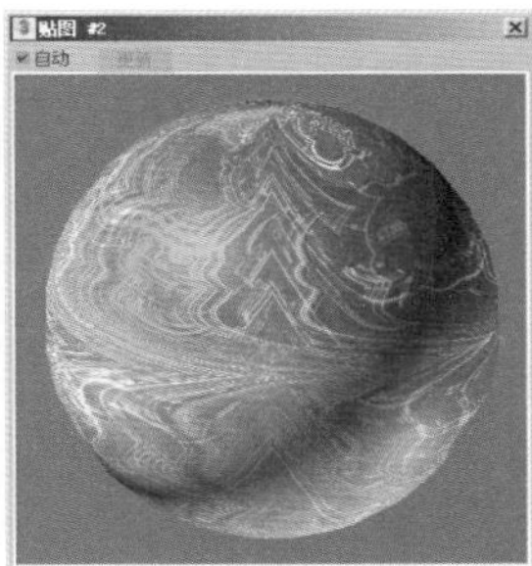

图7-99

◇ 启用颜色贴图：启用此选项来使用颜色贴图。
◇ 凹凸量：调整凹凸的量。这个值仅在贴图用于凹凸贴图时产生效果，如图 7-100 所示分别为“凹凸量”是“1”和“3”的材质球显示效果对比。

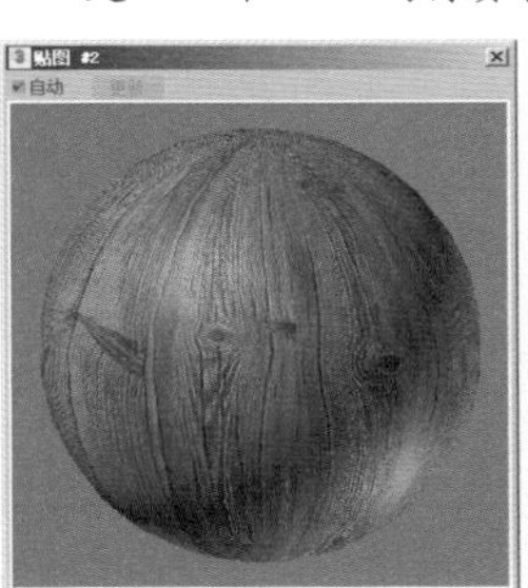

图7-100

“颜色贴图”组

◇ RGB/ 单色：将贴图曲线分别指定给每个 RGB 过滤通道（RGB）或合成通道（单色）。
◇ 复制曲线点：启用此选项后，当切换到 RGB 图时，将复制添加到单色图的点。如果是对 RGB 图进行此操作，这些点会被复制到单色图中。
◇ 移动：将一个选定的点向任意方向移动，在每一边都会被非选中的点所限制。

◇ 缩放点：在保持控制点相对位置的同时改变它们的输出量。在 Bezier 角点上，这种控制与垂直移动一样有效。在 Bezier 平滑点上，可以缩放该点本身或任意的控制柄。通过这种移动控制，缩放每一边都被非选定的点所限制。

◇ 添加点：在图形线上的任意位置添加一个点。

◇ 删除点：删除选定的点。

◇ 重置曲线：将图返回到默认的直线状态。

◇ 平移：在视图窗口中向任意方向拖曳图形。

◇ 最大化显示：显示整个图形。

◇ 水平方向最大化显示：显示图形的整个水平范围，曲线的比例将发生扭曲。

◇ 垂直方向最大化显示：显示图形的整个垂直范围，曲线的比例将发生扭曲。

◇ 水平缩放：在水平方向压缩或扩展图形的视图。

◇ 垂直缩放：在垂直方向压缩或扩展图形的视图。

◇ 缩放：围绕光标进行视图的放大或缩小。

◇ 缩放区域：围绕图上任何区域绘制长方形区域，然后缩放到该视图。

提示 为场景中的物体添加贴图时，如果对现有图像的色彩不满意，可以通过“输出”卷展栏内的“颜色贴图”曲线来控制添加的贴图颜色。比如更改木质家具贴图的颜色，如图7-101、图7-102所示。

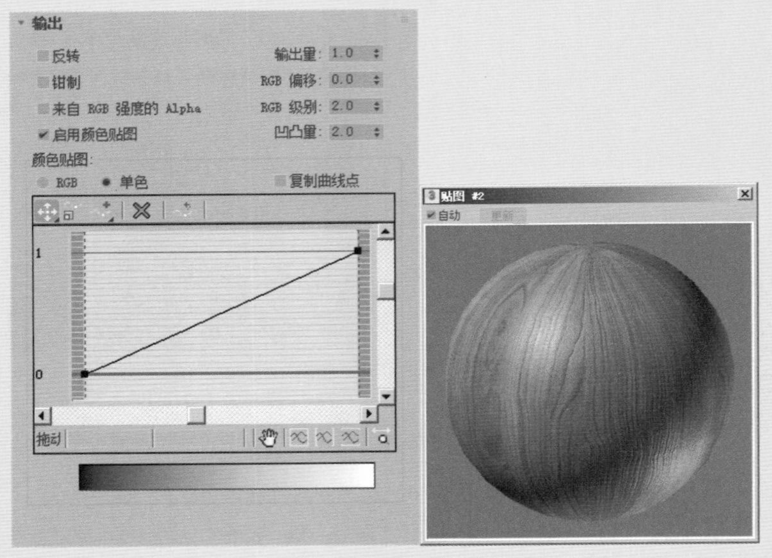

图7-101

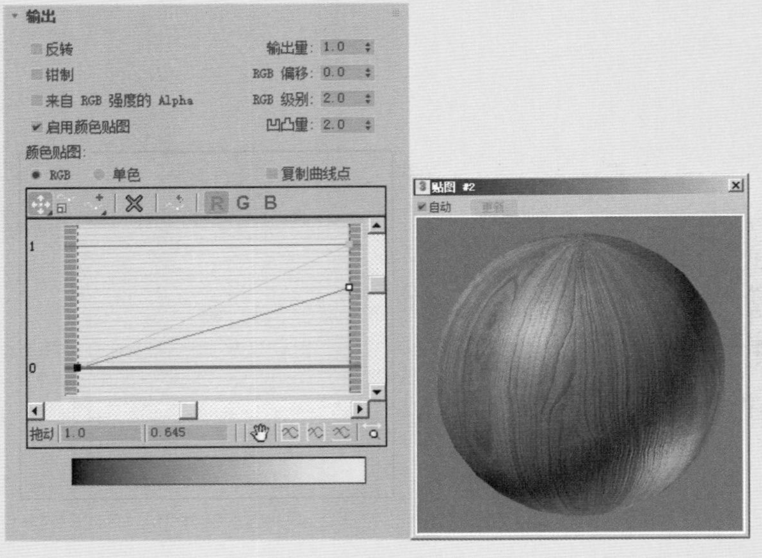

图7-102

7.5.2 渐变

仔细观察现实世界中的对象，可以发现很多时候单一的颜色并不能描述出大自然中物体对象的表面色彩，比如天空，无论何时何地仰望天空都可以发现天空的色彩是如此的美丽而又多彩。在 3ds Max 2018 软件里，用户可以使用“渐变”贴图来模拟制作这种渐变效果，其参数面板如图 7-103 所示。

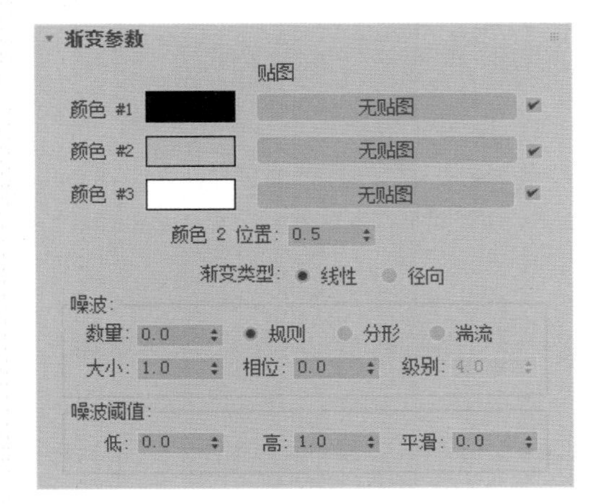

图7-103

工具解析

◇ 颜色 #1/ 颜色 #2/ 颜色 #3：设置渐变在中间进行插值的 3 个颜色。显示颜色选择器，可以将颜色从一个色样中拖放到另一个色样中。

◇ 贴图：显示贴图而不是颜色，贴图采用混合渐变颜色相同的方式来混合到渐变中。

◇ 渐变类型：有“线性”和“径向”两种。其中，“线性”基于垂直位置（v 坐标）插补颜色，而“径向”基于与贴图中心（中心为 u=0.5、v=0.5）的距离进行插补。

①“噪波”组

◇ 数量：当该值为非零时（范围为“0”到“1”），应用噪波效果。

◇ 大小：缩放噪波功能。此值越小，噪波碎片也就越小。

◇ 相位：控制噪波函数的动画速度。3D 噪波函数用于噪波，前两个参数是 u 和 v，第 3 个参数是相位。

◇ 级别：设置湍流（作为一个连续函数）的分形迭代次数。

②“噪波阈值”组

◇ 低：设置低阈值。

◇ 高：设置高阈值。

◇ 平滑：用以生成从阈值到噪波值较为平滑的变换。当平滑为“0”时，没有应用平滑，而当平滑为“1”时，应用最大数量的平滑。

7.5.3 平铺

当用户想要制作纹理规则的图案，比如砖墙纹理时，可以考虑使用“平铺”贴图。其参数面板主要由两部分组成，分别为“标准控制”卷展栏和“高级控制”卷展栏，如图 7-104 所示。

图7-104

1. “标准控制”卷展栏

“标准控制”卷展栏内的参数命令如图 7-105 所示。

图7-105

工具解析

◇ 预设类型：3ds Max 2018 为用户提供了多种不同类型的预设，如图 7-106 所示。

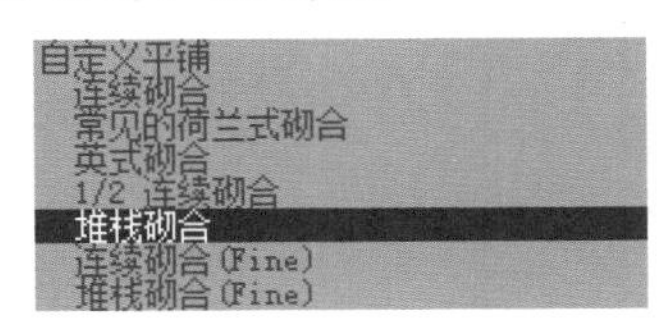

图7-106

◇ 连续砌合：选择该预设后，生成的砖墙纹理如图 7-107 所示。

◇ 常见的荷兰式砌合：选择该预设后，生成的砖墙纹理如图 7-108 所示。

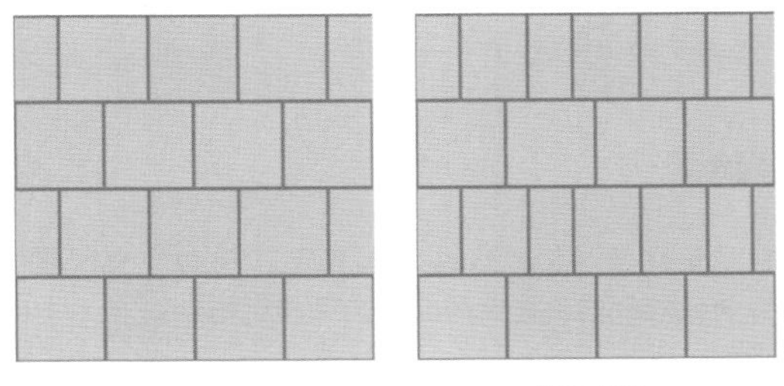

图7-107　　图7-108

◇ 英式砌合：选择该预设后，生成的砖墙纹理如图 7-109 所示。

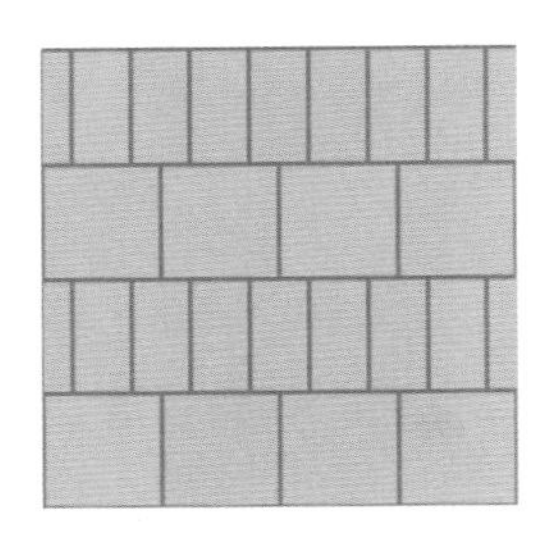

图7-109

◇ 1/2 连续砌合：选择该预设后，生成的砖墙纹理如图 7-110 所示。
◇ 堆栈砌合：选择该预设后，生成的砖墙纹理如图 7-111 所示。

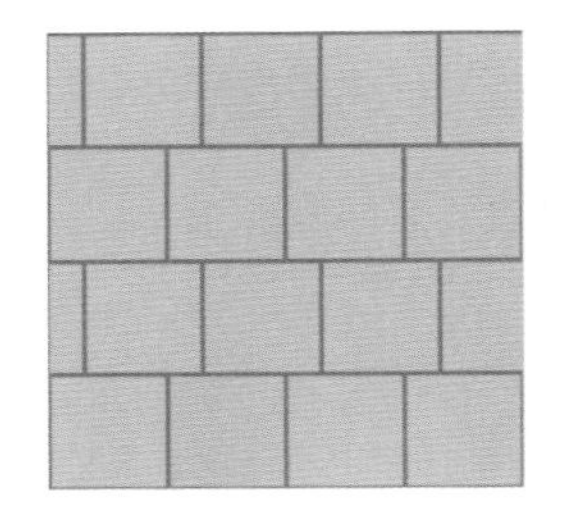

图7-110

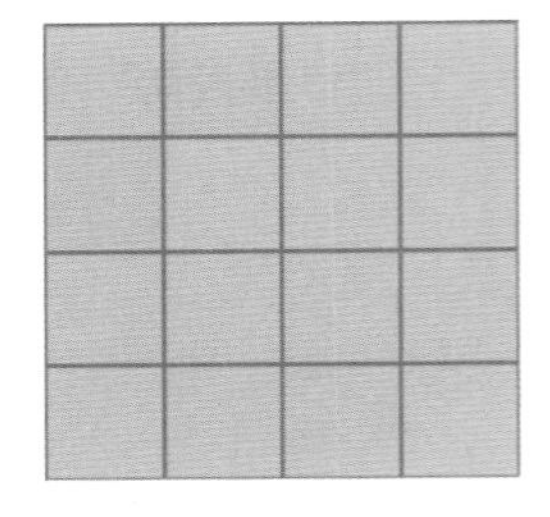

图7-111

◇ 连续砌合（Fine）：选择该预设后，生成的砖墙纹理如图 7-112 所示。
◇ 堆栈砌合（Fine）：选择该预设后，生成的砖墙纹理如图 7-113 所示。

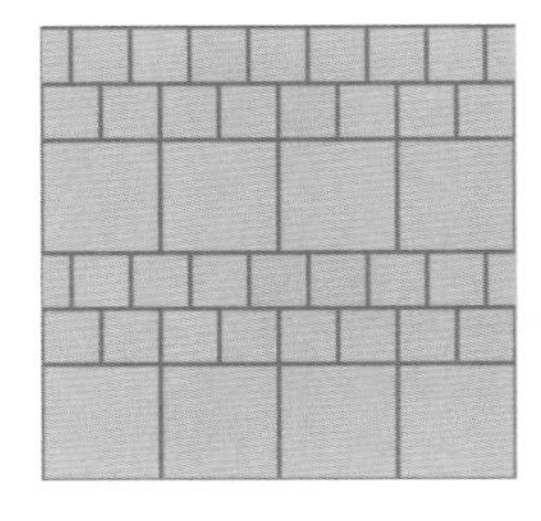

图7-112

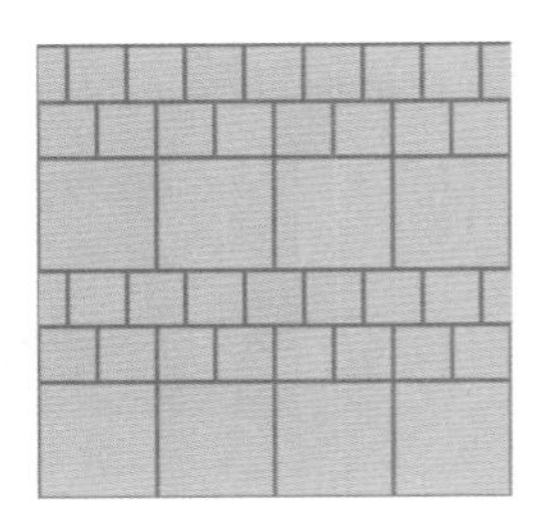

图7-113

2. “高级控制”卷展栏

“高级控制”卷展栏内的参数命令如图 7-114 所示。

工具解析

◇ 显示纹理样例：启用此选项后，“平铺”或“砖缝”的纹理样例将更新为显示用户指定的贴图。
①“平铺设置”组
◇ 纹理：控制用于平铺的当前纹理贴图的显示。
◇ 水平数：控制行的平铺数。
◇ 垂直数：控制列的平铺数。

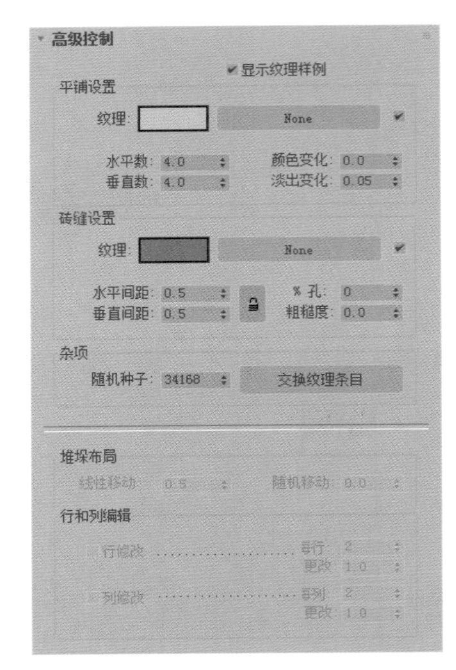

图7-114

◇ 颜色变化：该参数值越大，颜色在各个平铺的砖纹之间的变化就越大。范围在“0”到“100”之间，默认值为“0”。
②“砖缝设置”组
◇ 纹理：控制砖缝的当前纹理贴图的显示。
◇ 水平间距：控制瓷砖间的水平砖缝的大小。在默认情况下，将此值锁定给垂直间距，因此当其中的任一值发生改变时，另外一个值也将随之改变。单击“锁定”图标，可将其解锁。
◇ 垂直间距：控制瓷砖间的垂直砖缝的大小。在默认情况下，将此值锁定给水平间距，因此当其中的任一值发生改变时，另外一个值也将随之改变。单击“锁定”图标，可将其解锁。
◇ % 孔：设置由丢失的瓷砖所形成的孔占瓷砖表面的百分比，砖缝穿过孔显示出来。
◇ 粗糙度：控制砖缝边缘的粗糙度。

7.5.4 漩涡

“漩涡”贴图可以用来制作山脉、海水漩涡等自然纹理，其参数命令如图 7-115 所示。

工具解析

①“漩涡颜色设置”组
◇ 基本：单击色样更改漩涡的基本颜色。
◇ 漩涡：控制与基本颜色混合的贴图色彩。

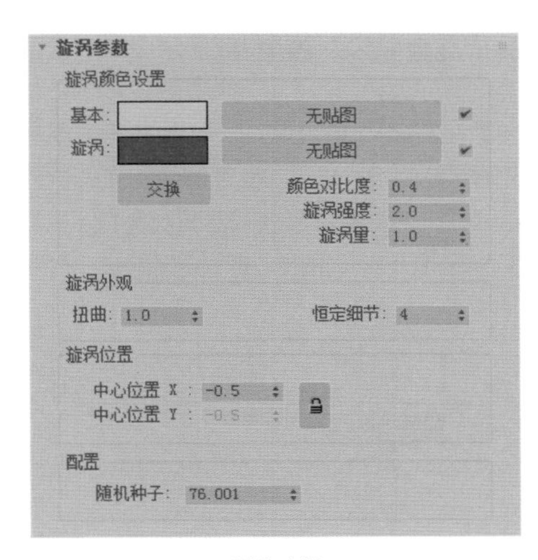

图7-115

◇ 交换：反转“基本”和“漩涡”的色彩。

◇ 颜色对比度：控制“基本”和“漩涡”之间的色彩对比，如图 7-116 所示分别为该值是“0.5”和“1.5”的贴图效果对比。

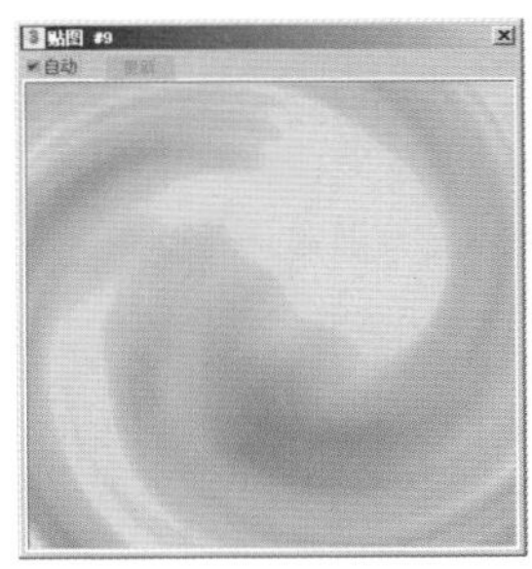

图7-116

◇ 漩涡强度：控制漩涡颜色的强度。

◇ 漩涡量：控制混合到基础颜色的漩涡颜色的数量。

②“漩涡外观”组

◇ 扭曲：更改漩涡效果中的螺旋数，如图 7-117 所示分别为改值是“1”和“5”的贴图效果对比。

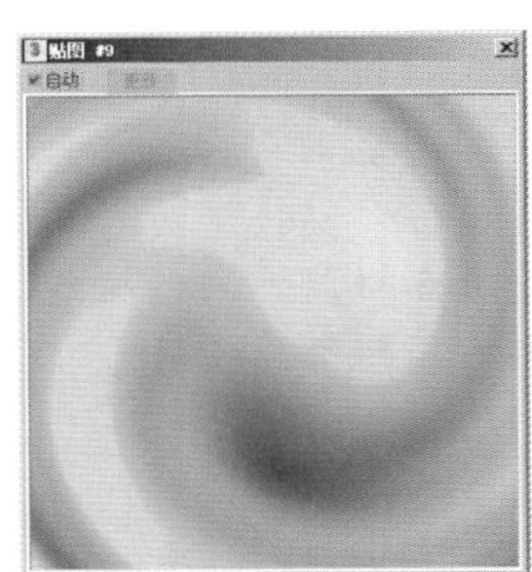
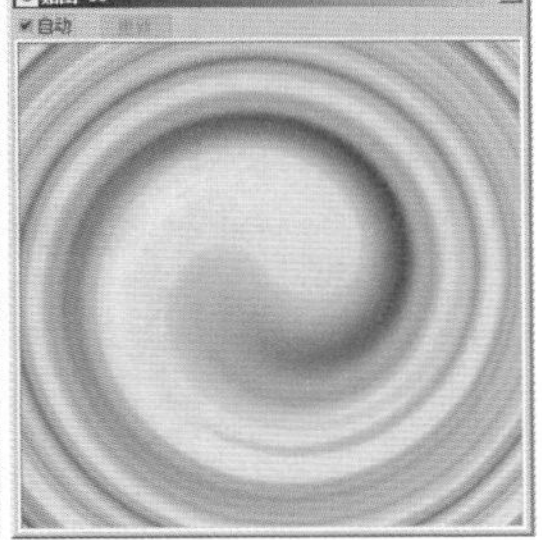

图7-117

◇ 恒定细节：更改漩涡内细节的级别，如图 7-118 所示分别为该值是“3”和“10”的贴图效果对比。

③“漩涡位置”组

◇ 中心位置 X/Y：调整对象中漩涡中心的位置。

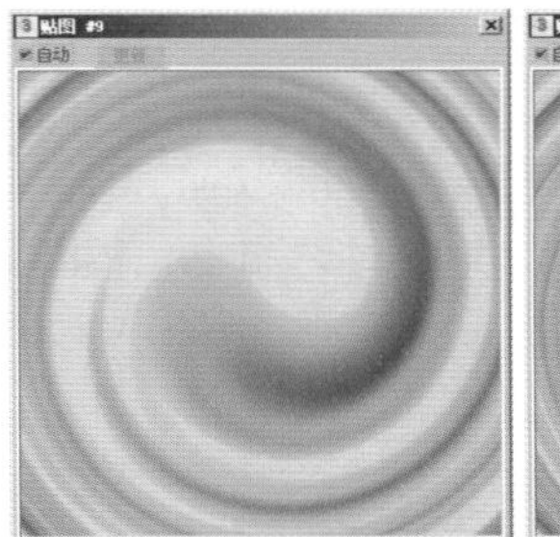
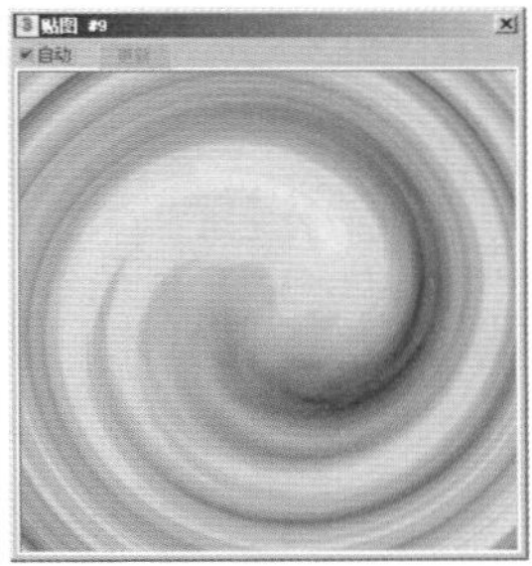

图7-118

④“配置”组

◇ 随机种子：设置漩涡效果的随机变化，更改该值可以得到随机纹理的漩涡图案，如图 7-119 所示。

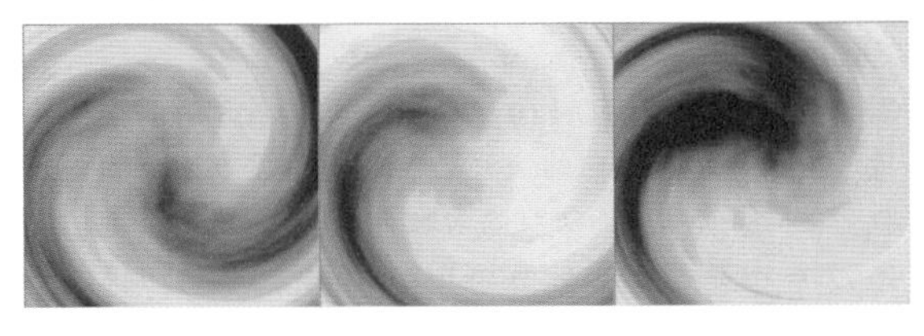

图7-119

7.5.5　衰减

“衰减”贴图基于几何体曲面上面法线的角度衰减来生成从白到黑的值，其参数命令主要分为“衰减参数”和“混合曲线”两个卷展栏，如图 7-120 所示。

衰减参数
混合曲线
输出

图7-120

1. “衰减参数”卷展栏

“衰减参数”卷展栏展开后，如图 7-121 所示。

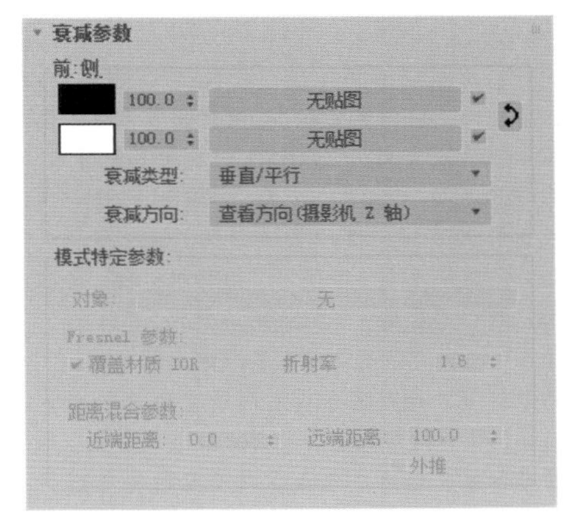

图7-121

工具解析

◇ “前：侧”色块：用于指定衰减的两种颜色，并均可在后面的通道中指定贴图。

◇ 衰减类型：选择衰减的种类。有“垂直 / 平行”“朝向 / 背离”“Fresnel”“阴影 / 灯光”和“距离混合”5种方式可选，如图7-122所示。

图7-122

◇ 垂直 / 平行：在与衰减方向相垂直的面法线和与衰减方向相平行的法线之间设置角度衰减范围，衰减范围为基于面法线方向改变90°。

◇ 朝向 / 背离：在面向（相平行）衰减方向的面法线和背离衰减方向的法线之间设置角度衰减范围，衰减范围为基于面法线方向改变180°。

◇ Fresnel：基于折射率(IOR)的调整。在面向视图的曲面上产生暗淡反射，在有角的面上产生较明亮的反射，创建就像在玻璃面上一样的高光。

◇ 阴影 / 灯光：基于落在对象上的灯光，在两个子纹理之间进行调节。

◇ 距离混合：基于“近端距离”值和“远端距离”值在两个子纹理之间进行调节，用途包括大地形对象上的抗锯齿和控制非照片真实级环境中的明暗处理。

◇ 衰减方向：选择衰减的方向。有“查看方向（摄影机 *z* 轴）”“摄影机 *x* 轴”“摄影机 *y* 轴”“对象”“局部 *x* 轴”“局部 *y* 轴”“局部 *z* 轴”“世界 *x* 轴”“世界 *y* 轴”和“世界 *z* 轴”10种方式可选，如图7-123所示。

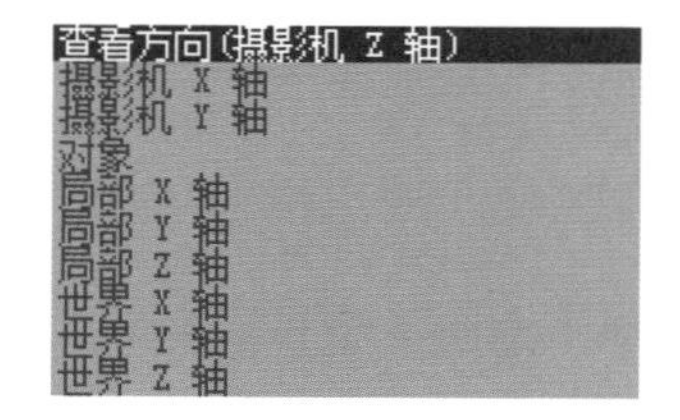

图7-123

◇ 查看方向（摄影机Z轴）：设置相对于摄影机（或屏幕）的衰减方向，更改对象的方向不会影响“衰减”贴图。

◇ 摄影机X/Y轴：类似于摄影机 *z* 轴。例如，对“朝向 / 背离”衰减类型使用“摄影机 *x* 轴”会从左（朝向）到右（背离）进行渐变。

◇ 对象：使用其位置能确定衰减方向的对象。

◇ 局部X/Y/Z轴：将衰减方向设置为其中一个对象的局部轴，更改对象的方向会更改衰减方向。

◇ 世界X/Y/Z轴：将衰减方向设置为其中一个世界坐标系轴，更改对象的方向不会影响“衰减”贴图。

2.“混合曲线”卷展栏

“混合曲线”卷展栏展开后，如图7-124所示。

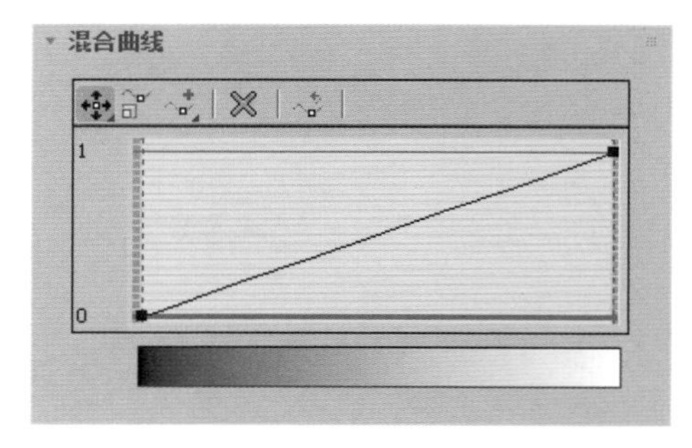

图7-124

工具解析

◇ 移动：将一个选定的点向任意方向移动，在每一边都会被非选定的点所限制。

◇ 缩放点：在保持控制点相对位置的同时改变它们的输出量。在Bezier角点上，这种控制与垂直移动一样有效，在Bezier平滑点上，可以缩放该点本身或任意的控制柄，通过这种移动控制，缩放每一边都被非选定的点所限制。

◇ 添加点：在图形线上的任意位置添加一个点。

◇ 删除点：删除选定的点。

◇ 重置曲线：将图返回到默认的直线状态。

7.5.6 噪波

“噪波”贴图是基于两种颜色或材质的交互创建曲面的随机扰动，配合“置换”贴图可以用来模拟山川、大地、河流的纹理效果，其参数面板如图7-125所示。

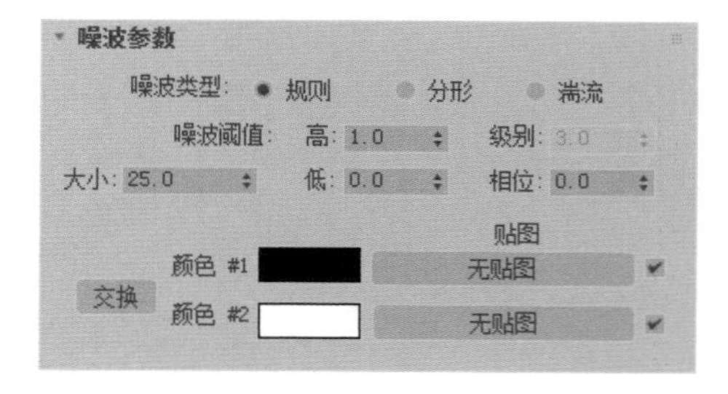

图7-125

工具解析

◇ 噪波类型：有“规则”“分形”和“湍流”3种可选。

◇ 规则：生成普通噪波。基本上类似于“级别”设置为“1”的“分形”噪波，当噪波类型设为“规则”时，“级别”微调器处于非活动状态（因为“规则”不是分形功能），如图 7-126 所示。

◇ 分形：使用分形算法生成噪波。“层级”选项用于设置分形噪波的迭代次数，如图 7-127 所示。

图7-126

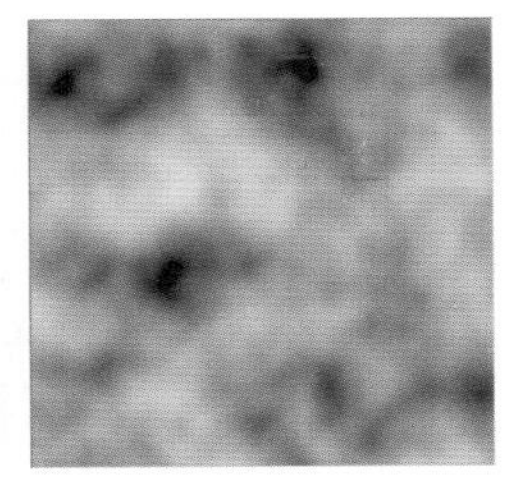

图7-127

◇ 湍流：生成应用绝对值函数来制作故障线条的分形噪波，如图 7-128 所示。

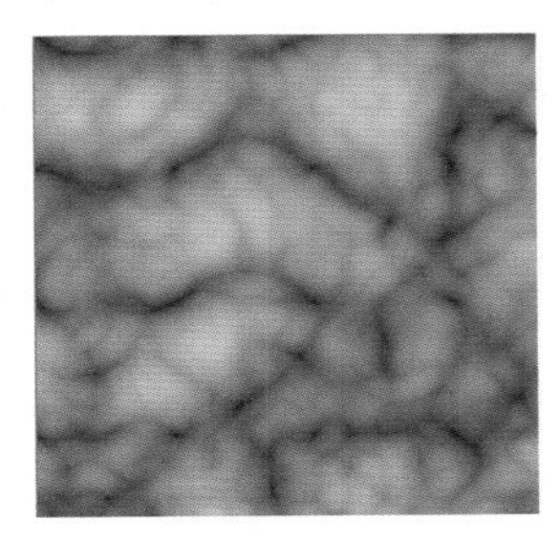

图7-128

◇ 大小：以 3ds Max 单位设置噪波函数的比例，默认设置为“25”。

◇ 噪波阈值：如果噪波值高于“低”阈值而低于“高”阈值，动态范围会拉伸到填满“0”到“1”之间，因此，会减少可能产生的锯齿。

◇ 级别：决定有多少分形能量用于分形和湍流噪波函数。用户可以根据需要设置确切数量的湍流，也可以设置分形层级数量的动画，默认设置为“3”。

◇ 相位：控制噪波函数的动画速度，使用此选项可以设置噪波函数的动画，默认设置为“0”。

◇ 交换：切换两个颜色或贴图的位置。

◇ 颜色 #1 和颜色 #2：显示颜色选择器，便于从两个主要噪波颜色中进行选择，将通过所选的两种颜色来生成中间颜色值。

◇ 贴图：选择以一种或其他噪波颜色显示的位图或程序贴图。

7.5.7 混合

“混合”贴图可以用来制作出多个材质之间的混合效果，其参数设置面板如图 7-129 所示。

工具解析

◇ 交换：交换两种颜色或贴图。

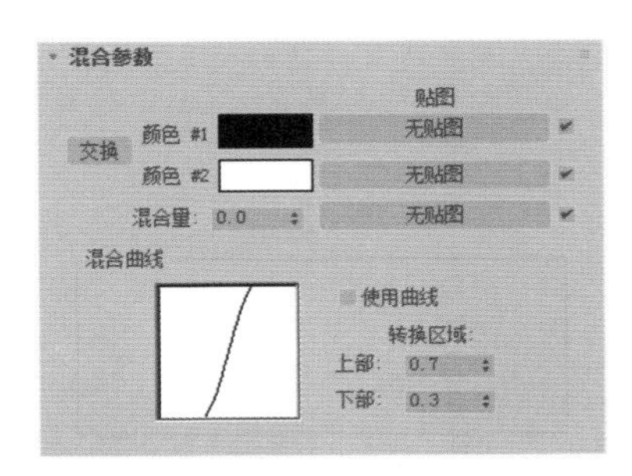

图7-129

◇ 颜色 #1/ 颜色 #2：可以用来设置颜色或贴图。

◇ 混合量：确定混合的比例。其值为“0”时意味着只有颜色“1”在曲面上可见，其值为“1”时意味着只有颜色 2 为可见。也可以使用贴图而不是混合值，两种颜色会根据贴图的强度以大一些或小一些的程度混合。

◇ 使用曲线：确定“混合曲线”是否对混合产生影响。

◇ 转换区域：调整上限和下限的级别。如果两个值相等，两个材质会在一个明确的边上相接。

7.5.8 Wireframe

阿诺德渲染器为用户提供了一种专门用于渲染模型线框的材质，即 Wireframe 材质。使用该材质渲染出来的图像可以清晰地查看模型的布线结构，常常被建模师用于展示自己的模型作品，其参数命令如图 7-130 所示。

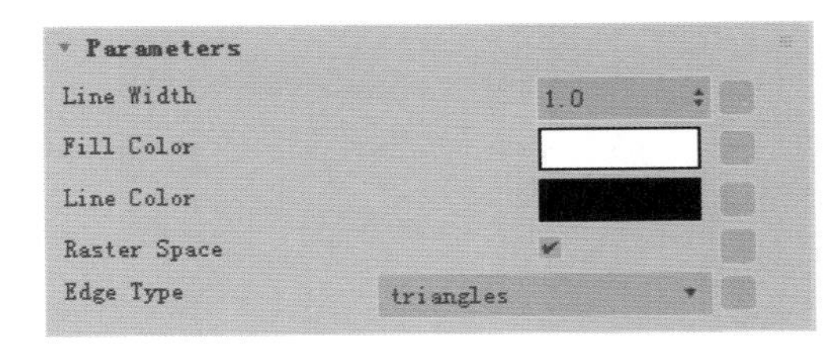

图7-130

工具解析

◇ Line Width：用于控制线框的宽度，如图 7-131 所示分别为该值是“0.6”和“2”的渲染结果对比。

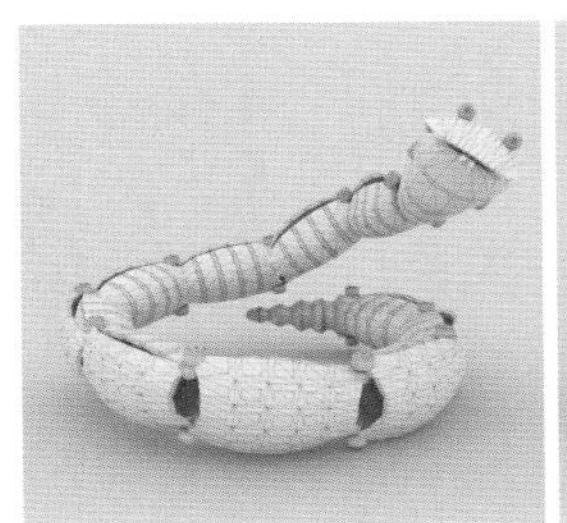

图7-131

◇ Fill Color：用于设置网格的填充颜色，如图 7-132 所示分别该颜色更改前后的渲染结果对比。

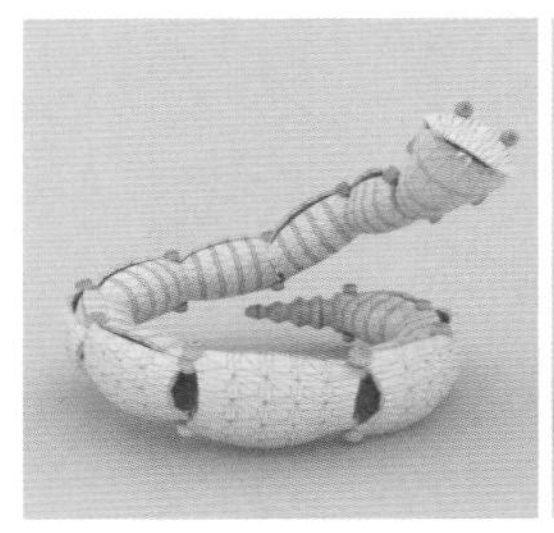

图7-132

◇ Line Color：用于设置线框线的颜色，如图 7-133 所示。

图7-133

◇ Edge Type：用于设置线框的渲染类型，有“triangles（三角边）”、“polygons（多边形）”和“patches（补丁）”这 3 种可选，如图 7-134 所示。

图7-134

7.6 技术实例

7.6.1 实例：制作玻璃酒瓶材质

本实例讲解了玻璃材质的制作方法，渲染效果如图 7-135 所示。

扫码看视频

（1）启动 3ds Max 2018 软件，打开本书配套资源“酒杯.max”文件，如图 7-136 所示。

（2）本场景已经设置好了灯光、摄影机及渲染基本参数。打开“材质编辑器”面板，选择一个空白材质球，将其转换为“Arnold Standard”材质，重新命名为“玻璃酒瓶”，并将其赋予给场景中的酒瓶模型，如图 7-137 所示。

图7-135

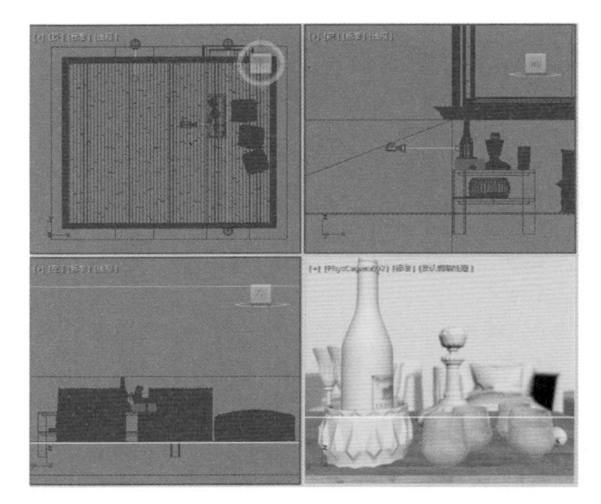

图7-136

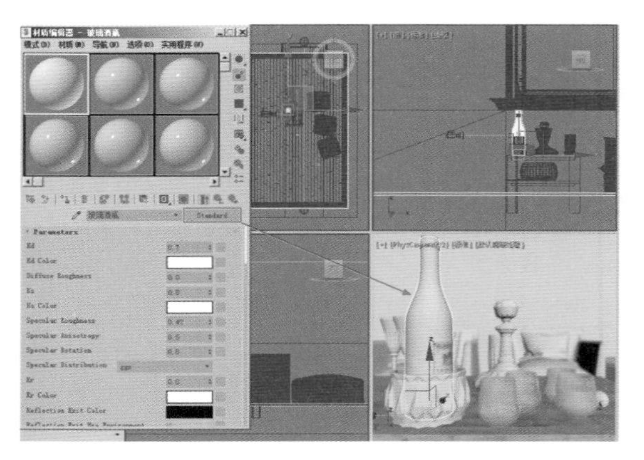

图7-137

（3）在“Parameters（属性）”卷展栏内，设置 Kd 的值为“0”，设置的值为“0.1”，Specular Roughness 的值为“0.1”，制作出玻璃材质的高光效果，如图7-138所示。

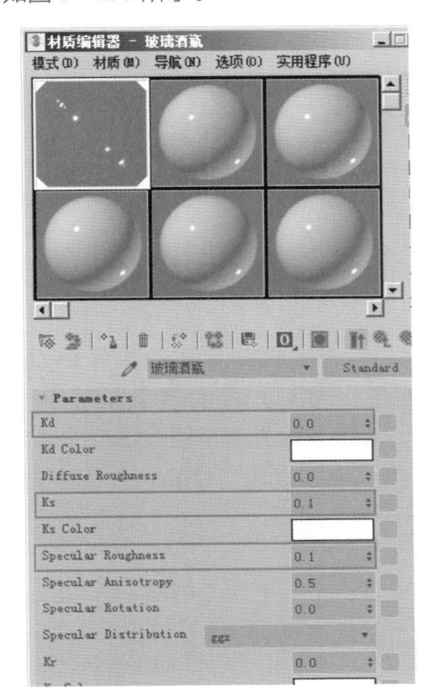

图7-138

（4）接下来，设置Kt的值为“0.95”，IOR的值为“1.5”，为材质设置折射相关属性，如图7-139所示。

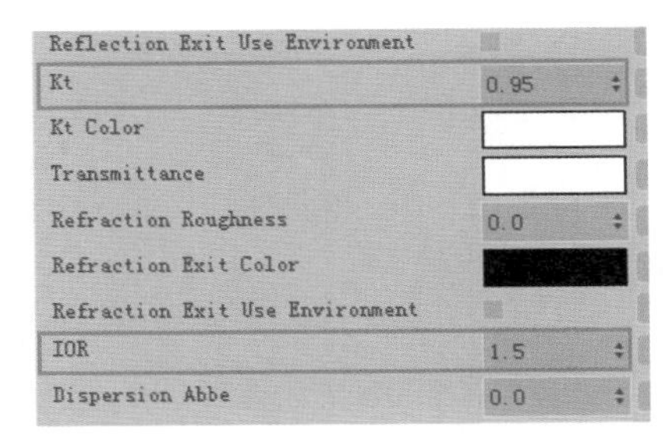

图7-139

（5）最后，调整材质的Opacity（不透明度）为灰色，提高玻璃材质的通透程度，如图7-140所示。

（6）设置完成后，本材质球的显示效果如图7-141所示。

（7）渲染场景后，本场景的最终渲染效果如图7-135所示。

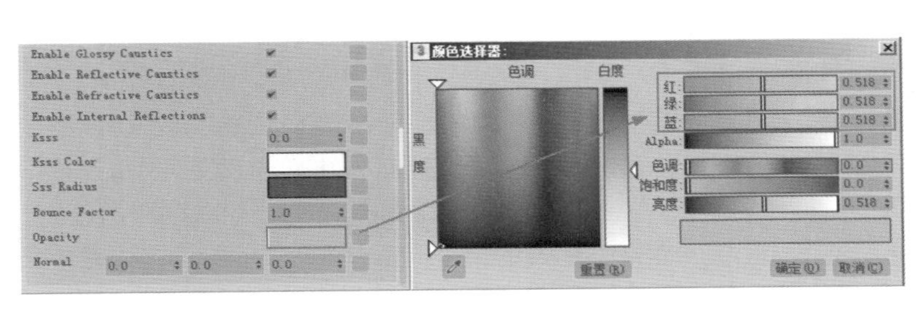

图7-140

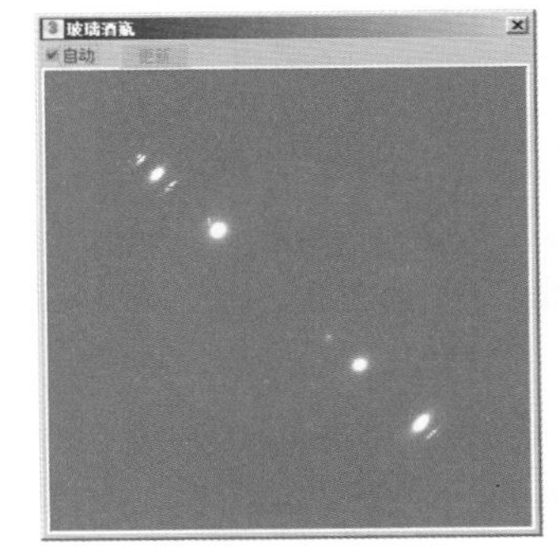

图7-141

7.6.2 实例：制作不锈钢金属厨具材质

扫码看视频

本实例讲解了如何使用Arnold Standard材质来制作不锈钢金属材质效果，渲染效果如图7-142所示。

（1）启动3ds Max 2018软件，打开本书的配套场景资源“厨具.max”文件，如图7-143所示。本实例场景为厨房内的一角，其中已经设置好了灯光、摄影机及渲染参数。

（2）打开“材质编辑器”面板，选择一个空白材质球，将其转换为“Arnold Standard”材质，重新命名为“金属”，并将其赋予给场景中的厨具模型，如图7-144所示。

图7-142

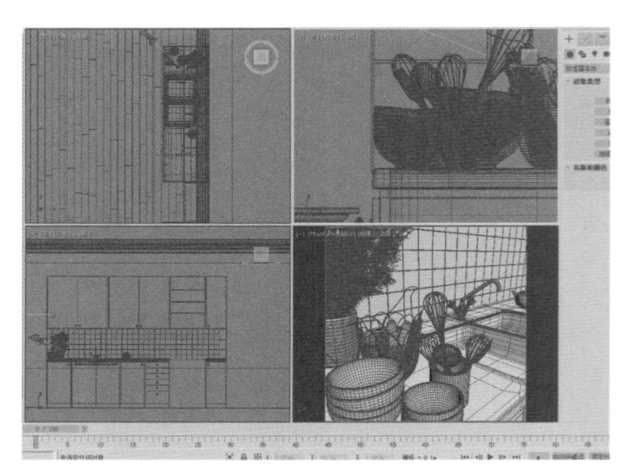

图7-143

图7-144

（3）在“Parameters（属性）”卷展栏内，设置Kd的值为“0”。本实例中所要制作的金属材质为高反射的不锈钢材质，所以要将材质的反射值设置的高一些，设置Ks的值为“0.9”，Specular Roughness的值为“0.2”，调整出金属材质的高反射和高光效果，如图7-145所示。

（4）设置完成后，本材质球的显示效果如图7-146所示。

（5）渲染场景后，本场景的最终渲染效果如图7-142所示。

7.6.3 实例：制作皮革沙发材质

本实例讲解了如何制作皮革沙发的材质效果，最终渲染效果如图7-147所示。

扫码看视频

（1）启动3ds Max 2018软件，打开本书配套资源“沙发.max”文件，如图7-148所示。资源文件中为一个沙发的模型，并且已经设置好了灯光、摄影机和基本渲染参数。

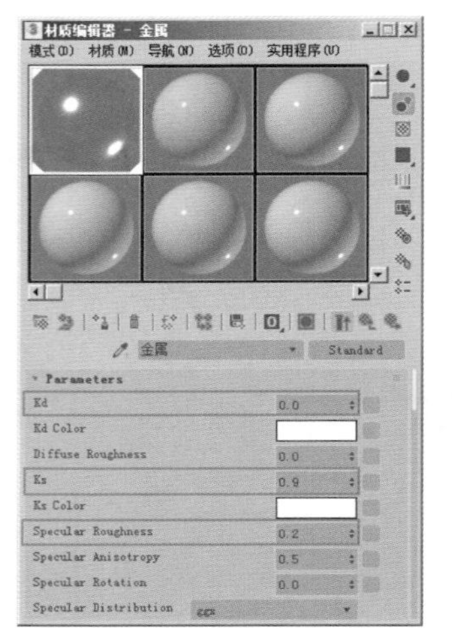

图7-145

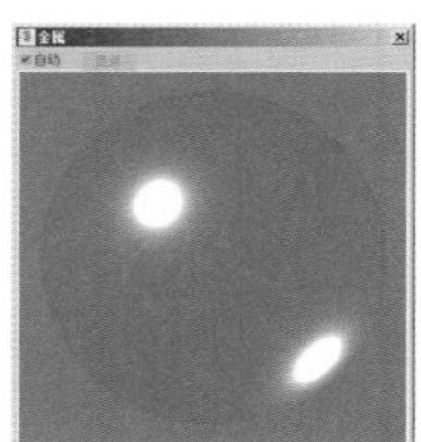

图7-146

图7-147

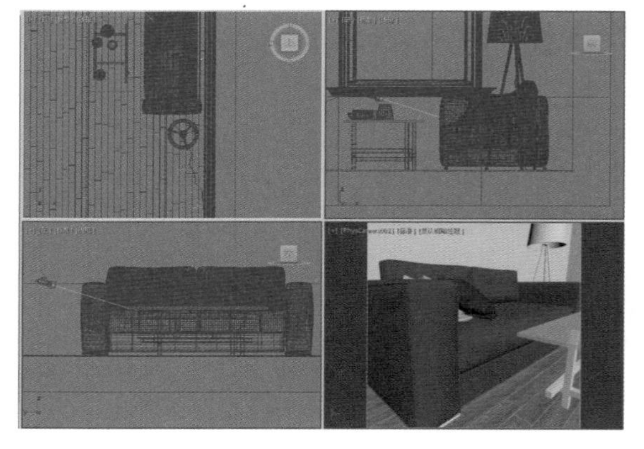

图7-148

（2）打开“材质编辑器”面板，选择一个空白材质球，将其转换为“Standard”材质，重新命名为“皮革”，并将其赋予给场景中的沙发模型，如图7-149所示。

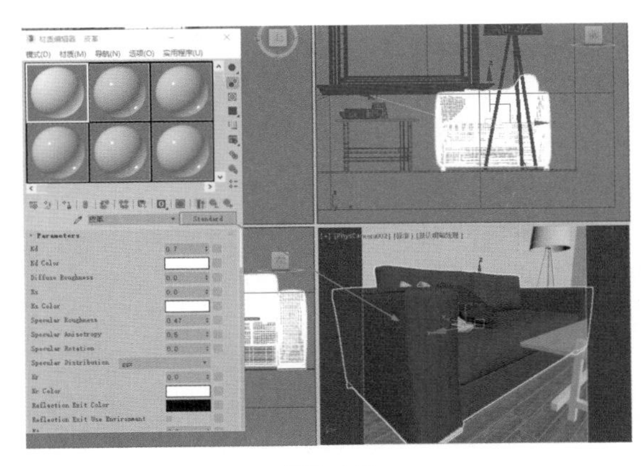

图7-149

（3）在“Parameters（属性）”卷展栏内，在 Kd Color 的贴图通道上加载一张“绿色皮革纹理.jpg”图片，制作出沙发的表面纹理，如图 7-150 所示。

（4）设置 Ks 的值为“0.3”，Specular Roughness 的值为“0.5”，调整出皮革材质的高光及反射效果，如图 7-151 所示。

（5）在 Normal 的贴图通道上指定一个 Bump2d 程序贴图用来制作皮革材质的凹凸细节，在 Bump Map 贴图通道上加载一张“绿色皮革纹理.jpg”图片，并调整 Bump Height 的值为“-2”，提高凹凸的强度，如图 7-152 所示。

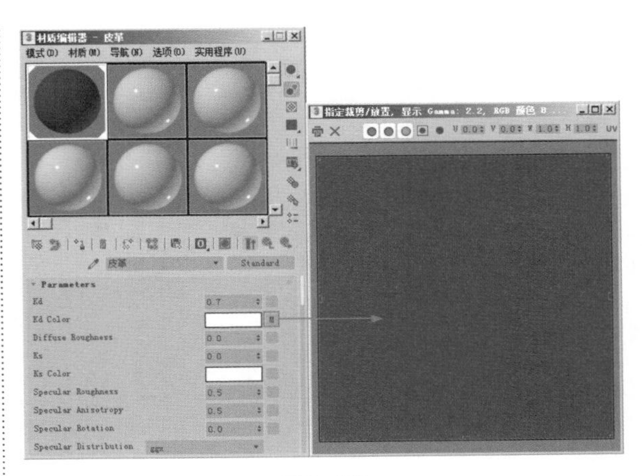

图7-150

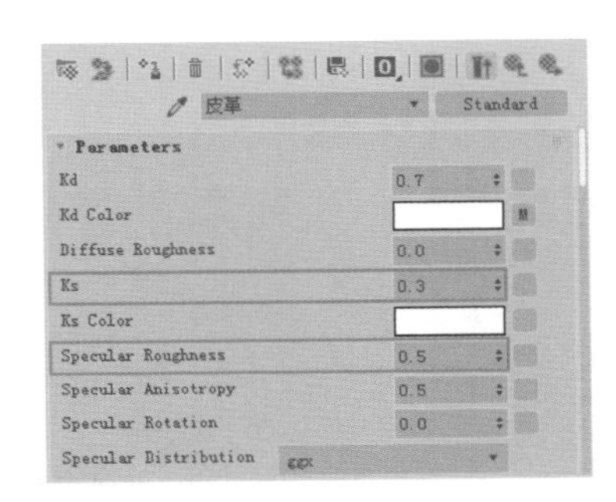

图7-151

（6）设置完成后，皮革材质球的显示效果如图 7-153 所示。

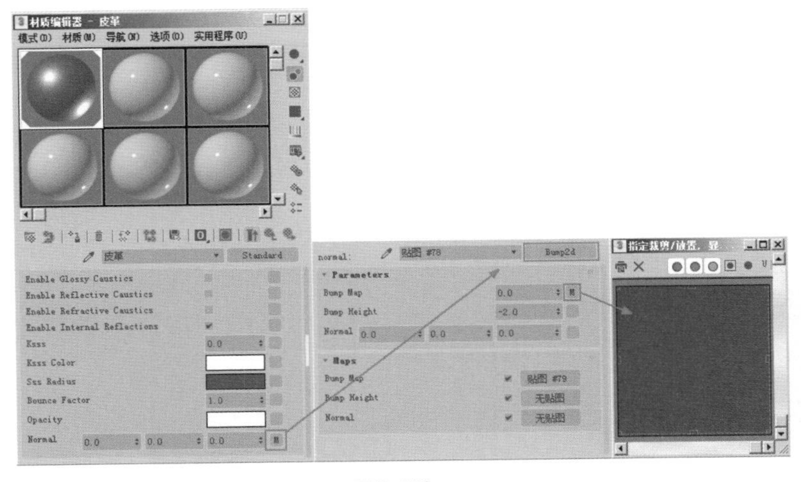

图7-152

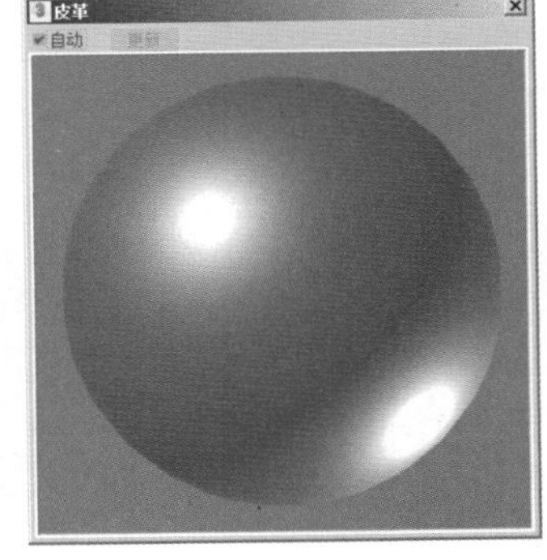

图7-153

（7）渲染场景，本场景的最终渲染效果如图 7-147 所示。

7.6.4　实例：制作木质家具材质

本实例讲解了如何制作具有轻微凹凸质感的木纹理家具材质，渲染结果如图 7-154 所示。

扫码看视频

图7-154

（1）启动3ds Max 2018软件，打开本书配套资源“家具.max”文件，如图7-155所示。资源文件中为一组墙挂式的家具模型，并且已经设置好了灯光、摄影机和基本渲染参数。

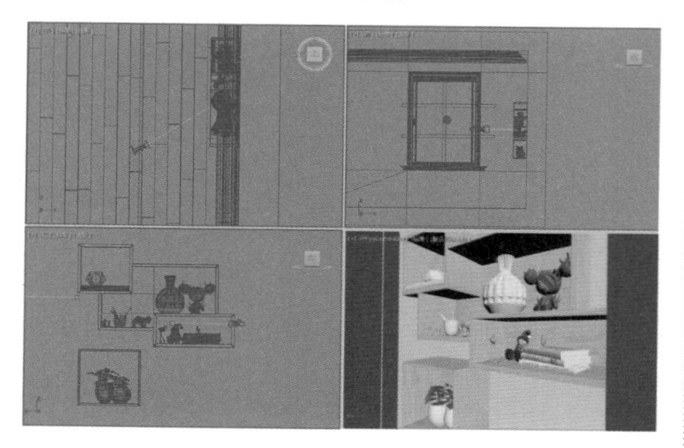

图7-155

（2）打开“材质编辑器”面板，选择一个空白材质球，将其转换为“Standard Surface”材质，重新命名为“木纹”，并将其赋予给场景中的家具模型，如图7-156所示。

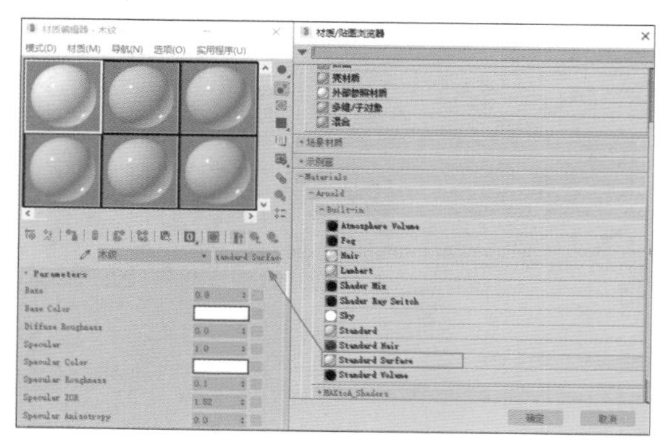

图7-156

（3）在“Parameters（属性）”卷展栏内，在Base Color的贴图通道上加载一张“木纹纹理.jpg”图片，制作出木纹材质的表面纹理，并设置Specular Roughness的值为“0.5”，制作出木纹材质的高光效果，如图7-157所示。

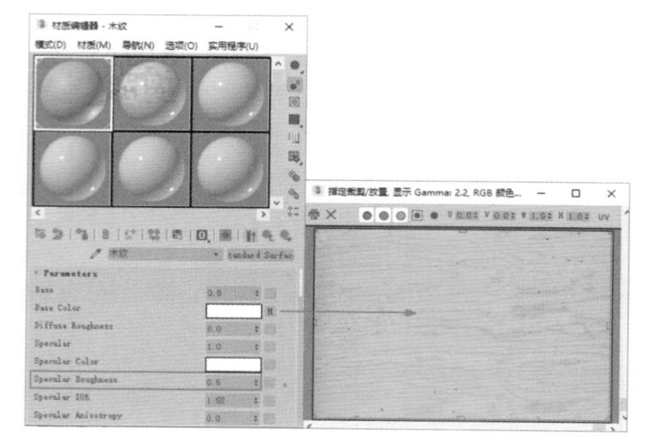

图7-157

（4）在Normal的贴图通道上指定一个Bump2d程序贴图用来制作皮革材质的凹凸细节，在Bump Map贴图通道上加载一张“木纹纹理.jpg”图片，并调整Bump Height的值为“0.3”，提高凹凸的强度，如图7-158所示。

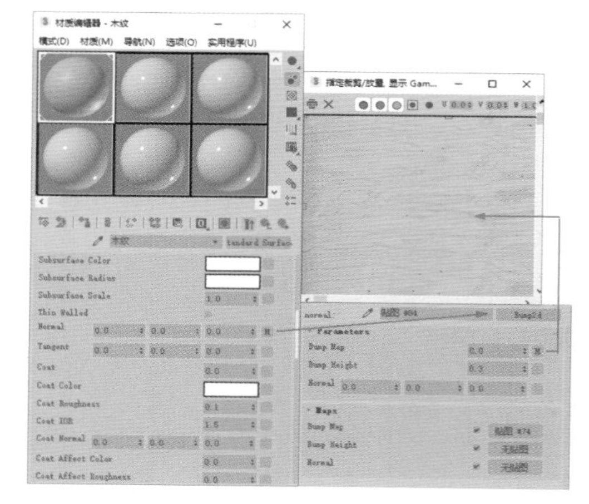

图7-158

（5）设置完成后，木纹材质球的显示效果如图7-159所示。

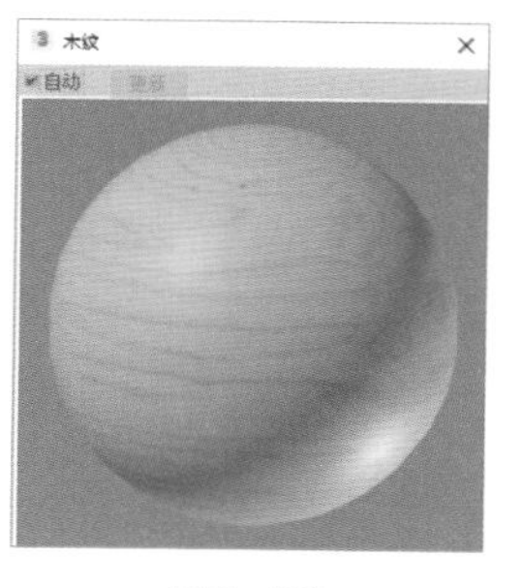

图7-159

（6）渲染场景后，本场景的最终渲染效果如图7-154所示。

7.6.5 实例：制作卡通材质

扫码看视频

本实例讲解了如何制作卡通材质效果，渲染效果如图7-160所示。

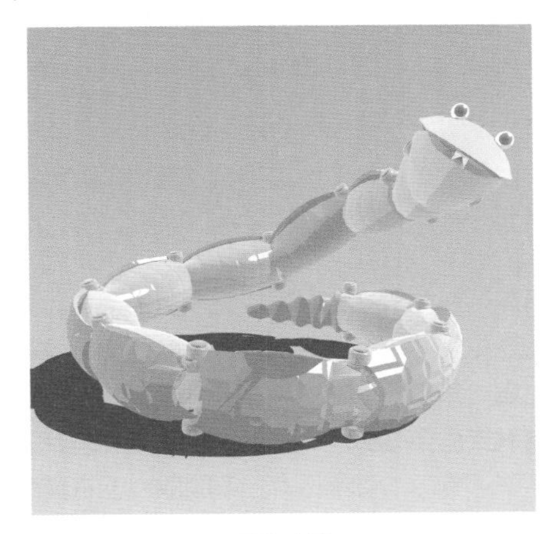

图7-160

（1）启动3ds Max 2018软件，打开本书配套资源“玩具蛇.max”文件，如图7-161所示。资源文件中为一个玩具蛇的模型，并且已经设置好了灯光、摄影机和基本渲染参数。

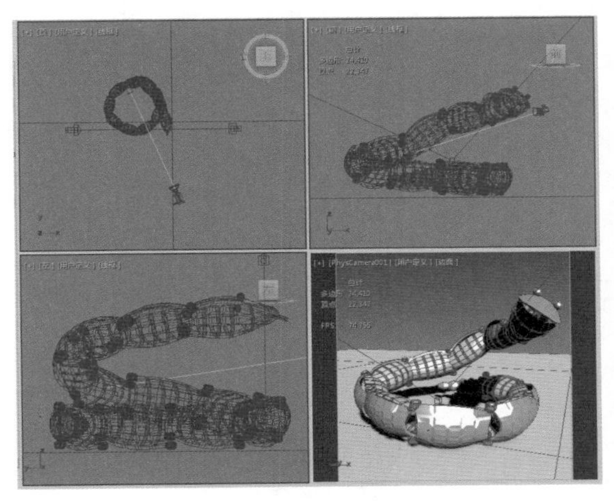

图7-161

（2）打开“材质编辑器”面板，选择一个空白材质球，将其转换为“Ink'n Paint”材质，重新命名为“卡通”，并将其赋予给场景中玩具蛇的背部模型，如图7-162所示。

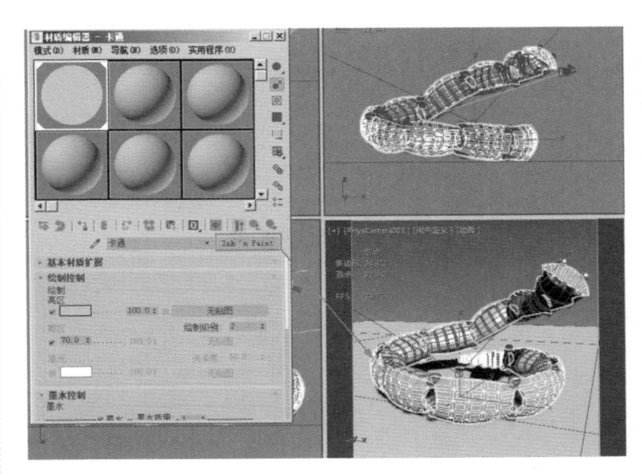

图7-162

（3）展开“绘制控制”卷展栏，在“亮区”的贴图通道上添加“衰减”贴图，如图7-163所示。

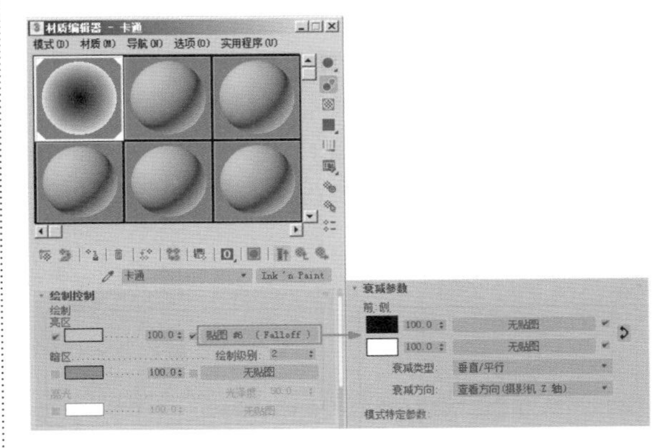

图7-163

（4）在“衰减”贴图中，设置“前”的颜色为绿色（红：“0”，绿：“218”，蓝：“113”），制作出卡通材质的基本颜色，这样渲染出来的图像会有一个绿色至白色的渐变细节，如图7-164所示。

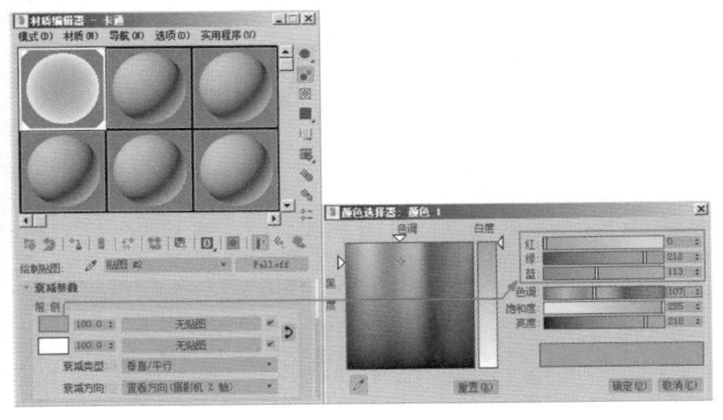

图7-164

（5）在“绘制控制”卷展栏内，设置“绘制级别”的值为“4”，并勾选“高光”选项，为卡通材质添加高光效果，如图7-165所示。

（6）制作完成后的卡通材质球效果如图 7-166 所示。

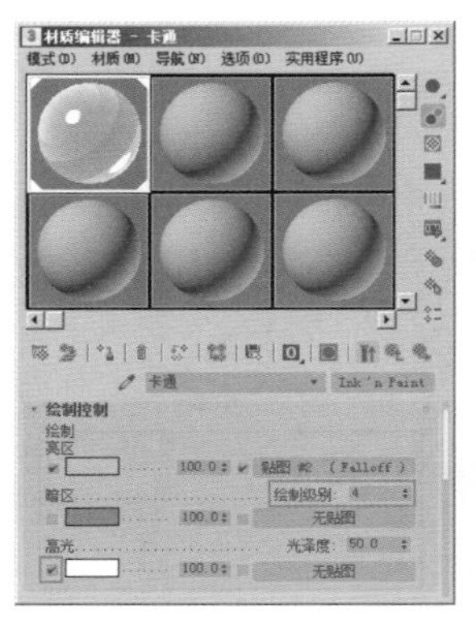

图7-165

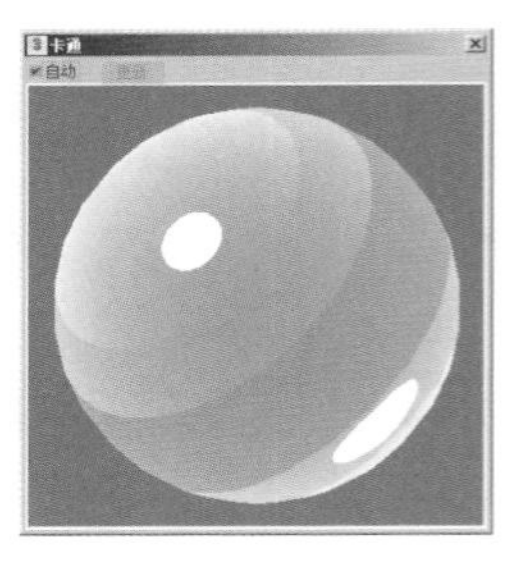

图7-166

（7）使用类似的步骤完成玩具蛇其他结构的卡通材质制作后，本实例的最终渲染结果如图 7-160 所示。

7.6.6 实例：制作水面材质

本实例讲解了如何使用 Standard（阿诺德标准）材质来渲染制作模型的线框图效果，渲染效果如图 7-167 所示。

扫码看视频

图7-167

（1）启动 3ds Max 2018 软件，打开本书配套资源“水面 .max”文件，如图 7-168 所示。资源文件中为一处水面的模型，并且已经设置好了灯光、摄影机和基本渲染参数。

（2）打开“材质编辑器”面板，选择一个空白材质球，将其转换为“Standard”材质，重新命名为“水面”，并将其赋予给场景中的水面模型，如图 7-169 所示。

（3）在“Parameters（属性）”卷展栏内，设置 Kd 的值为“0”，Ks 的值为“0.85”，Specular Roughness 的值为“0.1”，提高水面材质的反射程度，如图 7-170 所示。

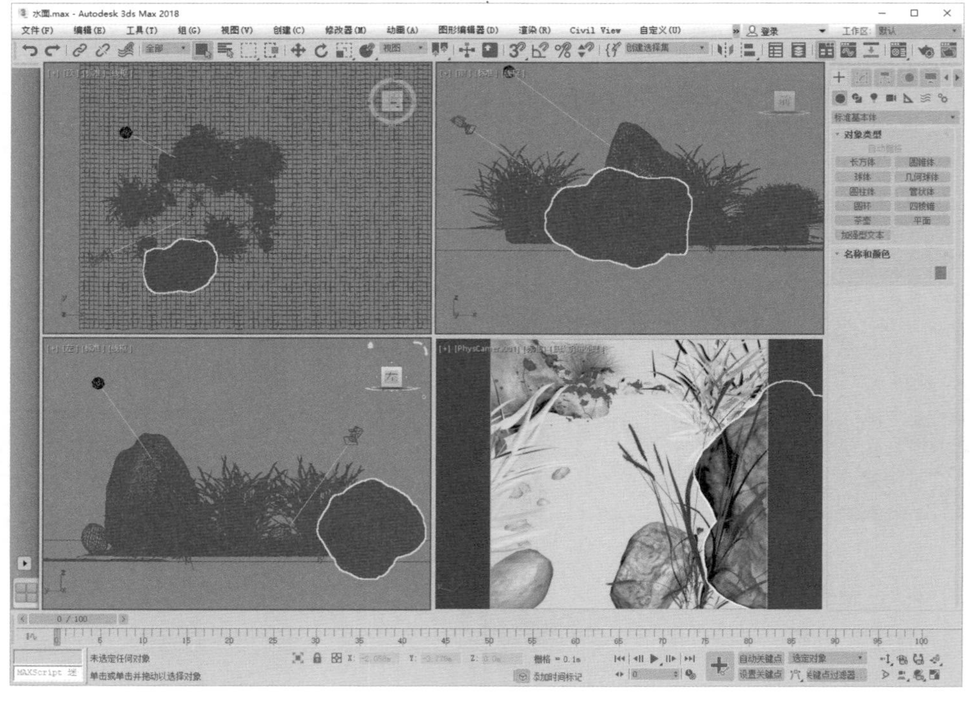

图7-168

（4）设置 Kt 的值为“0.6”，IOR 的值为“1.3”，制作出水面材质的折射效果，如图 7-171 所示。

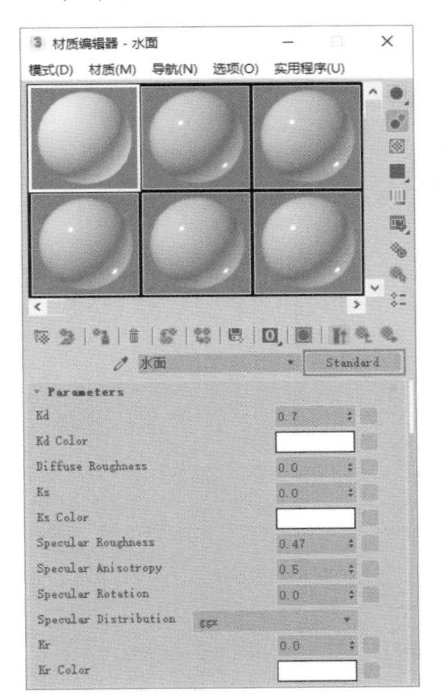

图7-169

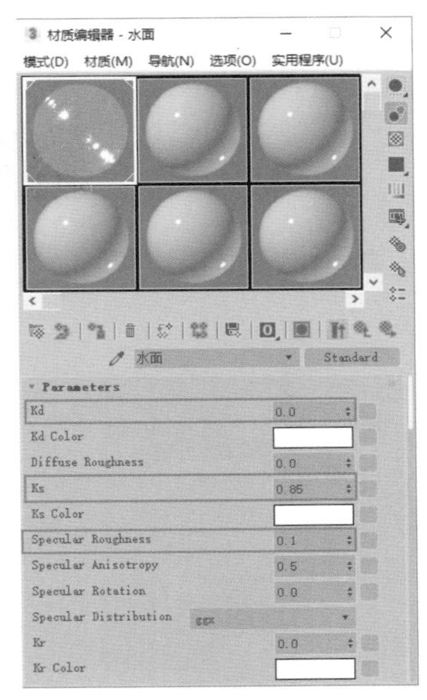

图7-170

图7-171

（5）设置 Opacity 的颜色为灰色（红：“0.631”，绿：“0.631”，蓝：“0.631”），增强材质的通透程度，如图 7-172 所示。

（6）设置完成后，水面材质球的显示效果如图 7-173 所示。

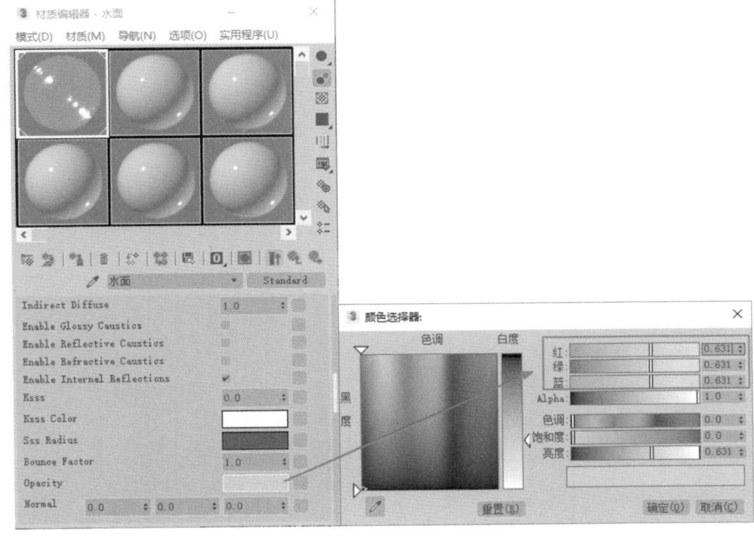

图7-172

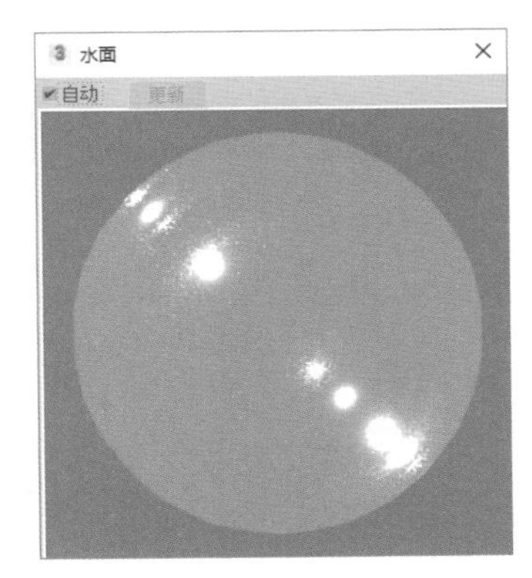

图7-173

（7）渲染场景后，本场景的最终渲染效果如图 7-167 所示。

灯光技术

本章要点

- 灯光概述
- “光度学”灯光
- “标准”灯光
- Arnold灯光
- 技术实例

8.1 灯光概述

灯光设置一直以来都属于三维动画制作中的高难度技术。任何三维制作只要进行到了灯光设置这一步，那么距离渲染输出就只有一步之遥了，这意味着整个三维项目即将竣工。3ds Max 2018 为用户提供的灯光命令相较于其他知识点中的命令来说，并不太多，但是这并不意味着灯光设置学习起来就非常容易。灯光的核心设置主要在于颜色和强度这两个方面，即便是同一个场景，在不同的时间段、不同的天气下所拍摄出来的照片，其色彩与亮度也大不相同。所以在为场景制作灯光之前，优秀的灯光师通常需要寻找大量的相关素材进行参考，这样才能在灯光制作这一环节得心应手，制作出更加真实的灯光效果。

图 8-1 所示为使用灯光展现出来的海底光影效果，图 8-2 所示为使用灯光展现出来的夕阳西下光影效果，图 8-3 所示为使用灯光展现出来的阳光穿透雾气的光影效果，图 8-4 所示为使用灯光展现出来的阴雨天室内光影效果。

图8-1

图8-2

图8-3

图8-4

设置灯光不仅可以影响其周围物体表面的光泽和颜色，还可以渲染出镜头光斑、体积光等特殊效果，如图8-5、图8-6所示。在3ds Max 2018中，单纯地放置灯光并没有意义，灯光通常需要模型以及模型的材质共同作用，才能得到丰富的色彩和明暗对比效果，从而使三维图像达到犹如照片级别的真实效果。

灯光是画面中的重要构成要素之一，其主要功能如下。

第 1 点：为画面提供足够的亮度。

第 2 点：通过光与影的关系来表达画面的空间感。

图8-5

图8-6

第 3 点：为场景添加环境气氛，塑造画面所表达的意境。

3ds Max 2018 为我们提供了 3 种类型的灯光，分别是“光度学”灯光、“标准”灯光和新增的“Arnold”灯光。将“命令”面板切换至创建“灯光”面板，在下拉列表中即可选择灯光的类型，如图 8-7 所示。

8.2 “光度学”灯光

打开创建“灯光”面板，系统所显示的默认灯光类型就是“光度学”。其“对象类型”卷展栏内包含“目标灯光”按钮 目标灯光 、“自由灯光”按钮 自由灯光 和“太阳定位器”按钮 太阳定位器 ，如图 8-8 所示。

图8-7

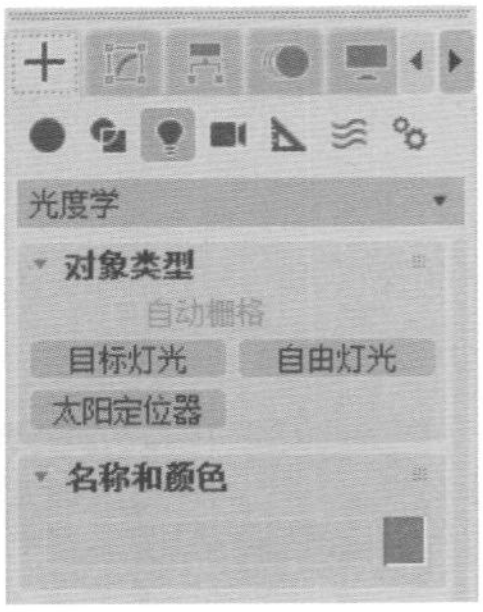

图8-8

8.2.1 目标灯光

“目标灯光”带有一个目标点，用来指明灯光的照射方向，常常用于制作室内的灯具照明效果，如床头灯灯光、壁灯灯光等，如图 8-9 所示。

图8-9

当用户首次在场景中创建该灯光时，系统会自动弹出“创建光度学灯光”对话框，询问用户是否使用对数曝光控制，如图 8-10 所示。如果用户对 3ds Max 2018 比较了解，可以忽略该对话框，在项目后续的制作过程中随时更改该设置。

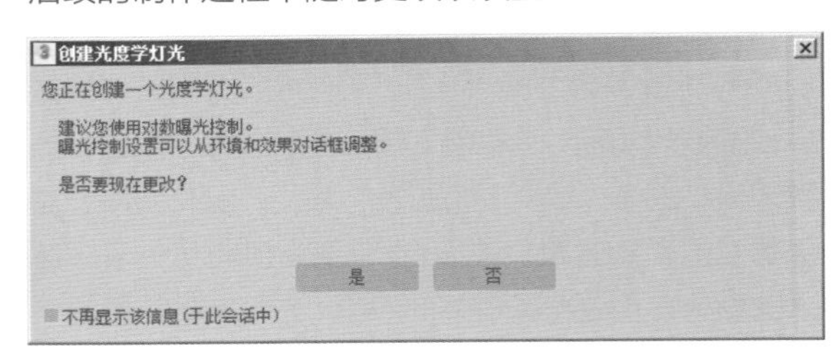

图8-10

在“修改”面板中，“目标灯光”有“模板”“常规参数”“强度 / 颜色 / 衰减”“图形 / 区域阴影”“阴影参数”“阴影贴图参数”“大气和效果”和“高级效果”这 8 个卷展栏，如图 8-11 所示。

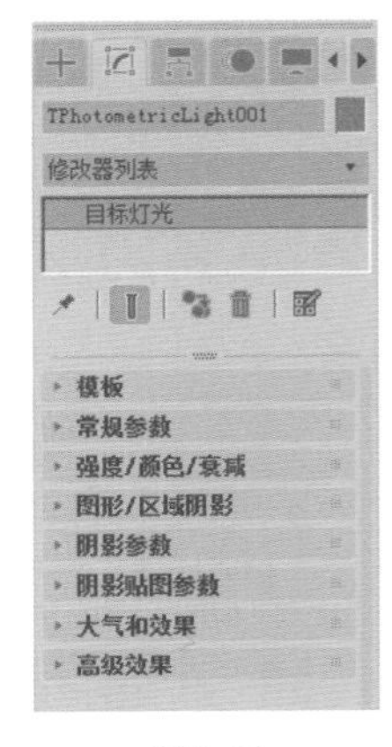

图8-11

1. “模板”卷展栏

3ds Max 2018 为用户提供了多种“模板”以供选择使用。展开“模板”卷展栏时，可以看到“选择模板”的命令提示，如图 8-12 所示。

单击“选择模板”旁边的黑色箭头图标▼，即可看到3ds Max 2018的“模板”库，如图8-13所示。

图8-12

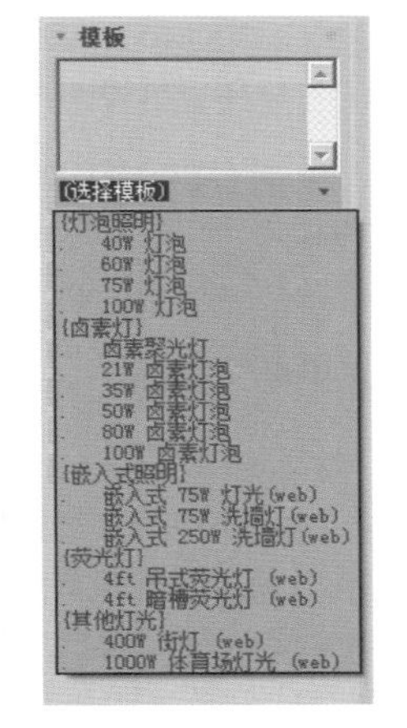

图8-13

当我们选择列表中的不同灯光模板时，场景中的灯光图标以及“修改”面板中的卷展栏分布都会发生变化，同时，模板的文本框内会出现该模板的简单使用提示，如图 8-14 所示。

2.“常规参数”卷展栏

展开“常规参数”卷展栏后，其参数如图 8-15 所示。

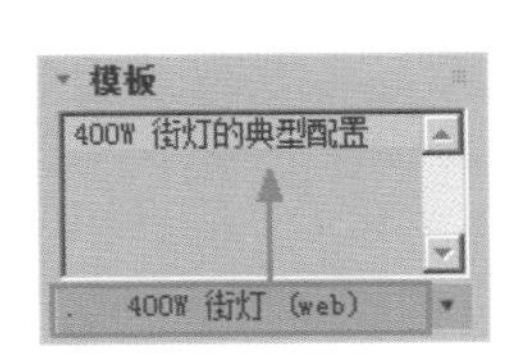

图8-14

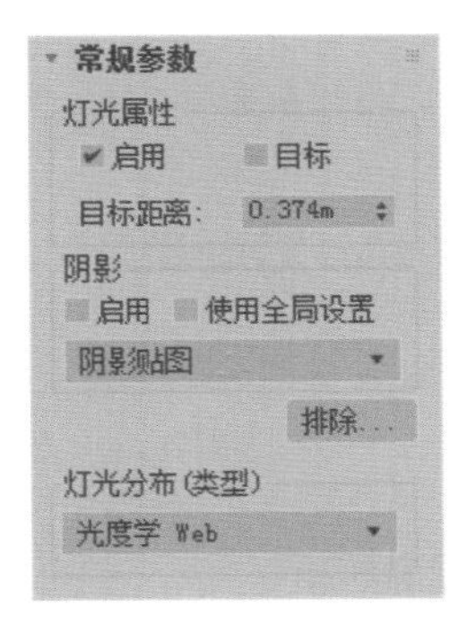

图8-15

工具解析

①“灯光属性”组

◇ 启用：用于控制选择的灯光是否开启照明。

◇ 目标：控制所选择的灯光是否具有可控的目标点。

◇ 目标距离：显示灯光与目标点之间的距离。

②“阴影”组

◇ 启用：决定当前灯光是否投射阴影，如图 8-16 所示分别为开启阴影计算前后的渲染效果对比。

◇ 使用全局设置：启用此选项以使用该灯光投射阴影的全局设置。禁用此选项以启用阴影的单个控件。如果未选择使用全局设置，则必须选择渲染器以哪种方法来生成特定灯光的阴影。

图8-16

◇ 阴影方法下拉列表：决定渲染器是否使用“高级光线跟踪”“区域阴影”“阴影贴图”或“光线跟踪阴影”生成该灯光的阴影，如图 8-17 所示。

图8-17

◇ “排除”按钮 排除... ：将选定对象排除于灯光效果之外。单击此按钮可以显示“排除 / 包含”对话框，如图 8-18 所示。

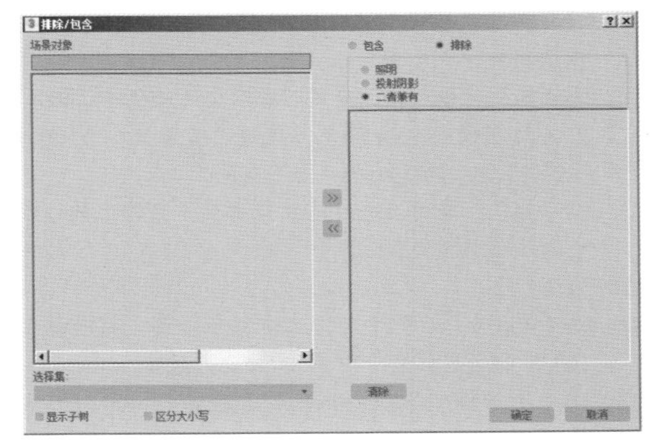

图8-18

③“灯光分布（类型）”组

◇ 灯光分布类型下拉列表中可以设置灯光的分布类型，包含“光度学 Web”“聚光灯”“统一漫反射”和“统一球形”4 种类型，如图 8-19 所示。

图8-19

3.“强度 / 颜色 / 衰减”卷展栏

展开“强度 / 颜色 / 衰减”卷展栏后，其参数如图 8-20 所示。

工具解析

①“颜色”组

◇ 灯光取自常见的灯具照明规范，使之近似于灯光的光谱特征。3ds Max 2018 中提供了多种预先设置好的选项供用户选择，如图 8-21 所示。

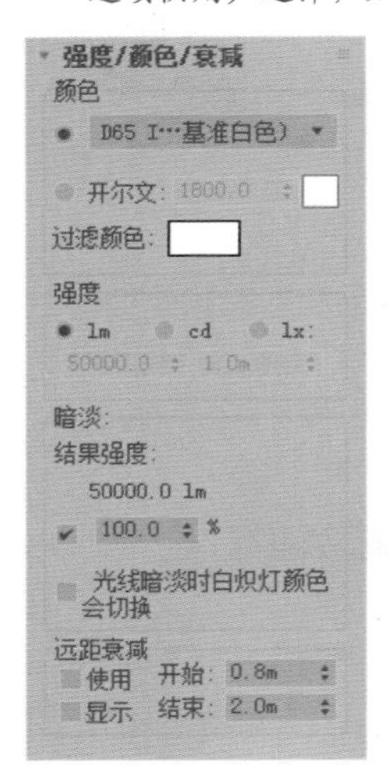

图8-20

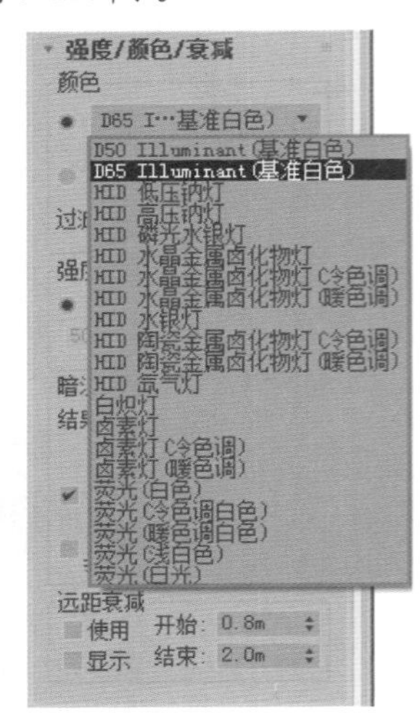

图8-21

◇ 开尔文：通过调整色温微调器来设置灯光的颜色，色温以开尔文度数显示，相应的颜色在温度微调器旁边的色样中可见。设置“开尔文”的值为“1800”时，灯光的颜色为橙色；设置“开尔文”的值为“20000”时，灯光的颜色为淡蓝色。

◇ 过滤颜色：使用颜色过滤器模拟置于光源上的过滤色的效果。

②“强度”组

◇ lm（流明）：测量灯光的总体输出功率（光通量）。100 W 的通用灯炮约有 1750 lm 的光通量。

◇ cd（坎得拉）：测量灯光的最大发光强度，通常沿着瞄准发射。100 W 通用灯炮的发光强度约为 139 cd。

◇ lx（lux）：测量以一定距离并面向光源方向投射到表面上的灯光所带来的照射强度。

③“暗淡”组

◇ 结果强度：用于显示暗淡所产生的强度，并使用与“强度”组相同的单位。

◇ 暗淡百分比：启用此选项后，该值会指定用于降低灯光强度的“倍增”。如果值为“100”，则灯光具有最大强度。百分比较低时，灯光较暗。

◇ 光线暗淡时白炽灯颜色会切换：启用此选项之后，灯光可在暗淡时通过产生更多黄色来模拟白炽灯。

④“远距衰减”组

◇ 使用：启用灯光的远距衰减。

◇ 显示：在视口中显示远距衰减范围设置。对于聚光灯分布，衰减范围看起来好像圆锥体的镜头形部分。这些范围在其他的分布中呈球体状。默认情况下，“远距开始”为浅棕色并且“远距结束”为深棕色。

◇ 开始：设置灯光开始淡出的距离。

◇ 结束：设置灯光减为“0”的距离。

4.“图形/区域阴影”卷展栏

展开“图形/区域阴影”卷展栏后，其参数如图 8-22 所示。

工具解析

◇ 从（图形）发射光线：选择阴影生成的图像类型，其下拉列表中提供了“点光源”“线”“矩形”“圆形”“球体”和“圆柱体”6 种方式可选，如图 8-23 所示。

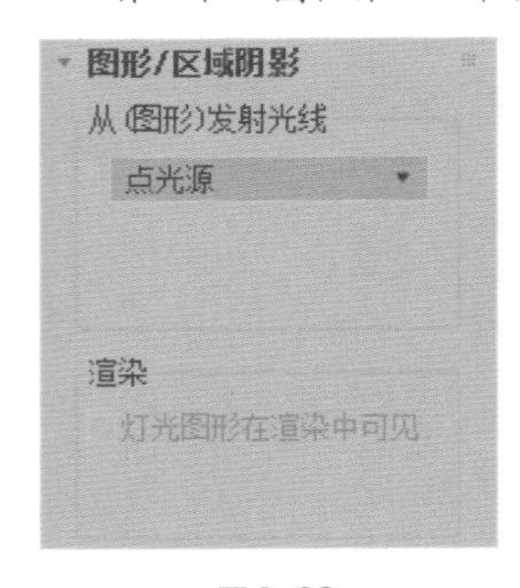

图8-22

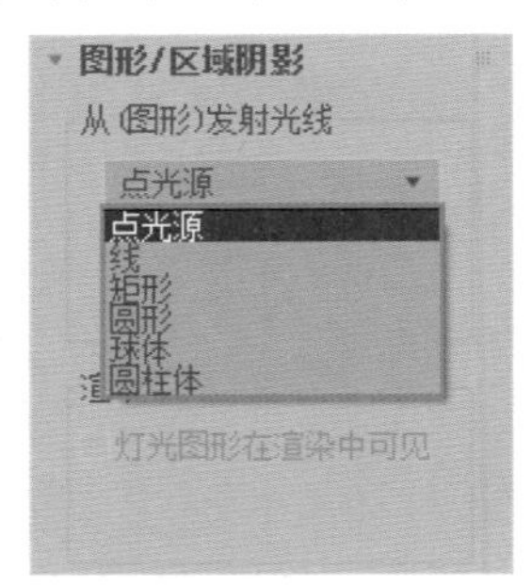

图8-23

◇ 灯光图形在渲染中可见：启用此选项后，如果灯光对象位于视野内，则灯光图形在渲染中会显示为自供照明（发光）的图形。关闭此选项后，将无法渲染灯光图形，而只能渲染它投影的灯光。此选项默认设置为禁用。

5.“阴影参数”卷展栏

展开“阴影参数”卷展栏后，其参数如图 8-24 所示。

工具解析

①“对象阴影”组

◇ 颜色：设置灯光阴影的颜色，默认为黑色。

◇ 密度：设置灯光阴影的密度。

◇ 贴图：可以通过贴图来模拟阴影。

◇ 灯光影响阴影颜色：可以将灯光颜色与阴影颜色混合起来。

②“大气阴影”组

◇ 启用：启用该选项后，大气效果如灯光穿过大气一样投影阴影。

◇ 不透明度：调整阴影的不透明度百分比。

◇ 颜色量：调整大气颜色与阴影颜色混合的量。

6. “阴影贴图参数”卷展栏

展开“阴影贴图参数”卷展栏后，其参数如图 8-25 所示。

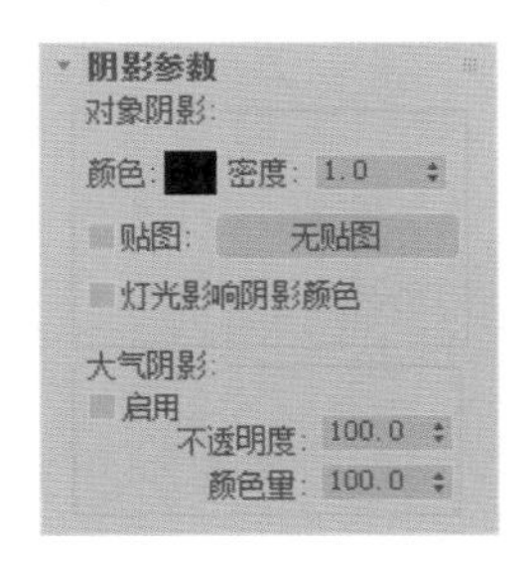

图8-24

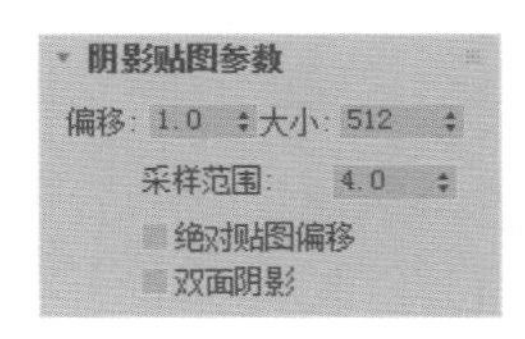

图8-25

工具解析

◇ 偏移：将阴影移向或移开投射阴影的对象。

◇ 大小：设置用于计算灯光的阴影贴图的大小，值越高，阴影越清晰，如图 8-26 所示分别为该值是“200”和“2000”的渲染结果对比。

图8-26

◇ 采样范围：决定阴影的计算精度，值越高，阴影的虚化效果越好，如图 8-27 所示分别为该值是“2”和“15”的渲染结果对比。

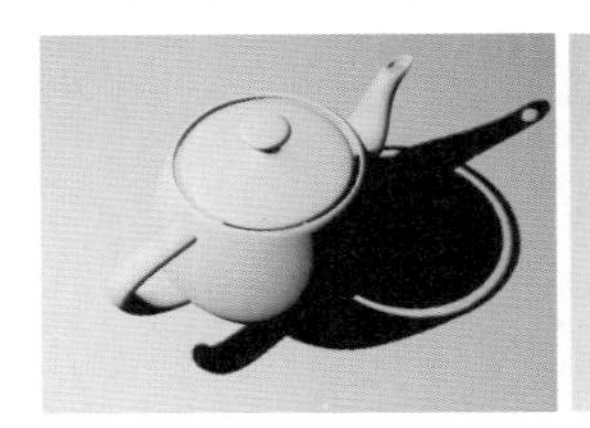

图8-27

◇ 绝对贴图偏移：启用该选项后，阴影贴图的偏移是不标准化的，但是该偏移在固定比例的基础上会以 3ds Max 2018 的单位来表示。

◇ 双面阴影：启用该选项后，计算阴影时，物体的背面也可以产生投影。

提示 注意，此卷展栏的名称根据“常规参数”卷展栏内的阴影类型来决定，不同的阴影类型将影响此卷展栏的名称及内部参数。

7. “大气和效果”卷展栏

展开“大气和效果”卷展栏后，其参数如图 8-28 所示。

工具解析

◇ “添加”按钮 添加 ：单击此按钮可以打开“添加大气或效果”对话框，如图 8-29 所示。在该对话框中可以将大气或渲染效果添加到灯光上。

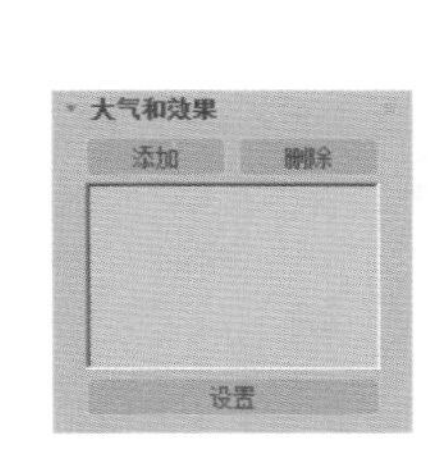

图8-28

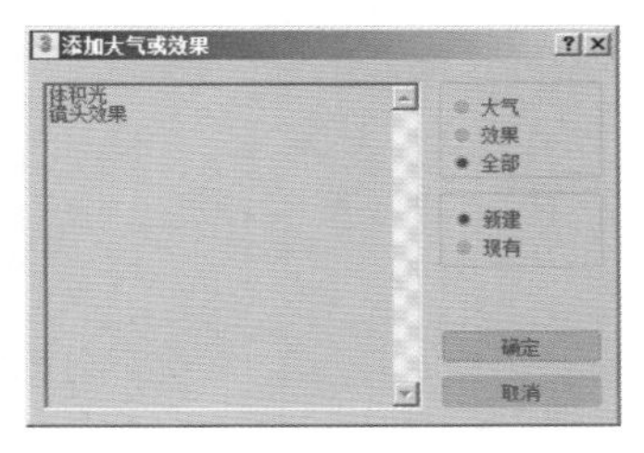

图8-29

◇ “删除”按钮 删除 ：添加大气或效果之后，在大气或效果列表中选择大气或效果，然后单击此按钮进行删除操作。

◇ “设置”按钮 设置 ：单击此按钮可以打开“环境和效果”面板，如图 8-30 所示。

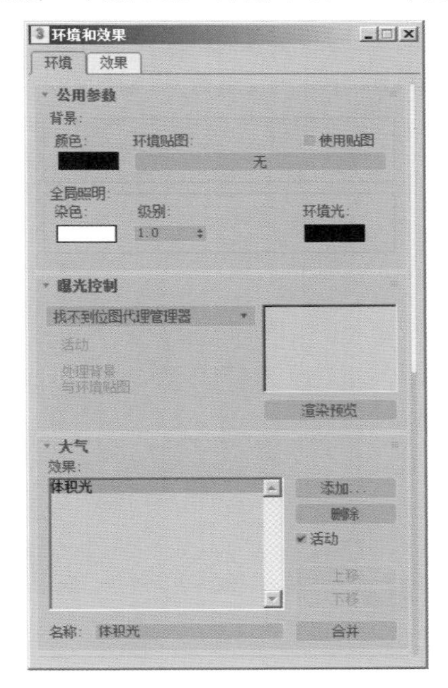

图8-30

8.2.2 自由灯光

“自由灯光”无目标点，在创建“灯光”面板，单击“自由灯光”按钮 自由灯光 即可在场景中创建出一个自由灯光，如图 8-31 所示。

“自由灯光”的参数与上一节所讲的“目标灯光”的参数完全一样，它们的区别仅在于是否具有目标点。“自由灯光”创建完成后，目标点又可以在“修改”面板通过其“常规参数”卷展栏内的“目标”复选框来进行切换，如图 8-32 所示。

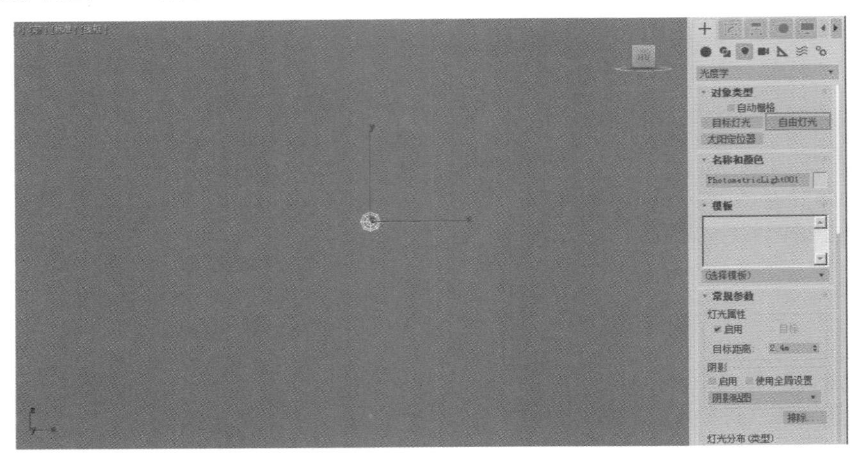

图8-31

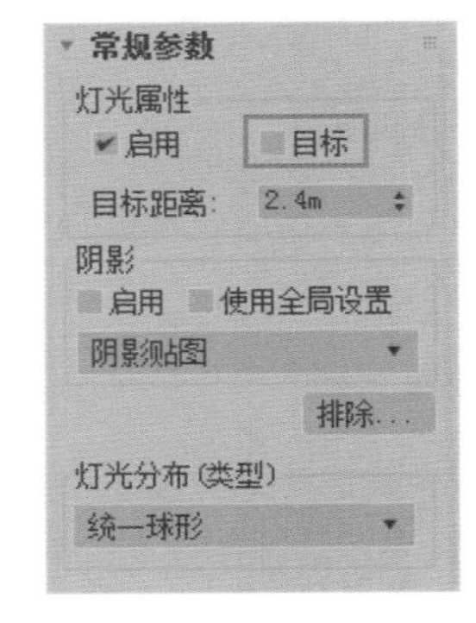

图8-32

8.2.3 太阳定位器

“太阳定位器”是 3ds Max 2018 版本中使用频率较高的一种的灯光，配合 Arnold 渲染器使用，可以非常方便地模拟出自然的室内及室外光线照明。在创建“灯光”面板，单击“太阳定位器”按钮 太阳定位器 即可在场景中创建出该灯光，如图 8-33 所示。

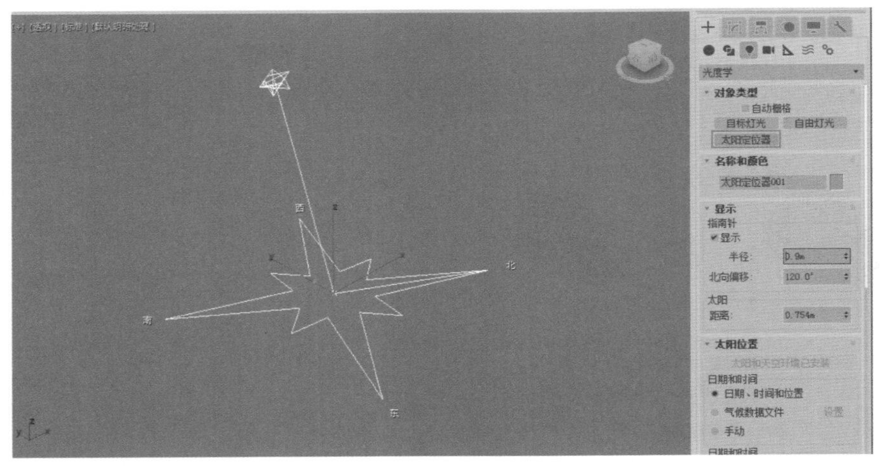

图8-33

创建完成该灯光系统后，打开“环境和效果”面板。在“环境”选项卡中，展开“公用参数”卷展栏，可以看到系统自动为“环境贴图”贴图通道加载了“物理太阳和天空环境”贴图，如图 8-34 所示。这样，渲染场景后，还可以看到逼真的天空环境效果。同时，在“曝光控制”卷展栏内，系统还为用户自动设置了“物理摄影机曝光控制”选项。

在“修改”面板中，可以看到“太阳定位器”灯光分为“显示”和“太阳位置”这两个卷展栏，如图 8-35 所示。

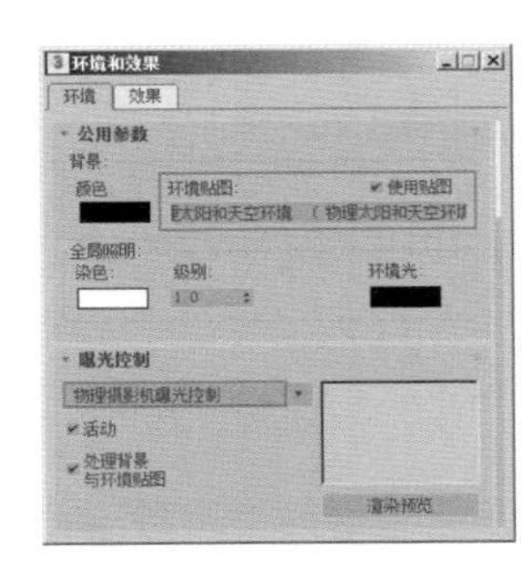

图8-34

图8-35

1.“显示”卷展栏

展开“显示”卷展栏，其中的参数命令如图8-36所示。

工具解析

①“指南针”组

◇ 显示：控制“太阳定位器”中指南针的显示。

◇ 半径：控制指南针图标的大小。

◇ 北向偏移：控制“太阳定位器”的灯光照射方向。

②“太阳”组

◇ 距离：控制灯光与指南针之间的距离。

2.“太阳位置”卷展栏

展开“太阳位置”卷展栏，其中的参数命令如图8-37所示。

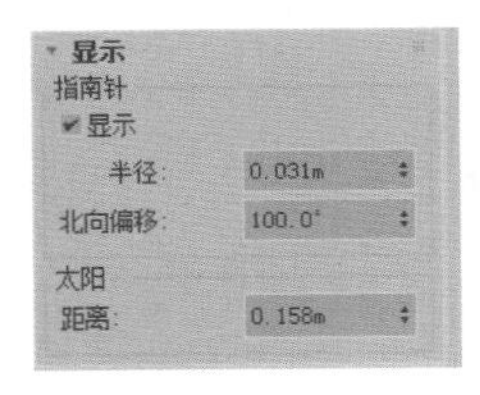

图8-36

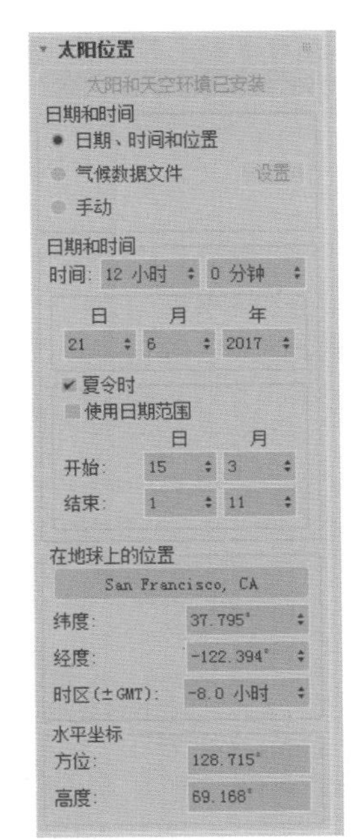

图8-37

工具解析

①“日期和时间”组

◇ 日期、时间和位置：是“太阳定位器”的默认选项。用户可以精准的设置太阳的具体照射位置、照射时间及年月日。

◇ 气候数据文件：选择该选项，用户可以单击该命令后方的“设置”按钮，读取“气候数据”文件来控制场景照明。

◇ 手动：激活该选项，用户可以手动调整太阳的方位和高度。

②“日期和时间”组

◇ 时间：用于设置“太阳定位器”所模拟的年、月、日以及当天的具体时间，如图8-38所示分别为建筑在不同时间内的渲染结果对比。

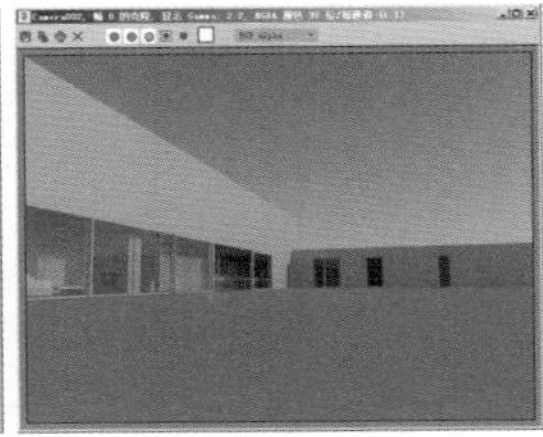

图8-38

◇ 使用日期范围：用于设置“太阳定位器”所模拟的时间段。

③“在地球上的位置”组

◇ “选择位置”按钮：单击该按钮，系统会自动弹出“地理位置”对话框。用户可以选择要模拟的地区来生成当地的光照环境．

◇ 维度：用于设置太阳的维度。

◇ 经度：用于设置太阳的经度。

◇ 时区：用GMT的偏移量来表示时间。

④“水平坐标”组

◇ 方位：用于设置太阳的照射方向。

◇ 高度：用于设置太阳的高度。

8.2.4 “物理太阳和天空环境”贴图

“物理太阳和天空环境”贴图虽然属于材质贴图方面的知识，其功能却是在场景中控制天空照明环境。在场景中创建“太阳定位器”灯光时，这个贴图会被自动添加到“环境和效果”面板中“环境”选项卡中，所以将这个较为特殊的贴图命令，放置于本章内为读者进行详细讲解。

同时打开“环境和效果”面板和“材质编辑器”面板，以“实例”的方式将“环境和效果”面板中的“物理太阳和天空环境”贴图拖曳至一个空白的材质球上，即可对其进行编辑操作，如图 8-39 所示。

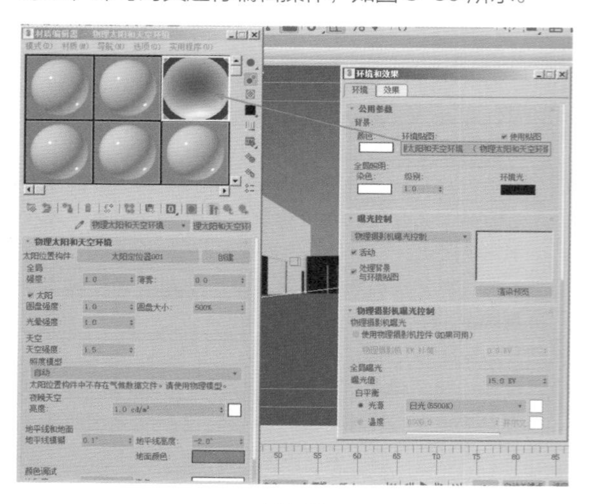

图8-39

“物理太阳和天空环境”贴图的参数命令如图 8-40 所示。

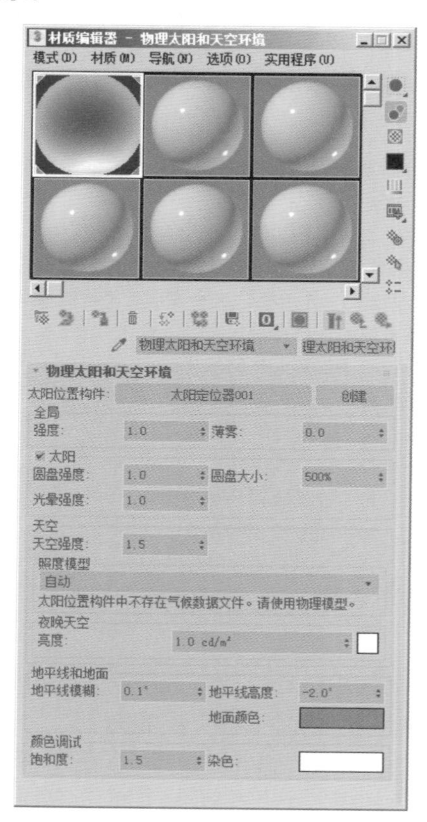

图8-40

工具解析

◇ 太阳位置构件：默认显示当前场景已经存在的太阳定位器，如果是在“环境和效果”面板先添加的贴图，那么可以通过单击该命令后方的“创建”按钮来在场景中创建一个太阳定位器。

①“全局”组

◇ 强度：控制太阳定位器所产生的整体光照强度。

◇ 薄雾：用于模拟大气对阳光所产生的散射影响，如图 8-41 所示分别为该值是“0”和“0.2”的天空渲染结果对比。

图8-41

②“太阳”组

◇ 圆盘强度：用于控制场景中太阳的光线强弱，较高的值可以对建筑物产生明显的投影，而较小的值可以用于模拟阴天的环境照明效果，如图 8-42 所示分别为该值是“1”和“0.15”时的渲染结果对比。

图8-42

◇ 圆盘大小：用于控制阳光对场景投影的虚化程度。

◇ 光晕强度：用于控制天空中太阳的渲染大小，如图 8-43 所示分别为该值是“1”和“50”的材质球显示结果对比。

③“天空”组

◇ 天空强度：控制天空的光线强度，如图 8-44 所示为该值分别是“1.5”和“0.5”的材质球显示结果对比。

◇ 照度模型：有“自动”“物理”和“测量”3 种方式可选，如果太阳位置构件中不存在气候数据文件，则使用物理模型，如图 8-45 所示。

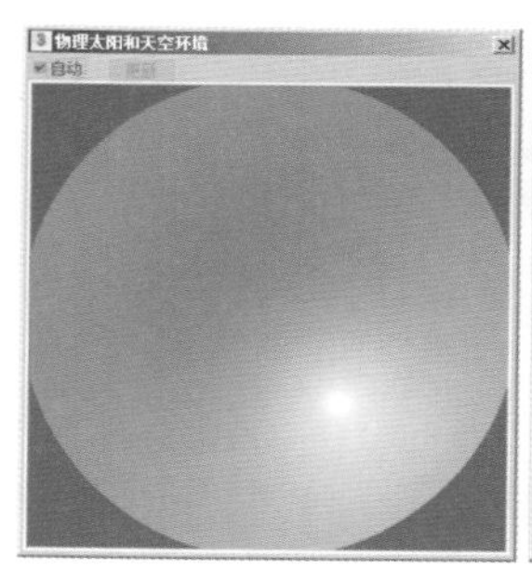

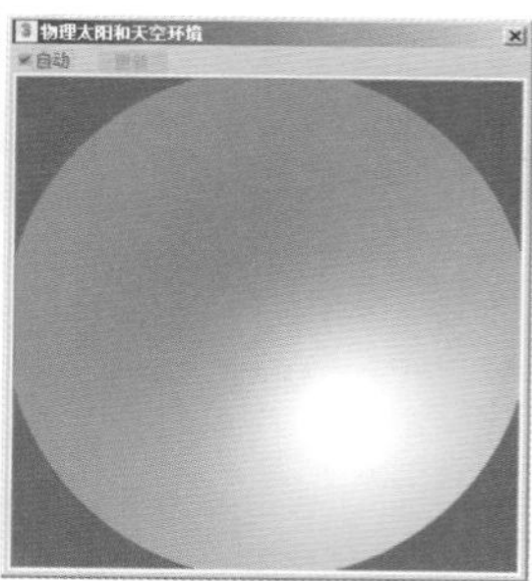

图8-43

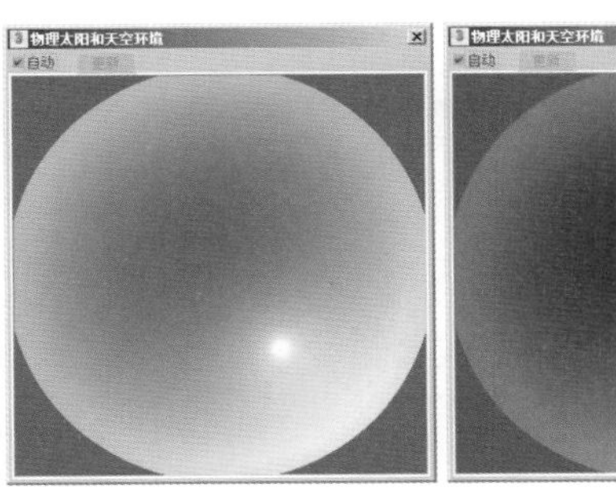

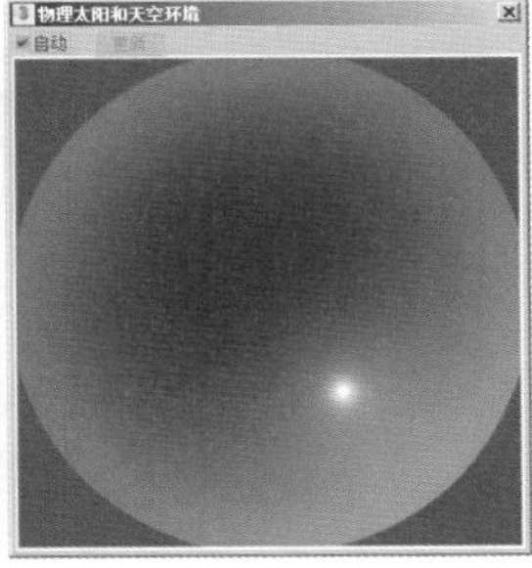

图8-44

自动
物理(Freetham et al.)
测量(Perez 所有天气)

图8-45

④“地平线和地面”组

◇　地平线模糊：用于控制地平线的模糊程度。

◇　地平线高度：用于设置地平线的高度。

◇　地面颜色：设置地平线以下的颜色。

⑤“颜色调试”组

◇　饱和度：通过调整太阳和天空环境的色彩饱和度，进而影响整个渲染计算的画面色彩，如图8-46所示分别是该值为“0.5”和“1.5”的渲染结果对比。

图8-46

◇　染色：控制天空的环境染色。

8.3 “标准”灯光

“标准”灯光包括有6个灯光按钮，分别为“目标聚光灯”按钮 目标聚光灯 、“自由聚光灯”按钮、 自由聚光灯 “目标平行光”按钮 目标平行光 、“自由平行光”按钮 自由平行光 、“泛光”按钮 泛光 和“天光”按钮 天光 ，如图8-47所示。

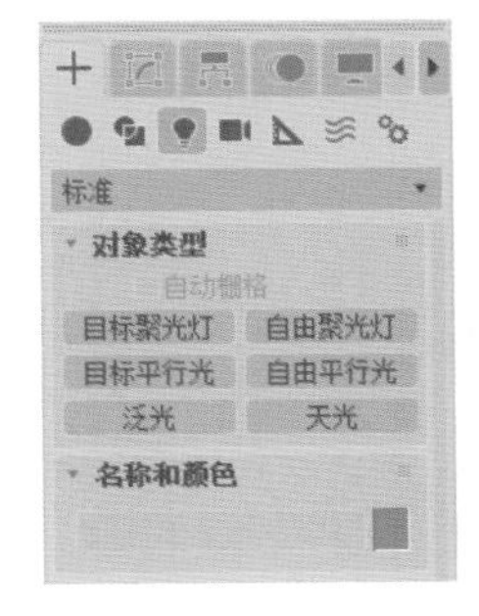

图8-47

8.3.1 目标聚光灯

“目标聚光灯”的光线照射方式与手电筒、舞台光束灯等的照射方式非常相似，都是从一个点光源向一个方向发射光线。“目标聚光灯”有一个可控的目标点，无论怎样移动聚光灯的位置，光线始终照射目标所在的位置，如图8-48所示。

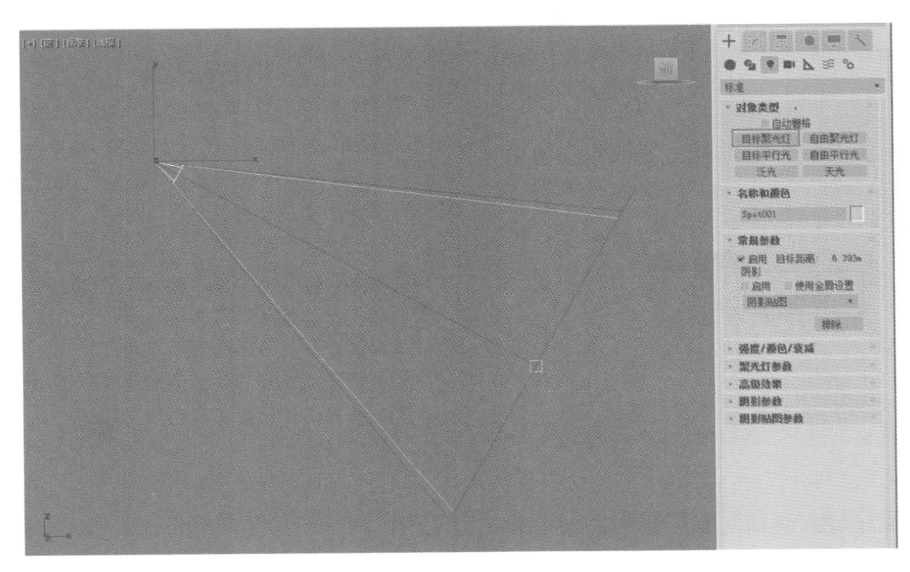

图8-48

在“修改”面板中，“目标聚光灯”有“常规参数”“强度/颜色/衰减”“聚光灯参数”“高级效果”“阴影参数”“光线跟踪阴影参数”和“大气和效果”7个卷展栏，如图8-49所示。

1. “常规参数”卷展栏

展开“常规参数”卷展栏后，其参数如图8-50所示。

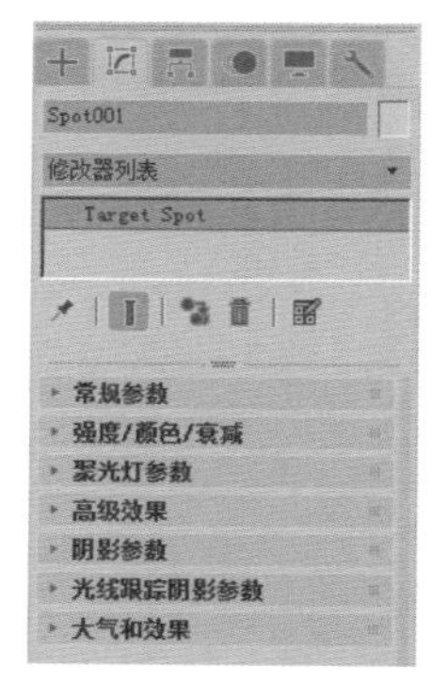

图8-49

图8-50

工具解析

①“灯光类型”组

◇ 启用：用于控制选择的灯光是否开启照明。后面的下拉列表里有“聚光灯”“平行光”和“泛光”3种灯光类型可选。

◇ 目标：控制所选择的灯光是否具有可控的目标点，同时显示灯光与目标点之间的距离。

②“阴影”组

◇ 启用：决定当前灯光是否投射阴影。

◇ 使用全局设置：启用此选项以使用该灯光投射阴影的全局设置。禁用此选项以启用阴影的单个控件。如果未选择使用全局设置，则必须选择渲染器以哪种方法来生成特定灯光的阴影。

◇ 阴影方法下拉列表：决定渲染器是否使用“高级光线跟踪”“区域阴影”“阴影贴图”或“光线跟踪阴影”生成该灯光的阴影，如图8-51所示。

图8-51

◇ “排除”按钮 排除... ：将选定对象排除于灯光效果之外。单击此按钮弹出“排除/包含”对话框，如图8-52所示。

2. “强度/颜色/衰减”卷展栏

展开“强度/颜色/衰减”卷展栏后，其参数如图8-53所示。

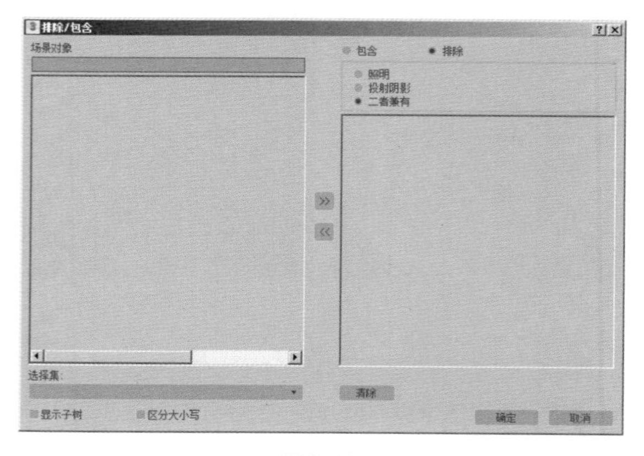

图8-52

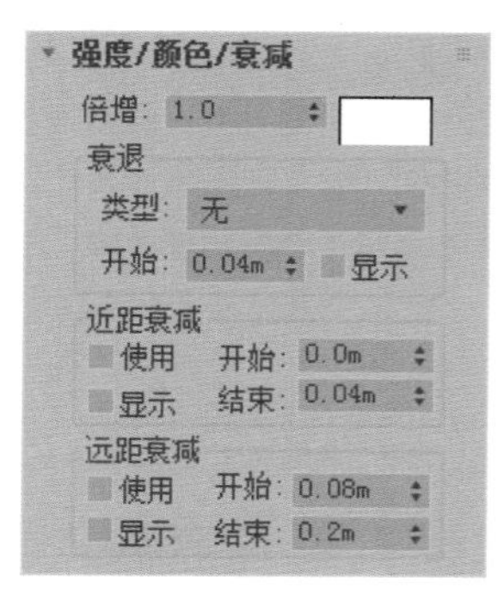

图8-53

工具解析

◇ 倍增：将灯光的功率放大一个正或负的量。例如，如果将倍增设置为“2”，灯光将亮两倍。负值则可以减去灯光，这对于在场景中有选择地放置黑暗区域非常有用。默认值为“1”。

①“衰退”组

◇ 类型：衰退的类型有三种，分别为“无”“反向”和“平方反比”。其中，“无”指不应用衰退，“反向”指应用反向衰退，“平方反比”指应用平方反比衰退。

◇ 开始：如果不使用衰退，则设置灯光开始衰退的距离。

◇ 显示：在视口中显示衰退范围。

②“近距衰减”组

◇ 开始：设置灯光开始淡入的距离。

◇ 结束：设置灯光达到其全值的距离。

◇ 使用：启用灯光的近距衰减。

◇ 显示：在视口中显示近距衰减范围设置。图8-54所示为显示了近距衰减的聚光灯。

③“远距衰减”组

◇ 开始：设置灯光开始淡出的距离。

◇ 结束：设置灯光为“0”的距离。

◇ 使用：启用灯光的远距衰减。

◇ 显示：在视口中显示远距衰减范围设置。图8-55所示为显示了远距衰减的聚光灯。

图8-54

图8-55

3. “聚光灯参数”卷展栏

展开“聚光灯参数”卷展栏后，其参数如图 8-56 所示。

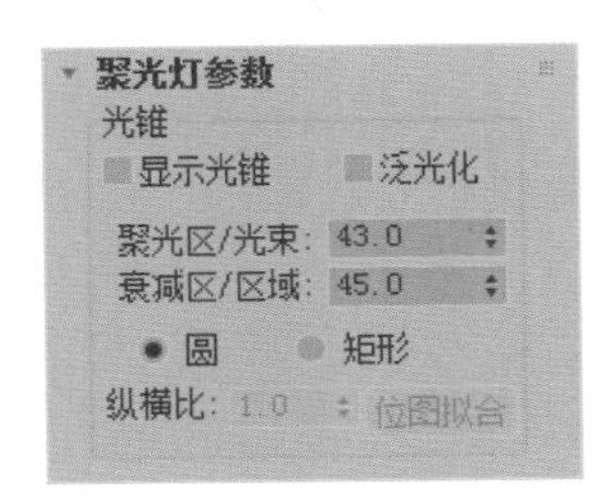

图8-56

工具解析

◇ 显示光锥：启用或禁用圆锥体的显示。当勾选“显示光锥”复选框时，即使不选择该灯光，仍然可以在视口中看到其光锥效果，如图 8-57 所示。

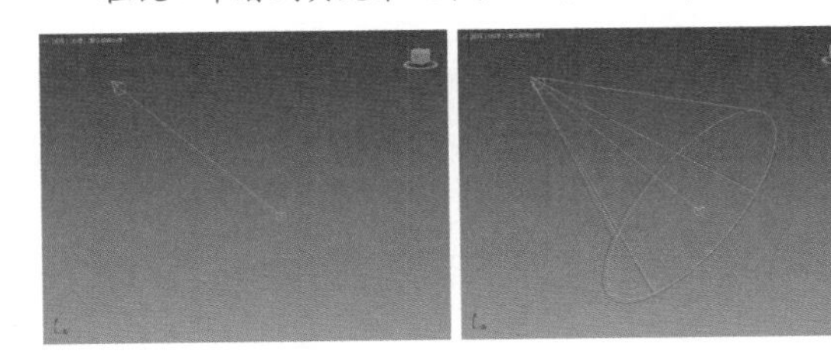

图8-57

◇ 泛光化：启用泛光化后，灯光在所有方向上投影灯光。但是，投影和阴影只发生在其衰减圆锥体内。

◇ 聚光区 / 光束：调整灯光圆锥体的角度。聚光区值以度为单位进行测量。默认值为“43”。

◇ 衰减区 / 区域：调整灯光衰减区的角度。衰减区值以度为单位进行测量。默认值为“45”。

◇ 圆 / 矩形：确定聚光区和衰减区的形状。如果想要一个标准圆形的灯光，应设置为“圆形”；如果想要一个矩形的光束（如灯光通过窗户或门口投影），应设置为“矩形”。

◇ 纵横比：设置矩形光束的纵横比。单击“位图适配”按钮可以使纵横比匹配特定的位图。默认值为“1.0”。

◇ 位图拟合：如果灯光的投影纵横比为矩形，应设置纵横比以匹配特定的位图。当灯光用作投影灯时，该选项非常有用。

4. “高级效果”卷展栏

展开“高级效果”卷展栏后，其参数如图 8-58 所示。

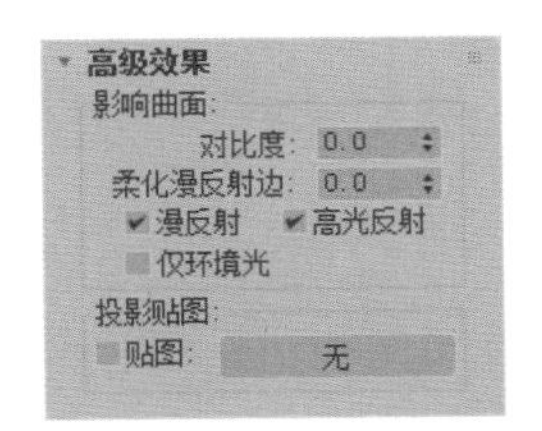

图8-58

工具解析

①“影响曲面”组

◇ 对比度：调整曲面的漫反射区域和环境光区域之间的对比度。

◇ 柔化漫反射边：增加“柔化漫反射边”的值可以柔化曲面的漫反射部分与环境光部分之间的边缘，这样有助于消除在某些情况下曲面上出现的边缘。默认值为“50”。

◇ 漫反射：启用此选项后，灯光将影响对象曲面的漫反射属性；禁用此选项后，灯光在漫反射曲面上没有效果。默认设置为启用。

◇ 高光反射：启用此选项后，灯光将影响对象曲面的高光属性；禁用此选项后，灯光在高光属性上没有效果。默认设置为启用。

◇ 仅环境光：启用此选项后，灯光仅影响照明的环境光组件。

②“投影贴图”组

◇ 贴图：可以使用后面的拾取按钮来为投影设置贴图。

8.3.2 自由聚光灯

“自由聚光灯”的参数设置和使用方法与上一节的“目标聚光灯”基本一样，唯一的区别在于“目标聚光灯”有一个目标点，而“自由聚光灯”没有目标点，如图 8-59 所示。

8.3.3 目标平行光

“目标平行光”的参数及使用方法与“目标聚光灯”基本一样，唯一的区别就在于照射的区域。“目标聚光灯”的灯光是从一个点照射到一个区域范围上，而“目标平行光”的灯光是从一个区域平行照射到另一个区域，如图 8-60 所示。

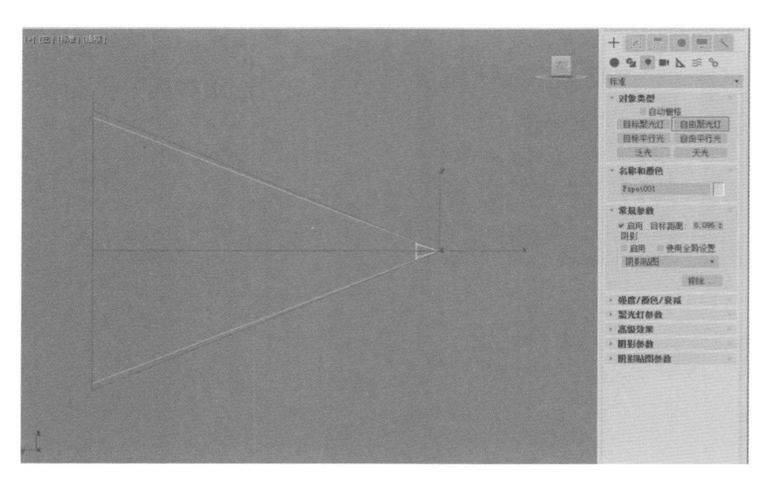

图8-59

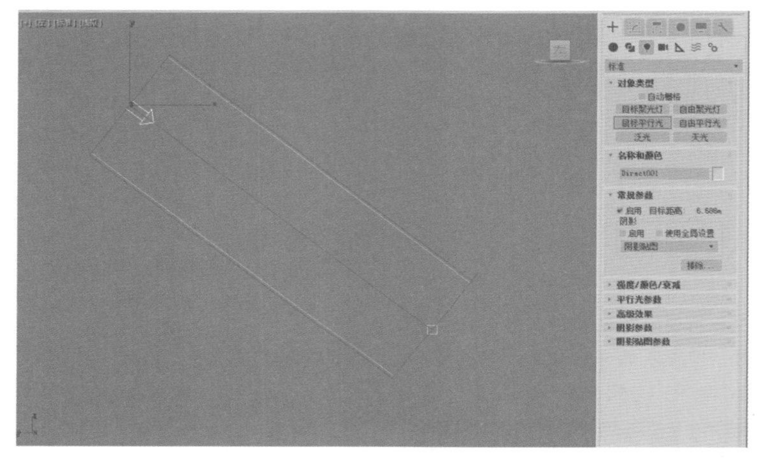

图8-60

8.3.4 自由平行光

“自由平行光”的参数设置和使用方法与上一节的“目标平行光”基本一样，唯一的区别在于“目标平行光”有一个目标点，而“自由平行光”没有目标点，如图 8-61 所示。

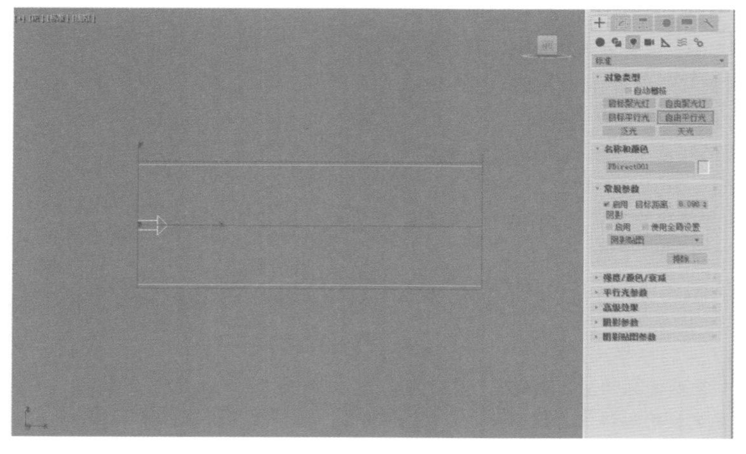

图8-61

8.3.5 泛光

“泛光”主要用于模拟单个光源向各个方向投影光线，优点在于方便创建而不必考虑照射范围。“泛光”用于将“辅助照明”添加到场景中，或模拟点光源，如灯泡、烛光等，如图 8-62 所示。

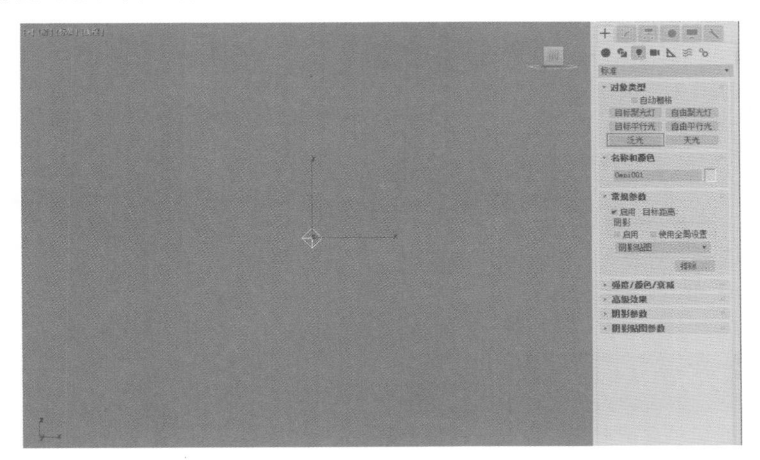

图8-62

提示 “标准”灯光类型中的“目标聚光灯”“自由聚光灯”“目标平行光”“自由平行光”和“泛光”这5个灯光的参数及使用方法基本一样，故不再重复讲解。并且在“修改”面板中，这5种灯光类型可以任意切换，如图8-63所示。

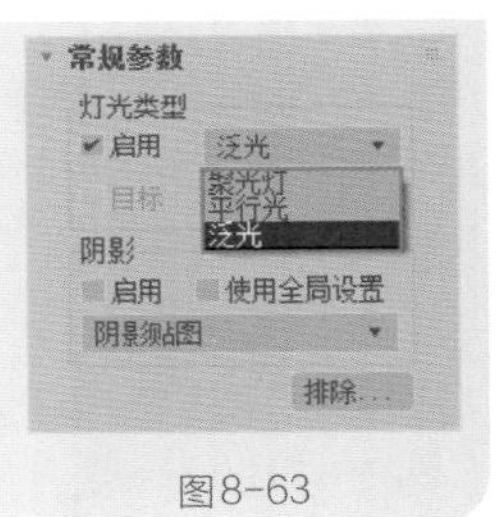

图8-63

8.3.6 天光

“天光”主要用来模拟天空光，常常用作环境中的补光。“天光”也可以作为场景中的唯一光源，这样可以模拟阴天环境下，无直射阳光的光照场景，如图 8-64 所示。

“天光”的参数命令如图 8-65 所示。

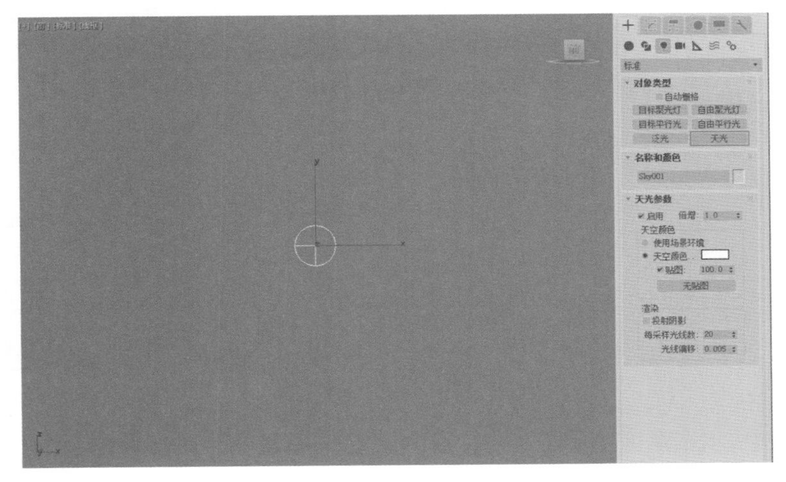

图8-64

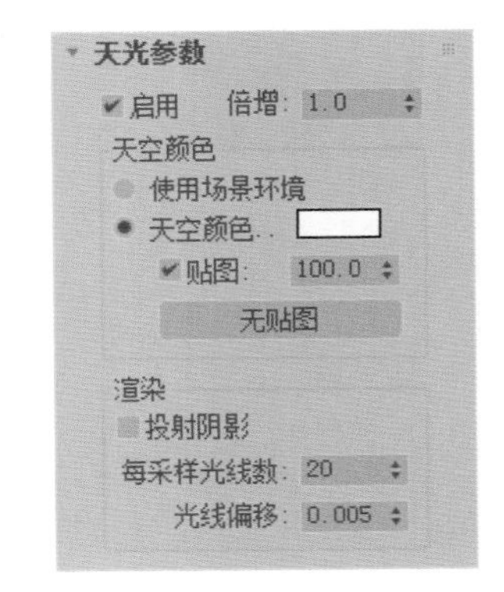

图8-65

工具解析

①“天光参数”栏

◇ 启用：控制是否开启天光。

◇ 倍增：控制天光的强弱强度。

②“天空颜色”组

◇ 使用场景环境：使用“环境与特效”对话框中设置的“环境光”颜色来作为天光的颜色。

◇ 天空颜色：设置天光的颜色。

◇ 贴图：指定贴图来影响天光的颜色。

③“渲染”组

◇ 投射阴影：控制天光是否投射阴影。

◇ 每采样光线数：计算落在场景中每个点的光子数目。

◇ 光线偏移：设置光线产生的偏移距离。

8.4 Arnold灯光

3ds Max 2018 版本整合了 Arnold 5.0 渲染器，一个新的灯光系统也随之被添加进来，那就是 Arnold Light（阿诺德灯光），如图 8-66 所示。如果三维用户习惯使用 Arnold 渲染器渲染作品，那么一定要熟练掌握该灯光的使用方法，因为仅仅使用该灯光就几乎可以模拟各种常见照明环境。另外，需要注意的是，即使是在中文版 3ds Max 2018 中，该灯光的命令参数仍然为英文显示。

图8-66

在“修改”面板中，我们可以看到“Arnold Light”卷展栏分布如图 8-67 所示。

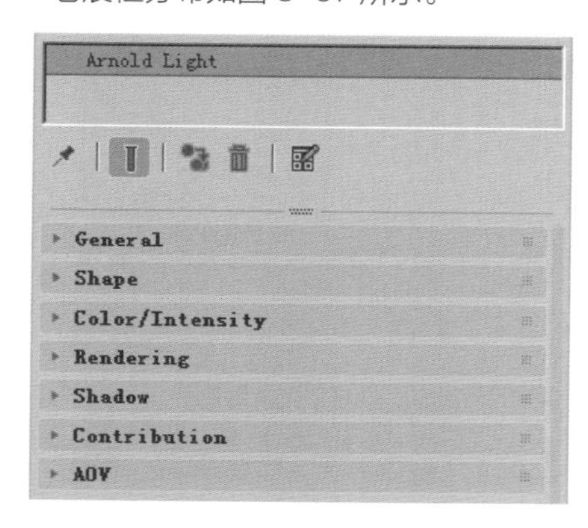

图8-67

8.4.1 General（常规）卷展栏

“General（常规）”卷展栏主要用于设置 Arnold Light（阿诺德灯光）的开启及目标点等相关命令，展开“General（常规）”卷展栏，其中的参数命令如图 8-68 所示。

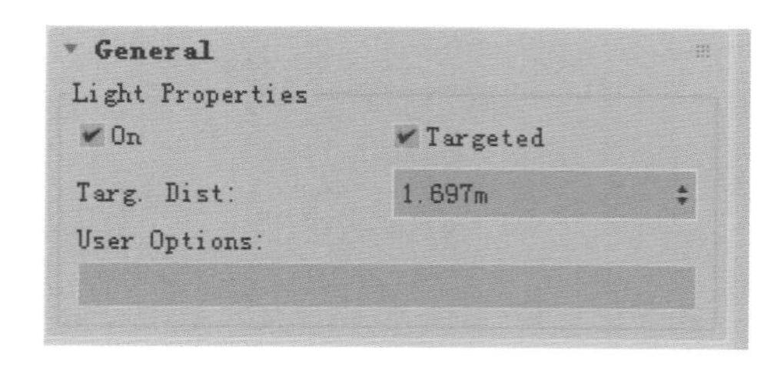

图8-68

工具解析

◇ On：用于控制选择的灯光是否开启照明。

◇ Targeted：用于设置灯光是否需要目标点。

◇ Targ Dist：设置目标点与灯光的间距。

8.4.2 Shape（形状）卷展栏

“Shape（形状）”卷展栏主要用于设置灯光的类型，展开“Shape（形状）”卷展栏，其中的参数命令如图 8-69 所示。

工具解析

◇ Type：用于设置灯光的类型，3ds Max 2018 为用户提供了如图 8-70 所示的 9 种灯光类型，帮助用户分别解决不同的照明环境模拟需求。从这些类型上看，仅仅是一个 Arnold Light 命令，就可以模拟出点光源、聚光灯、面光源、天空环境、光度学、网格灯光等多种不同灯光照明。

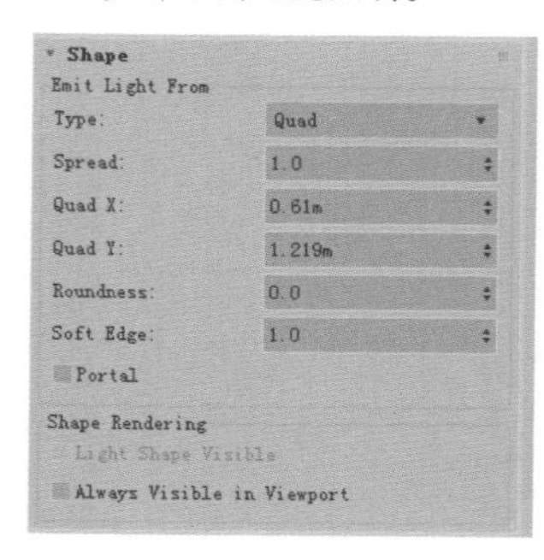

图8-69

图8-70

◇ Spread：用于控制 Arnold Light 的扩散照明效果。当该值为默认值“1”时，灯光对物体的照明效果会产生散射状的投影；当该值设置为“0”时，灯光对物体的照明效果会产生清晰的投影。

◇ Quad X/Quad Y：用于设置灯光的长度或宽度。

◇ Soft Edge：用于设置灯光产生投影的边缘虚化程度。

8.4.3 Color/Intensity（颜色/强度）卷展栏

“Color/Intensity（颜色/强度）”卷展栏主要用于控制灯光的色彩及照明强度，展开该卷展栏，其中的参数命令如图8-71所示。

Color/Intensity
Color
Color
CIE F7 - Fluorescent
Kelvin 6500.0
Texture 无贴图
Filter Color:
Intensity
Intensity: 50.0
Exposure (f-stop) 8.0
Resulting Intensity: 12800
Normalize Energy

图8-71

工具解析

① Color（颜色）组

◇ Color：用于设置灯光的颜色。

◇ Kelvin：使用色温值来控制灯光的颜色。

◇ Texture：使用贴图来控制灯光的颜色。

◇ Filter Color：设置灯光的过滤颜色。

② Intensity（强度）组

◇ Intensity：设置灯光的照明强度。

◇ Exposure：设置灯光的曝光值。

8.4.4 Rendering（渲染）卷展栏

展开“Rendering（渲染）”卷展栏，其中的命令参数如图8-72所示。

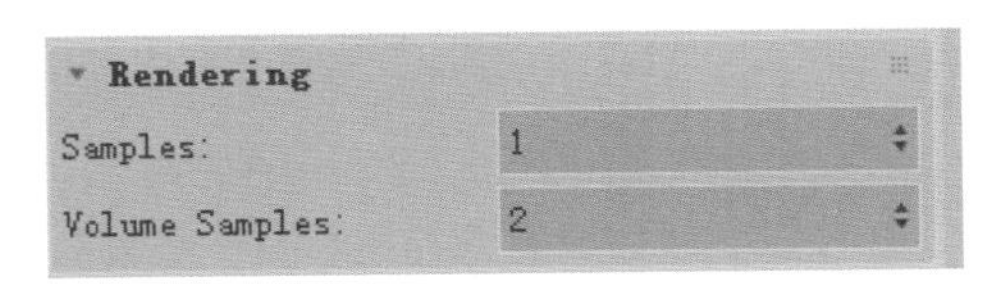

图8-72

工具解析

◇ Samples：设置灯光的采样值。

◇ Volume Samples：设置灯光的体积采样值。

8.4.5 Shadow（阴影）卷展栏

展开“Shadow（阴影）”卷展栏，其中的命令参数如图8-73所示。

图8-73

工具解析

◇ Cast Shadows：设置灯光是否投射阴影。

◇ Atmospheric Shadows：设置灯光是否投射大气阴影。

◇ Color：设置阴影的颜色。

◇ Density：设置阴影的密度值。

8.5 技术实例

8.5.1 实例：制作HDR环境照明效果

扫码看视频

HDR贴图一般使用高质量的照片进行制作，将现实中的光照环境完完全全地搬进三维场景中，使得三维艺术家的模型作品表面得到与现实环境一般无二的真实反射及折射效果。本实例讲解了如何使用HDR贴图来快速地制作环境照明效果，为了让读者可以观察到HDR贴图所产生的环境反射效果，本实例使用了具有较高反射属性的金属材质和车漆材质来配合讲解制作，最终的渲染效果如图8-74所示。

（1）启动3ds Max 2018软件，打开本书配套资源“玩具汽车.max”文件。本场景中有一个已经设置好材质的玩具汽车模型，如图8-75所示。

（2）按下【8】键，打开“环境和效果”面板，在“环境贴图”通道上添加“位图”贴图，在弹出的“选择位图图像文件”对话框中选择本书配套资源

"室外环境.hdr"文件，如图8-76所示。

图8-74

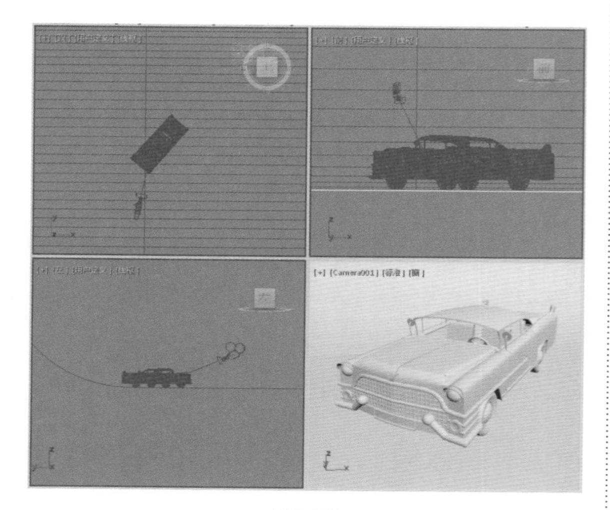

图8-75

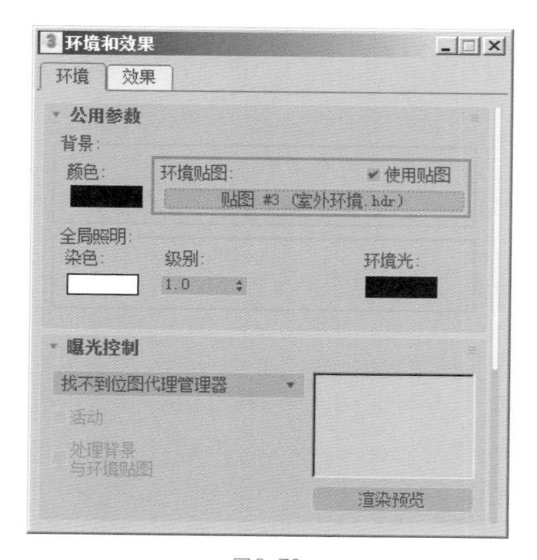

图8-76

（3）按下【M】键，打开"材质编辑器"面板。将"环境贴图"通道上的贴图拖曳至"材质编辑器"面板中的空白材质球上，这样就可以在"材质编辑器"面板中观察HDR贴图文件了，如图8-77所示。

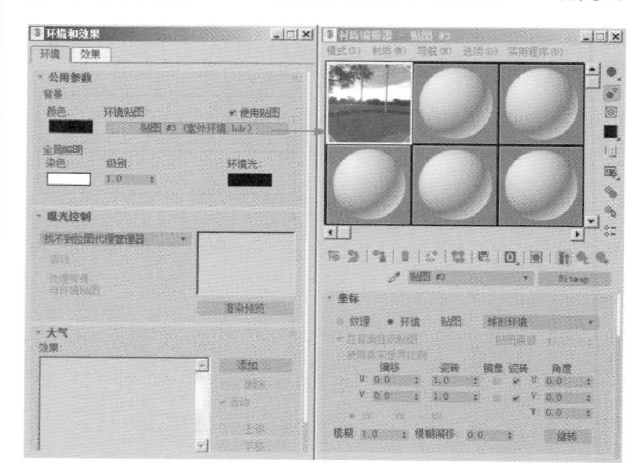

图8-77

（4）在默认状态下，HDR文件的光照强弱程度可能并不理想，这时，需要对HDR贴图的亮度进行适当调整。在"材质编辑器"面板中，展开"输出"卷展栏，将"输出量"的值设为"2"，提高贴图的亮度，如图8-78所示。

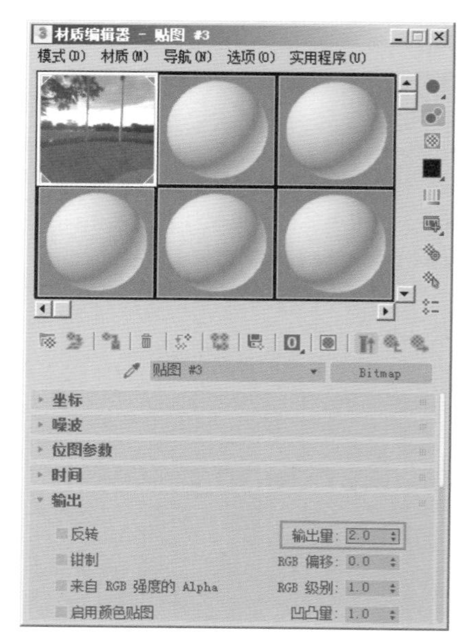

图8-78

（5）图8-79所示分别是"输出量"的值为"1"和"2"的HDR贴图亮度对比。可以看到当提高该值后，可以显著增强HDR的环境照明亮度。

（6）设置完成后，渲染场景。虽然本实例没有在场景中添加任何灯光，但是HDR贴图仍然会对场景中的模型对象生成照明及阴影效果。本实例的最终渲染结果如图 8-74 所示。

图8-79

8.5.2 实例：制作室外天空照明效果

扫码看视频

本实例讲解了如何制作室外的天空环境照明效果，渲染效果如图 8-80 所示。

图8-80

（1）启动 3ds Max 2018 软件，打开本书配套资源“露台 .max”文件。资源文件中为一个室外露台的场景模型，并已经设置好材质和摄影机，如图 8-81 所示。

（2）在创建“灯光”面板中，单击“太阳定位器”按钮，在场景中如图 8-82 所示位置处创建一个“太阳定位器”灯光。

（3）在“修改”面板中，展开“太阳位置”卷展栏。单击“在地球上的位置”下方的按钮，在弹出的“地理位置”面板中，设置“贴图”使用“亚洲”。

图8-81

图8-82

（4）在“地理位置”对话框中，在地图上单击鼠标将光标的位置设置为长春。

（5）设置完成后，单击“确定”按钮，关闭“地理位置”对话框。可以看到“在地球上的位置”已经被更改至中国的长春地区，如图 8-83 所示。

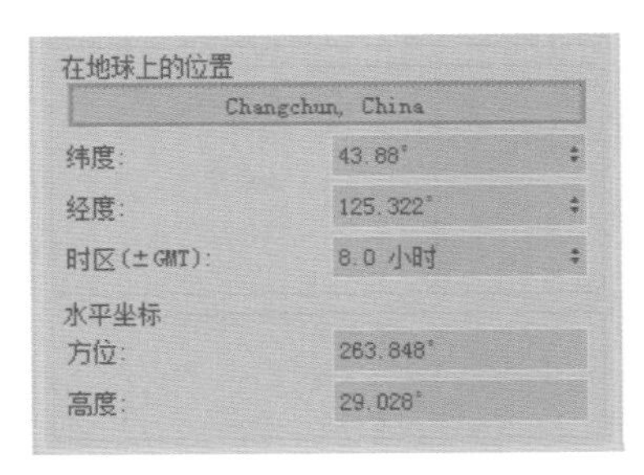

图8-83

（6）在“日期和时间”组中，设置太阳模拟的时间为“2017 年 6 月 24 日”的“17 点 0 分钟”，如图 8-84 所示。

（7）设置完成后，展开“显示”组。通过更改“北向偏移”的值来改变太阳的光照角度，在本例中，将“北向偏移”的值设置为“40”，如图 8-85 所示。

（8）按下【8】键，打开“环境和效果”面板再按下【M】键，打开“材质编辑器”面板。将“环境和效果”面板中的“环境贴图”以“实例”的方式拖曳至“材质编辑器”面板中的空白材质球上，如图8-86所示。

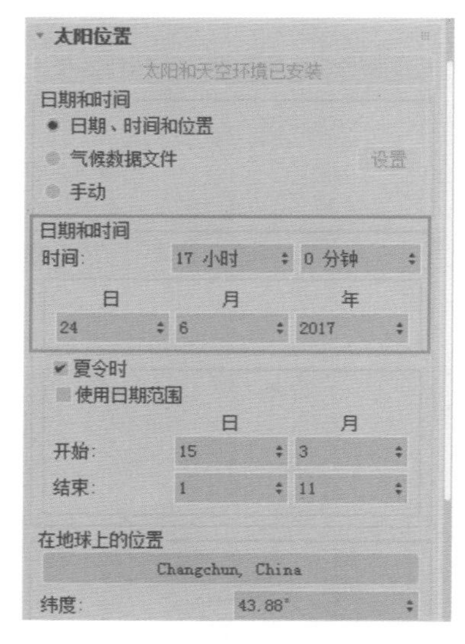

图8-84

图8-85

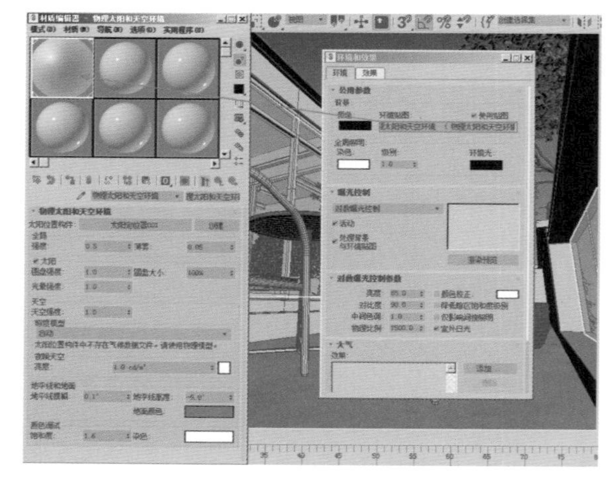

图8-86

（9）展开“物理太阳和天空环境”卷展栏，设置“全局”的值为“0.5”，“薄雾”的值为“0.05”，降低太阳定位器的默认照明强度，如图8-87所示。

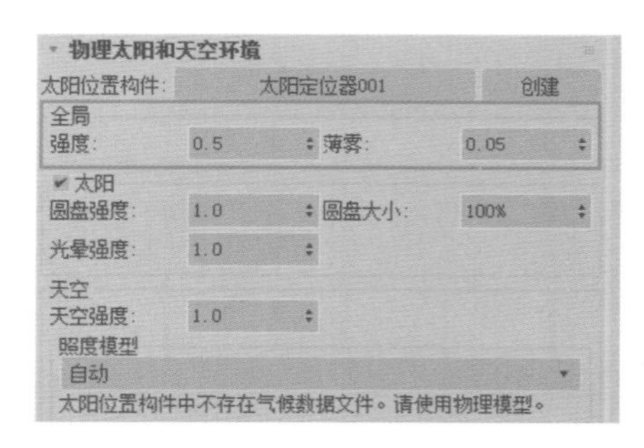

图8-87

（10）将“地平线高度”的值设置为“-5”，并设置“饱和度”的值为“1.6”，提高渲染图像的色彩鲜艳程度，如图8-88所示。

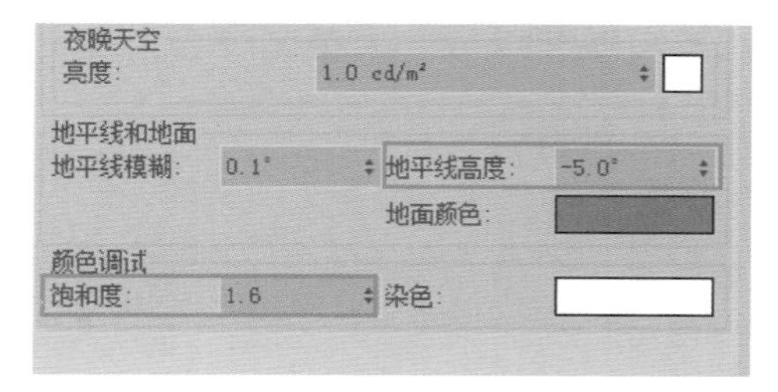

图8-88

（11）渲染场景，本场景的最终渲染结果如图8-80所示。

8.5.3 实例：制作室内真实投影效果

本实例讲解了在3ds Max中制作真实的日光投影效果，本实例的渲染效果如图8-89所示。

扫码看视频

图8-89

（1）启动3ds Max 2018，打开本书配套资源“插座.max”文件。本场景为室内一角，并设置好了模型的材质及摄影机，如图8-90所示。

（2）在创建“灯光”面板，单击“太阳定位器”

按钮，在场景中如图 8-91 所示位置处创建一个太阳定位器灯光。

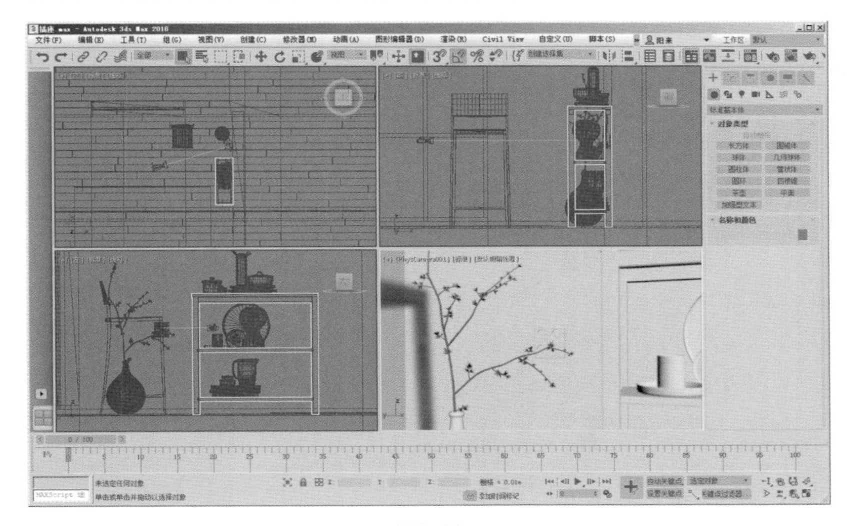

图8-90

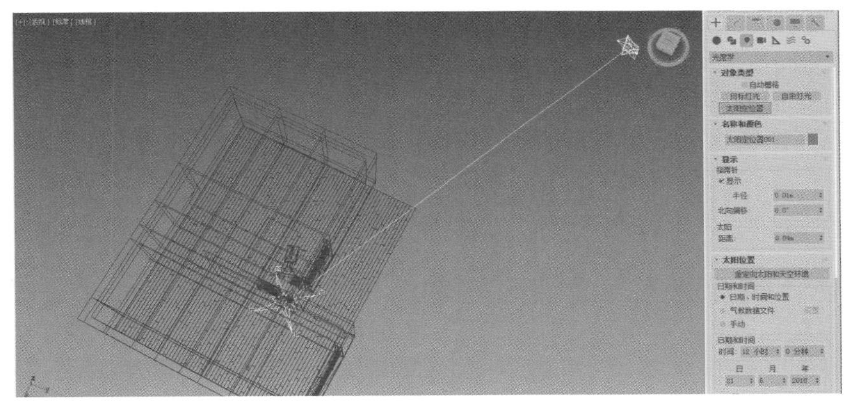

图8-91

（3）在“修改”面板中，展开“太阳位置”卷展栏。设置当前灯光所使用的日期为“2018 年 3 月 21 日”，时间为“下午的 5 时”，并设置其在地球上的位置为“中国的长春”，如图 8-92 所示。

（4）展开“显示”卷展栏，设置灯光的北向偏移值为“46.71”，如图 8-93 所示。

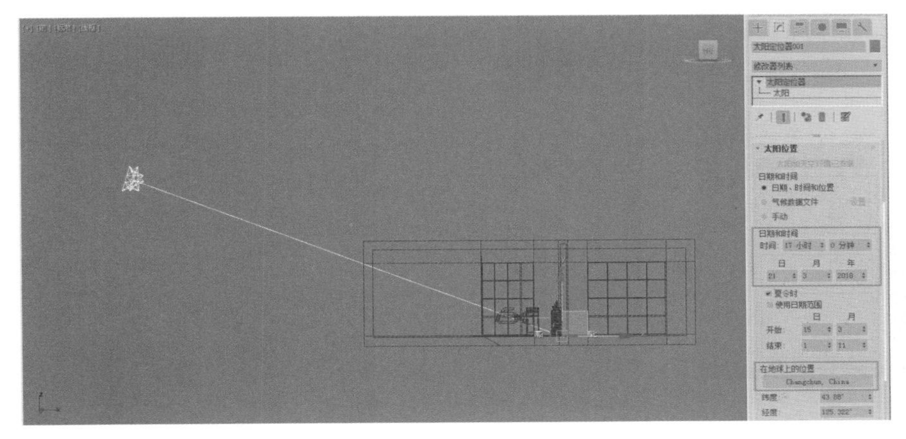

图8-92

显示
指南针
显示
半径：0.02m
北向偏移：46.71°
太阳
距离：17.121m

图8-93

（5）按下【8】键，打开“环境和效果”面板。按下【M】键，打开“材质编辑器”面板。将“环境和效果”面板中的“环境贴图”以“实例”的方式拖曳至“材质编辑器”面板中的空白材质球上，如图 8-94 所示。

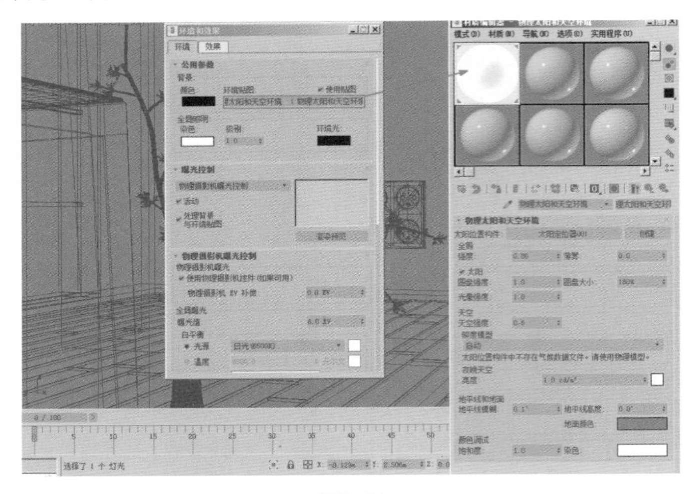

图8-94

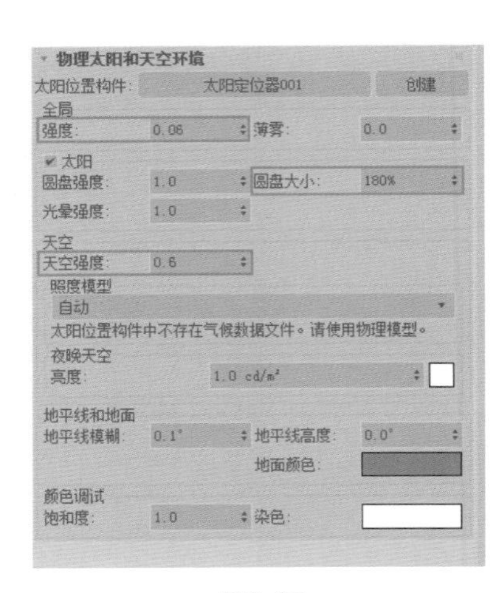

图8-95

（6）展开“物理太阳和天空环境”卷展栏，设置“全局”的“强度”值为“0.06”，降低太阳光的整体强度。设置太阳“圆盘大小”的值为“180%”，可以提高阴影的虚化程度。设置“天空强度”的值为“0.6”，适当降低太阳定位器的天空照明强度，如图 8-95 所示。

（7）设置完成后，渲染场景，本场景的最终渲染效果如图 8-89 所示。从渲染图中可以观察到距离墙体不同远近的对象所产生的投影，其虚化程度和阴影的颜色均不一样。距离墙体越近的对象所产生的投影越实一些，颜色也更偏深色一些，反之亦然。

8.5.4 实例：制作室内夜景照明效果

扫码看视频

本实例讲解了如何使用 Arnold 灯光来表现对产品的照明效果，本实例的渲染效果如图 8-96 所示。

（1）启动 3ds Max 2018 软件，打开本书配套资源文件“卧室 .max”，场景内已经设置好模型的基本材质及摄影机，如图 8-97 所示。

图8-96

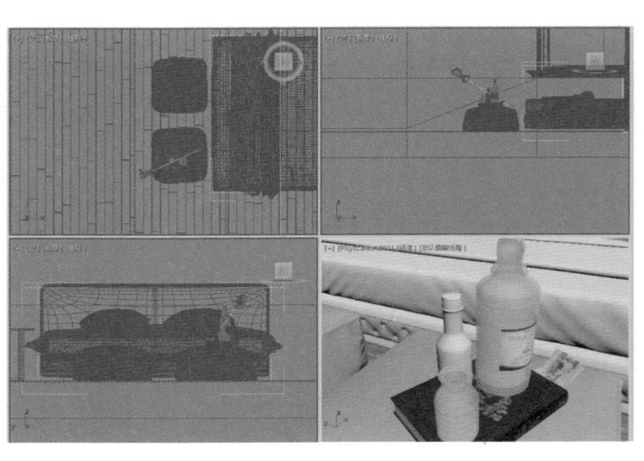

图8-97

（2）在“顶”视图中，按下“Arnold Light”按钮，在场景中窗户位置处创建一个 Arnold 灯光，如图 8-

98 所示。

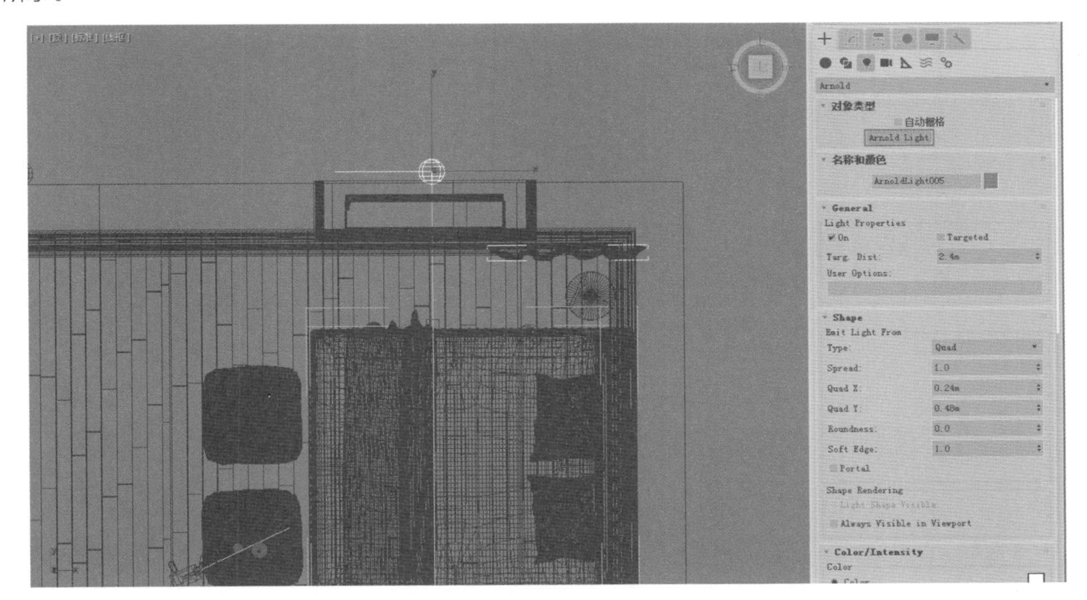

图8-98

（3）在“透视”视图中，调整灯光至如图 8-99 所示的位置，使得灯光从窗户外面向室内照射。并在“修改”面板中，调整灯光的 Quad X 值为“1.4m”，Quad Y 值为“1.85m”，使得灯光的大小与窗户模型的大小相符合。

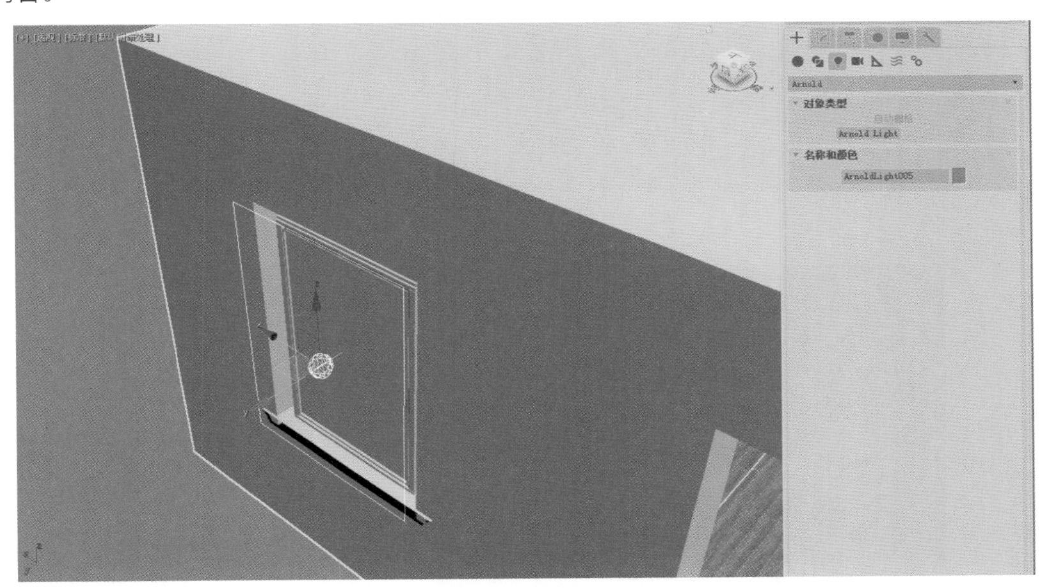

图8-99

（4）展开“Color/Intensity（颜色 / 强度）”卷展栏，设置灯光的 Color 为深蓝色（红：“23”，绿：“54”，蓝：“89”），并设置 Intensity 的值为“400”，Exposure 的值为“8”，增加灯光的照明强度，如图 8-100 所示。

（5）在“顶”视图中，按住【Shift】键，以“实例”的方式关联复制一个 Arnold 灯光作为场景中的辅助灯光，如图 8-101 所示。

（6）在“顶”视图中，再次复制一个 Arnold 灯光到室内场景的另外一侧，并在“修改”面板中设置其

Intensity 的值降低至“200”，如图 8-102 所示。

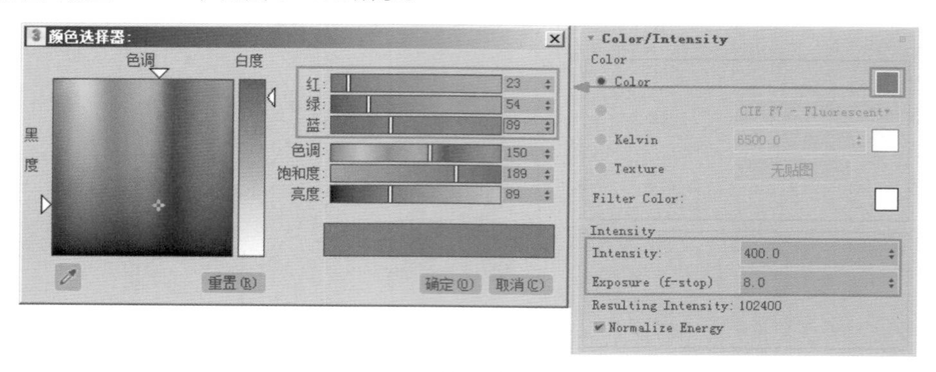

图8-100

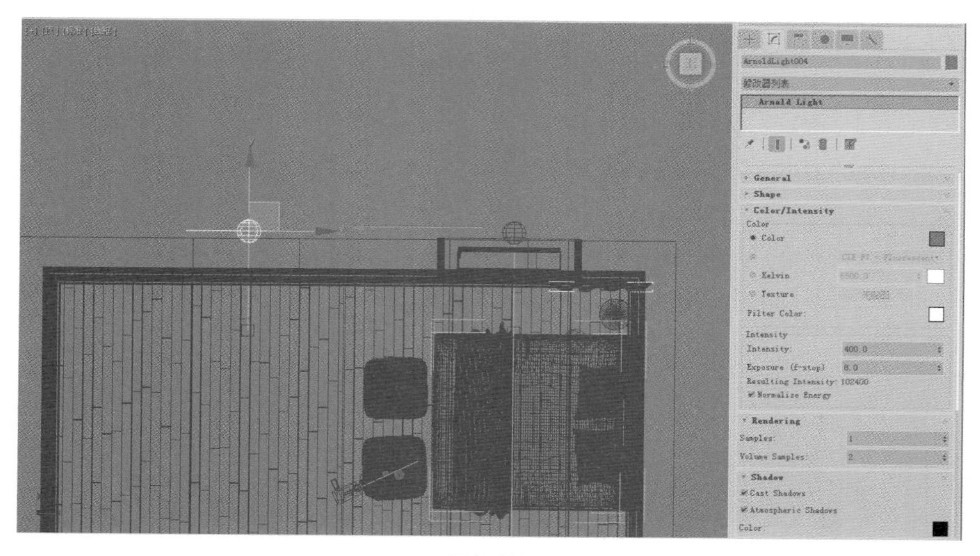

图8-101

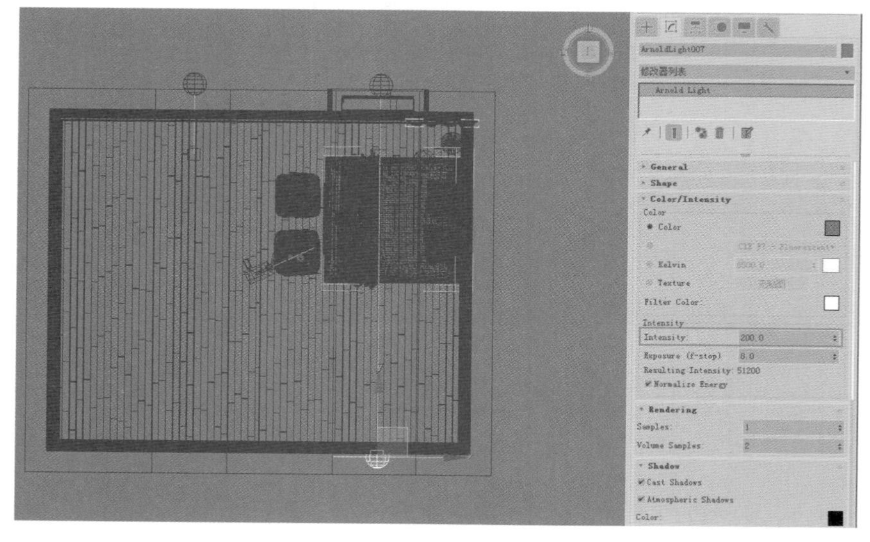

图8-102

（7）在“顶”视图中，按下“Arnold Light”按钮，在场景中床头位置处创建一个 Arnold 灯光作为场景中的室内灯光，如图 8-103 所示。

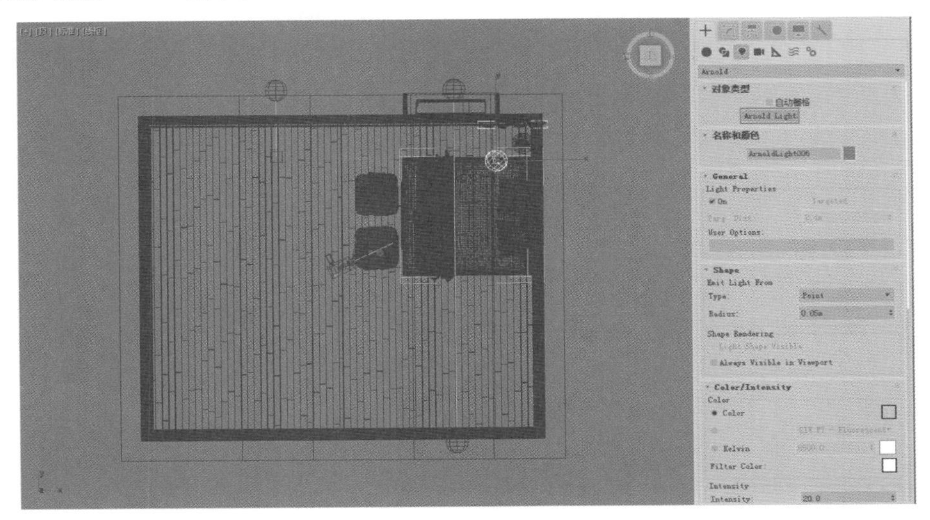

图8-103

（8）在“修改”面板中，设置灯光的 Type 为 Point 类型。设置灯光的 Color 为橙色（红：“240”，绿：“161”，蓝：“23”），并设置 Intensity 的值为“20”，Exposure 的值为“8”，增加灯光的照明强度，如图 8-104 所示。

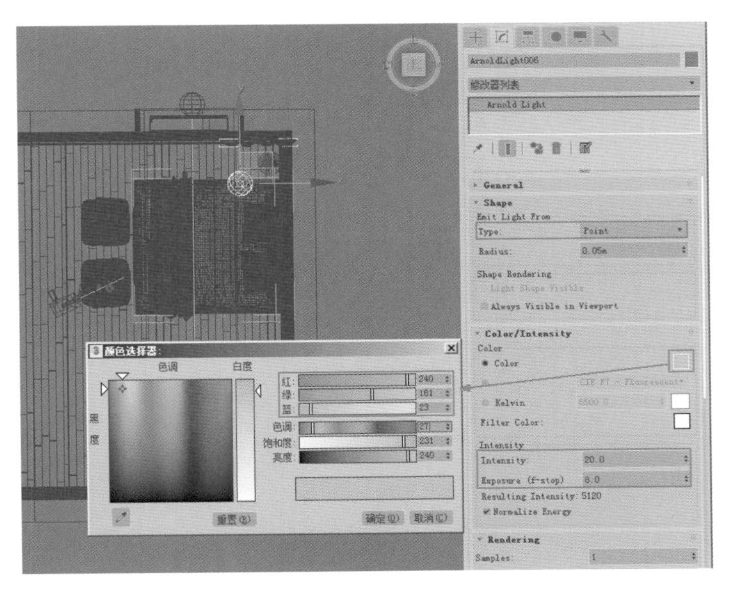

图8-104

（9）调整完成后，渲染场景，本实例的渲染结果如图 8-96 所示。

摄影机技术

本章要点

- 摄影机概述
- “物理”摄影机
- “目标”摄影机
- “自由”摄影机
- 摄影机安全框
- 技术实例

9.1　摄影机概述

摄影机中所包含的参数命令与现实当中我们所使用的摄影机参数非常相似，比如焦距、光圈、快门、曝光等，也就是说如果用户是一个摄影爱好者，那么学习本章的内容将会得心应手。3ds Max 2018 提供了多个类型的摄影机供用户选择使用，用户通过为场景设定摄影机，可以轻松地在三维软件里记录自己摆放好的镜头位置并设置动画。此外，使用摄影机技术还可以在 3ds Max 中制作出景深以及运动模糊等光效特效，如图 9-1、图 9-2 所示。

图9-1

图9-2

我国对光影的研究历史悠久，早在公元前 4 世纪的战国时期，思想家墨子所著的《墨经》中就记载了“景到，在午有端与景长，说在端。”等多处与光学有关的记录，这些记录里不但包含了光影关系，还提出了针孔成像这一光学现象。从 1839 年法国发明家达盖尔发明了世界上第一台可携式木箱照相机开始，随着科技的发展和社会的进步，摄影机无论是在外观、结构，还是功能上都发生了翻天覆地的变化。最初的相机结构相对简单，仅包括暗箱、镜头和感光的材料，拍摄出来的画面效果也不尽人意。而现代的相机拥有精密的镜头、光圈、快门、测距、输片、对焦等系统，并融合了光学、机械、电子、化学等技术，我们可以随时随地的完美记录生活画面，将一瞬间的精彩永久保留。在学习 3ds Max 2018 的摄影机技术之前，用户应该对真实摄影机的结构和相关术语进行必要地了解。任何一款相机的基本结构都是极为相似的，会包含诸如镜头、取景器、快门、光圈、机身等元件，如图 9-3 所示，为尼康出品的一款摄影机的内部结构透视图。

打开中文版 3ds Max 2018 软件，可以看到创建“摄影机”面板内有“物理”“目标”和“自由”这 3 种摄影机，如图 9-4 所示。

图9-3

图9-4

9.2　“物理”摄影机

3ds Max 2018 为用户提供了基于真实世界摄影机调试方法的“物理”摄影机，如果用户本身对摄影机的使用非常熟悉，那么在 3ds Max 2018 中，使用起“物理”摄影机来，则会有得心应手的感觉。在创建“摄影机”面板中，单击“物理”按钮，即可在场景中创建出一个物理摄影机，如图 9-5 所示。

在“修改”面板中，物理摄影机包含有“基本”“物理摄影机”“曝光”“散景（景深）”“透视控制”“镜头扭曲”和“其他”这 7 个卷展栏，如图 9-6 所示。

9.2.1　“基本”卷展栏

展开“基本”卷展栏，其中的参数命令如图 9-7 所示。

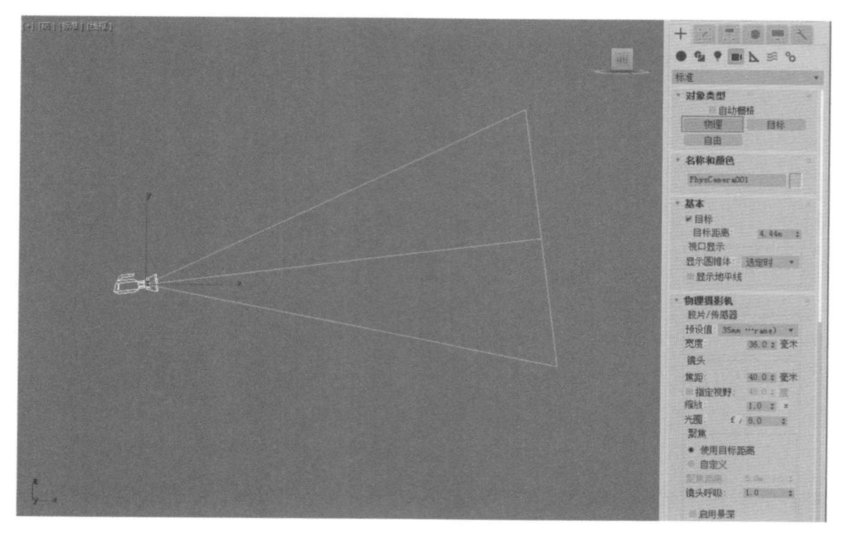

图9-5

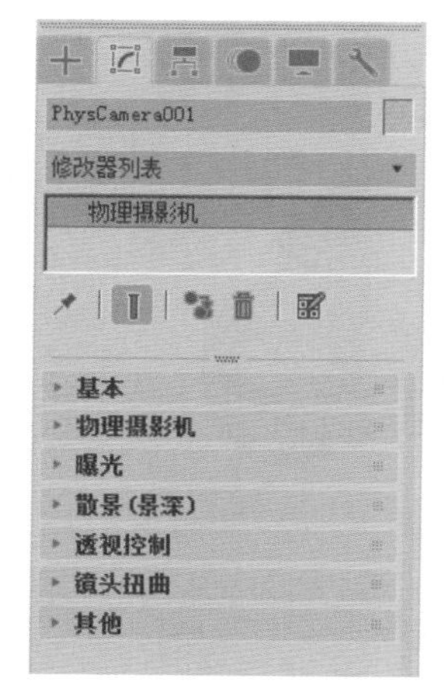

图9-6

工具解析

◇ 目标：启用此选项后，摄影机启动目标点功能，并与目标摄影机的行为相似。

◇ 目标距离：设置目标与焦平面之间的距离。

“视口显示”组

◇ 显示圆锥体：有“选定时”（默认设置）、“始终”或“从不”3个选项可选，如图9-8所示。

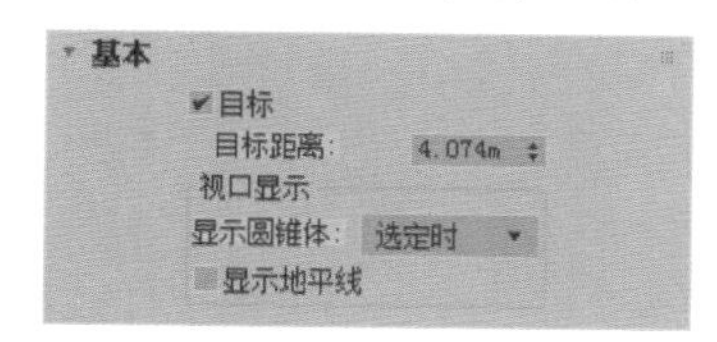

图9-7

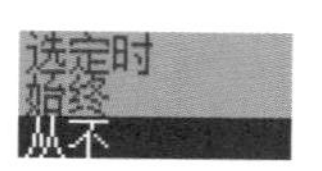

图9-8

◇ 显示地平线：启用该选项后，地平线在摄影机视口中显示为水平线，如图9-9所示分别为开启该功能前后的“摄影机”视图显示对比。

图9-9

9.2.2 “物理摄影机”卷展栏

展开“物理摄影机”卷展栏，其中的命令参数如图9-10所示。

工具解析

①“胶片/传感器”组

◇ 预设值：3ds Max 2018为用户提供了多种预设值可选，如图9-11所示。

◇ 宽度：可以手动调整帧的宽度。

②“镜头”组

◇ 焦距：设置镜头的焦距。

◇ 指定视野：启用时，可以设置新的视野（FOV）值（以度为单位）。默认的视野值取决于所选的“胶片/传感器”预设值。

◇ 缩放：在不更改摄影机位置的情况下缩放镜头。

◇ 光圈：在光圈栏设置光圈数，或“F制光圈”。此值将影响曝光和景深。光圈数越低，光圈越大并且景深越窄。

◇ 启用景深：启用时，摄影机在不等于焦距的距离上生成模糊效果，景深效果的强度基于光圈设置。如图

9-12所示为开启该选项前后的渲染图像结果对比。

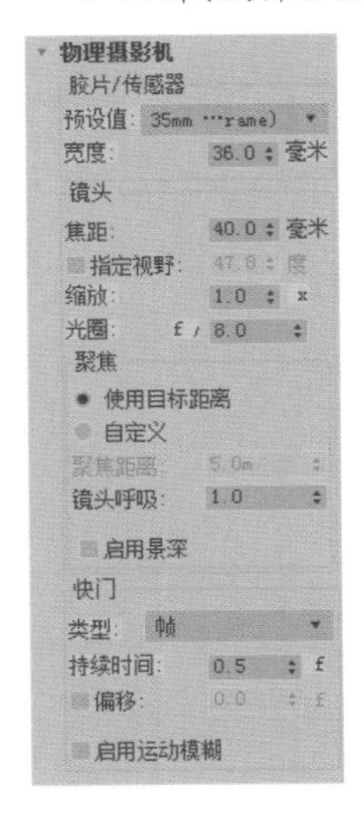

图9-10

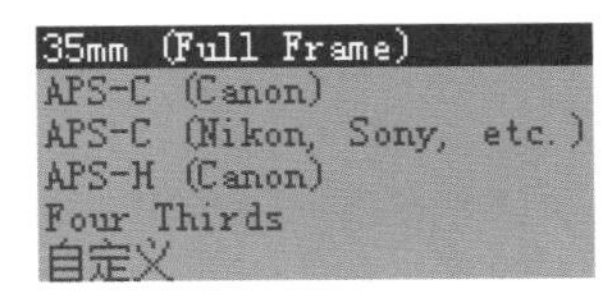

图9-11

图9-12

③“快门”组

◇ 类型：选择测量快门速度使用的单位。

◇ 持续时间：根据所选的单位类型设置快门速度。该值可能影响曝光、景深和运动模糊效果。

◇ 偏移：启用时，指定相对于每帧的开始时间的快门打开时间。更改此值会影响运动模糊效果。默认的“偏移”值为“0”，默认设置为禁用。

◇ 启用运动模糊：启用此选项后，摄影机可以生成运动模糊效果。如图9-13所示为开启该选项前后的渲染图像结果对比。

图9-13

9.2.3 “曝光”卷展栏

展开“曝光”卷展栏，其中的命令参数如图9-14所示。

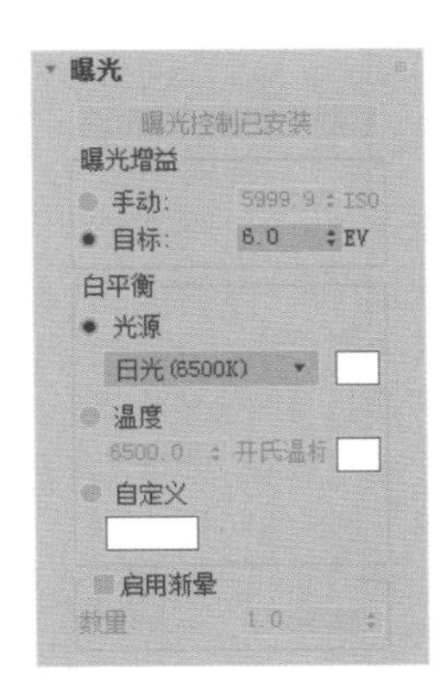

图9-14

工具解析

①“曝光增益”组

◇ 手动：通过ISO值设置曝光增益。当此选项处于活动状态时，通过此值、快门速度和光圈设置计算曝光。该数值越高，曝光时间越长。

◇ 目标：设置与三个摄影曝光值的组合相对应的单个曝光值。

②“白平衡”组

◇ 光源：按照标准光源设置色彩平衡。默认设置为“日光”（6500K）。

◇ 温度：以色温的形式设置色彩平衡，以开尔文度表示。

◇ 自定义：用于设置任意色彩平衡。单击“色样”以打开“颜色选择器”，可以从中设置希望使用的颜色。

③“启用渐晕”组

◇ 数量：增加数量值以增加渐晕效果。默认值为“1”。

9.2.4 “散景（景深）”卷展栏

展开“散景（景深）”卷展栏，其中的命令参数如图9-15所示。

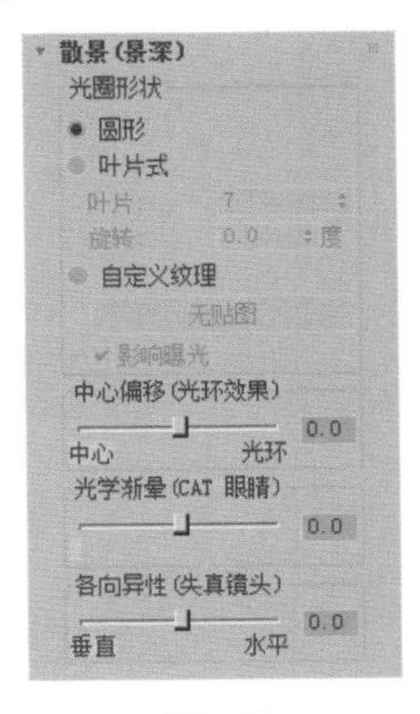

图9-15

工具解析

“光圈形状”组

◇ 圆形：散景效果基于圆形光圈。

◇ 叶片式：散景效果使用带有边的光圈。

◇ 叶片：设置每个模糊圈的边数。

◇ 旋转：设置每个模糊圈旋转的角度。

◇ 自定义纹理：使用贴图，用图案替换每种模糊圈。

◇ 中心偏移（光环效果）：使光圈透明度向中心（负值）或边（正值）偏移。正值会增加焦外区域的模糊量，而负值会减小模糊量。

◇ 光学渐晕（CAT 眼睛）：通过模拟“猫眼”效果使帧呈现渐晕效果。

◇ 各向异性（失真镜头）：通过“垂直”或“水平”拉伸光圈模拟失真镜头。

9.2.5 “透视控制”卷展栏

展开“透视控制”卷展栏，其中的命令参数如图 9-16 所示。

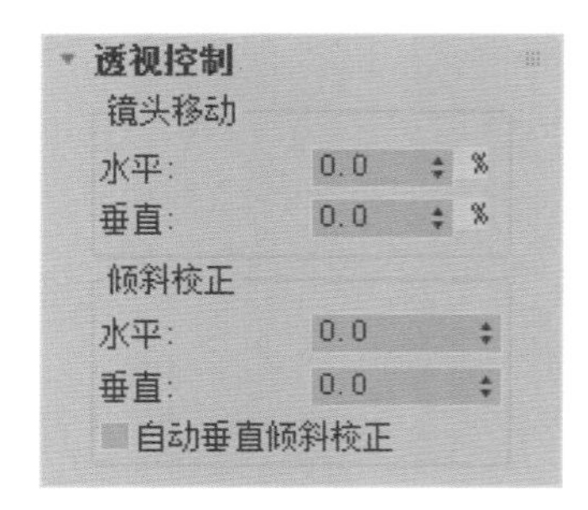

图9-16

工具解析

①“镜头移动”组

◇ 水平：沿水平方向移动摄影机视图。

◇ 垂直：沿垂直方向移动摄影机视图。

②“倾斜校正”组

◇ 水平：沿水平方向倾斜摄影机视图。

◇ 垂直：沿垂直方向倾斜摄影机视图。

9.3 “目标”摄影机

“目标”摄影机可以查看放置目标周围的区域，由于具有可控的目标点，用户在设置摄影机的观察点时分外容易，使用起来比“自由”摄影机要更加方便。设置“目标”摄影机时，可以将摄影机当作是人在的位置，把摄影机目标点当作是人眼将要观看的位置。在创建“摄影机”面板中，单击“目标”按钮，即可在场景中创建出一个目标摄影机，如图 9-17 所示。

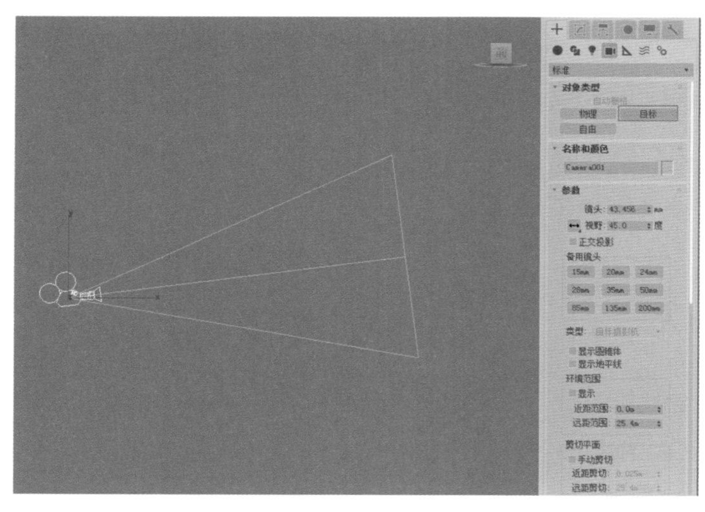

图9-17

9.3.1 “参数”卷展栏

展开“参数”卷展栏，其参数如图 9-18 所示。

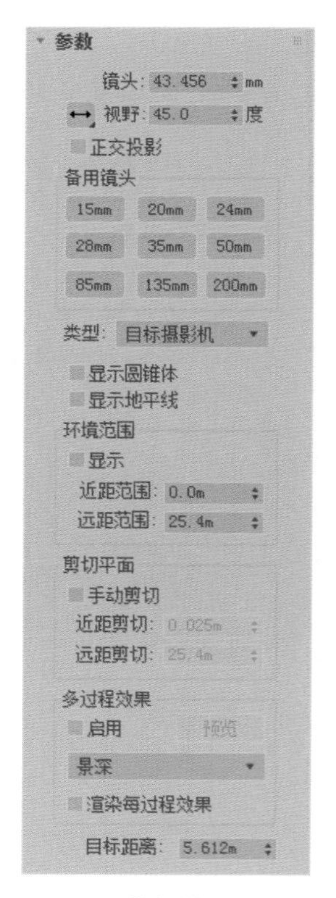

图9-18

工具解析

◇ 镜头：以毫米为单位设置摄影机的焦距。

◇ 视野：决定摄影机查看区域的宽度。

◇ 正交投影：启用此选项后，摄影机视图看起来就像“用户”视图。

◇ 备用镜头：包含有3ds Max 2016为用户提供的9个预设的备用镜头按钮。

◇ 类型：用户可以在“目标摄影机”和“自由摄影机”之间来回切换。

◇ 显示圆锥体：显示摄影机视野定义的锥形光线，锥形光线出现在其他视口但是不出现在摄影机视口中。

◇ 显示地平线：在摄影机视口中的地平线层级显示一条深灰色的线条。

①“环境范围”组

◇ 近距范围/远距范围：为在“环境”面板上的大气效果设置近距范围和远距范围限制。

◇ 显示：启用此选项后，显示在摄影机圆锥体内的矩形以更改“近距范围”和“远距范围”。

②“剪切平面”组

◇ 手动剪切：启用该选项可定义剪切平面。

◇ 近距剪切/远距剪切：设置近距和远距平面。

③“多过程效果”组

◇ 启用：启用该选项后，使用效果预览或渲染。禁用该选项后，不渲染该效果。

◇ “预览”按钮：单击按钮项可在活动摄影机视口中预览效果。如果活动视口不是摄影机视图，则该按钮无效。

◇ 效果下拉列表：使用该下拉列表可以选择生成哪个多过程效果，景深或运动模糊。这些效果相互排斥，默认设置为“景深”。

◇ 渲染每过程效果：启用此选项后，如果指定任何一个，则将渲染效果应用于多过程效果的每个过程。

◇ 目标距离：对于自由摄影机，将点设置为用作不可见的目标，以便可以围绕该点旋转摄影机。对于目标摄影机，设置摄影机和其目标对象之间的距离。

9.3.2 “景深参数”卷展栏

“景深”效果是摄影师常用的一种拍摄效果，当相机的镜头对着某一物体聚焦清晰时，在镜头中心所对的位置，垂直镜头轴线的同一平面的点都可以在胶片或者接收器上呈现相当清晰的图像，在这个平面沿着镜头轴线的前面和后面一定范围的点也可以结成眼睛可以接受的较清晰的像点，把这个平面的前面和后面的所有景物的距离叫做相机的景深。在渲染中通过“景深”特效常常可以虚化配景，从而达到表现出画面主体的作用。如图9-19、图9-20所示。

图9-19

图9-20

展开“景深参数”卷展栏，其参数如图9-21所示。

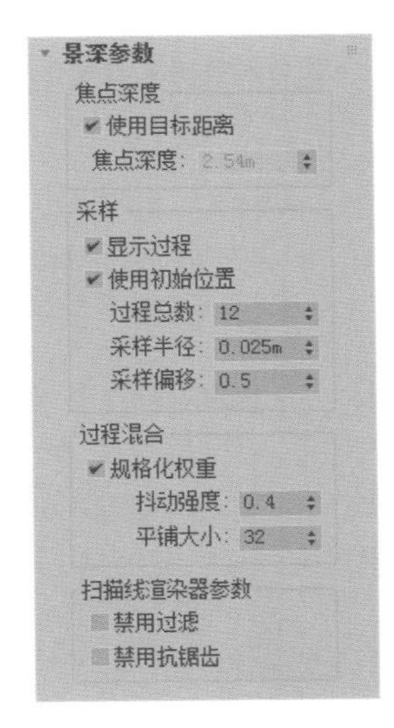

图9-21

工具解析

①“焦点深度”组

◇ 使用目标距离：启用该选项后，将摄影机的目标距离用作过程中偏移摄影机的点。

◇ 焦点深度：当“使用目标距离”处于禁用状态时，设置距离偏移摄影机的深度。

②“采样”组

◇ 显示过程：启用此选项后，渲染帧窗口显示多个渲染通道。禁用此选项后，该帧窗口只显示最终结果。此控件无法在摄影机视口中预览景深。默认设置为启用。

◇ 使用初始位置：启用此选项后，第一个渲染过程位于摄影机的初始位置。禁用此选项后，与所有随后的过程一样偏移第一个渲染过程。默认设置为启用。

◇ 过程总数：用于生成效果的过程数。增加此值可以增加效果的精确性，但却以渲染时间为代价。默认设置为“12”。

◇ 采样半径：通过移动场景来生成模糊的半径。增加该值将增加整体模糊效果。减小该值将减少模糊。默认设置为“1”。

◇ 采样偏移：模糊靠近或远离“采样半径”的权重。增加该值将增加景深模糊的数量级，提供更均匀的效果。减小该值将减小数量级，提供更随机的效果。

③“过程混合”组

◇ 规格化权重：使用随机权重混合的过程可以避免出现诸如条纹这些人工效果。当启用“规格化权重”后，将权重规格化，会获得较平滑的结果。当禁用此选项后，效果会变得清晰一些，但通常颗粒状效果更明显。默认设置为启用。

◇ 抖动强度：控制应用于渲染通道的抖动程度。增加此值会增加抖动量，并且生成颗粒状效果，尤其在对象的边缘上。默认值为“0.4”。

◇ 平铺大小：设置抖动时图案的大小。此值是一个百分比，“0”是最小的平铺，“100”是最大的平铺。默认设置为“32”。

④“扫描线渲染器参数”组

◇ 禁用过滤：启用此选项后，禁用过滤过程。

◇ 禁用抗锯齿：启用此选项后，禁用抗锯齿。

9.3.3 “运动模糊参数”卷展栏

“运动模糊”这一特效一般用于表现画面中强烈的运动感，在动画的制作上应用较多，如图 9-22、图 9-23 所示。

展开“运动模糊参数”卷展栏，其参数如图 9-24 所示。

工具解析

①“采样”组

◇ 显示过程：启用此选项后，渲染帧窗口显示多个渲染通道。禁用此选项后，该帧窗口只显示最终结果。该控件对在摄影机视口中预览运动模糊没有任何影响。默认设置为启用。

图9-22

图9-23

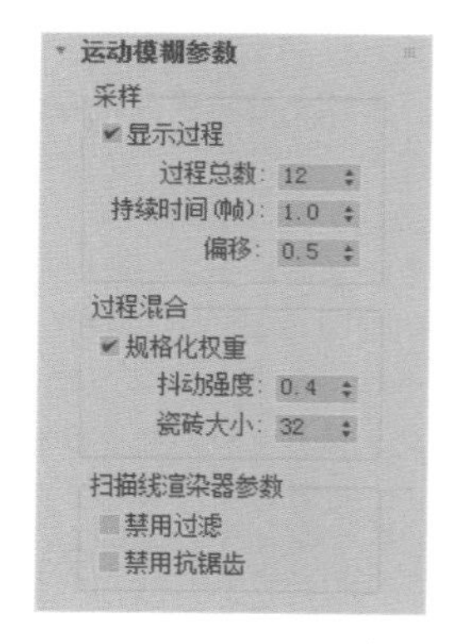

图9-24

◇ 过程总数：用于生成效果的过程数。增加此值可以增加效果的精确性，但却以渲染时间为代价。默认设置为 12。

◇ 持续时间（帧）：动画中将应用运动模糊效果的帧数。默认设置为“1”。

◇ 偏移：更改模糊，以便其显示为在当前帧前后从帧中导出更多内容。

②“过程混合”组

◇ 规格化权重：使用随机权重混合的过程可以避免出

现诸如条纹这些人工效果。当启用“规格化权重”后，将权重规格化，会获得较平滑的结果。当禁用此选项后，效果会变得清晰一些，但通常颗粒状效果更明显。默认设置为启用。

◇ 抖动强度：控制应用于渲染通道的抖动程度。增加此值会增加抖动量，并且生成颗粒状效果，尤其在对象的边缘上。默认值为“0.4”。

◇ 平铺大小：设置抖动时图案的大小。此值是一个百分比，“0”是最小的平铺，“100”是最大的平铺。默认设置为“32”。

③“扫描线渲染器参数”组

◇ 禁用过滤：启用此选项后，禁用过滤过程。

◇ 禁用抗锯齿：启用此选项后，禁用抗锯齿。

9.4 “自由”摄影机

“自由”摄影机在摄影机指向的方向查看区域，由单个图标表示，为的是更轻松地设置动画。当摄影机位置沿着轨迹设置动画时可以使用“自由”摄影机，与穿行建筑物或将摄影机连接到行驶中的汽车上时一样。当“自由”摄影机沿着路径移动时，可以将其倾斜。如果将摄影机直接置于场景顶部，那么使用“自由”摄影机可以避免旋转。在创建“摄影机”面板中，单击“自由”按钮，即可在场景中创建出一个自由摄影机，如图 9-25 所示。

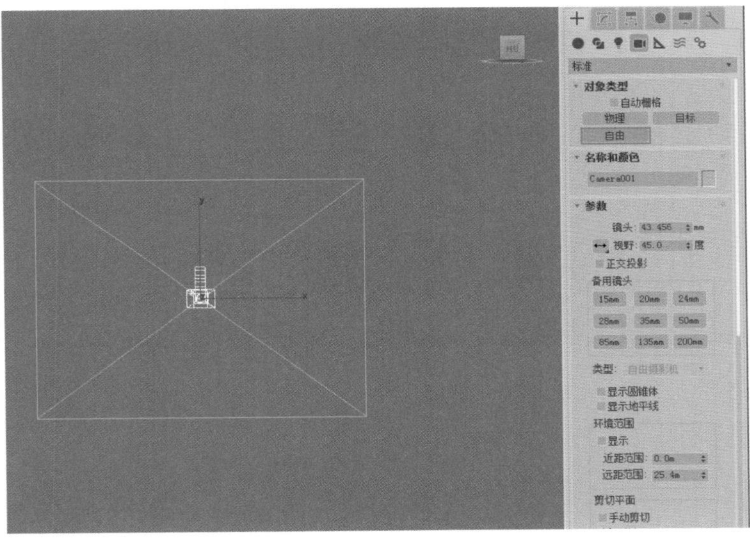

图9-25

“自由”摄影机的参数与“目标”摄影机的参数完全一样，故不在此重述。

9.5 摄影机安全框

3ds Max 2018 提供的“安全框”命令可以帮助用户在渲染时查看输出图像的纵横比及设置渲染场景的边界，通过这一命令，用户可以很方便的在视口中调整摄影机的机位以控制场景中的模型是否超出了渲染范围，如图 9-26 所示为开启安全框前后的摄影机视图显示对比。

9.5.1 打开安全框

3ds Max 2018 为用户提供了以下两种打开“安全框”的方式。

第 1 种：在“摄影机”视图中，单击或右键单击视口左上方的“常标”视口标签中摄影机的名称，在弹出的下拉菜单中选择“显示安全框”即可，如图 9-27 所示。

第 2 种：按下【Shift】+【F】组合键，即可在当前视口中显示出“安全框”。

图9-26

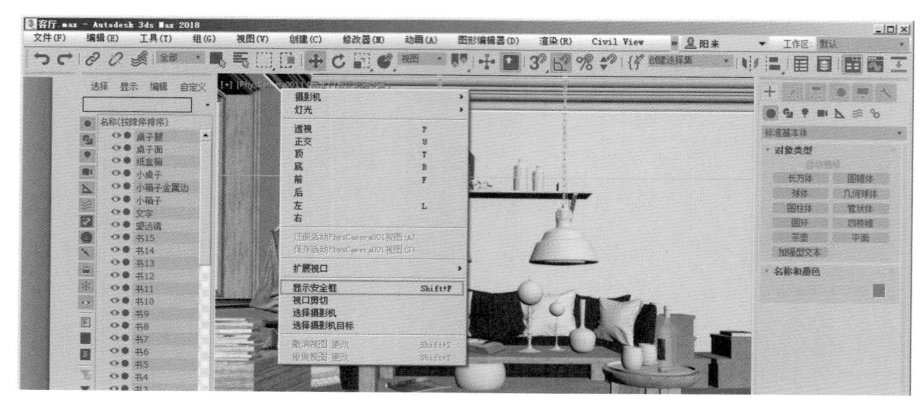

图9-27

9.5.2 安全框配置

在默认状态下，3ds Max 2018 的“安全框”显示为一个矩形区域，主要在渲染静帧图像时应用。通过对“安全框”进行配置，还可以在视口中显示出“动作安全区”“标题安全区”“用户安全区”以及“12 区栅格”，在渲染动画视频时使用。在 3ds Max 2018 中，打开“安全框”面板的具体步骤如下。

（1）执行标准菜单“视图 / 视口配置”命令，如图 9-28 所示。

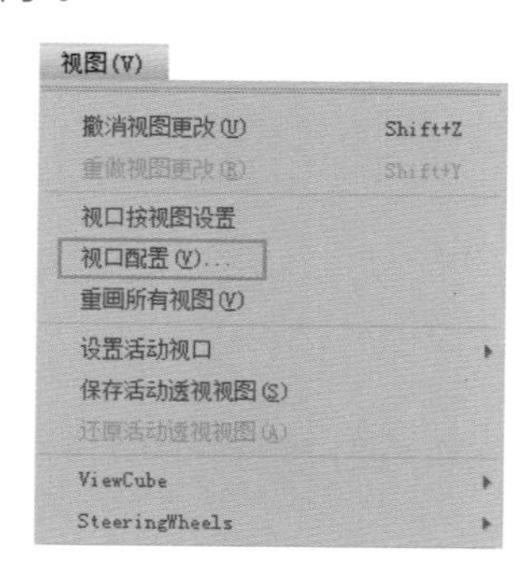

图9-28

（2）在弹出的“视口配置”对话框中，单击“安全框”命令切换至“安全框”选项卡，如图9-29所示。

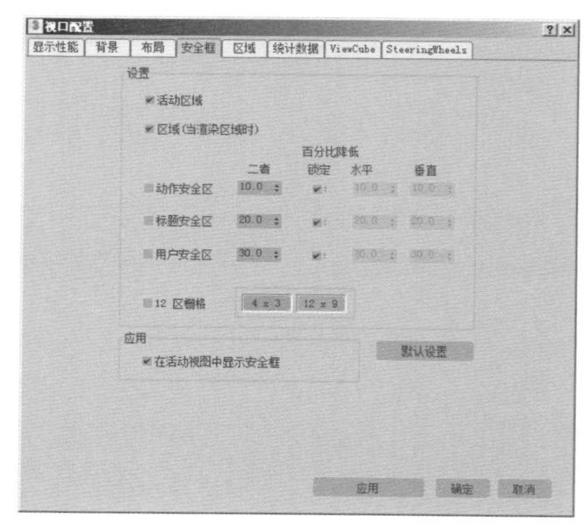

图9-29

工具解析

◇ 活动区域：该区域将被渲染，而不考虑视口的纵横比或尺寸。默认轮廓颜色为芥末色，如图 9-30 所示。

◇ 区域（当渲染区域时）：启用此选项并将渲染区域以

及“编辑区域”处于禁用状态时，该区域轮廓将始终在视口中可见。

◇ 动作安全区：在该区域内包含渲染动作是安全的。默认轮廓颜色为青色，如图 9-31 所示。

图9-30

图9-31

◇ 标题安全区：在该区域中包含标题或其他信息是安全的。默认轮廓颜色为浅棕色，如图 9-32 所示。

◇ 用户安全区：显示可用于任何自定义要求的附加安全框。默认颜色为紫色，如图 9-33 所示。

图9-32

图9-33

◇ 12 区栅格：在视口中显示单元（或区）的栅格。这里，“区”是指栅格中的单元，而不是扫描线区。“12 区栅格”是一种视频导演用来谈论屏幕上指定区域的方法。导演可能会要求将对象向左移动两个区并向下移动四个区。12 区栅格正是解决这一类布置问题的参考方法。

◇ 4×3 按钮 4 x 3 ：使用 12 个单元格的“12 区栅格”，如图 9-34 所示。

◇ 12×9 按钮 12 x 9 ：使用 108 单元格的“12 区栅格”，如图 9-35 所示。

图9-34

图9-35

提示 “12 区栅格”不是说必须把视口分为 12 个区域，通过 3ds Max 提供给用户的 4×3 按钮 4 x 3 和 12×9 按钮 12 x 9 这两个按钮来看，“12 区栅格”可以设置为 12 个区域和 108 个区域两种。

9.6 技术实例

9.6.1 实例：渲染景深特效

本实例讲解了如何使用 3ds Max 2018 所提供的摄影机来渲染带有景深特效的画面，本实例的最终渲染结果如图 9-36 所示。

扫码看视频

图9-36

（1）启动 3ds Max 2018 软件，打开本书配套资源“沙发 .max”文件。本场景为一组放置于室内空间的沙发模型，并已经设置完灯光、材质和摄影机的位置，如图 9-37 所示。

图9-37

（2）选择场景中的物理摄影机，在“修改”面板中，展开“物理摄影机”卷展栏。勾选“启用景深”选项，如图 9-38 所示。

（3）勾选完“启用景深”选项后，观察“摄影机”视图。发现在默认情况下，“摄影机”视图几乎看不到景深效果。将“光圈”的值设置为“1”后，再次观察“摄影机”视图。这时就可以看到较为明显的景深效果了，如图 9-39 所示。

图9-38

图9-39

（4）设置完成后，渲染场景，本场景的最终渲染结果如图 9-36 所示。

9.6.2 实例：渲染运动模糊特效

扫码看视频

本实例讲解了如何使用物理摄影机来渲染带有运动模糊特效的画面，本实例的最终渲染结果如图 9-40 所示。

（1）启动 3ds Max 2018 软件，打开本书的配套资源“龟背竹 .max”文件。本场景为一个室内空间的角落表现，其中纸的模型和龟背竹的模型已经分别设置了动画，读者可以自行拖动“时间滑块”按钮来进行查看，如图 9-41 所示。

（2）选择场景中的物理摄影机，在“修改”面板中，展开“物理摄影机”卷展栏，勾选“启用运动模糊”选项，如图 9-42 所示。

（3）调整场景中的“时间滑块”至第 50 帧，并设置“持续时间”的值为“10”，增加运动模糊渲染效果，如图 9-43 所示。

图9-40

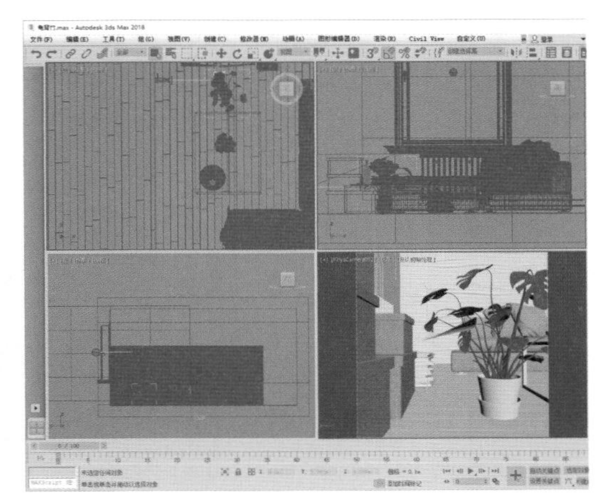

图9-41

图9-42

图9-43

（4）再次渲染场景，可以看到飘落的纸和龟背竹的叶片有了明显的运动模糊效果，本场景的最终渲染结果如图 9-40 所示。

渲染设置

本章要点

- 渲染概述
- Arnold渲染器
- 默认扫描线渲染器
- ART渲染器
- 综合实例：制作客厅日景表现
- 综合实例：制作客厅夜景表现
- 综合实例：制作卧室阴天环境表现
- 综合实例：制作建筑外观表现

10.1 渲染概述

什么是“渲染”？从其英文“Render”来说，可以翻译为“着色”；从其在整个项目流程所处的环节来说，可以理解为“出图”。但渲染就仅仅是在所有三维项目制作完成后，鼠标单击“渲染产品”按钮的那一次操作吗？很显然不是。

通常我们所说的渲染指的是在“渲染设置”面板中，通过调整参数来控制最终图像的照明程度、计算时间、图像质量等综合因素，让计算机在一个合理时间内计算出令人满意的图像。这些参数的设置就是渲染的过程。

使用3ds Max 2018来制作三维项目时，常见的工作流程大多按照“建模/灯光/材质/摄影机/渲染”来进行。渲染放在最后，说明这一操作是计算之前流程的最终步骤，其计算过程相当复杂，需要我们认真学习并掌握其关键技术，图10-1～图10-4所示为一些非常优秀的三维渲染作品。

图10-1

图10-2

图10-3

图10-4

10.1.1 选择渲染器

渲染器可以简单理解成三维软件进行最终图像计算的方法。3ds Max 2018本身就提供了多种渲染器以供用户使用，同时还允许用户自行购买及安装由第三方软件生产商所提供的渲染器插件来进行渲染。单击“主工具栏”上的“渲染设置”按钮，即可打开3ds Max 2018的“渲染设置”面板，在“渲染设置”面板的标题栏上可查看当前场景文件所使用的渲染器名称。在默认状态下，3ds Max 2018所使用的渲染器为“扫描线渲染器”，如图10-5所示。

如果想要快速更换渲染器，可以通过单击“渲染器”后面的下拉列表来完成，如图10-6所示。

10.1.2 渲染帧窗口

3ds Max 2018提供的渲染工具位于整个“主工具栏”的最右侧，从左至右分别为“渲染设置”按钮、“渲染帧窗口”按钮、“渲染产品”按钮、"在云中渲染"按钮和"打开Autodesk A360库"按钮，如图10-7所示。

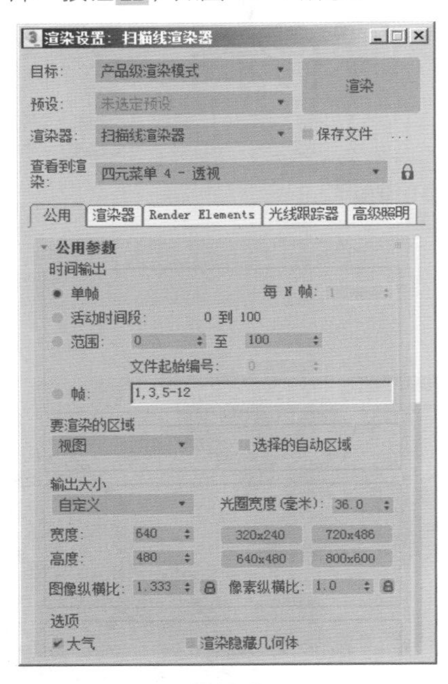

图10-5

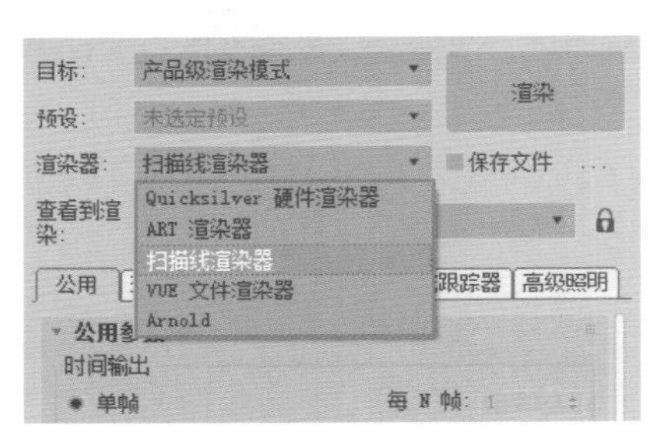

图10-6

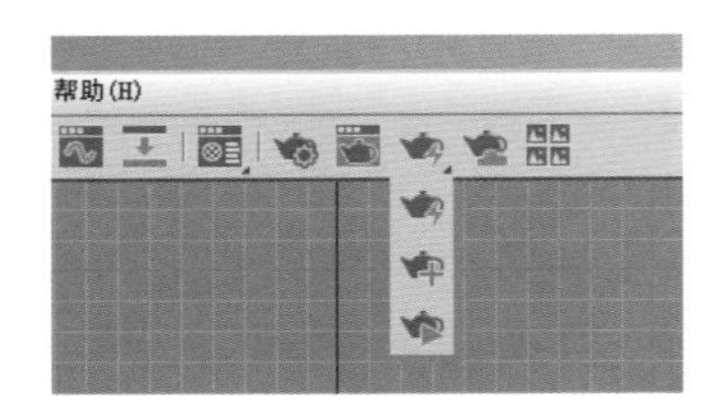

图10-7

在"主工具栏"上单击"渲染产品"按钮，即可弹出"渲染帧窗口"，如图10-8所示。

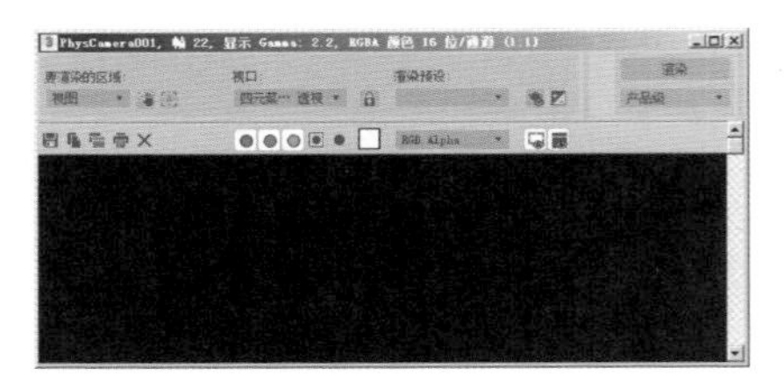

图10-8

1. "渲染控制"区域

"渲染帧窗口"的设置分为"渲染控制"和"工具栏"两大部分。其中，"渲染控制"区域如图10-9所示。

图10-9

工具解析

◇ 要渲染的区域：该下拉列表提供可用的"要渲染的区域"选项。共有"视图""选定""区域""裁剪""放大"5个选项可选，如图10-10所示。

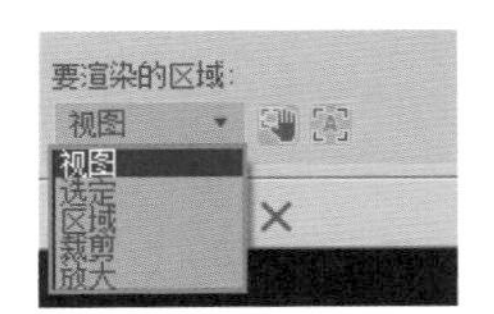

图10-10

◇ "编辑区域"按钮：启用对区域窗口的操纵。拖动控制柄可重新调整大小，通过在窗口中拖动可进行移动。当将"要渲染的区域"设置为"区域"时，用户既可以在"渲染帧窗口"中，也可在活动视口中编辑该区域，如图10-11所示。

图10-11

◇ "自动选定对象区域"按钮：启用该选项之后，会将"区域""裁剪""放大"区域自动设置为当前选择。该自动区域会在渲染时被计算，并且不会覆盖用户可编辑区域。

◇ "渲染设置"按钮：打开"渲染设置"对话框。

◇ "环境和效果对话框（曝光控制）"按钮：从"环境和效果"对话框打开"环境"面板。

◇ "产品级/迭代"：单击"渲染"按钮 渲染 产生

的结果如下，渲染选定“产品级”模式会使用“渲染帧窗口”“渲染设置”等选项中的所有当前设置进行渲染。选定“迭代”模式会忽略网络渲染、多帧渲染、文件输出、导出至 MI 文件以及电子邮件通知，但在使用扫描线渲染器时，会使渲染帧窗口的其余部分完好保留。

2.“工具栏”区域

“渲染帧窗口”的“工具栏”如图 10-12 所示。

图10-12

工具解析

◇ “保存图像”按钮：用于保存在渲染帧窗口中显示的渲染图像。

◇ “复制图像”按钮：将渲染图像可见部分的精确副本放置在 Windows 剪贴板上，以准备粘贴到绘制程序或位图编辑软件中。图像始终按当前显示状态复制，因此，如果启用了单色按钮，则复制的数据由 8 位灰度位图组成。

◇ “克隆渲染帧窗口”按钮：创建另一个包含所显示图像的窗口。这就可以将一个图像渲染到渲染帧窗口，然后将其与上一个克隆的图像进行比较。

◇ “打印图像”按钮：将渲染图像发送至 Windows 中定义的默认打印机。

◇ “清除”按钮：清除渲染帧窗口中的图像。

◇ “启用红色通道”按钮：显示渲染图像的红色通道。禁用该选项后，红色通道将不会显示，如图 10-13 所示。

图10-13

◇ “启用绿色通道”按钮：显示渲染图像的绿色通道。禁用该选项后，绿色通道将不会显示，如图 10-14 所示。

图10-14

◇ “启用蓝色通道”按钮：显示渲染图像的蓝色通道。禁用该选项后，蓝色通道将不会显示，如图 10-15 所示。

图10-15

◇ “显示 Alpha 通道”按钮：显示图像的 Alpha 通道。

◇ “单色”按钮：显示渲染图像的 8 位灰度。

◇ “色样”按钮：存储上次鼠标右键单击的像素的颜色值，如图 10-16 所示。

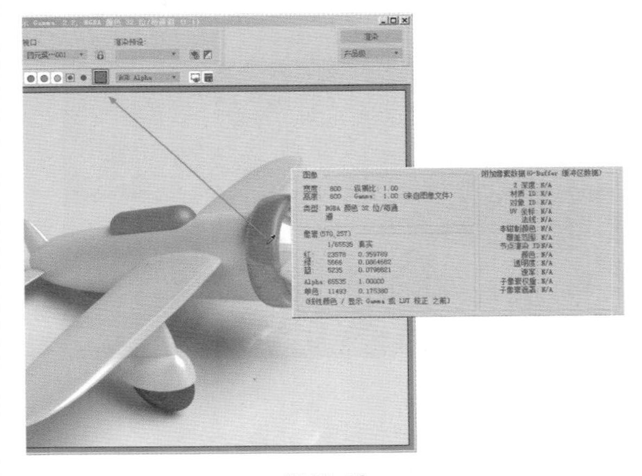

图10-16

◇ “通道显示”下拉列表：列出用图像进行渲染的通道。当从列表中选择通道时，它将显示在渲染帧窗口中。

◇ “切换 UI 叠加”按钮：启用时，如果“区域”“裁剪”“放大”区域中有任意一个选项处于活动状态，则会显示表示相应区域的帧。

◇ “切换 UI”按钮：启用时，所有控件均可使用。如果要简化对话框界面并且使该界面占据较小的空间，可以关闭此选项。

10.2 Arnold 渲染器

Arnold 渲染器是世界公认的著名渲染器之一，曾被用于许多优秀电影的视觉特效渲染工作，在 3ds Max 2018 这一版本中被 Autodesk 公司设置为 3ds Max 产品默认安装的渲染器。如果用户之前已经具备足够的渲染器知识或是已经熟练掌握其他的渲染器（比如 VRay 渲染器），那么学习 Arnold 渲染器将会非常容易上手。而且该渲染器作为 3ds Max 2018 的附属功能之一，以后也将与 3ds Max 软件保持同步更新，用户无需再另外等待未知的渲染器更新时间，也无需另外付费给第三方渲染器公司。图 10-17、图 10-18 所示均为使用 Arnold 渲染器制作完成的三维影视作品。

图10-17

图10-18

在“渲染设置”面板中，单击“渲染器”下拉列表，即可将当前的渲染器设置为 Arnold 渲染器，如图 10-19 所示。

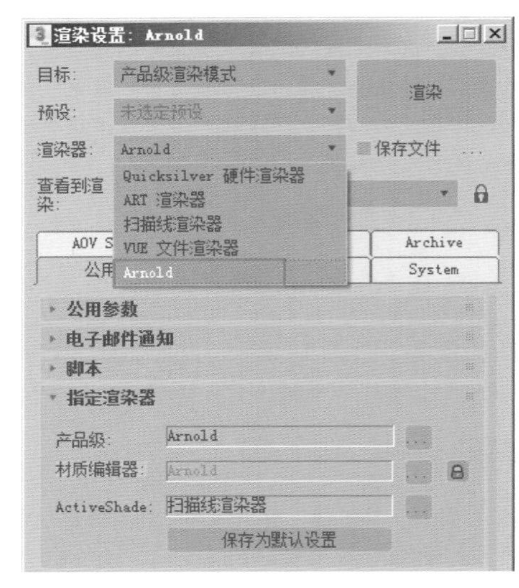

图10-19

Arnold 渲染器具有多个选项卡，每个选项卡中又分为一个或多个卷展栏，下面我们详细讲解一下使用频率较高的卷展栏命令。

10.2.1 “Sampling and Ray Depth（采样和追踪深度）”卷展栏

“Sampling and Ray Depth（采样和追踪深度）”卷展栏主要用于控制最终渲染图像的质量，其参数命令如图 10-20 所示。

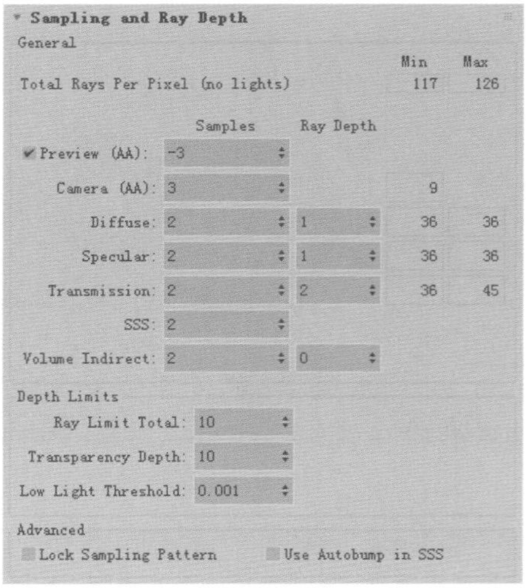

图10-20

工具解析

①"General"组

◇ Preview（AA）：设置预览采样值，默认值为 −3。较小的值可以让用户在较短时间内看到场景的预览结果。

◇ Camera（AA）：设置摄影机渲染的采样值。值越大，渲染质量越好，但渲染耗时越长，图 10-21 所示分别为该值是 3 和 15 的渲染结果对比，通过对比可以看出较高的采样值渲染得到的图像噪点明显减少。

图 10-21

◇ Diffuse：设置场景中物体漫反射的采样值。

◇ Specular：设置场景中物体高光计算的采样值。

◇ Transmission：设置场景中物体自发光计算的采样值。

◇ SSS：设置 SSS 材质的计算采样值。

◇ Volume Indirect：设置间接照明计算的采样值。

②"Depth Limits"组

◇ Ray Limit Total：设置限制光线反射和折射追踪深度的总数值。

◇ Transparency Depth：设置透明计算深度的数值。

◇ Low Light Threshold：设置光线的计算阈值。

③"Advanced"组

◇ Lock Sampling Pattern：锁定采样方式。

◇ Use Autobump in SSS：在 SSS 材质中使用自动凹凸计算模式。

10.2.2 "Filtering（过滤）"卷展栏

展开"Filtering（过滤）"卷展栏，其中的命令参数如图 10-22 所示。

工具解析

◇ Type：用于设置渲染的抗锯齿过滤类型。3ds Max 2018 提供了多种不同类型的计算方法以帮助用户解决图像的抗锯齿渲染质量，如图 10-23 所示。该选项的默认设置为"Gaussian"，使用这种渲染方式渲染图像时，Width 值越小，图像越清晰；Width 值越大，渲染出来的图像越模糊，图 10-24 所示分别是 Width 值是 1 和 10 的渲染结果对比。

◇ Width：用于设置不同抗锯齿过滤类型的宽度计算，值越小，渲染出来的图像越清晰。

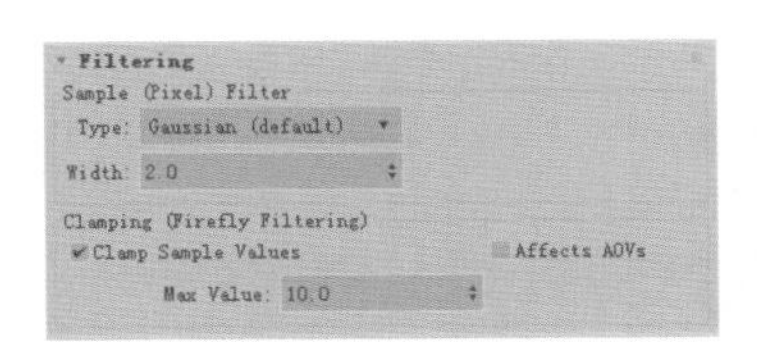

图 10-22

Blackman-Harris
Box
Catmull-Rom
Gaussian (default)
Mitchnell-Netravali
Triangle
Variance

图 10-23

图 10-24

10.2.3 "Environment，Background& Atmosphere（环境，背景和大气）"卷展栏

展开"Environment，Background& Atmosphere（环境，背景和大气）"卷展栏，其中的命令参数如图 10-25 所示。

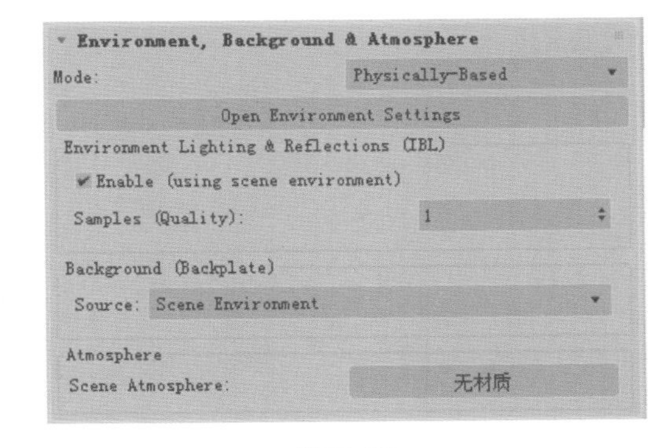

图 10-25

工具解析

◇ "Open Environment Settings"按钮：单击该按钮，可以打开 3ds Max 2018 的"环境和效果"面板，对场景的环境进行设置。

①"Environment Lighting&Reflections"组

◇ Enable：启用该选择将使用场景的环境设置。

◇ Samples：设置环境的计算采样质量。

②"Background"组

◇ Source：用于设置场景的背景，有 Scene Environment、Custom Color 和 Custom Map 3 个选项可选，如图 10-26 所示。

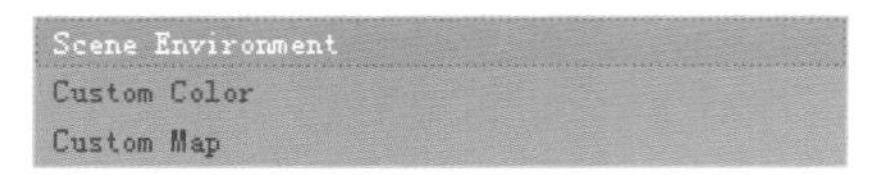

图10-26

◇ Scene Environment：使用该选项后，渲染图像的背景将使用该场景的环境设置。

◇ Custom Color：使用该选项后，命令下方会出现色样按钮，允许用户自定义一个颜色作为渲染的背景，如图 10-27 所示。

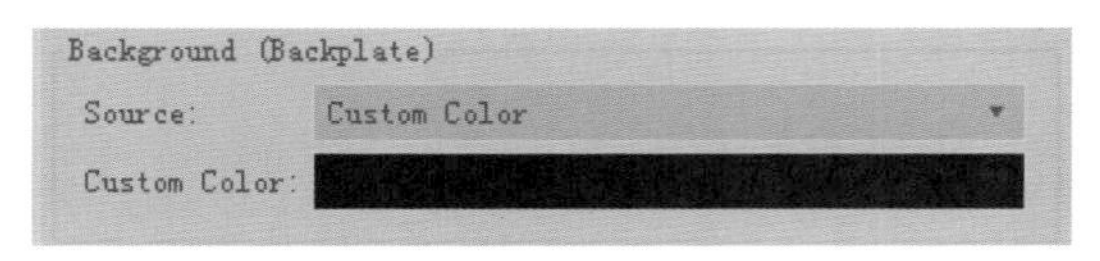

图10-27

◇ Custom Map：使用该选项后，命令下方会出现贴图按钮，允许用户使用一个贴图命令作为渲染的背景，如图 10-28 所示。

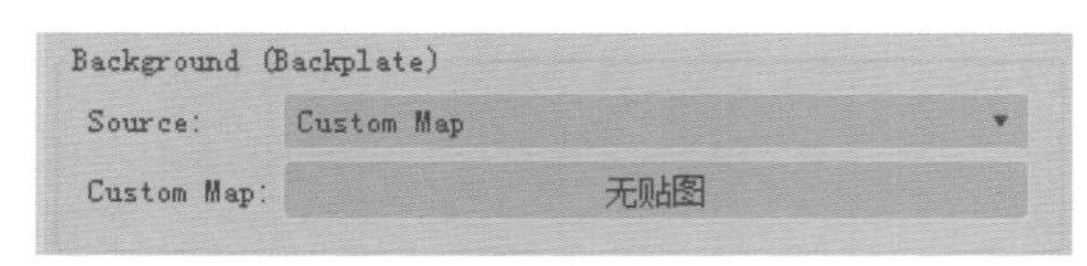

图10-28

③ "Atmosphere" 组

◇ Scene Atmosphere：通过材质贴图来制作场景中的大气效果。

10.2.4 "Render Settings（渲染设置）"卷展栏

"Render Settings（渲染设置）"卷展栏位于 System（系统）选项卡中，主要用来设置渲染图像时渲染块的计算顺序。展开 Render Settings（渲染设置）卷展栏，其中的命令参数如图 10-29 所示。

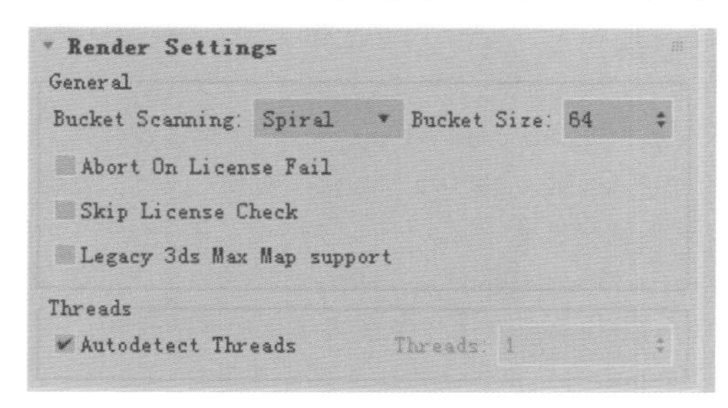

图10-29

工具解析

① "General" 组

◇ Bucket Scanning：用于设置渲染块的计算顺序。用户可以在后面的下拉列表中选择合适的计算顺序（比如从上至下、从左至右、随机、螺旋或希尔伯特算法），渲染自己的作品，如图 10-30 所示。

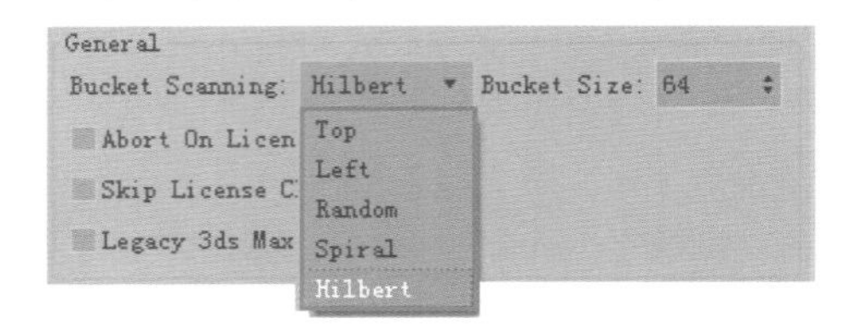

图10-30

◇ Bucket Size：用于设置渲染块的大小。

◇ Abort On License Fail：勾选该选项则当渲染许可失败时终止渲染计算。

◇ Skip License Check：渲染时跳过许可检查。

◇ Legacy 3ds Max Map support：勾选该选项可弹出信息提示，该选项仅用于 MAXtoA，并且不支持导出 Arnold 场景文件。

② "Threads" 组

◇ Autodetect Threads：自动删除线程。

10.3 默认扫描线渲染器

扫描线渲染器是 3ds Max 2018 渲染图像时使用的默认渲染引擎，渲染图像时正如其名字一样，从上至下像扫描图像一样将最终渲染效果计算出来，如图 10-31 所示。其作为 3ds Max 2018 的元老级渲染器，虽然在计算光线反射及折射上速度较慢，但是仍然被许多三维艺术家使用。

图10-31

按【F10】键，可以打开“渲染设置：扫描线渲染器”对话框，从该对话框的标题栏即可看到当前场景所使用渲染器的设置名称，如图10-32所示。“渲染设置：扫描线渲染器”对话框包含“公用”“渲染器”“Render Elements（渲染元素）”“光线跟踪器”和“高级照明”5个选项卡。

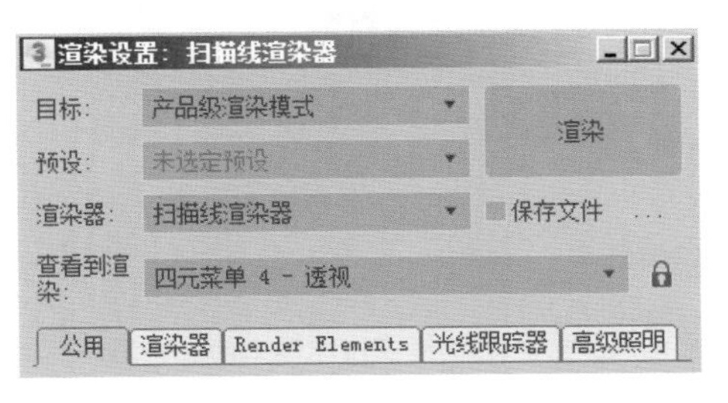

图10-32

10.3.1 “公用参数”卷展栏

单击展开“公用参数”卷展栏，如图10-33所示。

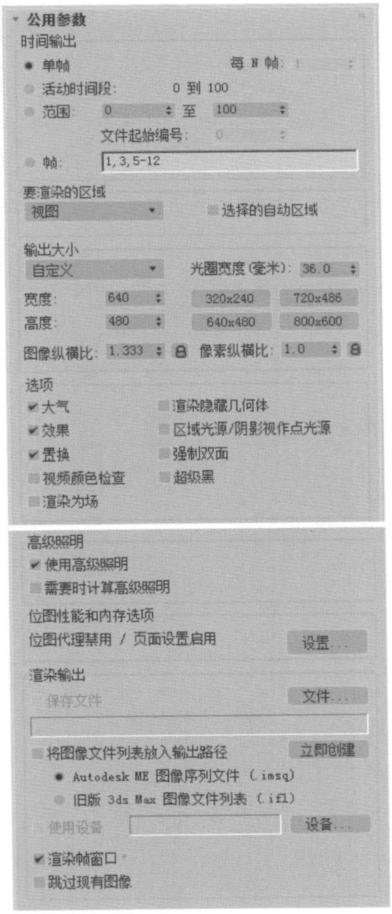

图10-33

工具解析

①“时间输出”组

◇ 单帧：仅当前帧。

◇ 每N帧：设置帧的规则采样，只用于“活动时间段”和“范围”输出。

◇ 活动时间段：轨迹栏所示的帧的当前范围。

◇ 范围：指定的两个数字（包括这两个数）之间的所有帧。

◇ 文件起始编号：指定起始文件编号，从这个编号开始递增文件名。只用于“活动时间段”和“范围”输出。

◇ 帧：可渲染用逗号隔开的非顺序帧。

②“输出大小”组

◇ “输出大小”下拉列表：在此列表中，可以从多个符合行业标准的电影和视频纵横比中选择，如图10-34所示。选择其中一种格式，然后使用其余组控件设置输出分辨率。若要设置其他的纵横比和分辨率，可以使用默认的“自定义”选项。

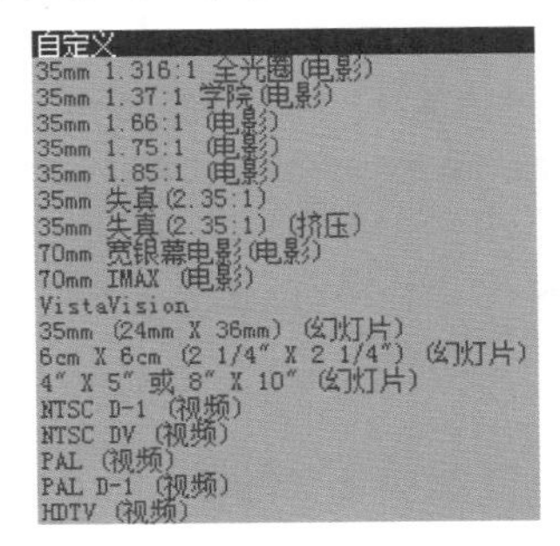

图10-34

◇ 光圈宽度（毫米）：指定用于创建渲染输出的摄影机光圈宽度。更改此值将更改摄影机的镜头值，这将影响镜头值和FOV值之间的关系，但不会更改摄影机场景的视图。

◇ 宽度/高度：以像素为单位指定图像的宽度和高度，从而设置输出图像的分辨率。

◇ 图像纵横比：设置图像宽度与高度的比率。

◇ 像素纵横比：设置显示在其他设备上的像素纵横比。图像可能会在显示上出现挤压效果，但能在具有不同形状像素的设备上正确显示。

③“选项”组

◇ 大气：启用此选项后，可以渲染任何应用的大气效果，如体积雾。

◇ 效果：启用此选项后，可以渲染任何应用的渲染效果，如模糊。

◇ 置换：渲染任何应用的置换贴图。

◇ 视频颜色检查：检查超出NTSC或PAL安全阈值的像素颜色，标记这些像素颜色并将其改为可接受的值。

◇ 渲染为场：渲染为视频场而不是帧。

◇ 渲染隐藏的几何体：渲染场景中所有的几何体对象，包括隐藏的对象。

◇ 区域光源 / 阴影视作点光源：将所有的区域光源或阴影当作从点对象发出的进行渲染，这样可以加快渲染速度。

◇ 强制双面：双面材质渲染可渲染所有曲面的两个面。

◇ 超级黑：超级黑渲染限制用于视频组合的渲染几何体的暗度。除非确实需要此选项，否则应将其禁用。

④“高级照明”组

◇ 使用高级照明：启用此选项后，3ds Max 2018 在渲染过程中提供光能传递解决方案或光跟踪。

◇ 需要时计算高级照明：启用此选项后，当需要逐帧处理时，3ds Max 2018 将计算光能传递。

⑤“渲染输出”组

◇ 保存文件：启用此选项后，进行渲染时 3ds Max 2018 会将渲染后的图像或动画保存到磁盘。使用“文件”按钮指定输出文件之后，“保存文件”才可用。

◇ “文件”按钮：单击此按钮，则打开“渲染输出文件”对话框，如图 10-35 所示。3ds Max 2018 为用户提供了多种“保存类型”以供选择，如图 10-36 所示。

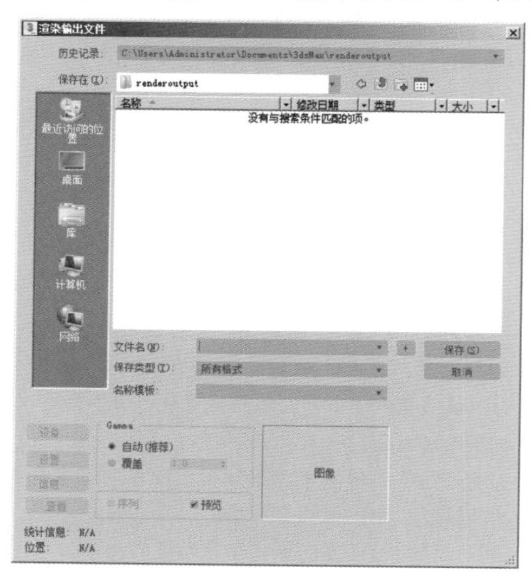

图 10-35

所有格式
AVI 文件 (*.avi)
BMP 图像文件 (*.bmp)
Kodak Cineon (*.cin)
Encapsulated PostScript 文件 (*.eps,*.ps)
OpenEXR 图像文件 (*.exr,*.fxr)
辐射图像文件(HDRI) (*.hdr,*.pic)
JPEG 文件 (*.jpg,*.jpe,*.jpeg)
PNG 图像文件 (*.png)
MOV QuickTime 文件 (*.mov)
SGI 文件 (*.rgb,*.rgba,*.sgi,*.int,*.inta,*.bw)
RLA 图像文件 (*.rla)
RPF 图像文件 (*.rpf)
Targa 图像文件 (*.tga,*.vda,*.icb,*.vst)
TIF 图像文件 (*.tif,*.tiff)
DDS 图像文件 (*.dds)
所有文件(*.*)

图 10-36

10.3.2 “指定渲染器”卷展栏

单击展开“指定渲染器”卷展栏，如图 10-37 所示。

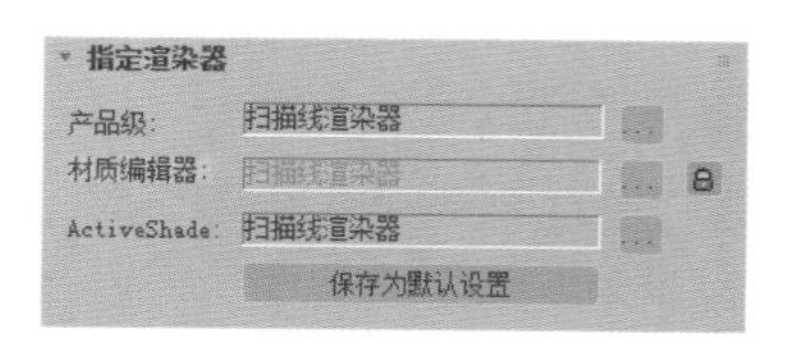

图 10-37

工具解析

◇ 产品级：选择用于渲染图像输出的渲染器。

◇ 材质编辑器：选择用于渲染“材质编辑器”中示例的渲染器。

◇ ActiveShade：选择用于预览场景中照明和材质更改效果的 ActiveShade 渲染器。

◇ “选择渲染器”按钮 ... ：单击带有省略号的按钮可更改渲染器指定。

◇ “保存为默认设置”按钮 保存为默认设置 ：单击该按钮可将当前渲染器指定保存为默认设置，以便下次重新启动 3ds Max 2018 时它们处于活动状态。

10.3.3 “扫描线渲染器”卷展栏

单击展开“扫描线渲染器”卷展栏，如图 10-38 所示。

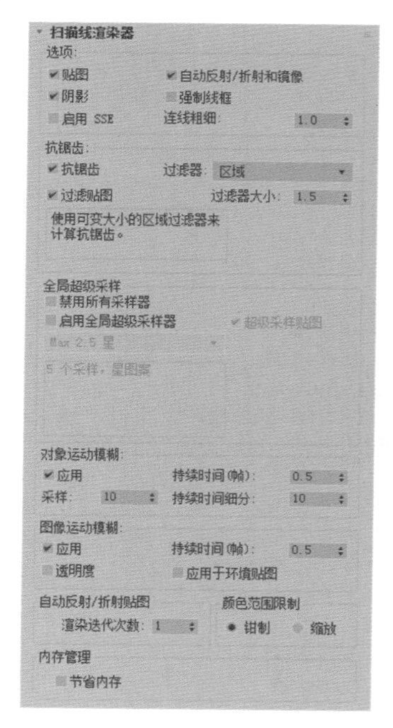

图 10-38

工具解析

①"选项"组

◇ 贴图：禁用该选项可忽略所有贴图信息，从而加速测试渲染。该选项自动影响反射和环境贴图，同时也影响材质贴图。默认设置为启用。

◇ 自动反射/折射和镜像：禁用该选项可忽略自动反射/折射贴图以加速测试渲染。

◇ 阴影：禁用该选项后，不渲染投射阴影，从而加速测试渲染。默认设置为启用。

◇ 强制线框：启用该选项后，将场景中的所有物体渲染为线框，并可以通过"连线粗细"来设置线框的粗细，默认设置为"1"，以像素为单位。

◇ 启用 SSE：启用该选项后，渲染使用"流 SIMD 扩展"（SSE）。SIMD 代表"单指令、多数据"。系统的 CPU 如果足够强大，SSE 可以缩短渲染时间。

②"抗锯齿"组

◇ 抗锯齿：启用该选项可以平滑渲染时产生的对角线或弯曲线条的锯齿状边缘。只有在渲染测试图像并且速度比图像质量更重要时才禁用该选项。

◇ "过滤器"下拉列表：可用于选择高质量的过滤器，将其应用到渲染上，默认的"过滤器"为"区域"，如图 10-39 所示。

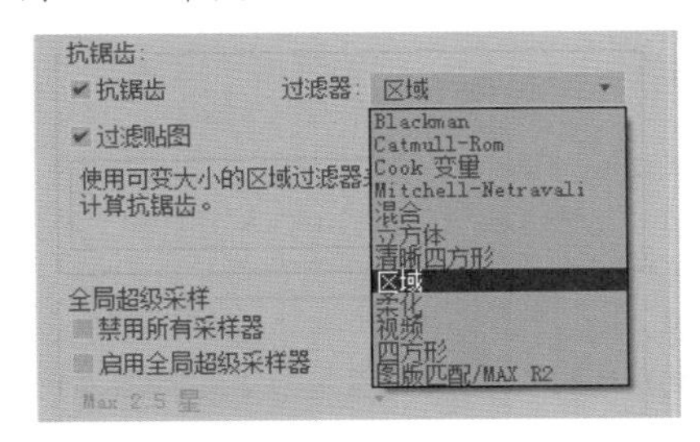

图10-39

◇ 过滤贴图：启用或禁用对贴图材质的过滤。

◇ 过滤器大小：设置可以增加或减小应用到图像中的模糊量。

③"全局超级采样"组

◇ 禁用所有采样器：禁用所有超级采样。

◇ 启用全局超级采样器：启用该选项后，对所有的材质应用相同的超级采样器。在被激活的"超级采样器"下拉列表中，用户可以选择 3ds Max 2018 所提供的不同采样器，如图 10-40 所示。

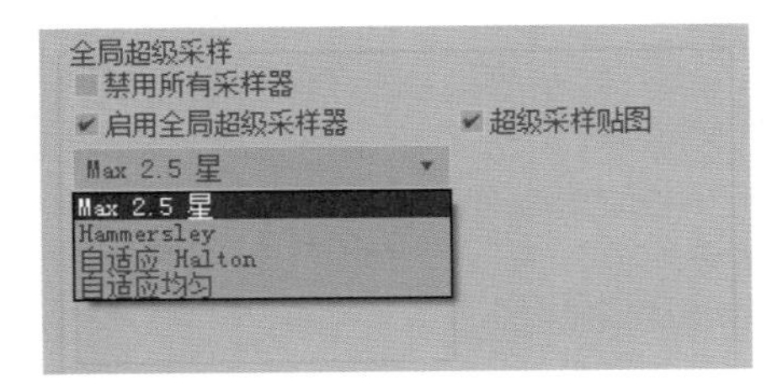

图10-40

④"对象运动模糊"组

◇ 应用：为整个场景全局启用或禁用对象运动模糊。

◇ 持续时间（帧）：值越大，模糊的程度越明显。

◇ 持续时间细分：确定在持续时间内渲染的每个对象副本的数量。

⑤"图像运动模糊"组

◇ 应用：为整个场景全局启用或禁用图像运动模糊。

◇ 持续时间（帧）：值越大，模糊的程度越明显。

◇ 应用于环境贴图：设置该选项后，图像运动模糊既可以应用于环境贴图也可以应用于场景中的对象。

◇ 透明度：启用该选项后，图像运动模糊对重叠的透明对象起作用。在透明对象上应用图像运动模糊会增加渲染时间。

⑥"自动反射/折射贴图"组

◇ 渲染迭代次数：设置对象间在非平面自动反射贴图上的反射次数。虽然增加该值有时可以改善图像质量，但是这样做也将增加反射的渲染时间。

⑦"颜色范围限制"组

◇ 钳制：使用"钳制"时，因为在处理过程中色调信息会丢失，所以非常亮的颜色会被渲染为白色。

◇ 缩放：要保持所有颜色分量均在"缩放"范围内，则需要通过缩放所有对象三个颜色分量来保留非常亮的颜色的色调，这样最大分量的值就会为 1。注意，这样将更改高光的外观。

⑧"内存管理"组

◇ 节省内存：启用该选项后，渲染时可以节约 15% 到 25% 的内存，但存储时间大约增加 4%。

10.4 ART渲染器

ART 渲染器是一种仅使用 CPU 并且基于物理方式的快速渲染器，适用于建筑、产品和工业设计的渲染与动画。该渲染器的渲染参数极少，配合光度学灯光及物理材质，用户可以快速制作出高度逼真的渲染作品。在"渲染设置"面板中，单击"渲染器"下拉列表，即可将当前的渲染器设置为 ART 渲染器，如图 10-41 所示。

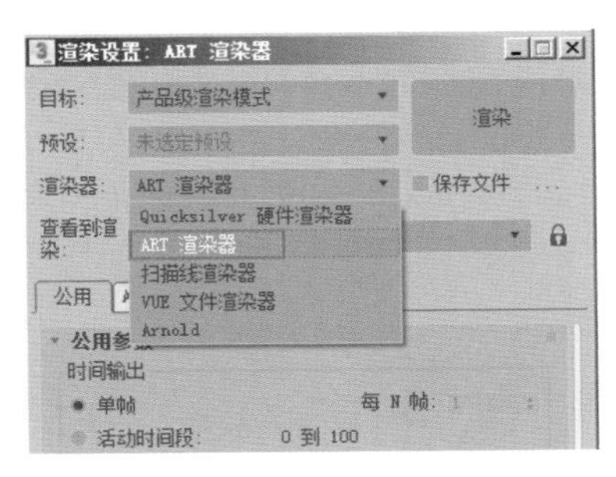

图10-41

10.4.1 “渲染参数”卷展栏

“渲染参数”卷展栏主要用于设置ART渲染图像的质量，其参数命令如图10-42所示。

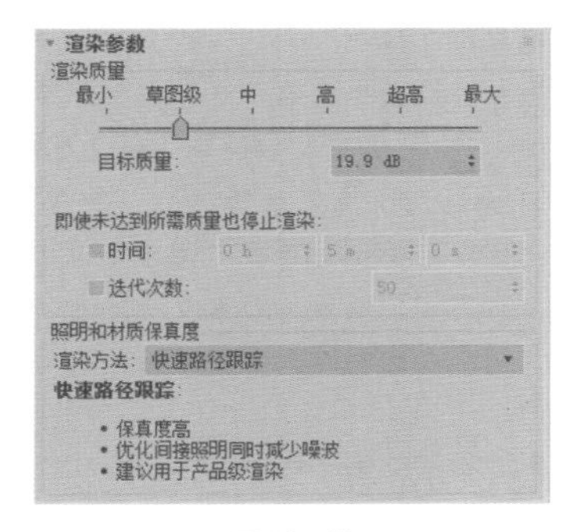

图10-42

工具解析

①“渲染质量”组

◇ 目标质量：通过滑块来设置渲染图像的质量，如图10-43所示。较低的设置会使得渲染出来的图像具有很多噪点，较高的设置则会得到效果较佳的渲染结果。如图10-44所示分别为“草图级”质量和“高”质量设置下的图像渲染结果对比。

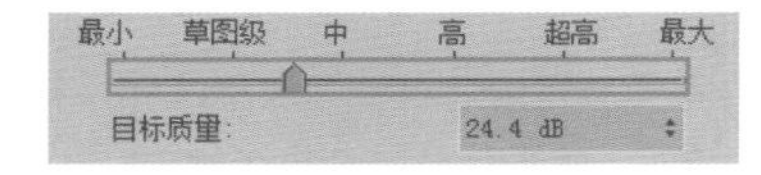

图10-43

图10-44

◇ 时间：勾选该选项，即可根据设置固定的渲染时间来终止渲染计算。

◇ 迭代次数：勾选该选项，可以在设置的迭代次数计算后停止渲染。

②“照明和材质保真度”组

◇ 渲染方法：3ds Max 2018提供了两种渲染方法供用户选择，无论选择哪一个选项，下方均会出现该渲染方法的特点提示，如图10-45、图10-46所示。

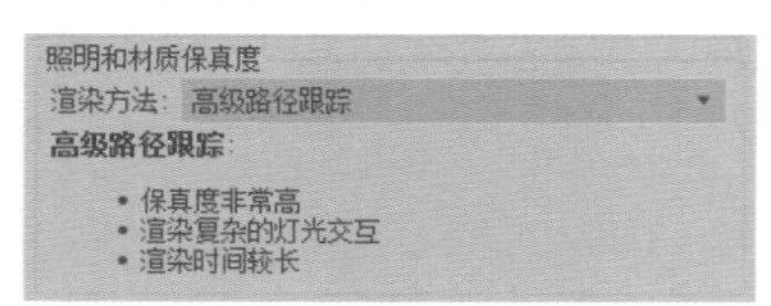

图10-45

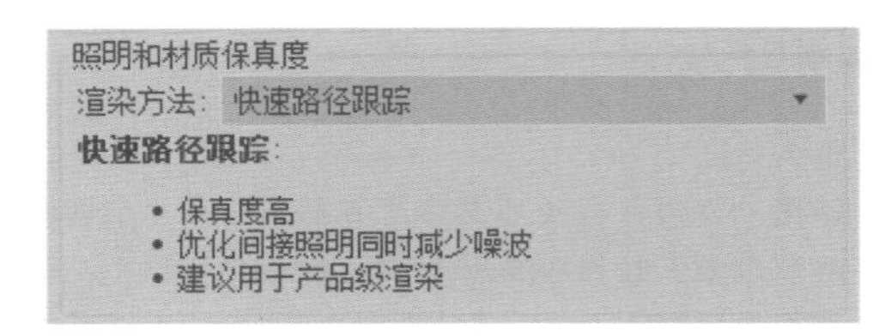

图10-46

10.4.2 “过滤”卷展栏

“过滤”卷展栏主要用于降低渲染所产生的噪点，其参数命令如图10-47所示。

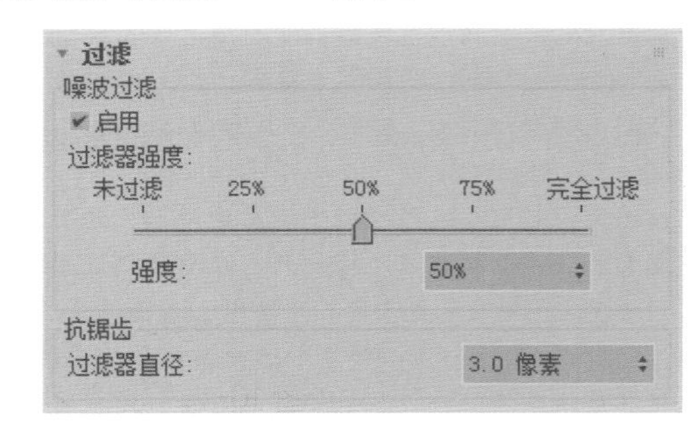

图10-47

工具解析

①“噪波过滤”组

◇ 启用：勾选该选项可以过滤渲染计算所产生的噪点。

◇ 过滤器强度：通过滑块来设置减少噪点的强度。一般来说，使用“完全过滤”可以消除所有噪点，但是会损失图像细节，所以适合用于渲染草图；而50%的强度则适合渲染最终图像，因为在消除一定的噪点同时还保留了图像的细节。

②“抗锯齿”组

◇ 过滤器直径：设置抗锯齿过滤器的直径。增加该值可以向渲染图像添加一些模糊效果。

10.4.3 “高级”卷展栏

“高级”卷展栏主要包含了用于ART渲染器的特殊用途控件，其参数命令如图10-48所示。

图10-48

工具解析

①“场景”组

◇　点光源直径：将所有点灯光渲染为所设置直径的球形或圆盘形灯光。同样，线性灯光将使用所设置的直径 / 宽度值，渲染为圆柱形或矩形灯光。

◇　所有对象接收运动模糊：对场景中的所有对象启用运动模糊，无论这些对象是否在“对象属性”中启用了运动模糊。

②“噪波图案”组

◇　动画噪波图案：改变动画渲染的每一帧的噪波图案。这对于高质量动画渲染十分重要，因为看起来更自然，类似于胶片颗粒。

10.5　综合实例：制作客厅日景表现

本实例使用一个现代风格的客厅场景来详细讲解 3ds Max 2018 中材质、灯光及渲染设置的综合运用。本实例的最终渲染结果如图 10-49所示，线框渲染图如图 10-50 所示。

扫码看视频

图10-49

图10-50

打开本书配套资源“客厅 .max”文件，如图 10-51 所示。

10.5.1　制作地板材质

本实例中的地板材质为棕黄色的木质纹理，反光效果较弱，如图 10-52 所示。

图10-51

图10-52

（1）打开“材质编辑器”面板，将一个未使用的材质球设置为 Arnold 的 Standard 材质，并重命名为“地板”，如图 10-53 所示。

（2）在 Kd Color 的贴图通道上加载一张“地板纹理 .jpg”贴图文件，设置 Ks 的值为“0.2”，制作出地板材质的表面纹理、高光和反射效果，如图 10-54 所示。

（3）在“坐标”卷展栏中，设置“角度”的 W 值为“90”，更改贴图纹理的方向，如图 10-55 所示。

（4）制作好的地板材质球显示效果如图 10-56 所示。

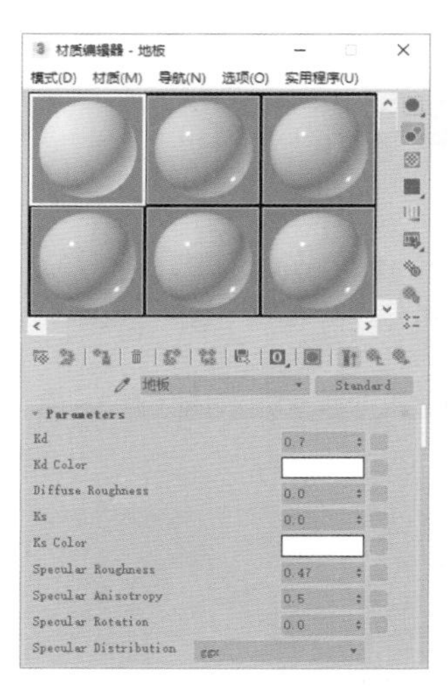

图10-53

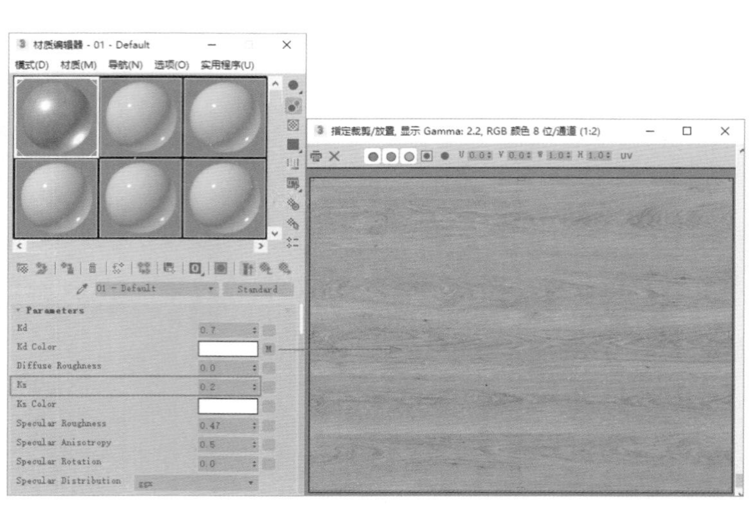

图10-54

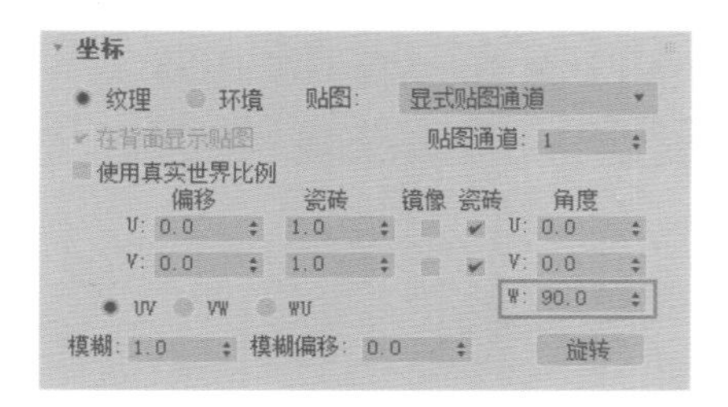

图10-55

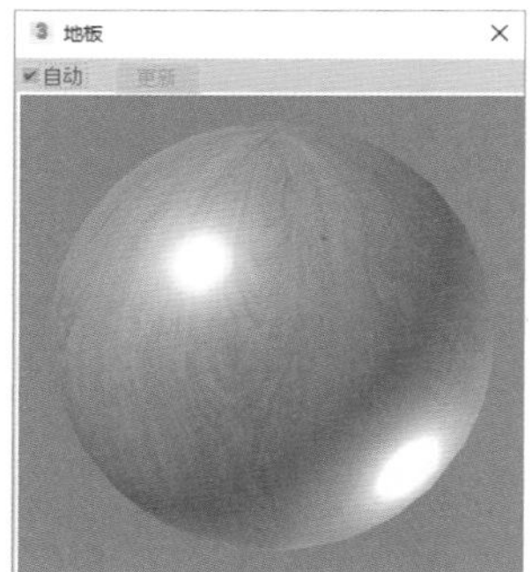

图10-56

10.5.2　制作木桌材质

本实例中的木桌材质为深棕色的木质纹理，反光效果较强，如图 10-57 所示。

（1）打开“材质编辑器”面板，将一个未使用的材质球设置为 Arnold 的“Standard”材质，并重命名为“木桌”，如图 10-58 所示。

（2）在 Kd Color 的贴图通道上加载一张“木桌纹理 .jpg”贴图文件，设置 Ks 的值为“0.1”，设置 Specular Roughess 的值为“0.2”，制作出木桌材质的表面纹理、高光和反射效果，如图 10-59 所示。

图10-57

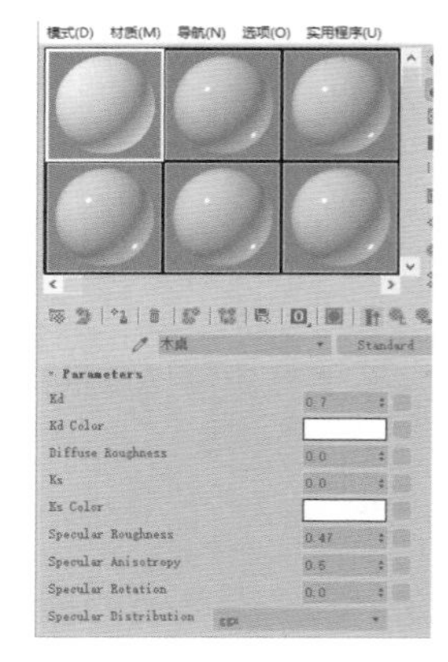

图10-58

（3）制作好的木桌材质球显示效果如图 10-60 所示。

10.5.3　制作电视屏幕材质

本实例中的电视屏幕材质为深灰色的玻璃质感，反射效果较强，如图 10-61 所示。

（1）打开“材质编辑器”面板，将一个未使用的材质球设置为 Arnold 的“Standard”材质，并重命名为“电视屏幕”，如图 10-62 所示。

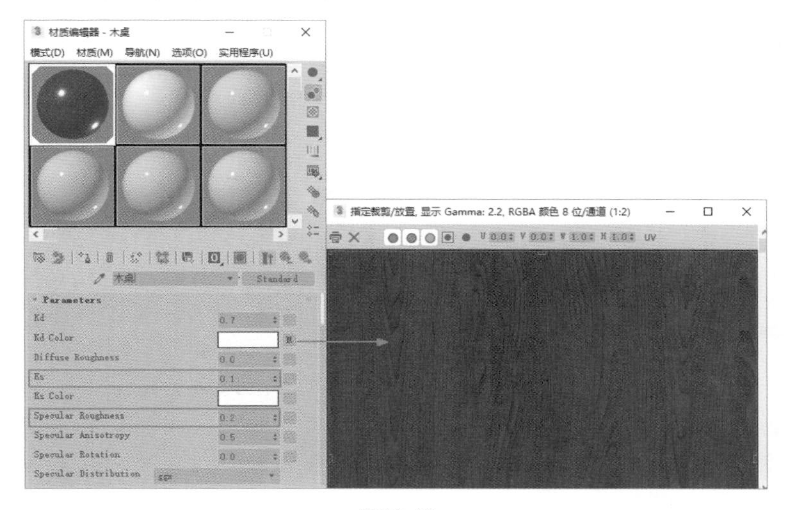

图10-59

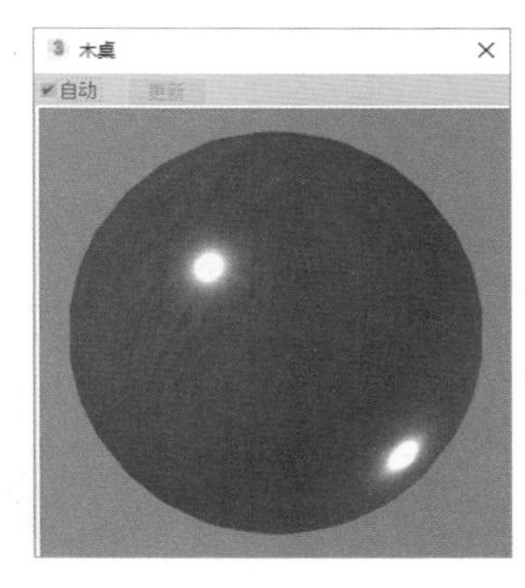

图10-60

图10-61

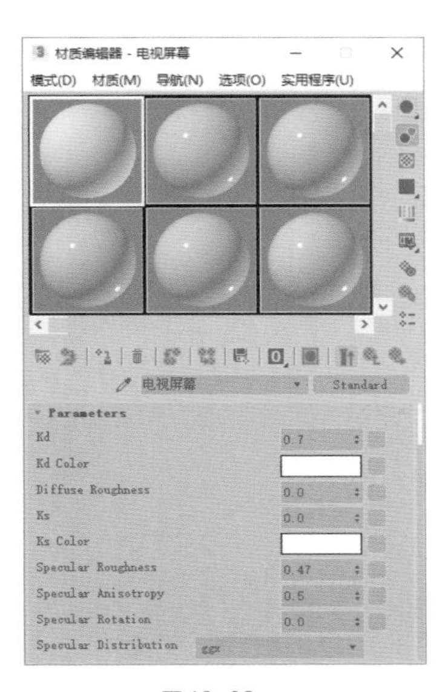

图10-62

（2）设置 Kd Color 的颜色为灰色（红：“0.063”，绿：“0.063”，蓝：“0.063”），设置 Ks 的值为“0.4”，设置 Specular Roughess 的值为“0.1”，制作出电视屏幕材质的颜色、高光和反射效果，如图 10-63 所示。

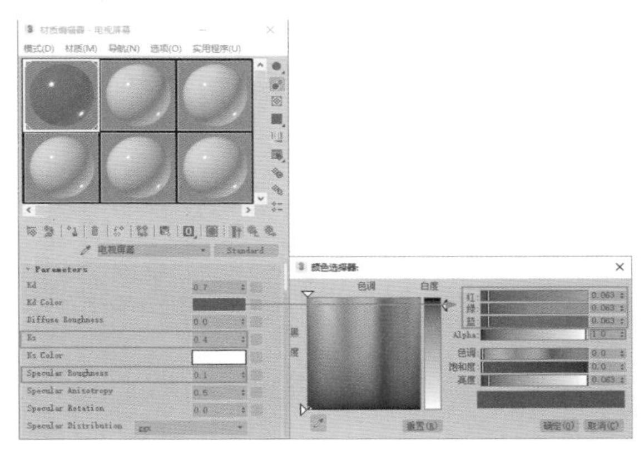

图10-63

（3）制作好的电视屏幕材质球显示效果如图 10-64 所示。

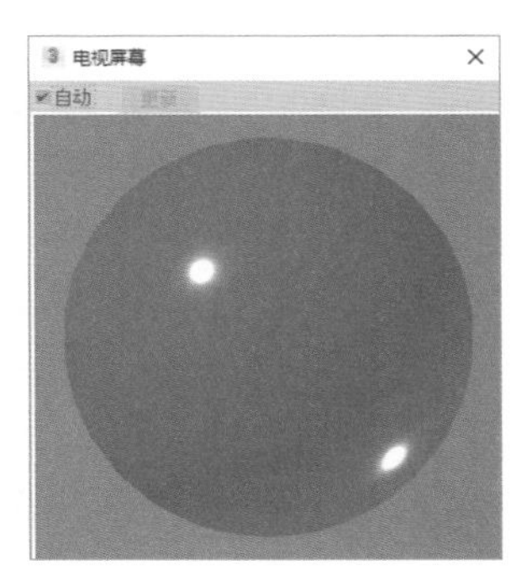

图10-64

10.5.4 制作蓝色玻璃瓶材质

本实例中小桌上的瓶子材质为蓝色的玻璃质感，有一定的高光效果，如图 10-65 所示。

（1）打开“材质编辑器”面板，将一个未使用的材质球设置为 Arnold 的“Standard”材质，并重命名为“蓝色玻璃”，如图 10-66 所示。

图 10-65

图 10-66

（2）设置 Kd 的值为“0”，设置 Ks 的值为“0.1”，设置 Specular Roughess 的值为“0.1”，制作出玻璃材质的高光和反射效果；设置 Kt 的值为“0.9”，Kt Color 的颜色为青绿色（红：“0.686”，绿：“0.969”，蓝：“0.839”），IOR 的值为“1.6”，制作出玻璃的折射属性及玻璃颜色，如图 10-67 所示。

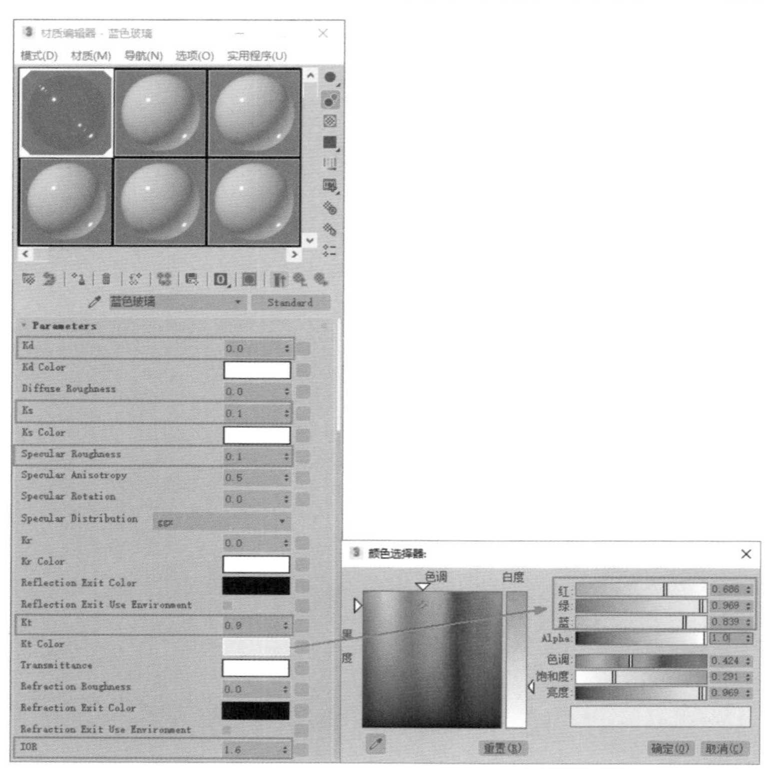

图 10-67

（3）设置 Opacity 的颜色为灰色（红："0.686"，绿："0.969"，蓝："0.839"），以增强玻璃材质的通透性，如图 10-68 所示。

（4）制作好的玻璃瓶材质球显示效果如图 10-69 所示。

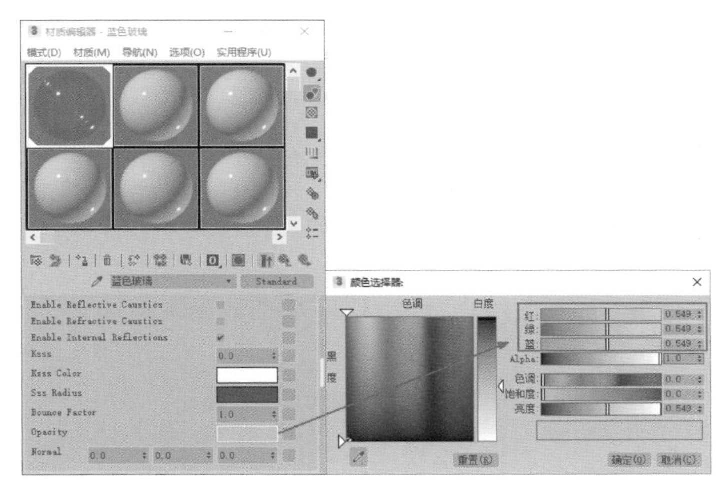

图 10-68

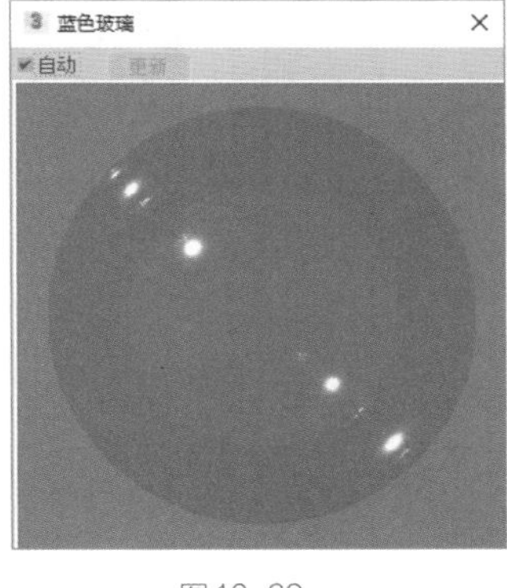

图 10-69

10.5.5 制作金属方盘材质

本实例中木桌上的方盘材质为银色的铝金属，如图 10-70 所示。

（1）打开"材质编辑器"面板，将一个未使用的材质球设置为"物理材质"，并重命名为"金属"，如图 10-71 所示。

（2）在"预设"卷展栏内，单击"选择预设"下拉列表后面的黑色三角箭头，在弹出的下拉列表中将预设设置为"抛光铝"，如图 10-72 所示。

图 10-70

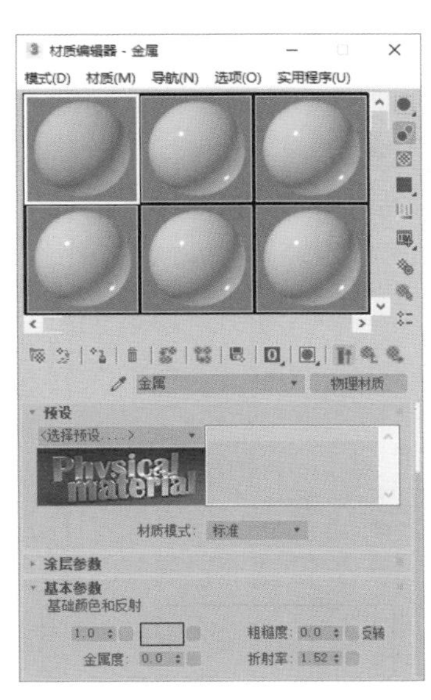

图 10-71

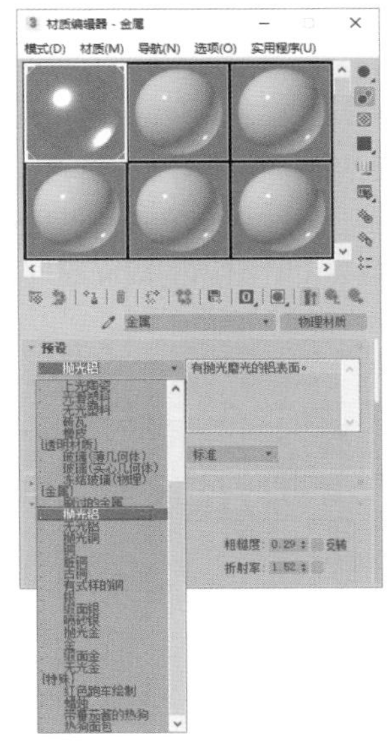

图 10-72

（3）制作好的金属方盘材质球显示效果如图 10-73 所示。

10.5.6 制作发财树叶片材质

本实例中在沙发的后面放置了一盆喜阴的盆栽——发财树，叶片渲染效果如图 10-74 所示。

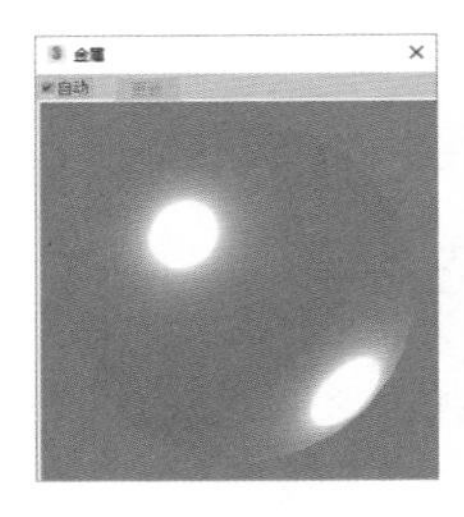

图10-73

图10-74

（1）打开“材质编辑器”面板，将一个未使用的材质球设置为 Arnold 的“Standard”材质，并重命名为“叶片”，如图 10-75 所示。

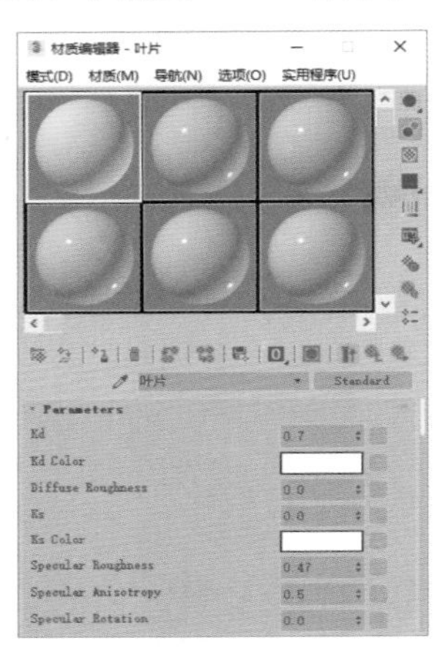

图10-75

（2）在 Kd Color 的贴图通道上加载一张“叶片纹理 .jpg”贴图文件，设置 Ks 的值为“0.1”，制作出植物叶片材质的表面纹理、高光和反射效果，如图 10-76 所示。

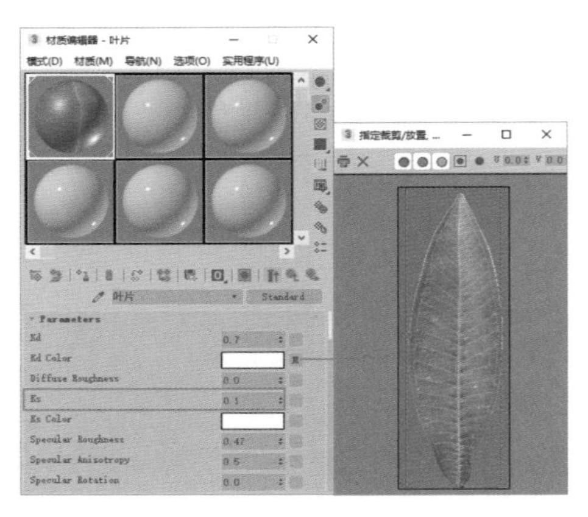

图10-76

（3）在 Normal 的贴图通道上指定“Bump2d”程序纹理，在“Parameters”卷展栏中的 Bump Map 贴图通道上加载一张“叶片凹凸 .jpg”贴图文件，制作出叶片表面的凹凸效果，如图 10-77 所示。

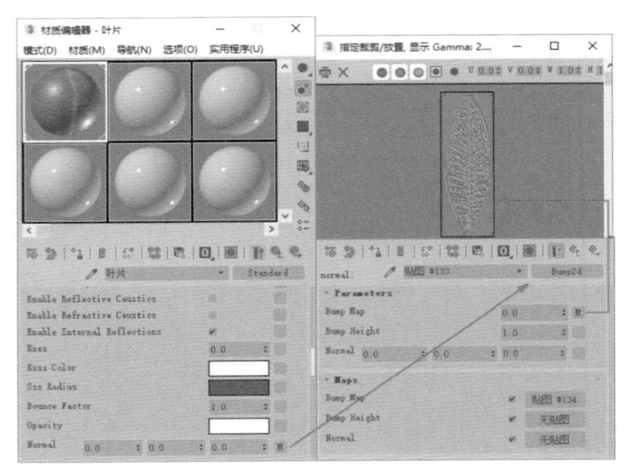

图10-77

（4）制作好的植物叶片材质球显示效果如图 10-78 所示。

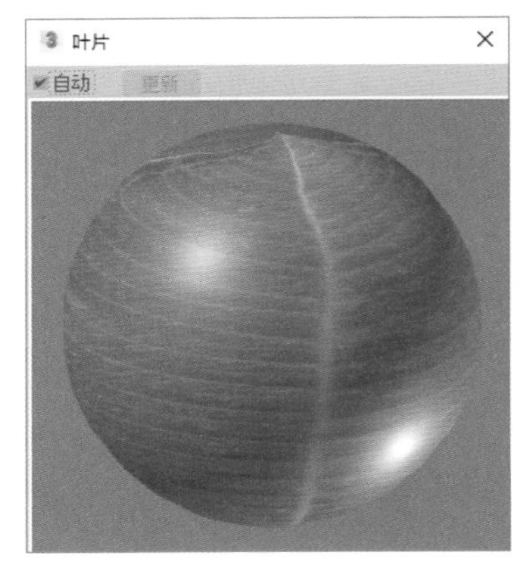

图10-78

10.5.7 制作阳光照明

（1）本实例所表现的场景照明为阳光满屋的室内空间灯光效果，所以在灯光的设置上优先考虑使用“太阳定位器”来进行主光源的制作。在创建的“灯光”面板中，单击“太阳定位器”按钮，在“顶”视图中创建一个太阳定位器灯光，如图 10-79 所示。

（2）在“修改”面板中，展开“太阳位置”卷展栏。设置当前灯光的“日期和时间”为 2018 年 3 月 13 日的 14 点，“在地球上的位置”为中国的长春，如图 10-80 所示。

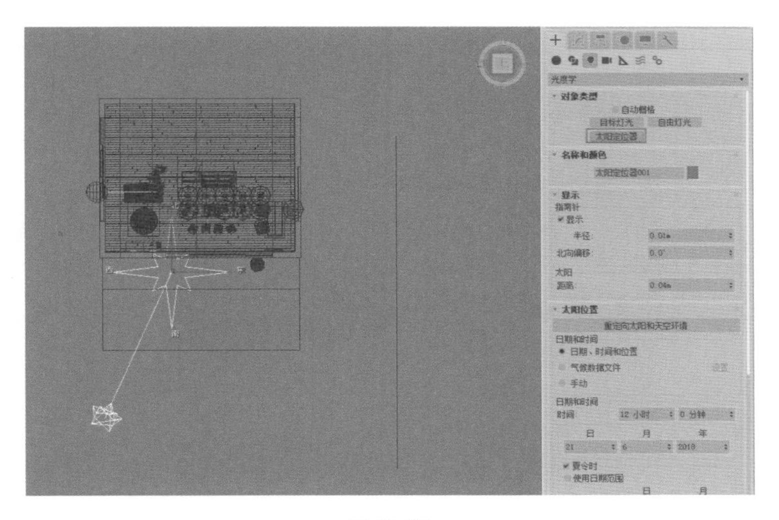

图10-79

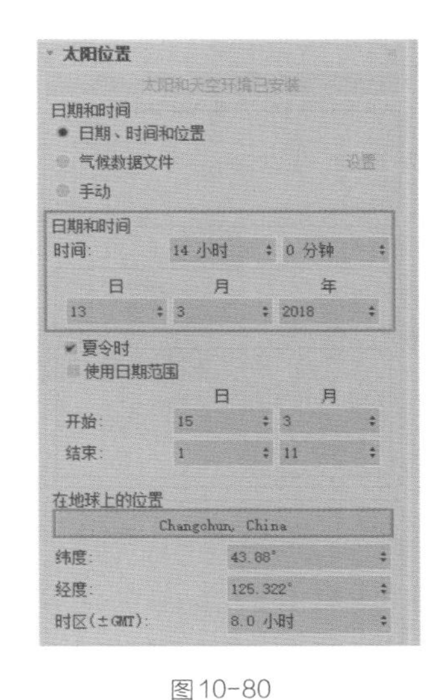

图10-80

（3）展开“显示”卷展栏，设置“北向偏移”的值为“0”，如图10-81所示。

（4）设置完成后的“太阳定位器”灯光照射角度如图10-82所示。

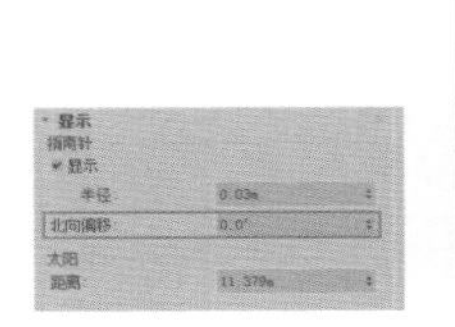

图10-81

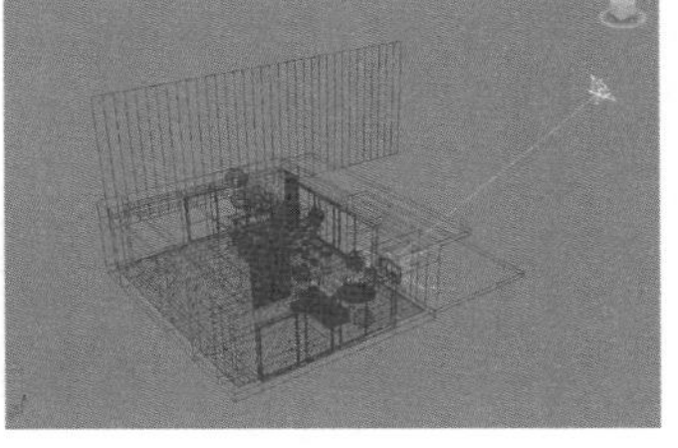

图10-82

10.5.8 制作室内补光

（1）单击“Arnold Light”按钮，在“顶”视图中玻璃门位置处创建一个Arnold Light灯光，如图10-83所示。

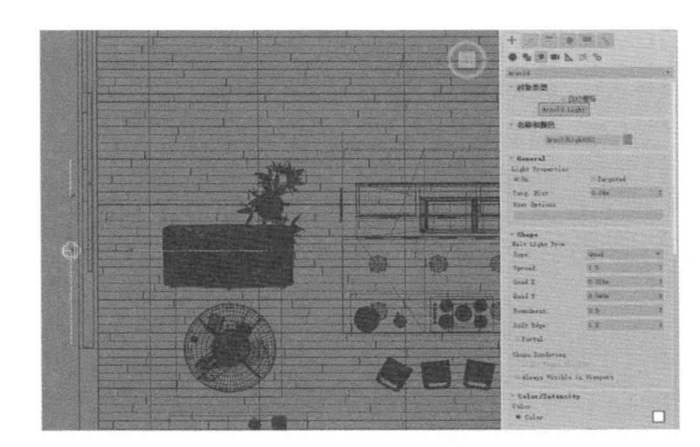

图10-83

（2）在“修改”面板中，展开“Shape”卷展栏，设置灯光的Quad X值为“3”，Quad Y的值为“2.2”，并调整灯光的位置至图10-84所示处，使得该灯光从室外向室内照明。

（3）展开“Color/Intensity”卷展栏，设置灯光的Color为浅黄色(红:“255”，绿:“252”，蓝:“233”)，灯光的Intensity值为“800”，Exposure的值为“12”，增强灯光的亮度，如图10-85所示。

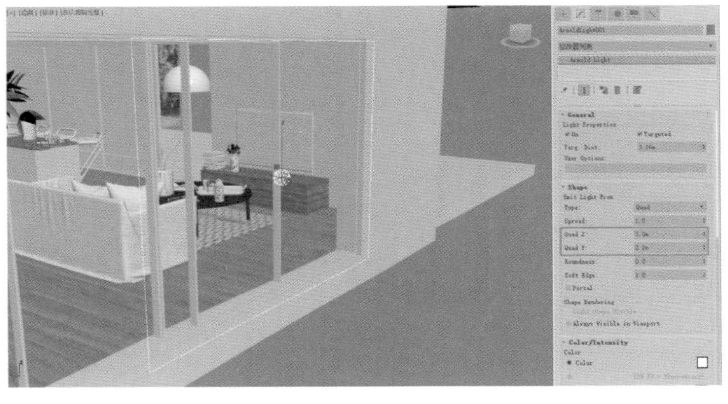

图10-84

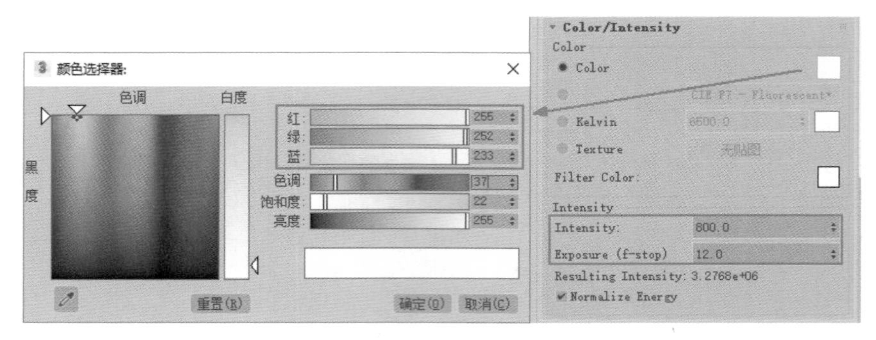

图10-85

10.5.9 制作吊顶灯光照明

（1）单击“Arnold Light”按钮，在“前”视图中吊顶筒灯模型位置处创建一个 Arnold Light 灯光，如图 10-86 所示。

（2）在“顶”视图中，调整灯光的位置至如图 10-87 所示处，使得 Arnold Light 的位置与场景中吊顶筒灯模型的位置一致。

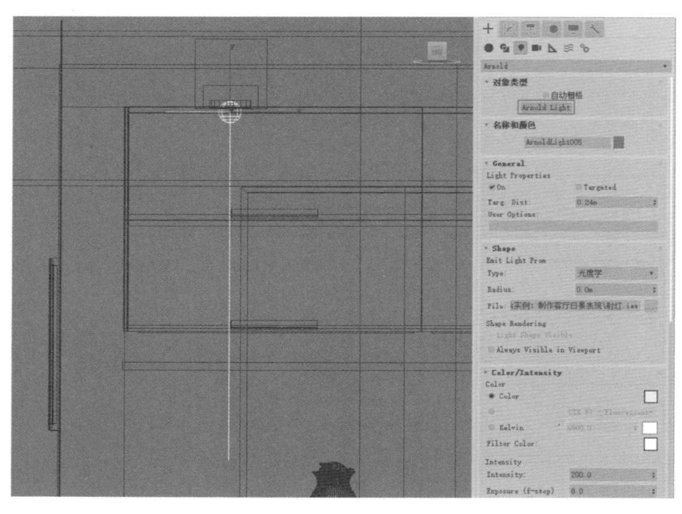

图10-86

图10-87

（3）在“修改”面板中的“Shape”卷展栏中，设置灯光的 Type 为“光度学”，单击 File 后面的浏览按钮，为当前灯光添加“射灯 .ies”光域网文件，如图 10-88 所示。

（4）展开“Color/Intensity”卷展栏，设置灯光的Color为浅黄色（红：“255”，绿：“205”，蓝：“156”），灯光的 Intensity 值为“200”，Exposure 的值为“8”，增强灯光的亮度，如图 10-89 所示。

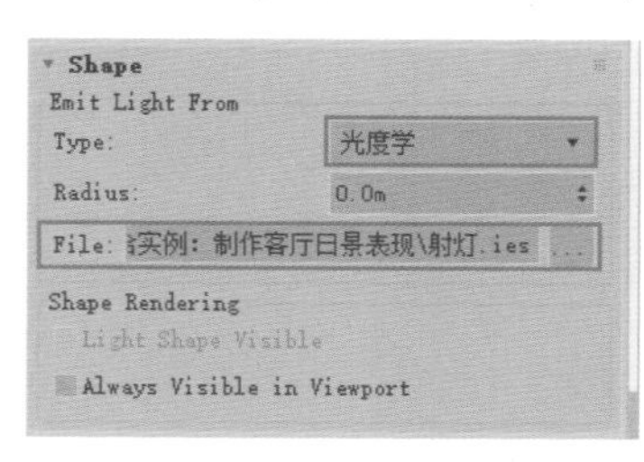

图10-88

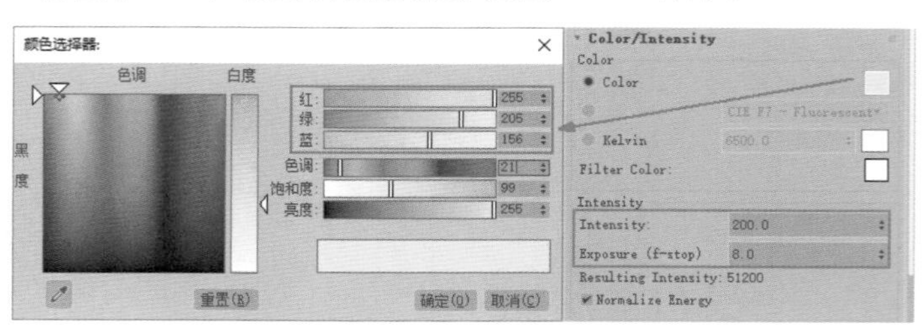

图10-89

（5）吊顶灯光设置完成后，在“顶”视图中，对灯光进行复制，并调整灯光的位置分别如图 10-90 所示，使得场景中每一个筒灯模型位置处均有一个 Arnold Light 灯光。

图 10-90

10.5.10 制作吊灯灯光照明

（1）单击“Arnold Light”按钮，在“前”视图中木桌上方的吊灯模型位置处创建一个 Arnold Light 灯光，如图 10-91 所示。

（2）在“修改”面板中的“Shape”卷展栏中，设置灯光的 Type 为“Point”，灯光的 Radius 值为“0.005”，如图 10-92 所示。

图 10-91

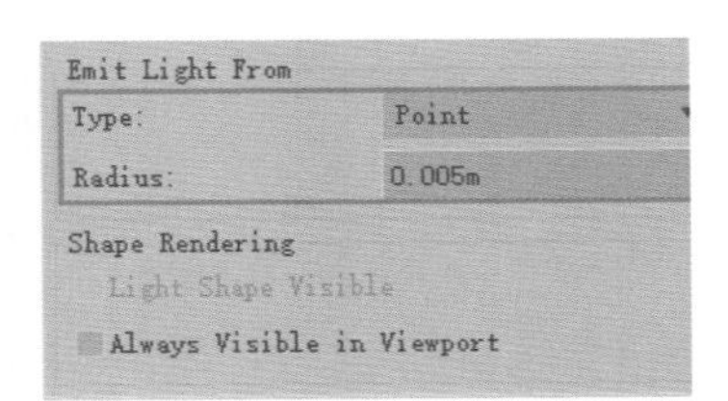

图 10-92

（3）展开“Color/Intensity”卷展栏，设置灯光的 Color 为浅黄色（红：“255”，绿：“176”，蓝：“99”），灯光的 Intensity 值为“100”，Exposure 的值为“10”，增强灯光的亮度，如图 10-93 所示。

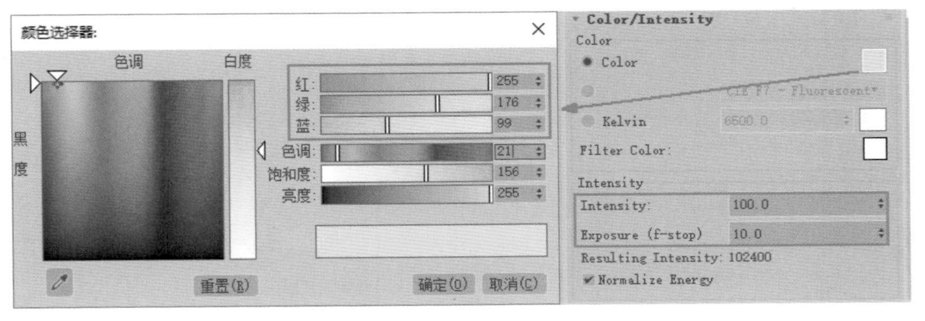

图 10-93

10.5.11 制作灯带照明

（1）单击“Arnold Light”按钮，在“前”视图中餐桌上方的灯带模型位置处创建一个 Arnold Light 灯光，如图 10-94 所示。

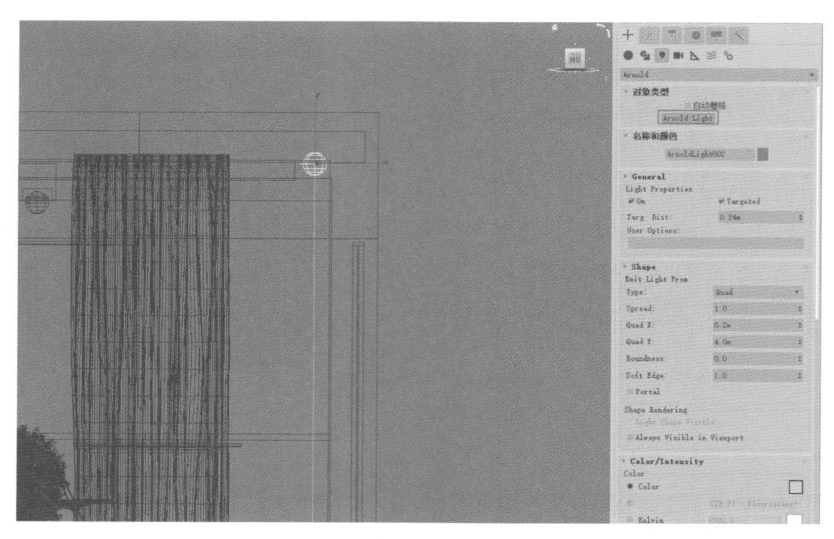

图10-94

（2）在“修改”面板中，展开“Shape”卷展栏，设置灯光的Type为“Quad”，灯光的Quad X值为“0.2”，Quad Y的值为“4”，并调整灯光的位置至如图10-95所示处。

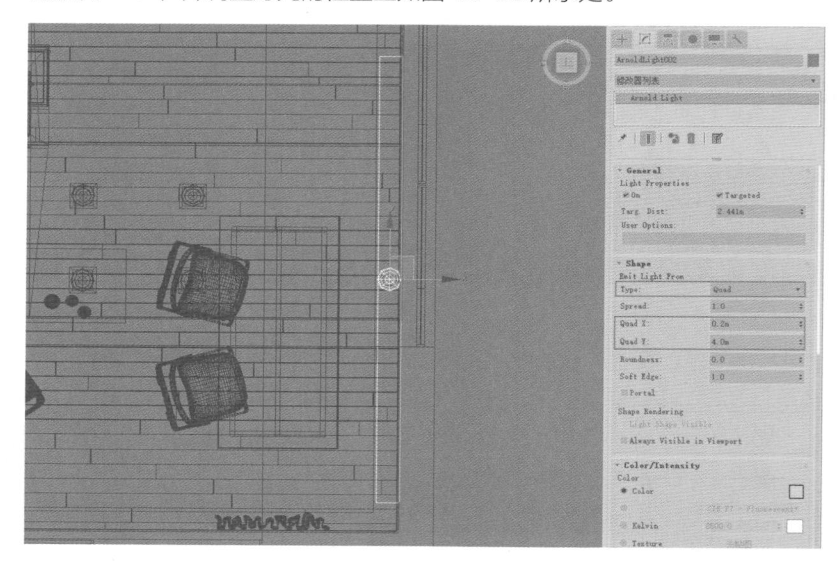

图10-95

（3）展开“Color/Intensity”卷展栏，设置灯光的Color为浅黄色（红：“255”，绿：“176”，蓝：“99”），设置灯光的Intensity值为“100”，Exposure的值为“10”，增强灯光的亮度，如图10-96所示。

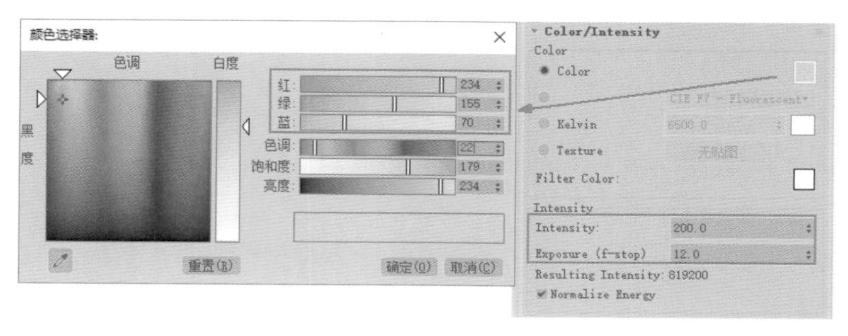

图10-96

10.5.12 渲染设置

设置完材质和灯光后，就可以进行场景渲染设置了，具体操作如下。

（1）打开“渲染设置”面板，可以看到本场景文件使用 Arnold 渲染器进行渲染，图像的渲染尺寸也相对大一些，“宽度”设置为“2400”，“高度”设置为“1500”，如图 10-97 所示。

（2）在“Arnold Render”选项卡中，设置 Camera 的值为“25”，提高渲染图像的整体计算精度，如图 10-98 所示。

（3）展开“Filtering”卷展栏，设置 Type 的类型为“Gaussian (default)”，设置 Width 的值为“1”，使得渲染出来的图像更加清晰，如图 10-99 所示。

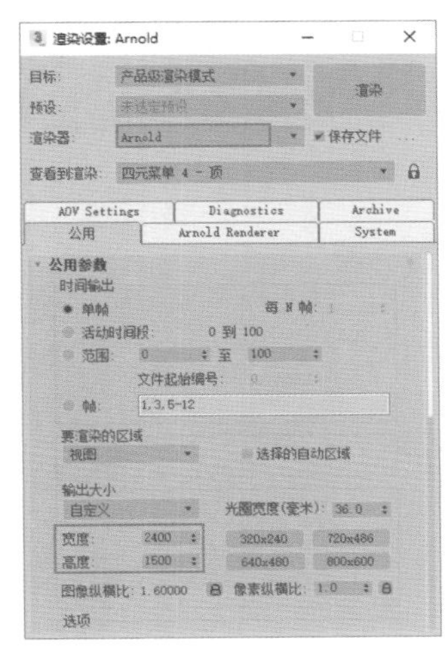

图 10-97

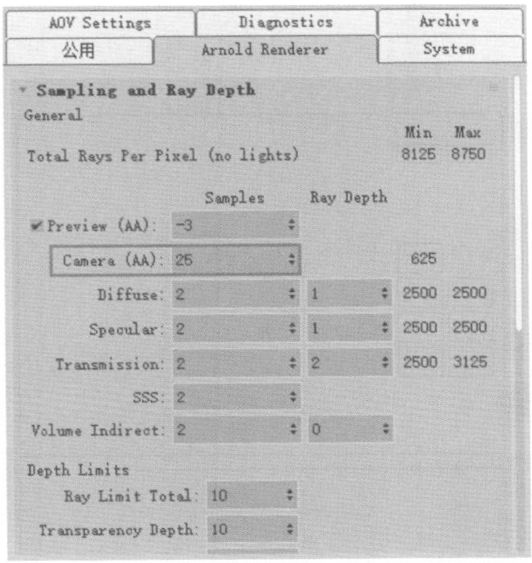

图 10-98

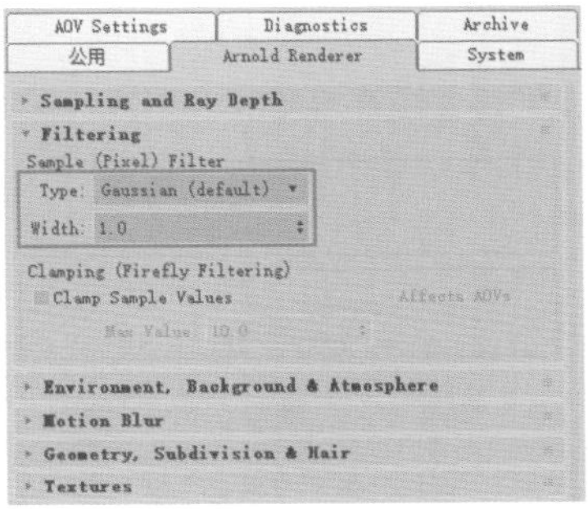

图 10-99

（4）设置完成后，渲染场景，本实例的最终渲染结果如图 10-49 所示。

10.6 综合实例：制作客厅夜景表现

本实例使用一个简约风格的客厅场景夜景表现，来详细讲解 3ds Max 2018 中材质、灯光及渲染设置的综合运用。本实例的最终渲染结果如图 10-100 所示，线框渲染图如图 10-101 所示。

扫码看视频

图 10-100

图 10-101

打开本书配套资源“客厅 .max”文件，如图 10-102 所示。

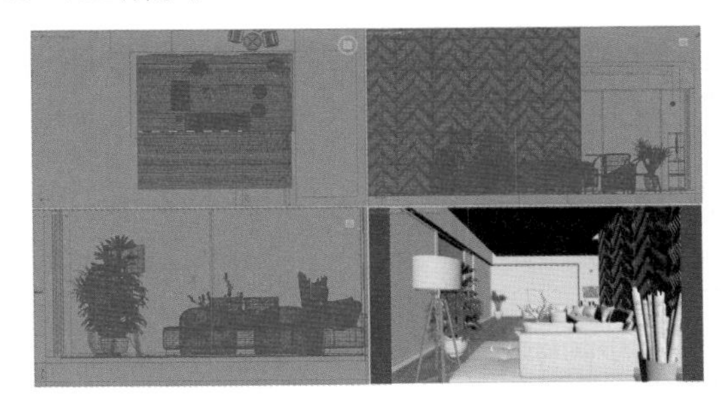

图 10-102

10.6.1 制作地板材质

本实例中的地板材质为深棕色的木质纹理，反光效果较弱，如图 10-103 所示。

图 10-103

（1）打开“材质编辑器”面板，将一个未使用的材质球设置为 Arnold 的“Standard Surface”材质，并重命名为“地板”，如图 10-104 所示。

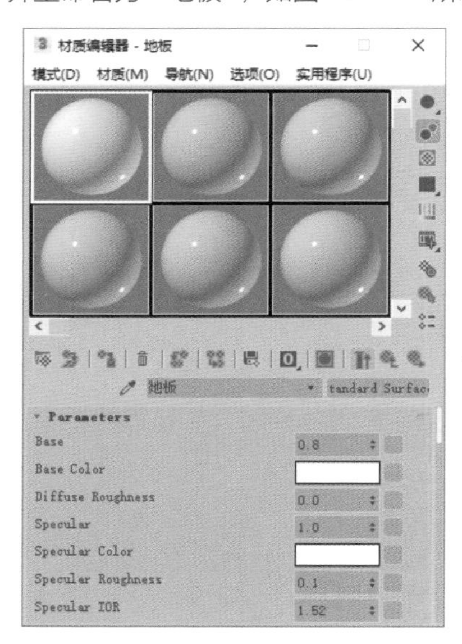

图 10-104

（2）在 Base Color 的贴图通道上加载一张“地板纹理 .jpg”贴图文件，设置 Specular 的值为“0.5”，Specular Roughness 的值为“0.3”，制作出地板材质的表面纹理、高光和反射效果，如图 10-105 所示。

（3）在“坐标”卷展栏中，设置“角度”的 W 值为“90”，更改贴图纹理的方向，如图 10-106 所示。

（4）制作好的地板材质球显示效果如图 10-107 所示。

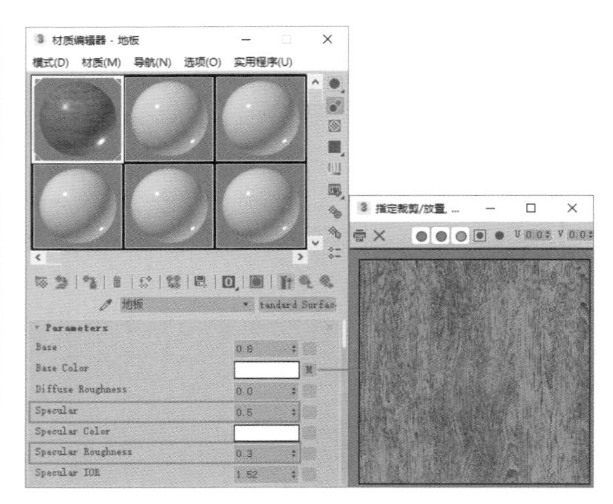

图 10-105

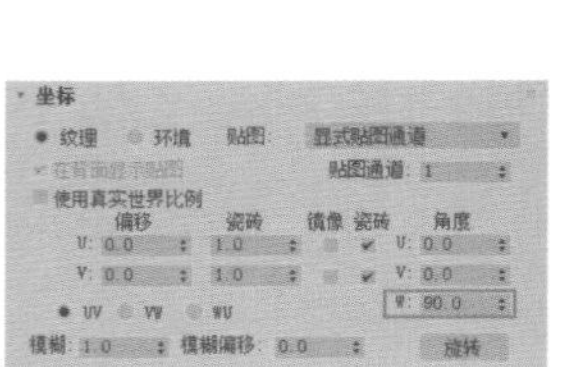

图 10-106

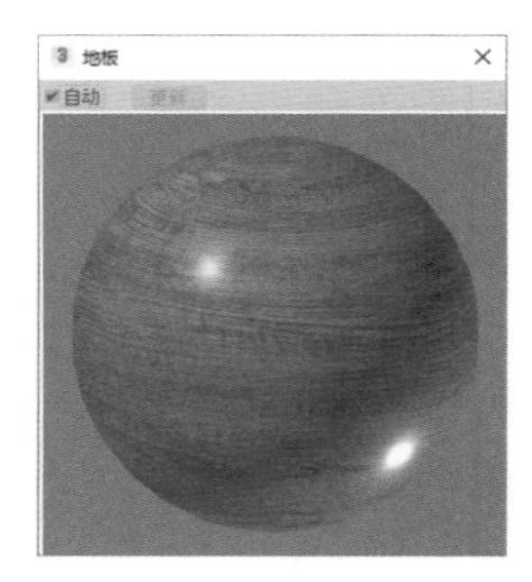

图 10-107

10.6.2 制作沙发材质

本实例中的沙发材质渲染结果如图 10-108 所示。

图 10-108

（1）打开“材质编辑器”面板，将一个未使用的材质球设置为 Arnold 的“Standard Surface”材质，并重命名为“沙发布纹”，如图 10-109 所示。

（2）设置 Specular Roughness 的值为“0.5”，为沙发材质调整出一点微弱的高光效果以增加渲染图像的立体感，如图 10-110 所示。

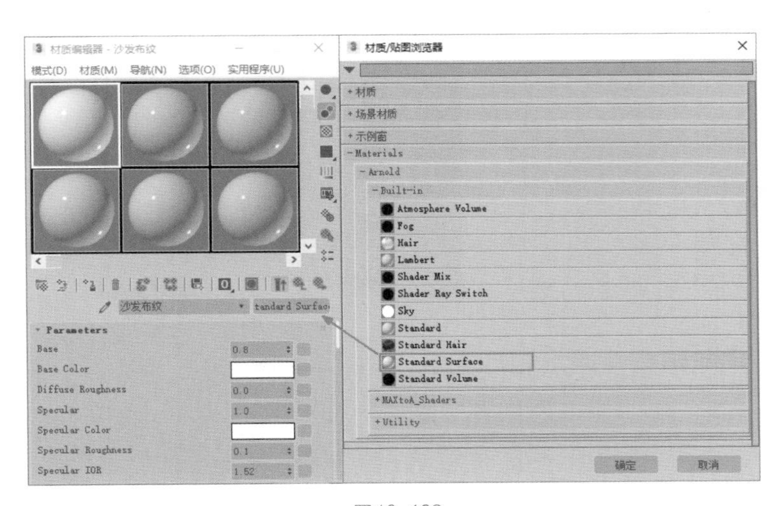
图10-109

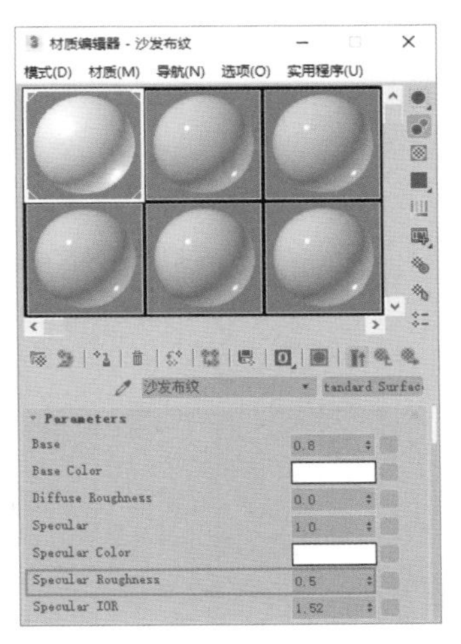
图10-110

（3）在Normal的贴图通道上指定“Bump2d”程序纹理，在“Parameters”卷展栏中的Bump Map贴图通道上加载一张“布纹凹凸.jpg”贴图文件，制作出沙发表面的布纹凹凸纹理效果，如图10-111所示。

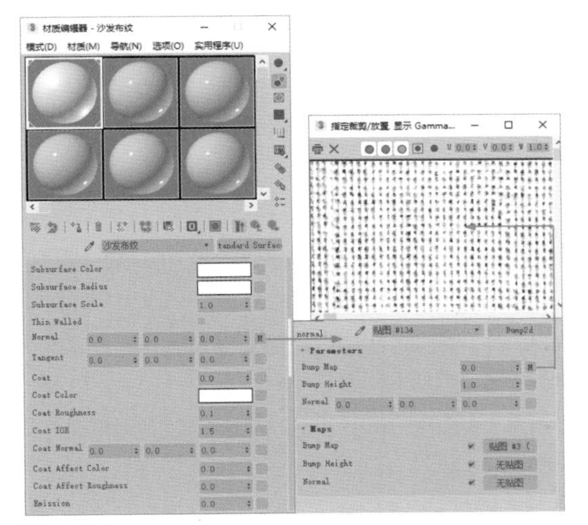
图10-111

（4）制作好的沙发材质球显示效果如图10-112所示。

图10-112

10.6.3　制作金属桶材质

本实例中的金属桶材质渲染结果如图10-113所示。

图10-113

（1）打开“材质编辑器”面板，将一个未使用的材质球设置为Arnold的“Standard Surface”材质，并重命名为“金属”，如图10-114所示。

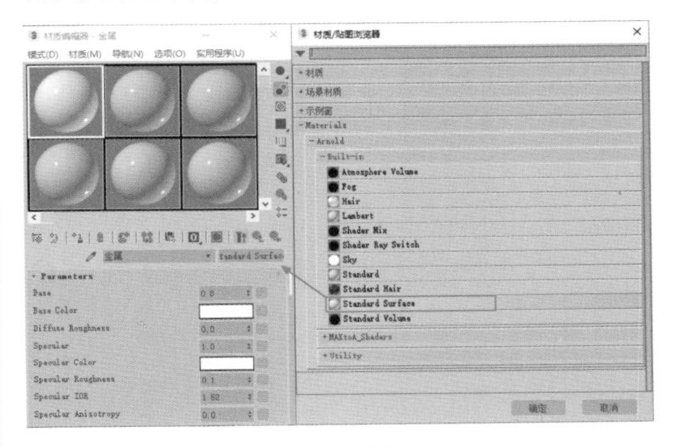
图10-114

（2）设置Metalness的值为“1”，Specular

Roughness 的值为“0.3”，制作出金属材质的高光及反射，如图 10-115 所示。

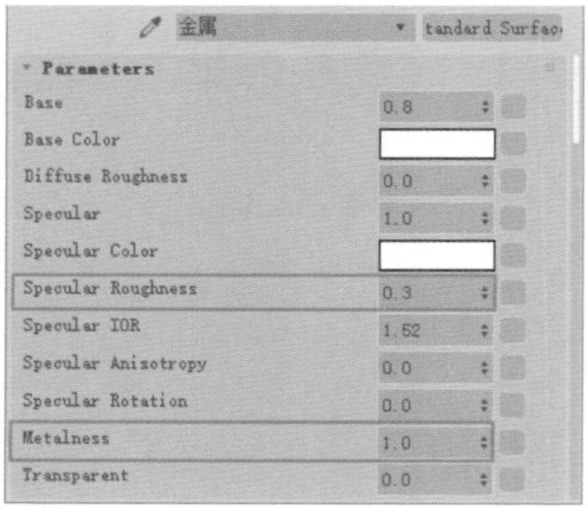

金属 tandard Surface
Parameters
Base 0.8
Base Color
Diffuse Roughness 0.0
Specular 1.0
Specular Color
Specular Roughness 0.3
Specular IOR 1.52
Specular Anisotropy 0.0
Specular Rotation 0.0
Metalness 1.0
Transparent 0.0

图 10-115

（3）在 Opacity 的贴图通道上添加一个“圆点.jpg”文件，如图 10-116 所示。

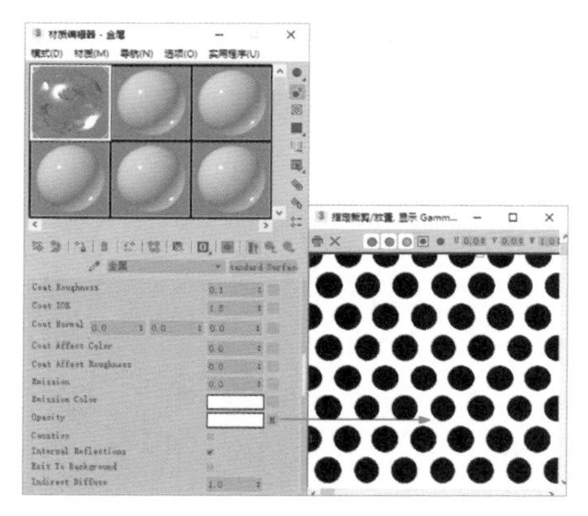

图 10-116

（4）制作好的金属桶材质球显示效果如图 10-117 所示。

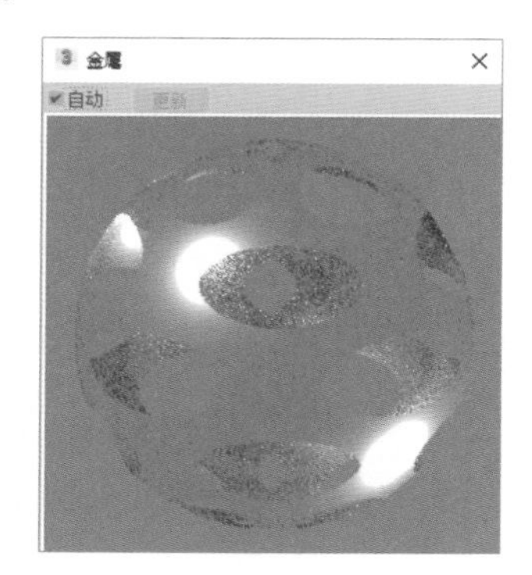

图 10-117

10.6.4　制作陶瓷花盆材质

本实例中的陶瓷花盆材质渲染结果如图 10-118 所示。

图 10-118

（1）打开“材质编辑器”面板，将一个未使用的材质球设置为 Arnold 的“Standard Surface”材质，并重命名为“白色陶瓷”，如图 10-119 所示。

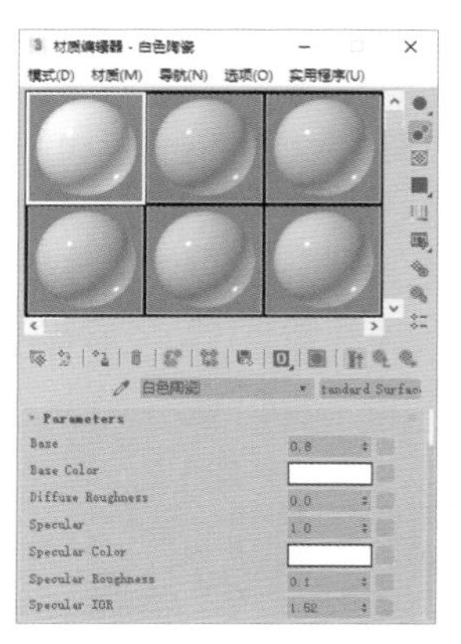

图 10-119

（2）Standard Surface 材质的默认效果跟陶瓷质感非常相似，几乎不需要更改就可以拿来直接使用。在本实例中，设置 Specular Roughness 的值为“0.2”，增加一点材质的高光效果即可，如图 10-120 所示。

（3）制作好的白色陶瓷材质球显示效果如图 10-121 所示。

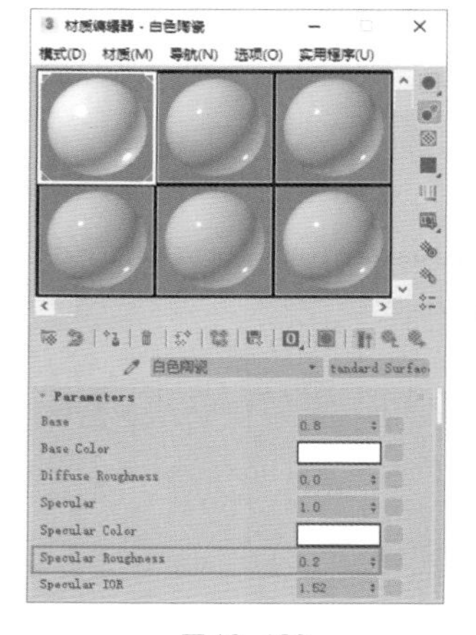

图 10-120

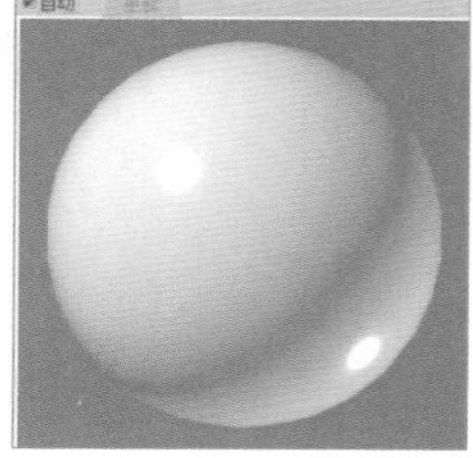

图 10-121

10.6.5 制作玻璃材质

本实例中的门窗玻璃材质渲染结果如图 10-122 所示。

图10-122

（1）打开“材质编辑器”面板，将一个未使用的材质球设置为 Arnold 的“Standard Surface”材质，并重命名为“窗户玻璃”，如图 10-123 所示。

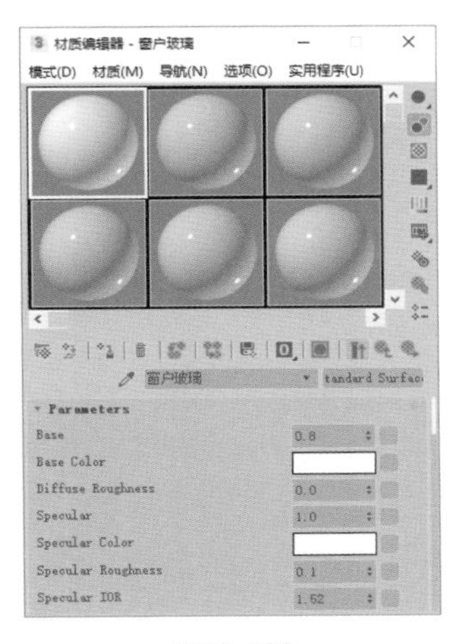

图10-123

（2）由于窗户玻璃具有较强的通透质感，没有任何颜色，所以设置 Base 的值为“0”，Transparent 的值为“0.9”，如图 10-124 所示。

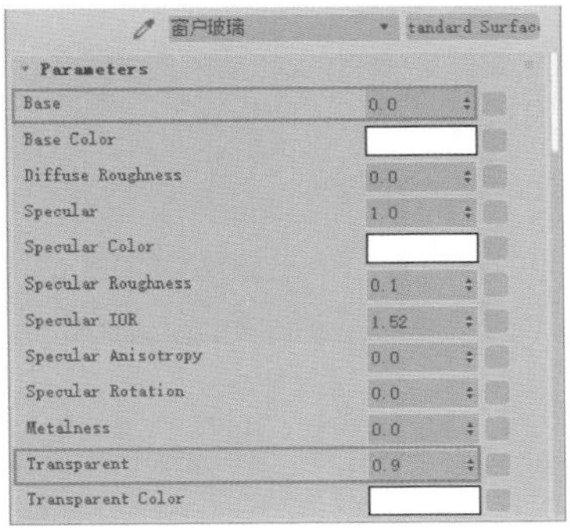

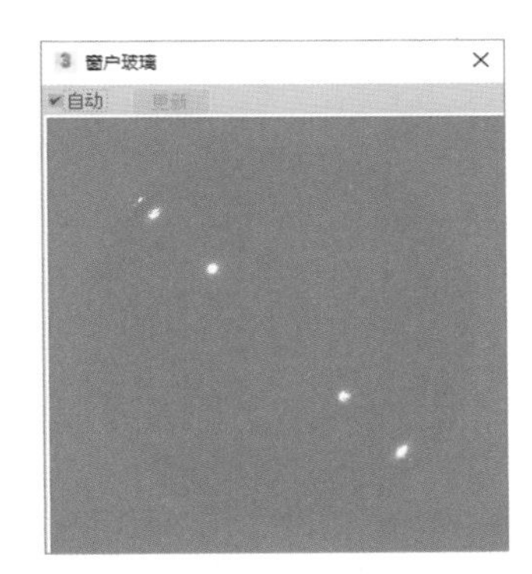

图10-124

（3）设置 Opacity 的颜色为灰色（红：“0.2”，绿：“0.2”，蓝：“0.2”），使得玻璃材质更加透明，如图 10-125 所示。

（4）制作好的玻璃材质球显示效果如图 10-126 所示。

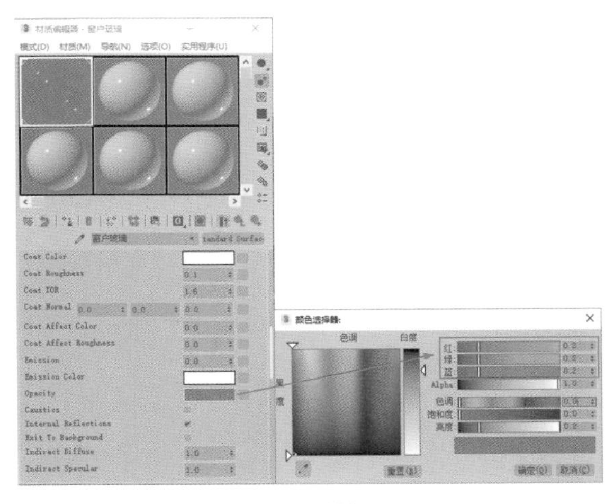

图10-125

图10-126

10.6.6 制作白墙材质

本实例中的白墙材质渲染结果如图 10-127 所示。

图10-127

（1）打开“材质编辑器”面板，将一个未使用的材质球设置为Arnold的“Lambert”材质，并重命名为“墙体”，如图10-128所示。

（2）设置Kd的值为“0.9”，使得墙体材质球更偏白色一些，如图10-129所示。

（3）制作好的玻璃材质球显示效果如图10-130所示。

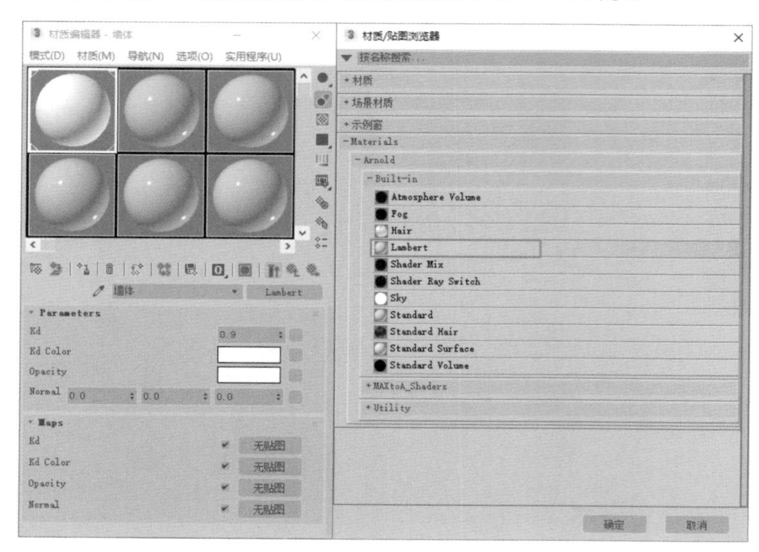

图10-128

图10-129

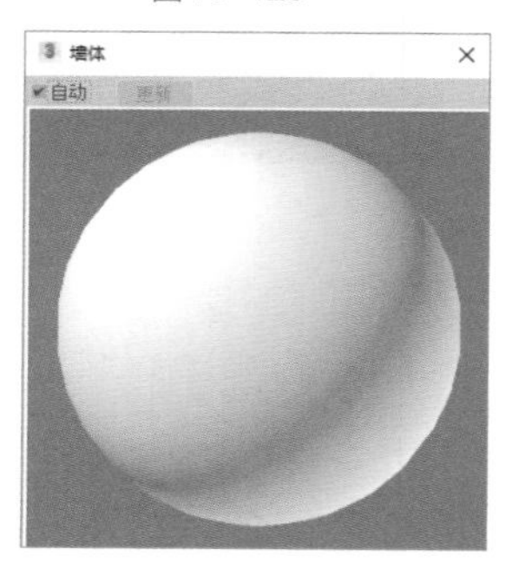

图10-130

10.6.7 制作吊灯灯光照明

（1）单击“Arnold Light”按钮，在“左”视图中吊顶筒灯模型位置处创建一个Arnold Light灯光，如图10-131所示。

（2）在“顶”视图中，调整灯光的位置至如图10-132所示处，使得Arnold Light的位置与场景中吊顶筒灯模型的位置一致。

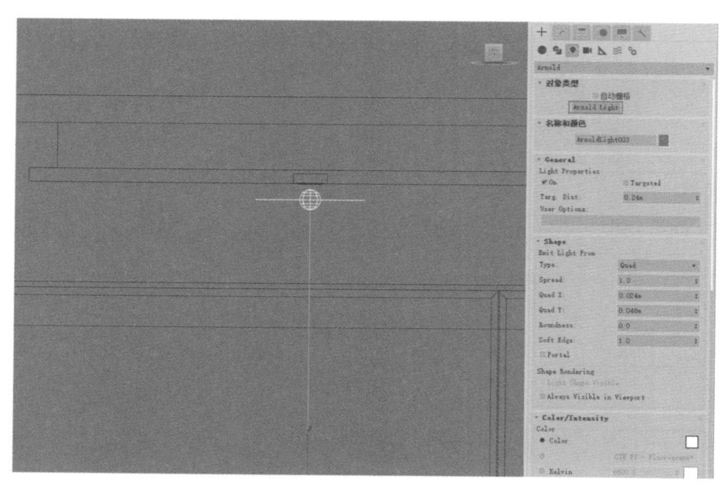

图10-131

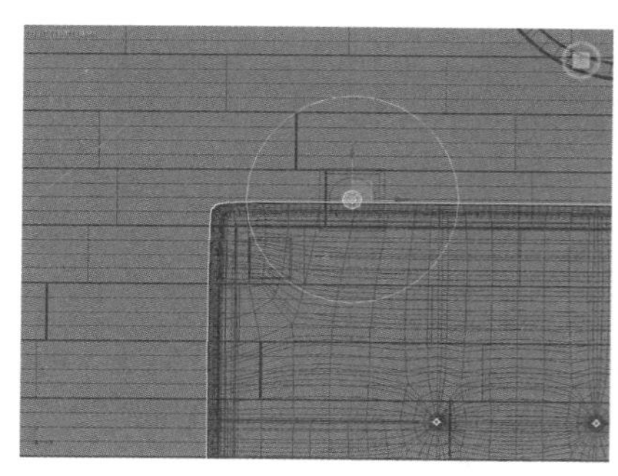

图10-132

（3）在“修改”面板中的“Shape”卷展栏中，设置灯光的Type为“Disc”，并调整灯光的Radius值为“0.198”，如图10-133所示。

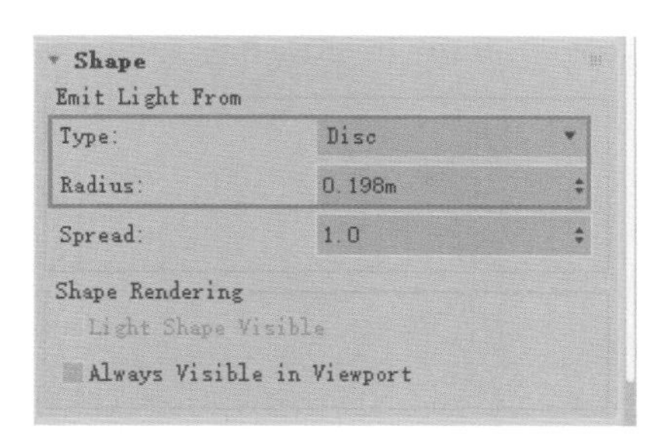

图10-133

（4）展开“Color/Intensity”卷展栏，设置灯光的Color选项为“Kelvin”并调整该值为“6000”，使得灯光的颜色呈暖色调。设置灯光的Intensity值为“800”，Exposure的值为“11”，提高灯光的亮度，如图10-134所示。

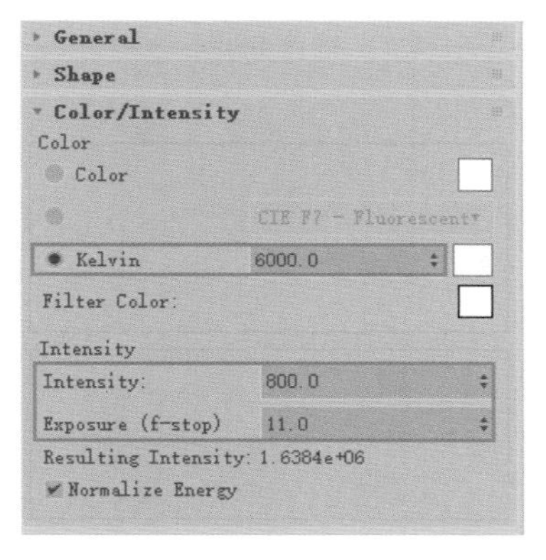

图10-134

（5）设置完成后，在“顶”视图复制该灯光，调整灯光的位置使得与场景中吊顶筒灯的位置相符合，如图10-135所示，完成吊顶灯光的制作。

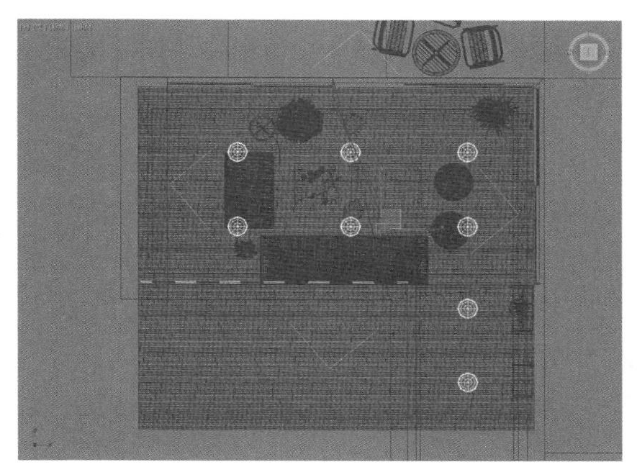

图10-135

10.6.8 制作射灯照明

（1）单击“Arnold Light”按钮，在“前”视图中射灯模型位置处创建一个Arnold Light灯光，如图10-136所示。

（2）在“透视”视图中，调整灯光的位置至如图10-137所示处，使得Arnold Light的位置与场景中射灯模型的位置一致。

图10-136

图10-137

（3）在“修改”面板中的“Shape”卷展栏中，设置灯光的Type为“光度学”，单击File后面的“浏览”按钮，为当前灯光添加“射灯.ies”光域网文件，如图10-138所示。

（4）展开“Color/Intensity”卷展栏，设置灯光的Color为浅黄色（红：“244”，绿：“141”，蓝：“30”），

灯光的 Intensity 值为“50”，Exposure 的值为“8”，增强灯光的亮度，如图 10-139 所示。

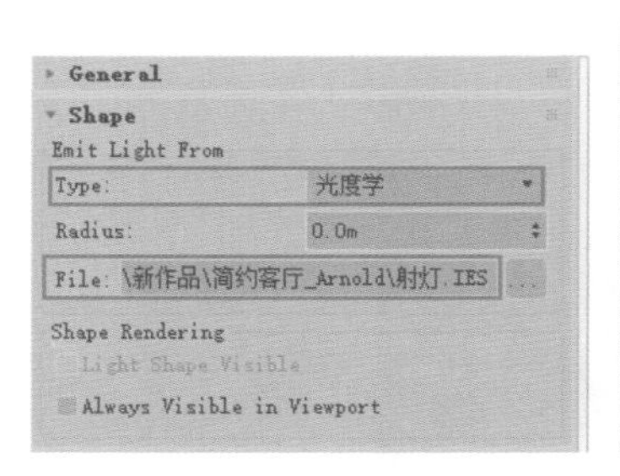

图 10-138

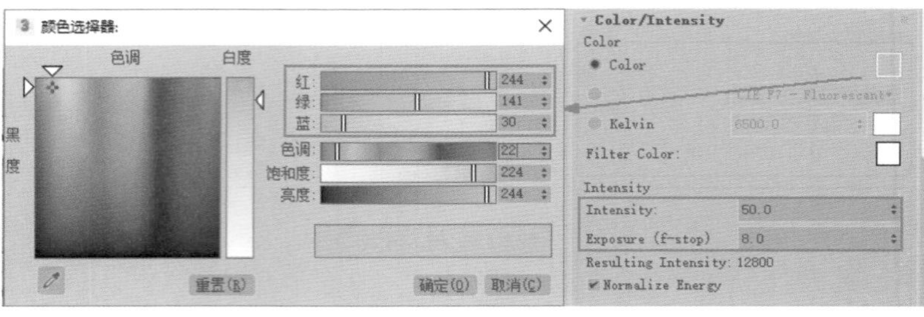

图 10-139

10.6.9 制作室外灯光照明

（1）室内灯光设置完成后，接下来设置室外的灯光效果。本场景中的室外灯光照明效果并没有使用 3ds Max 2018 所提供的灯光对象来进行设置，而是使用材质的发光属性来进行制作的。选择一个未使用的材质球，将其更改为 Arnold 的“Standard Surface”材质，重命名为“夜色”，并将其赋予给场景中的背景模型，如图 10-140 所示。

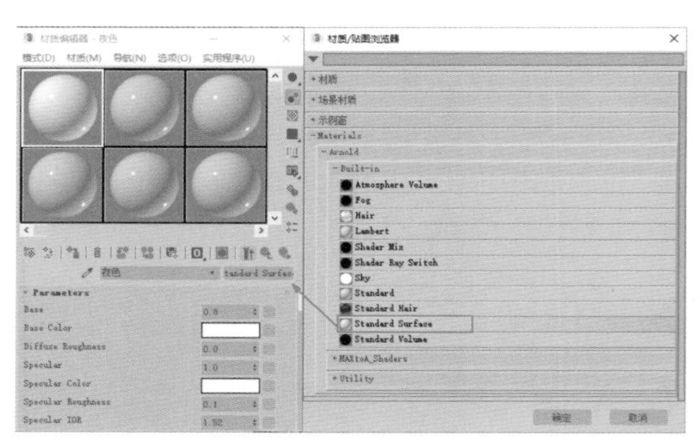

图 10-140

（2）在 Base Color 的贴图通道上添加一张“yejing.jpg”贴图文件，并设置 Specular 的值为“0”，如图 10-141 所示。

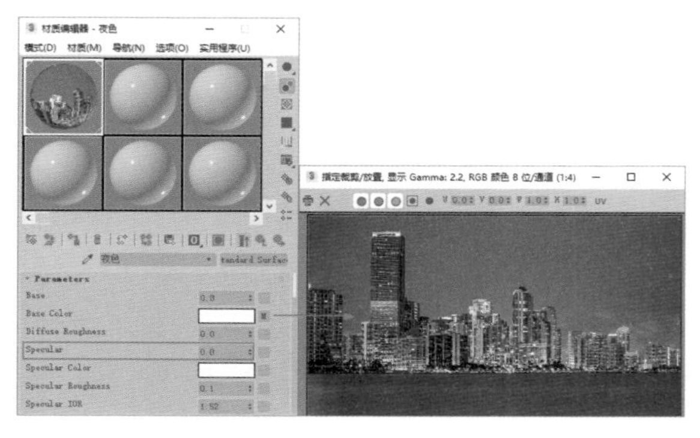

图 10-141

（3）设置 Emission 的值为“0.7”，并将 Base Color 贴图通道上的贴图文件复制并粘贴到 Emission Color 的贴图通道上，制作出材质的自发光效果，用来模拟室内环境灯光照明，如图 10-142 所示。

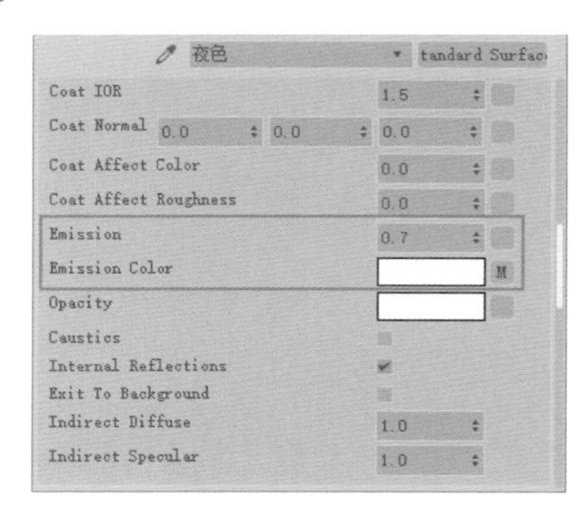

图 10-142

（4）制作好的环境材质球显示结果如图 10-143 所示。

图 10-143

10.6.10 渲染设置

设置完材质和灯光后，就可以进行场景渲染设置了，具体操作如下。

（1）打开“渲染设置”面板，可以看到本场景文件使用 Arnold 渲染器进行渲染，图像的渲染尺寸也相对大一些，“宽度”设置为“2400”，“高度”设置为“1500”，如图 10-144 所示。

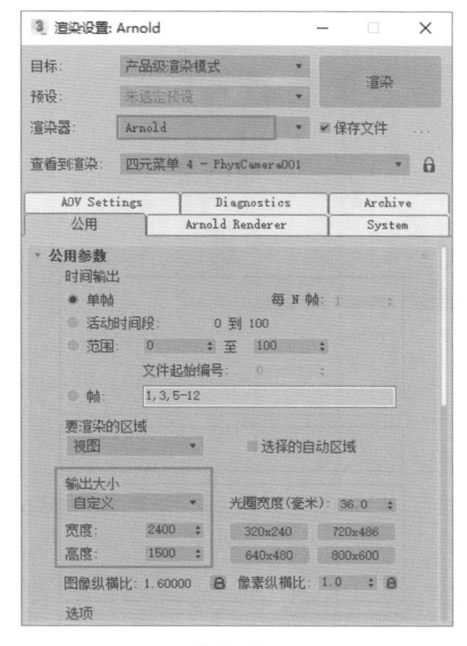

图 10-144

（2）在“Arnold Render”选项卡中，设置 Camera 的值为“12”，提高渲染图像的整体计算精度，如图 10-145 所示。

AOV Settings | Diagnostics | Archive
公用 | Arnold Renderer | System

Sampling and Ray Depth
General

	Samples	Ray Depth	Min	Max
Total Rays Per Pixel (no lights)			1872	2016
Preview (AA):	-3			
Camera (AA):	12		144	
Diffuse:	2	1	576	576
Specular:	2	1	576	576
Transmission:	2	2	576	720
SSS:	2			
Volume Indirect:	2	0		

Depth Limits
Ray Limit Total: 10
Transparency Depth: 10

图 10-145

（3）展开“Filtering”卷展栏，设置 Type 的类型为“Blackman-Harris”，Width 的值为“1”，使得渲染出来的图像更加清晰，如图 10-146 所示。

（4）设置完成后，渲染场景，本实例的最终渲染结果如图 10-100 所示。

AOV Settings | Diagnostics | Archive
公用 | Arnold Renderer | System

Sampling and Ray Depth
Filtering
Sample (Pixel) Filter
Type: Blackman-Harris
Width: 1.0
Clamping (Firefly Filtering)
Clamp Sample Values Affects AOVs
Max Value: 10.0
Environment, Background & Atmosphere
Motion Blur
Geometry, Subdivision & Hair
Textures

图 10-146

10.7 综合实例：制作卧室阴天环境表现

本实例使用一个简约风格卧室的阴天场景来详细讲解 3ds Max 2018 中材质、灯光及渲染设置的综合运用。本实例的最终渲染结果如图 10-147 所示。

扫码看视频

图 10-147

打开本书配套资源“卧室 .max”文件，如图 10-148 所示。

10.7.1 制作地板材质

本实例中的地板材质为棕黄色的木质纹理，反光效果较弱，如图 10-149 所示。

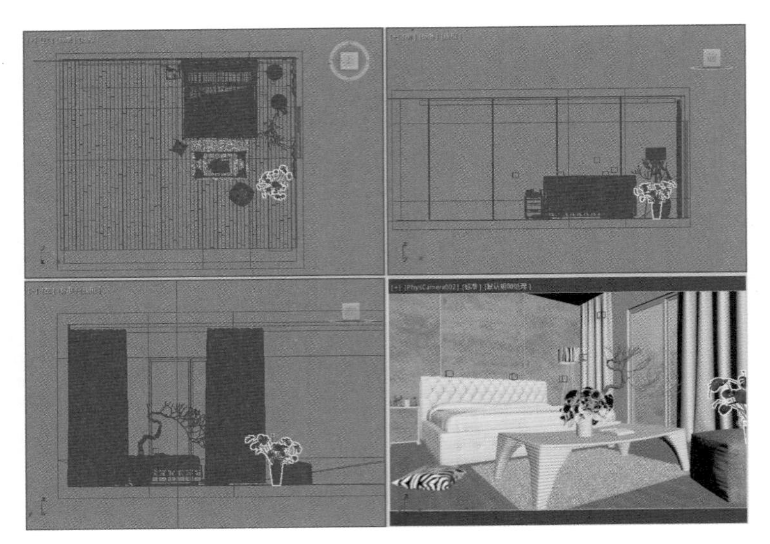

图10-148

图10-149

（1）打开“材质编辑器”面板，将一个未使用的材质球设置为Arnold的“Standard Surface”材质，并重命名为“地板”，如图10-150所示。

图10-150

（2）在Base Color的贴图通道上加载一张“AE29_ 005_kithcen_chair_diffuse.jpg”贴图文件，设置Specular Roughness的值为“0.4”，制作出地板材质的表面纹理、高光和反射效果，如图10-151所示。

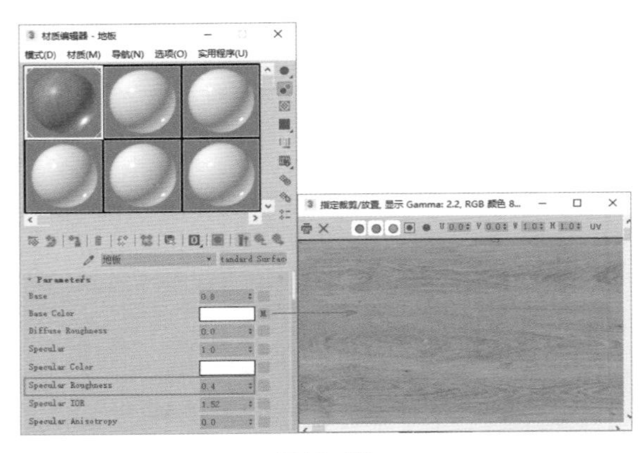

图10-151

（3）在“坐标”卷展栏中，设置“角度”的W值为“90”，更改贴图纹理的方向，如图10-152所示。

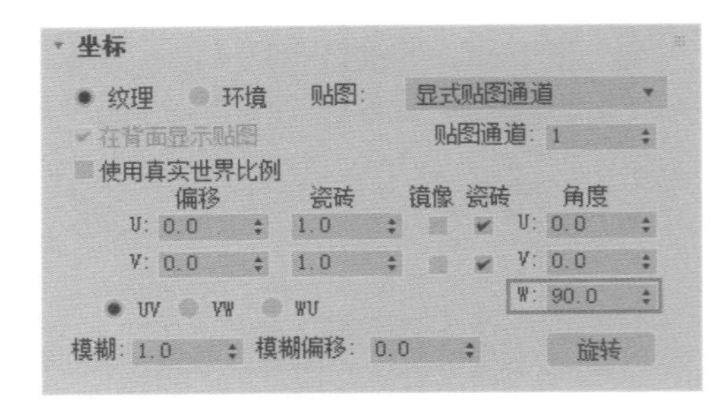

图10-152

（4）制作好的地板材质球显示效果如图 10-153 所示。

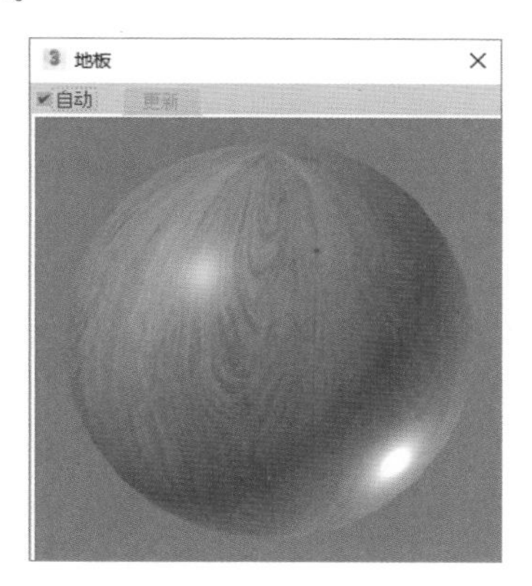

图 10-153

10.7.2　制作蓝色玻璃桌材质

本实例中的桌子为蓝色的玻璃材质，反光效果较强，如图 10-154 所示。

图 10-154

（1）打开“材质编辑器”面板，将一个未使用的材质球设置为 Arnold 的“Standard Surface”材质，并重命名为“蓝色玻璃”，如图 10-155 所示。

图 10-155

（2）设置 Base 的值为“0.5”，并将 Base Color 的颜色设置为蓝色（红：“0.09”，绿：“0.937”，蓝：“0.867”），制作出玻璃的基本颜色，如图 10-156 所示。

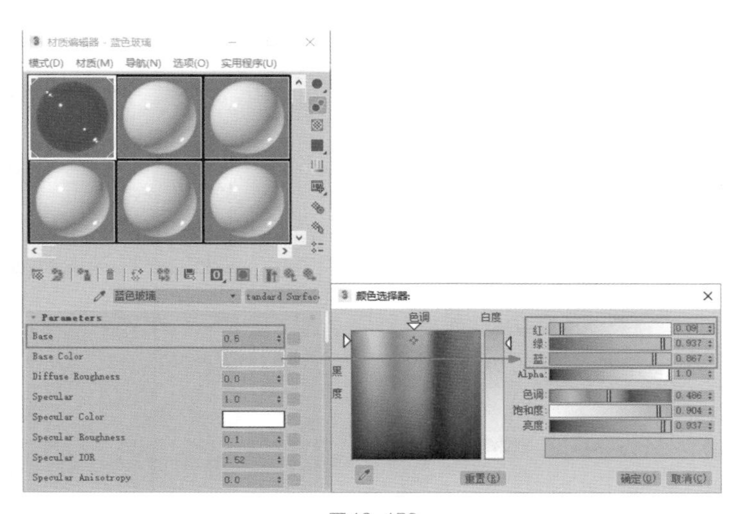

图 10-156

（3）设置 Transparent 的值为“0.9”，并将 Transparent Color 的颜色设置为蓝色（红：“0”，绿：“0.882”，蓝：“0.808”），制作出玻璃材质的透明程度，如图 10-157 所示。

（4）设置 Opacity 的颜色为灰白色（红：“0.7”，绿：“0.7”，蓝：“0.7”），使得玻璃材质更加通透，如

图10-158所示。

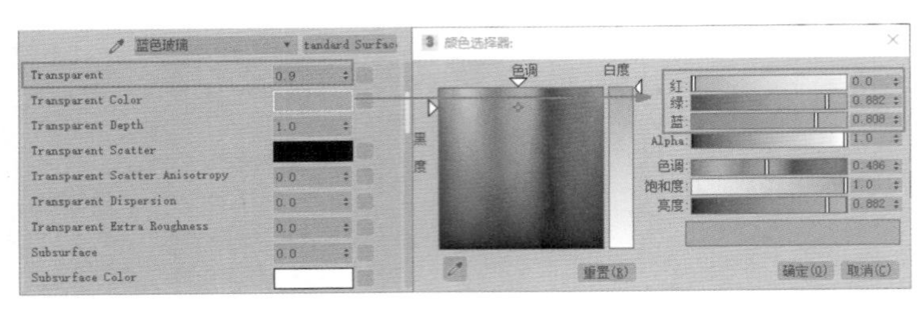

图10-157

（5）制作好的玻璃材质球显示结果如图10-159所示。

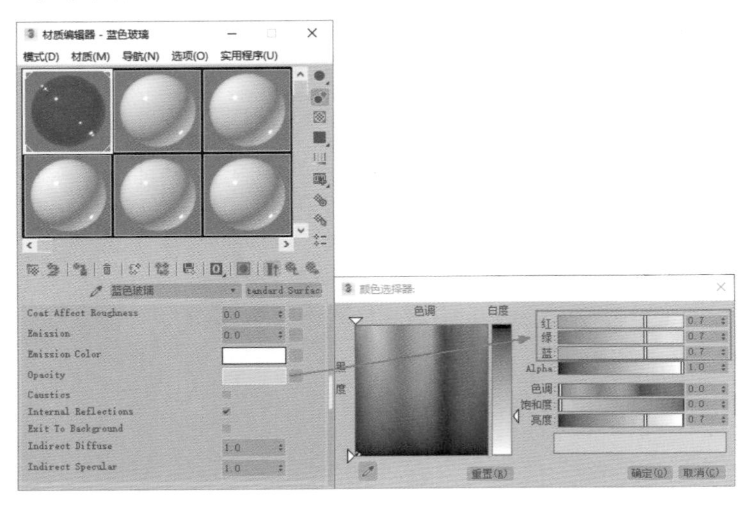

图10-158

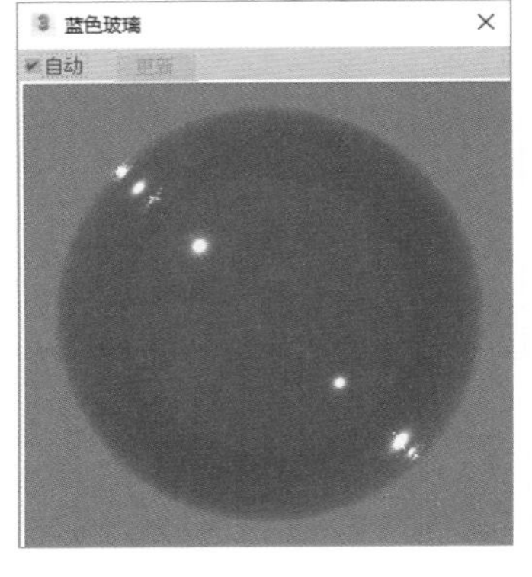

图10-159

10.7.3 制作木质背景墙材质

本实例中的背景墙材质为红棕色的木质纹理，反光效果较弱，如图10-160所示。

图10-160

（1）打开“材质编辑器”面板，将一个未使用的材质球设置为Arnold的“Standard Surface”材质，并重命名为“背景墙”，如图10-161所示。

（2）在Base Color的贴图通道上加载一张“AM160_021_wood_1.png”贴图文件，制作出背景墙的贴图纹理，如图10-162所示。

图10-161

（3）本例中的背景墙材质球显示效果如图10-163所示。

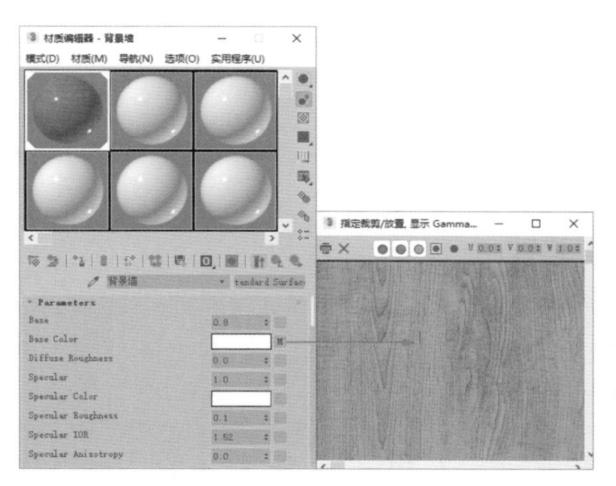

图10-162

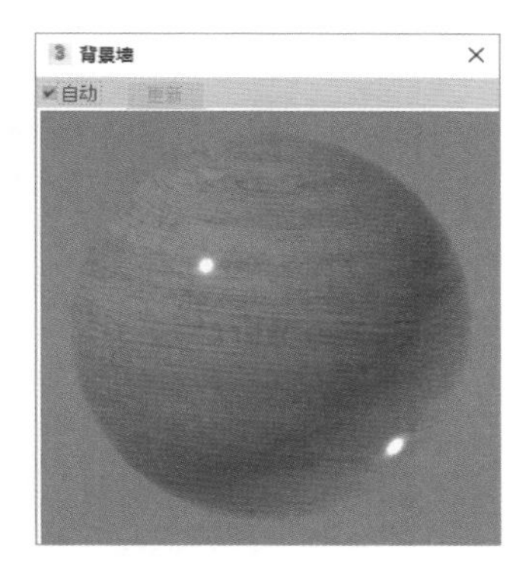

图10-163

10.7.4 制作金属落地灯支架材质

本实例中的落地灯支架为反射较强的金属材质，如图 10-164 所示。

图10-164

（1）打开“材质编辑器”面板，将一个未使用的材质球设置为 Arnold 的“Standard Surface”材质，并重命名为“金属灯架”，如图 10-165 所示。

（2）将 Metalness 的值设置为“1”，如图 10-166 所示。

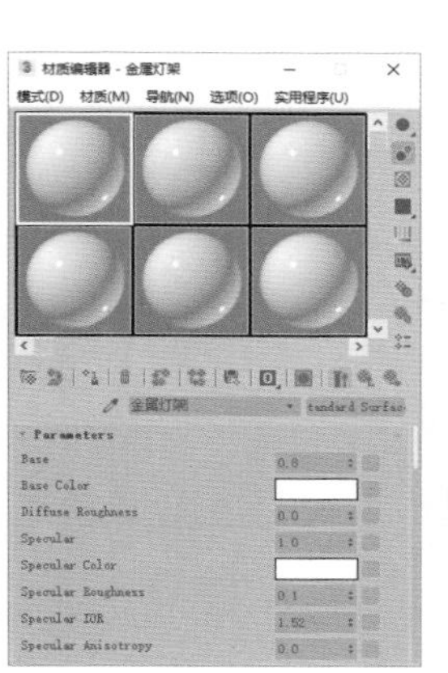

图10-165

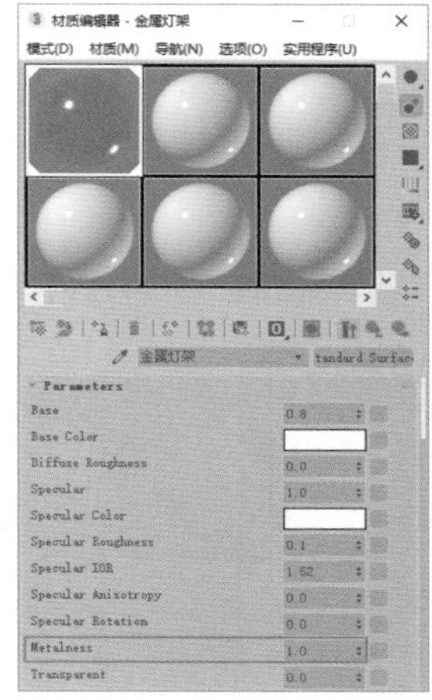

图10-166

（3）本实例中的金属材质球显示结果如图 10-167 所示。

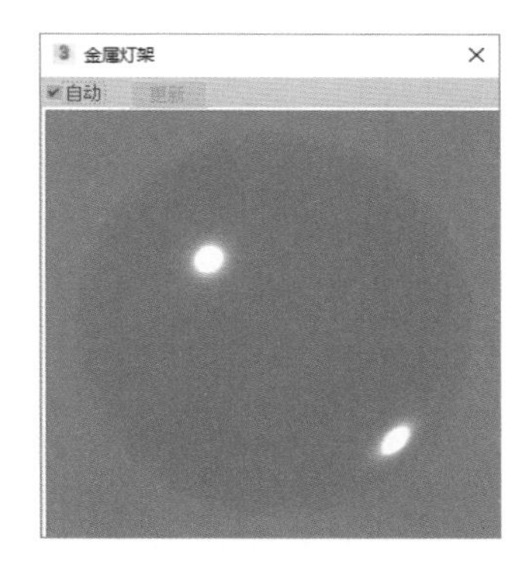

图10-167

10.7.5 制作深色床单材质

本实例中的床单主要表现为深灰色的并带有少许高光效果的绸缎质感，如图 10-168 所示。

图10-168

（1）打开“材质编辑器”面板，将一个未使用的材质球设置为 Arnold 的“Standard Surface”

材质，并重命名为“深色床单”，如图 10-169 所示。

（2）将 Base Color 的颜色设置为灰色（红：“0.122”，绿：“0.122”，蓝：“0.122”），设置 Specular 的值为“0.5”，Specular Roughness 的值为“0.5”，制作出床单的颜色及高光质感，如图 10-170 所示。

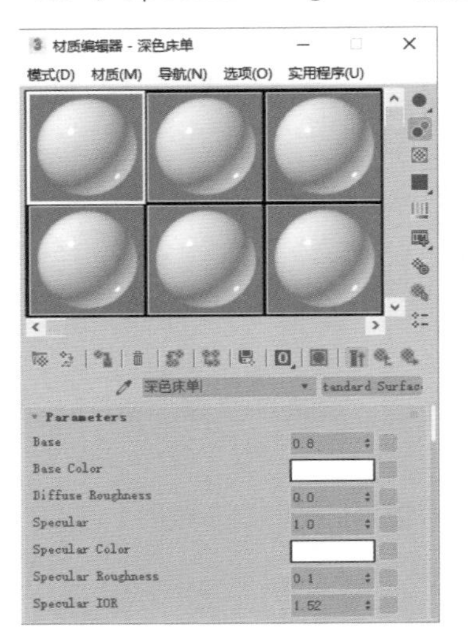

图 10-169

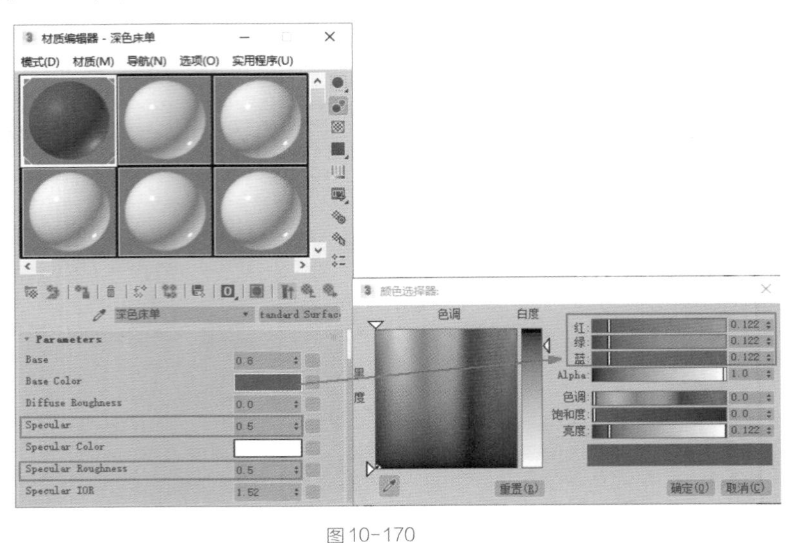

图 10-170

（3）本实例的床单材质球显示结果如图 10-171 所示。

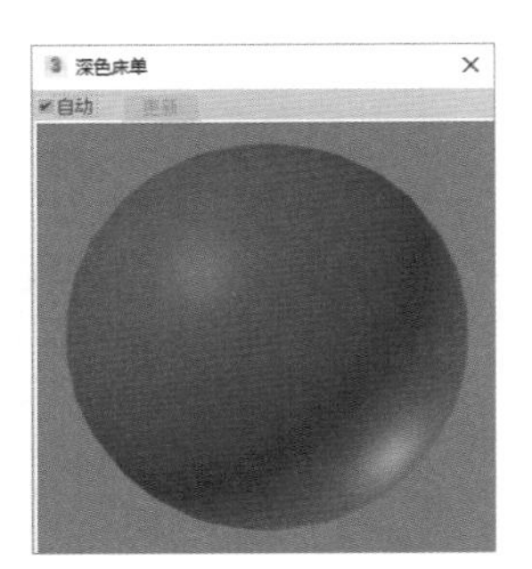

图 10-171

10.7.6 制作白色窗帘材质

本实例中的窗帘主要表现为带有褶皱的布料质感，如图 10-172 所示。

图 10-172

（1）打开“材质编辑器”面板，将一个未使用的材质球设置为 Arnold 的“Standard Surface”材质，并重命名为“窗帘”，如图 10-173 所示。

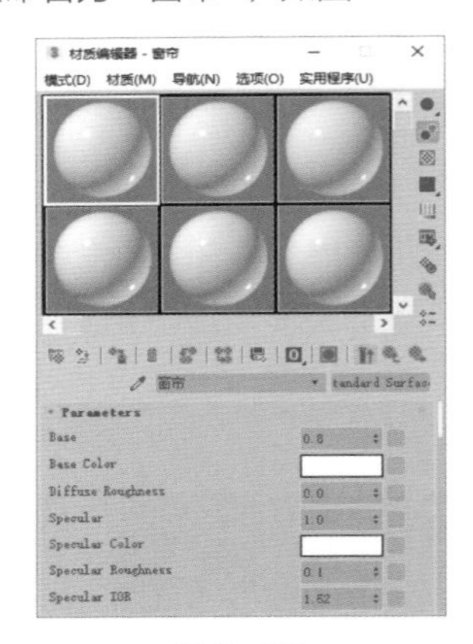

图 10-173

（2）将 Specular 的值设置为“0”，取消 Standard Surface 材质的高光计算，如图 10-174 所示。

Parameters

Base	0.8
Base Color	
Diffuse Roughness	0.0
Specular	0.0
Specular Color	
Specular Roughness	0.1
Specular IOR	1.52

图 10-174

（3）在 Normal 的贴图通道上指定“Bump2d”程序纹理，在“Parameters”卷展栏中的 Bump Map 贴图通道上加载一张“AI30_006_courtaain_color1.jpg”贴图文件，并设置 Bump Height 的值为“5”，制作出窗帘表面的褶皱效果，如图 10-175 所示。

（4）本实例中的窗帘材质球显示效果如图 10-176 所示。

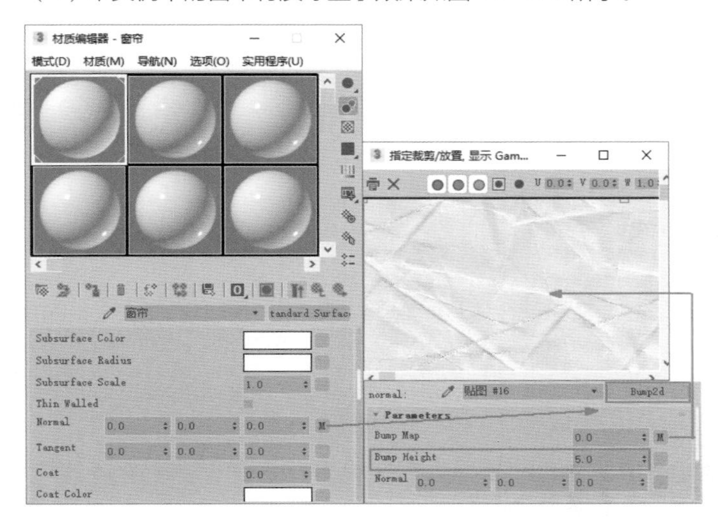

图 10-175

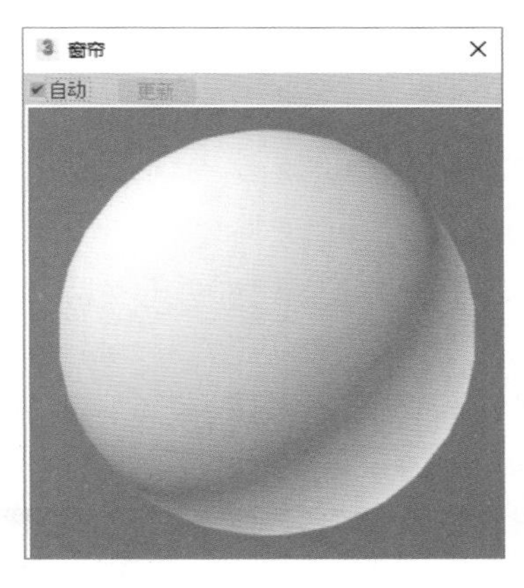

图 10-176

10.7.7 制作室外环境照明

（1）在“创建”面板中，单击“Arnold Light”按钮，在“前”视图中创建一个 Arnold Light 灯光，用来模拟室外环境对室内所产生的照明效果，如图 10-177 所示。

（2）在“修改”面板中，展开“Shape”卷展栏，设置灯光的 Quad X 值为“1.5”，Quad Y 的值为“2.3”，并调整灯光的位置至如图 10-178 所示处，使得该灯光从室外向室内照明。

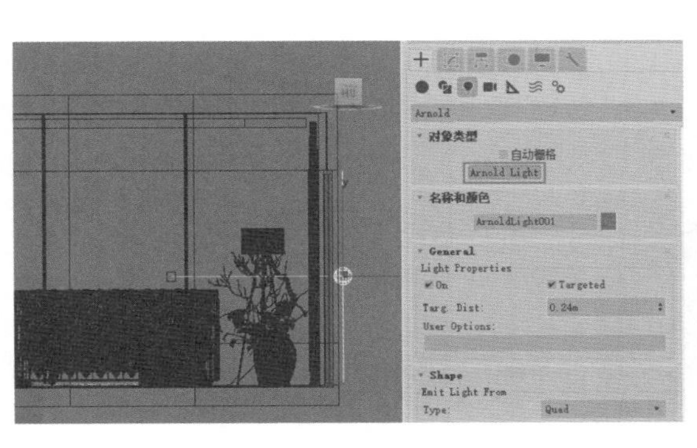

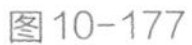
图 10-177

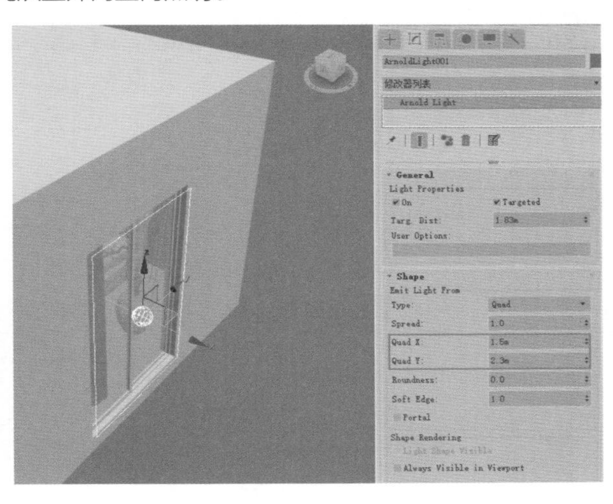

图 10-1798

（3）展开“Color/Intensity”卷展栏，设置灯光的 Color 为天蓝色（红：“156”，绿：“167”，蓝：“185”），灯光的 Intensity 值为“3000”，Exposure 的值为“11”，增强灯光的亮度，如图 10-179 所示。

（4）设置完成后，按住【Shift】键，将灯光进行复制并调整其位置至如图 101-180 所示处，制作出房间另一侧的照明效果。

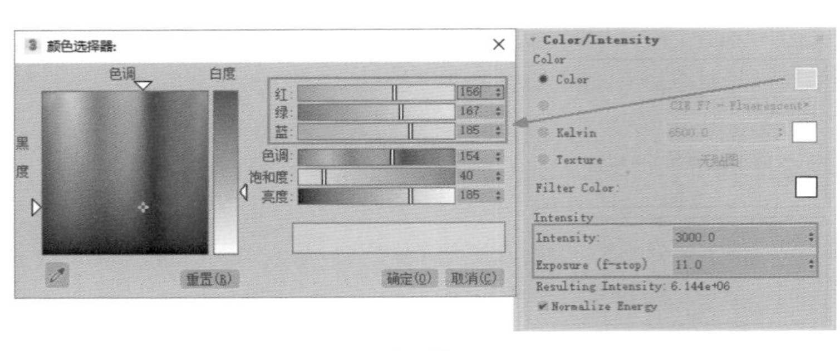

图10-179

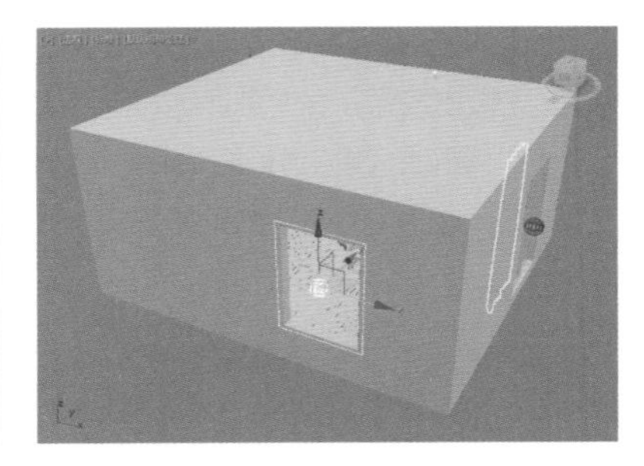

图10-180

10.7.8 制作灯带照明效果

（1）在“创建”面板中，单击“Arnold Light”按钮，将灯光的Type设置为“Mesh”，在场景中任意位置处创建一个网格类型的Arnold Light，用来模拟灯带所产生的照明效果，如图10-181所示。

（2）在“修改”面板中，将灯光的Mesh设置为场景中的灯带模型，并将灯光的颜色设置为“Kelvin”选项，设置灯光的Intensity值为“500”，Exposure的值为“12”，如图10-182所示。

图10-181

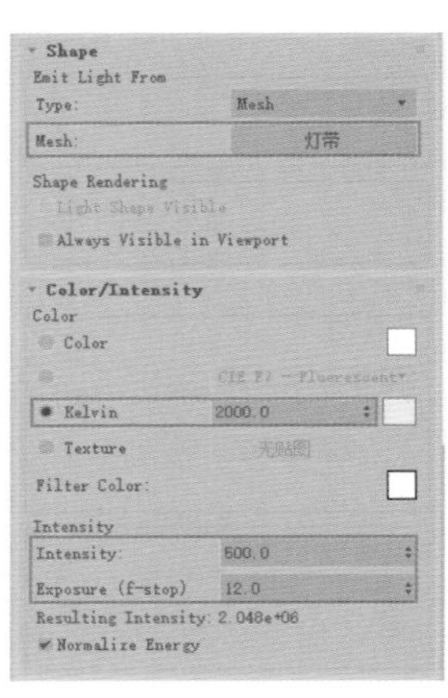

图10-182

10.7.9 制作射灯照明效果

（1）在“创建”面板中，单击“Arnold Light”按钮，将灯光的Type设置为“光度学”，在“左”视图中创建一个光度学类型的Arnold Light，用来模拟射灯所产生的照明效果，如图10-183所示。

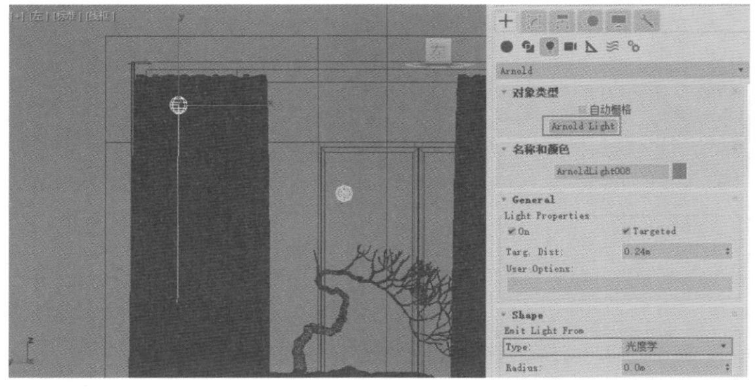

图10-183

（2）在“修改”面板中的“Shape”卷展栏中，单击 File 后面的“浏览”按钮，为当前灯光添加“射灯 -2.ies”光域网文件，如图 10-184 所示。

（3）展开“Color/Intensity”卷展栏，设置灯光的 Color 为橙黄色（红：“239”，绿：“120”，蓝：“15”），灯光的 Intensity 值为“500”，Exposure 的值为“9”，增强灯光的亮度，如图 10-185 所示。

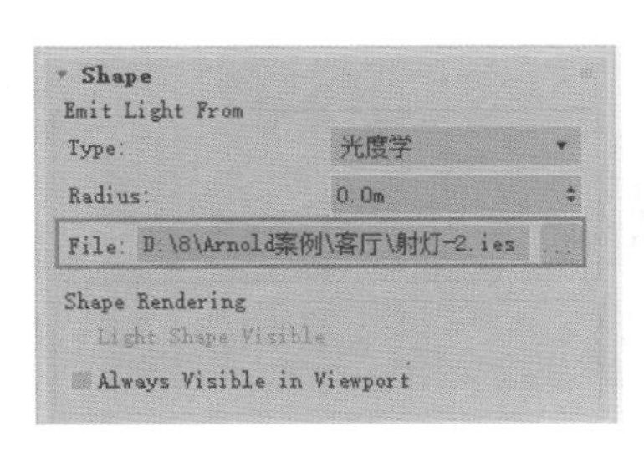

图10-184

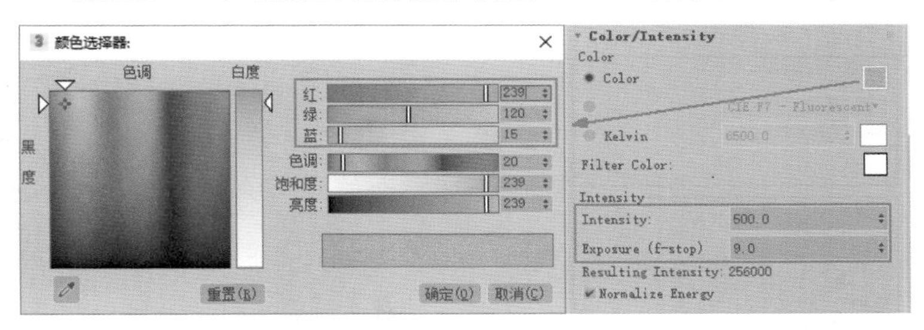

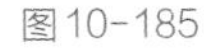

图10-185

（4）灯光参数设置完成后，在“前”视图对其进行复制并调整位置至如图 10-186 所示处。

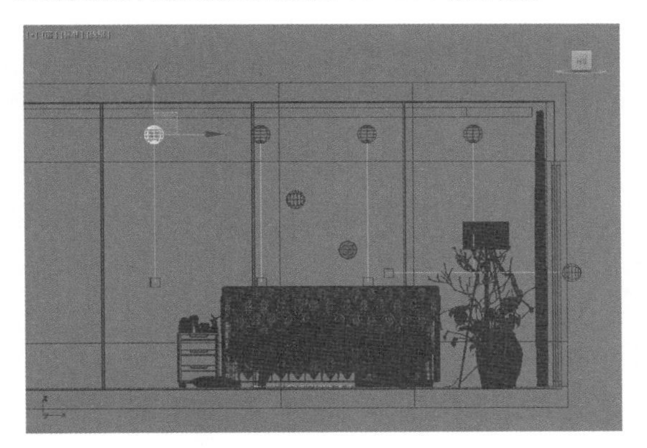

图10-186

10.7.10　渲染设置

设置完材质和灯光后，就可以进行场景渲染设置了，具体操作如下。

（1）打开“渲染设置：Arnold”面板，可以看到本场景文件使用 Arnold 渲染器进行渲染，图像的渲染尺寸也相对大一些，“宽度”设置为“2400”，“高度”设置为“1500”，如图 10-187 所示。

（2）在“Arnold Render”选项卡中，设置 Camera 的值为“12”，提高渲染图像的整体计算精度，如图 10-188 所示。

（3）展开“Filtering”卷展栏，设置 Width 的值为“1”，使得渲染出来的图像更加清晰，如图 10-189 所示。

（4）设置完成后，渲染场景，本实例的最终渲染结果如图 10-147 所示。

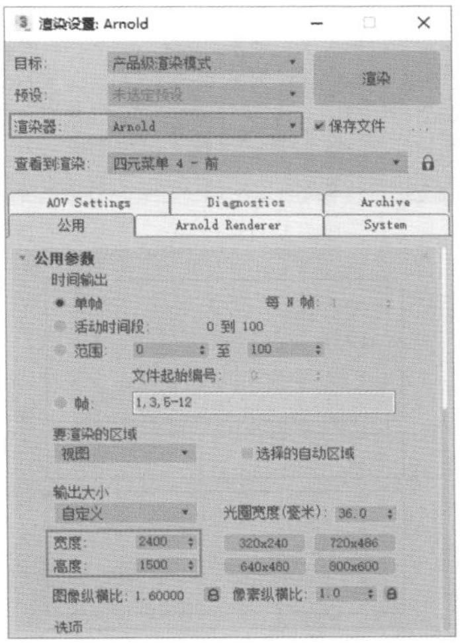

图10-187

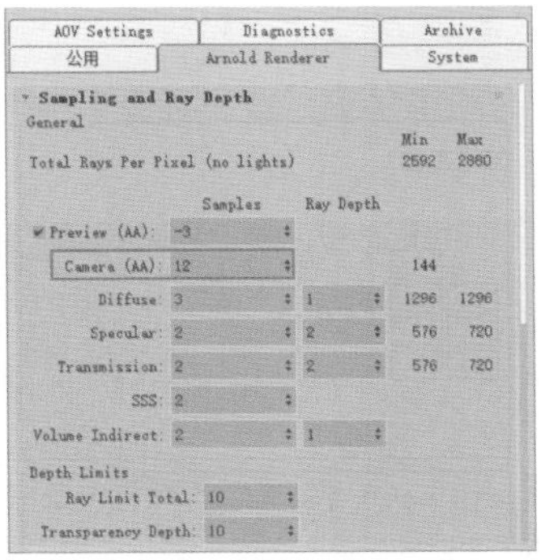

图10-188

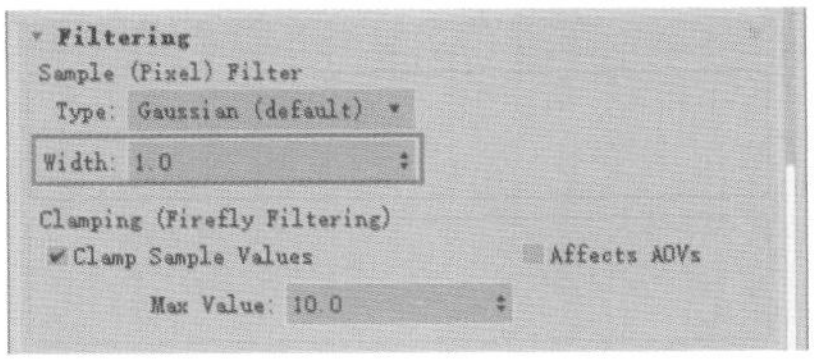

图10-189

10.8 综合实例：制作建筑外观表现

本实例通过渲染一栋教学楼的建筑外观表现来详细讲解 3ds Max 2018 中材质、灯光及渲染设置的综合运用。本实例的最终渲染结果如图 10-190 所示，线框渲染图如图 10-191 所示。

图 10-190

图 10-191

打开本书配套资源“教学大楼 .max”文件，如图 10-192 所示。

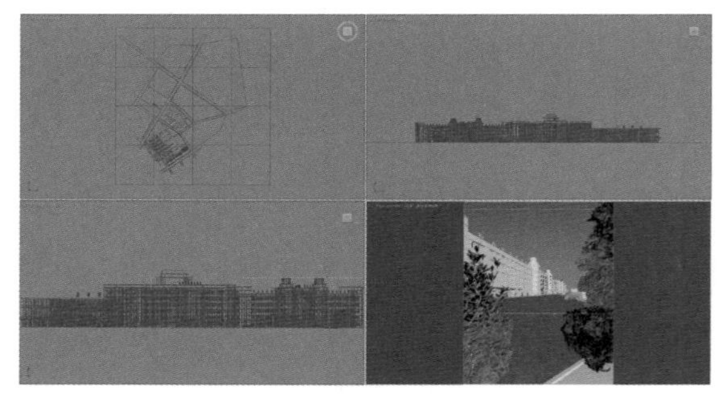

图 10-192

10.8.1 制作红色墙体材质

本实例中的建筑墙体主要表现为红色的涂料材质，如图 10-193 所示。

图 10-193

（1）打开“材质编辑器”面板，将一个未使用的材质球设置为 Arnold 的“Standard Surface”材质，并重命名为“红色墙体”，如图 10-194 所示。

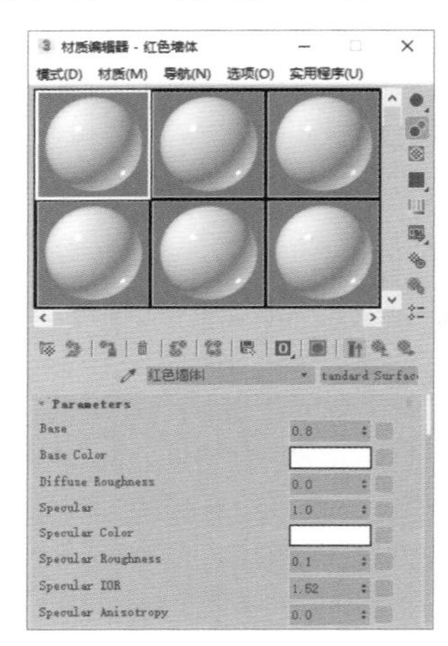

图 10-194

（2）设置 Base Color 的颜色为深红色（红：“0.157”，绿：“0.047”，蓝：“0.047”），制作出墙体的表面基本颜色。设置 Specular Roughness 的值为“0.5”，降低材质的反光效果，如图 10-195 所示。

（3）制作好的红色墙体材质球显示结果如图 10-196 所示。

10.8.2 制作玻璃材质

本实例中建筑的玻璃具有一定的反光性和通透性，如图 10-197 所示。

（1）打开“材质编辑器”面板，将一个未使用的材质球设置为 Arnold 的“Standard Surface”材质，并重命名为“玻璃”，如图 10-198 所示。

（2）设置 Base 的值为“0”，Transparent 的值为“0.9”，如图 10-199 所示。

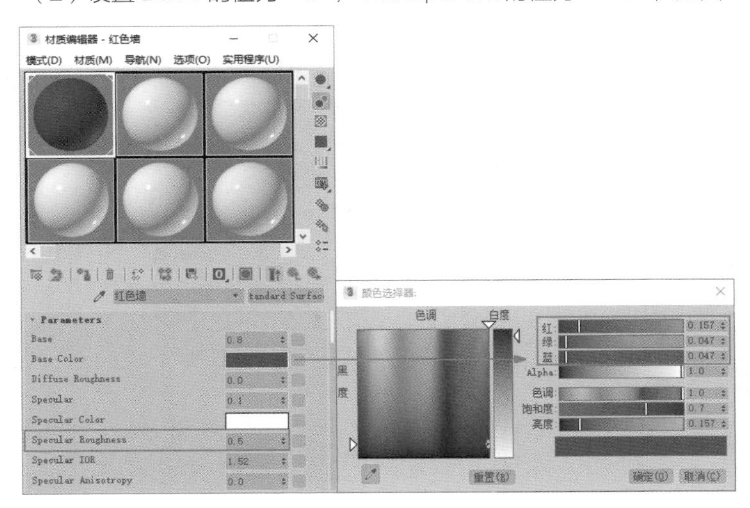

图 10-195

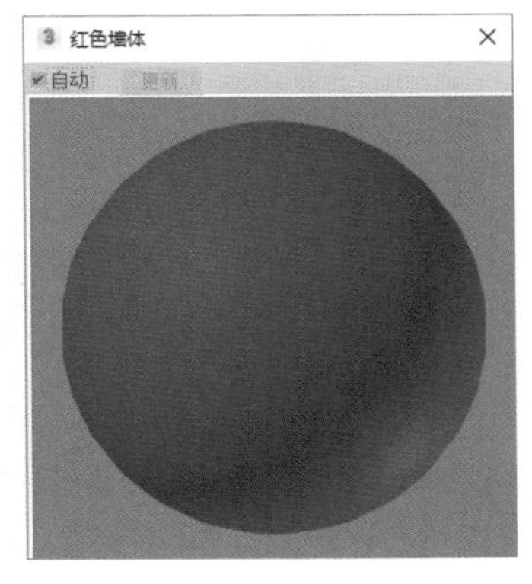

图 10-196

图 10-197

图 10-198

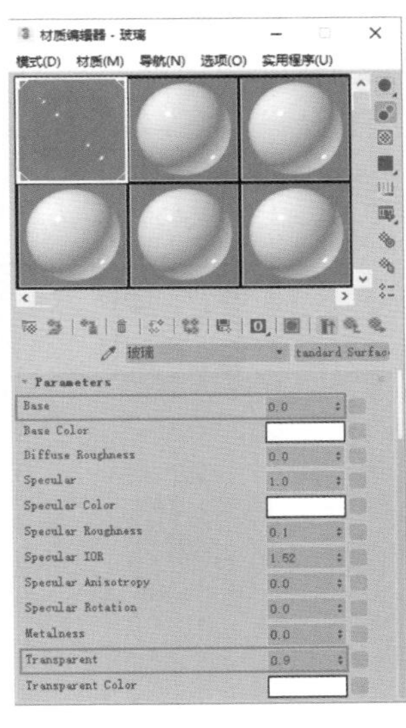

图 10-199

（3）设置 Opacity 的颜色为灰色（红：“0.3”，绿：“0.3”，蓝：“0.3”），使得玻璃材质更加通透，如图 10-200 所示。

（4）本实例的玻璃材质球制作完成效果如图 10-201 所示。

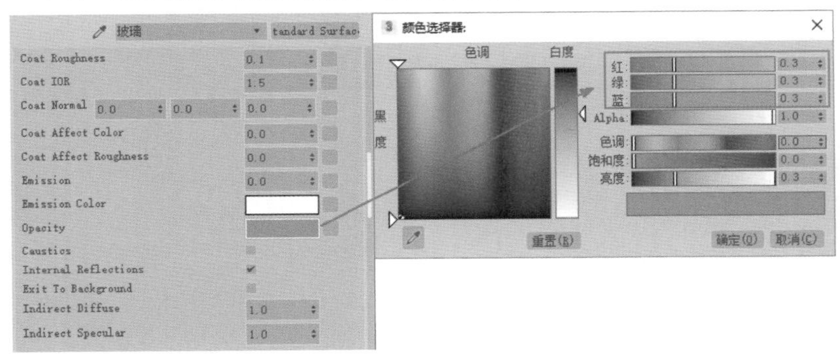

图 10-200

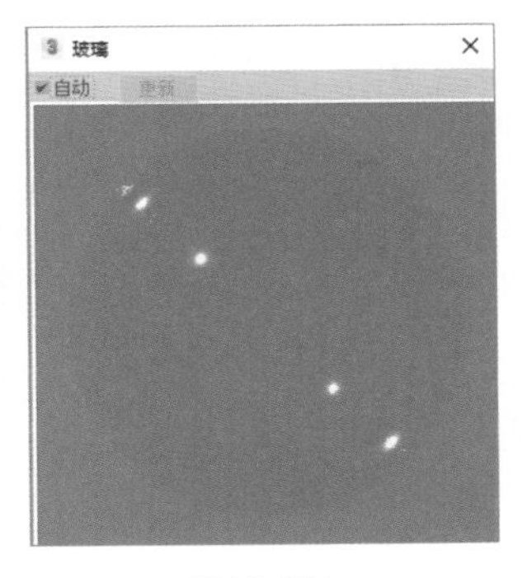

图 10-201

10.8.3 制作地面材质

本实例中的地面主要表现为没有光泽的柏油路面，如图 10-202 所示。

图 10-202

（1）打开“材质编辑器”面板，将一个未使用的材质球设置为 Arnold 的“Lambert”材质，并重命名为“地面”，如图 10-203 所示。

图 10-203

（2）在 Kd Color 的贴图通道上加载一张“地面 .jpg”，为地面材质添加纹理贴图，如图 10-204 所示。

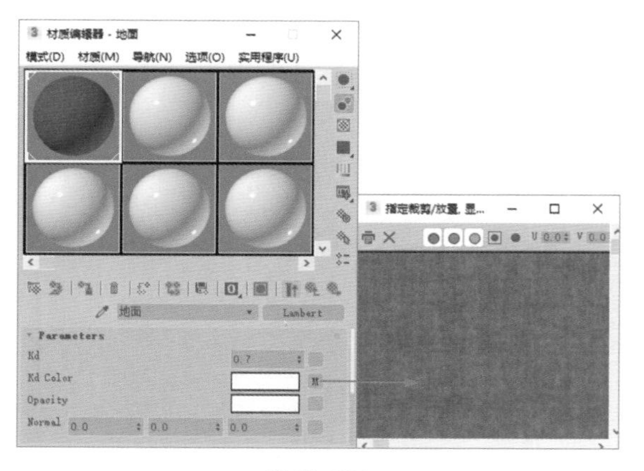

图 10-204

（3）制作好的地面材质球显示效果如图 10-205 所示。

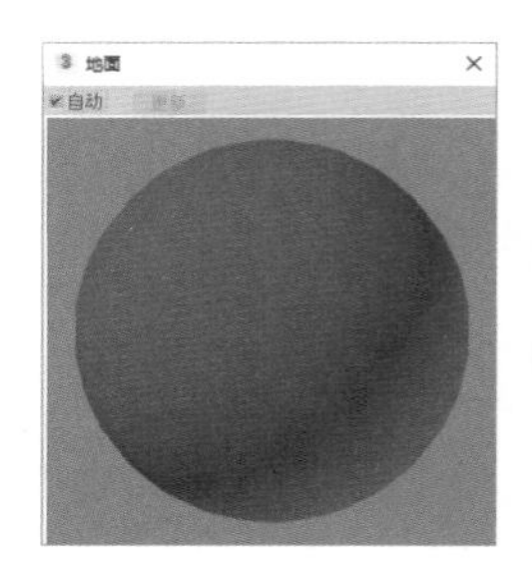

图 10-205

10.8.4 制作植物叶片材质

本实例中包含多种植物叶片材质，但是这些材质的设置方法基本相同，所以在本小节中以其中一种植物——地柏的叶片材质为例进行讲解，如图 10-206 所示。

图 10-206

（1）打开“材质编辑器”面板，将一个未使用的材质球设置为 Arnold 的“Standard Surface”材质，并重命名为“叶片”，如图 10-207 所示。

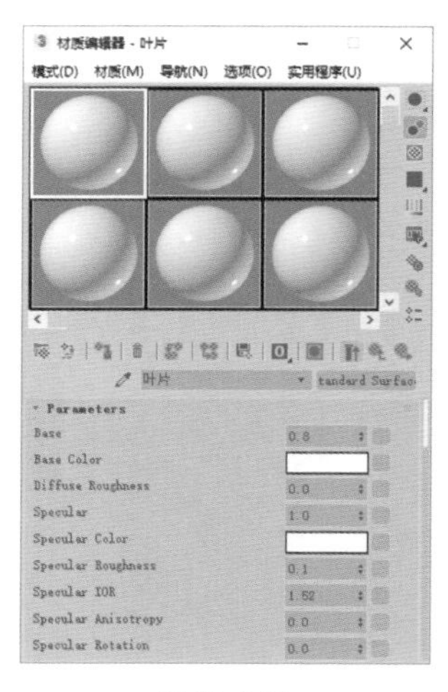

图 10-207

（2）在 Base Color 的贴图通道上加载一张“AM126_151_hedge_v1_color_03.jpg”文件，设置 Specular Roughness 的值为“0.25”，如图 10-208 所示。

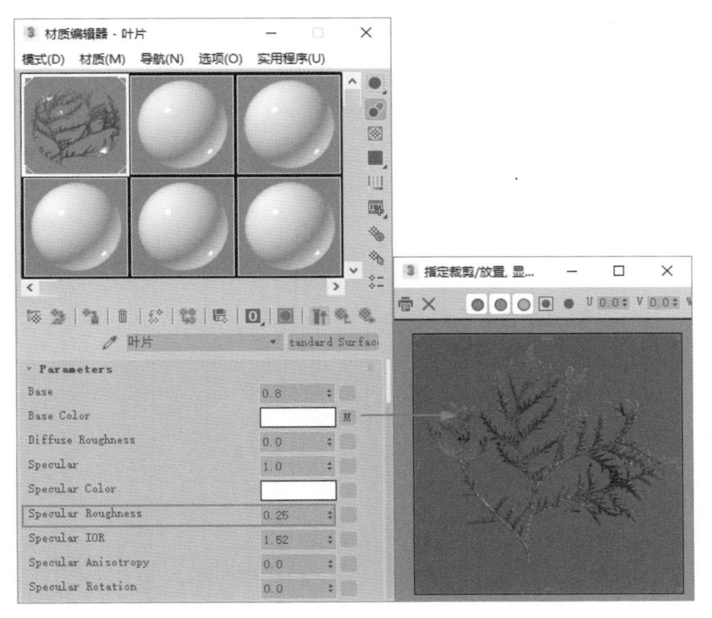

图 10-208

（3）在 Opacity 的贴图通道上加载一张“AM126_153_hedge_v3_alpha_02.jpg”贴图文件，如图 10-209 所示。

（4）制作好的植物叶片材质球显示结果如图 10-210 所示。

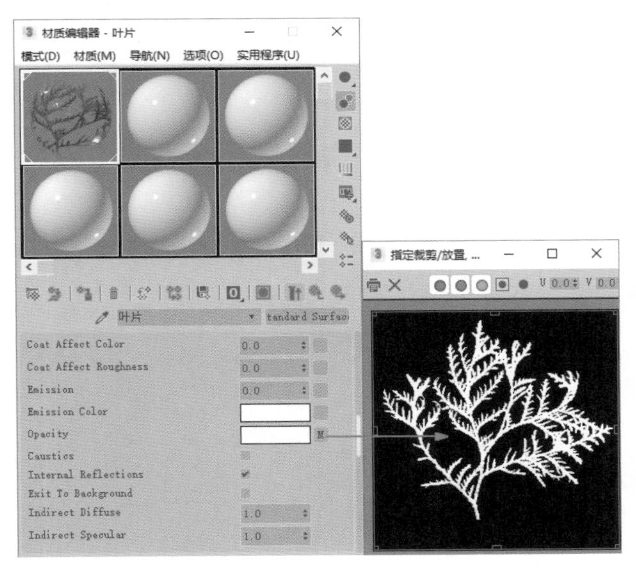

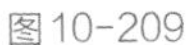

图 10-209

图 10-210

10.8.5 制作阳光照明

（1）本实例所表现的场景为晴天环境下的阳光照明效果，所以在灯光的设置上优先考虑使用“太阳定位器”来进行主光源的制作。在创建“灯光”面板中，单击“太阳定位器”按钮，在“顶”视图中创建一个太阳定位器灯光，如图 10-211 所示。

（2）在“修改”面板中，展开“太阳位置”卷展栏。设置当前灯光的“日期和时间”为 2018 年 3 月 17 日的 8 点 30 分，“在地球上的位置”为中国的长春，如图 10-212 所示，使得灯光从斜上方的角度对教学楼的正面进行照明。

图 10-211

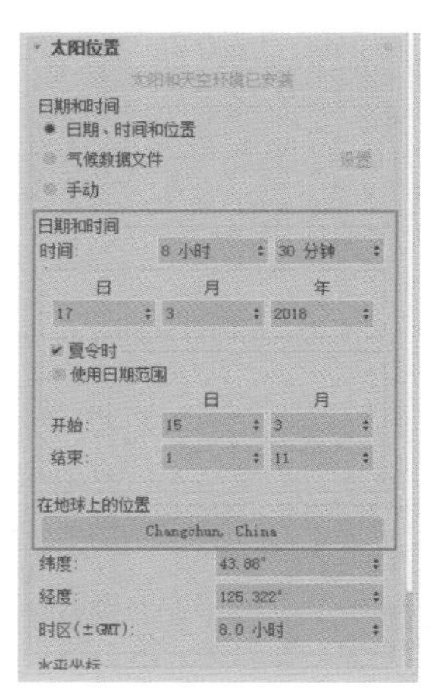

图 10-212

（3）按下【8】键，打开“环境和效果”面板。将“环境贴图”以拖曳的方式复制到“材质编辑器”面板中，如图 10-213 所示。

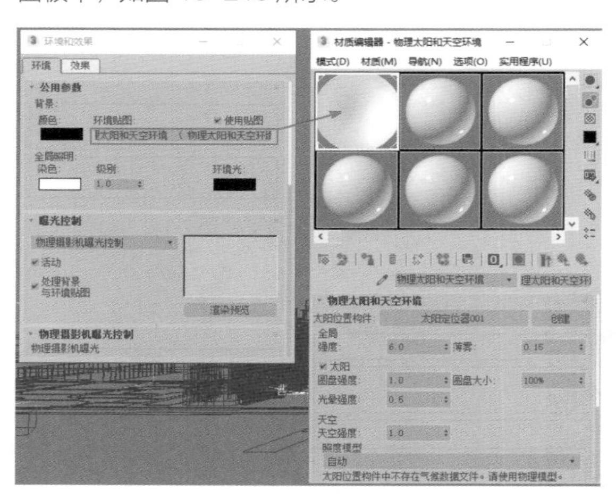

图 10-213

（4）设置“全局”的“强度”值为“6”，这样可以提高天空的整体亮度。设置“薄雾”值为“0.15”，使得天空接近地平线的位置呈现出由雾气所导致的淡淡的黄色。设置“太阳”的“光晕强度”值为“0.5”，“地平线高度”的值为“-5”，“饱和度”的值为“1.2”，使得渲染出来的图像颜色更加鲜艳一些，如图 10-214 所示。

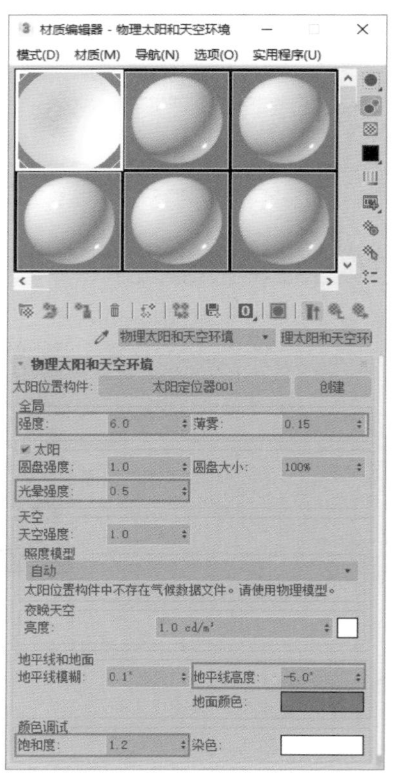

图 10-214

10.8.6 渲染设置

设置完材质和灯光后，就可以进行场景渲染设置了，具体操作如下。

（1）打开“渲染设置”面板，可以看到本场景文件使用Arnold渲染器进行渲染。由于目前的Arnold渲染器还不支持物理摄影机的“自动垂直倾斜校正”命令，也不支持“摄影机校正”修改器，所以如果希望渲染出建筑墙线较为垂直的效果只能通过设置“区域”渲染。在本实例中，设置图像“输出大小”的“宽度”为“2400”，“高度”为“3000”，然后将“要渲染的区域”设置为“区域”选项，如图10-215所示。

（2）在“摄影机”视图中，调整要渲染的区域范围如图10-216所示。

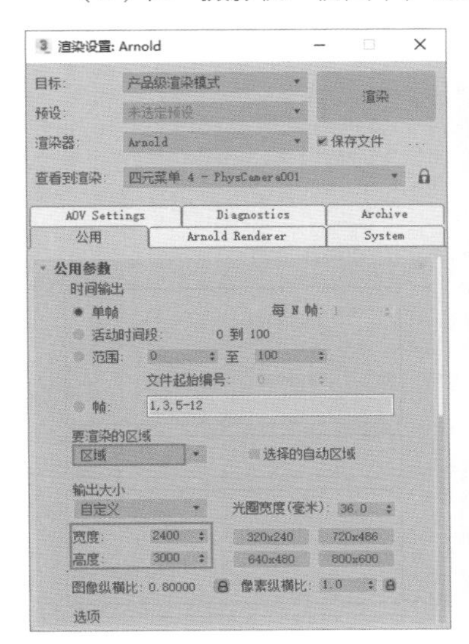

图10-215

图10-216

（3）在“Arnold Render”选项卡中，设置Camera的值为“8”，提高渲染图像的整体计算精度，如图10-217所示。

（4）展开“Filtering”卷展栏，设置Width的值为“1”，使得渲染出来的图像更加清晰，如图10-218所示。

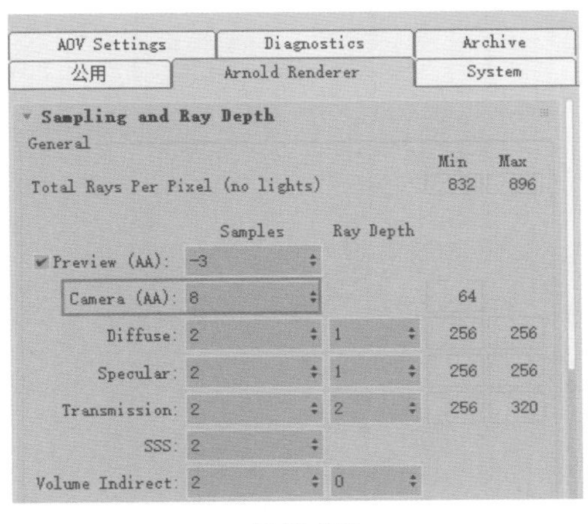

图10-217

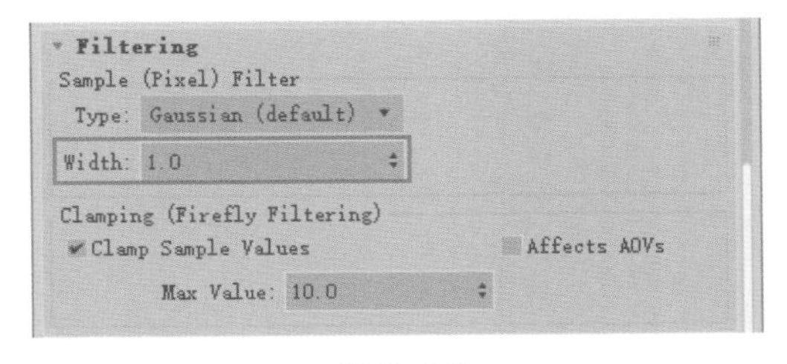

图10-218

（5）设置完成后，渲染场景，本实例的最终渲染结果如图10-190所示。

第11章 动画技术

本章要点

- 动画概述
- 关键帧基本知识
- 轨迹视图-曲线编辑器
- 轨迹视图-摄影表
- 约束
- 动画控制器
- 技术实例

11.1 动画概述

动画，是一门集合了漫画、电影、数字媒体等多种艺术形式的综合艺术，也是一门年轻的学科。经过了 100 多年的历史发展，它已经形成了较为完善的理论体系和多元化产业，其独特的艺术魅力深受广大人民的喜爱。在本书中，动画仅狭义的理解为使用 3ds Max 软件来设置对象的形变及记录运动过程。

3ds Max 是 Autodesk 公司生产的旗舰级别三维动画软件，为广大三维动画师提供了功能丰富且强大的动画工具来制作优秀的动画作品。通过对 3ds Max 的多种动画工具组合使用，场景变得生动，角色变得真实。其内置的动力学技术模块可以为场景中的对象进行逼真而细腻的动力学动画计算，从而为三维动画师节省大量的工作步骤及时间，并极大地提高动画的精准程度。2009 年上映的优秀动作影片《2012》中的部分特效动画就是使用 3ds Max 软件制作完成的，如图 11-1、图 11-2 所示。

图11-1

图11-2

11.2 关键帧基本知识

动画基于被称为视觉暂留现象的人类视觉原理，即如果快速查看一系列相关的静态图像，我们会感觉这是一个连续的运动。将每个单独图像称为一帧，产生的运动实际上源自观众的视觉系统在每看到一帧后在该帧停留的一小段时间。我们日常所观看的电影，实际上就是以一定的速率连续不断地播放多张胶片所给人产生的一种视觉感受，如图 11-3 所示。相似的是，3ds Max 也可以将动画师所设置的动画以类似的方式输出到我们的电脑中，这些由静帧图像所构成的连续画面，被称之为“帧”。图 11-4 ~图 11-7 所示就是一组动画的 4 幅渲染序列帧。

图11-3

图11-4

图11-5

图11-6

图11-7

关键帧动画是 3ds Max 动画技术中最常用的，也是最基础的动画设置技术。说简单些，就是在物体动画的关键时间点上进行设置数据的记录，然后 3ds Max 根据这些关键点上的数据设置来完成中间时间段内的动画计算，以制作完成一段流畅的三维动画。在 3ds Max 2018 界面的右下方单击“自动关键点”按钮，软件即可开始记录用户对当前场景所做的改变，如图 11-8 所示。

图11-8

11.2.1 设置关键帧

在 3ds Max 2018 软件中，设置关键帧的具体操作步骤如下。

（1）运行 3ds Max 2018 软件后，在场景中创建一个长方体对象，如图 11-9 所示。

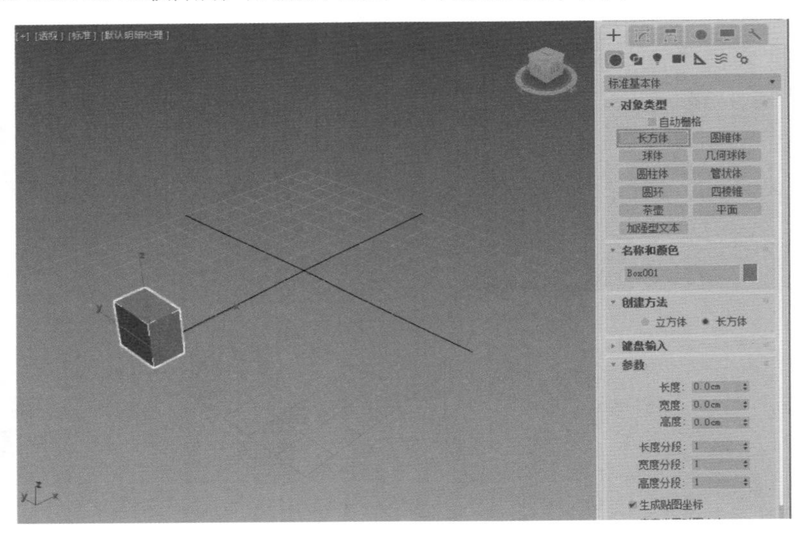

图11-9

（2）单击“自动关键点”按钮，可以看到 3ds Max 2018 的“透视”视图和界面下方“时间滑块”都呈红色显示，这说明软件的动画记录功能开始启动，如图 11-10 所示。

（3）将“时间滑块”拖曳至第 50 帧，然后移动场景中的长方体至图 11-11 所示的位置。同时观察场景，可以看到在“时间滑块”下方的区域里生成了红色的关键帧。

（4）动画制作完成后，再次单击“自动关键点”按钮，关闭软件的自动记录动画功能。拖动“时间滑块”，即可看到长方体的动画已经制作完成，如图 11-12 所示。

提示 “自动关键点”功能的快捷键是【N】键。

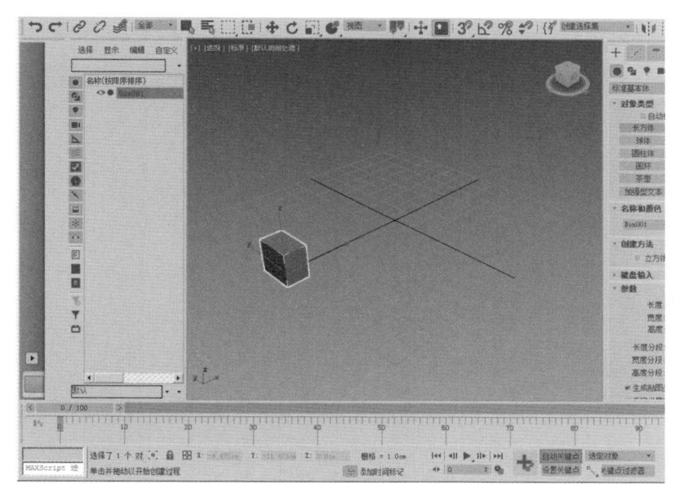

图11-10

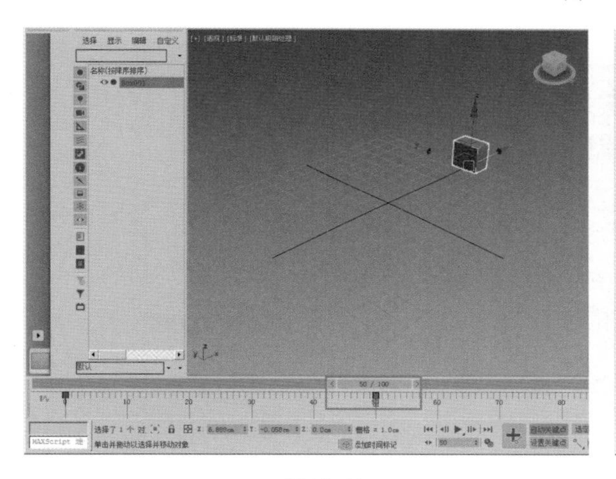

图11-11

图11-12

11.2.2　更改关键帧

物体的关键帧动画设置完成后，3ds Max 2018 允许用户随时对动画的关键帧位置进行修改，以适应项目需要，具体操作如下。

（1）在场景中先选择要修改的物体对象，在“时间滑块”下方会自动显示出该对象的动画关键帧，如图 11-13 所示。

（2）在“时间滑块”下方选择要修改位置的关键帧，如图 11-14 所示。

（3）把所选择的关键帧移动至希望更改的位置，即可完成关键帧的移动操作，如图 11-15 所示。

（4）对对象所包含的关键帧还可以随时进行删除操作。在选中的关键帧上单击鼠标

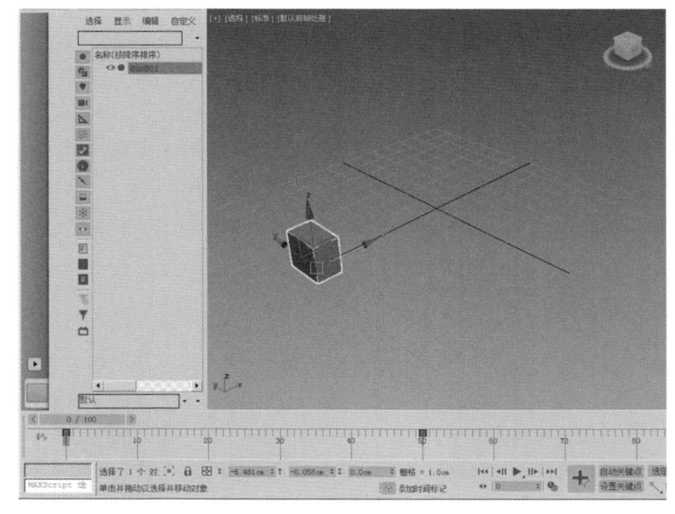

图11-13

右键，在弹出的菜单中选择并执行“删除选定关键点”命令即可，如图 11-16 所示。

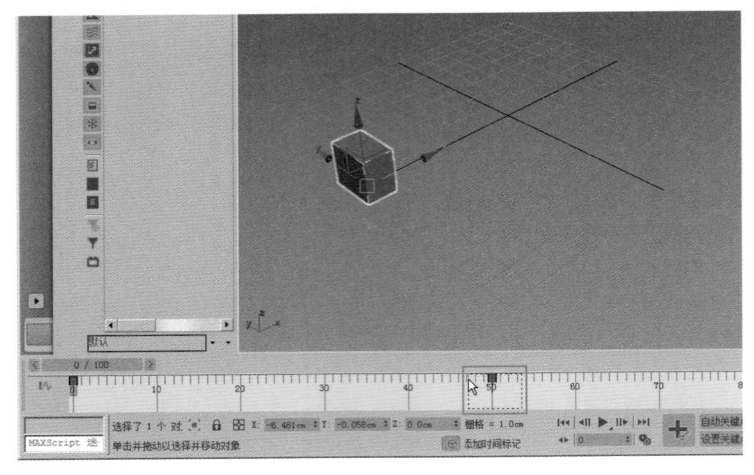

图11-14

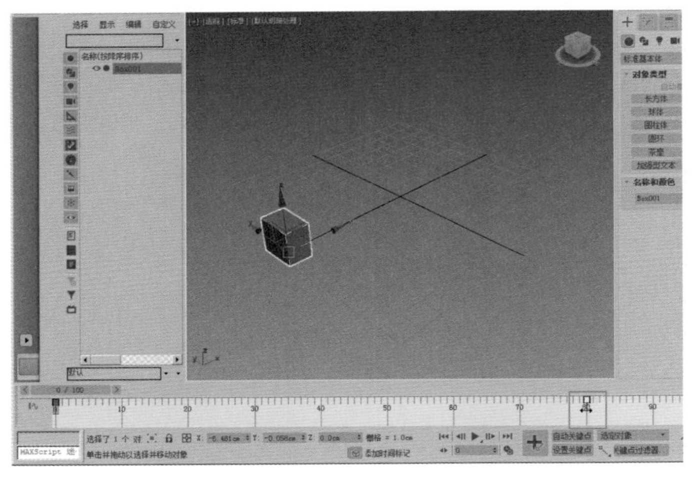

图11-15

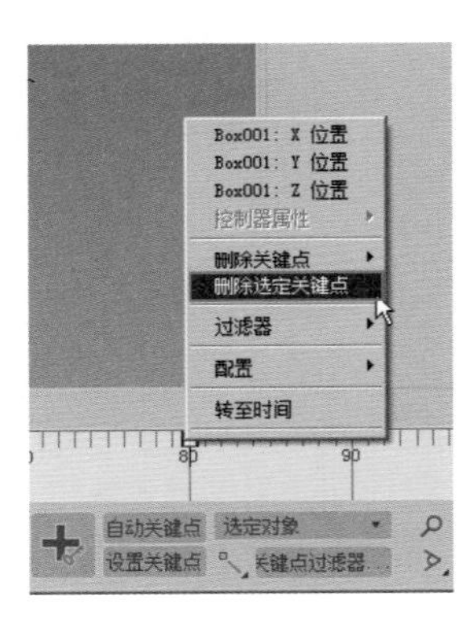

图11-16

11.2.3 时间配置

“时间配置”对话框提供了帧速率、时间显示、播放和动画的设置，用户可以使用此对话框来更改动画的长度或者对动画进行拉伸或重缩放，还可以用于设置活动时间段和动画的开始帧与结束帧。单击“时间配置”按钮，即可打开该对话框，如图 11-17 所示。

“时间配置”对话框中的参数命令如图 11-18 所示。

工具解析

① “帧速率”组

◇ NTSC/ 电影 /PAL/ 自定义：3ds Max 2018 给用户提供 4 个不同的帧速率选项，用户可以选择其中一个作为当前场景的帧速率渲染标准。

◇ 调整关键点：勾选该选项会将关键点缩放到全部帧，迫使其量化。

◇ FPS：当用户选择了不同的帧速率选项后，这里可以显示当前场景文件采用每秒多少帧数来设置动画的帧速率。

比如欧美国家的视频使用每秒 30 帧的帧速率，电影使用每秒 24 帧的帧速率，而 Web 和媒体动画则使用更低的帧速率。

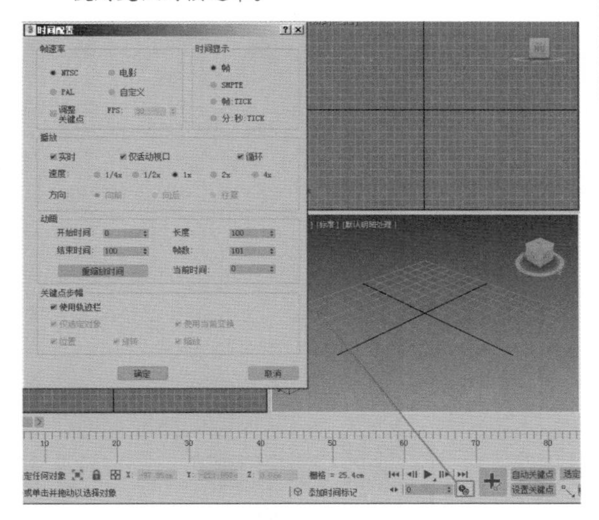

图11-17

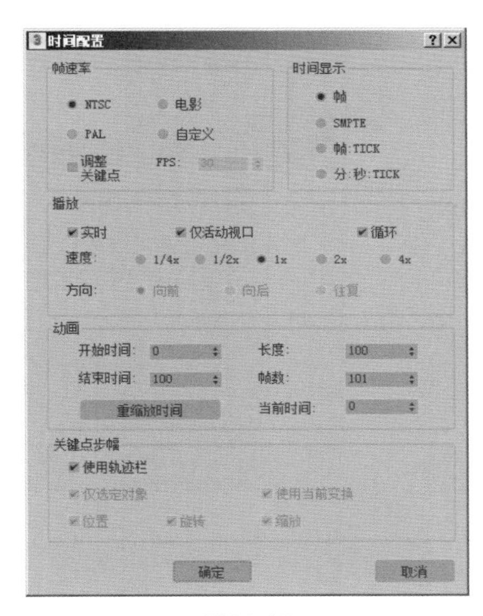

图11-18

②“时间显示”组

◇　时间显示：该组用来设置场景文件以何种方式来显示场景的动画时间。默认状态下为“帧”显示，如图 11–19 所示；当该选项设置为“SMPET”选项时，场景时间显示状态如图 11–20 所示；当该选项设置为“帧：TICK”选项时，场景时间显示状态如图 11–21 所示；当该选项设置为“分：秒：TICK”选项时，场景时间显示状态如图 11–22 所示。

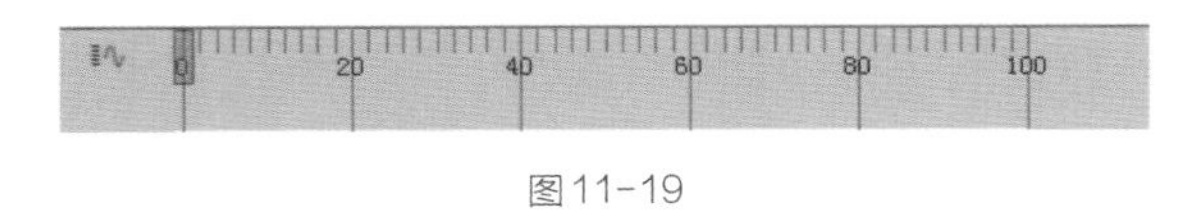

图11-19

图11-20

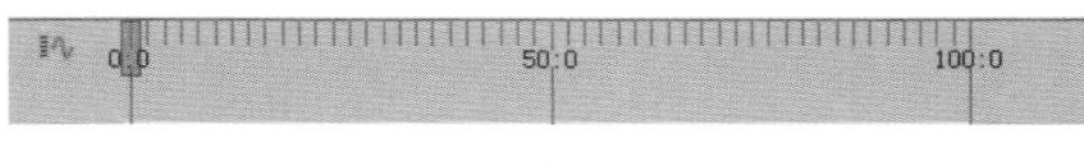

图11-21

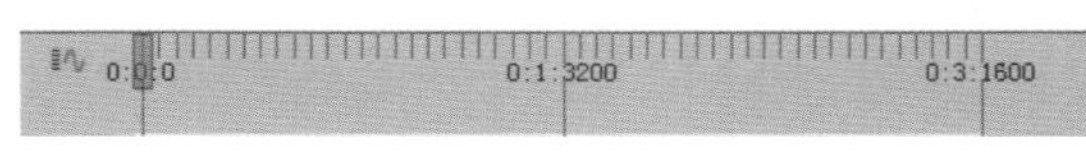

图11-22

③“播放”组

◇　实时：实时可使视口播放跳过帧，以与当前“帧速率”设置保持一致。

◇　仅活动视口：可以使播放只在活动视口中进行。禁用该选项之后，所有视口都将显示动画。

◇　循环：控制动画只播放一次，还是反复播放。启用后，播放将反复进行。

◇　速度：可以选择五个播放速度，如 1x 是正常速度，1/2x 是半速等。速度设置只影响在视口中的播放。默认设置为 1x。

◇　方向：将动画设置为向前播放、反转播放或往复播放。

④“动画”组

◇　开始时间 / 结束时间：设置在时间滑块中显示的活动时间段。

◇　长度：显示活动时间段的帧数。

◇　帧数：显示将渲染的帧数。

◇　“重缩放时间”按钮 重缩放时间 ：单击以打开“重缩放时间”对话框，如图 11–23 所示。

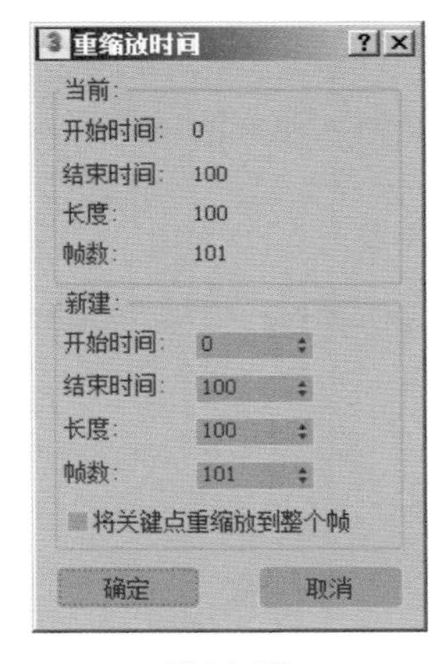

图11-23

◇　当前时间：指定时间滑块的当前帧。调整此选项时，时间滑块将相应移动，视口将进行更新。

⑤“关键点步幅”组

◇　使用轨迹栏：使关键点模式能够遵循轨迹栏中的所有关键点。

◇ 仅选定对象：在使用“关键点步幅”模式时只考虑选定对象的变换。

◇ 使用当前变换：禁用“位置”“旋转”和“缩放”，并在关键点模式中使用当前变换。

◇ 位置 / 旋转 / 缩放：指定关键点模式所使用的变换类型。

11.3 轨迹视图－曲线编辑器

轨迹视图提供了两种基于图形的不同的编辑器，分别是“曲线编辑器”和“摄影表”。其主要功能为查看及修改场景中的动画数据，另外，用户也可以在此为场景中的对象重新指定动画控制器，以便插补或控制场景中对象的关键帧及参数。

在 3ds Max 2018 软件界面的主工具栏上单击“曲线编辑器（打开）”图标，即可打开“轨迹视图－曲线编辑器”面板，如图 11-24 所示。

在“轨迹视图－曲线编辑器”面板中，执行菜单栏“编辑器 / 摄影表”命令，即可将“轨迹视图－曲线编辑器”面板切换为“轨迹视图－摄影表”面板，如图 11-25 所示。

另外，轨迹视图的这两种编辑器还可以通过在视图中单击鼠标右键，然后在弹出的四元菜单中找到相应的命令来打开，如图 11-26 所示。

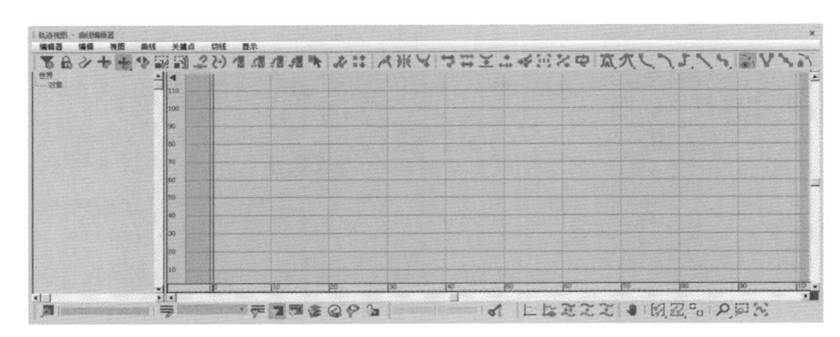

图11-24

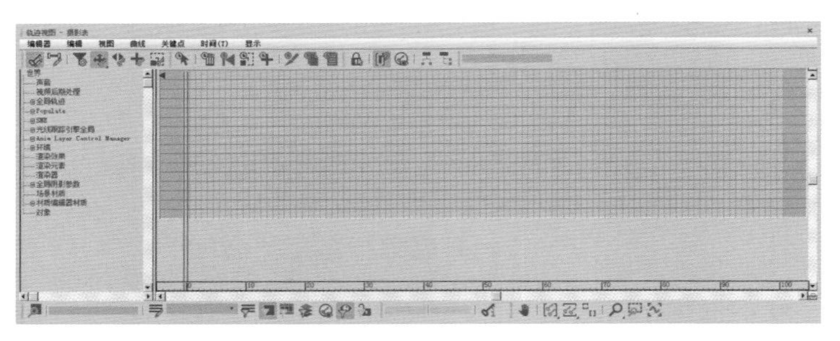

图11-25

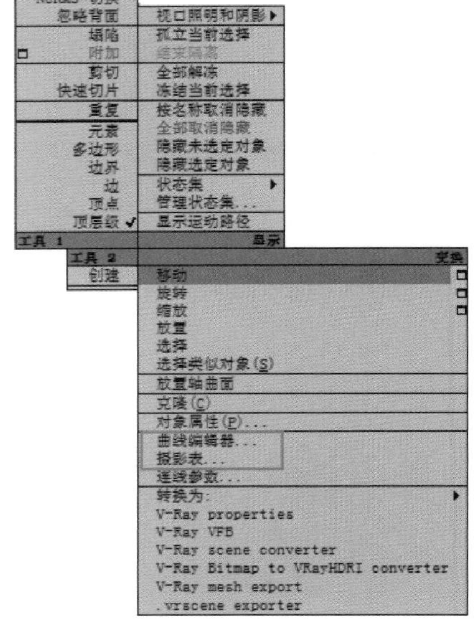

图11-26

11.3.1 “新关键点”工具栏

“轨迹视图－曲线编辑器”面板中的第一个工具栏，就是“新关键点”工具栏，其中包含的命令图标如图 11-27 所示。

图11-27

工具解析

◇ 过滤器：使用“过滤器”可以确定在“轨迹视图”中显示哪些场景组件。单击该按钮可以打开“过滤器”对话框，如图 11-28 所示。

◇ 锁定当前选择：锁定用户选定的关键点，这样就能避免无意中选择其他关键点。

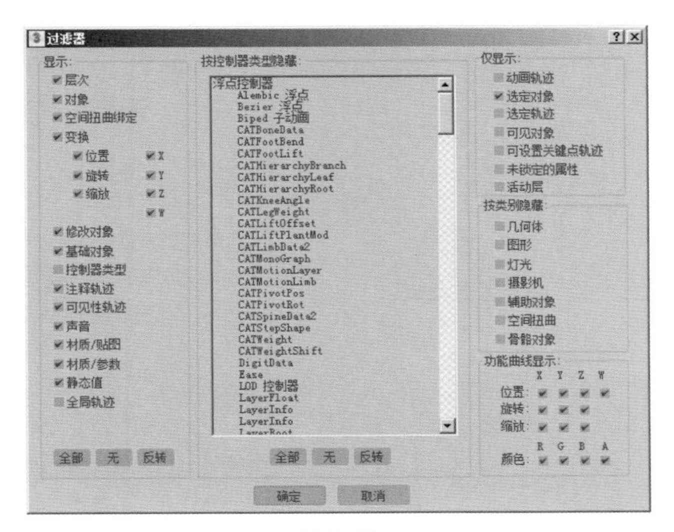

图11-28

◇ 绘制曲线 ：可使用该选项绘制新曲线，或直接在函数曲线图上绘制草图来修改已有曲线。

◇ 添加 / 移除关键点 ：在现有曲线上创建关键点。按住【Shift】键可移除关键点。

◇ 移动关键点 ：在关键点窗口中水平和垂直、仅水平或仅垂直移动关键点。

◇ 滑动关键点 ：可移动一个或多个关键点，并滑动相邻的关键点。

◇ 缩放关键点 ：可压缩或扩展两个关键帧之间的时间量。

◇ 缩放值 ：按比例增加或减小关键点的值，而不是在时间上移动关键点。

◇ 捕捉缩放 ：将缩放原点移动到第一个选定关键点处。

◇ 简化曲线 ：单击该按钮可以弹出“简化曲线”对话框，在此设置“阈值”来减少轨迹中的关键点数量，如图 11-29 所示。

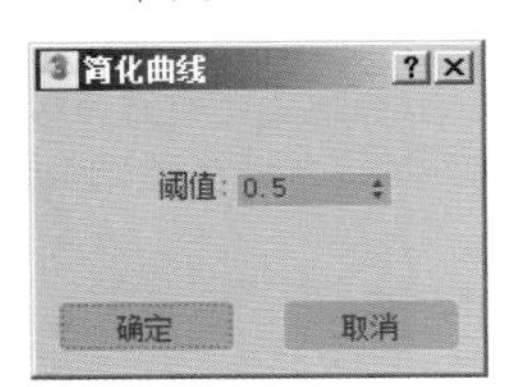

图11-29

◇ 参数曲线超出范围类型 ：单击该按钮可以弹出“参数曲线超出范围类型”对话框，用于指定动画对象在用户定义的关键点范围之外的行为方式。对话框中共包括“恒定”“周期”“循环”“往复”“线性”和“相对重复”6 个选项，如图 11-30 所示。其中，“恒定”曲线类型结果如图 11-31 所示，“周期”曲线类型结果如图 11-32 所示，“循环”曲线类型结果如图 11-33 所示，“往复”曲线类型结果如图 11-34 所示，“线性”曲线类型结果如图 11-35 所示，“相对重复”曲线类型结果如图 11-36 所示。

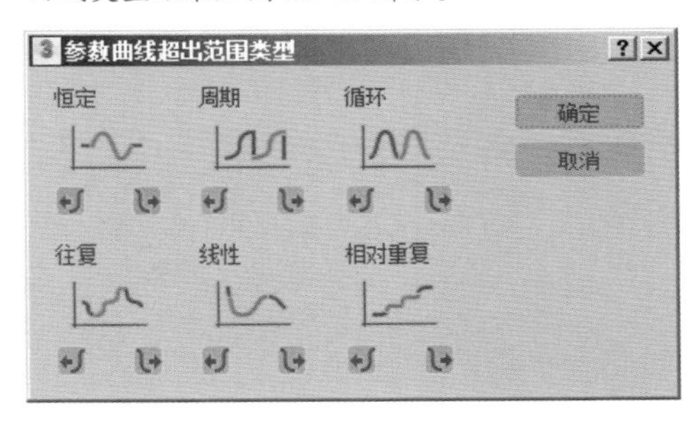

图11-30

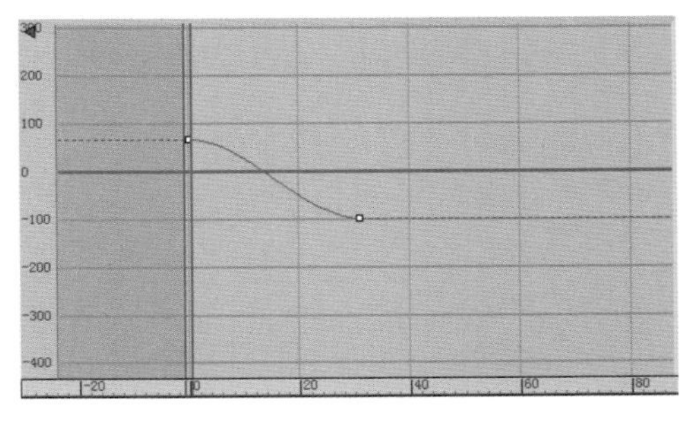

图11-31

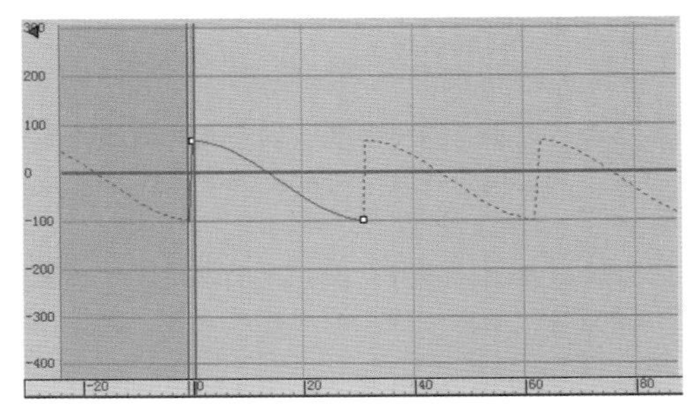

图11-32

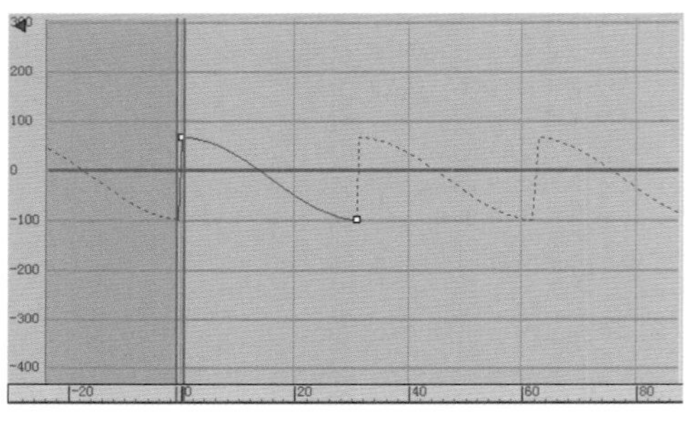

图11-33

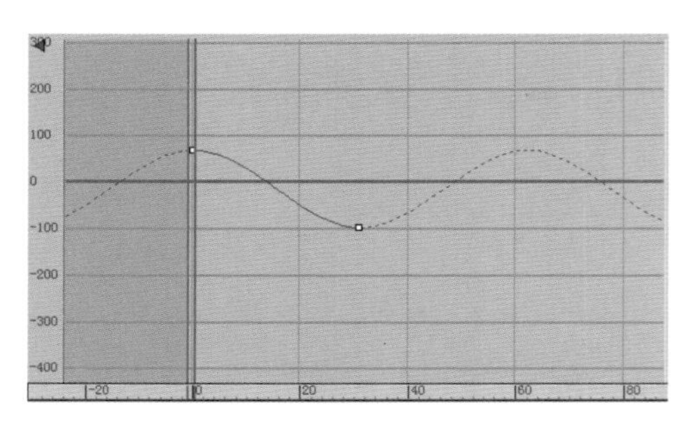

图11-34

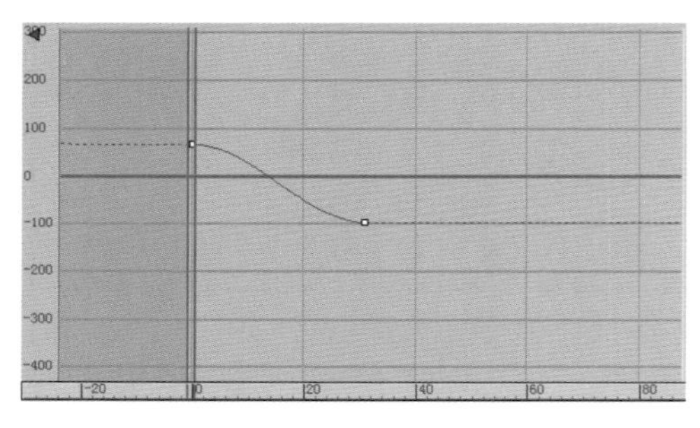

图11-35

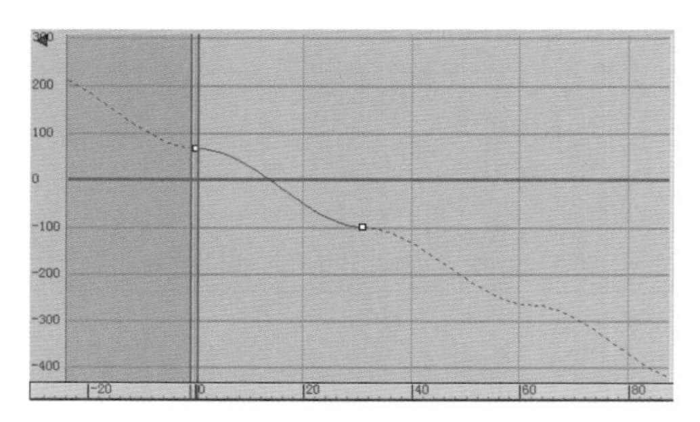

图11-36

◇ 减缓曲线超出范围类型：用于指定减缓曲线在用户定义的关键点范围之外的行为方式。调整减缓曲线会降低效果的强度。

◇ 增强曲线超出范围类型：用于指定增强曲线在用户定义的关键点范围之外的行为方式。调整增强曲线会增加效果的强度。

◇ 减缓 / 增强曲线启用 / 禁用切换：启用或禁用减缓曲线和增强曲线。

◇ 区域关键点工具：在矩形区域内移动和缩放关键点。

11.3.2 “关键点选择工具”工具栏

“关键点选择工具”工具栏中包含的命令图标如图 11-37 所示。

图11-37

工具解析

◇ 选择下一组关键点：取消选择当前选定的关键点，然后选择下一个关键点。按住【Shift】键可选择上一个关键点。

◇ 增加关键点选择：选择与一个选定关键点相邻的关键点。按住【Shift】键可取消选择外部的两个关键点。

11.3.3 “切线工具”工具栏

“切线工具”工具栏中包含的命令图标如图 11-38 所示。

图11-38

工具解析

◇ 放长切线：增长选定关键点的切线。如果选中多个关键点，则按住【Shift】键以仅增长内切线。

◇ 镜像切线：将选定关键点的切线镜像到相邻关键点。

◇ 缩短切线：减短选定关键点的切线。如果选中多个关键点，则按住【Shift】键以仅减短内切线。

11.3.4 “仅关键点”工具栏

“仅关键点”工具栏中包含的命令图标如图 11-39 所示。

图11-39

工具解析

◇ 轻移：将关键点稍微向右移动。按住【Shift】键可将关键点稍微向左移动。

◇ 展平到平均值：确定选定关键点的平均值，然后将平均值指定给每个关键点。按住【Shift】键可焊接所有选定关键点的平均值和时间。

◇ 展平：将选定关键点展平到与所选内容中的第一个关键点相同的值。

◇ 缓入到下一个关键点：减少选定关键点与下一个关键点之间的差值。按住【Shift】键可减少与上一个关键点之间的差值。

◇ 分割：使用两个关键点替换选定关键点。

◇ 均匀隔开关键点：调整间距，使所有关键点按时间在第一个关键点和最后一个关键点之间均匀分布。

◇ 松弛关键点：减缓第一个和最后一个选定关键点之间的关键点的值和切线。按住【Shift】键可对齐第一个和最后一个选定关键点之间的所有关键点。

◇ 循环：将第一个关键点的值复制到当前动画范围的最后一帧。按住【Shift】键可将当前动画的第一个关键点的值复制到最后一个动画。

11.3.5 "关键点切线"工具栏

"关键点切线"工具栏中包含的命令图标如图11-40所示。

图11-40

工具解析

◇ 将切线设置为自动：按关键点附近的功能曲线的形状进行计算，将高亮显示的关键点设置为自动切线。

◇ 将切线设置为样条线：将高亮显示的关键点设置为样条线切线。它具有关键点控制柄，可以通过在"曲线"窗口中拖动进行编辑。在编辑控制柄时按住【Shift】键可以中断连续性。

◇ 将切线设置为快速：将关键点切线设置为快。

◇ 将切线设置为慢速：将关键点切线设置为慢。

◇ 将切线设置为阶越：将关键点切线设置为步长。使用阶跃来冻结从一个关键点到另一个关键点的移动。

◇ 将切线设置为线性：将关键点切线设置为线性。

◇ 将切线设置为平滑：将关键点切线设置为平滑。用它来处理不能继续进行的移动。

提示 在制作动画之前，还可以通过单击"新建关键点的默认入/出切线"按钮来设定关键点的切线类型，如图11-41所示。

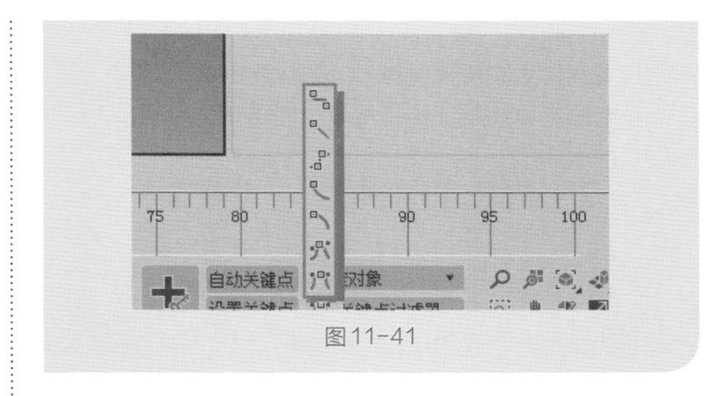

图11-41

11.3.6 "切线动作"工具栏

"切线动作"工具栏中包含的命令图标如图11-42所示。

图11-42

工具解析

◇ 显示切线切换：切换显示或隐藏切线，如图11-43、图11-44为显示及隐藏切线后的曲线显示结果对比。

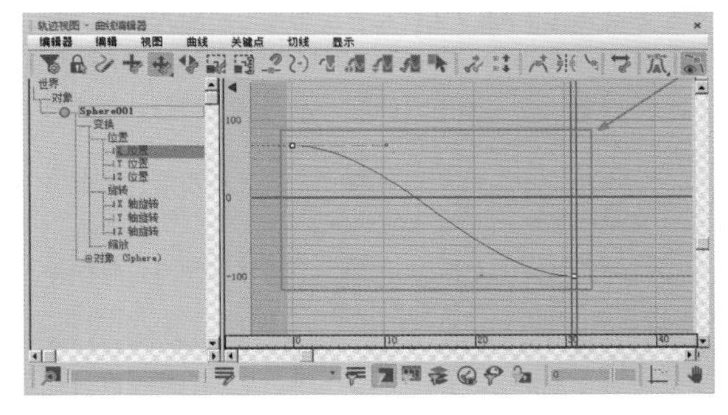

图11-43

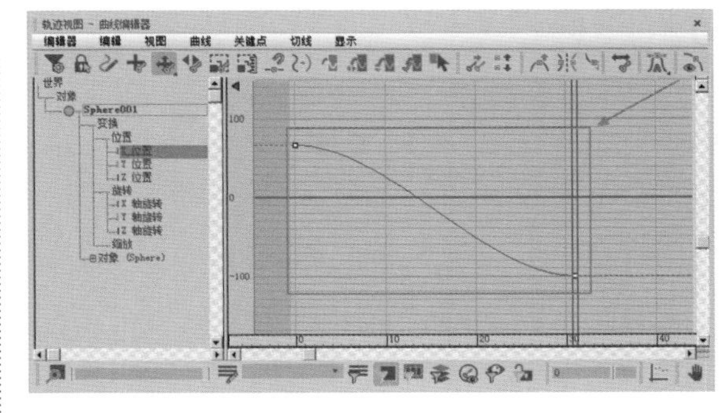

图11-44

◇ 断开切线：允许将两条切线（控制柄）连接到一个关键点，使其能够独立移动，以便不同的运动能够进出关键点。

◇ 统一切线：如果切线是统一的，按任意方向移动控制柄，从而使控制柄之间保持最小角度。

◇ 锁定切线切换：单击该按钮可以锁定切线。

11.3.7 “缓冲区曲线”工具栏

“缓冲区曲线”工具栏中包含的命令图标如图11-45所示。

图11-45

工具解析

◇ 使用缓冲区曲线：切换是否在移动曲线或切线时创建原始曲线的重影图像。

◇ 显示/隐藏缓冲区曲线：切换显示或隐藏缓冲区（重影）曲线。

◇ 与缓冲区交换曲线：交换曲线与缓冲区（重影）曲线的位置。

◇ 快照：将缓冲区（重影）曲线重置到曲线的当前位置。

◇ 还原为缓冲区曲线：将曲线重置到缓冲区（重影）曲线的位置。

11.3.8 “轨迹选择”工具栏

“轨迹选择”工具栏中包含的命令图标如图11-46所示。

图11-46

工具解析

◇ 缩放选定对象：将当前选定对象放置在控制器窗口中“层次”列表的顶部。

◇ 按名称选择：通过在可编辑字段中输入轨迹名称，可以高亮显示“控制器”窗口中的轨迹。

◇ 过滤器-选定轨迹切换：启用此选项后，“控制器”窗口仅显示选定轨迹。

◇ 过滤器-选定对象切换：启用此选项后，“控制器”窗口仅显示选定对象的轨迹。

◇ 过滤器-动画轨迹切换：启用此选项后，“控制器”窗口仅显示带有动画的轨迹。

◇ 过滤器-活动层切换：启用此选项后，“控制器”窗口仅显示活动层的轨迹。

◇ 过滤器-可设置关键点轨迹切换：启用此选项后，“控制器”窗口仅显示可设置关键点的轨迹。

◇ 过滤器-可见对象切换：启用此选项后，“控制器”窗口仅显示包含可见对象的轨迹。

◇ 过滤器-解除锁定属性切换：启用此选项后，“控制器”窗口仅显示未锁定其属性的轨迹。

11.3.9 “控制器”窗口

“控制器”窗口能显示对象名称和控制器轨迹，还能确定哪些曲线和轨迹可以用来进行显示和编辑。用户可以根据需要使用右键单击菜单，在控制器窗口中展开和重新排列层次列表项，在轨迹视图“显示”菜单中也可以找到一些导航工具。默认行为是仅显示选定的对象轨迹。使用“手动导航”模式，可以单独折叠或展开轨迹，或者按下【Alt】键并单击鼠标右键，可以显示另一个菜单来折叠和展开轨迹，如图11-47所示。

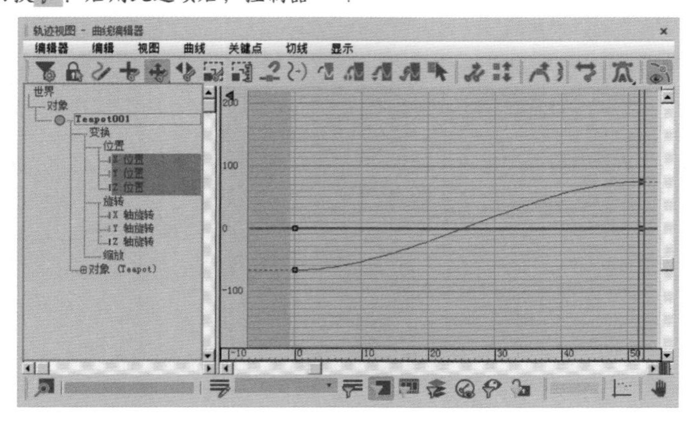

图11-47

11.4 轨迹视图－摄影表

“摄影表”编辑器使用“轨迹视图”来在水平图形上显示随时间变化的动画关键点。这是以图形的方式显示调整动画计时的简化操作，可以在一个类似电子表格的界面中看到所有的关键点，如图11-48所示。

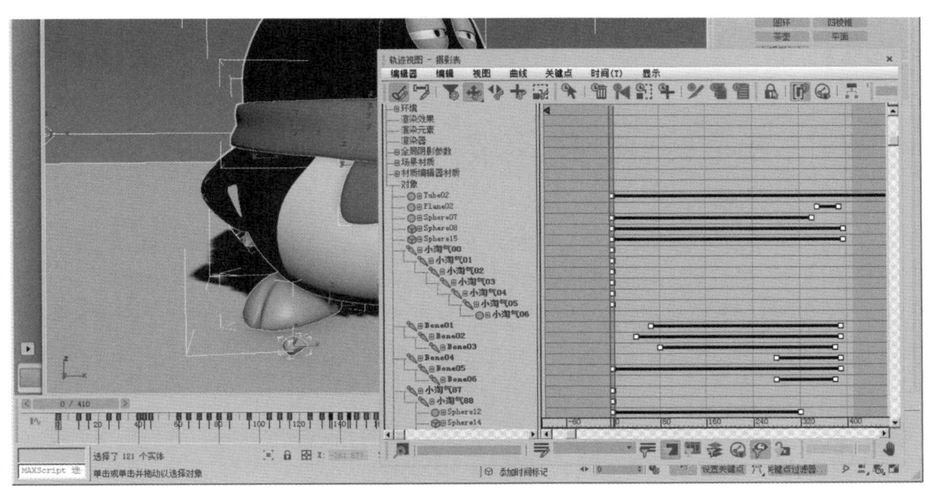

图11-48

11.4.1 “关键点”工具栏

“关键点”工具栏中包含的命令图标如图11-49所示。

图11-49

工具解析

◇ 编辑关键点：在图形上将关键点显示为长方体。
◇ 编辑范围：将设置了关键点的轨迹显示为范围栏，用户可以在宏级别编辑动画轨迹。
◇ 过滤器：确定在轨迹视图中显示哪些场景组件。
◇ 移动关键点：在关键点窗口中水平和垂直、仅水平或仅垂直地移动关键点。
◇ 滑动关键点：移动一组关键点，同时在移动时移开相邻的关键点。
◇ 添加关键点：用来创建关键点。
◇ 缩放关键点：用来减少或增加两个关键帧之间的时间量。

11.4.2 “时间”工具栏

“时间”工具栏中包含的命令图标如图11-50所示。

图11-50

工具解析

◇ 选择时间：可以选择时间范围，包含时间范围内的任意关键点。
◇ 删除时间：从选定轨迹上移除选定时间。
◇ 反转时间：在选定时间段内反转选定轨迹上的关键点。
◇ 缩放时间：在选定的时间段内，缩放选定轨迹上的关键点。
◇ 插入时间：可以在插入时间时插入一个范围的帧。
◇ 剪切时间：删除选定轨迹上的时间选择。
◇ 复制时间：复制选定的时间选择，以供粘贴。
◇ 粘贴时间：将剪切或复制的时间选择添加到选定轨迹中。

11.4.3 “显示”工具栏

“显示”工具栏中包含的命令图标如图11-51所示。

图11-51

工具解析

◇ 锁定当前选择：锁定关键点选择。一旦创建了一个选择，启用此选项就可以避免不小心选择其他对象。
◇ 捕捉帧：限制关键点到帧的移动。
◇ 显示可设置关键点的图标：显示可将轨迹定义为可设置关键点或不可设置关键点的图标。
◇ 修改子树：启用该选项后，允许父轨迹的关键点操纵作用于该层次下的轨迹。
◇ 修改子对象关键点：如果在没有启用“修改子树”的情况下修改父对象，请单击“修改子对象关键点”以将更改应用于子关键点。

11.5 约束

动画约束是帮助用户自动化动画过程的控制器的特殊类型。通过与另一个对象的绑定关系，用户可以控制对象的位置、旋转或缩放。通过对对象设置约束，可以将多个物体的变换约束到一个物体上，从而极大地减少动画师的工作量，也便于项目后期的动画修改。比如制作复杂的发动机气缸动画时，当我们对场景中的零件模型进行合理约束后，只需要给其中一个对象添加旋转动画，就可以使所有的气缸都正常运动了，如图 11-52 所示。

执行菜单栏“动画 / 约束”命令后，即可看到 3ds Max 2018 为用户提供的所有约束命令，如图 11-53 所示。

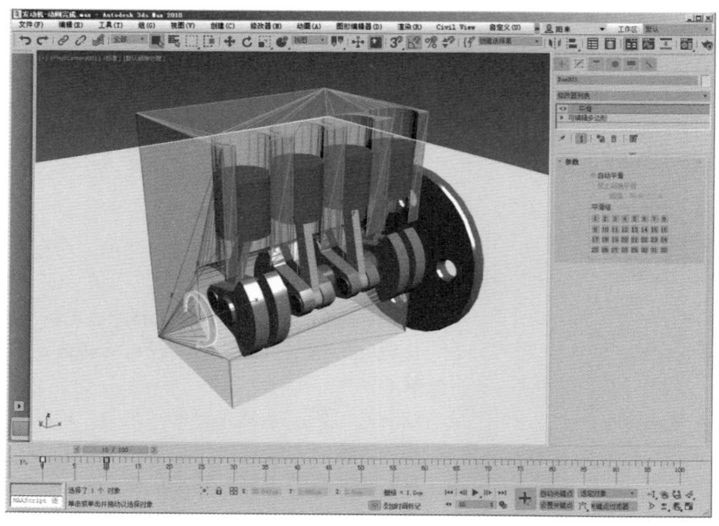

图11-52

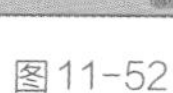

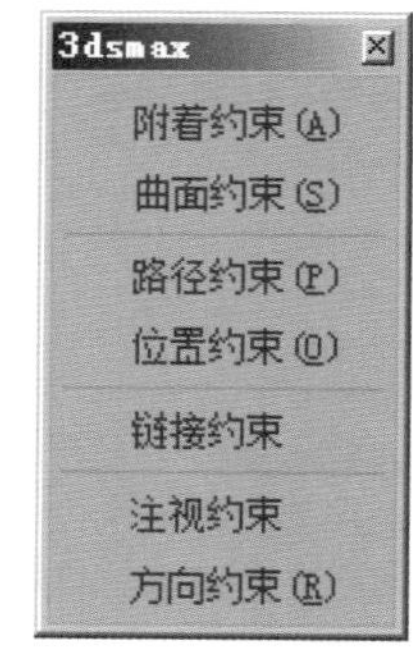

图11-53

11.5.1 附着约束

附着约束是一种位置约束，它将一个对象的位置附着到另一个对象的面上，其命令参数如图 11-54 所示。

工具解析

①“附加到”组
◇“拾取对象”按钮 拾取对象 ：在视口中为附着选择并拾取目标对象。
◇ 对齐到曲面：将附加的对象的方向固定在其所指定到的面上。
②“更新”组
◇“更新”按钮 更新 ：单击该按钮更新显示。
◇ 手动更新：勾选该选项可以激活“更新”按钮。
③“关键点信息”组
◇ 时间：显示当前帧，并可以将当前关键点移动到不同的帧中。
◇ 面：设置对象所附加到的面的 ID。
◇ A/B：设置定义面上附加对象的位置的重心坐标。

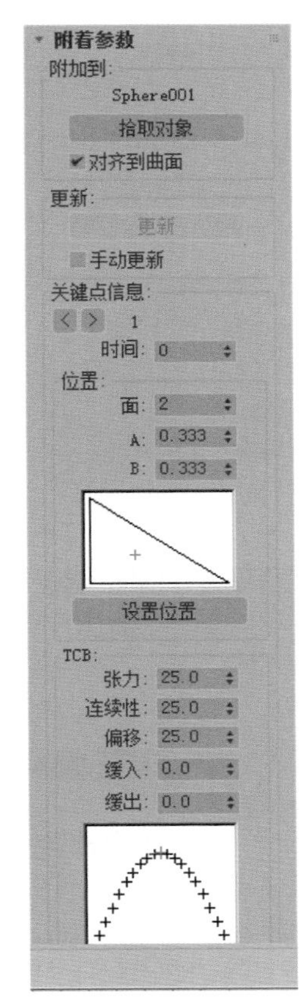

图11-54

◇ “设置位置”按钮 设置位置 ：单击该按钮，可以在视口中，通过在目标对象上拖动来指定面和面上的位置。

④“TCB”组

◇ 张力：设置TCB控制器的张力，范围从“0”到“50”。

◇ 连续性：设置TCB控制器的连续性，范围从“0”到“50”。

◇ 偏移：设置TCB控制器的偏移，范围从“0”到“50”。

◇ 缓入：设置TCB控制器的缓入，范围从“0”到“50”。

◇ 缓出：设置TCB控制器的缓出，范围从“0”到“50”。

11.5.2 曲面约束

曲面约束能将对象限制在另一对象的表面上，需要注意的是，可以作为曲面对象的对象类型是有限制的，它们的表面必须能用参数表示。比如球体、圆锥体、圆柱体、圆环这些标准基本体是可以作为曲面对象的，而长方体、四棱锥、茶壶、平面这些标准基本体则不可以。曲面约束的命令参数如图11-55所示。

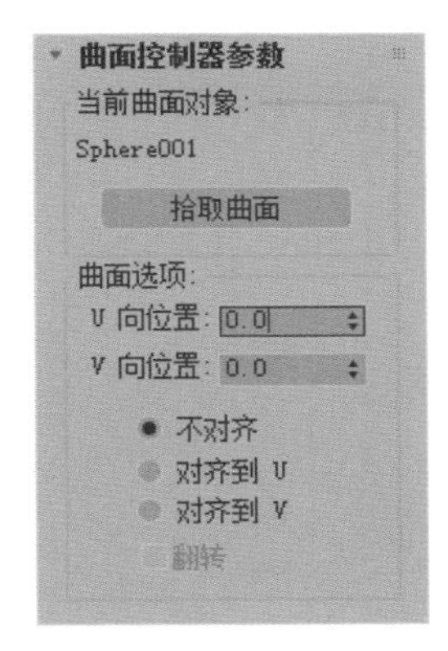

图11-55

工具解析

①“当前曲面对象”组

◇ “拾取曲面”按钮 拾取曲面 ：单击该按钮以拾取对象，拾取成功后会在按钮上方显示曲面对象的名称。

②“曲面选项”组

◇ U向位置/V向位置：调整控制对象在曲面对象 u/v 坐标轴上的位置。

◇ 不对齐：选择此选项后，不管控制对象在曲面对象上处于什么位置，它都不会重定向。

◇ 对其到U：将控制对象的本地 z 轴与曲面对象的曲面法线对齐，将 x 轴与曲面对象的 u 轴对齐。

◇ 对其到V：将控制对象的本地 z 轴与曲面对象的曲面法线对齐，将 x 轴与曲面对象的 v 轴对齐。

◇ 翻转：翻转控制对象局部 z 轴的对齐方式。

11.5.3 路径约束

使用路径约束可限制对象的移动，并将对象约束至一根样条线上移动，或在多个样条线之间以平均间距进行移动。其参数命令如图11-56所示。

工具解析

◇ “添加路径”按钮 添加路径 ：添加一个新的样条线路径，使之对约束对象产生影响。

◇ “删除路径”按钮 删除路径 ：从目标列表中移除一个路径。一旦移除目标路径，它将不再对约束对象产生影响。

◇ 权重：为每个路径指定约束的强度。

①“路径选项”组

◇ %沿路径：设置对象沿路径的位置百分比。

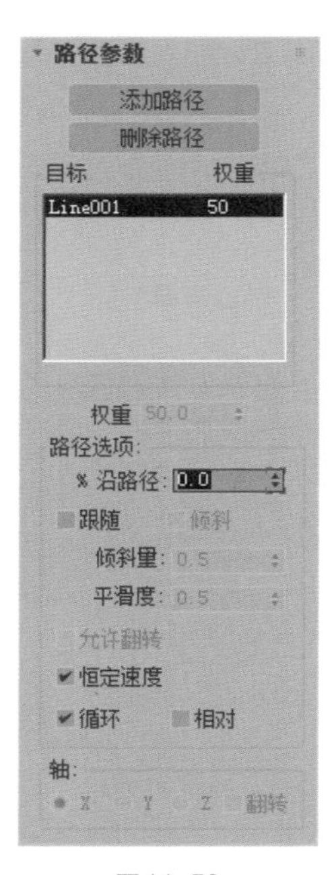

图11-56

◇ 跟随：在对象跟随轮廓运动的同时将对象指定给轨迹，如图11-57所示为茶壶对象勾选该选项前后的方向对比。

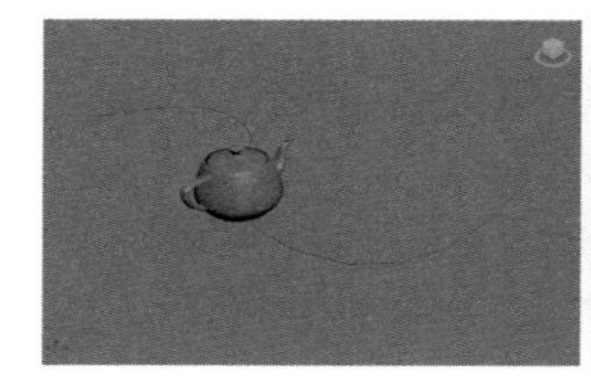
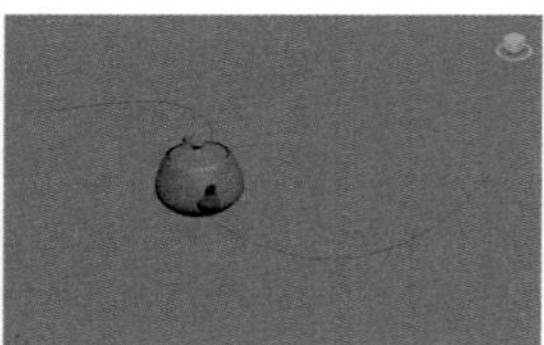

图11-57

◇ 倾斜：当对象通过样条线的曲线时允许对象倾斜。
◇ 倾斜量：调整这个量可以使倾斜从一边或另一边开始，具体从哪一边开始倾斜，取决于这个量是正数或负数。
◇ 平滑度：控制对象在经过路径中转弯时翻转角度改变的快慢程度。
◇ 允许翻转：启用此选项可避免对象沿着垂直方向的路径行进时有翻转的情况。
◇ 恒定速度：沿着路径提供一个恒定的速度。
◇ 循环：默认情况下，当约束对象到达路径末端时，它不会越过末端点。循环选项会改变这一行为，当约束对象到达路径末端时会循环回起始点。
◇ 相对：启用此项保持约束对象的原始位置。对象会沿着路径同时有一个偏移距离，这个距离基于它的原始空间位置。

②“轴”组
◇ X/Y/Z：定义对象的 $x/y/z$ 轴与路径轨迹对齐。
◇ 翻转：启用此项来翻转轴的方向。

11.5.4 位置约束

通过位置约束可以根据目标对象的位置或若干对象的加权平均位置对某一对象进行定位，其参数命令如图11-58所示。

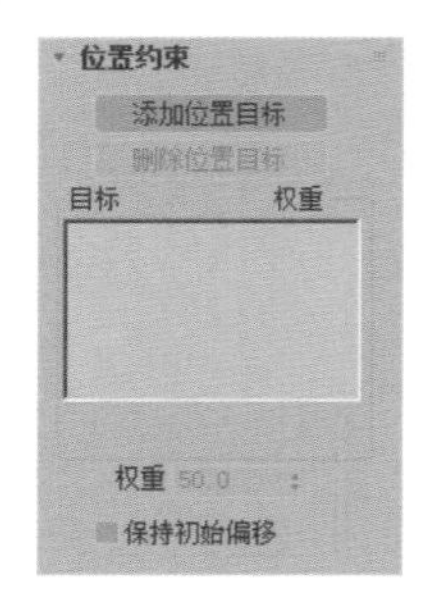

图11-58

工具解析

◇ “添加位置目标”按钮 添加位置目标 ：添加新的目标对象以影响受约束对象的位置。
◇ “删除位置目标”按钮 删除位置目标 ：移除高亮显示的目标。一旦移除了目标，该目标将不再影响受约束的对象。
◇ 权重：为高亮显示的目标指定一个权重值并设置动画。
◇ 保持初始偏移：用来保存受约束对象与目标对象的原始距离。

11.5.5 链接约束

链接约束可以使对象继承目标对象的位置、旋转度以及比例，常常用于制作物体在多个对象之间的传递动画，其命令参数如图11-59所示。

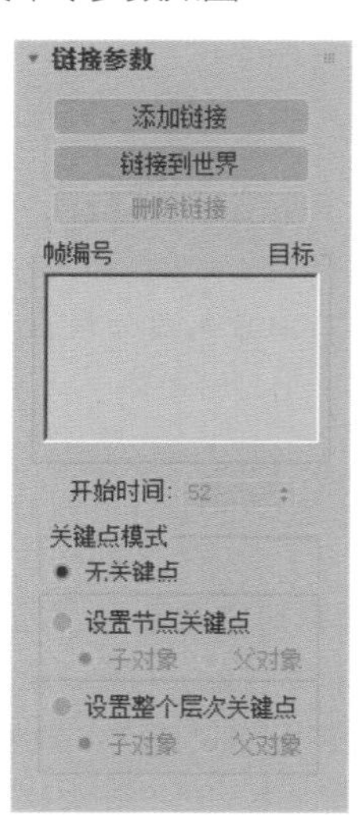

图11-59

工具解析

◇ “添加链接”按钮 添加链接 ：添加一个新的链接目标。

◇ “链接到世界”按钮 链接到世界 ：将对象链接到世界（整个场景）。

◇ “删除链接”按钮 删除链接 ：移除高亮显示的链接目标。

◇ 开始时间：指定或编辑目标的帧值。

◇ 无关键点：选择此项后，约束对象或目标中不会写入关键点。

◇ 设置节点关键点：选择此项后，会将关键帧写入指定的选项。

◇ 设置整个层次关键点：用指定的选项在层次上部设置关键帧。

11.5.6　注视约束

注视约束会控制对象的方向，使它一直注视另外的一个或多个对象，常用于制作角色的眼球动画，其命令参数如图 11-60 所示。

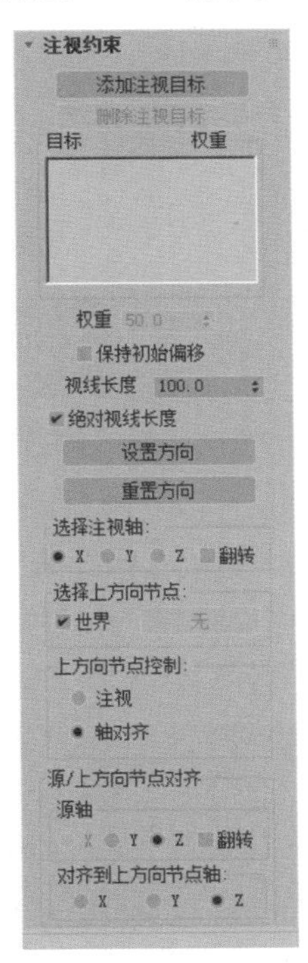

图 11-60

工具解析

◇ “添加注视目标”按钮 添加注视目标 ：用于添加影响约束对象的新目标。

◇ “删除注视目标”按钮 删除注视目标 ：用于移除影响约束对象的目标对象。

◇ 权重：用于为每个目标指定权重值并设置动画。

◇ 保持初始偏移：将约束对象的原始方向保持为相对于约束方向的一个偏移。

◇ 视线长度：定义从约束对象轴到目标对象轴所绘制的视线长度，如图 11-61 所示分别为该值是“30”和“60”的视线长度对比。

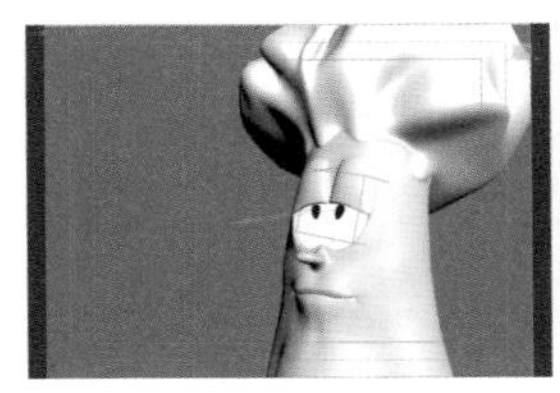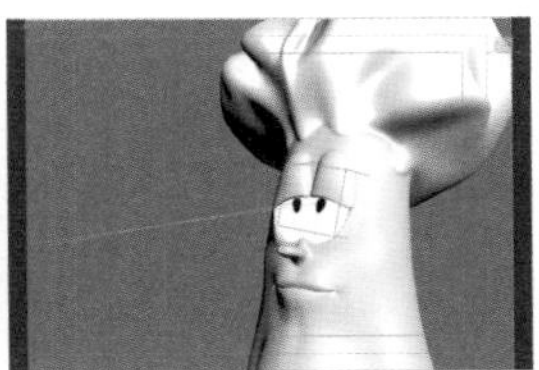

图 11-61

◇ 绝对视线长度：启用此选项后，3ds Max 2018 仅使用“视线长度”设置主视线的长度，受约束对象和目标之间的距离对其没有影响。

◇ “设置方向”按钮 设置方向 ：允许对约束对象的偏移方向进行手动定义。启用此选项后，可以使用旋转工具来设置约束对象的方向。约束对象注视目标时会保持此方向。

◇ “重置方向”按钮 重置方向 ：将约束对象的方向设置回默认值。如果要在手动设置方向后重置约束对象的方向，该选项非常有用。

①“选择注视轴”组

◇ X/Y/Z：用于定义注视目标的轴。

◇ 翻转：反转局部轴的方向。

②“选项上方向节点”组

◇ 注视：选中此选项后，上方向节点与注视目标相匹配。

◇ 轴对齐：选中此选项后，上方向节点与对象轴对齐。

③“源 / 上方向节点对齐”组

◇ 源轴：选择与上方向节点轴对齐的约束对象的轴。

◇ 对齐到上方向节点轴：选择与选中的原轴对齐的上方向节点轴。

11.5.7　方向约束

方向约束会使对象的方向沿着目标对象的方向或若干目标对象的平均方向，其命令参数如图 11-62 所示。

工具解析

◇ “添加方向目标”按钮 添加方向目标 ：添加影响受约束对象的新目标对象。

◇ “将世界作为目标添加”按钮 将世界作为目标添加 ：将受约束对象与世界坐标轴对齐。可以设置世界对象相对于任何其他目标对象对受约束对象的影响程度。

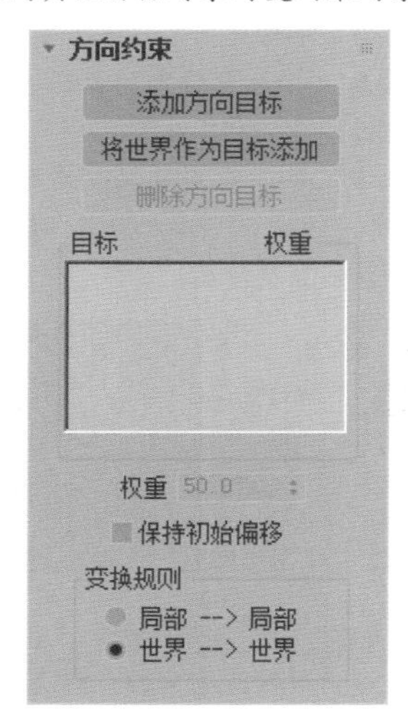

图11-62

◇ “删除方向目标”按钮 删除方向目标 ：移除目标。移除目标后，将不再影响受约束对象。

◇ 权重：为每个目标指定不同的影响值。

◇ 保存初始偏移：保留受约束对象的初始方向。

“变换规则”组

◇ 局部 --> 局部：选择该选项后，局部节点变换将用于方向约束。

◇ 世界 --> 世界：选择该选项后，将应用父变换或世界变换，而不应用局部节点变换。

11.6 动画控制器

3ds Max 2018 为动画师提供了多种动画控制器以处理场景中的动画任务。使用动画控制器可以存储动画关键点值和程序动画设置，并且还可以在动画的关键帧之间进行动画插值操作。动画控制器的使用方法与修改器类似，当用户在对象的不同属性上指定新的动画控制器时，3ds Max 2018 会自动过滤该属性无法使用的控制器，仅提供适用于当前属性的动画控制器。比如，当用户在“轨迹视图 - 曲线编辑器”面板中对球体的变换属性重新指定控制器时，所弹出的可用动画控制器如图 11-63 所示；而当用户对球体变换属性里的位置属性指定动画控制器时，所弹出的可用动画控制器则如图 11-64 所示。

除了在“轨迹视图 - 曲线编辑器”面板中可以为对象指定动画控制器，用户还可以在“运动”面板里为对象的不同属性指定动画控制器，具体操作如下。

图11-63

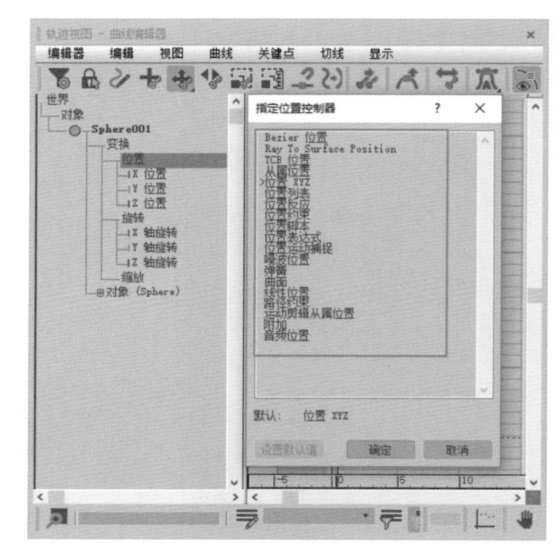

图11-64

（1）在场景中选择对象后，将“命令”面板切换至“运动”面板，展开“指定控制器”卷展栏，可以看到对象的基本属性，如图 11-65 所示。

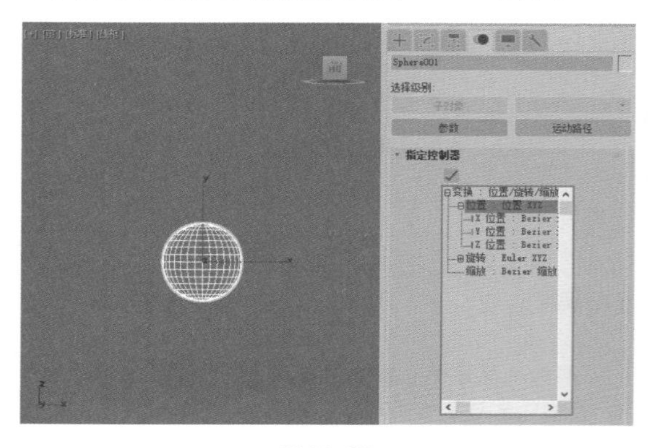

图11-65

（2）在“指定控制器”卷展栏内的文本框中选择“位置”属性后，单击“指定控制器”按钮，在弹出的“指定位置控制器”对话框中即可选择新的动画控制器，如图 11-66 所示。

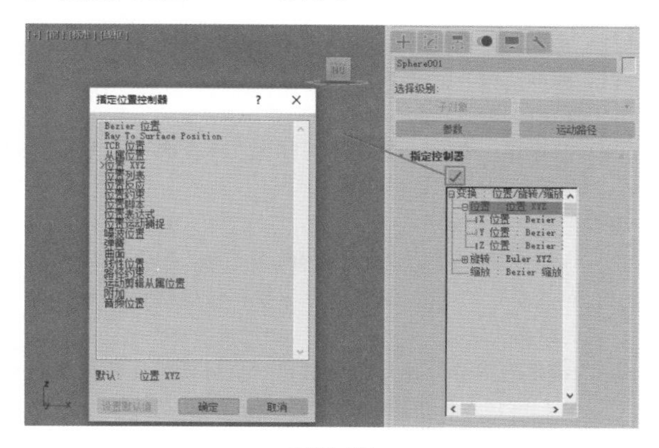

图11-66

提示 在“指定位置控制器”对话框内，“>”符号右侧的动画控制器即为当前选择对象正在使用的控制器。另外，如果对场景中的对象应用了约束，那么这些约束实际上也是以动画控制器的方式替换掉对象本身属性上的默认控制器。还可以这样理解，3ds Max 2018将一些影响对象变换属性的常用动画控制器提取了出来，放置到约束菜单内。

11.6.1 噪波控制器

噪波控制器的参数可以作用在一系列的动画帧上，从而产生随机的、基于分形的动画，其参数命令如图 11-67 所示。

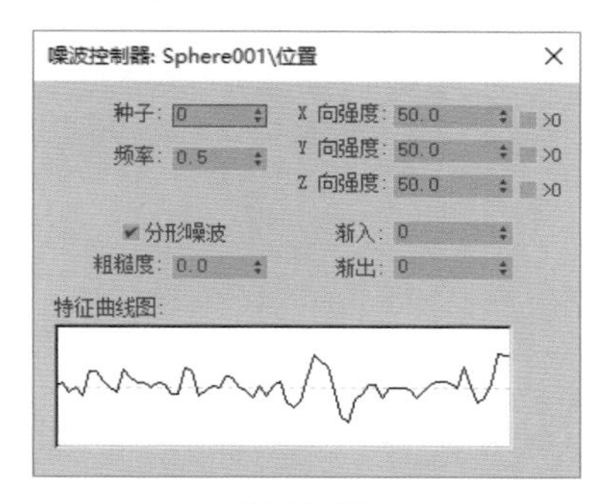

图11-67

工具解析

◇ 种子：开始噪波计算。改变种子可以创建一个新的曲线。

◇ 频率：控制噪波曲线的波峰和波谷。

◇ X/Y/Z 向强度：在 X/Y/Z 的方向上设置噪波的输出值。

◇ 渐入：设置噪波逐渐达到最大强度所用的时间量。

◇ 渐出：设置噪波用于下落至 0 强度的时间量。值为“0”时噪波在范围末端立即停止。

◇ 分形噪波：使用分形布朗运动生成噪波。

◇ 粗糙度：改变噪波曲线的粗糙度。

◇ 特征曲线图：以图表的方式来表示改变噪波属性所影响的噪波曲线。

11.6.2 弹簧控制器

弹簧控制器可以对任意点或对象位置添加次级动力学效果，最终结果是类似于柔体修改器的次级质量 / 弹簧动力学。使用此约束，可以给通常静态的动画添加逼真感。弹簧控制器分为“弹簧动力学”卷展栏和“力，限制和精度”卷展栏 2 个卷展栏，其中，“弹簧动力学”卷展栏的参数命令如图 11-68 所示。

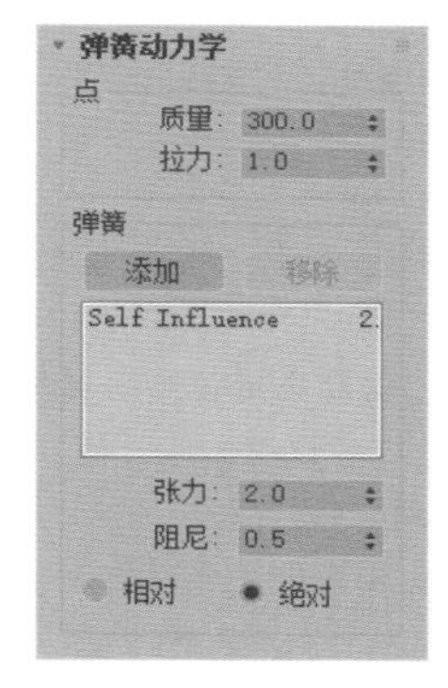

图11-68

工具解析

①“点”组

◇ 质量：设置弹簧控制器的对象质量。增加质量可以使弹簧的运动显得更加夸张。

◇ 拉力：在弹簧运动中，用作空气摩擦。

②“弹簧”组

◇ “添加”按钮：单击此按钮，然后选择其运动相对于弹簧控制对象的一个或多个对象作为弹簧控制对象上弹簧。

◇ “移除”按钮：移除列表中高亮显示的弹簧对象。

◇ 张力：受控对象和高亮显示的弹簧对象之间的虚拟弹簧的“刚度”。

◇ 阻尼：作为内部因子的一个乘数，决定了对象停止的速度。

◇ 相对 / 绝对：选择“相对”时，更改“张力”和“阻尼”设置时，新设置会加到已有的值上；选择“绝对”时，新设置代替已有的值。

"力，限制和精度"卷展栏内的参数命令如图11-69所示。

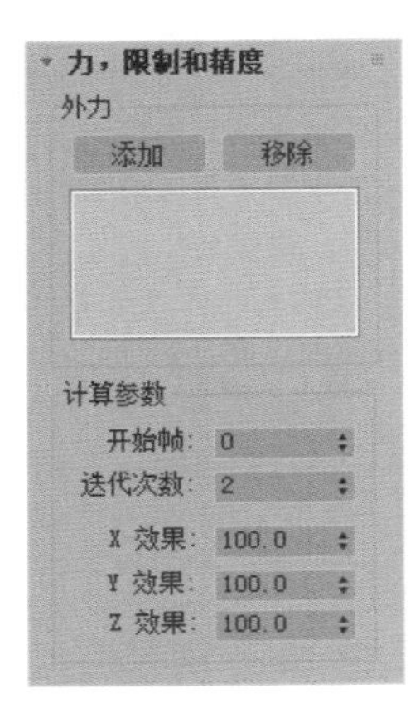

图11-69

工具解析

①"外力"组

◇ "添加"按钮：单击此按钮，然后在力类别中选择一个或多个空间扭曲，可以影响对象的运动。

◇ "移除"按钮：移除列表中高亮显示的空间扭曲。

②"计算参数"组

◇ 开始帧：弹簧控制器开始生效的帧。默认设置为"0"。

◇ 迭代次数：控制器应用程序的精度。如果达不到想要的效果，可以尝试增加此设置。默认设置为"2"，范围从"0"到"4"。

◇ X/Y/Z 效果：这些设置可以控制单个世界坐标轴上影响的百分比。

11.6.3 表达式控制器

使用表达式控制器，动画师可以使用数学表达式来控制对象的属性动画，其命令参数如图11-70所示。

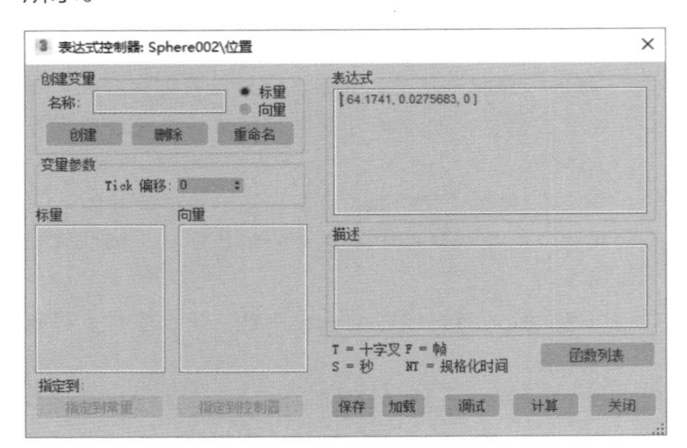

图11-70

工具解析

①"创建变量"组

◇ 名称：变量的名称。

◇ 标量 / 向量：选择要创建的变量的类型。

◇ "创建"按钮：创建该变量并将其添加到适当的列表中。

◇ "删除"按钮：删除"标量"或"矢量"列表中高亮显示的变量。

◇ "重命名"按钮：重命名"标量"或"矢量"列表中高亮显示的变量。

②"变量参数"组

◇ Tick 偏移：用于设置偏移值。1 Tick 等于 1/4800 s。如果变量的 Tick 偏移值为非零，该值就会加到当前的时间上去。

◇ "指定到常量"按钮：将打开一个对话框，可从中将常量指定给高亮显示的变量，如图11-71所示。

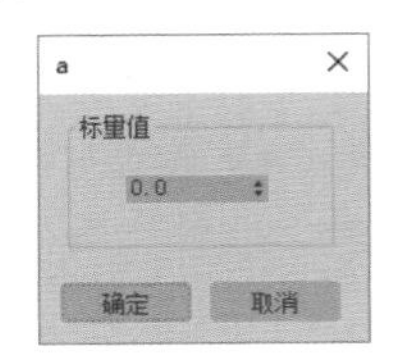

图11-71

◇ "指定到控制器"按钮：将打开"轨迹视图拾取"对话框，用户可以从中将控制器指定给高亮显示的变量，如图11-72所示。

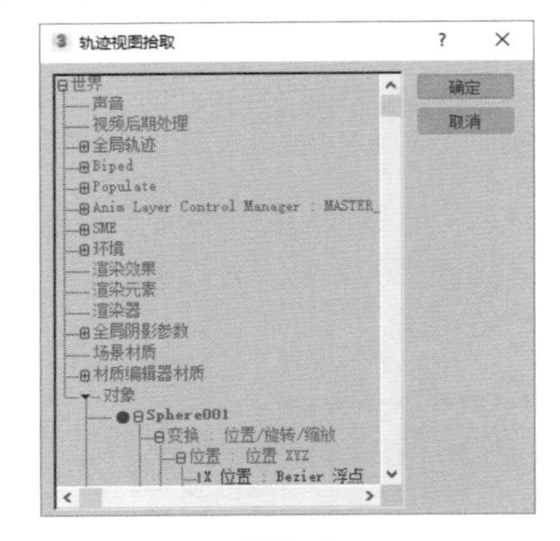

图11-72

③"表达式"组

◇ 表达式文本框：输入要计算的表达式。表达式必须是有效的数学表达式。

④"描述"组

◇ 描述文本框：输入用于描述表达式的可选文本。例如，可以说明用户定义的变量。

◇ "保存"按钮：保存表达式。表达式将保存为扩展名为".xpr"的文件。

◇ "加载"按钮：加载表达式。

◇ "函数列表"按钮：显示"表达式"控制器函数的列表，如图11-73所示。

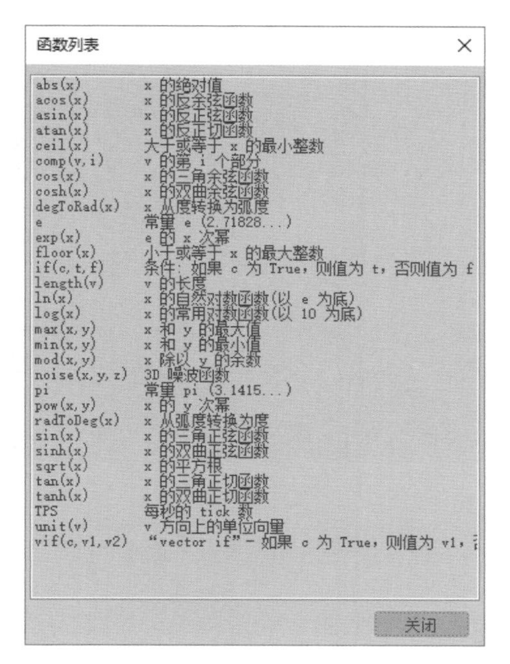

图11-73

◇ “调试”按钮：将显示“表达式调试窗口”对话框，如图11-74所示。

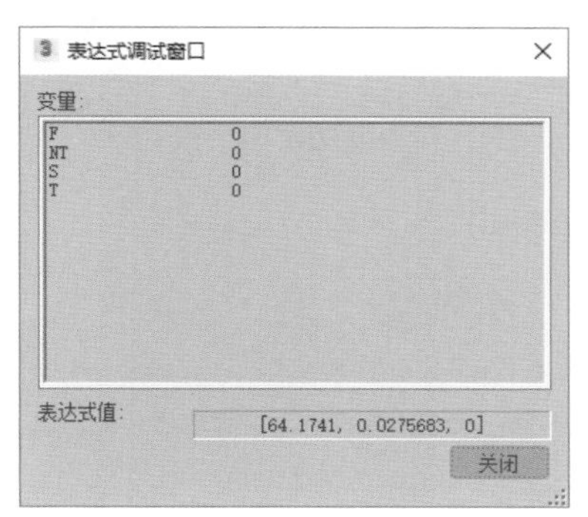

图11-74

◇ “计算”按钮：计算动画中每一帧的表达式。

◇ “关闭”按钮：关闭“表达式控制器”对话框。

11.7 技术实例

11.7.1 实例：制作足球滚动动画

本实例主要讲解如何制作球体的精确滚动动画，该动画将使用关键帧动画、表达式控制器、父子关系设置等多种动画设置技巧来进行制作，如图11-75所示为本实例的最终渲染结果。

扫码看视频

图11-75

（1）启动3ds Max 2018软件，打开本书配套资源“足球.max”文件。本场景为一个室内空间，并且已经设置好了摄影机、材质、灯光及渲染参数，如图11-76所示。

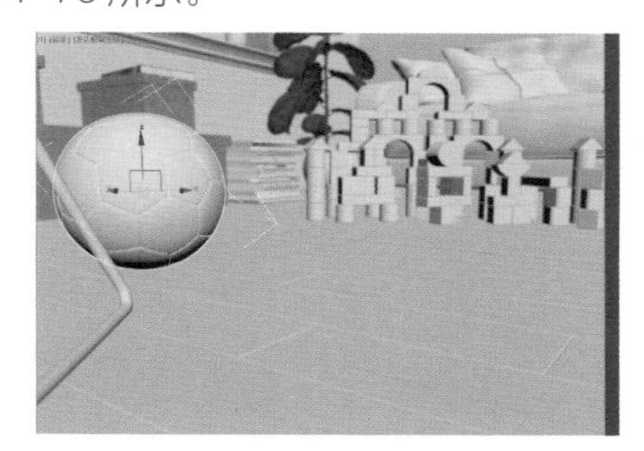

图11-76

（2）在“创建”面板中，单击“球体”按钮，在“顶”视图里创建一个与足球模型同等大小的球体模型，如图11-77所示。

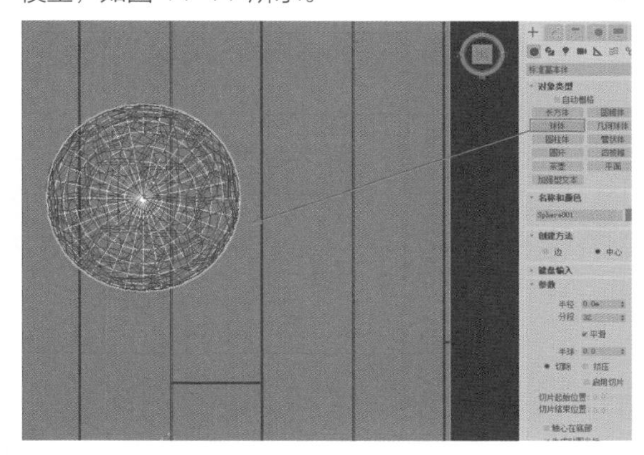

图11-77

（3）在“前”视图中，选择球体模型，按下【Shift】+【A】组合键，使用快速对齐命令将球体对齐到场景中的足球模型上，如图11-78所示。

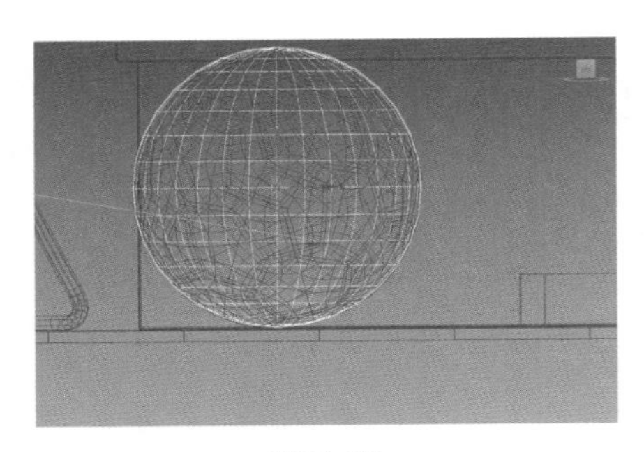
图11-78

(4) 在“主工具栏”上单击“选择并链接”图标，将场景中的足球模型链接到球体模型上，建立父子关系，这样足球模型的位置及旋转均会受到父对象球体的影响，如图 11-79 所示。

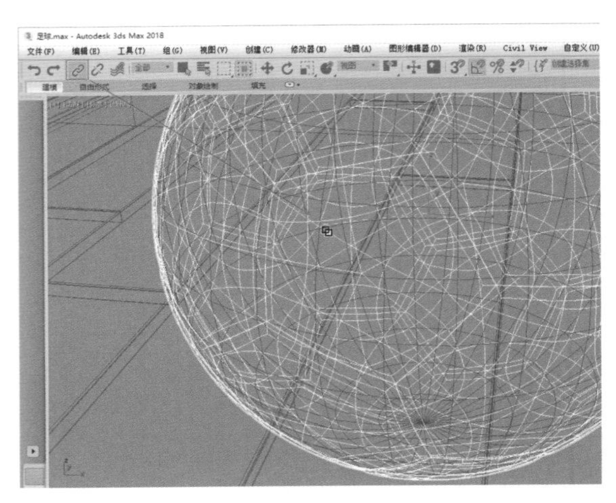
图11-79

(5) 为了方便动画设置，选择场景中的足球模型，单击鼠标右键，在弹出的四元菜单中选择并执行“隐藏选定对象”命令，将足球模型隐藏起来，如图 11-80 所示。

(6) 按下【N】键，启动“自动关键点”功能，如图 11-81 所示。

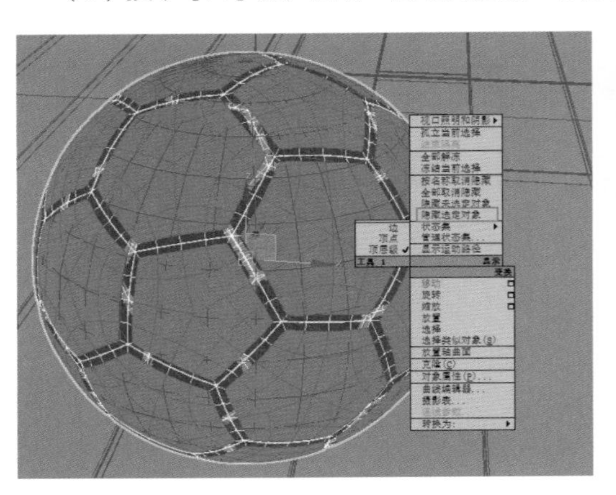
图11-80

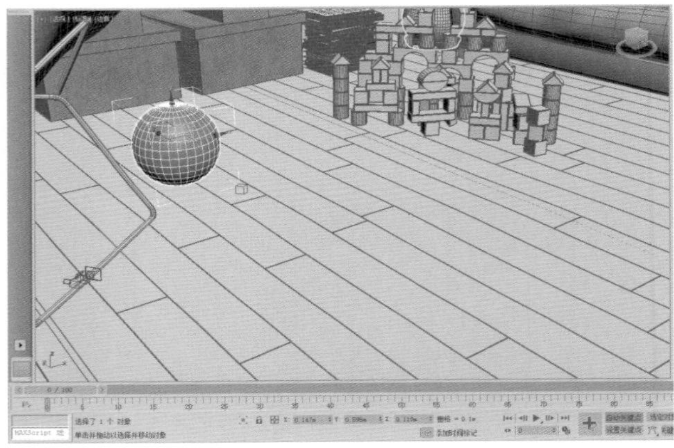
图11-81

(7) 将“时间滑块”移动至第 100 帧，将球体沿 y 轴方向移动至图 11-82 所示位置，制作出球体的位移动画，如图 11-82 所示。

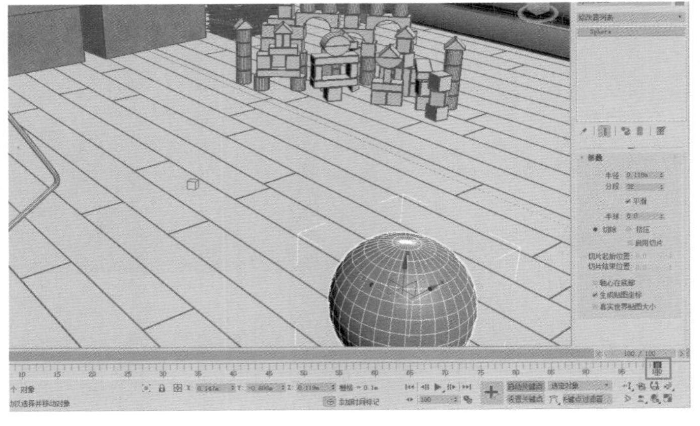
图11-82

（8）制作完成后，再次按下【N】键，关闭“自动关键点”功能，并拖动“时间滑块”来观察场景的球体位移动画效果，如图 11-83 所示。

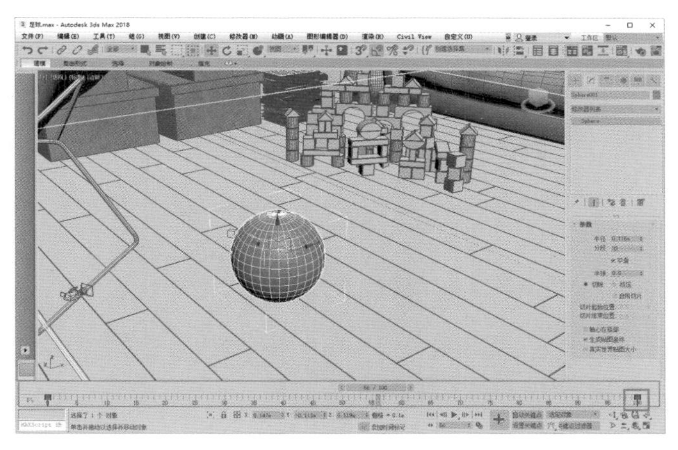

图11-83

（9）球体在进行移动时，大多都会产生旋转动作，接下来，就来制作球体的旋转动画。为了保证球体在移动时所产生的旋转动作不会产生滑动现象，就需要在表达式控制器中使用数学公式来进行控制。仔细观察场景中的球体动画，可以发现球体沿 Y 方向运动时，球体应该绕自身的 X 轴进行旋转才正确。

（10）在“运动”面板中，选择球体的“X 轴旋转”属性，单击“指定控制器”按钮，在弹出的“指定浮点控制器”对话框中，选择“浮点表达式”控制器，如图 11-84 所示。

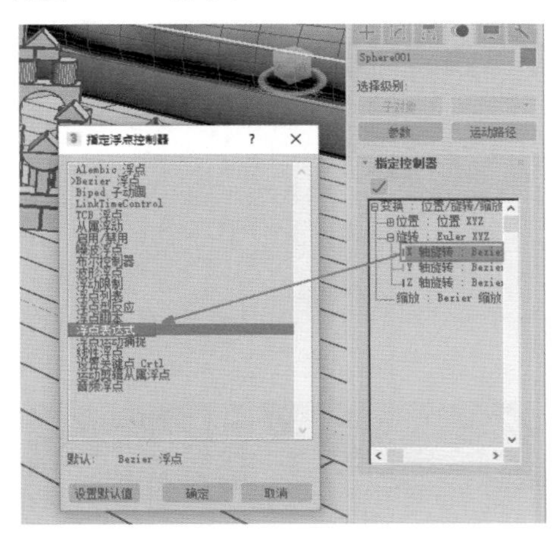

图11-84

（11）在弹出的“表达式控制器”对话框中，新建一个名称为“banjing”的变量，并单击“指定到控制器”按钮，在弹出的“轨迹视图拾取”对话框中，将该变量指定到球体的“半径”属性上，如图 11-85 所示。

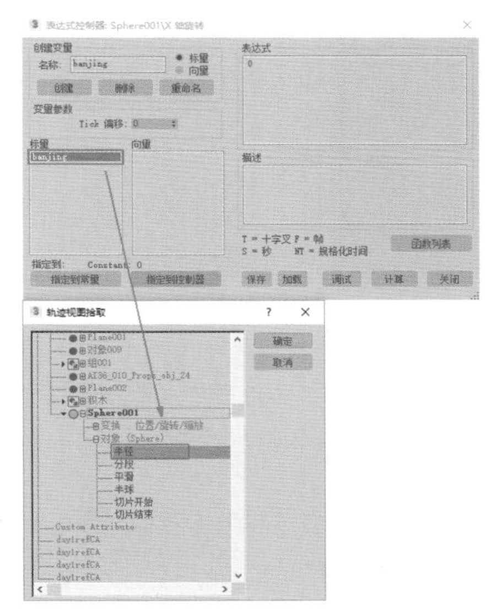

图11-85

（12）设置完成后，在“标量”文本框内，单击 banjing 名称，可以看到在文本框下方会显示出该变量所指定到的对象属性，如图 11-86 所示。

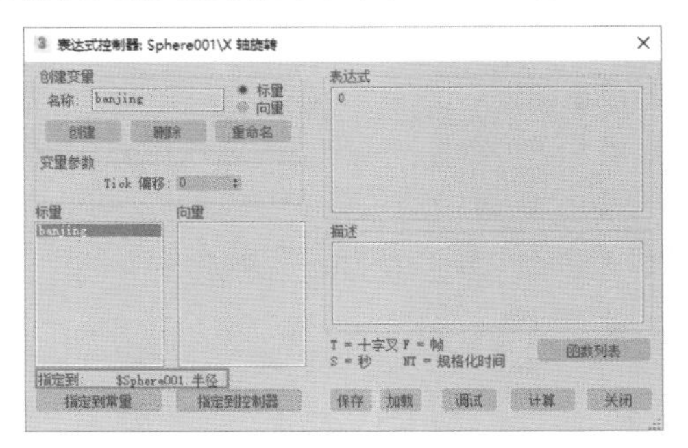

图11-86

（13）再次创建一个名称为“Y”的变量，并单击“指定到控制器”按钮，在弹出的“轨迹视图拾取”对话框中，将该变量指定到球体的“Y 位置：Bezier 浮点”属性上，如图 11-87 所示。

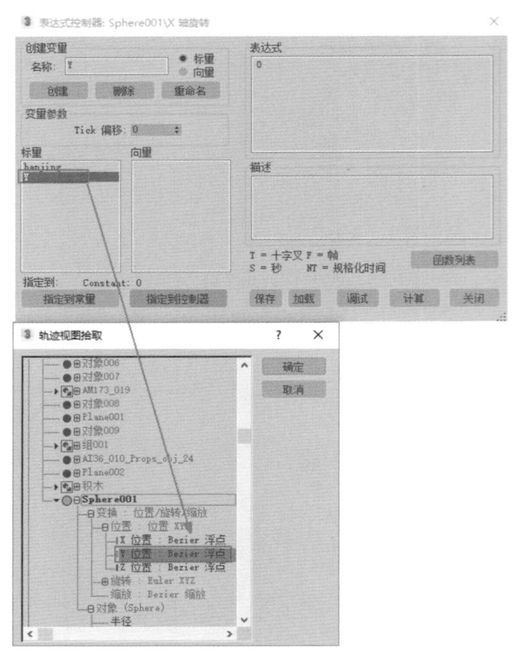

图 11-87

（14）设置完成后，在“标量”文本框内，单击 Y 名称，可以看到在文本框下方会显示出该变量所指定到的对象属性，如图 11-88 所示。

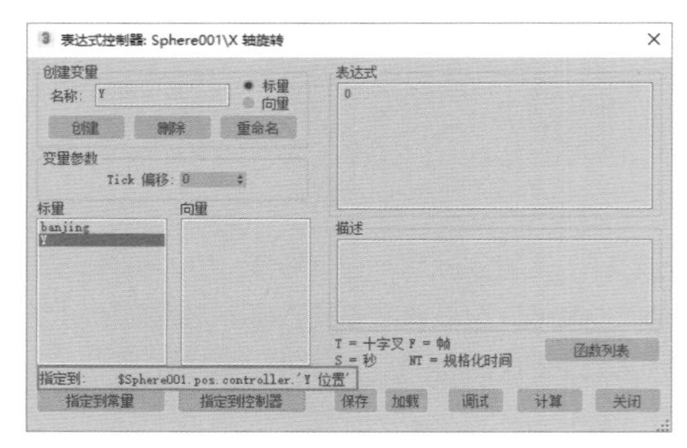

图 11-88

（15）在“标量”文本框内选择 banjing 变量，在右侧的“表达式”文本框内输入“Y/banjing”，并单击“计算”按钮，完成球体表达式的计算，如图 11-89 所示。

（16）拖动“时间滑块”，可以在视图中观察到，当球体运动时，其自身也产生了旋转动画。但是，在默认状态下，球体旋转的方向与球体运动的方向正好相反，所以，需要在“表达式”文本框内将之前的表达式更改为“-Y/banjing”，再重新单击“计算”按钮，如图 11-90 所示。

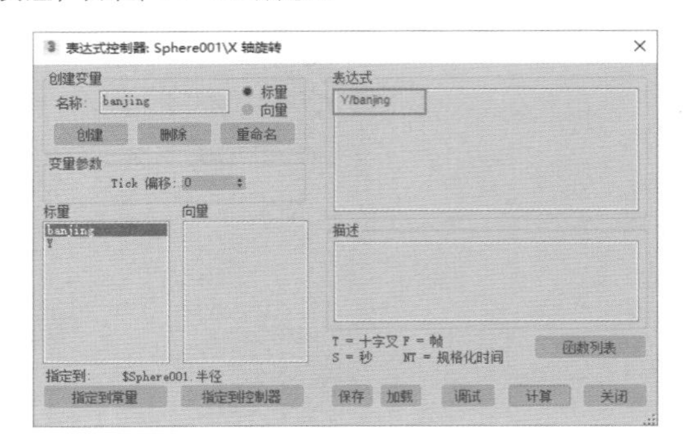

图 11-89

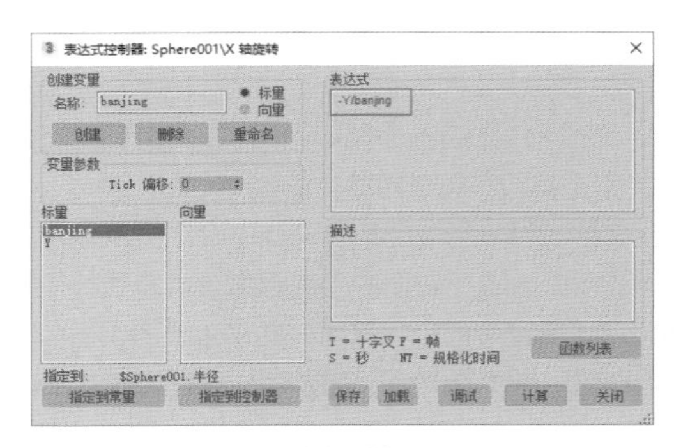

图 11-90

（17）设置完成后，播放场景动画，可以看到球体的滚动动画效果。如图 11-91、图 11-92 所示。

图 11-91

图 11-92

（18）单击鼠标右键，选择并执行“全部取消隐藏”命令，将之前隐藏起来的足球模型显示出来，如图 11-93 所示。

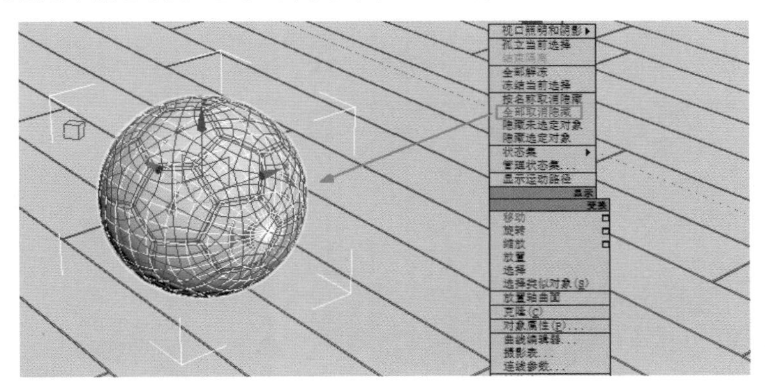

图11-93

（19）以相同的方式隐藏场景中的球体模型，然后拖动“时间滑块”，即可看到足球的滚动动画效果。本实例的最终动画效果如图 11-75 所示。

11.7.2　实例：制作直列式气缸动画

扫码看视频

本实例主要讲解制作发动机里气缸的运动动画。该动画将使用关键帧动画、注视约束、父子关系设置等多种动画设置技巧来进行制作，如图 11-94 所示为本实例的最终渲染结果。

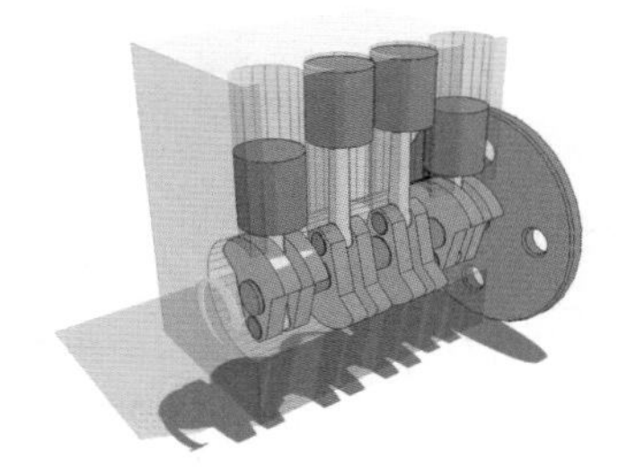
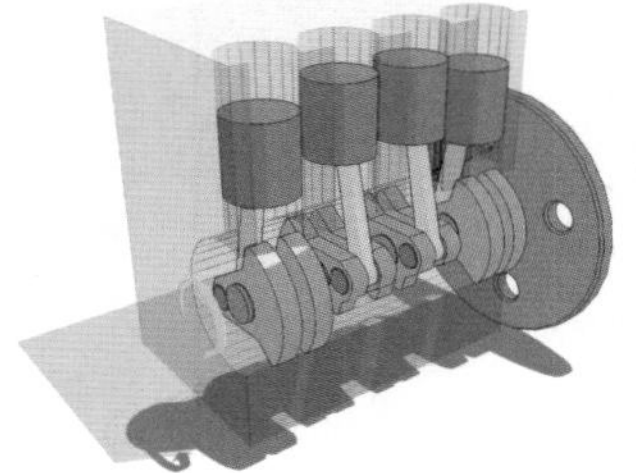
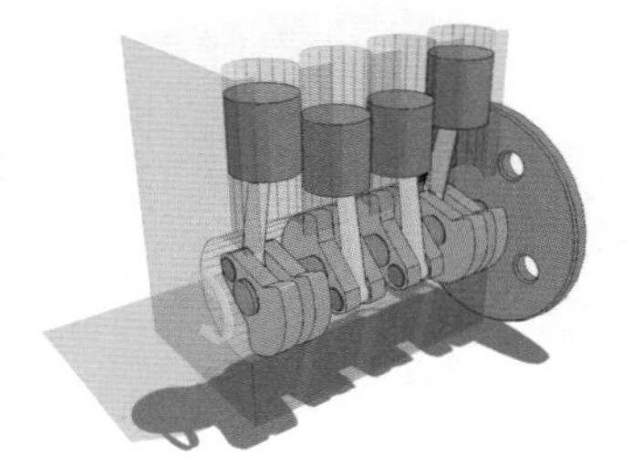

图11-94

（1）启动 3ds Max 2018 软件，打开本书配套资源“发动机气缸 .max”文件，里面为一组气缸的简易模型，如图 11-95 所示。

（2）将“命令”面板切换至创建“辅助对象”面板，单击“点”按钮，在场景中任意位置处创建一个点对象，如图 11-96 所示。

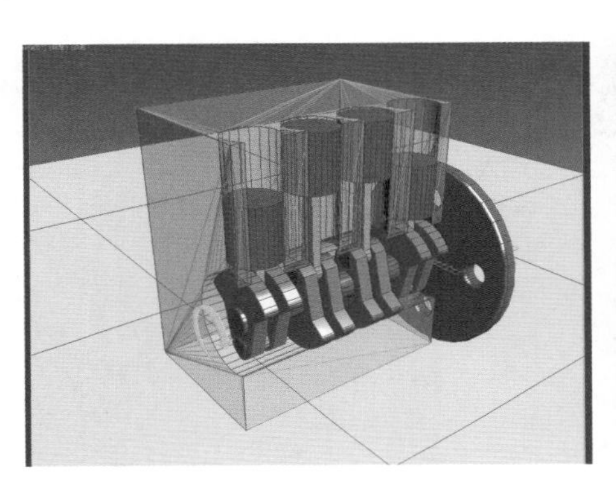

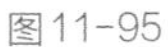
图11-95

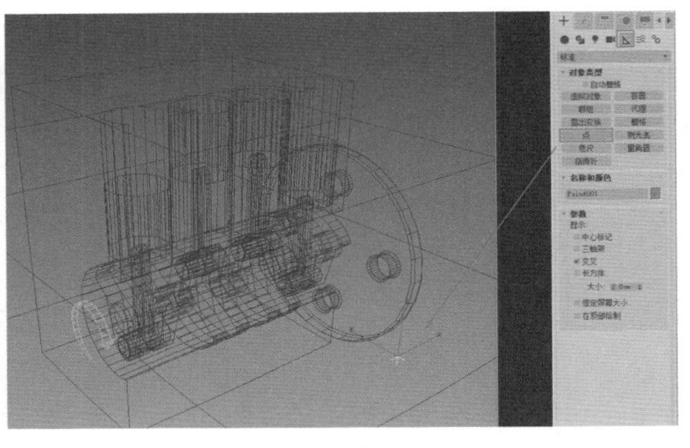

图11-96

（3）在“修改”面板中，勾选“显示”组内的“三轴架”“交叉”和“长方体”选项，并将点对象的颜色设置为红色，这样有助于观察点对象及其方向，如图 11-97 所示。

（4）按住【Shift】键，以拖曳的方式复制 3 个新的点对象，如图 11-98 所示。

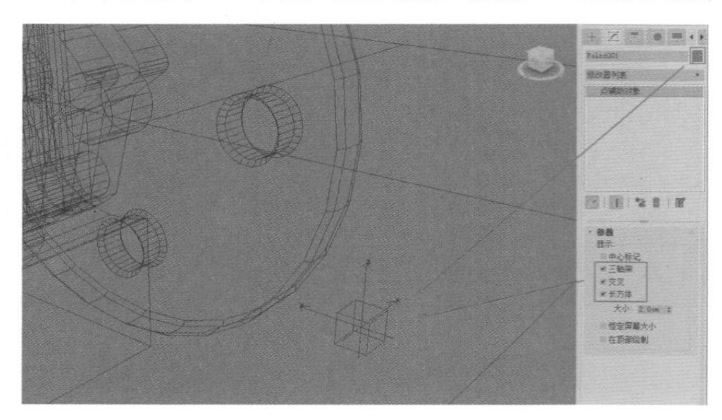

图11-97

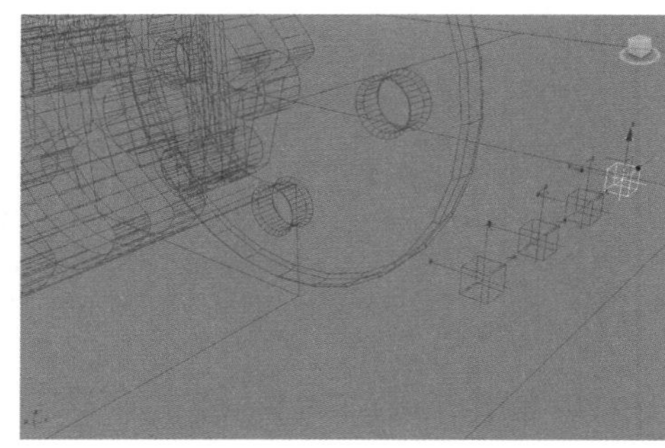

图11-98

（5）为了方便操作，选择场景中图 11-99 所示的物体，并单击鼠标右键，在弹出的四元菜单中选择并执行“隐藏选定对象”命令。

（6）执行完成后，场景如图 11-100 所示。

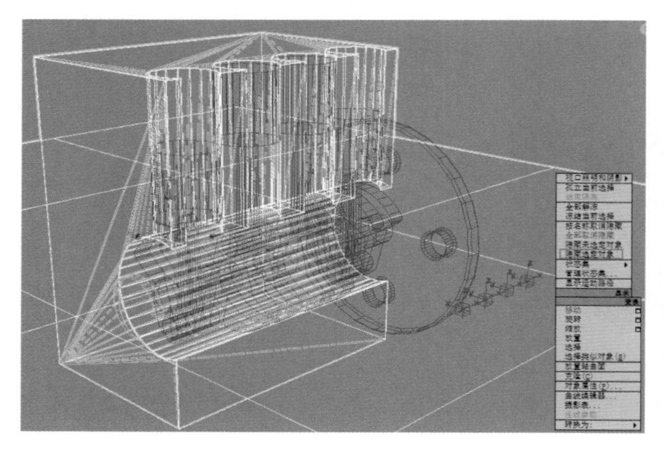

图11-99

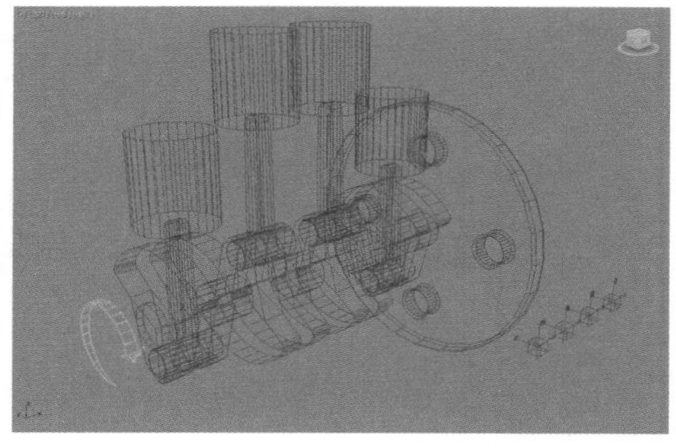

图11-100

（7）选择场景中的飞轮模型、曲轴模型和连杆模型，如图 11-101 所示。单击“主工具栏”上的“选择并链接”图标，将这些模型链接到场景中的旋转图标上以建立父子关系，如图 11-102 所示。

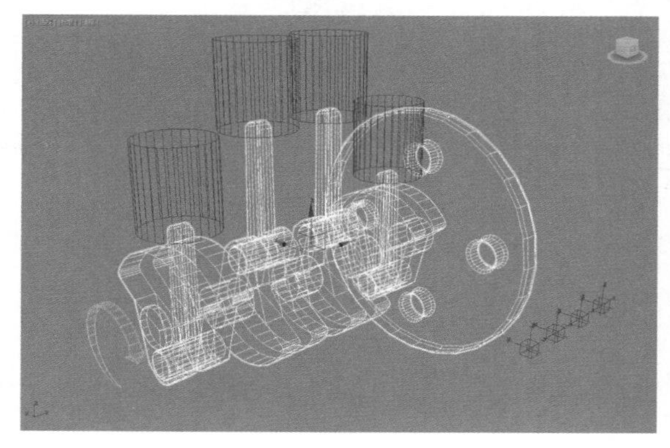

图11-101

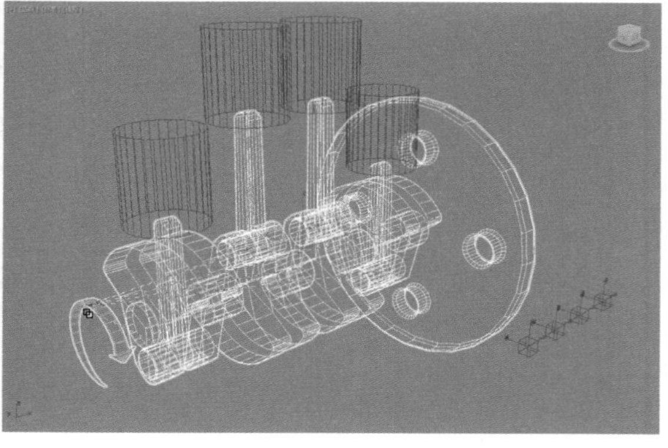

图11-102

（8）选择第一个创建出来的点对象，执行菜单栏“动画 / 约束 / 附着约束”命令，将点对象约束至场景中的第一个连杆模型上，如图 11-103 所示。

（9）在“运动”面板中，单击“设置位置”按钮，将点对象的位置更改至连杆模型的顶端，如图 11-104 所示。

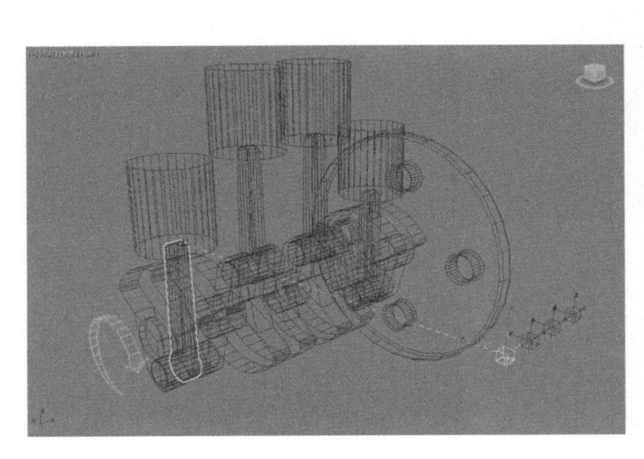

图 11-103

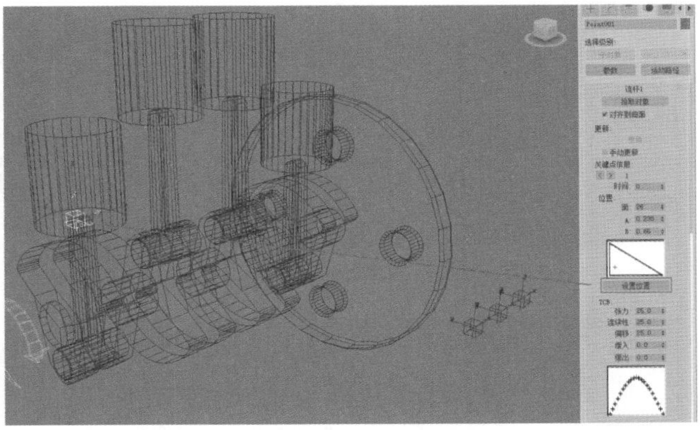

图 11-104

（10）以相同的操作将其他 3 个点对象也附着约束至其他的连杆模型上，如图 11-105 所示。

（11）单击“虚拟对象”按钮，在场景中创建一个虚拟对象物体，如图 11-106 所示。

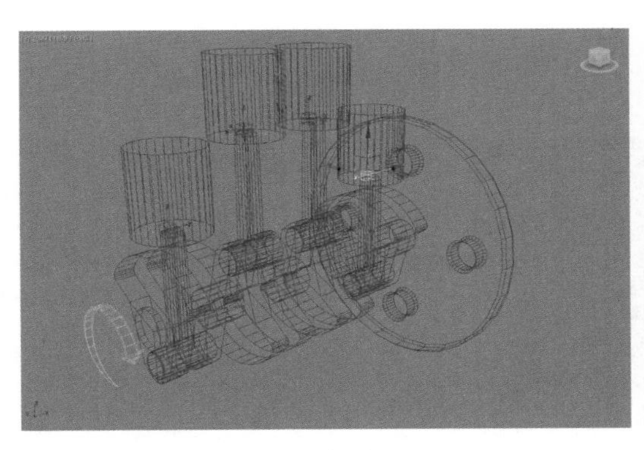

图 11-105

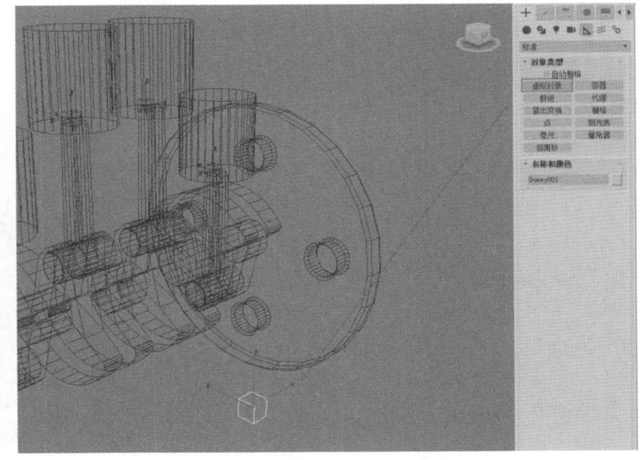

图 11-106

（12）按住【Shift】键，以拖曳的方式复制出其他 3 个虚拟对象，如图 11-107 所示。

（13）选择第一个创建的虚拟对象，按下【Shift】+【A】组合键，再单击场景中的第一个活塞模型，将虚拟对象快速对齐到活塞模型上，如图 11-108 所示。

（14）以相同的方式将其他 3 个虚拟对象也分别快速对齐至场景中的另外 3 个活塞模型上，如图 11-109 所示。

（15）选择场景中的 4 个虚拟对象，在“前”视图中调整其位置至如图 11-110 所示处。

（16）在“透视”视图中，选择左侧的第一个连杆模型，执行菜单栏“动画 / 约束 / 注视约束”命令，再单击左侧的第一个虚拟对象，将连杆注视约束到虚拟对象上，如图 11-111 所示。

（17）在“运动”面板中，在“选择注视轴”组中，将选项设置为“Y”；在“对齐到上方向节点轴”组中，将选项也设置为“Y”，这样，连杆模型的方向就会恢复到之前正确的方向，如图 11-112 所示。

（18）在“前”视图中，选择左侧的第一个活塞模型，单击“主工具栏”上的“选择并链接”图标，将活塞模型链接到该活塞模型下方的点对象上以建立父子关系，如图 11-113 所示。

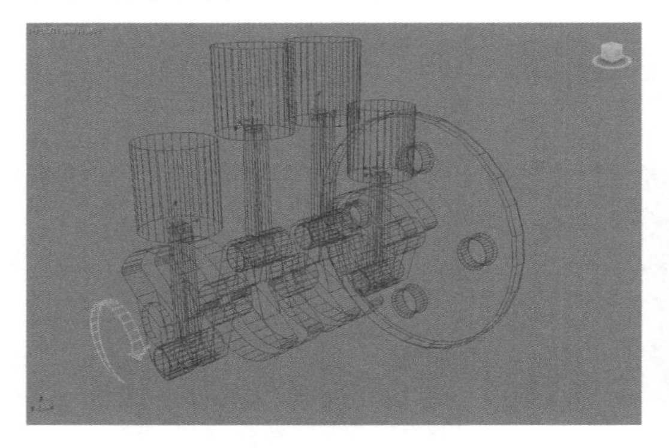

图11-107

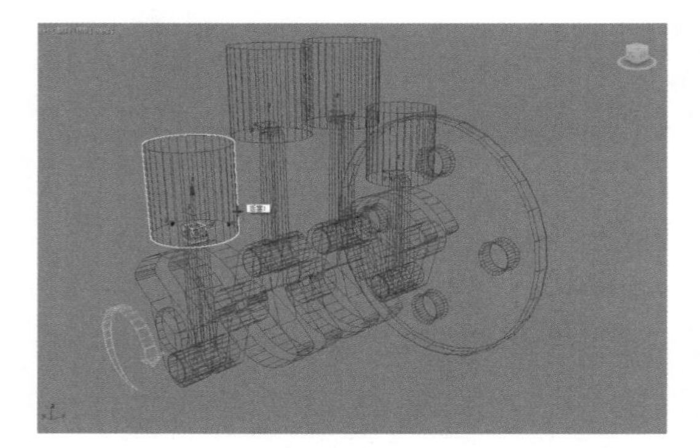

图11-108

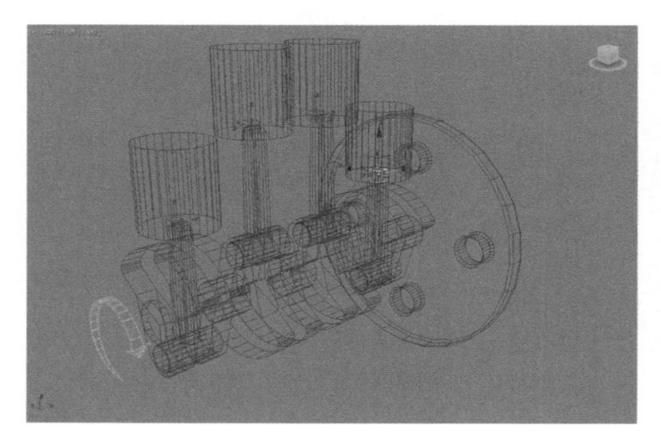

图11-109

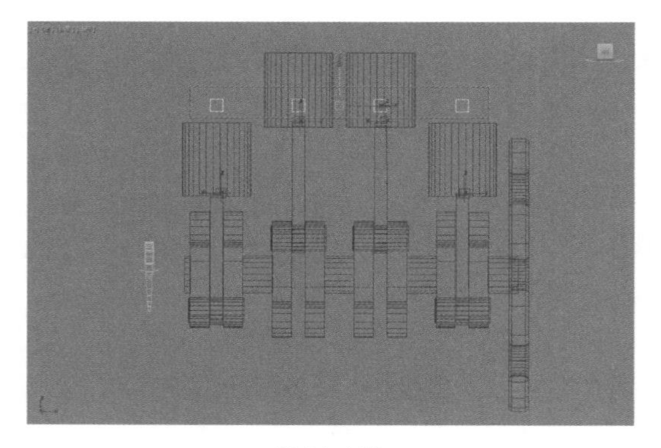

图11-110

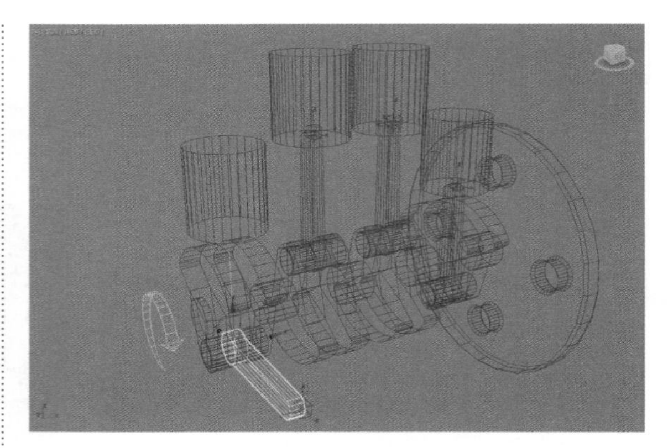

图11-111

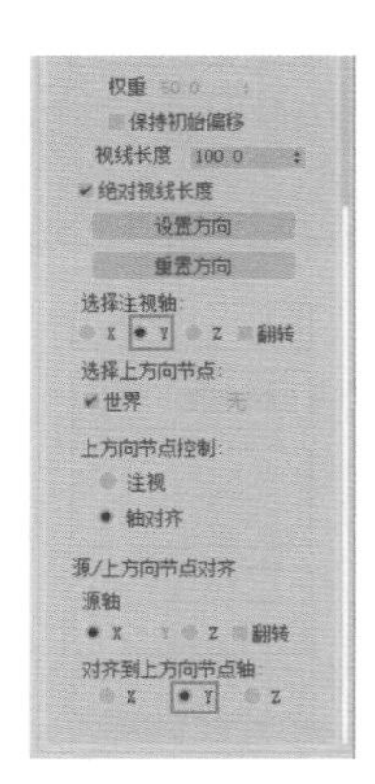

图11-112

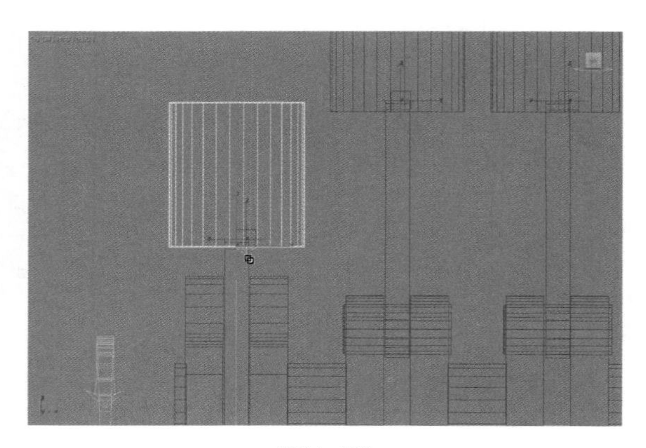

图11-113

（19）在“层次”面板中，将选项卡切换至“链接信息”，在“继承”组中，仅勾选 Z 选项，也就是说让活塞模型仅继承点对象的 Z 方向运动属性，这样可以保证活塞只在场景中进行上下运动，如图 11-114 所示。

（20）以相同的方式对其他 3 个连杆和活塞模型进行设置，这样就制作完成了整个气缸动画的装配过程，如图 11-115 所示。

（21）按下【N】键，打开“自动关键点”功能，将“时间滑块”移动到第 10 帧位置处，对箭头模型沿自身 x 轴方向旋转 60°，制作一个旋转动画，如图 11-116 所示。在旋转箭头模型时可以看到，本装置只需要一个旋转动画即可带动整个气缸系统一起进行合理的运动。

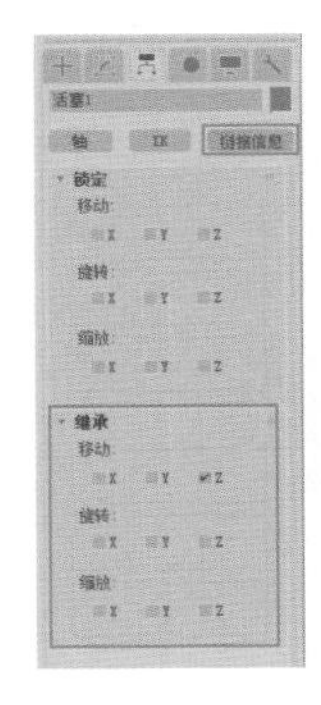

图 11-114

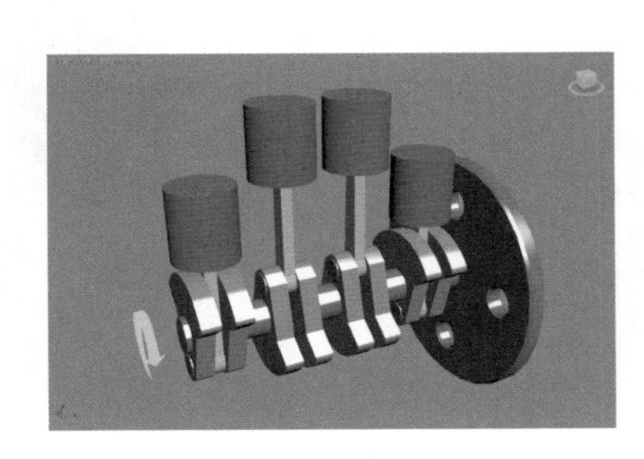

图 11-115

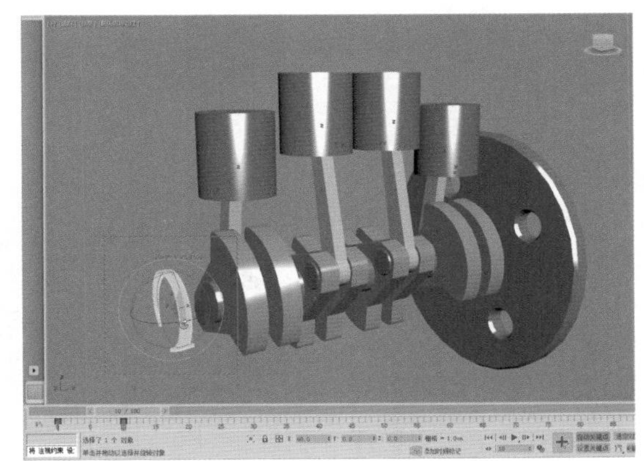

图 11-116

（22）再次按下【N】键，关闭“自动关键点”命令。在场景中，单击鼠标右键，在弹出的四元快捷菜单中选择并执行“曲线编辑器”命令，打开“轨迹视图 - 曲线编辑器”面板，如图 11-117 所示。

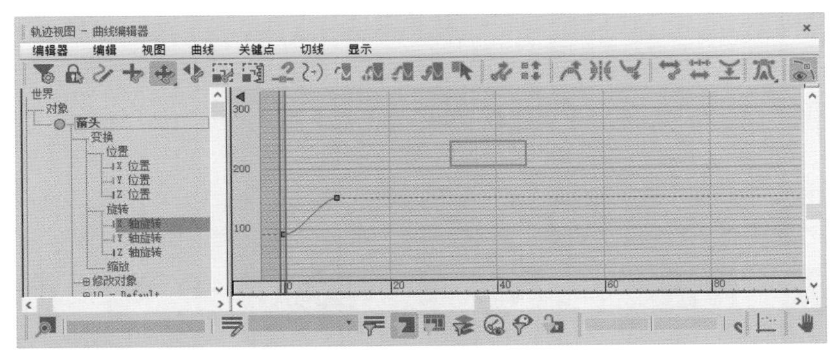

图 11-117

（23）在“轨迹视图 - 曲线编辑器”面板中，选择箭头模型的“X 轴旋转”属性，单击工具栏上的“参数曲线超出范围类型”图标，在弹出的“参数曲线超出范围类型”对话框中，选择“相对重复”选项，如图 11-118 所示。这样，箭头的旋转动画将会随场景中的时间一直播放下去，而不会只限制在之前所设置的 0 ~ 10 帧范围内。

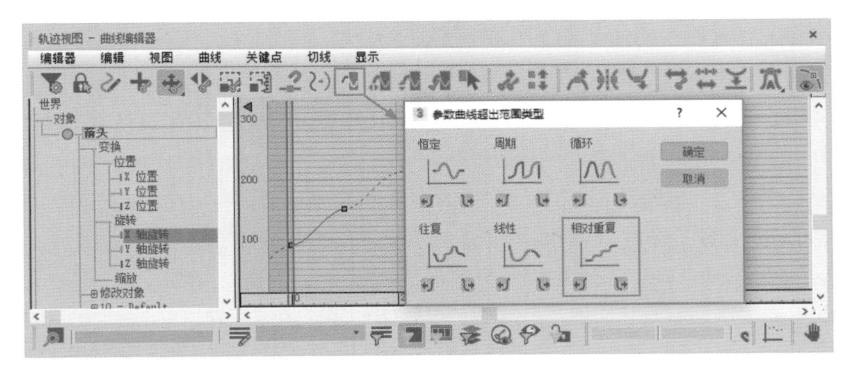

图 11-118

（24）设置完成后，关闭“轨迹视图 - 曲线编辑器”面板。在场景中单击鼠标右键，在弹出的快捷菜单上选择并执行“全部取消隐藏”命令，如图 11- 119 所示。将场景中之前所隐藏的对象全部显示出来，如图 11- 120 所示。

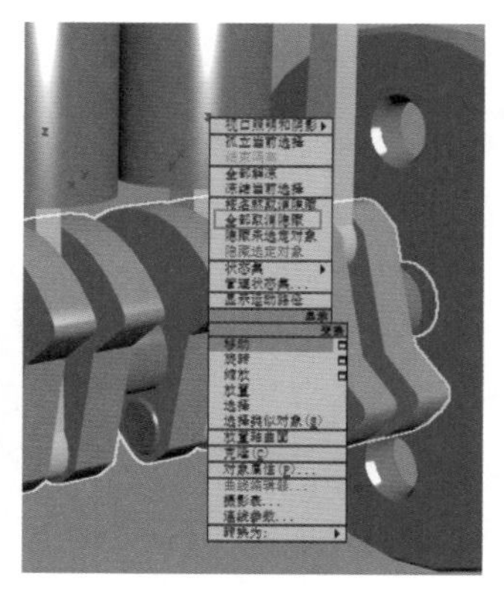

图11-119

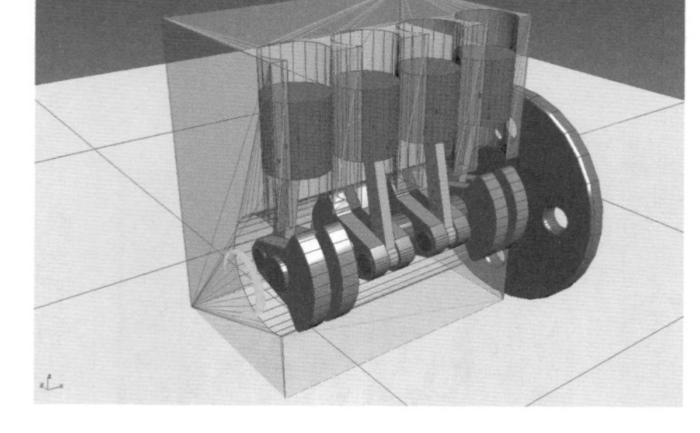

图11-120

（25）本场景的动画就全部制作完成了。回顾一下，这个动画跟上一节所讲解的足球滚动动画有一个相似的地方，那就是先通过对场景中的模型进行约束设置，以保证在关键帧制作这一环节上尽可能使用最少的操作将整个动画制作出来。这样虽然前面的装配环节耗时多一些，但是节约了关键帧动画的制作时间，也方便了动画后期修改调整。

（26）本实例的动画最终完成效果如图 11-94 所示。

11.7.3 实例：制作玩具车行进动画

扫码看视频

本实例主要讲解四轮玩具车的运动动画制作。该动画将使用路径约束、方向约束、父子关系设置、脚本控制器等多种动画设置技巧来进行制作，如图 11-121 所示为本实例的最终渲染结果。

图11-121

（1）打开本书配套资源文件“玩具车 .max”，可以看到本场景为室内空间的一角，里面靠近墙的矮桌上放置了 2 个小盆栽和一个玩具车的模型。场景里面已经设置好灯光、材质、摄影机及渲染参数，如图 11- 122 所示。在本实例中，主要讲解如何给玩具车制作动画。

（2）为了动画制作方便，将场景中除了玩具车以外的模型全部选择，并单击鼠标右键，在弹出的四元菜单中选择并执行“隐藏选定对象”命令，使得场景中仅显示玩具车的模型，如图 11-123 所示。

（3）单击“圆”按钮，在“左”视图中绘制一个与前车轮等大的圆形，如图 11-124 所示。

（4）在“修改”面板中，展开“插值”卷展栏，设置圆形的“步数”为“1”后，可以看到圆形呈八边形状态显示。按下【Shift】+【A】组合键，再单击场景中的第一个车轮模型，将圆形快速对齐到车轮模型上，如图 11-125 所示。

（5）在“透视”视图中，沿 x 轴方向调整圆形的位置至如图 11-126 所示处。

图11-122

图11-123

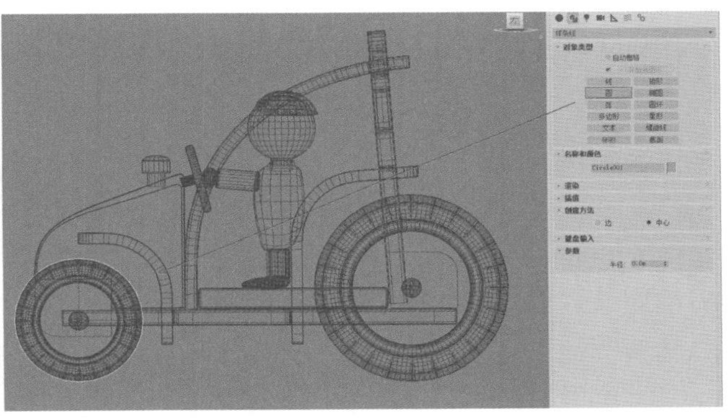

图11-124

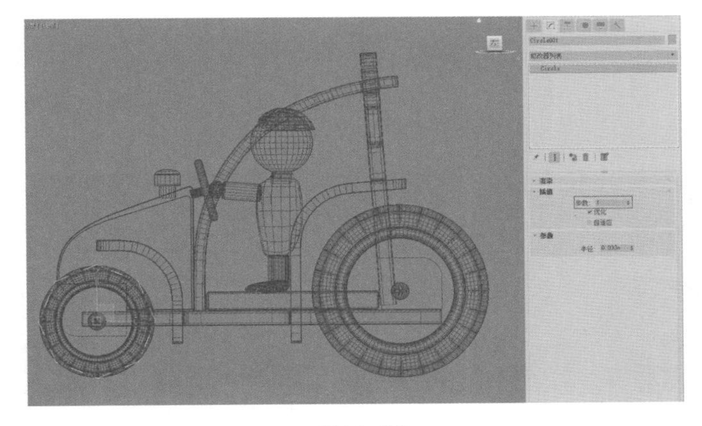

图11-125

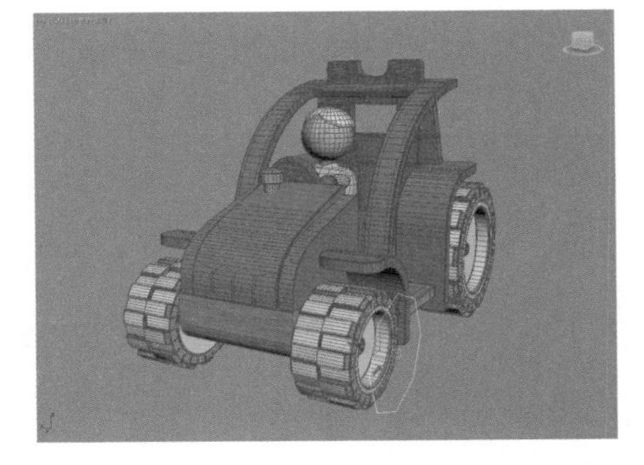

图11-126

（6）以同样的方式在后轮的合适位置处也创建一个圆形，创建完成后如图 11-127 所示。

（7）单击“点”按钮，在场景中创建一个点对象，并在下方的“参数”卷展栏中勾选“三轴架”“交叉”和“长方体”选项，调整点对象的“大小”值为“0.2”，如图 11-128 所示。

（8）选择点对象，按下【Shift】+【A】组合键，再单击场景中绿色的车体模型，将点对象快速对齐至车体模型上，既使点对象对齐了玩具车模型，又方便了选择，如图 11-129 所示。

图11-127

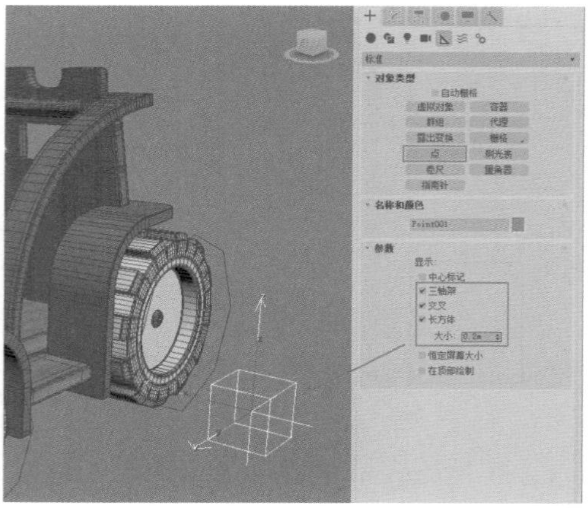

图11-128

（9）在“透视”视图中，选择场景中构成玩具车左侧前车轮的3个模型，执行菜单栏“组/组”命令，将其设置为一个组合，并命名为“左前轮”，以方便动画的制作，如图11-130所示。

图11-129

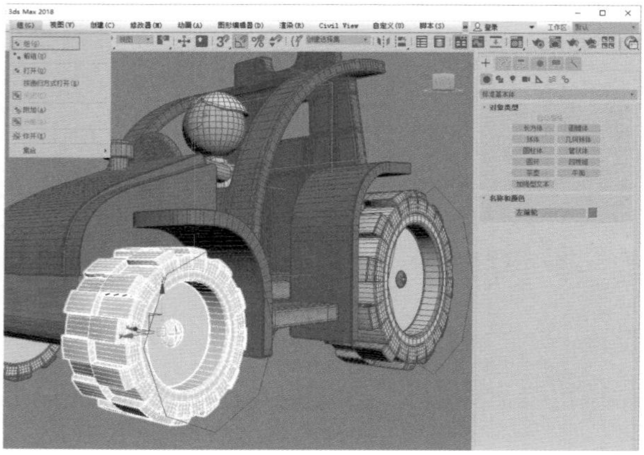

图11-130

（10）以相同的步骤将其他的车轮结构也分别进行组合并命名，如图11-131所示。

（11）选择场景中的玩具车模型，单击“主工具栏”上的“选择并链接”图标，将玩具车模型链接至点对象上以建立父子关系，如图11-132所示。

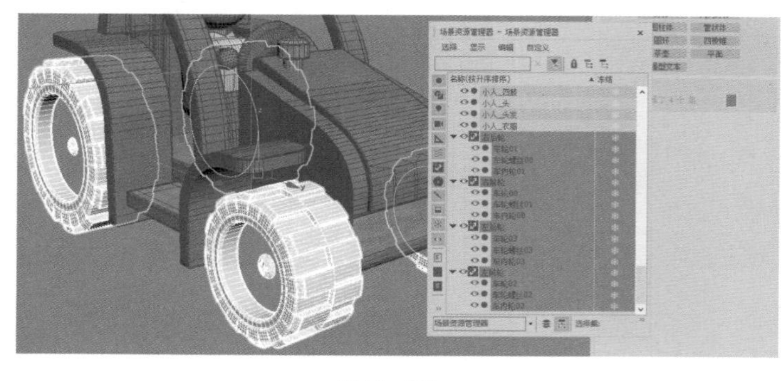

图11-131

图11-132

（12）单击“弧”按钮，在“顶”视图中绘制一个圆弧曲线，如图11-133所示。

（13）在“前”视图中，移动新创建的弧线至如图11-134所示处。

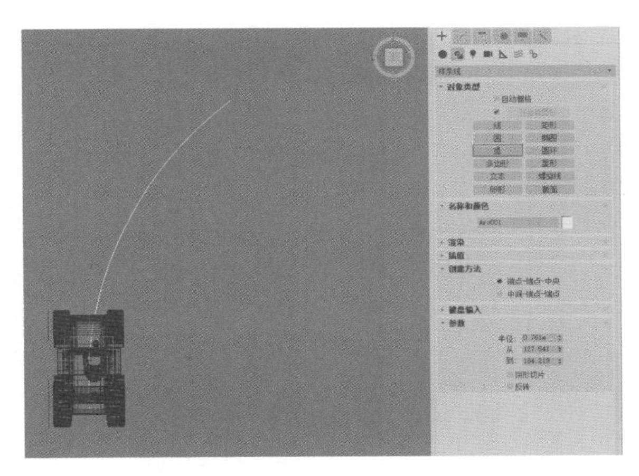

图11-133

图11-134

（14）单击“点”按钮，在场景中任意位置处创建一个点对象。为了方便观察及选择，将点对象的颜色调整为红色，展开“参数”卷展栏，勾选“三轴架”“交叉”和“长方体”选项，并设置“大小”值为“0.2”，如图 11-135 所示。

（15）选择红色的点对象，执行菜单栏“动画 / 约束 / 路径约束”命令，再单击场景中的弧线，将点路径约束到弧线上，如图 11-136 所示。

图11-135

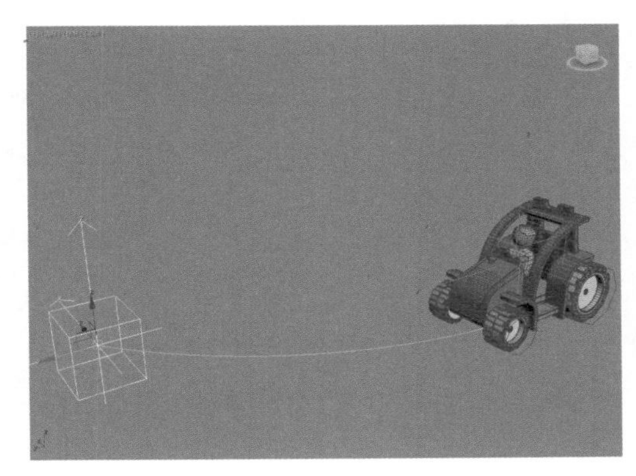

图11-136

（16）拖动场景中的“时间滑块”，可以看到点对象在默认状态下从左往右运动，而在本实例中，需要将点对象的运动方向更改一下。只需要将点对象在第 0 帧的关键帧和第 100 帧的关键帧调整一下位置即可，如图 11-137 所示。

（17）在“运动”面板中，展开“路径参数”卷展栏，勾选“跟随”选项。这样，点对象在弧线上移动时，其方向也会随之改变，如图 11-138 所示。

（18）选择场景中绿色的点对象，将其链接至场景中红色的点对象上。拖动“时间滑块”即可看到玩具车沿弧线进行运动的动画制作完成，如图 11-139 所示。

（19）接下来，制作车轮的滚动动画。选择场景中左前轮旁边的圆形曲线，在“运动”面板中，展开“指定控制器”卷展栏，选择“Y 轴旋转”，单击“指定控制器”按钮，在弹出的“指定浮点控制器”对话框中，选择“浮点脚本”控制器，如图 11-140 所示。

（20）在系统自动弹出的“脚本控制器”对话框中，输入表达式“curvelength $Arc001 *$Point002.pos.controller.Path_Constraint.controller.percent*0.01 / $Circle001.radius”。在这里，对场景中红色点所移动的距离求值，并将该值除以车前轮附近的圆形半径，通过得到的数值来控制圆形的旋转角度。设置完成后，单击“计算”按钮，并“关闭”该对话框，如图 11-141 所示。另外，需要注意的是，截图中“脚本控制器”对话框中的“表达式”文本框内是无法完全显示出以上的表达式输入情况的。

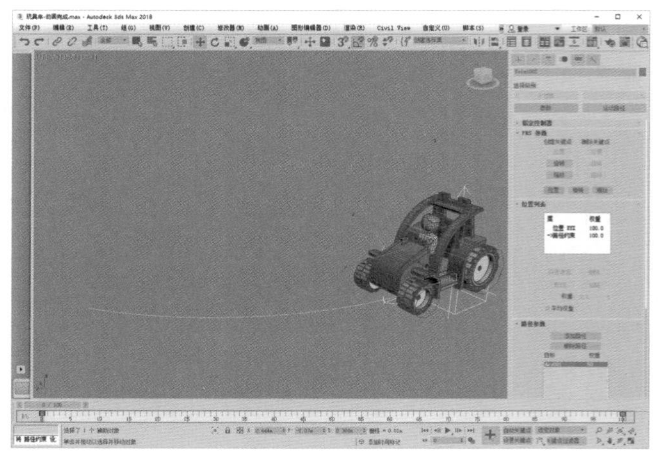

图 11-137

图 11-138

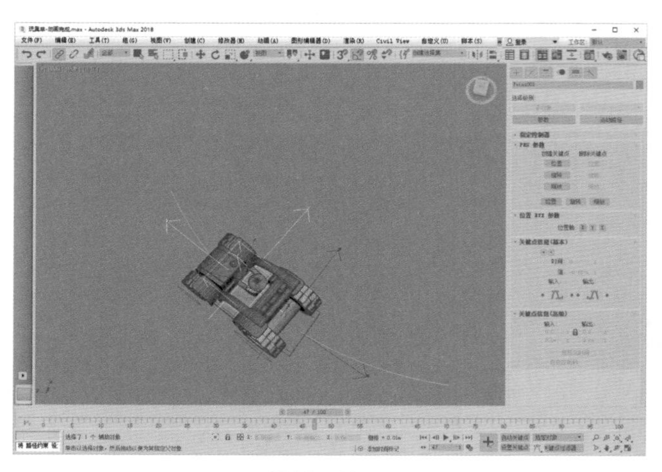

图 11-139

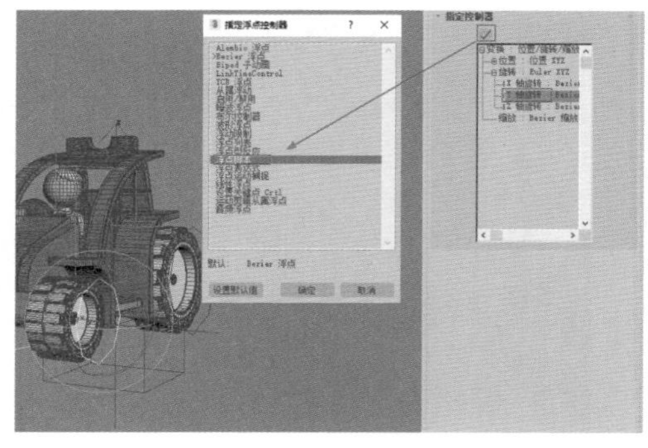

图 11-140

（21）拖动“时间滑块”按钮，可以看到随着玩具车的运动，左前轮旁边的圆形也开始自动进行旋转动画。

（22）选择场景中的“左前轮”组合，执行菜单栏“动画 / 约束 / 方向约束”命令，将其方向约束至刚刚添加完成脚本控制器的圆形图形上，如图 11-142 所示。

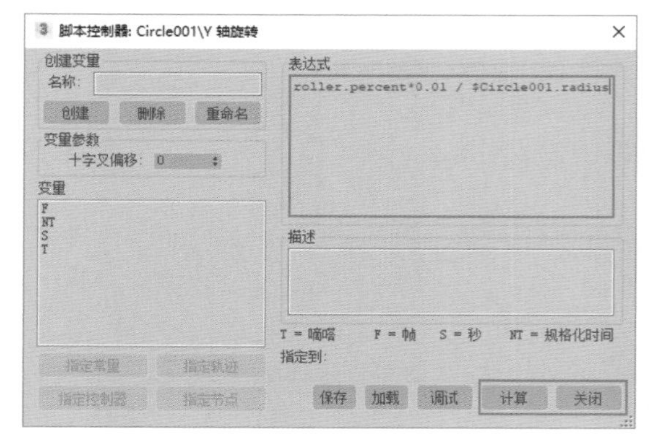

图 11-141

图 11-142

（23）在“运动”面板中，展开“方向约束”卷展栏，勾选“保持初始偏移”选项，左前轮即可恢复初始旋转状态，如图 11-143 所示。再次拖动“时间滑块”，即可看到左前轮已经自动生成正确的旋转动画。

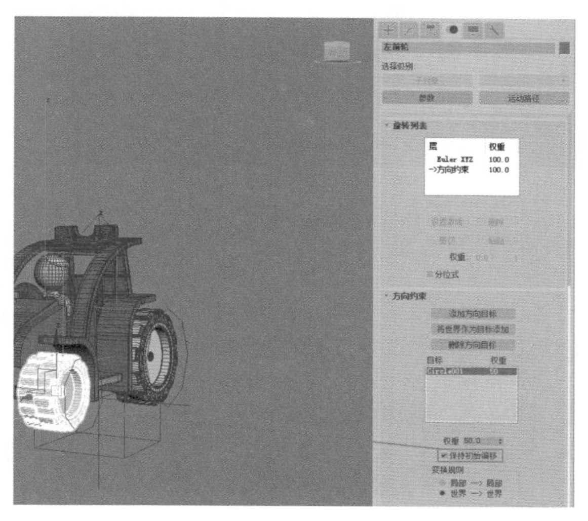

图11-143

（24）选择“右前轮”组合，以同样的操作，将其他方向也约束至玩具车前面的圆形图形上，这样，玩具车的前轮旋转动画就制作完成了。

（25）选择后面的圆形图形，在“运动”面板中，选择“Y 轴旋转”，单击“指定控制器”按钮，在弹出的“指定浮点控制器”对话框中，也为其重新指定“浮点脚本”控制器，如图 11-144 所示。

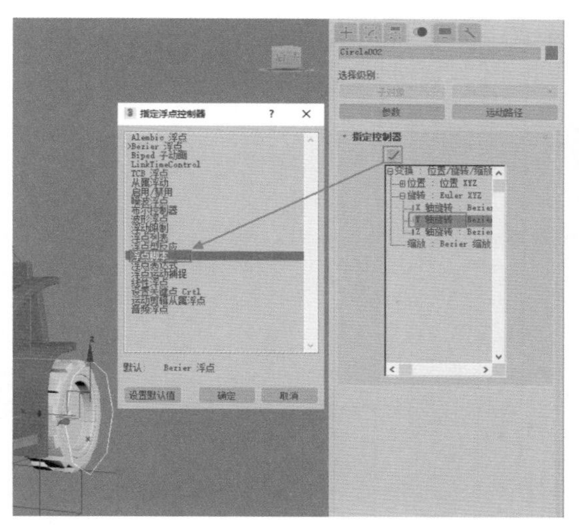

图11-144

（26）在系统自动弹出的“脚本控制器”对话框中，输入表达式“curvelength $Arc001*$Point002.pos.controller.Path_Constraint.controller.percent*0.01 / $Circle002.radius”，如图 11-145 所示。

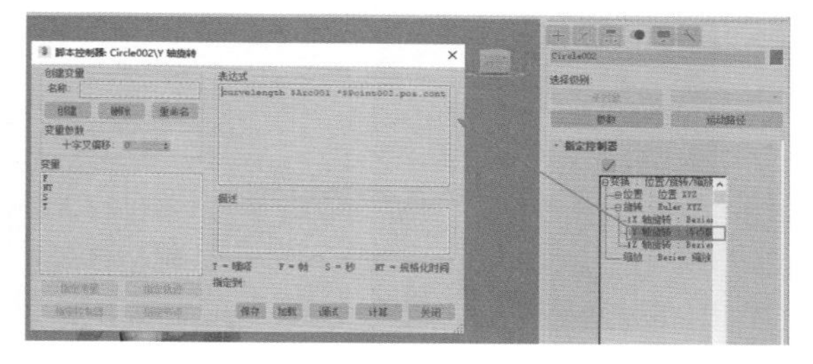

图11-145

（27）以同样的操作将玩具车的后两个车轮也方向约束至该圆形图形上，这样，整个玩具小车的行进动画就全部制作完成了。回顾一下，这一个实例中，实际上没有手动制作任何关键帧动画。所有的动画全部都是把 3ds Max 2018 为用户提供的各种动画工具组合使用来进行制作的。在后期甚至还可以将弧线转换为可编辑的样条线，并随意改变其方向和长度，玩具车都会自动生成正确的行进动画，这极大的方便了后期的动画修改。

（28）在场景中单击鼠标右键，在弹出的四元菜单中选择并执行“全部取消隐藏”命令，如图 11-146 所示，将之前所隐藏的模型全部显示出来。

图11-146

（29）本实例的最终动画效果如图 11-121 所示。

11.7.4　实例：制作蜡烛燃烧动画

扫码看视频

本实例主要讲解如何制作蜡烛

火苗燃烧的运动动画。该动画将使用附着约束、“体积选择”修改器和“噪波”修改器等多种动画设置技巧来进行制作，如图 11-147 所示为本实例的最终渲染结果。

图11-147

（1）打开本书所提供的配套场景资源文件“燃烧的蜡烛 .max”，里面为一个蜡烛的模型。该文件中已经设置好了材质、灯光及摄影机，如图 11-148 所示。

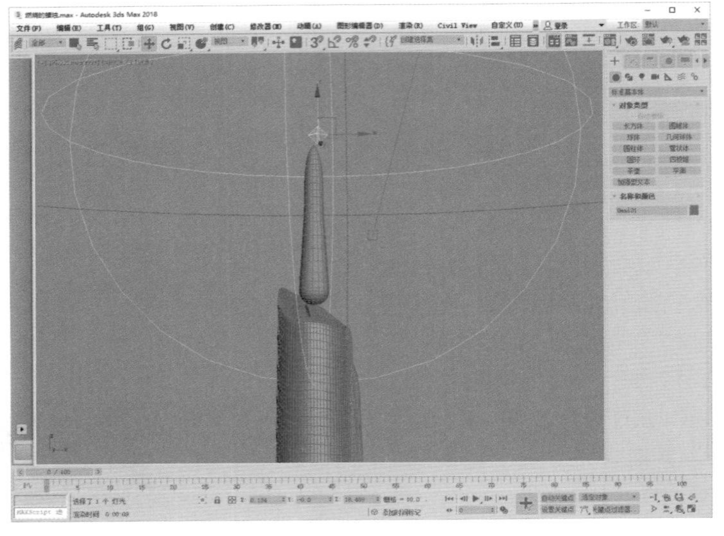

图11-148

（2）选择蜡烛火苗模型，在“修改”面板中为其添加一个“体积选择”修改器，如图 11-149 所示。

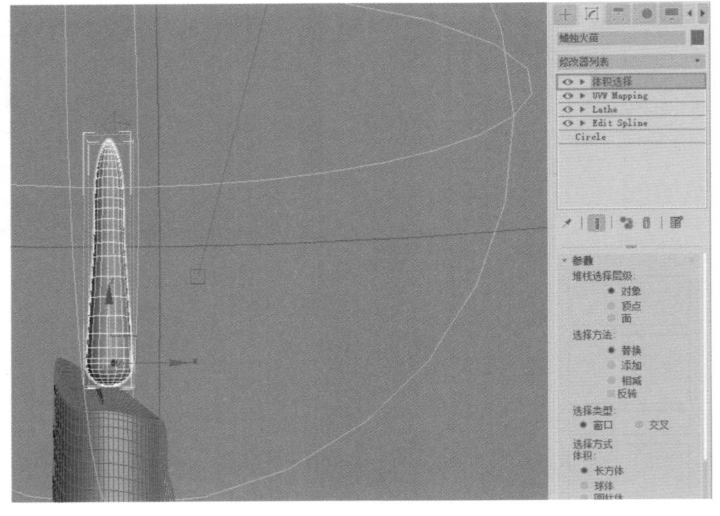

图11-149

（3）进入“体积选择”修改器中的“Gizmo”子层级，沿 Z 轴方向调整“体积选择”修改器的黄色 Gizmo 框的位置至图 11-150 所示处。在“修改”面板中，将“堆栈选择层级”的选项设置为“顶点”。

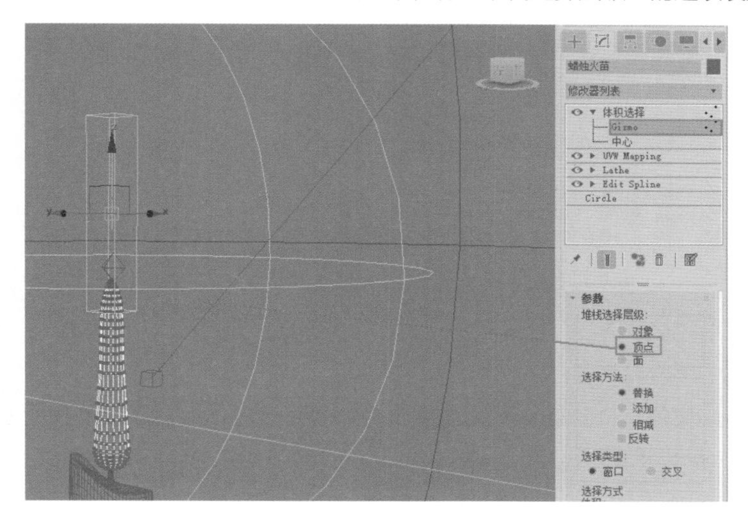

图 11-150

（4）展开“软选择”卷展栏，勾选“使用软选择”选项，并调整“衰减”的值为“3”、这样在给火苗的上方设置动画时，也会对火苗的整体产生衰减运动计算，如图 11-151 所示。

（5）为火苗模型添加“噪波”修改器，在“强度”组中，设置 Y 的值为“2”，并勾选“动画”组中的“动画噪波”选项。这样，拖动“时间滑块”，就可以看到火苗已经产生了一跳一跳的抖动动画效果，如图 11-152 所示。

（6）接下来，进行更加细微的火苗动画制作。将“强度”组中的 X 值设置为“0.5”，Z 值也设置为“0.5”，让火苗在横向上也产生一点点轻微的动画。勾选“分形”选项，并设置“比例”的值为“20”，可以让火苗的抖动动画频率更高一些，如图 11-153 所示。

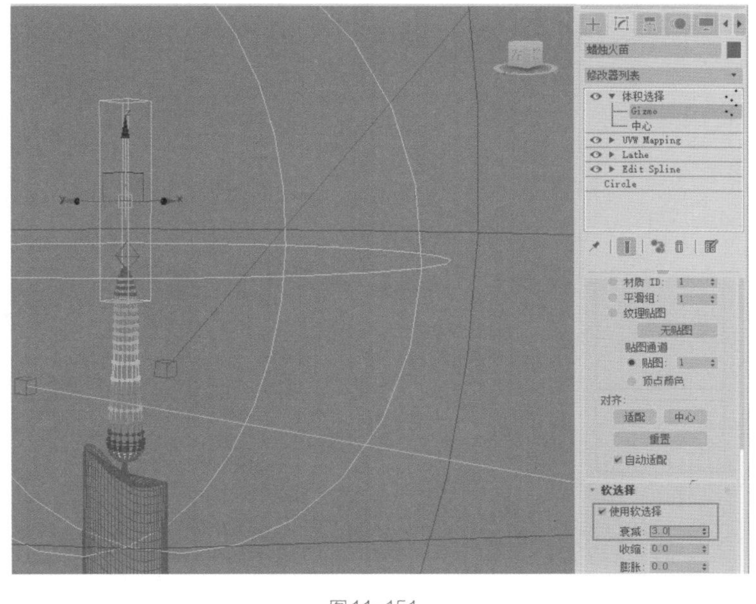

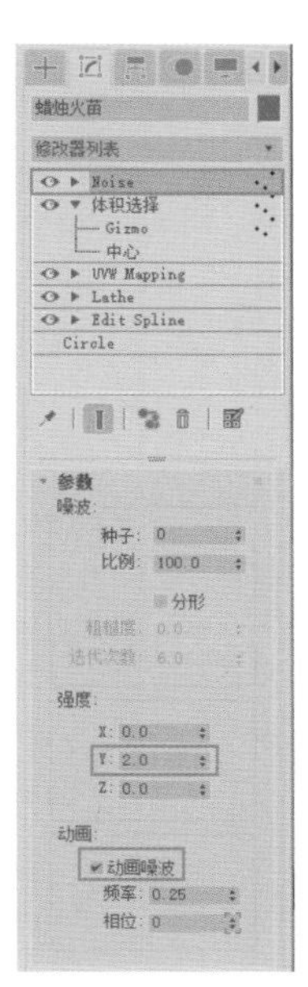

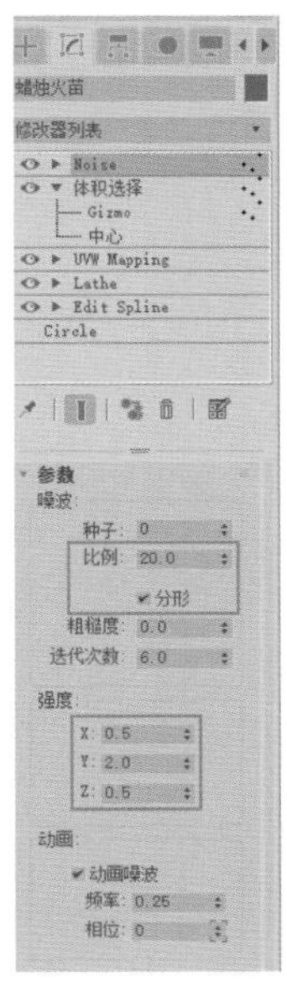

图 11-151　图 11-152　图 11-153

（7）火苗的燃烧动画制作完成后，下面开始制作火苗所产生的灯光动画。选择场景中的泛光灯光，如图 11-154 所示。

（8）执行菜单栏“动画 / 约束 / 附着约束”命令，将泛光灯光附着约束到火苗模型。在默认情况下，可以看到泛光灯光被约束至火苗模型的顶端位置处，如图 11-155 所示。

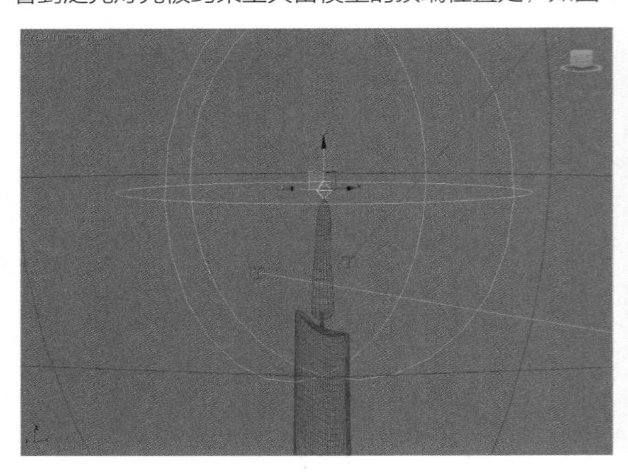

图11-154

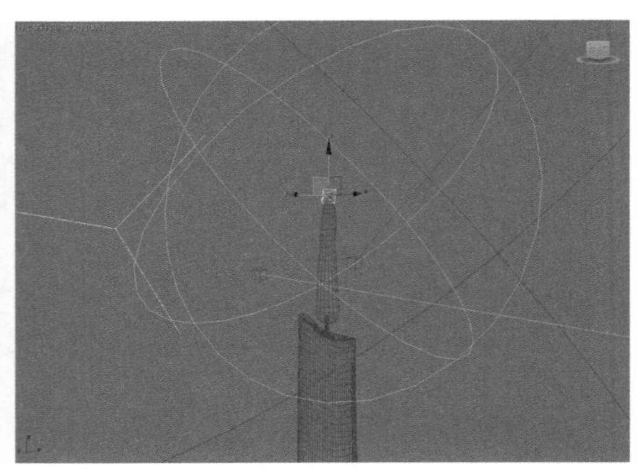

图11-155

（9）播放动画，可以看到泛光灯光会跟随着火苗顶端的跳动而产生位移动画。这样，本实例所要制作的蜡烛燃烧动画就制作完成了，最终动画效果如图 11-147 所示。

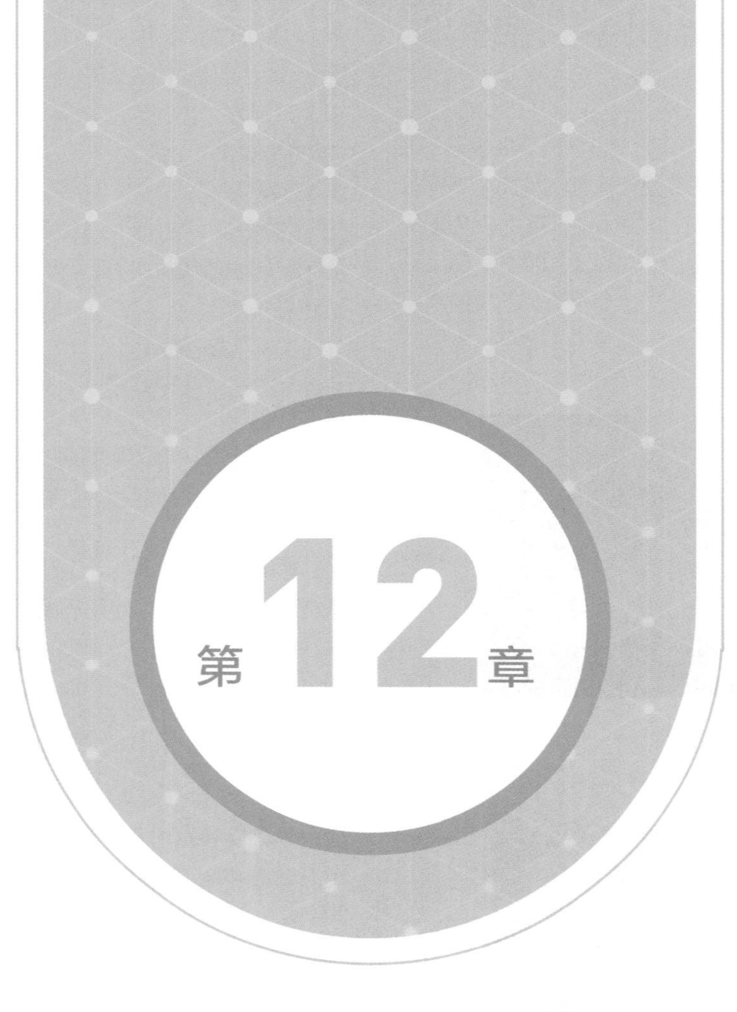

第12章 粒子系统与空间扭曲

本章要点

- 粒子概述
- 粒子流源
- 粒子视图
- 喷射
- 雪
- 超级喷射
- 空间扭曲
- 技术实例

12.1 粒子概述

3ds Max 2018 的粒子主要分为“事件驱动型”和“非事件驱动型”两大类。其中，“非事件驱动粒子”的功能相对来说较为简单，并且容易控制；而“事件驱动型”粒子又被称为“粒子流”，可以使用大量内置的操作符来进行高级动画制作，功能更加强大。使用粒子系统，特效动画师可以制作出非常逼真的特效动画（如水、火、雨、雪、烟花等）以及众多相似对象共同运动而产生的群组动画，如图 12-1、图 12-2 所示。

图12-1

图12-2

在“创建”面板中，将下拉列表切换至“粒子系统”选项，即可看到 3ds Max 2018 为用户所提供的 7 个用于创建粒子的按钮，分别为“粒子流源”按钮 粒子流源 、“喷射”按钮 喷射 、“雪”按钮 雪 、“超级喷射”按钮 超级喷射 、“暴风雪”按钮 暴风雪 、“粒子阵列”按钮 粒子阵列 和“粒子云”按钮 粒子云 ，如图 12-3 所示。

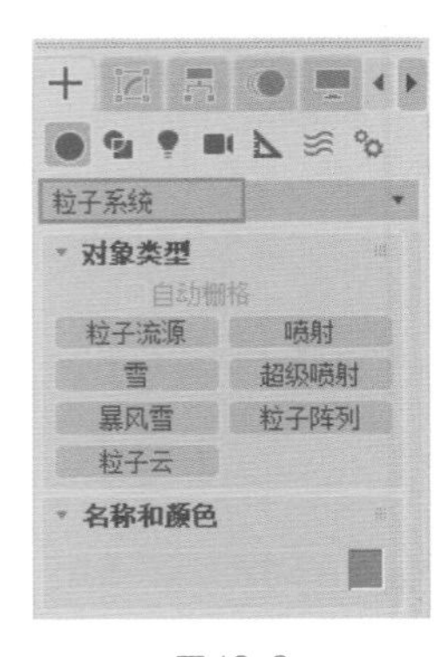

图12-3

12.2 粒子流源

粒子流是 3ds Max 2018 中一种多功能的粒子系统，通过独立的“粒子视图”面板来进行各个事件的创建、判断及连接。其中，每一个事件还可以使用多个不同的操作符来进行调控，使得粒子系统根据场景的时间变化，不断地依次计算事件列表中的每一个操作符来更新场景。由于粒子系统中可以使用场景中的任意模型来作为粒子的形态，在进行高级粒子动画计算时需要消耗大量时间及内存，所以用户应尽可能使用高端配置的计算机来进行粒子动画制作。此外，高配置的显卡也有利于粒子加快在视口中的显示速度。

在 3ds Max 2018 中，单击“粒子流源”按钮，即可在场景中以绘制的方式创建一个完整的“粒子流”，如图 12-4 所示。

在“修改”面板中，可以看到“粒子流”有“设

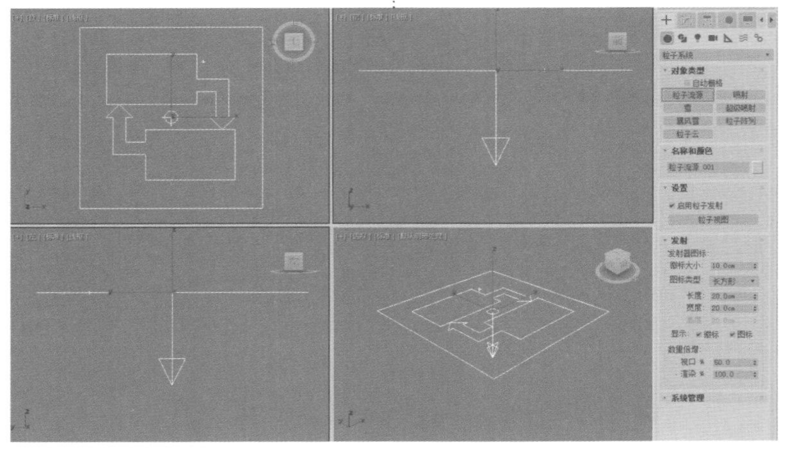

图12-4

置”“发射”“选择”“系统管理”和“脚本”5 个卷展栏，如图 12-5 所示。

执行菜单栏“图形编辑器 / 粒子视图”命令，可以打开“粒子视图”面板。在该面板中，可以看到刚刚创建的“粒子流”所包含的事件及构成事件的所有操作符，如图 12-6 所示。

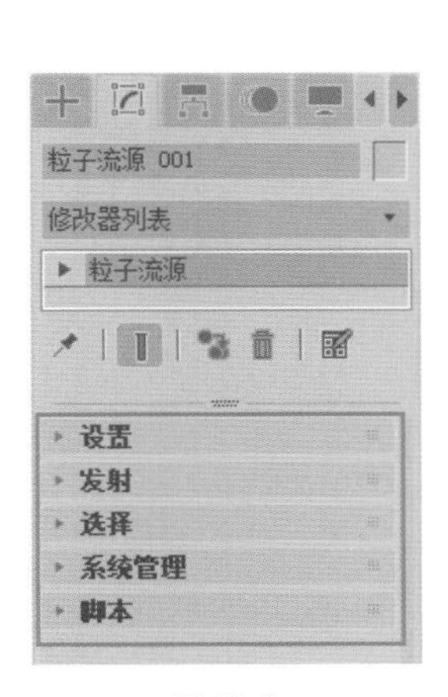

图 12-5

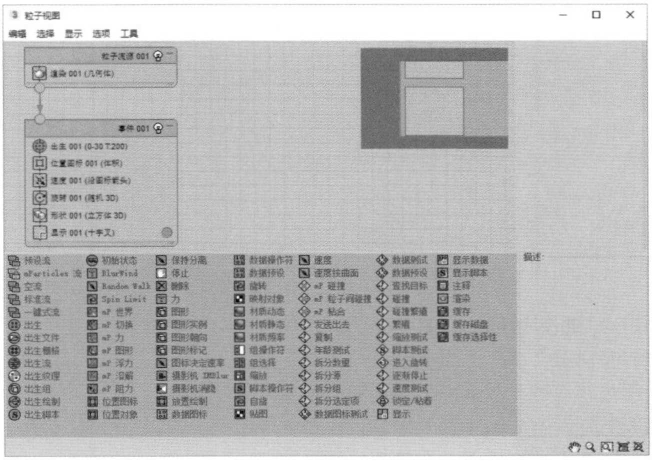

图 12-6

12.2.1 “设置”卷展栏

展开“设置”卷展栏，其中的参数命令如图 12-7 所示。

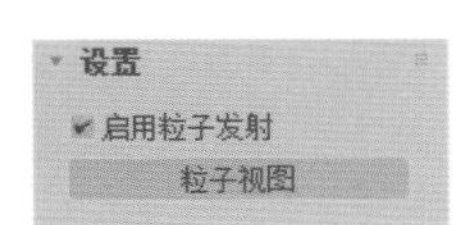

图 12-7

工具解析

◇ 启用粒子发射：设置打开或关闭粒子系统。
◇ “粒子视图”按钮：单击该按钮可以打开“粒子视图”面板。

12.2.2 “发射”卷展栏

展开“发射”卷展栏，其中的参数命令如图 12-8 所示。

图 12-8

工具解析

① “发射器图标”组
◇ 徽标大小：设置显示在源图标中心的粒子流徽标的大小，以及指示粒子运动的默认方向的箭头。
◇ 图标类型：选择源图标的基本几何体，包括长方形、长方体、圆形或球体 4 个选项。默认设置为长方形，如图 12-9 所示。

图 12-9

◇ 长度 / 宽度：设置图标的长度 / 宽度值。
◇ 显示：以勾选的方式来控制图标及徽标的显示及隐藏。

② “数量倍增”组
◇ 视口 %：设置系统中在视口内生成的粒子总数的百分比。默认值为“50”。范围为 0 ~ 10000。
◇ 渲染 %：设置系统中在渲染时生成的粒子总数的百分比。默认值为“100”。范围为 0 ~ 10000。

12.2.3 “选择”卷展栏

展开“选择”卷展栏，其中的参数命令如图 12-10 所示。

工具解析

◇ 粒子：通过单击粒子或拖动一个区域选择粒子。

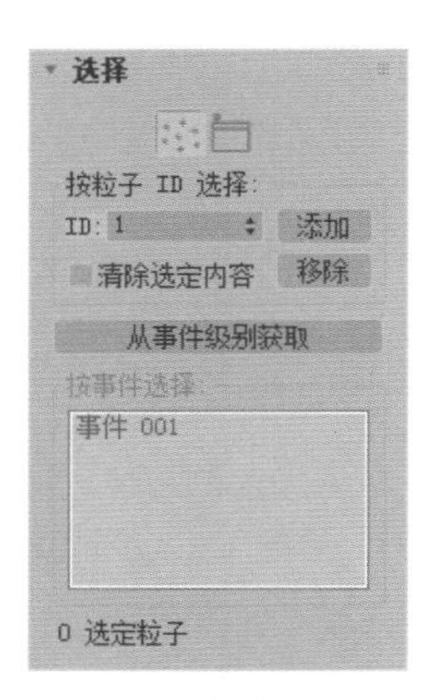

图12-10

◇ 事件：按事件选择粒子。

①“按粒子 ID 选择”组

◇ ID：使用此控件可设置要选择的粒子的 ID 号。每次只能设置一个数字。

◇ “添加”按钮 添加：设置完要选择的粒子的 ID 号后，单击该按钮可将其添加到选择中。

◇ “删除”按钮 移除：设置完要取消选择的粒子的 ID 号后，单击该按钮可将其从选择中移除。

◇ 清除选定内容：启用后，单击“添加”按钮选择粒子会取消选择其他所有粒子。

◇ “从事件级别获取”按钮 从事件级别获取：单击该按钮可将“事件”级别选择转化为“粒子”级别。

②“按事件选择”组

◇ 文本框：用来显示粒子流中的所有事件，并高亮显示选定事件。

12.2.4 “系统管理”卷展栏

展开“系统管理”卷展栏，其中的参数命令如图12-11所示。

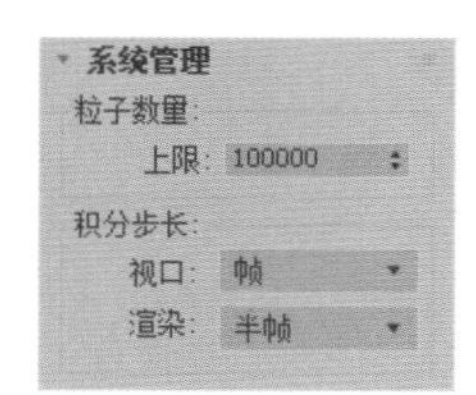

图12-11

工具解析

①“粒子数量”组

◇ 上限：设置系统可以包含粒子的最大数目。默认设置为“100000”，范围为 1 ～ 10000000。

②“积分步长”组

◇ 视口：设置在视口中播放的动画的积分步长。

◇ 渲染：设置渲染时的积分步长。

12.2.5 “脚本”卷展栏

展开“脚本”卷展栏，其中的参数命令如图 12-12 所示。

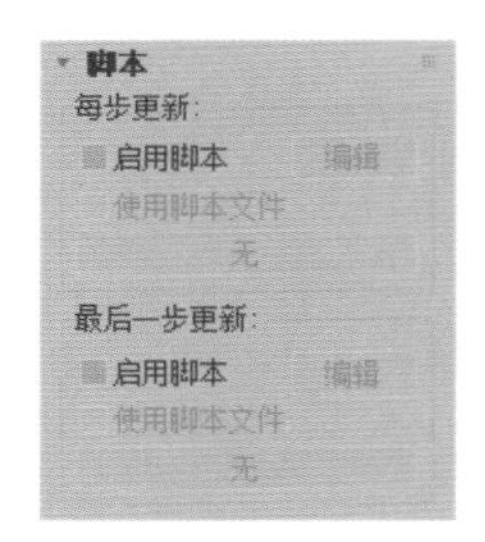

图12-12

工具解析

①“每步更新”组

◇ 启用脚本：启用它可按每积分步长执行内存中的脚本。

◇ “编辑”按钮 编辑：单击此按钮可打开具有当前脚本的文本编辑器窗口。

◇ 使用脚本文件：当此项处于启用状态时，可以通过单击下面的“无”按钮加载脚本文件。

◇ “无”按钮 无：单击此按钮可显示“打开”对话框，可通过此对话框指定要从磁盘加载的脚本文件。加载脚本后，脚本文件的名称将出现在按钮上。

②“最后一步更新”组

◇ 启用脚本：启用它可在最后的积分步长后执行内存中的脚本。

◇ “编辑”按钮 编辑：单击此按钮可打开具有当前脚本的文本编辑器窗口。

◇ 使用脚本文件：当此项处于启用状态时，可以通过单击下面的“无”按钮加载脚本文件。

◇ “无”按钮 无：单击此按钮可显示“打开”对话框，可通过此对话框指定要从磁盘加载的脚本文件。加载脚本后，脚本文件的名称将出现在按钮上。

12.3 粒子视图

“粒子视图”面板给动画师提供了用于创建和修改“粒子流”中的粒子系统的主用户界面，用户可以使用多个操作符组合成一个“事件”集合，再用类似于节点连线的方式将这些事件一一串联起来。3ds Max 2018 最终会严格按照这些操作符的排列顺序依次对各个事件进行计算，以得出正确的粒子形态及动态计算。

“粒子视图”面板主要分为“菜单栏”“工作区”“参数”面板、“描述”面板、“仓库”“显示工具”和“导航器”，如图 12-13 所示。

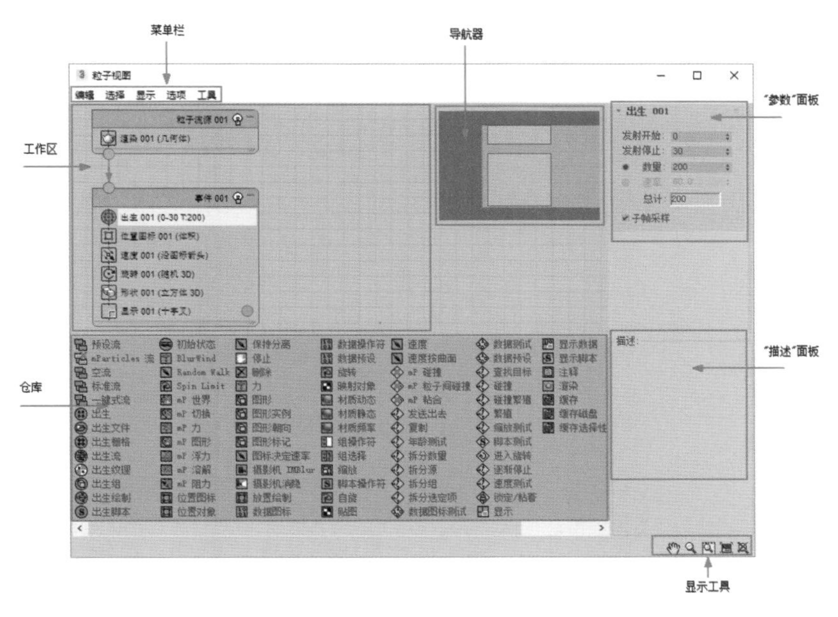

图 12-13

12.3.1 粒子视图菜单栏

“粒子视图”面板中的菜单栏主要分为“编辑”“选择”“显示”“选项”和“工具”，如图 12-14 所示。

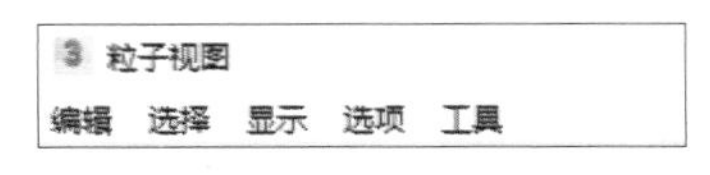

图 12-14

1. “编辑”菜单

在菜单栏上单击“编辑”，弹出的下拉命令列表如图 12-15 所示。

图 12-15

工具解析

◇ 新建：单击该命令可以添加包含选定动作的新事件。

◇ 插入前面：在每个高亮显示的动作上面插入选定的项目。只有一个或多个动作高亮显示时才可以使用。

◇ 附加到：在每个高亮显示的事件末尾插入选择的项目。只有一个或多个事件高亮显示时才可以使用。

◇ 全部打开：打开所有动作和事件。

◇ 全部关闭：关闭所有动作和事件。

◇ 打开选定项：打开任意已高亮显示并关闭的动作或事件。只有一个或多个高亮显示的项目关闭时才可以使用。

◇ 关闭选定项：关闭任意已高亮显示并打开的动作或事件。只有一个或多个高亮显示的项目打开时才可以使用。

◇ 使唯一：将实例动作转化为副本，它对于其事件是唯一的。只有一个或多个实例动作高亮显示时才可以使用。

◇ 连线选定：将一个或多个高亮显示的测试关联到高亮显示的事件，或者将一个或多个高亮显示的全局事件关联到高亮显示的出生事件。一个或者多个测试以及单个事件高亮显示时，或者一个或多个全局事件和单个出生事件高亮显示时，才可以使用。

◇ 复制：将高亮显示的事件、动作和连线复制到粘贴缓冲区。也可以按下【Ctrl】+【C】组合键完成操作。

◇ 粘贴：将粘贴缓冲区的内容粘贴至事件显示。也可以按下【Ctrl】+【V】组合键完成操作。

◇ 粘贴实例：将粘贴缓冲区的内容粘贴到事件显示中，可生成任何粘贴的动作及其原始内容的实例。
◇ 删除：删除所有高亮显示的项目。也可以按下【Delete】键完成操作。
◇ 重命名：可以为事件显示中所有单个高亮显示的项目输入新名称。

2. “选择”菜单

在菜单栏上单击“选择”，弹出的下拉命令列表如图12-16所示。

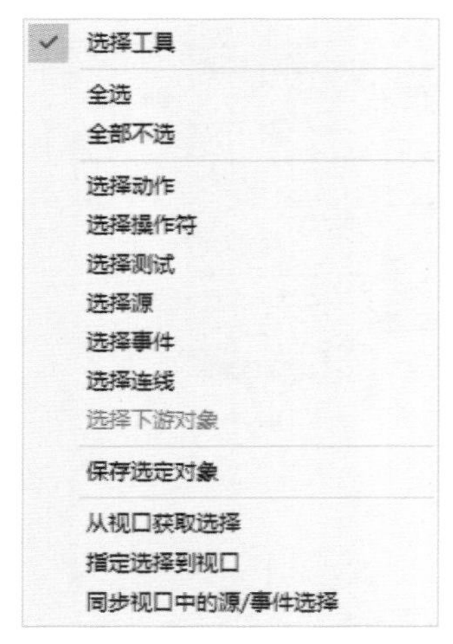

图12-16

工具解析

◇ 选择工具：激活“选择工具”。使用交互工具平移并缩放事件显示后，选择此项可以返回到“选择工具”。
◇ 全选：高亮显示事件显示中的所有项目。
◇ 全部不选：取消选择事件显示中的所有项目。也可以通过单击事件显示中的空白区域完成操作。
◇ 选择动作：高亮显示事件显示中的所有操作符和测试。
◇ 选择操作符：高亮显示事件显示中的所有操作符。
◇ 选择测试：高亮显示事件显示中的所有测试。
◇ 选择事件：高亮显示事件显示中的所有事件。
◇ 选择连线：高亮显示事件显示中的所有连线。
◇ 选择下游对象：高亮显示当前高亮显示的事件之后的所有事件。只有一个或多个事件高亮显示时才可以使用。
◇ 保存选定对象：只将事件显示中高亮显示的元素保存为MAX文件。
◇ 从视口获取选择：高亮显示在视口中选定源图标的全局事件。
◇ 指定选择到视口：将事件选择传输到视口。
◇ 同步视口中的源/事件选择：选择视口中选定源图标的所有事件。然后可用“从视口获取选择”命令将选中的选择传播至“粒子视图”面板。

3. “显示”菜单

在菜单栏上单击“显示”，弹出的下拉命令列表如图12-17所示。

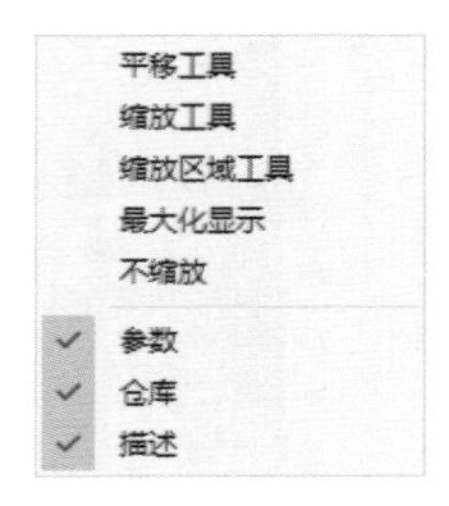

图12-17

工具解析

◇ 平移工具：用于在事件显示中拖动可移动视图。
◇ 缩放工具：用于在事件显示中拖动可缩放视图。
◇ 缩放区域工具：用于在事件显示中拖动可定义缩放矩形。光标在缩放区域内将变为放大镜图像。
◇ 最大化显示：设置缩放可在事件显示中显示的整个粒子图表。
◇ 不缩放：将缩放设置为默认级别。
◇ 参数：切换至“粒子视图”对话框右侧“参数”面板。默认设置为启用。
◇ 仓库：切换至“粒子视图”对话框下的仓库。默认设置为启用。
◇ 描述：切换至仓库右侧的“描述”面板。默认设置为启用。

4. “选项”菜单

在菜单栏上单击“选项”，弹出的下拉命令列表如图12-18所示。

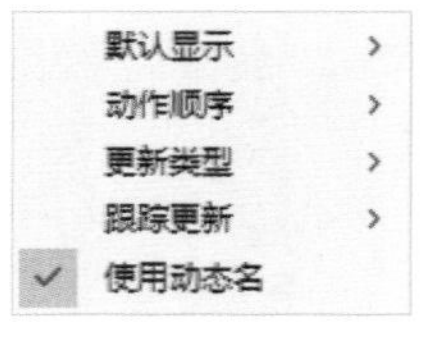

图12-18

工具解析

◇ 默认显示：确定“显示”操作符是局部还是全局应用于新粒子系统和事件。
◇ 动作顺序：设置粒子系统计算的顺序，分为“全局优先”和“局部优先”。
◇ 更新类型：确定在播放过程中更改参数时“粒子流”更新系统的方式。
◇ 跟踪更新：为在“粒子视图”中可视化粒子系统状

态提供选项。

◇ 使用动态名：启用时，事件中的动作名后面会带有其最为重要的一个设置或多个设置（在括号内）。

5. “工具”菜单

在菜单栏上单击“工具”，弹出的下拉命令列表如图 12-19 所示。

图 12-19

工具解析

◇ 同步层：将“粒子流”几何体与源对象同步。

◇ 修复缓存系统：如果缓存系统停止运行，可以对其进行修复。

◇ 预设管理器：执行该命令可以打开“粒子流预设管理器”对话框，如图 12-20 所示。

图 12-20

12.3.2 操作符

“操作符”是构成粒子系统的基本元素，用于创建粒子及影响粒子的运动。3ds Max 2018 为用户提供了多达 85 种操作符，如图 12-21 所示。

12.3.3 “预设流”操作符

使用“预设流”操作符会打开“选择预设流”对话框，用户可以从中选择一个预设来创建粒子系统。具体操作步骤如下。

图 12-21

（1）启动 3ds Max 2018 软件，按下【6】键，打开“粒子视图”面板，如图 12-22 所示。

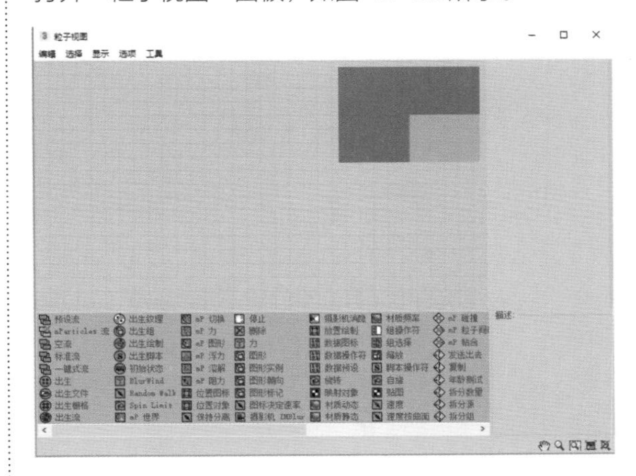

图 12-22

（2）在“粒子视图”面板下方的“仓库”中，选择第一个操作符“预设流”，并以拖曳的方式放置到工作区中。这时，系统会自动弹出“选择预设流”对话框，如图 12-23 所示。

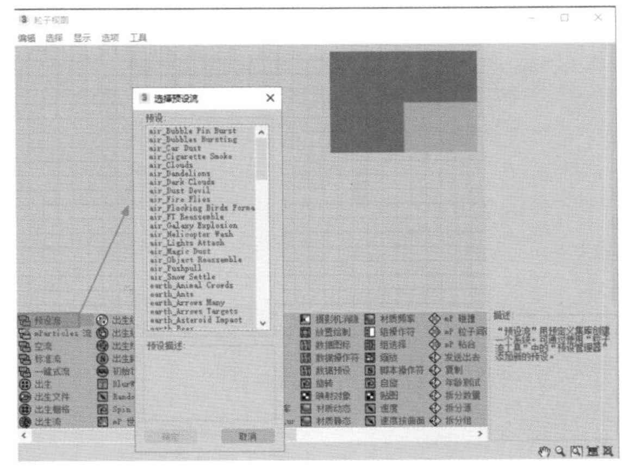

图 12-23

（3）在“选择预设流”对话框中，选择“air_Car_Dust”，如图 12-24 所示。

（4）单击“确定”按钮，即可将 3ds Max 2018 为用户提供的一个跟粒子系统有关的小车场景动画合并到当前场景中，如图 12-25 所示。

图 12-24

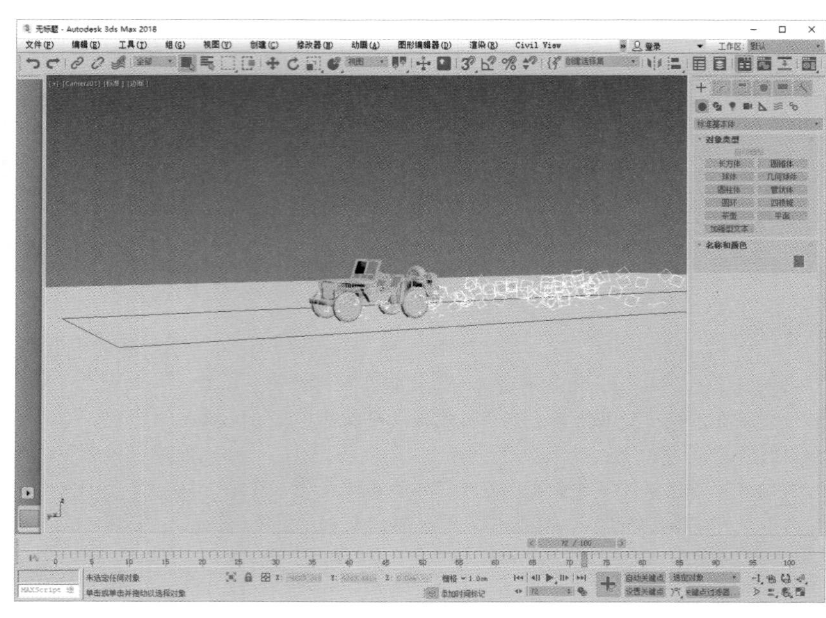

图 12-25

（5）在“粒子视图”面板中，用户还可以对该粒子设置进行修改，以满足自己的动画需要，如图 12-26 所示。

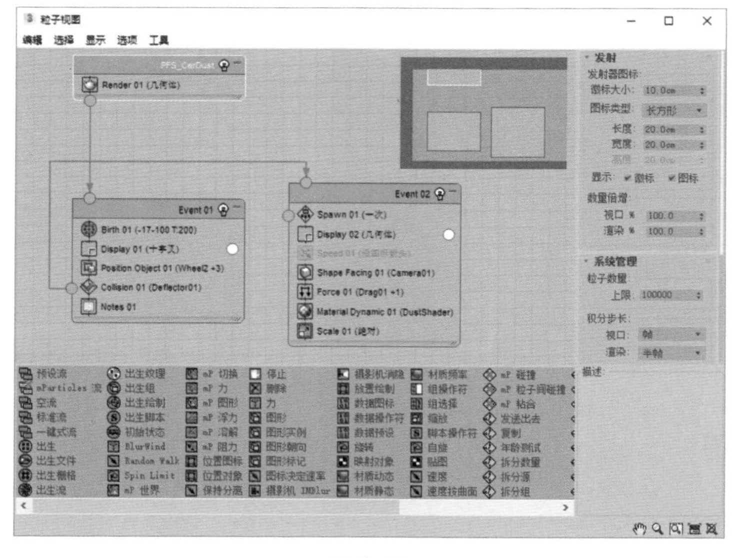

图 12-26

12.3.4 “出生”操作符

“出生”操作符用于控制粒子的出生设置，其命令参数如图 12-27 所示。

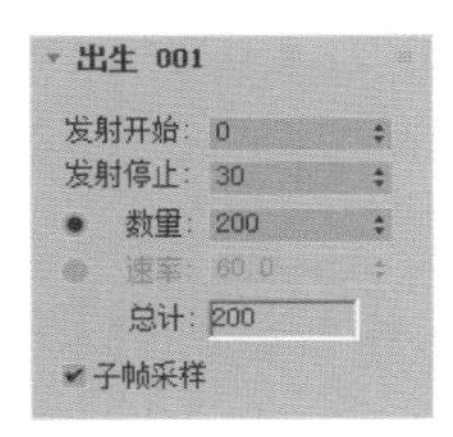

图12-27

工具解析

◇ 发射开始：用于设置操作符开始发射粒子的帧编号。
◇ 发射停止：用于设置操作符停止发射粒子的帧编号。
◇ 数量：用于设置粒子的发射总数。
◇ 速率：用于控制每秒发射的粒子数。
◇ 总计：操作符发射的粒子的计算总数。
◇ 子帧采样：启用此选项有助于提高粒子计算的帧分辨率。

12.3.5 “位置图标”操作符

“位置图标”操作符用于控制粒子出现的位置，其命令参数如图 12-28 所示。

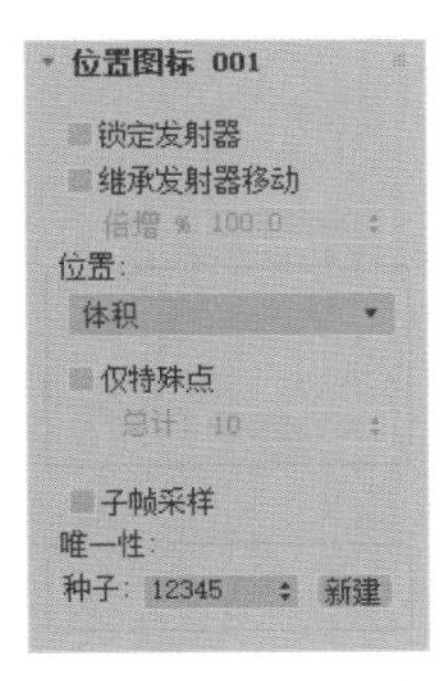

图12-28

工具解析

◇ 锁定发射器：启用时，所有粒子都保持在发射器上的最初位置。
◇ 继承发射器移动：启用时，“粒子流”会将每个粒子的运动速率和运动方向设置为粒子出生时发射器的速率和方向。
◇ 倍增：确定粒子继承发射器运动的程度，以百分比为单位。
① “位置”组
◇ “位置”下拉列表：用于指定粒子出现在发射器上的位置，有“轴心”“顶点”“边”“曲面”和“体积”5个选项可选，如图 12-29 所示。
◇ 仅特殊点：在指定的“位置”类型将发射限制为特定数量的点。

图12-29

◇ 总计：设置发射点的数量。
◇ 子帧采样：启用时，操作符以 Tick（每一秒钟的 1/4800）为基础而不是以帧为基础获取发射器图标的动画。这使得粒子位置能够更加精确地跟随发射器图标的动画。默认设置为禁用状态。
② “唯一性”组
◇ 种子：指定随机化值。
◇ “新建”按钮：用于创建一个新的随机种子值。

12.3.6 “力”操作符

“力”操作符用于将场景中的力对象添加到当前的粒子系统中，其命令参数如图 12-30 所示。

图12-30

工具解析

① “力空间扭曲”组
◇ “添加”按钮：单击该按钮，然后在场景中选择一个“力”空间扭曲，可以将其添加到列表的末端。
◇ “按列表”按钮：显示应用于该操作符的力。
◇ “移除”按钮：在列表中高亮显示空间扭曲，然后单击此按钮来将其从列表中移除。但移除的空间扭曲仍保留在场景中。
② “力场重叠”组
◇ 相加 / 最大：确定占用相同空间体积的多个力影响粒子的方式。如果使用“相加”，则按照所有力的相对强度来合并它们；如果使用“最大”，则只有强度最大的力才会影响粒子。
◇ 影响 %：按百分比指定单个力或多个力应用于粒子的强度。
③ “偏移影响”组
◇ 同步方式：为应用动画参数选择时间帧，有“绝对”“粒子年龄”和“事件时间”3 个选项可选。

12.3.7 “速度”操作符

“速度”操作符用于控制粒子的发射速度，其命令参数如图 12-31 所示。

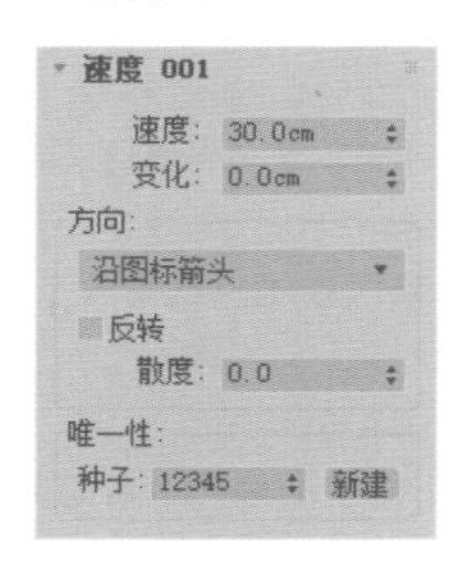

图 12-31

工具解析

◇ 速度：以每秒为系统单位表示粒子速度。

◇ 变化：用于设置粒子速度的变化量（以每秒为系统单位计量）。

①“方向”组

◇ 下拉列表：在该下拉列表中，可以指定粒子出生后运动的路径，如图 12-32 所示。

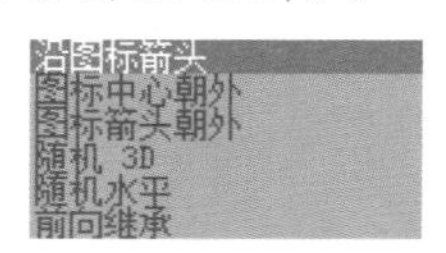

图 12-32

◇ 反转：启用时，方向会反转。

◇ 散度：启用时，将使粒子流散开。使用以度为单位的数值设置来定义散度的范围，范围从“0”到“180”。

②“唯一性”组

◇ 种子：指定随机化值。

◇ “新建”按钮：使用随机化公式计算新种子。

12.3.8 “形状”操作符

“形状”操作符用于控制粒子的几何体形状，其命令参数如图 12-33 所示。

图 12-33

工具解析

◇ 2D：使用下拉列表中预构建的 2D 对象作为当前粒子的几何体形状，如图 12-34 所示。图 12-35 ~ 图 12-54 所示分别为 2D 下拉列表中各个选项的粒子形态显示结果。

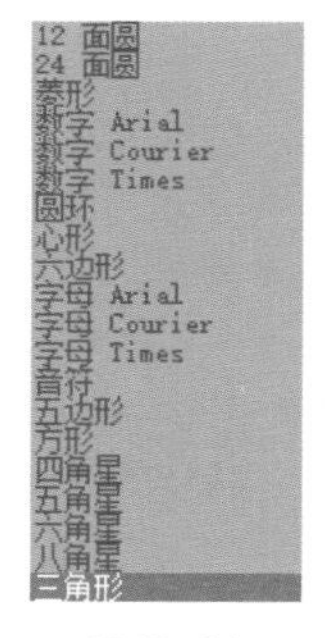

图 12-34

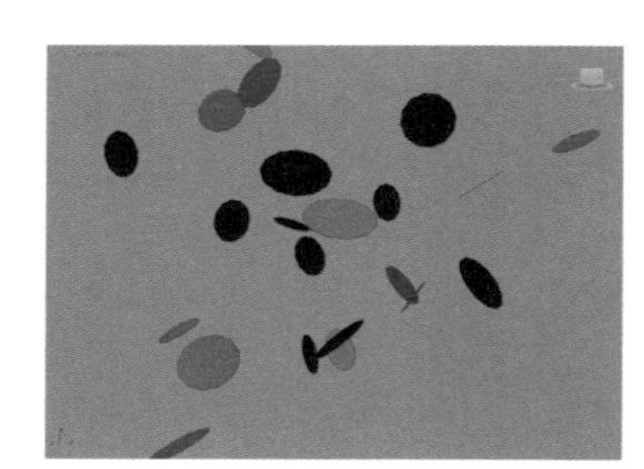
图 12-35

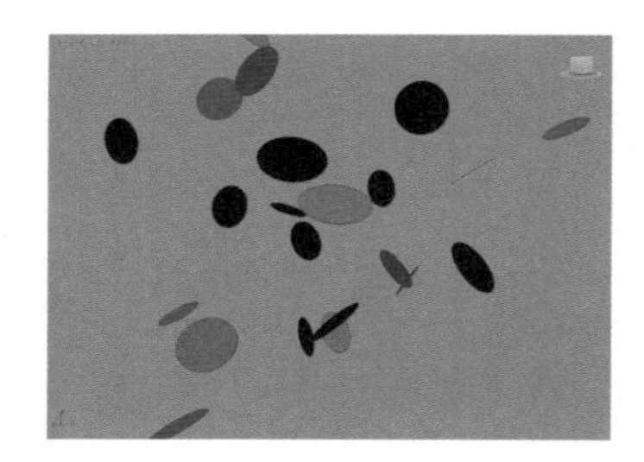
图 12-36

图 12-37

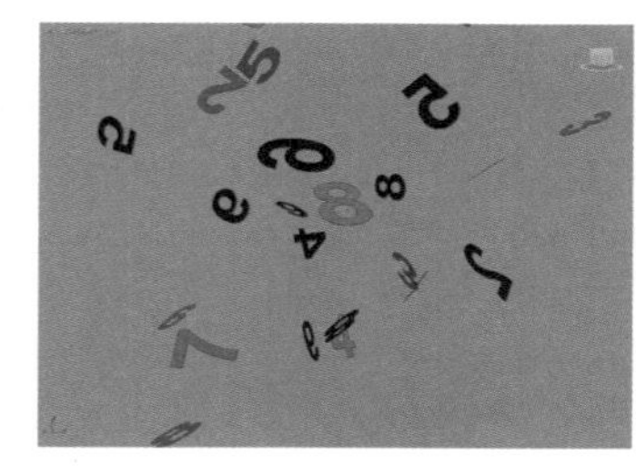
图 12-38

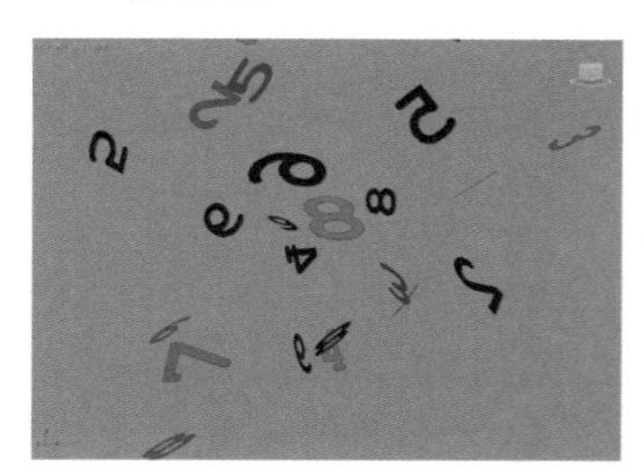
图 12-39

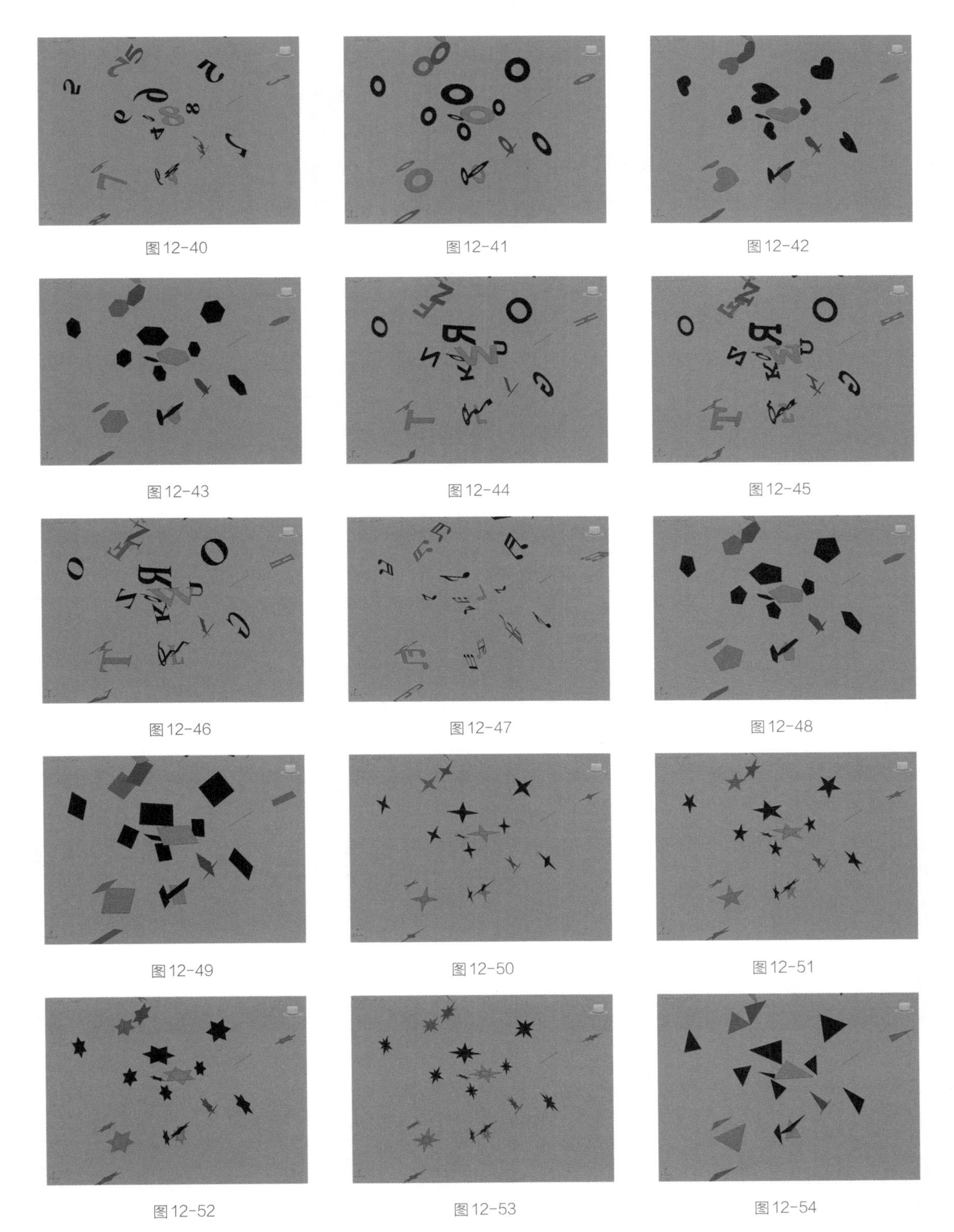

图12-40　图12-41　图12-42

图12-43　图12-44　图12-45

图12-46　图12-47　图12-48

图12-49　图12-50　图12-51

图12-52　图12-53　图12-54

◇ 3D：使用下拉列表中预构建的3D对象作为当前粒子的几何体形状，如图12-55所示。图12-56～图12-75所示分别为3D下拉列表中各个选项的粒子形态显示结果。

◇ 大小：按系统单位设置粒子的总体大小。

◇ 缩放%：启用后可以将粒子大小设置为“大小”值的百分比。

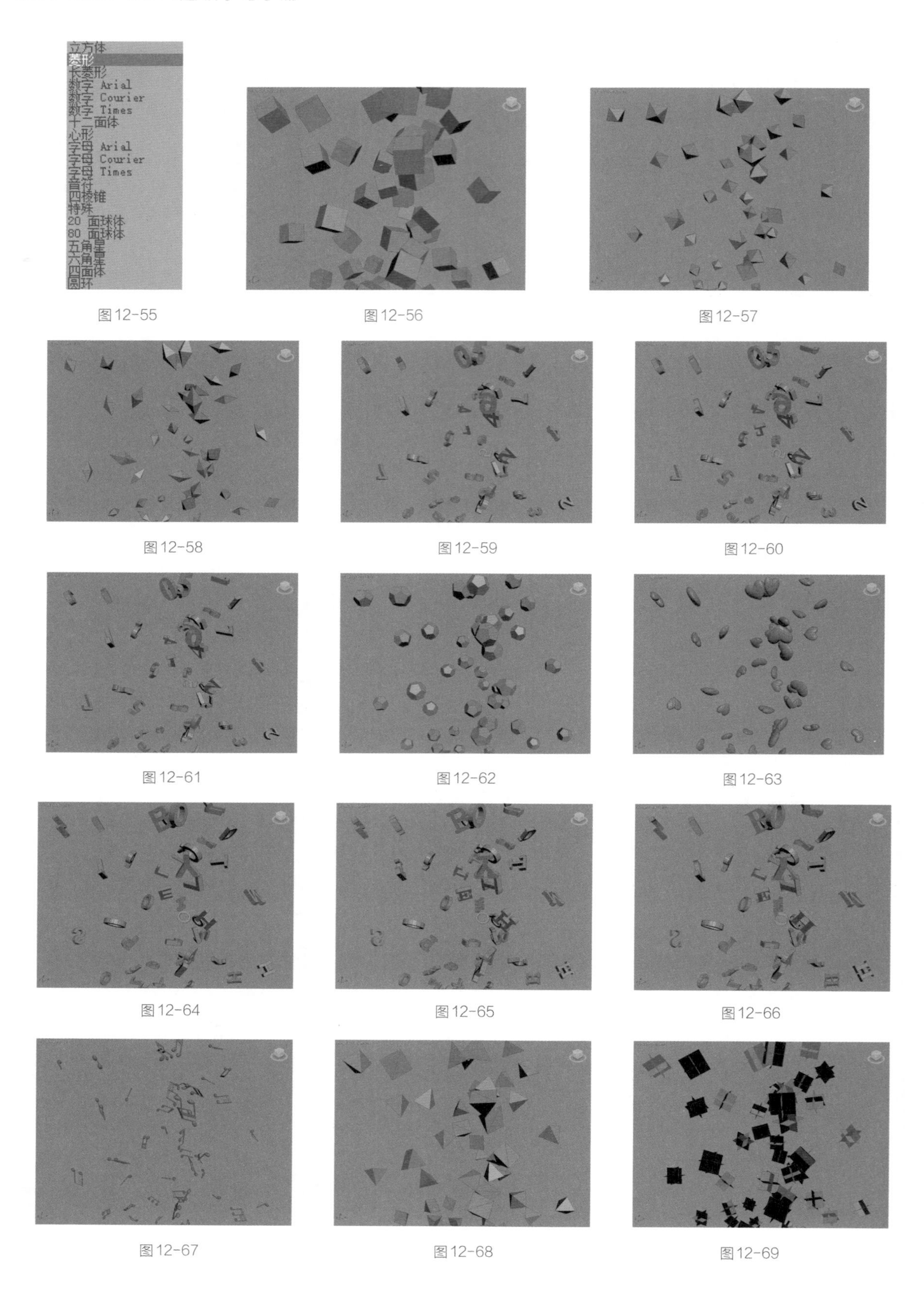

图12-55 图12-56 图12-57

图12-58 图12-59 图12-60

图12-61 图12-62 图12-63

图12-64 图12-65 图12-66

图12-67 图12-68 图12-69

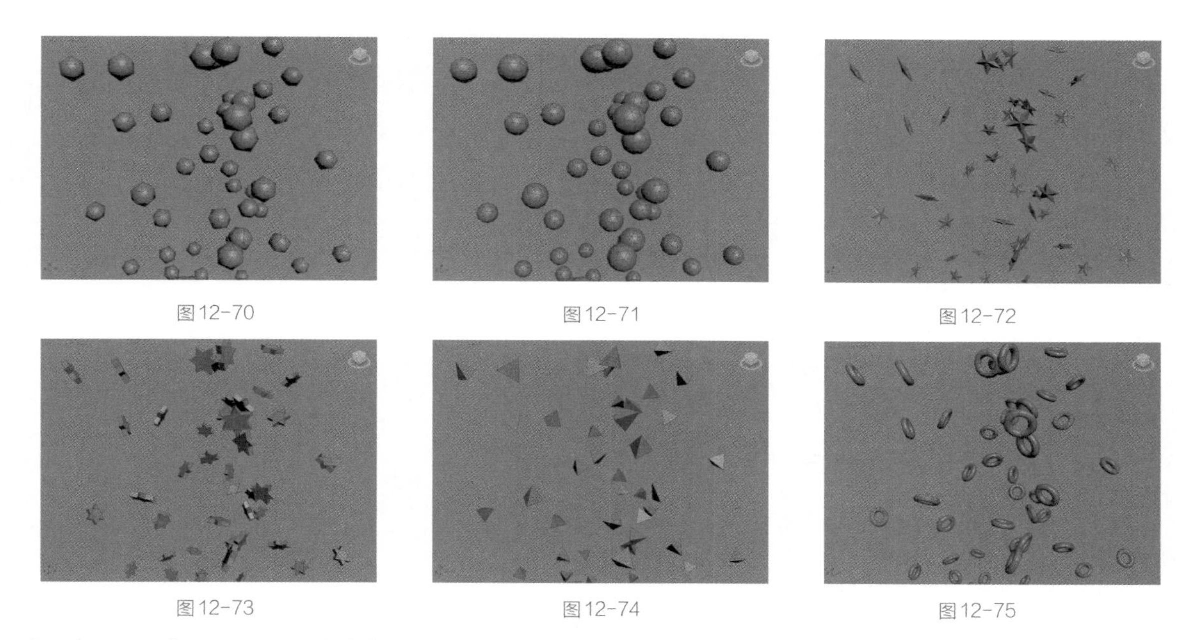

图12-70　图12-71　图12-72

图12-73　图12-74　图12-75

◇　变化%：使用百分比值改变总体粒子大小。

◇　多图形随机顺序：启用后，将按随机顺序将图形指定到粒子。此选项只适用于多图形形式。

◇　生成贴图坐标：启用后，会将贴图坐标应用到每个粒子。

◇　贴图适配：启用后，将根据每个粒子的大小调整其贴图坐标。

“唯一性”组

◇　种子：为按随机顺序生成的粒子指定随机化种子。

◇　“新建”按钮：使用随机化公式计算新种子。

12.4　喷射

使用“喷射”粒子可以模拟下雨、喷泉等水滴效果。单击“喷射”按钮，即可在视图中绘制出喷射粒子的发射范围，如图12-76所示。

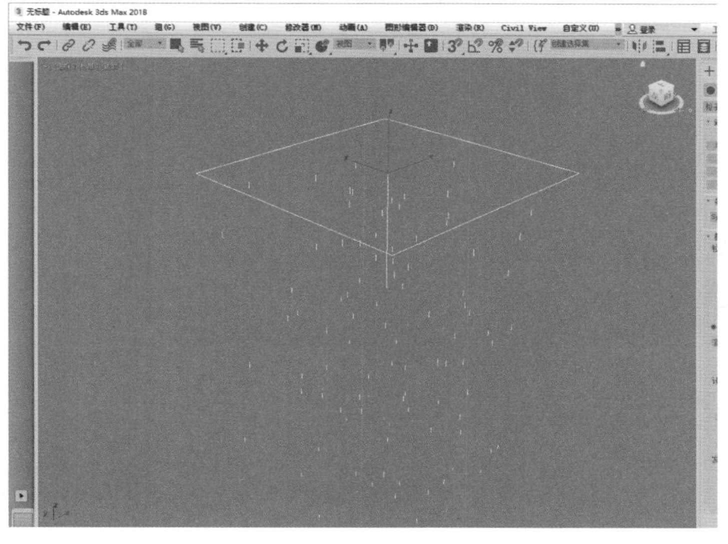

图12-76

在“修改”面板中，可以看到喷射粒子的参数较少，如图 12-77 所示。

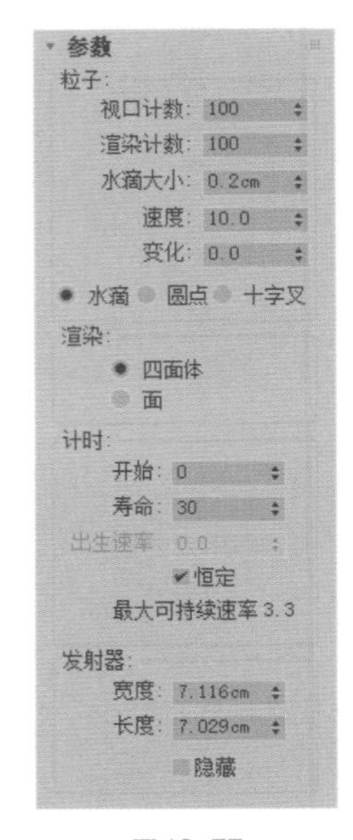

图 12-77

工具解析

①“粒子”组

◇ 视口计数：设置视口中显示的最大粒子数。

◇ 渲染计数：设置一个帧在渲染时可以显示的最大粒子数。

◇ 水滴大小：设置粒子的大小。

◇ 速度：设置每个粒子离开发射器时的初始速度。

◇ 变化：设置改变粒子的初始速度和方向。

◇ 水滴 / 圆点 / 十字叉：选择粒子在视口中的显示方式。

②“渲染”组

◇ 四面体 / 面：选择粒子渲染为长四面体还是面。

③“计时”组

◇ 开始：设置第一个出现粒子的帧的编号。

◇ 寿命：设置每个粒子的寿命

◇ 出生速率：设置每个帧产生的新粒子数。

◇ 恒定：启用该选项后，“出生速率”不可用，所用的出生速率为最大可持续速率。

④“发射器”组

◇ 宽度 / 长度：用于设置发射器的大小。

◇ 隐藏：启用该选项可以在视口中隐藏发射器。

12.5 雪

使用“雪”粒子可以模拟下雪或飞散的纸屑等效果。单击“雪”按钮，即可在视图中绘制出雪粒子的发射范围，如图 12-78 所示。

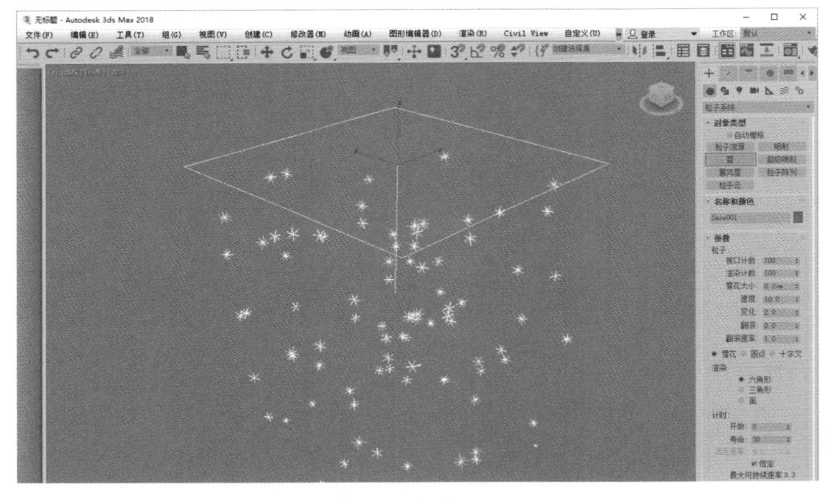

图 12-78

在“修改”面板中，可以看到雪粒子的参数较少，如图 12-79 所示。

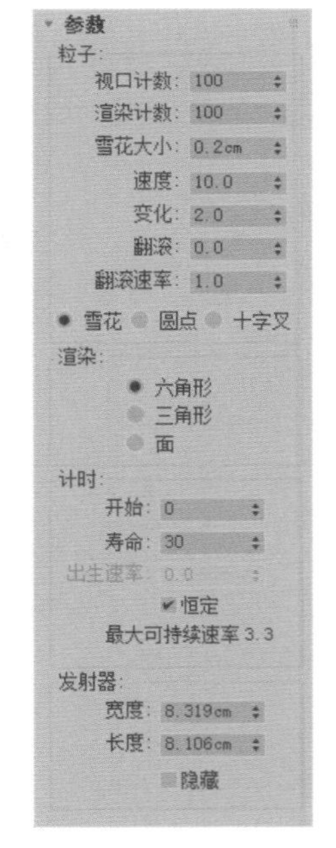

图 12-79

工具解析

①“粒子”组

◇ 视口计数：设置视口中显示的最大粒子数。

◇ 渲染计数：设置一个帧在渲染时可以显示的最大粒子数。

◇ 雪花大小：设置粒子的大小。

◇ 速度：设置每个粒子离开发射器时的初始速度。

◇ 变化：设置改变粒子的初始速度和方向。

◇ 翻滚：设置雪花粒子的随机旋转量。

◇ 翻滚速率：设置雪花的旋转速度。“翻滚速率”的值越大，旋转越快。

◇ 雪花/圆点/十字叉：选择粒子在视口中的显示方式。

②“渲染”组

◇ 六角形/三角形/面：设置粒子的最终渲染形状。

③“计时”组

◇ 开始：设置第一个出现粒子的帧的编号。

◇ 寿命：设置粒子的寿命。

◇ 出生速率：设置每个帧产生的新粒子数。

◇ 恒定：启用该选项后，“出生速率”不可用，所用的出生速率为最大可持续速率。

④“发射器”组

◇ 宽度/长度：设置发射器的大小。

◇ 隐藏：单击该按钮可以隐藏发射器。

12.6 超级喷射

“超级喷射”粒子比“喷射”粒子的参数要复杂很多，单击“超级喷射”按钮，即可在视图中绘制出超级喷射粒子的发射图标，如图 12-80 所示。

在“修改”面板中，可以看到超级喷射粒子分为“基本参数”“粒子生成”“粒子类型”“旋转和碰撞”“对象运动继承”“气泡运动”“粒子繁殖”和“加载/保存预设”8 个卷展栏，如图 12-81 所示。

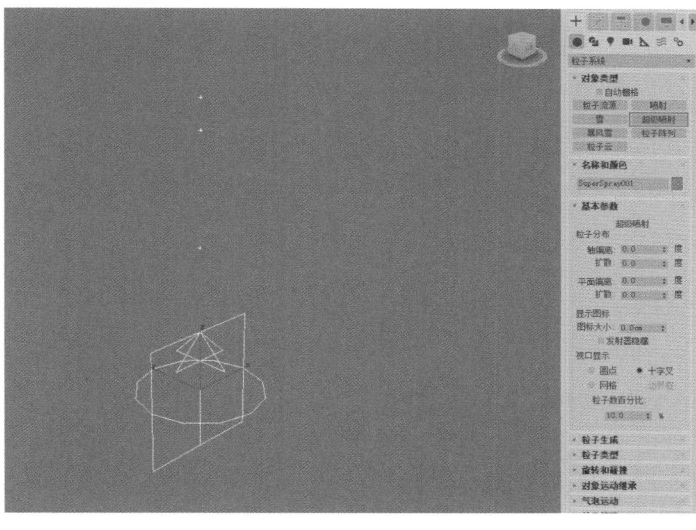

图 12-80

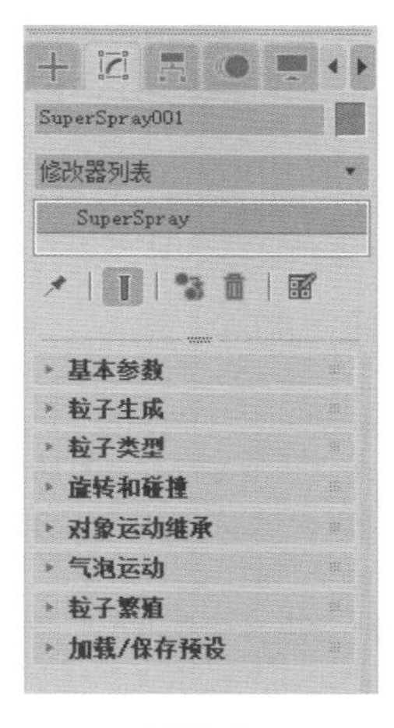

图 12-81

12.6.1 “基本参数”卷展栏

展开“基本参数”卷展栏，其命令参数如图 12-82 所示。

工具解析

①“粒子分布”组

◇ 轴偏离：设置影响粒子流与 z 轴的夹角角度（沿着 x 轴的平面）。

◇ 扩散：设置影响粒子远离发射向量的扩散范围（沿着 x 轴的平面）。

◇ 平面偏离：设置影响围绕 z 轴的发射角度。如果“轴偏离”设置为“0”，则此选项无效。

◇ 扩散：设置影响粒子围绕“平面偏离”轴的扩散范围。如果“轴偏离”设置为“0”，则此选项无效。

②“显示图标”组

◇ 图标大小：控制图标的大小。

◇ 发射器隐藏：勾选该选项可以隐藏粒子发射器。

③“视口显示”组

◇ 圆点/十字叉/网格/边界框：设置粒子的显示状态。

◇ 粒子数百分比：控制粒子数量显示为实际设置的百分比。

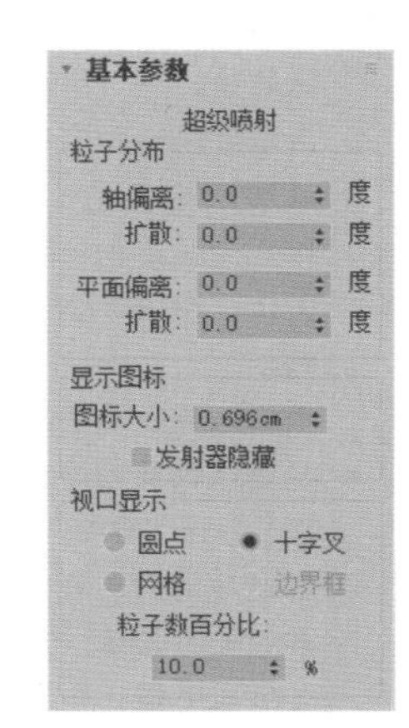

图 12-82

12.6.2 “粒子生成”卷展栏

展开“粒子生成”卷展栏，其命令参数如图 12-83 所示。

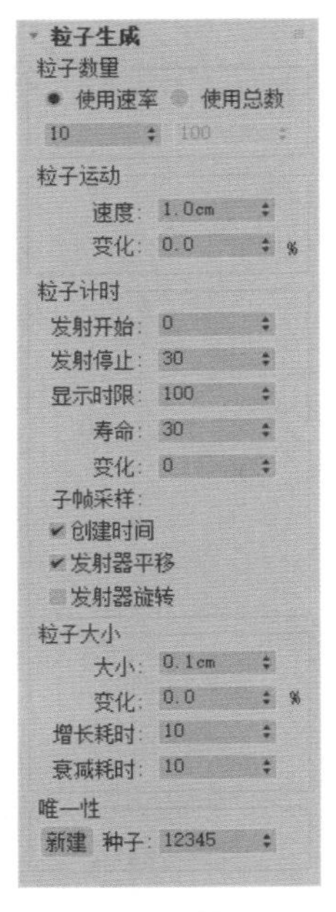

图 12-83

工具解析

①“粒子数量”组

◇ 使用速率：指定每帧发射的固定粒子数。

◇ 使用总数：指定在系统使用寿命内产生的总粒子数。

②“粒子运动”组

◇ 速度：设置粒子在出生时沿着法线的速度。

◇ 变化：对每个粒子的发射速度应用一个变化百分比。

③“粒子计时”组

◇ 发射开始 / 发射停止：设置粒子在场景中出现和停止的帧。

◇ 显示时限：指定所有粒子均将消失的帧（无论其他设置如何）。

◇ 寿命：设置每个粒子的寿命。

◇ 变化：指定每个粒子的寿命可以从标准值变化的帧数。

◇ 子帧采样：启用以下 3 个选项中的任意一个后，可以通过较高的子帧分辨率对粒子进行采样，有助于避免粒子“膨胀”。

◇ 创建时间：允许向防止随时间发生膨胀的运动等式添加时间偏移。

◇ 发射器平移：如果基于对象的发射器在空间中移动，在沿着可渲染位置之间的几何体路径的位置上以整数倍数创建粒子。

◇ 发射器旋转：如果旋转发射器，启用该选项可以避免膨胀，并产生平滑的螺旋形效果。

④“粒子大小”组

◇ 大小：根据粒子的类型指定系统中所有粒子的目标大小。

◇ 变化：设置每个粒子的大小可以从标准值变化的百分比。

◇ 增长耗时：设置粒子从很小增长到“大小”值经历的帧数。

◇ 衰减耗时：设置粒子在消亡之前缩小到其“大小”值的 1/10 所经历的帧数。

⑤“唯一性”组

◇ “新建”按钮：随机生成新的种子值。

◇ 种子：设置特定的种子值。

12.6.3 “粒子类型”卷展栏

展开“粒子生成”卷展栏，其命令参数如图 12-84 所示。

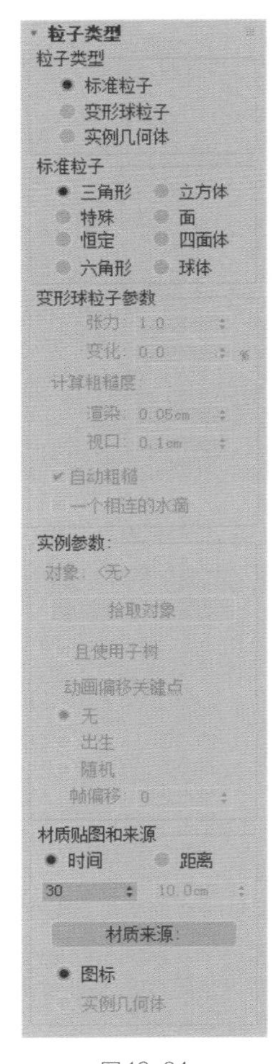

图 12-84

工具解析

①“粒子类型”组

◇ 标准粒子：使用几种标准粒子类型中的一种，如三角形、立方体、四面体等。

◇ 变形球粒子：使用变形球粒子。这些变形球粒子是以水滴或粒子流形式混合在一起的。

◇ 实例几何体：生成粒子后，这些粒子可以是对象、对象链接层次或组的实例。

②“标准粒子”组

◇ 三角形 / 立方体 / 特殊 / 面 / 恒定 / 四面体 / 六角形 / 球体：如果在“粒子类型”选项组中选择了“标准粒子”，则可以在此指定一种粒子类型。

③“变形球粒子参数”组

◇ 张力：确定有关粒子与其他粒子混合倾向的紧密度。张力越大，聚集越难，合并也越难。

◇ 变化：指定张力效果变化的百分比。

◇ 计算粗糙度：指定计算变形球粒子解决方案的精确程度。

◇ 渲染：设置渲染场景中的变形球的粗糙度。

◇ 视口：设置视口显示的粗糙度。

◇ 自动粗糙：如果启用该选项，则将根据粒子大小自动设置渲染的粗糙度。

◇ 一个相连的水滴：如果关闭该选项，则将计算所有粒子；如果启用该选项，则仅计算和显示彼此相连或邻近的粒子。

④“实例参数”组

◇ “拾取对象”按钮：单击该按钮后，在视图中可以选择要作为粒子使用的对象。

◇ 且使用子树：如果要将拾取的对象的链接子对象包括在粒子中，则启用此选项。

◇ 动画偏移关键点：因为可以为实例对象设置动画，此处的选项可以指定粒子的动画计时。

◇ 无：所有粒子的动画的计时均相同。

◇ 出生：指定第 1 个出生的粒子为粒子出生时源对象当前动画的实例。

◇ 随机：当“帧偏移”设置为“0”时，此选项等同于“无”。否则，每个粒子出生时使用的动画都将与源对象出生时使用的动画相同。

◇ 帧偏移：指定从源对象的当前计时的偏移值。

⑤“材质贴图和来源”组

◇ 时间：指定从粒子出生开始完成粒子的一个贴图所需的帧数。

◇ 距离：指定从粒子出生开始完成粒子的一个贴图所需的距离。

◇ “材质来源”按钮：使用此按钮下面的选项按钮指定的来源，更新粒子系统携带的材质。

◇ 图标：粒子使用当前为粒子系统图标指定的材质。

◇ 实例几何体：粒子使用为实例几何体指定的材质。

12.6.4 “旋转和碰撞”卷展栏

展开“旋转和碰撞”卷展栏，其命令参数如图12-85所示。

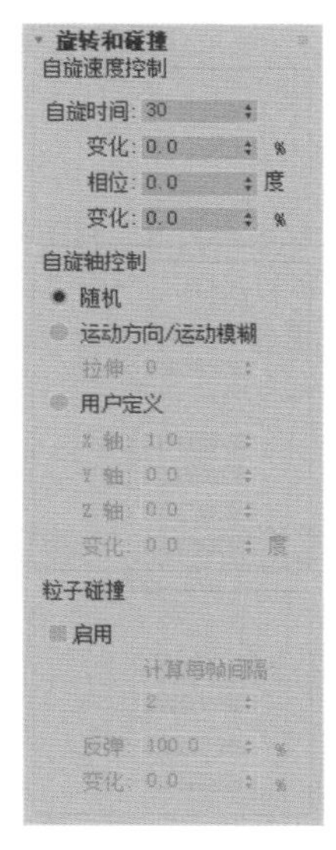

图12-85

工具解析

①“自旋速度控制”组

◇ 自旋时间：设置粒子一次旋转的帧数。如果设置为“0”，则不进行旋转。

◇ 变化：设置自旋时间的变化的百分比。

◇ 相位：设置粒子的初始旋转。

②“自旋轴控制”组

◇ 随机：每个粒子的自旋轴是随机的。

◇ 运动方向 / 运动模糊：围绕由粒子移动方向形成的向量旋转粒子。

◇ 拉伸：如果设置值大于 0，则粒子根据其速度沿运动轴拉伸。

◇ X/Y/Z 轴：分别指定 x、y 或 z 轴的自旋向量。

◇ 变化：每个粒子的自旋轴可以从指定的 x、y 和 z 轴设置变化的量。

③“粒子碰撞”组

◇ 启用：在计算粒子移动时启用粒子间碰撞。

◇ 计算每帧间隔：设置每个渲染间隔的间隔数，期间进行粒子碰撞测试。

◇ 反弹：设置在碰撞后速度恢复到的程度。

◇ 变化：设置应用于粒子的反弹值的随机变化百分比。

12.6.5 “对象运动继承”卷展栏

展开“对象运动继承”卷展栏，其命令参数如图

12-86 所示。

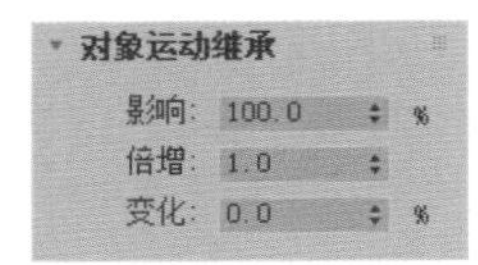

图12-86

工具解析

◇ 影响：设置在粒子产生时，继承基于对象的发射器的运动粒子所占的百分比。
◇ 倍增：设置发射器运动影响粒子运动的量。此设置可以是正数，也可以是负数。
◇ 变化：设置倍增值变化的百分比。

12.6.6 “气泡运动”卷展栏

展开“气泡运动”卷展栏，其命令参数如图 12-87 所示。

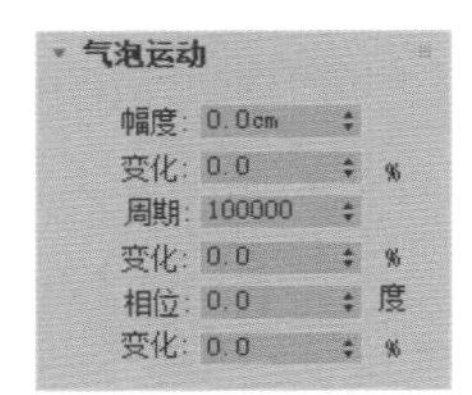

图12-87

工具解析

◇ 幅度：设置粒子离开通常的速度矢量的距离。
◇ 变化：设置每个粒子所应用的振幅变化的百分比。
◇ 周期：设置粒子通过气泡“波”的一个完整振动的周期。建议的值为 20 到 30 个时间间隔。
◇ 变化：设置每个粒子的周期变化的百分比。
◇ 相位：设置气泡图案沿着初始矢量的置换角度。
◇ 变化：设置每个粒子的相位变化的百分比。

12.6.7 “粒子繁殖”卷展栏

展开“粒子繁殖”卷展栏，其命令参数如图 12-88 所示。

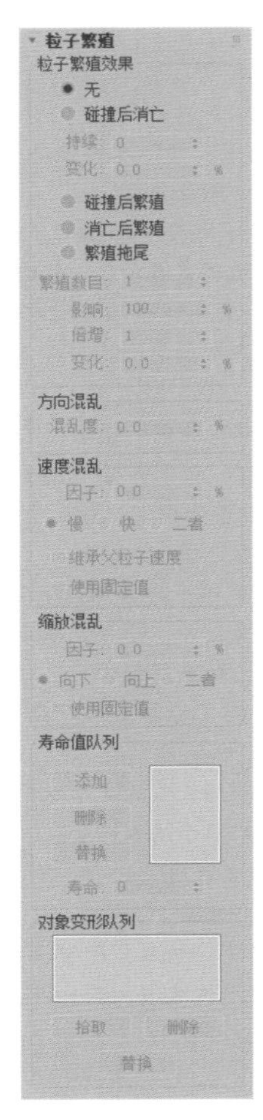

图12-88

工具解析

①“粒子繁殖效果”组
◇ 无：不使用任何繁殖控件，粒子按照正常方式活动。
◇ 碰撞后消亡：粒子在碰撞到绑定的导向器时消失。
持续：设置粒子在碰撞后持续的寿命（帧数）。
变化：当“持续”大于 0 时，每个粒子的“持续”值将各有不同。使用此选项可以“羽化”粒子密度的逐渐衰减。
◇ 碰撞后繁殖：在与绑定的导向器碰撞时产生繁殖效果。
◇ 消亡后繁殖：在每个粒子的寿命结束时产生繁殖效果。
◇ 繁殖拖尾：在现有粒子寿命的每个帧中，从相应粒子繁殖粒子。
◇ 繁殖数目：设置除原粒子以外的繁殖数。例如，如果此选项设置为 1，并在消亡时繁殖，则每个粒子超过原寿命后繁殖一次。
◇ 影响：指定将繁殖的粒子的百分比。
◇ 倍增：倍增每个繁殖事件繁殖的粒子数。
◇ 变化：逐帧指定“倍增”值将变化的百分比范围。
②“方向混乱”组
◇ 混乱度：指定繁殖的粒子的方向可以从父粒子的方向变化的量。
③“速度混乱”组
◇ 因子：设置繁殖的粒子的速度相对于父粒子的速度

变化的百分比范围。

◇ 慢：随机应用速度因子，以减慢繁殖的粒子的速度。

◇ 快：根据速度因子随机加快粒子的速度。

◇ 二者：根据速度因子，有些粒子加快速度，有些粒子减慢速度。

◇ 继承父粒子速度：除了速度因子的影响外，繁殖的粒子还继承母体的速度。

◇ 使用固定值：将“因子”值作为设置值，而不是作为随机应用于每个粒子的1个范围。

④“缩放混乱”组

◇ 因子：为繁殖的粒子确定相对于父粒子的随机缩放百分比范围。

◇ 向下：根据“因子”的值随机缩小繁殖的粒子，使其小于父粒子。

◇ 向上：随机放大繁殖的粒子，使其大于父粒子。

◇ 使用固定值：将“因子”的值作为固定值，而不是值范围。

⑤“寿命值队列”组

◇ “添加”按钮 添加 ：将“寿命”微调器中的值加入列表窗口。

◇ “删除”按钮 删除 ：删除列表窗口中当前高亮显示的值。

◇ “替换”按钮 替换 ：可以使用“寿命”微调器中的值替换队列中的值。

◇ 寿命：使用此选项可以设置一个值，然后单击“添加”按钮 添加 将该值加入列表窗口。

⑥“对象变形队列”组

◇ “拾取”按钮 拾取 ：单击此选项，然后在视口中选择要加入列表的对象。

◇ “删除”按钮 删除 ：删除列表窗口中当前高亮显示的对象。

◇ “替换”按钮 替换 ：使用其他对象替换队列中的对象。

12.6.8 “加载/保存预设”卷展栏

展开“加载/保存预设”卷展栏，其命令参数如图12-89所示。

图12-89

工具解析

◇ 预设名：可以定义设置名称的可编辑字段。单击“保存”按钮保存预设名。

◇ 保存预设：包含所有保存的预设名。

◇ “加载”按钮：加载“保存预设”文本框列表中当前高亮显示的预设。此外，在列表中双击预设名可以加载预设。

◇ “保存”按钮：保存“预设名”字段中的当前名称并放入“保存预设”文本框内。

◇ “删除”按钮：删除“保存预设”文本框中的选定项。

提示 “粒子系统”里的“暴风雪”粒子、“粒子阵列”粒子和“粒子云”粒子内的参数与“超级喷射”粒子极其相似，故不再重复讲解。

12.7 空间扭曲

“空间扭曲”是一类非常特殊的对象，主要包含了力、导向器等一系列用于对粒子系统及几何体的形态及运动产生影响的无形对象。

12.7.1 力

在3ds Max 2018中，有一类可以作用于粒子系统力学计算的特殊对象，就是“力”。将“创建”面板切换至“空间扭曲”，即可找到这些力学对象，如图12-90所示。

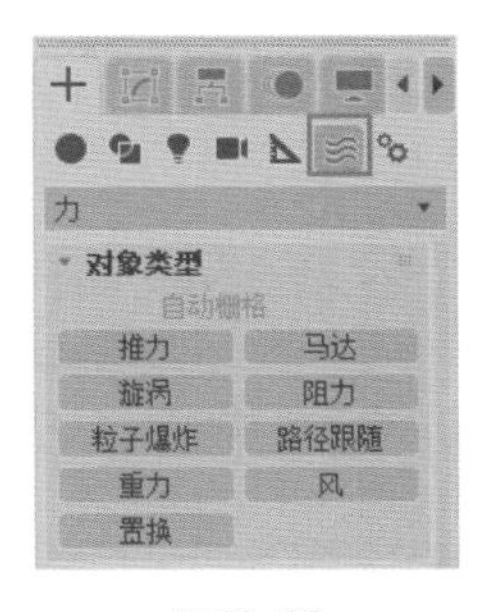

图12-90

工具解析

◇ 推力：用于对粒子系统产生均匀的单向力。

◇ 马达：根据自身图标的位置和方向来产生影响粒子运动的马达力。

◇ 漩涡：用于创建使得粒子进行漩涡移动的力学，常常被用来模拟黑洞、龙卷风等特殊动画效果。

◇ 阻力：是一种在指定范围内按照指定量来降低粒子

速率的粒子运动阻尼器。

◇ 粒子爆炸：能创建一种使粒子系统爆炸的冲击波。
◇ 路径跟随：可以强制粒子沿螺旋形路径运动。
◇ 重力：用于模拟自然界的重力效果计算。
◇ 风：用于模拟自然界中的风力效果计算。
◇ 置换：以力场的形式推动和重塑对象的几何外形。

12.7.2 导向器

"导向器"的作用主要在于使得粒子系统的运动路径产生偏移。3ds Max 2018 为用户提供了 6 种不同类型的导向器，如图 12-91 所示。

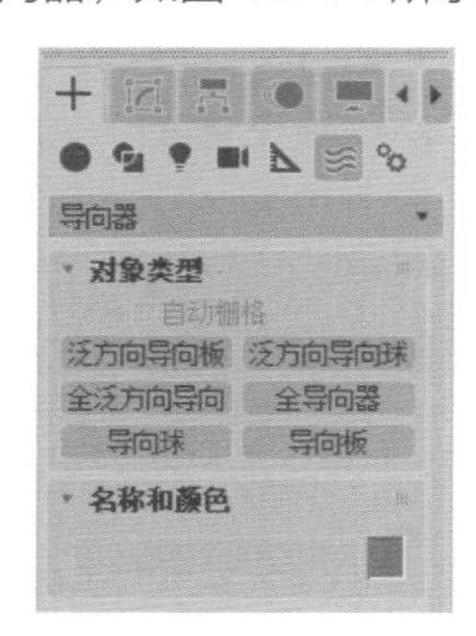

图 12-91

工具解析

◇ 泛方向导向板：空间扭曲的一种平面泛方向导向器类型。它能提供比原始导向器空间扭曲更强大的功能，包括折射和繁殖能力。
◇ 泛方向导向球：空间扭曲的一种球形泛方向导向器类型。
◇ 全泛方向导向：该空间扭曲使用户能够使用其他任意几何对象作为粒子导向器。导向是精确到面的，所以几何体可以是静态的、动态的，也可以是随时间变形或扭曲的。
◇ 全导向器：可以使用任意对象来进行全导向计算。
◇ 导向球：使用球形来进行粒子导向运动计算。
◇ 导向板：使用平面来进行粒子导向运动计算。

12.8 技术实例

12.8.1 实例：制作草丛摆动动画

本实例详细讲解了如何使用粒子系统来制作一片草丛随风摆动的动画，最终渲染动画序列如图 12-92 所示。

扫码看视频

图 12-92

（1）启动 3ds Max 2018 软件，打开本书附带的配套资源文件"草地 .max"，里面有 3 棵小草的模型，如图 12-93 所示。

（2）在制作草丛的整体动画之前，先来制作单棵小草的抖动动画。选择场景中的任意一个小草模型，在"修改"面板中为其添加"弯曲"修改器，如图 12-94 所示。

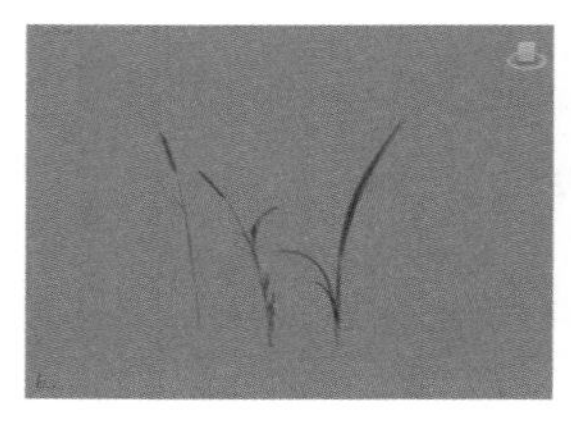

图 12-93　图 12-94

（3）将光标放置于"修改"面板中"弯曲"修改器的"角度"参数上，单击鼠标右键，在弹出的快捷菜单中选择并执行"在轨迹视图中显示"命令，如图 12-95 所示。在"选定对象"面板中将显示出"角度"参数，如图 12-96 所示。

（4）将光标移动至"选定对象"面板中的"角度"参数上，单击鼠标右键，在弹出的快捷菜单中选择并执行"指定控制器"命令，如图 12-97 所示。在弹出的"指定浮点控制器"对话框中，选择"噪波浮点"命令，如图 12-98 所示。

（5）将"角度"参数设置为"噪波浮点"动画控制器后，系统会自动弹出"噪波控制器"对话框。在该对话框中，将"频率"的值设置为"0.1"，降低小草抖动的动画频率，将"强度"的值设置为"30"，并勾选">0"选项，如图 12-99 所示。

图12-95

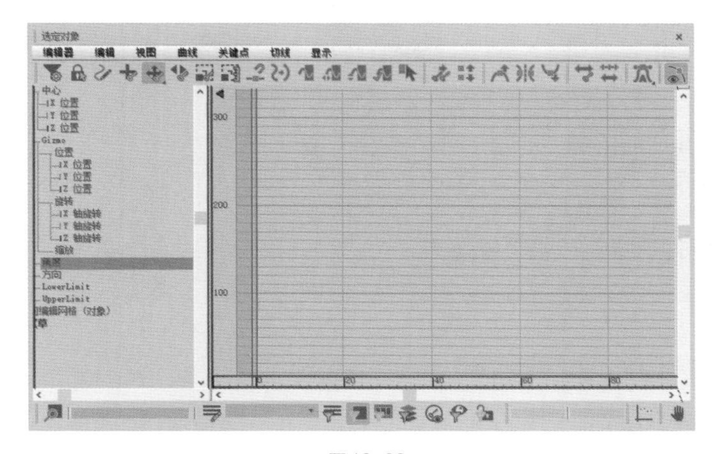

图12-96

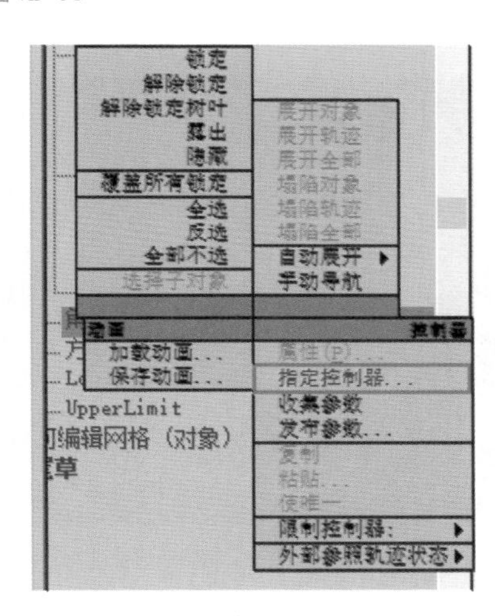

图12-97

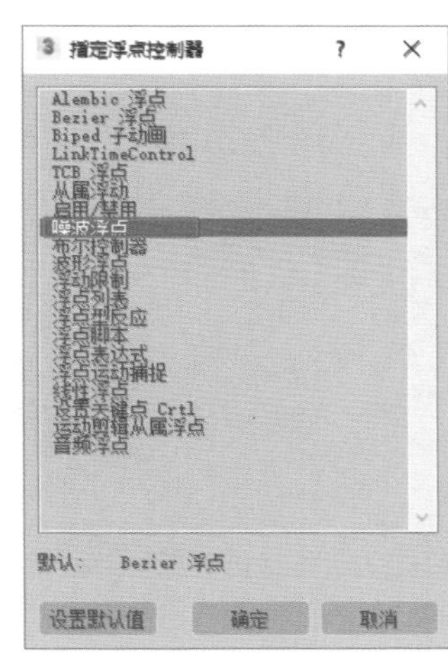

图12-98

（6）设置完成后的“角度”动画曲线如图 12-100 所示。

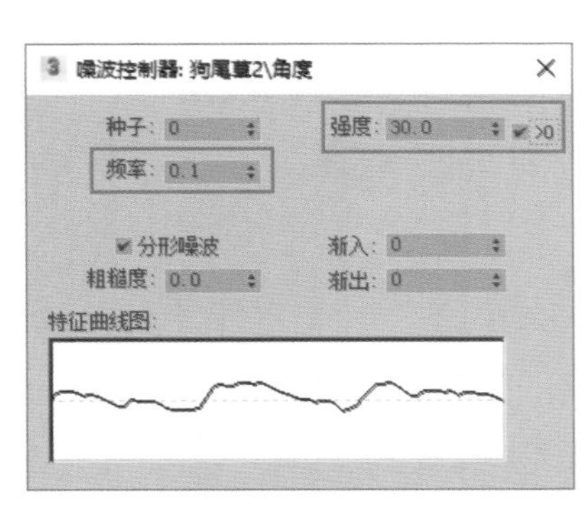

图12-99

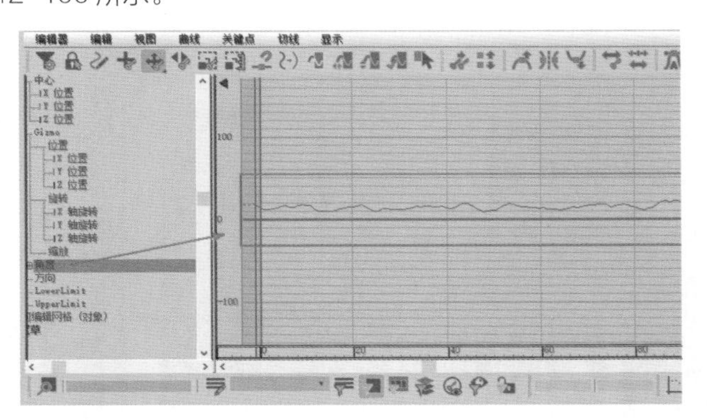

图12-100

（7）关闭“轨迹视图”面板，拖动“时间滑块”，可以看到小草的抖动动画已经制作完成。该动画没有使用关键点设置技术，只是使用了“噪波浮点”动画控制器就可以完成制作。

（8）以同样的步骤为场景中的另外 2 棵小草模型进行抖动动画设置，完成小草模型的基本动画制作。

（9）执行菜单栏“图形编辑器 / 粒子视图”命令，打开“粒子视图”面板，如图 12-101 所示。

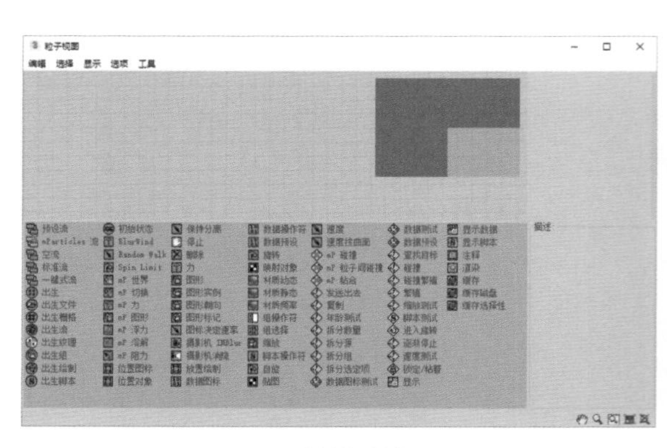

图12-101

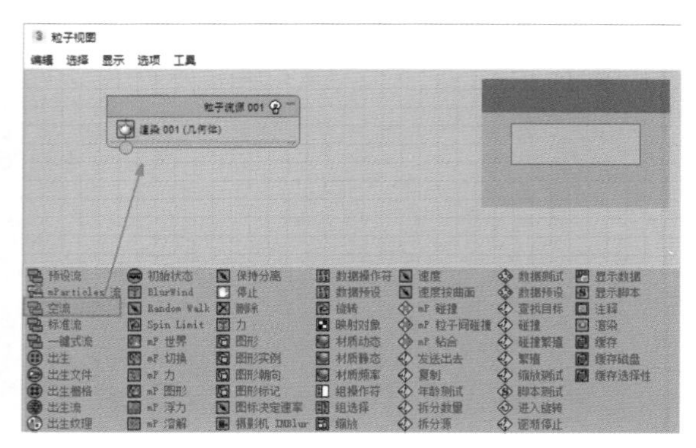

图12-102

（10）在“仓库”中选择“空流”操作符，并以拖曳的方式将其添加至“工作区”中，如图12-102所示。在场景中会自动生成粒子流的图标，如图12-103所示。

（11）选择场景中的粒子流图标，在“修改”面板中，调整其“长度”值为“200”，“宽度”值为“200”，如图12-104所示。

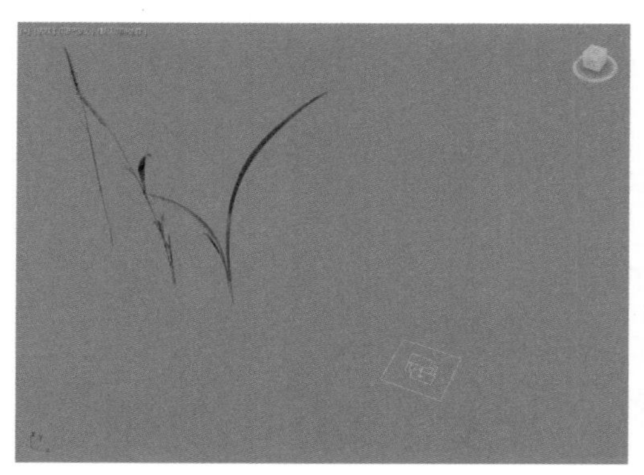

图12-103

图12-104

（12）在“粒子视图”面板的“仓库”中，选择“出生”操作符，以拖曳的方式将其放置于“工作区”中作为“事件001”，并将其连接至“粒子流源001”上，如图12-105所示。

（13）选择“出生”操作符，设置其“发射停止”的时间是“0”帧，如图12-106所示。

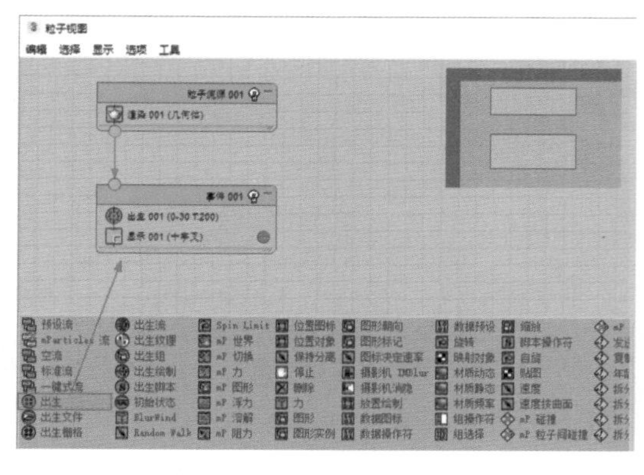

图12-105

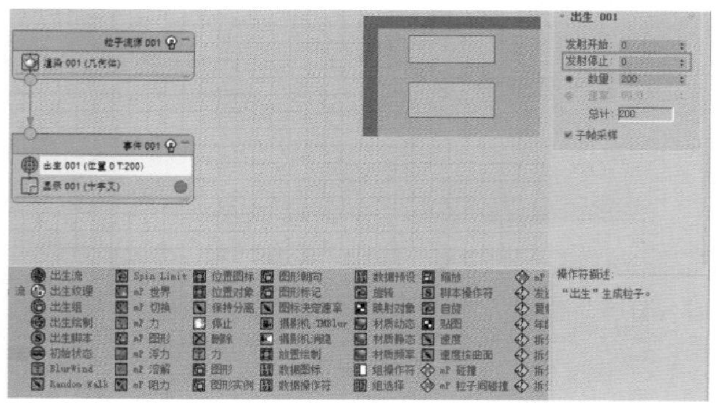

图12-106

（14）在“粒子视图”面板的“仓库”中，选择“位置图标”操作符，以拖曳的方式将其放置于“工作区”中的“事件001”中，将粒子的位置设置在场景中的粒子流图标上，如图12-107所示。

（15）在“粒子视图”面板的“仓库”中，选择“拆分数量”操作符，以拖曳的方式将其放置于“工作区”中的“事件 001”中，如图 12-108 所示。

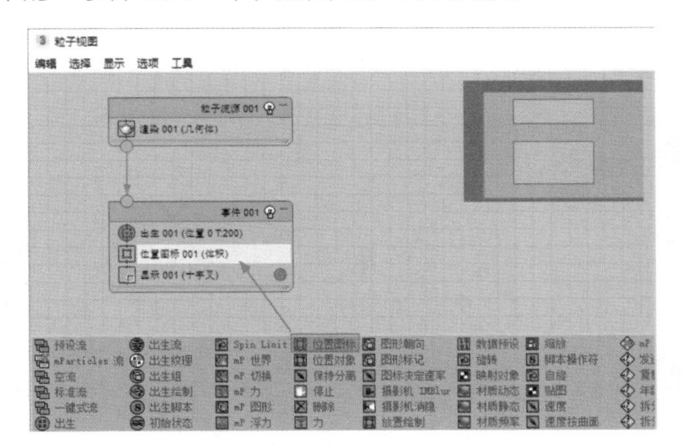

图 12-107

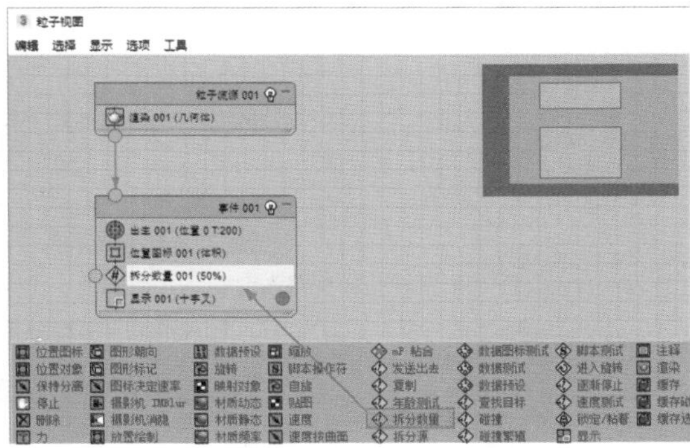

图 12-108

（16）在“粒子视图”面板的“仓库”中，选择“图形实例”操作符，以拖曳的方式将其放置于“工作区”中作为“事件 002”，并将其连接至“事件 001”上的“拆分数量 001”操作符上，如图 12-109 所示。

（17）选择“显示 002”操作符，设置其“类型”的选项为“几何体”，如图 12-110 所示。

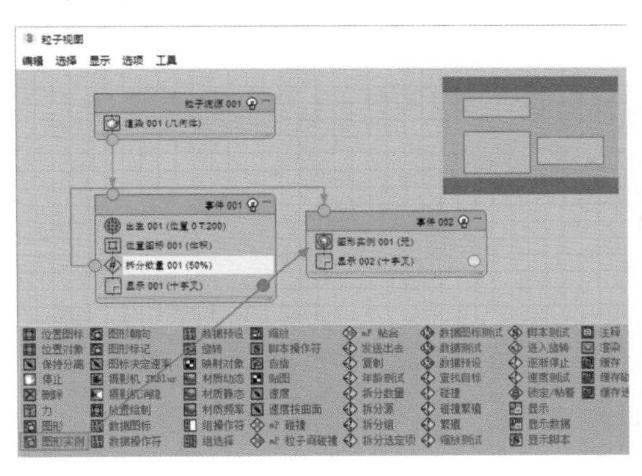

图 12-109

图 12-110

（18）选择“图形实例 001”操作符，设置场景中的小草叶子模型作为“粒子几何体对象”，并设置其“变化”的值为“30”，使得粒子的大小产生一些随机的变化。勾选“动画图形”选项，使得粒子不但继承叶片模型的形状，还继承叶片之前所设置的抖动动画。在“动画偏移关键点”组中，勾选“随机偏移”选项，使得每个粒子的动画关键帧产生一点偏移，得到更加随机的运动效果，如图 12-111 所示。设置完成后，场景中的粒子显示效果如图 12-112 所示。

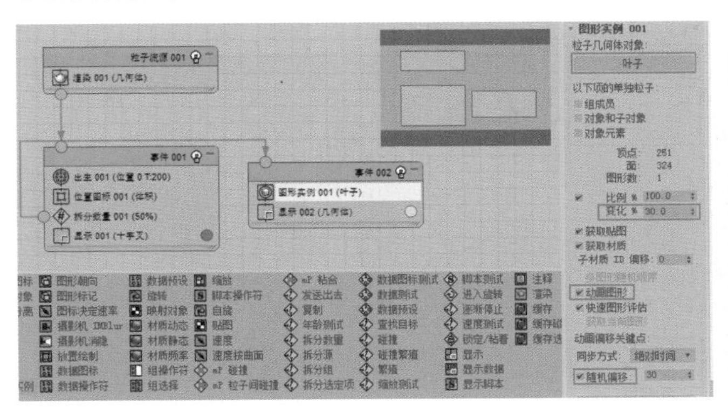

图 12-111

图 12-112

（19）观察场景，可以看到当前粒子的方向都是一致的，这使得生成的草丛叶片模型显得过于规整，不太自然。在“粒子视图”面板的“仓库”中，选择“旋转”操作符，以拖曳的方式将其放置于“工作区”中的“事件002”中，并设置“方向矩阵”的选项为“随机水平”，“散度”的值为“15”，如图12-113所示。这样，叶片将会在水平方向上产生随机的变化，如图12-114所示。

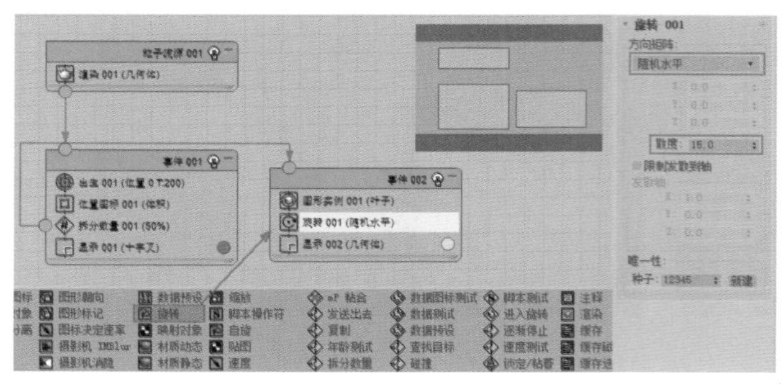

图12-113

图12-114

（20）在“粒子视图”面板的“仓库”中，选择“拆分数量”操作符，以拖曳的方式将其放置于“工作区”中的“事件001”中的“拆分数量001”操作符下面，并设置“比率”的值为“30”，如图12-115所示。

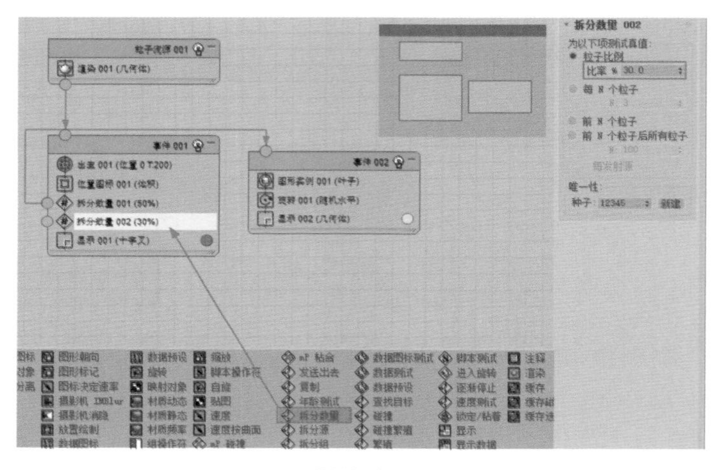

图12-115

（21）选择“事件002”，对其进行复制、粘贴操作，得到“事件003”，并将其与“事件001”中的“拆分数量002”进行连线设置，并设置“图形实例002”的“粒子几何体对象”为场景中的“狗尾草1”模型，如图12-116所示。设置完成后，草地的形态如图12-117所示。

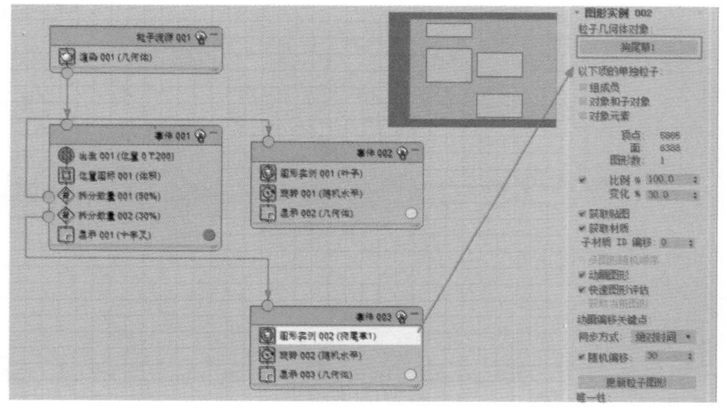

图12-116

图12-117

（22）在“粒子视图”面板的“仓库”中，选择“发送出去”操作符，以拖曳的方式将其放置于“工作区”中的“事件 001”中的“拆分数量 002”操作符下面，如图 12-118 所示。

（23）再次对“事件 002”进行复制、粘贴操作，得到“事件 004”，将其与“事件 001”中的“发送出去 001”操作符进行连线设置，并将“图形实例 003”中的“粒子几何体对象”设置为场景中的“狗尾草 2”模型，如图 12-119 所示。设置完成后，草地的形态如图 12-120 所示。

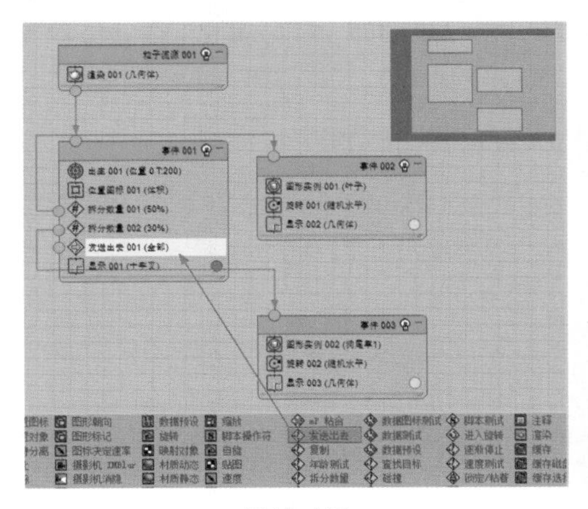
图 12-118

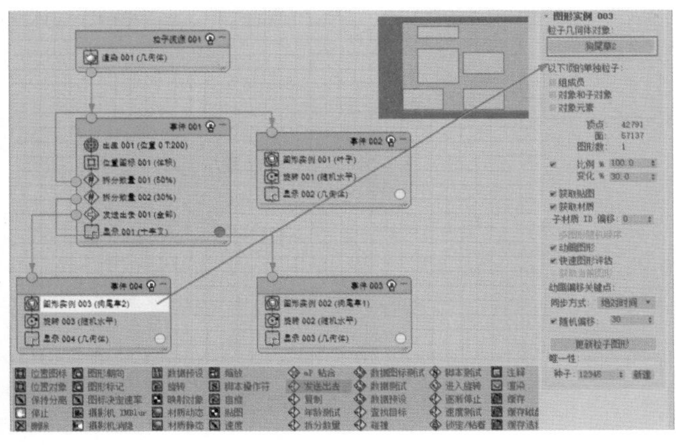
图 12-119

（24）拖动场景中的“时间滑块”，观察场景动画。可以看到当前使用粒子系统制作完成的草地由 3 种模型所构成，并继承了每个模型之前所设置的抖动动画效果。由于之前对粒子系统设置了动画关键点的“随机偏移”，这些粒子的动画都会非常随机的错开一点儿，动画效果显得更加自然。

（25）整个动画设置完成后，单击“事件 001”中的“出生 001”操作符，设置“数量”的值为“600”，增加粒子的数量，如图 12-121 所示。

图 12-120

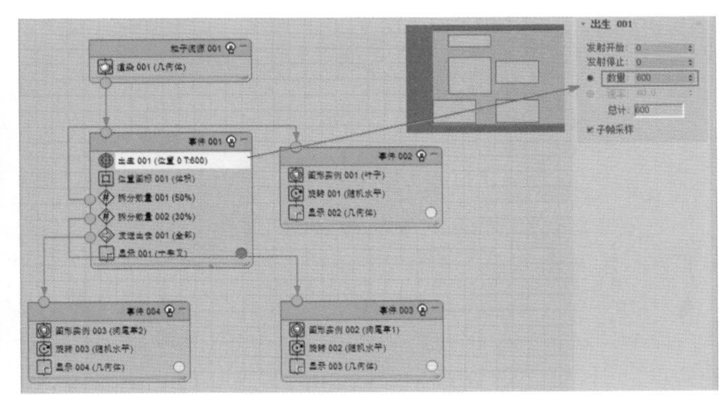
图 12-121

（26）本实例的最终动画效果如图 12-92 所示。

12.8.2　实例：制作树叶飘落动画

扫码看视频

本实例详细讲解了如何使用粒子系统来制作树叶被风吹落的特效动画，最终渲染动画序列如图 12-122 所示。

（1）启动 3ds Max 2018 软件，打开本书附带的配套资源文件“办公楼 .max”。文件里面有一栋办公楼的模型，并且场景中已经设置好了灯光、材质及摄影机，如图 12-123 所示。

（2）执行菜单栏“图形编辑器 / 粒子视图”命令，打开“粒子视图”面板，如图 12-124 所示。

图12-122

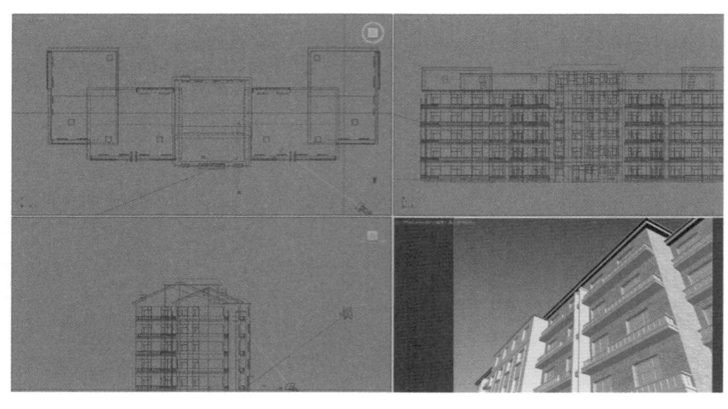

图12-123

（3）在“仓库”中选择“空流”操作符，并以拖曳的方式将其添加至“工作区”中，如图 12-125 所示。操作完成后，在“顶”视图中可以看到场景中会自动生成粒子流的图标，如图 12-126 所示。

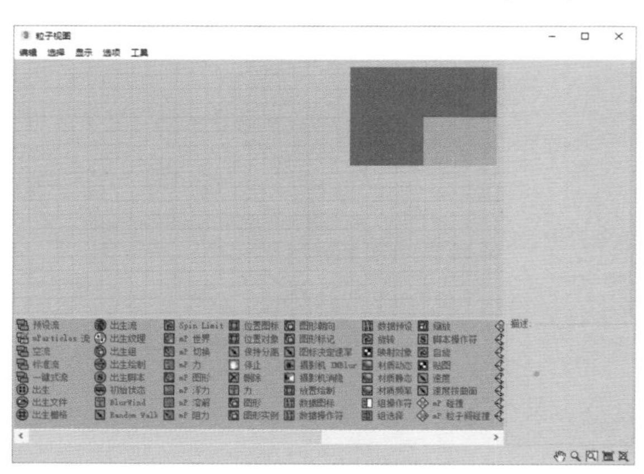

图12-124

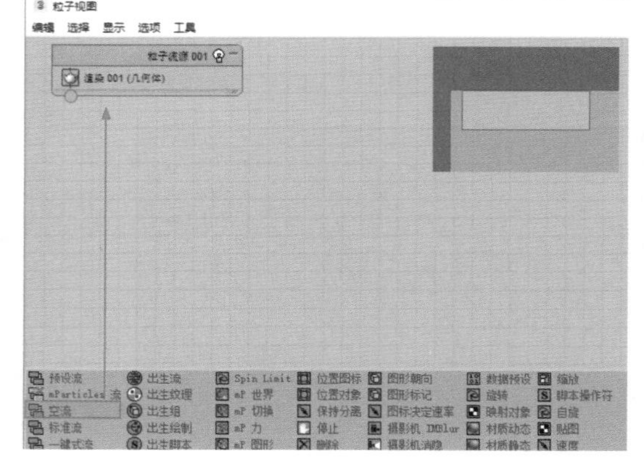

图12-125

（4）选择场景中的粒子流图标，在“修改”面板中，调整其“长度”值为“100”，“宽度”值为“200”，并调整粒子流的图标至图 12-127 所示处。

（5）在“粒子视图”面板的“仓库”中，选择“出生”操作符，以拖曳的方式将其放置于“工作区”中作为“事件 001”，并将其连接至“粒子流源 001”上，如图 12-128 所示。

（6）选择“出生 001”操作符，设置其“发射开始”的值为“0”，“发射停止”的值为“80”，“数量”的值为“50”，使得粒子在场景中从第 0 帧到第 80 帧之间共发

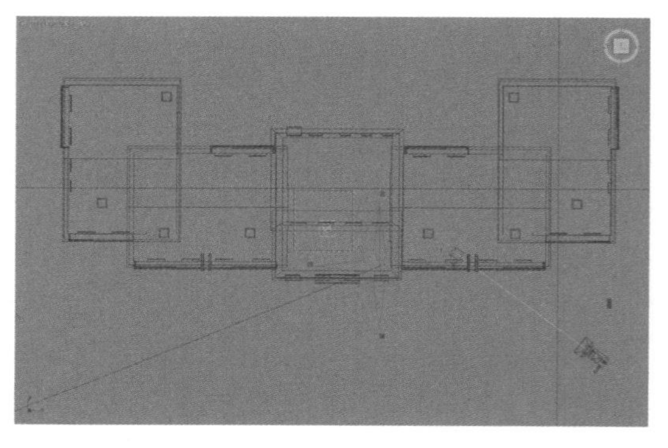

图12-126

射 50 个粒子，如图 12-129 所示。

（7）在“粒子视图”面板的“仓库”中，选择“位置图标”操作符，以拖曳的方式将其放置于“工作区”中的“事件 001”中，并将粒子的位置设置在场景中的粒子流图标上，如图 12-130 所示。

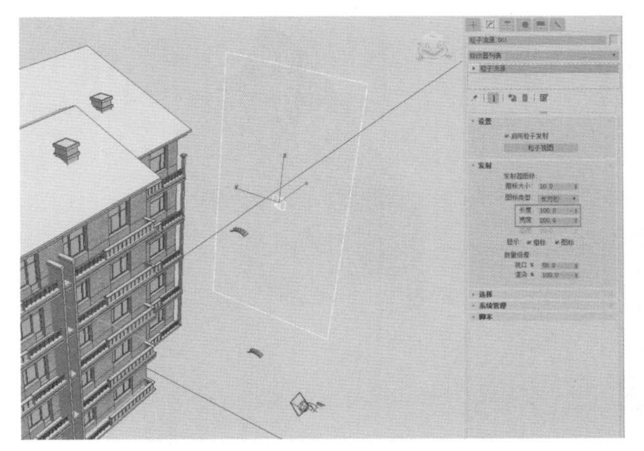

图 12-127

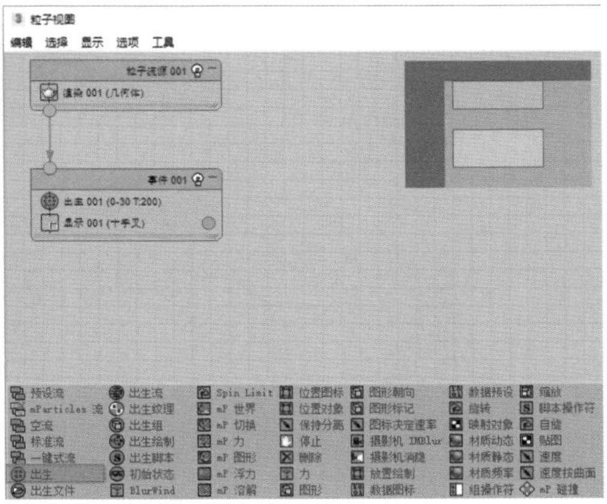

图 12-128

图 12-129

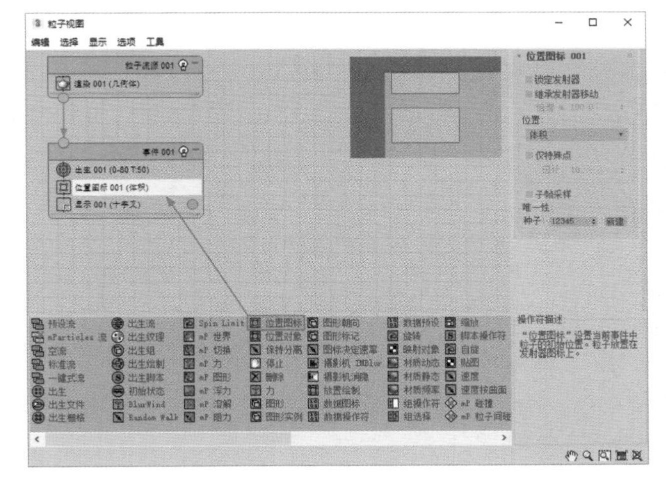

图 12-130

（8）在“粒子视图”面板的“仓库”中，选择“图形实例”操作符，以拖曳的方式将其放置于“事件 001”中，并将“粒子几何体对象”设置为场景中的叶片模型，如图 12-131 所示。

（9）单击“重力”按钮，在“透视”视图中任意位置处创建一个重力对象，如图 12-132 所示。

（10）在“修改”面板中，设置重力的“强度”值为“0.5”，使其对粒子的影响小一些，如图 12-133 所示。

（11）单击“风”按钮，在“透视”视图中任意位置处创建一个风对象，并调整风的旋转角度至如图 12-134 所示处。

（12）在“修改”面板中，设置风的“强度”值为“0.3”，“湍流”的值为“0.2”，“频率”的值为“0.1”，如图 12-135 所示。

（13）在“粒子视图”面板的“仓库”中，选择“力”操作符，以拖曳的方式将其放置于“事件 001”中，并将场景中的重力对象和风对象分别添加至“力空间扭曲”文本框内，设置其“影响”的值为“100”，如图 12-136 所示。

（14）拖动“时间滑块”，观察场景动画效果。可以看到粒子受到力学的影响已经开始从上往下缓慢飘落了，但是每个粒子的方向都是一样的，显得不太自然，如图 12-137 所示。

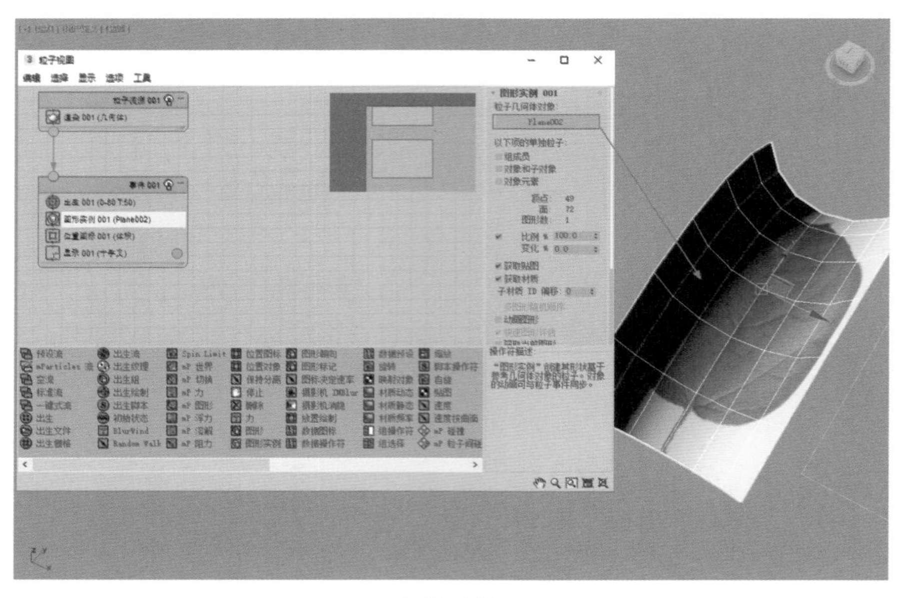

图12-131

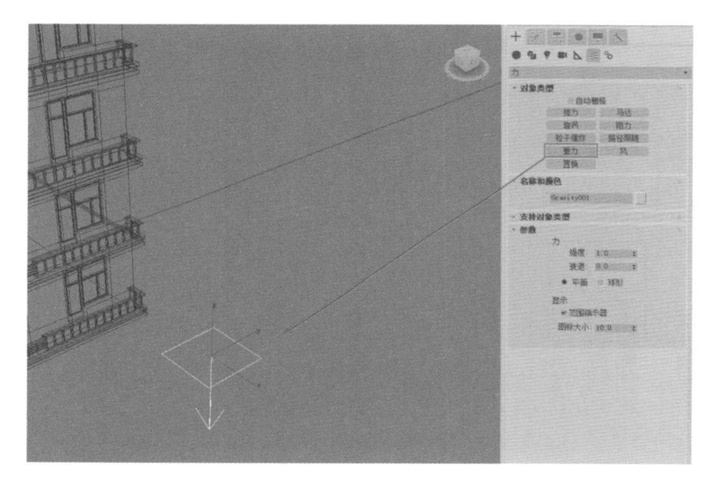

图12-132

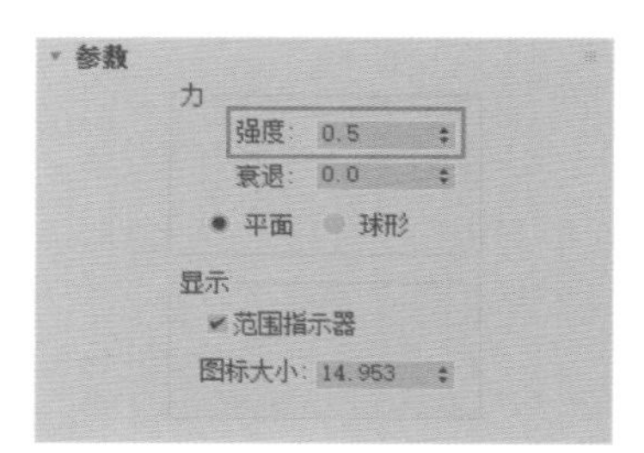

图12-133

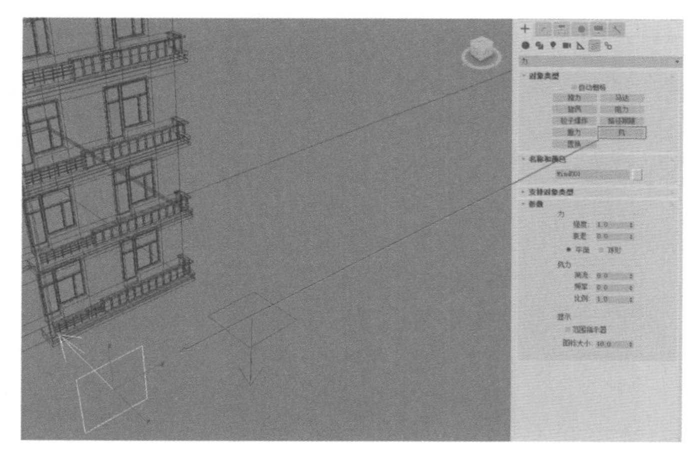

图12-134

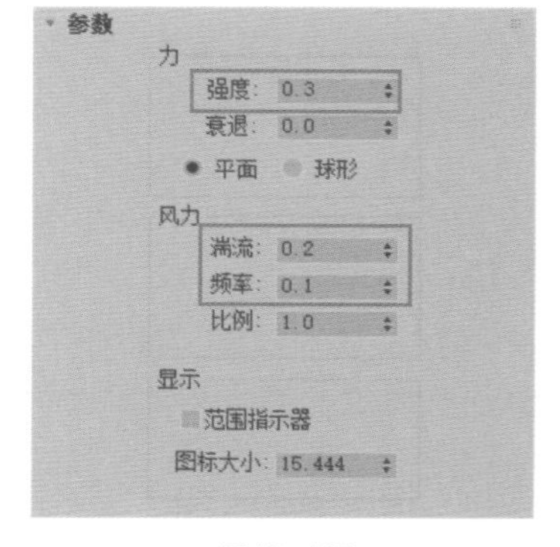

图12-135

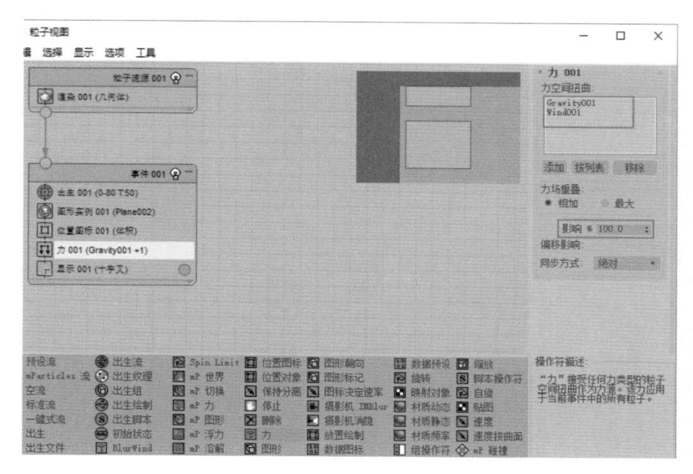

图 12-136

图 12-137

（15）在“粒子视图”面板的“仓库”中，选择“自旋”操作符，以拖曳的方式将其放置于“事件 001”中，如图 12-138 所示。

（16）再次拖动“时间滑块”，即可看到每个粒子的旋转方向都不一样了，如图 12-139 所示。

（17）本实例的最终动画完成效果如图 12-122 所示。

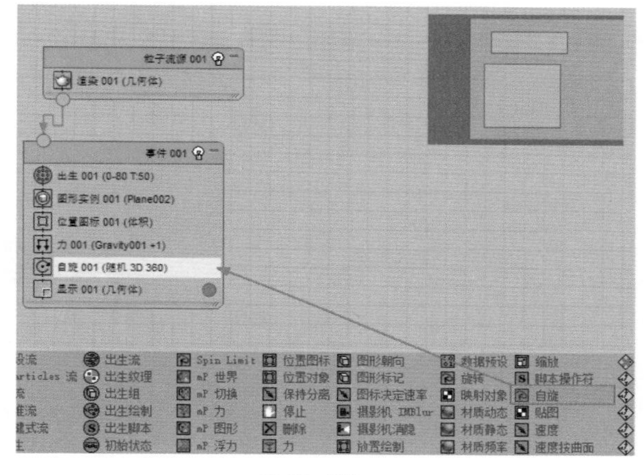

图 12-138

图 12-139

12.8.3　实例：制作吹散的文字特效

扫码看视频

本实例为读者详细讲解如何使用粒子系统来制作文字随风飘散的特效动画，最终渲染动画序列如图 12-140 所示。

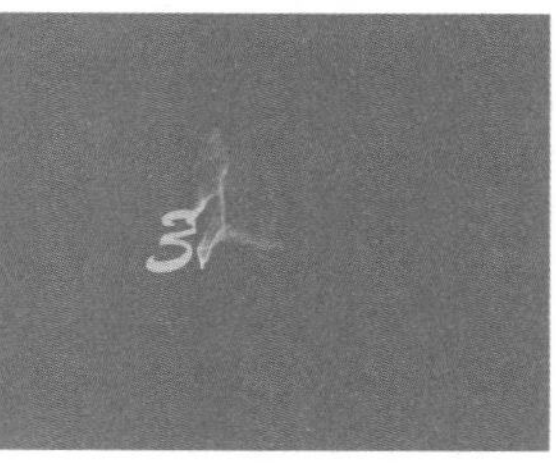

图 12-140

（1）启动 3ds Max 2018 软件，打开本书附带的配套资源文件“文字 .max”，里面有一个文字的三维模型，如图 12-141 所示。

图 12-141

（2）执行菜单栏“图形编辑器 / 粒子视图”命令，打开“粒子视图”面板，如图 12-142 所示。

（3）在“仓库”中选择“空流”操作符，并以拖曳的方式将其添加至“工作区”中，如图 12-143 所示。操作完成后，在“透视”视图中可以看到场景中会自动生成粒子流的图标，如图 12-144 所示。

（4）在“粒子视图”面板的“仓库”中，选择“出生”操作符，以拖曳的方式将其放置于“工作区”中作为“事件 001”，并将其连接至“粒子流源 001”上。设置“发射开始”的值为“0”,“发射停止”的值为“0”，“数量”的值为“1000”，使得场景中的粒子数量为 1000 个粒子，如图 12-145 所示。

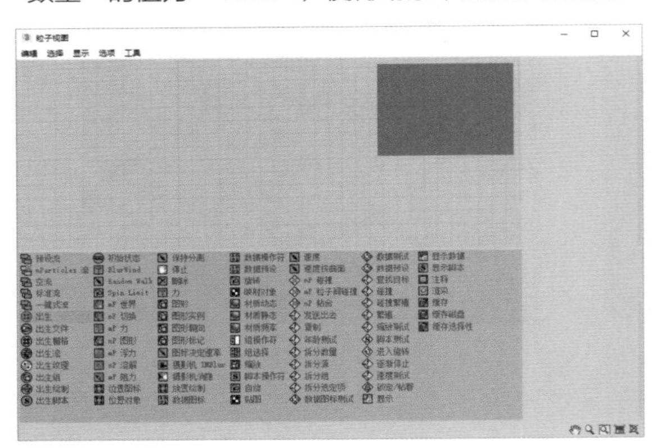

图 12-142

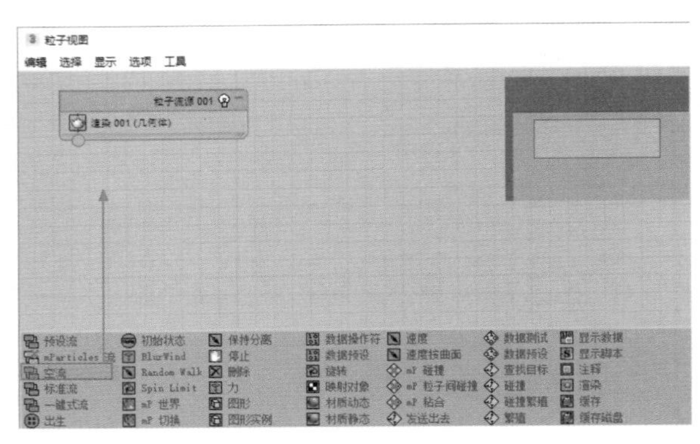

图 12-143

图 12-144

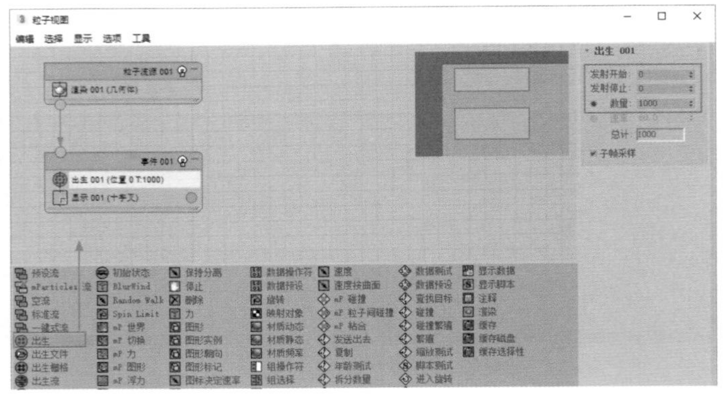

图 12-145

（5）在“粒子视图”面板的“仓库”中，选择“位置对象”操作符，以拖曳的方式将其放置于“事件001”中，并拾取场景中的文字模型作为粒子的“发射器对象”，如图 12-146 所示。设置完成后，在场景中可以看到文字模型上出现了大量的粒子，如图 12-147 所示。

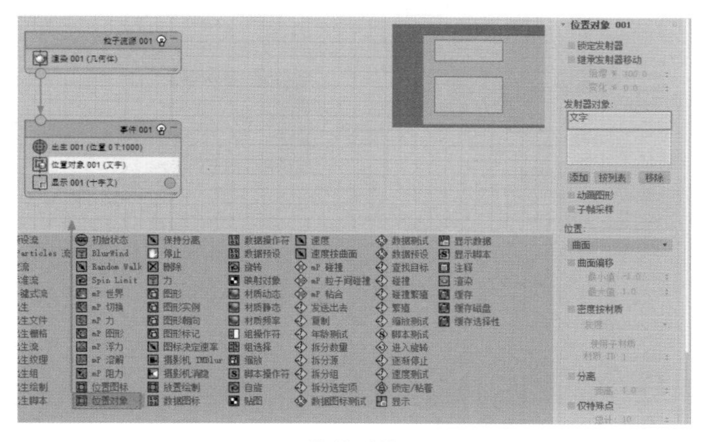

图12-146

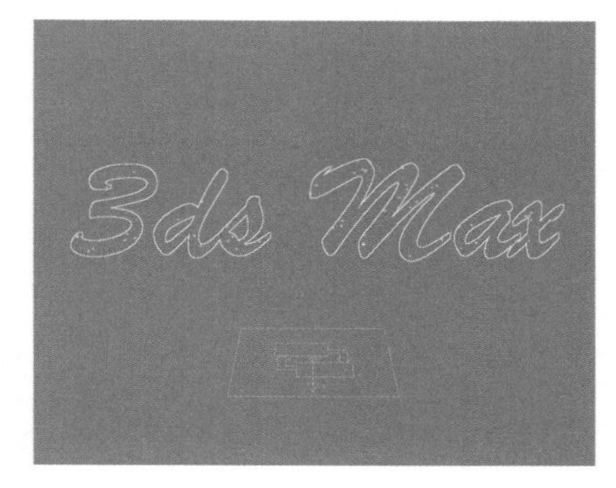

图12-147

（6）将“创建”面板切换至创建“空间扭曲”面板，单击“导向球”按钮，在“顶”视图中如图 12-148 所示位置创建一个导向球对象。

（7）在“修改”面板中，设置导向球的“反弹”值为“0”，“直径”的值为“2.45”，如图 12-149 所示。

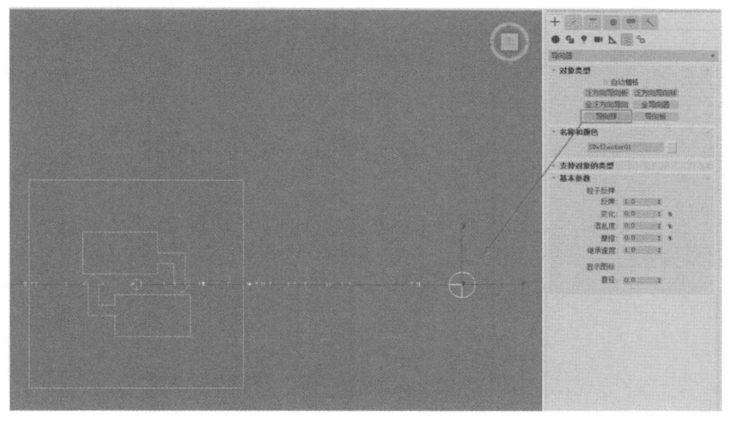

图12-148

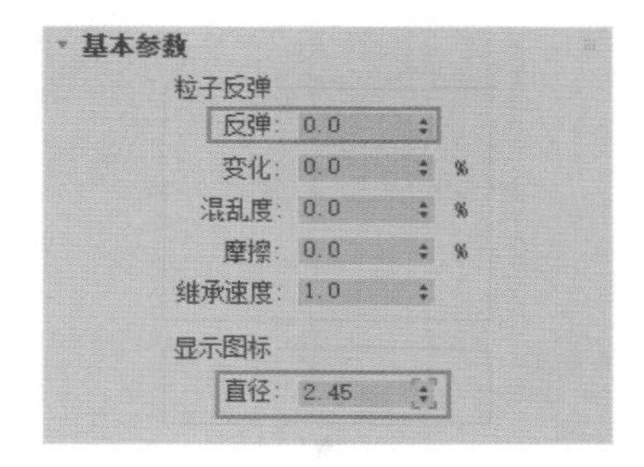

图12-149

（8）按下【N】键，开启“自动关键帧”功能。将“时间滑块”按钮移动到第 160 帧，在“修改”面板中，设置导向球的“直径”值为“111.648”，给导向球的直径属性设置动画关键帧，如图 12-150 所示。

（9）在“粒子视图”面板的“仓库”中，选择“碰撞”操作符，以拖曳的方式将其放置于“事件 001”中，并拾取场景中的导向球作为粒子的“导向器”，如图 12-151 所示。

（10）单击“风”按钮，在场景中创建一个风对象，并调整其旋转角度至图 12-152 所示程度。

（11）在“修改”面板中，设置风的“强度”值为“0.2”,“湍流”的值为“0.67”,“频率”的值为“0.2”,“比例”的值为“0.5”，如图 12-153 所示。

（12）在“粒子视图”面板的“仓库”中，选择“力”操作符，以拖曳的方式将其放置于“工作区”中作为新的“事件 002”，并拾取场景中的风作为粒子的“力空间扭曲”对象，如图 12-154 所示。

（13）在“粒子视图”面板的“仓库”中，选择“年龄测试”操作符，以拖曳的方式将其放置于“事件002”中，并设置年龄测试的方式为“事件年龄”，设置“测试值”为“8”，“变化”的值为“4”，如图 12-155 所示。

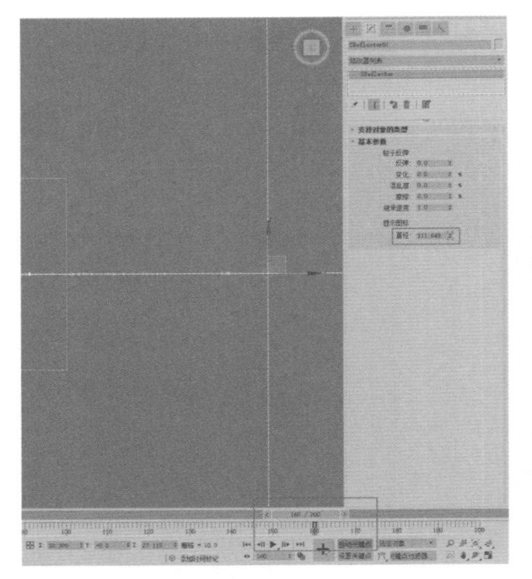

图12-150

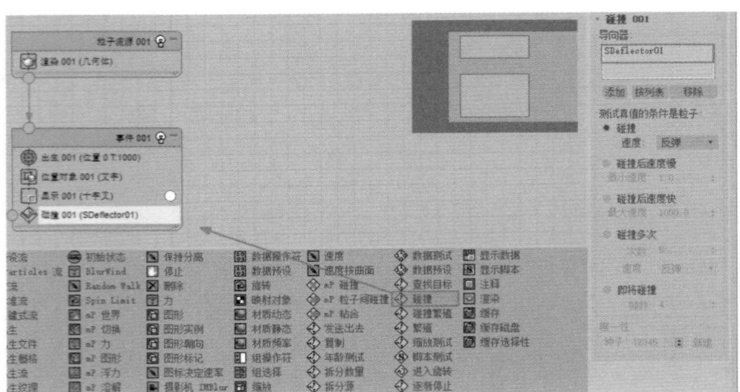

图12-151

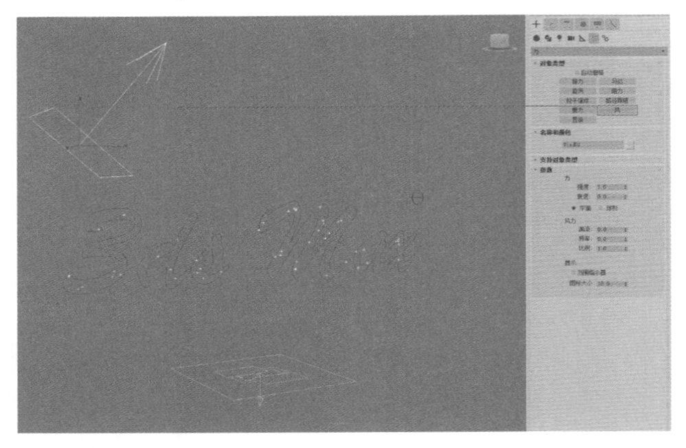

图12-152

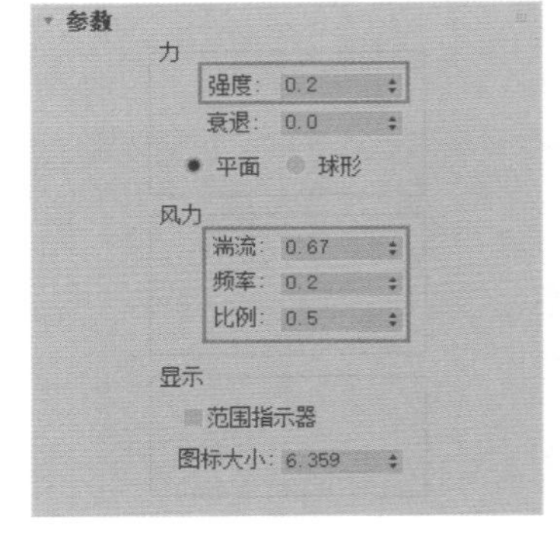

图12-153

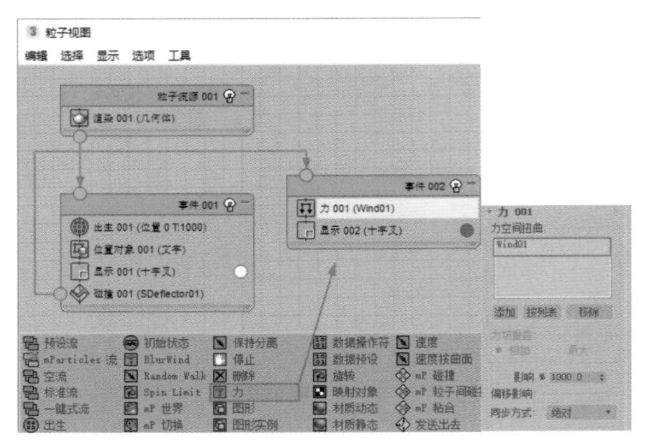

图12-154

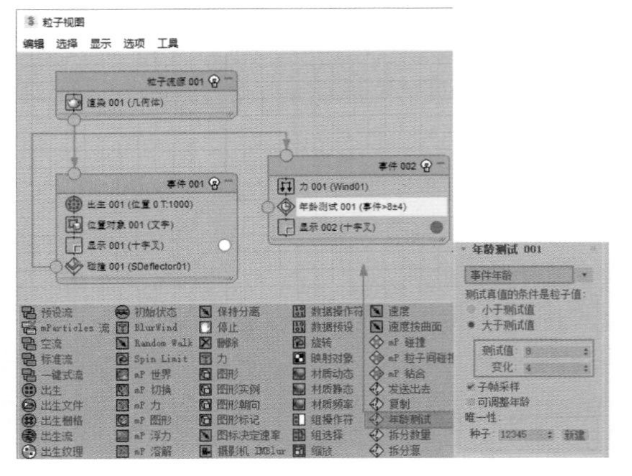

图12-155

（14）在“粒子视图”面板的“仓库”中，选择“删除”操作符，以拖曳的方式将其放置于“工作区”中作为新的“事件003”，并将其和“事件002”中的“年龄测试001”操作符进行连线操作，如图12-156所示。

（15）在“粒子视图”面板的“仓库”中，选择“图形”操作符，以拖曳的方式将其放置于“粒子流源 001”中，并设置粒子的形状为“四面体”，“大小”为“0.2”，如图 12-157 所示。

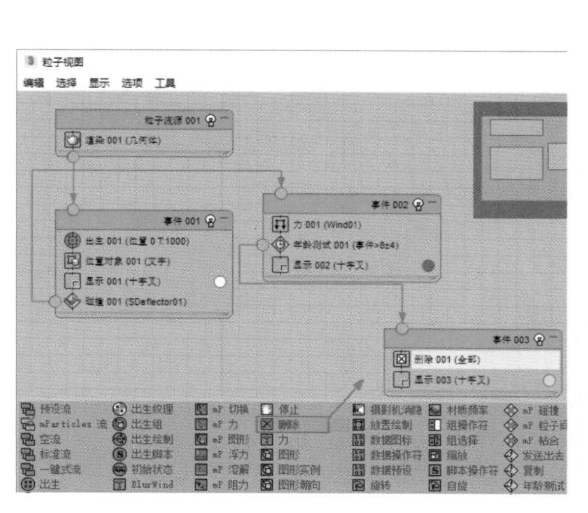

图12-156

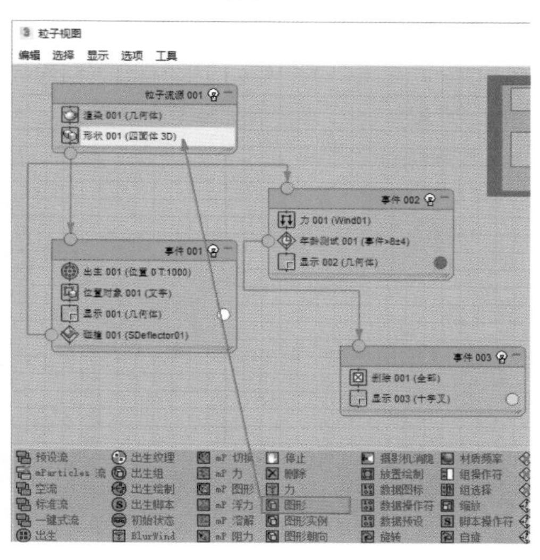

图12-157

（16）在“粒子视图”面板的“仓库”中，选择“材质静态”操作符，以拖曳的方式将其放置于“粒子流源 001”中，为粒子添加材质，如图 12-158 所示。

（17）按下【M】键，打开“材质编辑器”面板，选择一个空白材质球，设置其为 Standard surface 材质球，并设置 Specular 的值为“0”，如图 12-159 所示。

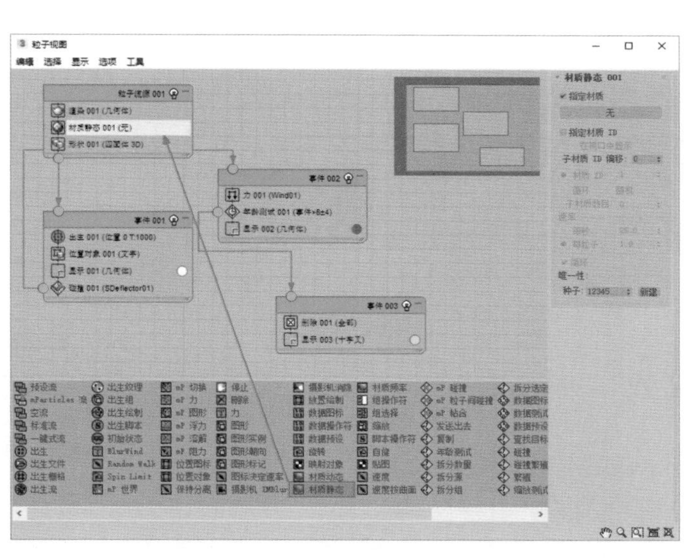

图12-158

图12-159

（18）将调试好的材质球以拖曳方式指定到“材质静态”操作符中，作为粒子的“指定材质”，如图 12-160 所示。

（19）单击“粒子流源 001”的标题栏，在“参数”面板中，设置粒子的“渲染”值为“10000”，并设置粒子数量的“上限”值为“10000000”，如图 12-161 所示。

（20）设置完成后，本实例的最终动画完成效果如图 12-140 所示。

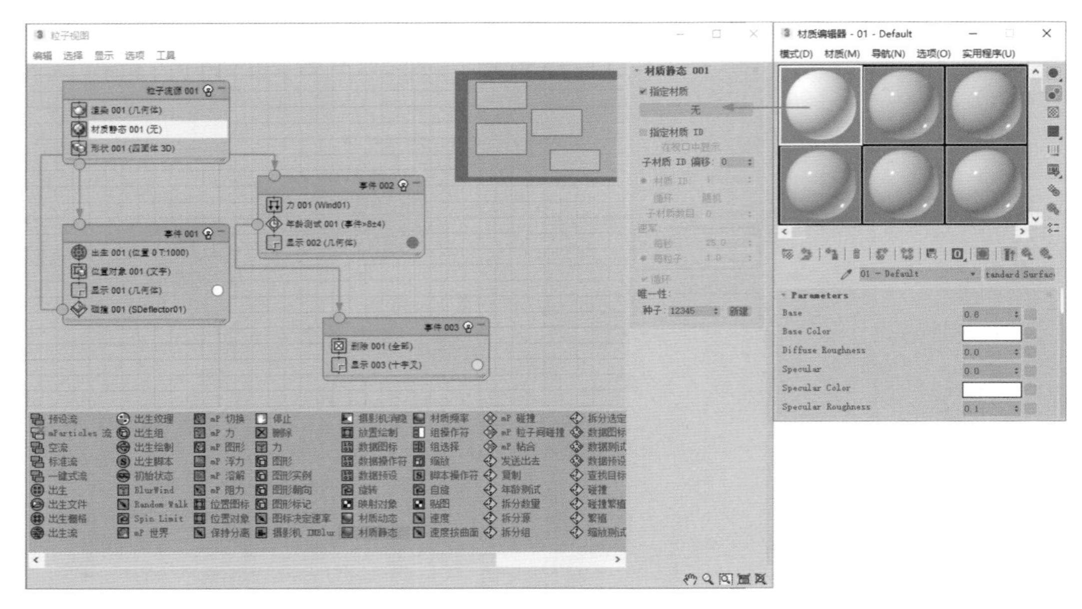

图12-160

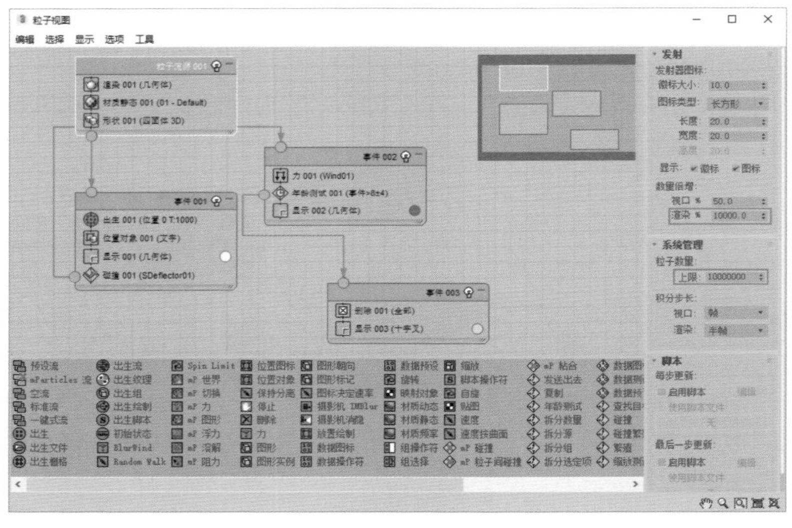

图12-161

12.8.4 实例：制作下雪动画特效

扫码看视频

本实例详细讲解了如何使用粒子系统来制作下雪的特效动画，最终渲染动画序列如图 12-162 所示。

图12-162

（1）启动 3ds Max 2018 软件，打开本书附带的配套资源文件“办公楼 .max”，里面有一个办公大楼的三维模型，如图 12-163 所示。

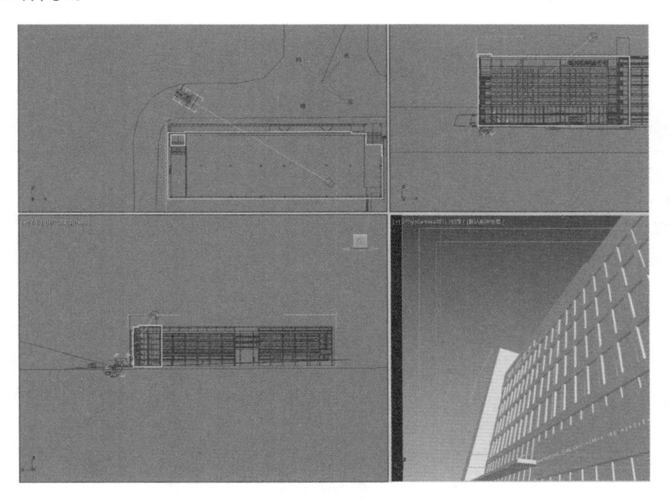

图 12-163

（2）在“创建”面板中，单击“雪”按钮，在图 12-164 所示位置，也就是办公楼的前方创建一个雪粒子。

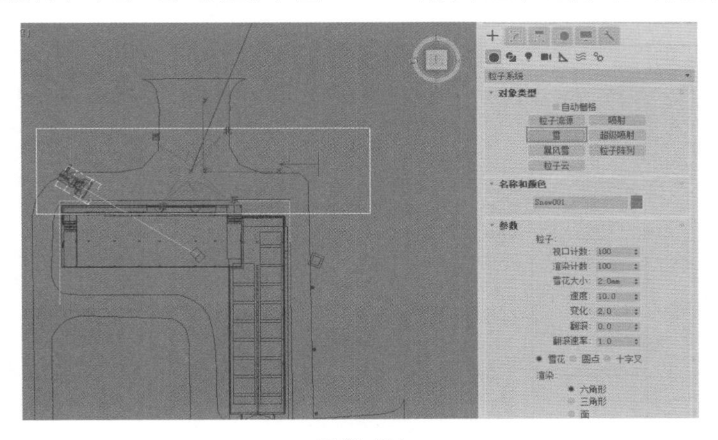

图 12-164

（3）在“前”视图中，调整雪粒子发射器图标的高度至办公楼模型的上方，如图 12-165 所示。

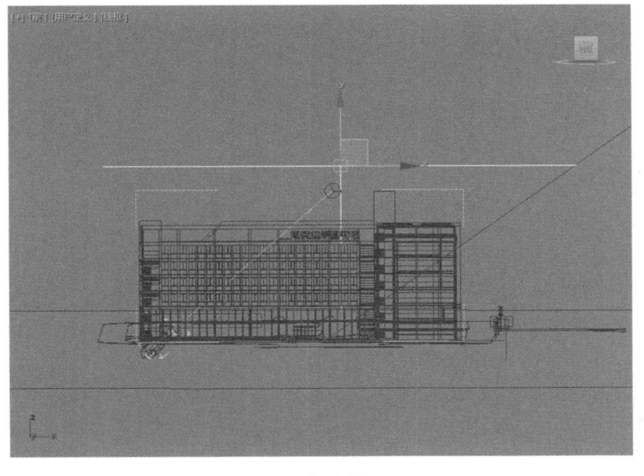

图 12-165

（4）在“修改”面板中的“粒子”组中，设置“视口计数”的值为“5000”，提高粒子在场景中的显示数量。设置“渲染计数”的值也是“5000”，使得雪粒子的最终渲染计算数量也是5000。设置“雪花大小”的值为“200”,“速度”的值为“500”,“变化”的值为“9”。在“计时”组中，设置“开始”的值为“-50”,“寿命”的值为“300”，如图12-166所示。

图12-166

（5）在场景中创建一个风对象，并调整其旋转角度至如图12-167所示程度。

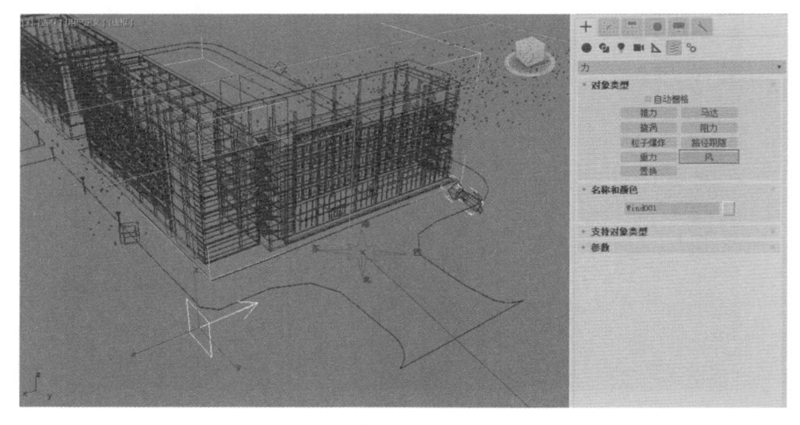

图12-167

（6）在“修改”面板中，设置风的“强度”值为“10”，如图12-168所示。

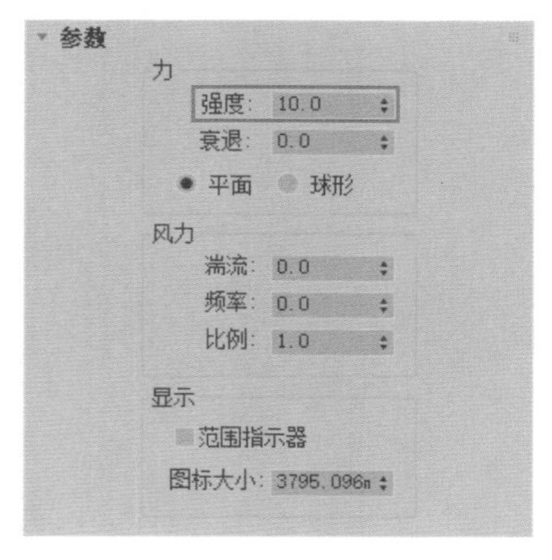

图12-168

（7）在“主工具栏”上单击“绑定到空间扭曲”图标，将雪粒子绑定至场景中的风对象上，操作完成后，可以在“修改”面板上看到雪粒子上会自动添加“风绑定（WSM）”修改器，如图 12-169 所示。同时，拖动“时间滑块”，可以看到雪粒子受到风的影响，会沿风的箭头方向进行移动，如图 12-170 所示。

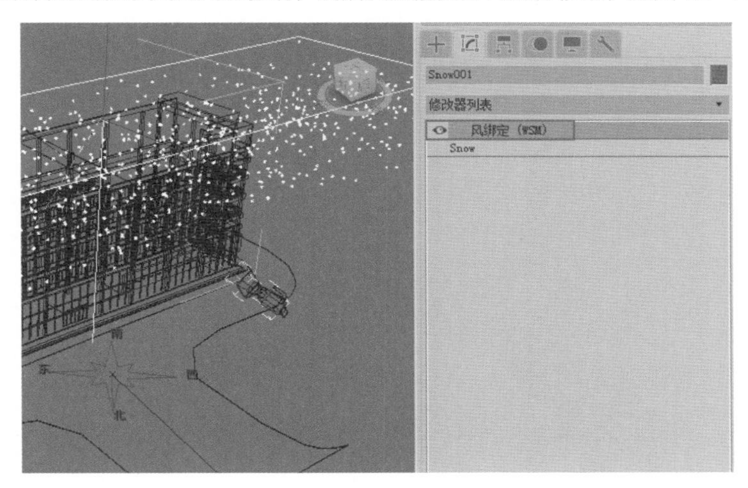

图12-169

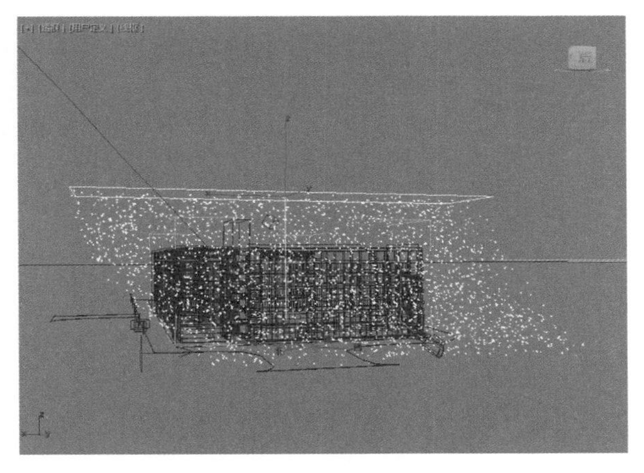

图12-170

（8）设置完成后，本实例的最终动画完成效果如图 12-162 所示。

毛发系统

本章要点

- 毛发基本知识
- Hair和Fur（WSM）修改器
- 技术实例

13.1 毛发基本知识

毛发特效一直是众多三维软件共同关注的核心技术之一，因为毛发不但制作起来极其麻烦，渲染起来也非常耗时。通过3ds Max 2018自带的“Hair和Fur（WSM）”修改器，可以在任意物体或物体的局部上制作出非常理想的毛发效果以及毛发的动力学碰撞动画。使用这一修改器，不但可以制作人物的头发，还可以制作出漂亮的动物毛发、自然的草地效果及逼真的地毯效果，如图13-1～图13-4所示。

图13-1

图13-2

图13-3

图13-4

13.2 Hair和Fur（WSM）修改器

“Hair和Fur（WSM）”修改器是3ds Max 2018毛发技术的核心所在。该修改器可应用于要生长毛发的任意对象，既可为网格对象也可为样条线对象。如果对象是网格对象，则可在网格对象的整体或局部表面生成大量的毛发。如果对象是样条线对象，头发将在样条线之间生长，通过调整样条线的弯曲程度及位置可以轻易控制毛发的生长形态。

“Hair和Fur（WSM）”修改器在“修改器列表”中，属于“世界空间修改器”类型，这意味着此修改器只能使用世界空间坐标，而不能使用局部坐标，如图13-5所示。同时，在应用了“Hair和Fur（WSM）”修改器之后，“环境和效果”面板中会自动添加“毛发和毛皮”效果，如图13-6所示。

图13-5

“Hair和Fur（WSM）”修改器在“修改”面板中具有14个卷展栏，如图13-7所示。

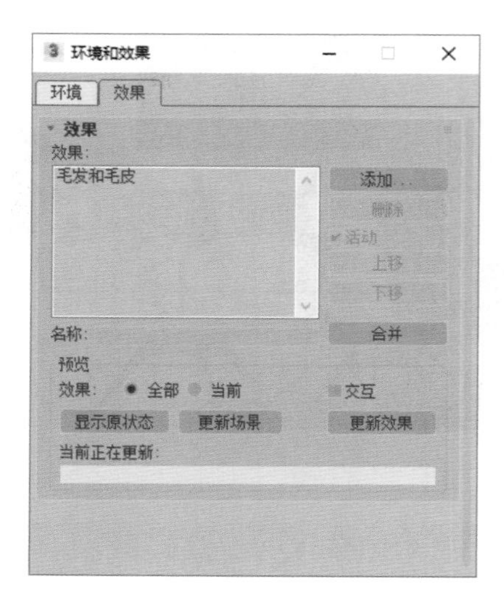

图13-6

图13-7

13.2.1 “选择”卷展栏

“选择”卷展栏展开如图 13-8 所示。

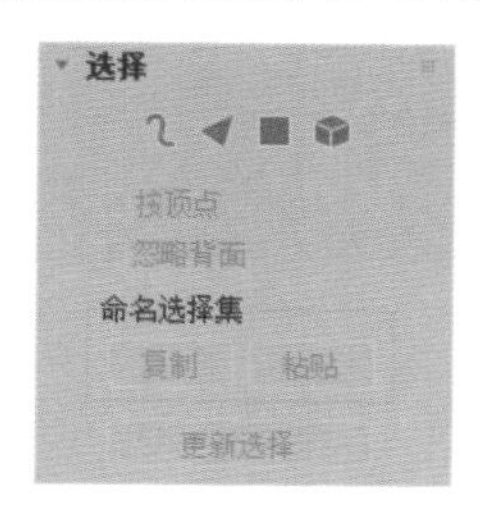

图13-8

工具解析

◇ “导向”按钮：访问“导向”子对象层级，该层级允许用户使用“设计”卷展栏中的工具编辑样式导向。单击“导向”之后，“设计”卷展栏上的“设计发型”按钮 设计发型 将自动启用。

◇ “面”按钮：访问“面”子对象层级，可选择光标下的三角形面。

◇ “多边形”按钮：访问“多边形”子对象层级，可选择光标下的多边形。

◇ “元素”按钮：访问“元素”子对象层级，该层级允许用户通过单击一次选择对象中的所有连续多边形。

◇ 按顶点：启用该选项后，单击顶点时，将选择使用该选定顶点的所有子对象。

◇ 忽略背面：启用此选项后，选择子对象只影响面对用户的面。

◇ “复制”按钮 复制 ：将命名选择放置到复制缓冲区。

◇ “粘贴”按钮 粘贴 ：从复制缓冲区中粘贴命名选择。

◇ “更新选择”按钮 更新选择 ：根据当前子对象选择重新计算毛发生长的区域，然后刷新显示。

13.2.2 “工具”卷展栏

“工具”卷展栏展开如图 13-9 所示。

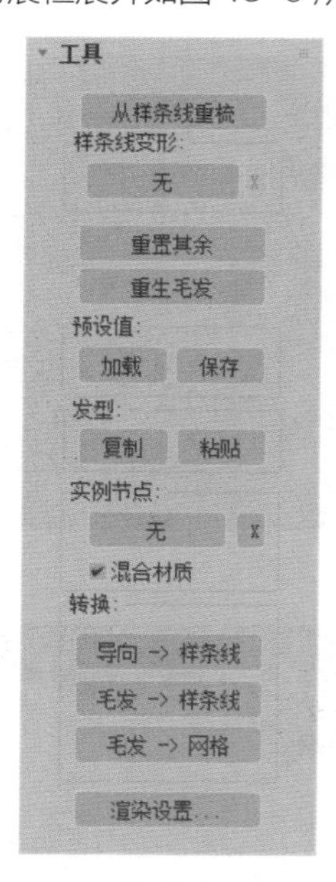

图13-9

工具解析

◇ “从样条线重梳”按钮 从样条线重梳 ：用于使用样条线对象设置毛发的样式。单击此按钮，然后选择构成样条线曲线的对象。头发将该曲线转换为导向，并将最近的曲线的副本植入到选定生长网格的每个导向中。

①“样条线变形”组

◇ “无”按钮 无 ：单击此按钮以选择将用来使头发变形的样条线。

◇ X 按钮 X ：停止使用样条线变形。

◇ “重置其余”按钮 重置其余 ：单击此按钮可以使得生长在网格上的毛发导向平均化。

◇ “重生毛发”按钮 重生毛发 ：忽略全部样式信息，将头发复位至默认状态。

②“预设值”组

◇ “加载”按钮 加载 ：单击此按钮可以打开“Hair 和 Fur 预设值”对话框，如图 13-10 所示。“Hair 和 Fur 预设值”对话框内提供了 13 种预设毛发给用户选择使用。

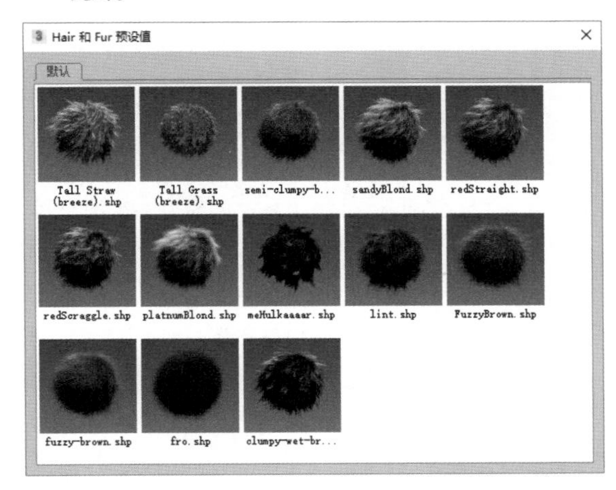

图 13-10

◇ “保存”按钮 保存 ：保存新的预设值。

③“发型”组

◇ “复制”按钮 复制 ：将所有毛发设置和样式信息复制到粘贴缓冲区。

◇ “粘贴”按钮 粘贴 ：将所有毛发设置和样式信息粘贴到当前选择的对象上。

④“实例节点”组

◇ “无”按钮 无 ：要指定毛发对象，可单击此按钮，然后选择要使用的对象。此后，该按钮将显示拾取的对象的名称。

◇ X 按钮 X ：清除所使用的实例节点。

◇ 混合材质：启用之后，将应用于生长对象的材质以及应用于毛发对象的材质合并为“多维 / 子对象”材质，并应用于生长对象。关闭之后，生长对象的材质将应用于实例化的毛发。

⑤“转换”组

◇ “导向 -> 样条线”按钮 导向 -> 样条线 ：将所有导向复制为新的单一样条线对象。初始导向并未更改。

◇ “毛发 -> 样条线”按钮 毛发 -> 样条线 ：将所有毛发复制为新的单一样条线对象。初始毛发并未更改。

◇ “毛发 -> 网格”按钮 毛发 -> 网格 ：将所有毛发复制为新的单一网格对象。初始毛发并未更改。

◇ “渲染设置…”按钮 渲染设置... ：打开“效果”面板并添加“Hair 和 Fur”效果。

13.2.3 “设计”卷展栏

“设计”卷展栏展开如图 13-11 所示。

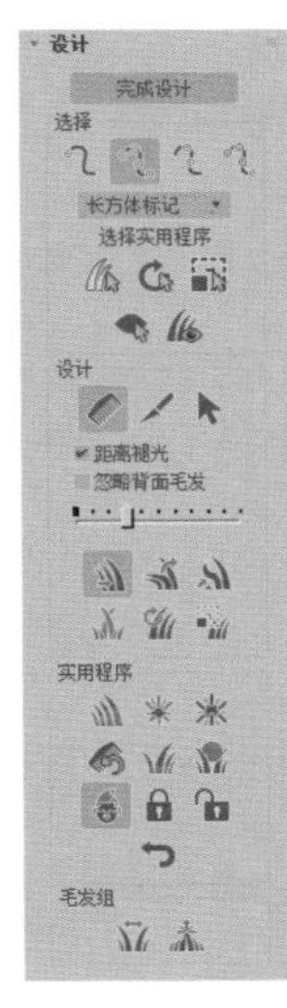

图 13-11

工具解析

◇ “设计发型”按钮 设计发型 ：只有单击此按钮，才可激活“设计”卷展栏内的所有功能。同时“设计发型”按钮 设计发型 将更改为“完成设计”按钮 完成设计 。

①“选择”组

◇ “由头梢选择毛发”按钮：允许用户只选择每根导向头发末端的顶点。

◇ “选择全部顶点”按钮：选择导向头发中的任意顶点时，会选择该导向头发中的所有顶点。

◇ “选择导向顶点”按钮：可以选择导向头发上的任意顶点。

◇ “由根选择导向”按钮：可以只选择每根导向头发根处的顶点，此操作将选择相应导向头发上的所有顶点。

◇ “反选”按钮：反转顶点的选择。

◇ “轮流选”按钮：旋转空间中的选择。

◇ “扩展选定对象”按钮：通过递增的方式增大选择区域，从而扩展选择。

◇ “隐藏选定对象”按钮：隐藏选定的导向头发。

◇ “显示隐藏对象”按钮：取消隐藏任何隐藏的导

向头发。

②“设计”组

◇ “发梳”按钮：在这种样式模式下，拖动鼠标置换笔刷区域中的选定顶点。

◇ “剪毛发”按钮：用于修剪头发。

◇ “选择”按钮：在该模式下可以配合使用 3ds Max 2018 提供的各种选择工具。

◇ 距离褪光：刷动效果朝着笔刷的边缘褪光，从而提供柔和效果。

◇ 忽略背面头发：启用此选项时，背面的头发不受笔刷的影响。

◇ “笔刷大小”滑块：通过拖动此滑块可以更改笔刷的大小。

◇ “平移”按钮：按照鼠标的拖动方向移动选定的顶点。

◇ “站立”按钮：向曲面的垂直方向推选定的导向。

◇ “蓬松发根”按钮：向曲面的垂直方向推选定的导向头发。

◇ “丛”按钮：强制选定的导向之间相互更加靠近。

◇ “旋转”按钮：以光标位置为中心旋转导向头发顶点。

◇ “比例”按钮：放大或缩小选定的毛发。

③“实用程序”组

◇ “衰减”按钮：根据底层多边形的曲面面积来缩放选定的导向。

◇ “选定弹出”按钮：沿曲面的法线方向弹出选定头发。

◇ “弹出大小为零”按钮：只能对长度为零的头发操作。

◇ “重梳”按钮：使导向与曲面平行，使用导向的当前方向作为线索。

◇ “重置剩余”按钮：使用生长网格的连接性来执行头发导向平均化。

◇ “切换碰撞”按钮：启用此选项，设计发型时将考虑头发碰撞。

◇ “切换 Hair”按钮：切换生成头发的视口显示。

◇ “锁定”按钮：将选定的顶点相对于最近曲面的方向和距离锁定。锁定的顶点可以选择但不能移动。

◇ “解除锁定”按钮：解除对所有导向头发的锁定。

◇ “撤销”按钮：后退至最近的操作。

④“毛发组”组

◇ “拆分选定毛发组”按钮：将选定的导向拆分至一个组。

◇ “合并选定毛发组”按钮：重新合并选定的导向。

13.2.4 “常规参数”卷展栏

“常规参数”卷展栏展开如图 13-12 所示。

图 13-12

工具解析

◇ 毛发数量：设置由 Hair 生成的头发总数。在某些情况下，这是一个近似值，但是实际的数量通常和指定数量非常接近。图 13-13、图 13-14 所示分别为“毛发数量”值是“5000”和“20000”的渲染结果。

图 13-13

图 13-14

◇ 毛发段：设置每根毛发的段数。

◇ 毛发过程数：设置毛发的透明度，如图 13-15、图 13-16 所示分别为“毛发过程数”是“1”和“10”的渲染结果。

图 13-15

图 13-16

◇ 密度：可以通过数值或者贴图来控制毛发的密度。

◇ 比例：设置毛发的整体缩放比例。

◇ 剪切长度：控制毛发整体长度的百分比。

◇ 随机比例：将随机比例引入到渲染的毛发中。

◇ 根厚度：控制发根的厚度。

◇ 梢厚度：控制发梢的厚度。

13.2.5 “材质参数”卷展栏

“材质参数”卷展栏展开如图 13-17 所示。

工具解析

◇ 阻挡环境光：控制照明模型的环境或漫反射影响的

偏差。

图13-17

◇ 发梢褪光：启用此选项时，毛发朝向梢部淡出到透明。

◇ 松鼠：启用后，根颜色与梢颜色之间的渐变更加锐化，并且更多的梢颜色可见。

◇ 梢颜色：设置距离生长对象曲面最远的毛发梢部的颜色。

◇ 根颜色：设置距离生长对象曲面最近的毛发根部的颜色。

◇ 色调变化：设置令毛发颜色变化的量，默认值可以产生看起来比较自然的毛发。

◇ 值变化：设置令毛发亮度变化的量，如图13-18、图13-19所示分别为“值变化”是“50”和“100”的渲染结果。

图13-18　　图13-19

◇ 变异颜色：设置变异毛发的颜色。

◇ 变异%：设置接受变异颜色的毛发的百分比，如图13-20、图13-21所示分别为“变异%”的值为“10”和“70”的渲染结果。

图13-20　　图13-21

◇ 高光：设置在毛发上高亮显示的亮度。

◇ 光泽度：设置毛发上高亮显示的相对大小。较小的高亮显示将产生看起来比较光滑的毛发。

◇ 自身阴影：设置自身阴影的多少，即毛发在相同“Hair 和 Fur”修改器中对其他毛发投影的阴影。值为“0”时将禁用自阴影，值为“100”时产生的自阴影最大。默认值为“100”，范围为“0”至“100”。

◇ 几何体阴影：设置头发从场景中的几何体接收到的阴影效果的量。默认值为“100”，范围为“0”至“100”。

◇ 几何体材质ID：指定给几何体渲染头发的材质ID。默认值为“1”。

13.2.6 “自定义明暗器”卷展栏

“自定义明暗器”卷展栏展开如图13-22所示。

图13-22

工具解析

◇ 应用明暗器：启用此选项时，可以使用当前设置的应用明暗器生成头发。

13.2.7 “海市蜃楼参数”卷展栏

“海市蜃楼参数”卷展栏展开如图13-23所示。

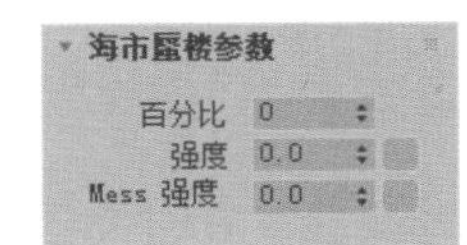

图13-23

工具解析

◇ 百分比：设置要对其应用“强度”和“Mess强度”值的毛发百分比。

◇ 强度：指定海市蜃楼毛发伸出的长度。

◇ Mess强度：设置将卷毛应用于海市蜃楼毛发的强度。

13.2.8 “成束参数”卷展栏

“成束参数”卷展栏展开如图13-24所示。

工具解析

◇ 束：相对于总体毛发数量，设置毛发束数量。

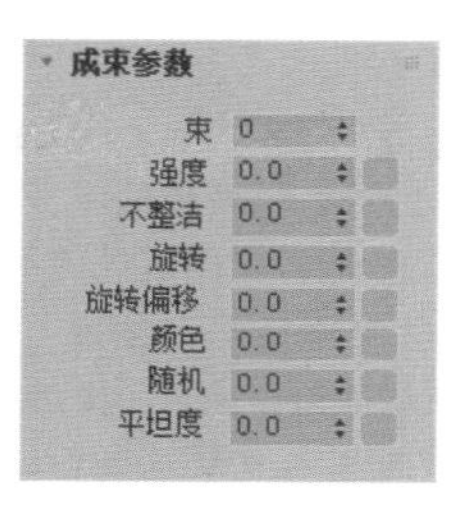

图13-24

◇ 强度："强度"越大，束中各个梢彼此之间的吸引越强。范围从"0"到"1"。
◇ 不整洁：值越大，越不整洁地向内弯曲束，每个束的方向是随机的。范围为"0"至"400"。
◇ 旋转：扭曲每个束。范围从"0"到"1"。
◇ 旋转偏移：从根部偏移束的梢。范围从"0"到"1"。较高的"旋转"和"旋转偏移"值将使束更卷曲。
◇ 颜色：非零值可改变束中的颜色。
◇ 随机：控制随机的比率。
◇ 平坦度：在垂直于梳理方向的方向上挤压每个束。

13.2.9 "卷发参数"卷展栏

"卷发参数"卷展栏展开如图13-25所示。

图13-25

工具解析

◇ 卷发根：控制头发在其根部的置换。默认设置为"15.5"。范围为"0"至"360"。
◇ 卷发梢：控制毛发在其梢部的置换。默认设置为"130"。范围为"0"至"360"。
◇ 卷发X/Y/Z频率：控制三个轴中每个轴上的卷发频率效果。
◇ 卷发动画：设置波浪运动的幅度。
◇ 动画速度：控制动画噪波场通过空间的速度。

13.2.10 "纽结参数"卷展栏

"纽结参数"卷展栏展开如图13-26所示。

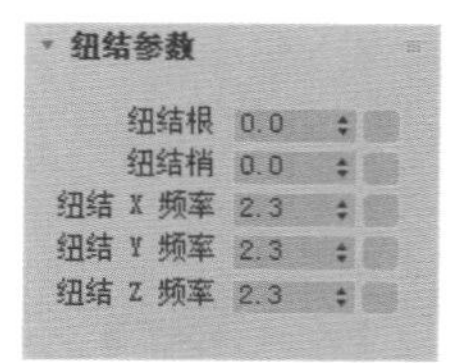

图13-26

工具解析

◇ 纽结根：控制毛发在其根部的纽结置换量。
◇ 纽结梢：控制毛发在其梢部的纽结置换量。
◇ 纽结X/Y/Z频率：控制三个轴中每个轴上的纽结频率效果。

13.2.11 "多股参数"卷展栏

"多股参数"卷展栏展开如图13-27所示。

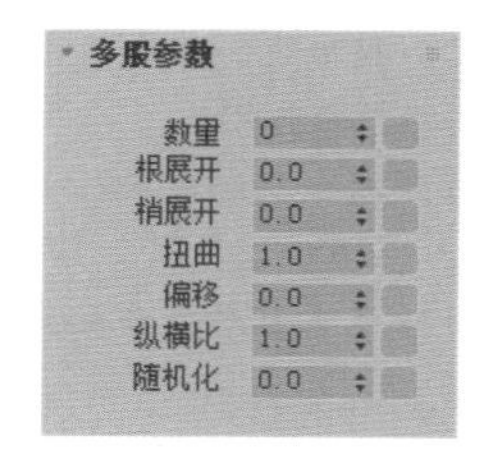

图13-27

工具解析

◇ 数量：设置每个聚集块的头发数量。
◇ 根展开：为根部聚集块中的每根毛发提供随机补偿。
◇ 梢展开：为梢部聚集块中的每根毛发提供随机补偿。
◇ 扭曲：使用每束的中心作为轴扭曲束。
◇ 偏移：使束偏移其中心。离尖端越近，偏移值越大。并且，将"扭曲"和"偏移"结合使用可以创建螺旋发束。
◇ 纵横比：在垂直于梳理方向的方向上挤压每个束，其效果是缠结毛发，使之类似于猫或熊等的毛。
◇ 随机化：随机处理聚集块中每根毛发的长度。

13.2.12 "动力学"卷展栏

"动力学"卷展栏展开如图13-28所示。

工具解析

①"模式"组
◇ 无：毛发不进行动力学计算。
◇ 现场：毛发在视口中以交互方式模拟动力学效果。
◇ 预计算：将设置了动力学动画的毛发生成Stat文件

存储在硬盘中，以备渲染使用。

图13-28

② “Stat 文件”组

◇ “另存为”按钮...：单击此按钮打开“另存为”对话框，设置 Stat 文件的存储路径。

◇ “删除所有文件”按钮删除所有文件：单击此按钮可以删除存储在硬盘中的 Stat 文件。

③ “模拟”组

◇ 起始：设置模拟毛发动力学的第一帧。

◇ 结束：设置模拟毛发动力学的最后一帧。

◇ “运行”按钮运行：单击此按钮开始进行毛发的动力学模拟计算。

④ “动力学参数”组

◇ 重力：用于指定在全局空间中垂直移动毛发的力。负值上拉毛发，正值下拉毛发。要令毛发不受重力影响，可将该值设置为“0”。

◇ 刚度：控制动力学效果的强弱。如果将刚度设置为“1”，动力学不会产生任何效果。默认值为“0.4”。范围为“0”至“1”。

◇ 根控制：与刚度类似，但只在头发根部产生影响。默认值为“1”。范围为“0”至“1”。

◇ 衰减：设置动态头发承载着的前进到下一帧的速度。增加衰减将增加这些速度减慢的量，因此，较高的衰减值意味着头发动态效果较为不活跃。

⑤ “碰撞”组

◇ 无：动态模拟期间不考虑碰撞。这将导致毛发穿透其生长对象以及其所开始接触的其他对象。

◇ 球体：毛发使用球体边界框来计算碰撞。此方法计算速度较快，其原因在于所需计算较少，但是结果不够精确。当从远距离查看时该方法最为有效。

◇ 多边形：毛发考虑碰撞对象中的每个多边形。这是计算速度最慢的方法，但也是最为精确的方法。

◇ “添加”按钮添加：要在动力学碰撞列表中添加对象，可单击此按钮然后在视口中单击对象。

◇ “更换”按钮更换：要在动力学碰撞列表中更换对象，应先在列表中高亮显示对象，再单击此按钮然后在视口中单击对象进行更换操作。

◇ “删除”按钮删除：要在动力学碰撞列表中删除对象，应先在列表中高亮显示对象，再单击此按钮完成删除操作。

⑥ “外力”组

◇ “添加”按钮添加：要在动力学外力列表中添加“空间扭曲”对象，应单击此按钮然后在视口中单击对应的“空间扭曲”对象。

◇ “更换”按钮更换：要在动力学外力列表中更换“空间扭曲”对象，应先在列表中高亮显示“空间扭曲”对象，再单击此按钮然后在视口中单击“空间扭曲”对象进行更换操作。

◇ “删除”按钮删除：要在动力学外力列表中删除“空间扭曲”对象，应先在列表中高亮显示“空间扭曲”对象，再单击此按钮完成删除操作。

13.2.13 “显示”卷展栏

“显示”卷展栏展开如图 13-29 所示。

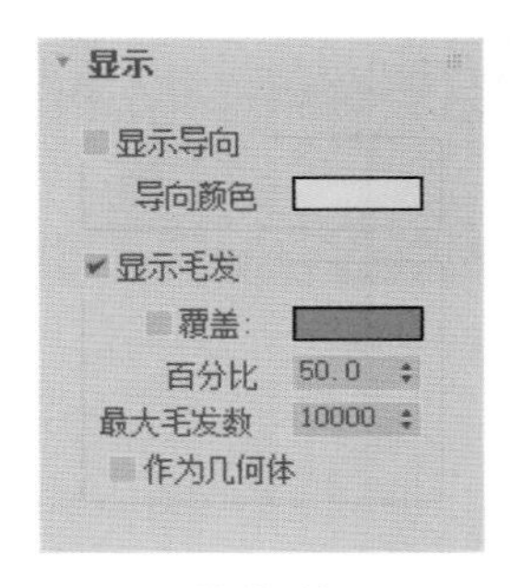

图13-29

工具解析

① “显示导向”组

◇ 显示导向：勾选此选项，在视口中将显示出毛发的导向线，并且导向线的颜色由“导向颜色”所控制，如图 13-30 所示。

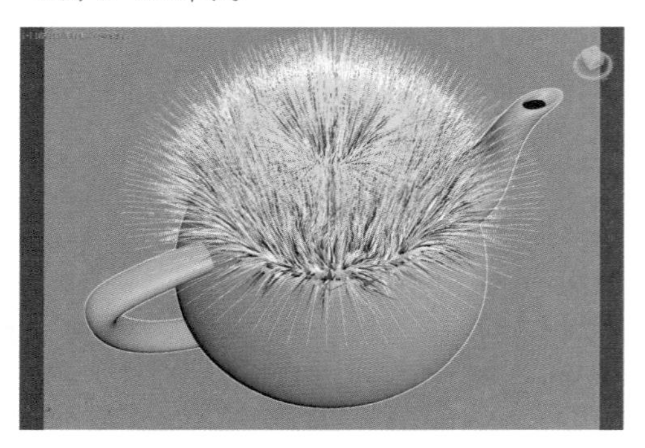

图 13-30

②“显示毛发”组

◇ 显示毛发：此选项默认状态下为勾选状态，用于在几何体上显示出毛发的形态。

◇ 百分比：设置在视口中显示的全部毛发的百分比。降低此值将改善视口中的实时性能。

◇ 最大毛发数：设置无论百分比值为多少，在视口中能显示的最大毛发数。

◇ 作为几何体：启用之后，将头发在视口中显示为要渲染的实际几何体，而不是默认的线条。

13.2.14 “随机化参数”卷展栏

“随机化参数”卷展栏展开如图 13-31 所示。

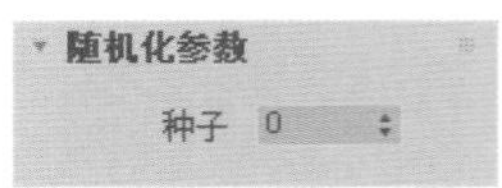

图 13-31

工具解析

◇ 种子：通过设置此值来随机改变毛发的形态。

13.3 技术实例

13.3.1 实例：制作地毯毛发效果

本实例通过制作真实的地毯效果，详细讲解了“Hair 和 Fur（WSM）”修改器的常用参数及设置技巧。本实例的最终渲染结果如图 13-32 所示。

扫码看视频

（1）启动 3ds Max 2018 软件，打开本书配套场景文件“儿童房 .max”，如图 13-33 所示。

图 13-32

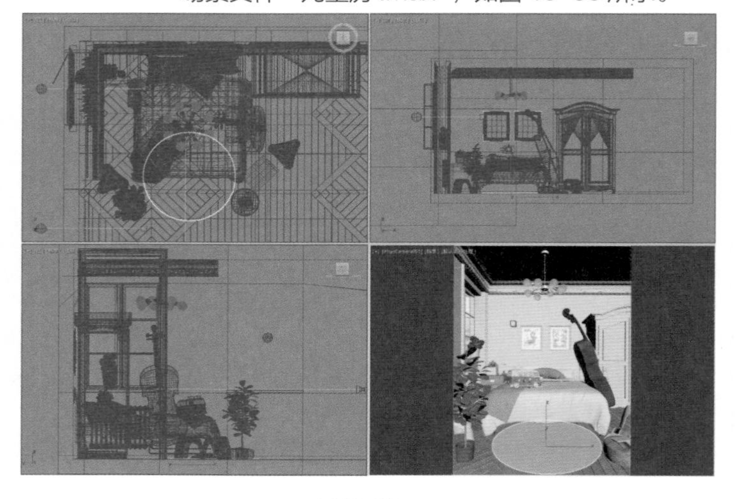

图 13-33

（2）由于“Hair 和 Fur（WSM）”修改器所生成的毛发会自动继承模型本身的材质纹理，所以在为地毯模型添加“Hair 和 Fur（WSM）”修改器之前，首先应该为该模型添加正确的纹理贴图。选择场景中的地毯模型，按下【M】键，打开“材质编辑器”面板，选择一个空白的材质球，设置为“Lambert”材质，并重命名为“地毯”，如图 13-34 所示。

（3）在 Kd Color 的贴图通道上加载一张“地毯纹理 .jpg”贴图，如图 13-35 所示。

（4）选择场景中的地毯模型，为其添加“UVW 贴图”修改器，设置“对齐”的选项为“Z”，并单击“适配”按钮对 Gizmo 进行位置适配操作，也可以手动调整 Gizmo 的位置至图 13-36 所示处。

（5）调整好贴图坐标后的地毯纹理，如图 13-37 所示。

图 13-34

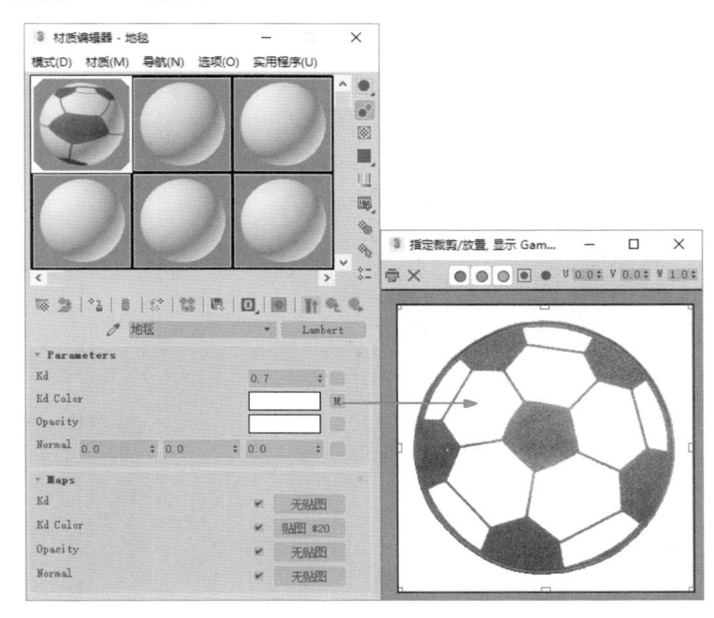

图 13-35

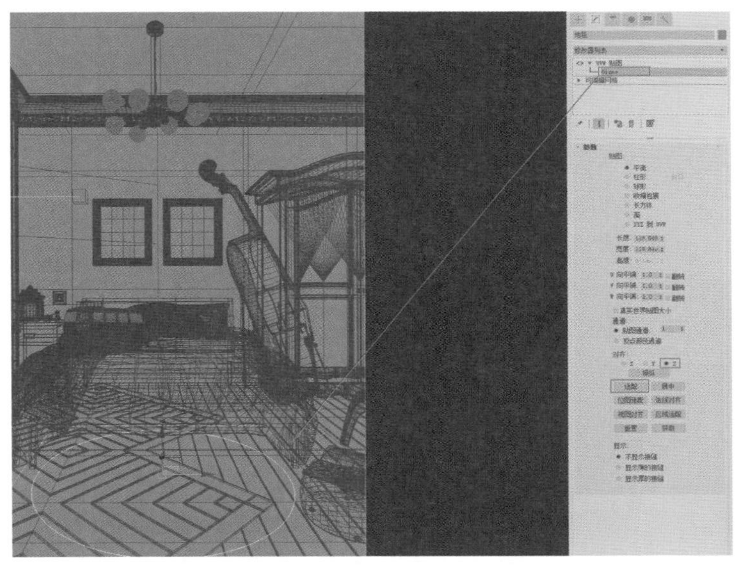

图 13-36

图 13-37

（6）选择地毯模型，为其添加“Hair 和 Fur（WSM）”修改器，如图 13-38 所示。

（7）展开“常规参数”卷展栏，设置“毛发数量”的值为“100000”，“比例”的值为“10”，“根厚度”的值为“5”，“梢厚度”的值为“1”，调整出地毯毛发的基本生长效果，如图 13-39 所示。

（8）展开“纽结参数”卷展栏，设置“纽结根”和“纽结梢”的值均为“10”，“纽结 X 频率”“纽结 Y 频率”和“纽结 Z 频率”的值均为“2.3”，为地毯毛发添加形态细节，如图 13-40 所示。

（9）制作完成后的地毯显示效果如图 13-41 所示。

（10）设置完成后，渲染场景，本实例的最终渲染结果如图 13-32 所示。

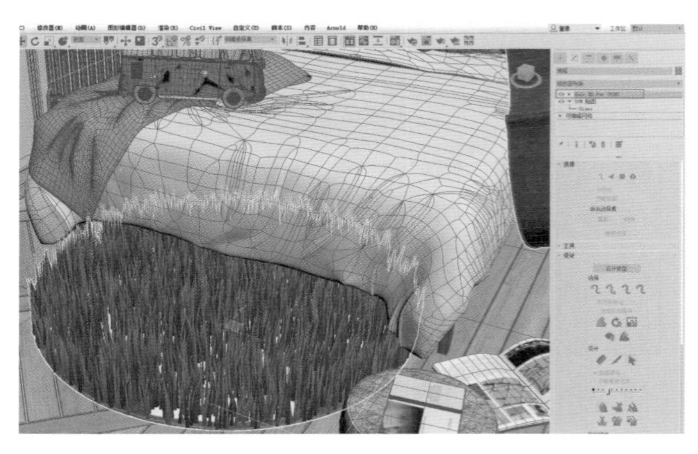
图13-38

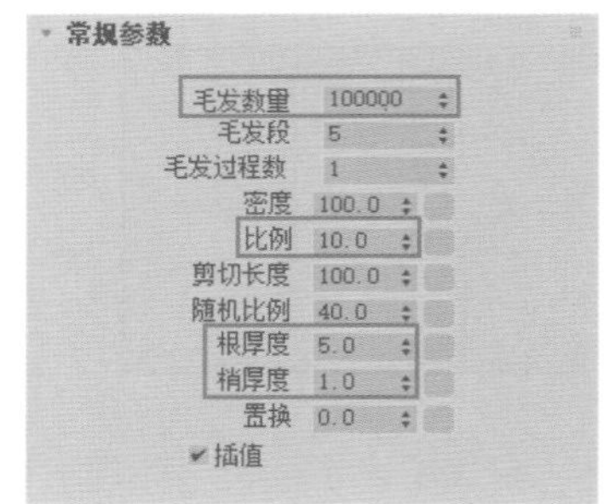

图13-39

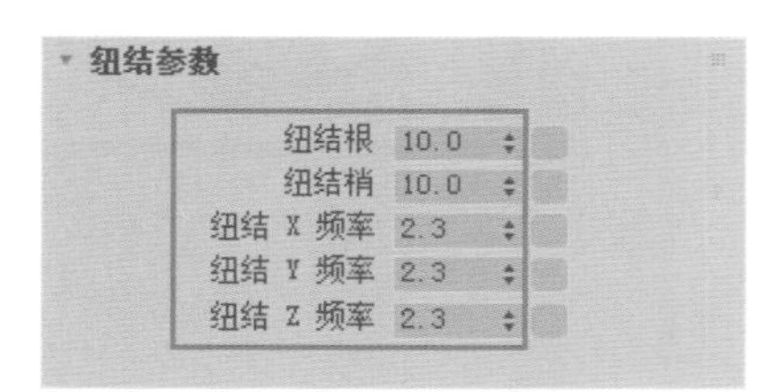

图13-40

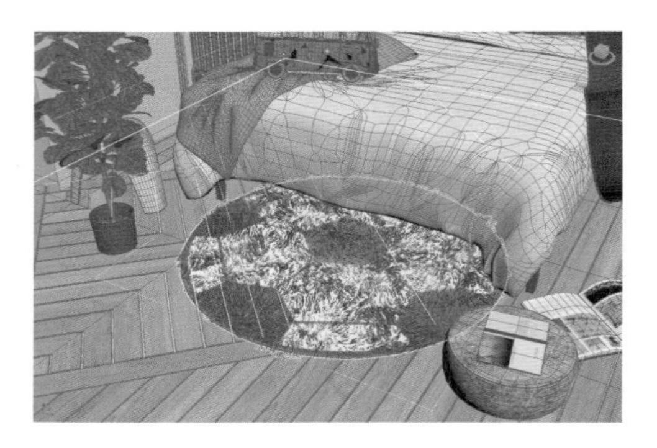
图13-41

13.3.2 实例：制作软毛坐垫效果

扫码看视频

本实例通过制作真实的软毛坐垫效果，详细讲解了“Hair 和 Fur（WSM）”修改器的常用参数及设置技巧。本实例的最终渲染结果如图 13-42 所示。

（1）启动 3ds Max 2018 软件，打开本书配套场景文件“公寓 .max”，如图 13-43 所示。

图13-42

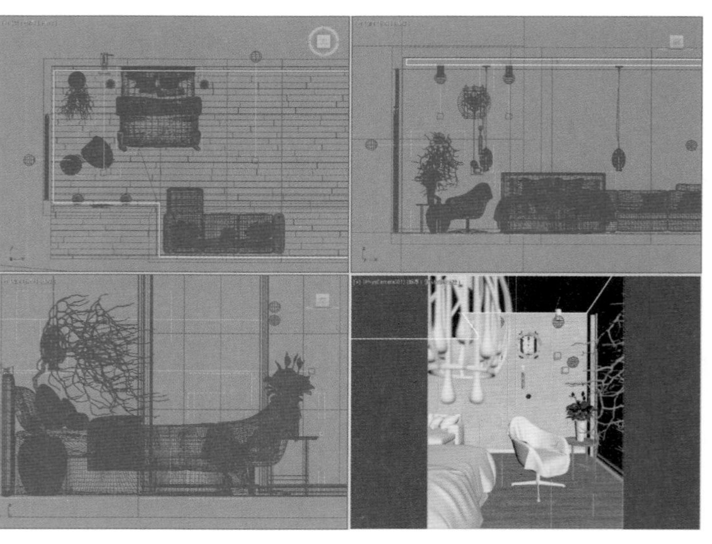
图13-43

（2）选择场景中椅子上的坐垫模型，在“修改”面板中为其添加“Hair 和 Fur（WSM）”修改器，如图 13-44 所示。

图 13-44

（3）展开“常规参数”卷展栏，设置“毛发数量”的值为“10000”，“毛发段”的值为“9”，“比例”的值为“50”，“根厚度”的值“3”，“梢厚度”的值为“1”，调整出坐垫软毛的基本生长效果，如图 13-45 所示。

（4）展开“纽结参数”卷展栏，设置“纽结根”和“纽结梢”的值均为“5”，“纽结 X 频率”“纽结 Y 频率”和“纽结 Z 频率”的值均为“2.3”，为坐垫软毛添加形态细节，如图 13-46 所示。

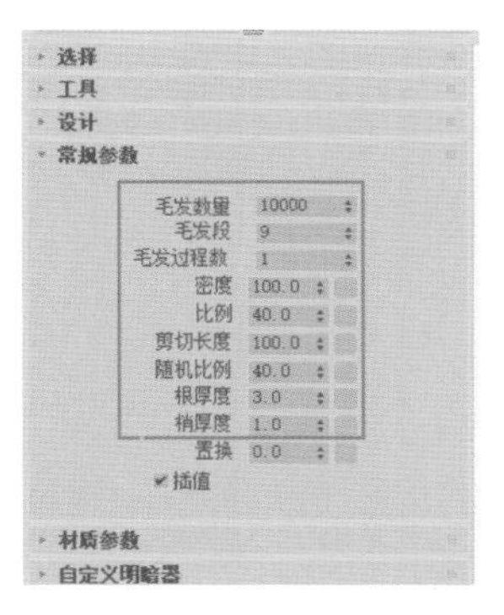

图 13-45

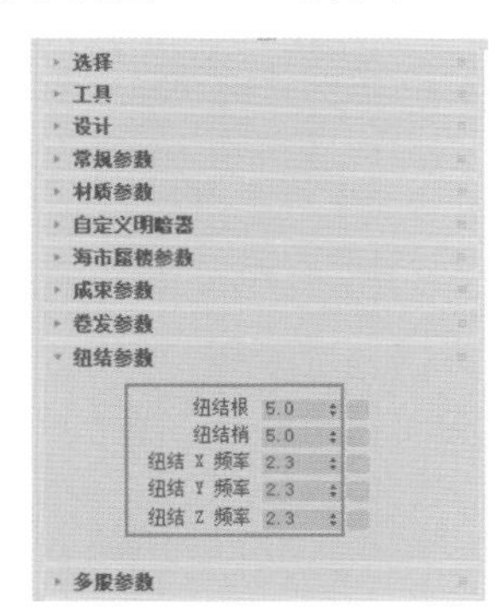

图 13-46

（5）设置完成后，渲染“摄影机”视图，本实例的最终渲染结果如图 13-42 所示。

动力学系统

本章要点

- 动力学概述
- 刚体设置
- MassFX工具
- MassFX Rigid Body修改器
- 布料设置
- mCloth修改器
- 技术实例

14.1　动力学概述

动力学的出现使得动画师不再需要花大把的时间来制作运动规律复杂的物体掉落动画、布料形态动画、撞击动画等，极大地节省了手动设置关键帧所需的时间。通过对物体进行质量、摩擦力、反弹力等多个属性进行合理设置，可以产生非常真实的物理作用动画，并在对象上生成大量的动画关键帧，如图 14-1、图 14-2 所示。

图 14-1

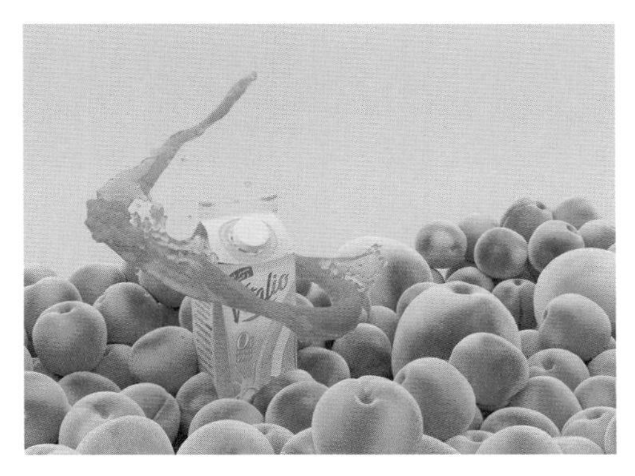

图 14-2

启动 3ds Max 2018 后，在“主工具栏”上单击鼠标右键，在弹出的快捷菜单上单击“MassFX 工具栏”命令，即可弹出跟动力学设置相关的命令图标，如图 14-3 所示。

图 14-3

14.2　刚体设置

刚体是物理模拟中的对象，其形状和大小不会更改。例如，将场景中的任意几何体模型设置为刚体，它可能会反弹、滚动和四处滑动，但无论施加了多大的力，它都不会弯曲或折断。

14.2.1　刚体类型

MassFX 模拟的刚体为在动力学计算期间，形态不发生改变的模型对象。系统提供了“动力学”“运动学”和“静态”这 3 种类型供用户选择设置，如图 14-4 所示。

将选定项设置为动力学刚体
将选定项设置为运动学刚体
将选定项设置为静态刚体

图 14-4

工具解析

◇ 动力学刚体：动态对象的运动完全由模拟控制。它们受重力、力空间扭曲和被模拟中其他对象（包括布料对象）撞击而产生的力的作用。

◇ 运动学刚体：运动学对象可使用标准方法设置动画，但它们并不一定要这样，它们也可以仅是静止对象。运动学对象可以影响模拟中的动态对象，但不会受动态对象的影响。在模拟过程中，运动学对象可以随时切换为动力学状态。

◇ 静态刚体：静态对象与运动学对象相似，但不能对静态对象设置动画。它们可以是凹面的，这一点也与动力学和运动学对象不同。它们可以用作容器、墙、障碍物等物体。

14.2.2　设置刚体

将一个对象设置为刚体，应执行以下操作步骤。

（1）启动 3ds Max 2018，在场景中创建一个茶壶对象，如图 14-5 所示。

（2）选择场景中的茶壶模型，单击“将选定项设置为动力学刚体”按钮，即可将茶壶设置为一个动力学刚体，如图 14-6 所示。

（3）设置完成后，可以看到茶壶模型上会自动添加“MassFX Rigid Body”修改器，同时，茶壶模型上会出现白色的凸面外壳，如图 14-7 所示。

（4）对场景中的茶壶模型进行旋转并调整位置至如图 14-8 所示处。

（5）单击“修改”面板中的“烘焙”按钮，即可开始茶壶模型的动力学动画计算，如图 14-9 所示。

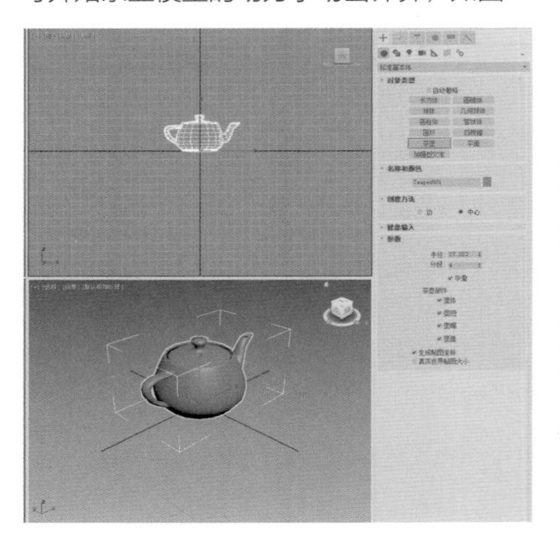

图14-5

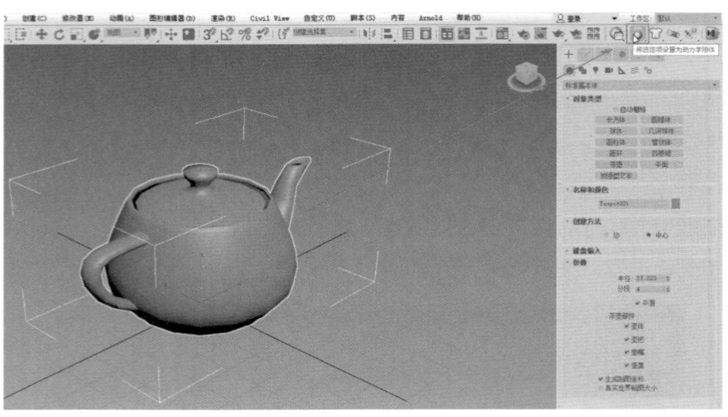

图14-6

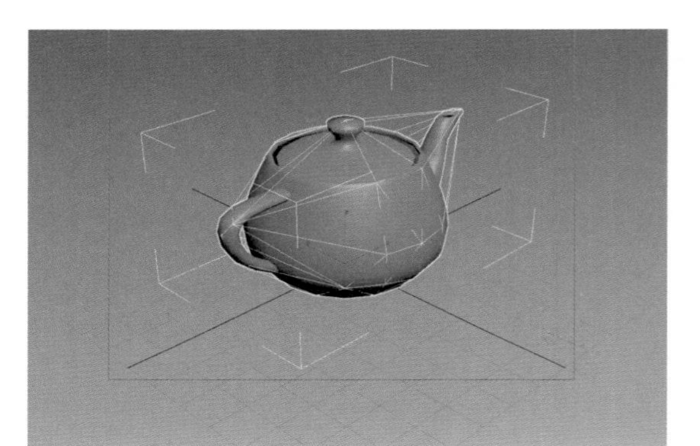

图14-7

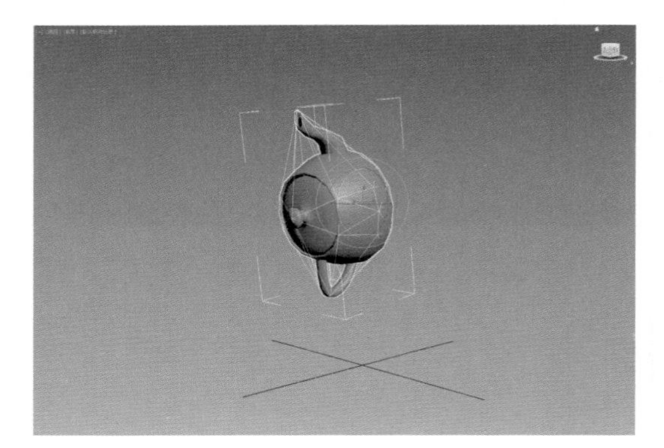

图14-8

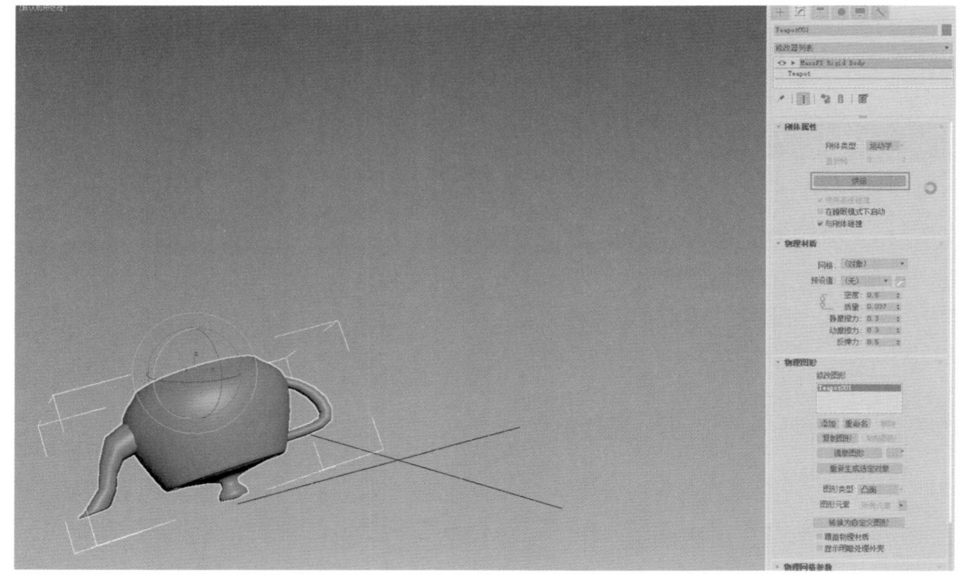

图14-9

（6）计算完成后的茶壶掉落动画如图 14-10 ~图 14-12 所示。

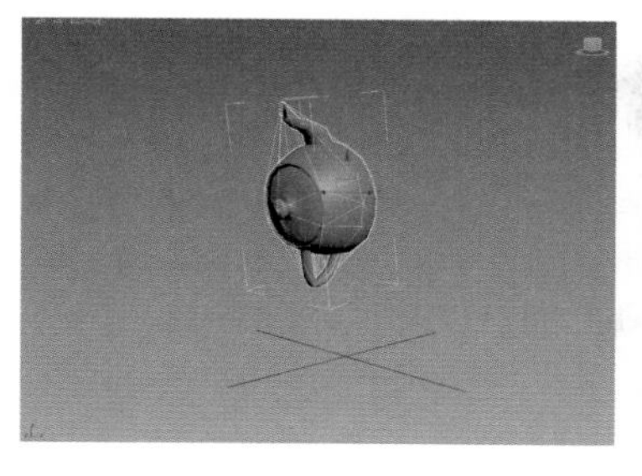
图14-10

图14-11

图14-12

14.3 MassFX工具

“MassFX 工具”面板中包含“世界参数”“模拟工具”“多对象编辑器”和“显示选项”4 个选项卡，如图 14-13 所示。

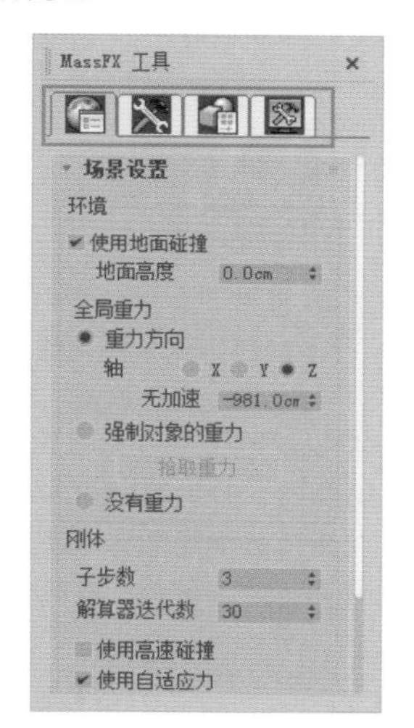

图14-13

14.3.1 “世界参数”选项卡

“世界参数”选项卡内共有“场景设置”“高级设置”和“引擎”3 个卷展栏，如图 14-14 所示。

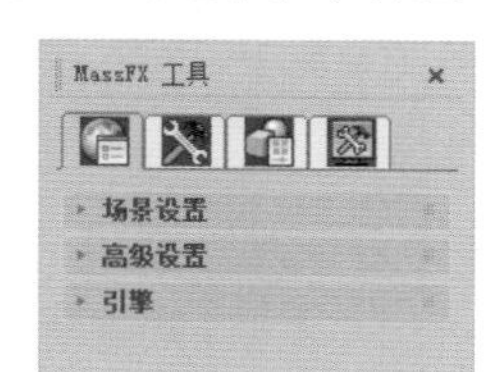

图14-14

1. “场景设置”卷展栏

展开“场景设置”卷展栏，其中的参数命令如图 14-15 所示。

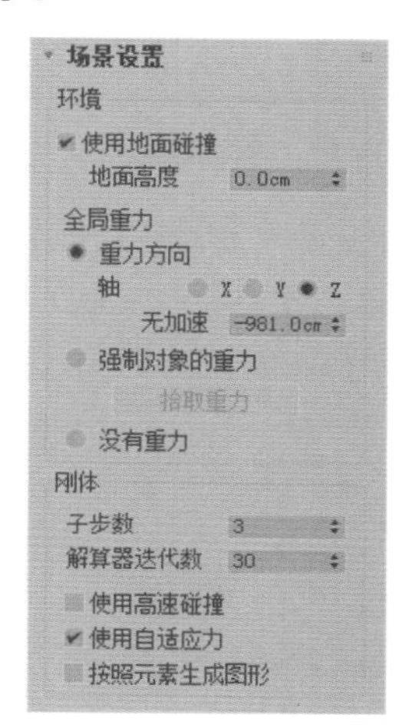

图14-15

工具解析

①“环境”组

◇ 使用地面碰撞：默认开启此选项，MassFX 使用地面高度级别的无限、平面和静态刚体。

◇ 地面高度：设置启用“使用地面碰撞”时地面刚体的高度。

◇ 全局重力：这些设置应用于启用了“使用世界重力”的刚体和启用了“使用全局重力”的 mCloth 对象。

◇ 重力方向：应用 MassFX 中的内置重力，并且允许用户通过该参数下方的“轴”来更改重力的方向。

◇ 强制对象的重力：可以使用重力空间扭曲将重力应用于刚体。

◇ 没有重力：启用时，重力不会影响模拟。

②“刚体”组

◇ 子步数：设置每个图形更新之间执行的模拟步数，由(子步数 + 1)× 帧速率公式确定。

◇ 解算器迭代数：全局设置，约束解算器强制执行碰撞和约束的次数。

◇ 使用高速碰撞：全局设置，用于切换连续的碰撞检测。

◇ 使用自适应力：启用时，MassFX 会根据需要收缩、组合防穿透力来减少堆叠和紧密聚合刚体中的抖动。

◇ 按照元素生成图形：启用并将“MassFX 刚体”修改器应用于对象后，MassFX 会为对象中的每个元素创建一个单独的物理图形。图 14-16 所示分别为开启该选项前后的凸面外壳生成显示。

图 14-16

2. “高级设置”卷展栏

展开“高级设置”卷展栏，其中的参数命令如图 14-17 所示。

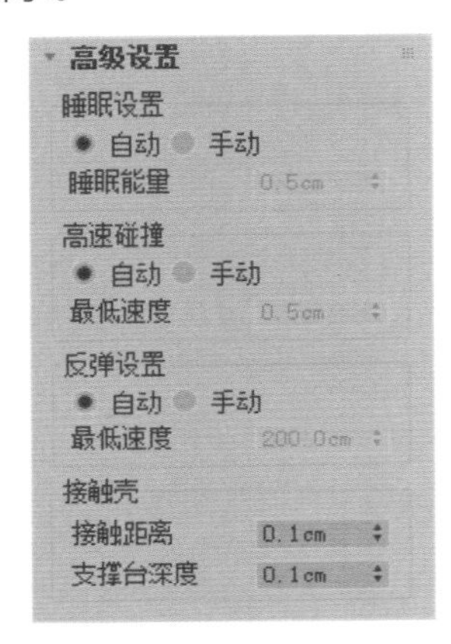

图 14-17

工具解析

① “睡眠设置”组

◇ 自动：MassFX 自动计算合理的线速度和角速度睡眠阈值，高于该阈值即应用睡眠。

◇ 手动：允许用户手动设置要覆盖速度和自旋的启发式值。

◇ 睡眠能量：设置“睡眠”机制测量对象的移动量。

② “高速碰撞”组

◇ 自动：MassFX 使用试探式算法来计算合理的速度阈值，高于该值即应用高速碰撞方法。

◇ 手动：允许用户手动设置要覆盖速度的自动值。

◇ 最低速度：通过设置该值，可以在模拟中使得移动速度高于此速度（以单位 / 秒为单位）的刚体自动进入高速碰撞模式。

③ “反弹设置”组

◇ 自动：MassFX 使用试探式算法来计算合理的最低速度阈值，高于该值即应用反弹。

◇ 手动：使得用户可以手动设置要覆盖速度的试探式值。

◇ 最低速度：通过设置该值，可以在模拟中使得移动速度高于此速度（以单位 / 秒为单位）的刚体相互反弹。

④ “接触壳”组

◇ 接触距离：设置允许移动刚体重叠的距离。

◇ 支撑台深度：设置允许支撑体重叠的距离。

3. “引擎”卷展栏

展开“引擎”卷展栏，其中的参数命令如图 14-18 所示。

图 14-18

工具解析

① “选项”组

◇ 使用多线程：启用时，如果 CPU 具有多个内核，CPU 可以执行多线程，以加快模拟的计算速度。在某些条件下可以提高性能，但是，连续进行模拟的结果可能会不同。

◇ 硬件加速：启用时，如果用户的系统配备了 Nvidia GPU，即可使用硬件加速来执行某些计算。在某些条件下可以提高性能，但是，连续进行模拟的结果可能会不同。

② “版本”组

◇ “关于 MassFX…”按钮 关于 MassFX...：单击该按钮会自动弹出“关于 MassFX”对话框来显示当前 MassFX 版本信息，如图 14-19 所示。

14.3.2 “模拟工具”选项卡

“模拟工具”选项卡内有“模拟”“模拟设置”和“实用程序”3 个卷展栏，如图 14-20 所示。

图 14-19

图 14-20

1. “模拟”卷展栏

展开“模拟”卷展栏，其中的命令参数如图 14-21 所示。

图 14-21

工具解析

① “播放”组

◇ “重置模拟”按钮：停止模拟，将时间滑块移动到第一帧，并将任意动力学刚体设置为其初始变换。

◇ “开始模拟”按钮：从当前模拟帧运行模拟。

◇ “开始没有动画的模拟”按钮：与“开始模拟”按钮类似（前面所述），不同在于模拟运行时时间滑块不会前进。可用于使动力学刚体移动到固定点，以准备使用捕捉初始变换。

◇ “逐帧模拟”按钮：运行一个帧的模拟并使时间滑块前进相同量。

② “模拟烘焙”组

◇ “烘焙所有”按钮：将所有动力学对象（包括 mCloth）的变换存储为动画关键帧时，重置模拟并运行。

◇ “烘焙选定项”按钮：与“烘焙所有”按钮类似，不同在于烘焙仅应用于选定的动力学对象。

◇ “取消烘焙所有”按钮：删除通过烘焙设置为运动学状态的所有对象的关键帧，从而将这些对象恢复为动力学状态。

◇ “取消烘焙选定项”按钮：与“取消烘焙所有”按钮类似，不同在于取消烘焙仅应用于选定的适用对象。

③ “捕获变换”组

◇ “捕获变换”按钮：将每个选定动力学对象（包括 mCloth）的初始变换设置为其当前变换。

2. “模拟设置”卷展栏

展开“模拟设置”卷展栏，其中的命令参数如图 14-22 所示。

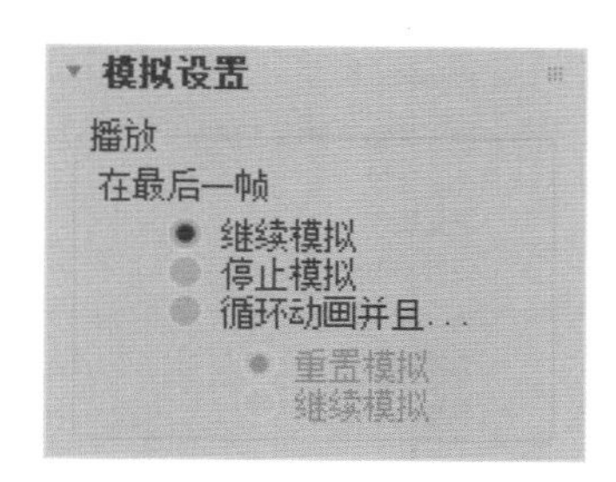

图 14-22

工具解析

◇ 在最后一帧：选择当动画进行到最后一帧时，是否继续进行模拟。3ds Max 2018 为用户提供了“继续模拟”“停止模拟”和“循环动画并且”3 个选项。

3. “实用程序”卷展栏

展开“实用程序”卷展栏，其中的命令参数如图 14-23 所示。

工具解析

◇ “浏览场景”按钮：单击该按钮可以打开“场景资源管理器 -MassFX 资源管理器”对话框，如图 14-24 所示。

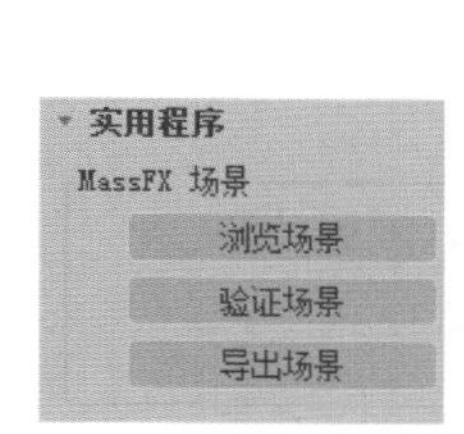

图 14-23

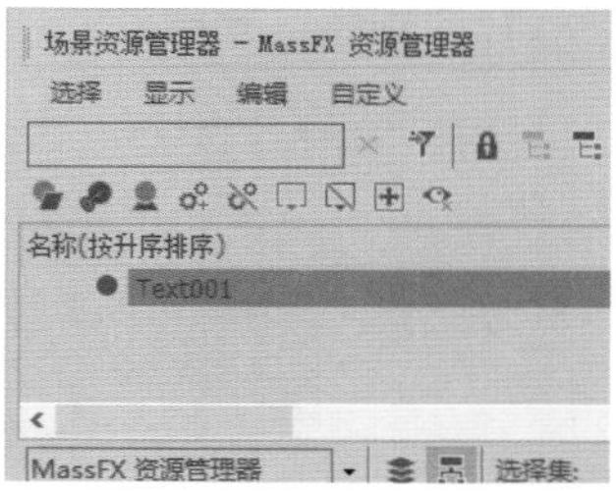

图 14-24

◇ “验证场景”按钮：单击该按钮可以打开“验证 PhysX 场景”对话框，来验证各种场景元素不违反模拟要求。

◇ “导出场景”按钮：将场景导出为 PXPROJ 文件以使得该模拟可用于其他程序。

14.3.3 “多对象编辑器”选项卡

“多对象编辑器”选项卡共分为“刚体属性”“物理材质”“物理材质属性”“物理网格”“物理网格参数”“力”和“高级”7 个卷展栏，如图 14-25 所示。这些参数与 MassFX Rigid Body 修改器中的参数设置基本一样，可以参考本书的下一个章节来进行学习，在此不再讲解。

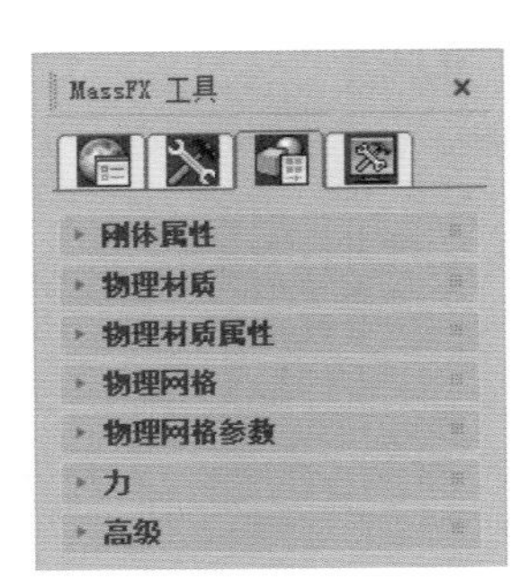

图14-25

14.3.4 “显示选项”选项卡

“显示选项”选项卡内共有“刚体”和“MassFX可视化工具”两个卷展栏，如图14-26所示。

图14-26

1. “刚体”卷展栏

展开“刚体”卷展栏，其中的命令参数如图14-27所示。

图14-27

工具解析

◇ 显示物理网格：启用时，物理网格显示在视口中，且可以使用“仅选定对象”选项。

◇ 仅选定对象：启用时，仅选定对象的物理网格显示在视口中。

2. “MassFX可视化工具”卷展栏

展开“MassFX可视化工具”卷展栏，其中的命令参数如图14-28所示。

工具解析

“选定”组

◇ 启用可视化工具：启用时，此卷展栏上的其余设置生效。可以用来设置所需的可视化，然后使用该开关切换所有设置。

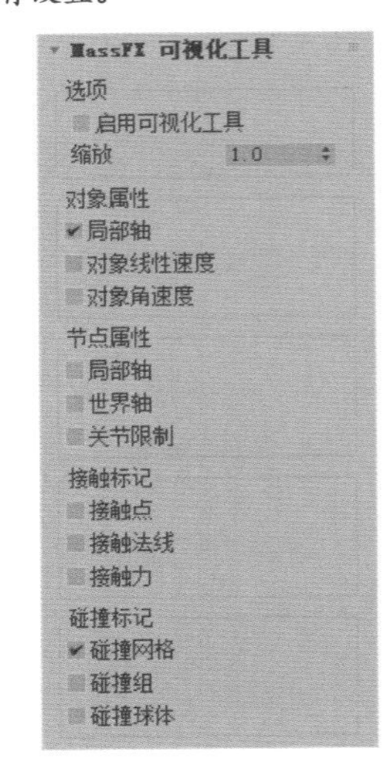

图14-28

◇ 缩放：设置基于视口的指示器（如轴）的相对大小。

14.4 MassFX Rigid Body修改器

如果希望场景中的对象参与到动力学计算中，则必须要对其添加MassFX Rigid Body修改器。MassFX Rigid Body修改器共分为“刚体属性”“物理材质”“物体图形”“物理网格参数”“力”和“高级”6个卷展栏，如图14-29所示。

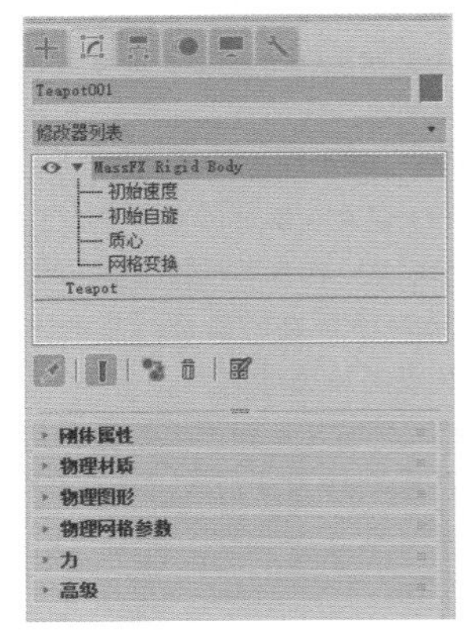

图14-29

14.4.1 “刚体属性”卷展栏

“刚体属性”卷展栏展开后，其中的命令参数如

图 14-30 所示。

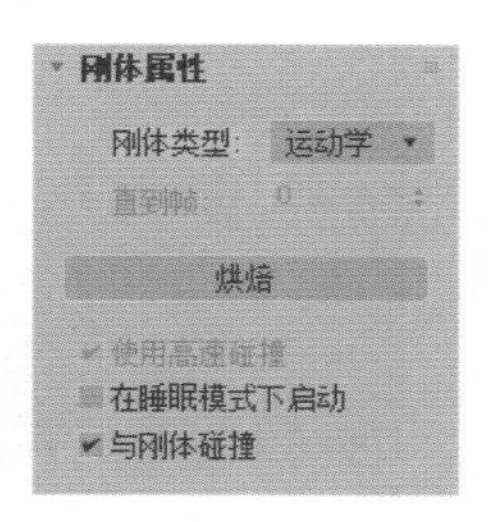

图 14-30

工具解析

◇ 刚体类型：用于设置所有选定刚体的模拟类型。可用选择为“动力学”“运动学”和“静态”，如图 14-31 所示。

图 14-31

◇ 直到帧：如果启用此选项，MassFX 会在指定帧处将选定的运动学刚体转换为动力学刚体。仅在“刚体类型”设置为“运动学”时可用。

◇ “烘焙”按钮 烘焙 ：将刚体的模拟运动转换为标准动画关键帧，以便进行渲染。仅应用于动力学刚体。

◇ 使用高速碰撞：开启该选项可以将选定刚体设置为高速碰撞对象。

◇ 在睡眠模式下启动：如果启用此选项，刚体将使用世界睡眠设置以睡眠模式开始模拟。这表示，在受到未处于睡眠状态的刚体的碰撞之前，它不会移动。

◇ 与刚体碰撞：勾选此选项后，刚体可以与场景中的其他刚体发生碰撞计算。

14.4.2 “物理材质”卷展栏

“物理材质”卷展栏展开后，其中的命令参数如图 14-32 所示。

图 14-32

工具解析

◇ 网格：使用下拉列表选择要更改材质参数的刚体的物理图形。

◇ 预设值：从列表中选择一个预设，以指定所有的物理材质属性。3ds Max 2018 提供了多种常见对象的预设可供用户选择使用，如图 14-33 所示。

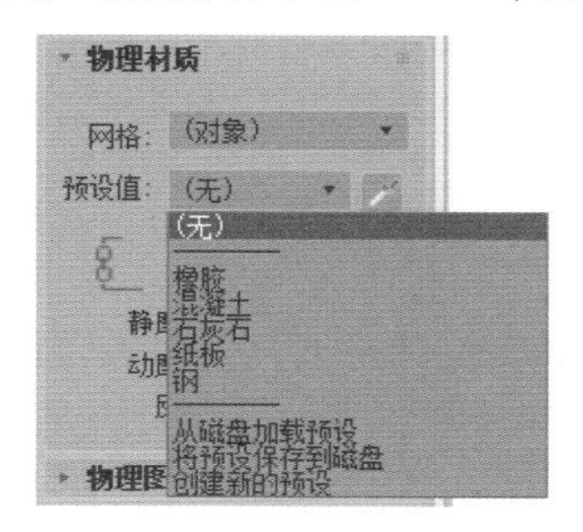

图 14-33

◇ 密度：用于设置此刚体的密度，度量单位为 g/cm^3（克每立方厘米）。

◇ 质量：用于设置刚体的质量。

◇ 静摩擦力：设置两个刚体开始互相滑动的难度系数。值为“0”时表示无摩擦力（比聚四氟乙烯更滑）；值为“1”时表示完全摩擦力（如砂纸上的橡胶泥）。

◇ 动摩擦力：设置两个刚体保持互相滑动的难度系数。严格意义上来说，此参数称为“动摩擦系数”。

◇ 反弹力：设置对象撞击到其他刚体时反弹的轻松程度和高度。

14.4.3 “物体图形”卷展栏

“物体图形”卷展栏展开后，其中的命令参数如图 14-34 所示。

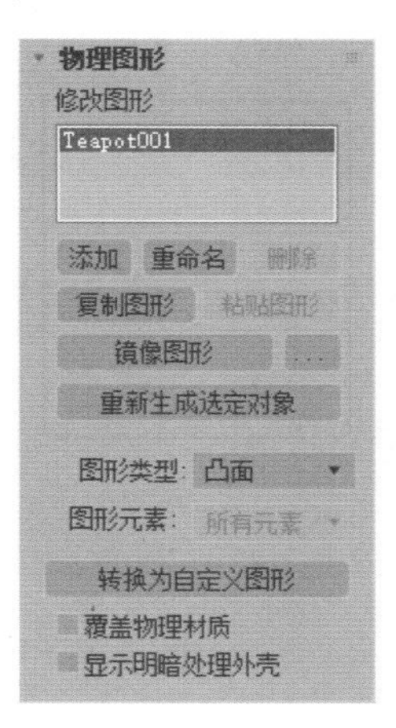

图 14-34

工具解析

◇ 图形列表：显示组成刚体的所有物理图形。

◇ “添加”按钮 添加 ：将新的物理图形应用到刚体。

◇ “重命名”按钮 重命名 ：更改高亮显示的物理图形的

名称。该名称仅供自己用于轻松识别多个物理图形。

◇ “删除”按钮：将高亮显示的物理图形从刚体中删除。刚体中最后剩下的物理图形不能删除。

◇ “复制图形”按钮：将高亮显示的物理图形复制到剪贴板以便随后粘贴。

◇ “粘贴图形”按钮：将之前复制的物理图形粘贴到当前刚体中。

◇ “镜像图形”按钮：围绕指定轴翻转图形几何体。

◇ “重新生成选定对象”按钮：使列表中高亮显示的图形自适应图形网格的当前状态。

◇ 图形类型：用于设置选定对象使用何种几何体进行动力学计算，如图 14-35 所示。图 14-36 ～图 14-41 所示分别为不同“图形类型”选择下的凸面外壳显示。

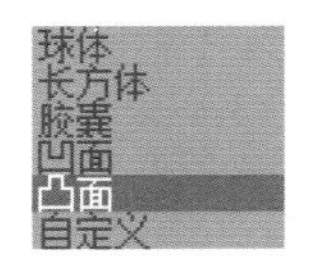

图14-35

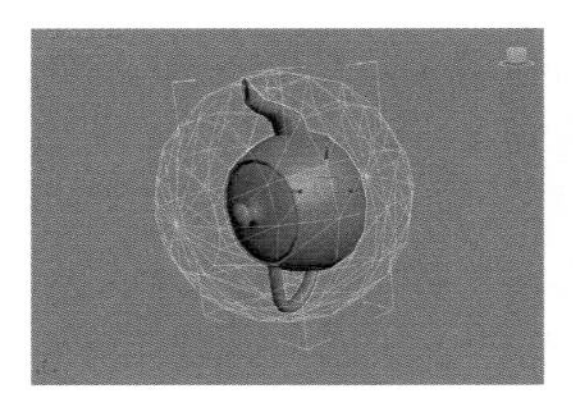

图14-36

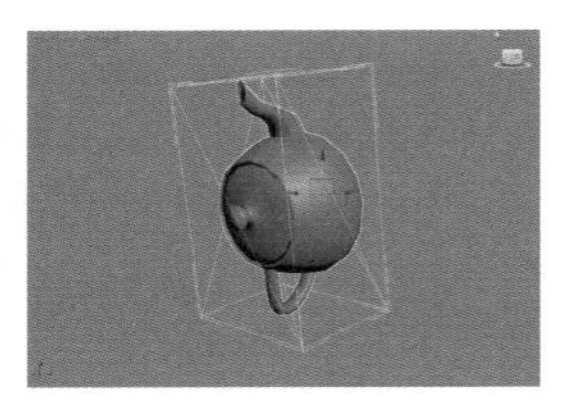

图14-37

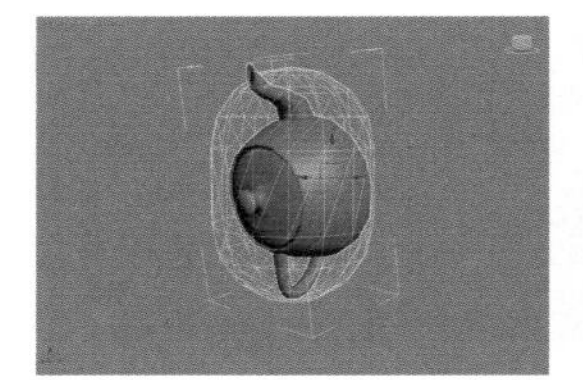

图14-38

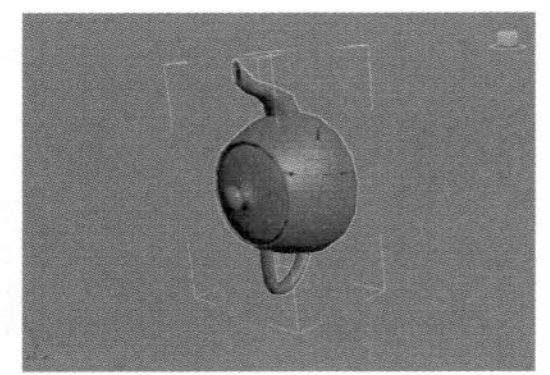

图14-39

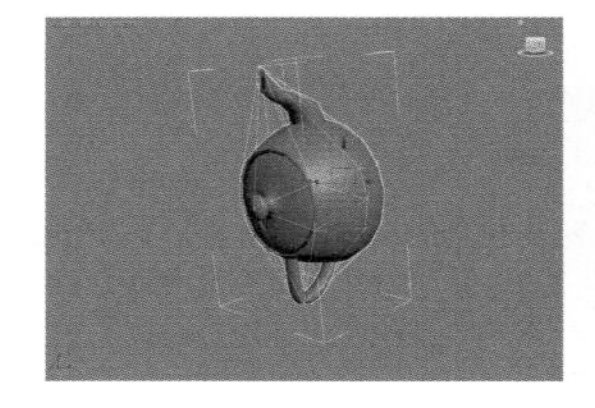

图14-40

图14-41

◇ 图形元素：使“图形”列表中高亮显示的图形适合从“图形元素”列表中选择的元素。

◇ “转换为自定义图形”按钮：单击该按钮时，将基于高亮显示的物理图形在场景中创建一个新的可编辑网格对象，并将物理图形类型设置为“自定义”。

◇ 覆盖物理材质：将选定的物理图形使用新的设置来覆盖掉“物理材质”卷展栏上的命令设置。

◇ 显示明暗处理外壳：勾选该选项可以使得物理图形在视口中显示出来，如图 14-42 为勾选该选项前后的视图结果显示对比。

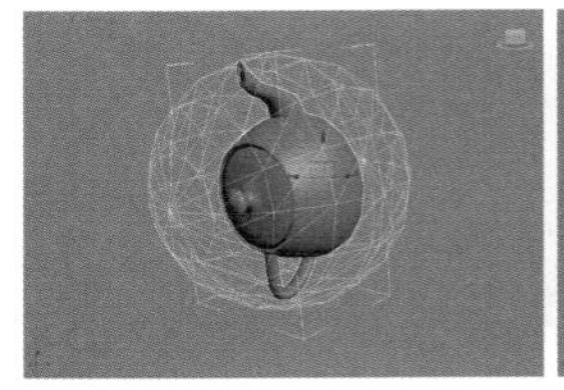

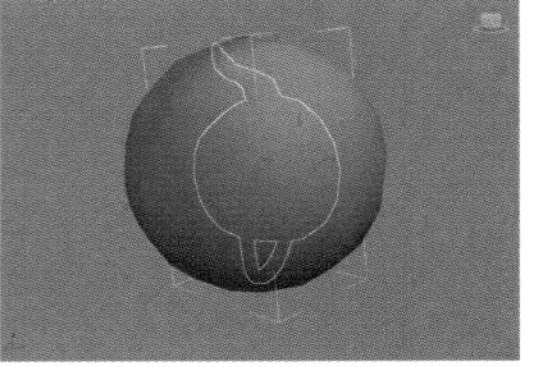

图14-42

14.4.4 “物理网格参数”卷展栏

“物理网格参数”卷展栏展开后，其中的命令参数如图 14-43 所示。

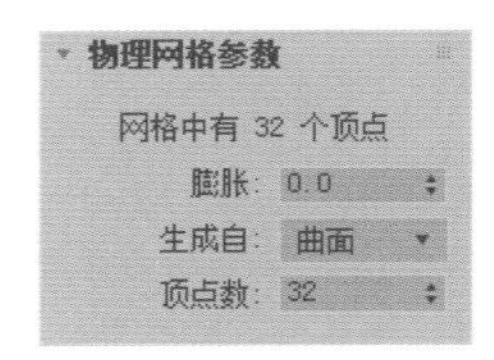

图14-43

工具解析

◇ 膨胀：设置将凸面图形从图形网格的顶点云向外扩展（正值）或向图形网格内部收缩（负值）的量。正值以世界单位计量，而负值基于缩减百分比。

◇ 生成自：选择创建凸面外壳的方法，有“曲面”和“顶点”两种选项。

◇ 顶点数：设置用于凸面外壳的顶点数。范围介于“4”和“256”之间。使用的顶点越多，就更接近原始图形，但模拟速度会稍微降低。

14.4.5 “力”卷展栏

“力”卷展栏展开后，其中的命令参数如图 14-44 所示。

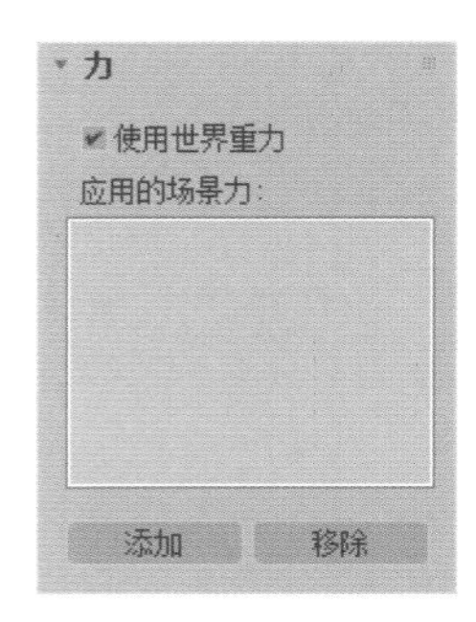

图14-44

工具解析

◇ 使用世界重力：禁用此选项时，刚体仅使用此处应用的力并忽略全局重力设置。启用此选项时，刚体将使用全局重力设置。

◇ 应用的场景力：列出场景中影响模拟中此对象的力空间扭曲。

14.4.6 “高级”卷展栏

“高级”卷展栏展开后，其中的命令参数如图14-45所示。

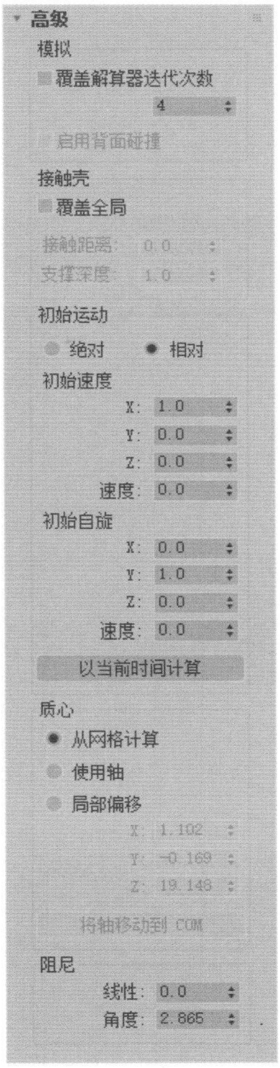

图14-45

工具解析

①“模拟”组

◇ 覆盖解算器迭代次数：如果启用此选项，MassFX 将为刚体使用在此处指定的解算器迭代次数设置，而不使用全局设置。

◇ 启用背面碰撞：仅可用于静态刚体。为凹面静态刚体指定原始图形类型时，启用此选项可确保模拟中的动力学对象与其背面碰撞。

②“接触壳”组

◇ 覆盖全局：如果启用此选项，MassFX 将为选定刚体使用在此处指定的碰撞重叠设置，而不使用全局设置。

◇ 接触距离：设置允许移动刚体重叠的距离。

◇ 支撑深度：设置允许支撑体重叠的距离。

③“初始运动”组

◇ 绝对/相对：该选项设置为“绝对”时，将使用“初始速度”和“初始自旋”的值取代基于动画的值。该选项设置为“相对”时，指定值将添加到根据动画计算得出的值。

◇ 初始速度：设置刚体在变为动态类型时的起始方向和速度。

◇ 初始自旋：设置刚体在变为动态类型时旋转的起始轴和速度。

◇ “以当前时间计算”按钮 以当前时间计算 ：使用此功能可以应用来自运动学实体动画中某个点的初始运动值，而不使用在刚体变为动态类型时所处帧的初始运动值。

④“质心”组

◇ 从网格计算：基于刚体的几何体自动为刚体确定适当的质心。

◇ 使用轴：使用对象的轴作为其质心。

◇ 局部偏移：用于设置与用作质心的 x 轴、y 轴和 z 轴上对象轴的距离。

◇ “将轴移动到 COM”按钮 将轴移动到 COM ：重新将对象的轴定位在局部偏移 xyz 值指定的质心。仅在“局部偏移”处于活动状态时可用。

⑤“阻尼”组

◇ 线性：设置为减慢移动对象的速度所施加的力大小。

◇ 角度：设置为减慢旋转对象的旋转速度所施加的力大小。

14.5 布料设置

布料的设置方法与之前所讲解的刚体设置方法基本一致，具体操作步骤如下。

（1）启动 3ds Max 2018，在场景中创建一个球体对象，如图14-46所示。

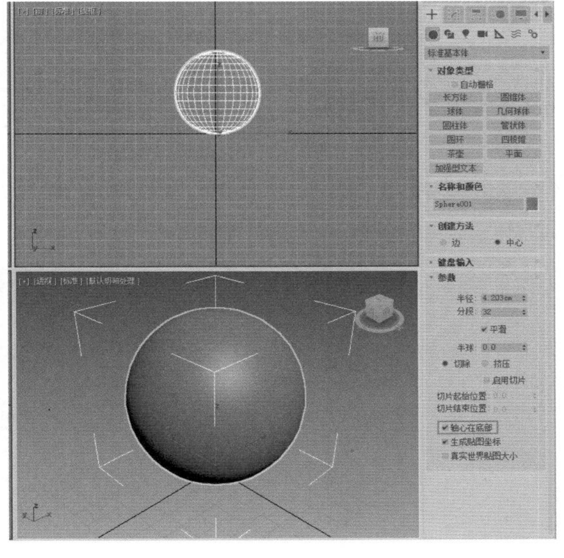

图14-46

（2）在场景中创建一个平面对象，并调整其位置至图14-47所示处。

（3）在“修改”面板中，设置平面的“长度分段”和“宽度分段”值均为“40”，如图14-48所示。

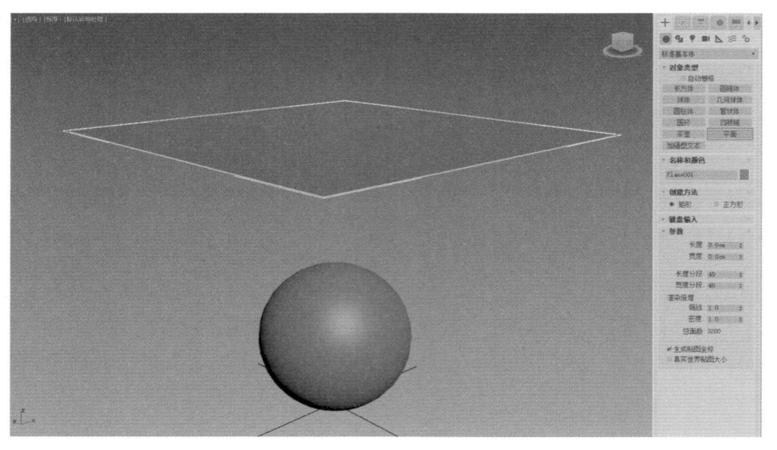

图14-47

（4）选择平面模型，单击“将选定对象设置为 mCloth 对象”按钮，这样相当于在“修改”面板中为平面自动添加了 mCloth 修改器，如图 14-49 所示。

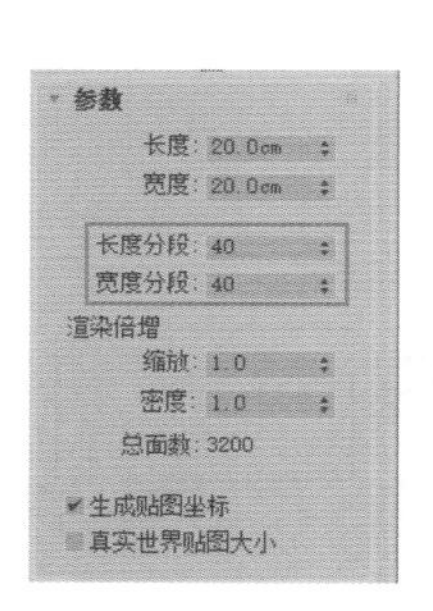

图14-48

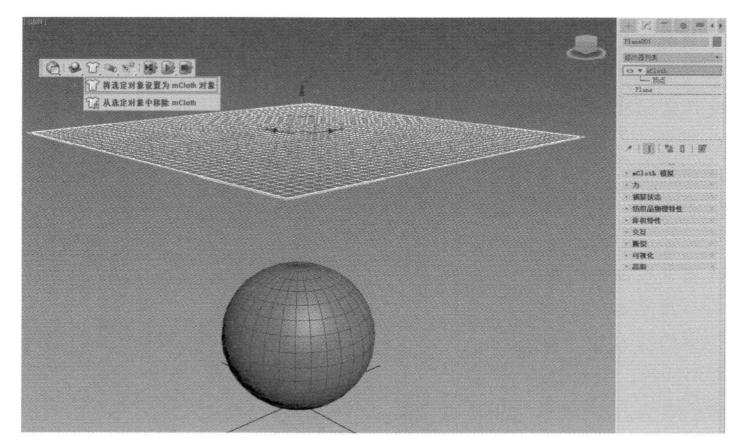

图14-49

（5）选择球体模型，单击“将选定项设置为静态刚体”按钮，这样相当于在“修改”面板中为球体自动添加了“MassFX Rigid Body”修改器，如图 14-50 所示。

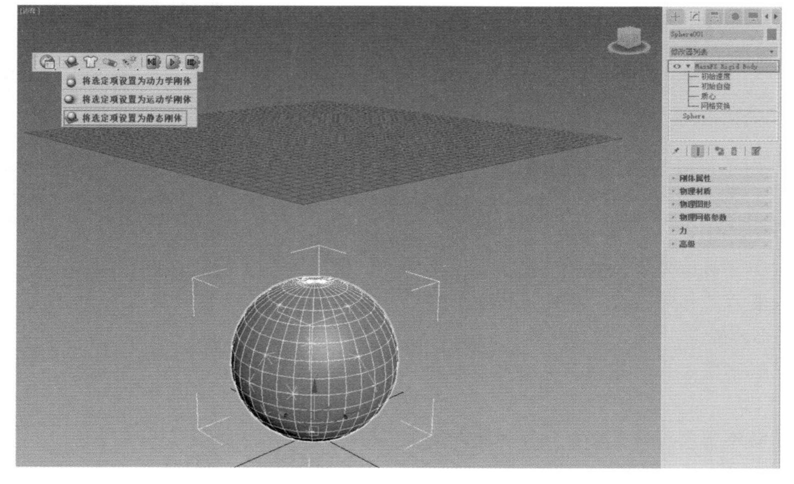

图14-50

（6）选择平面模型，在“修改”面板中展开“MCloth 模拟”卷展栏，单击“烘焙”按钮，即可开始计算布料模拟动画，如图 14-51 所示。

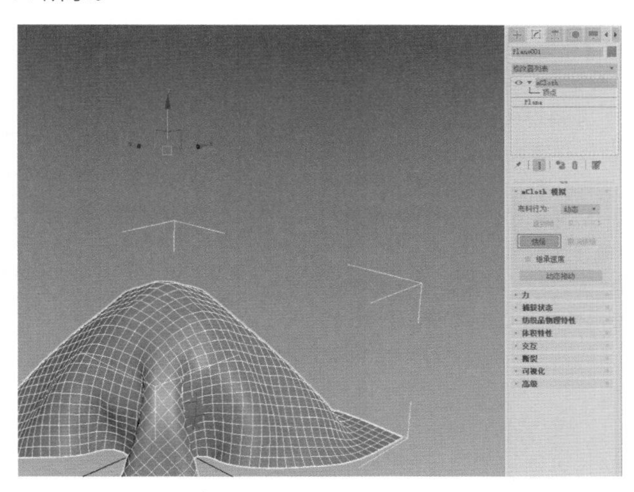

图 14-51

（7）等待一段时间，当系统计算动画完成后，布料动画的结果如图 14-52 ~ 图 14-54 所示。

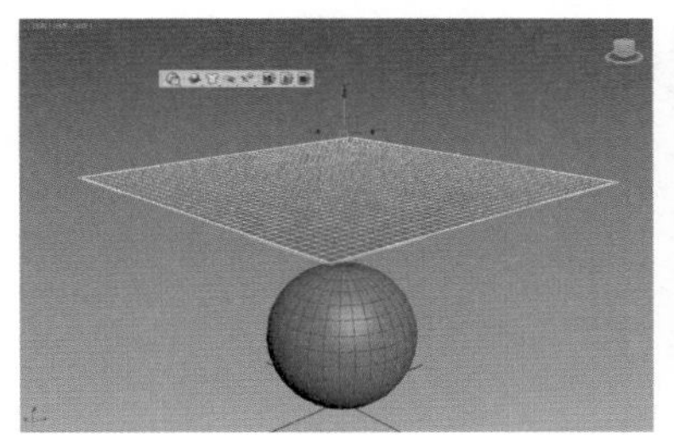

图 14-52

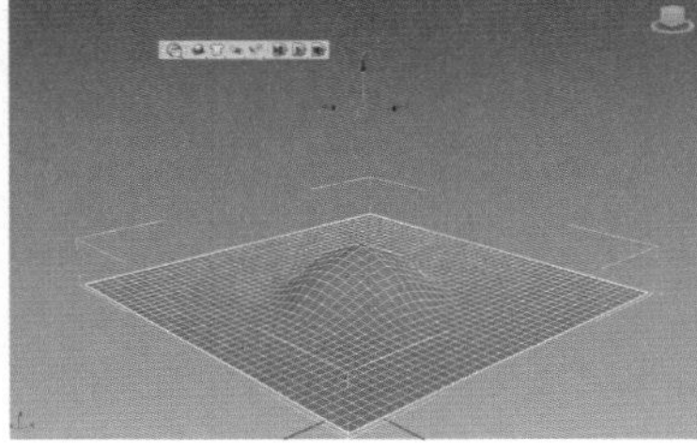

图 14-53

图 14-54

14.6　mCloth 修改器

如果希望场景中的对象参与到布料模拟计算中，则必须要对其添加 mCloth 修改器。mCloth 修改器共分为“mCloth 模拟”“力”“捕获状态”“纺织品物理特性”“体积特性”“交互”“撕裂”“可视化”和“高级”9 个卷展栏，如图 14-55 所示。

14.6.1　“mCloth 模拟”卷展栏

展开“mCloth 模拟”卷展栏，其中的参数命令如图 14-56 所示。

工具解析

◇　布料行为：确定 mCloth 对象使用何种方式进行模拟，有“动态”“运动学”两项可以选择。

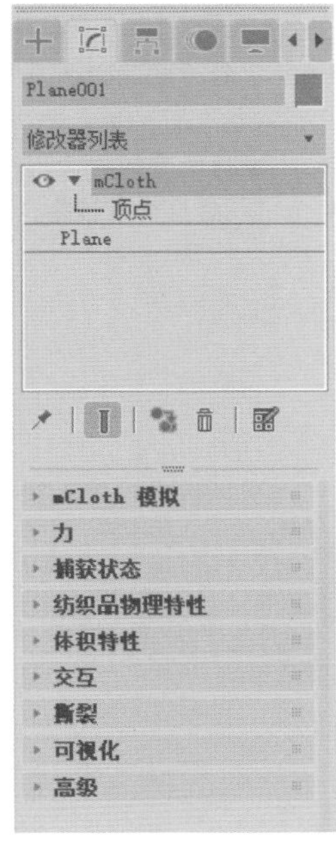

图 14-55

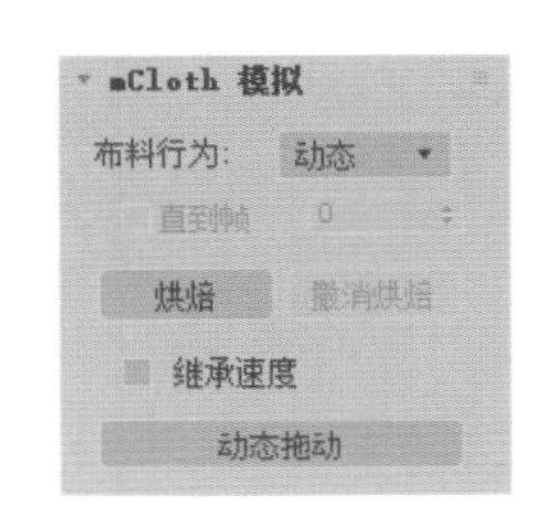

图 14-56

◇ 直到帧：启用时，MassFX会在指定帧处将选定的运动学布料转换为动力学布料。仅在“布料行为”设置为“运动学”时才可用。

◇ “烘焙”按钮 烘焙 ：烘焙可以将mCloth对象的模拟运动转换为标准动画关键帧以进行渲染。

◇ “撤销烘焙”按钮 撤消烘焙 ：烘焙所选mCloth对象后，可以使用“撤消烘焙”功能移除关键帧并将布料还原到动力学状态。

◇ 继承速度：启用时，mCloth对象可通过使用动画从堆栈中的mCloth对象下面开始模拟。

◇ “动态拖动”按钮 动态拖动 ：不使用动画即可模拟，且允许拖动布料以设置其姿势或测试行为。

14.6.2 “力”卷展栏

展开“力”卷展栏，其中的参数命令如图14-57所示。

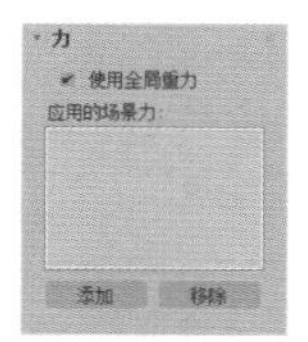

图14-57

工具解析

◇ 使用全局重力：启用时，mCloth对象将使用MassFX全局重力设置。

◇ 应用的场景力：列出场景中影响模拟中此对象的力空间扭曲。

◇ “添加”按钮 添加 ：将场景中的力空间扭曲应用于模拟中的对象。

◇ “移除”按钮 移除 ：可防止应用的空间扭曲影响对象。首先在列表中高亮显示它，然后单击移除。

14.6.3 “捕获状态”卷展栏

展开“捕获状态”卷展栏，其中的参数命令如图14-58所示。

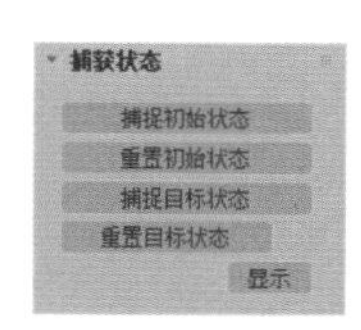

图14-58

工具解析

◇ “捕捉初始状态”按钮 捕捉初始状态 ：将所选mCloth对象缓存的第一帧更新到当前位置。

◇ “重置初始状态”按钮 重置初始状态 ：将所选mCloth对象的状态还原为应用修改器堆栈中的mCloth之前的状态。

◇ “捕捉目标状态”按钮 捕捉目标状态 ：抓取mCloth对象的当前变形，并使用该网格来定义三角形之间的目标弯曲角度。

◇ “重置目标状态”按钮 重置目标状态 ：将默认弯曲角度重置为堆栈中mCloth下面的网格。

◇ “显示”按钮 显示 ：显示布料的当前目标状态，即，所需的弯曲角度。

14.6.4 “纺织品物理特性”卷展栏

展开“纺织品物理特性”卷展栏，其中的参数命令如图14-59所示。

图14-59

工具解析

◇ “加载”按钮 加载 ：打开“mCloth预设”对话框，从保存的文件中加载“纺织品物理特性”设置。

◇ “保存”按钮 保存 ：打开一个小对话框，用于将“纺织品物理特性”设置保存到预设文件。

◇ 重力比：设置使用全局重力处于启用状态时重力的倍增。使用此选项可以模拟效果，如湿布料或重布料。

◇ 密度：设置布料的权重，以克每平方厘米为单位。

◇ 延展性：设置拉伸布料的难易程度。

◇ 弯曲度：设置折叠布料的难易程度。

◇ 使用正交弯曲：计算弯曲角度，而不是弹力。在某些情况下，该方法更准确，但模拟时间更长。

◇ 阻尼：设置布料的弹性。会影响在摆动或捕捉回后其还原到基准位置所经历的时间。

◇ 摩擦力：设置布料在其与自身或其他对象碰撞时抵制滑动的程度。

◇ 限制：设置布料边可以压缩或折皱的程度。

◇ 刚度：设置布料边抵制压缩或折皱的程度。

14.6.5 “体积特性”卷展栏

展开“体积特性”卷展栏，其中的参数命令如图 14-60 所示。

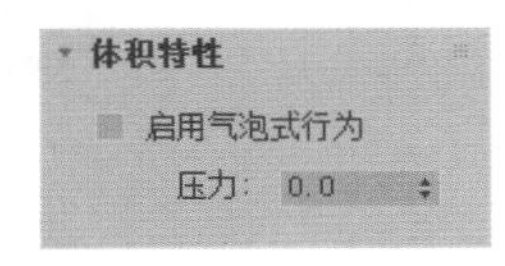

图 14-60

工具解析

◇ 启用气泡式行为：模拟封闭体积，如轮胎或垫子。
◇ 压力：设置充气布料对象的空气体积或坚固性。

14.6.6 “交互”卷展栏

展开“交互”卷展栏，其中的参数命令如图 14-61 所示。

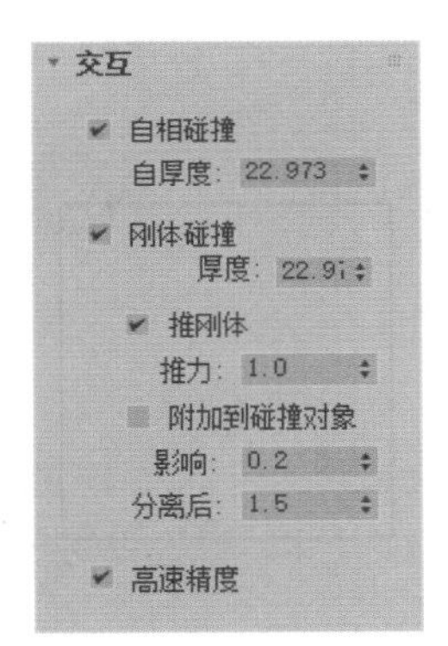

图 14-61

工具解析

◇ 自相碰撞：启用时，mCloth 对象将尝试阻止自相交。
◇ 自厚度：用于设置自碰撞的 mCloth 对象的厚度。如果布料自相交，可以尝试增加该值。图 14-62 所示为该值是“8”时的布料模拟结果，从结果上看布料在模拟的过程中已经产生了较为明显的自身穿插；如图 14-63 所示为将该值提高到“20”时的布料模拟结果，从结果上看布料的形态基本上避免了自身穿插效果。
◇ 刚体碰撞：启用时，mCloth 对象可以与模拟中的刚体碰撞。
◇ 厚度：用于设置与模拟中的刚体碰撞的 mCloth 对象的厚度。如果其他刚体与布料相交，可以尝试增加该值。

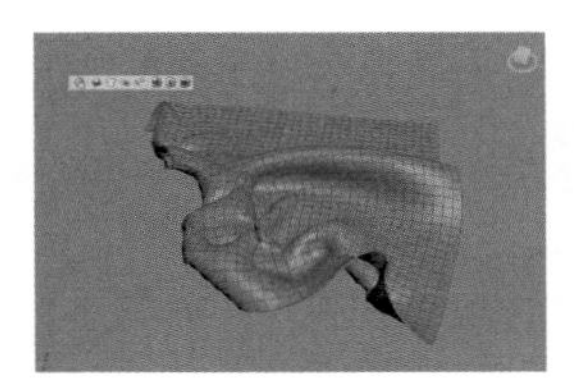

图 14-62

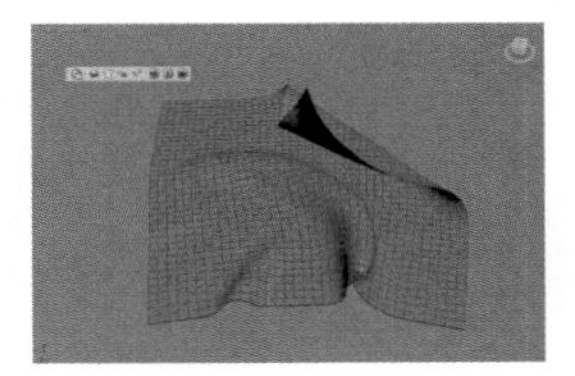

图 14-63

◇ 推刚体：启用时，mCloth 对象可以影响与其碰撞的刚体的运动。
◇ 推力：设置 mCloth 对象对与其碰撞的刚体施加的推力的强度。
◇ 附加到碰撞对象：启用时，mCloth 对象会粘附到与其碰撞的对象。
◇ 影响：设置 mCloth 对象对其附加到的对象的影响。
◇ 分离后：设置与碰撞对象分离前布料的拉伸量。
◇ 高度精度：启用时，mCloth 对象将使用更准确的碰撞检测方法，但这样也会降低模拟速度。

14.6.7 “撕裂”卷展栏

展开“撕裂”卷展栏，其中的参数命令如图 14-64 所示。

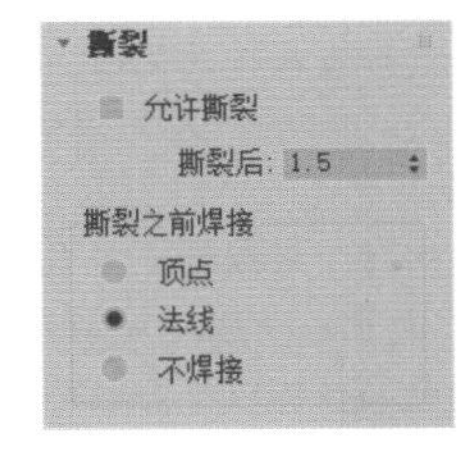

图 14-64

工具解析

◇ 允许撕裂：启用时，布料中的预定义分割将在受到充足力的作用时撕裂。
◇ 撕裂后：设置布料边在撕裂前可以拉伸的量。
◇ 撕裂之前焊接：选择在出现撕裂之前 MassFX 如何处理预定义撕裂，有“顶点”“法线”和“不焊接”3 种可选。

14.6.8 “可视化”卷展栏

展开“可视化”卷展栏，其中的参数命令如图 14-65 所示。

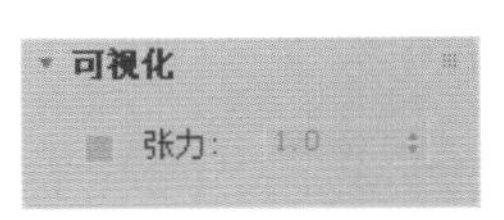

图 14-65

工具解析

◇ 张力：启用时，通过顶点着色的方法显示纺织品中的压缩和张力。

14.6.9 “高级”卷展栏

展开“高级”卷展栏，其中的参数命令如图 14-66 所示。

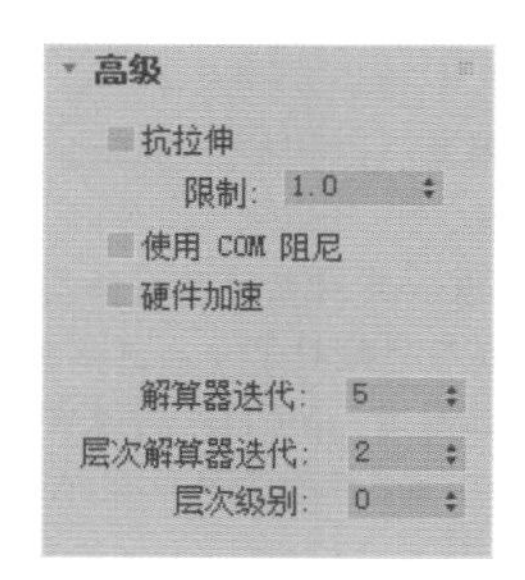

图 14-66

工具解析

◇ 抗拉伸：启用时，帮助防止低解算器迭代次数值的过度拉伸。

◇ 限制：设置允许过度拉伸的范围。

◇ 使用 COM 阻尼：影响阻尼，但使用质心，从而获得更硬的布料。

◇ 硬件加速：启用时，模拟将使用 GPU。

◇ 解算器迭代：设置每个循环周期内解算器执行的迭代次数。使用较高值可以提高布料稳定性。

◇ 层次解算器迭代：设置层次解算器的迭代次数。在 mCloth 中，“层次”指的是在特定顶点上施加的力到相邻顶点的传播，此处使用较高值可提高此传播的精度。

◇ 层次级别：设置力从一个顶点传播到相邻顶点的速度。增加该值可增加力在布料上扩散的速度。

14.7 技术实例

14.7.1 实例：制作刚体掉落动画

在本实例中，主要为读者详细讲解制作刚体掉落动画的设置方法，本实例的最终动画渲染结果如图 14-67 所示。

扫码看视频

（1）启动 3ds Max 2018 软件，打开本书配套资源“大蒜.max”文件，如图 14-68 所示。文件里面包含一个金属筐和两个大蒜的模型场景，并且已经设置好了灯光、材质、摄影机和渲染设置。

图 14-67

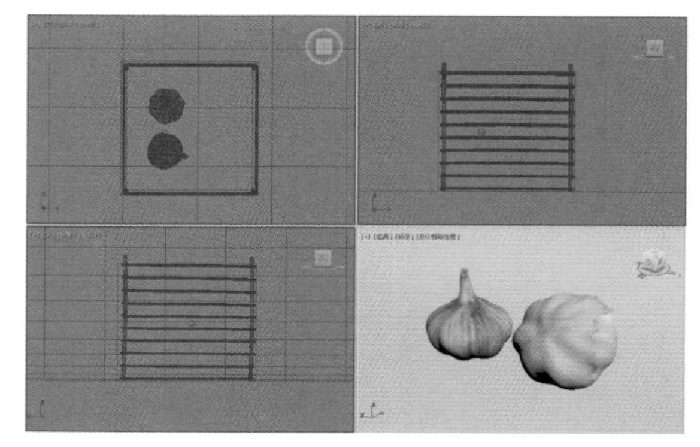

图 14-68

（2）选择场景中的两个大蒜模型，在“顶”视图中，按下【Shift】键，以拖曳的方式对其进行复制，如图 14-69 所示。

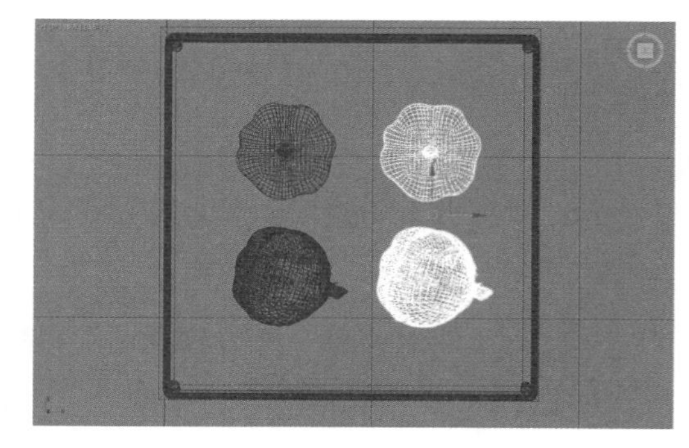

图 14-69

（3）在“前”视图中，以同样的方式对大蒜进行纵向复制，得到多个大蒜的模型，如图 14-70 所示。

（4）选择场景中的所有大蒜模型，单击“将选定项设置为动力学刚体”按钮，如图 14-71 所示。

图14-70

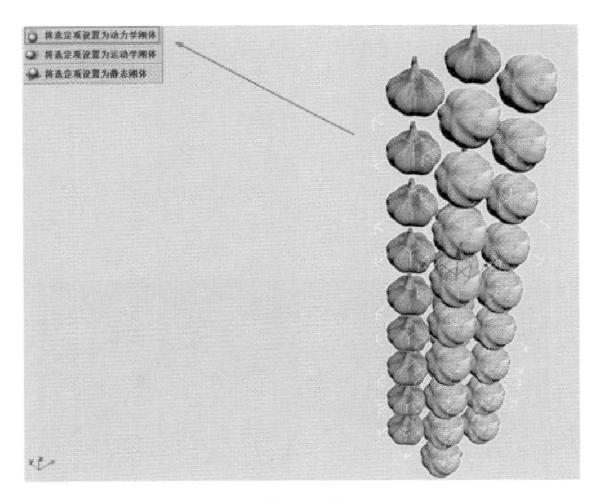

图14-71

（5）由于场景中的金属筐模型模型面数较多，故选择场景中的蓝色盒子模型，单击“将选定项设置为静态刚体”按钮，如图 14-72 所示。以模型简单的蓝色盒子模型来替代刚体碰撞模拟计算。

（6）由于蓝色盒子模型属于表面凹陷的物体，所以在“修改”面板中，应该设置“图形类型”为“凹面”，并在“物理网格参数”卷展栏中，勾选“提高适配”选项，然后单击“生成”按钮，如图 14-73 所示。

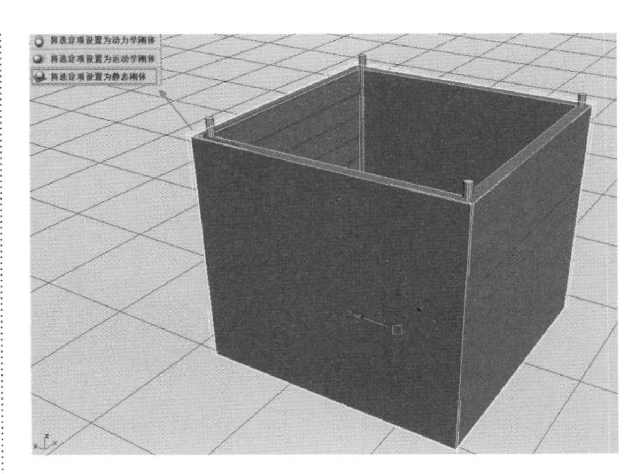

图14-72

（7）设置完成后，选择场景中的所有大蒜模型，并打开“MassFX 工具”对话框，在“多对象编辑器”选项卡中，单击“烘焙”按钮，开始进行刚体动力学计算，如图 14-74 所示。

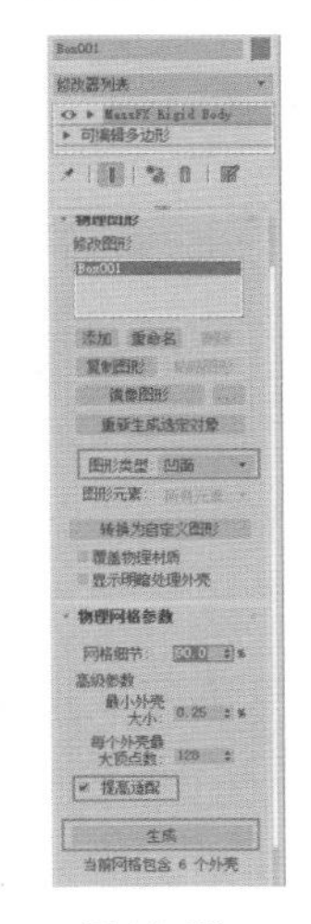

图14-73

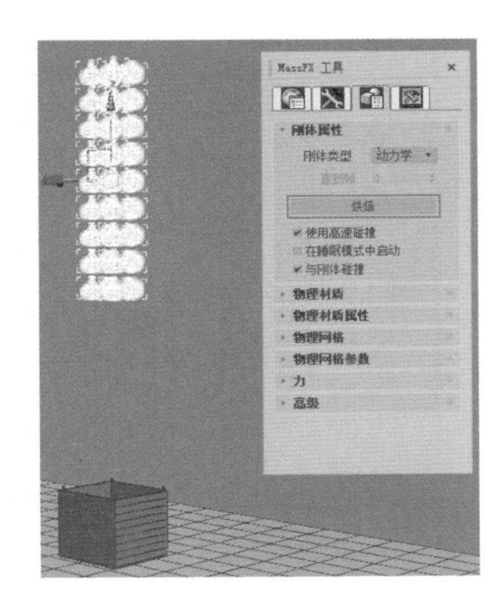

图14-74

（8）经过一段时间的系统计算，即可得到一堆大蒜掉落进金属筐内的动力学动画，如图 14-75 ~图 14-77 所示。

图14-75

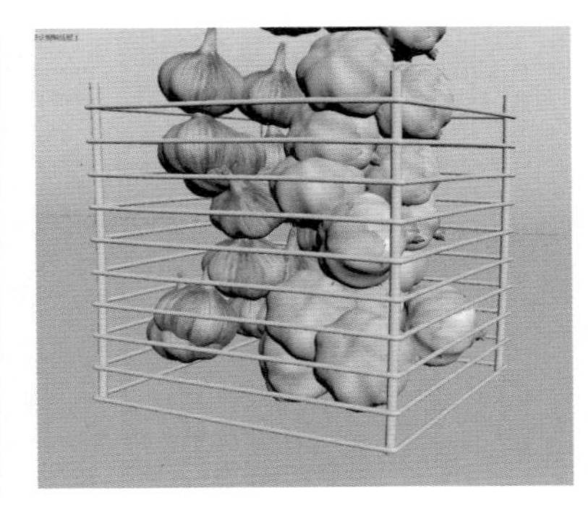

图14-76

图14-77

14.7.2 实例：制作小旗飞舞动画

在本实例中，主要详细讲解了如何制作布料动画，本实例的最终动画渲染结果如图 14-78 所示。

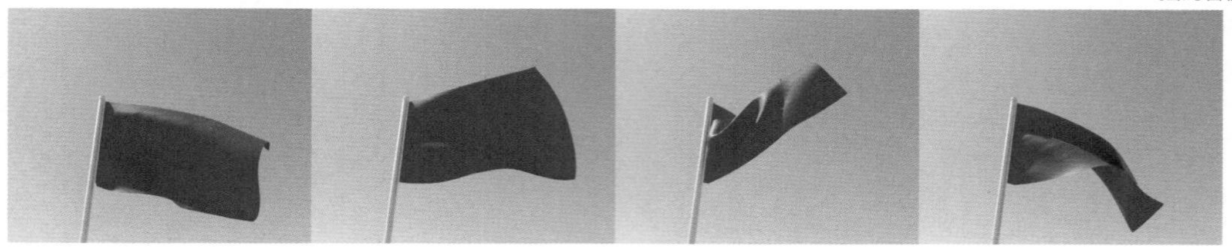

图14-78

（1）启动3ds Max 2018 软件，打开本书配套资源“小旗 .max”文件，如图 14-79 所示。文件里面有一个旗的模型，并且已经设置好了灯光、材质、摄影机和渲染设置。

（2）选择场景中的小旗模型，单击“将选定对象设置为 mCloth 对象”按钮，为其添加“mCloth”修改器，如图 14-80 所示。

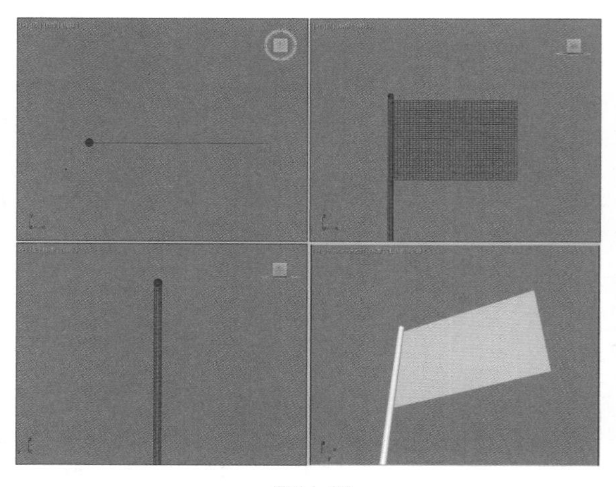

图14-79

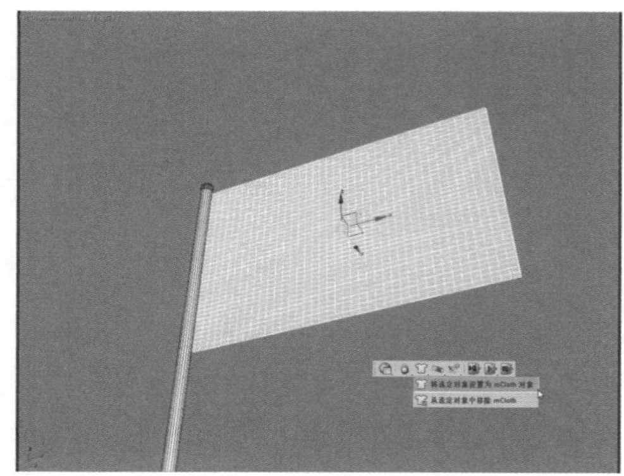

图14-80

（3）在“创建”面板中，单击“风”按钮，在场景中创建一个风对象，如图 14-81 所示。

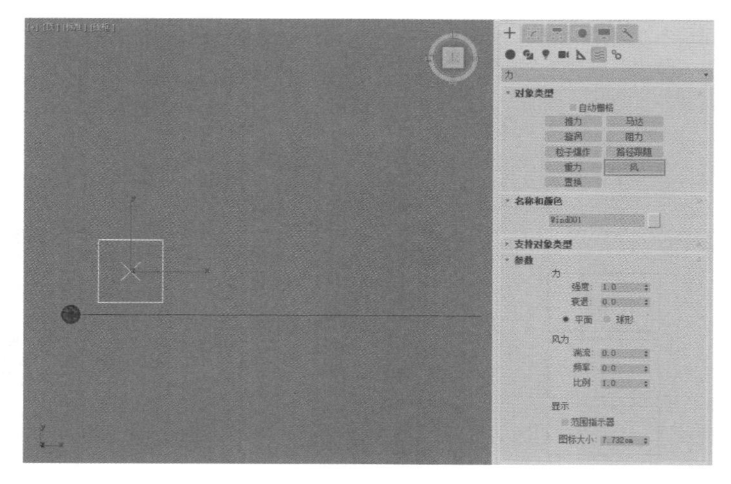

图14-81

（4）在“前”视图中，调整风对象的位置和角度至图 14-82 所示处。

（5）选择小旗模型，在“修改”面板中，展开“力”卷展栏，单击“添加”按钮，将场景中的风添加至“应用的场景力”文本框内，如图 14-83 所示。

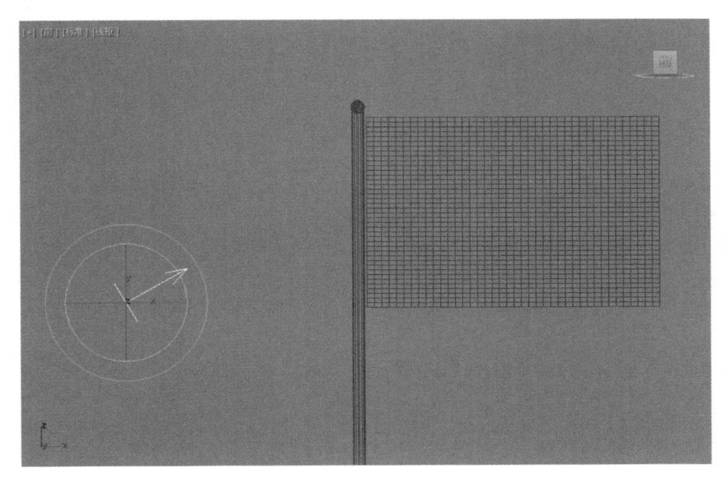

图14-82

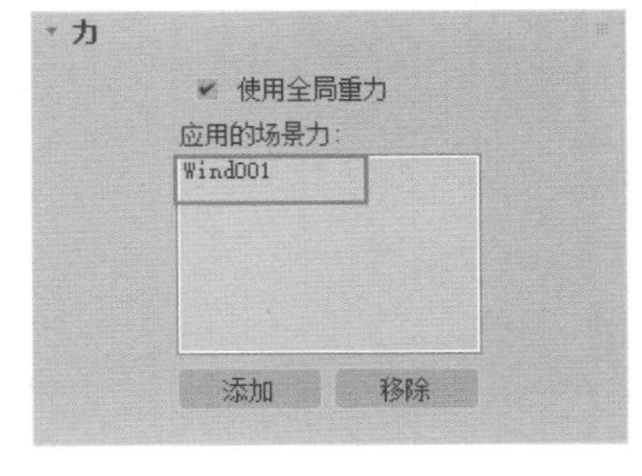

图14-83

（6）进入“mCloth”修改器中的“顶点”子层级，选择如图 14-84 所示的顶点。单击“设定组”按钮，将其设置为一个组合。

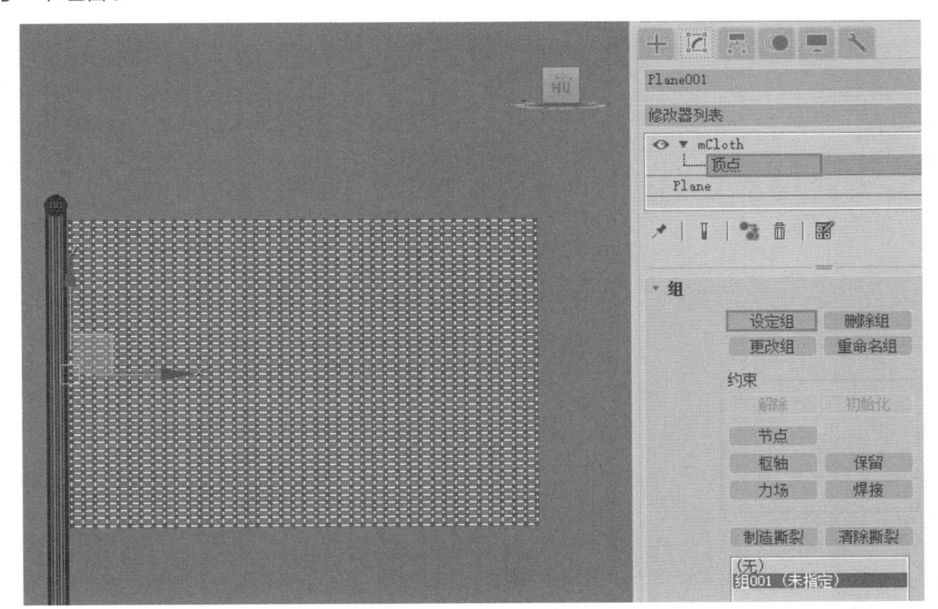

图14-84

（7）单击“节点”按钮，然后在场景中单击旗杆模型，将小旗的顶点组合约束至场景中的旗杆模型上，如图 14-85 所示。

（8）设置完成后，展开“mCloth 模拟”卷展栏，单击“烘焙”按钮，开始计算小旗的布料动画，如图 14-86 所示。

（9）经过一段时间的系统计算后，布料动画就计算完成了。拖动“时间滑块”，即可观察小旗随风飘荡的动画效果，如图 14-87 所示。

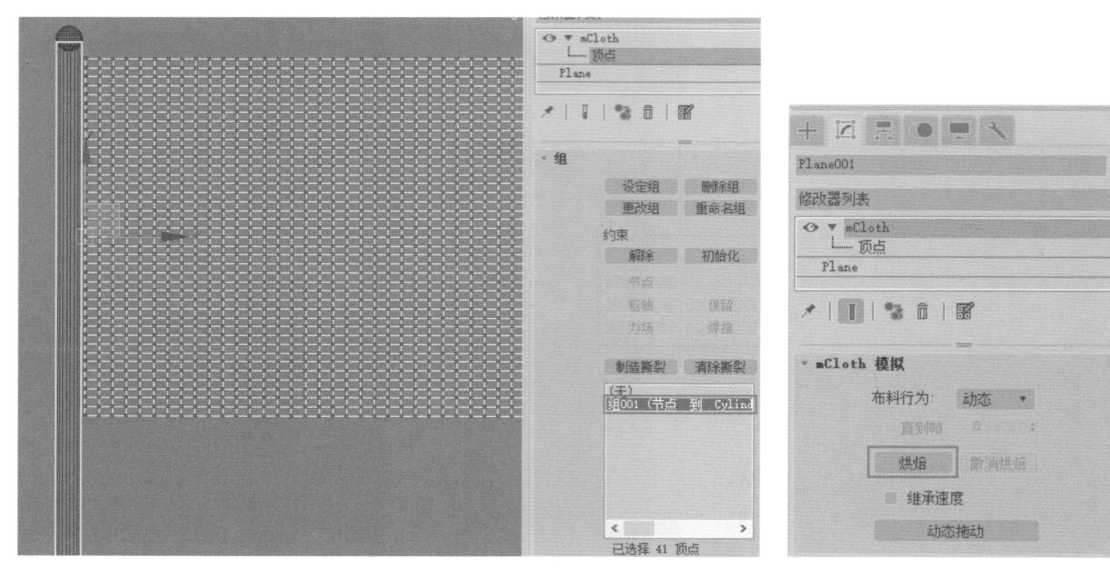

图14-85　　图14-86

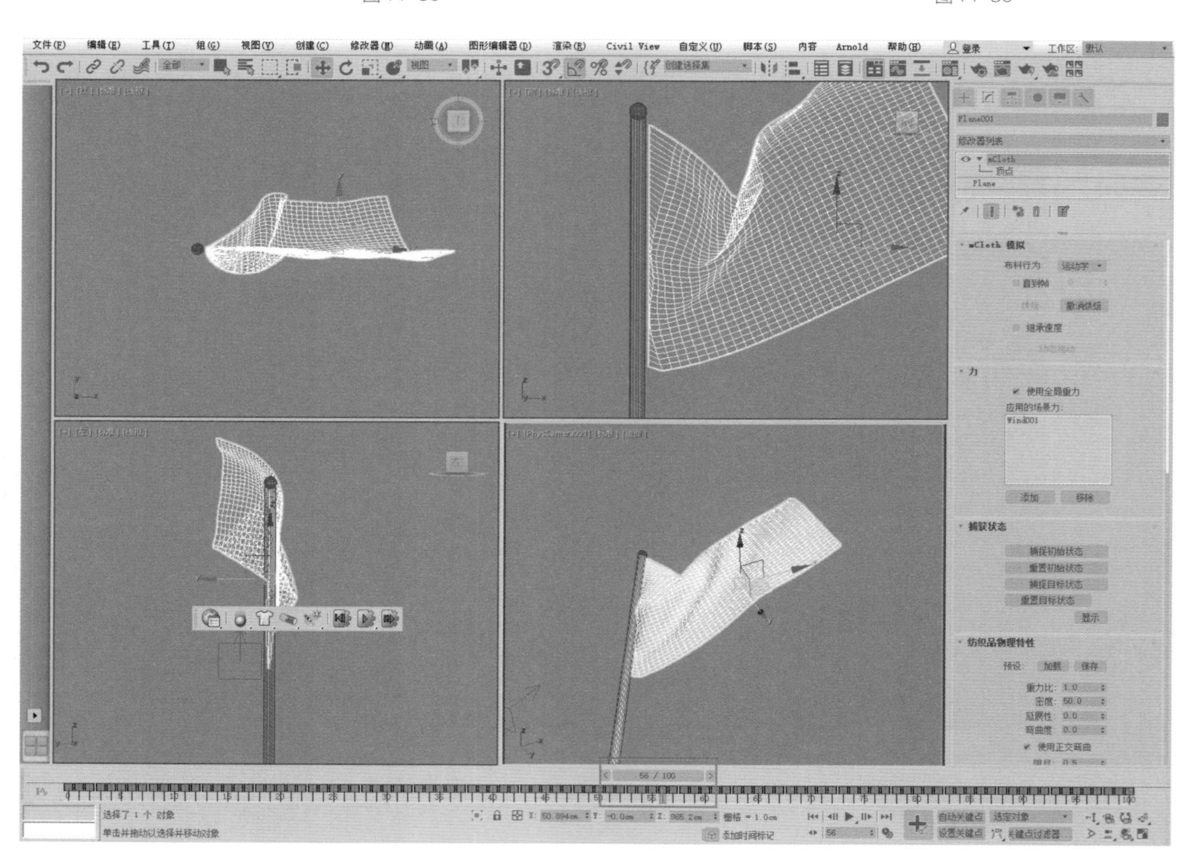

图14-87